普通高等教育机械类特色专业系列教材

起重机械

主　编　文　豪
副主编　秦义校　钱　勇
参　编　（按章节顺序）
王全伟　韩　刚　孟文俊　田东风
刘剑锋　张志德　顾翠云　冯　刚
聂春华　张德文　范生引　高　飞
刘武胜　王福绵　王久元　于轩华
主　审　宋甲宗　唐　风

机械工业出版社

本书是为高等学校机械设计制造及其自动化、机械工程专业起重运输机械方向、物流工程、安全工程专业等相关课程编写的特色专业教材。

本书在全面贯彻国家、行业相关最新标准的基础上，重点阐述了起重机械的基本理论、典型构造和设计计算方法，提供了起重机械设计计算的相关公式和计算图表及数据，采用法定计量单位，符合工程设计要求。

全书共分为15章，内容包括：概论、起重机械的类型及典型机型、起重机的承载能力与计算基础、驱动装置、起重挠性构件及其卷绕装置、取物装置、制动装置、起升机构、运行机构、回转机构、变幅机构、轮压、起重机刚性稳定性和抗风防滑、起重机械安全、起重机械电气系统与设备。为便于学习、总结和复习，每章末都附有本章小结。

本书践行工程教育回归工程实际的理念，强调实用性和能力培养的导向性，既注重基本概念和计算原理的阐述，又坚持理论方法与工程实际相结合的原则，结构布局和内容安排逻辑性强，符合认知规律，便于系统学习和掌握。本书特别增设了起重机械安全和电气系统的相关内容，培养学生成为起重机械设计师的工程设计与分析能力以及综合创新能力，并致力于全行业更加关注起重机械系统本质安全性。

本书主要作为高等院校机械设计制造及其自动化、机械工程专业起重机械方向本科和研究生专业课程教学用书及毕业设计指导，也可作为相关专业的教学参考书，并可供从事起重机械设计、生产和安全管理等工程技术人员使用。

图书在版编目（CIP）数据

起重机械/文豪主编.—北京：机械工业出版社，2013.8（2026.1重印）
普通高等教育机械类特色专业系列教材
ISBN 978-7-111-43194-7

Ⅰ.①起… Ⅱ.①文… Ⅲ.①起重机械—高等学校—教材 Ⅳ.①TH21

中国版本图书馆CIP数据核字（2013）第150951号

机械工业出版社（北京市百万庄大街22号 邮政编码100037）
策划编辑：刘小慧 责任编辑：刘小慧 王永哲 韩 冰 章承林 冯 铗
版式设计：霍永明 责任校对：樊钟英
封面设计：张 静 责任印制：郜 敏
保定市中画美凯印刷有限公司印刷
2026年1月第1版第9次印刷
184mm×260mm · 35.25印张 · 1插页 · 877千字
标准书号：ISBN 978-7-111-43194-7
定价：85.00元

电话服务 网络服务
客服电话：010-88361066 机 工 官 网：www.cmpbook.com
010-88379833 机 工 官 博：weibo.com/cmp1952
010-68326294 金 书 网：www.golden-book.com
封底无防伪标均为盗版 机工教育服务网：www.cmpedu.com

序

一、编写背景和依据

随着国民经济的高速发展，面向21世纪社会发展的需求，面对激烈的市场竞争，高等教育应适时转变观念和理念，不断进行教学改革和创新，以期更好地适应我国高等教育跨越式的发展需要，满足我国高校从精英教育向大众化教育的重大转型中社会对高校应用型人才培养的差异性要求，探索和建立适应我国高等教育应用型人才培养体系和高等工程教育体系。“高等工科教育回归工程”“应用型本科教育”“强化能力导向原则”等基于社会需求及人才培养和教学改革的教育理念，是《高等教育法》提出的“高等教育教学改革务必根据不同类型、不同层次高等学校自身实际”要求、《高等学校本科教学质量与教学改革工程项目管理暂行办法》（简称“质量工程”）所坚持的“分类指导、注重特色”原则的创新成果和实践载体。

高等教育可分为教学型、教学研究型、研究型，要求高校按照“质量工程”对人才培养目标进行合理定位，对教学过程进行科学创新，发挥自身优势，形成各自特色，从而满足社会多样化的人才需求。人才培养目标的差异化，要求教学内容、教材建设具有针对性。《高等教育法》第34条明确规定：“高等学校根据教学需要，自主制订教学计划、选编教材、组织实施教学活动。”教育部在2007年提出本科教育、教学“质量工程”，鼓励和支持高等学校在教学理念等方面进行创新，形成有利于多样化人才成长的培养体系，满足国家对社会紧缺的创新型和应用型人才的需要。

“百年大计，教育为本；教育大计，教师为本；教师大计，教学为本；教学大计，教材为本；教材大计，适用为本。”

针对人才培养目标的差异化和教学内容、教材建设的同质化的欠协调和不适应，国内具有机械行业特色专业的相关高校与机械工业出版社共同协商，专题研讨，成立机械类特色专业系列教材编写委员会，以“打造特色精品教材，促进专业教育发展”的理念规划出版的“普通高等教育机械类特色专业规划教材”，是对“质量工程”中所要求的“重点规划、建设多种基础课程和专业课程教材，促进高等学校教学内容更新、教材建设工作”的落实。

在教材选题设计思路上贯彻教育部关于培养适应地方、区域经济和社会发展需要的“本科应用型高级专门人才”的指示精神，突出了教材建设与办学定位、教学目标的协调性与适应性。教材立足的培养目标是加强工程意识的培养，加强理论与实践的结合，加强实践教学和工程训练，面向培养生产第一线从事设计、制造、运行、研究和管理实际工作、解决具体问题、保障工作有效运行的高等应用型人才。

在教材编写中既严格遵照学科体系的知识构成和教材编写的一般规律，又针对应用型本科人才培养目标及与之相适应的教学特点，精心设计写作体例，科学安排知识内容，注重解决现行教材存在的问题：如教材缺乏连续性修订，库存早已用完殆尽；现行国家标准已经与国际接轨，现行教材中相关内容陈旧过时；企业和研究院所本专业工程技术人员对特色专业教材的日益需求。充分体现“基本理论够用、专业理论雄厚，注重实践环节，培养工程能力”的内涵和尺度的把握。

二、机械类特色专业（方向）

面向机械工业和重型机械行业的机械类本科特色专业（方向）包括但不限于起重输送机械、工程机械、矿山机械、港口装卸机械，物流工程（装备与技术），特种设备安全工程。

研究生特色优势学科包括但不限于机械设计及理论、车辆工程、机械制造及其自动化、机械电子工程。

工程硕士领域包括但不限于机械工程、车辆工程。

三、机械类特色专业教材规划

由于起重输送机械和工程机械方面的教材专业性强，用量少，出版难，距前一版出版时间大多数已超过十年，涉及相关标准和技术已经更新，旧版教材已经全部用完，许多企业与研究院所作为继续教育和新进大学生的技术培训或设计参考，现急需出版新教材和修订版。根据市场调研和急需程度，机械类特色专业系列教材编写委员会提出第一批特色专业教材出版规划如下：

普通高等教育机械类特色专业系列教材

序号	教材名称	适用专业（方向）	字数/万	出版情况
1	机械装备金属结构设计　第2版	起重输送机械，工程机械，矿山机械，机械CAD，物流工程，特种设备安全工程	71.4	已出版
2	叉车构造与设计	起重输送机械，机械CAD，物流工程	31.7	已出版
3	连续输送机械	起重输送机械，机械CAD，矿山机械，港口装卸机械	45	
4	起重机械	起重输送机械，机械CAD，港口装卸机械	88	已出版
5	铲土运输机械	工程机械，矿山机械	40	已出版
6	矿井提升机械	起重输送机械，矿山机械	34.2	已出版
7	液压挖掘机	工程机械，矿山机械	60.7	已出版
8	工程机械设计基础	工程机械，起重机械，矿山机械，机械CAD	42.6	已出版
9	现代施工工程机械	工程机械，土木建筑，交通运输，水利水电，采矿工程，农业工程	49.3	已出版
10	特种设备安全技术	起重机械，工程机械，特种设备安全工程	30	
11	机械装备金属结构课程设计	起重输送机械，工程机械，矿山机械，机械CAD，物流工程，特种设备安全工程，港口装卸机械	30	
12	起重机械课程设计	起重机械，工程机械，矿山机械，港口装卸机械	30	

（续）

序　号	教材名称	适用专业（方向）	字数/万	出版情况
13	输送搬运机械课程设计	起重输送机械，机械CAD，物流工程，特种设备安全工程	30	
14	机械CAD课程设计	起重输送机械，机械CAD，物流工程，特种设备安全工程	30	
15	机械装备金属结构习题集	起重输送机械，工程机械，矿山机械，机械CAD，物流工程，特种设备安全工程	10	
16	起重机械习题集	起重机械，矿山机械，物流工程，港口装卸机械	15	
17	机械工程软件技术基础	机械设计制造及其自动化专业各方向	35.7	已出版
18	机械CAD应用技术	机械设计制造及其自动化专业各方向	38.5	已出版
19	散体力学及工程应用	输送机械，工程机械，物流工程，矿山机械，港口装卸机械	40	
20	机械类特色专业实验教学指导书	起重输送机械，工程机械，矿山机械，机械CAD，物流工程，特种设备安全工程	20	

希望本特色专业规划教材的出版，能够满足各相关学校特色专业的教学以及相关行业工程技术人员的需要。对教材编写过程中，各相关学校、行业的专家学者的鼎力支持和热忱帮助表示衷心的感谢。

由于编者的水平所限，本特色专业规划教材将会存在某些不足和缺陷，真诚欢迎领域专家学者和广大读者批评指正。

前　言

被人们喻为“巨人之臂”的起重机械是减轻笨重体力劳动、提高作业效率、实现机械化和自动化以及安全生产的重要设备，在国民经济各部门得到了广泛应用。

我国起重机械行业发展奠基于20世纪50年代，编者们根据起重机械行业国内外技术发展水平和动态，以现行国家标准GB/T 3811—2008《起重机设计规范》、GB 6067.1—2010《起重机械安全规程　第1部分：总则》等为基础，结合长期教学、科研、产品设计及开发的实践活动和经验，并参考杨长骙先生《起重机械》统编专业教材编写大纲而编写了本书。本书既注重基本概念和计算原理的阐述，又坚持理论方法与工程实际相结合的原则，努力实现工程教育回归工程实际。本书结构布局和内容安排逻辑性强，符合认知规律，图文并茂，便于系统学习和掌握，强调实用性和能力培养的导向性，培养学生成为起重机械设计师的工程设计能力、理论分析能力以及综合创新能力。

与以往同类教材相比，本书内容取材上注重继承性、全面性、新颖性和先进性。全书共15章，内容包括：概论、起重机械的类型及典型机型、起重机的承载能力与计算基础、驱动装置、起重挠性构件及其卷绕装置、取物装置、制动装置、起升机构、运行机构、回转机构、变幅机构、轮压、起重机刚性稳定性和抗风防滑、起重机械安全、起重机械电气系统与设备。针对起重机械行业快速发展与和谐安全的要求，本书从安全工程基本原理和事故致因理论出发，系统分析了起重机械本质安全化及安全防护系统的配置，致力于呼吁全行业注重和努力实现起重机械系统本质安全化。本书基于工程产品对象，重点介绍起重机械相关基本原理和基础理论知识、工程设计及计算方法、技术规范与标准、新技术发展趋向及工程应用，全面贯彻国家相关最新标准，提供有关设计计算公式和图表数据，并采用法定计量单位等以符合工程设计要求，有的放矢地解决工程实际问题，突出系统性、工程性与实用性。为便于学生学习、总结和复习，每章末都附有本章小结。

本书主要作为高等院校机械设计制造及其自动化、机械工程专业起重机械方向本科和研究生专业课程教学用书及毕业设计指导，也可作为相关专业的教学参考书，并可供从事起重机械设计研究、生产制造和安全管理等工程技术人员使用。

本书编者全部来自国内起重机械行业主要相关单位，均为长期从事起重机械设计、制造、教学、科研与安全管理的一线技术骨干。太原科技大学文豪教授担任主编并负责全书统稿工作，太原科技大学秦义校教授和大连博瑞重工有限公司钱勇高级工程师担任副主编。

本书编写分工为（以下按章节顺序）：

第1章：文豪、王全伟，第2章：韩刚、孟文俊、王全伟，第3章：钱勇、田东风，第4章：文豪、刘剑锋，第5章：张志德、顾翠云，第6章：冯刚，第7章：聂春华、文豪（7.1），第8章：文豪、顾翠云、张德文，第9章：范生引、田东风，第10章：高飞，第11章：秦义校，第12章：秦义校，第13章：刘武胜、聂春华，第14章：王福绵、文豪、王久元，第15章：于轩华、王全伟，附录：王全伟。

本书作者的工作单位：太原科技大学、大连理工大学、太原重工股份有限公司、大连重工起重集团有限公司、大连博瑞重工有限公司、江西华伍制动器股份有限公司、北京起重运输机械设计研究院、交通运输部水运科学研究院、辽宁省安全科学研究院、山东省特种设备检验研究院泰安分院、太原钢铁（集团）有限公司。

大连理工大学宋甲宗教授和太原科技大学唐风教授担任主审，他们在审阅全书的基础上提出了许多宝贵的意见和建议，在此对两位老先生的治学精神表示由衷的钦佩和衷心的感谢！太原科技大学徐格宁教授和陶元芳教授对本书的编写与出版工作给予了许多帮助，王全伟博士和教研室研究生刘治宏、高志柯、冯亮、张君、张宏、庞福全、陈言亭、路光远、陈小梅、耿东耀、张洋、张平等负责书稿录入、插图整理、版面编排等工作，非常认真和辛苦，在此一并表示由衷的感谢。

限于编者水平，书中难免存在不妥之处，敬请读者指正。

编　者

于太原

目　录

第1章

概　论

从蛮荒的远古到文明高度发达的今天，人类都会经常面对“如何提升一个负荷”的难题。古希腊哲学家阿基米德曾用“给我一根足够长的杆和一个支点，我将提升起整个地球”的名言，展现了人类“提升一个负荷”的美妙幻想与理性之光。如今，各种类型的起重机械已完美地实现了人类“提升负荷”的梦想，因而被诗人称赞为“大力神”“巨人之臂”“画在天空中的弧”“力与美的象征”等。

1.1　起重机械的工作特点、用途及其地位

1.1.1　概述

所谓的起重机械，是指以间歇、重复的工作方式，通过起重吊钩（或其他取物装置）的垂直升降与（或）水平运动，从而实现负荷（重物）的三维空间位移，完成起重及装卸搬运等作业的机械设备，如图1-1所示。起重机械能减轻人类体力劳动强度，提高效率，完成特殊工艺操作，是实现工业过程机械化和自动化必不可少的重要环节，广泛应用于国民经济各部门。

起重机械可搬运种类繁多的各种物品，既可以是常见的成件物品（如集装箱、机械设备等），也可以是大量的散状物料或液体物料（如水泥、粮食、矿石、油料等），有时甚至是高危险（如高温、易燃易爆、毒化和核辐射等）物品，某些特定机型（如电梯、升降机、擦窗机等）还可以进行人员的运送。因此，起重机械属于高能量积聚的、高危险性作业设备（图1-2），是国家明文规定的特种设备之一。

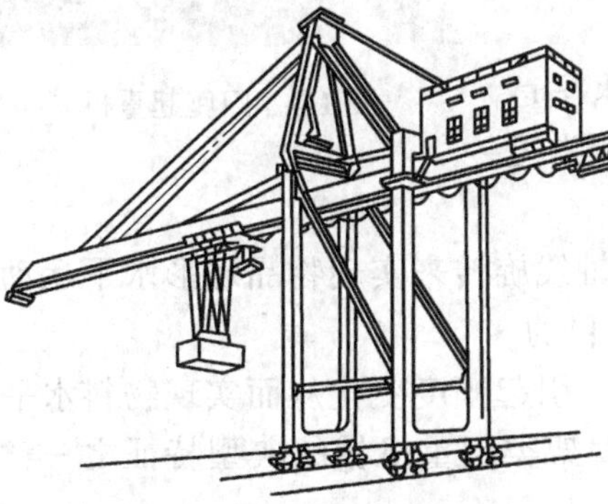

图1-1　岸边集装箱装卸桥

图1-2　吊运危险物品的汽车式起重机

起重机械通常由完成各方向运动的工作机构、承受各种载荷的金属结构、动力及电气控

制系统，以及安全防护系统四大部分组成。

工作机构（operating mechanism）是指为实现不同方向运动要求而专门设置的执行机构，也是本门课程重要的学习内容。

金属结构（metal structure）作为形成整机作业空间的支承平台和骨架，用来支承工作机构、承受载荷（物品、自重、外部作用等），并将载荷传递给整机基础。金属结构自重一般占整机自重的40% ~70%，重型以上机型甚至可达90%，费用占总成本30%以上，它的垮塌破坏会带来极其严重的灾难性后果。另外，金属结构的形式特点通常决定了起重机械的结构造型，是整机分类和命名的重要特征。

动力及电气控制系统（power and electrical control system）承担着为起重机械提供工作动力（动力源及驱动装置）、控制、操纵、照明、联络等任务，直接关系到整机的性能、安全、质量、构造特点，而驱动装置类型在很大程度上起主导作用。另外，控制操纵司机室系统还是与外界沟通联系实现互动的人机交互平台。

安全防护系统（safeguard system）是指针对工作机构、金属结构、动力及电气控制系统等可能存在的危险（危险源和危险因素），采用本质安全等有效技术手段所形成的综合安全防护系统，通常主要由各种安全装置、防护装置及安全指示装置等组成。

1.1.2 工作机构

起重机械基本任务主要是完成物品的垂直升降运动，也可兼有短距离的组合水平运动，因而必须设置相应机构来执行物品空间位移的动作，所有这些执行机构统称为工作机构，常见的有起升、运行、回转、变幅——“四大机构”（图1-3）。除起升机构以外，不同类型起重机械的其他工作机构的组成可以略有差异，应根据具体机型及运动要求进行配置，甚至完全不设置。此外，具有特殊使用要求的机型，有时还需设置辅助性工作机构，如支腿伸缩、臂架放倒、夹钳机构以及其他满足特殊工艺要求的执行机构等。

图1-3 门座起重机

1）起升机构是指用来实现被搬运物品垂直升降运动的执行机构，是任何起重机械都必不可少的基本机构，是整机最主要的组成部分，常见形式为卷扬式起升机构。

2）运行机构是指通过起重机大车（或小车）的水平运行来实现整机（或物料）水平面运动的主要执行机构，常见形式为轨行式（自行或牵引）、无轨式运行机构等。

3）回转机构是指通过臂架（或起重小车）绕垂直轴线旋转来实现物品环形水平运动的执行机构，常与其他工作机构组合来达到水平面运动的目的。

4）变幅机构是指通过改变臂架俯仰角度（或长度）引起幅度变化从而实现物料水平运动（或改变臂架作业位置）的执行机构。变幅机构是臂架类起重机械的典型特征之一，常见形式为工作性和非工作性变幅机构。

综合来看，所有工作机构均由运动支承装置、驱动装置、传动系统、制动系统、相应的运动执行装置等典型机械零部件组成，设计中应采用标准化、系列化、通用化的原则，尽可能选择符合起重机械各机构工作特点（特殊性）的零部件，以利于生产制造和使用维护。因此，理解起重机械特殊性并掌握各机构及典型零部件的构造特点与设计方法，是保证整机设计工作成功的基础。

1.1.3 工作过程及工作特点

起重机械通过被吊物品的空间移动来实现装卸、转载、搬运、安装等作业要求，通常经历取物（上料）、运送（升降和水平运动）、卸料和空车复位回到原处的工作过程（即一个工作循环），如图1-4所示，由此形成了以间歇性、周期循环、短暂往复的工作方式运送单件物品的特征（不具有连续性），构成了起重机械工作的特殊性。

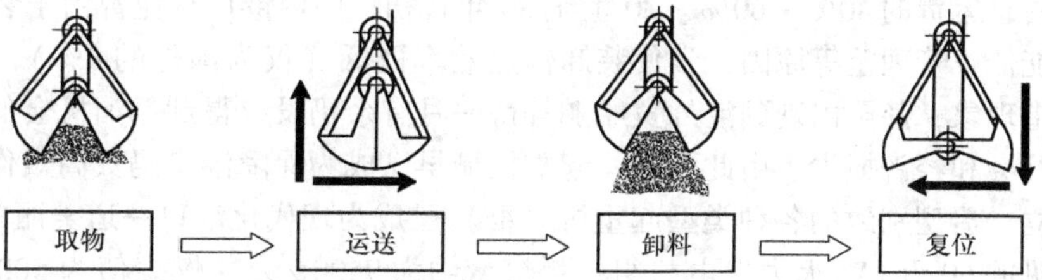

图1-4 起重机械工作过程

从机械运动特性来看：起重机械每经历一个完整的工作循环，相关各机构均处于时而运转、时而停车、正向反向的交替运行之中。例如桥式起重机的起升机构用来实现带载（或空钩）的垂直升降运动，而大/小车运行机构则实现带载（或空钩）的水平往复运动。

从负载及作用情况来看：起吊荷重时大时小，不一定都是满载；外部风载顺逆有序、时有时无，由地点、工况等具体使用要求决定；频繁的起（制）动导致机构和结构都将承受一定的冲击和振动，大多数构件承受不稳定的变幅应力循环作用；载荷作用性质多样（位能性/阻抗性）；总体表现为间歇性、随机性、不恒定性、动载冲击性。

从运行时间特性来看：工作循环的时间短暂（一般几十秒、几分钟，最长也不过二三十分钟），其间各机构可在不同时刻有短暂的停歇时间（与连续运输机械形成鲜明对比）；两个作业循环间一般也存在时间间歇；各机构在时间段整体上还表现出周期重复性。

综上所述，起重机械的使用要求和工作过程决定了其特殊的工作特点——间歇动作、变化载荷、频繁正逆、动载交替、短时重复、周期循环。所有这些特殊性都将对起重机械的机构与结构、电气与控制、设计与计算等方面产生直接的重要影响，并在工作级别、载荷组合等特殊环节以及驱动装置、传动系统、制动系统等重要零部件中体现出来。

1.1.4 无处不在的“大力神”

人类的生活和生产活动必然伴随着大量的物料搬运工作，而利用省力装置来实现“提升负荷”的概念早已在人类思维中达成共识，并同时也解决了装卸搬运、劳动强度、高效安全、特殊工艺要求、物流系统匹配、工业过程机械化与自动化等各种问题。因而，起重机械（“吊车”）是通常意义上人们感性认识中比较熟悉的机械设备之一。

如今，起重机械已广泛应用于工矿企业、港口码头、车站仓库、建筑工地、海洋开发、航空航天、能源建设（火力、水力、风电、核电）等国计民生各个部门，可以说从生产到工艺流程、从搬运到物流系统、从日常生活到抢险救援、从物品到人员、从陆地到海洋、从车辆到飞行器、从民用到军用等各方面，都有类型繁多的起重机械在安全而高效地工作着。

大型钢铁企业每年都需要大量的起重机械搬运上亿吨的各种物料，其中，冶金起重机械（如铸造起重机等）直接参与冶炼生产工艺过程和工艺操作，成为连铸连轧生产系统中必不可少的组成部分（参见图2-26）。若铸造起重机（起重量125～450t）因故障停止工作1h，就会少生产160～600t钢，直接造成经济损失60万～240万元。另外，机械制造企业每生产1t产品需要装卸搬运50t物料（铸造时则为80t）。

某航运公司速度18n mile/h（1n mile＝1852m）的5万t级货船，执行7000n mile的往返航班仅需16天，航行中沿途停靠6个港口装卸搬运货物的时间却为37天（约占70%），而装卸费用占总运费的40%～60%。20世纪80年代初，国内港口行业曾由于装卸搬运装备数量少、性能低、管理差等原因，致使装卸作业效率极低（仅为国外的8%），从而导致严重的压船压港现象，甚至出现到港外贸船舶等待一月有余仍没有得到靠泊机会的现象，造成非常惊人的社会和经济损失。由此可知，起重机械早已成为保障港口码头高效作业的重要装备，高耸林立、造型别致的各种类型起重机（群）已成为现代化港口一道美丽的风景线。

国内常见的60万kW火力发电机组，耗煤量约为9500t/天（燃烧值为5000kcal，1kcal＝4186.8J），运输这些煤需要158节火车货厢，若电厂输煤系统的装卸搬运机械出现故障，则整个发电系统都将难以正常工作，而仅靠人力来完成输煤这项工作则更是难以想象的事情。另外，在水电/核电/风电建设及运行中、高层建筑施工、大型水下考古作业、大型船舶建造、卫星和宇宙飞船发射、抗灾救援场合等都离不开起重机械。

此外，高层建筑和公共场所的电梯（或自动扶梯）、立体停车库、大型多功能舞台、大型升降娱乐设施等还可用来提高人们的生活质量，满足人们的物质和文化需求。

随着工业生产规模的扩大和自动化程度的提高，装卸搬运费用在工业生产成本中所占的比例越来越大，而起重机械正是实现机械化和自动化的主要物质手段。据统计，美国工业产品的装卸搬运费用占总成本的20%～30%，德国企业的物料搬运费用约占营业额的1/3，英国每年物料搬运费用超过10亿英镑（相当于全国工资的1/9），日本用于物料搬运的费用占国民生产总值的10.73%，法国机械工业购置物料搬运设备的投资比例约占国民生产总值的15%。我国产品成本中装卸搬运费用也占有较大比例，机械、化纤工业部门一般为20%～30%，汽车制造业约为30%，钢铁、水泥、化工等企业甚至高达50%～80%。

综上所述，起重机械已广泛应用于国民经济各部门，是进行物质生产和物资流通不可或缺的关键工艺设备和重要装备，是合理组织成批大量生产、机械化流水作业的工业基础，甚至是某些部门重要的生产力要素，也是现代化生产必不可少的重要标志，可以表征一个国家生产过程的机械化和自动化水平。另外，起重机械对于减轻繁重的体力劳动，提高生产效率，以及改善人们的物质文化生活等，都具有重大的现实意义。

1.1.5 经典与时光

1. 悠久历史与经典原理

人类的物料搬运活动具有与人类社会发展同样悠久的历史，随着社会发展和劳动生产技能的进步，人类不断地改进着搬运工具和方法。起重机械典型工作原理的产生和发展与其他科学技术一样，都是人类生产和生活经验的总结，并随着人类生产实践的逐渐发展而丰富完善。

大量考古研究证明，古代先民很早就已经有了“提升一个负荷”以及移动较大自重物品的愿望和需求，当时会利用一些非常简陋的专用装置来进行这项工作。如在公元前5000年至公元前4000年（新石器末期），古人们就已经懂得利用滚子、斜面等方法来搬运巨石修砌祭祀建筑。

公元前1765年至公元前1760年（商朝，奴隶社会），史书上记载有用于提水灌溉农田的汲水工具——桔槔（图1-5），它是一种通过杠杆省力原理（以树身为支承立柱，大石头为动力）用绳索连接汲水容器，并辅以人力实现升降动作的专用装置。探究桔槔的构造原理与组成，可发现其已具有简单定柱式起重装置的某些典型特征——木质立柱结构、杠杆省力原理、自然重力作动力、绳索连接汲水容器（取物装置）等。

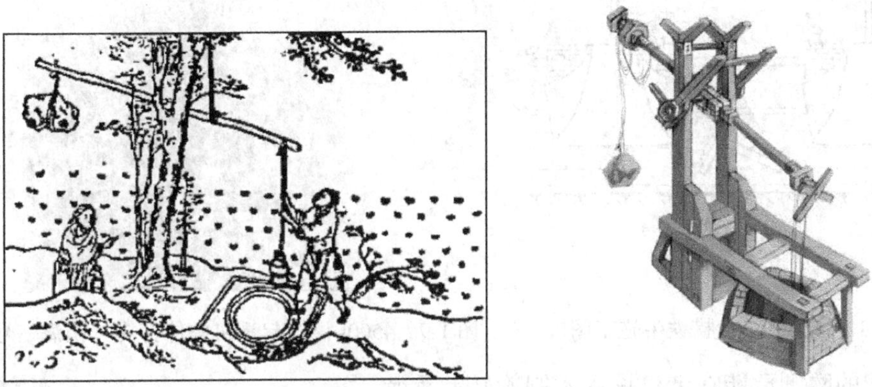

图1-5　桔槔及其原理图

公元前1115年至公元前1079年间（周朝时期），人类发明了原理上更为完善的汲水工具——辘轳（图1-6），它是通过曲柄摇把省力原理（木质滚筒和轴枢、组合式木质支架）用绳索连接汲水容器，依靠人力驱动实现升降动作的原始绞车。与桔槔相比，辘轳利用了回转滚筒与绳索装置来替代杠杆，从而实现了更大范围的直线运动；从构造原理与组成上看，辘轳已具有了现代卷扬式绞车（图1-7）的基本雏形：人力→电动机，曲柄摇把→减速器和滑轮组，木质回转滚筒与绳索→金属卷筒与钢丝绳，唯有制动装置的出现能够确保现代系统更为安全可靠地工作（避免了辘轳存在的危险），而现代快速起重绞车的功率已高达1700kW。

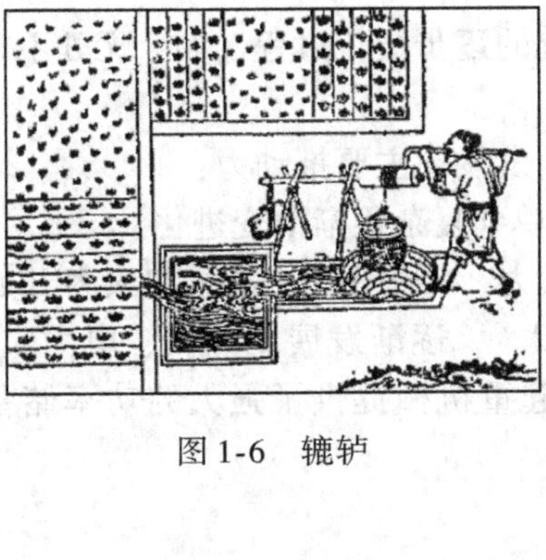

图1-6　辘轳

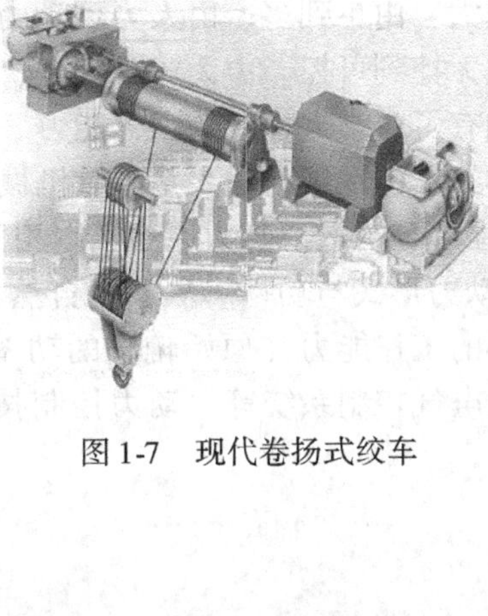

图1-7　现代卷扬式绞车

公元1056~1063年（宋朝嘉祐年间），心怀善念的怀丙和尚立志恢复华北地区黄河上的陆地通道——蒲津渡浮桥（今山西永济市内），聪明睿智的怀丙和尚设计了一套在船身装设辘轳，并借助浮力共同进行水下打捞的方案（图1-8），从波涛汹涌的黄河中成功地起吊打捞出沉于河底多年的数万斤重的镇桥铁牛。此打捞铁牛的方案在提升负荷能力方面有极大的提高（与辘轳相比），与现代沉船打捞采用浮式起重机-浮筒（图1-9）的组合方法有异曲同工之妙。

图1-8　怀丙和尚打捞铁牛施工图

图1-9　4500t浮式起重机整体打捞“南海一号”古沉船

中世纪的欧洲已能在港口见到木制旋转起重装置，画家布罗格尔（Breughel）的油画中出现了以船厂码头为背景的木制旋转起重装置（图1-10），通过绞盘或脚踏式传动等省力原理，依靠人力驱动绞盘使木质臂架俯仰，从而实现提升桅杆等重物，其工作原理已具有了固定回转式臂架起重机的典型特征。

图1-10　木制旋转起重机和绞盘驱动的起升机构

2. 与时俱进的发展

历史悠久的起重机械在科学技术的推动下具有了旺盛的生命力，也使人类获得了与时代同步的搬运能力。伴随人类文明的进步，起重机械同样经历了由小到大、由少到多、由人力到动力、由简单到复杂、由无控到可控、由无序到安全、由单一到系统的逐步演化过程，如今无处不在的起重机械已拥有了令常人惊叹的强大能力。

科学技术的发展与注入是起重机械与时俱进不断发展的主要推动力：

1）原理与构造。省力原理基本相似，构造从简单到复杂逐渐演变进化。

2）动力形式与功率。从利用自然力（重力、风力、浮力等）、畜力和人力开始，从只具有很小的工作能力（原始辘轳的功率约为120W/人），逐渐发展到蒸汽、电力、内燃机、液压以及电气控制系统等，动力控制技术的进步为起重机械提供了强大的功率储备及优良性能。

3）材料与制造。从木质材料到金属材料、板材和型钢的大量使用、焊接/栓接等连接技术的发展、钢筋铁骨的组合式金属结构、机械加工与制造能力的快速提高、专业设计理论的完善与丰富等，都使得设计和制造大型化、大批量的各类型起重机械成为可能。

4）安全防护。独特而有效的安全防护系统保障起重机械高效安全地工作。

浮式起重机（30 年）和门座起重机（100 年）在短时间内的演化分别如图 1-11 和图 1-12所示，由纵向对比可知，它们在起重能力、服役区域、工作性能、构造原理、形式尺寸等各方面都有了较大的进步和发展。

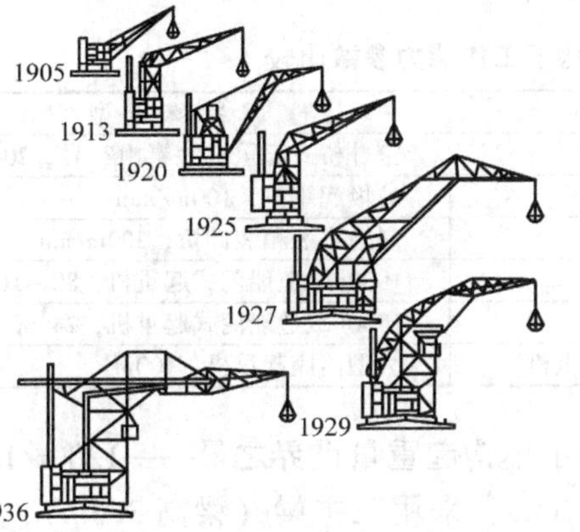

图 1-11　浮式起重机的演化（1905～1936 年）

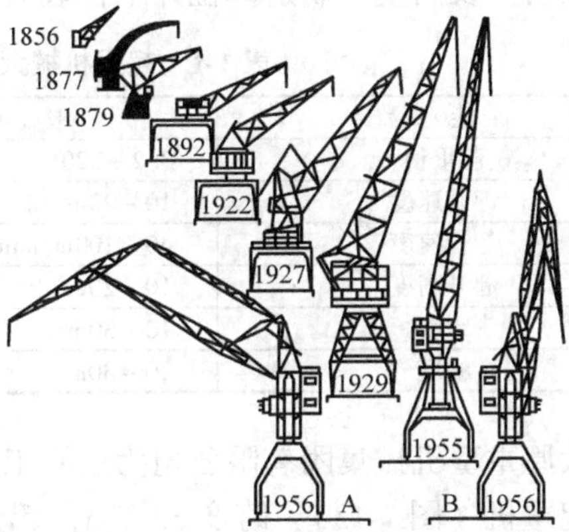

图 1-12　门座起重机的演化（1856～1956 年）

总而言之，伴随着科学技术的进步，前辈们已创造出惊人的成就，使人类“提升”搬运大自重、大批量“负荷”的能力迅速发展。作为当今起重机械行业的工程技术人员，从事着非常自豪和光荣的工作，可谓“任重道远，前途光明”；面对现实与未来的挑战，我们应该用脚踏实地的行动作出回答：“向过去致敬，为将来努力。”

1.2　起重机械的发展动向

1.2.1　概述

新中国成立初期，国内起重机械主要依靠成套设备进口。1949 年末，我国第一台起重能力为 5t/22.5m 电动双梁（箱型）桥式起重机由大连起重机器厂制造成功，当年全国装卸搬运机械的总产量仅 6000t（2011 年仅太原重工股份有限公司的起重机产量就达到 7 万 t）；经过 60 多年的艰苦奋斗，国内起重机械行业已形成相当规模和分布的产业体系，满足了国内经济发展对各种类型起重机械产品的需求，并向国外出口。

20 世纪 50 年代开始，国内在上海交通大学、大连工学院、太原重型机械学院、西南交通大学、北京钢铁学院、武汉水运学院等院校设立起重运输机械专业，为起重机械行业的发展培养了大批工程技术人员。另外，当时的机械工业部还建立了北京起重运输机械研究所。

我国的改革开放与成功加入 WTO，为国内起重机械行业带来了前所未有的机遇与挑战，创造设计优秀、制造精良、服务周到的品牌产品，提升生活质量，始终是起重机械行业发展的主要目标。

1.2.2 发展动向

1. 向“三化”方向发展——大型化、自动化、集成一体化

（1）大型化　随着科学技术和经济的不断发展，能源、石化、冶金、造船、港口等工程规模越来越趋于大型化，从而促使起重机械大型化，即能力更强、速度更快、范围更大；同时，大型化发展往往为起重机械带来专用性，以适应特定场合的特殊功能和要求。起重机械大型化趋势下工作能力参数比较见表1-1。需要说明的是，由于作者掌握信息有限，本书举例中所涉及的生产制造单位并不代表对其特别推荐。

表1-1　起重机械大型化趋势下工作能力参数比较

性能参数	一般（通桥系列）	特殊机型
起重量	3.2～320t	室外桥式起重机“泰山”号，20000t
起升速度	10～20m/min	垃圾起重机，100m/min
运行速度	40～100m/min	岸边集装箱装卸桥，300m/min
起升高度	10～20m	1000t级造船门式起重机，80～100m
跨度	10～30m	1000t级造船门式起重机，248m
幅度	20～30m（一般门座起重机）	大型门座起重机，100m

太原重型机械集团有限公司为三峡工程研制了单钩起重量世界之最——1200t/125t室内桥式起重机（图1-13），跨度33.6m，起升高度34m，采用三主梁（梁高3.6m）、四轨道、双小车的总体结构，圆满完成了三峡电厂700MW巨型水轮发电机组转子、定子等大型关键设备的安装和检修吊装；该公司还研发制造了480t/100t桥式铸造起重机（国内最大），制造出桥隧相连的整孔箱梁900t级铁路架桥机（国内最大）等大型起重设备。

大连重工·起重集团有限公司研发了多吊点起重量世界之最——20000t×125m室外多吊点桥式起重机（图1-14，“泰山”号），起升高度113m，总重为8100t，采用双复合箱型梁（梁高18m，单梁自重3100t），成功地实现了半潜式海上钻井平台的创新性建造工艺，节省制造工时200万个，在起重量、跨度和起升高度等项目刷新世界纪录，“泰山”号桥式起重机以成功实现提升20133t（下水驳船）离开水面30m而列入吉尼斯世界纪录。

图1-13　室内1200t/125t桥式起重机

图1-14　20000t×125m室外多吊点桥式起重机

上海振华重工（集团）股份有限公司研制了世界最大单机起吊7500t全回转自航浮式起

重机（图1-15），固定状态为7500t×45m，全回转状态为4000t×40m，起升高度为110m，具有双钩形主钩和四爪形副钩。该公司研制的一次装卸40ft×3箱（1ft=0.3048m）的岸边集装箱装卸桥（图1-16），以综合性能和高效率称雄于世界集装箱搬运行业。

图1-15　7500t自航浮式起重机

图1-16　岸边集装箱装卸桥

国内还制造了跨度最大的1000t×248m造船门式起重机（图1-17），整体抬吊为1000t，船体翻身为900t，起升高度为70m+14m（轨上+轨下），箱型双梁（梁高16m），总重为7000t，能实现900t级船体翻转吊装工艺，成为超大型船舶制造的关键设备。

国内还研发了世界上起重能力最强的超大吨位履带式起重机（图1-18），起重量为3200t（起重力矩为82000t·m），采用并联双臂架——前后履带车体的总体方案，主要用于核电站CAP 1400的施工吊装。国内还研制了全球最大上回转D5200-240塔式起重机。

图1-17　1000t造船门式起重机

图1-18　3200t履带式起重机

（2）自动化　起重机械的另一个发展与创新空间，主要体现在电气控制的全电子、数字自动化技术方面，包括微电子、电力电子、光缆通信、模糊与全数字化控制、微机自诊断监控、数据管理、数字化操作给定检测系统等综合性智能化技术，使其在传统功能的基础上延伸发展出更多的自动化新技术功能，如吊具防偏防摇功能、自动取（卸）物功能、定位检测及过程记忆功能、故障自诊断监控功能以及基于物联网技术的远程监控（图1-19）等。

（3）集成一体化　利用计算机和网络技术，综合集成系统内各种专用设备、工艺流程（广泛性的上下工序、清洗、烘干、分拣、检验、计量等），以及起重机械、输送系统、自动导引小车AGV、机器人、仓储设施、检测识别系统等，实现集成一体化自动搬运系统

（图 1-20），总效率可提高 65% 以上。

图 1-19　履带式起重机实时监控系统示意

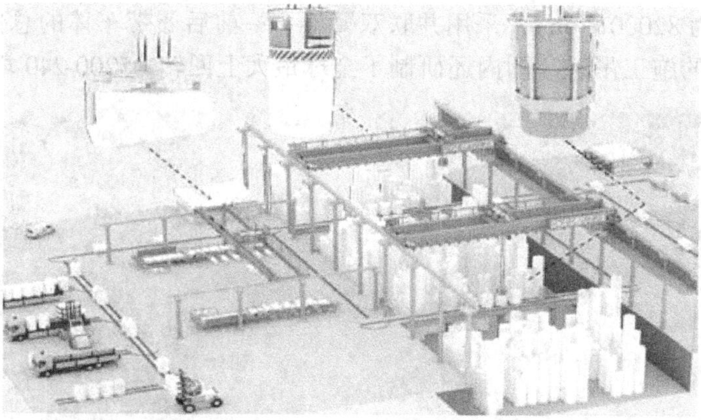

图 1-20　集成一体化

2. 向“三性”——创新性、安全性与人机工效、可靠性推进

（1）基于新理念下的自主创新　在经典与成熟的技术、材料、工艺、构造等基础上，提倡基于新思维和新理念的自主创新发展，不断开发创新出各种适应发展需求的新技术、新材料、新结构和新工艺等。

（2）重视系统安全性与人机工效　起重机械安全性是指其不发生事故、灾害的能力。行业的快速发展和起重安全特殊性，使得人们更加重视此项能力，而发生起重事故将越来越凸显与整个社会的不和谐。因此，开展基于本质安全理念下的安全设计保障、安全防护技术保障、安全过程控制及事故界定、疲劳和剩余寿命评估等技术研究，将是确保系统安全的重要工作。

注重人机工效将是起重机械产品升级换代的重要技术动力之一。传统上忽视人机工效设计的习惯将会导致设备系统出现严重缺陷，甚至制约产品发展和性能提高。起重机械上的司机室——操作人员进行人机对话的界面和结合点（图1-21），其整体的设计与设置（安装形式及位置、敞开与封闭、固定与移动等）、操控系统的设计与布置、操纵人员与系统环境等各方面都应遵循人性化为本、安全高效、健康和谐的人机工效科学原则。

图1-21　1000t造船门式起重机司机室

(3) 可靠性（包括可维修性）　可靠性是指系统（整机、结构/机构及零部件、电气控制、液压传动等）在规定条件下（环境——温度、雨淋、日晒、尘埃等，使用——载荷、振动、冲击等，维修——方法、手段、设备、技术水平等）和规定使用期限内完成规定功能（性能）而不出现故障隐患的能力。

维修性（维修度）是指对系统故障点可发现、可拆卸、可检修、可更换、可安装等的固有维修能力，属于系统固有可靠性指标，表征了整机在机构/结构的构造与布置、故障点/易损零件的拆卸与更换、工作位置/方便性与检修效率等是否合理的综合能力，直接影响产品利用率及维修工时与费用，也是系统人机工效是否良好的一种表现。

可靠性设计和维修性设计是从性能和故障处理的不同角度来保证系统的可靠性，且都能体现系统的本质安全性。起重机械的“三化”发展及特种设备管理的特殊性，越来越凸显出系统高可靠性（包括可维修性）要求的重要性，并将成为行业竞争的焦点。

3. 紧凑轻量化与组合多样性

从满足和兼顾紧凑轻量化（节能减排）与高性价比、需求多样性与批量化生产、通用与组合多样性等综合目标出发，推行基于多目标优化的模块化设计理念已逐渐成为行业发展趋势。一般采用系统设计的方法，综合匹配产品性能与成本、制造工艺与管理、整机尺寸与建筑、设计制造与使用等多种因素，对常见机型的主要参数、典型构造、操纵方式等进行合理配置，从而实现类型模块化与菜单式组合的多样性系列产品（图1-22）。

另外，设计技术在传统经典的基础上（静态、类比、许用应力等）逐步过渡到应用新型设计理论（动态、有限元/优化/可靠性、极限状态等），二维/三维CAD技术与CAPP（工艺规划）、CAM（辅助制造）、CAT（辅助测试）等技术衔接，实现无纸化设计制造与管

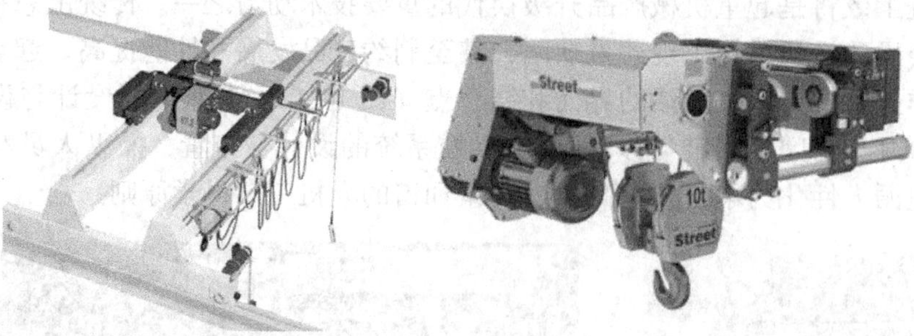

图 1-22　欧式通用桥式起重机

理，对工程技术人员的整体素质提出了更高、更新的要求。同时，设计过程中还应高度重视GB/T 3811—2008《起重机设计规范》等技术标准。

4. 功能外延化及民生化

随着起重机械的广泛应用，其可在三维空间内运动的使用特性日益凸显，逐渐派生发展出一类以现有起重机械为平台、实现或完成某些特殊工艺动作（清洗、涂漆、检测、计量、检修等）的“另类”产品，如擦窗机（图 1-23）、铝电解多功能机组（图 1-24）、铁路架桥机（图 1-25）、桥梁检测车、高架云梯、电缆检修车等，这类设备的广泛出现甚至有可能会引起对起重机械产品的定义与修正。

图 1-23　擦窗机

图 1-24　铝电解多功能机组（打壳、加料、更换阳极、清铲、出铝等）

图 1-25　900t 级铁路架桥机架设整孔箱梁

随着经济的发展和人们生活水平的提高，除日常使用的电梯与自动扶梯外，一些小型专用的起重设备也会逐渐出现在人们的日常生活中，如立体车库、搬家设备以及医院/养老院运送行动不便人员的设备等。

1.3 起重机械的主要参数

参数可用于表征起重机械的工作性能（承载搬运能力）、作业范围、外形尺寸和技术经济指标等，是设计制造和选择使用起重机械的技术依据。参数的确定既应满足用户的使用要求，还要考虑现实生产条件和经济效益等影响因素，类型不同则参数也不相同。起重机械的主要参数应遵守标准的相关规定（GB/T 6974.1—2008《起重机 术语 第1部分：通用术语》），通常包括起重量、跨度、幅度、起升高度、工作速度及工作级别等，有些机型还包括生产率、轨距、基距、最大轮压、自重、外形尺寸等。

1.3.1 起重量和起升载荷

1. 概述

额定起重量是最基本、最重要、能表征起重机械工作承载能力的技术参数，俗称起重量。国内外对其定义和习惯用法都不同，而定义的不统一有时会在设计制造者和用户之间造成混乱。

定义起重量参数的基本目的就是确定起重机械所能起升重物的最大质量，以及作用在其相关零部件上的载荷——荷重（承载）能力。因此，起重量就是起升荷重链上所能够起吊重物的质量（单位为t或kg）。对于起升荷重链上的不同部位，其起吊重物的质量是不一样的。如图1-26所示，从最下端开始的起升荷重链一般可包括被搬运的物品——可分吊具——固定吊具——起重挠性件——起重小车/臂架头部。

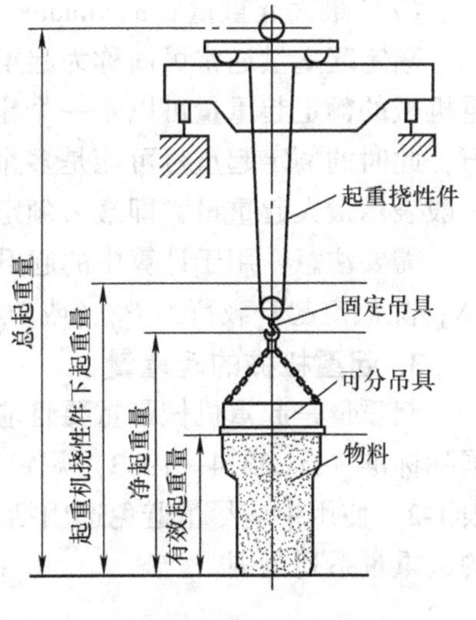

图1-26 起重量与起升荷重链

上述标准中规定了起重量和起升载荷的相关术语及定义，见附录表A-1。

2. 有关起重量的定义

（1）可分吊具、固定吊具、起重挠性件

1）可分吊具（non-fixed load-lifting attachment）是指既能用于起吊有效起重量，同时也可方便地从主机上拆下并能与有效起重物分离的某些吊具装置，如液压马达抓斗、电磁铁等。由于可分吊具通常由用户自备，故其质量 m_{NA} 一般不包含在整机质量之内。

2）固定吊具（fixed load-lifting attachment）是指能用于起吊净起重量，并永久固定在起重挠性件下端的吊具装置，如吊钩组等。固定吊具及其质量 m_{FA} 均属于整机的一部分。

3）起重挠性件（hoist medium）是指由起升机构等驱动并能使其下端吊挂的重物实现升降运动的构件，如钢丝绳、链条等。起重挠性件及其质量 m_{HM} 均属于整机的一部分。

（2）有效起重量 有效起重量（payload）是指直接吊挂在起重机械固定吊具上（无可

分吊具时）或可分吊具上的被起升物品的质量 m_{PL}，当从水中起吊重物（或闸门）时还应计及水流的吸附（或负压）作用所产生的影响。

（3）净起重量　净起重量（net load）是指吊挂在起重机械固定吊具上的被起升重物的总质量 m_{NL}，它是有效起重量和可分吊具质量之和，即 $m_{NL}=m_{PL}+m_{NA}$；如无可分吊具时（$m_{NA}=0$），则净起重量即为有效起重量（被起升物品的质量）。

（4）起重挠性件下起重量　起重挠性件下起重量（hoist medium load）是指吊挂在起重挠性件下端被起升重物的总质量 m_{HL}，它是有效起重量、可分吊具质量与固定吊具质量之和，即 $m_{HL}=m_{PL}+m_{NA}+m_{FA}$。

（5）总起重量　总起重量（gross load）是指直接吊挂在起重机械（如起重小车或臂架头部）上的被起升重物的总质量 m_{GL}，它是有效起重量、可分吊具质量、固定吊具质量与起重挠性件质量之和，即 $m_{GL}=m_{PL}+m_{NA}+m_{FA}+m_{HM}$。总起重量可用于整机和金属结构计算等。

（6）额定起重量（rated capacity）　额定起重量 m_{RC} 是指在正常工作条件下，对于给定机型和载荷位置的起重机械，其设计能起升的最大净起重量；对于流动式起重机，其额定起重量则为起重挠性件下起重量。

（7）最大起重量（maximum capacity）　最大起重量 m_{MC} 是指额定起重量的最大值。

额定起重量通常可简称为起重量。桥架类型起重机械的额定起重量是定值；臂架类型起重机械的额定起重量可以是一个定值，也可以是与臂架幅度（或长度）相对应的可变化的值，此时的额定起重量可能是多个值或是一条可变化的曲线；在无特殊说明时，“起重量”一般表示最大起重量，即最大额定起重量。

需要注意：用于计算中的起升载荷是所对应起重量的载荷表现（作用力），单位为 N 或 kN；除额定起升载荷为 P_Q（或 P_{QRC}）以外，其余下角标应与所对应的起重量保持一致。

3. 起重机械的起重量

起重量是起重机械最重要且应用最多的技术参数，其定义和数值系列应符合国家标准。国际标准（ISO2374—1983）规定了适用于所有类型起重机械的各基型最大起重量系列，见表 1-2，使用中应尽量避免选用括号中的数值。另外，各种类型起重机械都有符合自身特点的起重量系列范围。

表 1-2　各基型最大起重量系列　（单位：t）

0.1	—	0.125	—	0.16	—	0.2	—	0.25	—
0.32	—	0.4	—	0.5	—	0.63	—	0.8	—
1	—	1.25	—	1.6	—	2	—	2.5	—
3.2	—	4	—	5	—	6.3	—	8	—
10	(11.2)	12.5	(14)	16	(18)	20	(22.5)	25	(28)
32	(36)	40	(45)	50	(56)	63	(71)	80	(90)
100	(112)	125	(140)	160	(180)	200	(225)	250	(280)
320	(360)	400	(450)	500	(560)	630	(710)	800	(900)
1000									

对于起重量较大的起重机械（$m_{RC} \geqslant 12.5t$），常配有主、副两套起升机构，起重能力较大者为主起升机构或主卷扬（俗称主钩，Main Hook），起重能力较小者为副起升机构或副卷扬（俗称副钩，Auxiliary Hook）。副钩只具有较低的工作级别，其起重量一般可为主钩起重量的1/5~1/3，但其起升速度、起升高度均大于主钩，可提高轻小货物的搬运作业效率。需要注意：主、副钩一般不能同时工作，需要同时动作时应加以说明。

桥架类起重机械的起重量应符合各自的系列标准；主钩、副钩（包括副小车作副钩）的起重量匹配常为3∶1~5∶1，并采用分子分母的标注形式，即主钩/副钩（如20t/5t，50t/10t，320t/100t等）；对双小车和多小车的桥架类起重机，通常允许多个小车同时工作，此时其起重量的标注形式为 $m_{RC1} + m_{RC2} + \cdots$，如160t+160t，即两个起重小车协同工作时的最大起重能力为320t；若起升机构采用两套相同且分别独立驱动的布置形式时，其起重量的标注形式为 $m_{RC} \times 2$，如450t×2，即两套起升系统组成的机构同时工作时的最大起重能力为900t；若整机要求具有抬吊功能时，其抬吊状况下的最大起重能力不超过最大额定起重量。

通用桥式起重机械起重量系列见表1-3，其中，双小车、多小车起重量限定方式应在合同中约定，总起重量应符合单小车起重量系列。

表1-3　通用桥式起重机械起重量系列（GB/T 14405—2011）　　（单位：t）

取物装置			起重机的起重量系列
吊钩	单小车		3.2，5，6.3，8，10，12.5，16，20，25，32，40，50，63，80，100，125，140，160，200，250，280，320
	双小车	等量	2.5+2.5，3.2+3.2，4+4，5+5，6.3+6.3，8+8，10+10，12.5+12.5，16+16，20+20，25+25，32+32，40+40，50+50，63+63，80+80，100+100，125+125，140+140，160+160
		不等量	小车的起重量应符合单小车起重机起重量系列，总起重量不应超过320t
	多小车		各小车的起重量应符合单小车起重机起重量系列，总起重量不应超过320t
抓斗			3.2，5，6.3，8，10，12.5，16，20，25，32，40，50
电磁			3.2，5，6.3，8，10，12.5，16，20，25，32，40，50

对于臂架类起重机械而言，除起重量外，其起重能力的大小还常用起重力矩（也称载重力矩）来表示。起重力矩 M_Q 是起升载荷 P_Q 与相应工作幅度 R 的乘积，单位为N·m或kN·m，其大小应由整机所具备的抗倾覆稳定能力来决定。

因此，对于幅度可变的臂架类起重机械，当起重力矩确定时，其起重量常随臂架幅度（或长度）而变化，即同一个起升机构就可以实现多个不同的起重量（包括仅改变起升滑轮组倍率的形式），此时该机的起重量标注形式可用起重量曲线或与幅度相对应的不同数值（如3.2t/5t/8t等）来表示。

另外，流动式、浮式和铁路起重机的起重量还会随着吊臂的基本作业方位情况（侧方、后方、前方、全回转等）、支腿作业情况（支腿全伸、不用支腿等）或是否吊重行驶等作业条件的不同而改变；某些履带式起重机通过采用简便易行的技术措施还可以获得所谓的超起能力（见第13章）。

起重机械的起重量应根据用户使用要求、货物类型、最大自重（或生产率）、生产线物流衔接以及多机协同工作等因素，结合国家标准综合分析后再确定。

1.3.2　跨度、轨距与轮距

桥架类起重机械运行轨道中心线之间的水平距离通常称为跨度（span），用 S 表示（图 1-27），单位为 m；起重小车、轨行式臂架起重机（整机）运行轨道中心线之间的水平距离分别称为小车轨距和起重机轨距（track center），两者皆以 K 表示（图 1-28a、b），单位为 m；轮胎式臂架起重机运行车轮踏面中心线之间的水平距离称为轮距（track center），也以 K 表示（图 1-28c），单位为 m。

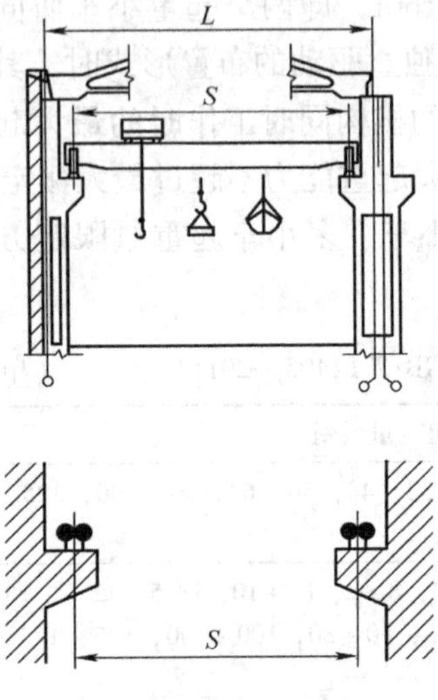

图 1-27　跨度示意图

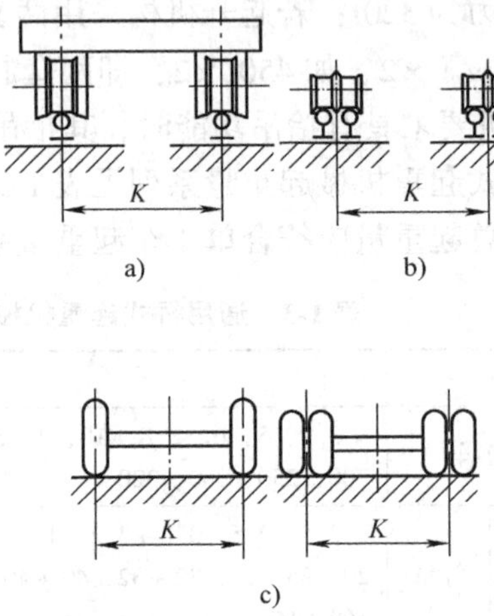

图 1-28　轨距示意图

起重机械的跨度、轨距与轮距是与其工作路径有关的参数，其中，桥架类起重机械的跨度还能表征其工作承载能力。桥式起重机跨度 S 依据厂房跨度 L 而定，通用桥式起重机的跨度 S 见表 1-4，表中较小跨度值通常用于建筑物上与主梁之间留有安全通道的情况。门式起重机和装卸桥的跨度（包括悬臂长度）视所覆盖的货场货位、线路股数、汽车通道等要求而定，通用门式起重机的跨度和悬臂有效伸距见表 1-5。

表 1-4　通用桥式起重机跨度（GB/T 14405—2011）　　（单位：m）

额定起重量 m_{RC}/t		建筑物跨度定位轴线间距 L										
		12	15	18	21	24	27	30	33	36	39	42
		起重机跨度 S										
≤50	无通道	10.5	13.5	16.5	19.5	22.5	25.5	28.5	31.5	34.5	37.5	40.5
	有通道	10	13	16	19	22	25	28	31	34	37	40
>50～125		—	—	16	19	22	25	28	31	34	37	40
>125～320		—	—	15.5	18.5	21.5	24.5	27.5	30.5	33.5	36.5	39.5

注：1. 有无通道，是指建筑物上沿着起重机运行线路是否留有人行安全通道。同一跨度内装设两层起重机时，表内的起重机跨度值只适用于上层起重机。

2. 建筑物跨度定位轴线间距 L 和起重机跨度超过表中给定值时，按每 3m 一档延伸。

表 1-5 通用门式起重机跨度和悬臂有效伸距（GB/T 14406—2011） （单位：m）

起重量 m_{RC}/t	跨度 S									
5～50	10	14	18	22	26	30	35	40	50	60
63～125	—	—	18	22	26	30	35	40	50	60
160～320	—	—	18	22	26	30	35	40	50	60
悬臂有效伸距 l	3.5		3～6			5～10		6～15		

注：跨度超过表中给定值时，按每 10m 一档延伸。

门座和塔式起重机的轨距（图 1-28a、b）以及轮胎式起重机轮距（图 1-28c）都取决于整机抗倾覆稳定性条件，而门座起重机跨越轨道数目、轮胎起重机最小转弯半径等也是重要的影响因素。

1.3.3 幅度

幅度（radius）是指整机置于水平场地时，从回转平台中心线（非回转类时可取为臂架后轴线或其他典型轴线）至取物装置垂直中心线之间的水平距离，用 R 表示（图 1-29a），单位为 m。

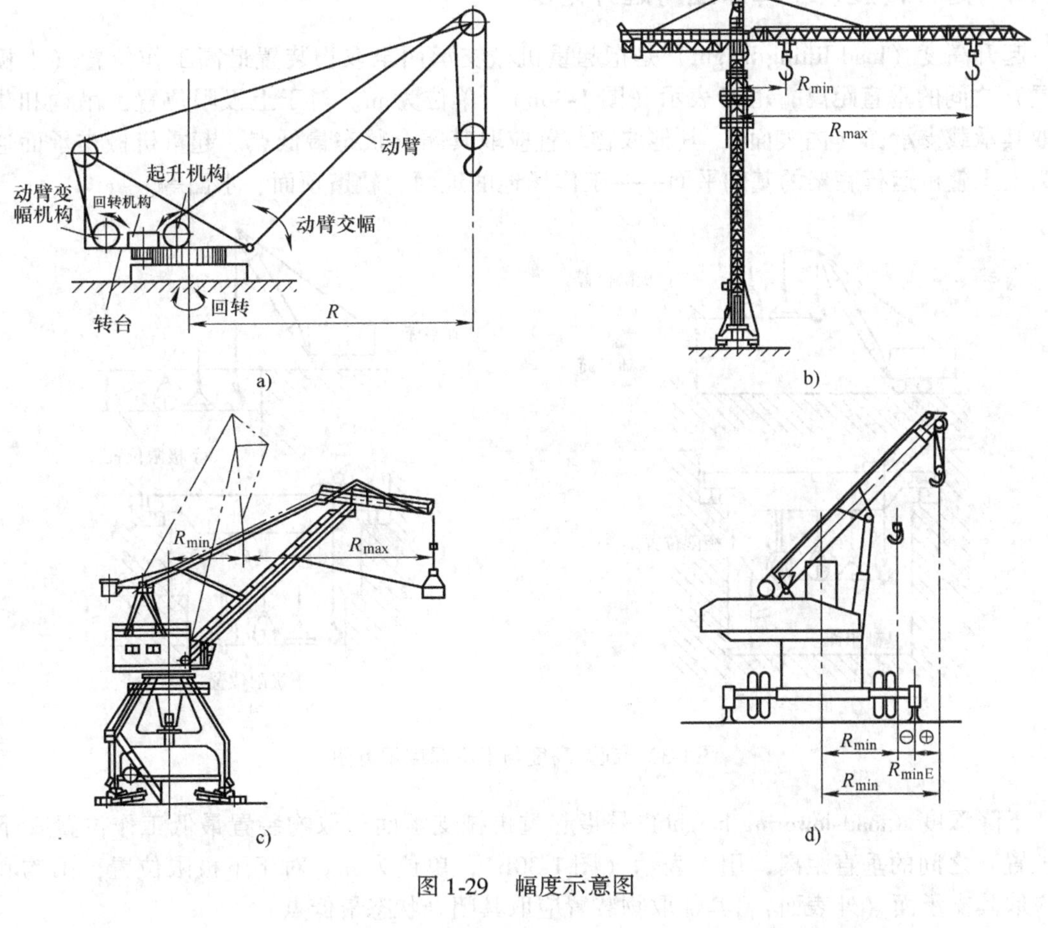

图 1-29 幅度示意图

臂架类起重机的幅度（也称工作幅度）是与其工作范围有关的参数，也能表征其工作承载能力。对臂架类起重机而言，通过改变臂架倾角或长度、小车在水平臂架上运行等方法，可以使其工作幅度发生变化，因而相应地有最大幅度 R_{max}、最小幅度 R_{min} 和有效幅度（R_{max} ~ R_{min}）之分。名义幅度是指最大幅度 R_{max}。R_{max} 是指臂架倾角最小或小车在臂架最外极限位置时的幅度；而最小幅度 R_{min} 是指臂架倾角最大或小车在臂架最内极限位置时的幅度（图 1-29b、c）。另外，工作幅度的大小还与起重能力（空载、满载等）有关。

需要注意的是，对于轮胎式起重机还应考虑其最小幅度的有效值，即 R_{minE}，它能表明该机在最小幅度时利用最大起重量作业的实际可能性。R_{minE} 通常是指使用支腿工作、臂架位于侧向最小幅度时，取物装置中心线至该侧支腿中心线的水平距离（图 1-29d），其值可能为正值或负值；当某些大吨位起重机的 R_{minE} 为负值时，则表明该机由最小幅度 R_{min} 所决定的最大额定起重量往往没有实用意义，它只代表由稳定性等因素所决定的名义起重能力。

幅度应根据起重机械所要求的工作范围而定。门座起重机最大幅度应考虑码头或船台（船坞）岸边的轨道布置尺寸、船舶尺寸、外挡过驳以及是否跨船作业等来确定；最小幅度往往受到整机构造与布置的限制以及安全要求等因素的制约，但应扩大工作范围；门座起重机幅度及其他基本参数系列可参考附录 B。

1.3.4 起升高度、下降深度与起升范围

起升高度（load-lifting height）是指起重机械支承面至取物装置最高工作位置（上极限位置）之间的垂直距离，用 H 表示（图 1-30a），单位为 m。对于上极限位置，吊钩和货叉应取其承载支承面（内表面），其他取物装置应取其闭合状态最低点。起重机械支承面通常取为支承整机运行底架的基础平面——工作场地的地面、轨道顶面、水面等。

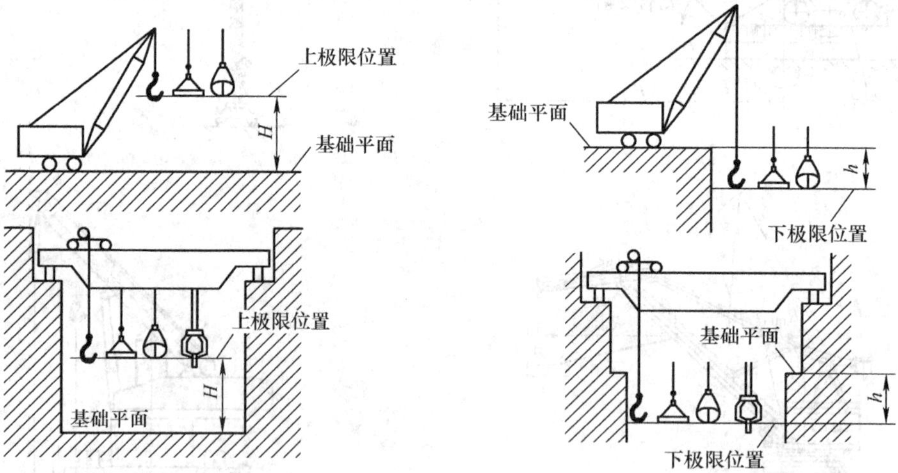

图 1-30　起升高度与下降深度示意图

下降深度（load-lowering height）是指起重机械支承面至取物装置最低工作位置（下极限位置）之间的垂直距离，用 h 表示（图 1-30b），单位为 m。对于下极限位置，吊钩和货叉应取其支承面（外表面），其他取物装置应取其闭合状态最低点。

起升范围（lifting range）是指取物装置最高和最低工作位置（上、下极限位置）之间的垂直距离，即起升高度和下降深度之和，用 H_{LR} 表示，则 $H_{LR}=H+h$。

起升高度和下降深度应根据具体机型的作业要求进行选择，当无特殊要求时，均应按国家标准执行。通用桥式起重机起升高度见表1-6，对于有范围要求的起升高度，其具体值可按系列设计的通用方法而定（与起重量有关）；当用户所需起升高度不在表1-6中所列常用值范围内时，其实际起升高度通常可从6m开始，并以2m为一档。

在确定起重机械起升高度时，除应考虑被起吊物品高度方向的最大尺寸以及需要的过障高度以外，还应考虑配属吊具所占高度尺寸（包括挠性悬挂长度）。俯仰或伸缩臂架起重机的起升高度可随臂架仰角和臂长而变（起升高度曲线）。对港口、造船、水上起重机等，还应考虑最大船舶满载和空载、涨潮和退潮、船倾角等因素对起升高度和下降深度的影响。另外，副钩起升高度通常会比主钩高2m左右。

表1-6 通用桥式起重机起升高度（GB/T 14405—2011） （单位：m）

额定起重量 m_{RC}/t	吊钩				抓斗		电磁
	一般起升高度		加大起升高度		起升高度		一般起升高度
	主钩	副钩	主钩	副钩	一般	加大	
≤50	12~16	14~18	24	26	18~26	30	16
>50~125	20	22	30	32	—	—	—
>125~320	22	24	32	34	—	—	—

1.3.5 工作运动速度

1. 确定工作运动速度的影响因素

起重机械的工作运动速度是指四大机构在工作载荷下稳定运动状态的工作速度，其合理与否将直接影响整机的工作性能，包括作业效率、驱动功率、惯性动载荷、吊装平稳性、安全性等。工作速度除按用户要求和机型确定以外，通常还需考虑如下因素：

（1）工作性质和使用场合　对于经常工作的、工作级别较高的、有较高生产率要求的工作机构，一般可采用高速；对于工作级别较低的、非工作性的或调整性的工作机构，一般采用低速；一般用途场合采用中等工作速度，大批量装卸货物场合采用高速，安装作业时采用低速和微速；装卸、安装、转运等多用途时可采用多种速度或调速；满载工作时采用低速，轻载、空载工作时则采用高速。

（2）起重量和载荷大小　起重量以及自重载荷等较小时可采用高速，反之则宜采用低速。

（3）工作行程长短　工作行程较长时宜采用较高的工作速度，工作行程较短时宜采用低速。合理的工作速度值应能使机构在正常工作时多处于稳定运动状态（图1-31）；当机构起制动加速度 a 给定，行程为 s 时，其适宜的工作速度 v 应取最大工作速度的0.5~0.7倍。即

$$v=(0.5\sim0.7)\sqrt{as} \tag{1-1}$$

（4）其他　各机构作业性质的差异、两个机构同时工作的要求、与生产工艺过程间的

协调、调速要求和电气实现方法等都会影响工作速度。例如，回转速度因受到起制动惯性力的限制而只能取得很小，变幅速度由于受到带载变幅运动平稳性、安全性等影响也不能取得太大。

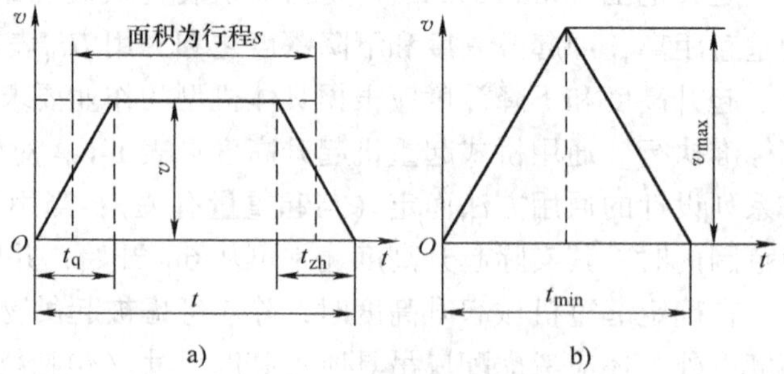

图1-31 速度-时间曲线

2. 机构工作速度

起重机械的机构工作速度通常包括起升、运行、变幅和回转四类。前三项常用字母 v 表示，单位为 m/min（或 m/s），回转速度用 n 表示，单位为 r/min。

（1）起升/下降速度（load-lifting/lowering speed） 起升/下降速度是指在稳定运动状态下，额定工作载荷的垂直位移速度，通常有快速、慢速和微速之分。额定起升速度通常对应机构满载静功率时的电动机转速；多层卷绕的起升速度按钢丝绳在卷筒上第一层（内层）卷绕时计算；伸缩臂架式起重机在不同臂长作业时需改变起升滑轮组倍率，其起升速度常用单绳速度表示。

微速下降速度（precision load-lowering speed）是指在稳定运动状态下，安装或堆垛最大额定载荷时的最小下降速度。

（2）运行速度（traveling speed） 运行速度是指整机在稳定运动状态下，带工作载荷沿水平路径的位移速度。

小车运行速度（crab traversing speed）是指在稳定运动状态下，小车带工作载荷沿水平轨道作横移运行时的速度。

行驶速度（transport/road speed）是指流动式（或浮式）起重机在水平道路（或水面）行驶时，依靠自身动力驱动的最大运行速度，常用单位为 km/h。

（3）变幅速度（derricking speed） 变幅速度是指在稳定运动状态下，起重机工作载荷在最大幅度与最小幅度间水平位移的平均速度。

采用俯仰臂架摆动变幅时，通常可采用平均变幅速度或变幅时间来表示。变幅时间（derricking time）是指幅度从最大值变成最小值所需的时间，如装卸用起重机变幅时间多为 20～50s。采用臂架小车变幅时，变幅速度即为小车运行速度。

（4）回转速度（slewing speed） 回转速度是指在最大幅度带工作载荷稳定运动状态下，起重机回转部分的回转角速度。

回转速度过高，则回转起制动切向惯性力较大，使货物在切线方向摆动大、衰减慢，影响作业效率，故回转速度的选取应考虑幅度的大小，通常 10m 左右幅度时的回转速度不应超过 3r/min；如果同时考虑幅度、吨位等因素，可推荐满载、大幅度时，回转速度取额定速度的 0.6～0.7 倍。另外，港口门座起重机臂架外端的最大回转圆周线速度通常限于 300～360m/min，船厂和水利电力门座起重机的最大回转圆周线速度通常限于 240m/min。

3. 其他

各种机型的通用起重机械，在选取其各机构工作速度的名义值时，一般宜尽可能地靠近下列数系（单位为 m/min）：0.63，0.8，1.0，1.25，1.6，2.0，2.5，3.2，4.0，5.0，

6.3，8.0，10，12.5，16，20，25，32，40，50，56，63，71，80，90，100。

通用桥式起重机各机构的工作速度应优先采用表1-7和表1-8中所推荐的数值。

表1-7 抓斗/电磁、二用及三用桥式起重机工作速度（GB/T 14405—2011） （单位：m/min）

起重机类别	起升速度	小车运行速度	起重机运行速度
抓斗桥式起重机	20~63	25~56	71~100
二用桥式起重机	20~50	25~50	50~100
电磁桥式起重机	10~25	20~50	40~90
三用桥式起重机	6.3~16		

注：起重机的运行速度也可高于112m/min，此时应注意引起轨道安装的变化。

表1-8 通用吊钩桥式起重机工作速度（GB/T 14405—2011） （单位：m/min）

起重量	类别	工作级别	主钩起升速度	副钩起升速度	小车运行速度	起重机运行速度
≤50t	高速	M7、M8	6.3~20	10~25	40~63	71~100
	中速	M4~M6	4~12.5	5~16	25~40	56~90
	低速	M1~M3	2.5~8	4~12.5	10~25	20~50
>50~125t	高速	M6、M7	4~12.5	5~16	32~40	56~90
	中速	M4、M5	2.5~8	4~12.5	20~36	50~71
	低速	M1~M3	1.25~4	2.5~10	10~20	20~40
>125~320t	高速	M6、M7	2.5~8	4~12.5	25~40	50~71
	中速	M4、M5	1.25~4	2.5~10	16~25	32~63
	低速	M1~M3	0.63~2	2~8	10~16	16~32

注：1. 在同一范围内的各种速度，具体值的大小应与起重量成反比，与工作级别和工作行程成正比。
2. 地面有线操纵起重机运行的速度按低速类别取值。
3. 起重机的运行速度也可高于112m/min，此时应注意引起轨道安装的变化。

1.3.6 工作级别

1. 概述

各种类型的起重机械都具有间歇性、变载荷、重复短时、周期循环等工作特点。当机型相同、工作承载能力和搬运能力相同的起重机械，分别在使用工况条件（工作频繁性、载荷大小、作用特性等）有较大差异的场合工作时，其金属结构件和零部件、机构以及整机都将处于不同工作状态，这是起重机械工作及设计过程中与连续通用机械（工作持续、载荷稳定、无短时间的周期间断性等）的显著区别。因此，设计规范通过采用“工作级别”（工作制度）参数来描述不同场合在役起重机械的工作“繁”“重”程度，并以此反映和划分其抗疲劳能力的等级，实现了基于安全、耐用、经济等综合指标下的合理设计、制造与选用，为系列化、标准化、预期寿命设计等提供基础性技术依据。

工作级别的划分包括起重机械整机分级、机构分级、结构件或机械零部件分级三个层次，主要由两个典型使用特征决定：使用时“繁”（忙闲）的程度——使用等级，吊运货物“重”（满载率及次数）的程度——载荷状态级别。

工作级别的划分是基于 Miner 的"疲劳线性损伤累积理论"（图 1-32）而建立的，即遵从所谓的"对角线等寿命"原则（参见表 1-11）：同一对角线上（分级矩阵左下角到右上角）的工作级别是相同的，每种工作级别的使用等级与载荷状态级别的乘积也是相同的；而相邻对角线上的工作级别正好相差一倍，其每种工作级别的使用等级与载荷状态级别的乘积也正好相差一倍；也就是说，在符合对角线原则的条件下，使用等级和载荷状态级别不同但两者乘积相同的起重机械，可以划为同一工作级别。

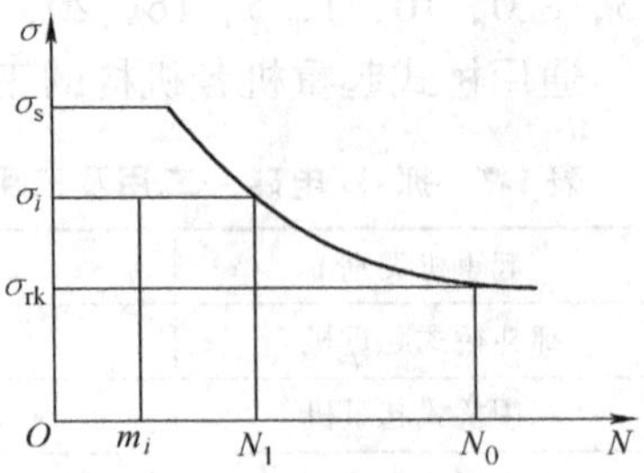

图 1-32　疲劳线性损伤累积理论示意图

2. 起重机整机的分级

（1）起重机的使用等级　一台起重机械的设计预期寿命是指设计预设的，从开始使用起到最终报废时止能完成的总工作循环数 C_T。起重机一个工作循环是指从起吊一个物品起，到能开始起吊下一个物品时止，包括起重机运行及正常的停歇在内的一个完整的过程。因此，从设计效应的角度看，设计预期寿命内的总工作循环次数可以表征起重机械使用频率的具体情况——使用等级。为方便起见，按起重机械可能完成的总工作循环数划分成 $U_0 \sim U_9$ 共 10 个级别的使用等级，见表 1-9。

表 1-9　起重机的使用等级（GB/T 3811—2008）

使用等级	总工作循环数 C_T	起重机使用频繁程度
U_0	$C_T \leqslant 1.60 \times 10^4$	很少使用
U_1	$1.60 \times 10^4 < C_T \leqslant 3.20 \times 10^4$	
U_2	$3.20 \times 10^4 < C_T \leqslant 6.30 \times 10^4$	
U_3	$6.30 \times 10^4 < C_T \leqslant 1.25 \times 10^5$	
U_4	$1.25 \times 10^5 < C_T \leqslant 2.50 \times 10^5$	不频繁使用
U_5	$2.50 \times 10^5 < C_T \leqslant 5.00 \times 10^5$	中等频繁使用
U_6	$5.00 \times 10^5 < C_T \leqslant 1.00 \times 10^6$	较频繁使用
U_7	$1.00 \times 10^6 < C_T \leqslant 2.00 \times 10^6$	频繁使用
U_8	$2.00 \times 10^6 < C_T \leqslant 4.00 \times 10^6$	特别频繁使用
U_9	$4.00 \times 10^6 < C_T$	

不同使用场合的起重机械的使用等级，既可以根据其实际工作场合、环境条件、用户要求（包括双方协商）等因素来确定，也可以由设计者依据实际设计经验来确定，还可以参考表 1-9 中的定性说明来确定。

当起重机械具体使用年限 Y、年工作天数 D、日工作时数 H 以及一个完整工作循环时间 t_c（单位为 s）等相关数据为已知时，则总工作循环数 C_T 的计算公式为

$$C_T = 3600YDH/t_c \tag{1-2}$$

在一般情况下，考虑到金属结构的主要承载构件具有不可更换性，且应满足与整机同步停止工作或报废的要求，因此，整机可以采用金属结构主要承载构件的设计预期寿命为计算依据。国内起重机械金属结构主要承载构件的设计预期寿命为 15 ~ 50 年之间，通常取为

20~30年，每年工作天数为200~300天，而每天使用小时数则与工作忙闲程度有关。表1-9中所列数据总体上是根据式（1-2）和参考数据推算而得的上限值。

（2）起重机的起升载荷状态级别 起重机的起升载荷状态级别是指在该起重机设计预期寿命期限内，它的各个有代表性的起升载荷值及相对应的起吊次数，与其额定起升载荷值及总的起吊次数的比值情况。

由于上述表示载荷利用率（载荷比值）与次数利用率之间的关系（图形）即为载荷谱，因此，起重机的起升载荷状态级别通常可按载荷谱系数 K_P 的范围来划分。表1-10列出了起重机的四种载荷状态级别Q1~Q4以及与其相对应的载荷谱系数范围值。

设计中起重机械载荷状态级别的确定与上述确定使用等级的方法相同。

若已知设计预期寿命期限内该起重机的各个起升载荷值及其相应起吊次数等资料，则该起重机载荷谱系数的计算公式为

$$K_P = \sum \left[\frac{C_i}{C_T} \left(\frac{P_{Qi}}{P_{Q\max}} \right)^m \right] \tag{1-3}$$

式中 K_P——起重机的载荷谱系数；

P_{Qi}——能表征起重机在设计预期寿命期内工作任务的各个有代表性的起升载荷（N），$P_{Qi} = P_{Q1}, P_{Q2}, P_{Q3}, \cdots, P_{Qn}$；

C_i——与各个有代表性的起升载荷相对应的工作循环数，$C_i = C_1, C_2, C_3, \cdots, C_n$；

C_T——起重机总工作循环数，$C_T = \sum_{i=1}^{n} C_i = C_1 + C_2 + C_3 + \cdots + C_n$；

$P_{Q\max}$——起重机的额定起升载荷（N）；

m——幂指数，为便于级别的划分，约定取 $m=3$。

表1-10 起重机的载荷状态级别及载荷谱系数（GB/T 3811—2008）

载荷状态级别	载荷谱系数 K_P	说 明
Q1	$K_P \leqslant 0.125$	很少吊运额定载荷，经常吊运较轻载荷
Q2	$0.125 < K_P \leqslant 0.250$	较少吊运额定载荷，经常吊运中等载荷
Q3	$0.250 < K_P \leqslant 0.500$	有时吊运额定载荷，较多吊运较重载荷
Q4	$0.500 < K_P \leqslant 1.000$	经常吊运额定载荷

（3）起重机整机的工作级别 综合上述起重机的10个使用等级和4个载荷状态级别的排列组合，起重机整机的工作级别可按“对角线等寿命”原则划分为A1~A8共8个级别，见表1-11。

表1-11 起重机整机的工作级别（GB/T 3811—2008）

载荷状态级别	载荷谱系数 K_P	起重机的使用等级									
		U_0	U_1	U_2	U_3	U_4	U_5	U_6	U_7	U_8	U_9
Q1	$K_P \leqslant 0.125$	A1	A1	A1	A2	A3	A4	A5	A6	A7	A8
Q2	$0.125 < K_P \leqslant 0.250$	A1	A1	A2	A3	A4	A5	A6	A7	A8	A8
Q3	$0.250 < K_P \leqslant 0.500$	A1	A2	A3	A4	A5	A6	A7	A8	A8	A8
Q4	$0.500 < K_P \leqslant 1.000$	A2	A3	A4	A5	A6	A7	A8	A8	A8	A8

工作级别相同的起重机械工作“繁”“重”程度，可由使用等级和载荷状态级别不同但两者乘积相同的组合来描述。可以理解为：一台起重机械起重量越轻则寿命越长，使用次数越少则寿命越长。

不同类别和使用情况的桥式和门式起重机整机分级举例见附录 C。

3. 机构的分级

（1）机构的使用等级　机构的设计预期寿命是指设计预设的，从开始使用起到预期更换或最终报废时为止的总运转时间（不包括停歇时间的、实际运转小时数的累计总和）。从机构设计角度看，设计预期的总运转时间可以表示机构工作繁忙程度——使用等级，因此，机构使用等级按机构预期完成的总运转小时数划分成 T_0 ~ T_9 共 10 个等级，见表 1-12，它仅作为该机构及其零部件的、被视作指导值的计算使用时间，而不能被视为保用期。

表 1-12　机构的使用等级（GB/T 3811—2008）

使用等级	总使用时间 t_T/h	平均每天使用时间 H（参考值）/h	机构运转频繁情况
T_0	$t_T \leqslant 200$	$H \leqslant 0.125$	很少使用
T_1	$200 < t_T \leqslant 400$	$0.125 < H \leqslant 0.25$	
T_2	$400 < t_T \leqslant 800$	$0.25 < H \leqslant 0.5$	
T_3	$800 < t_T \leqslant 1600$	$0.5 < H \leqslant 1.0$	
T_4	$1600 < t_T \leqslant 3200$	$1.0 < H \leqslant 2.0$	不频繁使用
T_5	$3200 < t_T \leqslant 6300$	$2.0 < H \leqslant 4.0$	中等频繁使用
T_6	$6300 < t_T \leqslant 12500$	$4.0 < H \leqslant 8.0$	较频繁使用
T_7	$12500 < t_T \leqslant 25000$	$8.0 < H \leqslant 16$	频繁使用
T_8	$25000 < t_T \leqslant 50000$	$16 < H \leqslant 20$	
T_9	$t_T > 50000$	$H > 20$	

当机构的具体使用年限 Y（通常取为 8 年）、年工作天数 D（200 ~ 300 天，按国内法定假日为 256 天）、日工作时数 H（与工作忙闲程度有关）等相关数据为已知时，则总使用时间 t_T 的计算公式为

$$t_T = YDH \tag{1-4}$$

表 1-12 所列数据是根据式（1-4）和参考数据推算而得的上限值，若以规定的总使用时间 t_T 为已知，可得机构平均每天使用时间 H（参考值，表 1-12 中第三列），设计者可参考用户提供的具体使用情况选定合适的机构使用等级。

（2）机构的载荷状态级别　机构的载荷状态级别表明了其所受载荷的轻重程度（可用机构载荷谱系数 K_m 表征）。ISO 标准根据载荷谱系数 K_m 列出了机构的四种载荷状态级别 L1 ~ L4 以及与其相对应的载荷谱系数范围值（表 1-13），它可以反映这些载荷对机构及其零部件所形成的损伤效应状态，与表 1-13 机构载荷状态级别相对应的典型载荷谱如图 1-33 所示（C_i 为与载荷相应的作用时间比），设计中机构载荷状态级别的具体确定方法与整机类似。

表1-13 机构的载荷状态级别及载荷谱系数（GB/T 3811—2008）

载荷状态级别	载荷谱系数 K_m	说 明
L1	$K_m \leqslant 0.125$	机构很少承受最大载荷，一般承受较小载荷
L2	$0.125 < K_m \leqslant 0.250$	机构较少承受最大载荷，一般承受中等载荷
L3	$0.250 < K_m \leqslant 0.500$	机构有时承受最大载荷，一般承受较大载荷
L4	$0.500 < K_m \leqslant 1.000$	机构经常承受最大载荷

当机构的实际载荷谱已经给定时，该机构的实际载荷谱系数可按下式计算

$$K_m = \sum \left[\frac{t_i}{t_T} \left(\frac{P_i}{P_{max}} \right)^m \right] \tag{1-5}$$

式中 K_m——机构的载荷谱系数；

P_{max}——机构承受的最大载荷（N）；

P_i——能表征机构服务期内工作特征的各个有代表性的、大小不同等级的载荷（N），$P_i = P_1, P_2, P_3, \cdots, P_n$；

t_i——与机构承受各大小不同等级载荷的相应持续时间（s），$t_i = t_1, t_2, t_3, \cdots, t_n$；

t_T——机构承受所有大小不同等级载荷的时间总和（s），$t_T = \sum_{i=1}^{n} t_i = t_1 + t_2 + t_3 + \cdots + t_n$；

m——同式（1-3）。

（3）机构的工作级别 机构的工作级别是把各单个机构分别作为一个独立整体来进行其载荷轻重程度及运转频繁情况的总体评价，它并不表示该机构中所有零部件都一定有与此相同的受载及运转情况。根据机构的10个使用等级和4个载荷状态级别的排列组合，机构的工作级别可划分为M1～M8共8级，见表1-14。

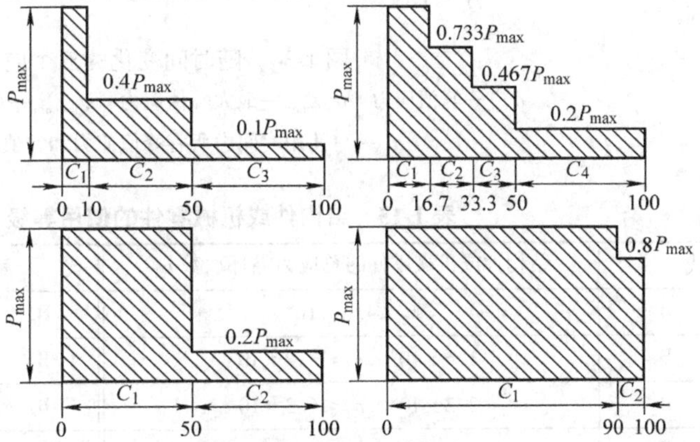

图1-33 机构典型载荷谱

表1-14 机构的工作级别（GB/T 3811—2008）

载荷状态级别	载荷谱系数 K_m	机构的使用等级									
		T_0	T_1	T_2	T_3	T_4	T_5	T_6	T_7	T_8	T_9
L1	$K_m \leqslant 0.125$	M1	M1	M1	M2	M3	M4	M5	M6	M7	M8
L2	$0.125 < K_m \leqslant 0.250$	M1	M1	M2	M3	M4	M5	M6	M7	M8	M8
L3	$0.250 < K_m \leqslant 0.500$	M1	M2	M3	M4	M5	M6	M7	M8	M8	M8
L4	$0.500 < K_m \leqslant 1.000$	M2	M3	M4	M5	M6	M7	M8	M8	M8	M8

机构工作级别的分级为各机构总体设计计算、载荷组合计算、电动机等主要零部件的选用提供了基础性规定。机构工作级别的划分符合“对角线”原则，由于表1-14中机构的使用等级和载荷状态级别的乘积还可以表征零部件的疲劳损伤率，因此，按工作级别及其

"对角线"原则进行机构设计可以大为减少品种规格，为实现机构及其零部件的系列化和标准化创造有利条件，也为进行系统寿命设计提供了重要依据。桥式和门式起重机各机构单独作为整体的分级举例见附录C。

4. 结构件或机械零件的分级

（1）结构件或机械零件的使用等级　结构件或机械零件的总使用时间（预期寿命），可以表征为设计预设的，从开始使用起到该结构件报废或该机械零件更换时为止的期间内发生的总的应力循环次数。结构件或机械零件的一个应力循环是指应力从通过 σ_m 时起至该应力同方向再次通过 σ_m 时为止的一个完整的连续过程。图1-34所示为包含五个应力循环的时间应力变化历程。结构件或机械零件的使用等级，按其设计预期寿命内的总的应力循环次数分成 $B_0 \sim B_{10}$ 共11个等级，见表1-15，它可以被视为该结构件或机械零件的计算使用时间（指导值）。

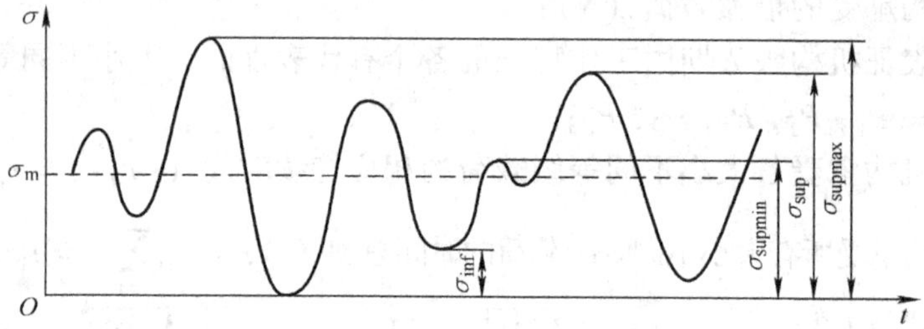

图1-34　随时间变化的五个应力循环举例

σ_{sup}—峰值应力　σ_{supmax}—最大峰值应力　σ_{supmin}—最小峰值应力　σ_{inf}—谷值应力

σ_m—总使用时间内所有峰值应力和谷值应力的算术平均值

表1-15　结构件或机械零件的使用等级（GB/T 3811—2008）

代　号	结构件或机械零件的总应力循环次数 n_T	代　号	结构件或机械零件的总应力循环次数 n_T
B_0	$n_T \leqslant 1.6\times10^4$	B_6	$5\times10^5 < n_T \leqslant 1\times10^6$
B_1	$1.6\times10^4 < n_T \leqslant 3.2\times10^4$	B_7	$1\times10^6 < n_T \leqslant 2\times10^6$
B_2	$3.2\times10^4 < n_T \leqslant 6.3\times10^4$	B_8	$2\times10^6 < n_T \leqslant 4\times10^6$
B_3	$6.3\times10^4 < n_T \leqslant 1.25\times10^5$	B_9	$4\times10^6 < n_T \leqslant 8\times10^6$
B_4	$1.25\times10^5 < n_T \leqslant 2.5\times10^5$	B_{10}	$8\times10^6 < n_T$
B_5	$2.5\times10^5 < n_T \leqslant 5\times10^5$		

结构件的总应力循环次数 n_T，可以根据其与起重机械之间存在的一定比例关系，从整机使用等级的总工作循环数 C_T 中导出。

机械零件的总应力循环次数 n_T 应从该零件所归属机构的（或设计预定的）总使用时间 t_T 中导出，推导时应考虑影响其应力循环次数的该零件转速以及其他相关因素。因此，机械零件在设计预期寿命内的总应力循环次数 n_T 可以分别按下列两种情况确定：

1）机械零件应力循环次数仅与起重机总工作循环数有关时，其计算公式为

$$n_T = n_h t_T = K_a S_p t_T \tag{1-6}$$

式中　n_h——零件的每小时应力循环次数；

K_a——在一个完整的起重机工作循环中，该零件的应力循环次数；

S_P——起重机每小时的工作循环次数。

2）机械零件应力循环次数与该零件的转速有关时，其计算公式为

$$n_T = n_h t_T = \frac{60nK_b}{i_m} t_T \tag{1-7}$$

式中 K_b——零件每一转的应力循环次数；

n——该零件所属机构电动机的转速（r/min）；

i_m——电动机到该零件所在轴的转速比。

（2）结构件或机械零件的应力状态级别 结构件或机械零件的应力状态级别，表明了该结构件或机械零件在总使用期内发生应力的大小及相应的应力循环情况（即应力谱）。设计规范根据应力谱系数 K_S 列出了结构件或机械零件的四种应力状态级别 S1 ~ S4 以及与其相对应的应力谱系数范围值，见表1-16。

表1-16 结构件或机械零件的应力状态级别及应力谱系数（GB/T 3811—2008）

应力状态级别	应力谱系数 K_S
S1	$K_S \leqslant 0.125$
S2	$0.125 < K_S \leqslant 0.250$
S3	$0.250 < K_S \leqslant 0.500$
S4	$0.500 < K_S \leqslant 1.000$

注：1. 某些结构件或机械零件，如已受弹簧加载的零部件，它所受的载荷同以后实际的工作载荷基本无关；在大多数情况下，它们的 $K_S = 1$，应力状态级别属于 S4 级。

2. 对于机械零件，计算应力谱系数时所用的应力就是在零件计算截面上出现的总应力。

3. 对于结构件，确定应力谱系数所用的应力是该结构件在工作期间内发生的各个不同的峰值应力，即图1-34中的 $\sigma_{sup\,min}$、σ_{sup}、$\sigma_{sup\,max}$ 等。

每一个结构件或机械零件的应力谱系数 K_S 的计算公式为

$$K_S = \sum \left[\frac{n_i}{n_T}\left(\frac{\sigma_i}{\sigma_{max}}\right)^c\right] \tag{1-8}$$

式中 K_S——结构件或机械零件的应力谱系数；

n_i——与结构件或机械零件所发生不同应力相应的应力循环次数，$n_i = n_1, n_2, \cdots, n_n$；

n_T——结构件或机械零件总的应力循环次数，$n_T = \sum_{i=1}^{n} n_i = n_1 + n_2 + n_3 + \cdots + n_n$；

σ_i——结构件或机械零件在工作时间内发生的不同应力，$\sigma_i = \sigma_1, \sigma_2, \sigma_3, \cdots, \sigma_n$，并设定 $\sigma_1 > \sigma_2 > \sigma_3 > \cdots > \sigma_n$；

σ_{max}——应力 $\sigma_1, \sigma_2, \sigma_3, \cdots, \sigma_n$ 中的最大应力；

c——幂指数，与有关材料的性能，结构件或机械零件的种类、形状和尺寸，表面粗糙度值以及腐蚀程度等有关，其值由实验得出（见 GB/T 3811—2008）。

对于机械零件，每一个循环 n_i 内认为发生的应力基本上相等且为 σ_i，而各个循环之间的应力则可以不同；另外，当 n_T 中某单项应力 σ_i 首次出现 $n_i \geqslant 2\times10^6$ 项时，即取 $n_i = 2\times10^6$ 为有效值，并将此 n_i 值作为末项 n_n 的值，后续项不再计入。

（3）结构件或机械零件的工作级别 结构件或机械零件工作级别按其使用等级及应力状态级别划分为 E1 ~ E8 共 8 个级别，见表1-17。

表 1-17　结构件或机械零件的工作级别（GB/T 3811—2008）

应力状态级别	使用等级										
	B_0	B_1	B_2	B_3	B_4	B_5	B_6	B_7	B_8	B_9	B_{10}
S1	E1	E1	E1	E1	E2	E3	E4	E5	E6	E7	E8
S2	E1	E1	E1	E2	E3	E4	E5	E6	E7	E8	E8
S3	E1	E1	E2	E3	E4	E5	E6	E7	E8	E8	E8
S4	E1	E2	E3	E4	E5	E6	E7	E8	E8	E8	E8

综上所述，整机和机构工作级别的划分只表征了起重机械与机构起升、移运荷重的工作情况，而结构件和机械零件工作级别的划分则表征了其承受荷重后的具体应力情况（应力大小、循环次数等），对结构件和机械零件的设计计算（尤其疲劳）具有重要意义。

实际工作中的机械零件（如齿轮等），其总应力循环次数往往高于结构件，考虑可维修与可更换的特点，适当降低其总应力循环次数的组别，从而将机械零件和结构件两者的总应力循环次数 n_T 简化为同一个表格（相同的范围及分度）来表述。另外，起重机械主要承载结构件通常应与整机同步报废或停止，考虑到不可更换性以及结构件实际所经历的应力循环数通常高于整机等问题，从而将其使用等级相对增加一个组别（共 11 级），在工作级别和荷重状态相同的情况下，结构件或机械零件的使用等级会高于整机和机构一个组别，这样的规定更符合起重机械的实际工作状态。

整机、机构、结构件和机械零件三种层次工作级别的划分，为起重机械的寿命设计提供了数据支持。设计中应很好地利用“对角线等寿命”原则，使整机、机构以及主要零部件之间能形成合理的寿命匹配关系，从而同步实现规定的预期寿命。

1.3.7　其他工作参数简介

1. 生产率（loading and unloading capacity，productivity）

生产率（或生产能力）是指单台起重机单位时间内完成吊运货物的总量，以表明该机装卸能力的综合指标，单位为 t/h。生产率通常可根据起重量、主要机构工作速度、工作行程、机构重叠工作程度、循环时间和次数、作业路径、操作技能等装卸工艺数据（图 1-35）进行理论计算，此时，主要机构的驱动装置应以最高生产率下不过热和不过载为计算条件。

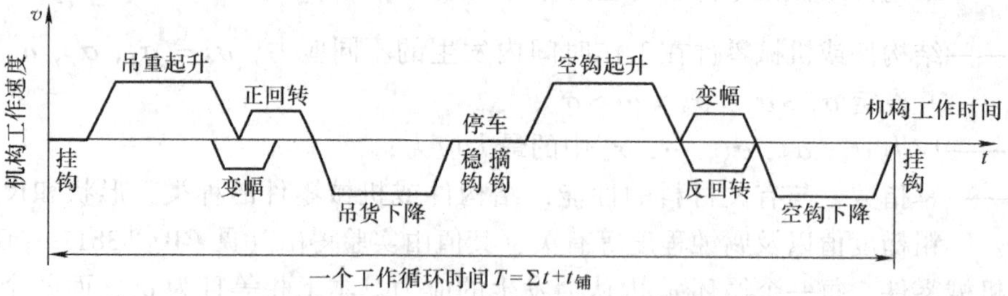

图 1-35　门座起重机典型工作循环过程

生产率对物流系统集成、港口规划、装卸工艺设计、物流组织与管理等具有重要意义。

2. 轮压（wheel load）

轮压 P 是指起重机（或小车）一个车轮作用在轨道或地面上的最大垂直载荷，单位为

N或kN。轮压是起重机械金属结构、运行系统等设计的重要参数，也是其支承基础的基本参数，按工况不同可分为工作轮压与非工作轮压、最大轮压与最小轮压以及等效轮压等。

3. 质量（mass）**指标**

1）设计质量（design mass）m_0 是指起重机械在正常状态下（包括尾部平衡重），不包括压重、平衡重、燃料、油品、润滑剂和水的起重机械质量。

2）总质量（total mass）m_{tot}是指包括压重与平衡重以及按规定值加足的燃料、油品、润滑剂和水在内的起重机械质量。

起重机械质量指标是设计工作的基本指标之一。为便于用户比较同类型起重机械能力指标的优劣，常用比质量系数（起重量和其自身质量之比）来表示。

4. 基距（base）

基距 b 是指（流动式起重机或行走式起重机）沿平行于起重机纵向运行方向测定的起重机支承中心线之间的距离，如图1-36所示。

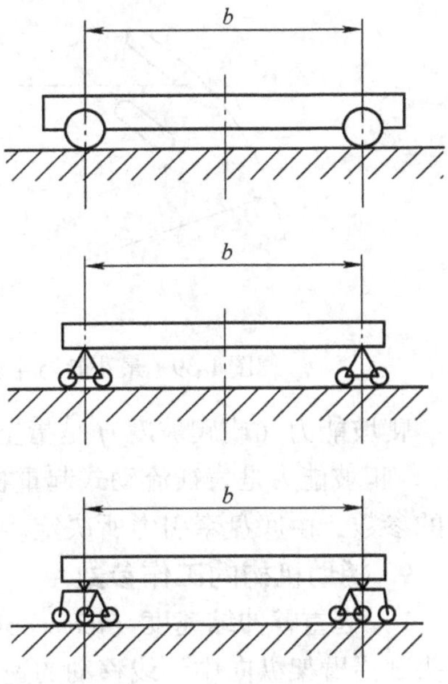

图1-36 基距示意图

5. 悬臂有效伸距（outreach from rail）

悬臂有效伸距 l 是指离悬臂最近的起重机轨道中心线至位于悬臂端部取物装置中心线的最大水平距离，如图1-37所示。悬臂长度和有效伸距（见表1-5）将影响场地的使用情况以及起重机自身的运输情况等。

6. 尾部回转半径（tail radius）

尾部回转半径 r 是指在与臂架相反方向上起重机回转部分的最大回转半径，如图1-38所示。

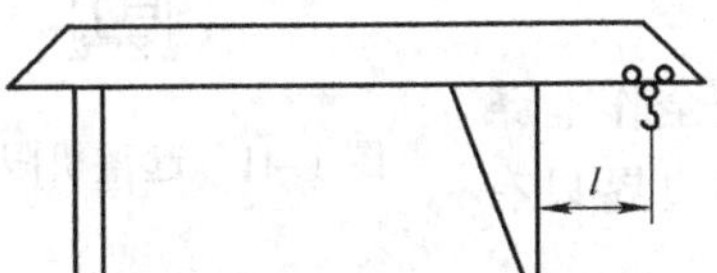

图1-37 悬臂有效伸距

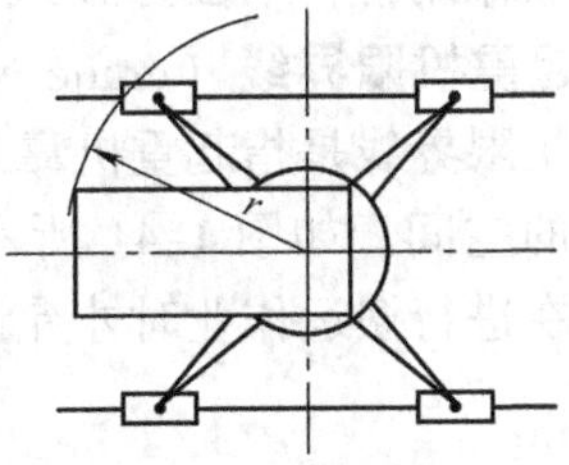

图1-38 尾部回转半径

7. 最小转弯半径（minimum turning radius）

最小转弯半径 r_{min}是指起重机转向车轮处于极限偏转位置时，其外侧前轮运行轨迹的曲率半径的最小值，如图1-39所示。最小转弯半径与起重机底盘的基距、轮距、转向轮的转角等有关。

8. 坡度（gradient）**和爬坡能力**（gradeability）

坡度 i 是指起重机（或小车）在地面（或轨道）上工作时的道路坡度，用起重机基距两点之间的标高差值 h 与在坡道上的水平距离 b 之比（$i = h/b$）来确定，如图 1-40 所示。

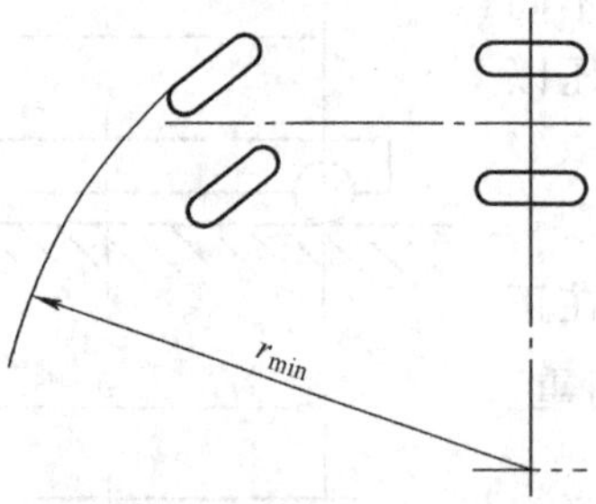

图 1-39　最小转弯半径图

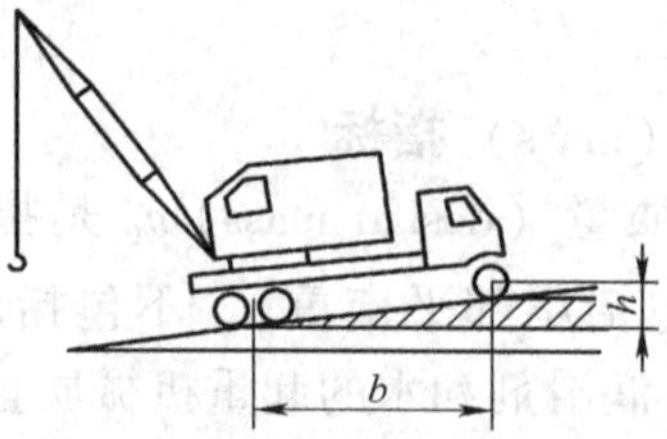

图 1-40　坡度示意图

爬坡能力（或爬坡度）j 是指空载起重机以稳定行驶速度爬行的斜坡的最大斜率（即坡度）。爬坡能力是表征流动式起重机和场内机动车辆（如叉车）等在各种道路上正常行驶能力的参数，由底盘牵引力所决定。

9. 辅助机构的工作参数

1）起重臂伸缩速度（telescopic speed）。起重臂伸缩速度是指起重臂伸出（或缩回）时其头部沿臂架纵向中心线移动的速度。

起重臂伸缩速度与臂架长度、伸缩方式以及伸缩驱动机构有关。由于伸缩缸构造的特殊性，液压缸两腔的有效面积相差很大，导致缩臂速度为伸臂速度的 2～3 倍。臂架伸缩速度通常用伸缩时间表征，伸缩时间的变化范围为 50～150s。

2）支腿收放时间（retracting time）。支腿收放时间是指起重机的外伸支腿由全伸（全收）状态运动到全收（全伸）状态所用的时间。通常支腿的缩腿时间约为伸腿时间的一半，一般为 15～50s。

3）外伸支腿最大压力（maximum out-rigger load）。外伸支腿最大压力是指支腿全伸进行起重作业时，一个支腿座承受的最大法向反作用力，单位为 N 或 kN。

10. 起重机限界线（crane clearance line）

起重机限界线是指起重机靠近构筑物工作时，安全作业条件所限定的空间，如图 1-41 所示。起重机限界线的边界只有取物装置在进行搬运作业时才允许逾越。

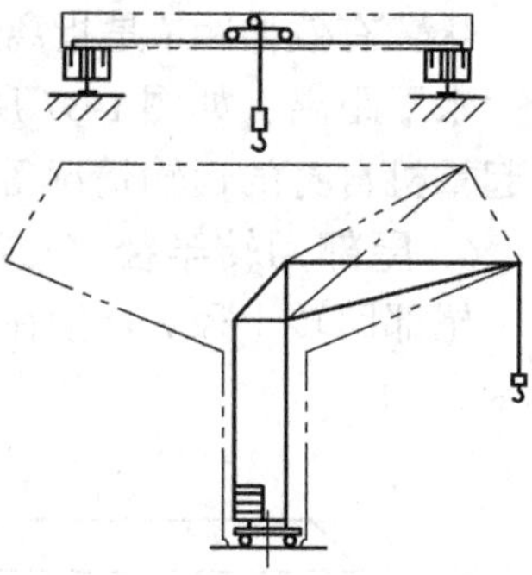

图 1-41　起重机限界线图

本章小结

本章主要介绍了起重机械的用途、地位、基本组成、工作过程和工作特点、发展历程和发展动向、主要工作参数等基础知识，对于这些应全面了解，并重点掌握起重机械的工作特点和主要参数，尤其是有关起重量、工作速度、工作级别等基本概念。

教学重点和难点：起重机械的工作特点和主要参数，尤其是起重量和工作级别的概念。

第2章 起重机械的类型及典型机型

起重运输机械一般是指能进行起重、输送及其他物料搬运作业的机械设备的总称。按工作特点，通常将其分为起重机械、连续运输机械和装卸机械（叉车、装载机、堆取料机、翻车机、卸船机等）三大类，其中“起重机械”这一术语泛指各种类型的能实现被起重物品三维空间移动的机械设备。

2.1 起重机械类型概述

起重机械是进行物料搬运及装卸作业的核心机械设备，它通过各工作机构的组合运动来实现物料垂直升降和水平运移（物料空间移动），然后按指定位置安置物料并空载复位，具有间歇性、变载荷、频繁正逆、周期循环等工作特点，广泛应用于物料的起重、输送、装卸和仓储等物料搬运场所。起重机械类型繁多，其构造特征也多种多样，对其进行规范化的形式分类和命名是一项非常重要但又艰巨的工作。

起重机械分类和命名常用的典型构造特征包括：能力、功能、使用场合及用途、动作组成、(机构和结构）原理及构造、机动运移方式、支承方式、驱动方式、取物装置、操作方式等。由于各类型起重机械大多具有多项典型特征，从而使其分类和命名复杂化。另外，随着技术进步和行业发展，起重机械的某些典型特征也会相应发生改变从而影响其分类界限。如行业内以前习惯上把电动葫芦归类为轻小型起重设备，但目前电动葫芦的起重量已可达上百吨，再笼统地称为“轻小型”显然已不符合其特点。总而言之，起重机械典型特征越多，则对其形式分类和命名的表述就越准确。

起重机械的动作特点及组成是其构造上最具代表性的特征，通常可分为单动作（一维）和复动作（二维至四维）两大类型。单动作的起重机械只配备起升机构(或顶升装置)，只能实现垂直方向的升降运动，其服务范围是一条直线，如千斤顶、滑车、轻小型起重葫芦、电梯、升降机等；复动作的起重机械通常配备两个及以上的工作机构（除起升机构外还配备其他水平运动机构)，可实现多方向的往复运动，服务范围大多是立体空间，四维动作（图2-1）是在三维基础上增加绕垂直轴线旋转的回转动作。习惯上把具有复动作功能的起重机械统称为起重机，而把单动作的起重机械称为起重设备。

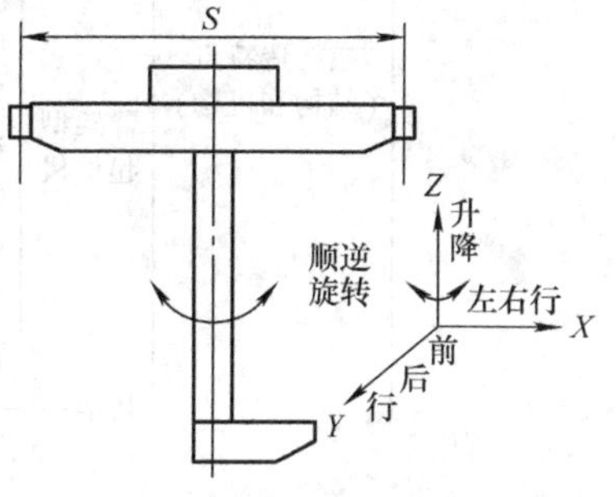

图2-1 四维动作桥式起重机

起重机械类型除了按能力大小分为轻小型、中型、大型以外，按其功能、使用场合(通用/专用）以及用途等特征分类，也能很好地反映它的特殊性。如核电站用起重机械，除应具有实现物品空间位移的功能外，还应满足核环境下对其提出的高可靠性、本质安全、核防护等特殊要求。另外，除了驱动方式、取物装置、操作方式等典型特征外，起重机械实现物品水平运动的形式也是一项重要特征。

综合来看，从设计制造和使用角度出发，起重机械最常用的分类和命名方法是按照机构和结构的典型特征进行的，如桥架型、缆索型、臂架型以及其他类型的起重机等。结合行业标准和习惯，将起重机械的形式分类列于表 2-1。

表 2-1　起重机械的类型

- 起重机械
  - （单动作）起重设备
    - 轻小型起重设备
      - 千斤顶、起重滑车等
      - 轻小型电动葫芦、卷扬机、汽车举升机等
    - 大中型起重设备
      - 电梯、工作平台、大中型电动葫芦和卷扬机等
      - 升降机
        - 高炉升降机、矿井升降机、施工升降机等
        - 升船机、闸门启闭机、大中型举升机等
  - （复动作）起重机
    - 按使用场合（通用/专用）及用途
      - 通用起重机、专用起重机（冶金、建筑、港口、工程、造船、铁路、安装、水电、核电、救援、绝缘、防爆、堆垛等）、架桥机、机械式停车设备等
    - 按取物装置
      - 吊钩式起重机、抓斗式起重机、电磁式起重机、两用（吊钩-抓斗）式起重机、三用（吊钩-抓斗-电磁）式起重机、夹钳式起重机、电磁-料箱式起重机、抓斗-料箱式起重机、平炉加料式起重机、电极棒式起重机、铸造式起重机、加热炉装取料式起重机、锻造式起重机、挂梁式起重机、堆垛式起重机、集装箱式起重机等，以及电解铝（铜）多功能机组等
    - 按移动方式
      - 固定式起重机、爬升式起重机、便移式起重机、径向回转式起重机、行走式（自行式、牵引或拖行式、随车式）起重机、运行式（轨行式、轮胎式、履带式、其他运行式）起重机等
    - 按驱动方式——电动式起重机、液压式起重机、手动式起重机、内燃式起重机等
    - 按回转能力——全回转式起重机、非全回转式起重机、非回转式起重机等
    - 按支承方式——支承式起重机、悬挂式起重机等
    - 按操作方式
      - 司机室操纵式起重机、地面操纵式起重机、遥控式（无线遥控、无线电操纵、红外线操纵）起重机、有线遥控式起重机等
    - 按构造特点（结构和机构）
      - 桥架型起重机
        - 葫芦式（梁式）起重机
        - 桥式起重机
        - 门式（半门式）起重机
        - 装卸桥（包括岸桥、场桥等）
      - 缆索型起重机——缆索起重机、门式缆索起重机等
      - 臂架型起重机
        - 门座（半门座）式起重机
        - 流动式（汽车、轮胎、履带）起重机
        - 塔式起重机（爬升式、附着式）
        - 铁路起重机（电力式、内燃式、蒸汽式）
        - 浮式起重机（自航式、非自航式）
        - 甲板式起重机
        - 桅杆式起重机（缆绳式、刚性斜撑式）
        - 悬臂式起重机（柱式、壁式、平衡式）
        - 臂架式起重机（固定式、台架式、移动式）
      - 其他——巷道式堆垛机、机械式停车设备、架桥机等

2.2　单动作起重设备

2.2.1　轻小型单动作起重设备

轻小型起重工具和设备如千斤顶、手动葫芦、起重滑车、轻小型电动葫芦和卷扬机等，

它们所具有的共同特点是：原理简单，结构轻巧紧凑，体积小，自重轻，使用方便，可人力或电力驱动，特别适用于维修和简单起重工作。

1. 千斤顶（jack）

千斤顶是日常生活和维修中常用的起重工具，它依靠人力驱动来顶升重物，顶升高度很小（≤300mm），起重能力范围较大。根据顶升传动原理，千斤顶可分为螺旋千斤顶、齿条千斤顶和液压千斤顶等，如图 2-2 所示。

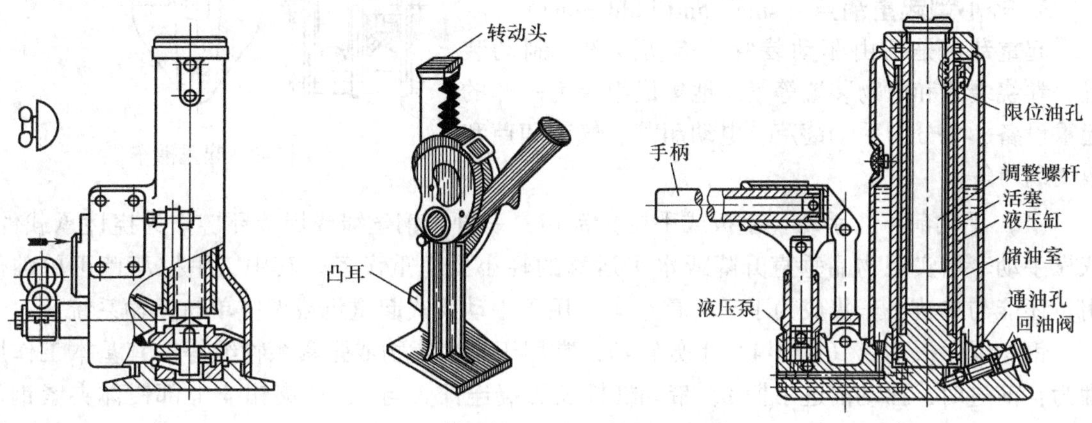

图 2-2　千斤顶

a）螺旋千斤顶　b）齿条千斤顶　c）液压千斤顶

螺旋千斤顶（图 2-2a）利用螺杆螺母工作原理顶升重物，起重能力通常为 3～300t，螺杆可采用调质 40Cr，螺母用青铜或黄铜，安全系数 $n>3$（稳定性安全系数大于 2.5），考虑不均匀性的许用比压力 $[p]\approx 25\sim 50\text{N/mm}^2$。一般采用自锁型螺旋角 $\alpha=4°\sim 4.5°$（$\alpha<\rho$，ρ 为摩擦角），手柄不动，载重即停止不动。但螺旋传动效率 η 较低（$\eta=0.3\sim 0.4$）；若采用非自锁型螺旋角 $\alpha(\alpha>\rho)$，则应注意增设专门的安全制动装置。

齿条千斤顶（或齿条顶升器，图 2-2b）利用摇动手柄使齿轮驱动刚性齿条来顶升重物，被举升载荷可放置在齿条上方转动头或侧面凸耳上。当顶升重物侧面放置时，齿条受偏心载荷作用，其允许顶升重物自重只能达到额定值的一半。齿条千斤顶应具有能支持被举升载荷并防止货物自动降落的安全摇柄装置。

液压千斤顶如图 2-2c 所示，往复扳动手动液压泵手柄，可不断向液压缸内注入液压油，使活塞带动重物一起向上作顶升运动，通过液压缸上端限位油孔可以限制其最大行程；放松回油阀，液压缸内高压油经过通油孔流回储油室，实现下降运动。液压千斤顶的起重能力为 2～200t，采用电动液压泵供油时，其起重能力、顶升行程及速度可以更大。

2. 起重滑车（pulley block）

起重滑车（简称滑车）通常由吊钩、滑轮、轴、轴承及夹板等组成（图 2-3），是一种使用方便的简易吊装工具。经过合理布置的滑车或滑车组（多滑车联合），既可单独使用，也可与卷扬机、桅杆起重机等配合使用，从而实现物品垂直升降或水平运移，广泛应用于建筑与安装作业。

起重滑车按作用可分为定滑车（或导向滑车、平衡滑车）、动滑车、滑车组等，按驱动方式可分为手动系列与电动系列（规格为 0.03～320t），按吊具形式可分为吊钩、链环、吊环、吊梁四种类型，按滑轮数目可分为单门滑车、双门滑车和多门滑车（轮系从单轮至十轮），按滑轮材质可分为木质、钢质、铝合金等，按夹板形式可分为开口滑车和闭口滑车等。

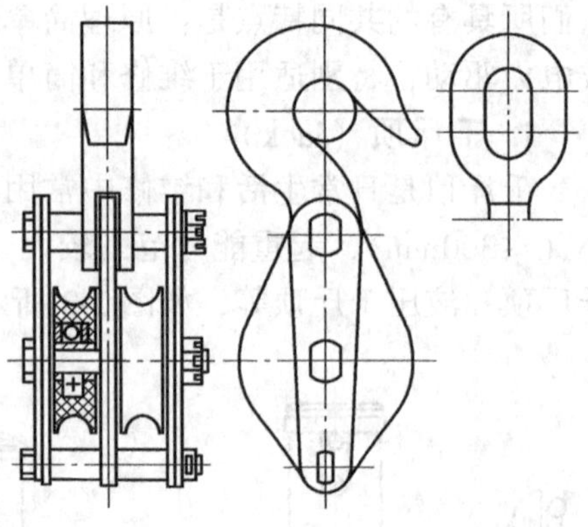

图 2-3　起重滑车

3. 轻小型起重葫芦（small and light hoist）

起重葫芦是指由驱动装置、传动装置、制动装置、卷绕装置和取物装置等紧凑地集成组装为一体的起重设备，可分为手动葫芦、电动葫芦、气动葫芦和液动葫芦等。

（1）手动葫芦　手动（手扳或手拉）葫芦是一种以钢丝绳或焊接环链作为挠性承载件，依靠手动牵引实现物品垂直升降或水平运移的轻小型起重设备。其中，手拉葫芦可单独使用，还能与单轨小车集成为手动起重小车，用于手动梁式起重机或架空单轨运输系统。

钢丝绳手扳葫芦（图 2-4）十分轻巧，常用于拉曳货物或张紧系物绳等。其基本工作原理为：前进时，摇动前进手柄 1，带动杠杆及两端连杆 8 与 9，使夹钳 4 上部钳体夹紧钢丝绳向前运动，而下部钳体此时处于松开状态使绳滑动；停止时，前进手柄 1 与倒退手柄 3 都放松，承载钢丝绳被夹紧板 5 夹持停止不动（支持）；倒退时，摇动倒退手柄 3，使夹钳 4 下部钳体夹紧钢丝绳向后运动，而上部钳体此时处于松开状态使绳滑动；当需要穿进或卸下钢丝绳时，须在无载情况下扳动松卸手柄 2，此时夹钳 4 上下钳体都处于松开状态，从而便于钢丝绳穿卸。

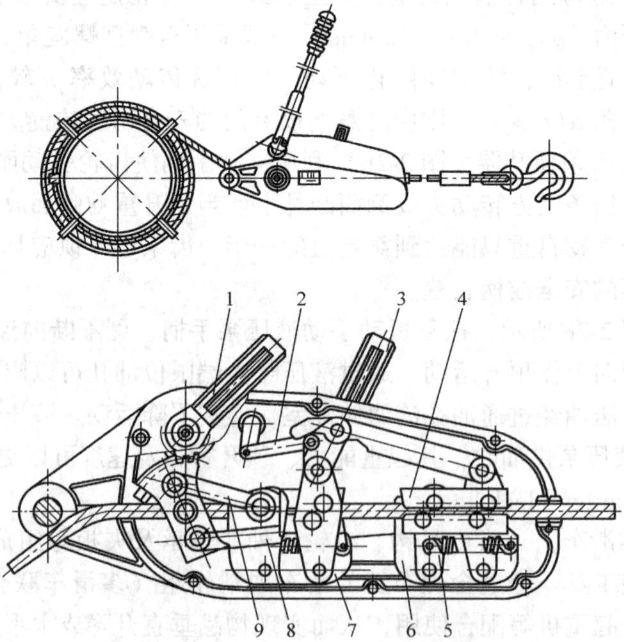

图 2-4　钢丝绳手扳葫芦构造

1—前进手柄　2—松卸手柄　3—倒退手柄　4—夹钳　5—夹紧板　6—后侧板　7—前进板　8、9—连杆手拉葫芦基本工作原理（图 2-5）为：拉动曳引链 3 驱动曳引链星轮 1，通过载重制动器 2 带动主动齿轮 6 以及传动齿轮 7、8、9，使载重链星轮 5 带动载重链 4 移动，从而提升或下降重物。其传动机构常采用普通齿轮传动（图 2-5 所示为二级直齿轮传动），也可采用行星齿轮传动，还曾采用蜗杆蜗轮传动。

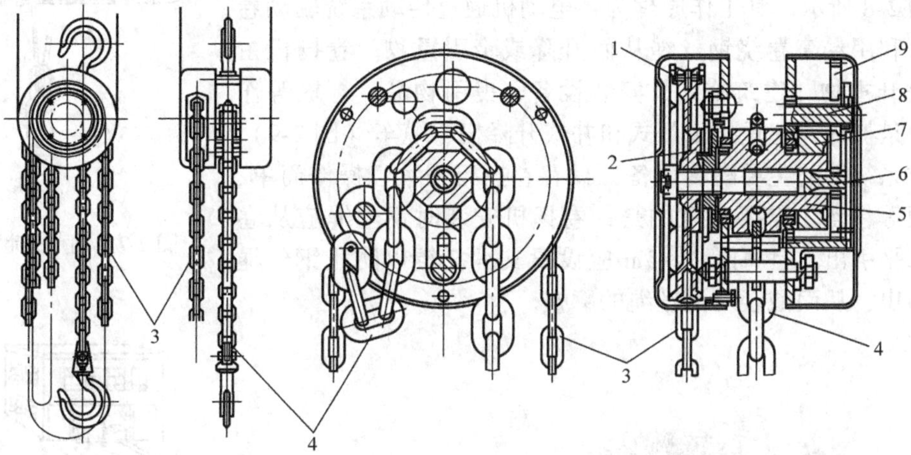

图 2-5　手拉葫芦构造

1—曳引链星轮　2—载重制动器　3—曳引链　4—载重链　5—载重链星轮　6—主动齿轮　7、8、9—传动齿轮

（2）电动葫芦　电动葫芦是一种将电动机、制动器、减速器与卷筒等紧密集成为一体的专用电动起升机构，具有结构紧凑、价格便宜、应用广泛等特点。其基本工作原理（图 2-6）为：带制动器的锥形转子电动机通电时，先在锥形转子与定子间产生磁力，吸引转子沿轴向左移使制动器松开（弹簧压缩变形），然后电动葫芦开始运转；断电后，定转子间的磁力消失，锥形转子被弹簧向右压向制动器形成制动过程，从而使电动葫芦停止运动。

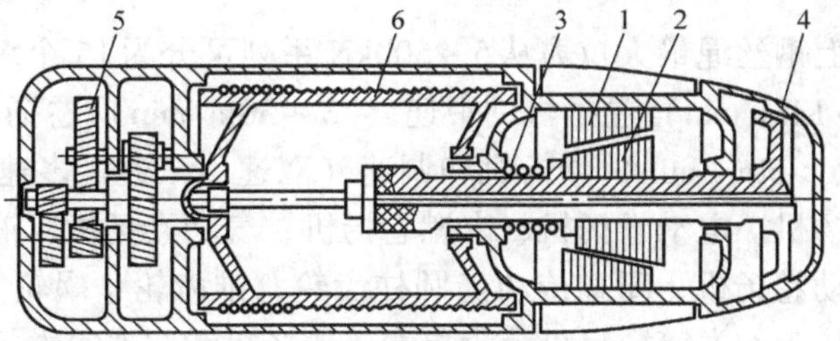

图 2-6　钢丝绳电动葫芦

1—定子　2—转子　3—弹簧　4—锥形制动器　5—减速器　6—卷筒

电动葫芦按起升速度可分为单速电动葫芦、双速电动葫芦或变速电动葫芦，按挠性件可分为钢丝绳电动葫芦、环链（焊接链）电动葫芦与板链（片式关节链）电动葫芦，按操纵形式分为地面有线操纵电动葫芦和地面遥控电动葫芦，按常用起重量一般可分为 0.5 ~ 10t 系列电动葫芦（国内产品起重量最大可达 50t，国外已达 100t，此类已属于大中型起重设备）。电动葫芦既可以单独使用，也能很方便地与小车集成，在工字梁下翼缘或箱型梁上运行，形成葫芦式起重机，如图 2-7 所示。

电动葫芦常由专业厂生产，国内常见型号为 CD/MD 型，引进技术的 AS 型和 Street 型，以及国外的 CXT 型、DR 型、GM 型等电动葫芦水平较高。

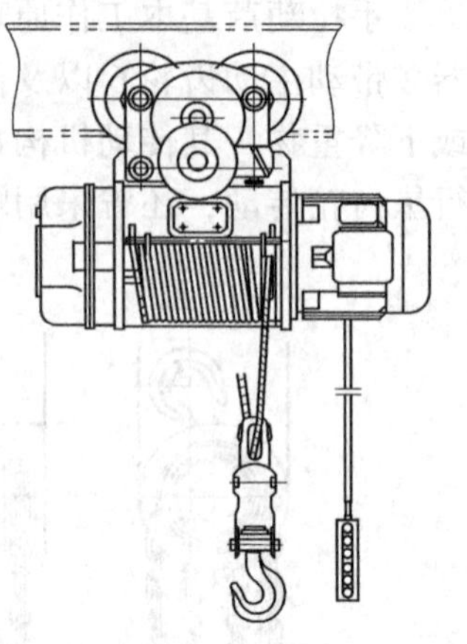
图 2-7　葫芦式起重机

4. 轻小型卷扬机（small and light winch）

卷扬机（也称绞车）是一种应用广泛的卷扬式专用起升机构，如图 2-8 所示，其工作原理为：电动机通过传动系统驱动卷筒旋转，利用卷筒卷绕钢丝绳从而升降或牵引重物。卷扬机主要用于提升重物、建筑施工、安装设备、曳引物品、打桩等作业场合，是桅杆式起重机、门式和井式升降机、缆车（图 2-9）、钢筋冷拉系统等的主要配套设备，具有卷扬行程大、操作简单、移动方便等特点。需要注意的是，卷扬机安装时钢丝绳应从卷筒下方水平引出，且每隔 3 ~ 5m 应设置支承托辊以防止钢丝绳在地面拖曳，从而减轻对钢丝绳的磨损。

图 2-8　卷扬机

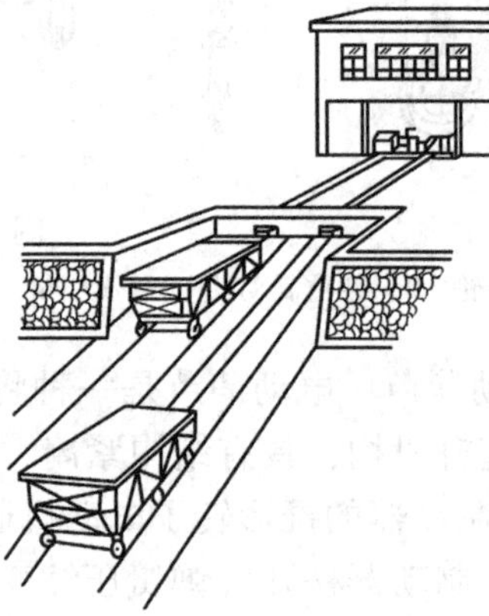
图 2-9　卷扬缆车

卷扬机按基准层上钢丝绳最大拉力从 5 ~ 500kN 系列可分为 15 个级别；按基准层上出绳速度可分为慢速（7 ~ 13m/min）卷扬机、中速（13 ~ 30m/min）卷扬机、快速（30 ~ 50m/min）卷扬机、高速（> 50m/min）卷扬机和调速（双速、三速、多速）卷扬机等；按动力源形式可分为手动卷扬机、电动卷扬机、内燃卷扬机、气动卷扬机、液动卷扬机等；按主传动形式可分为开式传动卷扬机、闭式传动（圆柱齿轮、锥齿轮、蜗轮、行星齿轮）卷扬机、液压传动卷扬机等；按工作卷筒数目可分为单卷筒卷扬机和双卷筒卷扬机，如再增加卷筒数目，则大多为辅助用卷筒；按挠性件可分为钢丝绳卷扬机和链条卷扬机等类型。

图 2-10　汽车举升机

5. 汽车举升机（car lifting machine）

汽车举升机（图 2-10）是一种通过举升汽车来进行专业维修养护的小型专用举升设备，按动力可分为手动举升机、电动举升机、液动举升机等形式，按结构可分为单柱举升机、双柱举升机、四柱举升机、剪叉式举升机等，按功能可分为四轮定位型举升机和平板型举升机，按布置形式可分为地上式举升机和地藏式举升机。其中，剪叉式举升机使用方便，空间利用率高，但补油平衡系统复杂、价格高。

2.2.2　大中型单动作起重设备

除大型电动葫芦、卷扬机和举升机外，常见的大中型单动作起重设备还包括电梯、工作平台、各类升降机、升船机、闸门启闭机等。它们通常在工作级别、工作能力、设备构造、安全防护系统等方面都具有特殊要求，其复杂程度远高于上述轻小型起重设备。

1. 电梯（elevator）

电梯是服役于楼层（或类似结构）的，并且由电力驱动的固定式专用升降设备，通常作为实现人员（或货物）垂直方向输送的交通工具。除液压式外，电梯通常采用曳引机构原理，即电动机通过减速器、曳引绳轮等，利用摩擦原理驱动曳引钢丝绳两端的轿厢和对重实现上下运动，从而使轿厢能沿着垂直（或倾斜角 $\alpha \leqslant 15°$）刚性轨道（至少两列）之间进行升降。常用电梯的基本构造如图 2-11 所示，通常由机房（包括驱动、曳引、导向及控制）、轿厢（包括门系统）、对重、井道、电梯层站以及安全保护系统等组成。

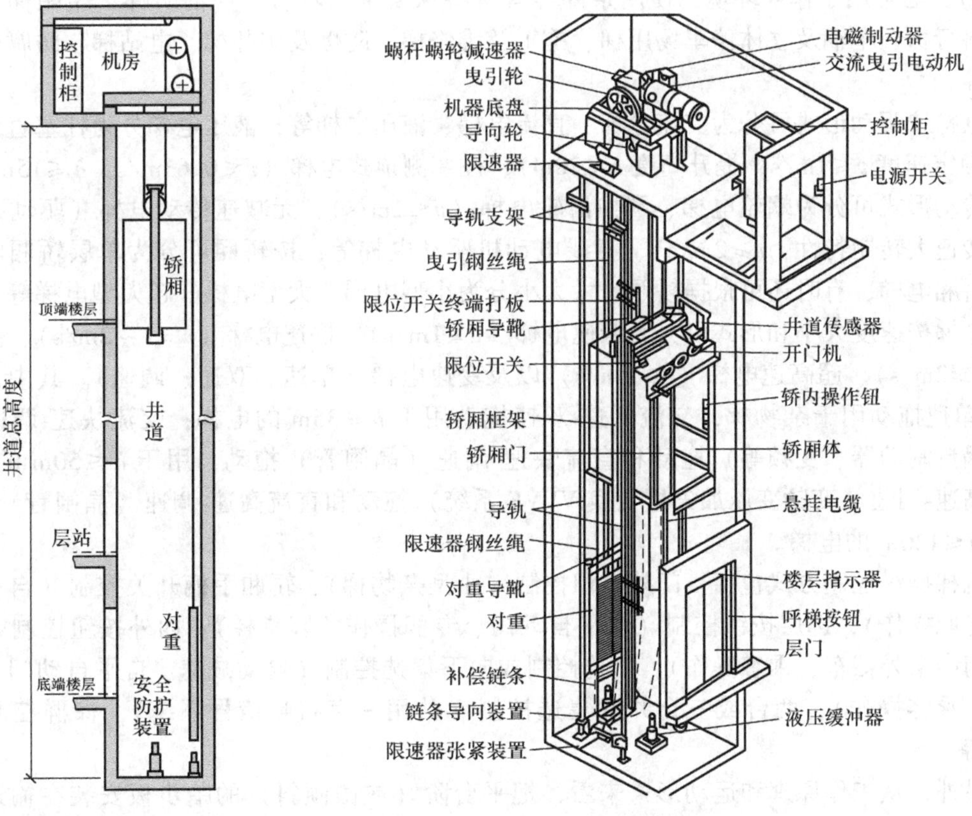

图 2-11　电梯

电梯机房包括曳引机构系统（电动机、制动器、减速器、曳引轮、导向轮、钢丝绳等)、双向限速及双向限位装置、选层及楼层指示装置、控制柜、电源和照明等部件。

轿厢系统包括厢体及导轮、厢内楼层指示装置、光电安全触板及操作系统、对重导靴、称重超载限制装置、安全保护钳（双向）及其他部件（轿顶安全窗、光电保护、报警电话）等。

电梯井道及地坑内部包括导轨、对重、缓冲装置、双向限位开关、平层感应或井道传感装置、补偿链或补偿绳、控制电缆等。

电梯层站包括自动门机系统、层门门锁及方向指示装置、楼层指示系统、呼梯盒等。

电梯的类型与用途、轿厢、驱动与传动系统、楼层与速度、操纵控制方式等密切相关。其中，轿厢结构与尺寸设计应便于乘客出入或装卸货物，电梯速度与操纵控制方式取决于使用场合、提升高度、拖动形式和人机因素等，高度复杂的梯群自动调度控制方式（群控）多用于大型办公写字楼，应专门设置梯群监控屏，以便集中反映各电梯的运行状态。

电梯按用途可分为Ⅰ～Ⅵ类：乘客梯（Ⅰ类)，具有自动化程度高，速度快，安全装置可靠齐全，内饰装潢美观等特点；住宅梯和客货梯（Ⅱ类，服务梯)，安全保护要求同Ⅰ类；医用梯（Ⅲ类)，轿厢窄而长，安全保护要求同Ⅰ类；载货梯（Ⅳ类)，要求具有常用必备的安全装置；杂物梯（Ⅴ类)，不允许人员进入，轿厢高度不大于1.2m；特种电梯（Ⅵ类)，通常用于作业环境、使用条件等具有特殊要求的场合，如消防梯、船舶梯、观光梯及斜行梯、车辆及立体停车场用梯、施工及维修梯、防爆及矿井梯、电站梯、防腐梯、冷库梯等。

电梯按驱动形式可分为交流电梯、直流电梯、液压电梯等，液压电梯分为柱塞直顶式电梯（额定速度 $v\leqslant1\text{m/s}$，提升高度 $h\leqslant20\text{m}$)、柱塞侧顶式电梯（$v\leqslant0.63\text{m/s}$，$h\leqslant15\text{m}$）等；按主传动形式可分为蜗轮电梯、圆柱齿轮电梯（$v\leqslant2\text{m/s}$)、无减速传动电梯（驱动装置具有低转速大转矩特性，$v\geqslant2\text{m/s}$)、直线电动机驱动电梯等；按轿厢可分为单层轿厢电梯和双层轿厢电梯，有时还可根据轿厢尺寸大小分为小型电梯、大型电梯、超大型电梯等。

电梯按速度大小和形式可分为低速电梯（$v\leqslant1\text{m/s}$)、快速电梯（$v=1\sim2\text{m/s}$)、高速电梯（$v\geqslant2\text{m/s}$)、超高速电梯（$v\geqslant5\text{m/s}$）以及变速电梯（单速、双速、调速)。其中，交流低速-单速拖动用于杂物梯，交流低速-双速拖动用于 $h\leqslant35\text{m}$ 的电梯；交流快速-调速（调压、涡流制动器、变频等）拖动和直流快速-调速（晶闸管）拖动，用于 $h\leqslant50\text{m}$ 的电梯；交流高速-调速（变频变压加矢量变换VVVF系统）拖动和直流高速-调速（晶闸管）拖动，用于 $h\leqslant120\text{m}$ 的电梯。

电梯操纵控制方式包括：门外按钮控制（小型杂物梯)，轿厢手柄开关控制（自平自动门、专职操作)，选层按钮控制（自平自动门、专职操作、客货梯)，内外按钮控制（自平自动门、层外截车、乘客操作)，集选控制或向下集选控制（自动减速、自平自动门、层外截车、乘客操作)，两台或三台并联集选控制（共用一套召唤信号系统)，梯群控制（群控）等。

另外，从工作原理和运动形式来看，把平台阶（或微倾斜）的踏步板安装在输送链上以实现连续输送人员的自动扶梯也可归为电梯类，如图2-12所示。

2. 工作平台（working platform）

工作平台是指能用于各种高空作业的多功能举升平台式起重设备，广泛应用于企业、仓

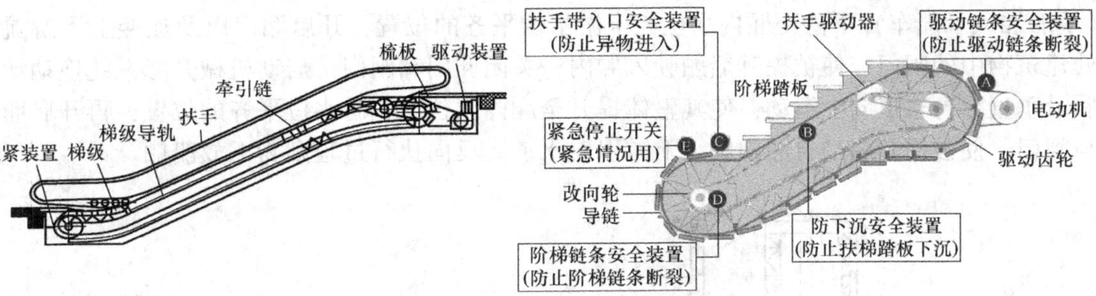

图 2-12　自动扶梯及其安全防护

储、建筑、码头、物流、电力石化、市政交通、停车场、体育馆等高空作业及维修场合。

工作平台按举升原理可分为桅杆爬升式工作平台（图 2-13a）、剪叉举升式工作平台（图 2-13b）、套缸顶升式工作平台、曲臂式工作平台（折臂，图 2-13c）、导轨链条式工作平台等；按起升高度可分为 1～30m 系列；按运动方式可分为固定式工作平台、附着式工作平台、移动式（牵引式、车载式、自行式）工作平台等；按驱动形式可分为手动式工作平台、电力式工作平台、液压式工作平台等。

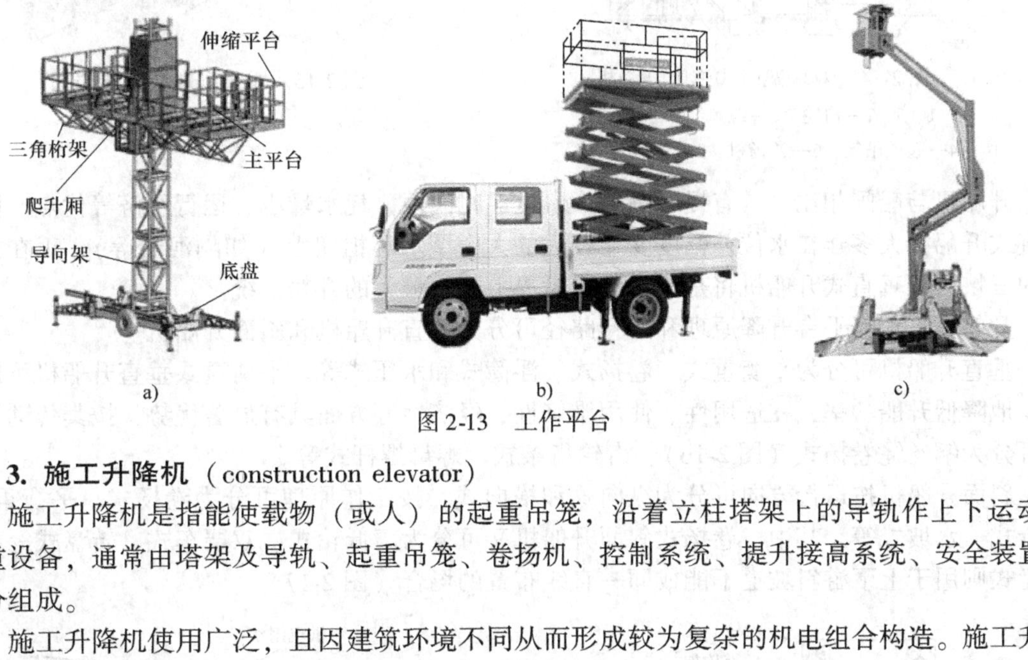

图 2-13　工作平台

3. 施工升降机（construction elevator）

施工升降机是指能使载物（或人）的起重吊笼，沿着立柱塔架上的导轨作上下运动的起重设备，通常由塔架及导轨、起重吊笼、卷扬机、控制系统、提升接高系统、安全装置等部分组成。

施工升降机使用广泛，且因建筑环境不同从而形成较为复杂的机电组合构造。施工升降机通常可分为单吊笼和双吊笼、带对重或无对重、手动或电动等；按传动构造分为钢丝绳卷扬式、齿轮齿条式（或销齿传动与链传动）、混合式（双吊笼）等；按起重量分为 1～3t 系列；按起升速度分为 1～60m/min 系列；按金属结构可分为双塔架门式（图 2-14）、单塔架桅杆式和单塔架附着式等，塔架截面多为矩形或三角形，通常由型钢（或无缝钢管）焊接组成桁架式标准节（节长为 3～5m），节间采用套柱螺栓联接。

4. 升船机（ship elevator）

升船机（举船机）是一种利用机械设备以垂直（或倾斜）的方式升降船舶进行上墩或下水作业，使其通过航道上的集中落差点的过船通航机械设施。

垂直式升船机构造以及自下游提升船舶至上游的过程如图 2-15 所示：操纵承船平台

（承船厢或承船车）下降至厢内水位与下游水位平齐的位置，开启厢门以及连接上下游航道处建筑物中的闸门，使被提升船舶驶入厢内，关闭厢门和闸门，启动机械升降系统拖动承船厢沿垂直导行轨道向上运动，使其整体提升至厢内水位与上游水位平齐的位置，再开启厢门与闸门，使被提升船舶自厢内驶入上游引航水道。反向执行过程则为下放船舶。

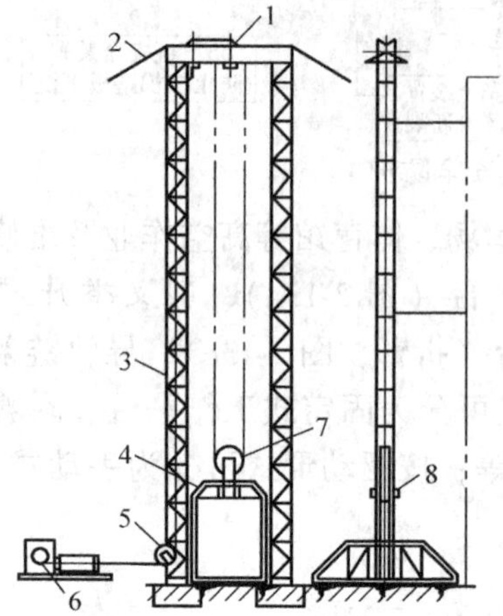

图 2-14 双塔架门式施工升降机

1、5、7—滑轮 2—缆风绳 3—塔架

4—起重吊笼 6—卷扬机 8—轨道与滚轮

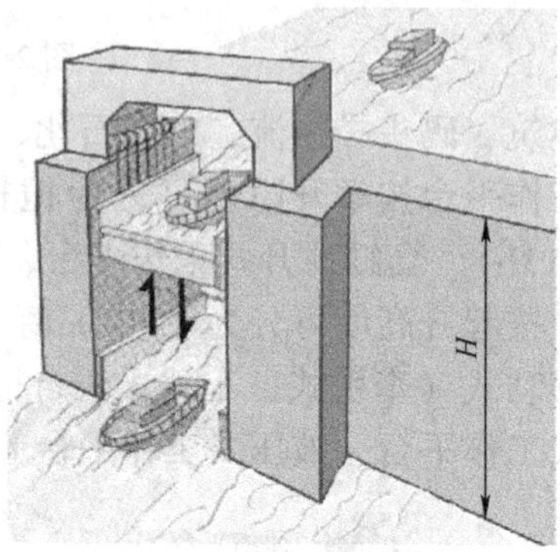

图 2-15 垂直升船机工作原理

升船机与船闸相比，具有提升高度大、过船时间短、耗水量小、运行经济等优点。国内垂直式升船机大多建在水位差幅度变化较大的大中型水利枢纽上（如隔河岩等），正在建设中的三峡大坝垂直式升船机将是迄今为止世界上规模最大的升船系统。

升船机按承船平台升降原理和运行路径可分为垂直升船机和斜面升船机。

垂直升船机可分为平衡重式、卷扬式、浮筒式和水压式等。平衡重式垂直升船机可以大幅度地降低升船功率，在适用性、使用维修性、经济性等方面具有显著优势，按其传动原理又可分为钢丝绳卷扬式（图 2-16）、齿轮齿条式、螺母螺杆式等。

斜面升船机按运行方向可分为纵向式和横向式；按工作原理可分为卷扬式、平衡重式、自行式、水坡式等。其中，卷扬式斜面升船机又可分为高低轮式、双层车式、转盘式等，而转盘式则用于上下游斜坡道不能成同一直线布置的场合（图 2-17）。

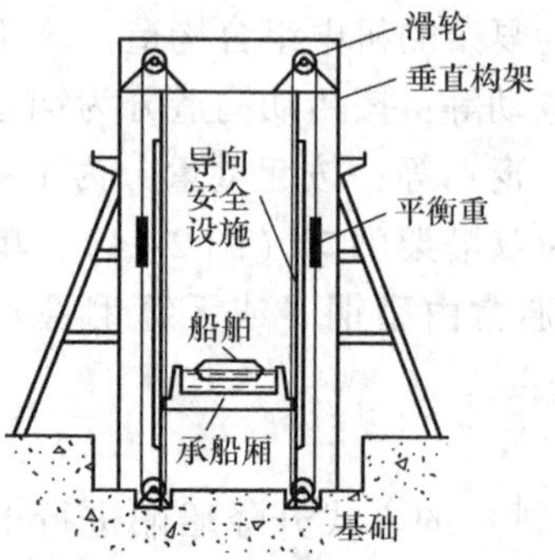

图 2-16 平衡重式钢丝绳卷扬式垂直升船机

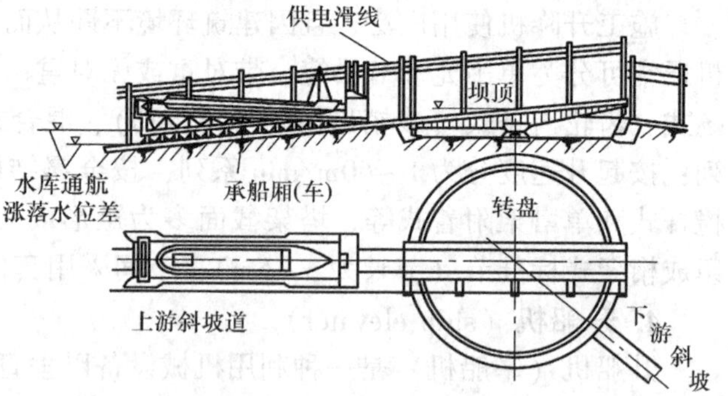

图 2-17 转盘式卷扬式斜面升船机（纵向）

5. 闸门启闭机（gate hoist）

闸门启闭机是指通过升降或开闭闸门的动作来实现金属闸门开启与关闭的专用设备，主要用于各种大型水利水电、给排水工程等。

闸门启闭机按照驱动形式可分为电动和手动（手轮式、手摇式）两类；按机动方式可分为固定式和移动式，移动式又可分为桥门机式（图2-18a）、台车式；按工作原理和构造可分为卷扬式、螺杆式、液压式等。其中，卷扬式闸门启闭机几乎可以适用所有类型（平面形、弧形、人字形等）闸门，尤其适用于快速开闭的场合；液压式闸门启闭机（柱塞式和活塞式）通常用于进水口、深孔等工作闸门；螺杆式闸门启闭机一般用于需要强迫关闭闸门的场合。图2-18b所示为用于人字形船闸的卷扬式和液压式闸门启闭机。

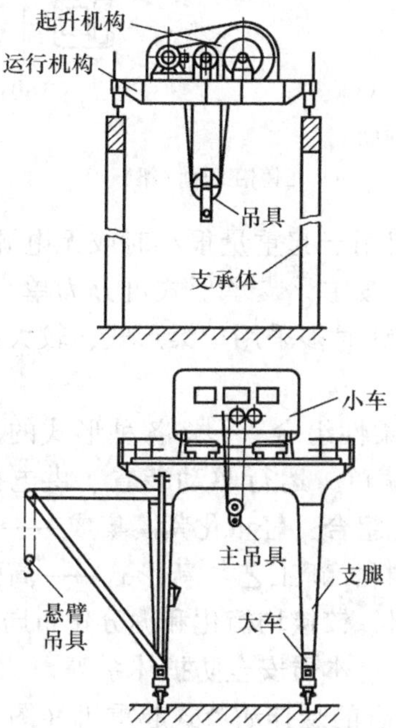

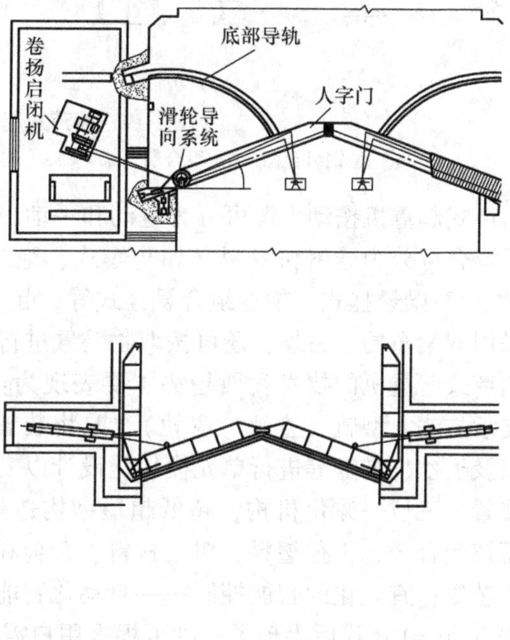

图2-18　闸门启闭机

a）桥门机式闸门启闭机　b）卷扬式和液压式人字闸门启闭机

2.3　桥架型起重机

桥架型起重机是指金属结构以由单根（或多根）主梁为主形成直线型（或门型）桥架特征的一大类起重机，一般配置有起升和大小车运行机构，特定情况还可设有回转或变幅机构，服务的空间范围为长方体。桥架型起重机具有承载能力大（支承平面内吊载）、稳定性好、适应性强、应用广泛等特点，其典型机种包括葫芦式（梁式）起重机、桥式起重机、门式（半门式）起重机、装卸桥和架桥机等。

2.3.1　葫芦式（梁式）起重机（overhead type crane with hoist）

葫芦式（梁式）起重机是以起重葫芦作为起升机构，并配有大小车运行机构的桥架型起重机。它具有结构紧凑、自重轻、轮压小、操作简便、量大面广等特点，属中小型起重机的重要分支。葫芦式起重机金属结构主要包括单/双主梁、端梁、小车架以及支腿等，主梁形式及特点尤其突出，包括单一型钢梁（工字钢、H型钢）、型钢组合梁、组合断面梁、冷轧钢型轨（梁）、压铸铝型轨（梁）及各种形式的冷压-焊接箱型梁等，如图2-19所示。

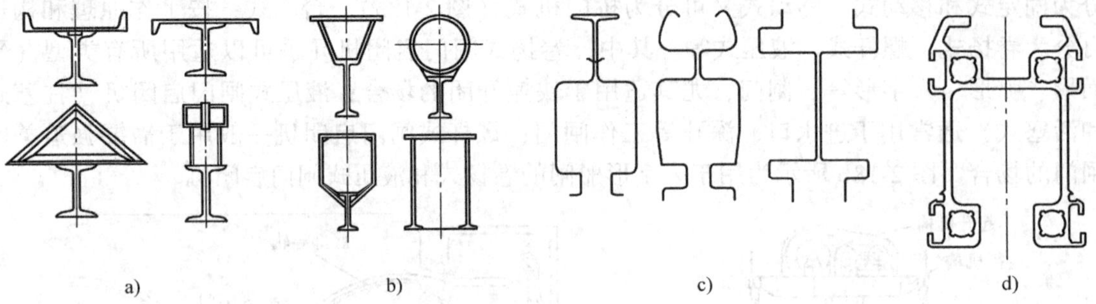

图2-19 葫芦式起重机主梁截面

a）型钢组合梁 b）组合断面梁 c）冷轧钢型轨（梁） d）压铸铝型轨（梁）

葫芦式起重机按动力源可分为电动和手动，而手动仅用于起重量很小时或无电源状态；按使用场合可分为通用和专用（如防爆式、绝缘式等）；按主梁支承形式可分为单/双梁简支式、单/双梁悬挂式、柔性组合悬挂式等，起重量小于5t时多采用单梁形式，较大起重量时常采用双梁布局。另外，还可按取物装置进行分类。

葫芦式起重机的技术发展趋势主要表现为：模块化柔性组合——将各种形式的主梁构造、支承方法、型轨（直轨、弯轨）、取物装置、电动葫芦、运行驱动装置、供电控制系统，以及道岔、转盘等进行单元模块化设计以实现柔性化组合；轻量化紧凑集成——三合一驱动装置、三位一体化机构、超低超短型构造等；新材料、新工艺与新形式——高强度材料、压铸铝合金、工程塑料、树脂材料、合金和球铁材料、铰接均衡化和拆分化布局、先进加工工艺等；宜人化的智能控制——自动化智能控制技术、本质安全防护体系等。

20世纪80年代后出现了一种可根据用户需求柔性组合的悬挂葫芦式起重机（图2-20），可满足企业各种各样的物料搬运以及生产工艺与系统衔接的需求。

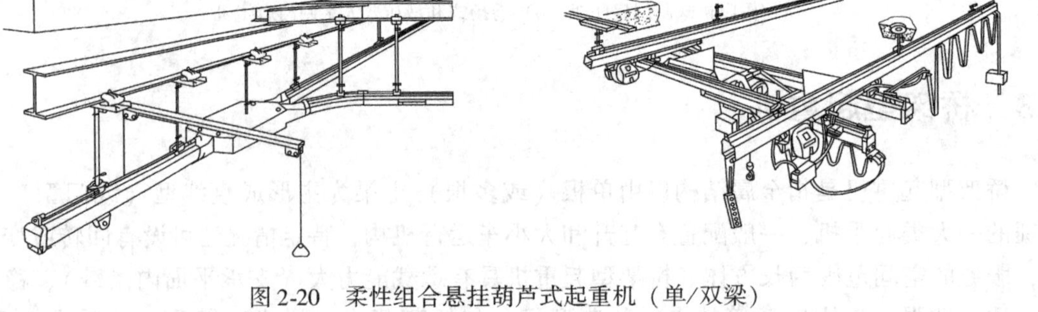

图2-20 柔性组合悬挂葫芦式起重机（单/双梁）

2.3.2 桥式起重机（overhead traveling crane）

1. 概述

桥式起重机是指桥架两端通过运行装置直接支承在建筑物高架结构（俗称牛腿）轨道

上面的桥架型起重机，因金属结构主梁形似桥梁而得名，俗称天车或行车，如图 2-21 所示。

桥式起重机通常由桥架、起重小车（主、副起升机构和小车运行机构）、大车运行机构和电气控制系统等部分构成，通过起重小车在主梁轨道上运行以及整机在牛腿轨道上运行，从而实现被吊运物品立体空间位移，广泛应用于室内外厂房、仓库以及生产工艺过程中等。

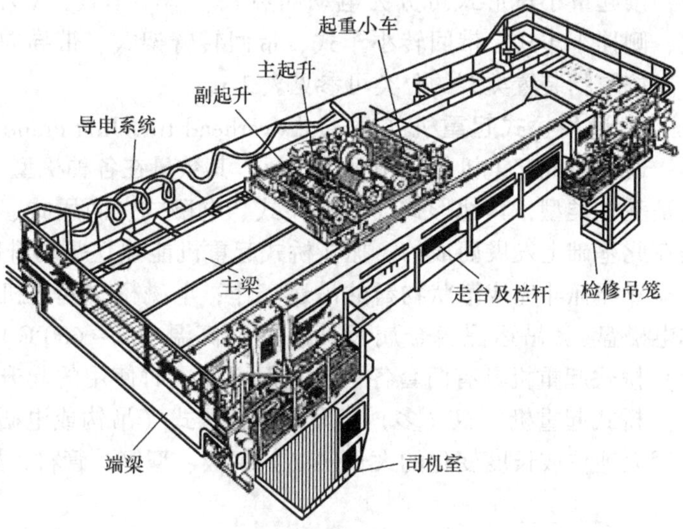

图 2-21　桥式起重机

桥架是桥式起重机的基本承载构件，由主梁和端梁拼接而成，并附设走台、栏杆、司机室等。主梁形式一般可分为实腹式箱型结构（常用）、桁架式结构（三角形桁架式、四桁架式、空腹桁架式等，较少采用），如图 2-22 所示。实腹式箱型梁内都设置有大小隔板以及纵向加强肋；主梁通常都带有适当的上拱度，以抵消承载后所产生的下挠现象，并减轻小车运行时的爬坡和下滑，带走台的主梁一般还有旁弯要求。

为保证桥架的运行刚度和稳定性，主梁应与端梁形成框架式（水平/垂直）的刚性连接，如图 2-23 所示。主梁直接放置在端梁上的垂直式框架连接，可简化及改善连接部位的载荷状况，增加有效起升高度，降低厂房土建费用等。端梁宜采用箱型结构，其头部与大车轮组相连，承担起重机垂直方向的全部载荷。为了保证桥架水平方向的变形符合要求，桥架轴距与跨度的比值应在 0. 14 ~ 0. 2 之间。司机室（操纵室）可根据工作环境和需要选用敞开式或封闭式（普通型、保温型、密封型）等，一般固定在主梁一侧的下方，大跨度时它也可随小车移动或自行移动。

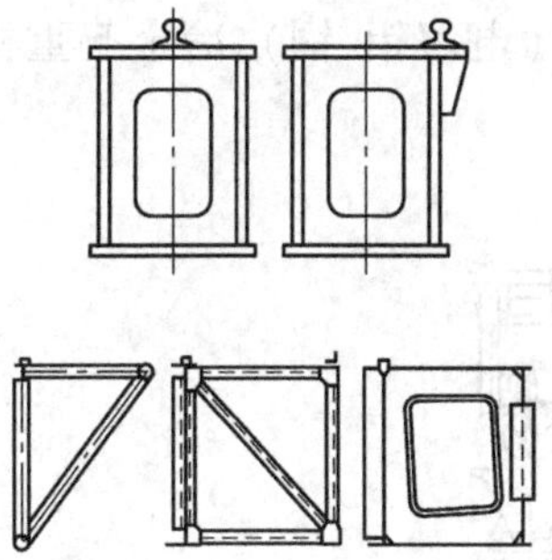

图 2-22　主梁截面形式

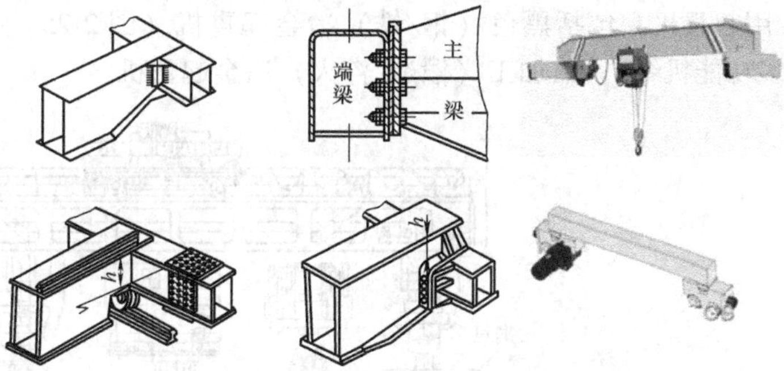

图 2-23　主梁与端梁连接

桥式起重机类型繁多，按其使用场合和用途可分为通用型、专用型（包括冶金、防爆、绝缘、堆垛、核电等），按主梁数目可分为单梁式、双梁式、多梁式等形式，按轨道与主梁的关系可分为双梁双轨式、双梁四轨式、三梁四轨式、四梁四轨式、四梁六轨式等，按轨道在主梁上的布置形式可分为中轨式、半偏轨式、偏轨式（主腹板厚度通常大于副腹板厚度）等，按起重小车形式可分为电动葫芦式、单小车式、双小车式（等量或不等量）、多小车式、侧挂小车式、带回转小车式、带回转臂架式、带导向架式、挠性挂梁式、柔性悬挂式等。按取物装置类型的分类可参见表2-1。

2. 通用桥式起重机（general overhead traveling crane）

通用桥式起重机的应用极为广泛，其数量在各种机型中占据首位，而吊钩通用桥式起重机是基本类型，其他形式（如抓斗式、电磁式、两用式、三用式、挂梁式、双小车等）都是在此基础上发展而成的。抓斗桥式起重机能独立驱动升降/开闭机构，使其相互配合动作驱动双绳抓斗完成散状物料的吊运工作；电磁桥式起重机通过吊挂的直流起重电磁铁（俗称电磁盘），吊运黑色金属及其制品（高温400～600℃）；两用（吊钩/抓斗，吊钩/电磁盘）桥式起重机具有两套各自独立但不能同时使用的起升机构，其生产效率高于三用（可换）桥式起重机；双（多）小车式、挂梁式（吊钩或电磁，图2-24）桥式起重机等适用于吊运大吨位或长度变化的大长件（如钢板、型钢、管材、棒材等）场合。

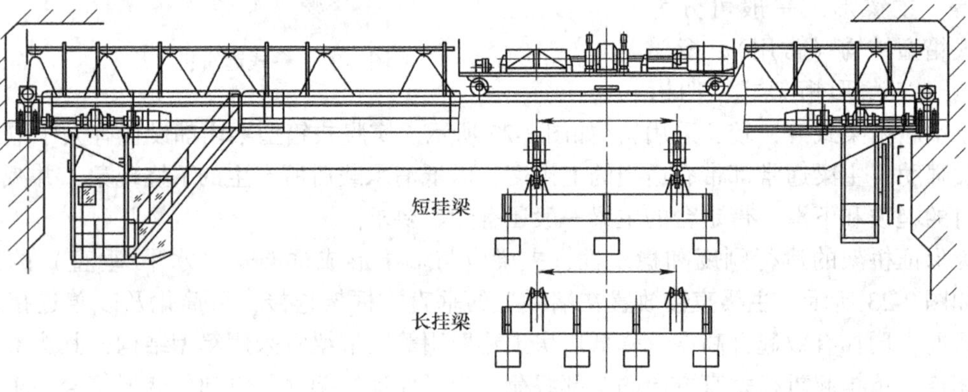

图2-24　电磁挂梁桥式起重机（平行主梁）

3. 冶金桥式起重机（metallurgy overhead traveling crane）

冶金桥式起重机是泛指在冶金（冶炼）生产过程及热加工过程中完成特定工艺的特种专用起重机，包括黑色（钢/铁）冶金起重机（图2-25）、有色（电解铝/铜）冶金起重机（多功能机组）、热加工（锻造/淬火）冶金起重机。

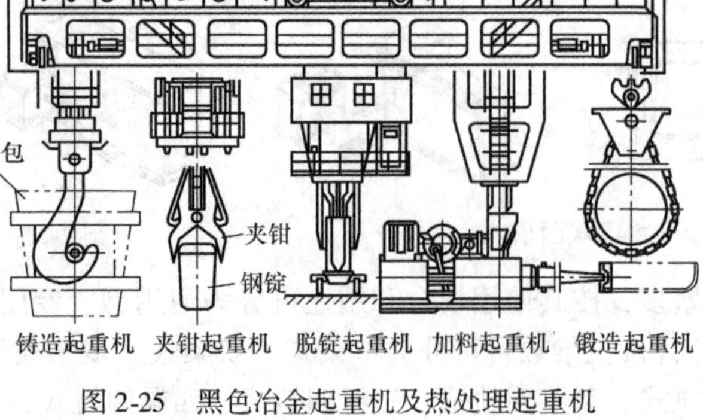

图2-25　黑色冶金起重机及热处理起重机

由于转炉炼钢连铸连轧工艺已全面替代了过去的平炉炼钢（铸模）工艺，其典型工艺流程及各环节所需的黑色冶金起重机配置如图 2-26 所示。

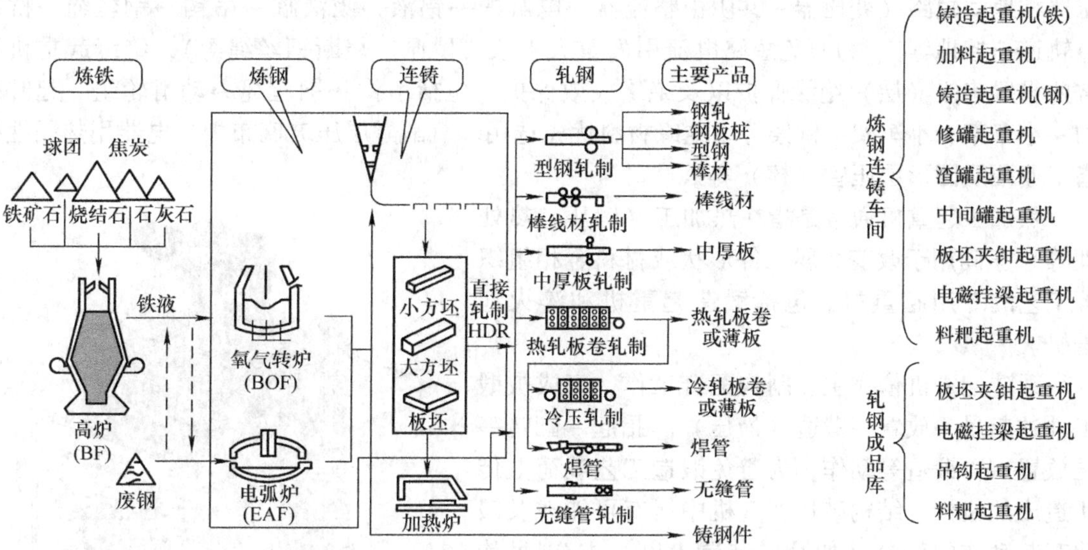

图 2-26　转炉炼钢连铸连轧工艺流程与所需黑色冶金起重机配置

在转炉炼钢连铸连轧工艺流程中，凡是吊运熔融金属的特种起重机统称为铸造起重机，它是连铸连轧工艺中的主要设备之一，用于加料跨向转炉兑铁液、精炼跨吊运钢液至精炼炉、接受跨吊运钢液至连铸大包回转台等环节。由于铸造起重机要实现倾倒钢包/铁罐中熔融金属及废渣的功能，其主钩常做成带有两个叠片式板钩的起重横梁（俗称龙门吊具），副钩则配合主钩倾翻钢包或吊运其他物品。铸造起重机从总体构造上可分为双梁双轨单小车型、双梁双轨子母小车型、双梁四轨双小车型、四梁四轨双小车型、四梁六轨双小车型等。

有色冶金起重机通常是指专用于有色金属（铜、铝、镍、铅、锌等）冶炼过程中完成特定工艺的特种起重机，除铸造起重机、加料起重机等常见机型外，还包括铝电解多功能机组（图 1-24）、阳极焙烧炉用多功能机组（图 2-27）、阳极炭块堆垛机组、电解铜起重机等。

铝电解多功能机组是大型预焙阳极铝电解生产的关键设备，它按照电解铝冶炼工艺要求，将电解质结壳破碎作业（打壳）、分别加料（氧化铝及氟化盐）、更换阳极及测高、清理铲（阳极坑）、出铝及计量、阳极母线转接、捞渣、检修电解槽以及其他吊运功能等集成组合为一体，具有结构紧凑、外形美观、操作舒适、维护方便、造价较高等特点，是将机械、液压、气动、电气、自动控制等集于一体的产品。

图 2-27　阳极焙烧炉用多功能机组

目前，绝缘桥式起重机常作为多功能机组维护检修期间或出现故障时的备用设备，继续进行出铝、检修电解槽等生产工作。在绝缘起重机利用吸液缸吸取铝液的过程中，会形成变压器相地间短路（变压器→共阴极整流器→电解槽→铝液→吸液缸→吊钩→钢丝绳→桥架→轨道→接地等）。为避免短路电流引发重大事故（跳闸、烧断钢丝绳等），绝缘起重机通常要设置三级（层）绝缘保护以及绝缘失效保护，包括吊钩→钢丝绳→动滑轮组、起升机构→小车架、小车架→桥架等。绝缘材料优先选用环氧酚醛层压玻璃布板，电器用热固性树脂工业硬质圆形层压管（棒）等。

热加工起重机通常是指在热加工（锻压、热处理等）车间用于改变金属工件形状或材料金相组织等工艺的专用起重机，包括锻造起重机和淬火起重机。

锻造起重机依靠主、副钩配合工作，完成被锻工件的起吊→放置→锻造（液压）→抬起→翻转→再放置→再锻造等动作；为避免锻造工艺载荷上传所造成的机构、结构破坏，整机中所有可能涉及锻造工艺动作的部分（如翻转装置上部、主/副吊钩组、定滑轮组、卷筒组等）都应设置良好的减振缓冲装置；起升制动系统还应设置超载自动保护系统，在超载状况下制动器能自动松闸，从而可使锻件下落处于自由放松状态。

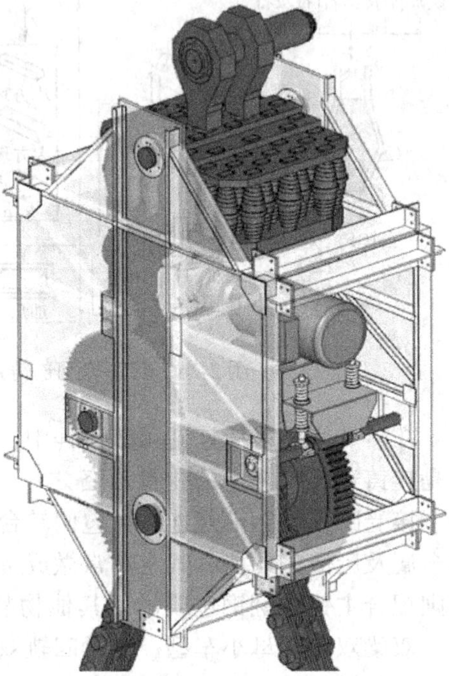

图 2-28　锻造起重机翻料装置

实现锻件翻转动作的翻料装置（翻料器，图 2-28），上部通过销轴与主起升吊具相连，中部驱动系统（电动机、蜗杆减速器、制动器、联轴器及力矩限制器等）驱动下部链轮链条运转，通过摩擦原理带动钢锭/套筒旋转，从而完成工件翻转动作。

淬火起重机（图 2-29）是一种配置在热处理车间、用于立井式淬火热处理工艺的专用桥式起重机，其起升制动系统应具备正常状态下快速下降功能以及事故状态下紧急松闸功能，当意外情况发生时（如淬火池液面着明火等），制动器松闸放开卷绕系统，工件自由下落迅速进入淬火池（井）中，从而避免火灾等事故发生。另外，司机室也应设置操作人员紧急逃生装置或逃生通道，吊钩组处应设置防溅装置。

综上所述，冶金起重机通常都工作在高温、高粉尘、有害气体等恶劣环境之中，并且非常频繁地吊运熔融、高温金属物体，其使用等级多为 U6 级以上，满载率和满载次数很高（载荷状态级别为 Q3 或 Q4），因此，冶金起重机的工作级别多在 A6 ~ A8 级。在设计中，应特别关注起升制动及安全制动系统、钢丝绳

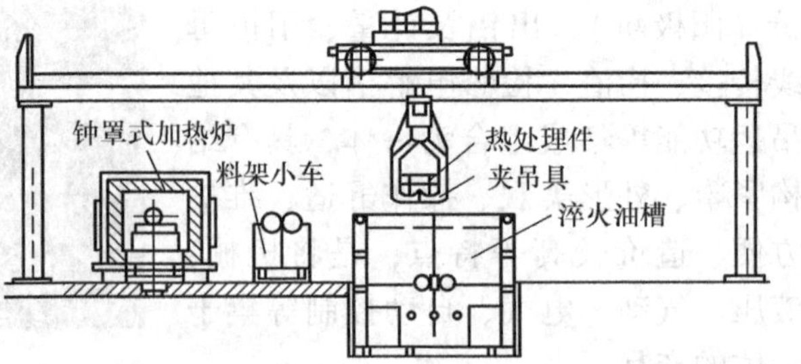

图 2-29　淬火起重机

及防坠落卷绕系统、故障后单电动机短时低速工作要求、特殊取物装置、多梁多轨桥架、大型偏轨箱型梁、司机室人机工效和宜人化设计、安全防护系统以及隔热、防粉尘、防腐蚀等环节的特殊要求。另外，为实现快速运行省时间、平稳起制动减动载、低速精确定位高效率、使用方便免维护等目标，最有效的途径是为各工作机构配备良好的调速系统、广泛采用各种安全检测与传感控制技术、模块化与自动化技术等，从而提高整个系统的运行可靠性。

2.3.3　门式起重机和装卸桥（gantry crane）

门式起重机（也称龙门起重机）是指桥架两端通过两侧支腿、下部横梁和运行装置直接支承在地面轨道或地基上的桥架型起重机，如图 2-30 所示。若桥架一侧支承在高架建筑物轨道上，另一侧通过支腿支承在地面轨道上的，则称为半门式起重机，如图 2-31 所示。另外，还有一侧支腿固定，另一侧支腿在地面轨道上回转的径向回转门式起重机，如图 2-32 所示。

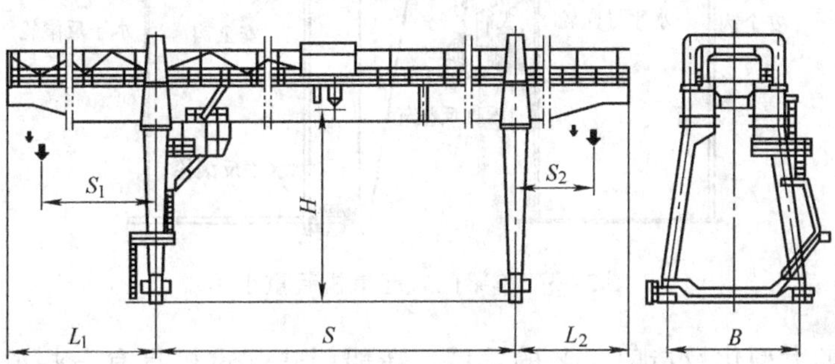

图 2-30　门式起重机

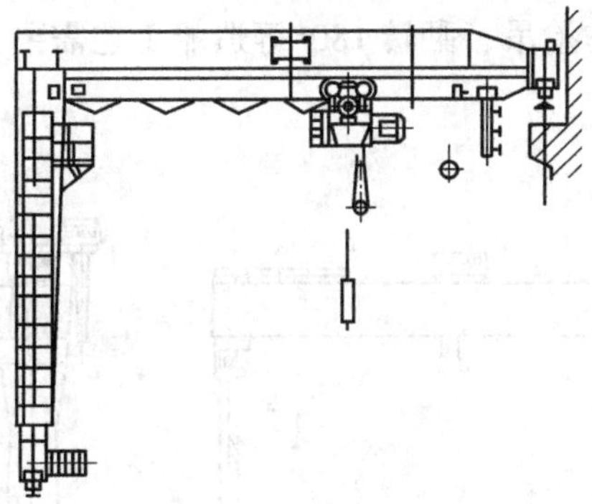

图 2-31　半门式起重机

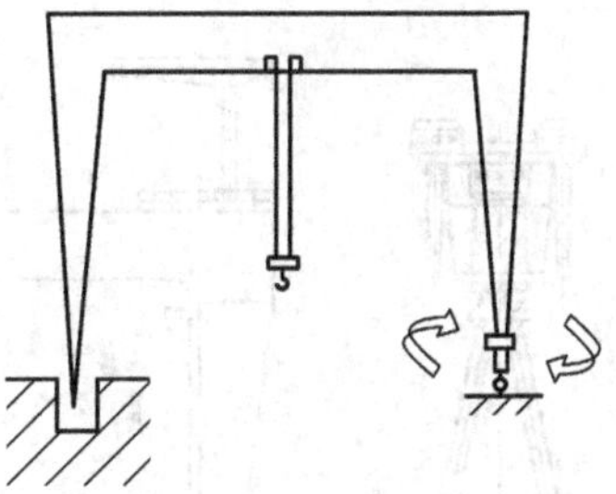

图 2-32　径向回转门式起重机

门式起重机通常由金属结构（主梁、马鞍、支腿、下部横梁、走台、梯子栏杆等）、起重小车、大车运行机构、电气控制等部分组成，通过整机直接在地面轨道上运行，形成横跨轨道的立体服役空间，通常使用在货场、码头、堆场、船台、水电站等露天作业场合。

通用门式起重机就是带腿的桥式起重机，带有防雨罩的起重小车、起升和小车运行速度等通常都与通用桥式起重机相仿，大车运行速度一般不超过 60m/min（避免支腿在地面行走时伤人），还装有防风装置（夹轨器等）抵抗大风吹袭。门式起重机的主梁形式通常与桥式（或葫芦式）起重机相似，起重量很小时常采用型钢梁或型钢组合梁（配用电动葫芦）；当采用箱型单主梁结构时，其构造有利于起重小车通过支腿到达悬臂，但此时起重小车和吊重的合成重心偏于主梁一侧，需依靠垂直反滚轮结构或水平反滚轮结构支承倾覆力矩（图 2-33），故只适用于起重量不大于 30t 的场合；当采用双主梁结构时（有悬臂则配有马鞍结构），承载能力大、稳定性好，故多用于起重量和跨度较大的场合。当整机跨度 $S\leqslant$ 30m 时，两侧支腿通常都采用刚性支腿构造，大跨度时两侧则采用刚-柔性支腿构造，以减小金属结构由于承受载荷、温度变化等而导致的变形附加载荷，此时通常还应装设偏斜自动调整装置（或偏斜指示装置），用来减轻和补偿偏斜运行对整机结构所产生的不良影响。

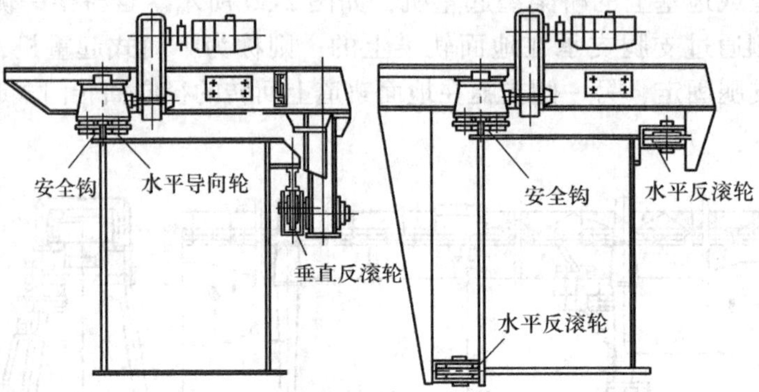

图 2-33　单梁门式起重机起重小车

为了适应船舶大型化及造船工艺的发展，造船门式起重机具有一些很典型的特征，如图 2-34和图 1-17 所示，其起重量、跨度、起升高度等都很大，采用刚-柔性支腿，上部主小车上布置有同步动作的两套主起升系统，从桥架两侧同时落钩，下部副小车可从上小车底部通过，上、下小车配合动作可实现大型分段船体抬吊、翻转 180°等造船工艺需要。

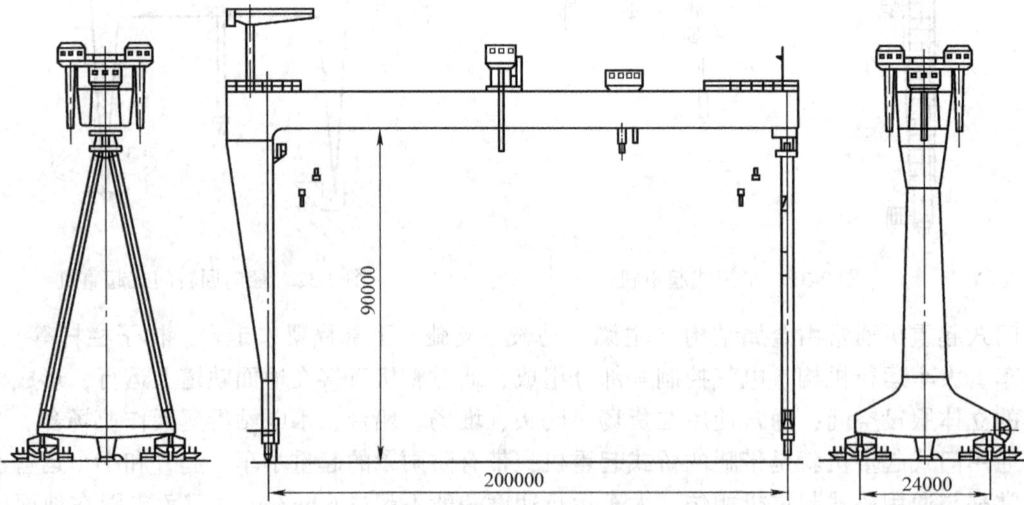

图 2-34　造船门式起重机

门式起重机按其主梁数目可分为单梁式和双梁式；按悬臂可分为无悬臂式、单悬臂式、双悬臂式（可不等长）、铰接悬臂式、可伸缩悬臂式；按支腿与下横梁的构造形式可分为L形、C形、U形、A形等（图2-35）；按支承方式可分为轨道式、轮胎式；按起重小车形式可分为电动/手拉葫芦式、单主梁自行小车式（垂直反滚轮式、水平反滚轮式）、双主梁小车式（自行式、牵引式、双小车式）、带固定臂架（或回转臂架）小车式、带运行（或回转）司机室小车式；按使用场合和用途还可分为通用、造船、港口、水电站等类型，其中水电站门式起重机又可分为坝顶单吊点式（图2-18a）、坝顶双吊点式、尾水单吊点式、尾水双吊点式等；按取物装置可分为吊钩（或吊梁）、抓斗、集装箱吊具等。

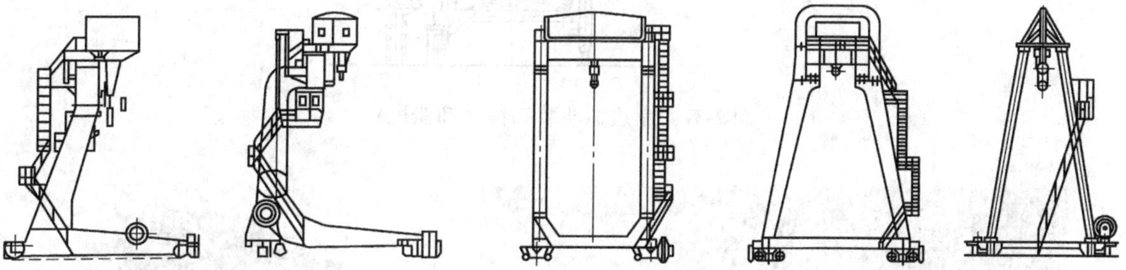

图2-35 门式起重机支腿结构形式

装卸桥（也称运载桥）是一种以高生产率为重要指标、专门用于装卸作业的门式起重机，如图2-36所示，其起重量通常不大，但跨度和工作速度较大，跨度一般为40～90m，通常采用桁架式结构和刚-柔性支腿构造，抓斗起升速度大于60m/min，小车运行速度更高（达200m/min），司机室通过特殊减振缓冲连接系统与小车一体运行，主要用于冶金、发电、港口等有大宗散状物料（如矿石、煤炭等）的定点装卸场合。

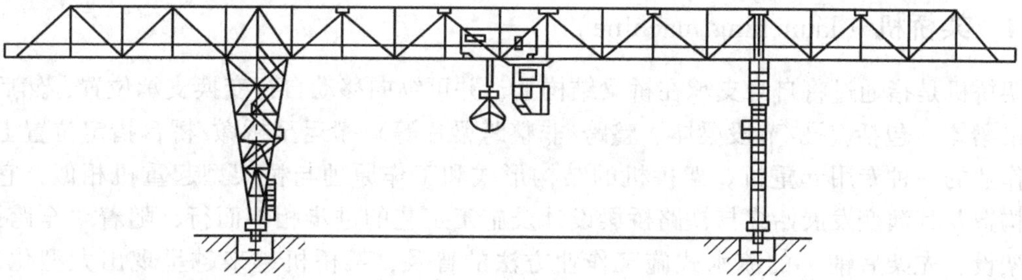

图2-36 桁架式抓斗装卸桥

20世纪后期在港口出现了名为“岸壁装卸桥”的机种，其跨度不大（$S=10\sim16$m），但临海侧伸出可俯仰收放的较长悬臂（$l=20\sim30$m），采用钢板焊接的箱型梁和大杆件结构、两侧刚性支腿构造、牵引式运行小车等，使用抓斗或集装箱吊具，专门用于码头和堆场进行卸船作业或集装箱堆垛作业。为提高装卸效率，并解决过快运行速度导致司机身体不适等问题，还开发了一次性装卸双箱/三箱的岸边集装箱装卸桥（图1-16）。

装卸桥按使用场合可分为普通抓斗装卸桥（图2-36）、岸边抓斗装卸桥（图2-37）、岸边集装箱装卸桥（图2-38）、轮胎式堆场集装箱装卸桥（图2-39）等。

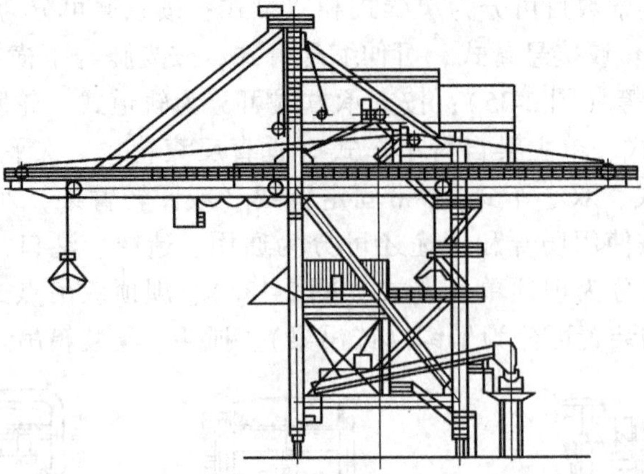

图 2-37　岸边抓斗装卸桥（卸船机）

图 2-38　岸边集装箱装卸桥（岸桥）

图 2-39　轮胎式堆场装卸桥（场桥）

2.3.4　架桥机（launching machine）

架桥机是指通过将自身支承在桥梁结构上，并可纵向移动自行变换支承位置，然后将预制桥梁梁体（包括整孔/节段梁体、整跨/非整跨梁片等）搬运至桥墩/桥台指定位置上进行安装作业的一种专用起重机。架桥机的结构形式和工作原理与桥架型起重机相似，它的产生、构造及其演变发展始终与铁路桥梁设计及施工工艺的进步相伴而行，随着“全跨预筑、逐跨架设、先架后铺”的流水式施工作业方法的普及，架桥机越来越呈现出大型化吊装、智能化控制、操作平稳工序化、节能高效安全、快速经济高质量等特点，成为铁路/公路建设中必不可少的关键性专用特殊设备。

架桥机形式多样、构造复杂，并与用途、施工方法、地形、过孔方式等密切相关。其中，典型的下导梁双梁悬臂式架桥机构造及架梁主要工作流程如图 2-40 所示。

1. 喂梁→提梁→纵移→横移→落梁→架设

装载预制梁体的运梁车喂梁至架桥机尾部；前吊梁小车运行至梁体前段（吊装孔处）安装吊具后提梁；前吊梁小车与运梁车的后台车配合，共同使梁体纵移至超过主梁 1/2 处停止，后吊梁小车起吊梁体后段（运梁车空车返回），前、后吊梁小车同时运动将梁体纵移至待架桥段；将梁体下降至墩面 200mm 处，微调其横/纵向位置，放落梁体并使其准确就位；

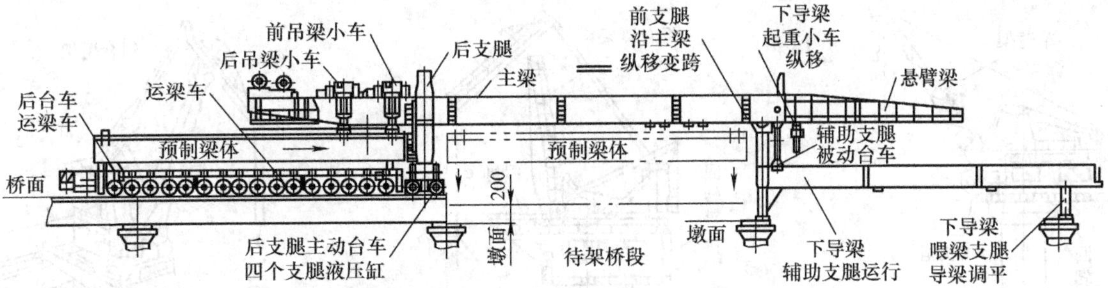

图 2-40 下导梁双梁悬臂式架桥机构造及架梁主要工作流程

逐行架设该孔梁体，并于新桥面铺设纵移轨道，前、后吊梁小车复位。

2. 前后支腿、辅助支腿过孔

将后支腿下部四个支腿液压缸解除固定；利用辅助支腿的顶升液压缸使前支腿离开墩面；后支腿主动台车驱动辅助支腿被动台车，使前、后支腿及辅助支腿沿轨道共同运动，纵向前移至下一桥孔的架设位置；重新固定、安装前后支腿并调平主梁。

3. 下导梁过孔

在辅助支腿被动台车下部，设有一套反装于下导梁上翼缘两侧的垂直导向反滚轮（挂轮）系统，从而形成下导梁纵向移动时的一个滚动吊点。前吊梁小车纵移至下导梁后段安装吊具并吊挂，悬臂梁上的下导梁起重小车吊挂下导梁前段，两者配合运动使下导梁纵移至下一孔桥墩上的安装位置处；其间，下导梁起重小车需围绕辅助支腿上的滚动吊点前后交替换位（起延伸悬臂梁长度的作用）；微调下导梁横/纵向位置并使其准确就位，调平后稳固安装下导梁；前吊梁小车、下导梁起重小车复位，拆除桥面临时轨道，全面检查架桥机就位固定情况，准备开始架设下一孔梁体。

架桥机按用途可分为公路用、普通铁路用（单线160t 级）、公路/铁路两用、客专铁路用（双线900t 级）；按过孔方式可分为导梁式、吊运架一体式、步履式、走行式、铁路车辆式；按主梁可分为单梁式、双梁式、悬臂式；按施工方法可分为整跨式、节段拼装式等。

2.4 臂架型起重机

臂架型起重机是指金属结构以具有可回转、可摆动（或固定）的悬伸臂架为主要特征的一大类起重机，一般配置起升、回转、变幅和运行等工作机构，服务的空间范围为圆形（或腰圆形）立柱体。臂架型起重机的起重能力常用起重量和起重力矩共同表示。由于是支承平面外吊载，故其承载能力受整体稳定性限制而相对较小。典型机种包括门座式起重机、塔式起重机、流动式起重机、浮式起重机、臂架式起重机、悬臂式起重机等。

2.4.1 门座式起重机（portal slewing crane）

门座（半门座）式起重机是一种将主机安装在一个立体门形（Π 形）或半门形座架上，可沿地面轨道移动的回转臂架式起重机（图 2-41），其门座下方可通行铁路车辆（一对或数对铁轨）或其他地面车辆，主要用于港口、码头、船厂、水利工程、建筑等场合。

门座式起重机通常具有起升、回转、变幅（工作性）、运行（非工作性）等机构。完成

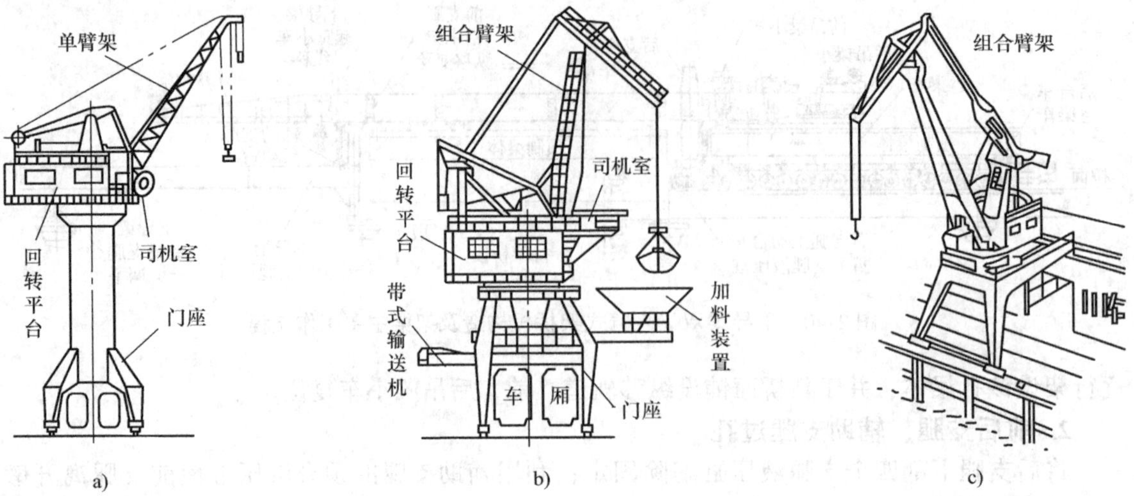

图 2-41　门座式起重机

装卸用途时起重量一般为 5 ~ 40t，在船坞上进行船体装配与设备舾装时起重量可达 1900t，常用取物装置为吊钩、抓斗、集装箱吊具等。由于变幅机构需要满足带载运行的工作性要求，故其常采用载重水平变幅和臂架自重平衡的设计措施，以减小变幅功率与吊重摆动。但构造较为复杂。金属结构部分包括臂架系统、人字架、转柱、门座架、回转平台与对重系统、司机室与机房平台等，整机自重和轮压较大，对支承基础要求较高。

门座式起重机按使用场合和用途可分为港口（通用型、带斗型）、船厂、内河码头、建筑、电站、多用途等；按变幅补偿方式和臂架构造形式可分为绳索补偿法（单臂架式）和组合臂架法（四连杆式）；按变幅驱动形式可分为卷扬式、齿条式、螺杆式、液压缸式；按回转区间可分为局部回转式和全回转式；按回转支承方式可分为柱式（定柱式、转柱式）和转盘式等。

2.4.2　塔式起重机（tower crane）

塔式起重机是指臂架安装于直立高塔顶部的回转式臂架型起重机（简称塔机或塔吊），广泛应用于建筑、水电、造船等行业，是现代工业与民用建筑工程中重要的施工机械。

塔式起重机通常配置有起升、变幅（工作性）、回转机构，有时也具有调整性运行机构；其起重能力相对较小，变幅多采用牵引小车式水平变幅方案，常用吊具为吊钩等。

塔式起重机的金属结构通常由塔身、塔头/平头、起重臂、平衡臂-对重、回转平台、底架及台车架（或固定基础）等组成，其外形构造具有十分鲜明的特点。高大直立的塔身和长臂架组成“Γ”形典型特征（图 2-42），极易近距离靠近并覆盖建筑物，幅度利用率高达 80%，有效作业空间大；整体结构采用格构桁架式组拼装配，具有构造轻巧、装拆操作简便、便于搬迁、适应性强等特点。

塔身结构多采用矩形钢管（或角钢拼焊）等组成正方形截面的焊接格构柱，标准节可互换安装并能通过顶升机构使其增加或减少，其内部设有爬梯和休息平台。标准节连接形式有法兰盘式、螺栓盖板式、套柱螺栓式和销轴式等。对于可变高度的自升高式塔身，则以标准节组拼方式通过顶升套架系统形成接高构造，以适应建筑物的高度变化。当建筑物高度不

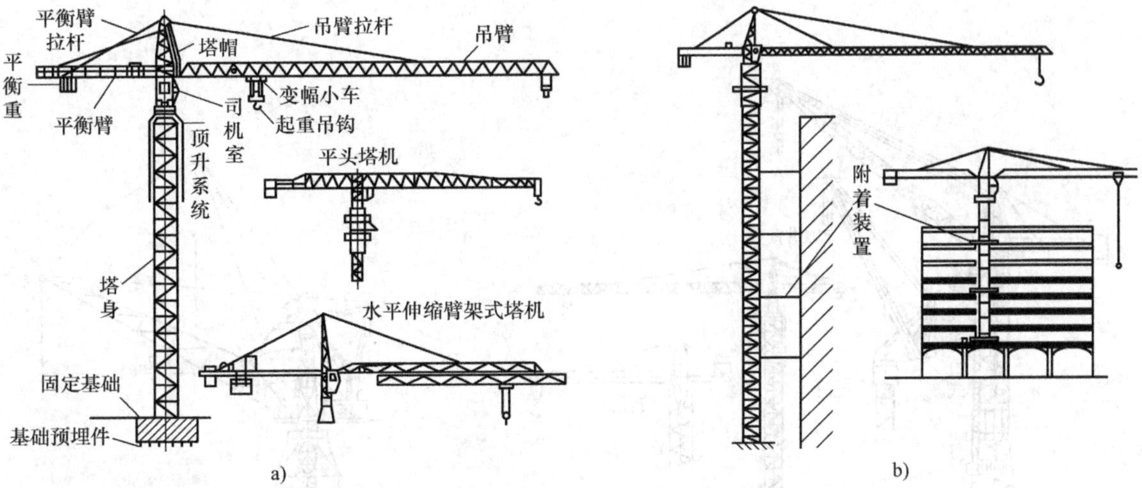

图 2-42　固定自升上回转平臂塔式起重机

大于 50m 时多采用标准节组合式，而当高度大于 50m 时则采用标准节附着式。

俯仰变幅式（动臂）塔式起重机主要用于工业厂房等重大构件的吊装（目前已较少采用），其起重臂（吊臂）多采用矩形断面格桁结构（角钢或钢管组焊）。水平臂架多属自升式塔式起重机，变幅牵引式小车可在臂架上调速运行，适用于大面积的高层施工。水平吊臂多采用正三角形截面格桁结构，下弦杆可采用槽钢（轻型）、组合矩形结构（中、重型）等，而上弦杆和腹杆则采用无缝钢管。除平头式外，水平臂架通常会在长度方向设置 1 ~ 2 个吊点形成吊臂拉杆（钢丝绳/圆钢）系统，如图 2-42a 所示。平衡臂与水平臂对称安装，依靠其尾部后端所装设的对重（箱/块）保持整机平衡，其构造与起重臂类似。折臂式塔式起重机主要用于工程量不大的、流动分散的小型建筑工程。另外，起重臂的节间连接与塔身相似。

上回转式是将回转支承装置装设在塔身上部，塔身不动而臂架-塔头部分可相对转动的形式，在组拼安装式塔式起重机上广泛应用。按照回转支承及上部构造可分为塔帽式（中小型）、转柱式（重型）、塔顶式（大中型自升式）、平台式（大中型自升式），如图 2-43 所示。塔帽式是将棱锥形格桁结构的塔帽（图 2-42a）套装在塔顶外面，通过定柱式回转支承装置（上部球铰和下部滚轮）来实现回转运动，塔帽上分别设置与起重臂、平衡臂相连的支座。下回转式是将回转支承及平台装设在塔身根部（图 2-44），回转平台之上的起升、变幅、回转机构以及塔身、吊臂、平衡重等整体转动的形式，具有重心低、稳定性好、省略塔头和平衡臂而使塔顶简化（垂直轴向受压）、塔身和起重臂能缩短或折叠、装拆运输和维修方便等特点，适用于自行整体架设、整体搬运的轻小型塔机，用于 7 层以下民用建筑可获得较好效益。

底架及台车架就是承载支座，结构形式分别为门座式（图 2-43b）、箱形板梁/水母式（中重型塔式起重机）、门架/框架式（上回转动臂式塔式起重机）、平面框架/井字架式（轻型塔式起重机）等，如图 2-45 所示。

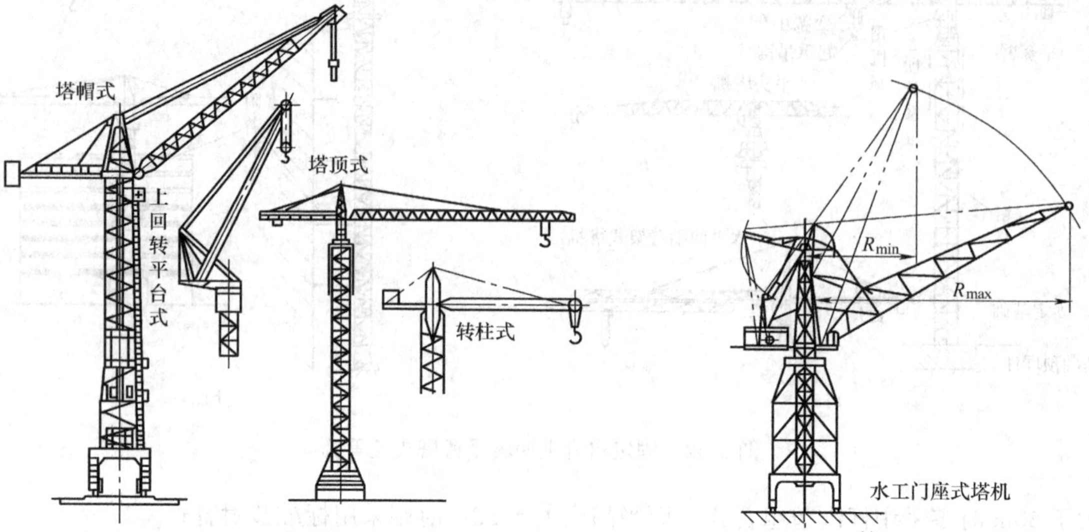

图 2-43　轨行上回转塔式起重机

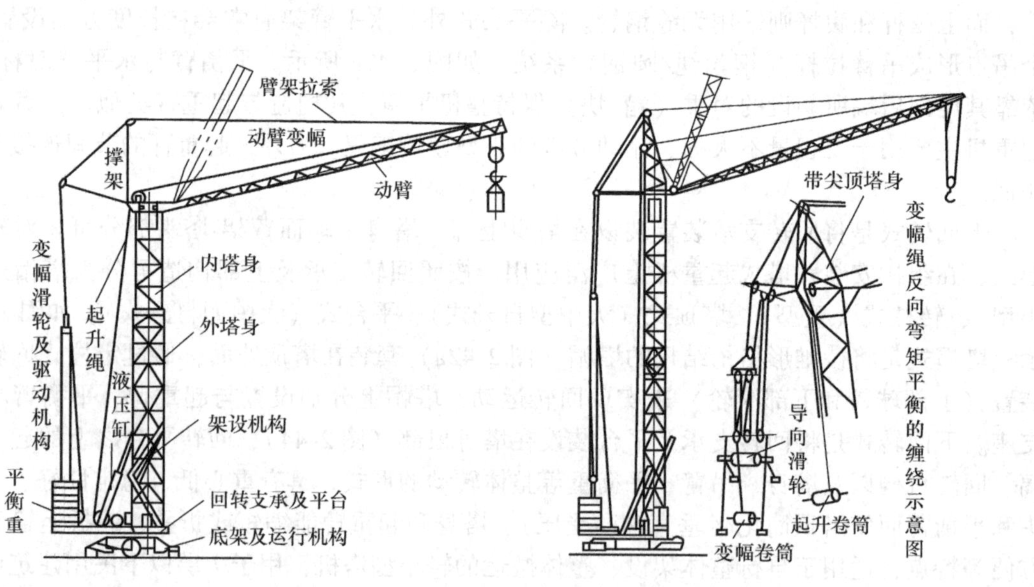

图 2-44　轮胎式下回转伸缩塔身折臂塔式起重机

a）具有活动支承的下回转式　b）具有固定支承的下回转式

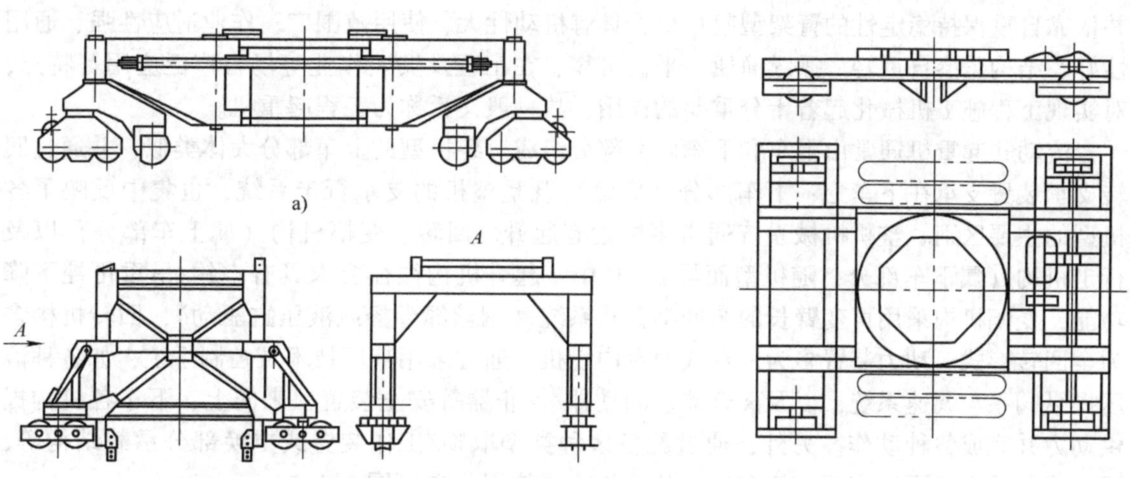

a)　b)　c)

图 2-45　塔式起重机底座

塔式起重机按起重量大小可分为轻型（$m_{RC}=0.5\sim3t$）、中型（$m_{RC}=5\sim15t$）、重型（$m_{RC}=20\sim40t$）、大型等；按整机机动方式可分为固定式（基础固定/结构物固定）与移动式，固定式（图 2-42）尤其适用于高层施工的自升式场合，移动式（轨行式、轮胎式、汽车式、履带式等）多适用于高度 50m 内的中小型施工场合；按塔身顶部塔头构造可分为尖头式（塔帽/塔顶/转柱）和平头式（图 2-42a）；按塔架自升高方式可分为内部爬升式（适于狭窄施工现场）和外部附着式（应用广泛，图 2-42b）；按回转方式可分为下回转式（图 2-44）和上回转式（塔帽式、转柱式、塔顶式、上回转平台式，图 2-43）；按臂架变幅动作可分为俯仰动臂式（图 2-44）、牵引小车水平臂式（图 2-42）、臂架折叠式（图 2-44 和图 2-46）、综合变幅臂架式等；按塔机安装方式可分为组拼安装式（多数）和整体架设式（快装轻小型，图 2-45）。

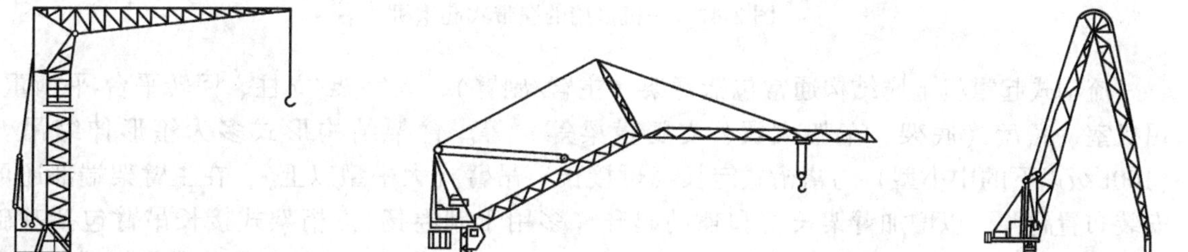

a)　b)　c)

图 2-46　臂架折叠（伸缩）塔式起重机

a）具有杠杆式吊臂的下回转式　b）综合变幅臂架的上回转式　c）铰接动臂架折臂上回转式

2.4.3　流动式起重机（mobile crane）

1. 概述

流动式（自行式）起重机是指整体能沿无轨路面大范围流动性行驶，可配置立柱/塔架并依靠自重保持稳定性的臂架型起重机，具有机动性大、使用范围广、作业适应性强、通用性好、结构紧凑自重轻、操纵简便、平稳可靠、在工程及安装作业等场合广泛应用等特点，对实现工程施工机械化起着十分重要的作用，故一般又泛称为工程起重机。

流动式起重机通常由上车和下车两大部分组成。各机型的上车部分大体类似，并通过回转支承装置支承在下车上；下车部分（底盘）既是整机的支承行走系统，也集中反映了各机型的主要区别。整机机械系统通常多配置有起升、回转、变幅机构（属上车部分）以及行走机构（属下车部分，随机型而异）。其中，起升机构往往要求具有空钩/吊重可控下降功能，变幅机构采用可变臂长的俯仰动臂式系统（钢丝绳卷扬或液压缸驱动），回转机构多为全回转形式。动力装置多为一台或两台内燃机，通过采用液压技术及控制系统，如各种液压操纵阀系与调速系统，以及离合器、制动器/停止器等安全装置，来向上、下车各机构提供动力并完成各种动作。另外，通过配备多种类型取物/工作装置或更换部分承载结构等，流动式起重机还可以实现一机多用，从而扩大了使用范围（图2-47）。

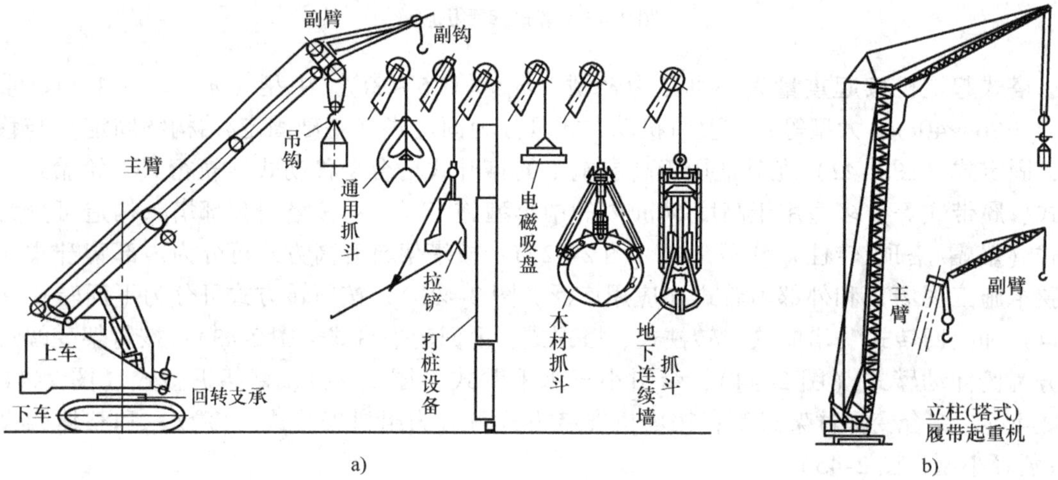

图2-47　一机多用的履带式起重机

流动式起重机金属结构通常包括臂架（主臂/副臂）、人字架/立柱、回转平台-平衡重、司机室、底盘（底架、车架大梁、支腿横梁等）等。臂架结构形式多为箱形伸缩吊臂（100t级以下的中小型）与格桁式定长（可接长）吊臂（大中型以上），在主臂架端部还可安装布置副臂，以增加臂架长度和辅助起升（多用于副卷扬）。桁架式接长吊臂包括基础（臂根）节段、顶部（臂顶）节段以及中间插入节段，许多大型机的顶部节段很短，仅是个突出的定滑轮装置。所谓整机的基本臂，是指桁架臂无中间插入节段（或伸缩臂的各伸缩节全部缩回）时的最短工作主臂，其长度的最大值一般由行驶条件决定。另外，为减轻吊臂及整机自重，起重臂常采用高强度合金钢（抗拉强度≥700～900MPa），并将其设计成合理的结构形式，如桁架式吊臂也可设计成部分内部叠套伸缩的形式（图2-48）等。

流动式起重机按底盘（下车部分）的安装形式可分为履带式、轮式、特殊底盘式等；按结构形式可分为上车回转式、臂架回转式、铰接式（图2-49）、臂架非回转式等；按臂架构造及连接形式可分为定长式（如桁架式）、伸缩式、立柱/塔式（图2-47b）、副臂式、铰接臂（折叠臂）式等，其中，伸缩式按驱动类型可分为液压驱动、液压-机械驱动、人力驱动三种，而按伸缩次序关系又可分为顺序伸缩和同步伸缩两种；按臂架截面可分为桁架臂式和箱形臂式；按整机使用场合可分为通用式、越野式、集装箱专用式，其中，集装箱专用式又可分为正面吊运式、侧面吊运式、双面吊运式、高架轮胎式等。另外，还有特殊配置式。

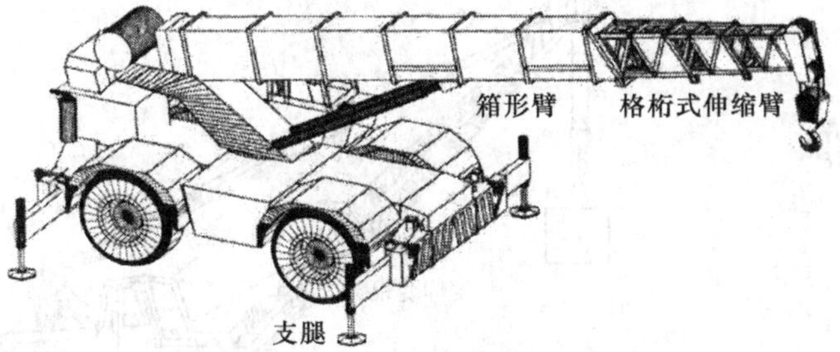

图2-48　桁架内部叠套伸缩式吊臂

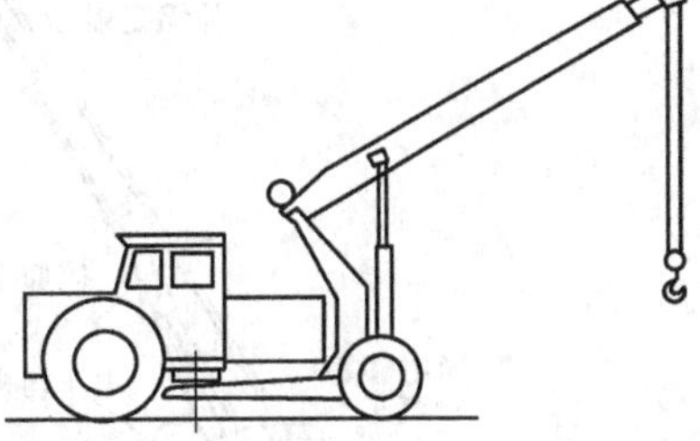

图2-49　非回转铰接轮式起重机

2. 履带式起重机（crawler-mounted crane）

履带式起重机是指起重作业的上车部分装设在履带式底盘上、钢质车轮沿无端循环履带板滚动来实现整体行走的流动式起重机，如图2-50所示。

履带式起重机表面宽大的履带及其底盘具有接地面积大，接地比压小（0.05～0.25MPa），附着力大（牵引系数为轮胎型的1.5倍），爬坡能力强，转弯半径小（可原地转弯），稳定性好（无支腿），适应地形能力突出（能在松软泥泞或崎岖不平路面上起重作业），可吊重物低速行驶等特点，而其行驶速度低（1～5km/h），运输性和机动性较差（损坏路面，需托车装运），自重大（为轮胎型的1.5～2倍），成本高等影响因素，使它的使用受到限制。但大型履带式起重机今后仍具有其独特的发展优势（图1-18）。

另外，特殊配置式流动起重机是指为增加基本机型的起重能力或其他功能，而专门加装各种不同附加装置的一类特殊机型，如具有超起功能的特殊配置式履带起重机（图2-51），它在原机型上增加了超起桅杆、超起对重等特殊配置系统以提高其起重能力。

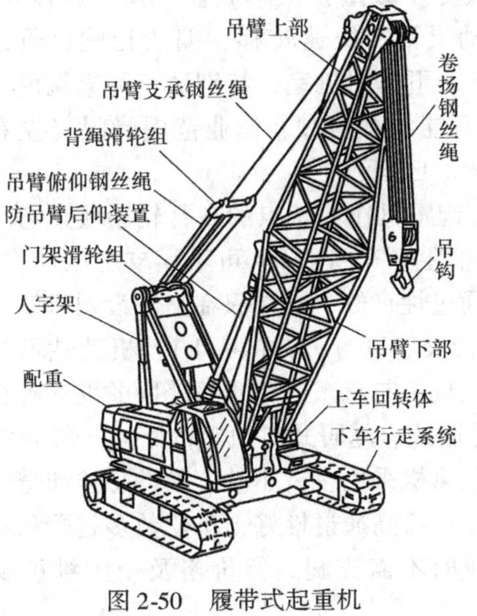

图2-50　履带式起重机

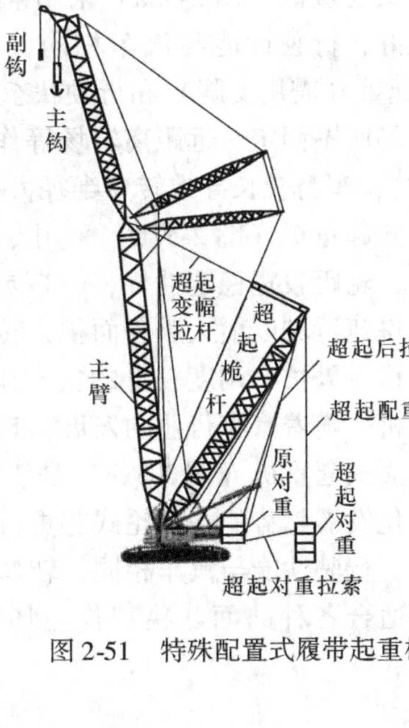

图2-51　特殊配置式履带起重机

3. 轮式起重机（wheel-mounted crane）

轮式起重机是泛指把起重作业部分装设在轮胎型底盘上，依靠充气轮胎在路面上行驶的流动式起重机，通常包括汽车式、轮胎式、全路面式、随车式等，如图 2-52 所示。

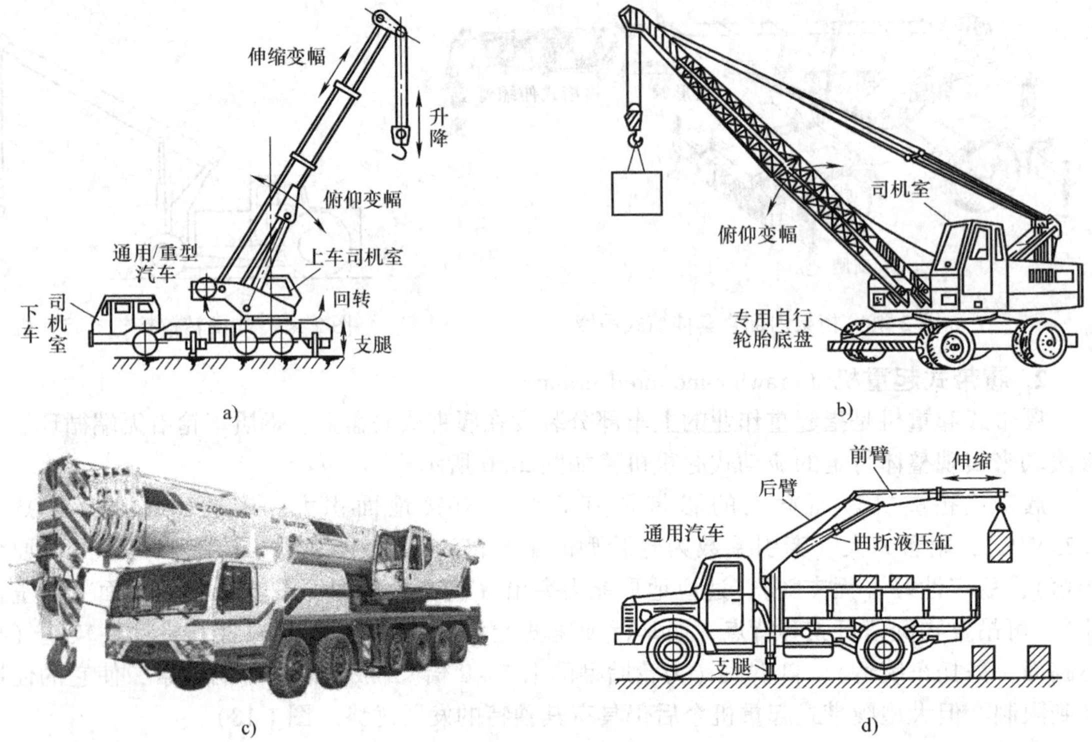

图 2-52　轮式起重机

a）伸缩臂汽车式起重机　b）定长臂轮胎式起重机　c）伸缩臂全路面式起重机　d）折叠臂随车式起重机

汽车式起重机（图 2-52a）采用常见的通用（或专用载重）汽车底盘与弹性悬挂车桥，其经济性好，行驶性能与汽车相同（速度快、机动灵活、快速转移、编队行驶、通过性好），在起重（需用支腿）和行驶状态时分别使用上、下车司机室，特别适于频繁调度、流动性大、场所不固定、远距离转场等作业场合。但只能无载行驶，作业范围受限（左右两侧、后方），车身较长导致转弯半径大并需要具备较大工作区域等。

轮胎式起重机（图 2-52b）采用专门设计的符合起重机作业特点的自行轮胎底盘与刚性悬挂车桥，轮距较宽稳定性好，转弯灵活半径小（轴距和车身短），可不用支腿四面作业，并能吊重慢速行驶以增大服务面积，转移性和道路通过性良好；通常只在上车设司机室，特别适合于作业繁忙、调度较少的狭窄作业场合。但行驶速度（$v \leqslant 30\text{km/h}$）、机动性不及汽车式起重机。随着汽车行业的发展，轮胎式起重机显现出与汽车式起重机趋同的发展趋势。

全路面式起重机（图 2-52c）是兼有汽车式、轮胎式、越野式等机型的特点，符合大型化、通用化发展趋势的一种轮式起重机。全路面式起重机采用多桥驱动、弹性悬挂和全轮转向等构造，行驶性能与汽车相同，转弯灵活半径小，底盘高通过性好，车轮数多越野和爬坡能力强，适合各种路面和狭窄作业场合，起重作业时不需支腿。但价格及使用维护要求较高。

随车式起重机（图2-52d）是指把轻小型液压驱动的悬臂起重机装设在商用的通用汽车上（可带拖车），以实现运输、搬运二合一的流动式起重机（简称随车吊），它可解决本商用汽车上的货物装卸问题，其服务区域为围绕本车的小范围之内。

专用流动式起重机特指那些作业对象固定或作业场地较少变化的流动起重设备，如港口专用的集装箱正面吊、侧面吊（单/双侧）等机型，集装箱跨车以及装于汽车底盘上的高空作业起重车及抢险救援起重车等，如图2-53所示。

a)　　b)　　c)

图2-53　专用流动式起重机

a）集装箱正面吊　b）集装箱跨车　c）高空作业起重车

2.4.4　悬臂式起重机（cantilever crane）

悬臂式起重机是指取物装置悬挂在回转刚性（固定或移动）悬臂上，或悬挂在沿悬臂运行的小车上的轻小型臂架起重机，通常装设在某生产工艺装置附近以备装卸吊运之用。它结构简单，使用方便灵活；起升机构多采用电动葫芦，小车运行及回转机构可手动/电动，整机可固定在地面/墙壁上，也可水平移动（需加配重）等，如图2-54所示。

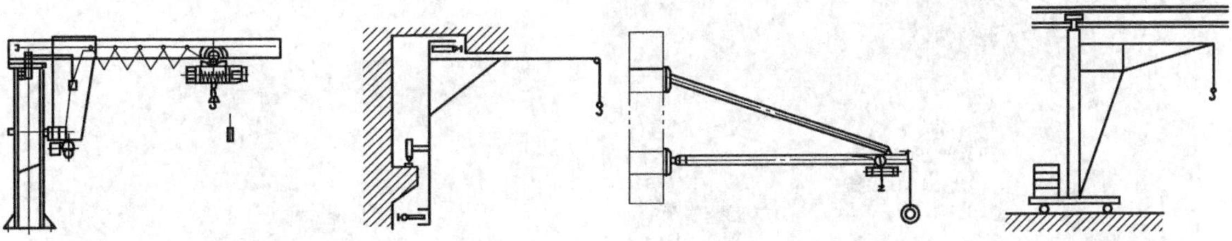

a)　　b)　　c)

图2-54　悬臂式起重机

a）柱式　b）壁式　c）平衡式（自行车式或移动式）

悬臂式起重机按立柱承载支承的形式可分为柱式（定柱/转柱，图2-54a）、壁式（图2-54b）和平衡式（图2-54c）。另外，习惯上也把具有俯仰臂架和平行四边形平衡杆系等主要特征的悬臂式起重机称为平衡吊（图2-55），其升降动作的实现不用卷扬绞车，而采用丝杠或液压缸驱动四连杆运动来完成。

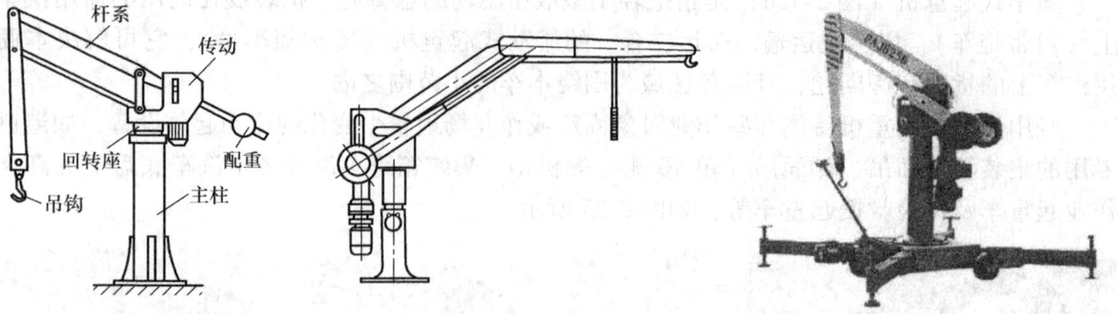

a)　　　　b)　　　　c)

图 2-55　平衡吊

2.4.5　浮式起重机（floating crane）

浮式起重机（俗称浮吊或起重船）是指把起重总成部分放置在专用浮船船体（或囤船）上，并以其作为支承和运行装置浮在水上作业，可沿水道自航或拖航的水上臂架型起重机，如图 2-56 所示。其变幅机构常采用全程平衡带载变幅方案，具有运转灵活、自重轻、作业效率高、稳定性好、不占用陆地等特点，可以进行岸与船、船与船间大宗货物装卸及水上工程作业，如河道港口疏浚、港口及海上施工、救助打捞等。

a)

b)

c)

图 2-56　浮式起重机

浮式起重机按航行方式可分为自航式和非自航式（拖航或岸边固定）；按回转能力可分

为全回转式、非全回转式、非回转式、复合式（起重装置为上下两层）；按工作水域可分为港湾式（港口/内河）、航海式；按动力装置形式可分为蒸汽式、内燃式、内燃-电力式、蒸汽-电力式、电动式（岸电）；按使用场合和用途可分为装卸用、造船用、建筑安装用、救援（救助打捞）用等；按取物装置类型还可分为吊钩、抓斗、电磁吸盘、集装箱吊具等。

需要注意的是，浮式起重机除应遵守起重机械相关设计规范/标准以外，还应符合船舶与海上设施的相关设计规范与标准，如《船舶与海上设施起重设备规范》（中国船级社）等。

2.4.6 其他臂架型起重机

1. 铁路起重机（railway crane）

铁路起重机是指把起重总成安装在专用机车底架上，并沿铁路线运行，从事装卸作业以及铁路机车/车辆颠覆等事故救援的臂架型起重机，如图2-57所示。铁路起重机按动力装置可分为蒸汽式（少用）、内燃式、电动式等。

2. 桅杆起重机（derrick crane）

桅杆起重机（俗称拔杆或把杆）是指以垂直桅杆（自身依靠顶部和底部支承保持直立状态）为承载构件，臂架下端与桅杆下部铰接，而上端通过钢丝绳与桅顶相连的简易臂架型起重机，如图2-58所示。桅杆起重机是最简单的非标准起重设备，桅杆底部支承通常为刚性固定结构，而桅顶上部支承形式多为缆绳或刚性斜撑，具有制作简单（钢材/木材）、装拆方便、不受场地限制等特点，多用于矿山、建筑工地以及港口码头上等吊装工程集中、构件大而重、场地狭窄、无其他适用起重设备的吊装场合。

图2-57　铁路起重机

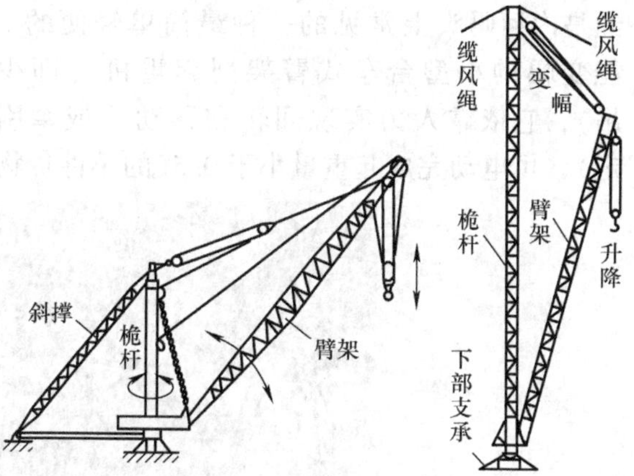

图2-58　桅杆起重机

桅杆起重机按构造形式可分为摇臂式、人字架式、单桅杆（兼臂架）式、悬臂式、缆绳式、斜撑式等；按桅杆构造形式可分为单杆/立柱式、人字架式、门式、三脚架式等。

3. 甲板起重机（deck crane）

甲板起重机（俗称克令吊）是把起重总成通过筒体基座法兰安装在船舶甲板上，用于装卸船货的回转臂架型起重机，如图2-59所示。其驱动系统常采用高可靠性重载型电-液式方案，船舱发电机引出电源通到筒体基座内部的固定线路上（防风、防雨、防浪），具有结构紧凑、机动灵活、操作简便安全、效率高、对甲板面积和桥楼视线影响较小等特点。

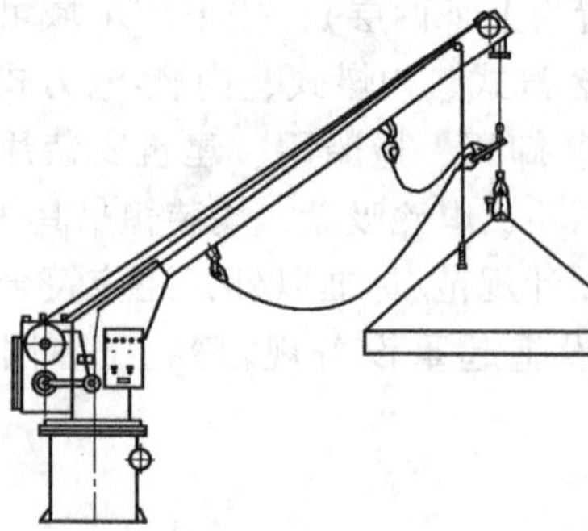

a)

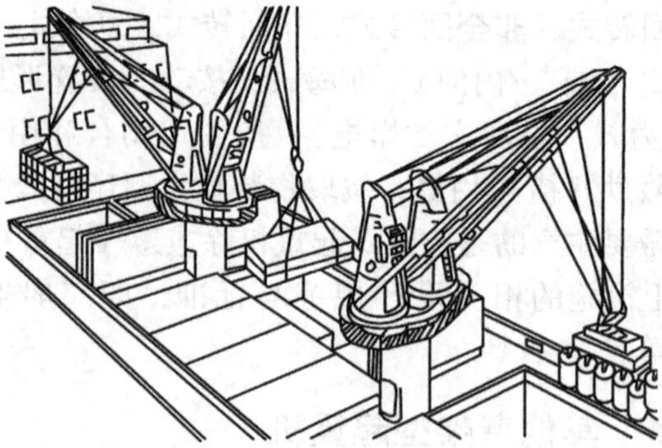

b)

图 2-59　甲板（海上船用）起重机

4. 其他

相对于大型港口而言，内河港口小型码头上的装卸设备有其特殊性；它们通常具有起重量、工作速度、工作级别不高，技术方案简单易行，能实现吊具互换（吊钩/抓斗），整机自重轻，工作效率高等特点，有时为提高抓斗装卸效率，还采用无动力可控下放方案。常见机型包括移动台车式臂架型起重机（图 2-60a）和固定式臂架型起重机（图 2-61）等。

a)

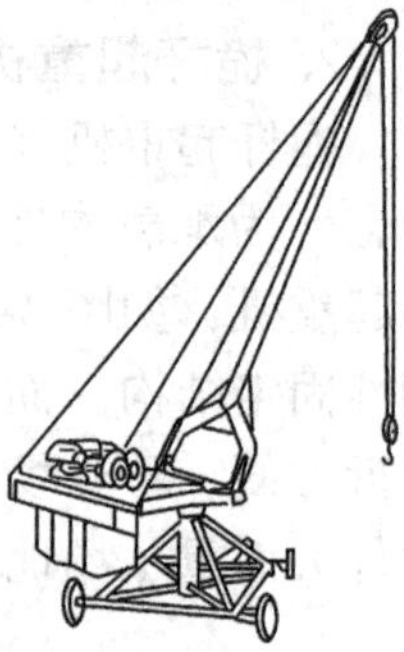

b)

图 2-60　移动台车式臂架型起重机

低高度台车除沿地面轨道移动的形式外，还曾出现过简易轮式方案。图 2-60b 所示机型曾经是内河码头上常见的一种最简单轻便的、不能变幅的小型台车式臂架型起重机（即少先吊），它依靠人力实现回转和移动（或牵引行走），可电动完成起重量小于 0.5t 的小件货物的装卸工作。

a)

b)

图 2-61　固定式臂架型起重机

2.5　其他类型起重机

2.5.1　缆索起重机（cable crane）

缆索起重机（简称缆机）是指以固定在两侧支架间的柔性承载索为大跨度架空承载构

件，挂有取物装置的起重小车沿承载索移动，进行装卸、归集（归装）、储运等作业的特型起重机，如图2-62所示。它具有跨度大、速度快、效率高、总体结构简单、造价低、经济性好等突出优点，适用于地形复杂且跨度大的采矿、森林、工业原料场、货场、码头、渡口以及水电和桥梁建筑工地等作业场合。

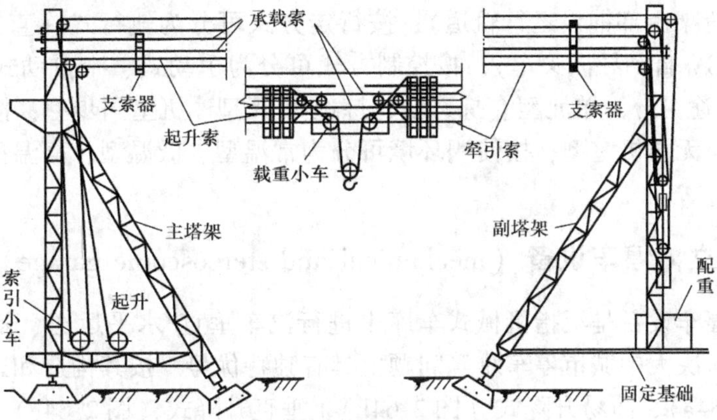

图2-62　辐射式缆索起重机

缆索起重机为了减小起升索和牵引索的垂度，应采用支索器（“承马”）将其与承载索支承连接在一起。起升卷筒和牵引小车卷筒都装设在主塔架上，起升和载重小车可高速运行（大于100m/min）；另一侧副塔架上装设承载索的张紧装置和配重，两塔架（或支腿）可在相距较远的两岸轨道上低速运行（约为10m/min）。

缆索起重机按承载索分支数可分为单索、双索和四索三种形式；按运行形式可分为固定式（包括固定摇摆式）、两侧平移式、辐射式（一侧固定而另一侧弧线运动）等；按支架（塔架）形式可分为木材支架（简易）式、钢塔支架式、桁架门式、无支架式等；按承载索张紧方式可分为刚性固结式、重锤或液压张紧式、承载索收放式等。

2.5.2　堆垛起重机（stacking crane）

堆垛起重机（堆垛机）是指立柱上带有堆垛货叉或其他取物装置，在仓库或车间里用于从高层货架上获取、搬运、堆垛成件单元物品的仓储专用起重机，按其构造可分为桥式和巷道式两大类，如图2-63所示。

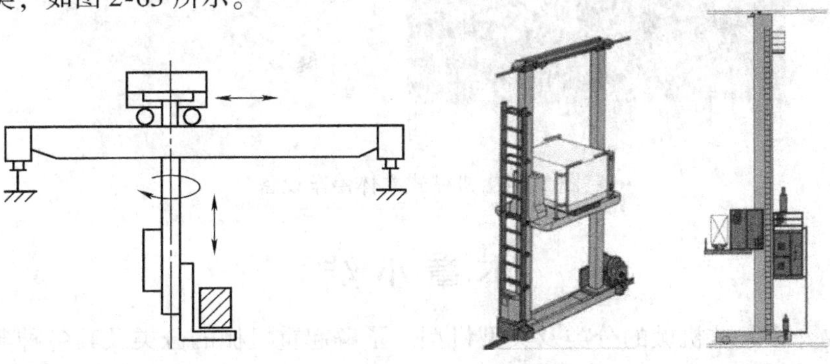
a)　b)　c)

图2-63　堆垛起重机

a）桥式堆垛起重机　b）双立柱巷道式堆垛起重机　c）单立柱巷道式堆垛起重机

桥式堆垛起重机可实现四维动作，按其构造可分为支承式和悬挂式，适用于货架高度小于12m、中等跨度的车间/仓库中的大长件和笨重物料的储运。

巷道式堆垛起重机能实现三维动作，适用于各种高度的标准单元物品的高层货架仓库。按立柱结构形式可分为单立柱式、双立柱式、梯形立柱式等；按支承方式可分为地面支承型和上部支承型（货架上部铺设运行轨道）；按行走方式可分为轨行式（直线/曲线）和无轨式（高架叉车/AGV自动导向叉车）；按控制方式可分为手动式、半自动式、全自动式（码垛机器人）；按用途可分为单元型、拣选型、拣选-单元型、机室同步型；按人员搭乘情况可分为带司机室型、无司机室型；按使用环境可分为常温型、低温型、高温型、防爆型、特殊环境专用型等。

2.5.3 机械式立体停车设备（mechanical and stereoscopic garage）

机械式立体停车设备是泛指机械式车库中进行汽车垂直/水平运送、停放、存取等作业的成套设备，在解决大中城市停车难等问题上具有独特优势。按其构造和工作原理可分为升降横移式（图2-64a）、简易升降式（图2-64b）、垂直升降式（图2-64c）、垂直循环式、水平循环式、多层循环式、平面移动式、巷道堆垛式、汽车专用升降机等。

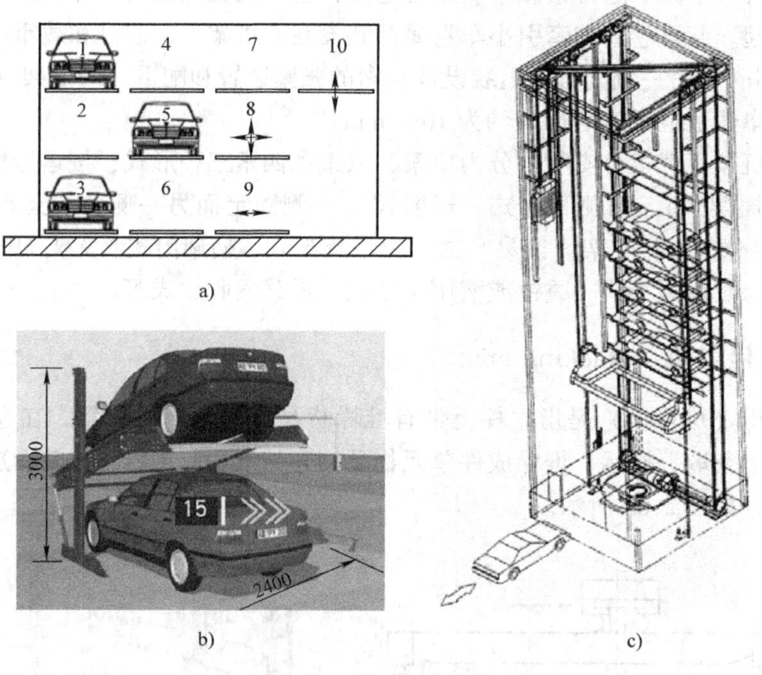

图2-64 机械式立体停车设备

本章小结

本章主要介绍起重机械的分类及典型机型。了解起重机械的分类及其各种典型机型的特点和应用，掌握起重机械的分类和命名原则与特点，以及常用典型机型的构造。

教学重点和难点：起重机械的分类和命名原则，以及常用典型机型的构造。

第3章 起重机的承载能力与计算基础

为了确保起重机械安全可靠地进行起重作业，必须使其具备相应且足够的承载能力。设计师的主要职责就是通过采用符合要求的各种技术和设计计算方法，经济合理地确保起重机械实现其承载能力，而 GB/T 3811—2008《起重机设计规范》等标准以及相关法律法规，是设计过程中必须遵守的基本准则。从设计角度而言，首先要确定机器的载荷。因此，依据工作特点及实际情况进行载荷计算，是起重机械设计计算的基础。

3.1 起重机械的承载能力及其计算

3.1.1 保证起重机械安全可靠地正常工作的基本条件

各种类型的起重机械能够安全可靠地正常工作，必须具备的基本条件如下：

1）起重机械金属结构、机构及其零部件都应具有足够的强度、刚度和稳定性（抗屈曲能力），在规定使用期限内不发生破坏（损坏）。例如，脆性材料（如铸铁），当其危险点的应力达到强度极限时，零件就会产生脆性断裂而破坏；韧性较好的材料（如碳素钢及合金钢），当其危险点的应力超过屈服极限时，零件将会产生塑性变形而损坏。另外，在交变应力反复作用下累积达到时间（次数）限时，零部件和结构件还会产生疲劳破坏。

2）在各类外载荷作用下，起重机械必须具有足够的抵抗倾覆的能力。

3）动力装置必须具有满足作业要求的功率和能力，制动装置必须提供足够的制动力矩。另外，频繁动作的电动机与制动器等部件会因温度超过允许值（过热）而导致破坏。

4）应确保起重机械系统安全及其上工作人员的安全与健康。

3.1.2 起重机械的承载能力

所谓起重机械的承载能力，是指在满足用户要求且符合相应设计规范的前提下，在规定的作业条件和寿命周期内，确保整机以及机构、结构件和零部件、电气控制系统等能安全工作的各项最大能力（设计值），通常可用各项设计（工作）参数、作业承载能力及使用要求来表述。

1. 起重机械的作业承载能力

起重机械的作业承载能力，通常可由起重机械所承受最大工作载荷与相关服役区主要几何参数的组合来表示。例如，桥架型起重机械的作业承载能力可由起重量-跨度的组合来表示，臂架型起重机械的作业承载能力可由起重量—工作幅度的组合来表示，装卸类型起重机械的作业承载能力还可由生产率（单位时间装卸量）—装卸位置的组合来表示等。但无论采用何种表示方法，对于起重机械所承受的主要工作荷载，一般都可以表述为集中/分布作用的垂直载荷（或力矩形式）。

对起重机械而言，通常意义上的作业承载能力，就是在规定的服务区域内承受规定的工作载荷并进行正常作业。这是它应该具有的最基本的工作能力，也是对其最基本的要求，某种程度上还反映了其作业中抵抗倾覆的整体稳定性能力。

2. 起重机械的搬运速率能力

起重机械的搬运速率能力，可由其搬运物品的速度与服役区内相应几何参数的组合来表示。一般包括各机构的工作速度与相应服役范围，以及各机构的起动、制动时间等。

搬运速率能力参数体现了起重机械作业快慢的程度，而反映到设计计算中的效应就是：起重机械不但要承受静载荷，而且还要同时承受冲击和惯性动载荷。

3. 起重机械的抗疲劳能力

起重机械的抗疲劳能力，在设计规范中是用工作级别参数来反映并划分相应等级的。

工作级别的设计计算效应，体现为起重机械在规定预期寿命周期内的使用情况和工作载荷情况。GB/T 3811—2008《起重机设计规范》规定：使用等级（整机为 $U_0 \sim U_9$、机构为 $T_0 \sim T_9$、结构件和零件为 $B_0 \sim B_{10}$，级数公比皆为2）和载荷状态级别（整机为Q1～Q4、机构为L1～L4、结构件和零件为P1～P4，级数公比皆为2）两者按“对角线”等寿命原则，划分出相应层级的工作级别（整机为A1～A8、机构为M1～M8、结构件和零件为E1～E8）。“对角线”等寿命原理意味着：同一台起重机械吊重越小、使用次数越少，则寿命越长。

4. 起重机械的抗环境影响能力

起重机械经常在复杂、恶劣、危险等环境中作业使用，其常见的环境影响参数有：工作/非工作风速（或风力）、最高/最低温度、气候条件、腐蚀性环境以及地震烈度等。

起重机械抗环境影响的能力通常包括抗工作/非工作风载能力、抗高/低温能力、抗腐蚀能力、抗雪载能力等，当用于特殊环境（如核环境）时，还应具有相应的抗地震能力。

5. 起重机械的正常使用能力

起重机械除具有承担上述破坏的能力之外，还应提供足够的正常使用能力。

1）不削弱起重机械作业承载能力（或影响其正常使用）的合理变形能力，即静刚度指标参数（某些机型还应考虑主梁的拱度要求）。

2）不损害司机健康、不破坏金属结构（或限制整机工作能力）的合理动态振动的能力，即动刚度指标参数。

3）不超过允许极限工作温度的能力，如电动机与制动器等发热设计指标参数。

4）具备承受制造、运输、安装、试验等过程中以及支承基础误差（包括适当变形）所带来的附加载荷影响的能力，如起重机在不平道路/轨道上运行时，或动载试验等过程中所产生的冲击效应。

5）不影响起重机械抵达所需工作区域的合理能力，如流动式机型的最大爬坡度、最小转弯半径等指标参数。

6）具有良好的人机工效及可靠的安全保护系统。

3.1.3 起重机械承载能力计算概念

所谓起重机械承载能力计算，就是在设计计算载荷作用下，对整机、机构、结构件和零件等的承载能力状况进行理论计算，并使其满足相应的各种极限（最大）承载状态的安全适用性规定，从而确保经济合理地实现起重机械安全正常地工作。

GB/T 3811—2008《起重机设计规范》与相应标准（如 EN13001-1 欧盟标准中第 4.2.5 条等），都明确了起重机械的各种极限（最大）承载状态，并制定了相应的安全适用性规定。

规定的破坏极限（或临界极限）状态为：

1）由正常工作应力在构件（零件）截面中引起塑性变形或使摩擦型连接处产生滑移。

2）结构件/零部件（或其连接）出现失效，如静强度破坏、疲劳破坏、材料脆性破坏或形成危险的临界裂缝等。

3）起重机械的结构或其构件弹性失稳，如压弯失稳、屈曲等。

4）起重机械及金属结构或其构件刚性失稳，如倾覆、歪斜等。

另外，还规定了保证正常使用能力的极限（最大）状态。

总体来说，起重机械承载能力计算具有如下特点：

1）计算项目众多。包括疲劳或寿命（包括磨损和发热），塑性破坏的强度（动强度/静强度）、塑性破坏的刚度（动刚度/静刚度）、弹性失稳（压弯失稳或屈曲）、刚性失稳（倾覆、歪斜和移动），以及结构件和机械零件所用材料的脆性破坏。

2）计算涉及的载荷（应力）类型复杂。包括轴向载荷（拉压应力）、弯矩（正应力）、弯扭和横向载荷（切应力）、局部集中载荷（局部应力）等。从计算截面看，上述应力或单独存在，或同时存在形成多种应力组合。塑性破坏的计算一般只考虑一阶应力，而二阶应力（集中应力、残余应力等）则对零部件和结构件的疲劳破坏具有较大影响。

3）计算方法应合理、适用、符合规范。起重机械属于特种设备，其承载能力应采用 GB/T 3811—2008《起重机设计规范》中推荐的方法（公式）以及理论或实践证明正确的其他计算方法来保证，设计人员应对规范中所采用的各种计算理论和方法有明确的认识。

3.1.4　起重机械承载能力的设计计算方法

1. 许用应力设计法（安全系数法）

许用应力设计法是工程设计中经典、传统的设计方法。它把影响零件/构件承载能力安全可靠度的各种因素（如载荷偏差、计算误差、材料的不均匀性、制造缺陷等），都按其平均值（或标准数值）来处理，并视它们始终不变，最终都采用一个安全系数来统一考虑所有误差因素的影响，并使计算后的危险截面叠加合成应力 $\overline{\sigma}_l$ 小于许用应力 adm σ，其实质属于单一安全系数的定值法。许用应力设计法计算流程及公式如图 3-1 所示。

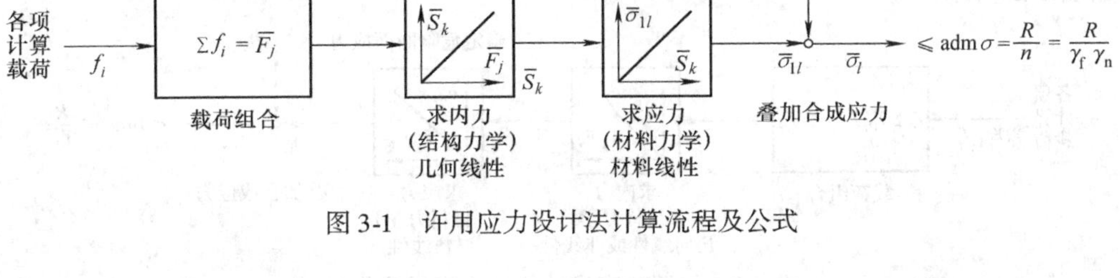

图 3-1　许用应力设计法计算流程及公式

图 3-1 所示计算流程公式中：

R——所计算零件/构件的材料极限抗力（如材料屈服极限、疲劳极限、构件屈曲临界极限、脆性材料强度极限等）；

n——安全系数，结构设计安全系数=强度系数×高危险度系数，即 $n=\gamma_f\gamma_n$，机械设计安全系数为 n_s 或 n_b；

γ_f——强度（安全）系数，其值的选取与载荷组合类型有关（见表 3-1），当高危险度系数 $\gamma_n=1.00$ 时，安全系数 n 就等于强度系数 γ_f（见 GB/T 3811—2008《起重机设计规范》）；

γ_n——高危险度系数，其值与特殊的使用要求有关，一般可取 $\gamma_n=1.05\sim1.10$（见 GB/T 3811—2008《起重机设计规范》）。

关于高危险度系数 γ_n 的概念：ISO 8686-1：1989 提出，某些起重机（如铸造、核工业用等）如果发生失效，将对人身安全或经济造成特别严重的后果，在这些特殊情况下，计算时需采用一个大于 1 的高危险度系数 γ_n，以便使起重机获得更大的安全可靠性，但是未给出具体值。GB/T 3811—2008《起重机设计规范》在金属结构部分的载荷组合中也引入了高危险度系数 γ_n 的概念，但机械部分却无具体的适用性说明。为不使计算载荷增加过大而又能体现高危险度的工况，并考虑危险度级别和经济性等要求，将高危险度系数 γ_n 取为强度安全系数系列比值幅度的平均值 1.10，并允许适当降低到 1.05，即 $\gamma_n=1.05\sim1.10$。

表 3-1　金属结构安全系数 n 和材料的许用应力 adm σ

载荷组合	A			B			C		
	无风工作情况			有风工作情况			受到特殊载荷作用的工作情况或非工作情况		
强度系数 γ_f	1.48			1.34			1.22		
高危险度系数 γ_n	1.10	1.05	1.00	1.10	1.05	1.00	1.10	1.05	1.00
安全系数 $n=\gamma_f\gamma_n$	1.63	1.55	1.48	1.47	1.41	1.34	1.34	1.28	1.22
许用应力 adm σ	$\frac{R}{1.63}$	$\frac{R}{1.55}$	$\frac{R}{1.48}$	$\frac{R}{1.47}$	$\frac{R}{1.41}$	$\frac{R}{1.34}$	$\frac{R}{1.34}$	$\frac{R}{1.28}$	$\frac{R}{1.22}$

2. 极限状态设计法

极限状态设计法是一种新的设计理念。它把影响构件承载能力安全可靠度的各种因素，都视为不确定的（即具有不定性或随机性），设计计算时应在概率论基础上综合考虑这些影响因素的平均值、标准值、离散程度以及概率大小等，对各影响因素的误差均采用相应的分项安全系数来考虑，其性质属于具有随机性的分项安全系数法。极限状态设计法计算流程及公式如图 3-2 所示。

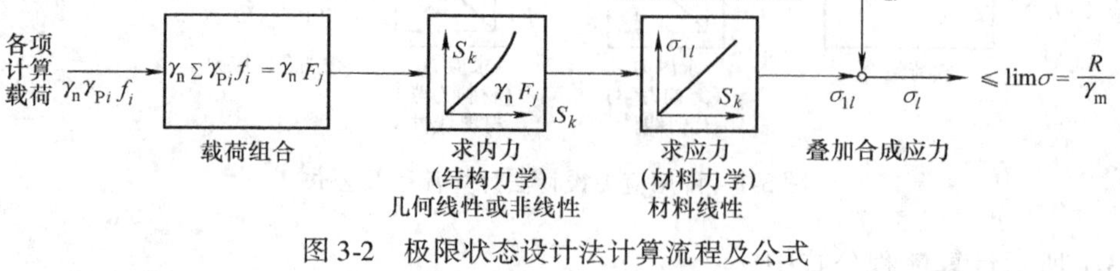

图 3-2　极限状态设计法计算流程及公式

图 3-2 所示计算流程公式中：

γ_P——载荷分项（安全）系数；

γ_m——材料抗力（安全）系数。

载荷分项（安全）系数 γ_P 实质上就是各项载荷的分项安全系数，以此概念理解其取值原则就会非常简单，即不定性或随机性较大的载荷，其载荷分项（安全）系数也较大。如桥门式起重机金属结构载荷组合 B 组中，自重载荷分项（安全）系数为 1.05，起升载荷分项（安全）系数为 1.22，工作风载荷分项（安全）系数为 1.10。

材料抗力（安全）系数 γ_m 是以概率统计方法来考虑材料不均匀性所引起的安全影响。起重机械金属结构通常采用一般金属材料（钢材），其不均匀性很小，所以 γ_m 可以取较小数值，如 GB/T 3811—2008《起重机设计规范》中规定，在合格率为 97% 的前条件下，普通结构钢和低合金钢的材料抗力系数 $\gamma_m = 1.10$（Q235 为 1.087，Q345 和 Q420 为 1.10）。

3. 说明

综上所述，许用应力设计法中的安全系数主要基于经验而确定，高危险度系数 γ_n 只能统一反映在承载能力的审定标准上，因而无法准确地综合衡量影响零件/构件安全可靠度的所有因素。极限状态设计法中的安全系数采用基于概率统计的理念而定，分项考虑了影响构件安全可靠度的各种因素，高危险度系数 γ_n 也表述在计算载荷项上，为构件安全可靠度的可比性提供了共同的基础，但其合理性取决于大量相关数据的概率统计。

另外，综合比较图 3-1 和图 3-2 可以看出，上述两种设计方法的计算流程表现出了大致相同的理论支持内容（三个层级）：

1）第一层级。安全适用性指标，涉及起重机设计规范规定的相关内容，包括计算载荷 f_i、载荷组合（$\sum f_i$、$\gamma_n \sum \gamma_{Pi} f_i$）以及各种承载状态安全适用性规定（adm σ、lim σ、γ_n、γ_f、γ_m）。

2）第二层级。内力分析过程，涉及理论力学、结构力学、动力学、有限元等相关理论。

3）第三层级。具体零件/构件及其连接的设计，涉及机械设计、材料力学、起重机械、金属结构等相关理论，如零件/构件截面和连接强度计算、整体稳定性计算、刚度计算、疲劳计算、构造设计等。另外，某些特殊的零部件，起重机设计规范也明确了设计计算方法。

4. GB/T 3811—2008《起重机设计规范》的相关规定

1）由于试验统计数据的限制，起重机械结构件及连接的静强度和稳定性可采用许用应力设计法或极限状态设计法；起重机械结构件及连接的疲劳强度采用许用应力设计法。

2）起重机械零部件采用许用应力设计法。

3）采用理论或实践证明正确的其他计算方法。

设计人员应首先保证起重机械承载能力安全可靠，同时兼顾经济合理性。零件/构件的设计尺寸越大，其安全可靠度增高，而设备造价也相应提高。因此，设计人员采用某种设计计算方法的原则，是合理把握安全可靠度要求与经济合理性要求两项指标的平衡点。

3.1.5 起重机械承载能力设计计算流程

EN13001-1：2004（欧盟标准）第 4.2.1 条规定了起重机械承载能力设计计算流程，如图 3-3 所示。

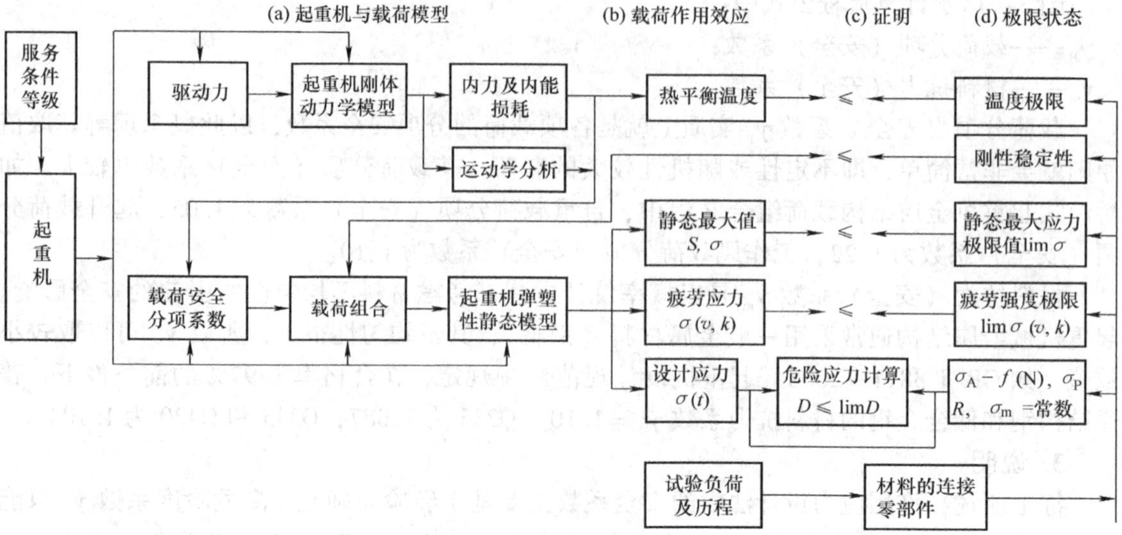

图 3-3 起重机械承载能力设计计算流程

1. 设计输入

设计人员应按照用户所要求的起重机械的具体服务情况，并在符合相关设计规范的条件下，编制起重机械设计制造技术规格书，明确表述该起重机械承载能力的各种参数、设计和制造依据的法律法规等，应特别注明设计所依据的相关规范和标准。

2. 建模、计算载荷和载荷组合

依据设计输入和设计规范中安全适用性的相应条款，形成法律上认定的、能综合反映起重机械承载能力的各项设计计算载荷（包括机构、结构件和零部件等），并按规定进行载荷组合。当载荷具有动力效应时，可采用刚体动力学模型和弹塑性模型（等效静载荷的方法）进行计算，即用载荷系数乘以载荷形成动力性计算载荷（或弹性增大计算载荷）等。

具体的计算内容为：① 计算和选取能反映起重机械承载能力效应的各项载荷系数；② 进行能反映起重机械不同工况综合效应的载荷组合 A、B、C（或Ⅰ、Ⅱ、Ⅲ）；③ 载荷组合应能较全面地反映起重机械的实际承载状态，不同类型的起重机械应按不同工况下的载荷组合来作为其计算载荷。

3. 承载能力设计计算及审定（证明）

起重机械承载能力设计计算及审定（证明），是决定该设计能否保证其承载能力的关键环节。设计人员采用 GB/T 3811—2008《起重机设计规范》和有关法规推荐的计算方法与公式，以及理论或实践证明正确的方法等，进行计算载荷（组合）作用下的起重机械承载能力设计计算，包括起重机（机构、结构件和零部件等）的刚性（倾覆）稳定性/弹性（屈曲）稳定性、强度/刚度、疲劳/磨损、极限温度校核等，低温环境时还应对结构件和零部件所用材料进行脆性计算，条件允许时也可进行极限承载状态设计计算。

4. 保证起重机械承载能力工作流程正确实施的条件

1）遵守 GB/T 3811—2008《起重机设计规范》和相关法律法规。设计人员应正确理解相关规定并在设计计算过程中贯彻执行。

2）构造设计与计算模型相一致。建立（或选用）的计算模型应能较全面地反映设计人员在构造设计上的设计意图，否则其设计计算将导致不安全的后果。

3）计算准确。设计人员既要对标准和规范有正确的理解（避免误解相关条款），又要对设计计算的过程和结果进行详细审核，避免发生数据错误。

3.2 起重机的计算载荷

3.2.1 计算载荷概述

作用在起重机械上的载荷形式是多种多样并变化不定的（包括载荷类型、大小、作用位置等），既存在于工作状态下也存在于非工作状态下，既有直接作用形式也有间接作用形式等。在设计计算时，对这些作用载荷并不只是进行简单的叠加，而是应该按照起重机械承载能力的不同要求，从中选择与整机、机构、零部件、金属结构以及动力设备等破坏形式有关的、具有典型性的那些载荷和载荷组合，来作为起重机械承载能力设计计算的依据，而所选择的这些载荷就统称为计算载荷。

计算载荷（和载荷组合）是对起重机械承载能力合理正确的数学描述，应能反映其工作特性和特点，即载荷的不确定性、动力性及不同承载状态。设计规范将作用在起重机械上的这些计算载荷分为常规载荷、偶然载荷、特殊载荷及其他载荷等，只有在分析与这些计算载荷有关的、各种可能的载荷组合时，才需要区分这些载荷的不同类别。当计算载荷具有动力效应时，通常采用等效静载荷的方法进行动载荷效应计算，即用载荷系数乘以载荷形成计算载荷。

3.2.2 常规载荷

常规载荷是指在起重机正常工作时始终和经常发生的载荷，包括由重力产生的载荷（自重载荷、起升载荷及由垂直运动引起的载荷）、由驱动机构或制动器的作用使起重机加（减）速运动而产生的载荷以及因起重机结构的位移或变形引起的载荷。在防屈服、防弹性失稳以及在必要时进行的防疲劳失效等计算（验算）中，应考虑这类载荷。

1. 自重载荷 P_G

自重载荷 P_G（整机）通常是指起重机械本身结构、机械设备、电气设备等部分质量的重力；对某些机型而言，自重载荷还要包括工作时始终积结（包括结壳粘结）在某些部件上的散状物料质量的重力（如附设在起重机上的存仓、料仓、连续输送机等上面的物料），但标准规定属于起升载荷部分的物料重力除外。在设计计算初始，起重机械自重载荷是未知的，一般可借助现有资料或经验数据，初步估算其自重值。下面所列为常用的自重估算经验公式。

（1）通用双梁桥式起重机

整机总质量 m_G（单位为 t）　$m_G = 0.45m_{RC} + 0.82S$　(3-1)

起重小车的质量 m_{Gx}（单位为 t）　$m_{Gx} = (0.2 \sim 0.4)m_{RC}$　(3-2)

式中 m_{RC}——额定起重量（t）；

S——起重机跨度（m）；

系数 0.82 的单位为 t/m。

式（3-2）中的较小系数适用于大起重量，较大系数适用于小起重量。

（2）双梁门式起重机　双梁门式起重机的小车质量可参考式（3-2），无悬臂门式起重机主梁自重可参考通用桥式起重机进行预估，有悬臂门式起重机的支腿质量为主梁质量的70%～90%。

起重量 $m_{RC} \leqslant 80t$ 的双梁箱形门式起重机，其主梁和支腿的总质量 m_z（单位为t）为

无悬臂 $$m_z = 0.7\sqrt{m_{RC}HL_0} \tag{3-3}$$

有悬臂 $$m_z = 0.5\sqrt{m_{RC}HL_0} \tag{3-4}$$

式中　H——起升高度（m）；

L_0——可包括悬臂长度的主梁全长（m）；

m_{RC}——额定起重量（t）。

2. 额定起升载荷 P_Q（或 P_{QRC}）

额定起升载荷是指起重机起吊额定起重量时的总起升质量的重力，具体见第1章1.3节。

3. 自重振动载荷 $\phi_1 P_G$

（1）计算工况　当物品突然起升离地时，或将悬吊在空中的部分物品突然卸除时，或悬吊在空中的物品下降制动时，起重机本身（主要是其金属结构）的自重将因出现振动而产生脉冲式增大或减小的动力响应。此自重振动载荷（$\phi_1 P_G$）可用起升冲击系数 ϕ_1 乘以起重机的自重载荷 P_G 来考虑。

（2）起升冲击系数 ϕ_1　起升冲击系数 $\phi_1 = 1 \pm \alpha$（反映此振动载荷范围的上下限），$0 \leqslant \alpha \leqslant 0.1$；桥式起重机桥架的弯曲振动影响可以用 $\phi_1 = 1.1$ 来考虑。

4. 起升动载荷 $\phi_2 P_Q$

（1）计算工况　当被吊物品无约束地突然起升离开地面时，物品的惯性力将会使起升载荷出现动载增大作用，从而产生起升动力效应（图3-4），此瞬间最大载荷与离地瞬间的速度和系统弹性特征有关。突然离地起升动力效应（$\phi_2 P_Q$）通常采用大于1的起升动载系数 ϕ_2 乘以额定起升载荷 P_Q 来考虑。系数 ϕ_2 可采用ISO推荐的计算公式按起升状态等级的方法选用，也可用试验或其他分析计算的方法来确定。

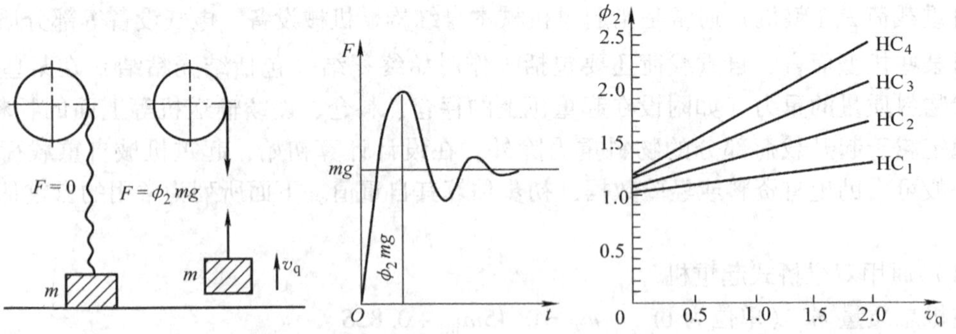

图3-4　起升离地时的动力效应及起升动载系数 ϕ_2

（2）起升状态级别　起重机械驱动控制技术水平发展很快，当起升机构采用不同形式的驱动控制方式时，被吊物品起升离地时的操作方法会有较大差异，由此所表现出的起升操

作平稳程度和物品起升离地的弹性动力特性也会有很大的不同。因此，按起升操作控制系统类型及起升离地的猛烈程度将起升状态划分为 $HC_1 \sim HC_4$ 四个级别。起升状态级别及相应的系数 β_2 和 $\phi_{2\min}$ 值见图 3-4 和表 3-2。

表 3-2 起升状态级别及其相应的 β_2 和 $\phi_{2\min}$ 值

起升状态级别	β_2	$\phi_{2\min}$
HC_1——起升离地平稳	0.17	1.05
HC_2——起升离地有轻微冲击	0.34	1.10
HC_3——起升离地有中度冲击	0.51	1.15
HC_4——起升离地有较大冲击	0.68	1.20

设计时，起升状态级别可以根据经验确定，也可以根据起重机的各种具体类型选取。对物品离地时未能采取专门的、较好控制方案的桥门式起重机，其起升状态级别举例可参见表 3-3；其他类型的起重机也可按其起升操作控制系统类型及起升离地的猛烈程度，参照表 3-3来选取该机的起升状态级别。

表 3-3 桥门式起重机的起升状态级别举例

起重机类别	起升状态级别
人力驱动起重机	HC_1
电站起重机、安装起重机、车间起重机	HC_2/HC_3
卸船机（起重横梁、吊钩或夹钳）、货场起重机（起重横梁、吊钩或夹钳）	HC_3
卸船机（抓斗或电磁盘）、货场起重机（抓斗或电磁盘）	HC_3/HC_4
炉前兑铁液（或炉后出钢液）铸造起重机、料箱起重机、加热炉装取料起重机（水平夹钳）	HC_3/HC_4
锻造起重机	HC_4

（3）起升动载系数 ϕ_2　起升动载系数 ϕ_2 可由稳定起升速度 v_q 的状态及起升状态级别按下式计算

$$\phi_2 = \phi_{2\min} + \beta_2 v_q \tag{3-5}$$

式中　ϕ_2——起升动载系数，对于建筑塔式起重机和港口臂架起重机等起升速度很高的机型，$\phi_{2\max} \leqslant 2.2$，对于其他起重机，$\phi_{2\max} \leqslant 2.0$；

$\phi_{2\min}$——与起升状态级别相对应的起升动载系数的最小值，其值见表 3-2；

β_2——按起升状态级别设定的系数，其值见表 3-2。

v_q——稳定起升速度（m/s），与起升机构的驱动控制形式及操作方法有关，其值可见表 3-4；当电动机或发电机空载起动（此时相当于吊具、重物及完全松弛的钢丝绳均放置于地面上），且吊具及物品被起升离地时，可认为此时已达到稳定起升速度的最高值 $v_{q\max}$。

表 3-4　确定 ϕ_2 用的稳定起升速度 v_q 值

载荷组合	起升驱动形式及操作方法				
	H1	H2	H3	H4	H5
无风工作 A1 和有风工作 B1	v_{qmax}	v_{qmin}	v_{qmin}	$0.5\ v_{qmax}$	$v_q=0$
特殊工作 C1	—	v_{qmax}	—	v_{qmax}	$0.5v_{qmax}$

注：H1——起升驱动装置只能作常速运转，不能用低速（微速）运转；

H2——起升机构具有微速装置，起重机司机可选用稳定低速（微速）运转；

H3——起升驱动装置的控制系统能保证物品起升离地前都作稳定低速（微速）运转；

H4——起升机构具有无级变速系统，起重机司机可以操作实现无级变速控制；

H5——起升绳预紧后，不依赖于起重机司机的操作，起升驱动装置能按预置设定的要求进行加速控制；

v_{qmax}——稳定的最高（额定）起升速度；

v_{qmin}——稳定的低速（微速）起升速度。

5. 部分起升货物突然卸载时的动载荷 ϕ_3P_Q

（1）计算工况　某些起重机械正常工作时会在空中从总起升质量 m 中突然卸除部分有效起升质量 Δm（如抓斗或电磁吸盘空中卸载等），这将对结构部分产生减载振动作用的动力效应，如图 3-5 所示。减小后的起升动载荷可用突然卸载冲击系数 ϕ_3 乘以额定起升载荷 P_Q 来计算。

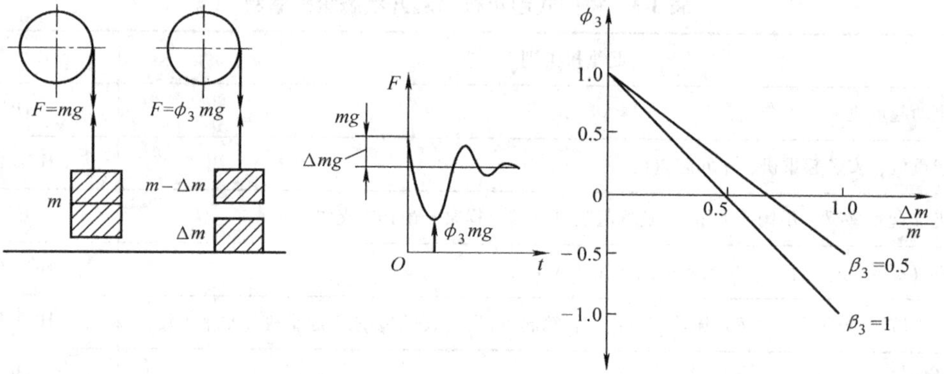

图 3-5　空中突然卸载时的动力效应及冲击系数 ϕ_3

（2）计算公式　空中突然卸载冲击系数 ϕ_3 的计算公式为

$$\phi_3=1-\frac{\Delta m}{m}(1+\beta_3) \tag{3-6}$$

式中　Δm——在悬空状态中突然卸除的起升货物的质量（kg）；

m——总起升质量（kg）；

β_3——系数，对于采用抓斗（或类似构造的）慢速卸载装置的起重机，$\beta_3=0.5$；对于采用电磁吸盘（或类似构造的）快速卸载装置的起重机，$\beta_3=1.0$。

6. 运行冲击载荷

（1）计算工况　起重机在不平道路或轨道（接缝）上运行时，起重机（包括所带货物）将产生垂直运行冲击动力效应。运行冲击载荷可用运行冲击（振动）系数 ϕ_4 乘以起重机的自重载荷和额定起升载荷之和（P_G+P_Q）来考虑。

（2）运行冲击系数 ϕ_4　运行冲击系数 ϕ_4 取决于起重机的构造形式（质量分布）、起重机的弹性特性和（或）悬挂方式、运行速度以及运行路面的种类和状况（或车轮直径及轨道接头的状况）等。此冲击效应可根据经验、试验或采用适当的起重机和运行路面（轨道）的模型（基础激励）振动分析得到。运行冲击动力效应系数 ϕ_4 见表 3-5。

表 3-5　运行冲击动力效应系数 ϕ_4

起重机类型	运行速度 v_y/(m/s)	ϕ_4
轮胎起重机和汽车起重机	≤0.4	1.1
	>0.4	1.3
履带起重机	≤0.4	1.0
	>0.4	1.1
轨行式起重机	当轨道接头状态良好时，如轨道用焊接连接，并对接头打磨光滑的高速运行起重机	1.0
	当轨道接头状况一般时	$\phi_4 = 1.1 + 0.058 v_y \sqrt{h}$

注：h 是指轨道接头处两轨面的高度差（mm）。

7. 驱动机构（包括起升驱动机构）加速引起的动载荷

（1）计算工况　由驱动机构加速（或减速）、起重机意外停机或传动机构突然失效等原因，将使系统产生振动从而在起重机中引起动载荷，此动力效应可用刚体动力学模型对部件、整机等进行计算。在进行刚性动力矩载荷（或称为惯性载荷）计算时，应考虑起重机驱动机构的几何特征、驱动系统的动力特性、机构的质量分布、机构内部摩擦损失等影响因素，一般将总起升质量视为直接悬置在小车的下方（或固定在臂架端部）。

由于刚体模型分析法不能直接反映系统实际出现的弹性振动效应，故引入弹性（振动）动载系数 ϕ_5 予以考虑；将机构驱动加（减）速引起的弹性动载系数 ϕ_5 乘以引起加（减）速的驱动力的变化值 $\Delta F = ma$（或 $\Delta M = J\varepsilon$），并与加（减）速运动之前的载荷（F 或 M）值代数相加，以此表示此时的总载荷效应；其中，$\phi_5 \Delta F$（或 $\phi_5 \Delta M$）既作用在承受驱动力的部件上成为动载荷，也作用在起重机和起升质量上成为它们的惯性力，如图 3-6 所示。

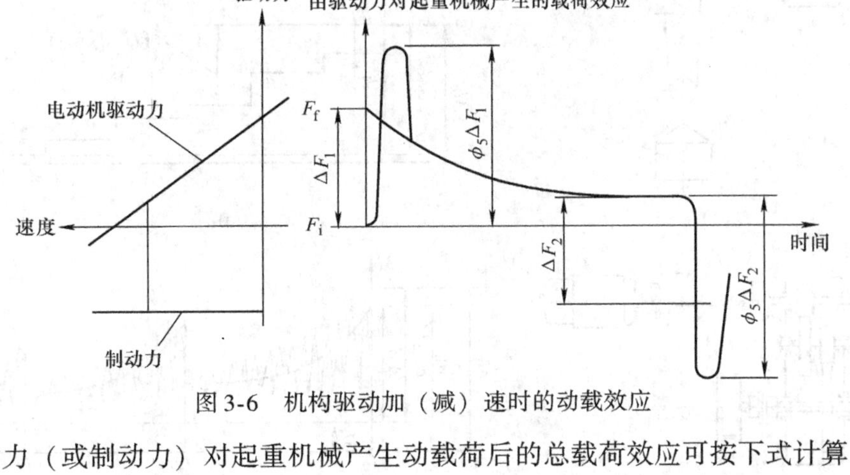

图 3-6　机构驱动加（减）速时的动载效应

由驱动力（或制动力）对起重机械产生动载荷后的总载荷效应可按下式计算

$$\hat{F} = F_i + \phi_5 \Delta F \tag{3-7}$$

式中 $\hat{F}$——机构驱动加（减）速时所产生的系统最大载荷值（N或N·m）；

ΔF——机构驱动加（减）速时驱动力的载荷变化值（N或N·m），$\Delta F = F_f - F_i$；

F_i、F_f——机构驱动加（减）速时驱动力变化的初始值和终了值（N或N·m）。

（2）弹性（振动）动载系数 ϕ_5　ϕ_5 值取决于驱动力（或制动力）的变化率、质量分布和传动系统的特性，其值见表3-6，通常较小值适用于驱动力或制动力平稳变化的系统，而较大值适用于突然变化的系统。在运行机构突然打反车反向起动时，或在“传动机构失效”等事故情况突然出现时，其 $\phi_5 = 3$（比驱动机构正常起制动状态时要大）。

表3-6　ϕ_5 的取值范围

序　号	工　况	ϕ_5
1	计算回转离心力时	1.0
2	传动系统无间隙，采用无级变速的控制系统，加速力或制动力呈连续平稳的变化	1.2
3	传动系统存在微小的间隙，采用其他一般的控制系统，加速力呈连续但非平稳的变化	1.5
4	传动系统有明显的间隙，加速力呈突然的非连贯性变化	2.0
5	传动系统有很大的间隙或存在明显的反向冲击，用质量弹簧模型不能进行准确的估算时	3.0

注：如有依据，ϕ_5 可以采用其他值。

（3）传动系起制动时动载荷的确定　为计算方便，通常对机构传动系各零部件的计算载荷，可沿从电动机一端开始向低速端展开的方向进行（图3-7a、b），并将多轴系统简化为单轴系统，使传动系各零部件按相应顺序用无质量的轴将各自转动惯量依次串联排列（图3-7c）。

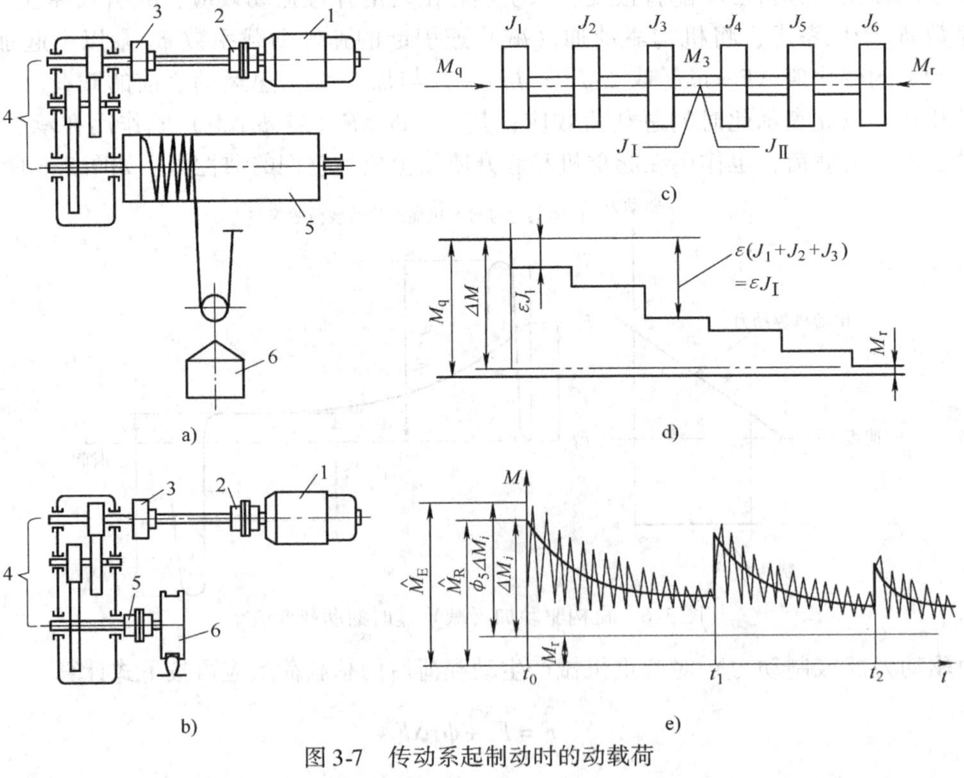

图3-7　传动系起制动时的动载荷

假设：电动机发出起动转矩 M_q 并作用在系统首端位置，系统最后一个转动惯量（起升质量/运行质量）上作用一个阻转矩 M_r（图 3-7c 中用箭头表示）。按刚体动力学模型，系统起制动时驱动力矩的变化值 $\Delta M = M_q - M_r$ 就全部用来加速这些转动惯量；而加速用的惯性转矩的分配就非常简单了，每一个惯量所消耗的惯性转矩等于 εJ_i（角加速度 ε 与该转动惯量 J_i 的乘积），每经过一个转动惯量就减少一级惯性转矩值，如图 3-7d 所示；将任意计算位置 i（如第 3 轴段）之前的所有转动惯量之和标记为 J_{I}，而其后的所有转动惯量之和标记为 J_{II}，则系统总转动惯量 $J_\Sigma = J_{\mathrm{I}} + J_{\mathrm{II}}$。

因此，传动系中任一轴段 i（如第 3 轴段）上的惯性转矩 ΔM_i 可按下式计算

$$\Delta M_i = M_q - M_r - \varepsilon J_{\mathrm{I}} = \varepsilon J_{\mathrm{II}} = \frac{M_q - M_r}{J_\Sigma} J_{\mathrm{II}} \tag{3-8}$$

在式（3-8）中，令 $\alpha = J_{\mathrm{II}}/J_{\mathrm{I}}$（惯量比），$\beta = M_q/M_n$，$\xi = M_r/M_n$，代入整理后得

$$\Delta M_i = \frac{\alpha(\beta - \xi)}{1+\alpha} M_n \tag{3-9}$$

式中　M_n——驱动机构电动机的额定转矩（N · m），即图 4-5 中的 T_N。

传动系中任一轴段 i（如第 3 轴段）上的刚性动力矩载荷（刚体模型下）$\hat{M}_R$ 为

$$\hat{M}_R = M_i + \Delta M_i = M_r + \frac{\alpha(\beta - \xi)}{1+\alpha} M_n = \frac{\alpha\beta + \xi}{1+\alpha} M_n \tag{3-10}$$

传动系中任一轴段 i（如第 3 轴段）上的最大计算总载荷（刚体模型 + 弹性振动）$\hat{M}_E$ 为

$$\hat{M}_E = M_i + \phi_5 \Delta M_i = M_r + \phi_5 \frac{\alpha(\beta - \xi)}{1+\alpha} M_n = \left[\xi + \phi_5 \frac{\alpha(\beta - \xi)}{1+\alpha}\right] M_n \tag{3-11}$$

需要注意：

1）式（3-10）中 M_n（即图 4-5 中的 T_N）之前的系数群，就是 GB/T 3811—1983《起重机设计规范》中的 ϕ_8（刚性动载系数），GB/T 3811—2008《起重机设计规范》里虽然没有 ϕ_8 的规定，但在刚体模型下刚性动力矩载荷计算过程中，此系数群仍然存在。

2）由式（3-11）可以看出，弹性（振动）动载系数 ϕ_5 作用于 ΔM_i 上是更为合理的模型（相比于 GB/T 3811—1983《起重机设计规范》）。因此，两个版本中 ϕ_5 的名称及含义虽然相同，但其数值和确定的方法却不一样。ϕ_5 的理论分析与计算非常复杂，其值与传动系间隙、系统自振周期（弹性）、加速度、加速力的变化特性以及控制系统与操作等有关。

3）在图 3-7e 中，粗实线表征了刚体模型下惯性转矩 ΔM_i 和刚性动力矩载荷 $\hat{M}_R$ 的变化形式，而围绕这些粗实线的细线则反映了弹性（振动）转矩（最大计算总载荷）$\hat{M}_E$ 的变化情况。

4）起升机构被吊物品由于起制动产生的动载荷可按式（3-7）计算，并与突然离地起升工况相比取其大者为最大垂直载荷；运行机构起制动时所产生的水平惯性动载荷，其最大值可能受到车轮打滑条件所确定的粘着力的限制。

5）机构制动时，传动系零部件所受动载荷可比照起动工况分析。但由于弹簧产生的制动力矩通常是恒定的（起动力矩是变化的），故而同样可能会产生较大的动载荷，这是应该引起关注的一个问题。

8. 起重机（或小车）在水平面内纵向（或横向）运动起（制）动时的水平惯性力

（1）计算工况

1）计算工况Ⅰ。此计算工况适用于整机和结构部分计算，将挠性悬挂的起升质量视为与起重机刚性连接，并与整机其他质量统一计算惯性载荷；当起重机（或小车）在水平面内进行纵向（或横向）起（制）动时，将在起重机（或小车）自身质量和起升质量上产生相应的水平惯性力，并分别作用在相应质量上；其值为该质量与运行加速度乘积的 ϕ_5 倍，但应不大于主动车轮与轨道间的粘着力，此时取 $\phi_5=1.5$；本模型计算结果偏大，此时不再另外计算货物偏摆角对水平惯性力的影响。

2）计算工况Ⅱ。此计算工况适用于机械和结构部分分别计算，货物摆动产生的动载荷，可按起重机工作情况和计算项目选取合适的货物偏摆角推荐值来考虑；结构部分产生的动载荷，可用其惯性载荷乘以弹性（振动）动载系数 ϕ_5 计算。

（2）计算方法　起重机（或小车）在水平面内纵向（或横向）运动起（制）动时的水平惯性力 P_{Hi} 为

$$P_{\mathrm{H}\,i}=\phi_5 m_{\mathrm{G}\,i}a \tag{3-12}$$

式中　m_{Gi}——相应于上述计算工况的计算总质量（kg）。

加（减）速度 a 值可以根据加（减）速时间和所要达到的速度值来推算得到。若用户未规定（或未给出）速度和加速度值时，可参考表 3-7 中所列的三种运行工作状况来选择。其中，对于高加速度、高速运行的起重机，常要求所有的车轮均为驱动轮，此时的水平惯性力不应小于驱动轮起制动轮压的 1/30，也不大于它的 1/4；另外，由于车轮、轨道可能存在的安装缺陷，将导致起重小车运行时产生横向晃动，从而引起车轮对轨道的横向冲击力（非高速运行时不考虑），此力通常取为小车轮压的 1/10，并认为各车轮的横向冲击力同时存在。

表 3-7　运行机构加速时间和加速度参考值

要达到的速度/(m/s)	低速与中速长距离运行		正常使用中速与高速运行		高加速度、高速运行	
	加速时间/s	加速度/(m/s²)	加速时间/s	加速度/(m/s²)	加速时间/s	加速度/(m/s²)
4.00	—	—	8.0	0.50	6.0	0.67
3.15	—	—	7.1	0.44	5.4	0.58
2.50	—	—	6.3	0.39	4.8	0.52
2.00	9.1	0.22	5.6	0.35	4.2	0.47
1.60	8.3	0.19	5.0	0.32	3.7	0.43
1.00	6.6	0.15	4.0	0.25	3.0	0.33
0.63	5.2	0.12	3.2	0.19	—	—
0.40	4.1	0.098	2.5	0.16	—	—
0.25	3.2	0.078	—	—	—	—
0.16	2.5	0.064	—	—	—	—

9. 起重机的回转离心力和回转与变幅运动起（制）动时的水平惯性力

（1）起重机回转离心力的计算方法　此离心力按这些部件/构件的质量、其质心处的回转半径和回转速度（$\phi_5\ m_i\omega^2 r$）来计算，此时取 $\phi_5=1.0$，一般将悬挂的总起升质量视为与起重机臂架端部刚性固接；对于塔式起重机，各部件/构件和起升质量的离心力均按最不利位置计算；对结构部分而言，这些离心力通常起减载作用，故可忽略不计。

（2）回转与变幅运动起（制）动时水平惯性力的计算方法　此惯性力按这些部件/构件质量与其质心的加速度乘积的 ϕ_5 倍计算（$\phi_5\ m_b\omega r/t$），对机构和抗倾覆稳定性计算时取 $\phi_5=1.0$；把起升质量视为与起重机臂端刚性固接，其加（减）速度值取决于该质量在起重机上的位置；对一般的臂架起重机，根据其速度和回转半径的不同，臂架端部的切向和径向加速度值均可在 $0.1\sim0.6\text{m/s}^2$ 之间选取，加（减）速时间在 $5\sim10\text{s}$ 之间选取。物品所受风力单独计算，并按最不利方向叠加。

（3）回转与变幅起（制）动时（包括作用于物品上的风力等）对总起升质量产生的综合水平力（单独计算）　本方法适用于机械部分和整机抗倾覆稳定性计算，上述综合效应（起制动是主要原因）引起的综合水平力 F_T 值，一般可用起重钢丝绳相对于铅垂线的偏摆角 α 所引起的额定起升载荷 P_Q 的水平分力（图3-8）来计算，计算公式为

$$F_T=P_Q\tan\alpha \tag{3-13}$$

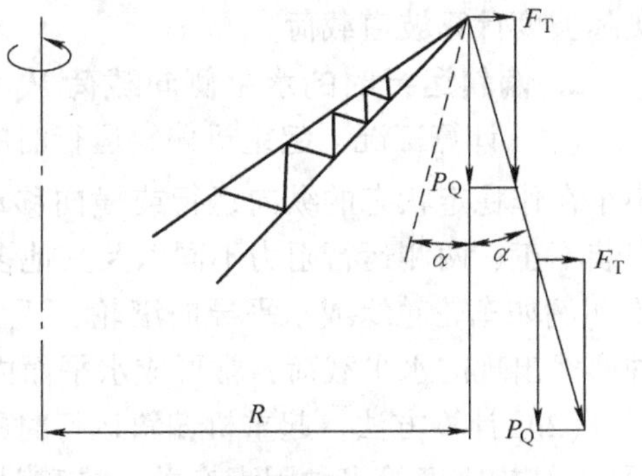

图3-8　额定起升载荷偏摆角及其综合水平力

偏摆角 α 的大小取决于回转和变幅运动时的水平惯性力、回转离心力、风力、司机操作方法与熟练程度等因素。对于机构和结构强度计算以及整机抗倾覆稳定性计算等，通常采用起重钢丝绳最大偏摆角 α_{II}（表3-8）；对于电动机等功率计算，采用钢丝绳正常偏摆角 $\alpha_{\text{I}}=(0.25\sim0.3)\alpha_{\text{II}}$，而对于机械零部件的疲劳强度及磨损等计算，取 $\alpha_{\text{I}}=(0.3\sim0.4)\alpha_{\text{II}}$。物品可在任意平面内摆动，常取最不利方向计算，如臂架变幅平面内或与臂架变幅平面相垂直的平面（臂架变幅平面外）。

表3-8　钢丝绳最大偏摆角 α_{II} 的推荐值

起重机类别及回转速度	装卸用门座起重机		安装用门座起重机		轮胎和汽车起重机
	$n\geqslant2\text{r/min}$	$n<2\text{r/min}$	$n\geqslant0.33\text{r/min}$	$n<0.33\text{r/min}$	—
臂架变幅平面内	12°	10°	4°	2°	3°~6°
垂直于臂架变幅平面内	14°	12°			

10. 位移和变形引起的载荷

设计时应考虑由位移和变形引起的载荷，如由预应力产生的结构件变形和位移引起的载荷，由结构本身或安全限制器准许的极限范围内的偏斜，以及起重机其他必要的补偿控制系统初始响应产生的位移引起的载荷等。

还要考虑由其他因素导致的起重机发生在规定极限范围内的位移或变形引起的载荷，例如由于轨道的间距变化引起的载荷，或由于轨道及起重机支承结构发生不均匀沉陷引起的载荷等。

3.2.3　偶然载荷

偶然载荷是指在起重机正常工作时不经常发生而只是偶然出现的载荷，包括由工作状态的风、雪、冰、温度变化、坡道及偏斜运行引起的载荷。在防疲劳失效的计算中通常不考虑这些载荷。

1. 坡道载荷 P_α

（1）计算工况　坡道载荷是指位于斜坡（道、轨）上的起重机自重载荷 P_G 及其额定起升载荷 P_Q 沿倾斜面的分力，即重力的下滑力 $(P_G+P_Q)\sin\alpha$。

（2）计算方法　当坡度角 α 很小时，$\sin\alpha\approx\tan\alpha = i\%$（坡度的百分值）。因此，坡道载荷 P_α 可按下列规定计算：①对流动式起重机，需按路面或地面实际情况考虑；②对轨道式起重机（含铁路起重机），当轨道坡度不超过 0.5% 时不考虑坡道载荷，否则按出现的实际坡度计算坡道载荷。

2. 偏斜运行时的水平侧向载荷 P_S

（1）计算工况　起重机偏斜运行时的水平侧向载荷 P_S，是指装有钢质车轮的起重机或小车在作稳定状态的纵向运行或横向移动时，由于跨度（或轨距）误差、轨道不直、车轮安装不正、两侧运行阻力不同以及其他多种因素等引起歪斜跑偏现象，从而发生在其导向装置（例如车轮轮缘或水平导向滚轮）上，由于导向的反作用引起的、与运行方向垂直的一种偶然出现的水平载荷，常形成水平面内的力偶作用效应。

（2）计算方法　起重机偏斜运行时的水平侧向载荷 P_S 与轮压、跨度、基距（或有效轴距）、结构刚度等多种因素有关，准确计算比较困难，一般采用经验估算法计算其最大值，如 GB/T 3811—2008《起重机设计规范》附录 D，它是在将起重机金属结构作为刚性系统的假设基础上得出的。

3. 风载荷

（1）风载荷估算的原则　露天工作的起重机应考虑风载荷的作用。假定风载荷是沿起重机最不利的方向水平作用的静力载荷，计算风压值按不同类型起重机及其工作地区选取。

（2）计算风压 p　计算风压 p 与阵风（瞬时）风速有关，根据具有速度的空气质量的动能化为挡风面的压力功的原理，计算风压 p 的计算公式为

$$p=0.625v_s^2 \tag{3-14}$$

式中　p——计算风压（N/m^2），其与计算风速、风力等级对应关系见表 3-9；

v_s——计算风速（m/s）。

计算风压 p 按空旷地区离地 10m 高度处的计算风速 v_s 来确定。工作状态的计算风速 v_s 按阵风（瞬时）风速（即 3s 时距的平均瞬时风速）来考虑，其值取为 10min 时距平均风速 v_p 的 1.5 倍；非工作状态的阵风风速 v_s 值取为 10min 时距平均风速 v_p 的 1.4 倍。

表 3-9　计算风压 p、3s 时距平均风速 v_s、10min 时距平均风速 v_p 与风力等级对应关系

$p=0.625v_s$ /(N/m^2)	v_s /(m/s)	v_p		风力等级	名　称	景物征象	v_p 范围 /(m/s)
		/(m/s)	/(km/h)				
30	6.9	4.6	16.6	3	微风	微枝摇动，旌旗展开	3.2～5.4
40	8.0	5.3	19.0	3			
43	8.3	5.5	19.8	4	和风	小枝摇动，吹起纸张	5.5～7.8
50	8.9	6.0	21.6	4			
80	11.3	7.5	27.0	5	清劲风	中树枝摇动，水面小波	7.9～10.6
100	12.6	8.4	30.2	5			
125	14.1	9.4	33.8	5			
150	15.5	10.3	37.1	5			

（续）

$p=0.625v_s$ /(N/m²)	v_s /(m/s)	v_p /(m/s)	v_p /(km/h)	风力等级	名称	景物征象	v_p 范围 /(m/s)
250	20.0	13.3	47.9	6	强风	大树枝摇动，举伞困难	10.7~13.6
350	23.7	15.8	56.9	7	疾风	全树摇动，逆风难行	13.7~17.0
400	25.3	16.9	60.8	7			
500	28.3	18.9	68.0	8	大风	树枝折断，逆行受阻	17.1~20.6
600	31.0	22.1	79.6	9	烈风	烟囱受损，小屋破坏	20.7~24.4
800	35.8	25.6	92.2	10	狂风	陆上少见，树倒屋毁	24.5~28.4
1000	40.0	28.6	103.0	11	暴风	陆上很少，重大摧毁力	28.5~32.5
1100	42.0	30.0	108.0	11			
1200	43.8	31.3	112.7	11			
1300	45.6	32.6	117.4	11			
1500	49.0	35.0	126.0	12	飓风	陆上很少，极大摧毁力	32.6~37.0
1800	53.7	38.4	138.2	13			37.1~41.4
1890	55.0	39.3	141.5	13			
2000	56.6	40.4	145.4	13			
2250	60.0	42.9	154.4	14			41.5~46.1

（3）工作状态风载荷 P_W 的确定及应用　工作状态风载荷 P_W 是指起重机在露天工作时应能承受的最大风力，按其计算性质和应用范围可分为 $P_{W\,I}$ 和 $P_{W\,II}$。当风向与构件的纵轴线或构架表面呈某一角度 θ 时，沿此风向且与地面平行的风载荷的计算公式为

$$\left.\begin{aligned} P_{W\,I} &= Cp_{\,I}A\sin^2\theta \\ P_{W\,II} &= Cp_{\,II}A\sin^2\theta \end{aligned}\right\} \tag{3-15}$$

式中　$P_{W\,I}$——作用在起重机上的工作状态正常风载荷（N），其应用同 $p_{\,I}$；

$P_{W\,II}$——作用在起重机上的工作状态最大风载荷（N），其应用同 $p_{\,II}$；

p_i——工作状态计算风压（N/m²），是按瞬时风速（即一种时距很短的平均风速）来决定的一种瞬时风压，根据计算内容不同分为 $p_{\,I}$ 和 $p_{\,II}$；

A——起重机构件平行于纵轴的正面实体的有效迎风面积（m²）；

θ——风向与构件纵轴或构架表面的夹角（°），$\theta\leqslant 90°$，当 $\theta=90°$ 时，表示风载正向垂直于构架实体表面。

作用在起重机吊运物品上的风载荷 P_{WQ} 的计算公式为

$$\left.\begin{aligned} P_{WQ\,I} &= 1.2p_{\,I}A_Q \\ P_{WQ\,II} &= 1.2p_{\,II}A_Q \end{aligned}\right\} \tag{3-16}$$

式中　$P_{WQ\,I}$——作用在吊运物品上的工作状态正常风载荷（N）；

$P_{WQ\,II}$——作用在吊运物品上的工作状态最大风载荷（N）；

A_Q——吊运物品实体部分的最大迎风面积（m²）；如果起重机预定只吊运某些特定尺寸和形状的物品时，则应按相应的实际尺寸和外形来确定其迎风面积；若物品面积不明确时，可按表3-10估算吊重物品的迎风面积。

表 3-10　起重机吊运物品迎风面积的估算值

吊运物品质量/t	1	2	3	5~6.3	8	10	12.5	15~16	20	25	30~32	
迎风面积估算值/m^2	1	2	3	5	6	7	8	10	12	15	18	
吊运物品质量/t	40	50	63	75~80	100	125	150~160	200	250	280	300~320	400
迎风面积估算值/m^2	22	25	28	30	35	40	45	55	65	70	75	80

（4）工作状态计算风压 p_{I} 和 p_{II}　与起重机工作状态风载荷 P_{W} 相对应，工作状态计算风压也有两种 p_{I} 和 p_{II}（见表 3-11），两者沿起重机全高均取为定值（不考虑高度变化的影响）。其中，p_{I} 是起重机正常工作状态的计算风压，用于选择电动机功率的阻力计算及发热验算；p_{II} 是起重机工作状态最大计算风压，用于计算机构零部件和金属结构的强度、刚度及稳定性，验算驱动装置的过载能力以及整机抗倾覆稳定性、抗风防滑安全性等。

表 3-11　工作状态计算风压和计算风速

地　区		计算风压 $p/(\mathrm{N/m^2})$		与 p_{II} 相应的计算风速 $v_s/(\mathrm{m/s})$
		p_{I}	p_{II}	
在一般风力下工作的起重机	内陆	$0.6\,p_{\mathrm{II}}$	150	15.5
	沿海、台湾省及南海诸岛		250	20.0
在 8 级风中应继续工作的起重机			500	28.3

注：1. 沿海地区是指离海岸线 100km 以内的陆地或海岛地区。

2. 特殊用途的起重机的工作状态计算风压允许作特殊规定。流动式起重机（即汽车起重机、轮胎起重机和履带起重机）的工作状态计算风压，当起重机臂长小于 50m 时取为 $125\mathrm{N/m^2}$，当臂长大于或等于 50m 时按使用要求确定（由于不宜在大风下工作，一般可取 $60\sim80\mathrm{N/m^2}$）。

工作状态计算风压是人为规定（正向风、无限大、光滑实体）的一种计算极限值，是设计中允许起重机作业状态所能承受的最大风压，它与使用场地的气候和地理条件密切相关，规范中将其划分为内陆、沿海及在 8 级风中应继续工作三种情况。露天作业的起重机，一般应设风速测量装置并安装在最高处，在超风速状态下，能使整机停止作业以确保安全。

（5）风力系数 C　风力系数 C 主要用以考虑结构物正对风向时，其迎风面的风压分布和背风面的负压影响，它与结构物挡风面的有限体型（结构粗糙度和漏空的形式）、尺寸等有关，一般通过风洞试验来测定。表 3-12 给出了风力系数 C 的经验（试验）值供设计选择，现说明如下：

1）单根构件、单片平面桁架结构的风力系数 C，按空气动力长细比 l/b（或 l/D）、矩形构件两边比 b/d 等（图 3-9），从表 3-12 中选取。

图 3-9　计算风力系数的说明

表 3-12　风力系数 C 值

类　型	说　明			空气动力长细比 $=\dfrac{构件长度}{迎风面的截面高（宽）度}=\dfrac{l}{b}$或$\dfrac{l}{D}$					
				≤5	10	20	30	40	≥50
单根构件	轧制型钢、矩形型材、空心型材、钢板			1.30	1.35	1.60	1.65	1.70	1.90
	圆形型钢构件	$Dv_s<6m^2/s$		0.75	0.80	0.90	0.95	1.00	1.10
		$Dv_s\geqslant 6m^2/s$		0.60	0.65	0.70	0.70	0.75	0.80
	箱形截面构件，大于350mm的正方形和250mm×450mm的矩形	b/d	≥2	1.55	1.75	1.95	2.10	2.20	—
			1	1.40	1.55	1.75	1.85	1.90	
			0.5	1.00	1.20	1.30	1.35	1.40	
			0.25	0.80	0.90	0.90	1.00	1.00	
单片平面桁架	直边型钢桁架结构			1.70					
	圆形型钢桁架结构	$Dv_s<6m^2/s$		1.20					
		$Dv_s\geqslant 6m^2/s$		0.80					
机器房等	地面上或实体基础上的矩形外壳结构			1.10					
	空中悬置的机器房或平衡重等			1.20					

注：1. 单片平面桁架式结构上的风载荷可按单根构件的风力系数逐根计算后相加，也可按整片方式选用直边型钢或圆形型钢桁架结构的风力系数进行计算；当桁架结构由直边型钢和圆形型钢混合制成时，宜根据每根构件的空气动力长细比和不同气流状态［$Dv_s<6m^2/s$ 或 $Dv_s\geqslant 6m^2/s$，D 为圆形型钢直径，单位为米（m）］，采用逐根计算后相加的方法。

2. 除了本表提供的数据之外，由风洞试验或者实物模型试验获得的风力系数值，也可以使用。

2）正方形格构式塔架的总风力系数 C，应同时考虑挡风折减系数 η 按表 3-13 选取。

表 3-13　正方形格构式塔架的总风力系数 C

风沿塔身正向迎风面方向作用	由直边型材构成的塔身		$1.7(1+\eta)$
	由圆形型材构成的塔身	$Dv_s<6m^2/s$	$1.2(1+\eta)$
		$Dv_s\geqslant 6m^2/s$	1.4
风沿塔身截面对角线方向作用	风载荷最大，取为上述风沿塔身正向迎风面方向作用时的1.2倍		

其中，挡风折减系数 η 值按表 3-14 中间隔比 $a/b=1$ 时相对应的结构迎风面充实率 φ 查取。

（6）有效迎风面积 A　结构物实体可分为单片结构和多片结构（等高且形式相同），因此，起重机构件平行于纵轴的正面实体的有效迎风面积 A，即为迎风结构物在垂直风向平面上实际的纵向总投影面积。

对于单片结构的有效挡风面积，通常是按垂直于风向平面上的轮廓面积 A_0 乘以挡风结构物的充实率 φ 来计算，如图 3-10 所示。

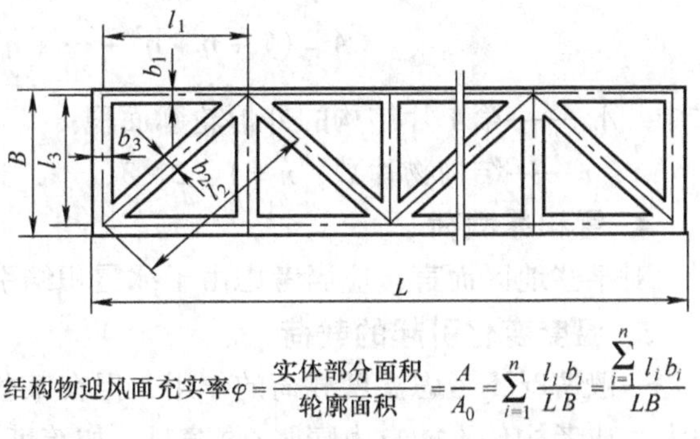

$$结构物迎风面充实率\ \varphi=\frac{实体部分面积}{轮廓面积}=\frac{A}{A_0}=\sum_{i=1}^{n}\frac{l_i b_i}{LB}=\frac{\sum_{i=1}^{n} l_i b_i}{LB}$$

图 3-10　结构物充实率 φ 计算示意图

对于多片结构的有效挡风面积，除第一片和后面没有被遮挡部分的挡风面积以外，还应考虑被前片结构物遮挡后的后片部分的挡风作用，但其挡风面积应适当减少，通常用挡风折减系数 η 加以考虑。挡风折减系数 η 随间隔比（间距与高度之比）a/b（或 a/B）的值而变化，如图 3-11 所示，其值按表 3-14 选取。

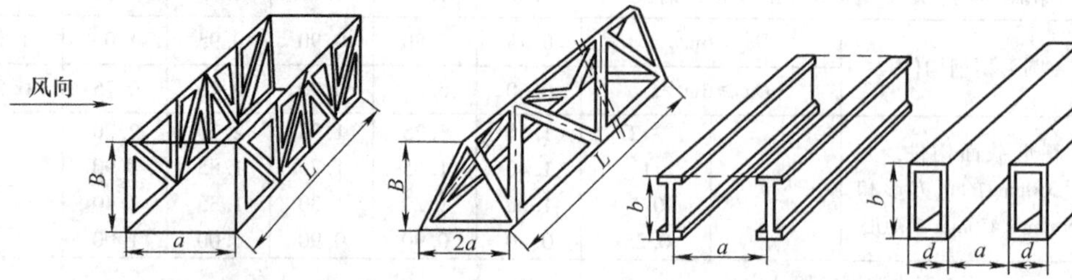

$$间隔比 = \frac{两片构件相对面之间的距离}{构件迎风面的高(宽)度} = \frac{a}{b} 或 \frac{a}{B}$$，其中 a 取构件外露表面几何形状中的最小可能值

$$构件截面尺寸比 = \frac{构件截面迎风面的截面高度}{平行于风向的截面深(宽)度} = \frac{b}{d}$$ (对箱形截面)

图 3-11 结构物重叠时挡风面积计算

表 3-14 挡风折减系数 η

间隔比 a/b	前片（第一片）结构物迎风面充实率 φ					
	0.1	0.2	0.3	0.4	0.5	≥0.6
0.5	0.75	0.40	0.32	0.21	0.15	0.10
1.0	0.92	0.75	0.59	0.43	0.25	0.10
2.0	0.95	0.80	0.63	0.50	0.33	0.20
4.0	1.00	0.88	0.76	0.66	0.55	0.45
5.0	1.00	0.95	0.88	0.81	0.75	0.68
6.0	1.00	1.00	1.00	1.00	1.00	1.00

注：其他结构的挡风折减系数 η 可参照 GB/T 3811—2008《起重机设计规范》附录 E 选取。

综上所述，n 片相同且等高的结构物等距离布置时，其有效迎风面积 A 的计算公式为

$$A = (1 + \eta + \eta^2 + \cdots + \eta^{n-1})\varphi A_{01} = \frac{1 - \eta^n}{1 - \eta}\varphi A_{01} \tag{3-17}$$

式中 A_{01}——第 1 片结构的外形轮廓面积；

n——结构物片数，$n = 1, 2, 3, \cdots$，通常会小于 9。

4. 雪和冰载荷

对某些地区而言，应当考虑由于冰雪积结引起的自重增加及挡风面积的增大效应。

5. 温度变化引起的载荷

一般情况不考虑温度载荷的作用，但在某些地区，如果起重机在安装与使用时温度差异很大，或者构件不能自由膨胀/收缩时，如跨度较大的超静定结构（跨度 30m 以上的双侧刚性支腿的门式起重机），则应当考虑因温度变化引起的结构件膨胀或收缩受到约束所产生的载荷。本项载荷的计算可根据用户提供的有关资料进行，一般可取最大温度变化范围为 $-30 \sim +40$℃。

3.2.4　特殊载荷

特殊载荷是指在起重机非正常工作时或不工作时的特殊情况下才发生的载荷，包括由受非工作状态风、起重机试验、缓冲器碰撞及起重机（或其一部分）发生倾覆、起重机意外停机、传动机构失效或起重机基础受到外部激励等引起的载荷。在防疲劳失效的计算中也不考虑这些载荷。

1. 非工作状态风载荷 $P_{W\mathrm{III}}$

非工作状态风载荷 $P_{W\mathrm{III}}$，是指起重机在露天不工作状态下且保持整机稳定性时所能承受的最大风力（暴风）。将 $P_{W\mathrm{III}}$ 与起重机相应的自重载荷进行组合，用于验算非工作状态下起重机零部件及金属结构的强度、起重机整机抗倾覆稳定性，并进行起重机的抗风防滑装置、锚定装置等的设计计算。

起重机非工作状态风载荷 $P_{W\mathrm{III}}$（垂直风向平面上）的计算公式为

$$P_{W\mathrm{III}} = CK_h p_{\mathrm{III}} A \tag{3-18}$$

式中　p_{III}——起重机非工作状态计算风压（N/m^2），见表3-15；

K_h——风压高度变化系数，见表3-16。

表3-15　非工作状态计算风压和计算风速

地　区	计算风压 p_{III}② /（N/m^2）	与 p_{III} 相应的计算风速 v_s③/(m/s)
内陆①	500～600	28.3～31.0
沿海①	600～1000	31.0～40.0
台湾省及南海诸岛	1500	49.0

① 非工作状态计算风压的取值，内陆的华北、华中和华南地区宜取小值，西北、西南、东北和长江下游等地区宜取大值；沿海以上海为界，上海可取800N/m^2，上海以北取小值，以南取大值。在特定情况下，按用户要求，可根据当地气象资料提供的10m高处50年一遇10min时距年平均最大风速换算到作为计算风速的3s时距的平均瞬时风速（但不大于50m/s）和计算风压 p_{III}；若用户还要求此计算风速超过50 m/s时，则可作非标准产品进行特殊设计。

② 在海上航行的起重机，可取 $p_{\mathrm{III}}=1800N/m^2$，但不再考虑风压高度变化，即取 $K_h=1$。

③ 沿海地区、台湾省及南海诸岛港口大型起重机抗风防滑系统及锚定装置的设计，所用的计算风速 $v_s \geqslant 55m/s$。

表3-16　风压高度变化系数 K_h

离地（海）面高度 h/m	≤10	10～20	20～30	30～40	40～50	50～60	60～70	70～80	80～90	90～100	100～110	110～120	120～130	130～140	140～150
陆上按 $\left(\frac{h}{10}\right)^{0.3}$ 计算	1.00	1.13	1.32	1.46	1.57	1.67	1.75	1.83	1.90	1.96	2.02	2.08	2.13	2.18	2.23
海上及海岛按 $\left(\frac{h}{10}\right)^{0.2}$ 计算	1.00	1.08	1.20	1.28	1.35	1.40	1.45	1.49	1.53	1.56	1.60	1.63	1.65	1.68	1.70

注：计算非工作状态风载荷时，可沿高度划分成10m高的等风压段，以各段中点高度的系数 K_h 乘以计算风压；也可以取结构顶部的计算风压作为起重机全高的定值风压。

对臂架长度不大于30m且臂架不工作时能方便放倒在地上的流动式起重机、带伸缩臂架的低位回转起重机和依靠自身机构在非工作时能够将塔身方便缩回的塔式起重机，只需按其低位置进行非工作状态风载荷验算。在这些起重机的使用说明书中都要写明，在不工作时要求将臂架和塔身固定好，以使其能抗御暴风的袭击。

需要注意，对非工作状态的起重机而言，虽然此时已从总起升质量 m_{GL} 中卸除了有效起升质量 m_{PL}，但在还处于悬吊状态的其他质量（$m_{GL}-m_{PL}=m_{NA}+m_{FA}+m_{HM}$）上仍然会受到非工作风力的作用，计算中应予以考虑此部分载荷的影响。

由于非工作状态风载荷 $P_{WⅢ}$ 在起重机所承受的总载荷中占比较大，有时甚至就是主要载荷，且其随高度不同还会有较大的变化，因此，应该考虑予以修正；设计规范采用离地面10m 高为基准的风压高度变化系数 K_h（用指数公式确定），具体见表 3-16。

2. 试验载荷

（1）计算工况　起重机投入使用前，应进行静载试验（1.25P，考核强度和稳定性）和动载试验（1.1P，考核整机性能），试验场地应坚实、平整，试验时风速不应大于 8.3m/s。其中，P 的定义为：

1）对于流动式起重机，P 为挠性件下的起重量的重力 $P_{QHL}=P_{QPL}+P_{QNA}+P_{QFA}$。

2）对于其他起重机，P 为额定起重量（净起重量）的重力 $P_{QNL}=P_{QPL}+P_{QNA}$。

（2）静载试验载荷　静载试验时，起重机静止不动，试验载荷作用于起重机最不利位置，且应平稳无冲击（慢速）地逐渐加载，加载后静止悬吊 10min。除订货合同有其他要求外，静载试验载荷取为 1.25P；设计时要用静载试验载荷作为特殊载荷组合计算各部分应力。

（3）动载试验载荷　动载试验时，起重机需完成各种运动和组合运动，试验载荷应作用于起重机最不利位置，带载慢速升降数次。除订货合同有更高的要求外，动载试验载荷取为 1.1P；在验算时，此项试验载荷应再乘以载荷试验起升动载系数 ϕ_6。即

$$\phi_6=0.5(1+\phi_2) \tag{3-19}$$

如静载试验和动载试验载荷的数值高于上述的规定，则应按实际试验载荷值验算起重机的承载能力。

3. 碰撞载荷（缓冲碰撞力）

（1）计算工况　缓冲碰撞力是指同一轨道上两相邻起重机之间碰撞时，或起重机与轨道端部缓冲止挡件碰撞时产生的载荷；其计算方法同样为先计算刚体惯性载荷（碰撞时的动能全部转化为缓冲器的变形位能），再乘以缓冲器碰撞弹性效应系数 ϕ_7 来估算其弹性振动。因此，缓冲碰撞力的大小与设定合适的碰撞速度相关，起重机应设置减速缓冲装置以减小碰撞载荷。

（2）作用在缓冲器的连接部件上或止挡件上的缓冲碰撞力　对于桥架型起重机或轨行式臂架起重机，以额定运行速度计算缓冲器的连接与固定部件上以及止挡件上的缓冲碰撞力。

（3）作用在起重机结构上的缓冲碰撞力　除水平运行速度 $v_y \leqslant 0.7$m/s(4.2m/min) 时不必考虑此缓冲碰撞力外，其他状态应考虑以下情况的缓冲碰撞力。

1）对于装有终点行程限位开关及能可靠起减速作用的控制系统的起重机，应按减速后的实际碰撞速度（但不小于 50% 的额定运行速度）来计算各运动部分的动能。

2）对于未装可靠自动减速限位开关的起重机，碰撞时的计算速度为：大车（起重机）取 85% 的额定运行速度，小车取额定运行速度，以此来计算缓冲器所吸收的动能。

3）应用刚体动力学计算缓冲碰撞力时，对于物品被刚性吊挂或装有刚性导架以限制悬挂物品水平移动的起重机，物品质量应考虑在内；对于能自由摆动的悬挂物品则不计入其质量动能的影响。

4）缓冲碰撞力在起重机上的分布取决于起重机的质量分布情况。计算时要考虑小车处在最不利位置，且起升冲击系数 ϕ_1、起升动载系数 ϕ_2 和运行冲击系数 ϕ_4 均取为1。

（4）缓冲器碰撞弹性效应系数 ϕ_7　碰撞弹性效应系数 ϕ_7 的取值与缓冲器特性有关，具体见表3-17。

表3-17　不同特性缓冲器碰撞弹性效应系数 ϕ_7

实　例	缓冲器特性	ϕ_7	
弹簧类缓冲器	线性特性	$\xi=0.5$	$\phi_7=1.25$
液压类缓冲器	矩形特性	$\xi=1.0$	$\phi_7=1.6$
橡胶、聚氨酯、聚氯乙烯类缓冲器	非线性特性（试验或计算）	$0\leqslant\xi\leqslant0.5$	$\phi_7=1.25$
		$0.5<\xi\leqslant1.0$	$\phi_7=1.25+0.7(\xi-0.5)$

注：ξ 为相对缓冲能量。

（5）在刚性导架中升降的悬吊物品的缓冲碰撞力　对于物品沿刚性导架升降的起重机，要考虑物品和固定障碍物碰撞引起的缓冲碰撞力。此载荷是作用在物品所在的高度上并力图使起重机小车车轮抬起的水平力，如图3-12所示。

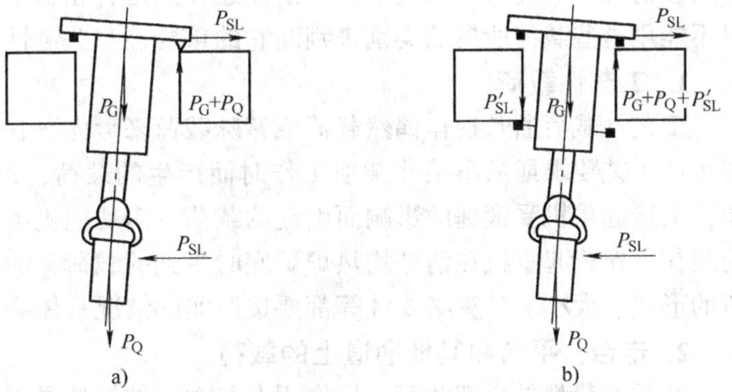

图3-12　带刚性升降导架的起重机的倾翻
a）小车无反滚轮　b）小车有反滚轮

4. 倾翻水平力 P_{SL}

对带有刚性升降导架的起重机，如果起重机在水平移动时受到水平方向的阻碍与限制，例如在起重机刚性导架中升降的悬挂物品、起重机的取物装置（吊具）或起重机刚性升降导架下端等与障碍物相碰撞，就会产生一个水平方向作用的、引起起重机（大车）或小车倾翻的力，即为倾翻水平力 P_{SL}（图3-12）。如果有倾翻趋势的起重机能够自行回落到正常位置，还应考虑对支承结构上的垂直撞击力。

计算中不考虑起升冲击系数 ϕ_1、起升动载系数 ϕ_2 和运行冲击系数 ϕ_4，也不考虑运行惯性力，并假定 P_{SL}作用在物品的最低位置上（有物品时）或作用在吊具的最下端（无物品时）。

5. 意外停机引起的载荷

应考虑意外停机瞬间的机构最不利驱动状态（即意外停机时的突然制动力或加速力与最不利的载荷组合），动载系数 ϕ_5 取值见表3-6。

6. 机构（或部件）失效引起的载荷

在各种特殊情况下都可用紧急制动作为对起重机有效的保护措施，因此，机构或部件突然失效时的载荷都可按出现最不利状况而采取紧急制动时的动载荷进行组合。

7. 起重机基础受到外部激励引起的载荷

此类载荷是指由于地震或其他震波（如波浪）迫使整机基础发生振动而对起重机引起的载荷，只有在此类载荷会构成重大危险（如核电站、或在其他特殊场合很重要的工作、或用户有要求）时，起重机才需计算地震作用下的载荷（水平地震载荷），分析时应采用地震裂度或地震加速度等数据。

8. 安装、拆卸和运输引起的载荷

起重机设计时，就应考虑在安装、拆卸过程中的每一个阶段发生的作用在起重机上的各项载荷，其中包括由 8.3m/s 的风速或规定的更大风速引起的风载荷。在各种情况下，起重机各部分都应进行在此类载荷作用下的承载能力验算。另外，在某些情况下，还需要考虑在运输过程中对起重机结构产生的载荷。

3.2.5 其他载荷

其他载荷是指某些特定情况下发生的载荷，包括工艺性载荷、作用在起重机平台或通道上的载荷等。对此类载荷应予以特别注意，因为有相当多的事故发生在这些特定情况下，所以不能用这些载荷所属的类别来判断它的重要性和关键性。

1. 工艺性载荷

工艺性载荷通常视作偶然载荷或特殊载荷来考虑，它是指起重机在工作过程中为完成某些生产工艺要求或从事某些杂项工作时而产生的载荷，由起重机用户（或买方）提出。例如，锻造起重机受锻锤的影响而引起的载荷，多功能机组完成打壳、捞渣等工艺任务时受到的载荷，钳式起重机在清理均热炉炉底时受到的载荷，加料机在推曳车辆时的载荷。此类载荷的形式、大小、计算必要性等都要按照实际情况具体决定。

2. 走台、平台和其他通道上的载荷

此类载荷都是局部载荷，只作用在起重机结构的局部位置及其直接支承构件上。

这些载荷的大小与此类结构部分的用途和位置有关，在走台、平台、通道等处均应考虑：① 在堆放物料处的载荷为 3000N；② 在只作为走台或通道处的载荷为 1500N。

3.3 载荷组合

3.3.1 概述

1. 载荷组合的概念

起重机械的承载能力并不能单纯依靠某项计算载荷来实现，而是要针对具体的承载状态类型，尽可能合理地选择那些与起重机、机构与零部件、金属结构以及动力设备等破坏形式有关的、具有典型性的各项计算载荷，同时考虑起重机工作/非工作时可能出现的最不利情况（状态），从而形成符合其工作特点的、完整的承载能力的数学描述（即载荷组合）；对起重机械按不同承载状态的载荷组合进行设计计算，从而在理论上证明其安全可靠性。

所谓的最不利情况（状态），是指起重机处于对所计算的零（构）件产生最不利的应力状态（即组合载荷的项目、大小、方向、位置、截面作用点及合成后会产生的最不利的应力)。因此，载荷组合是反映起重机械承载状态的最佳形式。

GB/T 3811—2008《起重机设计规范》对起重机计算载荷和载荷组合都作出了原则和方法的相关规定。

2. 机器破坏形式与载荷情况

起重机所承受的各种载荷可能引起如下破坏形式：

(1) 正常工作期间由时间累积引起的寿命类的破坏形式　在起重机械正常工作情况下，由于受到数值未必最大、但经常出现的正常变动的载荷作用，而引起机械传动和支承零部件、金属结构以及动力设备等的疲劳破坏、过度磨损和发热烧坏等损坏形式。

对于此类证明正常工作期间零（构）件抗疲劳、磨损、发热能力的计算，通常只需考虑起重机械所受到的常规载荷情况（某些特殊场合还需考虑部分偶然载荷和其他载荷），并使其处于最不利状态。

(2) 工作期间由最大载荷引起的各项破坏形式或失灵　在起重机械工作情况下，由于受到作用次数不多、但数值较大的工作状态最大载荷的作用，而引起整机倾覆或局部失稳、零（构）件的强度破坏（塑性变形、脆性断裂等）和稳定性破坏（弹性失稳等）损坏形式，或者因刚度不足、制动不牢、突然意外停车等使系统工作失灵的破坏形式。

对于此类证明工作期间零（构）件静强度（单次最大）能力的计算，通常应考虑起重机械所受到的常规载荷情况与不经常作用的偶然载荷情况在最不利状态下的组合作用。

(3) 非工作期间由最大载荷引起的破坏形式　露天作业的起重机械在非工作期间，由于遇到少见（如30年一遇）的暴风袭击而引起整机倾覆或局部失稳、支承零（构）件和结构部分的强度破坏和稳定性破坏等损坏形式，或者因制动不牢、抗风装置不利等使起重机械的机构产生失控运动、控制失灵的破坏形式。

对于此类证明非工作期间零（构）件静强度（单次最大）能力的验算、整机倾覆危险性校验等，通常要考虑起重机械非工作期间可能出现的最危险载荷情况及最不利状态的组合。

(4) 某些特别载荷情况导致的特殊破坏形式　在起重机械工作或非工作期间，由于其处于特殊情况而出现的各种特别载荷，如物品突然跌落造成的冲击载荷、作用在缓冲器上造成的碰撞载荷、工艺性载荷、特大风浪造成的颠簸载荷、长途运输造成的运输载荷以及安装载荷、温度载荷、地震载荷等，而使起重机械发生整体或局部的强度破坏、失稳破坏以及局部的永久变形破坏等损坏形式。

对于上述破坏形式和载荷，一般按工作或非工作情况分别归于（2）、（3）两类。

3. GB/T 3811—1983《起重机设计规范》的相关内容

针对起重机械上述破坏（或失灵）的形式，GB/T 3811—1983《起重机设计规范》规定：按三类计算载荷组合形式，分别进行起重机械各项承载能力的证明计算。

(1) Ⅰ类载荷——正常工作载荷组合（耐久性类计算载荷组合）　Ⅰ类载荷组合用于正常工作期间零（构）件等的耐久性类计算，包括电动机的发热，支承类零件（车轮、滚轮、轨道、齿轮等）的磨损和点蚀，以及机构零部件和金属结构的疲劳等。通过此类载荷组合下的证明计算，可使产品及有关部分具有相应的工作寿命能力。

确定Ⅰ类计算载荷的组合时，只需考虑在正常工作状态下经常出现的作用载荷（常规载荷），那些作用次数很少的尖峰载荷可以不予考虑。除功率计算外的其他计算，风载荷等

（偶然载荷）也可以不考虑。对于此类载荷组合，不仅要考虑其中各项载荷的大小和方向，还要考虑其相应的变化规律、作用时间、经常作用的位置、载荷动力性等，从而得到某种用于计算过程的等效载荷。

（2）Ⅱ类载荷——工作最大载荷组合（静强度类计算载荷组合） Ⅱ类载荷组合用于工作期间起重机械及其零（构）件的（单次最大）静强度类计算，包括整机和局部抗倾覆稳定性、零（构）件的静强度（塑性变形、脆性断裂等）、静刚度和局部稳定性、校验电动机过载能力（避免机构突然过载停车）、校验制动器最大制动力矩（被大风吹动）等。通过此类载荷组合下的证明计算，可使起重机械及其零部件具有抵抗最不利状态下单次最大外载荷的工作能力。

确定Ⅱ类计算载荷的组合时，通常应考虑在允许的最繁重使用工况下的各种最不利载荷（出现次数未必多但数值最大），包括所承受的常规载荷、偶然载荷、某些特殊载荷和其他载荷等，在最不利状态（最危险位置及状况）下的组合。另外，Ⅱ类载荷组合最大值常受到某些条件的限制，例如驱动车轮或摩擦离合器打滑、电气及安全保护装置起作用等。

（3）Ⅲ类载荷——非工作最大载荷校验组合（静强度类非工作校验载荷组合） Ⅲ类载荷组合主要用于起重机械及其零（构）件非工作期间的静强度类安全性校验，包括非工作状态下的整机和局部抗倾覆稳定性、支承零（构）件的静强度等安全性验算，以及防风安全装置等的设计计算。通过此类载荷组合下的证明计算，能使起重机械及其零部件具有抵抗非工作期间最不利状态下单次最大外载荷的能力。

确定Ⅲ类计算载荷的组合时，通常应考虑在非工作状态下的最不利载荷（具有偶然性且出现次数和概率都很小），包括非工作期间（即无吊重、停机、无操作人员等）出现的概率较小的某些特殊载荷和其他载荷等，在规定（或最不利）停靠位置时的各种最危险的载荷组合，如非工作风载荷（暴风）、试验载荷、碰撞载荷、安装载荷、运输载荷等，但应选用较小的安全系数。

（4）安全系数 在 GB/T 3811—1983《起重机设计规范》中，规定了起重机械及其零件强度的计算原则和计算载荷，规定了采用许用应力法时传动零件静强度和疲劳强度计算的安全系数（没有高危险度系数概念，相当于 $\gamma_n = 1.00$ 的状态），具体见表 3-18。其中，材料极限抗力为屈服极限（或疲劳极限、或脆性强度极限）等。

表 3-18 机构传动零件安全系数

疲劳强度安全系数 n_{I}	静强度计算	
	工作最大载荷安全系数 n_{II}	非工作最大载荷或特殊载荷安全系数 n_{III}
1.25	1.5	1.15

（5）说明 在起重机械设计中，并不是对每一个零部件都要根据三种载荷组合进行相应的计算，而应针对具体情况具体分析考虑。对所有的受力零部件都要用Ⅱ类载荷组合进行静强度类（包括刚度、稳定性等）计算；当零部件所承受的循环应力反复作用次数大于 10^5 时，应采用Ⅰ类载荷组合进行零部件的耐久性类（如疲劳等）计算；Ⅲ类载荷组合仅用于非工作状态下承受该载荷的整机及其零部件的静强度类（包括稳定性等）校验，但在非工作状态下进行工作承载的相关部件（如防风装置）应按Ⅲ类载荷组合进行单次最大静强度类计算。

3.3.2　GB/T 3811—2008《起重机设计规范》中载荷组合的相关内容

GB/T 3811—2008《起重机设计规范》中关于机械设计的载荷、载荷情况和载荷组合等，采用了FEM《欧洲起重机设计规范》（1998年修订版）中2.5节和2.6节的相关内容。

1. 机械设计的载荷

纵观起重机械的工作机构及其零部件，其所承受的作用载荷的类型按作用形式特征通常可分为P_M型和P_R型两大类，以此可反映两种载荷类型在计算过程中的鲜明特点。

（1）P_M型载荷　P_M型载荷是指直接由电动机（或制动器）作用于机构上的转矩所引起的载荷。例如，传动轴类、联轴器、齿轮等传动系零部件，都可归属为由于直接传递或承受主动机（电动机、发动机、液压马达或制动器等）的工作转矩（或力）而形成其作用载荷的类型（P_M型）。对承受P_M型载荷性质的零部件，其载荷计算路线可沿机构传动系的首端→末端或末端→首端进行，考虑电动机或制动器的两种工作状态，并选择其中最大值为其P_M型计算载荷。起重机械中能够引起P_M型作用的载荷项目见表3-19。

表3-19　P_M型和P_R型载荷的作用载荷

P_M型		P_R型	
由起升质量垂直位移引起的载荷	P_{MQ}	由起升质量引起的载荷	P_{RQ}
由起重机其他运动部分质心的垂直位移引起的载荷	P_{MG}	由起重机零部件质量引起的载荷	P_{RG}
与机构加（减）速有关的起（制）动惯性载荷	P_{MA}	由起重机或它的某些部分作不稳定运动时的加（减）速度引起的惯性载荷	P_{RA}
工作风压作用在起重机结构或机械设备（或大表面积的起升物品）上的风载荷	P_{MW}	由最大非工作风压或锚定装置设计用的极限风压（表3-15）引起的风载荷	P_{RW}
与机构传动效率中未考虑的摩擦力相对应的载荷	P_{MF}	—	

（2）P_R型载荷　P_R型载荷是指不依赖于电动机（或制动器）的动作，作用在机械零部件上但不能与驱动轴上的转矩相平衡的反作用力性质的载荷。例如，钢丝绳及取物装置、滑轮组、心轴类（卷筒轴、销轴）、轴承、轴承支座（箱体）类、从动车轮组、张紧装置等零部件，都可归属为仅由作用于其上的反作用力来形成其作用载荷的类型（P_R型）。对承受P_R型载荷性质的零部件，其载荷计算路线可从反作用力点（最不利状态下）算起。起重机械中能够引起P_R型作用的载荷项目见表3-19。

需要注意的是，起重机械中某些零部件可能同时承受P_M型和P_R型两种性质的载荷。例如，对运行机构支承装置中的轨道、车轮、主动车轮轴而言，由起重机总质量等载荷产生的垂直反作用力（轮压）以及运动产生的侧向力等皆属于P_R型载荷（传递不到传动系零部件上）；而由运行阻力产生的载荷则属于P_M型载荷（与电动机工作转矩形成平衡）。类似的还有起升机构卷筒组、回转支承装置、转轴类等。

2. 机械设计的载荷工况和安全系数

机械设计计算时应考虑三种载荷工况（cases of loading），具体见表3-20。

表 3-20　机械设计载荷工况和安全系数

载荷工况	载荷工况说明	n_s 安全系数	n_b 安全系数
Ⅰ	无风正常工作状况（normal service without wind）	1.48	2.2
Ⅱ	有风正常工作状况（normal service with wind）	1.48	2.2
Ⅲ	特殊载荷作用状况（exceptional loadings）	1.22	1.8

注：1. 特殊载荷作用状况Ⅲ产生于下述情况：① 起重机不工作但承受最大风力载荷 $P_{WⅢ}$；② 起重机工作并承受缓冲碰撞载荷；③ 起重机进行载荷试验。

2. 对 $\sigma_s/\sigma_b<0.7$ 的材料，计算许用应力［σ］时，采用钢材的屈服极限 σ_s 和相对应的安全系数 n_s；对 $\sigma_s/\sigma_b\geqslant0.7$ 的材料，计算许用应力［σ］时，采用钢材的抗拉强度 σ_b 和相对应的安全系数 n_b。

3. 对灰铸铁，n_b 值要增加 25%。

设计时，对每种载荷工况必须确定一个最大载荷值以作为计算的依据；对于不在室外工作、不暴露于风中的起重机械，工况Ⅰ和工况Ⅱ是完全相同的。

考虑由于计算方法不完善和无法预料的偶然因素，会导致出现实际应力超出计算应力的某种可能性，其影响用载荷增大系数 γ'_m 表示。因此，按载荷工况（表 3-20）和载荷项目（表 3-19）确定各项载荷之后，组合时应再乘一个取决于机构工作级别（重要程度）的载荷增大系数 γ'_m，其值见表 3-21。

表 3-21　载荷增大系数 γ'_m 的数值

机构工作级别	M1	M2	M3	M4	M5	M6	M7	M8
γ'_m	1.00	1.04	1.08	1.12	1.16	1.20	1.25	1.30

3. 各类载荷工况下的载荷组合

结合表 3-19～表 3-21，各类载荷工况下的载荷组合计算见表 3-22。

表 3-22　各类载荷工况下的载荷组合计算

载荷工况	载荷类型	计算公式（单位：N）
Ⅰ类	P_M 型	$P_{Mmax\,Ⅰ}=(\overline{P}_{MQ}+\overline{P}_{MG}+\overline{P}_{MA}+\overline{P}_{MF})\gamma'_m$
	P_R 型	$P_{Rmax\,Ⅰ}=(\overline{P}_{RQ}+\overline{P}_{RG}+\overline{P}_{RA})\gamma'_m$
Ⅱ类	P_M 型（取两者大值）	$P_{Mmax\,Ⅱ}=(\overline{P}_{MQ}+\overline{P}_{MG}+\overline{P}_{MA}+\overline{P}_{MF}+\overline{P}_{MWⅠ})\gamma'_m$
		$P_{Mmax\,Ⅱ}=(\overline{P}_{MQ}+\overline{P}_{MG}+\overline{P}_{MF}+\overline{P}_{MWⅡ})\gamma'_m$
	P_R 型	$P_{Rmax\,Ⅱ}=(\overline{P}_{RQ}+\overline{P}_{RG}+\overline{P}_{RA}+\overline{P}_{RWⅡ})\gamma'_m$
Ⅲ类	P_M 型	具体操作条件下，电动机实际能传递给机构的最大载荷（见表 3-23）
	P_R 型	$P_{Rmax\,Ⅲ}=\overline{P}_{RG}+\overline{P}_{RWⅢmax}$ ①②

① 由碰撞载荷或试验载荷组合引起的超载后果，机构远小于结构，故取特殊载荷 C2 组合（见 GB/T 3811—2008 中 4.3.3.3 节）。

② 当采用附加的锚定装置或者抗风牵索来保证极限风压下整机抗倾覆稳定性时，还应考虑这些装置或牵索对相应机构的影响。

需要注意的是，计算公式中所需考虑的载荷组合并不是其每一项最大值的组合，而是起重机械在实际工作中可能发生的最不利的载荷组合时所出现的综合最大载荷值，所以公式中各分项载荷 P 上加横线的含义即如此。

4. 针对不同机构 P_M 型载荷的应用和说明

起重机械各机构的运动功能有：起升运动（使运动质心作纯垂直位移），纵向/横向、回转或平衡式变幅运动（使运动质心作纯水平位移），以及非平衡变幅的复合运动。针对不同机构 P_{M} 型载荷的应用和说明见表3-23。

表3-23 起升运动和水平运动载荷情况的载荷组合计算

运动情况	载荷情况	计算公式	
起升运动	Ⅰ类和Ⅱ类	$P_{\mathrm{Mmax\,I}} = P_{\mathrm{Mmax\,II}} = (\overline{P}_{\mathrm{MQ}} + \overline{P}_{\mathrm{MF}})\gamma'_{\mathrm{m}}$ ①	
	Ⅲ类	$P_{\mathrm{Mmax\,III}} = 1.6\ (\overline{P}_{\mathrm{MG}} + \overline{P}_{\mathrm{MF}})$ ②	
水平运动	Ⅰ类	$P_{\mathrm{Mmax\,I}} = (\overline{P}_{\mathrm{MF}} + \overline{P}_{\mathrm{MA}})\gamma'_{\mathrm{m}}$	
	Ⅱ类（取两者大值）	$P_{\mathrm{Mmax\,II}} = (\overline{P}_{\mathrm{MF}} + \overline{P}_{\mathrm{MA}} + \overline{P}_{\mathrm{MW\,I}})\gamma'_{\mathrm{m}}$	
		$P_{\mathrm{Mmax\,II}} = (\overline{P}_{\mathrm{MF}} + \overline{P}_{\mathrm{MW\,II}})\gamma'_{\mathrm{m}}$	
	Ⅲ类	$P_{\mathrm{Mmax\,III}}$ 取为对应于电动机（或制动器）最大转矩的载荷③	
复合运动	Ⅰ类和Ⅱ类	$P_{\mathrm{Mmax\,I}}$ 和 $P_{\mathrm{Mmax\,II}}$ 可用表3-22中的通式来确定	
	Ⅲ类④⑤	若加速或风力影响所需的功率较大时	$P_{\mathrm{Mmax\,III}}$ 取为电动机最大转矩引起的载荷（此值虽偏大，但增加了安全性）
		若质心升高运动所需的功率较大时	$P_{\mathrm{Mmax\,III}} = 1.6P_{\mathrm{Mmax\,II}}$

① 由起升加速产生的载荷 P_{MA} 与吊重产生的载荷 P_{MQ} 相比是微不足道的，可忽略不计。

② $P_{\mathrm{Mmax\,III}}$ 是在具体操作条件下电动机实际能传递给机构的最大载荷，通常可认为能传递到起升机构上的最大载荷，实际上限制在载荷 $P_{\mathrm{Mmax\,I}}$ 的1.6倍。只有误操作时（如错误判断荷重等）才会造成较大的载荷。根据多年实践经验，可以认为系数1.6是足够安全的。应强调避免选用过大功率的电动机。

③ 如果出现作业条件限制最大扭矩实际传递的情况，例如，由于车轮在轨道上打滑或者由于使用了适当的限制器（如液压联轴器、极限力矩联轴器）等，此时的 $P_{\mathrm{Mmax\,III}}$ 最大载荷就应按实际可能传递的扭矩值计算。

④ 当处于表中两个极限数值之间的各种情况时，应根据所选电动机和起动方式以及由惯性和风力影响引起的载荷与由质心升高引起的载荷的相对值来进行研究并确定 $P_{\mathrm{Mmax\,III}}$ 值。

⑤ 当作业条件已限制了实际传递给机构的力矩，且其值又小于上述数值时，则 $P_{\mathrm{Mmax\,III}}$ 取为此受限制的极限力矩值。

综上所述，起重机械的机械部分与结构部分在计算载荷与组合过程中，既互有联系（同性），又有较大区别（特殊性），现将两者的比较情况列于表3-24中，供大家参考。

表3-24 机械设计和结构设计的计算载荷与组合的比较

项目比较	机械设计			结构设计	
载荷项目	常规载荷　偶然载荷 特殊载荷　其他载荷			常规载荷　偶然载荷 特殊载荷　其他载荷	
计算方法 载荷系数	安全系数 n_{s} 或 n_{b} 载荷增大系数 γ'_{m}（许用应力法） 机构工作级别（重要程度，1.00~1.30）			强度（安全）系数 γ_{f}（许用应力法） 载荷分项（安全）系数 γ_{P}（极限状态法） 高危险度系数 γ_{n}（重要程度，两者都可有）	
计算工况	Ⅰ（无风正常工作） Ⅱ（有风正常工作）		(normal service)	A（无风工作情况） B（有风工作情况）	(working)
	Ⅲ（特殊载荷作用）			C（受特殊载荷作用的工作或非工作情况）	
组合情况及表达	$P_{\mathrm{Mmax\,I}}$ $P_{\mathrm{Mmax\,II}}$ $P_{\mathrm{Mmax\,III}}$	$P_{\mathrm{Rmax\,I}}$ $P_{\mathrm{Rmax\,II}}$ $P_{\mathrm{Rmax\,III}}$	载荷组合公式 （可形成公式表）	A1~A4 B1~B5 C1~C9	载荷组合综合表 （分项载荷与系数）
安全系数	通用零部件，表3-20（1.48/1.48/1.22） 专用零部件采用规定安全系数（放大）			表3-1，$\gamma_{\mathrm{n}} = 1.00$（1.48/1.34/1.22） $\gamma_{\mathrm{n}} = 1.10$（1.63/1.47/1.34）	

本章小结

本章主要介绍了起重机械的承载能力、计算方法、计算载荷、载荷类型、计算工况、载荷组合及安全系数等基础知识。学生应全面了解起重机械的计算方法、安全系数、破坏形式与载荷情况，基本掌握起重机械承载能力、外载荷计算、载荷类型、计算工况及载荷组合等概念；重点掌握和理解动载系数 $\phi_1 \sim \phi_7$、P_M 型和 P_R 型载荷、Ⅰ～Ⅲ三种载荷组合工况的应用。

教学重点和难点：动载系数 $\phi_1 \sim \phi_7$、P_M 型和 P_R 型载荷、Ⅰ～Ⅲ三种载荷组合工况。

第4章 驱动装置

所谓驱动装置（drive unit），一般泛指用来拖动各种工作机构运动的动力设备，在某些采用复合驱动的特殊场合下，是指包括动力设备以及与之匹配的传动装置所形成的总成。驱动装置所形成的拖动方案是起重机械的重要组成部分，很大程度上决定着整机的工作性能和构造特点。另外，驱动装置的工作性能、产品质量、投资和运行费用等，也对整机技术经济指标起着重大影响作用。因此，合理选择驱动装置是起重机械设计非常重要的工作内容。

4.1 概述

4.1.1 起重机械对驱动装置的要求

起重机械驱动装置主要应满足起重机械自身工作特点的要求。

1. 适应载荷变化的要求

起重机械所吊重物的质量不同，有轻载、空载、满载甚至超载（如载荷试验时）等各种载荷状况；起重机械每个工作周期中总是处在起动加速、稳定运行、制动减速的变速度运行之中，并产生相应的动态载荷；工作场地和环境（如风、温度等）的变化也会影响起重机械所承受的外部载荷。因此，起重机械所选择的驱动装置应能适应这种载荷多变的要求，应具有较强的自动适应性和较“软”的机械特性，即当起重机械载荷变化时，驱动装置的转矩和转速能随之发生相应的改变，并且拖动系统具有长期稳定的工作点。

2. 适应间歇动作、频繁正逆的短时重复运动要求

起重机械具有间歇动作、短时重复的周期性工作特点；各工作机构（起升、运行、回转、变幅）不断交替组合运动，使其处于不同的循环变化频率之中；每一机构均有正向和逆向运动，且频繁快速交替变换；每一作业周期都包含有接电和停机断能部分，且时间都较短暂。因此，起重机械驱动装置应能适应这种间歇动作、频繁正逆运动、容易换向的要求。

3. 适应频繁起动与制动和工作速度变化大的要求

起重机械作业时，各工作机构经常带载（或空载）起动和制动，产生的冲击振动载荷与作业效率要求、起动性能、制动性能等有关。各机构的工作速度随载荷大小、作业效率、使用要求等不同而发生范围较大的变化，有时甚至有多速与变速的要求。因此，起重机械驱动装置应具有良好的起动与制动性能、较大的短时过载能力、平滑经济的调速性能以及适应冲击振动的能力。

4. 适应安全可靠和恶劣工作环境的要求

起重机械是国家规定的特种设备，对包括驱动装置在内的系统安全性、可靠性和预期寿命等方面有较高的要求。起重机械上自身设备多且复杂，作业环境（气候等）恶劣，露天、多灰（有时金属粉尘）、振动等，还常伴有高温、热辐射、燃、爆、电磁等多种危险环境因素。因此，起重机械驱动装置应安全可靠、平均无故障工作时间长、工作性能适应温度等环境变化影响，还应具有结构强度高、连接可靠坚固、安装方便免维护、节能减排、噪声低、污染小等特点，需要经常转移作业场地的机型最好能拥有独立的动力能源装置。

目前在役的各种形式动力设备，基本上能够满足起重机械的主要使用要求。而采用动力设备、传动系统与控制系统等合理匹配的方法，还能获得更为理想的驱动性能。

4.1.2 驱动装置与驱动形式

1. 按驱动装置与工作机构之间的驱动关系分类

按驱动装置与工作机构之间的驱动关系，驱动形式可分为集中驱动和分别驱动两大类。

（1）集中驱动　集中驱动是指由一台动力设备（主动机）通过传动系统作为中间连接，再分别驱动若干工作机构或同一机构的若干工作装置的驱动形式，如图4-1a～c所示。动力设备（主动机）可为内燃机或电动机等，传动系统一般则包括机械传动装置、机械/摩擦/电磁/液力离合器、液力传动装置等。

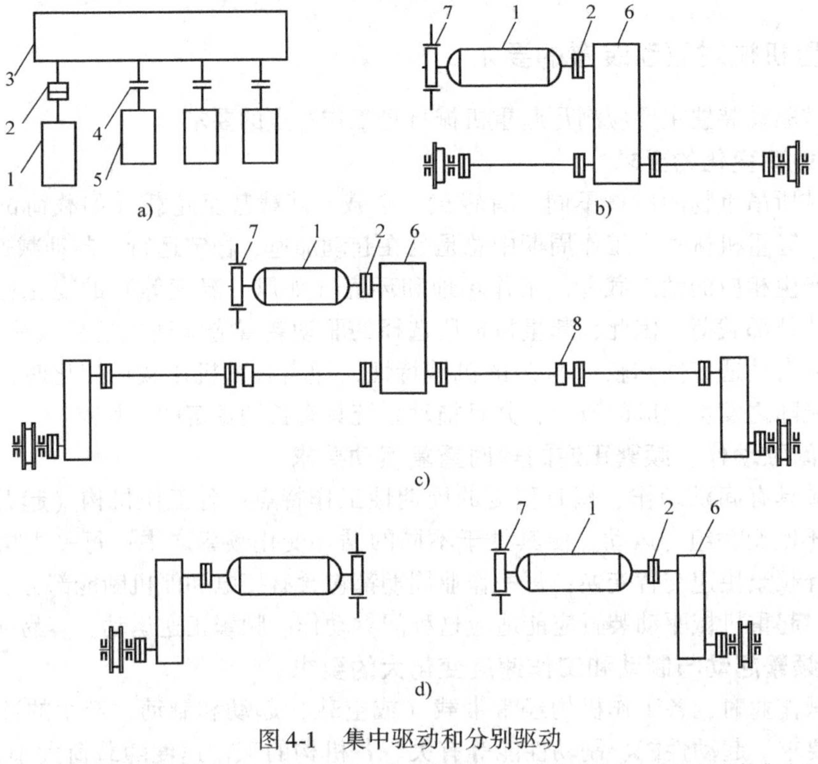

图4-1　集中驱动和分别驱动

a）集中驱动　b）桥式起重机小车运行机构集中驱动　c）桥式起重机大车运行机构集中驱动
d）桥式起重机大车运行机构分别驱动

1—电动机（或内燃机）　2—联轴器　3—动力分配箱　4—离合器　5—工作机构　6—减速器　7—制动器　8—轴承座

集中驱动时，动力设备利用率高，多工作装置时的同步性较好。但传动系统复杂，效率和可靠性较低，尺寸和质量大，布置、安装及维修困难，支承平台的结构变形可能对驱动装置的运动和使用寿命产生更多不利影响。另外，很难实现多机构同时协同动作。故集中驱动主要适用于流动性大、工作现场无法与外接电网相连的起重机械，如流动式起重机、部分港口起重机和浮式起重机等，或工作机构强调多工作装置运动同步性的场合，如轨距较小的小车运行机构、大尺寸多吊点的起升机构等。

需要注意的是，若整机采用集中驱动，由于动力设备的功率和转矩不可能在各机构之间进行精确与稳定的分配，因此，个别机构工作时可能会出现过载现象。

(2) 分别驱动　分别驱动是指每个工作机构或同一机构中的每个工作装置均分别由各自独立的动力设备（主动机）来驱动的形式，如图4-1d所示。动力设备可为电动机、液压马达、气动马达等，动力源由系统内（外）的能源装置提供，传动系统一般包括机械传动装置、液力传动装置、气力传动装置等。

分别驱动时，每个工作机构的运动都可不受其他机构的影响，而通过分别独立控制和调节，还可实现多机构同时协同工作，动作组合性好，工作效率高，传动系统简化且分组性好，传动效率和可靠性较高，布置、安装及维修较方便，可减轻结构变形对驱动装置运动和寿命的影响，但动力设备和传动装置的套数以及驱动总功率值等都有所增加。

由于分别驱动在系统可靠性、动作组合性、部件分组性、布置简便性、效率以及系统整体综合性价比等方面均具有较大的优势，因此，分别驱动是起重机械除上述某些特定场合之外最常用的驱动形式，并符合现代拖动系统的发展趋势。

2. 按动力设备的动力源形式分类

按动力设备的动力源可分为人力驱动和动力驱动，而动力驱动是起重机械最主要的驱动形式，包括电力驱动、内燃机驱动、液力和液压驱动、气力驱动以及复合驱动等。

(1) 电力驱动　电力驱动是指通过外接电源或发电机、蓄电池等提供交/直流电能，由电动机作为动力设备，连接传动系统和工作装置，并在电气系统控制下进行工作的驱动形式。

电力驱动具有能源经济，污染小，供电方便且换向容易，利于实现分别驱动以简化传动系统，布置、安装、操纵及维护简便，电气控制系统性能优越，易于实现系统安全保护与联锁等特点。缺点是必须依赖电源，限制了起重机械的流动性。

电力驱动是各类现代起重机械普遍应用的最主要的驱动形式。另外，起重机械专用电动机还具有良好的机械特性（较“软”的特性曲线和较强的自动适应性），具有足够的起动能力、短时过载能力和调速性能，工作可靠，寿命长。

(2) 内燃驱动（内燃机-机械驱动）　内燃驱动是一种不依赖外部动力源的独立驱动形式，其动力设备为内燃机，通过机械传动系统将动力传送到各个工作机构上，可使整机具有较大的机动性和流动性。相对来讲，内燃驱动的外形尺寸和质量较小、结构紧凑，适合于经常变更工作地点的流动作业或工作现场无法与外接电网相连的流动式起重机械，如汽车起重机、轮胎起重机，以及部分履带起重机、浮式起重机、铁路起重机等。

内燃机可分为柴油机、汽油机和液化气机等，大多数情况下采用柴油机。采用内燃驱动时需特别关注下列事项：价格昂贵只适宜集中驱动；整机传动系统复杂笨重，调速困难，操纵繁琐；承受超载的能力较差（过载能力约15%），超负荷运转时容易熄火；不宜带载快速起动，应空载起动后再通过离合器与工作机构连接；运转方向单一，需逆转时应在机械传动系统中设置反向逆转机构；噪声、振动、废气污染以及严寒季节时的起动能力等。

(3) 液力和液压驱动　液力和液压驱动（传动）都是以矿物油液体为工作介质来传递

能量，并进行系统传动控制的驱动方式。虽然其工作特性也具有类似动力机的某些特征，但主动力仍需借助其他动力机，故严格意义上不能算是一种独立的驱动形式，本质上仍应属于传动系统。液力和液压驱动（传动）常与主动机（电动机或内燃机）组成复合驱动形式。

液力传动（动力式液体传动）是指利用离心泵使液体运动，再驱动透平轮（叶轮）转动并进行系统动力的传递，也称透平传动，表现为液力耦合器（或液力联轴器）和液力变矩器两种形式。液力传动可消除主动机与机械轴之间的刚性联系，改善系统机械特性，既能防止过载，又能实现无级变速，减小传动系统冲击，常用于工程起重机械的运行机构中。

液压传动（静压式液体传动）是指主动机带动容积式液压泵（如齿轮泵、叶片泵和柱塞泵等），通过各种控制阀使油液进入液压缸或马达，利用液体压力能来传递动力和运动，也称容积式液体传动。液压传动具有结构紧凑尺寸小、运动平稳无冲击、正逆转换简便、传动比大、无级调速范围大、自动润滑和过载保护、操纵省力等特点，还可利用换向阀中间位置闭锁功能（不装设机械制动装置）实现支持制动，广泛应用于工作行程不长的流动式起重机上。由于液压元件的制造工艺、精度及密封性要求高，故常有运转失灵及漏油现象，额定载荷以外其他工作点的效率较低，低温场合需用价格昂贵的防冻液，固定部分至活动部分的输液结构复杂，成本较高。

（4）气力驱动　气力驱动是指以压缩空气为工作介质，通过气动马达和气缸带动工作机构或工作装置运动的驱动系统。气力驱动具有构造简单，工作平稳，操纵方便，维护容易，泄漏无污染等优势。但也存在压力低（0.6MPa），能力小，有泄漏损失，需供气装置，管路难于移动等不足。

因此，气力驱动可适用于具有工业压缩气源场合（如某些铸造车间）的小型起重设备，或作为制动器以及其他设备的推动操纵机构（如铝电解多功能机组的打壳装置）。此外，气力驱动在防爆要求较高的场合具有特殊意义。

（5）人力驱动　人力驱动是指以手或脚的简单动作并借助省力装置来驱动机构或工作装置运动的驱动形式，所提供的作用力、速度、持续时间、动作范围等参数应符合人机工效要求，常用省力装置如摇柄、手轮、杠杆、曳引链及链轮、制动踏板、液力液压系统等，具有构造简单，使用方便，适应性好，价格低，短时间内提供较小功率等特点。但不适合长时间持续工作。

人力驱动宜用于临时性、辅助性、无其他动力源等情况，或者是作业频次、速度、出力、时间等较低的场合，或作为备用驱动装置用于安全性要求很高的场合。人力驱动一般可用于千斤顶、手动葫芦、手动绞车、手动单梁起重机等简便轻小型起重设备与安全装置上，以及核电、冶金加料、闸门启闭、电梯等起重机的备用驱动装置，以保证系统在意外情况出现时仍能继续短暂工作而不致引发危险。

（6）复合驱动　复合驱动一般是指由主动机、能量转换设备和再生动力机三部分有机组合形成新的动力装置总成的驱动形式，主动机多为内燃机或电动机。起重机械上所使用的复合驱动可为内燃-电力驱动、内燃-液力（或液压）驱动、电力-液力（或液压）驱动、内燃-电力-液力（或液压）驱动等形式。

复合驱动可兼得和发挥主动机和再生动力机两者固有的优点，并能在很大程度上弥补各自的不足，从而显著改善驱动特性，使其更加符合起重机械的综合要求。但构造也相应变得更为复杂，成本较高。因此，复合驱动得以用于起重机械上的基本条件是其拥有良好的性价比优势，尤其适合那些流动性大、工作现场无法与外接电网相连的机型，如流动式起重机、浮式起重机等。

本教材主要介绍有关起重机械电力驱动的基本知识，其他内容请读者参考相关书籍。

4.2 起重机械电力拖动基础概念

4.2.1 起重机械上的电动机

1. 电动机常用种类及性能特点

通用型电动机的类型很多，其性能特点见表4-1。从交、直流系统综合比较来看，交流系统具有结构简单、使用方便、性价比高等优势，在各种起重机械上应用广泛（约占90%以上）；其中，绕线转子电动机能够通过外接电阻等电器元件来提升机械性能，尤其能实现频繁的满负荷快速起动，故大多数起重机械以选用交流异步绕线转子电动机为主；笼型电动机构造简单、价格便宜、可直接起动，常用于小容量、使用不频繁、起动次数不多、工作级别不高等轻小型起重设备（电动葫芦）或辅助机构，此类电动机大多属于高起动转矩类。

表4-1 各类型电动机重要的性能特点

电动机种类			重要性能特点
直流电动机	他励、并励		机械特性硬，起动转矩大，调速性能好
	串励		机械特性软，起动转矩大，调速方便
	复励		机械特性软硬适中，起动转矩大，调速方便
三相异步电动机	笼型转子	普通笼型	机械特性硬，起动转矩不太大，可以调速
		高起动转矩	起动转矩大
		多速	多速（2~4速）
		变频电动机	起动转矩大，调速性能好
	绕线转子		机械特性硬，起动转矩大，调速方法多，调速性能较好

需要注意的是，通用型电动机的设计工况和工作环境与起重机械对驱动装置的特殊要求相差较大，因此，起重机械上多采用特殊设计的起重专用电动机，以适应主机需求。

2. 起重专用电动机的特殊性

除表4-1所示电动机的性能以外，起重机械上使用的专用电动机还具有许多特殊性。

（1）适应载荷复杂、间歇动作、短时重复的特殊性 电机行业专门设计的特殊电动机（型号中常见字母Z），制定了与起重机械工况相对应的电动机工作制S2~S5（以断续周期工作制S3为主），产品规格以基准工作制（S3-40%）为设计特征，在不同标准接电持续率或工作时间下电动机拥有不同的额定功率，具有优良的机械特性，结构强度高，固定牢靠，适应范围广，可满足不同类型起重机械的选用要求。

（2）适应载荷变化范围大、过载、频繁正逆运动的特殊性 专用电动机通过特殊设计，具有较大的初始起动转矩和最大转矩值，起动能力和过载能力强，尤以绕线型为主的电动机更为突出（λ_m一般在2.5~3.5以上）。足够的初始起动转矩和最大转矩倍数既满足了起重机械经常满负荷起动、频繁正逆运动的特殊性，又适应了主机载荷变化范围大的要求。

（3）适应频繁起动和工作速度变化大的要求　专用电动机常具有转子长径比（L/D）较大的特点，从而使飞轮矩（转动惯量）GD_d^2 值较小，起动加速快、损耗小；绝缘材料等级高，耐热能力强，为频繁起动奠定了良好的热容量基础；电动机转速规格齐全（理想空载转速：直流 25 ~4000r/min，交流 1500 r/min、1000 r/min、750 r/min、600 r/min 等），且允许的最大安全转速超过额定转速的倍数较高，适应速度变化范围大和调速范围广的要求。

（4）适应安全可靠和恶劣工作环境的要求　专用电动机通常采用高等级绝缘材料，能适应较高的工作环境温度（F 级：40℃，H 级：60℃），温升裕度大，寿命好；加强了电动机的密封和防护等级，封闭型密封性能好，较高的防护等级（IP44 或 IP54）；适应露天、多灰、振动大、恶劣气候等作业环境，工作可靠性好。

3. 起重专用电动机简介

国外特殊专用电动机的发展始于 20 世纪 30 年代，而国内起重专用电动机则源自 20 世纪 50 年代前苏联的 MT 和 MTK 系列。1959 年，国产化改型产品为 JZR 和 JZ 系列，并从 20 世纪 60 年代中期开始推广使用自主设计的 JZR2 和 JZ2 系列电动机。

1983 年，国内起重专用电动机更新换代为 YZR 和 YZ 系列，自主统一设计的新系列在使用性能、可靠性和寿命等方面有较大提高。1996 年，推出 YZR 基础上的 2 系列 YZR2 和 YZ2，最新 3 系列的 YZR3 及 YZ3（符合 GB/T 21973—2008 规定）电动机产品目前也已研制成功。另外，在上述系列基础上还开发了其他派生系列的起重专用电动机。

ZD（起升）系列锥形转子制动笼型电动机及其改型，是我国起重葫芦行业自行开发设计的产品，主要配用于 CD/MD 型以及改型的电动葫芦。

目前，国内各种类型起重机械常用交流电动机基本系列见表 4-2，而直流电动机系列为 ZZJ-800、ZZY 等，或发电机-电动机复合驱动。

表 4-2　国内起重机械常用交流电动机基本系列

序　号	交流电动机
1	YZR（R—绕线转子）和 YZ（笼型）、YZR2 和 YZ2、YZR3 和 YZ3 系列
2	YZP（P—变频）和 YZPF（F—外部自扇风机）系列
3	YZR 派生系列：YZRW（W—带涡流制动器）和 WZ（涡流制动器），YZR-Z（起重专用），YZRS（S—双速），YZRG（G—管道通风）和 YZRF 强迫通风型等
4	YZ 派生系列：YZD（D—多速，极数比 4/16、4/24、6/16、8/20、4/8/24），YZTD（T—塔式起重机专用，起升 4/6/24、4/8/24、4/8/32，小车 2/4/12、4/8/20、4/8/24），YEZ（建筑机械用锥形转子制动）和 YEZS（双速），YZPE（PE—盘式制动）系列等
5	YBZ（B—隔爆）、YBZS、YBEZ（E—锥形转子制动）系列
6	ZD 葫芦系列：ZD1（起升）和 ZDM1（慢速），ZDY1（Y—运行），ZDS1（S—双电动机组）
7	JZR2 和 JZ2 系列：主要用于维护现有老型号起重机械的配件
8	Y 系列：笼型，用于某些起重机械的辅助机构或连续运输机等设备

4.2.2　电力拖动基础概念

1. 电力拖动系统基本运动方程式

起重机械各工作机构大多属多轴拖动系统，均可以通过等效折算分析法将其简化为单轴

系统，如图 4-2 所示，其基本运动方程式（实用工程形式）为

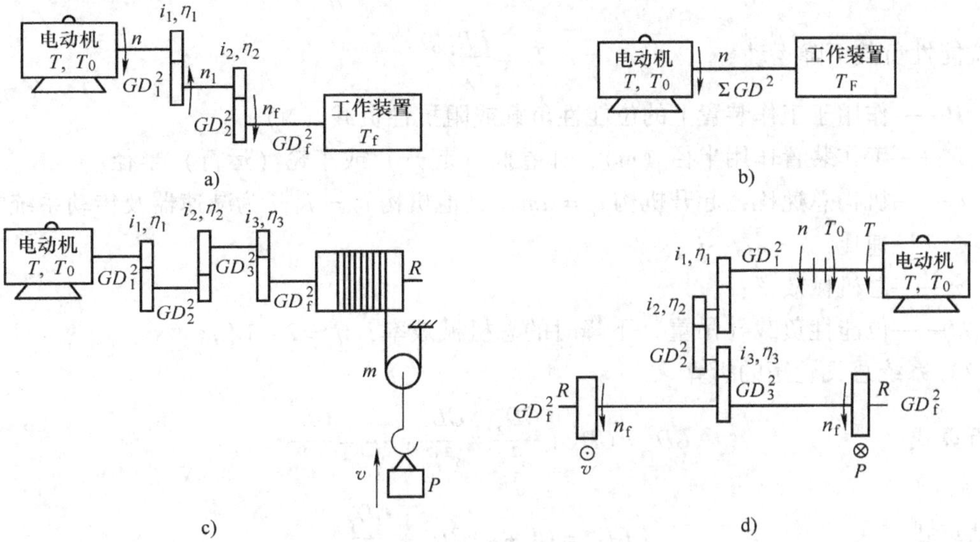

图 4-2　电力拖动系统的简化

a）多轴系统　b）单轴系统　c）起升机构　d）运行机构

$$T_d = T - T_L = T - (T_F + T_0) = \frac{GD^2}{375}\frac{dn}{dt} \tag{4-1}$$

式中　T_d——保持系统运动的动转矩（N·m）；

T——系统电动机电磁转矩（N·m），同系统运动方向时为正；

T_L——折算后的工作机构负载转矩（N·m），逆系统运动方向为正，$T_L = T_F + T_0$，一般情况下 $T_F >> T_0$，简化时可以忽略 T_0；

T_0——电动机空载损耗转矩（N·m）；

T_F——工作机构负载转矩折算到电动机轴上的折算值（N·m）；

GD^2——折算后的系统总飞轮矩（N·m²）；

dn/dt——单位转速（r/min）与单位时间（s）的变化率。

从式（4-1）中可以得出：① 当动转矩 $T_d=0(T=T_L)$ 时，系统处于稳态运行（转速恒定或静止）；② 当动转矩 $T_d>0(T>T_L)$ 时，系统处于加速运行过渡状态；③ 当动转矩$T_d<0(T<T_L)$ 时，系统处于减速运行过渡状态。

2. 多轴拖动系统的简化

多轴拖动系统简化为单轴拖动系统（图 4-2）时所遵循的折算原则为：保持折算前后系统的功率传递关系及系统的储存动能不变。

起重机械各工作机构的运动形式包括垂直平动（起升）、水平平动（运行）和转动（回转和变幅），不论何种运动形式，多轴系统的简化折算方法和规律是一致的，即转矩的折算与系统速比成反比，飞轮矩的折算与系统速比平方成反比，系统效率的大小和影响与负载性质有关。需要注意的是，传动系统一般可有减速器、开式齿轮、起升滑轮组（倍率 m）、螺母螺杆、齿轮齿条等各种传动形式。

（1）转矩的折算

位能性负载（或阻抗性负载）上升运动 $$T_F = \frac{PR}{i_Z \eta} \tag{4-2}$$

位能性负载下降运动 $$T_F = \frac{PR}{i_Z}\eta' \tag{4-3}$$

式中 P——作用于工作装置上的位能性负载或阻抗性负载（N）；

R——工作装置作用半径（m），如卷筒（起升）或车轮（运行）半径；

i_Z——机构总速比，起升机构 $i_Z = im$，其他机构 $i_Z = i$，i 为减速器及传动系统的传动速比，$i = i_1 i_2 \cdots i_n$；

η——总机械效率；

η'——位能性负载（吊重）下降时的总机械效率，$\eta' = 2 - 1/\eta$。

（2）系统总飞轮矩的折算

折算式 $$GD^2 = GD_1^2 + \frac{GD_2^2}{i_1^2} + \frac{GD_3^2}{i_1^2 i_2^2} + \cdots + \frac{GD_n^2}{i_z^2} \tag{4-4}$$

估算式 $$GD^2 = (1+k)GD_g^2 + \frac{GD_f^2}{i_z^2} \tag{4-5}$$

式中 GD^2——系统总飞轮矩（$N \cdot m^2$）；$GD_1{}^2$、…、$GD_n{}^2$ 为各级轴系的飞轮矩；

$GD_g{}^2$——系统高速轴系的总飞轮矩（$N \cdot m^2$）；

$GD_f{}^2$——系统最后工作装置的飞轮矩（$N \cdot m^2$）；

k——除高速轴系和最后工作装置以外其他部分飞轮矩的估算系数，$k = 0.1 \sim 0.2$。

电动机等标准零部件的飞轮矩或转动惯量可查阅有关手册，而飞轮矩 GD^2（$N \cdot m^2$）和转动惯量 J（$kg \cdot m^2$）之间的换算关系为 $J = GD^2/4g$。

3. 电力拖动系统稳定运行的充要条件

由拖动系统运动方程式可知，系统处于稳态或过渡状态运行的条件，同转矩（T、T_L）与转速 n 这两个物理量之间存在的内在关系有关，通常把转矩和转速之间的关系特性 $n = f(T)$ 称为拖动系统的机械特性，包括电动机的机械特性和工作机构（负载）的机械特性。

拖动系统要实现稳定运行，则电动机和负载的机械特性就应有交点（工作点 A，$T = T_L$，必要条件），并在交点 A 附近具有（可逆的）自动适应性，以抵御外部干扰（如电压或负载波动等）对系统平衡状态的影响。也就是说，拖动系统既应能在外部干扰的作用下自动生成新平衡点 A' 并保持运行，同时又能在干扰消失后自动恢复到原平衡点 A 继续运行（充分条件），如图 4-3 所示。因此，拖动系统稳定运行的充要条件可表述为

$$T = T_L,\ T = T_L 处 \frac{dT}{dn} < \frac{dT_L}{dn}$$

拖动系统稳定运行的实用判定方法如图 4-4 所示，在两特性曲线交点之上（$n + \Delta n$ 处）应满足 $T < T_L$，而在交点之下（$n - \Delta n$ 处）则应满足 $T > T_L$。其中，A 点是稳定运行点，B 点上不能获得长期稳定运行。

对起重机械而言，各工作机构多为恒转矩负载，因此，拖动系统实现稳定运行的特征是：电动机需要具有从左上到右下的机械特性，如图 4-3 和图 4-4 所示。

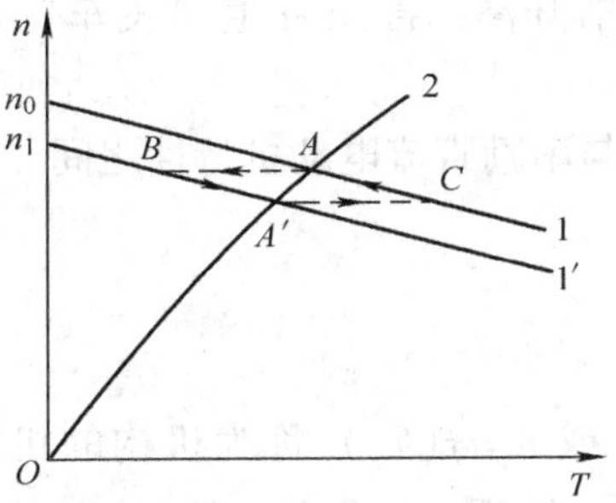

图 4-3 拖动系统稳定运行分析

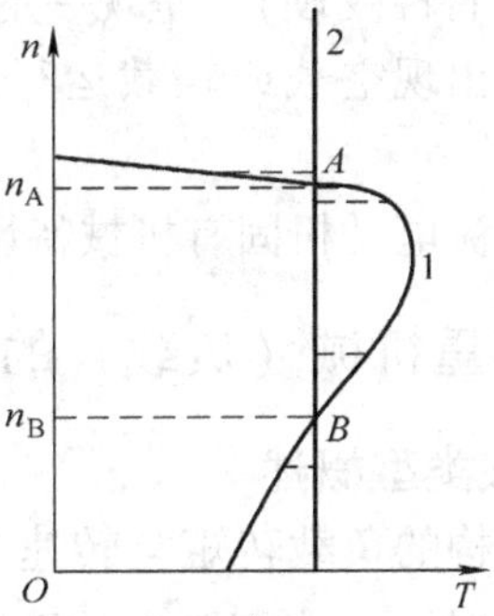

图 4-4 拖动系统稳定运行的实用判定方法

4. 电动机的机械特性

电动机的机械特性是指电磁转矩 T 和转速 n 的关系 $n=f(T)$，它是研究拖动系统及电动机运行性能的主要工具，可分为固有（自然）机械特性和人为机械特性。

（1）三相交流异步电动机 三相交流绕线式异步电动机 YZR，在规定接线方式、U_{1N}、50Hz、定子和转子不外接电阻（电感、电容）等条件下的固有机械特性如图 4-5 所示（s 表示转差率），常用来分析电动机稳定运行、起动、过载、制动、调速等性能。

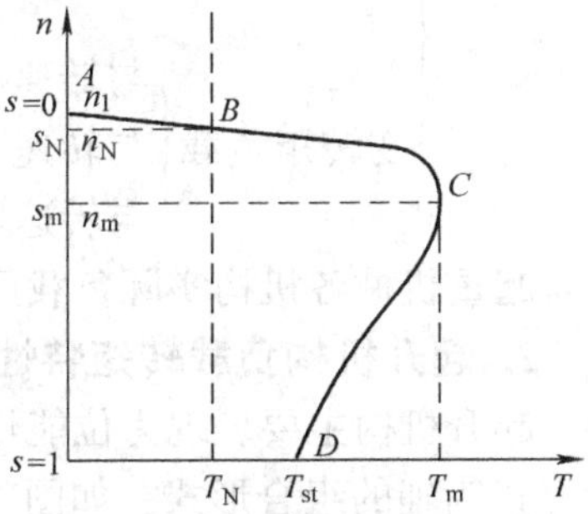

图 4-5 YZR 固有机械特性

机械特性上有表征电动机运行状态的四个特殊点如下：

1）同步点——理想空载点，A 点。$T=0$，$n=n_1$，$s=0$，转子电流 $I_2'=0$，是电动或发电状态的分界点。

2）额定点，B 点。$T=T_N$，$n=n_N$，$s=s_N$，铭牌数据点，电动机的主要工作点和选择依据。

3）临界点——最大转矩点，C 点。$T=T_m=\lambda_m T_N$，$n=n_m$，$s=s_m$，校验电动机过载能力的重要依据（工作机构最大负载转矩 $T_L \leqslant T_m$），铭牌数据只给出基准工作制的 λ_m 值。

4）起动点——堵转转矩点，D 点。$T=T_{st}=\lambda_s T_N$，$n=0$，$s=1$，直接起动时定子起动电流较大 $I_{1st}\approx(4\sim7)I_{1N}$。

线性区域 $A\to B$ 之间为长期稳定运行区，$B\to C$ 之间为短时过载运行区，但应注意尽量避免在 C 点左侧附近运行，因此，$A\to C$ 之间可统称为工作段，各种类型的起重机械均可在此区间获得稳定运行。双曲线区域 $C\to D$ 之间为非工作段，除泵类负载以外，绝大多数起重机械工作机构均不能在此区间获得稳定运行。

人为机械特性是指将固有机械特性的相关参数进行人为变化所得到的特性，包括定子降压、转子串电阻、定子串电阻（电抗）、改变频率和磁极对数等类型。

（2）直流电动机 他（并）励直流电动机固有机械特性为直线，其主要工作状况（理想空载点、额定点等）类似于异步电动机线性部分，如图 4-6 所示。

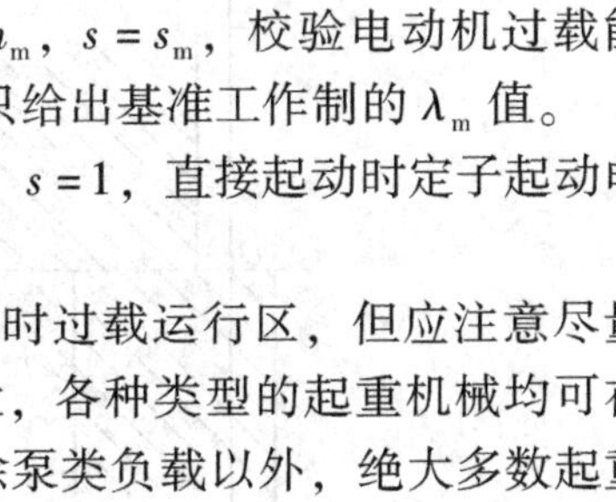

图 4-6 直流电动机的机械特性

串励直流电动机固有机械特性是一条非线性曲线，高转速时特性较软、转矩较小，随着电磁转矩的增加，转速迅速减小（特性变硬），呈现一定的恒功率特性。串励时起动转矩大、过载倍数强，但拖动系统不允许出现空载或轻载运行，否则系统转速将急剧升高，甚至发生“飞车”而导致损坏。

复励直流电动机固有机械特性介于他励直流电动机与串励直流电动机特性之间。

4.2.3 起重机械（负载）的机械（转矩）特性

1. 负载类型概述

工作机构的负载转矩与转速之间的关系 $n=f(T_L)$ 或 $n=f(T_F)$ 称为机构的机械特性（负载转矩特性）。掌握各工作机构负载特性的典型特征（性质、工作象限等）、负载变化及其组合规律等，是合理确定驱动装置及电气传动方案的关键。

按负载转矩性质，工作机构的机械特性可分为：

- 恒转矩负载
  - 阻抗性恒转矩负载（第Ⅰ、Ⅲ象限，如摩擦阻力等）
  - 位能性恒转矩负载
    - 第Ⅰ、Ⅳ象限，如吊重载荷等
    - 第Ⅰ、Ⅱ象限，如风载荷、坡度载荷等
- 变转矩负载
  - 与转速成正比关系
  - 与转速平方成正比关系（泵类负载或挖掘阻力等）
  - 与转速成反比关系，即恒功率负载（如电缆卷筒等）

起重机械各机构实际负载可能是上述一种或几种典型负载为主的组合负载。

2. 起升机构负载转矩特性

起升机构主要表现为位能性恒转矩负载（吊重）为主、较小阻抗性恒转矩负载（摩擦阻力）为辅的组合形式，如图4-7a所示，其中，T_F 为去程总负载，T_d 为回程总负载，阴影部分为负载变化范围。

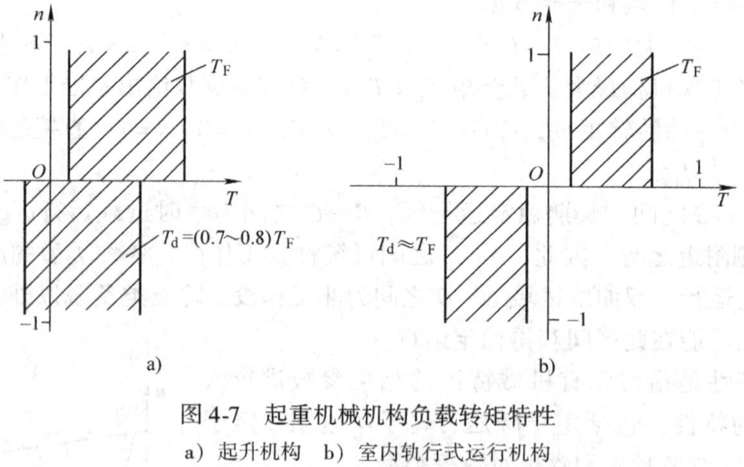

图4-7　起重机械机构负载转矩特性

a）起升机构　b）室内轨行式运行机构

起升机构满载工作时，上升则都为阻力负载（第Ⅰ象限），下降时则总体为动力负载（第Ⅳ象限）。由于摩擦阻力导致机构升降效率产生差异，从而使上升和下降时的负载转矩值并不相等，即负载特性在第Ⅰ、Ⅳ象限并不处于同一条直线上，两者相差 $(2\eta-1)$ 倍；若机构上升效率在0.85~0.9之间，则下降负载转矩为上升负载转矩的0.7~0.8倍。

起升机构空载工作时，机构负载性质由系统升降效率、吊具自重等因素共同决定。空钩上升时均为阻力负载（第Ⅰ象限），但空钩下降时可能为阻力负载（第Ⅲ象限，吊具重力小于机构摩擦阻力）或动力负载（第Ⅳ象限，吊具重力大于机构摩擦阻力）。空钩下降负载若处于第Ⅲ象限时，吊具仍需由电动机强迫电动下放，此时电磁转矩方向同吊具下降方向。

电梯升降运动大多是由装有对重的曳引机构来实现的，因此，当轿厢空载上升时可能出现动力负载（第Ⅱ象限，但数值一般较小），轿厢空载下降时则为阻力负载（第Ⅲ象限）。

由于起升机构工作期间起重量的变化较大，电动机额定转矩通常可选为最大静负载转矩的0.7～1.3倍；调速时通常选用具有硬特性（静差度值小）的调速方法。

3. 运行机构负载转矩特性

运行机构负载主要由摩擦阻力、风载荷、坡度载荷和惯性载荷组成，其中摩擦阻力和惯性载荷体现为阻抗性，风载荷和坡度载荷体现为位能性。

运行机构各项载荷随机型（轨行式或无轨式）、环境（室内或室外）、使用状况（载荷比 P_Q/P_G 和起动快慢）等条件不同而在较大范围内变化，而两类性质负载所占比重的大小与起重机械具体使用场合有关，通常静摩擦转矩值和起动加速惯性转矩值较大。

室内轨行式运行机构无风载荷作用，其总负载性质为阻抗性（第Ⅰ、Ⅲ象限，且大小相等），如图4-7b所示。室外轨行式运行机构则应考虑风载荷的影响，在风载荷较大的场合（如港口起重机），其值最大时将占据总负载相当大的比例（约60%），此时顺风运行时机构总负载性质呈现位能性，逆风运行时则为阻抗性；在风载一般的场合，机构总负载性质大多呈现阻抗性（第Ⅰ、Ⅲ象限，但两者数值相差较大）。

由于运行机构的起动惯性载荷以及总负载转矩变化范围等都比起升机构更大一些，因此，电动机选型计算和传动机构设计时均应考虑此特殊性。运行电动机额定转矩一般选为计算最大静负载转矩的1.8～2.0倍，调速时通常也要选用具有较硬特性的调速方法。

4. 回转运动型机构（回转/变幅机构）

回转机构和水平小车变幅机构的负载特点类似于风载一般场合下的运行机构。

非平衡性俯仰变幅机构的负载特点类似于起升机构，其负载由臂架自重、吊具自重、风载荷和系统摩擦阻力等组成，负载总体性质多体现为位能性。

平衡性俯仰变幅机构的负载组成非常复杂，其每单一负载的大小、方向、性质等都随实际起重量、幅度大小及变幅运动方向等不同而在较大范围内变化，准确的分析过程比较复杂，其总负载性质也难以确定，但最好能与臂架运动方向结合起来一同确定其属性。通常希望经过合理设计后的平衡系统，其总负载的方向尽可能符合如下规律：在最小幅度附近时总负载方向向前（减幅度方向为阻力，增幅度方向为动力），在最大幅度附近时总负载方向向后（增幅度方向为阻力，减幅度方向为动力），且在最大/最小幅度附近时两者数值相近，如图4-8所示。

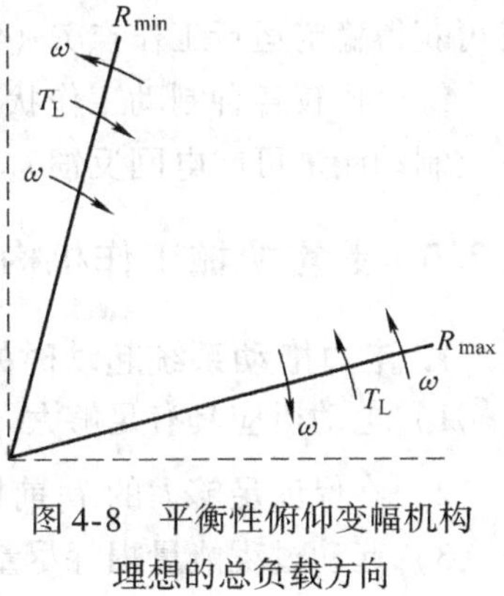

图4-8 平衡性俯仰变幅机构理想的总负载方向

回转/变幅机构的负载性质和转矩等变化范围较大，调速时也应选择较硬特性的调速方法。

4.2.4 起重机械工作机构运转状态

起重机械工作机构可能的各种运转状态特性曲线如图4-9所示。

1）正向电动状态——第Ⅰ象限。阻抗性或位能性负载（四大机构正方向运动时）均可在此获得稳定工作点 A。

2）反向电动状态——第Ⅲ象限。阻抗性负载（如室内轨行式运行机构）反方向运动时、吊具自重较轻的空钩下放时均可在此获得稳定工作点 C 或 C'。

3）能耗制动过程——第Ⅱ象限。阻抗性或位能性负载均可获得准确停车制动 O 点。

4）能耗制动运行——第Ⅳ象限。吊重位能性负载可获得低速下放稳定工作点 F（位能负载反方向制动运行）。

5）定子两相反接制动——第Ⅱ象限。阻抗性或位能性负载均可获得快速停车制动 J 点。

6）反接制动接反向起动——第Ⅱ、Ⅲ象限。阻抗性负载可最终获得低速稳定运行工作点 H（反向电动状态）。

7）反接制动接反向起动再接反向回馈制动运行——第Ⅱ、Ⅲ、Ⅳ象限。吊重位能性负载最终可获得快速下放稳定运行工作点 K（反向回馈制动运行）。

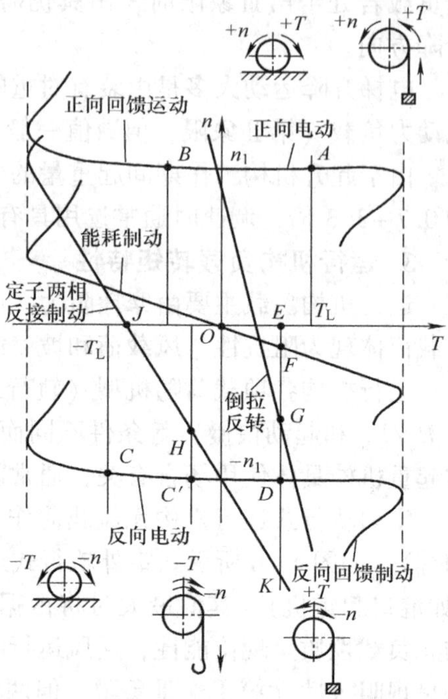

图4-9 起重机械工作机构运转状态

8）倒拉反转运行——第Ⅳ象限。吊重位能性负载可获得常速（接近 n_1 值）下放稳定工作点 G。

9）反向回馈制动运行——第Ⅳ象限。吊重位能性负载可获得高速（大于 n_1 值）下放稳定运行工作点 D。

10）正向回馈制动运行——第Ⅱ象限。大风可能吹动轨行式起重机整体快速运动，最终可获得稳定运行工作点 B（大于 n_1 值）。

综合比较各种制动工作状态，反接制动耗能最大，能耗制动次之，回馈制动最小（理论上制动能量可向电网反馈）。

4.2.5 起重机械工作机构的起动

1. 电力拖动系统起动时的主要要求

1）电动机应具有足够大（远大于 T_L）的起动转矩 T_{st}，以保证系统按规定正常起动。

2）在保证足够大的 T_{st} 前提下，电动机起动电流越小越好，一般要求 $I_{1st} \leqslant 2.5 I_{1N}$。

3）起动过程能量损耗尽量小，且具有合适的起动时间或起动加速度。

4）起动设备与控制方式力求简单、可靠、经济、方便。

2. 起动方法

（1）交流绕线转子电动机 为了在整个起动过程中尽量保持较大的起动转矩，绕线转子异步电动机通常采用转子串三相对称电阻并逐级切除的方法分级起动（3～5级）。出于简化起动设备和经济性的考虑，电动机功率较小时也可采用转子串三相不对称电阻的方法分级起动。对于单纯为了限制起动电流、增大起动转矩的场合，为减小切除电阻过程所造成的机械冲击，某些小功率的运行机构上还可采用转子串频敏变阻器的方法起动。

（2）交流笼型电动机 不需要专门的起动设备直接起动是笼型异步电动机的重要优点之一。在满足起动电流和起动转矩的适用条件下，额定功率小于7.5kW的笼型电动机可以采用直接起动的方法起动。在供电变压器容量相对较大时，直接起动电动机的额定功率也可放大到10～20kW。若电动机不能符合直接起动要求或功率较大时常采用降压类起动（多种形式）的方法起动，但降压类起动既能减小起动电流又同时降低起动转矩。

（3）直流电动机 一般采用电枢回路串电阻或降低电源电压的方法逐级起动。

3. 改善起动性能的途径

对于频繁起动的起重机械，缩短系统的起动时间并改善起动性能是节能降耗、提高生产效率的主要方法。影响拖动系统起动过程的主要因素包括两个方面：

（1）减小系统的飞轮矩 GD^2 拖动系统本身具有储能元件飞轮（GD^2）而产生机械惯性，惯性元件越大或拖动系统的机电常数越高，则系统转速上升到额定转速的时间越长。缩短系统起动时间的方法包括：

1）设法减小电动机转子的飞轮矩 GD_d^2。起重专用电动机都具有转子细长、飞轮矩较小的优点，应首先做好电动机选型工作（选择专用电动机和合适的额定功率）。

2）简化拖动系统的传动方案。拖动系统越简单，其整体转动惯量越小。在可能的条件下，选择双（多）电动机拖动同一个负载的方案（两台较小型电动机的总功率与一台大型电动机功率相同，并同负载同轴连接的拖动方案），既能提高拖动系统的可靠性，又能使电动机的总转动惯量减少约15%。这是大型起重机械拖动设计中常采用的方案。

（2）改善起动电流（或起动转矩）变化的波形 电动机常用分级起动法的起动电流会随时间呈指数规律衰减，如图4-10a所示，从而使系统的起动加速度不断减小，延长起动时间并产生起动冲击。如设法改善起动电流变化的波形，如图4-10b所示，系统起动时间将由原来（3～4）T_θ 降为 T_θ（即降低到原有起动时间的1/3～1/4），这是加速起动过程并改善起动性能的一种有效方法，但必须采用复杂的自动调节控制系统。

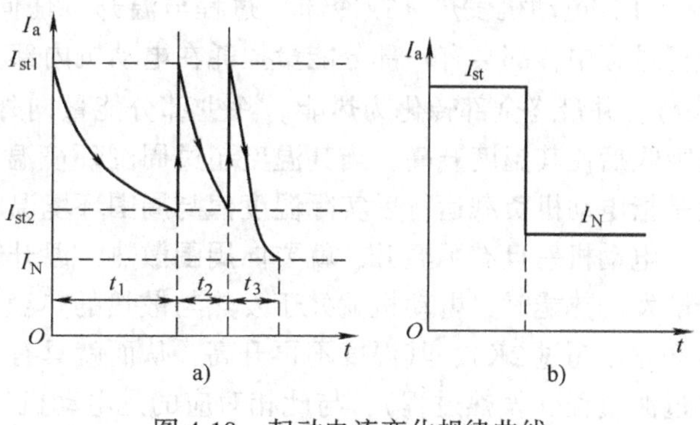

图4-10 起动电流变化规律曲线
a）分级起动 b）理想起动

另外，笼型电动机最好也能采用软起动的方法来降低尖峰起动电流的冲击和影响，改善起动的平滑性并提高控制系统的可靠性。

4.3 电动机的额定功率

4.3.1 概述

1. 额定功率的含义

从设计角度来看，额定功率是指电动机在铭牌规定的额定运行状态下其轴上输出的机械功率。从电动机输入端可知额定功率 $P_N=\sqrt{3}U_N I_N \cos\varphi_N \eta_N$，而从电动机输出端可得到输出转矩、额定功率和额定转速之间的关系，即 $T_{2N}=9550P_N/n_N$。所有这些数据都对应于机械特性上的额定点，是规划设计电动机额定运行状态的重要技术数据，但并没有直接明显地反映出有关电动机最大出力状态和使用寿命之间的关系。

从使用角度来看，额定功率可理解为电动机在长期的充分使用过程中所能发挥的最大出力状态——输出功率，是电动机出力状态和使用寿命相结合的综合能力指标，其最终表现就是电动机在最大出力状态下长期使用而不会过热。

从综合角度看，电动机额定功率的技术含义应包括如下内容：

1）规定的额定运行状态。

2）长期充分地使用而不过热（电动机最高温度不超过内部绝缘材料的允许温度）。

额定功率的技术含义既体现了电动机额定状态的技术数据，又表征了确保电动机最大出力状态下可长期充分使用的内涵，将直接影响电动机的选型过程和使用，应引起主机设计者的重视。

综上所述，工程上实际存在的能够引起电动机发热及发热过程的变化因素，都将不同程度地影响电动机的额定功率。因此，关于不同工作状态下电动机额定功率（发热功率）的确定，既是一般情况下容易忽视的问题，也是使用者必须关注的重要环节。

2. 额定功率的主要影响因素

（1）电动机发热（或冷却）过程与温升　任何一台电动机在实现机电能量转换的负载运行过程中，都会有一部分能量损耗在电动机内部（损耗功率 ΔP = 不变损耗 P_0 + 可变损耗 I^2R），并最终全部转化为热能。除少部分能量向外界环境散发以外，绝大部分能量由电动机吸收后使其温度升高，当其温度超过周围环境温度时，电动机就具有了温升。所谓温升，就是指电动机负载运行后实际温度值与周围环境温度值之差。

电动机一旦有了温升，就要向周围散热，温升越高散热越快。当单位时间产生的热能等于散发的热能时，电动机就处于发热与散热的热稳定（热平衡）状态（指发热部件温升 1h 内变化不超过 2K），其温度不再升高，从而就具有了一个稳定的温升值。这就是电动机的发热过渡过程（发热过程），与此相对应的是电动机的冷却过程。

电动机发热（冷却）时的温升过程是按时间指数规律上升（下降）的过程，由起始温升值 τ_{F0}、稳态温升值 τ_W 和发热时间常数 T_θ 三要素确定。

从尽量发挥电动机最大出力（输出功率）角度而言，希望尽可能满负载运行。拖动负载（即输出功率）越大，输出电流就越大，从而使电动机损耗功率 ΔP 增加。损耗越大，温升就越高，电动机的发热就越严重。与金属零部件相比，绝缘材料是其内部耐热能力最薄弱的环节，因此，严重的发热过程将对电动机的绝缘材料产生重要影响。

（2）绝缘材料与允许温度 θ_m 和允许温升 τ_{max}　电动机中任何绝缘材料的耐热能力都是有限度的。当温度和温升在绝缘耐热限度内时，材料在物理、化学、电气等各方面性能都比较稳定，工作寿命较长（一般约20年）。当温度和温升超过绝缘耐热限度时，材料会加速老化、变脆，其寿命就会急剧缩短，严重时甚至炭化、变质而失去绝缘性能，从而导致电动机损坏（烧毁）。

电动机绝缘材料的耐热限度通常用允许温度 θ_m 和允许温升 τ_{max} 来表征，并按允许温度和允许温升的高低将其分为A、E、B、F、H五种等级，见表4-3。其中，电动机绝缘材料的允许温升 τ_{max} = 绝缘材料的最高允许温度 θ_m—标准环境温度 θ_b（40℃或60℃）。

表4-3　绝缘材料与允许温度和允许温升

等　级	绝缘材料	允许温度 θ_m/℃	允许温升 τ_{max}/℃
A	经过浸渍处理的棉、丝、纸板、木材等，普通绝缘漆	105	65
E	环氧树脂，聚酯薄膜，青壳纸，三醋酸纤维薄膜，高强度绝缘漆	120	80
B	用提高了耐热性能的有机漆作粘合剂的云母、石棉和玻璃纤维组合物	130	90
F	用耐热优良的环氧树脂粘合或浸渍的云母、石棉和玻璃纤维组合物	155	115
H	用硅有机树脂粘合或浸渍的云母、石棉和玻璃纤维组合物，硅有机橡胶	180	140（或120）

综上所述，从最大出力、发热和寿命角度而言，绝缘材料的允许温度和允许温升就代表了电动机的允许温度和允许温升，绝缘材料的寿命一般即为电动机的寿命，保证绝缘材料不过热的负载能力就是电动机的额定功率。绝缘材料等级不同，其额定功率也不相同。

（3）标准环境温度 θ_b 与额定功率　由于工作场所的环境温度随季节、时间、地点等变化，因此，规定标准环境温度 θ_b（最高环境空气温度）为：海拔1000m及以下，一般环境40℃，冶金环境60℃（H级绝缘）。

电动机长期额定负载运行达到稳定温升（$\tau_W = \tau_{max}$）时的额定功率 P_N 与各影响因素之间的关系为

$$P_N = \frac{A\eta_N\tau_{max}}{0.24(1-\eta_N)} \tag{4-6}$$

1）绝缘材料允许温升 τ_{max}。提高绝缘材料等级可增大电动机温升，进而提高额定功率。

2）表面传热系数 A。对于同一台电动机，采取改善散热条件的措施可增大表面传热系数，进而提高电动机额定功率，如加装冷却风扇或带散热筋的机壳等。

3）额定效率 η_N。降低电动机损耗、提高效率，可增大额定功率。当采用某些方法调速时（如转子串电阻等），电动机的损耗增大、效率降低，且散热能力变差，长时间运行时将导致发热严重，进而将影响额定功率。

（4）非标准的任意环境温度 θ 对额定功率的影响　若工作场所的实际环境温度 θ 或海拔高度长年都比较高时，应修正电动机额定功率值（$P_{N\theta X}$）。理论上认为，$\theta > \theta_b$ 时 $P_{N\theta X} < P_N$，反之 $P_{N\theta X} > P_N$。但增大额定功率需慎重，应与电动机制造商共同确定。

任意环境温度 θ 下（包括海拔高度）修正后的电动机额定功率 $P_{N\theta X}$ 为

$$P_{N\theta X} \approx P_N \sqrt{\frac{\theta'_m - \theta}{\theta_m - 40℃}(\alpha + 1) - \alpha} \tag{4-7}$$

式中 θ'_m——与海拔相关的电动机绝缘材料最高允许温度修正值（℃）；当海拔高度小于1000m时，$\theta'_m = \theta_m$（θ_m 见表4-3）；当海拔大于1000m时，$\theta'_m = \tau_{max}' + \theta_b'$，其中 θ_b'按表4-4选择，而 τ_{max}'按下述绝缘材料最高允许温升限值的降低率规定计算；

α——不变损耗（空载损耗）P_0 与额定负载下可变损耗（定转子绕组铜损耗）I^2R 之比，与机型有关，直流电动机：通用 $\alpha = 1 \sim 1.5$、起重专用 $\alpha = 0.5 \sim 0.9$；交流电动机：通用笼型 $\alpha = 0.5 \sim 0.7$，中小型绕线式起重专用 $\alpha = 0.45 \sim 0.6$，大型绕线式起重专用 $\alpha = 0.9 \sim 1.0$。

需要注意的是，在高海拔（海拔高度为1000～4000m）空气稀薄地区工作时，以对流为主要散热方式的电动机，其散热条件恶化，将导致绝缘材料最高允许温升限值 τ_{max}'随海拔升高而降低，其降低率为：在1000m基础上每超过100m下降原有温升限值 τ_{max}（见表4-3）的1%。与此相对应的运行地点假定最高环境空气温度 θ'_b（即假定标准环境温度）见表4-4。

表4-4　假定最高环境空气温度 θ'_b

海拔/m	热分级		
	130（B）	155（F）	180（H）
	温度/℃		
1000	40	40	40
2000	32	30	28
3000	24	19	15
4000	16	9	3

另外，非标准的任意环境温度和高海拔下电动机额定功率修正值也可按起重机设计规范相关规定计算。

（5）电动机工作方式（工作制）　电动机发热（冷却）过程的温升除了与负载大小有关以外，还与负载持续时间的长短、形式（连续、短时、断续）、先后顺序等工作状况类型有关。

工作方式（或工作制）通常是指电动机通电工作时所承受的一系列上述负载状况类型的规定与说明，包括起动、电制动、空载、停机和断能及其持续时间和先后顺序等，一般可分为连续、短时、周期性、非周期性等类型，每一工作方式还规定了相应的标准工作时间。GB 755—2008标准（符合IEC）规定了S1～S10共十种电动机工作方式，与起重输送机械相关的只涉及S1～S5前五种，并且以S3—40%为基准工作方式。

4.3.2　连续/长期工作方式S1与额定功率

1. S1特征及温升曲线

连续/长期工作方式（简称S1）的特征为：电动机接电起动后，在恒定负载下连续（长期）运行，且工作时间很长[$t_g > (3\sim4)T_\theta$]能达到热稳定状态，其温升完全达到热稳定值 τ_W。由于电动机只在最初环境温度时起动一次，且起动时间很短，较大的起动电流对温升的影响可忽略不计。

连续/长期工作方式 S1 温升曲线如图 4-11 所示，电动机铭牌上对 S1 可无特别标注。

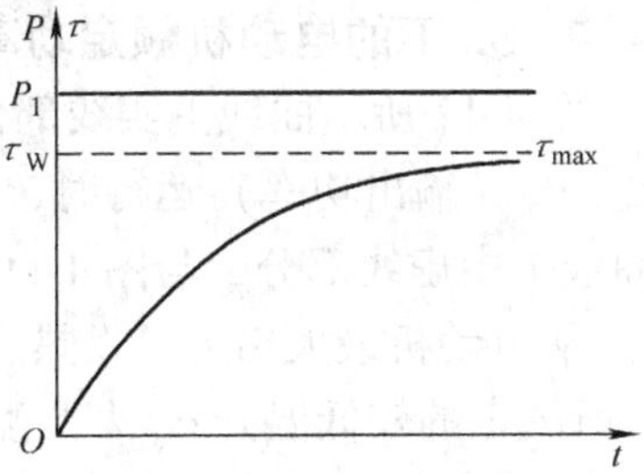

图 4-11 电动机 S1 下的输出功率与温升

起重机械某些次要的辅助机构、连续输送机、通风机、水泵、机床主轴等都可以归类为连续工作制的生产机械，都应选用连续/长期工作方式 S1 下的电动机。

2. S1 下的电动机额定功率

图 4-11 所示曲线表示：连续工作方式 S1 下的电动机长时间地以恒定负载 P_1（输出功率）运行时，最后实际温升能够达到由 P_1 所决定的热稳定值 τ_W，P_1 变化则 τ_W 也随之变化。

从电动机最大出力、发热、充分使用、寿命等综合考虑，应让电动机长期、最大负载（输出功率）、连续运行所达到的热稳定温升 τ_W 等于绝缘材料的允许温升 τ_{max}。或者说，能使电动机热稳定温升 τ_W 等于（或接近于）绝缘材料允许温升 τ_{max} 时的最大输出功率 P_1，就是电动机在此工作方式下的额定功率 P_N，其值的大小主要由发热因素决定。

负载功率为 P_L 的生产机械，若其实际运行符合连续工作制的规定（标准散热条件、标准环境温度和标准工作时间等），则应按下式选用 S1 工作方式的电动机。即

$$P_N \geqslant P_L \tag{4-8}$$

选型计算中满足式（4-8）的要求，即可保证电动机在长期运行时的稳定温升 τ_W 低于（或接近于）绝缘材料的最高允许温升 τ_{max}，电动机不会出现过热问题。

4.3.3 短时工作方式 S2 与额定功率

1. S2 特征及温升曲线

短时工作方式（简称 S2）的特征为：电动机接电起动后，按给定工作时间（如 30min）在恒定负载下运行，由于工作时间较短[$t_g << (3\sim4)T_\theta$]，其工作温升远未达到热稳定值 τ_W；停机断能后，电动机有足够长的停歇时间[$t_0 > (3\sim4)T_\theta$]，能使其再度冷却到环境空气温度，即温升降为零（与冷却介质温度之差在 2K 之内）；电动机只在最初环境温度时起动一次，且起动时间很短，较大的起动电流对温升的影响可忽略不计。

短时工作方式 S2 温升曲线如图 4-12 中曲线 1 实线部分所示，其标准工作时间有 10min、30min、60min、90min 四种，电动机铭牌上应标注：S2—标准工作时间（如 S2—30min）。

闸门启闭机、门座起重机运行机构、水电站用桥门式起重机起升机构、某些冶金辅助机械等都可以归类为短时工作制的生产机械，通常都应选用短时工作方式 S2 下的电动机。

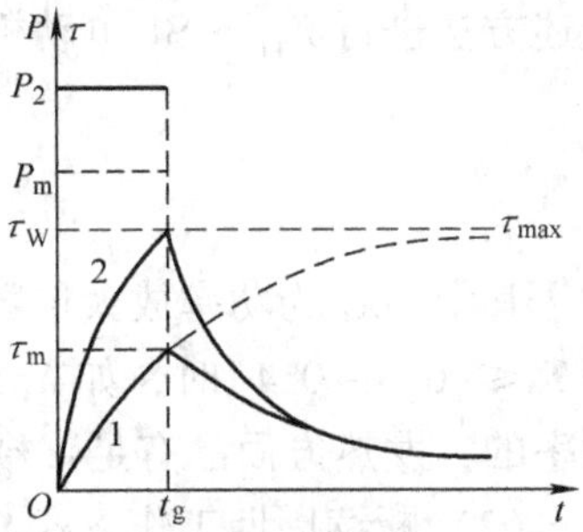

图 4-12 电动机 S2 下的输出功率与温升

2. S2 下的电动机额定功率

图 4-12 所示曲线 1 实线部分表示：短时工作方式 S2 下的电动机在规定工作时间 t_g 内按负载 P_m（输出功率）运行时，其实际所能达到的最后温升 τ_m 较低，远达不到热稳定值 τ_W（曲线 1 中虚线部分，与图 4-11 相同），而电动机停机断能后，其温升却下降到零。

从电动机最大出力、发热、充分使用、寿命以及提高绝缘等级等综合考虑，以输出功率 P_m 所决定的较低温升 τ_m 来匹配低等级绝缘材料是不可取的，应使短时工作方式 S2 下的电动机在规定工作时间 t_g 内以更高的负载 P_2（图 4-12 中曲线 2 所对应的输出功率，且 $P_2 > P_m$，$P_2 > P_1$）来运行，并使其最后实际达到的最高温升等于绝缘材料热稳定值 τ_W。或者说，能使电动机在规定工作时间内高负载（输出功率）运行，所达到的最高温升 τ_W 等于（或接近于）某绝缘材料允许温升 τ_{max} 时的最大输出功率 P_2，就是在此工作方式下的额定功率 P_N。短时工作方式 S2 下电动机的额定功率主要也由发热因素来确定，并与标准工作时间 t_g 相对应，t_g 越小额定功率越高，并都高于连续工作方式 S1 下的额定值。

负载功率为 P_L 的生产机械，若其实际运行符合短时工作制的规定（标准散热条件、标准环境温度和标准工作时间等），则应按式（4-8）选用 S2 工作方式电动机，即可保证在标准工作时间下短期运行时的电动机温升 τ_W 低于（或接近于）绝缘材料的最高允许温升 τ_{max}，电动机不会出现过热问题。

3. 短时工作制下功率的折算

（1）非标准工作时间短时工作制下负载功率折算　若生产机械的短时工作时间为非标准工作时间 t_r(如 t_r = 20min)，则应按发热温升等值原则折算：先把由工作时间 t_r 所决定的机械负载功率 P_{Lr} 折算成最接近标准工作时间 t_g 下的机械负载功率 P_{Lg}，然后再按上述方法进行 t_g 和 P_{Lg} 下 S2 电动机的选用。P_{Lr} 折算成 P_{Lg} 的计算公式为

$$P_{Lg} = \frac{P_{Lr}}{\sqrt{\frac{t_g}{t_r} + \alpha\left(\frac{t_g}{t_r} - 1\right)}} \tag{4-9}$$

需要说明的是，式（4-9）所表示的折算原理同样也能用于 S2 下不同工作时间之间电动机额定功率的折算。

（2）短时工作制与连续工作制下负载功率折算　实际工作中若需将工作时间 t_g 的短时工作制下的生产机械折算为连续工作制，同样可按发热温升等值原则折算：先把由短时工作制 S2—t_g 所决定的机械负载功率 P_{L2}，折算成连续工作制下的机械负载功率 P_{L1}，然后再按上述方法进行 P_{L1} 下 S1 电动机选用。P_{L2} 折算成 P_{L1} 的计算公式为

$$P_{L1} = \frac{P_{L2}}{\lambda_f} = P_{L2}\sqrt{\frac{1 - e^{-\frac{t_g}{T_\theta}}}{1 + \alpha e^{-\frac{t_g}{T_\theta}}}} \tag{4-10}$$

其中，λ_f 为功率放大倍数，一般情况下 $\lambda_f < \lambda_m$。当短时工作制工作时间 t_g 很小并出现 $t_g/T_\theta \leqslant (0.3 \sim 0.4)$ 时，如 $\lambda_f > \lambda_m$ 则取 $\lambda_f = \lambda_m$，此时是按最大允许过载倍数 λ_m 来计算负载功率的，发热方面已有足够裕度，因此，无需进行温升校验。

（3）断续周期工作方式 S3 和短时工作方式 S2 电动机额定功率对应关系　若标准短时工作制的生产机械选用断续周期工作方式 S3 下的电动机，则应按如下对应关系先进行电动机额定功率的折算，然后再按上述方法进行电动机型号及额定功率选择。即

S2 - t_g = 30min，S3—25%；S2 - t_g = 60min，S3—40%；S2 - t_g = 90min，S3—60%

4.3.4 断续周期工作方式 S3 与额定功率

1. S3 特征及温升曲线

断续周期/重复短时工作方式（简称 S3）的特征为：电动机接电起动后，按一系列相同工作周期（10min）运行，每一周期由一段恒定负载运行时间 t_g 和一段停机断能时间 t_0 组成并交替运行（$t = t_g + t_0 \leqslant 10\text{min}$）；由于 t_g 和 t_0 都较小［远小于（3～4）T_θ］，均不足以使其达到热（冷）稳定状态；电动机 1h 只起动 6 次，但每次起动时间与负载运行时间 t_g 相比小很多，较大的起动电流对温升没有显著影响，可忽略不计；每经过一个周期的发热与冷却运行后，其总体温升都有所上升，若干周期后温升将稳定在某一小范围内上下波动。

断续周期工作方式 S3 温升曲线如图 4-13 所示，其中电动机在一个工作循环中通电时间 t_g 与整个工作循环时间 t 之比值称为接电持续率（负载持续率），用 JC 值表示

$$JC = \frac{t_g}{t_g + t_0} \times 100\% \tag{4-11}$$

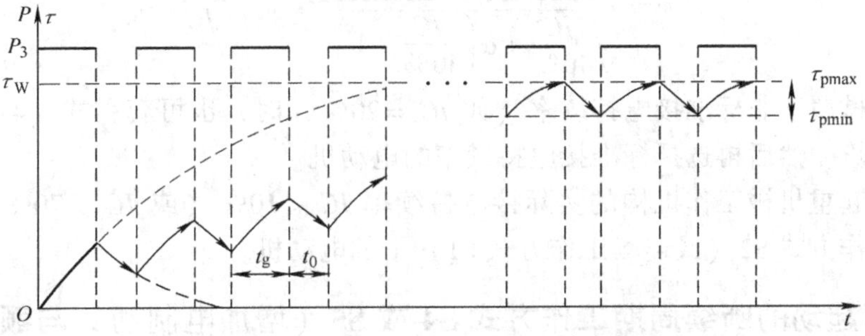

图 4-13 电动机 S3 下的输出功率与温升

断续周期工作方式 S3 的标准接电持续率有 15%、25%、40%、60% 四种，电动机铭牌上应标注：S3—JC（如 S3—25%）。

起重机械、电梯、轧钢辅助机械、自动机床等都可归类为具有断续周期工作制特征的生产机械，通常都应选用断续周期工作方式 S3 下的电动机。但许多生产机械的断续周期工作制特征并不很规律且具有一定的随机性，此时断续周期工作制和接电持续率只具有统计性质。

2. S3 下的电动机额定功率

图 4-13 所示曲线实线部分表示：断续周期工作方式 S3 电动机在规定接电持续率下按负载运行，其温升有所升高但达不到热稳定值 τ_W（虚线部分，同 S1）；电动机停机断能时，温升有所下降但还未降到环境温度（虚线部分，同 S2），下一个周期却已开始；每个周期的温升都各升降一次，但总温升还是逐渐升高的，如此循环反复，直到每周期时间内的发热量等于散热量时，电动机温升就会在一个比较稳定的小范围内（$\tau_{pmax} \sim \tau_{pmin}$）波动。

从电动机最大出力、发热、充分使用、寿命等综合考虑，应使断续周期工作方式 S3 下的电动机以规定接电持续率 JC 值最高负载运行，并使最后实际达到的最高温升 τ_W（可取为温升稳定波动最大值 τ_{pmax}）等于（或接近于）某绝缘材料允许温升 τ_{max}。或者说，能使电动机在规定接电持续率下高负载（输出功率）运行所达到的温升稳定波动最大值 τ_{pmax} 等于

（或接近于）τ_{max}时的最大输出功率 P_3，就是电动机 S3—*JC* 下的额定功率 P_N。

由此可以看出：S3 电动机的额定功率也是由发热因素来确定的，并与 *JC* 值相对应，*JC* 值越小额定功率越大，*JC* 值为 100% 时的额定功率值接近于 S1 工作方式下的额定值。

负载功率为 P_L 的生产机械，若其实际运行符合断续周期工作制的规定（标准散热条件、标准环境温度和标准工作时间等），则应按式（4-8）选用 S3 工作方式电动机，即可保证电动机在标准接电持续率下断续周期运行时的温升稳定波动最大值 τ_{pmax} 低于（接近于）绝缘材料的最高允许温升 τ_{max}，电动机不会出现过热问题。

3. 基准工作方式与电动机额定功率

在电动机相关标准中还规定了专用电动机的基准工作方式，如 YZR 系列基准工作方式为 S3—40%。电动机实际上都是按基准工作方式来设计制造的，并按基准工作方式提供全部额定参数，其他工作方式下的额定参数值可按与基准工作方式达到相同温升值的原则来确定，通常由电动机制造厂提供。

S3 电动机其他接电持续率下的额定功率 P_{JC} 可按基准工作方式额定功率 P_{40} 折算。即

$$P_{JC}=\frac{P_{40}}{\sqrt{\frac{JC}{40\%}+\alpha\left(\frac{JC}{40\%}-1\right)}}\approx P_{40}\sqrt{\frac{40\%}{JC}} \tag{4-12}$$

若生产机械属于非标准接电持续率（如 $JC_r=20\%$）时，也可套用式（4-12）进行机械负载功率的折算，然后再选择标准接电持续率的电动机。

另外，若起重机械工作机构的实际接电持续率 $JC_r<10\%$（或 $JC_r>70\%$）时，则宜相应选用短时工作方式 S2（或连续工作方式 S1）下的电动机。

4.3.5 包括起动的断续周期工作方式 S4 或 S5（增加电制动）与额定功率

包括起动的断续周期工作方式（简称 S4）的特征为：电动机接电起动后，按一系列相同工作周期运行（电动机 1h 至少起动 150 次或 300 次），每一周期由一段起动时间 t_q（对温升有显著影响，不能忽略）、一段恒定负载运行时间 t_g、一段停机断能时间 t_0 组成并交替运行（$t=t_q+t_g+t_0$）；由于这些时间都较短[远小于$(3\sim4)T_\theta$]，均不足以使电动机达到热（冷）稳定状态；电动机后续发热与温升趋势及接电持续率定义与 S3 相近。

包括起动和电制动的断续周期工作方式（简称 S5）的特征为：每一工作周期除增加一段快速电制动时间 $t_z(t=t_q+t_g+t_z+t_0)$ 外，其余同 S4。

包括起动的断续周期工作方式 S4 以及 S5（增加电制动）的温升曲线分别如图 4-14 和 4-15 所示，其中接电持续率（负载持续率）*JC* 值（S4 时取 $t_z=0$）的计算公式为

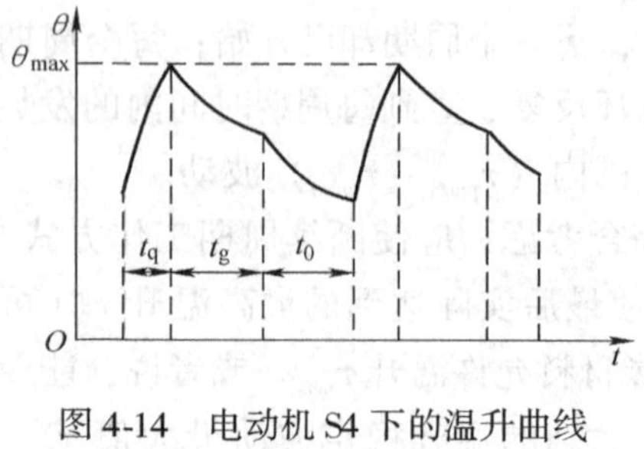

图 4-14　电动机 S4 下的温升曲线

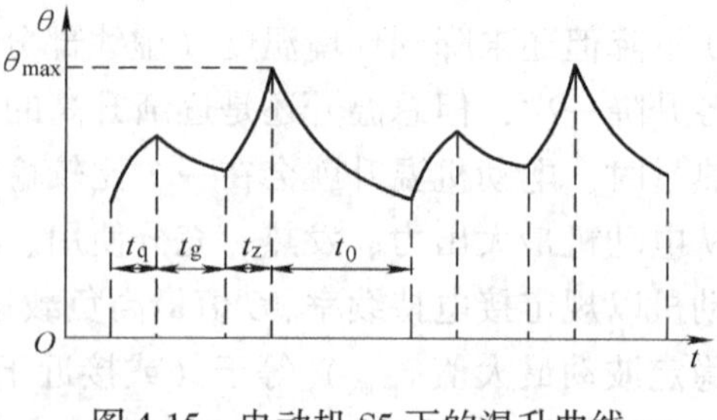

图 4-15　电动机 S5 下的温升曲线

$$JC = \frac{t_q + t_g + t_z}{t_q + t_g + t_z + t_0} \times 100\% \tag{4-13}$$

工作方式S4和S5下的标准接电持续率有25%、40%、60%三种，电动机铭牌上应标注：S4—JC（如S4—60%）。

S4（S5）工作方式除了要考虑起动过程（起动次数、起动时间、起动电流）和S5电制动过程等对温升的显著影响以外，还要考虑每小时起动次数的增加（最小值为150次/h）而导致的工作周期时间缩短，其JC值随之提高；额定功率同样也由发热因素来确定并与JC值相对应；通常从电动机最大出力、发热、充分使用、寿命等综合考虑，采用等值损耗法来进行S3与S4（S5）之间额定功率的折算。

凡是具有S4（S5）工作制特征的生产机械，都宜选用工作方式S4（S5）下的电动机。

4.4 起重机械上电动机的选择

4.4.1 电动机种类选择

1. 电动机种类选择时考虑的主要内容

（1）电动机种类选择的先决条件——适应起重机械工作特点 起重机械上的电动机应能满足前述主机对驱动装置的总体要求，从而使其种类选择时具有区别于通用机械的鲜明特征和特殊性（大多数情况下电动机标有字母Z）。

（2）综合考虑各类型电动机的性能和特点 起重机械的特殊性对专用电动机的性能特点提出了更高要求，主要包括电源、机械特性、起动能力、短时过载能力、调速性能以及制动、绝缘等级、防护、安装等相关因素。

直流电动机起动、调速、过载等性能优于交流电动机，在某些拖动性能要求较高并有直流电源的特定情况下，采用直流电动机就显得更为合理一些，但总成本较高。广泛使用的交流绕线转子电动机在起动、运转状况性能等方面优于笼型电动机等。

（3）经济性 经济性包括所选电动机的采购价格、产品质量、运行可靠性及使用维护成本、节能减排、单位质量等因素，在保证满足起重机械对电动机起动、调速、各种运行性能等主要技术要求的前提下，不可回避的经济性问题将起决定性作用。

封闭式起重用直流电动机要比相同额定转矩的外扇冷式异步电动机重2.2~3.0倍；直流电动机用铜量一般比交流电动机约重5倍；同功率的笼型电动机比绕线型电动机轻8%左右，且绕线型成本比笼型高30%左右；双速电动机比相同额定转矩的单速电动机重40%左右；同容量电动机的H级绝缘价格比F级高20%~25%等。大功率时，相同功率的双（多）电动机集中拖动方案价格低于单电动机拖动方案。

（4）着重强调综合的观点——性价比最优的选择方案

1）上述涉及的主要影响因素之间，在选择过程中应综合考虑。

2）选择中同时满足所有条件（尽善尽美）的方案可能很难出现。

3）可能出现有多种方案同时满足相关主要技术条件的情况。

4）有时甚至还需要考虑某些次要因素，如标准化、货源与生产周期、备件管理等。

2. 电动机种类的选择原则

设计规范规定，除辅助机构外，起重机械主要机构一般应采用适合起重冶金用的系列电动机（特制，一般带字母 Z），也可采用适合起重机械使用特点和要求的其他类型电动机。在具有爆炸性气体的危险场合使用的起重机械，应选用防爆系列起重电动机。

目前国内起重机械常用的交流异步电动机包括：YZR（YZ）、YZR3（YZ3）系列起重及冶金用三相异步电动机以及 YZP 系列起重及冶金用变频调速三相异步电动机等。

（1）YZR（YZ）与 YZR3（YZ3）系列起重及冶金用三相异步电动机　YZR（YZ）与 YZR3（YZ3）系列电动机具有较大的过载能力和较高的机械强度，特别适用于短时或断续运行、频繁起制动、有时过负荷以及具有显著振动与冲击的设备，两者主要性能比较见表 4-5。其结构及安装形式可为卧式、带法兰卧式和带法兰立式三种。当海拔不超过 1000m、标准环境温度下的电动机各发热部位的温升限值和容许温度规定值见表 4-6。另外，电源电压还可根据用户需要按 400V、500V 及 660V 制造，此时电动机参数将有所变化，但电气性能基本不变，即最大转矩倍数、转子绕组开路电压等基本不变，而定子电流、定子电阻等参数变化。

表 4-5　YZR（YZ）系列与 YZR3（YZ3）系列性能比较

性能特点		YZR（YZ）	YZR3（YZ3）
基准工作制		S3—40%	S3—40%
额定电压/额定频率		380V/50Hz	380V/50Hz
极数		6/8/10	4/6/8/10
防护等级	一般环境	IP44	IP44
	冶金环境	IP54	IP54
绝缘等级	F 级（一般环境）	40℃	40℃
	H 级（冶金环境）	60℃	60℃
接线形式	星形（Y）联结	≤132kW	机座号 100～355
	三角形（△）联结	其余	其余

表 4-6　电动机各发热部位的温升限值和容许温度

发热部位		F 级绝缘	H 级绝缘
绕组温升	IC410	105K	105K
	IC411、IC416	100K	100K
集电环温升		95K	80K
轴承容许温度		95℃	115℃

YZR3 系列起重及冶金用三相异步电动机在 YZR 和 YZR2 系列基础上，增加了 4 极电动机规格，目标是达到德国西门子公司 1LT8、1LT9 的水平。

YZR3 与 YZR 系列相比具有如下优点：功率档级有所增加；效率提高，功率因数降低，力能指标略有提高；散嵌绕组转子电压与 YZR 基本相同，插入式转子绕组转子开路电压有所降低，开路电压的容差为 ±5%；相同规格转子转动惯量平均降低 7.5%；有一定温升裕度，定子、转子温升梯度较小且分布较合理。

（2）YZP 系列起重及冶金用变频调速三相异步电动机　YZP 系列是在 YZR3（YZ3）系列基础上派生而成的，其功率等级与机座号相互对应关系、额定电压和频率、基准制、绝缘等级、防护等级、安装方式等均与 YZR3 系列一致（符合 IEC72 标准）；冷却方式均为 IC416，采用轴流式强迫通风，风机（≤0.6kW）放在非轴伸端；铭牌数据一般按基准工作制供给，当电动机需按 S3 ~ S5 工作制以外方式运行时与制造厂协商，用于驱动具有较宽调速范围的各种类型起重机械。

（3）其他专用电动机　其他专用电动机见本章 4.2.1。对使用不频繁、作业环境较好的轻小型起重设备，也可选用通用电动机，但应注意其起动能力、短时过载能力以及起动时端电压降低等情况。

4.4.2　电动机形式选择

1. 安装形式

起重机械上的电动机通常采用带有底脚的卧式安装形式。为了简化传动装置和连接紧凑，电动葫芦、“三合一”运行机构、某些起升机构等有时也采用无底脚——端盖凸缘的悬挂安装形式。在要求绕垂直轴运转的场合（如回转机构、电动回转吊钩等），或减小机构平面尺寸以增大货场区域时（如港口起重机运行机构等），电动机常采用立式安装形式，但价格较高。应注意卧式安装和立式安装在轴承、密封、润滑等方面的差异。

2. 轴伸形式和个数

电动机为圆柱形轴伸时（直径小于 50mm），安装容易；电动机为圆锥形轴伸时（直径大于 50mm），常采用较紧配合，安装难度较大；一般情况下都需要带有轴端固定装置，还有单端与双端轴伸之分，通常需根据机构的布置形式合理选用。

3. 防护方式

电动机按防护方式可分为开启式、防护式、封闭式和防爆式四种。

起重用电动机多采用封闭式防护方式，机座和端盖上均完全封闭无通风孔，其冷却形式又可分为自扇冷式、他扇冷式、管道通风式及密封式等，可防止工作环境的潮气及灰尘进入内部，故适用于潮湿、多尘、有腐蚀性气体、易受风雨、易引起火灾等较恶劣的环境。密封式电动机可以浸在液体中使用，水和潮气均不能侵入，如挖泥船上的液压马达抓斗等。防爆式电动机（YBZS）是在封闭式基础上制成隔爆形式，机壳有足够的强度，故适用于易燃和易爆气体（矿井、油库、煤气站等）、蒸汽与空气混合物或其他爆炸性危险场所。

4. 外壳防护等级

外壳防护等级由“IP（Ingress Protection，进入防护）”及两个表征数字组成，数字含义分别表示第一种防护等级（防固体异物进入、防人体触及转动部分或带电部分，0 ~ 6 个等级）与第二种防护等级（防水引起有害影响，0 ~ 8 个等级）。

起重机设计规范规定了起重机械用电动机外壳防护等级应符合 GB/T 4942.1—2006 的规定：

1）在室内，正常条件下防护等级不应低于 IP23，多尘环境下防护等级不应低于 IP44。

2）室外防护等级不应低于 IP54，在可能出现冷凝水时应确保冷凝水出水孔畅通。

3）电动机在有专门的外部防护措施时，可采用较低的防护等级。

4.4.3　电动机额定转速和额定电压选择

1. 额定转速选择

电动机额定转速属于铭牌数据，随额定功率值不同而略小于同步转速。频率为 50Hz 的起重用异步电动机，同步转速（对应极数）分别为3000r/min（2极）、1500r/min（4极）、1000r/min（6极）、750r/min（8极）、600r/min（10极）、500r/min（12极）。

影响额定转速选择的因素如下：

1）惯量与经济性。额定功率相同的电动机，额定转速高则转子细长，转动惯量、机座号、质量、体积、造价均较小，起制动时间短，经济性较好。在考虑过渡过程能量损耗小及持续时间等条件下，通常还应使拖动系统$\sum Jn_N^2$值为最小。

2）传动系统与速比。当机构工作速度确定的前提下，额定转速高则系统传动速比大，机构复杂布置困难，质量和尺寸增大且损耗增多，经济性变差。通常以变化额定转速的方式来选配传动机构减速比。

3）起动与调速性能。额定功率相同的电动机，额定转速高则额定转矩和起动转矩小，系统起动能力降低，电动机发热增加，起动时间延长则综合作业效率低。通常采用选择较低额定转速的电动机以提高系统的起动能力。

额定转速高则调速范围大，系统若要求较大范围的电气调速时则应选较高额定转速。另外，也可选用多速电动机来实现调速。

4）综合性。除设备初期投资、使用维护费用、节能减排等因素外，还应根据起重机械的具体要求，综合考虑并合理确定额定转速。

2. 额定电压选择

关于电动机的额定电压等级、相数、频率等，都应与供电系统的电参数要求相一致。

4.4.4　电动机额定功率选择

1. 概述

（1）额定功率选择“过小”时的影响　由于缺乏起重机械各机构使用状态、载荷变化及载荷组合等相关的重要基础数据，或电力拖动知识欠缺、没有足够的设计经验支持时，设计中可能会出现电动机额定功率选择“过小”（“小马拉大车”）的极端情况，其不良后果主要表现为：

1）拖动与起动性能。电动机额定功率选择“过小”时会造成过载运行，电流明显增大，损耗增加，效率低，发热严重。即使过载量不大，长时间运行也会大幅度降低电动机的寿命。若过载量较大时（可能大大超过额定值），则会影响系统运行的稳定性，同时也会加速发热进程，严重时甚至会很快损坏绝缘从而烧毁电动机。另外，可能还会造成起动能力不足，不能尽快达到额定速度，影响生产效率；起动缓慢则发热时间较长，从而可能导致电动机过热损坏，严重时甚至根本就不能起动工作机构。

2）寿命与经济性。电动机长时间过载运行的经济性较差，还会严重影响其寿命，若电动机过早损坏，既影响起重机械工作机构的正常工作，还将导致系统产生无谓的经济损失。

（2）额定功率选择“过大”时的影响　为避免出现“过小”现象或过度追求“保险”心态的影响，实际工作中很容易出现另一种极端情况，即电动机额定功率选择“过大”（“大马拉小车”），其不良后果同样严重，主要表现为：

1）拖动与起动性能。电动机额定功率选择“过大”时，长期处于轻、中载运行而偏离良好的额定状况，运行效率和功率因数降低；起动力矩较大会使系统起动过猛，产生较大的惯性载荷，影响传动系统零部件的寿命和可靠性，尤其对运行和回转类机构更严重。电动机额定功率过大还可能造成机构尺寸、自重及成本增大，布置困难。

另外，“过大”的电动机驱动力矩很多时候还会对机构工作性能产生有害影响，如轨行式运行机构可能出现车轮打滑而不能起动或偏斜运行等不良现象。

2）安全性与经济性。由于耗能大且不能充分利用，既增加了制造成本，也使电动机初次投资和使用维护费用较大，无形中造成浪费，节能减排和经济性差。另外，电动机功率的过大储备，还使得工作机构超负荷运转成为可能，从而造成安全运行隐患。

综上所述，额定功率选择是设计中容易忽视和出问题的关键环节，虽然可能面临计算过程复杂、影响因素众多、结果不甚准确等问题，但只要充分掌握起重机械和电力拖动相关知识、重视规定程序的执行并不断总结经验教训，就一定能根据具体情况为起重机械匹配合适的电动机额定功率。

2. 选择电动机额定功率的基本原则

1）在满足设计要求规定的正常运转条件下，电动机不应过热（温升不超过允许值）。

2）在设计要求的极限起动条件下，电动机最大转矩（或堵转转矩）应保证满足机构起动的需要，或电动机具有足够的短期过载能力，运行中不会因载荷过大而导致停车。

3）在正常满载状态下，电动机应具有足够的起动能力，满足起动转矩、起动时间等要求。

4）在能满足起重机械负载要求的前提下，应最经济、合理地确定电动机额定功率。

3. 选择电动机额定功率的基本步骤

起重机械各工作机构的电动机一般按断续周期工作方式 S3 来选择，具体步骤如下：

(1) 电动机工作方式　首先应根据机构的工作特点、负载转矩性质、工作环境状况及经济性等具体要求，综合考虑确定机构的工作制特征、相应工作时间、工作级别以及计算工况，并以此确定电动机的工作方式、标准工作时间（如接电持续率 JC 值）、工作环境状况等。

(2) 负载计算功率　依据计算工况完成载荷组合，并依据机构承受的工作载荷和速度，确定其最大负载计算功率 P_j。

(3) 初选电动机　依据机构工作特点及工作级别按下式初选电动机额定功率，最后再进行验算

$$P_N = P_{JC} \geqslant P_L = k_d P_j \tag{4-14}$$

式中　k_d——与机构工作特点有关的功率系数，见机构相关章节。

需要注意的是不等式两边的 P_N 和 P_L 应在工作方式及标准工作时间（如 JC 值）、标准环境温度等方面具有对应和对等的关系，否则应按第 4.3 节所述方法进行折算。另外，“初选”意味着存在修改的可能性。

(4) 校核验算　初选的电动机型号可按要求进行校核验算，即发热校核验算、过载校核验算、起动能力校核验算（见第 4.5 节）。若三项校核验算全部通过，则初选的电动机型号便最终选定；若有不合格项，则重新选择，直到三项校核验算全部通过为止。

4.5 电动机的校核验算

4.5.1 电动机发热校核验算

1. 概述

由前述可知，各工作方式下电动机额定功率值都是由发热因素决定的，工作方式不同则

其额定功率值会相应变化；工作方式相同但实际运行工作时间不同时，电动机所能发挥出的额定功率值也不同。额定功率就是在给定运转条件下电动机温升不超过允许值时最大的输出机械功率，额定功率的选择也是按在规定条件下 P_N 与 P_L 具有对应和对等的关系来进行的。

考察绝大多数起重机械的具体工作情况，其工作制特征都不能完全对应于电动机 S3、S4（或 S5）工作方式。因为实际中的起重机械机构一般都具有较多的起动次数，通常都会超过 6 次/h（S3 规定）、但远达不到 150 次/h（S4 规定），起制动过程对电动机温升既会产生明显影响以致不能简单地忽略不计（区别于 S3），但还达不到 S4（或 S5）下的那种显著影响程度。因此，起重机械各机构额定功率选择时，P_N 与 P_L 大多不具有对应和对等的关系，此时应从电动机最大出力、发热、充分使用、寿命等方面综合考虑并进行理论上的相应折算——电动机发热校核。

由于起重机械机构工作制特征高于 S3 但低于 S4（或 S5）的标准规定，因此若以 S4（或 S5）初选电动机，则电动机功率储备较多型号较大，故不需发热验算；若以 S3 初选电动机，则应按 *CZ* 值和 *JC* 值等级进行发热验算（发热功率折算），功率与型号选择会比前者低 1 ~2 个等级，经济性更好。故起重机械各机构通常都是按断续周期工作方式 S3 来初选电动机，再通过发热校核验算以保证其在规定条件下不过热。

2. 发热校核方法

电动机发热过程影响因素众多，理论分析较为复杂，各种方法的理论依据基本一致，使用时应注意其适用条件。常用的发热校核方法有等值损耗法、平均损耗法、等效电流法、等效转矩法和等效功率法等。

等值损耗法是以 S3 工作方式标准运行工况下的电动机热容量作为基准功率（发热允许功率，由试验或理论计算得到），以 S3 和 S4 下达到热稳定状态时的最高温升相等、总损耗相等为条件，进行两种工作方式下发热允许功率的等值折算（将总损耗转化成热量，同时考虑散热条件的不同）。该方法在理论性、试验验证性及数值可靠性等方面相对更为合理，但具体折算过程较复杂，需依赖试验数据进行理论模型及计算结果修正，若电动机制造商不能提供较全面的技术数据，其应用将受到限制。

平均损耗法是电动机发热校验的经典方法，它是以热稳定后的平均温升代替最高温升来进行发热校核分析的，可用于各种电动机大多数工作情况下（包括变速）的发热校验，但计算步骤较为繁琐。在平均损耗法基础上，利用热量互等原理又可推导出等效电流法、等效转矩法和等效功率法等。

3. 等值损耗法与发热允许功率

S3（起动频率为 6 次/h）工作方式下电动机的基准功率（热容量）能比较容易地从试验中获得，此时可不考虑起动过程中电流动态负载及散热能力降低等因素对其温升过程的影响。当电动机每小时起动次数逐渐增多时（远大于 6 次/h，直至 S4 工作方式），其热容量值的确定就应对上述因素及其影响加以综合考虑，常采用功率降低折减系数 $X(X<1)$。依据等值损耗法基本原理，可建立同型号电动机规定 *JC* 值时 S3 与 S4 下发热允许功率之间的折减关系为

$$P_{S4-JC}=XP_{S3-JC} \tag{4-15}$$

根据同一型号电动机在 S3 和 S4 下总损耗相等（$Q_{S3}=Q_{S4}$）、冷却系数相应变化的条件，可得 S4 工作方式下电动机发热允许功率降低折减系数 X 的计算公式为

$$X^3+\left(\frac{CZ\,J_{\mathrm{d}}n^2}{91250\times3600\,P_{\mathrm{S3-JC}}\,JC}-K\right)X^2-X$$
$$-\left(\frac{K^2+\alpha-h_{\mathrm{M}}\alpha}{h_{\mathrm{M}}}\right)\frac{CZ\,J_{\mathrm{d}}\,n^2}{91250\times3600\,P_{\mathrm{S3-JC}}\,JC}+K=0 \tag{4-16}$$

式中 C——转动惯量增加率（机构系统总转动惯量与电动机转子转动惯量之比）；

Z——折合的每小时全起动次数；

J_{d}——电动机转子转动惯量（发热试验时的基准值）（$\mathrm{kg\cdot m^2}$），$J_{\mathrm{d}}=GD_{\mathrm{d}}^2/4g$；

n——电动机额定转速（r/min）；

$P_{\mathrm{S3-JC}}$——S3 工作方式下接电持续率 JC 值时的电动机功率（kW）；

K——电动机的平均起动力矩倍数，在 CZ 值通常使用范围内（$X\geqslant0.5$ 时），K 值变化对 X 值的影响不大，故取常见的 $K=1.7$（这是偏向较严的要求）；

α——S3 工作方式下 JC 值时的固定损耗与可变损耗之比；

h_{M}——起动过程中平均冷却系数标幺值（起动过程中平均冷却系数与额定转速时冷却系数之比）。

联立式（4-15）和式（4-16），可求得电动机不同工作方式下（起动频率大于6 次/h 直至 S4，不同 CZ 值和 JC 值）的发热允许功率 $P_{\mathrm{S4\text{-}JC}}$，以曲线或图表的形式给出，如图4-16 所示，其中 $CZ=6$（$C=1$，$Z=6$ 次/h）时的发热允许功率即为该型号电动机 S3—JC 下的额定功率（基准功率），由试验和理论计算获得。从图4-16 中可以看出，发热允许功率与 CZ 值在一定范围内近似直线关系（X 逐渐减小），而当 CZ 值增大到趋近某一极限值时，发热允许功率不再变化，即 CZ 值对 X 的影响停止。此方法所需基础计算数据量大，过程较为复杂。

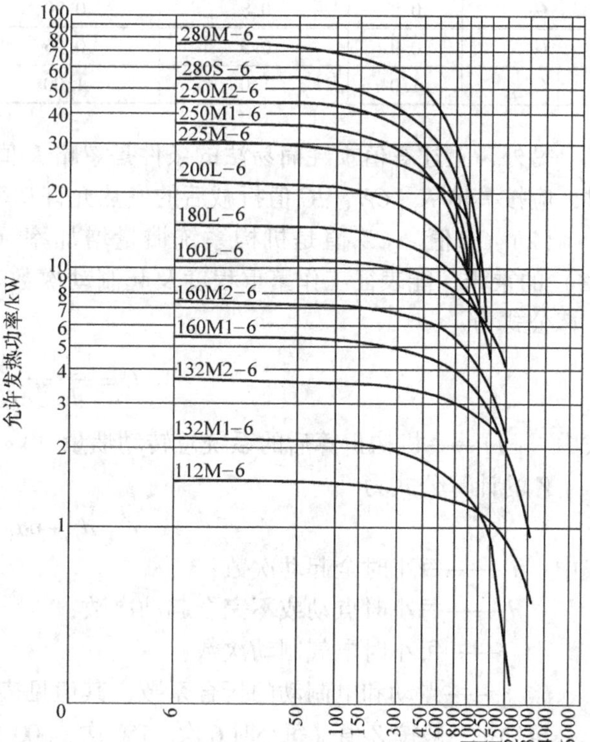

图4-16 YZR 系列6 极电动机 $JC=40\%$

由于 YZR 系列电动机在起重机械上广泛使用，且应用等值损耗法进行发热校验的理论相对较为成熟（YZR 系列有关技术数据较全，能提供桥门式及门座起重机的 JC、CZ、G 值等），故等值损耗法用于 YZR 系列的发热校验时效果较好。

对直流、异步笼型等其他形式的电动机以及变速运行工况等，等值损耗法发热校验目前还难以达到实际工程的应用状态。

4. 按等值损耗法进行发热验算

（1）发热验算步骤　通常可以采用等值损耗的简易法（$K=1.7$）进行发热验算。

1）计算机构稳态负载平均功率 P_S。

2）按初选电动机型号、CZ 值、JC 值从附录 D 中查得与其相应的发热允许功率 $P_{JC\text{-}CZ}$。

3）发热验算合格条件。所选电动机按实际 CZ 值、JC 值折减后的发热允许功率 $P_{JC\text{-}CZ}$不小于机构的稳态负载平均功率 P_S。即

$$P_{JC-CZ} \geqslant P_S = GP_j \tag{4-17}$$

式中　G——稳态负载平均系数，见表 4-7；

P_j——机构负载计算功率，对于起升和运行机构为满负荷最大静功率，对于回转和变幅机构为等效功率。

表 4-7　稳态负载平均系数 G

稳态负载平均系数	起升机构	运行机构			回转机构		变幅机构
		室内起重机小车	室内起重机大车	室外起重机	室内	室外	
G_1	0.7	0.7	0.85	0.75	0.80	0.5	0.70
G_2	0.8	0.8	0.90	0.80	0.85	0.6	0.75
G_3	0.9	0.9	0.95	0.85	0.90	0.7	0.80
G_4	1.0	1.0	1.00	0.90	1.00	0.8	0.85

另外，上述等值损耗简易法的条件是忽略 K 值的影响（$K=1.7$），若 K 值影响不能忽略时，应按具体 K、CZ、JC 值折减后的发热允许功率 P_{JC-CZ}进行发热验算。

（2）CZ 值　CZ 值是机构系统惯量增加率（C）与电动机折合的每小时全起动次数（Z）的乘积，能表征工作繁重程度及起制动次数对电动机发热过程产生的综合影响。C 的计算公式为

$$C = \frac{[J]}{J_d} = \frac{GD^2}{GD_d^{\ 2}} \tag{4-18}$$

式中　$[J]$——机构折算后的系统总转动惯量（$kg \cdot m^2$），$[J] = GD^2/4g$。

Z 的计算公式为

$$Z = d_c + pd_i + qf \tag{4-19}$$

式中　d_c——每小时全起动次数；

d_i——每小时点动或不完全起动次数；

f——每小时电气制动次数；

p、q——点动和电制动的折合系数，其值见表 4-8。

电动机一般按 Z 值（每小时 6 次、150 次、300 次等）划分起动等级，按 CZ 值（150、300、450、600、1000）划分发热等级。起重机械常见机型各机构的 JC、CZ、G 值见附录 D。

表 4-8　p、q 的选择

系　数	绕线转子异步电动机	笼型异步电动机
p	0.25	0.5
q	0.80	3.0

（3）关于 *JC* 值的说明　电动机接电持续率 *JC* 值是发热验算的重要影响因素，其定义和计算见式（4-11）。由于电动机接电持续率与机构实际工作情况（使用状态）有关，且大多不超过机构的负载持续率，故设计中常认为电动机接电持续率 *JC* 值可等同于机构负载持续率值。

另外，工作机构的负载持续率为每个周期内工作时间所占的百分比（也用 *JC* 值表示），可归属为具有短期积累效应的使用状态（相对值），常用来进行零部件发热验算等。机构使用等级可归属为具有长期积累效应的使用状态（绝对值，指 8 年寿命期中的总使用时间），可用来进行零部件疲劳、磨损等累积性寿命计算。机构负载持续率（*JC* 值）与工作级别（机构使用等级决定）的对应关系见表 4-9，以供参考。

表 4-9　*JC* 值与机构工作级别的对应关系

JC(%)	15	25	40	60
机构的工作级别	M1 ~ M3	M4 ~ M5	M6	M7 ~ M8

5. 按平均损耗法进行发热验算

等值损耗法仅对桥门式起重机、门座起重机等所采用的 YZR 系列电动机发热验算最为合适，对其他形式电动机或对于其他工作情况与控制方式与上述差别较大的起重机，特别是对采用涡流制动器、晶闸管定子调压等调速系统的电动机（变速运行时），推荐采用平均损耗法进行发热校验。

平均损耗法进行电动机发热验算的基本步骤如下：

1）确定电动机在起重机工作机构中的典型负载图。

2）根据各运行时段的电动机数据，并考虑诸如停机时散热条件恶化、固定损耗与可变损耗的比值等，计算出电动机运行后温升与连续定额时温升的比率 R_n（温升率）。

3）当电动机为断续定额基准时，求出断续定额与连续定额的损耗比 P_ξ。

4）计算运行后的温升与断续定额时温升的比率 $R_{n\xi}$（温升率），其计算公式为

$$R_{n\xi} = P_\xi R_n \tag{4-20}$$

5）判定：当 $R_{n\xi} \leqslant 1$（实际工作温升不超过允许温升）时，则认为电动机发热校验合格。

6. 笼型电动机的发热验算

直接起动方式下笼型异步电动机的发热验算应满足：在循环总时间内，连续工作方式 S1 下额定功率 P_{N-S1} 工作时的能量损失应大于恒速工作时间内的能量损失与起制动过程的能量损失之和，其中起制动过程的 $P_m I_{st}/I_m = P_{N\text{-}S1} I_{st}/I_N$。即

$$C_k(1-\eta_N)P_{N-S1}T > (1-\eta_m)P_m t_N + \left(P_{N-S1}\frac{I_{st}}{I_N}t_E - \frac{[J]n_m^2}{180\times 1000}\right) \tag{4-21}$$

式中　C_k——与电动机类型有关的修正系数，如制造商未提供时，4 极（或以上）取 $C_k = 1$；

P_{N-S1}——连续工作方式 S1 时电动机额定功率（kW）；

η_N——与 P_{N-S1} 对应时的电动机效率；

T——循环总时间（s）；

t_N——循环总时间内恒速工作的时间（s）；

t_E——循环总时间内起动、制动的等效时间（s）；

P_m——与 M_m 对应的等效平均负载功率（kW）；

n_m——与等效平均负载功率 P_m 对应的电动机转速（r/min）；

η_m——与等效平均负载功率 P_m 对应的电动机效率；

I_{st}——电动机在 P_{N-S1} 时的起动电流（A）；

I_N——电动机在 P_{N-S1} 时的额定工作电流（A）。

其中，总循环时间计算公式为

$$T = t_N + t_E + t_S \tag{4-22}$$

式中　t_S——循环总时间内停止的时间（s）。

循环总时间内起动、制动的等效时间计算公式为

$$t_E = \frac{[J]n_m}{9.55(M_{dq} - M_m)}(d_c + 0.5d_i + 3f) \tag{4-23}$$

式中　M_{dq}——电动机平均起动转矩（N·m），由制造商提供；

M_m——按等效平均方法计算得到的循环总时间内不考虑起动、制动影响的等效平均负载转矩（N·m）。

与 M_m 对应的等效平均负载功率计算公式为

$$P_m = \frac{M_m n_m}{9550\eta_m} \tag{4-24}$$

另外，电动机制造商需提供连续工作方式 S1 下电动机额定功率 $P_{N\text{-}S1}$、额定工作电流 I_N、起动电流 I_{st}、平均起动转矩 M_{dq}，以及与（1/4～5/4）$P_{N\text{-}S1}$ 对应的电动机效率、转速等。

4.5.2　电动机其他校核验算

1. 电动机短时过载能力校核验算简介

根据上述机械特性与发热温升的观点，设计中只要保证机构电动机短时过载产生的温升不超过最高允许温升，且短时过载值不超过最大允许载荷值（如图 4-5 中临界点 T_m），则机构电动机就能正常工作而不至损坏，即电动机都具有受限和适度的短时过载能力。

除温升条件以外，不同类型电动机限制过载能力的条件因素不一样。直流电动机的主要限制因素是换向，故可用允许的最大电枢电流倍数来表征过载能力；异步电动机的主要限制因素是维持稳定运行，因而可用允许的最大电磁转矩倍数来表征过载能力，由于电磁转矩与功率成一定比例关系，故其过载能力校验常以功率形式来计算，即所选电动机在基准工作方式下的额定功率应大于机构可能出现的最大负载功率。

起重机械拖动系统运行中存在许多可能导致电动机过载的因素（机电两方面）。

1）电动机因素。参数允差以及异步电动机电压波动、降压调速或变频调速等。

2）机械因素。机械负载波动变化（摩擦、风载、动载等增大）、载荷试验、超载等。

3）起动要求。满负荷正常起动或不被大风吹停等。

上述因素与起重机械各机构的负载特点、工作情况和特殊要求等相关，因此，设计中各机构都应进行短时过载能力校核，以保证所选电动机符合相应机构的过载要求，具体校核方法将在四大机构的章节中介绍。

2. 电动机起动能力校核

起重机械上的电动机还应具有足够的起动能力以满足机构频繁起动、制动的工作要求，

包括最低起动转矩、合理起动时间、适当的起动加速度及加速波形等。

（1）电动机最低起动转矩　为加速起升最大工作载荷（或试验载荷）以及为补偿电源电压波动或频率变化（变频控制）所导致的转矩损失等，电动机轴上转速 $n=0$ 时产生的转矩 M_q（起动转矩 T_{st}）应满足以下最低要求：

1）直接起动的笼型异步电动机为

$$M_q \geqslant 1.6M_{LN} \tag{4-25}$$

式中　M_{LN}——稳态起升额定载荷时折算到电动机轴上的机构负载转矩（N·m）。

2）绕线转子异步电动机为

$$M_q \geqslant 1.9M_{LN} \tag{4-26}$$

3）采用变频控制的所有类型电动机为

$$M_q \geqslant 1.4M_{LN} \tag{4-27}$$

（2）机构起动时间或起动加速度　机构的起动时间和起动加速度计算将在四大机构的章节中介绍。

本章小结

本章主要介绍了驱动装置、电力拖动系统、电动机额定功率与选型等基础知识。学生应全面了解起重机械常用驱动形式，理解电力拖动以及电动机额定功率等基本概念，基本掌握电动机的工作方式以及对额定功率的影响。重点掌握和理解起重机械对驱动装置的要求、电动机容量确定的原则与选型步骤等。

教学重点和难点：电动机工作方式与额定功率的关系，电动机容量确定的原则和步骤。

第5章

起重挠性构件及其卷绕装置

卷绕系统主要由挠性构件及其卷绕装置等按规则依次连接组成，常用于起升机构、卷扬式变幅机构、牵引式的运行机构和回转机构之中。挠性构件主要为钢丝绳，有时还可采用链条。卷绕装置则包括导向卷绕元件和贮存卷绕元件，如滑轮、链轮、卷筒等。导向卷绕元件（滑轮）可组成定/动滑轮组，动滑轮组则与运动体（或物品）之间形成机械连接，而挠性构件则应依次绕过所有导向卷绕元件并最终固定于贮存卷绕元件（如卷筒）之上。卷绕系统既参与了运动形式（转动/平动）、运动方向的转换和能量的传递，又能改变运动体的速度大小，其实质上就是机构传动系统的重要组成部分。

5.1 钢丝绳

5.1.1 钢丝绳的基本知识

1. 钢丝绳的组成、特点及其应用

钢丝绳（简称钢绳）是起重机械中最常用的牵引挠性构件，其典型构造（图5-1）是先由一定数量的高强度制绳用钢丝，按一定排列方式围绕股芯捻绕编织成股，然后再将若干股围绕绳芯捻制成绳或股绳，最后还可再将若干股绳捻绕编织成绳索。

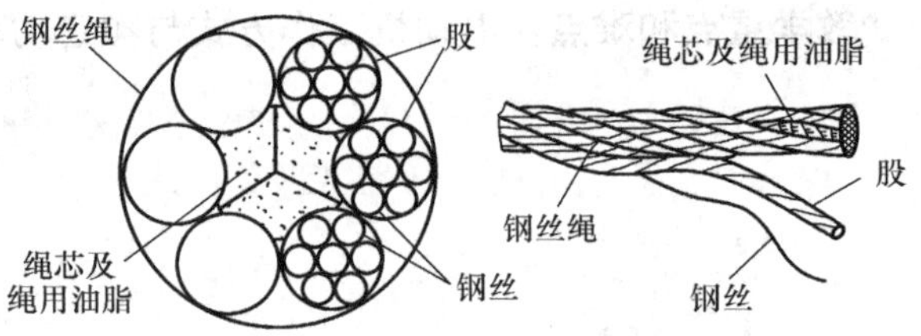

图5-1 钢丝绳的组成

由于钢丝绳具有强度高、质量小、柔性好（各方向相同的良好弯挠特性）、运行平稳无噪声（速度不受限制）、极少骤然断裂、使用可靠耐冲击等优点，广泛应用于机械、冶金、建筑、船舶、林业、渔业、农业、货运索道等行业。

钢丝绳作为起重机械安全生产的三大重要构件之一，应用数量大、技术要求严、品种规格繁杂；它在起升机构和卷扬式变幅机构中被用作承载绳，在牵引式运行机构和回转机构中被用作牵引绳，在桅杆起重机和塔式起重机上还被用作臂架的张紧绳，在缆索起重机及索道上被用作支承绳（承载轨道），此外还广泛用作系扎物品的司索绳（捆扎绳）。据粗略估计，一台超高层建筑施工用的自升塔式起重机，常需配用500～1000m的钢丝绳。

2. 钢丝绳的制造过程

钢丝绳中的钢丝通常要求具有高强度和高韧性，一般采用高强度优质碳素钢（碳和锰的质量分数均为0.5%～0.8%，硫和磷的质量分数不大于0.03%），通过热轧工艺制成直径为ϕ6mm的圆钢（盘圆或盘条），进行热处理和酸洗后即可进入后序制绳工艺。

钢丝绳的生产工艺流程如下：

优质钢锭 $\xrightarrow{\text{热轧}}$ ϕ6mm 盘条（热处理 + 酸洗）$\xrightarrow[\text{多次冷拔 + 化学处理、热处理}]{\text{拉丝}}$ 钢丝 ϕ0.2 ~ ϕ4.4mm 抗拉强度可提高至 1180 ~ 2160N/mm² $\xrightarrow[\text{围绕芯捻绕编织}]{\text{制股}}$ 股 $\xrightarrow[\text{围绕芯捻绕编织}]{\text{制绳}}$ 绳

其中，最容易影响钢丝绳质量的关键环节是钢丝拉拔工艺、热处理工艺和制绳（股）工艺。在钢丝拉拔工艺中，经过多次的冷拔、热处理（正火 + 铅浴淬火），可将盘条制成标准规格的钢丝，最后再进行化学处理（电镀锌 + 酸洗磷化）得到成品钢丝。起重机械上使用的钢丝直径一般应大于 ϕ0.5mm，以避免钢丝直径太细而容易磨损。通过冷拔过程中的变形强化作用以及热处理工艺，可改变钢丝内部结构而得到细小的奥氏体晶粒，从而使钢丝的抗拉强度得到很大提高（增加3倍左右），通常达到1180 ~ 2160N/mm² 并仍然保持良好的韧性和塑性，而起重机械常用钢材 Q235 的抗拉强度只有约 380N/mm²。

3. 钢丝绳的基本特性

钢丝绳的基本特性包括：捻制特性（参数）、结构特性（参数）和力学特性。

（1）捻距　捻距可分为股的捻距（h_L）和绳的捻距（H_L），两者定义类似。绳的捻距是指单股绳的外层钢丝、多股绳的外层股或缆绳的单元绳围绕钢丝绳轴线旋转一周（或螺旋）且平行于轴线的对应两点间的距离，如图 5-2 所示。由于捻距能反映捻绕螺旋线状态（转动和平动），因而是制绳（股）过程中一项极其重要的捻制工艺参数。

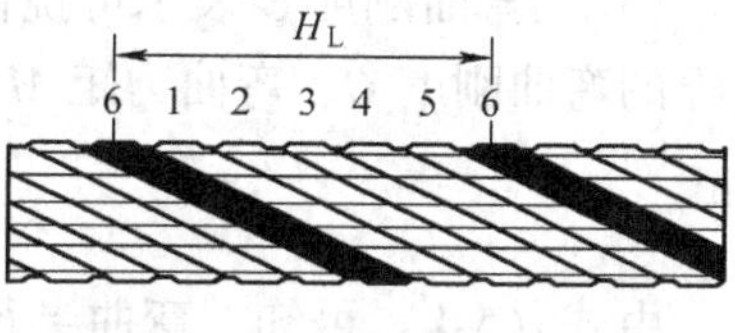

图 5-2　钢丝绳的捻距

1）股中各层钢丝具有相同的捻距（捻角不同）时属于平行捻制，钢丝之间以线状接触且必须一次捻制（单捻，捻距便于检测和控制）。股中各层钢丝具有相同的捻角（捻距不同）时属于非平行捻制，钢丝之间以点状接触，但钢丝受力基本均匀，需分层捻制（多工序捻，捻角不便于检测和控制）。

2）捻距体现了钢丝的扭转变形及扭转捻制损失程度。捻距越大，则扭转变形及损失越小，但绳（股）自由状态下易松散。当捻距→∞时，则绳（股）为直钢丝束（无捻制和无扭转状态）；当捻距→0 时，钢丝的扭转损失骤然增大且很快被拧断（纯扭转状态）。

3）捻距越小，弯曲强度损失及弹性伸长与永久伸长越大，生产率减小，柔软性增强（绳内弹性应力减小）。

4）捻距倍数（H/d 或 h/δ，d 为绳径，δ 为丝径）综合考虑捻距和绳（股）径的影响。当绳（股）结构及直径一定时，捻距越大则捻距倍数也越大，则绳（股）的支承表面和抗弯模量变小，弯曲应力增大，绳（股）的致密性、耐磨性、柔软性及疲劳寿命均降低。

综上所述，对以承受弯曲交变应力为主的钢丝绳，如提升、卷扬等用途，应选择小捻距以提高绳的可挠性、疲劳强度，并减小卷绕元件尺寸；对以承受拉伸静载荷为主的钢丝绳，如张紧、拉曳等用途，应选择大捻距。捻距通常应综合考虑各种因素并选择标准规定的值。

（2）捻角　捻角是指钢丝（或股）与股（或绳）中心线的夹角，捻角和捻距是互相对应、同时存在且成反比关系的捻制工艺参数。当捻角小于 7°时，钢丝只有弹性变形（肯定能恢复原状），绳和股松散开的趋势和弹性应力极大，则钢丝绳的疲劳性能很差，因此，标准规定捻角控制在 10° ~ 20°之间（捻角太大则捻制损失增大）。

（3）填充系数　绳中钢丝总横截面积与绳的公称横截面积之比称为钢丝绳的填充系数（密度系数）f，以表明绳中金属的利用率。填充系数越大，绳承载时的有效金属横截面积越大，则承载能力和破断拉力越高，而且绳的柔软性越好。填充系数的大小取决于钢丝绳的结构，一般面接触绳与密封绳的填充系数最大（0.9 以上），线接触绳次之（0.5～0.9），点接触绳最小（0.5 以下）。同绳径下增加丝数（以细钢丝代替粗钢丝），则可提高绳的填充系数。

（4）支承表面　钢丝绳在使用中与卷绕元件的接触面称为其支承表面，除密封绳外，其他钢丝绳的支承表面实际上仅是若干个支承点。钢丝绳承载时，支承表面越大，则绳的接触应力越小、分布越均匀、磨损越轻，从而提高绳的使用寿命。在各种钢丝绳中，密封绳的支承表面最大，其次是多股的面接触绳和异形股绳（椭圆股又大于三角形股），而点、线接触绳最小（交互捻绳又小于同向捻绳）。

（5）可挠性（弯曲刚度）　钢丝绳的可挠性（弯曲刚度）是表示绳柔软程度（各方向易弯曲）的特性值，与其构造、制绳工艺和用途密切相关。

1）用弯曲刚度 G 表示可挠性。弯曲刚度 G 越大，则绳的可挠性（柔软程度）越小。钢丝绳的弯曲刚度 G、弯曲力矩 M、弯曲半径 ρ、丝径 δ 及钢丝弹性模量 E 之间的关系为

$$G=\rho M=EI=E\frac{\pi\delta^4}{64} \tag{5-1}$$

由式（5-1）可知，弯曲半径 ρ 一定时，同绳径 d 下的钢丝数越多，则丝径 δ 越小，所需弯曲力矩 M 越小，钢丝之间相对滑动越容易，绳的可挠性越好（G 小）。但钢丝数过多使内摩擦力增大，又可能使绳的挠性变差。若 M 为定值时，δ 越小，也更易于形成较小的弯曲半径 ρ。在绳径、丝数等相同的可比条件下，由于内摩擦力越大越难滑动，则点接触绳的可挠性优于线接触绳，而线接触绳优于面接触绳。此外，有机纤维芯的可挠性显然优于金属芯，小捻距的可挠性优于大捻距，同向捻绳好于交互捻绳。

2）用绳的韧性系数（弯曲系数）K_R 来表示可挠性。韧性系数 $K_R=d/\delta$，韧性系数 K_R 越大，则钢丝绳越柔软。而当绳径 d 一定时，K_R 越大，则 δ 越小，构成钢丝绳的钢丝数目也就越多，可挠性就越好。

3）制绳过程中将若干细钢丝捻制成螺旋形状，当弯曲钢丝绳时，每根钢丝处于钢绳外侧的部分伸长而内侧的部分缩短，同一捻距内的钢丝变形相互补偿抵消，从而使其总长保持不变，因此，弯曲钢绳时，钢丝的综合变形影响只起很小的阻碍作用。

4）钢丝绳弯曲过程中，内部各钢丝之间有润滑介质助其滑动，有利于钢丝的弯曲变形。

4. 钢丝的类型

（1）按钢丝表面状态、公称直径和公称抗拉强度分类　按钢丝的表面状态（外层钢丝）可分为光面（无镀层）、镀锌、镀锌铝合金或其他保护镀层等。其中，对于表面无镀层的光面钢丝可标记为 U（或不作标记），用于室内环境较好的场合；对用于潮湿环境的钢丝，为了防止腐蚀，钢丝表面还要镀锌或铅（耐酸）。表面镀锌分为热镀锌和电镀锌，根据镀锌层质量又可分为厚镀锌 A（严重腐蚀）、中厚镀锌 AB（中等腐蚀）、薄镀锌 B（轻度腐蚀）三级。另外，表面镀锌铝合金钢丝还可分为 A（Zn/Al）、B（Zn/Al）两级。

按钢丝表面状态、公称直径和公称抗拉强度的分类见表 5-1。

表 5-1　按钢丝表面状态、公称直径和公称抗拉强度分类

钢丝表面状态	公称直径 d/mm	公称抗拉强度 σ_b/(N/mm^{2}或 MPa)
光面 U 和 B 类镀锌钢丝	3.60 < d≤4.40	1470　1570　1670
	3.00 < d≤3.60	1470　1570　1670　1770
	0.20≤d≤3.00	1470　1570　1670　1770　1870　1960
AB 类镀锌钢丝	3.60 < d≤4.40	1470　1570　1670
	0.20≤d≤3.60	1470　1570　1670　1770
A 类镀锌钢丝	3.60 < d≤4.40	1370　1470　1570
	3.00 < d≤3.60	1370　1470　1570　1670
	0.20≤d≤3.00	1370　1470　1570　1670　1770

（2）按钢丝质量（用途）分类　根据 YB/T 5343—2009《制绳用钢丝》的规定，钢丝可按钢丝质量等级分为重要用途钢丝和一般用途钢丝。其中，在反映钢丝韧性水平的力学性能试验中（180°反复弯曲和360°单向扭转），重要用途钢丝所规定的最小试验次数均高于一般用途钢丝（前者相当于旧标准的特级水平，后者接近于旧标准的Ⅰ级水平）。

另外，电梯用钢丝还应符合 YB/T 5198—2004《电梯钢丝绳用钢丝》的规定和要求。

（3）按钢丝作用分类　按钢丝在绳中位置可分为中心钢丝、内层钢丝、外层钢丝、填充钢丝、绳芯钢丝等。

（4）按钢丝截面分类　按钢丝的横截面形状可分为圆形钢丝（无标记）、三角形钢丝（V）、矩形钢丝（R）、梯形钢丝（T）、椭圆形钢丝（Q）、Z 形钢丝（Z）、H 形钢丝（H）等。

5. 芯的作用及其类型

（1）芯的作用　芯是圆钢丝绳的中心组件，多股钢丝绳的股（或缆式钢丝绳的单元钢丝绳）围绕中心组件螺旋捻制。芯一般可分为股芯和绳芯，其作用如下：

1）支承与稳定股绳结构。填充绳股断面，增加支承与稳定，还能少许增加抗拉能力。

2）增加钢丝绳的弯曲性能（即柔软性或可挠性）。

3）缓冲。减轻动载荷对钢丝绳的损害。

4）储油库——润滑与防腐。将芯浸足润滑脂和/或在芯部包覆填充浸渍剂、防腐剂等，承载时可从芯中分泌润滑，以减少内部摩擦损害，防止钢丝生锈及芯部腐烂变质等。

（2）绳芯的类型　起重机械常用的单层多股钢丝绳的绳芯、平行捻密实钢丝绳中心组件与阻旋转钢丝绳中心组件的类型及代号见表 5-2。

表 5-2　单层多股钢丝绳的绳芯、平行捻密实钢丝绳组件与阻旋转钢丝绳中心组件的类型及代号

钢丝绳类型	芯或中心组件		代　号
单层多股钢丝绳	纤维芯 FC	天然纤维芯	NFC
		合成纤维芯	SFC
	固态聚合物芯		SPC
	钢芯 WC	钢丝股芯	WSC
		独立钢丝绳芯	IWRC
		压实股独立钢丝绳芯	IWRC(K)
		聚合物包覆独立绳芯	EPIWRC

（续）

钢丝绳类型	芯或中心组件		代　号
平行捻密实钢丝绳	中心组件	平行捻钢丝绳芯	PWRC
		压实股平行捻钢丝绳芯	PWRC(K)
		填充聚合物的平行捻钢丝绳芯	PWRC(EP)
阻旋转钢丝绳	中心组件	纤维芯	FC
		钢丝股芯	WSC
		密实钢丝股芯	KWSC

1）纤维芯（FC）。由天然纤维或合成纤维组成的芯。通常先由纤维制成纱线，纱线制成股，再由股制成绳芯。

天然纤维芯（NFC）是由剑麻、黄麻、蕉麻等麻类纤维以及棉纱等有机物纤维制成，用浸渍剂、防腐剂、润滑油脂浸透，其特点是具有较大的挠性和弹性，润滑性好。但不耐高温，承受横向载荷能力较差（容易压扁变形引起早期断丝），吸水性强易腐烂变质，自身耐腐蚀性差，从而会缩短钢丝绳的使用寿命。

合成纤维芯（SFC）是由人工合成化学纤维，如聚乙烯（维纶）、聚丙烯（丙纶）、聚酰胺（锦纶）等长丝制成的，其优点是质地轻、柔韧性好、绳径均匀、强度高、不吸水、抗腐蚀、不霉变、耐磨损等，可延长使用寿命并降低成本。但耐挤压、耐高温和低温、贮存油脂等能力不足，易老化。

另外，过去曾用矿物绳芯（石棉），柔软性好，能耐高温，但强度较差。

2）固态聚合物芯（SPC）。由圆形（或带有沟槽）的固态聚合物材料制成的芯，其内部可能还包含有钢丝或纤维。固态聚合物多为塑胶材料（聚丙烯、聚酰胺、橡胶等），其优点是缓冲性好（钢丝间接触应力小），不吸水，抗腐蚀，不霉变，耐挤压，支承稳定性好（不易松散和变形），可延长使用寿命。但不耐高温。

3）钢芯（WC）。由钢丝股（WSC）或独立钢丝绳（IWRC）组成的芯，其外层也可以包覆纤维和固态聚合物，除平行捻密实绳芯（PWRC）以外，多股钢丝绳芯通常为独立单元，其特点是能承受高温和较大横向压力，支承稳定性好，强度高，抗腐蚀。但润滑性较差。多用于高温和多层卷绕的场合。

5.1.2　股的种类与构造

由钢丝绳的组成及构造可以看出，股是钢丝绳的重要组件，组成股的钢丝的形状、根数及层数、排列规律、捻绕次数、相邻层钢丝的接触状态等都不尽相同，因此，钢丝绳中的股也具有多种不同的构造和分类方法。

1. 根据股的形状分类

股通常是由一定形状和尺寸的钢丝围绕某一中心或股芯沿相同方向捻制一层或多层的螺旋状结构，股的第一层至少包括 3 根（或 4 根）钢丝，某些形状的股（如扁带股等）可以没有股芯。

按股的横截面形状可分为圆股（无代号）和异形股，异形股又可分为三角股（V）、椭圆股（Q）、扁带股（P）等，如图 5-3 所示。起重机械一般多用圆钢丝组成的圆股，特殊场合也可采用圆钢丝组成的异形股。

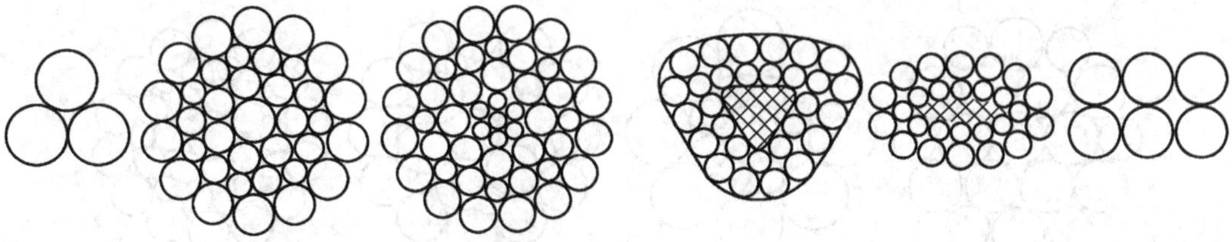

3 (3)　36WS (1−7−7+7−14)　41WS (1−6/8−8+8−16)　V29 (V−13/16)　Q26 (Q−12/14)　P6 (P−6)

图 5-3　股的横截面形状

2. 根据股的捻绕次数和基本构造分类

根据股的捻绕次数和制股工艺，可以分为单捻股、多工序捻股、压实股等。

（1）单捻股　单捻股一般是泛指围绕中心钢丝包捻一层或数层螺旋线状的钢丝，经过一次捻绕工序而成的股。其中，仅由一层钢丝一次捻成的股专称为单捻（单层）股（无代号），如图 5-4 所示；而两层及多层钢丝一次捻成的股称为单捻多层股，它包括平行捻股和组合平行捻股。

平行捻股是指至少包括两层钢丝，所有钢丝的捻距都相同，且都朝同一个方向（即捻向相同）一次捻制而成的股。为保证股中各层所有钢丝都具有相同的捻距（此时每层捻制圆和捻角不等），则同一层钢丝之间和层与层钢丝之间均呈螺旋线紧密相贴状态，所有钢丝的螺旋线应以线状接触呈平行状态，不会交错，故属于平行捻制，如图 5-5 所示。此时，不论钢丝层数为多少，各同心层必须同时在同一台捻股机上进行捻制（分层捻制则很难保证各层的捻距相等），因此属于单捻多层股。

7(1−6)　6(1−5)

图 5-4　单捻（单层）股

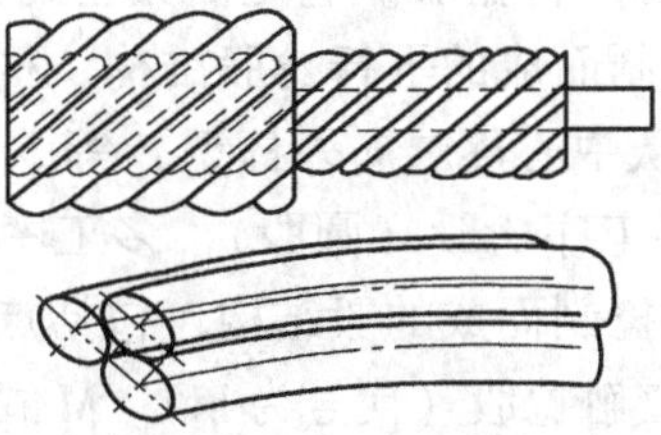

图 5-5　平行捻（多层）股线接触示意图

平行捻股中各层钢丝直径虽不相同，但通过合理选择丝径（存在比列关系）和适当配置股断面的几何尺寸，以保证各层捻距相等，各相邻层钢丝互相嵌入沟槽内处于线接触状态，接触面积的增加使接触应力远小于点接触，使用寿命则优于点接触捻股 1 ~ 2 倍，弥补了捻角不同导致钢丝受力不均匀的缺陷，但结构和生产工艺比点接触圆股复杂得多。

平行捻股按股中基本构造又可分为瓦林吞式股、西鲁式股、填充式股、组合平行捻股等，如图 5-6 所示。

1）瓦林吞式股（代号为 W，也称粗细式）。W 式股绳是具有两层、外层钢丝数是内层钢丝数两倍的平行捻结构，外层上粗细两种规格的钢丝交替排列并共切于同一外切圆，粗钢丝嵌入内层相邻钢丝所形成的峰谷内，细钢丝恰在内层钢丝的峰顶上，而细钢丝又能同时与相邻的三根粗钢丝相接触，从而形成稳定的股结构——19W（1 − 6 − 6 + 6）。由于内部钢丝直径比较均匀，因而 W 式股绳具有断面填充系数高、挠性和耐磨性较好、承载能力大等特点。

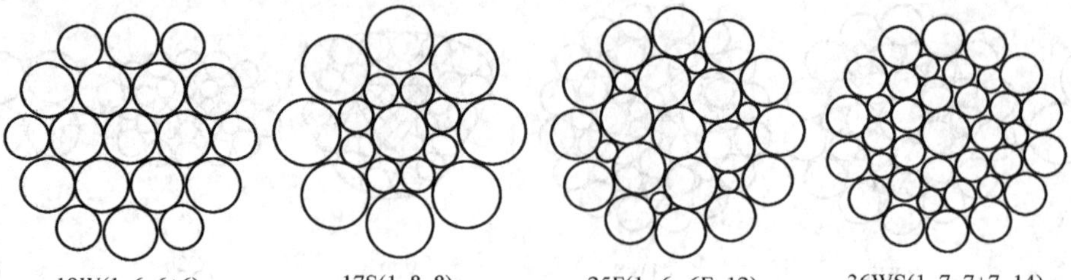

图 5-6　平行捻股断面示意

2）西鲁式股（代号为 S，也称外粗式）。S 式股绳是具有两层、每层钢丝个数和直径均相同但外层钢丝直径大于内层钢丝直径的平行捻结构，每股以 1 根粗钢丝为中心，在其四周布置 8 根（或 9 根）细钢丝，然后在细钢丝的沟槽中布置粗钢丝，并使粗钢丝同时与相邻的 4 根钢丝相接触，从而形成稳定的股结构——17S（1－8－8）或 19S（1－9－9）。S 式股绳外层钢丝较粗，耐磨性好，但由于丝径相差较大、挠性稍差，故需要较大的卷绕直径。S 式股绳适用于磨损较为严重或多层卷绕的场合。

3）填充式股（代号为 F）。F 式股绳也是具有两层、外层钢丝数是内层钢丝数两倍、在内外层钢丝之间填充细钢丝（同内层钢丝数）的平行捻结构，先围绕中心钢丝布置 5～8 根内层钢丝，再以两倍的数目布置外层钢丝，在每组依正方形排列的 4 根钢丝沟槽所形成的孔隙中，均填充 1 根称为填充丝的细钢丝，起稳定几何位置的作用，同时也增加了股中丝数以提高断面填充系数，股结构为 25F（1－6－6F－12）等。F 式股绳结构紧密，承载能力大，挠性更好，具有较好的耐磨性和抗疲劳能力。

4）组合平行捻股。它是由典型的瓦林吞式、西鲁式等股类型组合，由三层或三层以上钢丝一次捻制而成的平行捻股结构，构成了复合型线接触股，常见的有瓦林吞-西鲁式（代号为 WS，从中心逐层向外标识）等。

（2）多工序捻股（圆股）　多工序捻股一般是泛指至少包含两层钢丝，并通过一次以上的工序逐层捻制而成的股结构，包括点接触捻股、复合捻股等。

1）点接触捻股（代号为 M）。M 式绳股是指至少包括两层钢丝，内外层所有钢丝直径和捻向均相同，捻角近似相同，逐层捻制后，叠加相邻层钢丝之间相互交叉呈点接触状态的股结构。为了使内外层钢丝受力较为均匀，采用各层近似相同的捻角，使得各层丝的捻距不等，则内外层丝的螺旋线长度不一致，只能形成互不平行的交错接触状态（“始终走棱而不走沟”），故名点接触（图 5-7），即各层钢丝为非平行捻制。由于要保证股中各层捻距的比值符合结构要求，只能采用逐层捻制的制绳工艺。另外，股中钢丝的排列规律为：围绕丝径略大的中心钢丝，数目由内向外逐层递增 6 根，形成稳定的股结构——N－6/12/18……，如 19M（1－6/12）等。

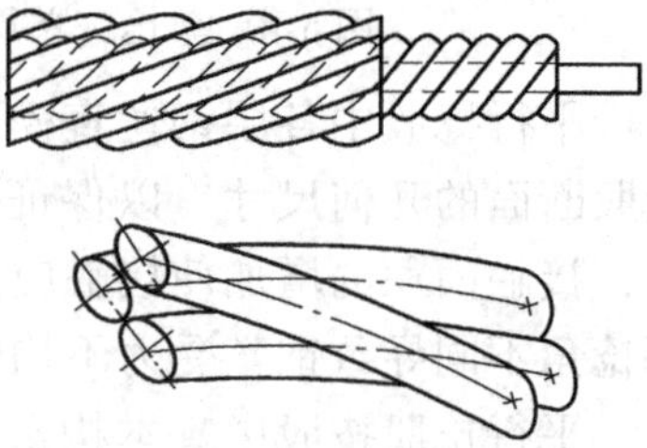

图 5-7　点接触捻股

从钢丝受力角度来看，点接触捻股的唯一长处是各钢丝的捻角相同，受力比较均匀。但承载时钢丝之间的接触面积很小，应力相对很大，其所处应力状态极不理想，导致使用寿命缩短，这是点接触捻股的致命弱点。

2）复合捻股（代号为N）。N式绳股是指至少包括三层钢丝，且外层钢丝单独捻制，但在同一捻制方向上内层钢丝至少有一个平行捻结构的股结构。N应放在基本类型代号之后，例如复合西鲁式为SN，复合瓦林吞式为WN等。图5-8所示为复合西鲁-瓦林吞式61SWN（1-9-9-9+9/24）。

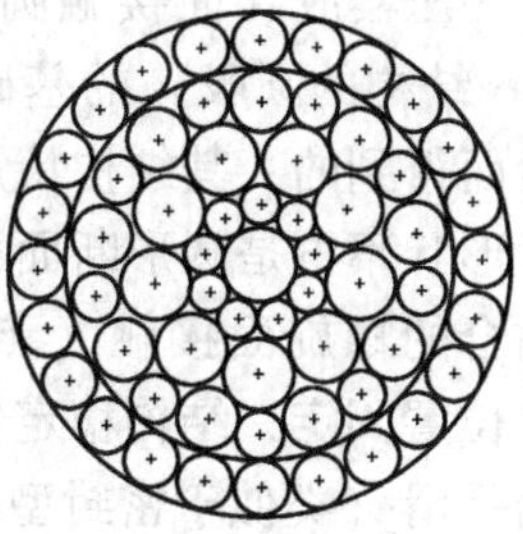

61SWN(1-9-9-9+9/24)

图5-8　复合捻股

需要注意的是，具体股结构从中心钢丝逐层向外层标示，平行捻的钢丝层之间用符号“-”隔开，多工序捻（点接触）的各捻制工序钢丝层用符号“/”隔开，同一层不同尺寸的钢丝用符号“+”隔开。常用普通类型的股结构及代号见表5-3。而带纤维芯的股标记举例为：24FC（FC-12-12）。

表5-3　常用普通类型的股结构及代号

结构类型			代　号	股结构示例
单捻系	单捻（单层）		无代号	6即（1-5）
				7即（1-6）
	平行捻（多层）	西鲁式	S	17S即（1-8-8）
				19S即（1-9-9）
		瓦林吞式	W	19W即（1-6-6+6）
		填充式	F	21F即（1-5-5F-10）
				25F即（1-6-6F-12）
				29F即（1-7-7F-14）
				41F即（1-8-8-8F-16）
	组合平行捻（多层）		WS	26WS即（1-5-5+5-10）
				31WS即（1-6-6+6-12）
				36WS即（1-7-7+7-14）
				41WS即（1-8-8+8-16）
				41WS即（1-6/8-8+8-16）
				46WS即（1-9-9+9-18）
			其他	49FS即（1-8-8F-16-16）
				55FS即（1-6/8-8F-16-16）
				50SFS即（1-7-7-7F-14-14）
				49SWS即（1-8-8-8+8-16）
				55SWS即（1-6/8-8-8+8-16）
多工序捻（圆股）		点接触捻	M	19M即（1-6/12）
				37M即（1-6/12/18）
		复合捻	N	35WN即（1-6-6+6/16）

（3）压实股　压实股（代号为K）是指通过模拔、轧制或锻打等压实变形加工后，钢

丝形状和股尺寸发生改变，而钢丝横截面积保持不变的股，如图5-9所示。

压实股（面接触圆股）是在线接触圆股（包括1-6结构的圆股）的基础上，经过塑性压缩变形加工后而得到的，其结构特点与线接触圆股类似，股中钢丝形状不再是圆形断面，丝与丝之间呈互相平行紧密贴合的螺旋面接触（点接触结构不能形成面接触），且位置固定，结构稳定，伸长极小。压实后股圆周表面平滑（类似于密封型），股内钢丝之间几乎无空隙，股径变小，填充系数增大（0.9以上）。

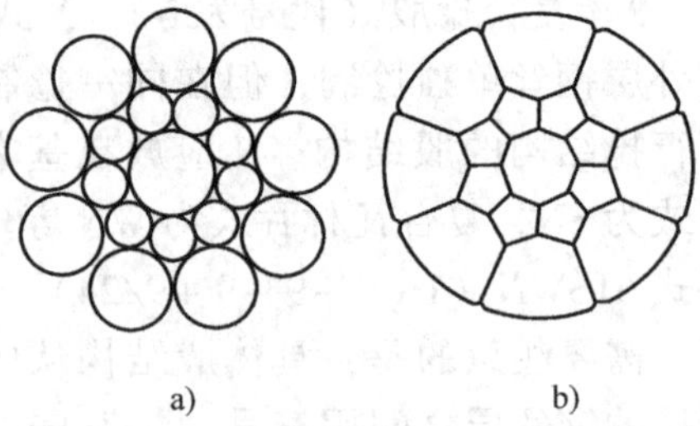

图5-9 压实圆股

a）压实前 b）压实后

压实后的面接触股承载时近似于整体受力，其接触应力远小于线接触，因而具有很高的使用寿命（高于点接触2～3倍）。股绳变大的外层钢丝表面使其更为平滑，能很好地与卷绕元件接触，提高了耐磨性和耐蚀能力，还可避免相邻股之间的互相损坏现象。因此，压实股（面接触圆股）更适用于多层卷绕的场合，但其捻制设备需要有较大的牵引能力。

5.1.3 钢丝绳的种类与构造

由钢丝捻成的股绳，其构造和种类已十分复杂，但股绳还能以不同的形状、股数及股层数、排列规律、捻绕方向和次数等再捻绕成形，从而制成类型繁多、用途不同、构造各异的钢丝绳。

1. 根据绳中股数分类

按钢丝绳中的股数可分为1股（单股）、3股、4股、6股、8股、……最多可达34股。多股（至少3股）钢丝绳还可分为单层股钢丝绳和多层股钢丝绳等。股数越多，制绳工艺越复杂，成本增高；但除单股（1股）绳以外，外层股的数目越多，钢丝绳与卷绕元件的支承面积越大，接触状况越好，耐磨性好，寿命和可靠性越长。

起重机械上常用6股钢丝绳。为满足某些场合的特殊要求，还可使用单股、8股、18股钢丝绳等，如图5-10所示。例如，同直径8股绳和6股绳相比，前者金属充满率和破断拉力总和虽然较小（约低10%），但8股绳的使用状况和寿命表现更好，常用于对耐磨性及可靠性要求较高的场合，如电梯等。

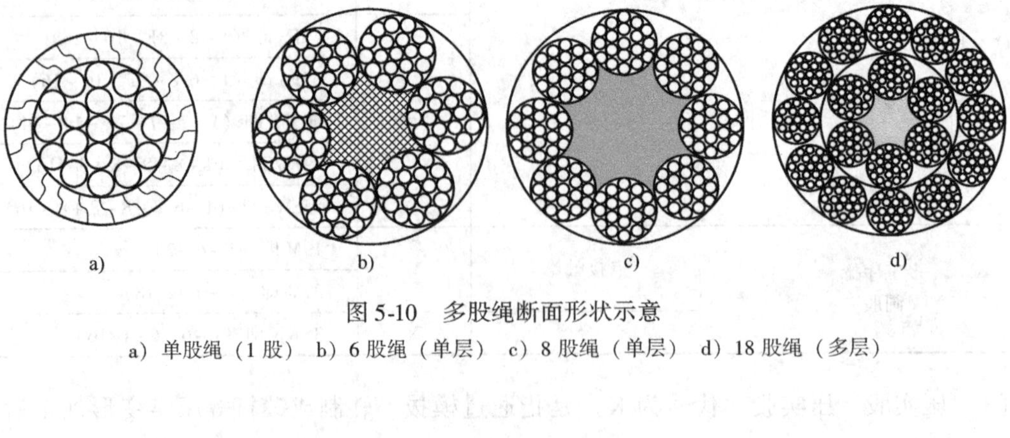

图5-10 多股绳断面形状示意

a）单股绳（1股） b）6股绳（单层） c）8股绳（单层） d）18股绳（多层）

2. 根据捻绕方向分类

（1）捻向 捻向可分为股的捻向和绳的捻向两种。股的捻向是指外层钢丝沿股轴线的捻制方向，用小写字母（左捻—s，右捻—z）来表示。钢丝绳的捻向是指外层股在多股钢丝绳中（或单元钢丝绳在缆式钢丝绳中）沿钢丝绳轴线的捻制方向，用大写字母（左捻—S，右捻—Z）来表示。左右捻判定方法为：将绳（或股绳）垂直放置，如果股绳（或钢丝）自下而上是从左→右旋转则视为右捻向，反之自下而上是从右→左旋转则视为左捻向，而 s 和 z 字母的书写形式恰好与旋向吻合，如图 5-11 所示。

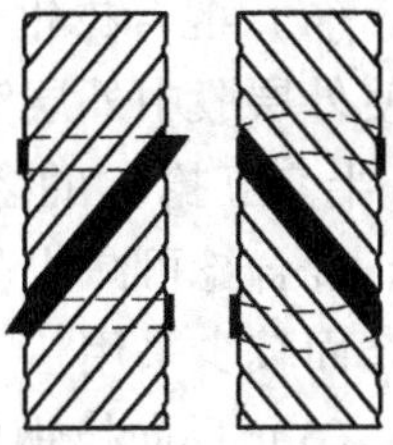
a) b)

图 5-11 股的捻向

a）右旋 z b）左旋 s

另外，钢丝绳标识绳和股的捻向时应按由内向外顺序进行，第一个字母为股的捻向，第二个字母为绳的捻向（并以此表述钢丝绳的捻向）。按绳与股捻向的不同组合规律可分为同向捻钢丝绳、交互捻钢丝绳、混合捻钢丝绳、反向捻钢丝绳、弹性捻钢丝绳等，弹性捻钢丝绳特指三个钢丝股与三个纤维股（两种股芯）交替排列捻制而成的绳。

（2）同向捻钢丝绳（zZ，sS） 同向捻钢丝绳是指外层股中外层钢丝的捻向与钢丝绳中外层股的捻向相同（即股与绳同捻向）的多股钢丝绳，分别用右同向捻 zZ 和左同向捻 sS 表示，如图 5-12a、b 所示。

a) b) c) d) e) f)

图 5-12 钢丝绳捻制方向的组合

a）右同向捻 zZ b）左同向捻 sS c）右交互捻 sZ d）左交互捻 zS e）右混合捻 aZ f）左混合捻 aS

同向捻钢丝绳在丝捻股与股捻绳的过程中绕向相同，使其具有了钢丝之间接触性好、磨损小、表面较平滑、挠性好、使用寿命较长等优点。但由于绕制残余应力的方向相同，使同向捻钢丝绳具有强烈的扭转趋势，使用中有自行扭转甚至打结以及绳头容易松散的缺点。因此，同向捻钢丝绳在自由悬吊重物状态时易使物品空中打转，故适用于有刚性固定导轨的升降机类（如电梯等）的起升绳，以及能经常保持张紧状态的牵引绳或张紧绳，在一般自由悬吊的起升机构上不宜使用。

（3）交互捻钢丝绳（sZ，zS） 交互捻钢丝绳是指外层股中外层钢丝的捻向与钢丝绳中外层股的捻向相反（即股与绳反捻向）的多股钢丝绳，分别用右交互捻 sZ 和左交互捻 zS 表示，如图 5-12c、d 所示。

交互捻钢丝绳在丝捻股与股捻绳的过程中绕向相反，每根钢丝在绳中的方向基本是顺着钢丝绳的轴线方向，钢丝之间的接触性不良，从而使其挠性与使用寿命较差。但由于绳与股产生的扭转趋势相反，可互相约束，具有不会松散和不易扭结的优点，因此，在起重机械中使用较广，尤其在物品自由悬吊的起升机构中普遍采用。

(4) 混合捻钢丝绳（aZ，aS） 混合捻钢丝绳是指外层股按左右捻向交替相间排列，从而使外层股中外层钢丝的捻向与钢丝绳中外层股的捻向一半相同（一半同向捻）、一半相反（一半交互捻）的多股钢丝绳，分别用右混合捻 aZ 和左混合捻 aS 表示，如图 5-12e、f 所示。混合捻可减少上述两种捻制方法某些缺陷的影响，性能介于两者之间。但由于制绳工艺复杂而较少采用。

(5) 反向捻钢丝绳 反向捻钢丝绳是指单捻（多层）绳中至少有一层钢丝与其余层钢丝的捻向相反，或多股（多层）绳中至少有一层股的捻向与其余层股的捻向相反的绳构造。反向捻可减小绳的松散性，并能具有不旋转特性，如阻旋转钢丝绳等。

从钢丝绳捻制方向和方法综合来看，同向捻钢丝绳在疲劳性能、支承表面、柔软性、弯曲应力、耐磨性等方面均以较大优势高于交互捻钢丝绳，因此，应尽量多发展具有不松散特性的同向捻钢丝绳。例如，充分预变形（同向捻）钢丝绳，通过在制绳工艺中采用绳股或钢丝预变形的方法，使绳中股和股中丝的内应力大为减小，当解除所有约束后，钢丝绳中的钢丝和股仍保持在原来的位置上，具有挠性好、不松散扭结、寿命长（提高约 50%）等优点。

3. 根据绳的捻绕次数和基本结构分类

钢丝绳由丝捻成股、股绕制成绳的工序步骤和基本结构是区分其类型的重要特征，通常可分为单捻钢丝绳系（单绕单股）、多股钢丝绳系（多绕）、包覆和/或填充钢丝绳系等。

(1) 单捻钢丝绳系（单绕单股） 单捻钢丝绳系是指至少由两层钢丝围绕一中心圆钢丝、组合股或平行捻股螺旋捻制而成的钢丝绳，其中至少有一层内层钢丝与外层钢丝沿不同方向反向捻。

单捻钢丝绳系的构造具有金属芯、多层丝（直径和形状可变）、点或线接触、反向捻、单绕单股（单绕是指成绳的过程）等特点，按表面状态又可分为单股钢丝绳（开启型）、半密封钢丝绳和全密封钢丝绳。

1）单股钢丝绳是指仅由圆钢丝捻制而成的单捻（单股）钢丝绳，标注为：1 × 股中丝数 股捻制结构类型代号，如图 5-13a、b 所示。单股钢丝绳的表面状态为开启型，绳芯（即股芯）只能是金属芯而不能用纤维芯（有别于做股绳的股），挠性较差，故可用于环境较好状态下的张紧绳等，但不适用于起重卷绕系统。

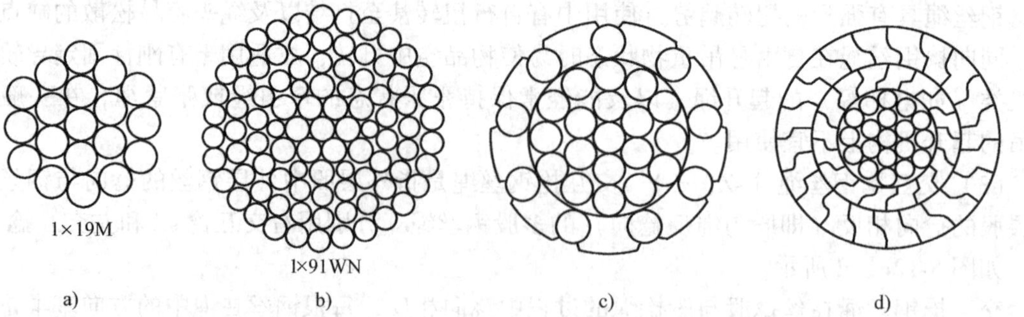

图 5-13 单捻钢丝绳（单绕单股）

2）半密封钢丝绳是指外层钢丝由 H 形钢丝和圆钢丝交替相间排列而形成半密封构造的

单捻（单股）钢丝绳，如图 5-13c 所示，可根据其用途标记，如：HLGR——导向用钢丝绳、HLAR——架空索道用钢丝绳等。

3）全密封钢丝绳是指外层钢丝全由 Z 形钢丝（一层或多层）而形成全密封构造的单捻（单股）钢丝绳，如图 5-13d 所示，可根据其用途标记，如：FLAR——架空索道（或承载）用钢丝绳、LHR——提升用钢丝绳、FLSR——结构用钢丝绳等。

以密封（半密封）绳为典型代表的单捻（单绕单股）钢丝绳，填充系数高达 0.92 以上，外表面光滑平整、支承面积大（此两项性能皆为各类钢丝绳之冠），破断拉力高（比普通钢丝绳提高 65% 左右），接触应力小，承受横向载荷能力强，密封性和阻旋转性好，耐磨损和耐腐蚀，结构伸长量小。但僵性大，可挠性差（弯曲刚度最大），制绳工艺较复杂。常用于缆索起重机和架空索道的支承绳与导轨，不宜用作普通起重卷绕绳。

（2）多股钢丝绳系（多绕）　多股钢丝绳系是指先由若干丝按一定规律围绕股芯（金属芯或纤维芯等）捻制成股，然后多个股围绕一个芯（或一个中心）再螺旋捻制一层股或多层股的钢丝绳。通常所说的钢丝绳就是这种多股多绕钢丝绳（多绕是指成绳的过程），其基本结构和类型繁多，可按股层数目、捻绕规律、基本结构等进行分类。

1）单层股钢丝绳（双绕）是指由一层股围绕一个芯螺旋捻制而成的多股绳，常用的圆形股绳（也称为普通钢丝绳，图 5-10b、c）具有挠性好，强度高，制造不复杂，应用广，产量大（占 70% ~80%）等特点，从而在起重机械中也被广泛采用。另外，此类绳还有异形股和独立钢丝绳芯等构造，如图 5-14 所示。

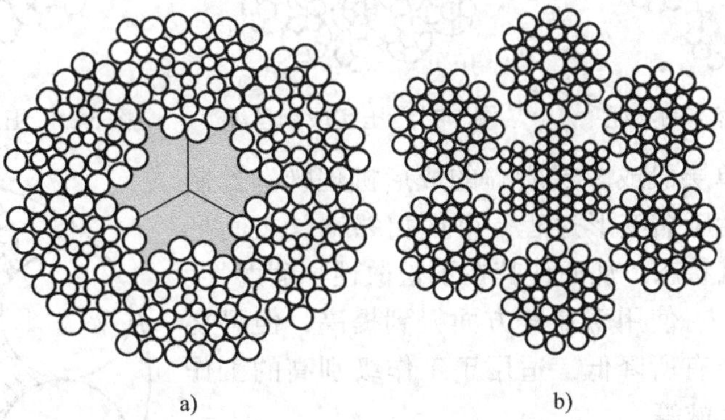

图 5-14　异形股和独立钢丝绳芯的单层股钢丝绳

2）阻旋转钢丝绳是指至少有两层股围绕一个芯螺旋捻制，且外层股与相邻内层股反向捻，受载时能产生减轻扭矩作用或旋转程度的多层多股钢丝绳（替代多层股钢丝绳和不旋转钢丝绳），如图 5-15 所示。由于阻旋转钢丝绳的股层数至少为两层且反向捻，故绳股数一般不会小于 18 股（图 5-10d），而只具有阻旋转性能的单层股（三股或四股）钢丝绳则不属于此类绳。

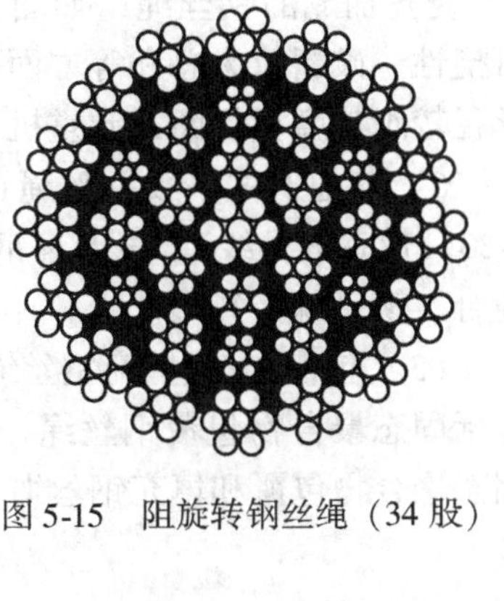

图 5-15　阻旋转钢丝绳（34 股）

普通钢丝绳一般由 6 至 8 个股绳组成，当采用同向捻工艺时就会存在很大的旋转力矩，即使采用交互捻工艺，其丝成股的旋转力矩之和也总会小于股成绳的旋转力矩之和。当此类单根钢丝绳以自由悬垂状态提升重物时，就肯定会出现以绳中心为轴线，由反绳捻向（松）→顺绳捻向（紧）、反复不停地旋转，只是旋转的程度不同而已，既降低了钢丝绳的疲劳性能和使用寿命，还严重影响起升作业效率及生命财产安全。

阻旋转钢丝绳的构造原理除了多层股、反向捻以外，还需对绳股的数目、捻向、捻距、形状、结构等进行合理匹配，以达到绳内部各元件所产生的正反方向的旋转力矩相互平衡而基本抵消，从而实现钢丝绳的阻旋转性能（实际上还存在轻微旋转）。因此，具有阻旋转性能的钢丝绳对起重机械有着极为重要的意义，尤其是那些自由悬垂长度很大且倍率很小的机型，如塔式起重机、门座起重机等。

3）平行捻密实钢丝绳是指至少由两层平行捻股围绕一个芯螺旋捻制而成的多股钢丝绳，如图5-16所示。

4）压实股钢丝绳是指成绳之前，绳股经过模拔、轧制或锻打等压实加工后再进行捻制的多股钢丝绳，如图5-17所示。而压实（锻打）钢丝绳是指捻制成绳之后，再经过压实（通常是锻打）加工从而能使钢丝绳直径变小的多股钢丝绳，如图5-18所示。

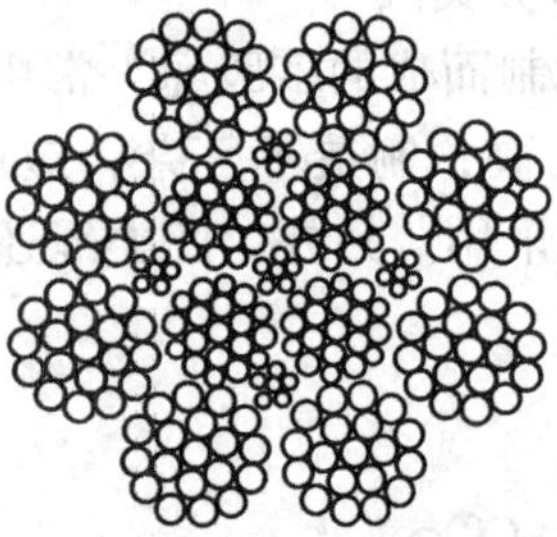

图5-16　平行捻密实钢丝绳

图5-17　压实股钢丝绳

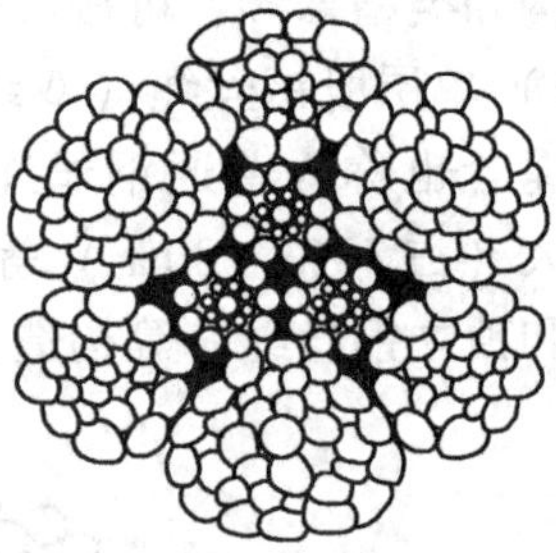

图5-18　压实（锻打）钢丝绳

此类钢丝绳（单层股或多层股）的成形机理既有捻制过程，还有径向塑性压缩变形过程，可使相邻钢丝之间形成某种程度的面接触状态，从而使其在不松散性、耐磨性、抗挤压性、承载能力、使用寿命等方面得到提高，但可挠性和抗弯曲疲劳能力有所降低，适用于工作级别高的工作场合，如港口起重机械等。

5）缆式钢丝绳（三绕）是指由多个（一般6个）作为独立单元的圆股（双绕）钢丝绳围绕绳芯紧密螺旋捻制（三绕）而成的钢丝绳，如图5-19所示。缆绳比双绕绳在可挠性、破断拉力总和等方面更好一些，但工序多而复杂，丝径较细易磨损折断，起重机械上很少使用。

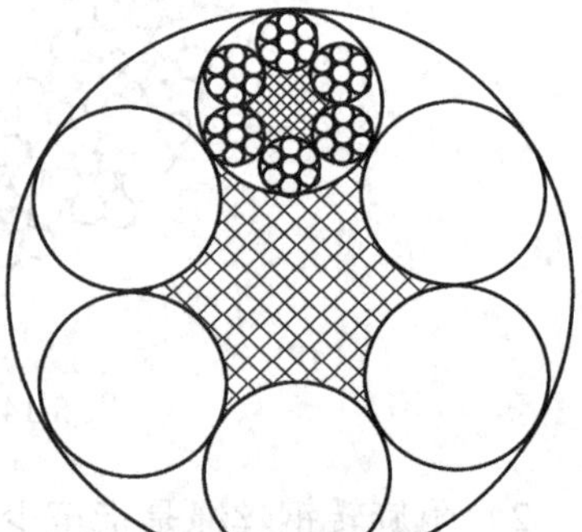

图5-19　缆式钢丝绳

6）其他形式多股钢丝绳还包括编织钢丝绳、电力钢丝绳（图5-20，带有电导线），以及扁钢丝绳（4股“子绳”单线缝合、双线缝合、铆钉铆接）等。

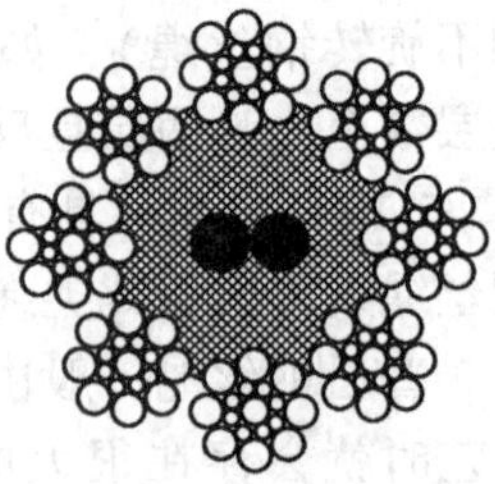

图5-20　电力钢丝绳

（3）包覆和/或填充钢丝绳系　包覆和/或填充钢丝绳系，一般包括固态聚合物包覆钢丝绳、固态聚合物填充钢丝绳（图5-21a）、固态聚合物包覆和填充钢丝绳、衬垫芯钢丝绳（图5-21b）、衬垫钢丝绳等。此类钢丝绳与密封钢丝绳的作用特点类似，适用于耐磨性、耐蚀性、密封性要求高等特殊场合。

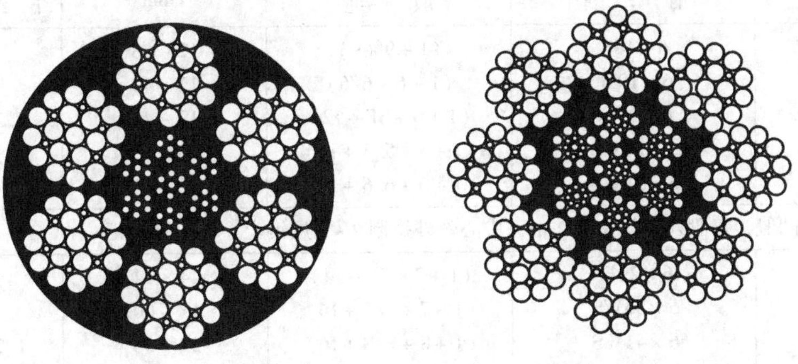

a)　　　　b)

图5-21　包覆和/或填充钢丝绳系

4. 根据绳股中相邻钢丝的接触状态分类

按钢丝绳里绳股中相邻钢丝的接触状态可分为点接触钢丝绳（非平行捻制）、线接触钢丝绳（平行捻制）、面接触钢丝绳（平行捻制）等，具体构造见5.1.2节，目前起重机械广泛使用各种类型的线接触钢丝绳。

5. 根据钢丝绳结构分类

根据GB/T 8706—2006/ISO 17893：2004《钢丝绳　术语、标记和分类》的规定，钢丝绳的分类由原来的按结构、直径、用途、捻制特性、表面状态、股断面形状分类改为按结构体系分类，包括单层股钢丝绳、阻旋转钢丝绳、平行捻密实钢丝绳、缆式钢丝绳、扁钢丝绳、单股钢丝绳、密封钢丝绳以及股等，具体内容见附录E。

6. 根据钢丝绳的用途及使用场合分类

根据钢丝绳的用途，可分为重要用途钢丝绳和一般用途钢丝绳等，绳中所用钢丝分别对应于YB/T 5343—2009《制绳用钢丝》中所规定的重要用途钢丝和一般用途钢丝。

1）GB 8918—2006《重要用途钢丝绳》规定了重要用途钢丝绳的材料、技术要求、检查与试验和验收方法等内容，它适用于矿井提升、高炉卷扬、大型浇铸、石油钻井、大型吊装、繁忙起重、索道、地面缆车、船舶和海上设施等用途的圆股及异形股钢丝绳。

GB/T 3811—2008《起重机设计规范》规定：当起重机进行危险物品装卸作业时，如吊运高温液态熔融金属、高放射性、高腐蚀性物品等，或当起重机吊运大件物品、重要设备，或当起重机的使用对人身安全及可靠性有较高要求时，应采用符合GB 8918中规定的重要用途钢丝绳。常用重要用途钢丝绳类型有圆股和异形股，见表5-4。

表5-4　重要用途钢丝绳

组　别	类　别	典型结构		直径范围/mm	换算系数	
		钢　丝　绳	股　绳		纤　维　芯	钢　芯
1	6×7	6×7	(1+6)	8~36	1.134	1.214
		6×9W	(3+3/3)	14~36	—	—
	6个圆股，每股外层丝可到7根，中心丝（或无）外捻制1~2层钢丝，钢丝等捻距					

（续）

组别	类别	典型结构		直径范围/mm	换算系数	
		钢丝绳	股绳		纤维芯	钢芯
2	6×19	6×19S 6×19W 6×25Fi 6×26WS 6×31WS	(1+9+9) (1+6+6/6) (1+6+6F+12) (1+5+5/5+10) (1+6+6/6+12)	12~36 12~40 12~44 20~40 22~46	1.214	1.308
	6个圆股，每股外层丝8~12根，中心丝外捻制2~3层钢丝，钢丝等捻距					
3	6×37	6×29Fi 6×36WS 6×41WS 6×49SWS 6×55SWS	(1+7+7F+14) (1+7+7/7+14) (1+8+8/8+16) (1+8+8+8/8+16) (1+9+9+9/9+18)	14~44 18~60 32~56 36~60 36~64	1.226	1.321
		6×37S（点线接触）	(1+6+15+15)	20~60	1.191	1.283
	6个圆股，每股外层丝14~18根，中心丝外捻制3~4层钢丝，钢丝等捻距					
4	8×19	8×19S 8×19W 8×25Fi 8×26WS 8×31WS	(1+9+9) (1+6+6/6) (1+6+6F+12) (1+5+5/5+10) (1+6+6/6+12)	20~44 18~48 16~52 24~48 26~56	1.214	1.360
	8个圆股，每股外层丝8~12根，中心丝外捻制2~3层钢丝，钢丝等捻距					
5	8×37	8×36WS 8×41WS 8×49SWS 8×55SWS	(1+7+7/7+14) (1+8+8/8+16) (1+8+8+8/8+16) (1+9+9+9/9+18)	22~60 40~56 44~64 44~64	1.226	1.374
	8个圆股，每股外层丝14~18根，中心丝外捻制3~4层钢丝，钢丝等捻距					
6	18×7	17×7 18×7	(1+6) (1+6)	12~60 12~60	1.250 1.283	1.250 1.283
	钢丝绳中有17或18个圆股，每股外层丝4~7根，在纤维芯或钢芯外捻制2层股					
7	18×19	18×19W 18×19S	(1+6+6/6) (1+9+9)	24~60 28~60	1.283	1.283
	钢丝绳中有17或18个圆股，每股外层丝8~12根，钢丝等捻距，在纤维芯或钢芯外捻制2层股					
8	34×7	34×7 36×7	(1+6) (1+6)	16~60 20~60	1.300 1.334	1.300 1.334
	钢丝绳中有34~36个圆股，每股外层丝可到7根，在纤维芯或钢芯外捻制3层股					
9	35W×7	35W×7 24W×7	(1+6)	16~60 —	1.287 —	1.287 —
	钢丝绳中有24~40个圆股，每股外层丝4~8根，钢丝等捻距，在纤维芯或钢芯（钢丝）外捻制3层股					
10	6V×7	6V×18 6V×19	(/3×2+3/+9) (/1×7+3/+9)	20~36 20~36	1.156	1.191
	6个三角形股，每股外层丝7~9根，三角形股芯外捻制1层钢丝					

（续）

组别	类别	典型结构		直径范围/mm	换算系数	
		钢丝绳	股绳		纤维芯	钢芯
11	6V×19	6V×21 6V×24 6V×30 6V×34	(FC+9+12) (FC+12+12) (6+12+12) (/1×7+3/+12+12)	18~36 18~36 20~38 28~44	1.177	— — 1.213 1.213
	6个三角形股，每股外层丝10~14根，三角形股芯或纤维芯外捻制2层钢丝					
12	6V×37	6V×37 6V×37S 6V×43	(/1×7+3/+12+15) (/1×7+3/+12+15) (/1×7+3/+15+18)	32~52 32~52 38~58	—	—
	6个三角形股，每股外层丝15~18根，三角形股芯外捻制2层钢丝					
13	4V×39	4V×39S 4V×48S	(FC+9+15+15) (FC+12+18+18)	16~36 20~40	1.191	—
	4个扇形股，每股外层丝15~18根，纤维股芯外捻制3层钢丝					
14	6Q×19+6V×21	6Q×19+6V×21 6Q×33+6V×21	外股（5+14） 内股（FC+9+12） 外股（5+13+15） 内股（FC+9+12）	40~52 40~60	1.250	—
	钢丝绳中有12~14个股，在6个三角形股外，捻制6~8个椭圆股					

注：组别1~9为圆股，10~14为异形股。

2）GB/T 20118—2006《一般用途钢丝绳》规定了一般用途钢丝绳的材料、技术要求、检查与试验和验收方法等内容，其中各种圆股钢丝绳适用于机械、建筑、船舶、渔业、林业、矿业、货运索道等行业。起重机械用钢丝绳应符合GB/T 20118的要求。起重机械常用的一般用途钢丝绳类型见表5-5。

表5-5 一般用途钢丝绳分类

组别	类别	典型结构		直径范围/mm
		钢丝绳	股	
1	单股钢丝绳	1×7 1×19 1×37	(1+6) (1+6+12) (1+6+12+18)	0.6~12 1~16 1.4~22.5
	1个圆股，每股外层丝可到18根，中心丝外捻制1~3层钢丝			
2	6×7	6×7 6×9W	(1+6) (3+3/3)	1.8~36 14~36
	6个圆股，每股外层丝可到7根，中心丝（或无）外捻制1~2层钢丝，钢丝等捻距			
3	6×19（a）	6×19S 6×19W 6×25Fi 6×26WS 6×31WS	(1+9+9) (1+6+6/6) (1+6+6F+12) (1+5+5/5+10) (1+6+6/6+12)	6~36 6~40 8~44 13~40 12~46
	6个圆股，每股外层丝8~12根，中心丝外捻制2~3层钢丝，钢丝等捻距			
	6×19（b）	6×19	(1+6+12)	3~46
	6个圆股，每股外层12根，中心丝外捻制2层钢丝			

（续）

组别	类别	典型结构		直径范围/mm
		钢丝绳	股	
4	6×37（a）	6×29Fi 6×36WS 6×37S（点线接触） 6×41WS 6×49SWS 6×55SWS	(1+7+7F+14) (1+7+7/7+14) (1+6+15+15) (1+8+8/8+16) (1+8+8+8/8+16) (1+9+9+9/9+12)	10~44 12~60 10~60 32~60 36~60 36~60
4	6个圆股，每股外层丝14~18根，中心丝外捻制3~4层钢丝，钢丝等捻距			
4	6×37（b）	6×37	(1+6+12+18)	5~60
4	6个圆股，每股外层丝18根，中心丝外捻制3层钢丝			
5	6×61	6×61	(1+6+12+18+24)	40~60
5	6个圆股，每股外层丝24根，中心丝外捻制4层钢丝			
6	8×19	8×19S 8×19W 8×25Fi 8×26WS 8×31WS	(1+9+9) (1+6+6/6) (1+6+6F+12) (1+5+5/5+10) (1+6+6/6+12)	11~44 10~48 18~52 16~48 14~56
6	8个圆股，每股外层丝8~12根，中心丝外捻制2~3层钢丝，钢丝等捻距			
7	8×37	8×36WS 8×41WS 8×49SWS 8×55SWS	(1+7+7/7+14) (1+8+8/8+16) (1+8+8+8/8+16) (1+9+9+9/9+18)	14~60 40~60 44~60 44~60
7	8个圆股，每股外层丝14~18根，中心丝外捻制3~4层钢丝，钢丝等捻距			
8	18×7	17×7 18×7	(1+6) (1+6)	6~44 6~44
8	钢丝绳中有17或18个圆股，在纤维芯或钢芯外捻制2层股，外层10~12个股，每股外层丝4~7根，中心丝外捻制一层钢丝			
9	18×19	18×19W 18×19S 18×19	(1+6+6/6) (1+9+9) (1+6+12)	14~44 14~44 10~44
9	钢丝绳中有17或18个圆股，在纤维芯或钢芯外捻制2层股，外层10~12个股，每股外层丝8~12根，中心丝外捻制2~3层钢丝			
10	34×7	34×7 36×7	(1+6) (1+6)	16~44 16~44
10	钢丝绳中有34~36个圆股，在纤维芯或钢芯外捻制3层股，外层17~18个股，每股外层丝4~8根，中心丝外捻制一层钢丝			
11	35W×7	35W×7 24W×7	(1+6) (1+6)	12~50 12~50
11	钢丝绳中有24~40个圆股，在钢芯外捻制2~3层股，外层12~18个股，每股外层丝4~8根，中心丝外捻制一层钢丝			

（续）

组　别	类　别	典型结构		直径范围/mm
		钢丝绳	股	
12	6×12	6×12	（FC+12）	8～32
	6个圆股，每股外层12根，股纤维芯外捻制一层钢丝			
13	6×24	6×24 6×24S 6×24W	（FC+9+15） （FC+12+12） （FC+8+8/8）	8～40 10～44 10～44
	6个圆股，每股外层12～16根，股纤维芯外捻制2层钢丝			
14	6×15	6×15	（FC+15）	10～32
	6个圆股，每股外层15根，股纤维芯外捻制一层钢丝			
15	4×19	4×19S 4×25Fi 4×26WS 4×31WS	（1+9+9） （1+6+6F+12） （1+5+5/5+10） （1+6+6/6+12）	8～28 12～34 12～31 12～36
	4个圆股，每股外层丝8～12根，中心丝外捻制2～3层钢丝，钢丝等捻距			
16	4×37	4×36WS 4×41WS	（1+7+7/7+14） （1+8+8/8+16）	14～42 26～46
	4个圆股，每股外层丝14～18根，中心丝外捻制3～4层钢丝，钢丝等捻距			

另外，各种类型的起重机械所用钢丝绳举例见表5-6。电梯、架空索道及缆车、电铲、矿井提升机等所用钢丝绳还应遵循其他相关标准的规定。

表5-6　钢丝绳应用举例

用　途	名　称	结　构	备　注
立井提升	三角股钢丝绳	6V×37S　6V×37　6V×34　6V×30 6V×43　6V×21	
	线接触钢丝绳	6×19S　6×19W　6×25Fi　6×29Fi 6×26WS　6×31WS　6×36WS　6×41WS	推荐同向捻
	多层股钢丝绳	18×7　17×7　35W×7　24W×7	用于钢丝绳罐道的立井
		6Q×19+6V×21　6Q×33+6V×21	
开凿立井提升（建井用）	多层股钢丝绳及异形股钢丝绳	6Q×33+6V×21　17×7　18×7　34×7　36×7 6Q×19+6V×21 4V×39S　4V×48S　35W×7 24W×7	
立井平衡绳	钢丝绳	6×37S　6×36WS　4V×39S　4V×48S	仅适用于交互捻
	多层股钢丝绳	17×7　18×7　34×7　36×7　35W×7　24W×7	仅适用于交互捻
斜井提升（绞车）	三角股钢丝绳	6V×18　6V×19	推荐同向捻
	钢丝绳	6×7　6×9W	
高炉卷扬	三角股钢丝绳	6V×37S　6V×37　6V×30　6V×34　6V×43	
	线接触钢丝绳	6×19S　6×25Fi　6×29Fi　6×26WS　6×31WS 6×36WS　6×41WS	

（续）

用途	名称	结构	备注
立井罐道及索道	三角股钢丝绳	6V×18　6V×19	
	多层股钢丝绳	18×7　17×7	推荐同向捻
露天斜坡卷扬	三角股钢丝绳	6V×37S　6V×37　6V×30　6V×34　6V×43	
	线接触钢丝绳	6×36WS　6×37S　6×41WS　6×49SWS　6×55SWS	推荐同向捻
石油钻井	线接触钢丝绳	6×19S　6×19W　6×25Fi　6×29Fi　6×26WS　6×31WS　6×36WS	也可采用钢芯
钢绳牵引胶带运输机、索道及地面缆车	线接触钢丝绳	6×19S　6×19W　6×25Fi　6×29Fi　6×26WS　6×31WS　6×36WS　6×41WS	推荐同向捻 6×19W 不适合索道
挖掘机（电铲卷扬）	线接触钢丝绳	6×19S+IWR　6×19W+IWR　6×25Fi+IWR　6×29Fi+IWR　6×26WS+IWR　6×31WS+IWR　6×36WS+IWR　6×49SWS+IWR　6×55SWS+IWR　35W×7　24W×7	推荐同向捻
	三角股钢丝绳	6V×30　6V×34　6V×37　6V×37S　6V×43	
热移钢机（轧钢厂推钢台）	线接触钢丝绳	6×19S+IWR　6×19W+IWR　6×25Fi+IWR　6×29Fi+IWR　6×31WS+IWR　6×37S+IWR　6×36WS+IWR	
船舶装卸	线接触钢丝绳	6×19W　6×25Fi　6×29Fi　6×31WS　6×36WS　6×37S	镀锌
	多层股钢丝绳	18×19S　18×19W　34×7　36×7　35W×7　24W×7	
	四股扇形股钢丝绳	4V×39S　4V×48S	
拖船、货网	钢丝绳	6×31WS　6×36WS　6×37S	镀锌
船舶张拉桅杆吊桥	钢丝绳	6×7+IWR　6×19S+IWR	镀锌
起重机　大型浇铸吊车	线接触钢丝绳	6×19S+IWR　6×19W+IWR　6×25Fi+IWR　6×36WS+IWR　6×41WS+IWR	
起重机　港口装卸、水利工程及建筑用塔式起重机	多层股钢丝绳	18×19S　18×19W　34×7　36×7　35W×7　24W×7	
	四股扇形股钢丝绳	4V×39S　4V×48S	
起重机　繁忙起重及其他重要用途	线接触钢丝绳	6×19S　6×19W　6×25Fi　6×29Fi　6×26WS　6×31WS　6×36WS　6×37S　6×41WS　6×49SWS　6×55SWS　8×19S　8×19W　8×25Fi　8×26WS　8×31WS　8×36WS　8×41WS　8×49SWS　8×55SWS	
	四股扇形股钢丝绳	4V×39S　4V×48S	
打捞沉船	钢丝绳	6×37S　6×36WS　6×41WS　6×49SWS　6×31WS　6×55SWS　8×19S　8×19W　8×31WS　8×36WS　8×41WS　8×49SWS　8×55SWS	镀锌

注：1. 腐蚀是主要报废原因时，应采用镀锌钢丝绳。

2. 钢丝绳工作时，终端不能自由旋转，或虽有反拨力，但不能相互纠合在一起的工作场合，应采用同向捻钢丝绳。

7. 其他分类形式

1）根据钢丝绳直径 d 的大小可分为粗直径钢丝绳（大规格、$d>60$mm），普通直径钢丝绳（中等规格、8mm $\leqslant d \leqslant$ 60mm），以及细直径钢丝绳（小规格、$d<8$mm）。

2）根据某些特殊性能可分为松散与不松散钢丝绳，阻旋转与旋转钢丝绳，高强度与高韧性钢丝绳，耐磨与耐蚀钢丝绳，柔软钢丝绳，电力钢丝绳等。

3）根据绳芯的种类可分为天然纤维芯和合成纤维芯钢丝绳，金属绳芯和金属股芯钢丝绳，固态聚合物芯钢丝绳等。

4）根据钢丝、股和绳的表面状态可分为光面钢丝绳，镀锌和其他镀层的钢丝绳，涂塑和其他涂层的钢丝绳，包覆和/或填充钢丝绳等。

5）根据加工方式可分为捻制钢丝绳和编织钢丝绳等。

6）根据断面形状可分为圆钢丝绳（圆形股或异形股）和扁钢丝绳等。

7）根据密封状态可分为开启型钢丝绳、半密封钢丝绳、密封钢丝绳等。

8）根据钢丝绳长度可分为定尺与非定尺钢丝绳，以及超长钢丝绳（长度大于3000m）。

综上所述，钢丝绳的类型极为繁多，而单就一个具体品种来说，往往又汇集许多特点于一身，因此，通常应抓住其某些主要特点（如基本结构、形状、工艺特点、典型用途等）来命名钢丝绳的品种名称。

5.1.4　钢丝绳的标记

钢丝绳的标记系列应按钢丝绳的尺寸、结构、芯结构、级别（适用时）、钢丝表面状态、捻制类型及方向、标准号等顺序标记，具体可查阅 GB 8918—2006 和 GB/T 20118—2006。

例如，直径为22mm，共6股，每股钢丝数36根，瓦林吞-西鲁式（WS），独立钢丝绳芯（IWRC），公称抗拉强度为1770N/mm²，B组镀锌钢丝，左交互捻（zS）的钢丝绳标记为：

22　6×36WS-IWRC　1770　B　zS　GB 8918—2006

5.1.5　钢丝绳的应力分析

钢丝绳中的钢丝在工作中的受力情况是很复杂的，下面分别计算其所受主要应力。

1. 拉应力

钢丝绳拉应力 σ_t（单位 N/mm²）的计算公式为

$$\sigma_t \approx 1.2\frac{S}{i\dfrac{\pi\delta^2}{4}} = 1.2\frac{S}{f\dfrac{\pi d^2}{4}} \tag{5-2}$$

式中　S——钢丝绳的静拉力（N）；

1.2——考虑钢丝螺旋角及应力分布不均匀的系数；

i——钢丝绳中总的钢丝数；

δ——钢丝直径（mm）；

d——钢丝绳直径（mm）；

f——钢丝绳的填充系数，其定义见第5.1.1节。

2. 绕上卷筒或滑轮时的弯曲应力

钢丝绳绕上卷筒或滑轮时会受到弯曲所产生的应力 σ_w（单位 N/mm^2），由于此应力具有脉动特性，故为形成弯曲疲劳和破坏的主因。考虑绳中钢丝为螺旋形缠绕，其弯曲应力比直钢丝绕于卷筒上时小（约为40%），因此，钢丝绳弯曲应力 σ_w 的计算公式为

$$\sigma_w \approx 0.4\frac{M}{W}=0.4\frac{\frac{EI}{D/2}}{\frac{I}{\delta/2}}=0.4\frac{E\delta}{D} \tag{5-3}$$

式中 M——钢丝所受弯矩（N·mm）；

W——钢丝抗弯截面系数（mm^3）；

E——弹性模量（MPa），$E=2.06\times10^5$MPa；

I——截面惯性矩（mm^4）；

D——卷筒或滑轮的槽底（名义）直径（mm）。

3. 挤压应力

钢丝绳中的钢丝所受的挤压应力包括钢丝间相互作用的挤压应力及钢丝与绳槽接触点间的挤压应力。前者非常复杂且难以计算，可对后者作粗略估算。试验证明：挤压疲劳对钢丝的折断起到了决定性的作用。

钢丝与绳槽接触点间的最大挤压载荷 P 为

$$P=\frac{q_{max}}{Z} \tag{5-4}$$

式中 q_{max}——最大假想比压力；

Z——单位面积的接触点数。

最大假想比压力 q_{max} 可以根据钢丝绳张力 S 求出，计算模型如图5-22所示。其表达式为

$$dN=2S\sin\frac{d\varphi}{2}\approx Sd\varphi$$

则单位弧长的压力 p 为

$$p=\frac{dN}{\frac{D}{2}d\varphi}=\frac{Sd\varphi}{\frac{D}{2}d\varphi}=\frac{2S}{D}$$

假设钢丝绳是沿其半圆周与绳槽形成接触状况的，则可根据正弦分布规律求得接触点最大假想比压力 q_{max} 为

$$q_{max}=\frac{4}{\pi}\frac{p}{d}=\frac{8S}{\pi dD} \tag{5-5}$$

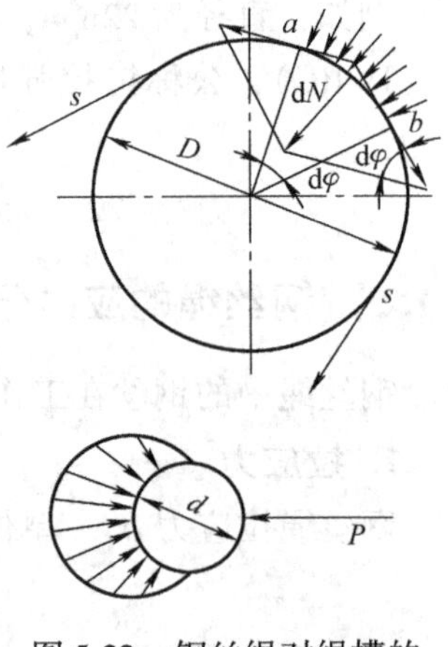

图5-22 钢丝绳对绳槽的挤压应力计算简图

另外，单位面积上的接触点数约为

$$Z=\frac{ab}{\pi dH_L} \tag{5-6}$$

式中 H_L——股中外层钢丝捻距；

a——绳中外层股数；

b——股中外层钢丝数。

将式（5-5）和式（5-6）代入式（5-4），可得最大挤压载荷 P 的计算公式为

$$P=\frac{8SH_L}{abD} \tag{5-7}$$

1）张力 S（静拉力）越大，接触点挤压载荷越大。

2）股的捻距 H_L 越短，挤压载荷越小，在制造技术要求中规定了一定的捻距，通常约为股径的10倍。

3）外层股数 a 越多，挤压载荷越小，这说明8股绳在这方面优于6股绳。

4）滑轮（卷筒）直径 D 越大，挤压载荷越小（且弯曲应力也小），增大滑轮（卷筒）直径可以延长钢丝绳的使用寿命。

5）对于 b 的影响，似乎其值越大，P 越小，但当绳径 d 一定而增大 b 时，将引起丝径 δ 减小而导致挤压应力增大，并且过小的丝径易于磨损报废。

在挤压载荷 P 作用下所产生的挤压应力 σ_j（单位 N/mm^2）为

$$\sigma_j=0.388\sqrt[3]{\frac{PE^2}{\rho^2}} \tag{5-8}$$

式中 ρ——接触折合曲率；

E——折合弹性模量（MPa）。

其中，E 的计算公式为

$$E=\frac{2E_1E_2}{E_1+E_2} \tag{5-9}$$

式中 E_1、E_2——钢丝的弹性模量和卷筒或滑轮绳槽的弹性模量（MPa）。

由此可见，采用低弹性模量的绳槽材料可以降低挤压应力，从而延长钢丝绳寿命，故采用铸铁滑轮对于钢丝绳是有利的。如果采用铝合金或尼龙制造滑轮或作为绳槽的衬料，可以大大延长钢丝绳的使用寿命。

按照式（5-9）计算所得的挤压应力数值可能很大。实际上，由于塑性变形与磨损使接触点处的接触面积增大，接触应力会大大降低。

5.1.6 钢丝绳直径的计算与选择

钢丝绳受力复杂，内部应力难以准确计算，通常按钢丝绳在工作状态下承受最大静拉力的模型来计算所需要的钢丝绳直径，并使钢丝绳具有足够而合理的安全性和耐久性。

1. 破断拉力安全系数法

（1）最小破断拉力安全系数法　该方法为计算-查表结合法，对运动绳和静态绳（张紧绳等）都适用，按与钢丝绳所属机构工作级别有关的安全系数来计算选择钢丝绳直径。

备选钢丝绳整绳的最小破断拉力 F_{min}（单位N）应满足

$$F_{min}\geqslant Sn \tag{5-10}$$

式中 S——钢丝绳最大工作静拉力（N）；

n——安全系数，根据机构工作级别和钢丝绳的工作状态从表5-7中选取。

表 5-7 钢丝绳的 n、C 值

	机构工作级别	选择系数 C 值 钢丝（绳）公称抗拉强度 σ_t/(N/mm^2)							安全系数 n	
		1470	1570	1670	1770	1870	1960	2160	运动绳	静态绳
纤维芯钢丝绳	M1	0.081	0.078	0.076	0.073	0.071	0.070	0.066	3.15	2.5
	M2	0.083	0.080	0.078	0.076	0.074	0.072	0.069	3.35	2.5
	M3	0.086	0.083	0.080	0.078	0.076	0.074	0.071	3.55	3
	M4	0.091	0.088	0.085	0.083	0.081	0.079	0.075	4	3.5
	M5	0.096	0.093	0.090	0.088	0.085	0.083	0.079	4.5	4
	M6	0.107	0.104	0.101	0.098	0.095	0.093	0.089	5.6	4.5
	M7	0.121	0.117	0.114	0.110	0.107	0.105	0.100	7.1	5
	M8	0.136	0.132	0.128	0.124	0.121	0.118	0.112	9	5
	机构工作级别	选择系数 C 值 钢丝（绳）公称抗拉强度 σ_t/(N/mm^2)							安全系数 n	
		1470	1570	1670	1770	1870	1960	2160	运动绳	静态绳
钢芯钢丝绳	M1	0.078	0.075	0.073	0.071	0.069	0.067	0.064	3.15	2.5
	M2	0.080	0.077	0.075	0.073	0.071	0.069	0.066	3.35	2.5
	M3	0.082	0.080	0.077	0.075	0.073	0.071	0.068	3.55	3
	M4	0.087	0.085	0.082	0.080	0.078	0.076	0.072	4	3.5
	M5	0.093	0.090	0.087	0.085	0.082	0.080	0.076	4.5	4
	M6	0.103	0.100	0.097	0.094	0.092	0.090	0.085	5.6	4.5
	M7	0.116	0.113	0.109	0.106	0.103	0.101	0.096	7.1	5
	M8	0.131	0.127	0.123	0.120	0.116	0.114	0.108	9	5

注：表中给出的 C 值是根据起重机常用钢丝绳 6×19W（S）型的最小破断拉力系数 K'，且只针对运动绳的安全系数计算而得的。对于纤维芯（NF）钢丝绳，$K'=0.330$；对于金属丝绳芯（IWR）或金属丝股芯（IWS）钢丝绳，$K'=0.356$。静态绳是指两端固定且不缠绕于卷筒或滑轮上的钢丝绳。

（2）钢丝绳的安全系数　钢丝绳的安全系数 n 反映了选绳过程中的安全性，一般按机构的工作级别和绳的工作状态而定。对于吊运危险荷重的起重用钢丝绳，一般应按比机构设计工作级别（不应低于 M5）高一级的工作级别来选择表 5-7 中钢丝绳最小安全系数 n 值（或钢丝绳选择系数 C），或使安全系数值增大 25%（最大值可达 9.0）。对于起升机构工作级别为 M7、M8 的某些冶金起重机和港口集装箱起重机等，在使用过程中能监控钢丝绳劣化损伤发展进程，在保证安全使用、保证一定寿命和及时更换钢丝绳的前提下，允许按稍低的工作级别选择钢丝绳。冶金起重机的最低安全系数不应小于 7.1，港口集装箱起重机主起升钢丝绳和小车曳引钢丝绳的最低安全系数不应小于 6，伸缩臂架用钢丝绳的安全系数不应小于 4。

需要注意的是，钢丝绳的安全性还与钢丝绳断裂强度（即破断拉力）的大小及其定义相关。

（3）钢丝绳破断拉力的含义　钢丝绳在承载拉断时的拉力值就称为钢丝绳破断拉力。破断拉力的含义在各个国家并不完全相同，一般可通过计算和实测的方法得到如下四种：

1）计算破断拉力。钢丝绳公称横截面积、钢丝绳强度级别及相应的换算系数之乘积。

2）理论破断拉力总和。组成钢丝绳的所有钢丝的破断拉力之和。

3）实测破断拉力。按规定方法直接进行整绳拉伸破断试验所获得的最大拉力测量值。

4）公称破断拉力。由钢丝绳制造厂承诺（或约定）的最小破断载荷值。

需要注意的是，对于规格较大的钢丝绳其整绳破断拉力会很大，从方便生产的角度出发（可配备较小吨位的拉力试验机），引入了钢丝破断拉力总和的概念，以此来估算出钢丝绳的破断拉力。与绳的破断拉力相对应，钢丝破断拉力总和也有其计算值、理论值、实测值等。

（4）钢丝绳最小破断拉力　当钢丝绳破断拉力是按照理论计算方法（绳参数）获得时称为钢绳的最小破断拉力 $F_0(F_{min})$，它等于钢丝绳公称直径 d 的平方、钢丝绳级别 σ_t 及最小破断拉力经验系数 K' 的连乘积。即

$$F_0 = K' d^2 \sigma_t \tag{5-11}$$

式中　d——钢丝绳的公称直径（mm）；

σ_t——用来表示钢丝绳破断拉力水平的钢丝绳级别（N/mm^2），如1770、1960等，但并不意味着钢丝绳中钢丝的实际抗拉强度级必须就是该级别，一般可取为钢丝绳中钢丝的最小（公称）抗拉强度；

K'——备选型号的钢丝绳最小破断拉力的经验折算系数，可由钢丝绳制造商提供，也可按下式计算

$$K' = fk\frac{\pi}{4} \tag{5-12}$$

式中　k——公称捻制（损失）换算系数，即制造商设计确定的最小破断拉力 F_{min} 与规定的最小破断拉力总和 F_{emin} 的比值，普通类别和结构的钢丝绳的系数 k 均在相关产品标准中给出，一般 $k<1$。

钢丝绳最小破断拉力 F_0 是根据规定方法进行整绳试验应达到的拉力值的下限，也是钢丝绳现行标准中的规定值，实测破断拉力值 F_m（检验钢丝绳承载能力及制绳质量的重要参数）不得低于该规定值。因此，钢丝绳最小破断拉力 F_0 成为选择及校验钢丝绳的重要力能参数之一，在制绳设计中是按理论最小破断拉力总和 F_{emin} 来确定的。

（5）钢丝绳选择中的耐久性问题　起重钢丝绳的耐久性（使用寿命）问题通常取决于内部因素和外部因素。内部因素主要涉及制绳工艺及过程，包括绳的设计、构造、制造等；外部因素主要涉及钢丝绳的选择及使用过程，包括类型选择（主要考虑内部因素的影响，如点/线接触等）、安全系数、最大张力（静态/动态）载荷、卷绕系统设计（卷绕方式、卷绕直径等）、工作循环性质（类型、次数等）、使用维护情况等。因此，除安全系数和最大张力载荷外，还应重点关注卷绕系统设计以及工作循环性质等。

图5-23所示为通过多次试验所获得的某型钢丝绳能够承受反复弯曲次数与拉应力、滑轮直径之间的关系曲线，给定钢丝绳为同向捻、$d=16mm$、6股（每股19根 $\delta=1mm$ 的钢丝），钢丝的抗拉强度 $\sigma_t=1400N/mm^2$，铸铁滑轮绳槽半径 $R=8.5mm$（机械加工）。由图5-23中曲线可知：滑轮直径 D 增大，拉应力减小，钢丝绳的使用寿命也相应增大。

因此，钢丝绳卷绕直径的确定必须确保其在更换之前具有一个较为合理的使用寿命。一种简单的计算方法是针对某些使用场合（例如用在起重机上时），规定一个固定的钢丝绳最

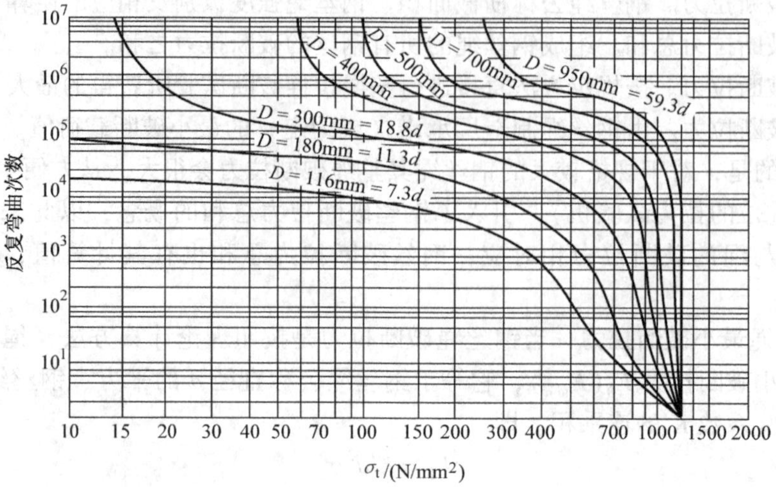

图 5-23　钢丝绳反复弯曲次数与卷绕直径、拉伸应力的关系曲线

小安全系数和最小卷绕直径（绳径的某个函数）。此种方法虽然在很多国家使用，有时甚至用法规形式加以规定，但并不能保证所选钢丝绳具有合理的使用寿命。

首先，不同类型的起重机械，其机构的载荷状态和使用等级程度均有很大差异，从而导致在某些情况下（如电厂用桥式起重机）的最小卷绕直径可能相对过高，而另外一些情况下（如作业繁重的抓斗起重机）则又可能显得相对较低。

其次，机构设计中为了获得较小的卷筒/滑轮卷绕直径，在给定的钢丝绳安全系数下，有时会采用较高抗拉强度的钢丝和较大填充系数的绳构造等方法，来尽可能地达到选用最小绳径的目标，而通过此种途径最终确定的钢丝绳（类型及直径），其实际使用寿命却并不能总是最佳的。例如，绳径相同的 6 股钢丝绳（$\sigma_t=2200\text{N/mm}^2$）和 8 股钢丝绳（$\sigma_t=1600\text{N/mm}^2$）相比，虽然后者的钢丝强度和绳构造的填充系数均较低，导致实际使用中的安全储备相对降低，但后者的使用寿命却可能比前者长很多。

另外，当采用相对于实测破断拉力或公称破断拉力的安全系数来确定钢丝绳时，为了获得较小的绳径，设计时可能会出现选用公称捻制（损失）换算系数较大的钢丝绳。但捻制损失的大小却与钢丝绳的耐久性（抵抗反复弯曲的能力等）无关，因此仍不能确保得到令人满意的钢丝绳耐久性。

综上所述，对所选钢丝绳的耐久性而言，安全系数项不能作为一个完全的充分条件，实际应用中也经常会出现得不到耐久性最佳结果的现象（仅能保证某种程度）。由于起重机主机厂经常难以考虑上述不同因素的影响，所以较好的简单方法是将钢丝绳最小直径 d_{min} 看做是最大静张力 S 的函数（C 系数法，C 值与机构组别有关）。

2. C 系数法

钢丝绳在固定安全系数下的最小直径 d_{min} 应满足下式要求

$$d_{min}\geqslant C\sqrt{S} \tag{5-13}$$

式中　C——钢丝绳的选择系数（最小值），初选钢丝绳时可按表 5-7 选择，当所选钢丝绳与表 5-7 中规定参数不符时，应按下式计算（C 是最小实际安全系数 n 的函数）

$$C=\sqrt{\frac{n}{K'\sigma_{\mathrm{t}}}}=\sqrt{\frac{n}{fk\frac{\pi}{4}\sigma_{\mathrm{t}}}} \tag{5-14}$$

需要注意的是，使用 C 系数法选择钢丝绳时，查表5-7所得到的 C 值不一定就符合最后确定的钢丝绳（K'可能变化），应在初选的基础上对 C 值按式（5-14）或式（5-10）进行修正，钢丝绳直径的确定宜在其理论计算值的1～1.25倍范围之内。

5.1.7 影响钢丝绳选择的其他因素

除绳径的计算以外，钢丝绳的选择还需考虑强度等级、结构形式、使用场所等因素。

1. 卷筒方向与钢丝绳选择

（1）钢丝绳捻制方向的确定　钢丝绳的捻制方向与钢丝绳在卷筒上的卷绕方向应相匹配，一般情况下右旋绳槽或右向卷绕在光面卷筒上时，选择左旋钢丝绳；左旋绳槽或左向卷绕在光面卷筒上时，选择右旋钢丝绳，如图5-24所示（适用于光面卷筒和带绳槽卷筒）。

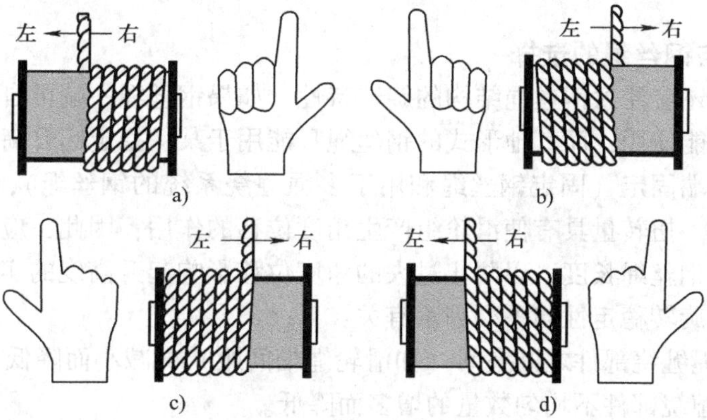

图5-24 确定钢丝绳在卷筒上的固定点的正确方法

a）右捻-下卷　b）左捻-下卷　c）右捻-上卷　d）左捻-上卷

图5-24a所示为右捻钢丝绳从右侧法兰盘开始的右旋卷绕，图5-24b所示为左捻钢丝绳从左侧法兰盘开始的左旋卷绕，图5-24c所示为右捻钢丝绳从左侧法兰盘开始的右旋卷绕，图5-24d所示为左捻钢丝绳从右侧法兰盘开始的左旋卷绕，大拇指指示方向为钢丝绳固定端。

（2）多层缠绕时需要考虑的因素　采用多层缠绕卷筒时，当第一层钢丝绳卷绕在卷筒上后，钢丝绳必须跨越下层钢丝绳，以便在卷绕第二层钢丝绳时提前跨越卷筒。上层钢丝绳跨越下层钢丝绳的点就是所谓的跨越点，在这些点周围区域内的钢丝绳容易加剧磨损和挤压。因此在采用多层卷绕时选择钢丝绳的构造形式需要注意：钢绳芯钢丝绳产生扭曲变形的可能性比纤维绳芯钢丝绳小；采用压实外层股捻制成的钢丝绳能明显抗挤压和扭曲变形；采用塑胶绳芯和涂塑钢丝绳能限制扭曲变形，同时能减少环境中湿气的进入。

2. 工作级别与钢丝绳的选择

当机构工作级别小于M4时，外层股的外层钢丝直径应不小于0.05倍的钢丝绳名义直径；因此，在选择名义直径小于8mm的钢丝绳的绳股结构时，应保证钢丝的规格与工作级别相适应。当机构工作级别等于或高于 M4 时，通常应选择具有最佳抗弯曲疲劳性能的钢丝绳绳型。另外，如果不能选择具有适当抗弯曲疲劳性能的钢丝绳绳型时，则应考虑增大滑轮和卷筒的直径。

3. 旋转和旋转接头的使用

旋转是影响钢丝绳有效运行的一个因素，在某些场合能导致钢丝绳提前损坏。所有钢丝绳在工作中均易产生旋转现象。

为限制起升作业时载荷旋转所造成的危害，确保在起升作业区内人员的安全，最好选择阻旋转钢丝绳。在无导绳器的单支起升时，则必须采用阻旋转钢丝绳。因为这种钢丝绳在承载时只有很少的旋转量。当采用阻旋转钢丝绳时，旋转接头的作用是消除由于钢丝绳在滑轮或卷筒上扭转而产生的旋转。

当使用抗旋转能力较小的钢丝绳时，可能需要借助旋转接头（防止钢丝绳旋转的装置）来阻止重物旋转，以使可能产生的危害降到最小。但应该认识到过大的旋转会对钢丝绳性能造成负面影响，导致钢丝绳破断拉力下降，其值取决于所用钢丝绳的旋转特性和起升载荷的大小。

4. 起升高度与钢丝绳的选择

选择钢丝绳时还应注意钢丝绳结构的旋转特性。如果钢丝绳一端可自由旋转，则某些构造形式的钢丝绳不能使用，而其他形式的钢丝绳只能用于某一指定起升高度范围内。

如果钢丝绳两端固定（固定钢丝绳和用于多绳缠绕系统的钢丝绳），则应考虑扭转量。在多绳缠绕布置中，扭转量具有使滑轮组产生角度位移的作用，因此，应考虑达到与起升高度有对应的足够的钢丝绳长度，以防止过大的角度位移影响起升高度的实现。

缠绕系统的抗旋转稳定性与下列因素有关：

1）随着钢丝绳缠绕部件之间空间（如滑轮绳槽间距）的减小而降低。

2）随钢丝绳缠绕部件不均匀数量的增多而降低。

3）随起升高度的增加而降低。

4）随钢丝绳绳型扭转量的增大而降低。

所选钢丝绳绳型的旋转特性（旋转圈数和扭转量）应由钢丝绳制造商提供。

5. 伸长率与钢丝绳的选择

很多原因会导致钢丝绳伸长，如钢丝绳固定点的位置变化（常被认为是永久性结构伸长，通常发生在钢丝绳投入使用后不久），钢丝绳拉伸而引起的弹性伸长，以及温度变化和钢丝绳的旋转。

纤维芯钢丝绳的伸长率比钢芯钢丝绳的伸长率大得多。如果伸长量是选择钢丝绳绳型所必须考虑的因素，那么这些值应由钢丝绳制造商根据特定的应用场合提供。

6. 温度与钢丝绳的选择

应注意钢丝绳制造商关于产品的安全须知和警告，特别应注意钢丝绳使用的极限温度。

5.1.8 钢丝绳的破坏形式及寿命因素分析

1. 钢丝绳主要的破坏形式及报废

经验表明：新绳以及处于正常状态的钢丝绳出现突然折断的现象是极少见的。钢丝绳在长期的使用过程中，经常绕入、绕出滑轮槽或卷筒槽，且在强大的拉伸载荷作用下，反复弯曲、挤压、扭转、磨损等会导致钢丝的金属疲劳。当承载循环次数达到一定数值时，外层钢丝会首先出现断折现象并扩展，随着断丝数增多，损坏的速度逐渐加快并向内层钢丝延伸，当钢丝中的断丝数达到一定限度后，若再继续使用就可能出现钢丝绳整绳突然断裂。

因此，起重机械的总体设计是不允许钢丝绳具有无限长的使用寿命的，而使用过程中的定期检查是保证安全作业的必要条件，并应按相应的规定进行钢丝绳的报废与更换。

钢丝绳的使用寿命（耐久性）是指从投入使用起至报废时止的使用期限。GB/T 5972—2009《起重机钢丝绳保养、维护、安装、检验和报废》规定了各种类型钢丝绳的报废标准，对于6股绳和8股绳的断丝通常发生在外表面，对于阻旋转钢丝绳的断丝大多发生在内部（因而是"非可见的"断丝），相关标准的节选部分见表5-8和表5-9。

表5-8　单层股和平行捻密实与阻旋转钢丝绳（钢制滑轮）报废标准（钢丝绳类别号RCN）

RCN. 02 单层股绳 6×19S-IWRC	RCN. 04 单层股绳 6×19M-WSC	RCN. 04 单层股绳 6×25F-IWRC	RCN. 09 单层股绳 6×36WS-IWRC
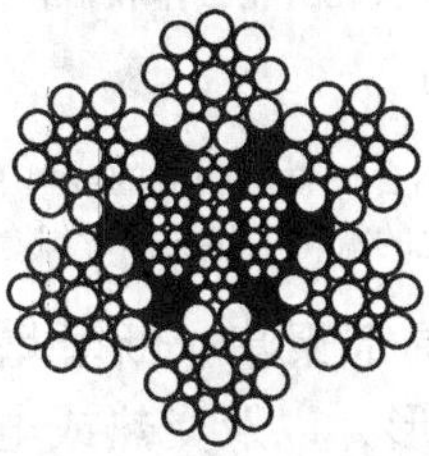			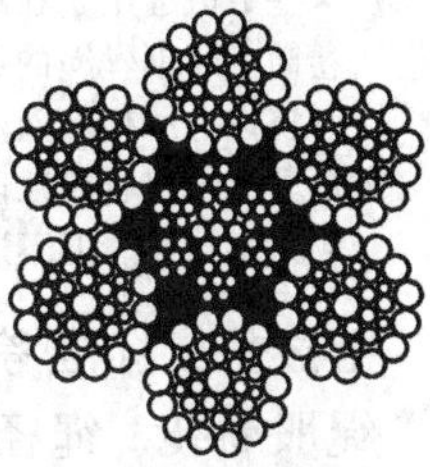
RCN. 04 单层股绳 8×19S-IWRC	RCN. 04 平行捻密实绳 8×19S-PWRC	RCN. 09 单层压实股绳 8×K26WS-IWRC	RCN. 23 阻旋转绳 18×7-WSC 或 19×7
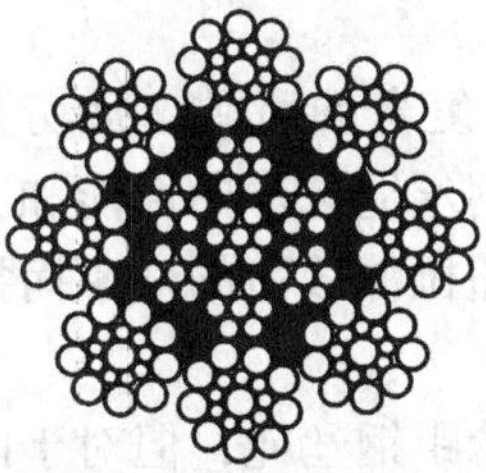	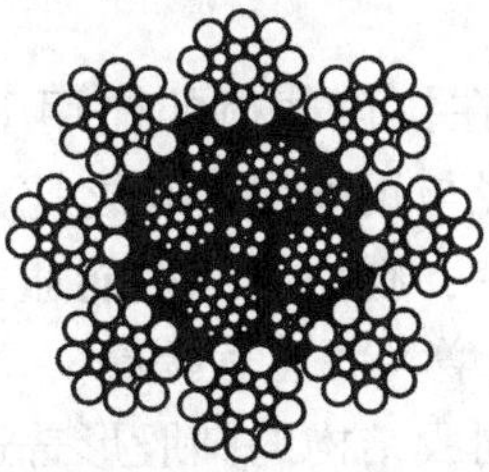	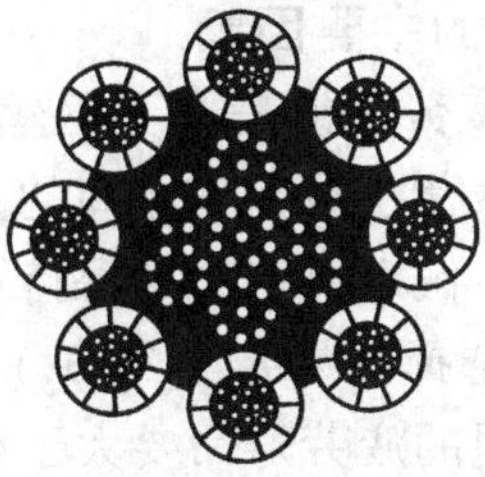	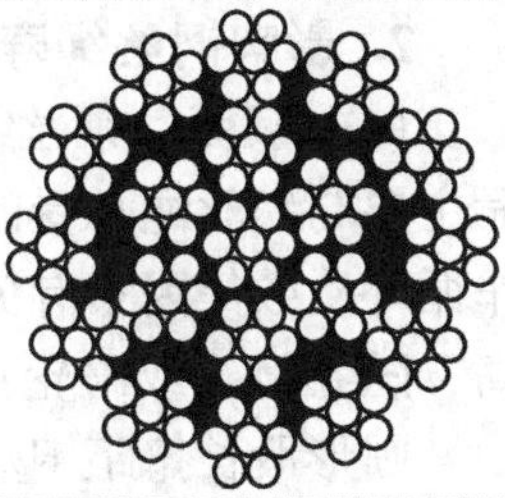

表5-9　单层股和平行捻密实与阻旋转钢丝绳（钢制滑轮）报废标准（可见断丝数）

钢丝绳类别号RCN	外层股中承载钢丝总数① b	可见断丝的数量②					
		在钢制滑轮和/或单层缠绕在卷筒上工作的钢丝绳区段（钢丝断裂随机分布）				多层缠绕⑤在卷筒上工作的钢丝绳区段③	
		工作级别M1～M4或未知级别④				所有工作级别	
		交互捻		同向捻		交互捻和同向捻	
		长度范围大于 $6d$	长度范围大于 $30d$	长度范围大于 $6d$	长度范围大于 $30d$	长度范围大于 $6d$	长度范围大于 $30d$
02	$51 \leqslant b \leqslant 75$	3	6	2	3	6	12
04	$101 \leqslant b \leqslant 120$	5	10	2	5	10	20
09	$201 \leqslant b \leqslant 220$	9	18	4	9	18	36

（续）

钢丝绳类别号 RCN	外层股中承载钢丝总数[①] b	可见断丝的数量[②]					
		在钢制滑轮和/或单层缠绕在卷筒上工作的钢丝绳区段（钢丝断裂随机分布）				多层缠绕[⑤]在卷筒上工作的钢丝绳区段[③]	
		工作级别 M1 ~ M4 或未知级别[④]				所有工作级别	
		交互捻		同向捻		交互捻和同向捻	
		长度范围大于 $6d$	长度范围大于 $30d$	长度范围大于 $6d$	长度范围大于 $30d$	长度范围大于 $6d$	长度范围大于 $30d$
23-1	阻旋转钢丝绳至少 11 个外层股 $76 \leqslant b \leqslant 100$	长度范围大于 $6d$（所有捻向）		长度范围大于 $30d$（所有捻向）		长度范围大于 $6d$	长度范围大于 $30d$
		2		4		4	8

① 标准中的填充钢丝未被视为承载钢丝，因而不包含在 b 值中。

② 断丝会有两个断头（按一根钢丝计数）。

③ 这些数值适用于在跃层区和由于缠入角影响重叠层之间产生干涉而损坏的区段（且并非仅在滑轮工作和不缠绕在卷筒上的钢丝绳的那段区段）。

④ 可将以上所列断丝数的两倍数值用于已知其工作级别为 M5 ~ M8 的机构。

⑤ 在多层缠绕卷筒区段上述数值也可适用于在滑轮工作的钢丝绳的其他区段，该滑轮是用合成材料制成的或具有合成材料轮衬。但不适用于在专门用合成材料制成的或以由合成材料轮衬组合的单层卷绕的滑轮工作的钢丝绳。

上述报废标准考虑了断丝的性质和数量，还包括绳端断丝、断丝局部聚集、断丝增加率、绳股断裂、绳径减小、弹性降低、外部磨损、外部及内部腐蚀与变形，以及受热或电弧作用引起的损坏、永久伸长和机械损伤等诸多因素。对于具体使用场合的钢丝绳，其致损原因是由使用工况所决定的一种或多种因素，应根据报废的主要原因来采取相应的措施。

2. 影响钢丝绳寿命的主要因素

（1）疲劳　钢丝绳疲劳通常是由于钢丝绳在拉伸载荷的作用下反复弯曲所致，疲劳寿命主要与钢丝绳承受的载荷、滑轮和卷筒的直径与钢丝绳直径之比、钢丝绳抗弯曲性能和工作循环次数等因素有关。假定机构尺寸保持不变，则钢丝绳性能通常随拉伸载荷的减小而提高，随卷筒（或滑轮）选择系数 h_1（或 h_2）的增大而显著提高。

圆形股长捻距钢丝绳的疲劳寿命要大于相同股结构的圆股形普通捻距钢丝绳，但对于两端都固定的钢丝绳，为防止旋转，只能选择单层股钢丝绳和平行捻密实钢丝绳。因此对于以疲劳破坏为主的钢丝绳，可以采取以下措施来提高使用寿命：

1）根据使用场所合理地选择钢丝绳的结构形式和提高钢丝绳选型的安全系数。

2）在卷绕系统的设计中应尽量减少钢丝绳的弯折次数，必须尽量避免反向弯折，反向弯折所引起的钢丝绳疲劳效应为同向弯折的两倍。

3）滑轮和卷筒直径 D 与钢丝绳直径 d 的比值也影响钢丝绳的寿命。D/d 值越大，即选用较大的滑轮与卷筒直径对钢丝绳的寿命越有利，故设计规范中规定了 D/d 的最小值。

4）滑轮与卷筒的材料太硬，对钢丝绳寿命不利。试验表明，以铸铁滑轮代替钢滑轮能提高钢丝绳寿命 10% ~20%，也可采用槽内嵌放软性耐磨衬垫的滑轮。

5）钢丝绳使用中的维护保养，如定期润滑可防锈蚀、减小磨损，从而提高其使用寿命。

（2）其他因素

1）腐蚀。腐蚀通常伴随疲劳一起发生，因而是导致钢丝绳报废的主要原因之一。除了使用中处于非常干燥的工况下外，总会有得不到防护（未镀锌等）的钢丝发生腐蚀的情况。如果工作环境中存在严重腐蚀风险，则最好采用镀锌钢丝绳。

需要注意的是，钢丝绳的防腐要求有时会与抗疲劳要求相矛盾。防腐要求钢丝粗、数量少，而抗疲劳则要求钢丝细、数量多。钢丝绳结构的选择常采用综合的折中方法。

2）磨损。钢丝的磨损主要发生在钢丝绳的外层。外层钢丝数量少、直径较大的钢丝绳（如6×19S西鲁式）相比外层钢丝数量多、直径较小的钢丝绳（如6×36WS瓦林吞-西鲁式）而言，在抗磨损方面的工作性能更好，寿命更长；紧密捻制外层的钢丝绳比无紧密捻制外层的钢丝绳具有更长的耐磨损寿命。

需要注意的是，钢丝绳的耐磨损性能要求也与抗疲劳要求相矛盾，通常当外层股钢丝数增加时，其抗疲劳性能有所提高，然而耐磨损性能却有所降低。

3）机械损伤（如压扁）。如果压扁是造成报废的主要原因，则推荐采用具有钢芯和紧密外层股的平行股密实钢丝绳。

5.1.9 钢丝绳绳尾的固定

钢丝绳在使用时需与其他承载零件连接，以传递载荷。其连接方法大致有以下几种：

1. 编结法

如图5-25a所示，将钢丝绳尾端绕过心形套环后，每个绳股依次穿插在绳的主体中，与主体绳编结在一起，并用细钢丝扎紧，捆扎长度不应小于（20～25）d（d为钢丝绳直径），同时不应小于300mm。直径在15mm以下的钢丝绳，每股穿插次数不少于4；直径为15～28mm的钢丝绳，每股穿插次数不少于6。用编结固定绳端的钢丝绳强度为钢丝绳本身强度的75%～90%，绳径小的取大值。

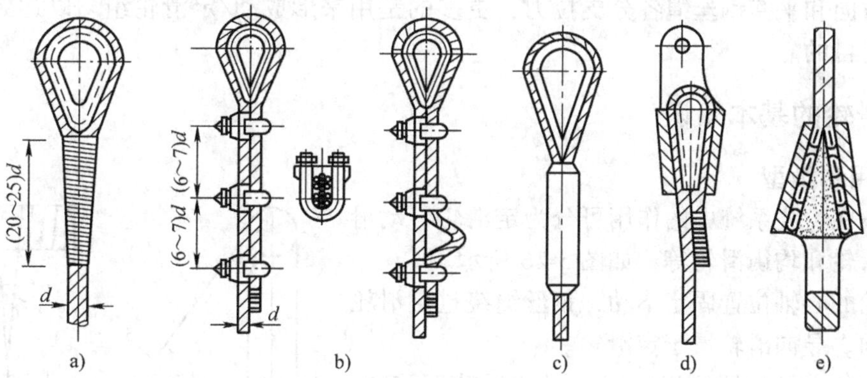

图5-25 钢丝绳绳尾的固定

2. 绳卡固定法

如图5-25b所示，钢丝绳套在心形套环上，用特制的钢丝绳绳卡通过预紧螺栓来固定，固定绳卡的数量与距离应根据钢丝绳直径d的大小确定（$d\leqslant16$mm——三个，16mm$<d\leqslant$20mm——四个，20mm$<d\leqslant$26mm——五个，$d>$26mm——六个），绳卡间距和最后一个绳卡后的钢丝绳尾端长度都不应小于（5～6）d。此方法简便可靠，拆连方便，因此得到广泛应用。钢丝绳卡头已有标准，可查阅有关手册。

需要注意的是，安装时绳卡底板扣在承载分支上，U形螺栓扣在无载分支上，固定处强度为钢丝绳本身强度的80%~90%，如果绳卡装反，强度将下降到75%以下。有时还可在最后两个绳卡之间放松无载分支，作为绳卡松动预报信号以便及时采取措施。

3. 铝合金压头法

如图5-25c所示，将钢丝绳端头拆散后分为六股，各股留头错开，留头最长不超过铝套长度，并切去绳芯，弯转180°后用钎子分别插入主索中，然后套入铝套，在气锤上压成椭圆形，再用压模制成形。此法加工工艺性好，质量小，安装方便，一般常作起重机固定拉索用。

4. 楔形套筒法

如图5-25d所示，钢丝绳尾端绕过楔块，利用楔块在楔套内的锁紧作用使钢丝绳固定。这种固定方法用于空间紧凑的情况，固定处的强度为钢丝绳本身强度的75%~85%，当再使用两个绳卡把钢丝绳尾端与钢丝绳固定后，固定处的强度可达到钢丝绳本身的强度。此方法安全、简便。

5. 锥形套筒灌铅法

如图5-25e所示，钢丝绳尾端穿入锥形套筒后将钢丝绳端拆散，将钢丝末端弯成钩状，然后灌入铅、锌等易熔金属，冷却后即成形。固定处的强度与钢丝绳本身的强度大致相当。此方法操作复杂，但连接可靠。

5.2 滑轮与滑轮组

滑轮是卷扬类机构的重要组成部分之一，作为钢丝绳的导向件和支承件，主要用来改变钢丝绳的方向和平衡钢丝绳各分支拉力，更多的是用来形成动/定滑轮组，以达到省力、增速或省时的目的。

5.2.1 滑轮的基本知识

1. 作用和类型

滑轮按在卷绕系统中的作用可分为定滑轮、动滑轮、导向滑轮和均衡滑轮等，如图5-26所示。

定滑轮的心轴位置固定不动，钢丝绳绕过定滑轮改变了方向。导向滑轮属于定滑轮。

动滑轮的心轴位置可以随钢丝绳的运动而移动，其与定滑轮配套使用构成滑轮组，以达到省力或增速的目的。

均衡滑轮只利用滑轮的转动来均衡钢丝绳的拉力，可出现在动/定滑轮中。

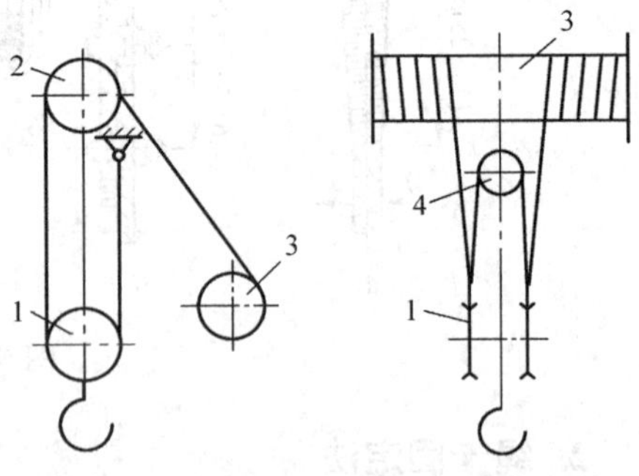

图5-26 定滑轮、动滑轮和均衡滑轮
1—动滑轮 2—导向（定）滑轮 3—卷筒 4—均衡滑轮

2. 材料与制造工艺

（1）铸造滑轮（图5-27a） 灰铸铁是滑轮常用的材料，如HT200，具有廉价、工艺性好、易于切削加工的特点，且由于其弹性模量较小，可减小与钢丝绳之间的挤压应力，对钢丝绳的损伤小，有利于延长钢丝绳的使用寿命。灰铸铁滑轮的缺点是强度低、脆性大，在碰撞中容易引起轮缘破裂，寿命较短，因此多用在轻、中级工作类型的起重机上，在粗暴工作环境和不易检修环境下多改用铸钢滑轮。

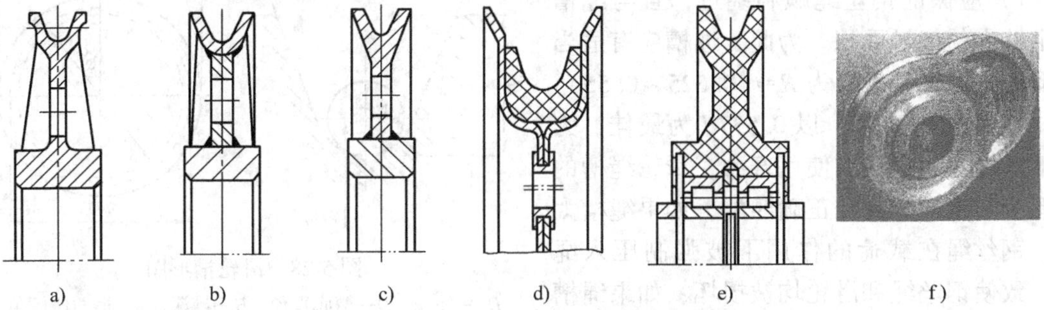

图 5-27 滑轮类型与构造

a）铸造滑轮 b）焊接滑轮 c）热轧焊接滑轮 d）轧制滑轮（双辐板软垫） e）尼龙滑轮 f）铝合金滑轮

铸钢滑轮常用的材料是 ZG 270-500，其改善了灰铸铁滑轮的不足，强度和冲击韧度都较好，可用于工作级别较高、重载、粗暴工作条件以及不易检修更换的场合。但铸钢滑轮工艺性较差，绳槽表面硬度高，对钢丝绳损伤大。

（2）焊接滑轮（图 5-27b） 焊接滑轮首先是把具有绳槽形状的型钢热弯成需要的直径后与轮辐焊接在一起，然后与安装轴承的轮毂焊接在一起后再加工滑轮的外圆和轮毂内孔，其轮辐、轮缘、轮毂的材料要求具有一定的强度、韧性和焊接性，一般采用性能不低于 Q235B 的材料。

焊接滑轮具有自重轻、强度高、外形美观的优点。但在焊接成形后绳槽部分一般不再加工，很难控制其绳槽的焊接变形，因此造成工作平稳性差，加剧了钢丝绳的磨损。

（3）热轧焊接滑轮（图 5-27c） 热轧焊接滑轮首先是直接在圆环形钢板坯料上加热，用成形模具把圆板边缘轧制成所需要的绳槽形状，然后与轮毂焊接在一起后再加工滑轮的外圆和轮毂内孔。

热轧焊接滑轮除了具有焊接滑轮的优点外，由于其比焊接滑轮减少了一次焊接工艺，避免了绳槽的焊接变形，且生产率很高，故广泛使用于各类起重机上。

（4）双辐板轧制滑轮（图 5-27d） 双辐板轧制滑轮是由轮辐、轮缘、轮毂组合而成的一种滑轮，其轮辐、轮缘由两片薄钢板压制成形，相对而合，轮辐上有若干个圆形减重孔，孔内装有管套，用胀管铆接的方法将管套和两片轮辐紧密连接为一体，在轮缘内侧部位镶嵌有圆环形工程塑料作为绳槽。两片轮辐一般采用性能不低于 Q235B 的材料，绳槽材料可采用 MC 尼龙。

双辐板轧制滑轮具有质量小、用材省、对钢丝绳损伤小和使用寿命长的特点，当绳槽磨损到一定程度后，仅需更换尼龙绳槽即可。尼龙绳槽一般用紧定螺钉固定，更换起来比较方便。

另外，对于安装在起重机伸缩臂臂端的滑轮，减轻滑轮自重具有特别重要的意义，这样可以减小整机的倾覆力矩，此时可采用尼龙滑轮（图 5-27e）和铝合金滑轮（图 5-27f），具有自重轻、耐磨损的优点。但造价较高。

3. 滑轮的构造

（1）滑轮的槽形 滑轮的槽形由一个圆弧形的槽底与两个倾斜的侧壁组成，如图 5-28

所示。

对于槽形的具体要求是：

1）应保证钢丝绳顺利绕过，且与绳槽有足够大的接触面积。为此，绳槽应有适当的绳槽半径，一般取为 $R\approx(0.525\sim0.550)d$，$d$ 为钢丝绳直径，以 $0.537d$ 为最佳。为使钢丝绳达到最佳的使用寿命，滑轮绳槽的槽形应与钢丝绳直径正确匹配，如果绳槽太小，钢丝绳在载荷的作用下被强制压入绳槽，致使钢丝绳和滑轮均被损坏；如果绳槽太大，则会造成钢丝绳没有足够的支承，从而导致钢丝绳在载荷的作用下变扁和扭曲，加速钢丝绳损坏。当滑轮绳槽需要通过钢丝绳接头时，绳槽尺寸必须加大。

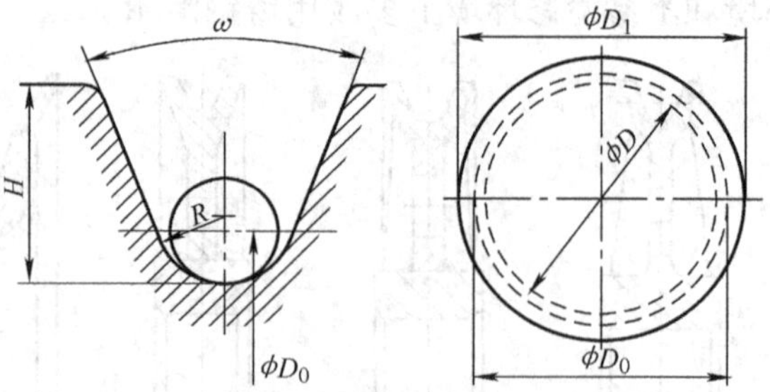

图 5-28　滑轮槽形图

D_1—外径　D—槽底直径　H—槽深　ω—槽两侧倾角　R—绳槽半径　D_0—钢丝绳缠绕（节圆）直径

2）允许钢丝绳有一定的角度偏斜（设计规范规定偏斜角 $\gamma<5°$）。这样不致使钢丝绳和绳槽边缘产生摩擦，即不磨边、不脱槽，因此，绳槽侧面应有适当的夹角，通常 $\omega=2\beta\approx35°\sim60°$，$\beta$ 角过小，允许偏角减小，β 角过大，钢丝绳接触角（$180°-\beta$）减小，并使滑轮宽度增大。

3）绳槽应具有足够大的深度 H 以防止钢丝绳脱槽。增大深度 H 还可以使钢丝绳允许偏角增大，一般 H 不小于 1.5 倍的钢丝绳公称直径。

4）绳槽表面应光洁平滑，不能有损伤钢丝绳的缺陷。对于铸造滑轮，绳槽表面需要经过切削加工；对于焊接滑轮和热轧焊接滑轮，绳槽表面不需要再进行切削加工。

5）绳槽表面有一定的硬度要求。钢丝绳与滑轮构成一对摩擦副，钢丝绳硬度一般为 40～45HRC。当滑轮绳槽的硬度低于钢丝绳硬度时，滑轮先磨损；当滑轮绳槽的硬度高于钢丝绳硬度时，钢丝绳先磨损。

国家滑轮标准将滑轮绳槽表面硬度分为四个等级，分别为低硬度（20HRC 以下）、中硬度（20～30HRC）、中高硬度（30～40HRC）和高硬度（40～55HRC）。表面硬度可根据使用条件和使用工况进行选择。使用不频繁的起重机可以选用硬度较低的滑轮；虽使用较频繁但滑轮更换较方便的起重机也可以选用硬度较低的滑轮，以降低钢丝绳的磨损；而使用较频繁但滑轮不方便更换的起重机（如港口起重机），宜选用硬度较高的滑轮。

（2）滑轮的轮辐　小直径的滑轮轮辐通常为整体的辐板，较大的滑轮一般每侧加 4～6 个加强肋，在各肋之间有适当尺寸的圆孔；更大的滑轮也可以制成若干个椭圆形断面或工字形断面的轮辐；大型焊接滑轮的轮辐可用角钢、扁钢或钢管制成。

（3）滑轮的支承　滑轮一般通过轴承支承在心轴上，大多数采用滚动轴承（向心），常用深沟球轴承、圆柱/圆锥滚子轴承和双列满装圆柱滚子轴承等，采用螺旋滚柱轴承可吸收冲击和振动，在低速滑轮或均衡滑轮上也可以采用滑动轴承，如图 5-29 所示。当采用深沟球轴承、圆柱滚子轴承等不带密封的轴承时，在轴承外侧要加装端盖，用以防止灰尘的进入和润滑油的渗出。

（4）滑轮的受力分析　滑轮的受力根据钢丝绳张力的合力 N 计算，如图 5-30 所示。即

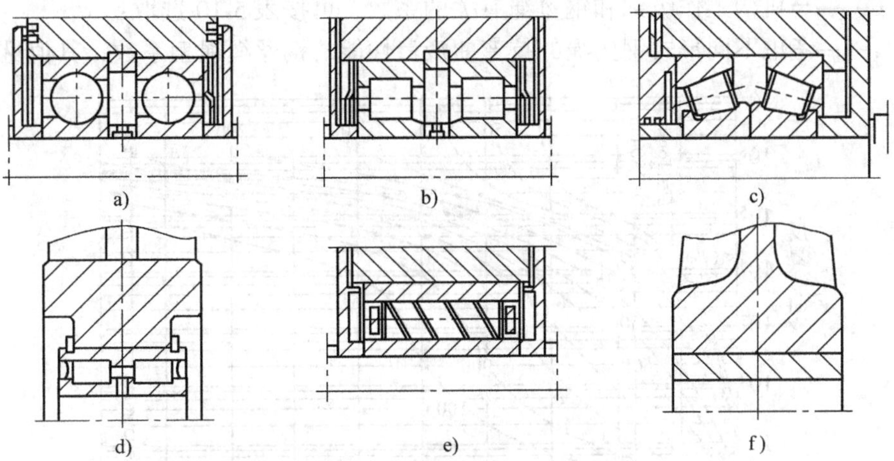

图 5-29 滑轮轴承的装配图

a）深沟球轴承 b）圆柱滚子轴承 c）圆锥滚子轴承

d）双列满装圆柱滚子轴承 e）螺旋滚柱轴承 f）滑动轴承

$$N = 2\sin\frac{\theta}{2} \tag{5-15}$$

滚动轴承根据 N 及所要求的寿命来选定。滑动轴承的尺寸可根据比压力 p 决定。即

$$p = \frac{N}{d_1 l} \leqslant [p] \tag{5-16}$$

式中 d_1——滑轮轴直径（mm）；

l——滑轮轴承宽度（mm）。

$[p]$——许用比压力（N/mm^2），钢-铸铁滑动轴承 $[p]=4\sim6N/mm^2$，钢-青铜滑动轴承 $[p]=10\sim15N/mm^2$。

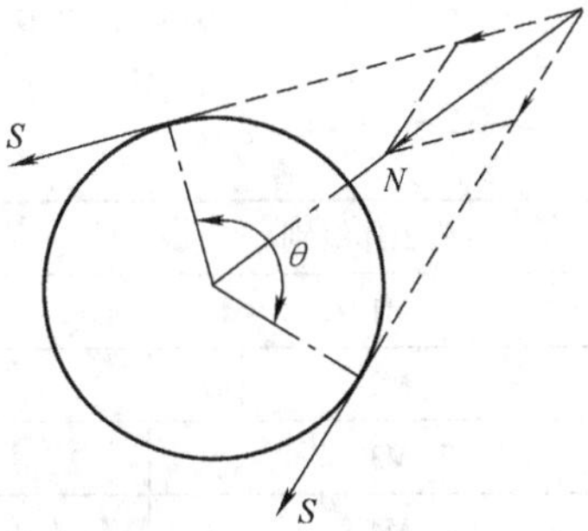

图 5-30 滑轮的支承合力

5.2.2 滑轮直径的确定

滑轮直径的大小对于钢丝绳的使用寿命具有重大影响。在其他条件不变的情况下，随着滑轮和卷筒直径的减小，钢丝绳的使用寿命将逐渐减小；反之，增大滑轮直径 D 可以大大延长钢丝绳的寿命，这不仅是由于减小了钢丝绳的弯曲应力，更重要的是减小了钢丝绳与滑轮之间的挤压应力。试验证明，由挤压应力产生的这种挤压疲劳对于钢丝的断折起了决定性的作用。图 5-31 所示为滑轮直径 D 和强度等级 σ_t 对钢丝绳使用寿命的影响。

试验条件：6 股同向捻钢丝绳，直径 $d=16mm$，每股由 19 根丝径 $\delta=1mm$ 的钢丝组成，绳（钢丝）的抗拉强度等级 $\sigma_t=1400N/mm^2$，铸铁滑轮带有机械加工的绳槽（$R=8.5mm$）。

滑轮直径 D 是指滑轮槽底直径（即滑轮的名义直径）。为了保证钢丝绳有足够的寿命，滑轮直径 D 常取为钢丝绳直径 d 的函数（与机构组别有关），最小卷绕直径 D_{0min} 一般不应小于下式规定的数值。即

$$D \geqslant D_{0min} - d = (ht-1)d \tag{5-17}$$

式中 D_{0min}——按钢丝绳中心计算的滑轮（或卷筒）最小卷绕直径（mm），$D_{0min}=thd$；

h——与机构工作级别和钢丝绳有关的系数，可按表 5-10 选取；

t——考虑不同形式钢丝绳的抗弯曲疲劳性能的钢丝绳绳型系数，其值见表 5-11。

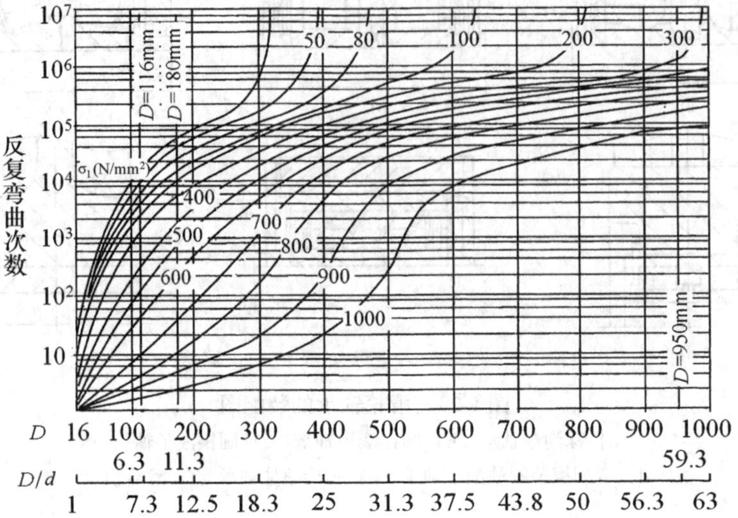

图 5-31　滑轮直径 D 和强度等级 σ_t 对钢丝绳使用寿命的影响

表 5-10　系数 h

机构工作级别	卷筒 h_1	滑轮 h_2	平衡滑轮 h_3
M1	11.2	12.5	11.2
M2	12.5	14	12.5
M3	14	16	12.5
M4	16	18	14
M5	18	20	14
M6	20	22.4	16
M7	22.4	25	16
M8	25	28	18

注：1. 采用抗扭转钢丝绳时，h 值应按比机构工作级别高一级的值选取。

2. 对于流动式起重机及某些水工工地用臂架起重机，建议取 $h_1=16$，$h_2=18$，与工作级别无关。臂架伸缩机构滑轮的 h_2 值，可选为卷筒的 h_1 值。对于桥式和门式起重机，取 h_3 等于 h_2。

3. 本表的 h 值不能限制或代替制造厂之间的协议，当采用不同柔性的新型钢丝绳时更应注意。

表 5-11　钢丝绳绳型系数 t

钢丝绳外层股数	绳型系数 t
3～5	1.25
6～10	1.00
8～10 塑性浸渍	0.95
≥10 和更大的 RR（阻旋转钢丝绳）	1.00

需要注意的是，工程上实际并不存在滑轮（或卷筒）的绝对最小直径，以至于小于这

个直径时钢丝绳就无法工作。同样，对不同类型的钢丝绳而言，也不存在一个其所需要的绝对最小滑轮（或卷筒）直径。当用安全系数法和 C 系数法求出最小钢丝绳直径并由此确定了卷筒和滑轮的最小直径后，只要实际采用的钢丝绳直径不大于原计算得出的最小直径的25%，钢丝绳实际的拉力不超过原计算钢丝绳最小直径时的最大工作静拉力 S 值，则新选的钢丝绳仍可以与算得的卷筒和滑轮的最小直径配用。

滑轮的 h 值要比卷筒大，在一个工作循环中，钢丝绳绕过滑轮时所受到的反复弯曲次数（拉直-弯曲-拉直）是绕过卷筒时（拉直-弯曲）的两倍，绕过滑轮的钢丝绳张力大多数情况下也会大于绕在卷筒上的钢丝绳张力。另外，平衡滑轮的 h 值必要时可低一些。

5.2.3 滑轮的效率

1. 钢丝绳绕过滑轮的阻力

钢丝绳绕过滑轮时的阻力由两部分组成，一部分是钢丝绳内部摩擦产生的僵性阻力，一部分是滑轮轴承的摩擦阻力。

（1）钢丝绳的僵性阻力 F_{w1}（图5-32） 由于钢丝绳有一定的僵性，当其曲率半径改变时，钢丝绳的丝与丝之间、股与股之间均出现相对滑移而产生摩擦，此摩擦力阻止曲率的改变。因此，当绕入滑轮时并不能立刻适应滑轮的曲率，钢丝绳的内部摩擦和弹性都阻碍它沿滑轮弯曲，因而产生一偏离值 e_1。同理，当钢丝绳绕出滑轮时也不能立刻恢复到直线状态，也产生一偏离值 e_2，$e_2 < e_1$。这是因为绕出时钢丝绳的内摩擦阻碍其伸直而弹性却使它伸直所致。

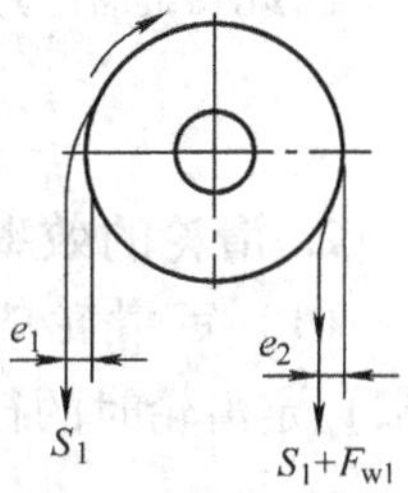

图5-32 钢丝绳僵性阻力

钢丝绳的僵性阻力 F_{w1} 使绕入分支力臂增大，绕出分支力臂减小，欲使滑轮转动，必须增大绕出分支拉力。

设两分支拉力相差为 F_{w1}，则由平衡条件 $S_1(R+e_1)=(S_1+F_{w1})(R-e_2)$ 可得钢丝绳的僵性阻力 F_{w1} 为

$$F_{w1}=\frac{e_1+e_2}{R-e_2}S_1=\lambda S_1 \tag{5-18}$$

式中 S_1——钢丝绳分支张力（N），绕入端为 S_1，绕出端为 S_2；

R——滑轮半径（算至钢丝绳中心）（mm）；

e_1、e_2——在绕进和绕出时钢丝绳的偏离值（mm）；

λ——钢丝绳僵性系数，它与材料弹性、钢丝绳构造及钢丝绳和滑轮的直径有关，对于一般钢丝绳，可按经验公式 $\lambda=0.1d/D$ 选取。

由式（5-18）可知，滑轮直径越小，钢丝绳弯曲与伸直时的摩擦位移越大，摩擦功也越大，僵性阻力也就越大。因此，增大滑轮直径除了对钢丝绳寿命有利外，对于减小滑轮阻力也是有利的。

由于僵性阻力是因钢丝绳绕入、绕出滑轮的摩擦功引起的，因此，它与钢丝绳在滑轮上停留的弧长大小无关，即一般来说僵性阻力与包角大小无关。但当包角小于一定值后（约为30°），僵性阻力随包角成比例下降。这是因为钢丝绳的实际弯曲已经达不到与滑轮曲率密切贴合的程度导致的结果。

（2）滑轮轴承摩擦力 F_{w2}（图5-33） 滑轮轴承内摩擦力是钢丝绳拉力对轴承的压力引

起的。若近似地假设钢丝绳两端拉力相等，滑轮自重忽略不计，则滑轮轴承上产生的正压力 F_N 为

$$F_N = 2S_1\sin(\alpha/2)$$

轮缘上需增加作用力 F_{w2}，以克服 F_N 引起的摩擦力矩。即

$$F_{w2}\frac{D}{2} = \mu F_N\frac{d_1}{2} = \mu\frac{d_1}{2}2S_1\sin(\alpha/2)$$

$$F_{w2} = \frac{2\mu d_1 S_1\sin(\alpha/2)}{D}$$

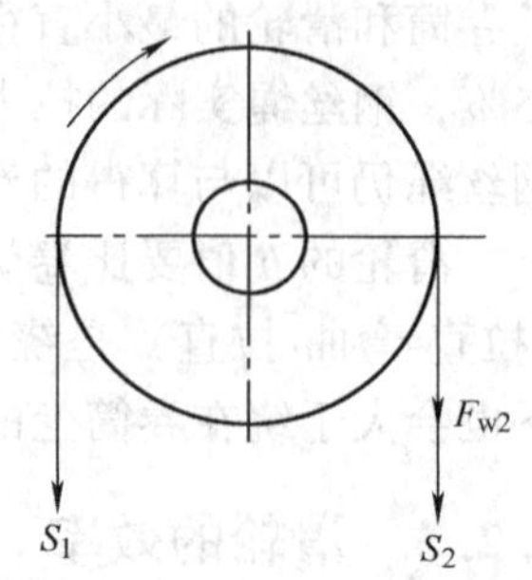

图 5-33 轴承摩擦阻力

当包角 $\alpha = 180°$时

$$F_{w2} = \frac{2\mu d_1 S_1}{D}$$

式中 μ——滑轮轴承内的摩擦因数；

d_1——滑轮轴枢直径（mm）。

由此得总阻力为

$$F_w = F_{w1} + F_{w2} = \left(\lambda + \frac{2\mu d_1}{D}\right)S_1 \tag{5-19}$$

2. 滑轮的效率

（1）定滑轮的效率　由于钢丝绳绕入（S_1）与绕出（S_2）定滑轮时的行程相等（图5-34a），故定滑轮效率 η_1 为

$$\eta_1 = \frac{S_1}{S_2} = \frac{S_1}{S_1 + F_w} = \frac{1}{1 + \lambda + 2\mu d_1/D} \tag{5-20}$$

（2）动滑轮的效率　重物与动滑轮心轴一体，由于动滑轮绕出分支端的钢丝绳行程比重物行程大一倍（图5-34b），故动滑轮效率 η_2 为

$$\eta_2 = \frac{P_Q h}{S_2 2h} = \frac{P_Q}{2S_2} \tag{5-21}$$

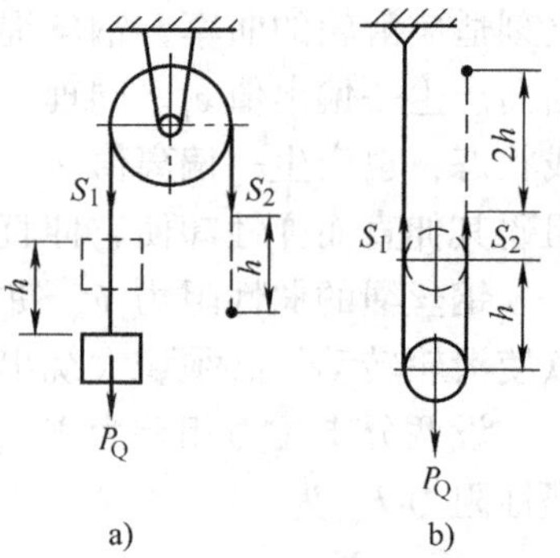

图 5-34 定/动滑轮效率示意图

a）定滑轮 b）动滑轮

已知 $S_1 + S_2 = P_Q$，$S_1 = \eta_1 S_2$，故 $P_Q = (1 + \eta_1)S_2$。

将 P_Q 代入式（5-21），则有

$$\eta_2 = \frac{(1 + \eta_1)S_2}{2S_2} = \frac{1 + \eta_1}{2} \tag{5-22}$$

将动滑轮效率 η_2 与定滑轮效率 η_1 进行比较。即

$$\frac{\eta_2}{\eta_1} = \frac{(1 + \eta_1)/2}{\eta_1} = \frac{1 + \eta_1}{2\eta_1} > 1 \tag{5-23}$$

由于效率 η_1 总是小于1的，故 $\eta_2/\eta_1 > 1$，即动滑轮效率比定滑轮高。但在实际计算中，为简便起见，对所有的滑轮均取相同的效率值，采用滑动轴承时 $\eta_1 = \eta_2 = \eta = 0.95 \sim 0.96$，采用滚动轴承时 $\eta_1 = \eta_2 = \eta = 0.98$。

5.2.4 滑轮组

1. 滑轮组的种类

钢丝绳按设计原理依次绕过若干定滑轮和动滑轮所组成的装置称为滑轮组。

滑轮组按工作原理可分为省力滑轮组和增速滑轮组，如图 5-35 所示。省力滑轮组按其与卷筒的联系（分支数）可分为单联滑轮组、双联滑轮组和多联滑轮组等，如图 5-36 所示。

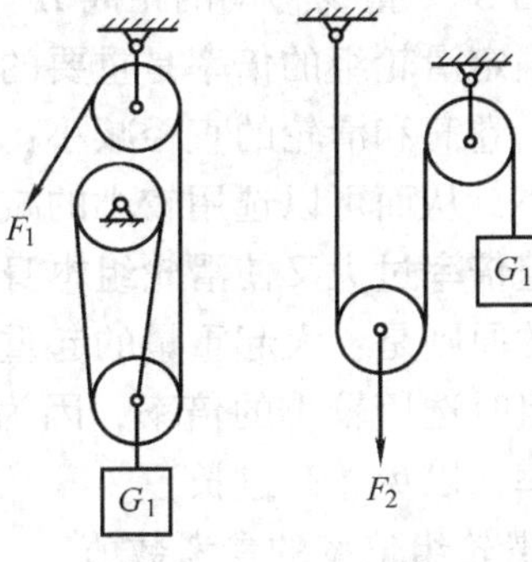

图 5-35 省力滑轮组和增速滑轮组

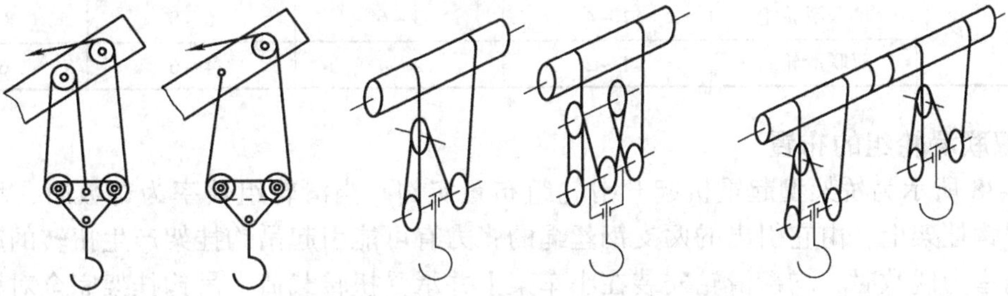

图 5-36 单联滑轮组和双联滑轮组

a）单联滑轮组 b）双联滑轮组 c）四联滑轮组

省力滑轮组的特点是钢丝绳以较小的张力承受较重的物品重力（图 5-35a，钢丝绳的张力 $F_1=G_1/3$，但省力不省功），因而在起升机构和钢丝绳变幅机构中广泛应用。增速滑轮组的特点是用较短的滑轮行程以获得较大的货物提升行程（图 5-35b，滑轮行程为 h，货物的行程为 $2h$，但滑轮上的主动推力 $F_2=2G_1$），适用于叉车门架的升降机构等。

省力单联滑轮组多用于小型臂架型起重机和电动葫芦等，而双联滑轮组和多联滑轮组多用于桥架型起重机和大起重量的起重机。

2. 滑轮组的倍率

图 5-37 所示为展开的单联滑轮组。忽略滑轮阻力，则钢丝绳每一分支所受的拉力都等于 S。根据平衡条件可知

$$S=\frac{P_Q}{m} \tag{5-24}$$

同理，对于双联滑轮组，载荷 P_Q 悬挂在 $2m$ 分支上，钢丝绳每一分支的拉力为

$$S=\frac{P_Q}{2m} \tag{5-25}$$

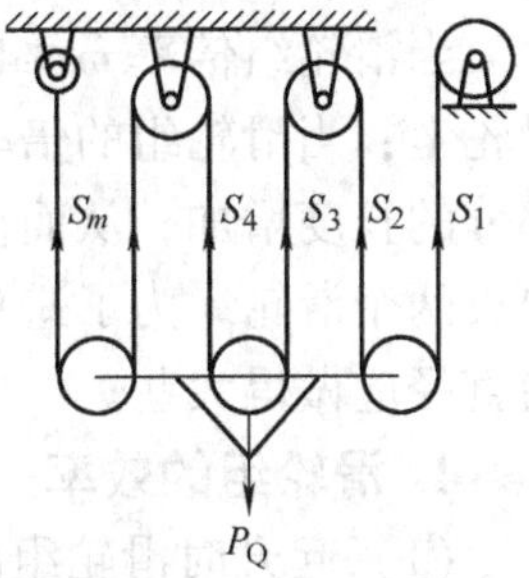

图 5-37 滑轮组的倍率

式中　m——滑轮组的倍率，也是省力和减速的倍数。

$$m=\frac{\text{起升载荷 }P_Q}{\text{理论起升力 }S}=\frac{\text{绳索端移动的距离 }L}{\text{重物移动的距离 }H}=\frac{\text{绳索速度 }v_s}{\text{重物速度 }v} \tag{5-26}$$

在起升机构设计中，恰当地确定滑轮组的倍率是重要的。选用较大的倍率可使钢丝绳的受力减小，从而使钢丝绳的直径、卷筒和滑轮的直径减小；减小卷筒直径可使卷筒所受转矩减小，即减速器输出轴的转矩减小，从而可以选用较小的减速器，使整个起升机构达到尺寸紧凑、质量小的效果。但是滑轮组倍率过大又使滑轮组本身笨重复杂，卷筒增长，同时使效率降低，钢丝绳磨损严重。一般的原则是：大起重量的起重机选用较大的倍率，以避免采用过粗的钢丝绳；当采用双联滑轮组时选用较小的倍率，因为这时分支数与滑轮的数目较多。起升高度很高时，宜选较小的倍率，以免卷筒过长。

表 5-12 所列为起升机构常用滑轮组倍率的参考数值。

表 5-12　滑轮组倍率 m

起重量 m_{RC}/t		<5	8~32	50~100	125~250
m	单联滑轮组	1~4	3~6	6~8	8~12
	双联滑轮组	1~2	2~4	4~6	6~8

3. 双联滑轮组的布置

图 5-38 所示为桥架型起重机起升滑轮组布置实例。当滑轮组倍率为奇数时，均衡滑轮安装在吊钩挂架上，由它引出的两支钢丝绳的张力有可能引起吊钩挂架产生扭转的趋势；当滑轮组倍率为偶数时，均衡滑轮安装在小车架上并承受扭转载荷，吊钩挂架完全对称不会产生水平面内的扭转摆动。因此，最好将滑轮组倍率取为偶数。

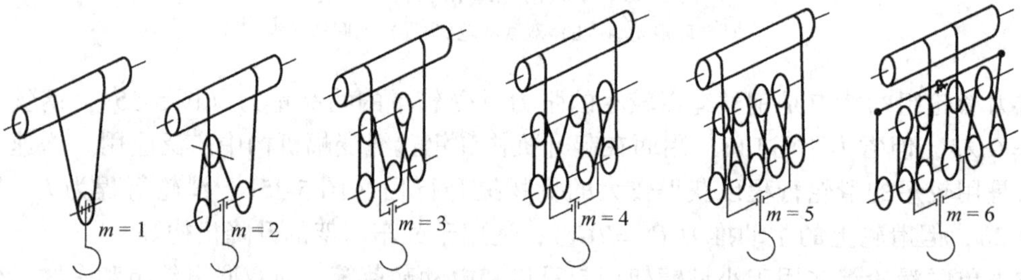

图 5-38　桥架型起升滑轮组的布置

当滑轮组倍率 $m\leqslant 4$ 时，从卷筒引出的钢丝绳两个分支一般引到吊钩挂架最外边的两个滑轮上；当滑轮组的倍率 $m>4$ 时，由于挂架最外边的两个滑轮间距太大，使卷筒中间光滑部分的长度增加，从而使卷筒总长度增大，这时宜将从卷筒引出的两支钢丝绳引至吊钩挂架中央两个滑轮。为了避免从卷筒引出的钢丝绳在工作过程中与其他分支相碰，中央两个滑轮的直径应做得大些。

4. 滑轮组的效率

（1）起升时滑轮组的效率　当滑轮有阻力时，滑轮组省力倍数比无摩擦的理想状况的数值小一些。即

$$S=\frac{P_Q}{m\eta_z},\ \eta_z=\frac{S_0(\text{理想拉力})}{S(\text{实际拉力})}<1$$

式中 η_z——滑轮组效率。

滑轮组的效率可以根据滑轮的效率求出。当滑轮无阻力时，钢丝绳张力为

$$S=\frac{P_Q}{m}$$

当滑轮有阻力（滑轮效率 η）时，在起升过程中各分支钢丝绳中的拉力不相等，分别为 $S_1=S$、$S_2=S_1\eta=S\eta$、$S_3=S_2\eta=S\eta^2$、…、$S_m=S_1\eta^{m-1}$（图5-37），其总和等于 P_Q。即

$$P_Q=S_1+S_2+S_3+\cdots+S_m \tag{5-27}$$

$$P_Q=S(1+\eta+\eta^2+\cdots+\eta^{m-1})=S\frac{1-\eta^m}{1-\eta} \tag{5-28}$$

$$\eta_z=\frac{S_0}{S}=\frac{P_Q}{m}/P_Q\frac{1-\eta}{1-\eta^m}=\frac{1-\eta^m}{m(1-\eta)} \tag{5-29}$$

（2）下降时滑轮组的效率　下降过程中的钢丝绳各分支的拉力 S' 也不相等，且 $S_1'<S_2'<S_3'<\cdots<S_m'$，并有

$$P_Q=S_1'+S_2'+S_3'+\cdots+S_m' \tag{5-30}$$

$$S_1'=S',\ S_2'=\frac{S_1'}{\eta}=\frac{S'}{\eta},\ S_3'=\frac{S_2'}{\eta}=\frac{S'}{\eta^2},\ \cdots,\ S_m'=\frac{S'}{\eta^{m-1}}$$

$$P_Q=S'\left(1+\frac{1}{\eta}+\frac{1}{\eta^2}+\cdots+\frac{1}{\eta^{m-1}}\right)=S'\frac{1-\frac{1}{\eta^m}}{1-\frac{1}{\eta}} \tag{5-31}$$

因此，下降时的滑轮组效率 η_z' 为

$$\eta_z'=\frac{S_1'(\text{实际获得的拉力})}{S_0(\text{理论获得的拉力})}=P_Q\frac{1-\frac{1}{\eta}}{1-\frac{1}{\eta^m}}\Bigg/\frac{P_Q}{m}=\frac{m\eta^{m-1}(1-\eta)}{1-\eta^m} \tag{5-32}$$

式（5-29）与式（5-32）相乘，得

$$\eta_z\eta_z'=\eta^{m-1} \tag{5-33}$$

式（5-33）的关系也可由对称关系得到。即

$$S'=S_1'=S_m=S_1\eta^{m-1}=S\eta^{m-1},\ S_2=S_{m-1},\ \cdots,\ S_m'=S_1=S$$

$$\eta_z\eta_z'=\frac{P_Q/m}{S}\frac{S'}{P_Q/m}=\frac{S'}{S}=\eta^{m-1}$$

通常 $1-\eta=e$ 很小，则滑轮组效率的近似计算公式为

$$\eta_z\approx\eta_z'\approx1-\frac{m-1}{2}e\approx\eta^{\frac{m-1}{2}} \tag{5-34}$$

表5-13列出了不同倍率时滑轮组的效率，倍率为2的滑轮组称为动滑车，其效率为

$$\eta_0=1-\frac{e}{2}$$

这就是说，动滑轮的损失为定滑轮的一半。这是因为主动力 P_Q 的位移一定时，动滑轮的角位移为定滑轮的一半，因此摩擦功也只有一半。

表 5-13　滑轮组的效率

轴承种类	滑轮效率 η	阻力系数	η_z						
			m						
			2	3	4	5	6	8	10
滚动轴承	0.98	0.02	0.99	0.98	0.97	0.96	0.95	0.935	0.916
滑动轴承	0.95	0.05	0.975	0.95	0.925	0.90	0.88	0.84	0.80

5.3　卷筒

卷筒是起重机的重要零件之一，在起升机构或牵引机构中用来卷绕钢丝绳，把驱动装置提供的驱动力传给钢丝绳，并把驱动装置的回转运动转化为所需要的直线运动。

5.3.1　卷筒的构造与材料

1. 卷筒的槽形

为了保证钢丝绳能整齐有序地缠绕在卷筒上，在卷筒表面通常加工有绳槽，这样既可增加钢丝绳与卷筒的接触面积，降低单位接触压力，又可防止相邻钢丝绳间相互摩擦，从而提高钢丝绳的使用寿命。

（1）绳槽的形状　绳槽按在卷筒上的排列形状可分为螺旋绳槽、折线绳槽、无绳槽等。

1）螺旋绳槽是在卷筒表面上连续加工的螺旋绳槽，以确保满足第一层钢丝绳的整齐卷绕。

2）折线绳槽（图 5-39）是在卷筒表面上连续地间隔加工出平行于卷筒法兰盘的平行绳槽和螺旋绳槽，即一段平行绳槽连接着一段螺旋绳槽。这种折线绳槽适用于钢丝绳返回式多层卷绕的卷筒，图中虚线为第二层钢丝绳。

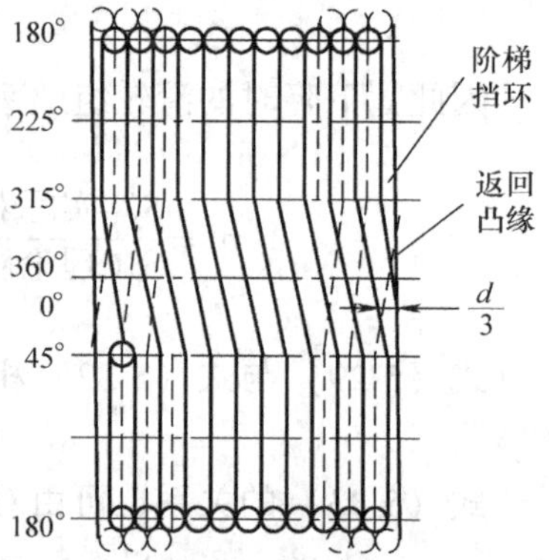

图 5-39　折线绳槽卷筒

返回式多层缠绕采用螺旋绳槽卷筒时，由于上、下层钢丝绳的卷绕方向相反，上层钢丝绳不能很好地落入下层钢丝绳形成的螺旋槽内，每绕一圈，上、下层钢丝绳之间必有两处交叉过渡位置，此交叉过渡处在卷筒圆周上的位置不是完全固定的，从而有可能引起钢丝绳排列不整齐。

返回式多层缠绕采用折线绳槽卷筒时，在卷筒的每一周范围内，有 75% ~80% 的绳槽为直线段，其余少部分为斜线绳槽，缠绕时通过斜线绳槽来固定上层钢丝绳与下层钢丝绳交叉过渡位置。在绳槽直线段，上层钢丝绳完全落入下层两圈相邻钢丝绳形成的绳槽内，使上、下层钢丝绳之间的接触得到改善，可以提高钢丝绳的使用寿命。通过配合卷筒两端带有返回凸缘的阶梯挡环，引导钢丝绳顺利爬升返回，避免钢丝绳由于相互切入挤压而造成乱绳，这样不但减轻了磨损，还可以使钢丝绳卷绕按照设计者的意图一层层地整齐排列。

3）无绳槽（光面）卷筒多用于多层缠绕，一般需用排（导）绳装置或压绳器来实现钢丝绳的有序排列。

（2）绳槽的尺寸　卷筒绳槽按深浅可分为标准绳槽（图 5-40a）和深绳槽（图 5-40b）

两种。标准绳槽的推荐绳槽半径 $R=(0.525\sim0.550)d$ 之间，采用 $0.537d$ 为最佳，槽深 $h_1=(0.3\sim0.4)d$，节距 $t_1=d+(2\sim4)$ mm。深绳槽的推荐槽深 $h_2=0.6d$，节距 $t_2=d+(6\sim8)$ mm。表5-14给出了卷筒标准绳槽和深绳槽两种结构的尺寸。

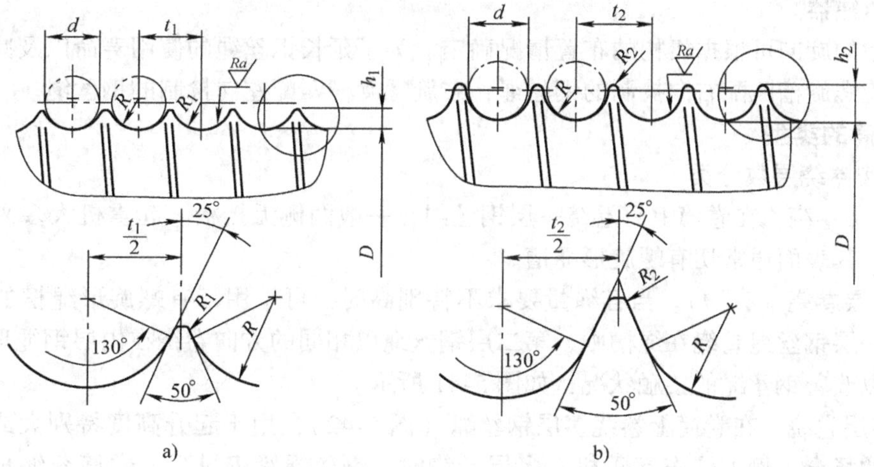

图5-40 卷筒绳槽结构示意图

表5-14 卷筒绳槽尺寸 （单位：mm）

绳径 d	绳槽半径 R	绳槽半径 偏差	标准槽形 t_1	标准槽形 h_1	标准槽形 R_1	加深槽形 t_2	加深槽形 h_2	加深槽形 R_2
5~6	3.3	$^{+0.1}_{0}$	7.0	2.3	0.5	—	—	0.3
>6~7	3.8		8.0	2.7		—	—	
>7~8	4.3		9.0	3.0		11	5.0	
>8~9	5.0		10.5	3.5		12	5.5	
>9~10	5.5	$^{+0.2}_{0}$	11.5	4.0	0.8	13	6.0	0.5
>10~11	6.0		13.0	4.5		15	7.0	
>11~12	6.5		14.0			16	7.5	
>12~13	7.0		15.0	5.0		18	8.0	
>13~14	7.5		16.0	5.5		19	8.5	
>14~15	8.2		17.0	6.0		20	9.0	
>15~16	9.0		18.0			21	9.5	
>16~17	9.5		19.0	6.5		23	10.5	
>17~18	10.0		20.0	7.0		24	11.0	
>18~19	10.5		21.0	7.5		25	11.5	
>19~20	11.0		22.0			26	12.0	
>20~21	11.5		24.0	8.0		28	13.0	
>21~22	12.0		25.0	8.5		29	13.5	
>22~23	12.5		26.0	9.0		31	14.0	
>23~24	13.0		27.0	9.0		32	14.5	
>24~25	13.5		28.0	9.5		33	15.0	
>25~26	14.0		29.0	10.0		34	16.0	
>26~27	15.5		30.0	10.5		36	16.5	
>27~28			31.0			37	17.0	
>28~29	16.0		33.0	11.0	1.3	38	17.5	0.8
>29~30			34.0	11.5		39	18.0	

绳径 d	绳槽半径 R	绳槽半径 偏差	标准槽形 t_1	标准槽形 h_1	标准槽形 R_1	加深槽形 t_2	加深槽形 h_2	加深槽形 R_2
>30~31	17.0	$^{+0.4}_{0}$	35.0	12.0	1.3	41	18.5	0.8
>31~32			36.0			42	19.0	
>32~33	18.0		37.0	12.5		44	20.0	
>33~34			38.0	13.0				
>34~35	19.0	$^{+0.4}_{0}$	39.0	13.5	1.3	46	21.0	0.8
>35~36			40.0			47		
>36~37	20.0		41.0	14.0		48	22.0	
>37~38			42.0	14.5	1.6	50	23.0	1.3
>38~39	21.0		44.0	15.0		52	24.0	
>39~40								
>40~41	22.0		45.0	15.5		54	25.0	
>41~42	23.0		47.0	16.0		55		
>42~43			48.0	16.5		56	26.0	
>43~44	24.0		49.0			58		
>44~45	25.0		50.0	17.0	2	60	27.0	1.6
>45~46			52.0	17.5		62	28.0	
>46~47			53.0	18.5		63		
>47~48.5	26.0		54.0			64	29.0	
>48.5~50	27.0		56.0	19.0		65	30.0	
>50~52	28.0		58.0	19.5		—	—	
>52~54.5	29.0		60.0	21.0		—	—	
>54.5~56	30.0		63.0		2.5	—	—	—
>56~58	31.0		65.0	22.0		—	—	
>58~60.5	32.0		67.0	23.0	3.0	—	—	—
—	—		—	—	—	—	—	—

标准绳槽节距小，可使机构紧凑。深绳槽的优点是不易脱槽，导致其节距较大，使卷筒长度增加。通常只在钢丝绳脱槽可能性较大时才采用深绳槽，例如抓斗起升机构，或钢丝绳向上引出的卷筒。如果要求机构紧凑，则仍以采用标准绳槽为宜，而用其他措施防止脱槽，例如装设压绳器。

螺旋槽的旋向可根据机构的布置情况确定。为了延长钢丝绳的使用寿命以及减轻卷筒的磨损，左旋螺旋槽匹配右向捻制的钢丝绳，右旋螺旋槽匹配左向捻制的钢丝绳。

2. 卷筒的类型

（1）按卷绕层数分类

1）单层卷绕。在卷筒上只卷绕一层钢丝绳，一般两侧无挡板。起重机大多采用单层卷绕的卷筒，其表面通常切有螺旋形绳槽。

2）双层卷绕（有槽）。当容绳量要求不特别高时，可采用带有螺旋形绳槽的双层卷绕卷筒，第一层钢丝绳卷绕在绳槽中，第二层钢丝绳以相同的方向卷绕在内层钢绳形成的螺旋沟槽中，以改善钢丝绳的接触状况，如图 5-41 所示。

3）多层卷绕。在卷筒上卷绕多层钢丝绳（图 5-42），用于起升高度特别大或特别要求机构紧凑的场合，例如汽车起重机。多层卷绕时，钢丝绳紧密排列，卷筒容绳量大，尺寸小，减少了机构尺寸。但钢丝绳之间相互挤压，摩擦力增大，使钢丝绳寿命降低。多层卷绕通常采用不带螺纹槽的光面卷筒，或者采用螺旋绳槽与平行绳槽相间的折线卷筒。此类卷筒两端应有侧板以防钢丝绳脱落。侧板高度应比最外层钢丝绳表面高出（1～1.5）d，某些机型（如塔式起重机）要求达到 $2d$。另外，两侧板壁略向内倾斜，有利于钢丝绳在层与层之间的卷绕过渡，以免出现绳圈局部叠高积压的现象。

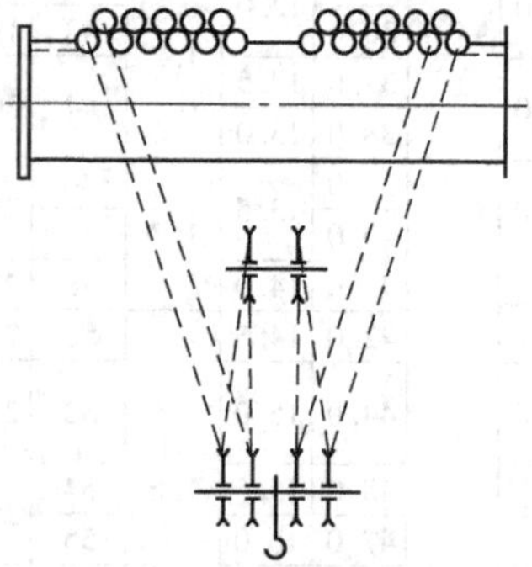

图 5-41　带槽双层卷绕卷筒

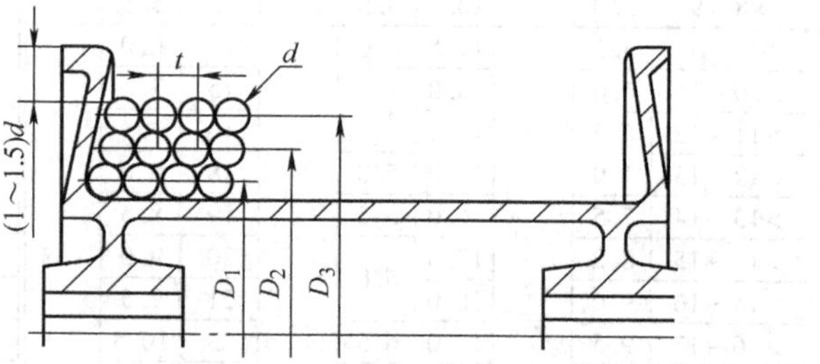

图 5-42　多层卷绕卷筒

（2）按制造方式分类　卷筒按制造方式可分为铸造卷筒（图 5-43）和焊接卷筒（图 5-44）两种，但不论铸造卷筒或焊接卷筒，其中间都不宜布置任何纵向或横向的加强肋，以避免在加强肋附近产生很大的局部弯曲应力而导致卷筒碎裂，如图 5-45 所示。

铸造卷筒一般采用性能不低于 HT150 的灰铸铁铸造。重要的卷筒可采用性能不低于 QT500-7 的球墨铸铁铸造。采用铸钢时，应采用性能不低于 ZG230-450 的材料。铸造卷筒的壁厚往往不是由强度决定的，而是由铸造工艺条件所决定的，因而自重较大。铸造卷筒多为大批量、小尺寸的卷筒。

焊接卷筒的圆柱形筒体用钢板卷制，然后与法兰板和短轴焊接而成，机械加工前需进行退火热处理以消除焊接应力和细化材料的晶粒。焊接卷筒自重轻，适于单件和尺寸大的情

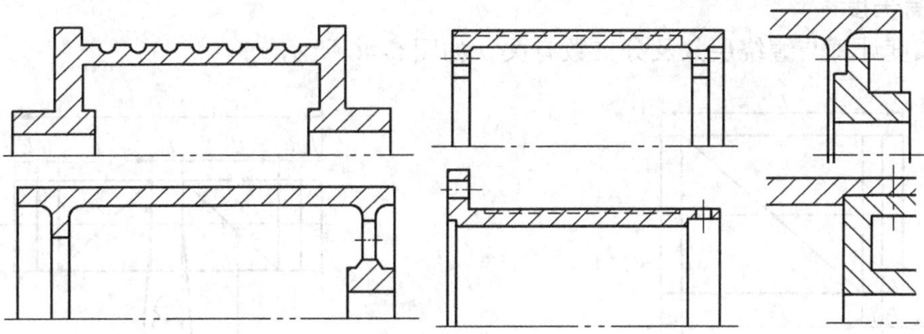

图 5-43　铸造卷筒筒体与幅板的连接构造

a）整体式　b）分体式（轴向连接和径向连接）

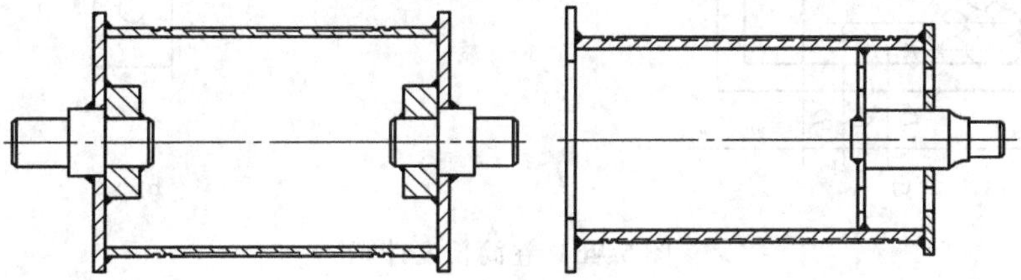

图 5-44　焊接卷筒

a）小型焊接卷筒　b）大、中型焊接卷筒

况。焊接卷筒的材质不仅要求具有一定的强度，还需要具有良好的焊接性能。筒体和法兰板的材料一般为 Q235B 和 Q345B，短轴的材料一般为 35 锻钢。钢板在下料前以及短轴在组焊前都要作无损探伤检测，卷筒筒体的环向对接焊缝和纵向对接焊缝需作超声波探伤检测，筒体与法兰板、法兰板与短轴之间的焊缝需要作磁粉探伤检测，以保证原材料的质量和焊缝的质量。因此，焊接卷筒的质量优于铸造卷筒的质量。

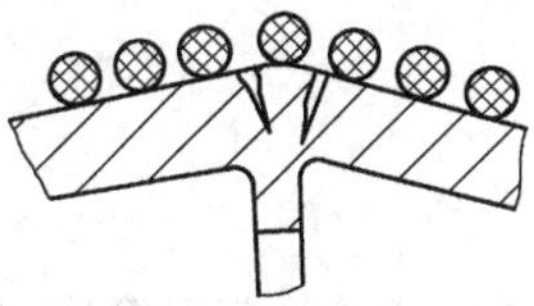

图 5-45　光卷筒加肋处的应力集中

（3）按卷筒的形状分类　卷筒一般为圆柱形的，在某些特殊情况下，如在变幅机构中，为了保证变幅时物品高度位置不变时，也可以考虑采用圆锥形卷筒。

5.3.2　卷筒的主要尺寸

卷筒的主要尺寸包括直径 D、长度 L 与筒体壁厚 δ。

1. 卷筒的直径

从有利于传动机构布置来看，卷筒直径越小越有利。因为卷筒直径小可以降低减速机构的速比和低速轴转矩，从而可选用较小的减速器，使机构紧凑。但随着卷筒直径的减小，卷筒长度尺寸也在加大。在起升高度很大时，为了不使卷筒太长，常选用较大的卷筒直径。

卷筒直径 D 是指卷筒槽底直径（即卷筒的名义直径），其计算与滑轮类似（第 5.2.2 节）。

2. 卷筒长度

卷筒长度计算与缠绕层数及分支数有关，如图 5-46 所示。

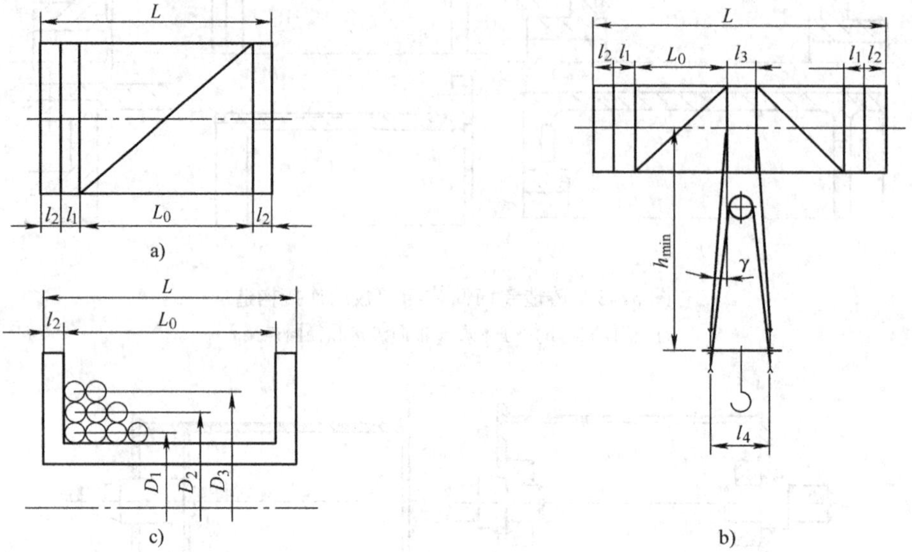

图 5-46　卷筒长度计算

a）单层单联卷筒　b）单层双联卷筒　c）多层单联卷筒

（1）单层单联卷筒的长度（图 5-46a）　单层单联卷筒只从卷筒上引出一支钢丝绳，用于单联滑轮组及悬挂单支钢丝绳的单钩，其长度计算公式为

$$L = L_0 + l_1 + 2l_2 \tag{5-35}$$

$$L_0 = \left(\frac{Hm}{\pi D_0} + n_s\right)t \tag{5-36}$$

$$D_0 = D + d \tag{5-37}$$

式中　H——起升高度（mm）；

m——滑轮组倍率；

D——卷筒名义直径（槽底直径）（mm）；

D_0——卷筒卷绕直径（按钢丝绳中心计算）（mm）；

n_s——附加安全（减载）圈数，使钢丝绳绳尾受力减小便于固定，通常为 2～3 圈；

t——螺旋槽节距（mm）；

l_1——固定绳尾所需长度（mm），依固定方式而定，一般 $l_1 \approx 2t$；

l_2——卷筒两端空余部分的长度（mm），根据结构需要而定。

（2）单层双联卷筒的长度（图 5-46b）　单层双联卷筒从卷筒上引出两支钢丝绳，用于双联滑轮组，与单层单联卷筒相比具有两端对称的螺旋槽、绳尾固定段和空余段，其长度计算公式为

$$L = 2(L_0 + l_1 + l_2) + l_3 \tag{5-38}$$

l_3 为双联卷筒中间无槽部分的长度，通常由钢丝绳的允许偏斜角［γ］、卷筒轴至动滑轮轴的最小距离 h_{min} 及吊钩下极限时的相关因素等确定。在吊钩上极限时一般符合下式的要求。

$$l_4 - 2h_{\min}\tan([\gamma]-\alpha) \leqslant l_3 \leqslant l_4 + 2h_{\min}\tan([\gamma]-\alpha) \tag{5-39}$$

式中　l_4——由卷筒引入吊钩挂架时的滑轮间距（mm）；

$h_{\min}$——吊钩处于最高位置时动滑轮轴线与卷筒轴线的距离（mm）；

α——卷筒绳槽的螺旋角。

由于钢丝绳的允许偏斜度通常不超过 1∶10，故式（5-39）的左侧常简化为（$l_4 - 0.2h_{\min}$）。同理，按吊钩上极限确定 l_3 后，还要验算吊钩到达下极限，即卷筒上只剩下固定圈和安全圈时，钢丝绳相对于螺旋绳槽中心线的偏斜角度也不能超过［γ］。

（3）多层卷绕卷筒的长度（图 5-46c）　设各层的卷绕直径分别为 D_1、D_2、…、D_n，共绕 n 层，每层有 Z 圈，则总的绕绳量为

$$mH = Z\pi(D_1 + D_2 + \cdots + D_n)$$

$$D_1 = D_0 = D + d,\ D_2 = D_0 + 2d = D + 3d,\ D_3 = D_0 + 4d = D + 5d,\ \cdots,\ D_n = D + (2n-1)d$$

$$mH = \pi Z\{nD + d[1 + 3 + 5 + \cdots + (2n-1)]\} = \pi Zn(D + nd)$$

$$Z = \frac{mH}{\pi n(D + nd)} \tag{5-40}$$

考虑钢丝绳在卷筒上可能排列不均匀，故 $L_0 = 1.1Zt$，$t \approx d$，有

$$L = L_0 + 2l_2 = 1.1\frac{mHt}{\pi n(D + nd)} + 2l_2 \approx 1.1\frac{mHd}{\pi n(D + nd)} + 2l_2 \tag{5-41}$$

3. 卷筒壁厚

卷筒壁厚 δ 可先按经验公式确定为

$$\delta = 0.02D + (6 \sim 10)\text{mm}(\text{铸铁}),\ \delta = d(\text{铸钢和焊接}) \tag{5-42}$$

然后进行强度校核。由于铸造和焊接工艺的要求，铸铁卷筒的壁厚一般不得小于 12mm，铸钢和焊接卷筒的壁厚一般不得小于 15mm。

5.3.3　卷筒的强度计算

1. 钢丝绳缠绕箍紧所产生的压应力

钢丝绳缠绕箍紧所产生的压应力 σ_y（单位 N/mm^2）可根据图 5-47 所示的平衡条件求出。图 5-47 所示为宽度为一个绕绳节距 t 的圆环。卷筒壁的压应力分布不均，内表面应力较高。当卷筒壁厚不大时，应力差别不大，可近似认为是均匀分布。由平衡条件得

$$A_1 S_{\max} = \sigma_y \delta t$$

$$\sigma_y = A_1\frac{S_{\max}}{\delta t} \tag{5-43}$$

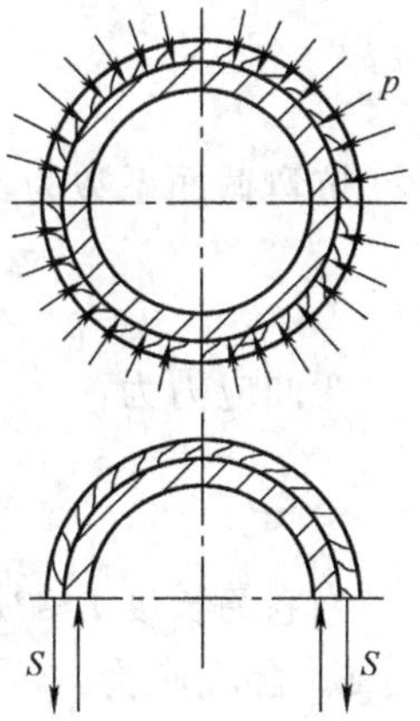

图 5-47　卷筒压应力

式中　$S_{\max}$——钢丝绳最大拉力（N）；

A_1——应力减小系数，一般取 $A_1 = 0.75$；

t——钢丝绳卷绕节距（mm）；

δ——卷筒壁厚（mm）。

多层卷绕卷筒中压应力 σ_y 的计算公式为

$$\sigma_y = A_1 A\frac{S_{\max}}{\delta t} \tag{5-44}$$

式中　A——考虑卷绕层数的系数，其值见表5-15。

表5-15　卷绕层数影响系数

卷绕层数	2	3	4	≥5
A	1.75	2.0	2.25	2.5

2. 钢丝绳缠绕所产生的局部弯曲应力

钢丝绳缠绕所产生的局部弯曲应力如图5-48所示，该图夸大地表示了单圈箍紧时卷筒壁弯曲的情况。在卷筒实际工作时，这种局部弯曲应力主要产生在卷筒壁靠近辐板处，以及卷绕末圈附近。该项应力值很小，且很难计算，一般在设计计算时可以忽略，而在安全系数中予以考虑。

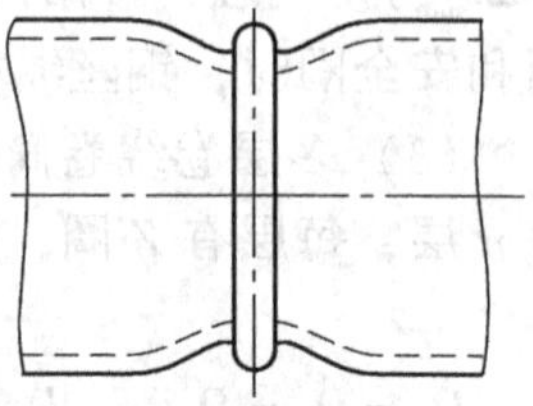

图5-48　卷筒箍紧后的局部变形

3. 扭转切应力 τ

卷筒上承受的扭转力矩 M_t 为

$$M_t=\frac{S_{max}D_0}{2}(单联卷筒)，M_t=\frac{2S_{max}D_0}{2}=S_{max}D_0(双联卷筒)$$

卷筒的抗扭截面系数 W_P 为

$$W_P=\frac{\pi}{16}\frac{[D^4-(D-2\delta)^4]}{D}$$

则卷筒的扭转切应力 $\tau=M_t/W_P$ 可进行简化近似计算。即

$$\tau=\frac{S_{max}}{\pi D\delta}(单联卷筒)，\tau=\frac{2S_{max}}{\pi D\delta}(双联卷筒) \tag{5-45}$$

通常这项应力很小，可以忽略不计。

4. 弯曲应力

弯曲力矩为

$$M_w=\frac{1}{2}S_{max}L(单联卷筒)，M_w=S_{max}L(双联卷筒)$$

抗弯截面系数为

$$W=\frac{\pi}{32}\frac{[D^4-(D-2\delta)^4]}{D}$$

弯曲应力为

$$\sigma_w=\frac{M_w}{W} \tag{5-46}$$

当卷筒长度 $L\leqslant 3D$ 时，σ_w 可以忽略不计。

5. 合成应力

卷筒的强度验算可按下式所示的合成应力计算。即

$$\sigma=\sigma_w+\frac{[\sigma_1]}{[\sigma_y]}\sigma_y\leqslant[\sigma_1] \tag{5-47}$$

式中　$[\sigma_1]$——许用拉应力（N/mm^2），对于钢 $[\sigma_1]=\sigma_s/2$，对于铸铁 $[\sigma_1]=\sigma_b/2$，σ_b 为抗拉强度（N/mm^2）；

$[\sigma_y]$——许用压应力（N/mm^2），对于铸铁 $[\sigma_y]=\sigma_{by}/4.25$，$\sigma_{by}$ 为抗压强度（N/mm^2），对于钢 $[\sigma_y]=\sigma_s/1.5$。

当卷筒长度 $L\leqslant 3D$ 时，卷筒可按下式验算强度。即

$$\sigma_y=A_1\frac{S_{max}}{\delta t}\leqslant[\sigma_y] \tag{5-48}$$

5.3.4　卷筒的抗压稳定性

与受外压的压力容器相似，卷筒如果尺寸较大，壁厚较薄，也可能在钢丝绳的缠绕压力下失稳，向内压瘪。当卷筒直径 $D\geqslant 1200$mm，长度 $L\geqslant 2D$ 时，需要对卷筒进行稳定性验算。稳定性临界压应力 σ_{mc}（单位 N/mm^2）的计算公式为

$$\sigma_{mc}=185000\frac{\delta^{5/2}}{LR^{3/2}}(\text{钢制卷筒}),\ \sigma_{mc}=115000\frac{\delta^{5/2}}{LR^{3/2}}(\text{铸铁卷筒}) \tag{5-49}$$

式中　L——卷筒被计算段的两个法兰板之间的距离（mm）。

卷筒壁单位压应力 σ_m（单位 N/mm^2）的计算公式为

$$\sigma_m=\frac{2S_{max}}{Dt} \tag{5-50}$$

卷筒稳定性安全系数 k 应满足

$$k=\frac{\sigma_{mc}}{\sigma_m}\geqslant[n]=1.3\sim1.5 \tag{5-51}$$

5.3.5　钢丝绳尾在卷筒上的固定

1. 固定方法

钢丝绳尾在卷筒上可以用压板（图5-49a、b、d）或楔块（图5-49c）固定。图5-49a所示的用压板固定绳尾是最常用的方法，其优点是构造简单，装卸方便；缺点是所占空间较大，并且不能用于多层卷绕。图5-49b所示方式可使卷筒尺寸较短，但卷筒构造复杂。图5-49c所示用楔块固定方式可用于多层卷绕，缺点也是卷筒构造复杂。图5-48d所示方式将绳尾引到卷筒内，再用压板固定，可使卷筒紧凑，并适用于多层卷绕。

2. 压板计算

（1）绳尾的拉力 S_0　绳尾拉力 S_0 的计算公式为

$$S_0=\frac{\phi_2 S_{max}}{e^{\mu\alpha}} \tag{5-52}$$

式中　μ——绳与槽之间的摩擦因数，$\mu=0.1\sim0.6$，考虑有油的影响，一般取 $\mu\approx0.12\sim0.16$；

α——钢丝绳安全圈在卷筒上绕过的角度（rad），当 $n=1.5$，$\mu=0.12$ 时，$e^{\mu\alpha}=e^{\mu3\pi}=3.1$；$n=2$ 时，$e^{\mu\alpha}=e^{\mu4\pi}=4.5$；$n=3$ 时，$e^{\mu\alpha}=e^{\mu6\pi}=9.6$。

（2）每个压板的夹持力（图5-50）　当每个螺柱的拉力为 F_p 时，每个压板的夹持力为

$$F_{s1}=2\mu F_p(\text{圆形压板槽}) \tag{5-53}$$

$$F_{s2}=(\mu+\mu_1)F_p(\text{梯形压板槽}) \tag{5-54}$$

$$\mu_1=\frac{\mu}{\sin\beta}$$

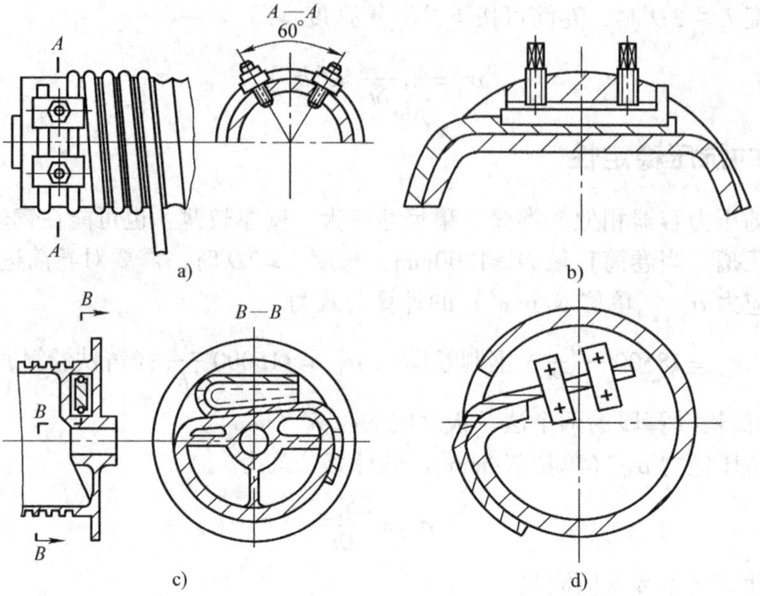

图 5-49　卷筒上钢丝绳尾端的固定

通常 $\beta=45°$，$\mu_1=1.4\mu\approx0.17$。

(3) 验算螺柱的强度　双头螺柱除受预紧后产生的拉力外，还受压板上表面摩擦力所产生的弯曲力矩（其值为 $\mu' F_p e$），故双头螺柱中的最大应力 σ（单位为 N/mm^2）为

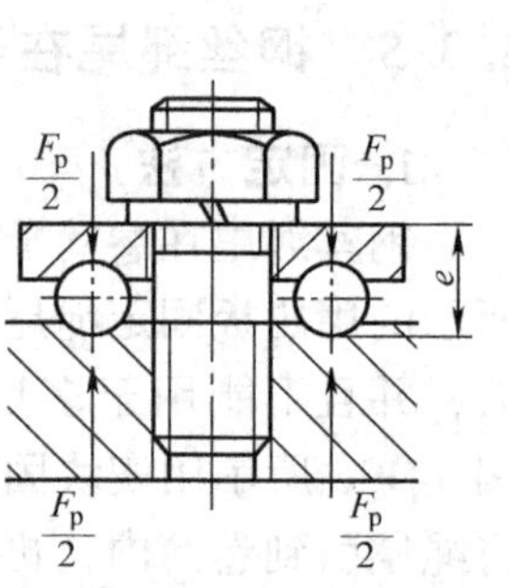

图 5-50　压板夹持力

$$\sigma=\frac{F_p}{\frac{\pi}{4}d_1^{\ 2}}+\frac{\mu' F_p e}{\frac{\pi}{32}d_1^{\ 3}}\leqslant[\sigma] \tag{5-55}$$

式中　d_1——螺柱的根径或小径（mm）；

μ'——弹簧垫圈与压板间的摩擦因数，可取 $\mu'\approx\mu$；

$[\sigma]$——螺柱的许用拉应力（N/mm^2），$[\sigma]=\sigma_s/n$，$[\sigma]$ 可以取较高的数值，而安全系数一般可取 $n=1.2\sim1.5$；另外，设计中注意将所选螺柱及其 $[\sigma]$ 转化为预紧力矩。

(4) 压板数 n_Y　为了安全，压板数 n_Y 应不少于 2。

对于圆形压板槽

$$n_Y=\frac{KS_0}{F_{S1}} \tag{5-56}$$

对于梯形压板槽

$$n_Y=\frac{KS_0}{F_{S2}} \tag{5-57}$$

式中　K——安全系数，$K\geqslant1.5$。

5.3.6 卷筒组的类型与构造

起升机构或牵引机构的减速系统通过专用连接装置将动力装置的力矩和转动传递到卷筒上，带动卷筒一起转动。卷筒、动力传递装置、卷筒轴、卷筒端部轴承支承等构成了卷筒组。常用卷筒组类型有齿轮连接盘式、周边大齿轮式、短轴式和内装行星齿轮式。

齿轮连接盘式卷筒组（图5-51）为封闭式传动，分组性好，卷筒轴不承受转矩。缺点是检修时需要沿轴向外移卷筒，卷筒轴长，装配困难，尤其是大型卷筒装配时就更加困难。

周边大齿轮式卷筒组（图5-52）多用于传动速比大、转速低，用一个封闭式减速器难以达到所要求的速比，在减速器后面需再加一级开式齿轮传动的场合。开式齿轮传动精度相对较低，并且由于润滑不好，齿轮寿命也受到一定影响，所以机构工作级别较高时尽量不采用。

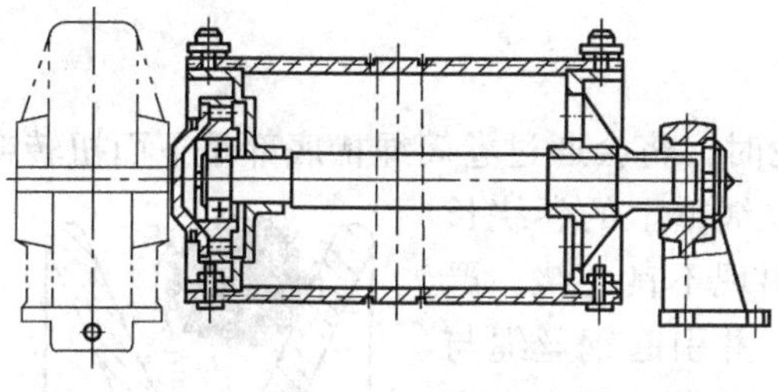

图5-51　齿轮连接盘式卷筒组

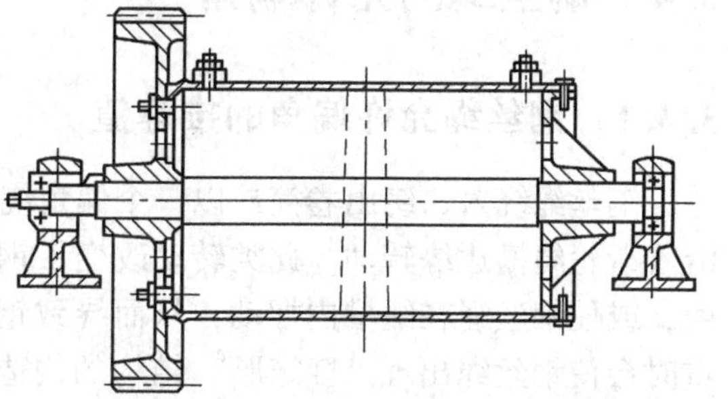

图5-52　周边大齿轮式卷筒组

短轴式卷筒组（图5-53）一般与焊接卷筒相匹配，把短轴直接焊接到卷筒的支承端，在另一端通过连接法兰、卷筒专用联轴器与减速器的低速轴相连接。卷筒联轴器既可用来传递转矩及承受径向载荷，又可用来补偿卷筒与减速器低速轴之间的轴向及角向位移。这种连接方式在检修时不需要移动卷筒就可以挪动减速器，装拆方便，是近年来使用最多的结构形式。

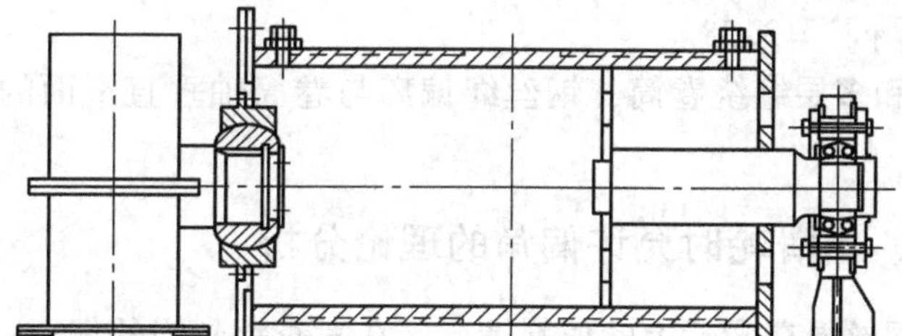

图5-53　短轴式卷筒组

内装行星齿轮式卷筒组（图5-54）输入轴与卷筒同轴线布置，行星减速器置于卷筒内腔，结构紧凑，质量较小，但制造与装配精度要求较高，维修不便。它常用于结构要求紧凑，工作级别为M5以下的机构中。

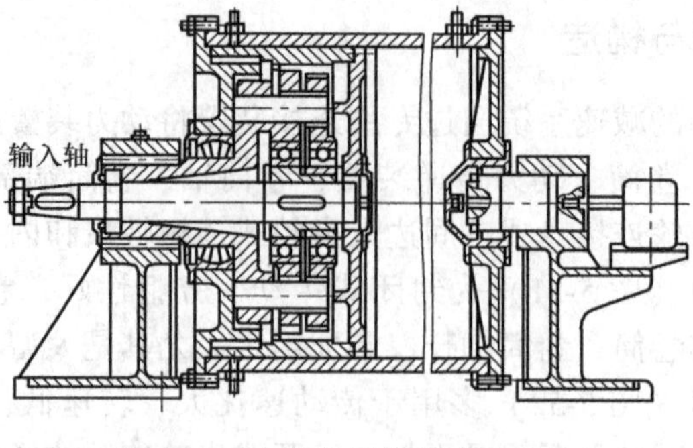

图 5-54　内装行星齿轮式卷筒组

5.4　钢丝绳的允许偏角

5.4.1　钢丝绳允许偏角的推荐值

钢丝绳绕入、绕出卷筒或以一个偏角绕过滑轮时，将会通过卷筒绳槽底部垂下而扭转或沿着滑轮绳槽边缘转动。此类转动改变了钢丝绳在绳槽上的卷绕长度，或使钢丝绳在绳槽内摆动，从而导致钢丝绳出现不良卷绕，严重时会使钢丝绳出现“灯笼形”结构的构造损坏，并引起钢丝绳与滑轮或卷筒的强烈磨损而加剧疲劳，更为严重的情况是甚至会发生钢丝绳跳槽现象而引发脱槽事故，如图 5-55 所示。因此，设计时应控制卷绕系统钢丝绳的最大偏角不超过规定的允许值 [γ]。

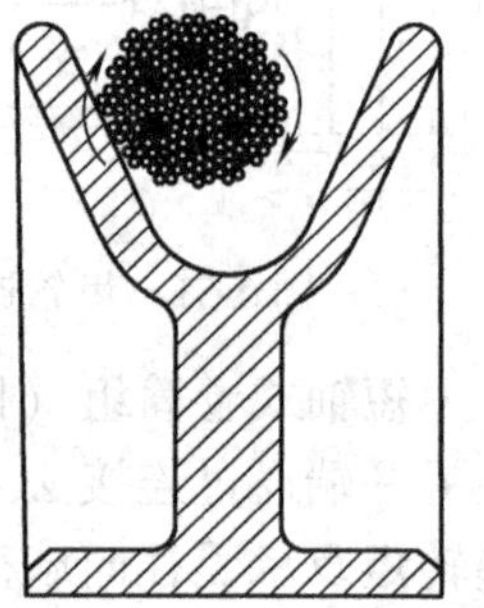

图 5-55　由偏角导致的钢丝绳扭转

设计规范规定了各种情况下钢丝绳偏角的允许值 [γ]。

1）钢丝绳绕进或绕出滑轮槽时偏斜的最大角度，即钢丝绳中心线和滑轮轴垂直的平面之间的角度，推荐不大于 5°，即[γ] =5°。

2）钢丝绳绕进或绕出卷筒时钢丝绳偏离螺旋槽两侧的角度推荐不大于 3.5°，即 [γ] =3.5°。

3）对于光卷筒和多层缠绕卷筒，钢丝绳偏离与卷筒轴垂直平面的角度推荐不大于 2°，即 [γ] =2°。

5.4.2　钢丝绳进、出滑轮时允许偏角的理论分析

图 5-56 所示为钢丝绳在滑轮上的偏斜情况。在考查钢丝绳的偏斜过程时，应把注意力集中在钢丝绳中心线上，钢丝绳与滑轮槽的侧壁接触时，其中心线的几何轨迹可构成一个假想的轮槽表面，如图 5-57 中 $B'O'A'$回转时所构成的两个圆锥面所示，钢丝绳在滑轮上的工作情况与一条直径为零的钢丝在这个假想滑轮上工作的情况相当，现在就来考查这条钢丝在假想滑轮上工作时的最大允许偏角。

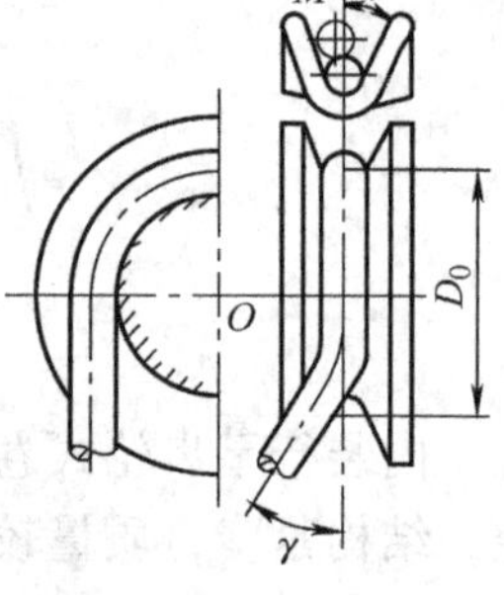

图 5-56　钢丝绳在滑轮上的偏斜

由图 5-57 可知，假想滑轮绳槽的侧边倾角为 β，其槽深 K 则与

实际槽深不同，其换算关系为

$$K=S-l_2=S-\left(\frac{d}{2}-l_1\right)=S-\frac{d}{2}(1-\sin\beta)\approx C-\frac{d}{2} \tag{5-58}$$

其槽底直径为滑轮的理论直径，即钢丝绳中心的直径 D_0，有 $D_0=D+d$。

钢丝绳绕入、绕出时，好像绕过一个曲线形的凸轮一样，它的形状是一条曲线，它是过槽底而平行于滑轮轴线的平面与滑轮槽侧面（圆锥面）的相贯线，如图5-58所示。把双曲线近似看成一条抛物线，则有

$$\tan\gamma=\frac{2b}{Z} \tag{5-59}$$

由 $\triangle ADC \backsim \triangle ADB$，得 $Z/(D_0+K)=K/Z$。即

$$Z=\sqrt{K^2+D_0K}$$

将 Z 和 $b=K\tan\beta$ 代入式（5-60）可得

$$\tan\gamma=\frac{2\tan\beta}{\sqrt{1+\dfrac{D_0}{K}}} \tag{5-60}$$

γ 即为允许的钢丝绳最大偏角，这时钢丝绳刚好与滑轮的边缘接触。

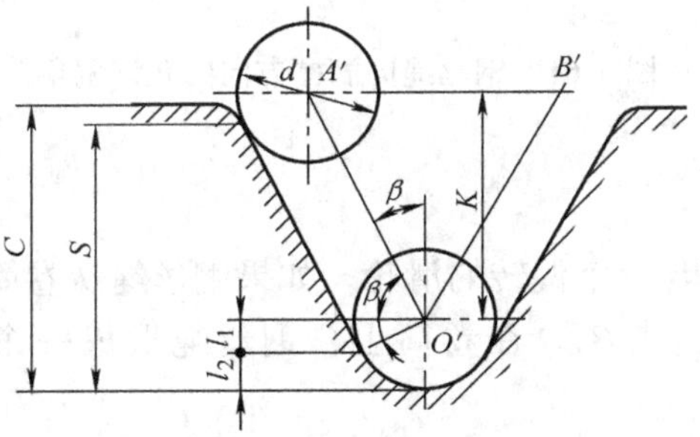

图5-57　滑轮绳槽的换算

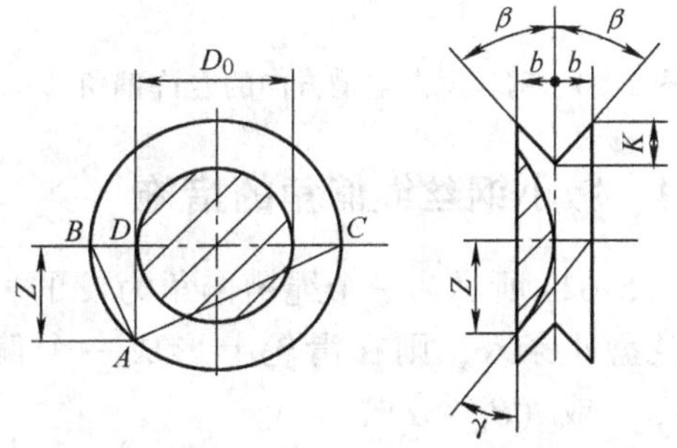

图5-58　钢丝绳在滑轮上的偏角计算简图

5.4.3　钢丝绳进出卷筒时允许偏角的计算

图5-59所示为钢丝绳在卷筒上的偏斜情况。钢丝绳向满槽与空槽方向偏斜时受到不同的限制，向空槽方向只受绳槽本身的限制，向满槽方向还受到邻槽绳圈的限制。在两个方向的极限偏角还受到卷筒绳槽螺旋角的影响。

向空槽方向

$$\gamma_1=\varphi_1+\alpha \tag{5-61}$$

向满槽方向，当 $\varphi_2\leqslant\varphi_1$ 时

$$\gamma_2=\varphi_2-\alpha \tag{5-62}$$

当 $\varphi_2>\varphi_1$ 时

$$\gamma_2=\varphi_1-\alpha \tag{5-63}$$

式中　α——绳槽螺旋角。

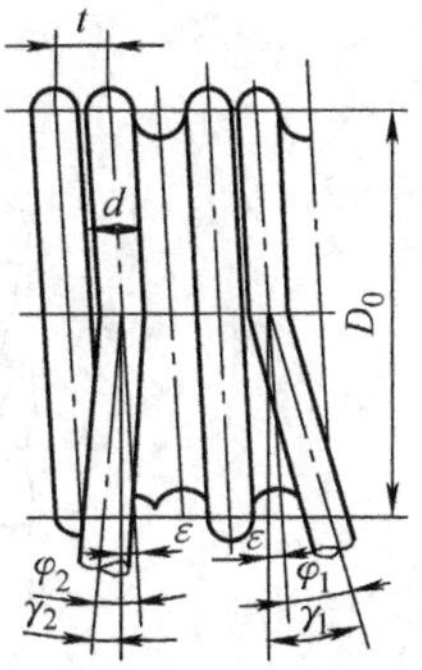

图5-59　钢丝绳在卷筒上的偏斜

$$\tan\alpha = \frac{t}{\pi D_0} \tag{5-64}$$

式中 t——绳槽节距。

$\tan\gamma_1$ 与 $\tan\gamma_2$ 可分别根据 t/d 由图 5-60 和图 5-61 查出。

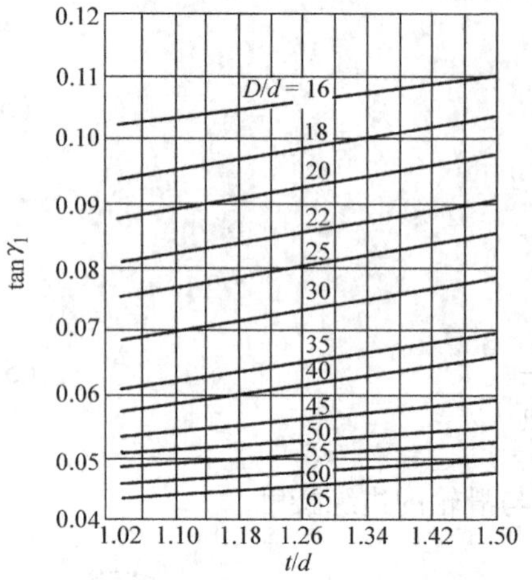

图 5-60 钢丝绳向空槽方向的允许偏角

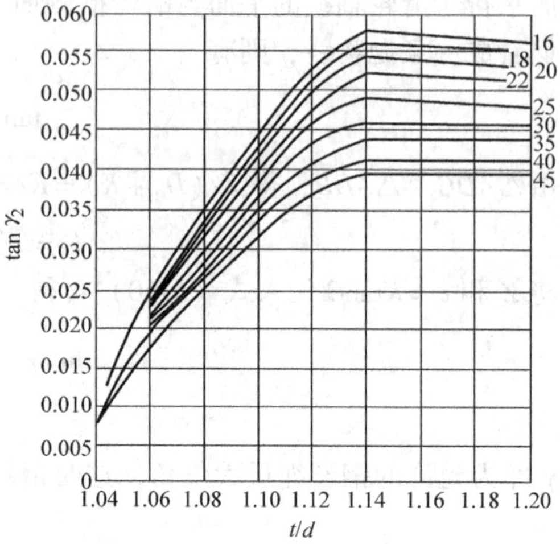

图 5-61 钢丝绳向满槽方向的允许偏角

5.4.4 减小钢丝绳偏角的措施

图 5-62a 所示为一个绳槽偏角为 α 的长卷筒与一个偏转的滑轮。如果钢丝绳从卷筒两端的法兰盘处穿入，则在滑轮上形成一个偏角 β_L 或 β_R。在卷筒上，钢丝绳形成一个偏角 $(\beta_L+\alpha)$ 或 $(\beta_R-\alpha)$。

减小偏角的措施有：减少卷筒的长度或增加卷筒直径，增大滑轮与卷筒之间的距离，如图 5-62b 所示。

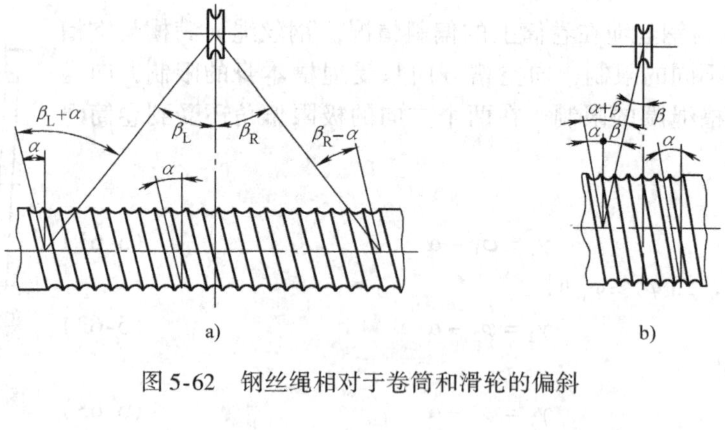

图 5-62 钢丝绳相对于卷筒和滑轮的偏斜

本章小结

本章主要介绍了起重挠性构件及其卷绕装置——钢丝绳、滑轮、卷筒等的基础知识。学生应全面了解起重挠性构件的种类和钢丝绳的特点、用途、制造过程、寿命标准、应力分析以及端头固结方法，滑轮及滑轮组的类型、构造与效率，卷筒的类型、构造及卷绕系统允许偏角等基本概念；基本掌握钢丝绳的类型、构造、标注及其选型计算，滑轮和卷筒的制造与设计计算；重点掌握和理解提高钢丝绳寿命的措施，滑轮组倍率的概念与作用，卷绕系统的缠绕原理等。

教学重点和难点：钢丝绳的构造、标注、破坏形式及其寿命的影响因素，滑轮组倍率与卷绕系统的缠绕原理等。

第6章 取物装置

6.1 概述

起重机必须通过取物装置将起吊物品与起升机构联系起来，从而进行这些物品的装卸、吊运和安装等作业。

对于取物装置主要有以下要求：

1）提高生产率。减轻自重，缩短装卸时间。

2）减轻体力劳动。尽量减少辅助人员数量，减轻装卸劳动强度。自动装卸的取物装置，如抓斗、起重电磁铁、真空吸盘等，不仅完全不需要装卸辅助人员，而且也大大缩短了装卸时间。

3）安全作业。对于吊运的物品应当防止坠落或其他损伤，对于作业人员应防止发生人身伤亡事故。

吊运成件物品、散粒物品以及液体物品，应采用不同的取物装置。此外由于物品的几何形状、物理性质以及装卸效率的要求不同，取物装置种类繁多，如吊钩、吊环、吊索（图6-1），夹钳、托爪（图6-2），吊梁（图6-3），盛桶（图6-4），起重电磁铁、真空吸盘、抓斗、料斗（图6-5），此外还有卸扣、吊耳、集装箱吊具等。下面介绍主要取物装置的计算方法。

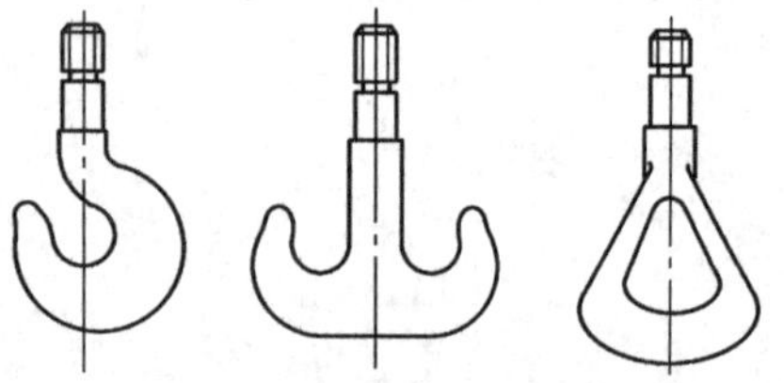

图6-1　吊钩、吊环、吊索

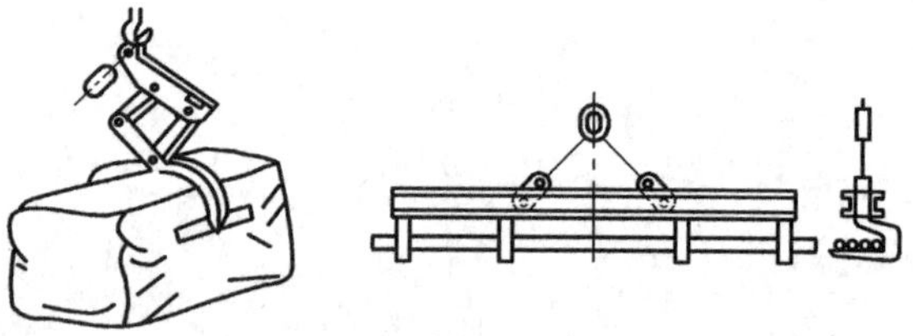

图6-2　夹钳、托爪

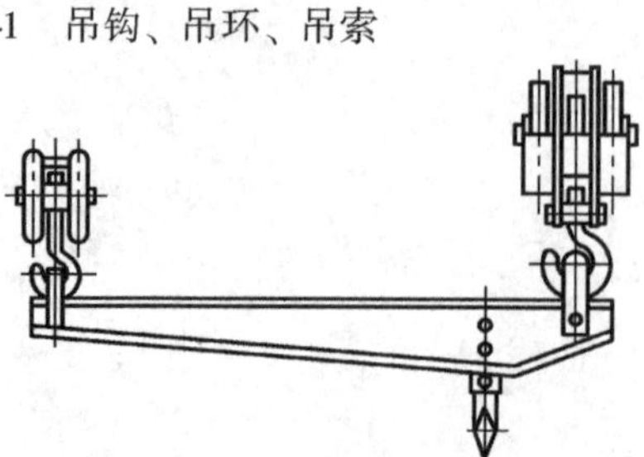

图6-3　吊梁

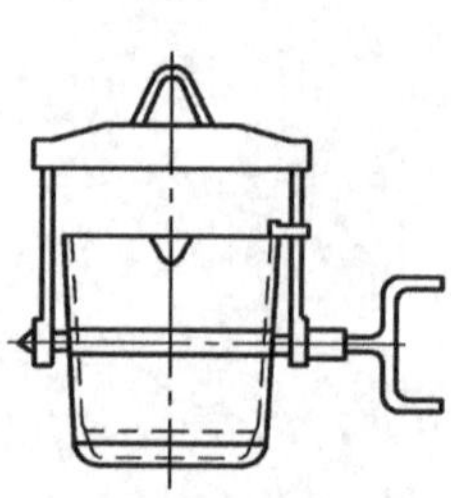

图6-4　盛桶

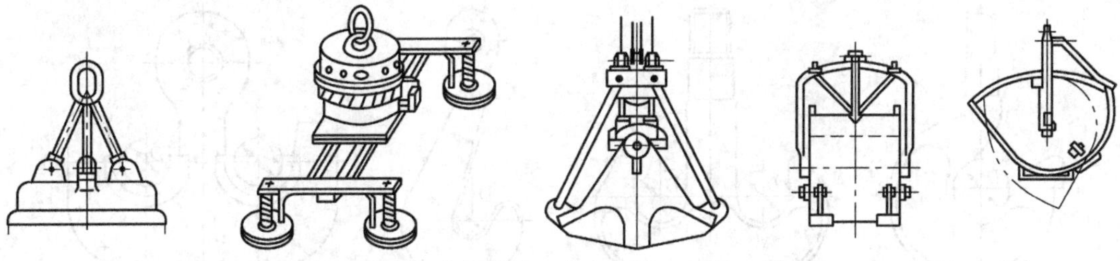

图6-5 起重电磁铁、真空吸盘、抓斗、料斗

6.2 吊钩与吊环

吊钩和吊环是起重机中应用最广泛的取物装置，通常与滑轮组的动滑轮组合成吊钩组，与起升机构的挠性构件联系在一起。

6.2.1 吊钩

1. 吊钩及吊钩组的构造

（1）吊钩的材料　吊钩断裂可能导致重大的人身及设备事故，因此，吊钩的材料要求没有突然断裂的危险。从减轻吊钩自重的角度出发，要求吊钩的材料具有高强度。但强度高的材料通常对裂纹和缺陷很敏感，材料的强度越高，突然断裂的可能性越大，因此，目前吊钩广泛采用低碳钢。

中小起重量起重机吊钩的毛坯是采用锻造方法成形的。大起重量的吊钩可采用钢板铆合，称为叠片式吊钩。随着制造厂锻压能力的提高，目前大起重量的吊钩也有采用锻造成形的。通常锻造吊钩的材料为Q345qD、Q420qD、35CrMo、34Cr2Ni2Mo、30Cr2Ni2Mo等优质低合金高强度结构钢或合金结构钢。对材料的要求为晶粒细度不大于5国际单位，加入少量铝（铝的质量分数≥0.02%）以防止老化。叠片式吊钩由若干块厚度不小于20mm的Q235、20优质碳素钢或Q345钢板铆接成一体。

叠片式吊钩一般不会因突然断裂而破坏，因为金属缺陷引起的断裂常局限于个别钢板，其余钢板仍然能够支持吊重。因此，叠片式吊钩比锻造吊钩具有更大的安全性。损坏的钢板可以更换，它不像锻造吊钩，一旦破坏就整体报废，这也是叠片式吊钩的一大优点。但是叠片式吊钩自重较大，因为它的截面形式不如锻造吊钩合理。

用铸造方法制造的吊钩由于工艺上尚不能排除铸造缺陷，不合乎安全要求，因此目前不允许使用。

由于钢材在焊接时难免产生裂纹，因此也不允许使用焊接制造和修复的吊钩。

使用的吊钩需经过检查，打上合格印记，并在使用中进行定期检查。

（2）吊钩的种类　根据制造方法的不同，吊钩可分为锻造吊钩和叠片式吊钩；根据形状的不同，吊钩又可分为单钩和双钩，如图6-6所示。

单钩的优点是制造和使用比较方便。双钩的优点是相对质量小一些，因为它的受力情况比较有利。单钩用于较小的起重量。当起重量较大时，为了不使吊钩过重，多采用双钩。

（3）吊钩的构造　图6-6把吊钩的外形已表示清楚，下面将各部分的形状作一简单介绍。

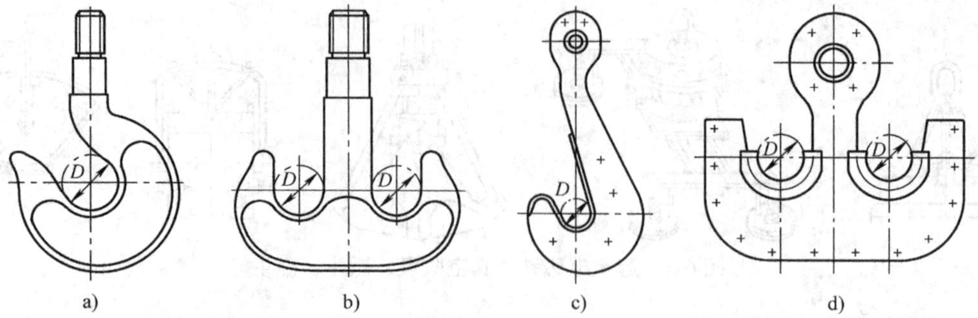

图 6-6　吊钩的种类

a）锻造单钩　b）锻造双钩　c）叠片式单钩　d）叠片式双钩

单钩钩孔的尺寸根据系物绳或专用吊具的尺寸而定。标准吊钩的钩孔尺寸根据容纳系物绳的尺寸而定，单钩 $D=(30\sim35)\sqrt{m_{RC}}$（单位为 mm）。双钩 $D=(20\sim25)\sqrt{m_{RC}}$（单位为 mm），起重量较大时取较小值。钩口尺寸 S 比钩孔直径 D 小，$S\approx3D/4$。

吊钩钩身（弯曲部分）的截面形状有圆形、矩形、梯形、T 形与工字形等，如图 6-7 所示。从受力情况来看，工字形截面最合理，可以得到自重较轻的吊钩，它的缺点是锻造工艺复杂。目前最常用的吊钩截面是梯形和 T 形，其受力情况比较合理，锻造加工比较容易。矩形截面只用于叠片式吊钩，其截面的承载能力未能充分利用，因而比较笨重。圆形截面只用于简易的小型吊钩。

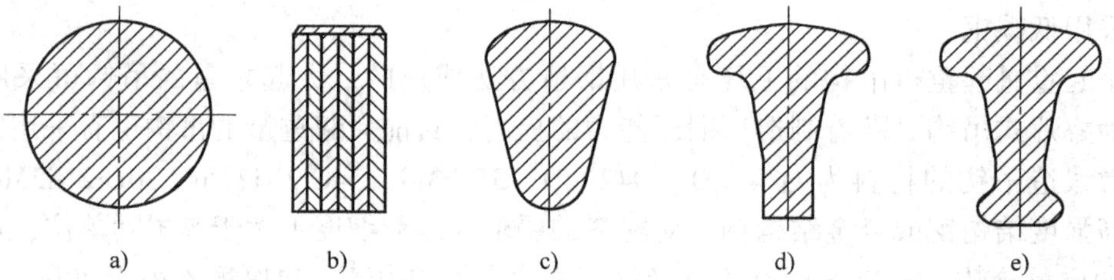

图 6-7　吊钩的截面形状

装在吊钩组上的锻造吊钩尾部通常制成带螺纹的形式，通过螺母将吊钩支承在吊钩横梁上。小型吊钩通常采用管螺纹，这种螺纹制造方便，但应力集中严重，容易在螺纹处断裂。为了防止上述缺点，大型吊钩多采用梯形或锯齿形螺纹。为了更好地减轻应力集中，还可以采用圆螺纹。小型起重机的吊钩采用如图 6-8 所示的结构，它省去了尾部螺纹，减轻了应力集中。叠片式吊钩及悬挂在单支钢丝绳上的吊钩，其尾部带有圆孔（图 6-6c、d），用销轴与其他部件联接。

为了防止系物脱钩，有的吊钩装有闭锁装置（图 6-9a）。轮船装卸用的吊钩通常制成图 6-9b 所示的形状，凸出的鼻状部分是为了防止吊钩在起升时挂住舱口。叠片式吊钩的钩口通常有软钢垫块，垫块上方为圆弧形，以免损伤系物绳，下方与钩口紧密配合，使载荷均匀分配到各片上去。标准吊钩的规格和尺寸已经系列化。

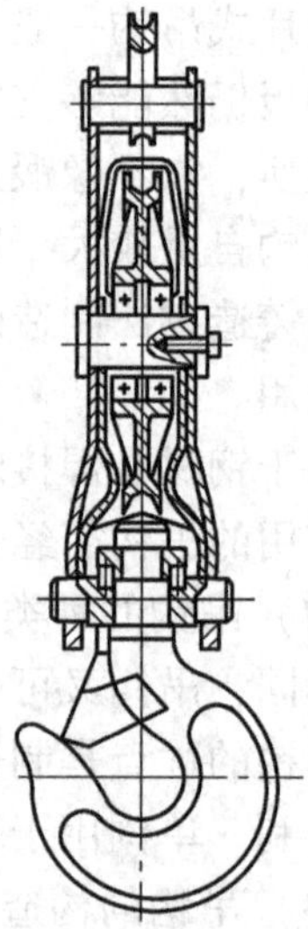

图 6-8　不带螺纹的吊钩

（4）吊钩组　吊钩组是指吊钩与滑轮组动滑轮的组合体。吊钩组有长型与短型两种，如图6-10所示。长型吊钩组采用普通的短吊钩（钩柄较短的吊钩），支承在吊钩横梁上，滑轮支承在单独的滑轮轴上，它的高度较大，使有效起升高度减小。短型吊钩组过去采用长吊钩，这种吊钩组的滑轮直接装在吊钩横梁上，总高度会大大减小，但它只能用于双倍率滑轮组。因为单倍率滑轮组的平衡轮在下侧，只有用长型吊钩组才能安装这个平衡滑轮。有的短型吊钩组在结构上与长型吊钩组类似，但仍具有短型吊钩组的特点。短型吊钩组只能用于较小的滑轮组倍率，当倍率较大时，滑轮数目增多，吊钩横梁过长，因而弯曲力矩过大，从而使吊钩组自重过大。短型吊钩组只用于较小的起重量。

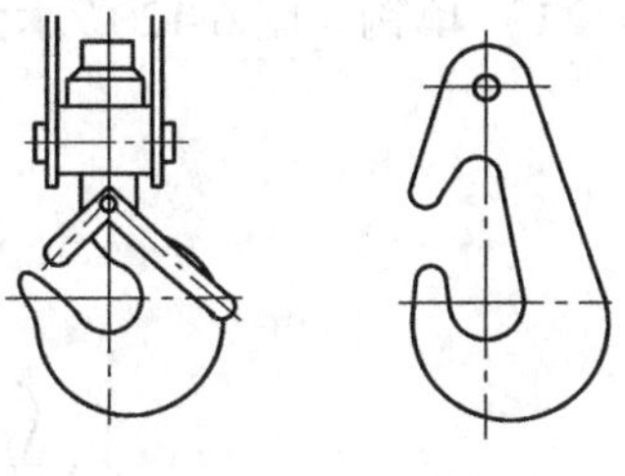

a)　　b)

图6-9　闭锁钩与鼻状钩

为了方便系物工作，吊钩应能绕垂直轴线与水平轴线旋转。为此吊钩用推力轴承支承在吊钩横梁上，吊钩尾部的螺母压在此推力轴承上。螺母应有可靠的防松装置，推力轴承应有防尘装置。为了使吊钩能绕水平轴线旋转，长型吊钩组横梁的轴端与定轴挡板相配处制成环形槽，允许横梁转动；相反，上方滑轮轴的轴端则为扁缺口，不允许滑轮轴转动。

单支钢丝绳配置的吊钩，由于自重不足，常需附加重锤，便于空钩下降，如汽车起重机中的吊钩（图6-11）等。

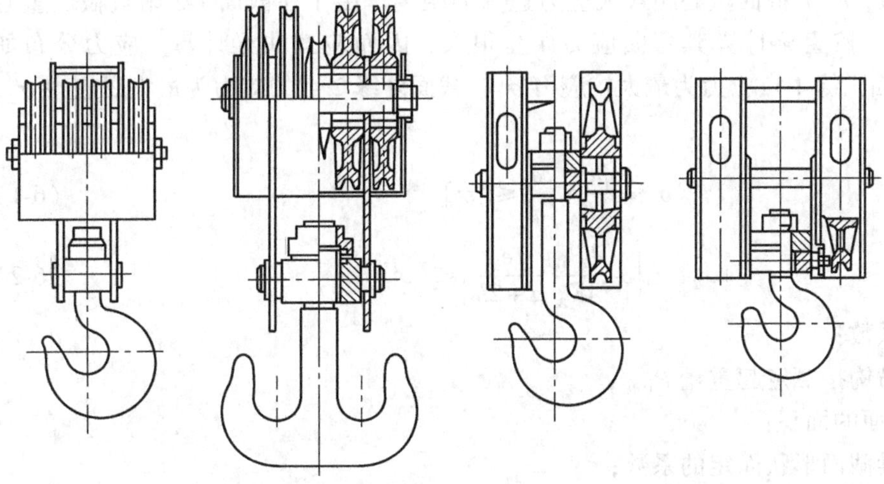

a)　　b)

图6-10　吊钩组

a）长型　b）短型

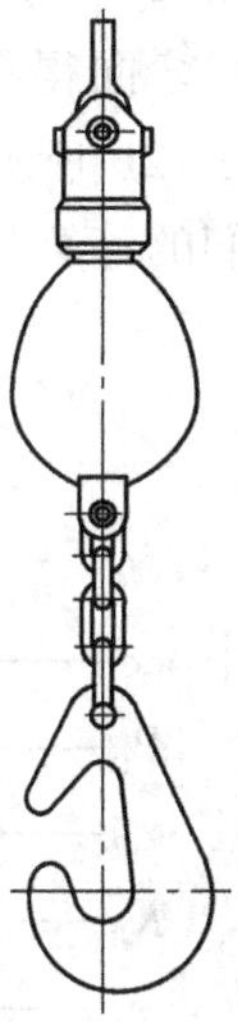

图6-11　带有重锤的吊钩

2. 吊钩的计算

对于吊钩通常需验算它的几个危险截面、尾部螺纹以及吊挂装置的几个部件的强度。

（1）钩身强度的验算　吊钩钩身的强度计算若采用直梁偏心弯曲的方法，则误差较大，目前多用曲梁弯曲理论计算。这种计算方法是按最大应力不超过材料的屈服极限为准则进行的。它与一般机械零件如轴、齿轮等，一旦最大应力超过屈服极限就会产生永久变形，不能继续使用的情况不同。

对于起重吊钩，几何尺寸略有变化并无很大影响，考虑塑性变形的极限承载能力法更为合理。

1）单钩。图6-12所示为一个单钩的计算简图，需验算1-2与3-4两个截面的强度。

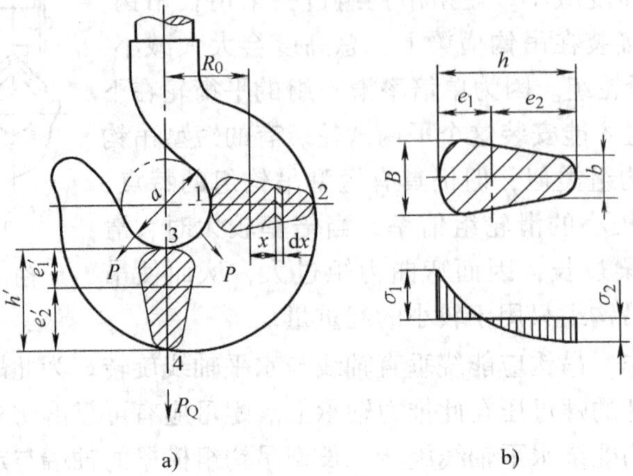

图6-12　单钩计算简图

① 1-2截面。载荷为偏心拉力，即吊重P_Q，偏心距为$a/2+e_1$，因而它同时承受弯曲力矩$M=P_Q(a/2+e_1)$，e_1为截面重心距最大应力边缘的距离。由于在截面1-2附近截面重心轴线弯曲得很厉害，按直梁计算其弯曲应力误差很大，因而应按曲梁计算。应力分布如图6-12b所示。截面内缘1点应力为最大拉应力σ_1，截面外缘2点的应力为最大压应力σ_2，它们的计算公式为

$$\sigma_1=\frac{\phi P_Q}{AK_B}\frac{2e_1}{a}\leqslant[\sigma] \tag{6-1}$$

$$|\sigma_2|=\left|-\frac{\phi P_Q}{AK_B}\frac{2e_2}{a+2h}\right|\leqslant[\sigma] \tag{6-2}$$

式中　ϕ——动力系数；

P_Q——对于吊钩指额定起重量P_{QRC}；

A——1-2截面的面积；

K_B——依曲梁截面形状而定的系数；

e_1——截面重心至内缘距离；

e_2——截面重心至外缘距离。

其中

$$K_B=-\frac{1}{A}\int_{-e_1}^{e_2}\frac{x}{R_0+x}\mathrm{d}A \tag{6-3}$$

对于梯形截面，有

$$K_B=\frac{2R_0}{(B+b)h}\left\{\left[b+\frac{B-b}{h}(R_0+e_2)\right]\ln\frac{R_0+e_2}{R_0-e_1}-(B-b)\right\}-1 \tag{6-4}$$

式中，$R_0=\frac{a}{2}+e_1$，$e_1=\frac{B+2b}{B+b}\frac{h}{3}$，$e_2=h-e_1$。

对于矩形截面，将式（6-4）中$b=B$代入，有

$$K_B=\frac{a+h}{2h}\ln\frac{a+2h}{a}-1$$

其近似计算公式为

$$K_B\approx\frac{1}{3}u^2+\frac{1}{5}u^4+\frac{1}{7}u^6 \tag{6-5}$$

$$u=\frac{h}{D+h}$$

对于圆形和椭圆形截面，有

$$K_B\approx\frac{1}{4}\left(\frac{h}{2R_0}\right)^2+\frac{1}{8}\left(\frac{h}{2R_0}\right)^4+\frac{5}{64}\left(\frac{h}{2R_0}\right)^6 \tag{6-6}$$

② 3-4 截面。最危险的受力情况是当两系物绳倾角增大为 α_{max} 时，则

$$P=\frac{\phi P_Q}{2\cos\alpha} \tag{6-7}$$

将此力分解为

$$P\sin\alpha=\frac{\phi P_Q}{2}\tan\alpha_{max}$$

$$P\cos\alpha=\frac{\phi P_Q}{2}$$

$P\sin\alpha=\frac{\phi P_Q}{2}\tan\alpha_{max}$ 产生与前文相似的受力情况，为偏心拉力。$P\cos\alpha=\frac{\phi P_Q}{2}$ 产生切力，切应力 $\tau=\frac{\phi P_Q}{2A'}$，通常 $\tau=0.1\sigma_3$，所以可忽略不计。3-4 截面上的正应力为

$$\sigma_3=\frac{\phi P_Q\tan\alpha_{max}}{2A'K_B'}\frac{2e_1'}{a}\leqslant[\sigma] \tag{6-8}$$

$$\sigma_4=\left|-\frac{\phi P_Q\tan\alpha_{max}}{2A'K_B'}\frac{2e_2'}{a+2h'}\right|\leqslant[\sigma] \tag{6-9}$$

通常按 $\alpha_{max}=45°$ 计算，则有

$$\sigma_3=\frac{\phi P_Q}{2A'K_B'}\frac{e_1'}{D}\leqslant[\sigma] \tag{6-10}$$

$$|\sigma_4|=\left|-\frac{\phi P_Q}{2A'K_B'}\frac{e_2'}{D+2h'}\right|\leqslant[\sigma] \tag{6-11}$$

式中 A'——3-4 截面的面积；

K_B'——3-4 截面的形状系数。

由于 3-4 截面处有强烈磨损，应力应按报废时的截面尺寸计算。当截面高度磨损达 5% 时，应考虑报废更换。

2）双钩。图 6-13 所示为一个双钩的计算简图。一般也是验算两个危险截面的受力情况，即 1-2 截面与 3-4 截面。危险载荷则都是最大倾角 α_{max} 的系物绳张力 P。

① 1-2 截面。最大正应力为

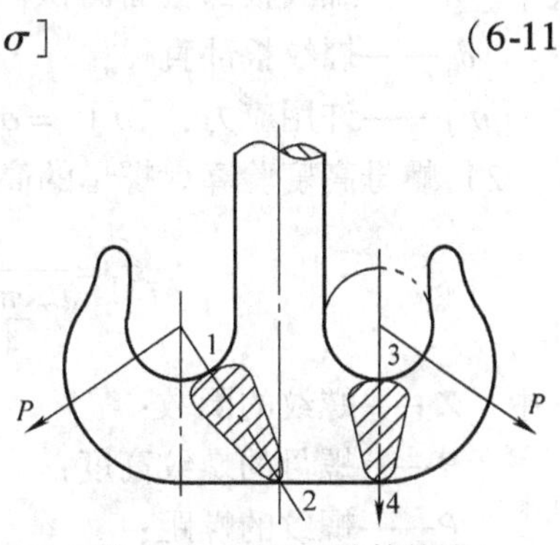

图 6-13 双钩的计算简图

$$\sigma_1 = \frac{\phi P_Q}{AK_B} \frac{\sin(\alpha_{max}+\beta)}{\cos\alpha_{max}} \frac{e_1}{a} \tag{6-12}$$

$$\sigma_2 = -\frac{\phi P_Q}{AK_B} \frac{\sin(\alpha_{max}+\beta)}{\cos\alpha_{max}} \frac{e_2}{a+2h} \tag{6-13}$$

当 $\alpha_{max}=45°$时，有

$$\sigma_1 = \frac{\phi P_Q}{AK_B} \frac{\sin(45°+\beta)}{\cos 45°} \frac{e_1}{a} \tag{6-14}$$

$$\sigma_2 = -\frac{\phi P_Q}{AK_B} \frac{\sin(45°+\beta)}{\cos 45°} \frac{e_2}{a+2h} \tag{6-15}$$

② 3-4 截面。应力计算与单钩完全相同。即

$$\sigma_3 = \frac{\phi P_Q}{A'K'_B}\tan\alpha_{max}\frac{e'_1}{a} \tag{6-16}$$

$$\sigma_4 = -\frac{\phi P_Q}{A'K'_B}\tan\alpha_{max}\frac{e'_2}{a+2h'} \tag{6-17}$$

当 $\alpha_{max}=45°$时，有

$$\sigma_3 = \frac{\phi P_Q}{A'K'_B}\frac{e'_1}{a} \tag{6-18}$$

$$\sigma_4 = -\frac{\phi P_Q}{A'K'_B}\frac{e'_2}{a+2h} \tag{6-19}$$

3）吊钩的许用应力为

$$[\sigma] = \frac{\sigma_s}{n}$$

式中，$n=1.3$（一般用途），$n=2.5$（用于吊运熔融金属）。

（2）尾部螺纹部分的强度验算

1）螺纹尾部的拉应力为

$$\sigma = \frac{\phi P_Q}{A} = \frac{\phi P_Q}{\dfrac{\pi d_1^2}{4}} \leqslant [\sigma] \tag{6-20}$$

式中 A——螺纹根部截面面积；

d_1——螺纹根部直径；

$[\sigma]$——许用应力，$[\sigma]=\sigma_s/n$，通常取 $n=4$。

2）螺母高度验算。螺母的高度主要由螺纹间的挤压应力决定。挤压应力的计算公式为

$$\sigma_j = \frac{\phi P_Q}{Z\dfrac{\pi}{4}(d^2-d_2^2)} = \frac{\phi P_Q}{\dfrac{H}{P}\dfrac{\pi}{4}(d^2-d_2^2)} \leqslant [\sigma_j] \tag{6-21}$$

式中 Z——螺纹的圈数；

H——螺母的螺纹高度；

P——螺纹的螺距；

d——螺纹的大径；

d_2——螺母的小径；

$[\sigma_j]$——许用挤压应力。

由于压力在各圈螺纹间分布很不均匀，挤压应力应取较低的许用值，对于Q235材料的螺母和20钢的吊钩，$[\sigma_j]=\sigma_s/n$，通常取 $n=5$。

在一般情况下，$H\approx(1\sim1.5)d$，由此计算的挤压应力是比较低的。

（3）吊钩横梁的计算　吊钩横梁（图6-14）中间部分应按弯曲强度进行验算。即

$$\sigma=\frac{M}{W}=\frac{3}{2}\frac{\phi P_Q l}{(B-d_3)h^2}\leqslant[\sigma] \tag{6-22}$$

$$[\sigma]=\frac{\sigma_s}{n},\ n=2.4$$

式中　W——吊钩的横梁中间部分断面的截面系数。

关于吊钩横梁的轴颈，通常按平均挤压应力计算。即

$$\sigma_j=\frac{\phi P_Q}{2d_4\delta}\leqslant[\sigma_j] \tag{6-23}$$

$$[\sigma_j]=\frac{\sigma_s}{n},\ n=3$$

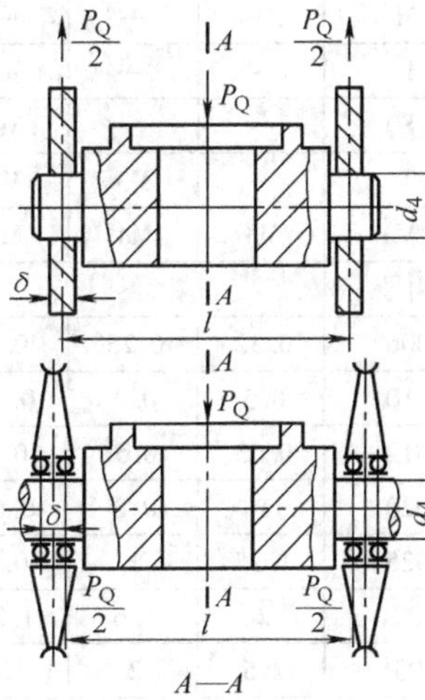

图6-14　吊钩横梁计算

（4）吊钩夹板的验算　吊钩夹板（图6-15）主要进行有孔断面抗拉强度的验算。即

$$\sigma_1=\frac{\phi P_Q}{2(b-d_4)(\delta+\delta')}\alpha_j\leqslant[\sigma_1] \tag{6-24}$$

式中　α_j——应力集中系数，其值可按图6-16所示的曲线选取。

$$[\sigma_1]=\frac{\sigma_s}{n},\ n=2.5$$

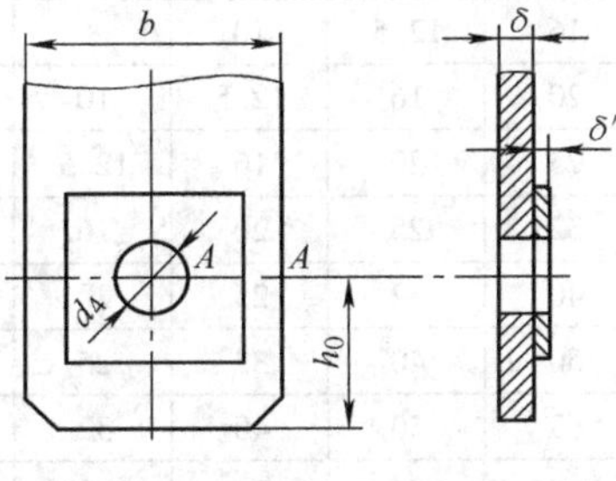

图6-15　吊钩夹板计算

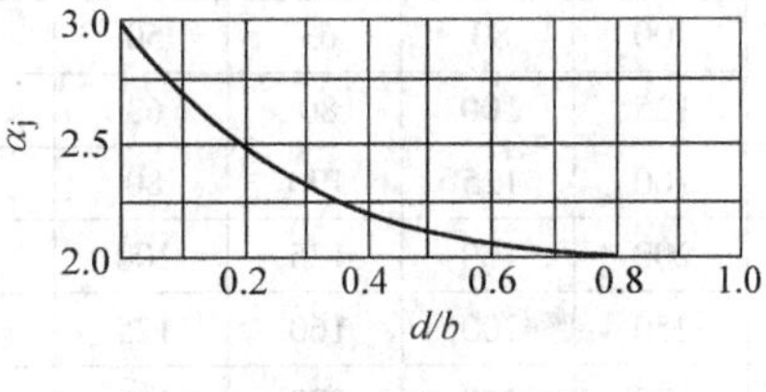

图6-16　应力集中系数 α_j

轴的平均挤压应力的计算公式为

$$\sigma_j=\frac{\phi P_Q}{2d_4(\delta+\delta')}\leqslant[\sigma_j] \tag{6-25}$$

$$[\sigma_j]=\frac{\sigma_s}{n},\ n=3$$

3. 标准吊钩

我国起重吊钩的标准化工作已经实现了与国际标准的接轨，已实施的起重吊钩相关的国

家标准包括起重吊钩的规格、材料和制作技术要求等。

吊钩的起重量及牌号见表 6-1。

表 6-1 吊钩的起重量（GB/T 10051.1—2010）

强度等级	机构工作级别										强度等级
M	—	—	—	—	M3	M4	M5	M6	M7	M8	M
P	—	—	—	M3	M4	M5	M6	M7	M8	—	P
(S)	—	—	M3	M4	M5	M6	M7	M8	—	—	(S)
T	—	M3	M4	M5	M6	M7	M8	—	—	—	T
(V)	M3	M4	M5	M6	M7	M8	—	—	—	—	(V)
钩号	起重量/t										钩号
006	0.32	0.25	0.2	0.16	0.125	0.1	—	—	—	—	006
010	0.5	0.4	0.32	0.25	0.2	0.16	0.125	0.1	—	—	010
012	0.63	0.5	0.4	0.32	0.25	0.2	0.16	0.125	0.1	—	012
020	1	0.8	0.63	0.5	0.4	0.32	0.25	0.2	0.16	0.125	020
025	1.25	1	0.8	0.63	0.5	0.4	0.32	0.25	0.2	0.16	025
04	2	1.6	1.25	1	0.8	0.63	0.5	0.4	0.32	0.25	04
05	2.5	2	1.6	1.25	1	0.8	0.63	0.5	0.4	0.32	05
08	4	3.2	2.5	2	1.6	1.25	1	0.8	0.63	0.5	08
1	5	4	3.2	2.5	2	1.6	1.25	1	0.8	0.63	1
1.6	8	6.3	5	4	3.2	2.5	2	1.6	1.25	1	1.6
2.5	12.5	10	8	6.3	5	4	3.2	2.5	2	1.6	2.5
4	20	16	12.5	10	8	6.3	5	4	3.2	2.5	4
5	25	20	16	12.5	10	8	6.3	5	4	3.2	5
6	32	25	20	16	12.5	10	8	6.3	5	4	6
8	40	32	25	20	16	12.5	10	8	6.3	5	8
10	50	40	32	25	20	16	12.5	10	8	6.3	10
12	63	50	40	32	25	20	16	12.5	10	8	12
16	80	63	50	40	32	25	20	16	12.5	10	16
20	100	80	63	50	40	32	25	20	16	12.5	20
25	125	100	80	63	50	40	32	25	20	16	25
32	160	125	100	80	63	50	40	32	25	20	32
40	200	160	125	100	80	63	50	40	32	25	40
50	250	200	160	125	100	80	63	50	40	32	50
63	320	250	200	160	125	100	80	63	50	40	63
80	400	320	250	200	160	125	100	80	63	50	80
100	500	400	320	250	200	160	125	100	80	63	100
125	—	500	400	320	250	200	160	125	100	80	125
160	—	—	500	400	320	250	200	160	125	100	160
200	—	—	—	500	400	320	250	200	160	125	200
250	—	—	—	—	500	400	320	250	200	160	250

注：机构工作级别低于 M3 的按 M3 考虑。

吊钩的强度等级按材料的力学性能分为五个强度等级，见表 6-2。

表 6-2 吊钩的强度等级（GB/T 10051.1—2010）

强度等级	结构钢					合金钢		
	上屈服强度 R_{eH}或延伸强度 $R_{p0.2}$/MPa	冲击吸收功 A_{kv}(ISO-V)/J				上屈服强度 R_{eH}或延伸强度 $R_{p0.2}$/MPa	冲击吸收功 A_{kv}(ISO-V)/J	
		+20℃		-20℃			+20℃	-20℃
		纵向	横向	纵向	横向		纵向	纵向
M	235	(55)	(31)	39	21	—	—	—
P	315					—	—	—
(S)	390					390	(35)	27
T	—	—				490	(35)	27
(V)	—	—				620	(30)	27

注：1. 尽量避免采用括号内的强度等级。

2. 冲击功试验应在-20℃下进行，括号中所给的冲击吸收功值仅供参考。

吊钩专用的材料见表 6-3。

表 6-3 吊钩专用材料的牌号（GB/T 10051.1—2010）

钩号	柄部直径 d_1/mm	强度等级				
		M	P	(S)	T	(V)
006~1	14~30	Q345qD	Q345qD	Q420qD 或 35CrMo	35CrMo	35CrMo
1.6~40	36~150					34Cr2Ni2Mo
50~250	170~375		Q420qD	35CrMo	34Cr2Ni2Mo	30Cr2Ni2Mo

注：当采用 JB/T 6396 中规定的原材料，直径大于 250mm 时：推荐材料中 Alt 的质量分数≥0.020%，或用其他形式证明材料中的氮被固化；冲击功试验温度为-20℃时，ISO 纵向试样的冲击功≥27J。

选择标准起重吊钩需根据吊钩的强度等级、机构工作级别及起重量来选择标准吊钩的钩号。

6.2.2 吊环

起重量极大的货物采用吊环起吊，它比吊钩的自重轻。在吊运一般货物时，系物绳难以穿过吊环的孔，这是它极少应用的原因。

根据构造形式的不同，吊环可分为铰接吊环（图 6-17）和整体吊环（图 6-18）。下面简单介绍它们的计算内容。

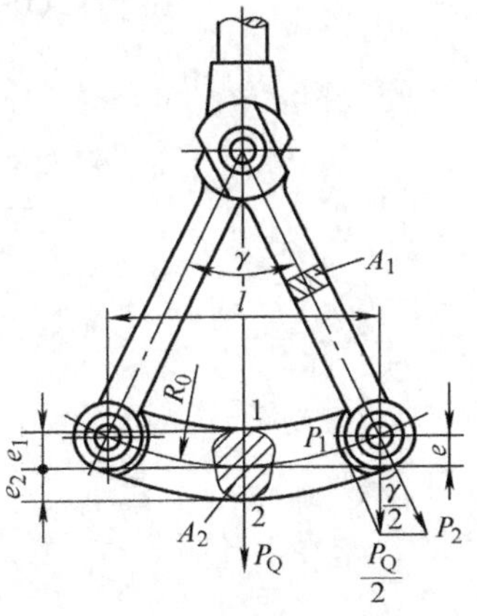

图 6-17 铰接吊环的计算

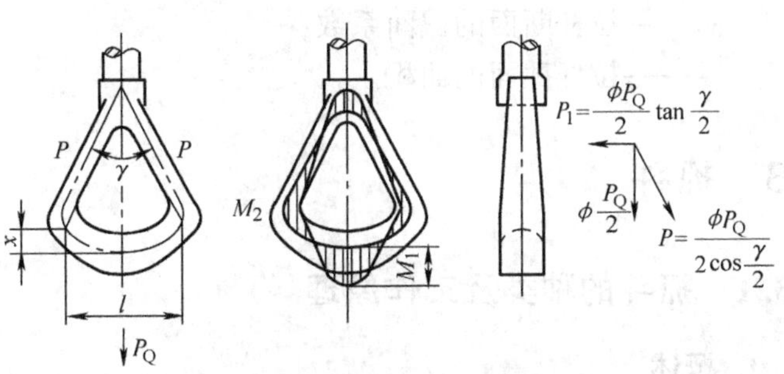

图 6-18 整体吊环的计算

1. 铰接吊环的计算

铰接吊环的计算如图6-17所示。两拉杆按拉力计算，拉杆的拉应力为

$$\sigma_1 = \frac{\phi P_Q}{2A_1\cos\frac{\gamma}{2}} \leqslant [\sigma_1] \tag{6-26}$$

对于下部横梁按曲梁理论计算。它承受起重量 ϕP_Q 引起的弯曲作用及拉杆水平分力引起的弯曲和压缩作用。应用曲梁理论计算1-2截面的应力为

$$|\sigma_1| = \left| -\frac{\frac{\phi P_Q}{2}\tan\frac{\gamma}{2}}{A_2} + \frac{\frac{\phi P_Q}{4}l + \frac{\phi P_Q}{2}e\tan\frac{\gamma}{2}}{A_2 R_0}\left(1 - \frac{1}{K_B}\frac{e_1}{R_0 - e_1}\right) \right| \leqslant [\sigma] \tag{6-27}$$

$$|\sigma_2| = \left| -\frac{\frac{\phi P_Q}{2}\tan\frac{\gamma}{2}}{A_2} + \frac{\frac{\phi P_Q}{4}l + \frac{\phi P_Q}{2}e\tan\frac{\gamma}{2}}{A_2 R_0}\left(1 + \frac{1}{K_B}\frac{e_2}{R_0 + e_2}\right) \right| \leqslant [\sigma] \tag{6-28}$$

2. 整体吊环的计算

整体吊环是把拉杆和下部横梁作为一个整体锻造而成的，因此各截面的内力应按三次超静定刚架计算。为了简化计算，其粗略的计算公式为（参看图6-18）

$$M_W \approx M_1 + P_1 x = \frac{\phi P_Q l}{5} + \frac{\phi P_Q}{2}x\tan\frac{\gamma}{2} = \frac{\phi P_Q}{5}\left(l + 2.5x\tan\frac{\gamma}{2}\right) \tag{6-29}$$

$$\sigma \approx \frac{M_W}{W_1} = \frac{\phi P_Q\left(l + 2.5x\tan\frac{\gamma}{2}\right)}{5W_1} \leqslant [\sigma] \tag{6-30}$$

简单计算拉杆所受弯矩为

$$M_2 \approx \frac{\phi P_Q}{13}l \tag{6-31}$$

拉杆所受拉力为

$$P_2 = \frac{\phi P_Q}{2\cos\frac{\gamma}{2}} \tag{6-32}$$

所以

$$\sigma = \frac{\phi P_Q}{2A\cos\frac{\gamma}{2}} + \frac{\phi P_Q}{13W_2} \leqslant [\sigma] \tag{6-33}$$

式中 W_1——下部横梁截面的截面系数；

W_2——拉杆断面的截面系数；

A——拉杆截面的面积。

6.3 抓斗

6.3.1 抓斗的种类及工作原理

1. 概述

抓斗是一种自动的取物装置，它的抓取与卸料动作由起重机司机操纵，不需要辅助人员

协助，因而避免了繁重的人力劳动，同时也节省了辅助时间，大大提高了装卸生产率。典型抓斗的构造如图6-19和图6-20所示。抓斗主要用于装卸大量的散粒物料，也有用于抓取圆木的抓斗（图6-21）。抓斗广泛应用于矿山、冶金厂、港口、车站、煤场及其他散粒物料仓库。

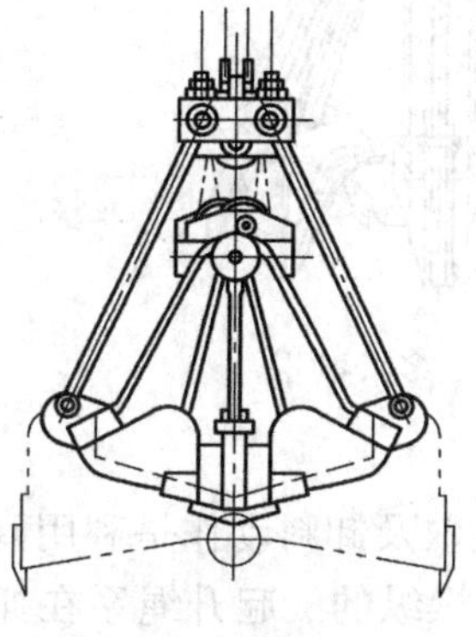

图6-19 双绳抓斗

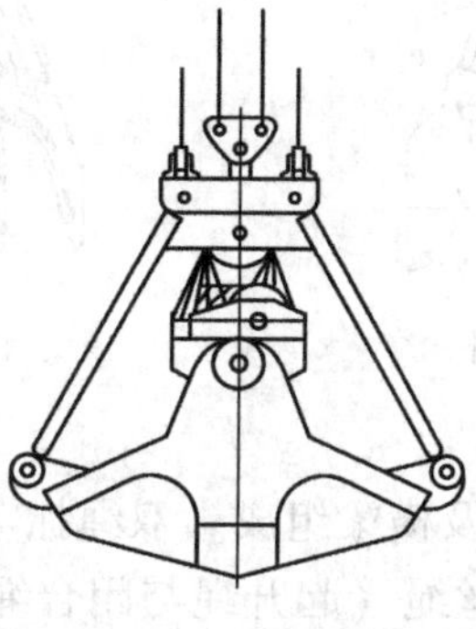

图6-20 四绳抓斗

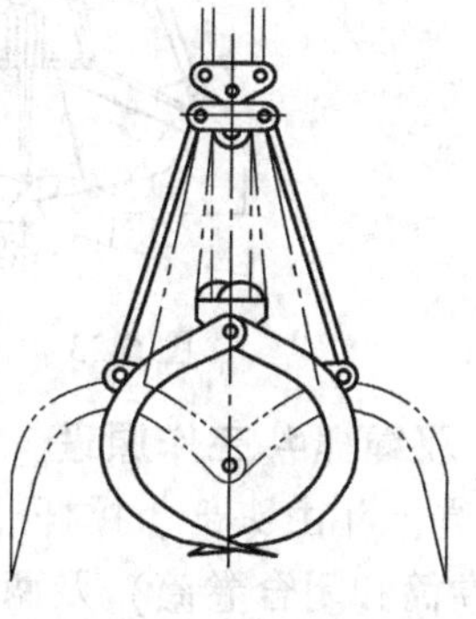

图6-21 圆木抓斗

抓斗的缺点是自重大，设计抓斗时应努力减轻它的自重，在这方面尚需进行许多研究工作。

抓斗起重机的起重量是抓斗载荷与抓取物料自重之和。即

$$P_Q = P_{QNA} + P_{QPL} \tag{6-34}$$

式中 P_Q——抓斗起重机的额定起升载荷（P_{QRC}）；

P_{QNA}——抓斗自重载荷；

P_{QPL}——抓取物料自重载荷。

在水中抓取物料的抓斗，例如疏浚用的泥抓斗，因为有真空吸力的作用，应适当增大起重机的起重量，通常

$$P_Q \approx 1.3(P_{QNA} + P_{QPL})$$

2. 抓斗的种类

根据抓取物料的不同，抓斗可分为矿石抓斗、煤抓斗、粮食抓斗等。但通用的抓斗则根据抓取物料的密度ρ分为轻型抓斗（$\rho < 1.2\mathrm{t/m^3}$）、中型抓斗（$\rho = 1.2 \sim 2.0\mathrm{t/m^3}$）、重型抓斗（$\rho = 2.0 \sim 2.6\mathrm{t/m^3}$）及特重型抓斗（$\rho > 2.6\mathrm{t/m^3}$）。

根据抓斗开闭方式不同可分为单绳抓斗（图6-22）、双绳抓斗（图6-19）及马达抓斗（图6-23）。最常用的是双绳抓斗，它需要配备专门的双卷筒绞车，其生产率高。单绳抓斗可以用于普通单卷筒绞车，但结构与操作复杂，生产率低，用于兼运成件物品及散粒物品的起重机。马达抓斗不需要专门的双卷筒绞车，自身带有闭合机构，但需附属的电缆卷筒，它的特点是抓取能力大。

根据颚板数目的不同，抓斗可分为双颚板抓斗和多颚板抓斗（或多爪抓斗，图6-24）。多颚板抓斗颚板数为三个以上，多数选为六个。采用多颚板抓斗装卸大块矿石及废钢铁可以获得较好的效果。

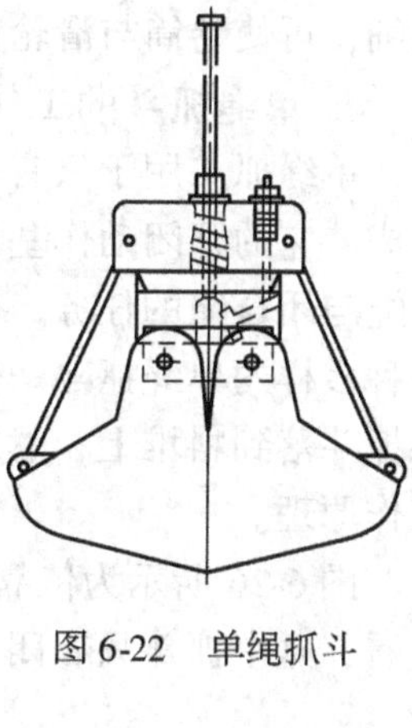

图6-22 单绳抓斗

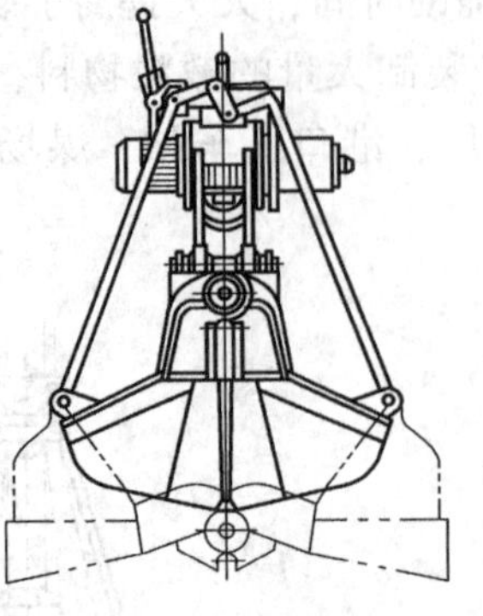

图 6-23　马达抓斗

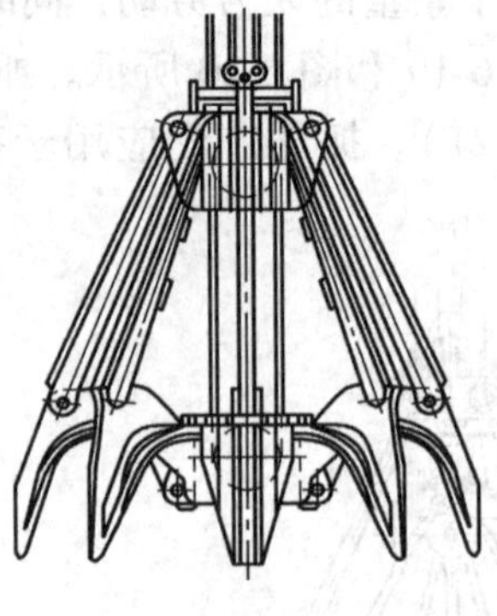

图 6-24　多爪抓斗

3. 双绳抓斗工作原理

双绳抓斗由头部、撑杆、颚板及横梁组成。双绳抓斗的抓取及卸料动作是利用两个卷筒（起升卷筒和闭合卷筒）及两根钢丝绳（起升绳与闭合绳）来操纵的。起升绳系在抓斗的头部，闭合绳以滑轮组的形式绕于头部和横梁之间，倍率通常为2～6。

抓斗颚板挖入料堆，抓取物料。当抓斗完全闭合时，立即开动起升卷筒，这时起升卷筒与闭合卷筒共同旋转（图6-25c），将满载抓斗提升到适当高度。当抓斗移动到卸料位置时，向下降方向开动闭合卷筒（图6-25d），起升卷筒停止不动，抓斗张开卸料。总之，当起升绳与闭合绳速度相同时，抓斗就保持一定的开闭程度起升或下降；当起升绳与闭合绳速度不同时，抓斗就开闭。其动作见表6-4。

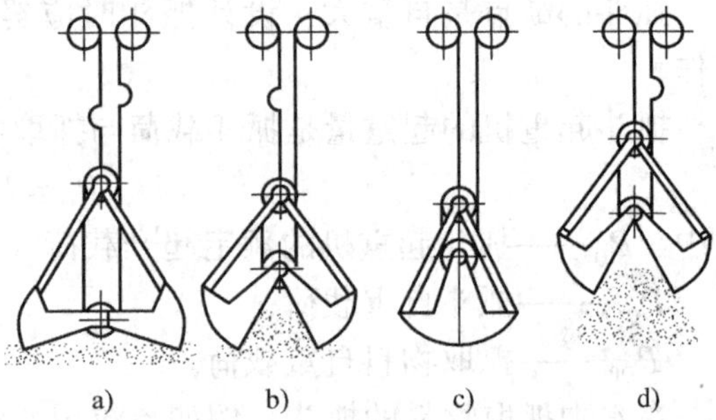

图 6-25　双绳抓斗的工作原理

表 6-4　双绳抓斗的开闭升降

抓　　斗	开	闭	升	降
起升绳	停	停	升	降
闭合绳	降	升	升	降

双绳抓斗的起升绳与闭合绳常常成双布置，这样使得抓斗工作时更为稳定，同时钢丝绳较细，可使卷筒与滑轮直径减小，这时共有四根绳，称为四绳抓斗。

4. 单绳抓斗的工作原理

单绳抓斗用于只有一个起升卷筒的普通起重机上。单绳抓斗由头部、撑杆、颚板及横梁组成。它的开闭动作基本上与双绳抓斗相同，只是这里只有一根钢丝绳，它应当轮流担负起升绳与闭合绳的任务。任务的转换是通过特殊的锁扣装置来实现的。锁扣的不同结构产生有多种多样的单绳抓斗。例如，依靠卸料钟卸料的单绳抓斗；依靠操纵绳卸料的单绳抓斗；依靠抓斗落到料堆上，然后进行卸料的单绳抓斗等。下面以最后一种形式为例说明单绳抓斗的工作原理。

图6-26所示为依靠抓斗落在料堆上，然后进行卸料的单绳抓斗的工作原理图。从结构上看，这个抓斗只有闭合绳，没有起升绳，因而它只能进行抓取与闭合状况下的升降动作。

为了达到开斗卸料的目的，在闭合绳的某一适当位置上固定了一个球体，在抓斗头部装一个钢叉，卸料时（图 6-26d），先将抓斗落在料堆上，放下钢丝绳，使球体卡在钢叉中，然后将钢丝绳提升，进行卸料。这时钢丝绳与头部结合，变为起升绳。球体以下部分的钢丝绳是松弛的，允许颚板张开。卸料完毕后，抓斗仍然能以张开状况进行垂直与水平运动。下一次抓取物料时，将张开的抓斗落于物料上（图 6-26a），只要钢丝绳偏过一边，让球体从钢叉中脱出，然后将钢丝绳提升（图 6-26b），即可进行抓取物料，直到抓斗完全闭合，这时钢丝绳又起闭合绳作用。钢丝绳继续上升（图 6-26c），使满载抓斗闭合上升。当抓斗水平位移并落到卸料堆上之后，又放下钢丝绳，重复卸料、抓取循环。

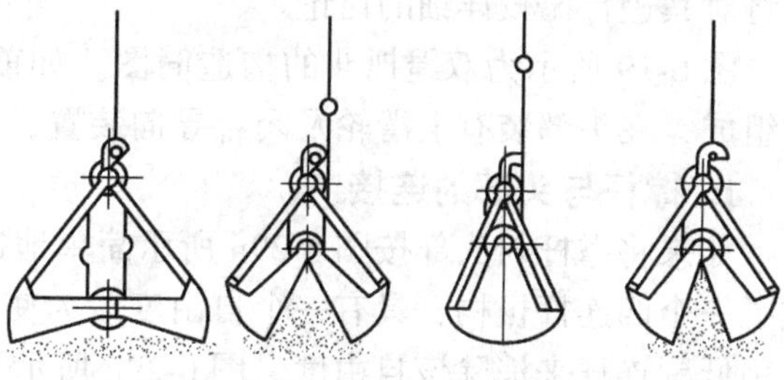

图 6-26 单绳抓斗的工作原理

上述抓斗在使钢丝绳偏过一边，让球体从钢叉中脱出的过程中，需要有辅助人员帮助。否则，要求司机有很高的操作技能，掌握钢丝绳摆动情况，才能运用自如。

图 6-27 所示为一种不需要辅助人员帮助的单绳抓斗的构造简图。这个抓斗似乎只有闭合绳，没有起升绳，下横梁制成两部分，由挂钩实行两者的分与合。抓取物料时，张开的抓斗落于物料之上，横梁上部落下，挂钩将它钩住，钢丝绳即作为闭合绳上升，抓取物料（图 6-27a）。卸料时，只将抓斗落于物料堆上，继续松绳，挂钩被弹簧张力拉开，横梁上部脱开上升到顶，这时钢丝绳仍作为起升绳卸去物料（图 6-27b），卸完情况如图 6-27c 所示。

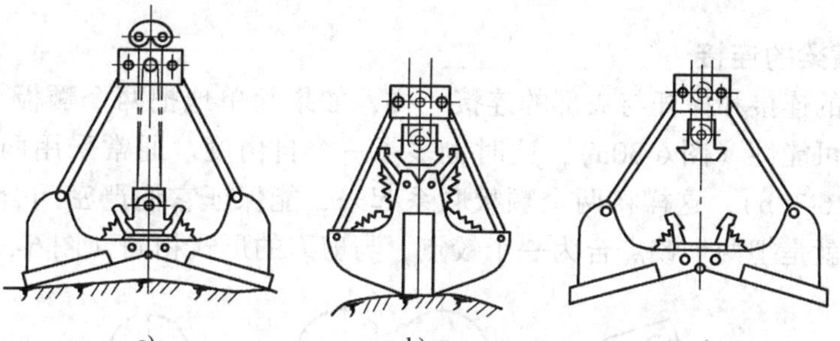

图 6-27 单绳抓斗

5. 马达抓斗的工作原理

马达抓斗本身带有闭合机构，它的样式繁多，我国主要采用图 6-23 所示的形式，其原理是把标准电动葫芦装到抓斗上作为开闭机构。

马达抓斗可以看做将闭合卷筒移到抓斗本身上去，由于马达抓斗在闭合时不再像双绳抓斗那样受闭合绳向上的拉力，抓斗自重全部都起挖掘作用，因而抓取能力大，最适用于抓取矿石等难抓的物料。

近年来随着液压传动技术的发展，越来越广泛地采用液压抓斗，其优点是结构紧凑。图 6-28 所示为一种液压抓斗的简图。

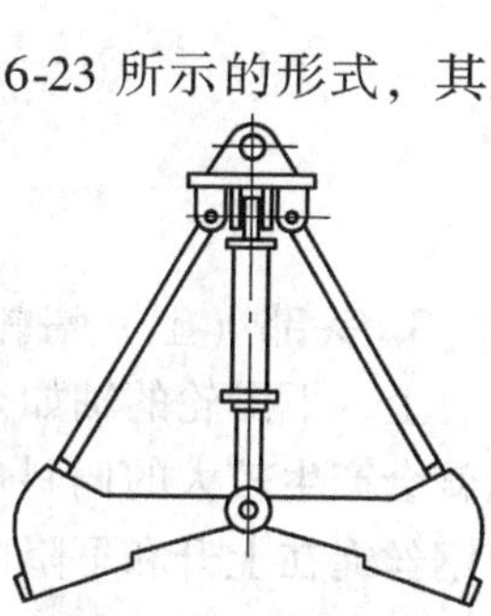
图 6-28 液压抓斗

6.3.2 双绳（四绳）抓斗的构造

双绳（四绳）抓斗是最常用的抓斗，它的构造与工作原理是其他类型抓斗的基础，本书将对其进行比较详细的讨论。

图6-19所示为双绳抓斗的构造简图。如前所述，抓斗由头部、撑杆、颚板及横梁四部分组成，在头部装有上滑轮及闭合导向装置，在横梁上装有下滑轮。

1. 撑杆与头部的连接

如果将撑杆与头部按图6-29a所示简单地铰接起来，头部就没有稳定的位置，因为它构成了一个四连杆机构，具有一个自由度。为使头部稳定，应消除该自由度。图6-29b所示为采用低副连杆来消除该自由度。图6-29c所示为采用高副啮合来消除该自由度。也可将销钉插入长孔中，如图6-29d所示。还可采用将一个铰点固定的方法来消除该自由度，如图6-29e所示，但其缺点是此固点铰点处与撑杆受弯矩作用，并使得头部也略有偏斜。

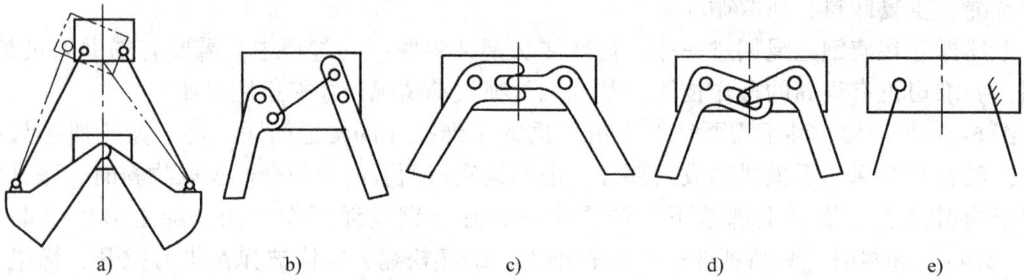

图6-29 撑杆与头部的连接

2. 颚板与横梁的连接

颚板与横梁的连接和撑杆与头部的连接一样，如果简单地把两个颚板与横梁铰接起来，就有闭合不佳的可能性（图6-30a），这时也多了一个自由度。通常采用两个扇形齿轮来消除该自由度（图6-30b），这样将两个颚板联系起来，能保证它们严密闭合。简单地消除多个自由度的方法就是把两个铰点合为一个铰点，与剪刀的形式相同（图6-30c）。

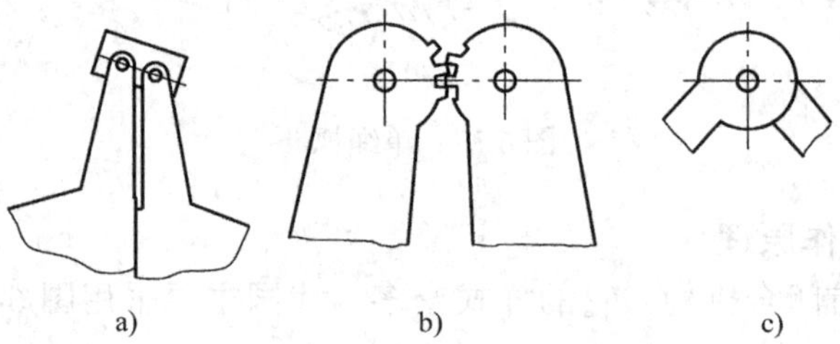

图6-30 颚板与横梁的连接

3. 头部（上）滑轮及下横梁滑轮的布置

上、下滑轮的轴如果布置成平行的，那就要求上、下滑轮的轴不能距离太近，否则钢丝绳就会产生较大的偏斜角，导致钢丝绳的磨损加剧。较好的方法是把下滑轮偏斜一个角度，使钢丝绳在上升和下降的过程中都不产生较大的偏斜，如图6-31所示。

4. 四绳式钢丝绳的平衡

双绳抓斗常制成四绳形式，即两根起升绳和两根闭合绳。为使两根绳的张力相等，常采用均衡滑轮和均衡杠杆，如图 6-32 所示。

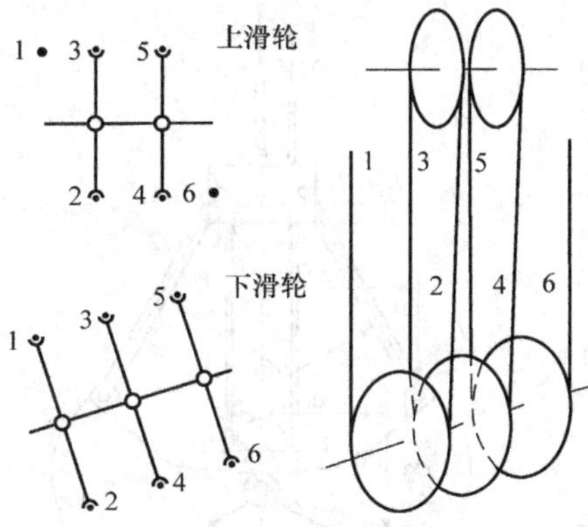

图 6-31 闭合滑轮的布置

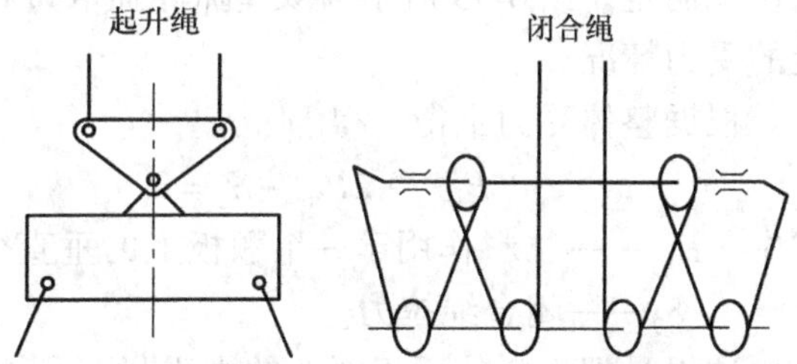

图 6-32 均衡杠杆

5. 闭合绳的导路

闭合绳穿过头部时应有良好的导路以减轻磨损。可采用耐磨材料制成的导筒，更好的方法是采用导辊，如图 6-33 所示。

6. 颚板

颚板是由钢板制成的，为增强刚性，其边缘用厚钢板进行加强。刃口最好用 ZGMn13 高锰钢制成，通过热处理使它得到奥氏体组织，具有高的韧性与耐磨性。热处理时加热到 1060～1100℃，水中骤冷。用于抓取小颗粒松散材料时，刃口板也可用 65Mn 制成，淬火后硬度达到 55～60HRC。

刃口一般是平直的，只有当抓取难抓的物料，如大块物料或坚实料堆时，才装上高锰钢爪。钢爪可以采取焊接固定的形式，也可以采取可拆卸的形式。抓取粮食的抓斗，有时为了避免泄漏，刃口制成搭接形式的（图 6-34a、b）以及采用密封垫的形式（图 6-34c）。

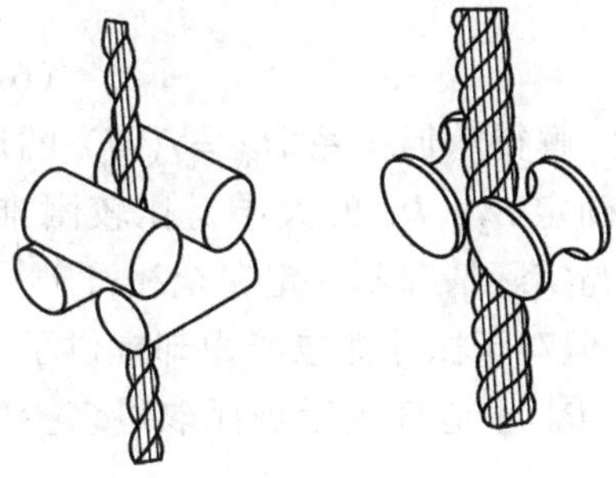

图 6-33 导辊

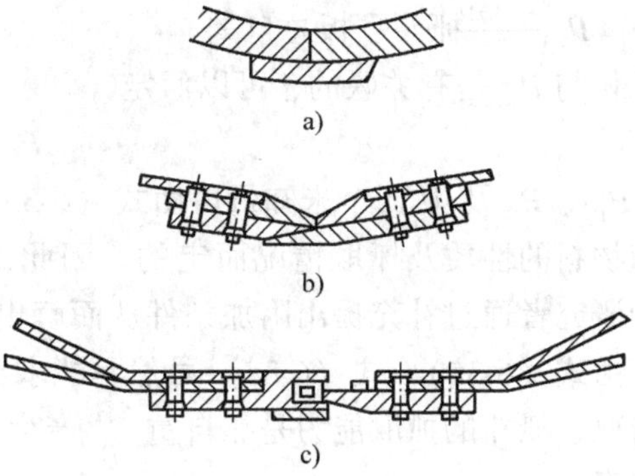

图 6-34 搭接的刃口

7. 撑杆

抓斗的撑杆是受压杆件，因此应有足够大的截面尺寸。由于撑杆的自重对于抓取性能是比较有利的，因此通常采用实心圆钢或方钢制成，在力求减轻自重的前提下，也可以采用厚壁管或由两块角钢或槽钢焊接成方管。

6.3.3 抓斗的受力分析

1. 抓斗在抓取过程中的受力

抓斗抓取物料是一个过程，它包括了抓斗无穷多的位置，各部分的受力情况是不同的，视物料的性质及抓取情况而定。图6-35所示为双绳抓斗抓取过程中一个位置的受力情况。

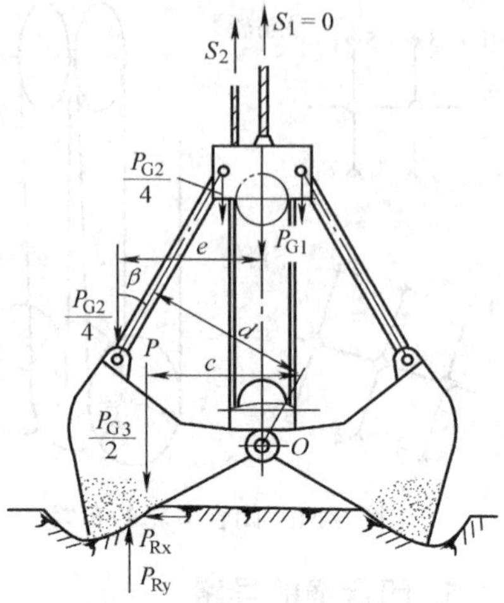

图6-35 抓斗的受力分析

根据整体受力平衡，得

$$P_{QNA}-2P_{Ry}-S_2=0 \tag{6-35}$$

式中 P_{Ry}——物料作用于一个颚板上的垂直分力；

S_2——闭合绳拉力。

这里是把物料作用于抓斗的力看做一个总的合力来考虑的。

根据 S_2 可求得撑杆撑力 P_P 为

$$(m-1)S_2\eta+P_{G1}+\frac{1}{2}P_{G2}=2P_P\cos\beta \tag{6-36}$$

式中 P_{G1}——抓斗头部自重；

P_{G2}——抓斗撑杆总自重；

m——闭合滑轮组倍率；

η——闭合滑轮组效率。

P_P 应与 $P_R(=P_{Rx}+P_{Ry})$、撑杆的折算自重$\frac{1}{4}P_{G2}$、颚板自重$\frac{1}{2}P_{G3}$及通过 O 点的力成平衡，对 O 点取力矩，并记 P_R 所产生的力矩为 M，则有

$$P_Pd+\frac{1}{2}P_{G3}c+\frac{1}{4}P_{G2}e-M=0 \tag{6-37}$$

式中 P_{G3}——抓斗颚板总自重。

M 与 P_{Ry}是有关联的，可以假定

$$P_{Ry}=f(M) \tag{6-38}$$

S_2、P_{Ry}、P_P 及 M 四个未知量可由式（6-35）~式（6-38）解得。但关系 $P_{Ry}=f(M)$ 的形状是随物料的性质及抓取情况而定的。因此，一般来说要确定 S_2、P_{Ry}的大小是比较困难的。不少研究者通过补充提出附加条件从而解出 S_2、P_{Ry}，但与实际情况不一定完全相符。

由式（6-35）~式（6-38）虽然不能求出 S_2 的大小，但对于抓斗抓取能力却提供了丰富的情况。抓斗的抓取能力是靠自重 P_G 产生的，但实际上 P_{Ry}才是直接影响抓取量多少的主要因素。

由式（6-35）可知

$$2P_{Ry}=P_{QNA}-S_2$$

这就是说，抓取压力等于抓斗自重减去闭合绳的张力。为了提高抓斗的抓取能力，应尽量减小 S_2，为此采用了滑轮组。滑轮组的倍率 m 越大，S_2 越小，抓取能力则越大。

单绳抓斗在抓取过程中的受力情况与双绳抓斗一样。马达抓斗则不同，由于它在闭合时不像双绳抓斗那样受闭合绳向上的拉力，故 $2P_{Ry}=P_{QNA}$，因而其抓取能力较大。

2. 抓斗起升时的受力情况（图 6-36）

分析抓斗起升时的受力情况，需要知道起升绳张力 S_1 及闭合绳张力 S_2。当采用双电动机分别驱动起升时，起升绳与闭合绳的张力相等。即

$$S_1=S_2=\frac{1}{2}(P_{QPL}+P_{QNA})$$

P_{QPL}是抓取物料的自重。这时抓斗各部分的受力都较轻。然而在起吊之初，起升绳未及时张紧，闭合绳所受最大张力为

$$S_1=0$$

$$S_2=P_{QPL}+P_{QNA}$$

在这种情况下，抓斗各部分的受力是比较严重的，设计时需要知道它的大小。

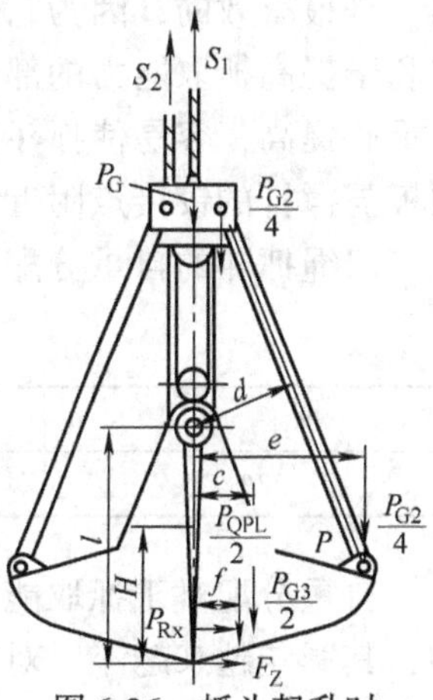

图 6-36 抓斗起升时的受力情况

撑杆的撑力 P_P 为

$$P_P=\frac{(m-1)(P_{QPL}+P_{QNA})\eta+P_{G1}+\frac{1}{2}P_{G2}}{2\cos\beta} \tag{6-39}$$

假定两颚板间的夹紧力 F_Z 集中在刃口处。即

$$F_Z=\frac{P_Pd+\frac{P_{G2}}{4}e+\frac{P_{G3}}{2}c+\frac{P_{QPL}}{2}f-\frac{1}{2}BH^2\rho(1+\tan\tau)\left(l-\frac{1}{3}H\right)}{l}>0 \tag{6-40}$$

式中 B——抓斗宽度；

H——抓斗中央的物料高度；

ρ——物料的密度；

τ——抓斗的内摩擦角。

6.3.4 影响抓斗抓取能力的因素

1. 抓斗自重的影响

如前所述，抓斗抓取物料的能力是靠抓斗的自重产生的。抓斗的抓取过程与钳工铲刮过程相似，铲刮时如果压力大，刮削量就大。同样，如果抓斗抓取时的垂直压力大，则抓取量也大。这里的垂直压力就是 $2P_{Ry}$（$2P_{Ry}=P_{QNA}-S_2$），因此，抓斗的自重 P_{QNA} 是影响抓斗抓取能力的主要因素。

设计抓斗时必须保证有足够的自重，不同的物料需要不同的抓斗自重。密度大与难抓的物料，如大块矿石与坚实料堆，需要自重大的抓斗；而粮食和煤则需要较轻的抓斗；现有的抓斗如果要抓取更重、更难抓的物料，则可以在抓斗上附加重物。

一般来说，抓斗的质量与抓取的物料质量相近。即

$$m_{NA}\approx\rho V$$

式中 m_{NA}——抓斗质量；

V——物料体积。

抓斗各部分的自重对于抓取能力的影响是不同的。理论与实践都指出：头部与撑杆的自重最有效，颚板次之，加大横梁自重效果最差，颚板自重在铰点附近部位也同头部与撑杆一样，是最有效的，因为它们都有强烈促进抓斗闭合的作用，在设计时应力求把自重分配到最有利于提高抓取能力的部分上去。虽然头部自重对于提高抓斗抓取能力很有效，但它使得抓斗重心提高，容易使抓斗在工作中翻倒，影响生产，因此，最合理的分配是把自重尽量放在颚板与撑杆的铰接点附近。附加重物时，也应加在此部位。

双绳抓斗的自重分配见表6-5。

表6-5　双绳抓斗的自重分配

头　部	撑　杆	颚　板	横　梁
22%	15%	45%	18%

自重分配对于抓取能力的影响，在滑轮组倍率较小时比较明显，随着滑轮组倍率的增加，其影响越来越小。对于马达抓斗，其抓取能力完全由抓斗总自重决定，自重的分配对于抓取能力无任何影响。

2. 闭合滑轮组倍率 *m* 的影响

增大闭合滑轮组的倍率 m 可以降低闭合绳在抓取过程中的张力 S_2，使挖掘压力 P_{Ry} 增大，从而提高抓斗的抓取能力。对于同样的抓取自重，如果增大滑轮组的倍率，就可以减轻抓斗的自重。增大滑轮组倍率的不良后果是增加了闭合时间与闭合绳的行程，同时使钢丝绳的磨损加剧。因此要确定合适的滑轮组倍率，应当综合考虑各种情况；如果设计时有使抓斗最轻的要求，可以先从强度出发设计抓斗，然后再从最轻自重出发确定滑轮组的倍率，其计算方法见第6.3.5节。表6-6列出了双绳抓斗常用的闭合滑轮组倍率。

表6-6　双绳抓斗闭合滑轮组的倍率 *m*

抓斗类型	倍率 m	抓斗类型	倍率 m
轻型抓斗	2～4	重型抓斗	5～6
中型抓斗	4～5	特重型抓斗	6

单绳抓斗由于闭合行程受到限制，常取较小的滑轮组倍率，通常 $m=2\sim3$；四绳抓斗为不使滑轮数量过多，也取较小的倍率。

3. 抓斗最大开度 *L* 的影响

图6-37所示为一个模型抓斗在不同最大开度 L 时的抓取曲线与抓取量。由图6-37可以看出，在某一限度内增大开度 L 可以提高抓取能力，当开度过大时，抓取深度急剧降低，抓取能力反而减小。这时在抓斗闭合的后阶段，由于已抓取的物料所产生的阻力增加，使闭合绳张力 S_2 急剧增大，甚至将抓斗提起，使刃口离开料堆，反而吐出了原先已经刮集的物料，只有当料堆很薄时才适于采用开度很大的抓斗。收集舱底剩余物料的耙集式

L/mm	m_G/kg
570	18
670	19
770	20.5
870	22
970	21
1070	20.3
1115	19

图6-37　最大开度 L 对抓取量的影响

抓斗的一个特点就是开度很大。

4. 物料性质的影响

物料的密度、块度与内摩擦因数对于抓斗的抓取量有很大的影响。密度大、块度大与内摩擦因数大的物料是最难抓取的，因而抓取量最低。一方面原因是由于这种物料阻碍抓斗的刃口向深处挖掘，另一方面由于闭合过程中阻力也大，使闭合绳张力 S_2 增大，从而降低挖掘压力 P_{Ry}，使抓取深度减小。

如前所述，对于难抓取的物料，即密度大、块度大或内摩擦因数大的物料，例如大块矿石，应当采用重的抓斗，并且选用较大的滑轮组倍率；对于容易抓取的物料，例如粮食，则采用自重较轻、滑轮组倍率较小的抓斗。

对于大块物料或坚实的物料，平直的抓斗刃口不易切入，通常装上钢爪以提高抓取能力，最好采用多颚板（多爪）抓斗。

5. 颚板形状的影响

根据对不同的抓斗进行的试验，推荐对于细粒的、内摩擦因数小的物料采用圆底抓斗（图6-38a）。对于大、中块及内摩擦因数大的物料采用平底抓斗（图6-38b），因为对于这种物料应尽量减少其在抓取过程中的内部运动，以减少抓取阻力。

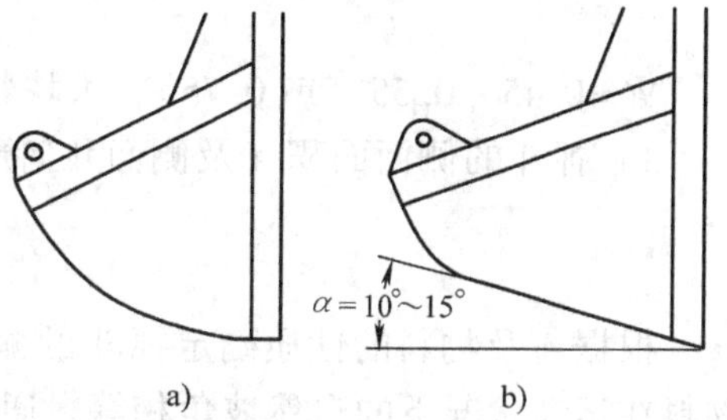

图6-38 抓斗颚板形状

颚板刃口的后角通常取为 $\alpha = 10° \sim 15°$。后角太小，颚板背部会与物料相碰，阻碍抓斗向深处插入；后角太大，闭合阻力增加，导致抓取能力降低。对于干燥物料，α 取较小值；对于潮湿物料，α 取较大值，以减少抓取过程中的抽空作用。

6. 颚板宽度 B 或 $\Psi = B/L$ 的影响

宽度较窄的抓斗可以较容易地插入物料。但窄抓斗两侧壁的阻力相对来说较大，因而太窄的抓斗也使抓取能力降低。确定抓斗宽度 B 或 $\Psi = B/L$ 的原则是：对于块度大的物料及坚实的料堆，应取较小值；对于松散物料，宜取较大值，一般取 $\Psi = 0.45 \sim 0.55$，也有研究人员建议可以尝试将 Ψ 值增大到 $0.7 \sim 0.75$。

7. 闭合速度的影响

一般来说，闭合速度提高，物料的阻力增大，从而使抓取量减小。这主要是因为物料空隙中空气的逸出导致阻力增大，此外也由物料的惯性力增大以及抽空现象影响增大等原因所致。对于一般的松散物料来说，若颚板几何尺寸合理，则在通常的闭合速度范围内，闭合速度对于抓取能力无显著的影响。

8. 抛掷速度的影响

将抓斗以高速落于料堆上，可以帮助抓斗插入物料，从而提高抓取能力。但这种作用只是对于抓斗不易插入的物料才有显著的效果，例如大块物料、坚实的料堆以及结有坚实硬壳的料堆。对于松散物料，抛掷速度对于抓取能力影响不大，虽然在最初阶段抓取得较多，但在后一阶段刃口又向上退出，使得抓取量增加甚少。

6.3.5 双绳抓斗的计算

设计抓斗的原始数据是：抓斗的额定容积 V 与所抓取物料的物理机械性能（密度 ρ、块度大小、自然坡角、坚实程度、结块性等）。需要确定的是：各部分的尺寸及抓斗的自重。

前面讲过，抓斗的缺点是自重大。因此，在设计抓斗时既要保证抓斗具有良好的抓取性能，又要保证抓斗各部分有足够的强度和刚度，同时要尽量减轻抓斗的自重，这对于提高起重机的有效自重和降低能量消耗是大有益处的。

1. 抓斗几何尺寸的设计

1）抓斗的最大开度 L。由于抓斗的额定容积 V 为已知，则 L 的计算公式为

$$L=(2.3\sim2.5)\sqrt[3]{V} \tag{6-41}$$

对于难抓取的物料取较大值，易抓取的物料取较小值。

2）抓斗的宽度 B。其计算公式为

$$B=\Psi L \tag{6-42}$$

$\Psi=0.45\sim0.55$（或 0.75），大块物料与坚实物料取较小值，松散物料取较大值。

3）抓斗的侧面面积 A 及侧面几何形状。抓斗的侧面面积 A 的计算公式为

$$A=\frac{V}{B} \tag{6-43}$$

根据 A 及物料的性质确定抓斗的侧面几何形状。这时应使侧板上缘的倾斜角度大致与物料在运动状况下的自然坡角相等，通常为 30°~35°，如图 6-39 所示。

颚板铰点 O 的位置可由下述条件确定：在最大开度时，颚板的切口应在垂直方向，以便切口顺利地插入物料，如图 6-40 所示。

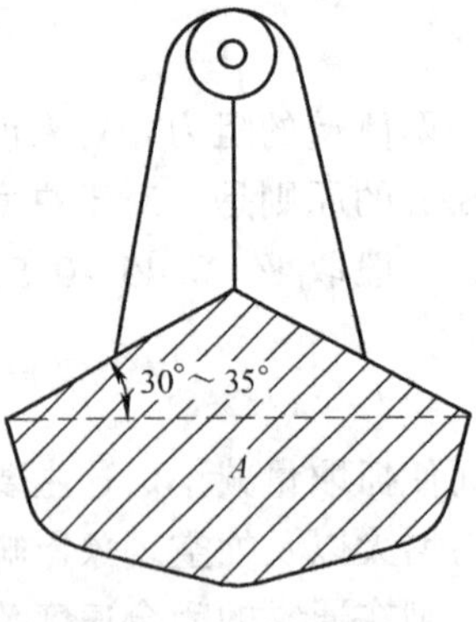

图 6-39 抓斗的侧面积

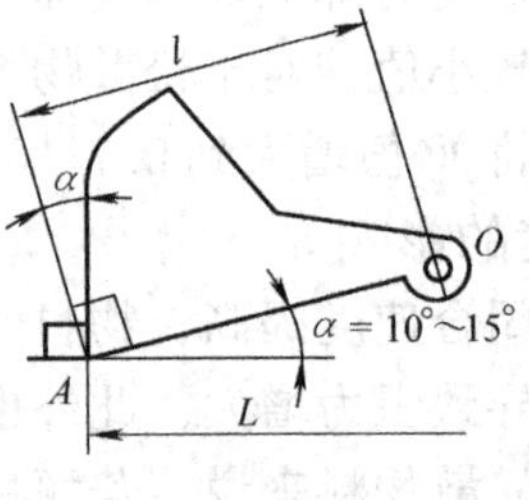

图 6-40 颚板铰点 O 与最大开度 L

这时 l 的计算公式为

$$l=\overline{OA}=\frac{L}{2\cos\alpha} \tag{6-44}$$

为了保证正确的开斗位置，应装设适当的挡止装置。

4）滑轮直径 D。滑轮的直径可根据钢丝绳的直径确定，即 $D\geqslant18d$ 或 $D=25d$。闭合绳绕过滑轮的次数较多，为了延长钢丝绳的寿命，常选用较大的滑轮，最大的直径可达 $D=25d$。

在抓斗闭合的情况下，上、下滑轮中心应保证足够的距离，通常约为1.6D。

5）撑杆铰点的位置。从提高抓取能力的角度出发，撑杆铰点的位置应使抓斗在开闭两种情况下滑轮中心距的变动量Δl最大（图6-41），因为这样可以使闭合绳闭合期间的平均张力S_{2P}最小（抓取功W一定的条件下），有利于提高抓取能力，其功能原理为

$$W \approx S_{2P} m \Delta l \tag{6-45}$$

根据上述原则，在允许的情况下，最好将下铰点按图6-42a所示的方式布置，这样有可能减轻抓斗的自重，或采用较小的倍率。其缺点是抓斗的轮廓尺寸可能过大，对用于车厢或船舱时，可能出现在闭合过程中发生铰耳碰撞车厢或舱壁的危险情况（图6-43），此时铰点按图6-42b所示的方式布置为宜。

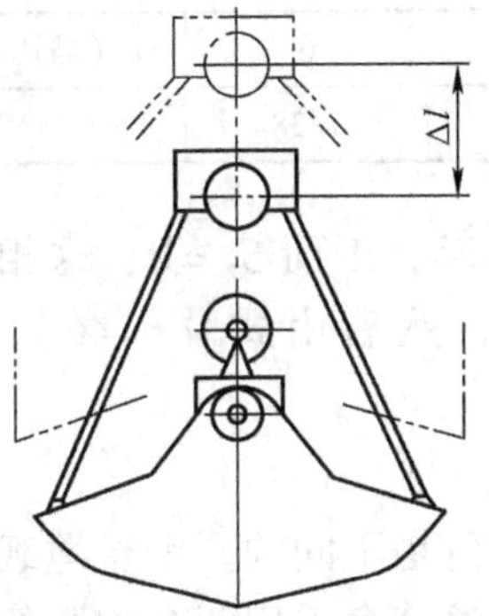

图6-41 滑轮开闭的位置

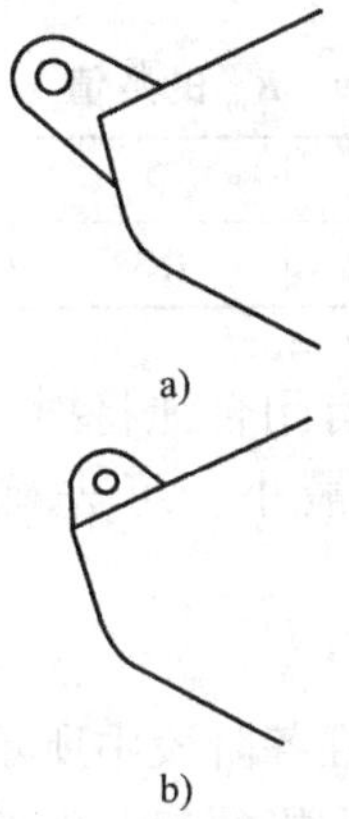

图6-42 撑杆下铰点

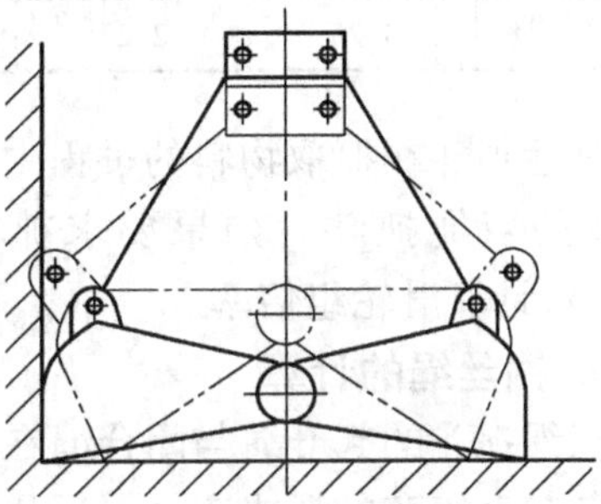

图6-43 铰耳碰壁的危险

2. 抓斗抓取能力的设计

抓斗抓取能力的设计主要包括抓斗自重及闭合滑轮组倍率的确定。而准确地确定抓斗自重及闭合滑轮组的倍率是一个复杂的问题，主要通过实践来解决。

保证抓斗达到所需抓取能力的自重的粗略计算公式为

$$m_{NA} = K\rho V = K_v K_l K_m \rho V \geqslant m_{G0} \tag{6-46}$$

式中 K_v——根据抓斗的名义容积确定的系数；较大抓斗的K_v值较小（阻力较小），K_v的数值可通过实测得出，当前可以根据已有的资料选取，其数值列于表6-7；

K_l——根据物料的性质、块度及料堆的坚实程度确定的系数，其值见表6-8；

K_m——依据闭合滑轮组倍率确定的系数，其值见表6-9；

m_{G0}——根据强度条件确定的抓斗质量，它可以根据强度设计得出，或根据经验确定。

K_m的计算公式为

$$K_m \approx \frac{m+2}{m-0.2} \tag{6-47}$$

表6-7 K_v的数值

V/m^3	0.5	1	2	3	5	10
K_v	1.05	1.0	0.925	0.91	0.88	0.85

表 6-8 K_1 的数值

物料类型		K_1
粮食（大豆、小麦）		0.3～0.4
煤	松散碎煤	0.55～0.60
	坚实碎煤	0.60～0.64
	块煤	0.61～0.68
石灰石	小块	0.70～0.75
	大块	0.75～0.80
铁矿石	小块	0.75～0.80
	大块	0.80～0.90

表 6-9 K_m 的数值

m	1	2	3	4	5	6	∞（马达抓斗）
K_m	3.75	2.22	1.78	1.58	1.46	1.38	1

马达抓斗在抓取物料的过程中由于没有闭合绳将抓斗向上提起，因而 $S_2=0$，这相当于 $m=\infty$ 的双绳抓斗。如果要求抓斗质量最小，可先确定 m_{G0}，然后由式（6-46）和式（6-47）计算滑轮组倍率。

3. 钢丝绳的计算

双绳抓斗的起升绳与闭合绳在工作过程各阶段中所承受的载荷是不同的。钢丝绳载荷的变化与起升绞车的形式有关。近代抓斗起重机的起升卷筒与闭合卷筒多采用两台相同的起升绞车来驱动。采用这种两个卷筒独立驱动的绞车，能使载荷在起升过程中自动地均匀分布在起升绳与闭合绳上。这种方式的缺点是开着的空抓斗升降时有自动闭合的趋势。有的抓斗起重机采用行星减速器来驱动两个卷筒，一台电动机同时驱动两个卷筒，专管升降；另一台电动机给闭合绳以附加速度，专管开闭。这时由于起升卷筒与闭合卷筒在升降过程中保持同步，消除了自动开闭的问题。但随之而来的缺点是丧失了自动均衡的作用，只有通过司机的熟练技巧和调整闭合绞车制动器来使起升绳与闭合绳的载荷大致均衡。

图 6-44 所示为独立双电动机驱动的双绳抓斗钢丝绳张力变化的情况。

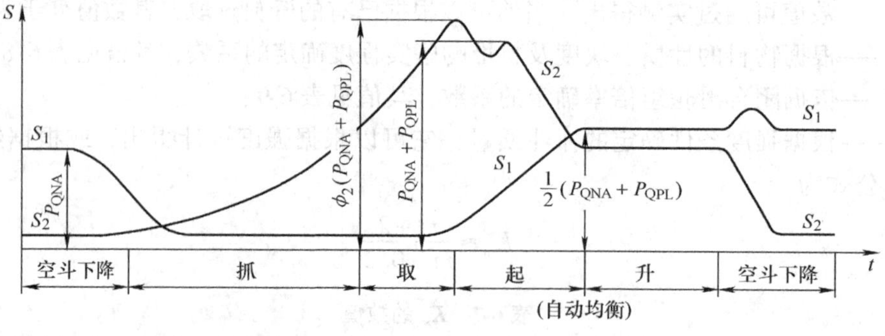

图 6-44 钢丝绳张力的变化

当空斗下降时，抓斗自重全部由起升绳承担，这时

$$S_1=P_{QNA},\ S_2=0$$

当抓斗落到料堆上时，钢丝绳全部松弛，这时

$$S_1 = S_2 = 0$$

在抓斗闭合过程中，闭合绳张力逐渐增大。在起升开始时，抓斗及物料的全部自重几乎全由闭合绳承担，这时

$$S_1 = 0$$

$$S_2 = P_{QNA} + P_{QPL}$$

当抓斗刚离开料堆时，可能产生动力载荷，使闭合绳承受更大的载荷。即

$$S_2 = \phi(P_{QNA} + P_{QPL}) \tag{6-48}$$

动力系数 ϕ 与闭合末期的闭合绳张力 S_2 有关。闭合末期的 S_2 越小，动力系数 ϕ 越大。如果选用了过大的滑轮组倍率，就会使闭合末期的 S_2 过小，从而使动力系数 ϕ 增大。

ϕ 的数值可以从图6-45 中读出。这是小型试验的结果，大致为

$$\phi = 1 + v \tag{6-49}$$

式中　v——起升速度（m/s）。

在抓斗起升过程中，钢丝绳的载荷逐渐均衡。自动均衡的效果是由于电动机的特性达到的。电动机在转速高时转矩小，转速低时转矩大；空载时转速高，满载时转速低。抓斗在起升过程中，如果某一根钢丝绳比较松弛，则它的张力就较小，它的驱动电动机的力矩也较小，因而电动机的转速较高，这就使其自动逐渐紧张，从而提高它的载荷。假若两台电动机的特性完全相同，在均衡过程终了后，两根钢丝绳的速度应相等，两台电动机的转速也相等，因而两台电动机的转矩也相等，从而使起升绳与闭合绳的张力相等。

钢丝绳的破坏主要是疲劳破坏，在计算钢丝绳直径时，假设最大张力作用时间不长，就可不根据最大张力来计算。钢丝绳的计算载荷为

$$S_1 = S_2 = 0.66(P_{QPL} + P_{QNA}) \tag{6-50}$$

若按最大张力计算即按式（6-48）计算，则钢丝绳的安全系数为 $n \geqslant 2.5$。

4. 抓斗的强度计算

（1）颚板的强度计算　颚板是受力分布载荷的板，三边支承，一边自由，如图6-46 所示。最危险的部位在刃口中央，因此，刃口部分的强度应适当加强，其厚度可近似按均布载荷 p 作用下的简支梁计算，刃口中央单位长度的弯曲力矩 M 为

$$M = \frac{pB^2}{8} \tag{6-51}$$

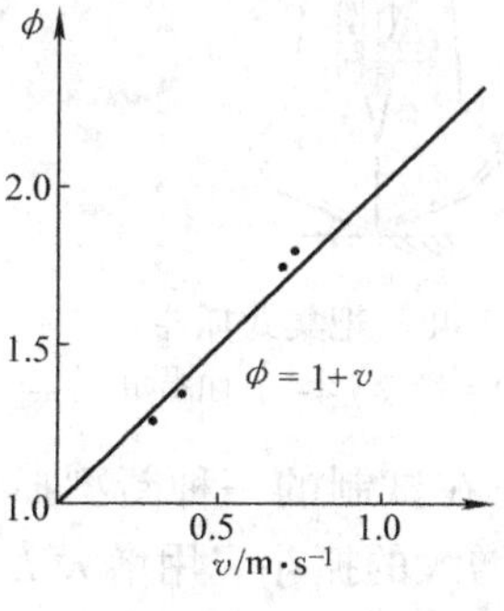

图6-45　动力系数小型试验结果

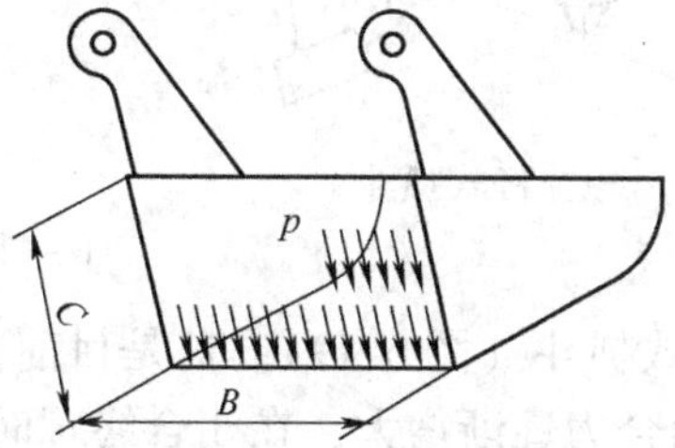

图6-46　颚板强度计算简图

式中，$p=\phi\rho C$。

刃口中央弯曲应力σ为

$$\sigma=\frac{M}{W}=\frac{pB^2}{8}\Big/\frac{\delta^2}{6}=\frac{3}{4}\phi\rho\frac{CB^2}{\delta^2}\leqslant[\sigma] \tag{6-52}$$

$$[\sigma]=\frac{\sigma_s}{n},\ n=2$$

实际上由于刃口边缘有支持力矩以及其他原因，其应力比计算值略低。但考虑到在抓取过程中受力情况较复杂，故取较大的安全系数。

（2）其他部分的强度计算　抓斗其他部分如滑轮轴、撑杆、销轴等，在满斗起升时承载最大，应按式（6-48）所确定的最大闭合绳张力S_2进行计算，此时许用应力$[\sigma]=0.65\sigma_s$。

6.3.6　双绳抓斗的其他型式

上面介绍的双绳抓斗是应用最广泛的结构形式，双绳抓斗还有很多种结构形式。

1. 闭合机构不同的双颚板抓斗

1）短撑杆式抓斗（图6-47）。这种抓斗的特点是颚板的闭合压力大，常用于冶金工厂抓取矿石等。

2）耙集式抓斗（图6-48）。这种抓斗具有较大的开度，适用于抓取堆集薄层的物料，例如船舶舱底。为了不使抓斗刮伤舱底，在抓取时应将抓斗悬挂在起升绳上，即“头部”不动，在闭合过程中，刃口的移动轨迹近似为水平的直线。耙集式抓斗的各连杆尺寸就是根据上述要求设计的。耙集式抓斗的抓取能力也比较大，多用于船舶卸货。它的缺点是开度大，不适于一般用途。

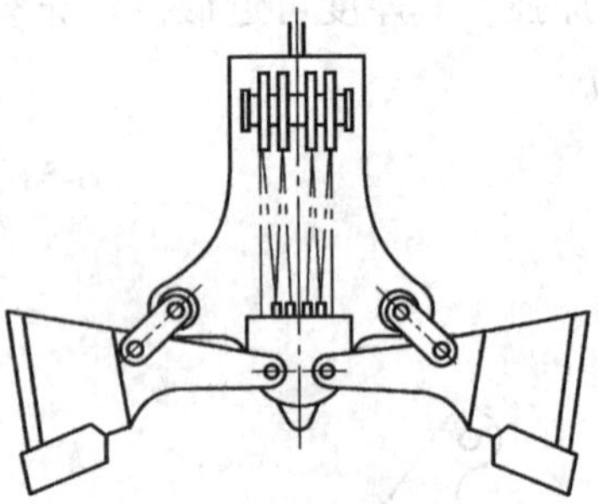

图6-47　短撑杆式抓斗

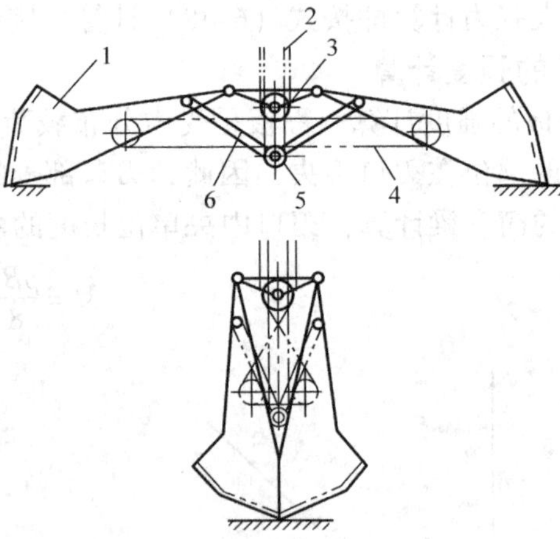

图6-48　耙集式抓斗

1—颚板　2—支持绳组　3—横梁　4—开闭绳组　5—头部　6—撑杆

3）剪式抓斗（图6-49）。这是目前在我国各港口正在试制的一种新型抓斗。它的特点是颚板的闭合力逐渐增大，在闭合终了时最大，适于L增大的抓斗。用增大L的抓斗抓取散碎物料，抓取物料的自重可达抓斗自重的1.5倍。抓取大块物料时，初始抓取能力较低，因此效果较差。

关于抓斗各部分自重对于闭合力矩的影响，除了前面对撑杆抓斗所述的规律外（即头部、撑杆及与其连接的颚板自重最有利；颚板其次；横梁最差，本身并无闭合能力），剪式抓斗有一种更加不利的自重，即闭合滑轮及剪臂的自重，这些自重对于闭合力矩来说是负值，它们产生的力矩不是闭合力矩，而是张开力矩。

为了减少闭合绳的磨损，将闭合绳直接由闭合滑轮引入（图6-50），这样不仅减少了摩擦损失，而且还增大了闭合力矩（S_2a）。在起重机的起升高度允许时，这样做是非常有利的。

剪式抓斗起升绳的固定点应适当选定。若将抓斗悬于起升绳上并开动闭合卷筒时，两刃口的移动轨迹近似为一水平圆弧。这种抓斗的开度很大，实际上也是一种耙集式抓斗，最适于卸船之用。其缺点与耙集式抓斗相同，颚板开度过大，不适于一般用途。

4）不对称抓斗（图6-51）。从构造分析来看，这种抓斗是撑杆抓斗与剪式抓斗的混合，两种形式各有一半。这种抓斗的特点是增大了两滑轮闭合时的运动距离，从而增强了颚板的闭合力。

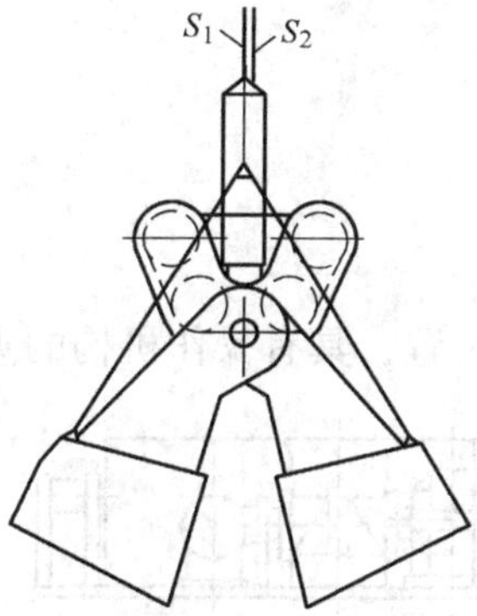

图6-49 剪式抓斗

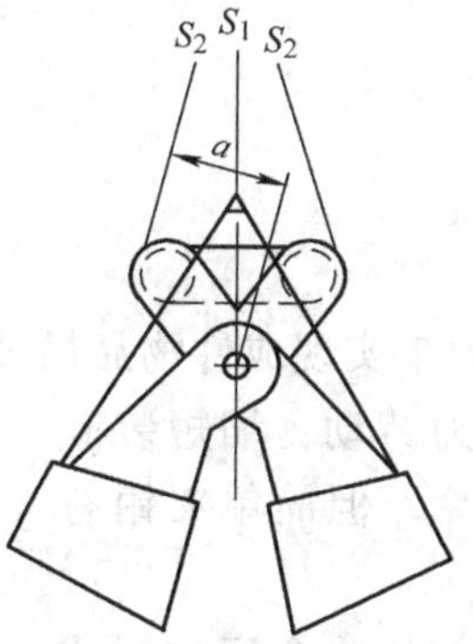

图6-50 闭合绳直接绕入的剪式抓斗

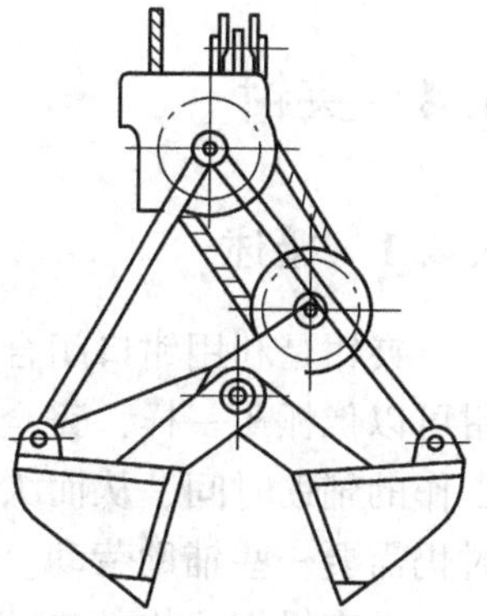

图6-51 不对称抓斗

2. 多颚板抓斗（多爪抓斗）

如果颚板数目为三个以上，则刃口成尖形的爪状，这种抓斗通常又称为多爪抓斗。爪尖角度$\delta \leqslant \frac{360°}{n}$，$n$为爪数，最常见的是$n=6$。多颚板抓斗适于抓取一般双颚板抓斗不易插入的物料。采用多颚板抓斗装卸大块矿石及废钢等物料可以得到较好的效果。

图6-24所示为刚性多颚板抓斗（$n=6$），它的所有颚板都与下承梁铰接在一起，各颚板的开闭程度总是一致的，在夹运特大块物料时，可能有某些颚板完全不受力。对于一般块度的物料，各颚板的受力仍相差不多，目前主要采用这种构造简单的刚性多颚板抓斗。

图6-52所示为挠性连接的多颚板抓斗。下滑轮组的每一滑轮分别装在每一颚板的头部，开闭绳依次绕过这些滑轮，各颚板刃口的受力情况相似，但各颚板的开闭程度不同。这种抓斗可以多爪同时抓持不规则形状的特大块物品，经过改进的此类抓斗已用于生产，其效果良好。

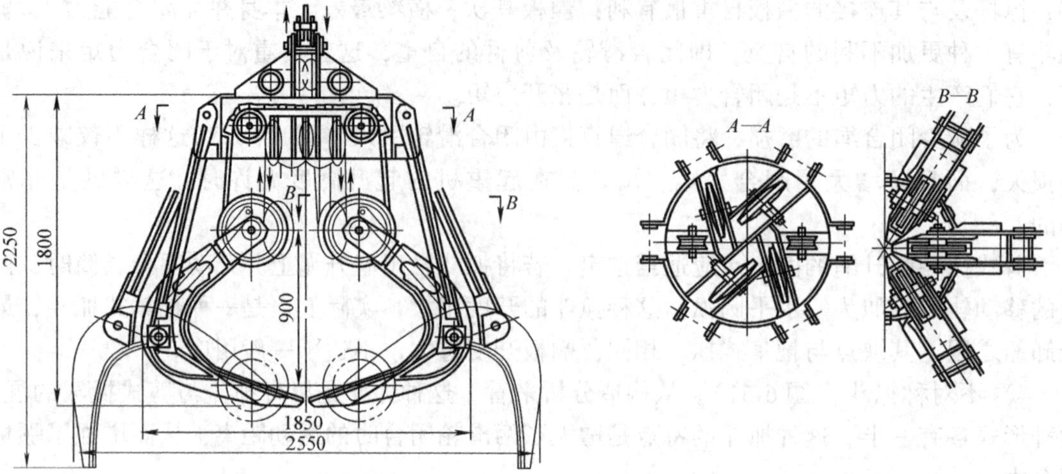

图 6-52　挠性连接的多颚板抓斗

6.4　夹钳

6.4.1　概述

夹钳是利用钳口闭合力及其摩擦力来实现成件物品吊装的取物装置，具有操作机构的夹钳可以像抓斗一样，完全免除辅助体力劳动，缩短装卸工作的辅助时间，从而大大提高生产率。但简单夹钳有时仍需要一些辅助劳动。

具有操作机构的夹钳形式多样，例如冶金厂的钳式起重机夹钳，像双绳抓斗一样，由两根钢丝绳操纵，这时需要有专门的闭合卷筒。又如冶金厂的板坯夹钳（图 6-53），像马达抓斗那样在夹钳上装有开闭机构，但它需要有电缆卷筒。对于普通吊钩起重机，也可采用各种闭锁机构来达到操纵夹钳的目的。

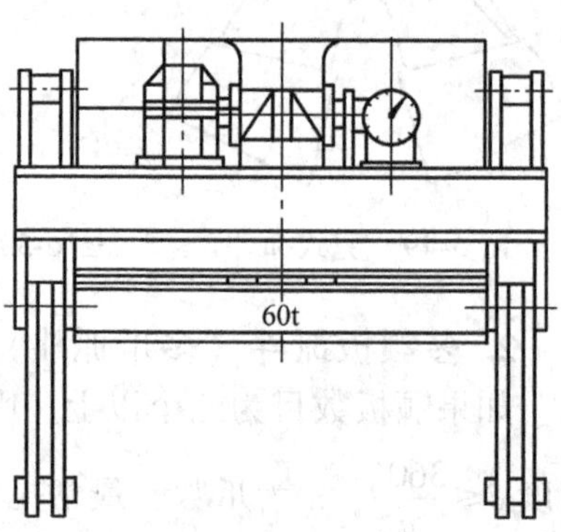

图 6-53　板坯夹钳

下面介绍几种常用夹钳的工作原理与设计原则。

6.4.2　杠杆夹钳

1. 简单杠杆夹钳

图 6-54 所示为一种简单的杠杆夹钳。此夹钳夹持物品的能力是依靠夹钳钳口的法向压力 F_N 所产生的摩擦力 F_F 来实现的，即 $2F_F = P_Q$（此处取 P_{QPL}），而法向压力 F_N 是由链条拉力 P_S 通过杠杆产生的。因此，链条拉力 P_S 为（忽略夹钳自重）

$$P_S = \frac{P_Q}{2\cos\alpha} \tag{6-53}$$

法向压力 F_N 可以由一个钳体绕铰点的力矩方程为平衡条件求得。即

$$P_S a + F_F b = F_N c \tag{6-54}$$

联立式（6-53）和式（6-54）可得

$$F_N = P_Q \frac{\frac{a}{\cos\alpha} + b}{2c} \tag{6-55}$$

杠杆夹钳能够起吊物品的基本条件是 $F_F \leqslant \mu F_N$。即

$$\left.\begin{aligned} F_N &\geqslant \frac{P_Q}{2\mu} \\ \beta &\leqslant \rho \end{aligned}\right\} \tag{6-56}$$

式中，μ 为钳口与物品间的摩擦因数，其值见表6-10。对于木材，钳口制成尖刃，这时摩擦因数 μ 可大大提高。

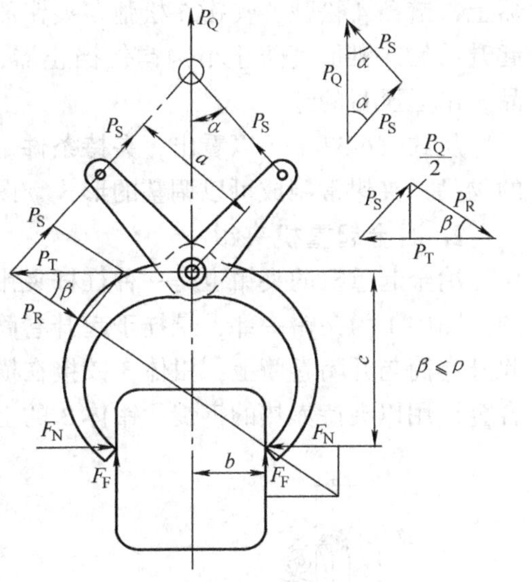

图 6-54　杠杆夹钳

表 6-10　摩擦因数 μ

摩擦副材料	μ	
	光　滑	带 齿 纹
钢对钢	0.12～0.15	0.3～0.4
钢对石	0.25～0.28	0.5～0.6
钢对木	0.30～0.35	

夹钳的尺寸应根据夹持基本条件来确定。因此，由式（6-55）和式（6-56）可得夹钳尺寸的夹持条件为

$$c \leqslant \left(\frac{a}{\cos\alpha} + b\right)\mu \tag{6-57}$$

上述普通的杠杆夹钳如配上图6-55所示的闭锁机构就可以由司机操纵它的开闭，不需要辅助人员协助。它的工作原理是：撑杆1铰接在一个钳臂上，在另一钳臂上有一销钉2，撑杆上有一斜槽，在夹持物品之前，司机将夹钳下降，使夹钳自动张开，并使销钉略滑过槽口。当司机提升夹钳时，夹钳开始闭合，但维持张开状态，以便夹取物品。在夹持物品时，需要销钉不滑入斜槽，为此在撑杆斜槽处装有铰接的摆动挡块3，销钉4限制它的最低位置。当司机将夹钳放到要夹取的物品上后，大幅度地落下夹钳，使销钉又滑过挡块，这时挡块落下，遮住了斜槽。当司机提升夹钳时，销钉由挡块下方滑过斜槽，不再阻止夹钳闭合。

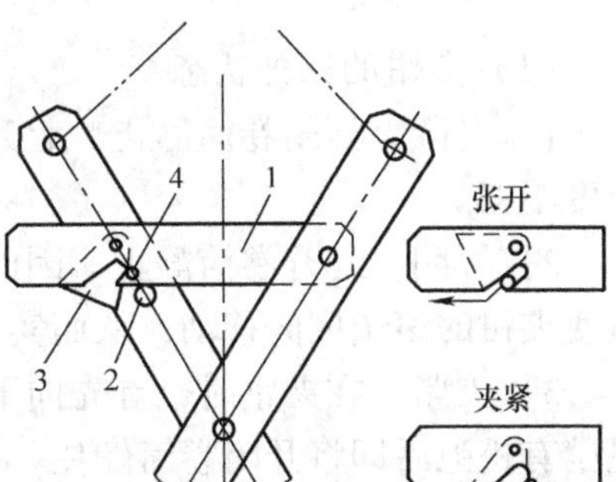

图 6-55　司机操纵的自动夹钳

1—撑杆　2、4—销钉　3—挡块

图6-56所示为司机操纵的夹钳。吊取物品前，小钩1下降至挡止器2与锥形套3之间，提起时钩于挡止

器上，链条4松弛，夹钳5松弛。夹钳放于物品孔中，小钩随吊钩下降至锥形套下方，然后起升吊钩，锥形套防止小钩钩住挡止器，滑过挡止器后继续上升，链条张紧，夹钳夹取物品，吊运至目的地。

从式（6-57）可以看出，夹持条件是由物品的尺寸 $2b$ 确定的。对于尺寸变化范围较大的物品，夹钳常制成可以调整的形式。图6-57所示为一种可以调节开度的杠杆夹钳。

2. 冶金起重机夹钳

冶金起重机的夹钳也是一种杠杆夹钳。图6-58所示为起重机（均热炉起重机）夹钳简图。图中1为夹钳头部，悬挂于起升卷筒上；2为横梁，吊挂它的钢丝绳通过滑轮分别绕在起升卷筒与开闭卷筒上；钳体3铰接在横梁上，它的下端有钢制的顶尖，顶尖端部堆焊硬质合金，用以夹持赤热的钢锭；钳体3的上端有滚子，可以在头部1的滑槽中移动。

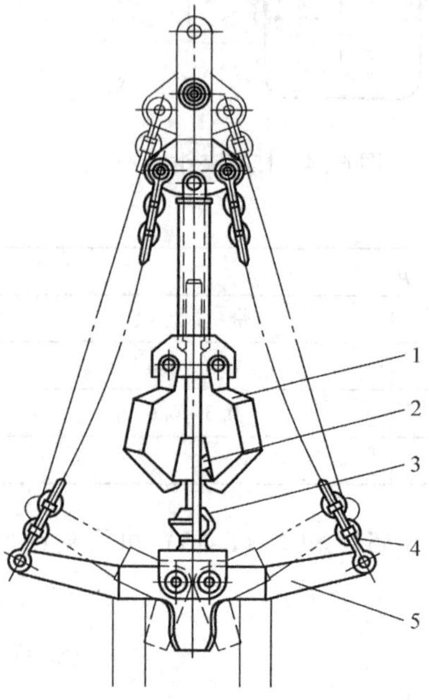

图6-56　可操纵的自动夹钳

1—小钩　2—挡止器　3—锥形套　4—链条　5—夹钳

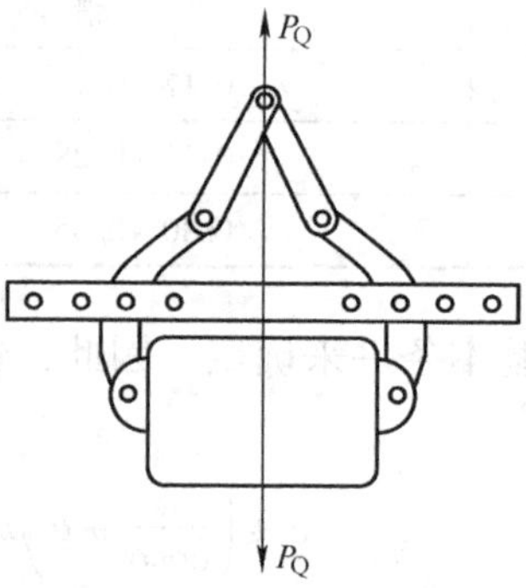

图6-57　开度可调的杠杆夹钳

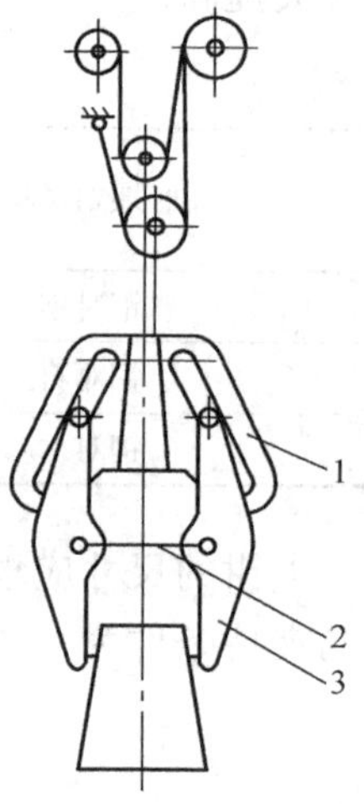

图6-58　均热炉冶金夹钳

1—头部　2—横梁　3—钳体

（1）夹钳的三种状态

1）升降。开闭卷筒静止，起升卷筒旋转。这时头部与横梁以相同的速度升降，夹钳的开度不变。

2）开闭。起升卷筒静止，因此夹钳头部不动。开闭卷筒旋转使横梁升降，倾斜的滑槽迫使夹钳的滚子横向移动，从而实现夹钳开闭。

3）夹紧。在夹紧时，首先向下降方向开动开闭卷筒，使夹钳闭合，夹住钢锭，当开闭绳稍有松弛后即将开闭卷筒停住。由于横梁与钳体自重使夹钳以一定的压力夹住钢锭，此时的夹紧力还是很小的。向上升的方向开动起升卷筒，由于钢锭自重的作用，夹紧力逐渐增大。当钢锭离开地面时，夹紧力达到最大值。此夹紧力产生的摩擦力足以将钢锭吊起。

（2）受力分析　夹钳的受力情况（忽略夹钳自重时）如图6-59所示，则此时链条拉力

P_S 为

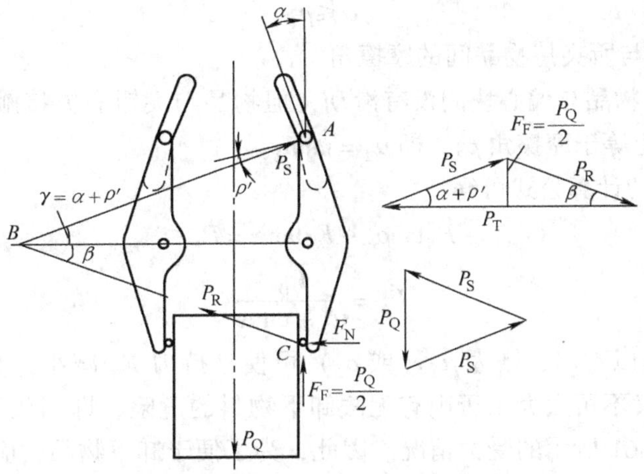

图 6-59　夹钳的受力情况

$$P_S=\frac{P_Q}{2\sin(\alpha+\rho')} \tag{6-58}$$

式中　ρ'——滚子与滑轮的摩擦角，对于冶金起重机，由于粉尘污染严重，通常取较大值（3°~5°）。

夹钳夹紧的基本条件为 $\beta\leqslant\rho$ 或者 $\mu F_N\geqslant P_Q/2$。即

$$F_N\geqslant\frac{P_Q}{2\mu} \tag{6-59}$$

μ 与 ρ 分别为钳口与钢锭之间的摩擦因数与摩擦角。这里由于采用了顶尖式的钳口，大大提高了摩擦因数 μ，其值可达 0.6 以上。设计时通常使

$$F_N=K_j\frac{P_Q}{2} \tag{6-60}$$

式中　K_j——夹紧系数，$K_j>1/\mu$，一般 $K_j=1.5\sim2.5$，高温钢锭取较小值，钢锭夹紧部分斜度较大时取大值。

（3）滑槽曲线　对于钢锭尺寸范围变化不大的夹钳，为了制造方便，滑槽通常制成直线形的。当钢锭尺寸范围变化较大时，夹钳滑槽可以采用两段直线（折线）的形式。但从合理设计的角度出发，最好采用曲线滑槽。滑槽曲线应满足夹持条件，可采用作图法对其进行校验。

由钳体上端铰链中心 A（图 6-59）作射线 AB，与水平线成 $\gamma=\alpha+\rho'$ 角，交横梁两铰点的连线于 B。顶尖 C 点与 B 点的连接直线 BC 与水平线的夹角为 β，应满足

$$\tan\beta\leqslant\frac{1}{K_j} \tag{6-61}$$

6.4.3　偏心夹钳

图 6-60 所示为一种偏心夹钳，用来运送钢板类物品。

偏心夹钳也是靠摩擦力来夹持物品的。产生摩擦力的法向力是靠偏心块的张紧作用得到

的。能够产生张紧作用的条件是

$$\alpha \leqslant \rho_1 \tag{6-62}$$

式中　ρ_1——偏心块与所夹持物品间的摩擦角。

在夹紧过程中，物品与偏心块间没有滑动，但物品与夹钳右方接触面间有滑动，因此，P_{R2}与法线间的夹角应等于摩擦角ρ_2，即$\mu_2=\tan\rho_2$。

由法向压力F_N的计算公式可得

$$F_N\tan\rho_2+F_N\tan\alpha=P_Q$$

$$F_N=\frac{P_Q}{\mu_2+\tan\alpha} \tag{6-63}$$

由式（6-63）可以看出，增大μ_2（或ρ_2）可使夹持力F_N减小，有利于增强夹钳的强度。但μ_2（或ρ_2）又不可太大，否则有无法卸下物料的危险，即当放下物品后，夹钳仍保持夹紧状态，如图6-61所示的受力情况。因此，为了便于卸下物品，应有

$$\rho_2<\alpha \tag{6-64}$$

$$F_{R1}=F_{R2}=0$$

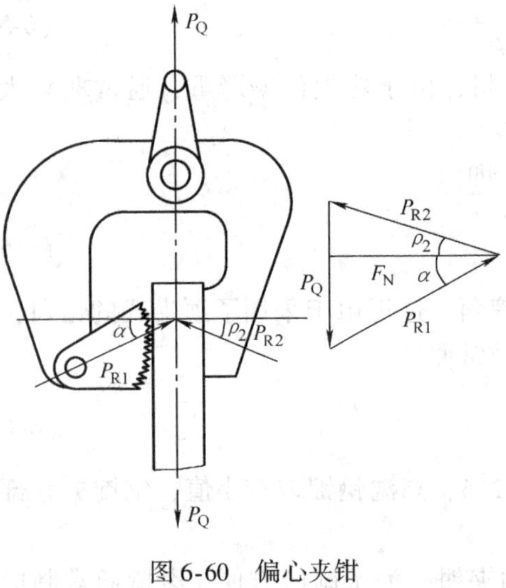

图6-60　偏心夹钳

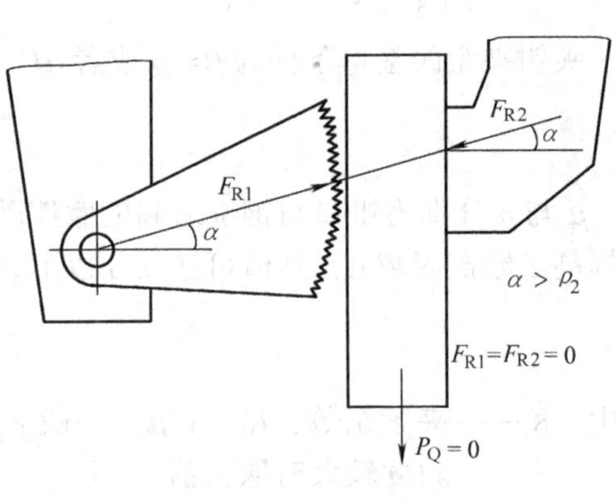

图6-61　偏心夹钳的卸载受力情况

由式（6-62）与式（6-64）可得

$$\rho_1>\rho_2$$

为此，偏心夹钳的偏心块制成带齿纹的，$\mu_1=0.3$，$\rho_1=16°45'$；$\mu_2=0.15$，$\rho_2=8°30'$。

因此，α的取值范围为10°～14°，偏心曲线应能使夹持不同厚度钢板时的α角具有相同的数值，即为对数螺旋曲线。

6.5　其他取物装置

6.5.1　集装箱吊具

近些年来集装箱运输事业发展很快，相应地出现了集装箱起重机，如集装箱装卸桥、集

装箱门式起重机、集装箱卸船机、集装箱跨运车以及集装箱叉车等，其起吊对象都是标准规格尺寸的集装箱（GB/T 1413—2008），需用专用吊具——集装箱吊具进行作业。

常见的集装箱吊具有整体式和伸缩式两种。图6-62所示为整体（固定）式集装箱吊具，它是按确定规格的集装箱尺寸设计而成的，使用范围受到一定限制。图6-63所示为伸缩式集装箱吊具，其特点是在吊具上装有机械式或液压式伸缩机构，并能在6～12m范围内进行伸缩调节，以适应6～12m长度的集装箱的装卸要求，使用方便。

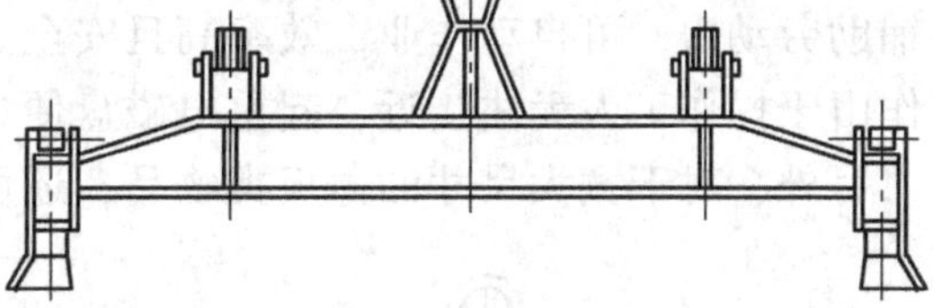

图6-62 整体（固定）式集装箱吊具

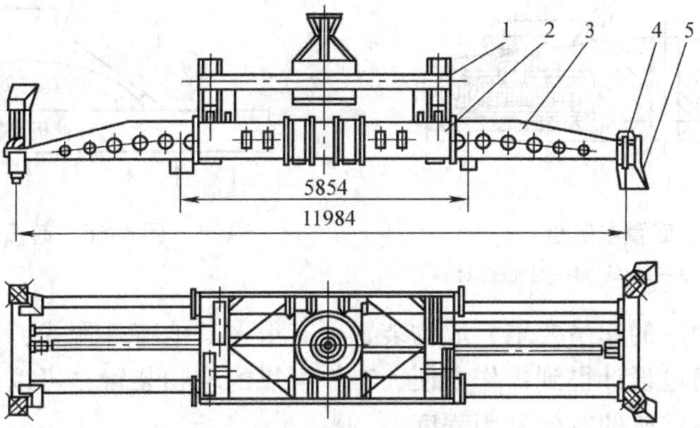

图6-63 伸缩式集装箱吊具

1—上架 2—底架 3—伸缩梁 4—旋锁装置 5—导向装置

上海振华重工（集团）股份有限公司还开发了可一次吊三只40in（1in＝0.0254m）集装箱的高效吊具，如图6-64所示。它既可以进行三箱作业，还可以进行单箱和双箱作业，此时，不工作的其他吊具可在顶部锁牢。

图6-64 三箱集装箱吊具

6.5.2 起重吸盘

黑色金属及其制品在特定的温度下具有导磁性，利用起重电磁盘对其进行装卸作业，不需辅助劳动力，可自动作业，效率高且安全。例如，400～600℃的黑色金属热轧制品的搬运工作由于操作工人无法接近，起重电磁盘便成为唯一的取物装置，如图6-65所示。

另外，对于宽大尺寸的薄板类物品，还可使用起重真空吸盘，如图6-66所示。

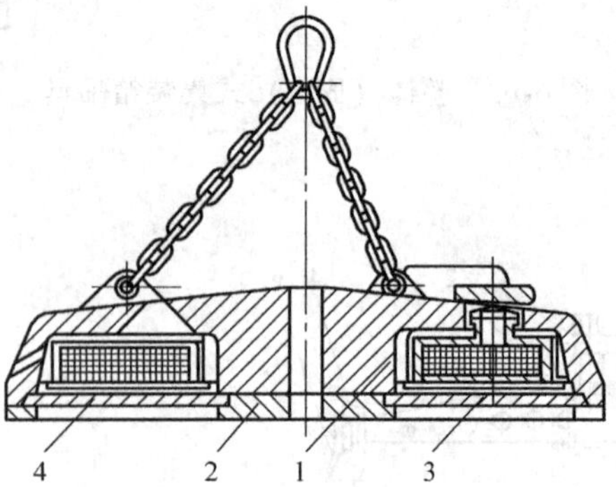

图6-65 起重电磁盘

1—铁壳 2—极掌 3—线圈 4—非磁性材料

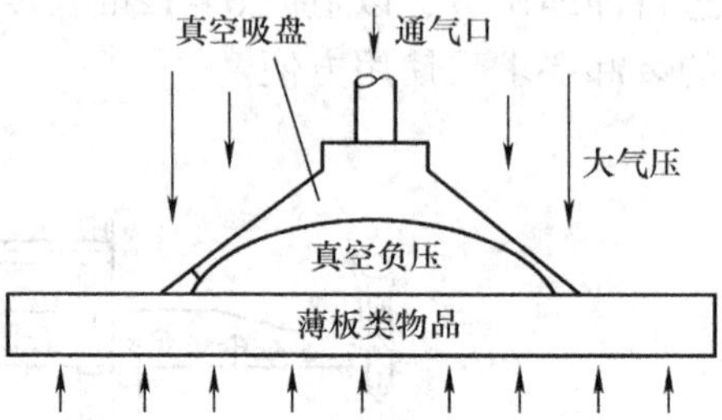

图6-66 起重真空吸盘

为了满足各种物品的起吊要求，取物装置还有很多其他特殊形式，以适应不同种类货物的形状与尺寸等。通过设计得到操作方便、工作可靠的取物装置，可以充分发挥起重机械的工作能力，大大提高整机的有效利用程度。

本章小结

本章主要介绍了吊钩、吊环、抓斗、夹钳等取物装置的基础知识。学生应全面了解取物装置的作用、要求和分类，理解吊钩和吊环的计算方法，抓斗的受力分析与设计，夹钳以及其他取物装置的工作原理，基本掌握吊钩的材料与制造工艺，吊钩组的构造与种类，抓斗的工作原理与构造。重点掌握双绳抓斗的工作原理、工作过程及影响抓取能力的因素、钢丝绳张力变化，以及吊钩的计算模型。

教学重点和难点：吊钩的计算模型，双绳抓斗的工作原理、动作自由度分析与构造、钢丝绳张力的变化过程及其计算载荷。

第7章

制动装置

起重机械是通过各种机构（如起升、大车和小车运行、回转和臂架俯仰等机构）协调运动来完成物料搬运作业的，具有间歇动作、频繁正逆运动、经常起动和制动的工作特征，因此，制动装置及技术是保证起重机械正常运行和安全工作的关键环节，是起重机械的重要组成部分。制动装置可分为制动器和停止器两大类。采用阻力（或阻力矩）直接接触的形式，并伴有系统能量的热转换，从而达到系统制动目的的装置称为制动器；采用机械止挡作用实现系统静止不动或单方向运动等目的的装置称为停止器，停止器工作时没有能量热转换过程。

7.1　起重机械制动概述

7.1.1　制动技术的基本概念及分类

所谓制动，就是对运动物体（机构）施加一个与原运动方向相反的阻力（或阻力矩），从而使其减速或停止运动的过程。根据所施加阻力（或阻力矩）的性质，制动可分为机械制动、电气制动和液力制动等。

1. 机械制动

通过机械装置向运动物体（机构）施加制动力或制动力矩，从而使其减速、停止运动或支持（维持）不动的制动过程称为机械制动，广泛应用于各种起重机械。机械制动属于直接接触式制动，主要采用各种机械式制动装置来进行，如各种形式的鼓式（盘式或带式）制动器、阻尼制动装置等。由于机械制动常伴有能量热转换过程，为了改善系统的制动性能，减少摩擦副的发热及磨损，提高制动系统的安全性和可靠性，最好采用电气制动与机械制动组合的制动系统，前者用于机构的减速制动阶段，后者主要用于机构的停车制动和支持制动阶段。

2. 电气制动

通过改变电动机电动状态的接线形式，使其进入发电制动状态，产生与机构转动方向相反的、起阻碍作用的电磁转矩，从而形成电气制动。电气制动有多种形式，包括能耗制动、反接制动、再生-反馈制动以及专门制造的电气制动装置（如涡流制动器、变频调速装置等）。电气制动属于非直接接触式制动，多用于机构减速制动、调速制动（如重物恒速下放）以及水平停车制动等场合。由于电气制动不具有支持制动功能，并且不能应用在失电状态，因此，起重机械上的电气制动应与机械制动组合使用。

3. 液力制动

通过液力偶合器、离合器等组成的液力装置，或各种液压泵、液压阀等组成的液压装置，利用液体（油、水等）介质及装置所产生的流体阻尼（如粘滞阻尼、涡流阻尼等）进行能量转换（机械能转换为液压能及热能），从而形成与运动系统运转方向相反的、起阻碍作用的阻尼（制动）力矩的制动过程称为液力制动。液力制动主要用于减速制动或调速制动（如重物恒速下降）等场合。由于泄漏等因素的存在，液力制动一般不具有支持制动功能（液压缸驱动除外）。若系统需要支持制动功能，则可采用液力制动与机械制动组合的制动系统。液力制动的应用常见于流动式起重机（也可用于下运输送的连续输送系统中）。

比较上述三种制动类型，机械制动具有安全可靠，功能齐全，装置简便价廉，适应面广，宜于生产和使用等优点，故各类起重机械上广泛使用着各种类型的机械制动器。另外，随着起重机械和制动技术的不断发展，将越来越多地采用各种形式的复合制动方式（不同制动类型组合、双制动组合及安全制动组合等）形成制动系统，如冶金起重机和港口起重机上广泛使用机械制动和电气制动组合的制动系统。

7.1.2 机械制动在起重机械中的作用

机械制动器（图7-1）通常由制动机架、上闸装置（包括杠杆系统）、松闸装置、制动摩擦副、附件等组成。制动机架与工作机构的固定部分相连，制动摩擦副的一部分安装在制动机架上，另一运动部分与工作机构传动轴系相连。当机构工作时，松闸装置动作使摩擦副的接触面相互脱离，机构传动系便可正常运转；当机构需要制动时，电动机断电，与电动机联动的松闸装置解除工作状态，同时上闸装置迅速动作，使摩擦副的一对接触面接触并压紧，产生足够大的、与运动方向相反的摩擦力矩——制动力矩，从而消耗系统机械能，减速停车，直到停止运动，完成机械制动过程。

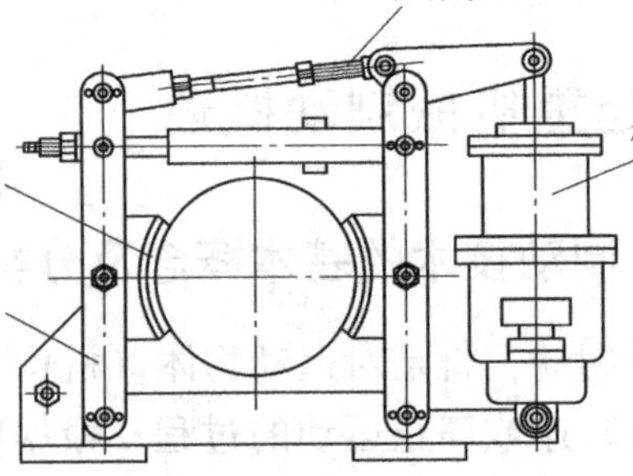

图7-1 鼓式制动器

在起重机的各个机构中，制动器几乎是不可缺少的组成部分。起升和变幅机构必须装设可靠的制动器，以保证吊重能悬停空中和臂架维持固定位置。运行与回转机构也需要制动器使其按要求停车。露天工作的轨行式起重机，其制动器还能起到抗风防滑作用。某些流动式起重机的起升机构还利用制动器实现物品无动力可控下降。因此，在设计或选用起重机械上的制动器时，应充分关注制动器在机构中的作用（制动功能）以及特殊要求等。综合起重机械上不同类型的制动器，其作用总体上表现为以下四个方面：

1. 减速及停车制动

通过制动系统消耗机构运动的机械能（动能和位能），从而使机构以相应的制动减速度（制动时间或行程等）实现减速及停车（机）制动，如各工作机构的就位停车等。减速及停车制动可由制动器（或电气制动、液力制动）来完成。减速及停车制动系统的设计准则应以实现相关制动性能（如合适的制动减速度、制动时间、制动路程和制动温升等）为主要原则。

2. 支持制动

停车后的工作机构利用制动器的制动力（制动力矩）防止其在位能性外力（重力、下滑力和风力等）的持续作用下作不必要的运动，从而使机构较长时间维持静止不运动状态即为支持制动，如重物悬停、臂架保持固定位置、起重机等在露天风载荷或坡道载荷作用下停止不动等（包括下运输送系统的止动）。支持制动常采用与电动机联动的常闭式或综合式机械制动器组成自动动作的单制动系统或双（多）制动系统来实现。在单独实现支持制动功能时，制动器没有吸收能量，故支持制动系统的设计准则应以确保足够的安全系数储备为主要原则，如起升机构制动器的制动安全系数为1.5～3.5，下运输送系统的制动安全系数为1.5～2.0等。

3. 落重调（限）速制动

在某些特殊情况下，起升机构可以采用控制制动器（或其他制动方式）的制动力与货物重力相平衡同时吸收位能，从而使物品以可调控（或限定）的速度无动力可控下降运行，即为落重调（限）速制动，如某些汽车或轮胎式起重机、淬火起重机、内河码头抓斗卸船起重机等的无动力重物可控下放。落重调（限）速制动常采用综合式可操纵制动器与离合器并用的形式布置在起升机构末端的起升卷筒上，所需制动力矩较大。落重调（限）速制动系统的设计准则应主要考虑制动系统由吸收能量形成热负荷及可靠性和安全性，除了具有足够的制动力矩、合理的制动器与离合器动作顺序逻辑之外，应着重解决制动过程的热负荷及散热问题，以免制动系统过热而损坏或失效。

4. 紧急安全制动

在安全性要求特别高的使用场合，为了防止某些紧急状况或特定气象状况出现而发生后果非常严重的特殊事故（如重物坠落、整机吹跑等），需在相应机构低速轴末端专门装设有别于工作制动器的失效保护制动器，以实现事故状态下最后的紧急安全制动。如吊运诸如钢包等高温液体（或易燃易爆危险品、放射性物品以及非常重要的物品等）的起升机构、岸边集装箱起重机起升和臂架俯仰机构、浮式起重机锚机机构（需防止航行中脱锚事故）等，应在起升卷筒上专门装设紧急安全制动器。紧急安全制动属于包括减速停车制动阶段的支持制动，常采用综合式操控的制动器，其设计应按确保特定情况下制动安全系数和制动性能的原则综合考虑。由于低速轴制动具有非常大的制动力矩，从既保证系统可靠性又不损坏相关零部件的角度出发，紧急安全制动系统应经常进行动作正常性检验，但不宜进行满负荷试验。另外，沿海港口上的起重机为防止大风吹袭而在车轮上装设的工作防风制动器，也可视为紧急安全制动器。

起重机械各工作机构中的制动系统视实际需要可能会具有上述一种或多种制动作用，因而装设的制动器类型和数量也应与其相对应。

7.1.3 起重机械对制动系统的要求

1. 起重机械的制动要求

设计规范规定：动力驱动的起重机械（液压缸驱动的除外），其起升、变幅、运行、回转机构都应装设可靠的制动装置；当机构要求具有载荷支持作用（功能）时，应装设机械常闭式制动器；变速机构换挡到中间位置时，制动器或其他装置应能自动地支持住物品；对于需要控制下降制动距离的起重机，其制动距离（控制器转回零位后，从制动器断电至物品停止时的下滑距离）一般可控制为不大于1min内稳定起升距离的1/65。

设计规范还对各机构制动系统的形式、制动安全系数等作了相关规定。无防风装置的室外运行机构，应选择常闭式制动器，以起到防风制动作用。另外，起重机械在以下特定情况时也可不装设制动器。

1）机构由作直线运动的液压缸驱动，锁闭油路能可靠地制动机构。

2）在运行、回转机构的传动装置中设有自锁环节，且能确保不会发生超额定应力运动的特殊场合。

3）不受风力和坡道分力作用的桥式起重机的手动运行机构。

2. 起重机械对制动器的性能要求

起重机械对制动器的性能要求主要包括制动性能、安全可靠性、控制性能三个方面，具体要求如下：

1）制动系统安全可靠，具有机构所需要的制动功能和足够的制动力矩。

2）制动过程平稳，释放和闭合动作应符合机构的相关匹配要求。

3）在规定的制动工况下，制动力矩稳定性好，工作可靠。

4）制动衬垫应有与机构制动工况相适应的耐温性能，耐磨性好，使用寿命长，调整与更换方便。

5）制动器受力构件具有足够的强度和刚度。

6）常闭式制动器制动弹簧一般要求为压缩式弹簧，制动力矩应便于调整和检查。

7）宜具有与起重机械技术和控制要求相适应的制动器附加功能。如对自动化控制水平较高的大型、专用起重装卸机械，制动器应具有释放联锁保护和故障显示功能、退距和力矩自动补偿功能、制动衬垫磨损极限报警功能和手动释放功能等。

8）宜具有良好的人机工效，安装方便，使用可靠。

另外，制动器制动衬垫起着保证制动力矩的重要作用，其性能与质量、寿命与可靠性、自动补偿性与更换方便性等应引起特别关注。

3. 制动器的装设要求

制动器是起重机械重要的安全部件和安全装置，应特别关注制动器的作用与合理配置问题。为减小制动力矩和制动器规格，降低制造成本，同时又提高制动系统可靠性，通常将工作制动器安装在机构的高速轴上（电动机轴），并尽可能地靠近减速器的输入轴端。如出于安装布置方便性考虑，某些场合下也有将制动器安装在减速器的中速轴上，例如需要浸入油中的重载制动器。有些电动葫芦为了减轻发热与磨损，其制动器就装设在减速器箱体内。如果起升机构通过制动器和离合器实现落重调速制动，制动器应安装在低速轴的卷筒上，以确保安全。在特殊情况下装设的紧急安全制动器，则应尽可能装在低速轴上，如将紧急安全制动器装设在低速轴的卷筒上，以防传动系统断轴时物品坠落。

7.1.4 起重机械制动器分类

不同种类的起重机械上可以见到各类机械摩擦式制动器，但其常用的主要类型相对比较固定，多属于工业制动器范畴，目前已实现高度的标准化、通用化和系列化。

1. 根据制动器主要制动作用（功能）分类

1）减速及停车制动器。

2）支持制动器。

3）落重调（限）速制动器。

4）紧急安全制动器。

前两项也统称为工作制动器，是起重机械正常工作状况下根据运行状态需求而装设的制动器，一般选用通用标准制动器即可。紧急安全制动器是为防范某些紧急状况和特殊事故而装设的失效保护制动器，其在正常工作状况下应处于常开状态而不参与工作制动。

2. 根据制动器驱动装置类型分类

1）电力液压制动器。它以电力液压推动器作为驱动装置。

2）电磁制动器。它以电磁铁作为驱动装置。

3）液压制动器。它以液压动力装置（液压缸、液压泵站等）作为驱动装置。

4）气动制动器。它以压缩空气动力装置（气缸、气囊、气泵等）作为驱动装置。

3. 根据制动摩擦副对偶件结构形式特征分类

1）鼓式制动器。制动偶件为制动轮，摩擦零件为圆弧形瓦块，如图7-1所示。

2）盘式制动器。制动偶件为制动盘，摩擦零件为钳式瓦块或摩擦盘，如图7-2和图7-3所示。

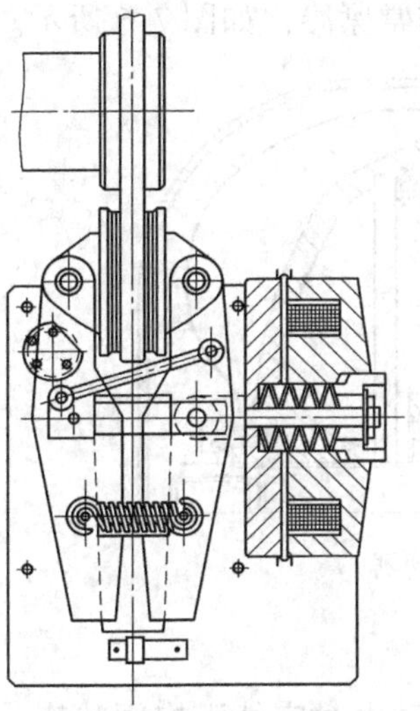

图7-2 钳盘式制动器

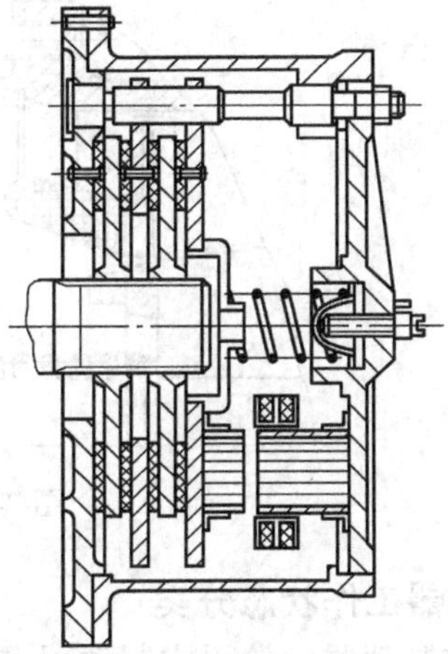

图7-3 多盘式制动器

3）带式制动器。制动偶件为圆柱面，摩擦零件为带状结构，如图7-4所示。

4）蹄式制动器。制动偶件为内圆柱面，摩擦零件为蹄状结构，如图7-5所示。

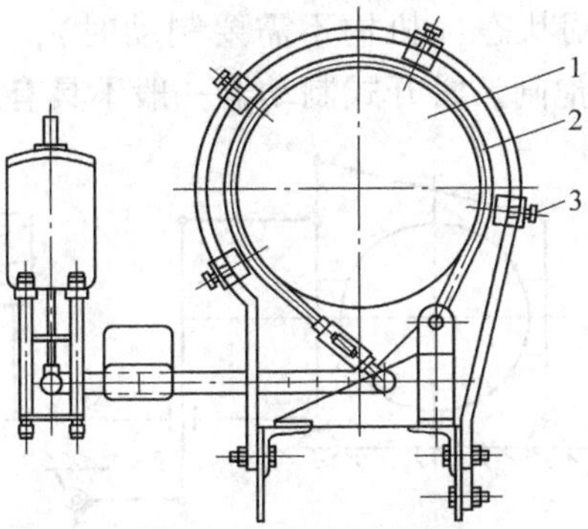

图7-4 带式制动器

1—制动轮 2—制动带 3—限位螺钉

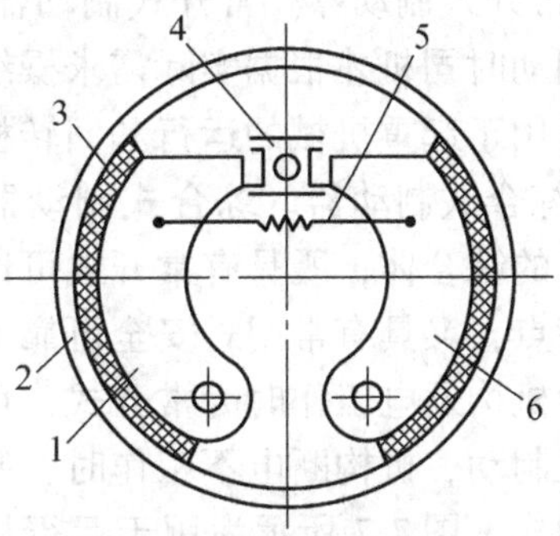

图7-5 蹄式制动器

1—领蹄 2—制动鼓 3—摩擦衬片 4—轮缸 5—回位弹簧 6—从蹄

其中鼓式、带式和蹄式制动器均属于径向作用式制动器，盘式制动器属于轴向作用式制动器；鼓式、盘式和带式制动器均属于外抱式制动器，蹄式制动器属于内胀式制动器。

鼓式制动器构造简单，制造与安装都很方便，成对的瓦块压力互相平衡，使制动轮轴不受弯曲载荷，广泛应用在起重机械上。

盘式制动器的上闸力是轴向力，可使其轴不受弯曲载荷，摩擦零件钳式瓦块或圆形摩擦盘（单盘或多盘、实心盘或空心风道盘、干式或湿式等）形状均是平面，摩擦面易于磨合，能够容忍较高的“热计算”温度，其优点是对同直径制动盘可采用不同数量的制动块以达到不同的制动力矩。

带式制动器制动带包角很大，产生的制动力矩较大，同样制动力矩下可以比鼓式制动器结构更紧凑。其缺点是制动带的合力使其轴受到弯曲载荷。带式制动器适用于对构造紧凑性要求高的起重机械，例如汽车起重机。另外，也可用于装在卷筒端部上的安全制动器。

另外，圆锥式制动器只需要较小的尺寸与轴向压力就可以产生相当大的制动力矩，常用于电动葫芦上或带涡流制动器的电动机上，使结构非常紧凑，如图 7-6 所示。

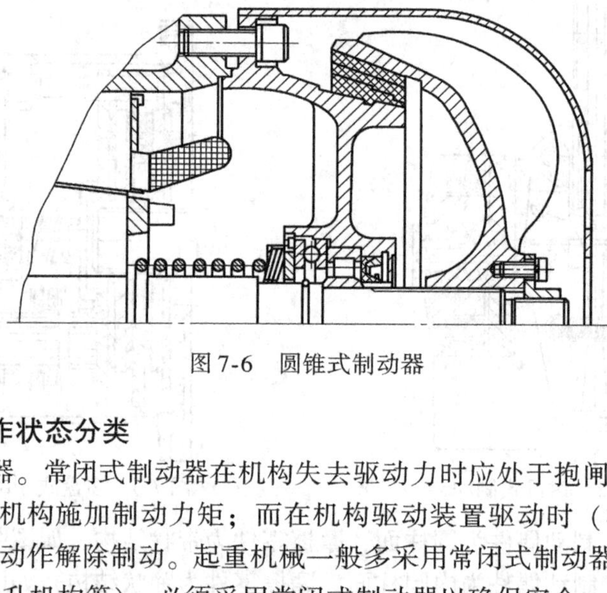

图 7-6　圆锥式制动器

4. 按制动器工作状态分类

1）常闭式制动器。常闭式制动器在机构失去驱动力时应处于抱闸状态，即上闸闭合力使上闸装置闭合并向机构施加制动力矩；而在机构驱动装置驱动时（机构工作）应处于松闸状态，即松闸装置动作解除制动。起重机械一般多采用常闭式制动器，尤其是需要支持制动作用的场合（如起升机构等），必须采用常闭式制动器以确保安全。

2）常开式制动器。常开式制动器经常处于松闸状态（机构不需要制动时），只有在机构需要制动时司机才根据实际需求操纵制动器进行抱闸。常开式制动器一般不具有支持制动作用，可用于起重机械的运行和回转机构。

3）综合式制动器。综合式制动器是常闭式与常开式的综合体，既具有常开式可以任意操纵控制的特点，又具有常闭式安全可靠的长处，通常表现为机构通电工作时为常开式，可通过操纵系统随机制动，机构断电不工作时，制动器抱闸成为常闭式。图 7-7 所示为用于运行机构的一种综合式制动器，当起重机工作时，电磁铁通电将重块抬起，使制动器松开而利用操纵杠杆可以随

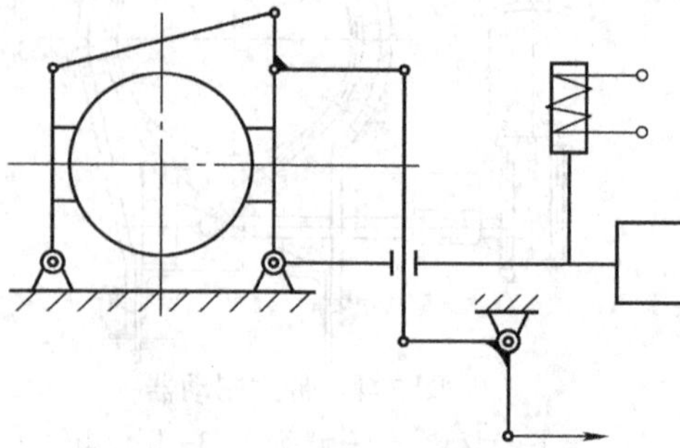

图 7-7　综合式制动器

意进行制动；当起重机不工作时，切断电源，电磁铁将重块释放，制动器上闸以防起重机滑动。另外，起重机械上使用的大多数常开式制动器都会通过备有专门机构使其带有综合式的性质，如门座式起重机回转机构制动器采用常开式，但一般都备有专门机构，起重机不工作期间再将制动器锁紧。

制动器的上闸闭合力大多数可由圆柱形弹簧或碟形弹簧、液压装置、重力（自重和上闸冲击力大，少用）以及人力等产生，制动器的松闸装置常用电动推杆、电磁铁、液压装置、人力（少用）等。

5. 按制动器动作方式分类

1）自动作用式制动器。自动作用式制动器的上闸与松闸都是自动进行的，常与驱动装置（电动机等）联动，从而保证机构具有更高的安全性。由于调定后的制动力矩在制动过程中基本不变，当用于载荷变化范围较大的机构时制动欠平稳。起重机械上常用的自动作用形式为电动推杆、电磁铁、液压装置等（某些电动葫芦上也曾用过载重式、离心式等）。

2）操纵式制动器。操纵式制动器的制动时机（上闸与松闸）、制动力矩大小是可人为控制的，其制动力矩能在较大范围内改变，适用于载荷变化范围较大、制动平稳性要求较高的场合，如需要准确就位停车的运行机构等。操纵方法常用手柄或足踏板，传动方式可为机械式（如拉索或刚性杠杆与连杆）、液压式（图7-8）或气动式。

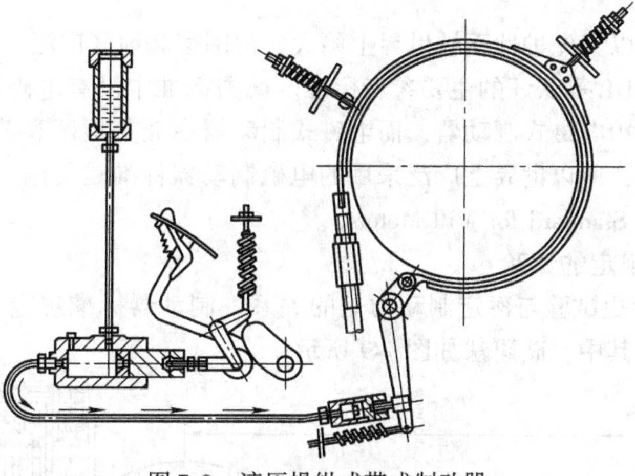

图7-8 液压操纵式带式制动器

3）综合作用式制动器。综合作用式制动器在通电正常工作时为操纵式，在断电时为自动作用式以保证系统安全。图7-7所示的制动器就是此种意义上的综合作用式制动器（表现为多重特点）。

另外，按制动器在机构中布置位置可分为高速轴制动器（布置在电动机轴或减速器二级轴上）和低速轴制动器（布置在减速器输出轴或卷筒轴上）；按制动器松闸装置的行程可分为短行程制动器（松闸行程小于5mm）和长行程制动器（松闸行程大于20mm）；按电源种类可分为交流型和直流型；有时也可按摩擦材料的类型进行分类。

7.1.5 制动器标准与试验

1. 制动器标准

由于起重机械上常用的机械摩擦式制动器大多是高度通用的标准化配套产品，在非特殊情况下一般均采用标准制动器，因此，熟悉和掌握起重机械用制动器标准对设计人员有非常重要的实用意义。

国内工业制动器目前已基本形成比较完整的标准体系。另外，国际上普遍认可和采用的国际标准主要是德国的 DIN 标准。有关标准见表 7-1。

表 7-1　制动器中国标准和德国标准

中国标准	
JB/T 7021—2006《鼓式制动器连接尺寸》	JB/T 7020—2006《电力液压盘式制动器》
JB/T 10603—2006《电力液压推动器》	JB/T 6406—2006《电力液压鼓式制动器》
JB/T 7685—2006《电磁鼓式制动器》	JB/T 10917—2008《钳盘式制动器》
德国标准	
DIN 15435—1992《Drum brakes/connecting dimensions》	
DIN 15430—1989《Electrohydraulic lifting appliance/dimensions and technical requirements》	
DIN 15432—1989《Brake discs/main dimensions》	
DIN 15433—1980《Disc brakes/connecting dimensions》	
DIN 15434—1989《Principles for drum-and discbrakes，calculation》	
DIN 15436—1989《Drum-and discbrakes，technical requirement for brake linings》	
DIN 15437—1989《Brake drums and brake discs，technical terms of delivery》	

德国制动器标准以其先进性而被世界上绝大多数国家和地区广泛采用，基本代表了国际标准水平，是 CE 和 UL 等认证的主要参考标准。德国标准中没有电磁制动器标准，其主要原因是德国不推荐使用电磁式制动器，而电磁式制动器在北美地区和英联邦国家以及日本、韩国等国家使用较多，所以世界上广泛采用的电磁制动器标准是美国 AISE 制定的 Technical Report No. 11《Brake Standard for Mill Motors》。

2. 制动器标准规定的试验

（1）静态制动力矩试验与额定制动力矩的关系　制动器标准规定了有关静态制动力矩试验的原理和方法，其中，砝码法如图 7-9 所示。

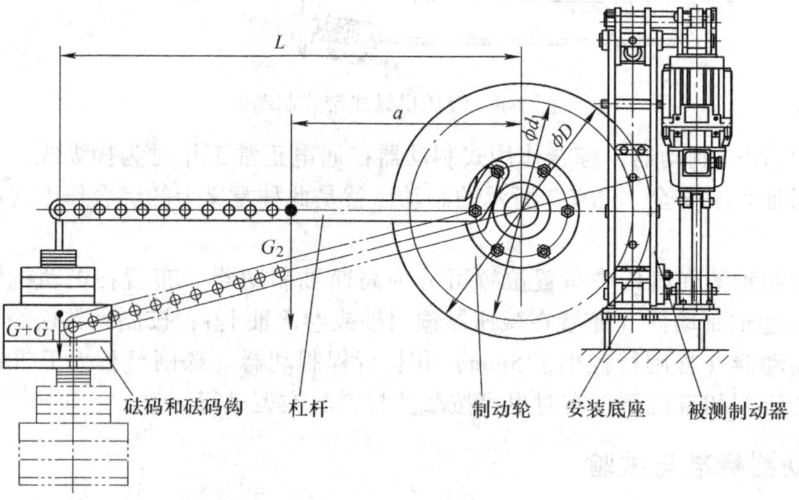

图 7-9　静态制动力矩试验系统

被试制动器在额定制动弹簧力下上闸进行试验，在相同条件下试验三次，取其平均值作为试验结果。制动器静态制动力矩试验值可按下式计算，制动器的静态制动力矩试验值应不小于规定的额定制动力矩值。即

$$M_j = (G + G_1)L + G_2 a \tag{7-1}$$

式中 M_j——被试制动器静态制动力矩（试验）值（N·m）；

G——砝码自重（N）；

G_1——砝码钩自重（N）；

G_2——杠杆自重（N）；

L——砝码重心至制动轮（盘）中心的距离（m）；

a——杠杆重心至制动轮（盘）中心的距离（m）。

由试验原理和过程可知：① 在制动器静态制动力矩试验中，制动轮（盘）和制动副均处于静止状态，试验过程只体现力的平衡而没有系统能量的交换，而被试制动器仅表现了制动器无能量交换过程的支持作用；② 静态制动力矩试验值是按上述规定计算所得到的试验结果，表征了被试制动器的最大静态制动力矩，其力矩值不反映摩擦材料热衰退等因素的影响；③ 标准规定用静态制动力矩试验值来验证额定制动力矩。

（2）动态制动力矩试验与额定制动力矩的关系　标准还规定了制动器动态制动力矩试验的原理和方法。图7-10所示为动态制动力矩试验系统。

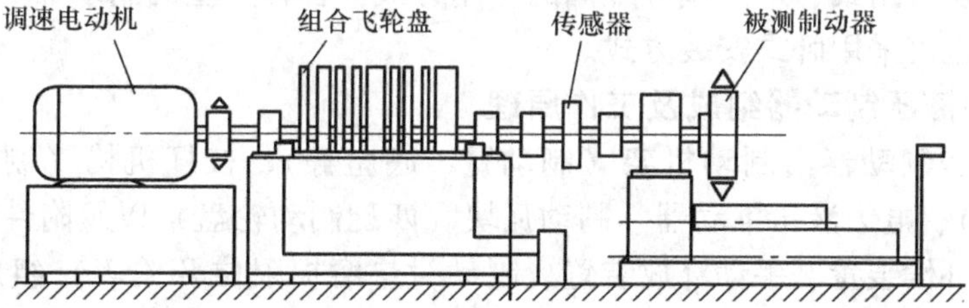

图7-10　动态制动力矩试验系统

制动器动态制动力矩试验应在惯性试验台上进行，按标准规定确定被试制动器的额定制动弹簧工作力、额定制动瓦块退距、制动初转速、许用单次制动功等，从而确定试验系统模拟转动惯量等试验参数，调试试验系统并磨合后进行试验，取三次试验值的平均值为试验结果，即动态制动力矩。每次制动过程中平均动态制动力矩值应不小于90%的额定制动力矩值。当制动器使用时的制动初转速和单次制动功超过相关规定时，动态制动力矩的保证值由供需双方协商确定。

由试验原理和过程可知：① 制动器动态制动力矩试验，在规定的单次制动功条件下模拟了被试制动器减速停车制动的实际工作过程，试验中完成了有条件的系统能量交换，其值在一定程度上反映了摩擦材料热衰退的影响；② 动态制动力矩试验结果仅反映三次无时间间隔规定的独立试验平均状态——单次动态制动力矩，并不能完全反映实际制动工况和制动频次下的制动状态；③ 标准规定用动态制动力矩试验值来验证额定制动力矩（90%）。

（3）确定起重机械上制动器的实际工作荷载　制动器的制动力矩是关系到起重机械安全工作的重要指标。起重机械的工作特点直接表征了起重机械上制动器的实际工况和工作荷载，既有额定能量的相互转换，也有额定载荷的相互平衡，相邻制动次数会产生叠加的温度

累积效应并使摩擦材料产生热衰退现象，从而影响制动器实际动态制动力矩，进而影响对制动器的选择。设计人员合理确定制动器实际工作荷载（工作级别）对起重机械制动器的选用有着重要的实用意义。

综上所述，额定制动力矩是设计选用起重机械制动器的主要参考数据，标准规定的两种制动器检验试验只针对特定工况。从概念上讲，起重机械上制动器的实际动态制动力矩既有别于其额定制动力矩，多数情况下也不等同于试验动态制动力矩。起重机械上制动器实际动态制动力矩应由其实际工作状况（即考虑制动器的工作级别因素）来决定。起重机械制动器的选用还与其作用密切相关，制动器只具有支持功能时可按安全系数和额定制动力矩值选用，如具有停车减速功能时，应按其制动性能要求并结合工作级别（使用频次和出力状况）进行选用。

7.2 起重机械常用制动器的构造特点和应用

7.2.1 电力液压制动器

所谓电力液压制动器，是指以电力液压推动器为驱动装置的一大类工业制动器，在各种类型起重机械的工作机构高速轴上使用最多，常见类型包括鼓式、盘式、带式等不同的对偶件结构形式，以及常闭式、常开式等不同的作用方式，各种类型的制动器一般为立式安装方式，特殊情况下也可采用卧式安装方式。

1. 常用电力液压制动器组成及工作原理

常用电力液压制动器由制动机架（制动臂、底座等）、杠杆机构（制动拉杆、弹簧拉杆、三角杠杆等）、电力液压推动器、制动瓦块（匹配制动轮盘）以及附件（松闸退距均等装置、松闸退距补偿装置、手动释放装置、制动衬垫磨损限位开关等）组成，如图 7-11 和图 7-12 所示。其中，常闭式时电力液压推动器为松闸装置、制动弹簧为上闸装置，而常开式时电力液压推动器则为上闸装置。

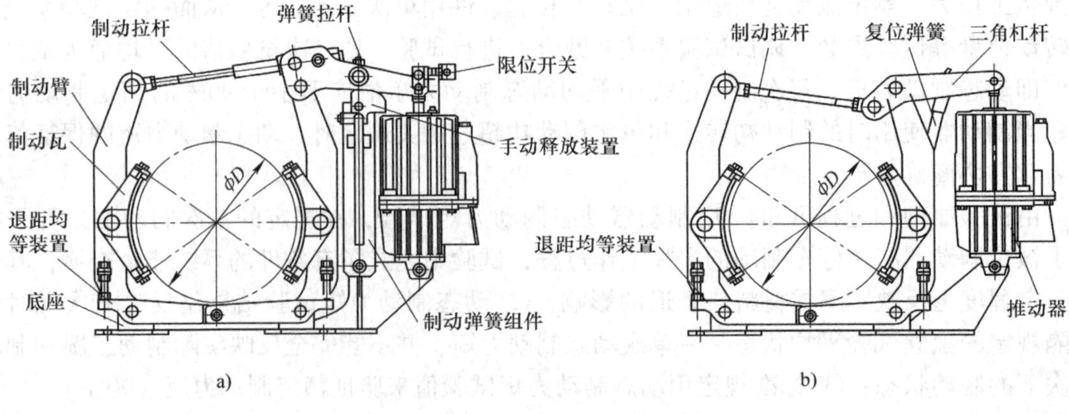

图 7-11 电力液压鼓式制动器

a）常闭式 b）常开式

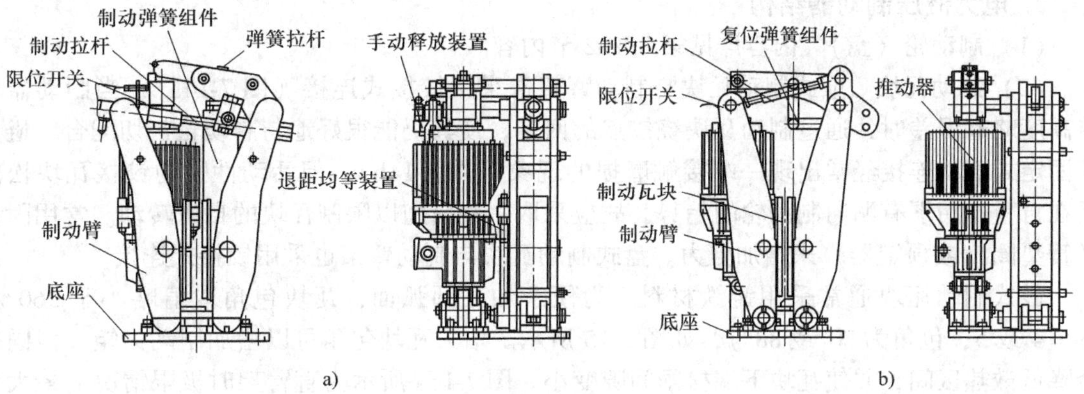

图 7-12 电力液压盘式制动器

a）常闭式 b）常开式

常闭式电力液压制动器的工作原理（推动器为松闸装置，图 7-11a 和图 7-12a）为：当机构断电停止工作时，其电力液压推动器也同时联动断电（或延时断电），并停止驱动，松闸推力消除，则受压缩的制动弹簧的弹簧力通过杠杆机构由两侧制动臂传递到制动瓦块上，使制动覆面产生规定的压力并建立规定的制动力矩，从而起到制动作用；当机构通电工作时，推动器同时联动通电驱动，其迅速产生的足够大推力通过杠杆机构迫使制动弹簧进一步压缩，制动臂向两侧外张，使制动瓦块制动覆面脱离制动轮（盘），消除制动覆面的压力和制动力矩，停止制动作用。

常开式电力液压制动器的工作原理（图 7-11b 和图 7-12b）为：电力液压推动器为上闸装置，其工作逻辑性与常闭时相反，即机构断电，推动器同时通电，机构通电，推动器同时断电。

另外，当电力液压制动器采用卧式安装时（图 7-13），其底座为支承架和安装支架形式，此时的常开式制动器常带有手动装置（上闸用），以实现支持功能。

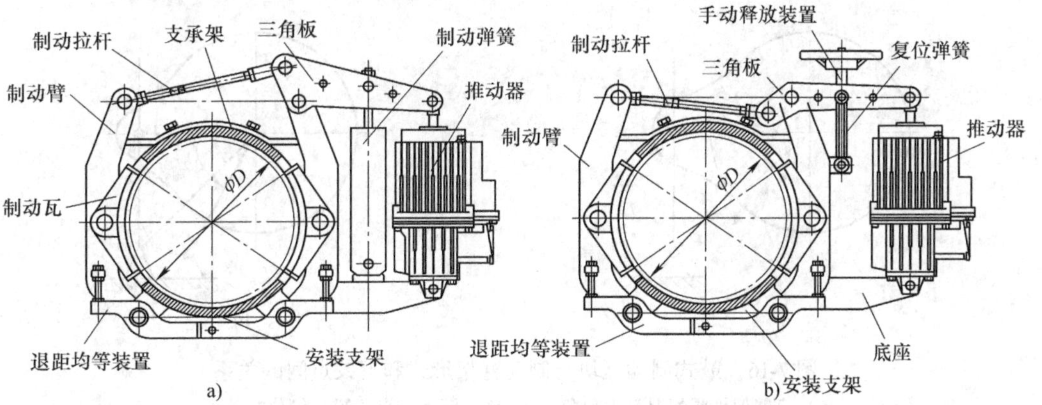

图 7-13 卧式电力液压鼓式制动器

a）常闭式 b）常开式

2. 电力液压制动器结构

（1）制动轮（盘） 内容详见第 8.1.2 节内容。

（2）制动瓦块 鼓式制动瓦块与制动臂架常采用铰接式连接（图 7-14a），当制动器安装高度略有误差时，通过制动瓦块绕铰点的回转，使其仍能很好地与制动轮密切配合，避免了固定式瓦块连接经常出现一端接触磨损的现象（图 7-14b）。但活动性强的铰接瓦块松闸后在自重作用下有贴向制动轮的趋势，故应采取一些措施以限制瓦块的自由转动。常用附设弹簧垫圈（或顶定器）来增加阻力。盘式制动瓦块与制动臂架也采用铰接式连接。

鼓式制动瓦块通常采用铸铁材料。为便于加工圆弧面，瓦块包角取值略小于 $360°/n$（$n=4$ 或 5，包角为 70°或 88°），如图 7-15 所示。增大瓦块包角可以增加制动力矩，但同时会降低散热区间，并使瓦块下端松闸间隙变小。图 7-16a 所示为直臂架时极限情况的最大包角，其最大包角 A 点的松闸运动轨迹在制动轮的切线方向上，此时 A 点的松闸间隙为零；若要继续增大包角，则应将制动臂下铰点（固定铰点）向内移动形成弯制动臂，如图 7-16b 所示。需要注意的是，采用弯制动臂时，两瓦块制动压力不完全相等，其合力将使制动轮轴承受一些附加弯曲载荷。

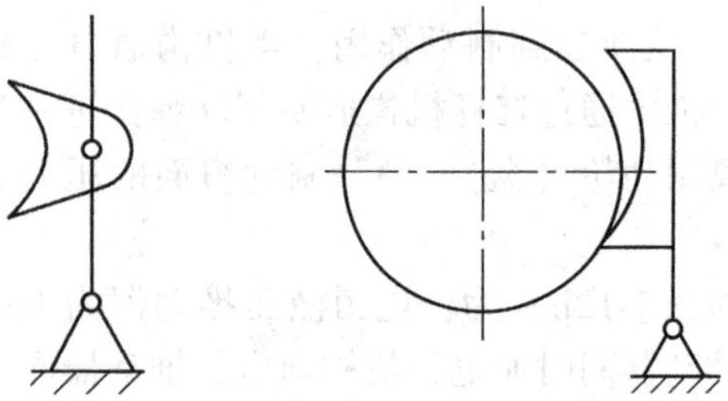

a) b)

图 7-14 鼓式制动瓦块与制动臂架的连接

a）铰接式瓦块连接 b）固定式瓦块连接

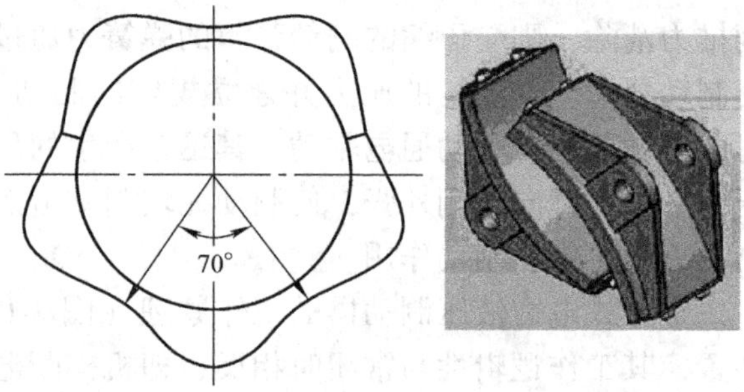

a) b)

图 7-15 鼓式制动瓦块及包角

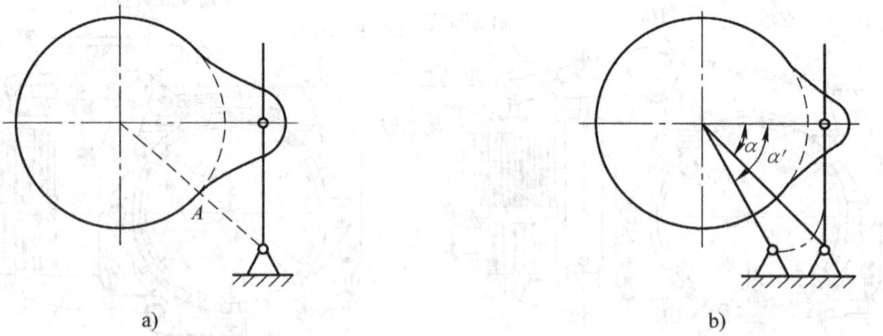

a) b)

图 7-16 鼓式制动瓦块与制动臂架形式和下铰点间的关系

a）直臂架极限情况最大包角 b）制动臂下铰点位置与包角的关系

（3）制动衬料 起重机械上的制动器采用带有摩擦衬料的制动瓦块（不加衬料的制动只用于铁路车辆）。制动衬料既能增大摩擦因数，同时又能减少对制动轮（盘）的磨损。

为制动器专门研制的摩擦衬料除需具有大且恒定的摩擦因数外，还应尽可能多地具有下列特性：耐热性、耐剪切性、耐磨性、高的允许比压力、对油（水）的不敏感性、适当的刚性和挠性、导热性、环保性等。当摩擦衬料的热交换负荷较大时，将很快达到其极限工作温度，此时摩擦因数会急剧降低且磨损加快，因此，较高的许用工作温度（耐热性）对摩擦衬料很重要。另外，由于常闭式制动器的上闸力在设定后是固定的，故摩擦因数的恒定性对确保其使用中制动力矩恒定性也至关重要。

天然摩擦材料基本上没有工业实用意义。

有机化合类摩擦衬料，如石棉橡胶类、石棉树脂类等，其中的有机成分限制了所能承受的最高温度（一般为200~250℃），但其工艺简便、价格便宜，过去曾广泛使用。但石棉材料的环保问题将使其今后的应用受到很大影响。

半金属复合类摩擦衬料，如酚醛树脂类或石棉树脂类金属纤维增强复合摩擦材料等，其制作工艺较复杂，但性能较好，许用工作温度较高（250~350℃），符合环保要求，故其应用正逐渐增多。

烧结复合类摩擦衬料，如粉末冶金、金属陶瓷、碳-碳复合摩擦材料等，由于不含有机成分，许用工作温度高（650℃以上），性能优良，价格较高，特别适于高速重载的工作场合，此类材料的广泛应用主要取决于产品价格的发展趋势。粉末冶金和金属陶瓷是以金属元素（铁或铜）为主体，添加增大摩擦因数的组元（二氧化硅、三氧化二铝、碳化硅、石棉等），以及减少磨损的润滑组元（石墨、二硫化钼、金属硫等），按规定比例混合均匀后在钢制模具中压制成形，然后在保护气氛下烧结在钢制背板上，可以制成圆形、方形或梯形等多种形状，应用前景较好。碳-碳复合摩擦材料性能优异，但价格昂贵，至今很少用于起重运输机械中。

需要注意的是，由制造厂家给出的制动衬料许用温度应在确定的工作条件下得到验证。

除烧结复合类摩擦衬料外，其他类型的摩擦衬料与瓦块的固定方式通常可以采用铆接、胶合和夹持等方法。铆接方法（图7-17a）通常用铝铆钉或软钢空心铆钉将衬料和瓦块铆接在一起，其工艺简便易行，衬料利用率约为50%。采用胶合（冷粘或热粘）的方法可以大大提高衬料利用率，延长更换衬料的周期，但其制造工艺比较复杂，需连同瓦块一起更换。夹持方法（图7-17b）采用带有凹槽滑道的瓦块，将制动衬料胶合在2.5~3mm的薄钢板上，并将其沿瓦块凹槽插入，两端用压板及螺栓固定即可，其安装工艺及更换非常简便。

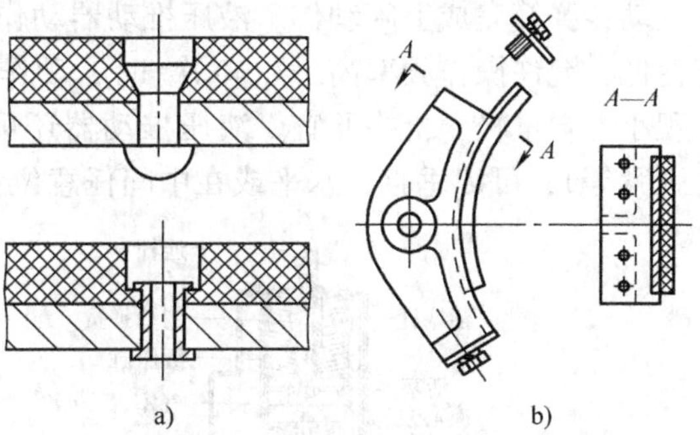

图7-17 制动衬料与瓦块的连接

a）铆接连接 b）夹持连接

（4）制动臂 制动臂是制动器执行机构（包括杠杆系统）的主要组成部分，是主要的承力构件之一。制动臂可用铸钢（不允许用铸铁）或厚钢板（钢板叠合）制造。虽然工字形截面的铸钢制动臂（图7-18）承载截面比较合理，但制造费工、费料，自重大；矩形截面的钢板制动臂承载能力大，制作方便，自重轻。制动臂可制成直臂（图7-1）或弯臂（图7-18）的形状，主要由下部铰点的位置来决定。制动臂的危险截面为制动块铰轴孔处，而制动臂上的铰轴孔群也是失效的关键部位。现在常用组合钻孔（或专用夹具）的加工工艺以及镶嵌自润滑摩擦材料等方法来提高其传动效率。

(5) 驱动装置　常闭式制动器的上闸驱动装置包括制动弹簧、液动或气动装置、重力等形式，其中制动弹簧是最常见和最主要的驱动形式。鼓式、电力液压盘式，以及采用杠杆驱动的中小型钳盘式制动器，宜选用两端磨平的压缩式圆柱螺旋弹簧（GB/T 2089—2009）；直驱型（杠杆比为1）的中、大制动力常闭式液压钳盘式制动器一般选用Ⅲ类（有支承面）对合组合式碟形弹簧组（GB/T 1972—2005）；常开式制动器复位弹簧（松闸作用）一般选择拉伸圆柱螺旋弹簧，但常开圆盘式或液压钳盘式制动器多采用两端磨平的压缩螺旋弹簧。制动弹簧一般选用60Si2MnA（YB/T 5318—2006）或50CrVA（YB/T 5318—2006）合金弹簧钢丝，复位弹簧一般选用冷拉碳素弹簧钢丝（GB/T 4357—2009）或60Si2MnA合金弹簧钢丝。

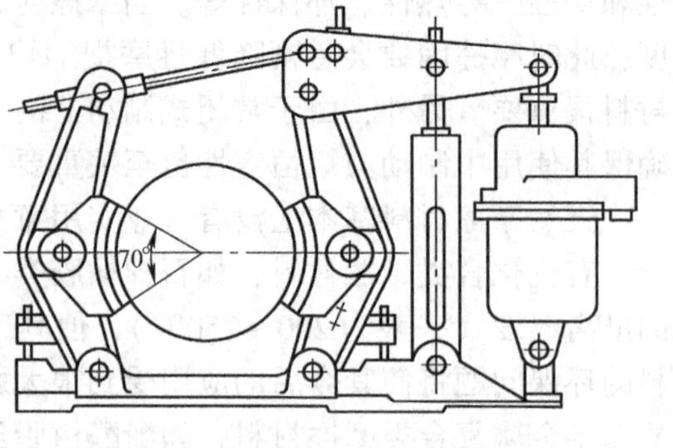

图 7-18　鼓式制动器（铸钢制动臂）

常闭式制动器松闸驱动装置包括电力液压推动器、各类电磁铁、液动或气动装置、人力等，其性能的好坏在很大程度上决定了制动器整体性能的优劣，其中电力液压推动器是应用最普遍的松闸装置。

电力液压推动器（也称电力液压推杆）的构造如图7-19所示：电动机通电带动离心泵叶轮转动，将两侧液压缸中的液压油吸入下部油腔，所产生的压力推动活塞及活塞杆，带动推杆及连接头向上运动，完成松闸动作；断电后，在上闸弹簧及活塞自重的作用下使推杆向下运动，弹簧完成上闸动作。液压推动器动作灵敏且平稳，无噪声，推力恒定，性能稳定，能耗低，允许操作频率高（1200次/h），动作时间可调节，工作可靠寿命长，适应范围广，体积小、自重轻，价格便宜。液压推动器还可用于单向直线运动的驱动装置（如输送机械的张紧等），可以垂直、水平或在中间任意位置安装，但应注意不要使推杆承受横向力。

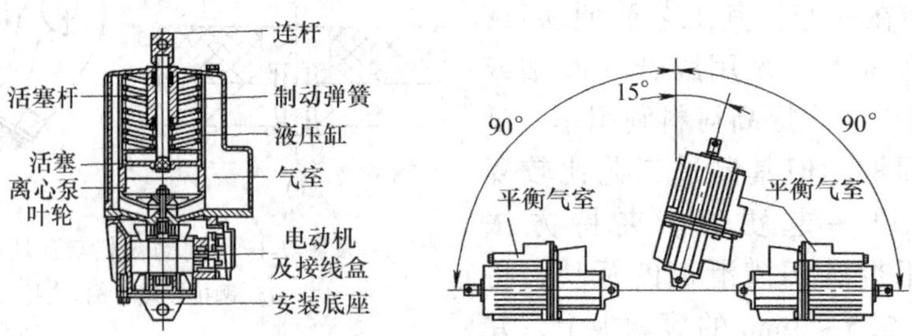

图 7-19　电力液压推动器（单推杆）

常开式制动器的上闸与松闸驱动原理与常闭式相反。

(6) 松闸间隙调整、衬料磨损自动补偿与其他附件　松闸间隙（退距ε）是指制动器正常松闸状态时制动瓦块与制动轮（盘）间的距离，其值过小会导致制动瓦块与制动轮（盘）不能完全分离，甚至出现不能完全松闸的现象；过大则可能引起较大的上闸冲击。确定松闸间隙最小值时通常应主要考虑制动衬料弹性（与厚度有关）、制动轮旋转时的摆动、轴的挠度以及热膨胀等影响因素（表7-2），松闸间隙最大值约为 $\varepsilon_{max}=1.5\varepsilon_{min}$。

表7-2 最小松闸间隙（退距 ε）与制动衬片厚度 （单位：mm）

制动轮直径 D	100	200	250	315	400	500	630	710	800
制动块退距 ε	0.6～0.8			1.0～1.25			1.25～1.6		
制动衬片（垫）厚度	6	8	8	10	10	12	12	15	15

松闸间隙及调整包括三个方面：① 应保证松闸器的实际行程（通常小于额定行程）能够满足松闸要求，这样就保证了两侧松闸间隙的和为规定值。② 两侧的松闸间隙应相等，最简单的方法就是可调整调整螺钉（图7-20a）。还可做成图7-20b所示的结构，两侧弹簧刚度、弹簧力相等，因此两侧弹簧的压缩量必然相等，这样也就保证了两侧的松闸间隙相等。正确的平衡位置可通过两侧的调整螺钉进行调整。③ 随着制动衬料的磨损，松闸间隙会越来越大并达到 ε_{max}，调整工作可手动或自动进行。为了减小维护工作量，制动器越来越多地采用自动补偿装置进行松闸间隙的自动调整，如采用单向轴承（图7-20c）。

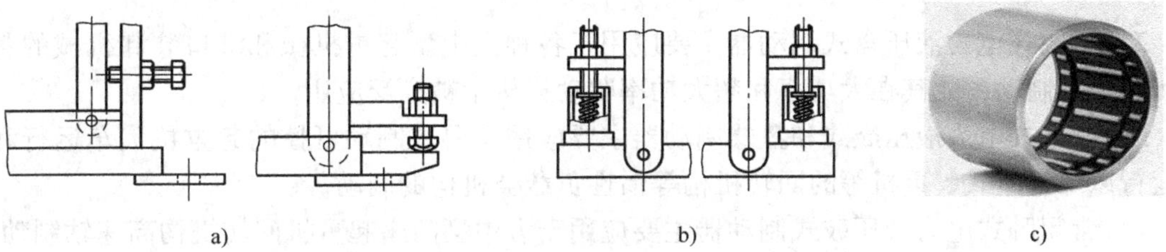

图7-20 松闸间隙及调整

（7）其他附件 详细内容见7.4.2节。

3. 电力液压制动器功能

在确定制动器功能需求时，除了规格参数和制动力矩外，有些机构对制动器还可能提出一些特殊功能需求。制动器的特殊功能指的是制动器必备的基本功能以外的功能，主要包括以下功能：

1）自动补偿功能。制动器在工作过程中，当制动衬垫出现磨损导致制动瓦退距增大和制动力矩减小时，应能够自动对制动瓦退距和制动力矩进行补偿，保持制动瓦退距和制动力矩的基本恒定。

2）手动释放（制动）功能。机构在工作过程中出现失电或其他故障停机时，需要采用手动释放装置释放（常闭式）制动器或使制动器处于制动（常开式）状态。

3）释放状态发信和联锁功能。对于常闭式制动器，当机构需要驱动时，首先要检测制动器是否释放正常，只有制动器释放正常并发信后，机构控制系统方可使机构驱动电动机接电驱动。如果制动器未正常释放，机构未得到正常释放发信（故障状态），机构控制系统应能自动锁住对应驱动机构电动机（联锁），同时可在监视系统记录并显示故障状态。

4）衬垫磨损极限发信和联锁。当制动衬垫磨损到极限状态时，制动器发信报警，或由机构控制系统自动锁住对应驱动机构电动机（联锁），同时可在监视系统中记录并显示故障状态。

4. 电力液压制动器特点

1）动作特性优异。释放时间为0.25~0.6s，闭合时间为0.15~0.3s；动作平稳，闭合时的动力冲击系数为1.1~1.25，对机构的冲击较小。

2）驱动控制非常简单。由三相交流电动机直接驱动，在一般应用中无中间控制环节；电动机接线无相序要求，维护工作较少，可基本免维护，运行和维护成本（使用成本）低。

3）具有不过载特点。电力液压推动器的输出为液力，液力的大小由推动器内部电动机参数和内部离心泵等结构参数决定，当出现外载过载时不会传递至其驱动电动机，驱动电动机也不会出现因外载过载而过载的现象，具有自保护性，所以具有可靠性高和寿命长等特点。

5. 电力液压制动器应用

电力液压制动器由于具有优良的动作性能和使用维护简便、寿命长等优点，广泛应用于各种起重装卸机械和带式输送机械中各种机构的减速和维持制动，是目前起重机械各种机构使用最多的主流配套制动产品。其主要应用如下：

1）常闭式电力液压鼓式制动器广泛应用于各种起重机械和装卸机械的各种机构高速轴制动。

2）常闭式电力液压盘式制动器主要应用于各种大中型起重机械和港口装卸机械的各种机构高速轴制动，尤其在大功率和超大功率驱动机构中被广泛应用。

3）常开式电力液压鼓式和盘式制动器主要应用于要求制动可控的起重机大车运行和小车运行以及门座式起重机等的回转机构等惯性负载类机构的制动。

4）常闭卧式电力液压鼓式制动器主要应用于大中型门座起重机回转机构高速轴制动。

5）常开卧式电力液压盘式制动器主要应用于各种门座起重机回转机构和大车运行机构高速轴制动。

7.2.2 电磁制动器

1. 常用直流励磁电磁制动器结构（图7-21和图7-22）**及应用**

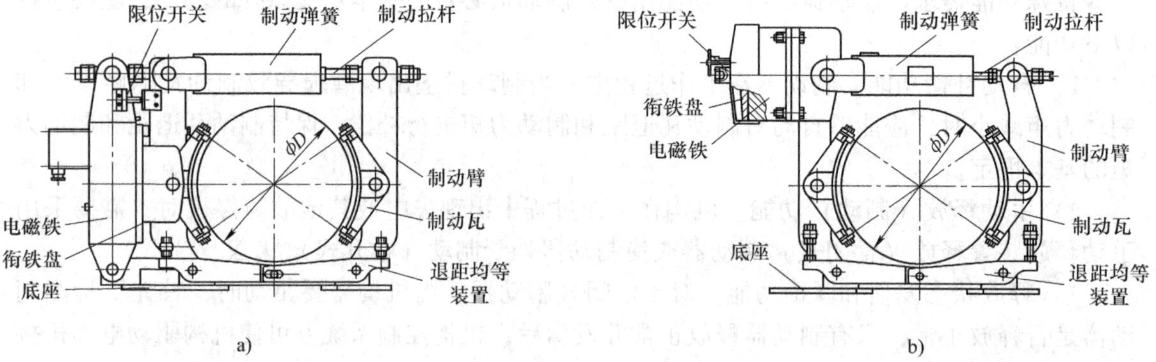

图7-21 电磁鼓式制动器

a）电磁铁中部布置 b）电磁铁上部布置

电磁制动器是20世纪80年代以前起重机上普遍采用的主要制动产品。20世纪80年代以后，随着起重机驱动控制技术的快速发展，交流励磁的电磁制动器已很少使用，多被电力液压制动器所取代，而直流励磁的电磁制动器在一些特种设备和机构中仍在使用。例如，电磁鼓式和钳盘式制动器可应用于直流供电的钢厂特种起重机或需要保磁功能的某些机构（电磁铁）等的高速轴制动，电磁圆盘式制动器（多与电动机组合为一体）主要用于起重机大小车运行机构，有时也用于一般用途的中小型起升机构的高速轴制动。

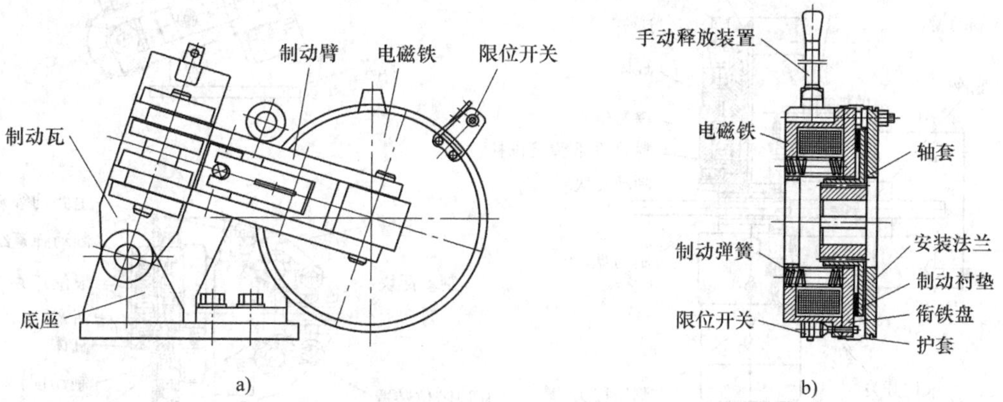

图 7-22　电磁盘式制动器
a）钳盘式　b）圆盘式

2. 电磁制动器工作原理及特点

电磁鼓式和钳盘式制动器的工作原理为：当机构断电停止工作时，电磁铁也同时断电（或延时断电），并停止驱动（电磁推力消除），这时制动弹簧的弹簧力通过杠杆机构由两侧制动臂传递到制动瓦上，使制动覆面产生规定的压力并建立规定的制动力矩，起到制动作用；当机构通电驱动时，电磁铁也同时通电驱动，并迅速产生足够的电磁推力，通过杠杆机构迫使制动弹簧进一步压缩，制动臂向两侧外张，使制动瓦制动覆面脱离制动轮（盘），消除制动覆面的压力和制动力矩，停止制动作用。

圆盘式电磁制动器的工作原理与电磁鼓式制动器基本类似。

电磁制动器释放及闭合时间为0.1～0.5s，闭合时的动力冲击系数为1.5～2.5，动作冲击较大，动作平稳性较差；不论交流还是直流供电，都需要专门的电源控制环节，驱动控制及使用维护比较复杂，运行成本较高；控制环节的复杂性以及对衔铁吸合气隙的敏感性，从而容易导致较多的运行故障，可靠性较差。

7.2.3　液压制动器

1. 常用典型液压制动器结构（图 7-23 和图 7-24）**及工作原理**

液压制动器常用作重要机构（或需要安全保护制动场合）的安全（紧急）制动装置。

常闭式液压制动器工作原理如图 7-25 所示，当机构停止工作或需要制动时，驱动装置——液压站常开型二位二通电磁换向阀 16 和常闭型二位二通电磁换向阀 15 断电，驱动液压缸压力油路阻断并接通回油箱油路卸压，制动弹簧的弹簧力传递到制动瓦上，使制动覆面产生规定的压力并建立规定的制动力矩，完成制动过程；当机构通电并开始驱动工作时，制动器的驱动装置——液压站常开型二位二通电磁换向阀 16 和常闭型二位二通电磁换向阀 15 也同时（或提前）得电使电磁阀动作，关闭液压缸回油箱油路，接通压力油路，驱动并迅速产生足够大的推力推动制动弹簧进一步压缩，制动瓦向两侧外张，使制动覆面脱离制动轮（盘），消除制动覆面的压力和制动力矩，结束制动过程。

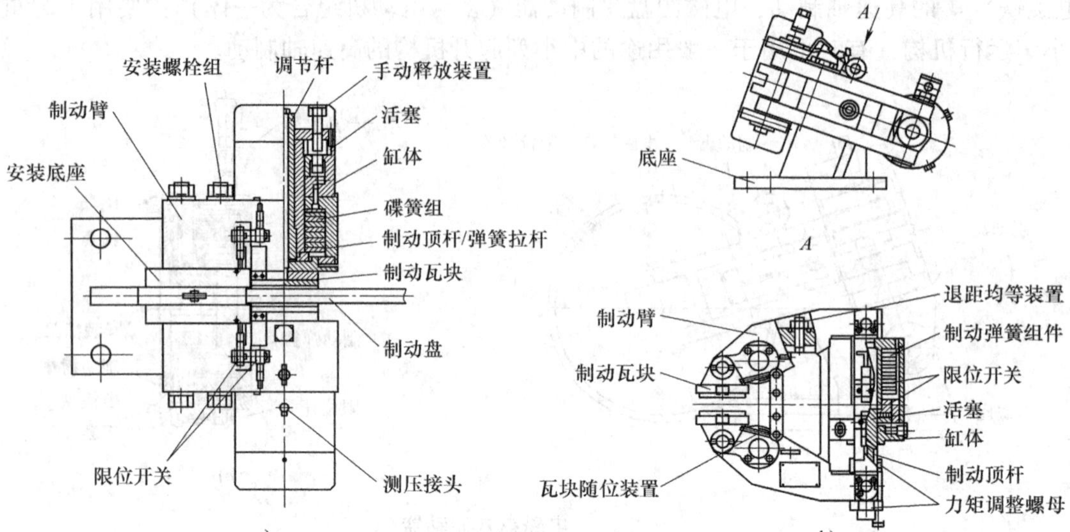

a)　　b)

图 7-23　液压盘式制动器

a）直驱式　b）杠杆式

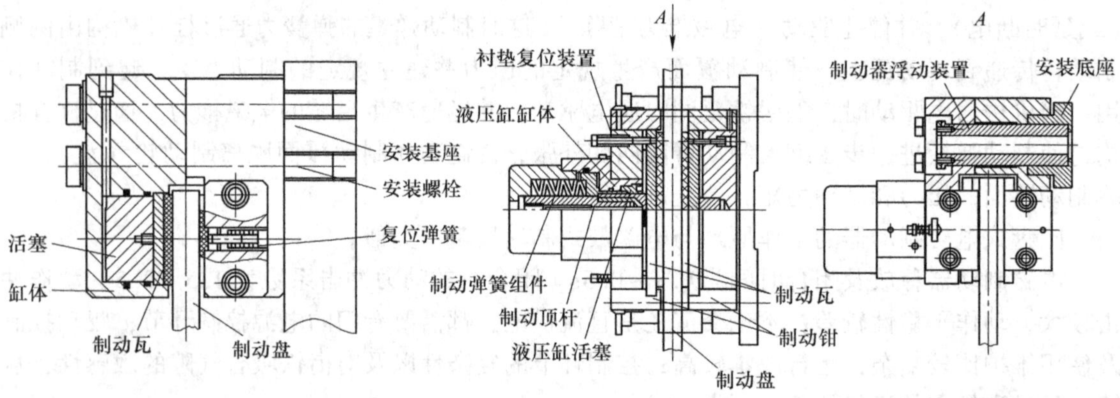

a)　　b)

图 7-24　单边式液压盘式制动器结构

a）常开式　b）常闭式

2. 液压制动器的特点及应用

液压制动器是一种大功率、大力矩的制动装置，其主要特点为：

1）动作平稳。释放时间为 0.3～0.6s，闭合时间 0.2～0.6s；动作平稳，闭合时的动力冲击系数为 1.05～1.15，对机构的冲击很小。

2）驱动控制复杂。一般由液压站集中驱动，通过阀组进行控制，所以控制比较复杂，使用维护也相对复杂，运行和维护成本（使用成本）相对较高。

3）引起故障的因素较多。由于具有电气控制、液压元件和管路系统，所以故障环节较

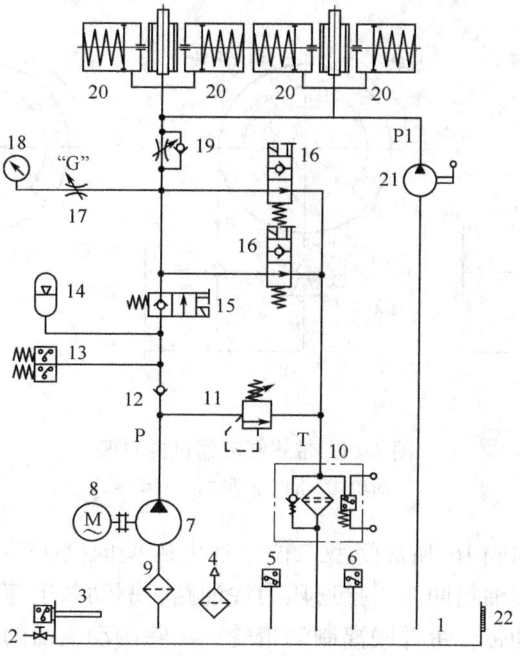

图 7-25　常闭式液压盘式制动器液压驱动控制原理

1—油箱　2—放油阀　3—加热器　4—空气滤清器　5—空气开关　6—液位开关　7—泵　8—电动机　9—进油口过滤器　10—回油口过滤器　11—溢流阀　12—单向阀　13—压力继电器　14—蓄能器　15—常闭型二位二通电磁换向阀　16—常开型二位二通电磁换向阀　17—压力表开关　18—压力表　19—单向节流阀　20—制动器　21—手动泵　22—液位计

多，运行过程中具有故障率较高、可靠性相对较差的特点。

常闭式液压盘式制动器主要用于铸造起重机、港口装卸机械等特种和专用设备起升机构以及带有臂架的起重装卸机械臂架俯仰机构的安全保护制动，还广泛用于倾角式、长距离带式输送机械低速轴的减速和安全制动，广泛用于风电机组的主轴制动和偏航制动。

常开式液压盘式制动器主要用于起重装卸机械回转机构的减速制动和一些需要控制速度的位能负载机构（如大型锚绞机和钻机提升机构等），也可用于风电机组的偏航制动。

7.2.4　带式制动器

1. 带式制动器类型

带式制动器从动作原理上可分为简单式、差动式和综合式三种类型，如图 7-26 所示；根据驱动特征可分为液压式和电磁式两种；根据作用方式可分为常闭式和常开式两种。

目前起重装卸机械上使用的带式制动器主要具有简单、液压、常闭的特点。

2. 带式制动器工作原理

液压常闭式带式制动器的驱动原理与液压盘式制动器（图 7-25）相同，当机构停止工作或需要制动时，其驱动装置——液压站常开型二位二通电磁换向阀 16 和常闭型二位二通电磁换向阀 15 断电，这时驱动液压缸压力油油路阻断并接通回油箱油路卸压，制动弹簧力通过杠杆机构拉紧制动带并将弹簧力传递到制动带上，使制动覆面产生规定的压力并建立规定的制动力矩，起到制动作用；当机构通电驱动开始工作时，制动器的驱动装置——液压站

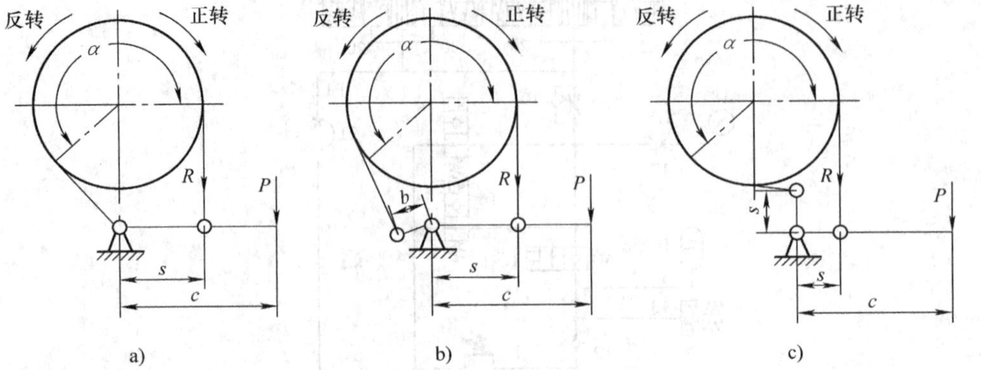

图 7-26 带式制动器机构原理

a）简单式 b）差动式 c）综合式

常开型二位二通电磁换向阀 16 和常闭型二位二通电磁换向阀 15 同时（或提前）得电使电磁阀动作，关闭液压缸回油箱回路，接通压力油油路，驱动并迅速产生足够大的推力推动制动弹簧进一步压缩，制动带松带并脱离制动带轮，消除制动覆面的压力和制动力矩，停止制动作用。

带式制动器的结构形式很多，在起重装卸机械上常用的常闭液压带式制动器的典型结构如图 7-27 所示。

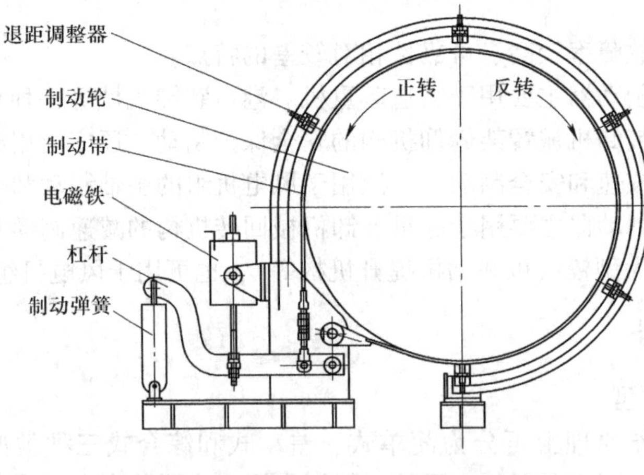

图 7-27 常闭液压带式制动器的典型结构

3. 带式制动器主要特点及应用

1）制动力矩大。带式制动器由于具有很大的制动包角（一般为 270°～630°），所以在其平均制动比压和制动直径与制动轮/盘相同的情况下，制动力矩是鼓式和盘式（单盘）制动器的 2.5～8 倍。

2）施力和释放过程相对缓慢。由于带式制动器的制动包角大、制动带长，在闭合施加制动力矩时不仅要消除正常的制动带退距，还要消除施力过程中制动带的弹性变形，所以从施力到建立规定制动力矩的过程相对较长，为0.6~1s。同样，释放过程也较长。因此，带式制动器的动作平稳，闭合时对机构的冲击较小。

3）结构比较复杂。由于带式制动器包角大，而退距又不能过大，所以往往需要辅助装置来保证制动器释放状态下整个制动覆面处的退距均匀，并且不浮贴到制动带轮上。对于大型的带式制动器，其辅助装置比较复杂。

4）简单式和差动式带式制动器具有双向异性特征。对于简单式带式制动器，在制动驱动力（操作力）相同的情况下，当制动驱动力方向与带轮运转方向相反时的制动力矩是与带轮运转方向相同时的 $e^{\mu\alpha}$ 倍（μ 为摩擦因数，α 为制动带包角）。所以，简单式带式制动器特别适用于位能负载机构（如起升和臂架俯仰机构）的制动。

带式制动器是一种历史悠久的传统制动装置，目前作为高速制动器已很少使用，但在某些大中型港口装卸机械的变幅机构和少量起升机构中可用于低速制动，而在船舶机械（如甲板起重机、锚机等各种机构）中还有比较广泛的应用。例如，中小型流动式起重机（如汽车起重机和船用甲板起重机等）的高速轴制动，大中型港口装卸机械和特种起重机械中不常使用的起升机构和臂架俯仰机构（如集装箱起重机、卸船机、门座起重机、电站安装起重机等）低速轴安全保护制动，船舶大中型锚机低速轴安全制动等。

7.3 制动器设计

7.3.1 制动器设计原则和设计输入

1. 制动器设计的基本原则

（1）标准原则　起重机上使用的制动器（尤其是高速轴上使用的制动器）已高度标准化、通用化，设计时应遵循相关标准规定，尤其是连接尺寸应尽量符合标准的规定值。

（2）安全原则　制动器是涉及起重机机构作业性能和安全的重要配套部件，在设计时要充分考虑构件的材料、强度和安全裕度，其中重要构件（如制动弹簧、制动臂、制动拉杆等）的设计寿命应大于500万次或使用寿命达到30年以上。

（3）与驱动机构匹配原则　制动器设计应充分考虑与机构之间在安装空间、性能参数以及机构使用环境等方面的各种匹配关系。

2. 制动器设计输入参数的确定

（1）制动轮（盘）直径规格参数的确定，详细内容见第8.2.2节。

（2）制动力矩参数的确定。制动力矩参数是制动器的主要性能参数，也是最主要的设计输入参数，应根据所配套的驱动机构来确定，当确定了制动轮（盘）规格后也可根据需求选择相关标准中的标准值。

（3）制动器功能需求的确定。包括必要的基本功能和特殊功能，见7.2.1节相关内容。

（4）摩擦性能参数。摩擦性能参数是制动器的核心设计参数，主要取决于制动器摩擦材料的物理特性。摩擦性能参数主要有摩擦因数和允许的工作比压以及磨损率等。在设计时正确选择摩擦材料和摩擦性能参数值是制动器工作性能的重要保证，在选择摩擦材料和摩擦因数 μ 时要根据制动器的制动工况进行正确选择。摩擦材料的物理性能见表7-3，摩擦因数 μ 可按表7-4进行选择。

表 7-3 常用摩擦材料的物理性能

序 号	摩擦材料类型	摩擦因数 μ	允许最高温度 T_{max}/℃	许用工作比压 [p] /MPa
1	碳-碳复合摩擦材料	0.36～0.42	800～1200	8.0
2	粉末冶金	0.35～0.45	650	4.0
3	酚醛树脂类金属纤维增强复合摩擦材料（半金属）	0.35～0.42	350	2.5
4	石棉树脂类金属纤维增强复合摩擦材料	0.3～0.4	250	0.8
5	石棉橡胶辊压制动带	0.35～0.50	200	0.6
6	石棉橡胶铜丝制动带	0.35～0.45	250	1.2
7	玻璃丝纤维增强树脂制动带	0.35～0.45	250	3.0

表 7-4 不同工况下摩擦材料和摩擦因数选择

工况类别	工况表现主要特征			选择摩擦材料类型序号	摩擦因数 μ
	pv 值/(J/m^2·h)	T_0/℃	T_c/℃		
超重级工况	≥200	≥800	≥400	表 7-3 中 1	0.32～0.40
重级工况	≥120～200	≥500～800	≥300～400	表 7-3 中 2	0.35～0.42
中级工况	≥80～120	≥250～500	≥200～300	表 7-3 中 3、4	0.35～0.40
轻级工况	<80	<250	<200	表 7-3 中 5、6、7	0.30～0.40

注：表中 T_0 为制动过程中可能出现的制动覆面最高温度，T_c 为可能出现的制动轮（盘）热平衡温度。

（5）制动瓦退距 制动瓦退距是制动器设计中涉及驱动装置行程的重要设计输入参数，其值在各种制动器标准中都有规定，在制动器类型和轮（盘）直径规格确定后可按表 7-5 选择。

表 7-5 鼓式、盘式和带式制动器额定退距 （单位：mm）

鼓式制动器		盘式制动器		带式制动器	
制动轮直径	额定退距 ε	制动盘直径	额定退距 ε	带轮直径	额定退距 ε
<160	0.6	160～400	0.8	400～630	1.0
160～250	1.0	>400～630	0.9	>630～1000	1.2
>250～500	1.25	>630～1250	1.0	>1000～1600	1.4
>500～800	1.6	>1250～1800	1.2	>1600～2500	1.6
>800～1250	2.0	>1800～3150	1.4	>2500～4000	1.8
—	—	>3150	1.6	>4000	2.0

7.3.2 鼓式和盘式制动器的设计

1. 制动系各种力的设计计算

制动器设计应确定制动力、正压力、比压、驱动装置驱动力和弹簧工作力等。制动力应根据所要求的制动力矩和制动轮（盘）规格（制动直径）来计算确定。正压力是指产生规定制动力矩所需的施加到每个制动覆面的总压力，是驱动力和构件强度设计的直接依据。制动器制动衬垫工作比压直接受到所选摩擦材料的物理力学性能限制，是设计制动衬垫摩擦面积的直接依据，在选定摩擦材料后，根据所需正压力计算制动材料的比压并应符合相关摩擦材料的许用比压要求。驱动装置驱动力，对于常闭式制动器为制动器释放（松闸）所需的驱动装置有效输出力，对于常开式制动器为制动器闭合（上闸）产生规定制动力矩所需的驱动装置有效输出力。驱动装置驱动力是选择驱动装置或驱动装置设计的重要参数。弹簧工作力指的是常闭式制动器产生规定制动力矩所需的弹簧力。弹簧工作力是选择弹簧或进行弹簧设计的主要参数之一。各项力的具体计算见表7-6。

表7-6 鼓式和盘式制动器制动力、正压力、比压、驱动装置驱动力和弹簧工作力计算

制动器类别	计算项目和公式	单 位	说 明
鼓式制动器和钳盘式制动器	制动力：$T=\frac{M_b}{d_1}$ 正压力：$N=\frac{T}{\mu}$ 驱动力：$F=\varphi\frac{N}{i}$ 弹簧工作力：$P=\frac{T}{\mu i_p \eta}$	N	M_b——额定制动力矩（N·m）； μ——摩擦因数，其值见表7-4； d_1——有效摩擦直径（m），如图7-28所示； φ——考虑制动器释放（常闭式）或闭合（常开式）时的弹簧力增量和传动效率因素所需的裕度，其值见表7-7； i——驱动装置有效输出力点至制动力中心的总杠杆比，其值见表7-8； i_p——弹簧工作力点至制动力中心的杠杆比，其值见表7-8； z——动摩擦制动盘数，一般情况下为1，多盘时一般为2～3； x——制动弹簧数量（等规格均布），一般为6～12； p——制动覆面比压（MPa）； A——制动衬垫面积（m^2）； $[p]$——摩擦材料许用工作比压（MPa），其值见表7-3
圆盘式制动器	制动力：$T=\frac{M_b}{d_1 z}$ 正压力：$N=\frac{T}{\mu}$ 驱动力：$F=\varphi\frac{N}{\mu}$ 总弹簧工作力：$P=\frac{T}{\mu\eta}$ 单个弹簧工作力：$P_i=\frac{F}{x}$		
鼓式和盘式制动器	$p=\frac{N}{A\times10^6}\leqslant[p]$		

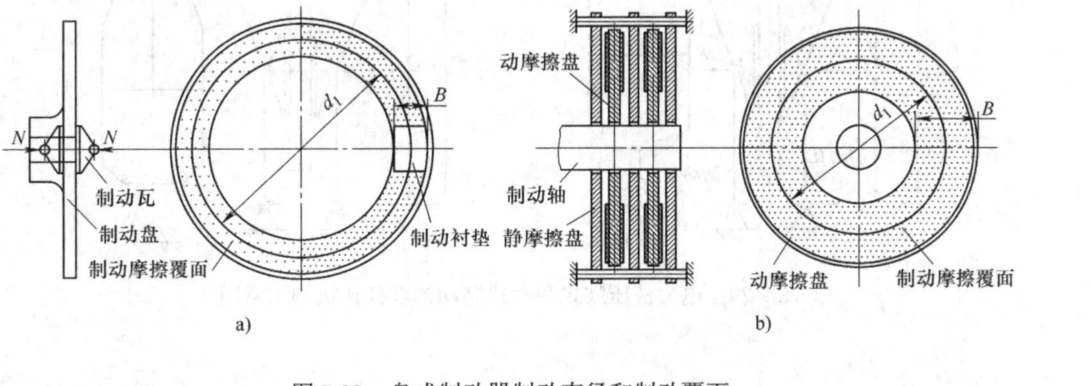

图7-28 盘式制动器制动直径和制动覆面

a）钳盘式 b）圆盘式

表 7-7　驱动装置驱动力裕度和弹簧力增量系数

驱动装置类型	电力液压推动器	电　磁　铁		液　压　站	
制动弹簧类型	圆柱螺旋弹簧	圆柱螺旋弹簧	碟形弹簧	圆柱螺旋弹簧	碟形弹簧
驱动力裕度 φ	1.25	1.25	1.35	1.35	1.5
弹簧力增量系数 θ	0.2	0.2	0.32	0.32	0.45

2. 机构杠杆比的确定

常闭式制动器的释放（松闸）或常开式制动器的闭合（上闸），是由驱动装置产生驱动力或操纵力（人力制动器）并通过杠杆机构作用完成的。同样，制动力或复位力也是通过杠杆机构作用完成的。除了部分液压驱动的制动器外，制动器一般都有杠杆机构，根据驱动的形式和布置方式、制动弹簧（或复位弹簧）布置方式的不同，机构杠杆比也不相同，常闭（常开）的鼓（盘）式制动器杠杆比计算可参照图 7-29 和图 7-30，并按表 7-8 进行。

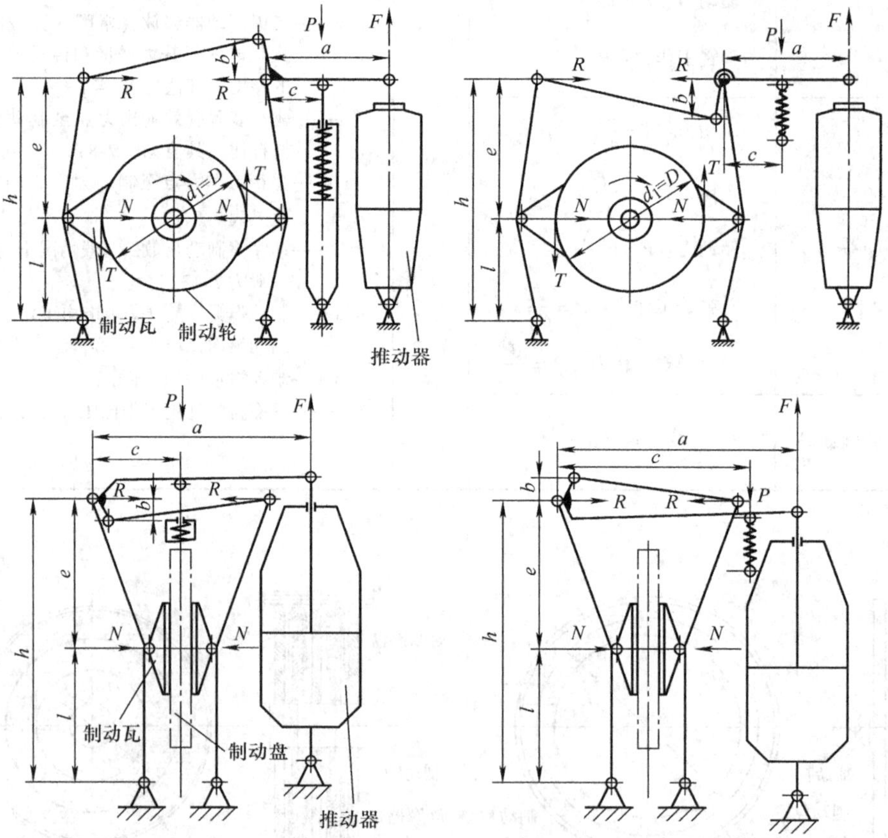

图 7-29　电力液压鼓式和盘式制动器杠杆比机构示意图

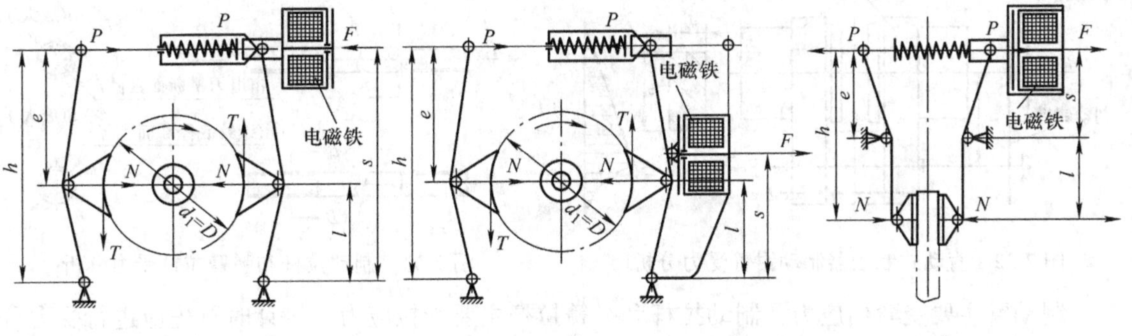

图7-30 电磁制动器杠杆比机构示意图

a）电磁铁上部布置鼓式 b）电磁铁中部布置鼓式 c）杠杆盘式

表7-8 鼓式和盘式制动器杠杆比计算

制动器类型	计算公式	说明
电力液压鼓式和盘式制动器	驱动杠杆比： $i=i_1+i_2=\frac{a}{b}+\frac{h}{l}\leqslant\frac{\beta H}{2\eta\varepsilon}$ 弹簧杠杆比： $i_p=\frac{c}{b}+\frac{h}{l}$	H——推动器最大（额定）行程或电磁铁允许最大行程（气隙）或液压缸允许的最大行程（mm）； ε——每侧制动瓦额定退距（mm），其值见表7-5； η——行程效率，取0.8～0.9，根据杠杆机构铰孔配合精度选择，精度较低选小值，较高则选大值； β——推动器、电磁铁和液压缸行程利用系数，无退距自动补偿时取0.75，有自动补偿时取0.85； 其余符号见图7-29和图7-30 总杠杆比 i 在设计时一般不宜大于3，否则，电磁制动器则会产生较大的冲击，而液压制动器则闭合速度过慢，导致制动上闸严重滞后、制动距离过长甚至出现制动安全事故
电磁鼓式和盘式制动器、杠杆式液压盘式制动器	驱动杠杆比： $i=\frac{s}{l}\leqslant\frac{\beta H}{2\eta\varepsilon}$ 弹簧杠杆比： $i_p=\frac{h}{e}$	

3. 重要构件强度验算

鼓式和盘式制动器中的重要受力构件主要有：制动臂（杠杆式）或制动钳臂（直动式）、制动拉杆、制动弹簧拉杆等。重要构件强度验算参照图7-31～图7-33，并按表7-9进行。

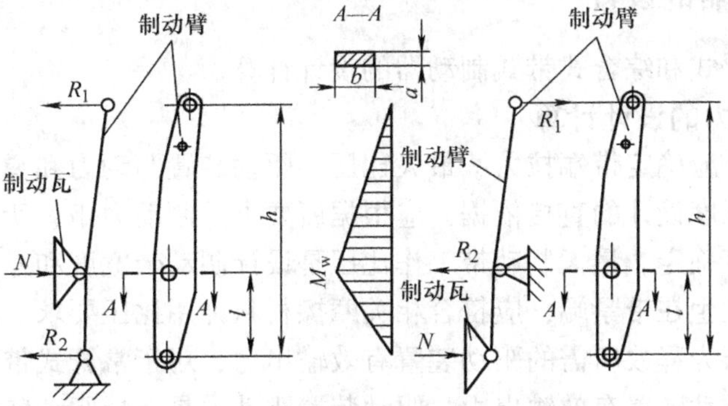

图7-31 典型杠杆式制动器制动臂受力分析

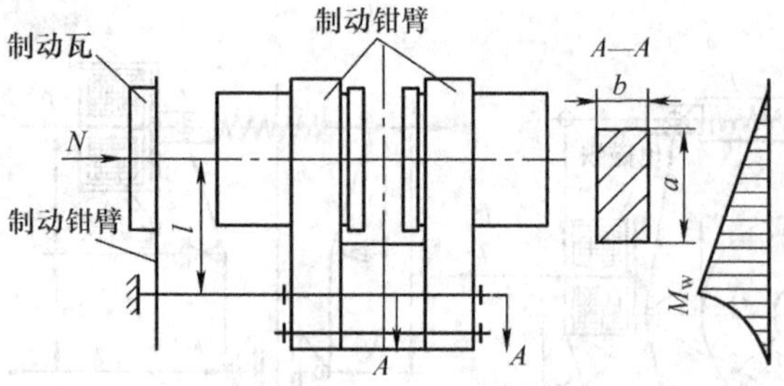

图 7-32　直动式制动器制动钳臂受力分析

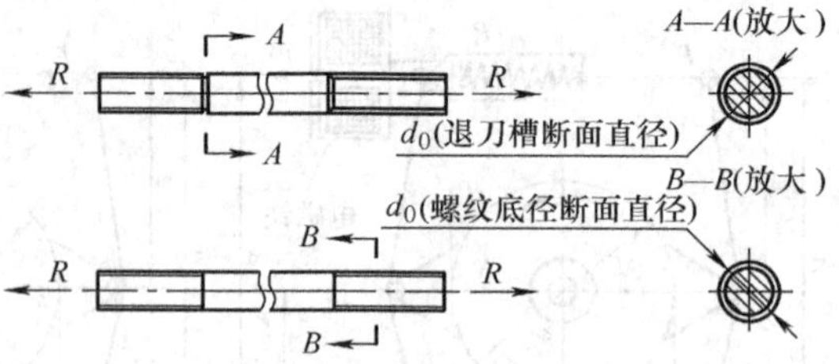

图 7-33　制动拉杆和弹簧拉杆受力分析

制动臂主要受弯曲应力，制动拉杆和弹簧拉杆主要受拉应力，设计时首先应进行受力分析，并根据应力分布图找出相应的危险截面，然后进行构件设计与强度计算。

表 7-9　鼓式和盘式制动器重要构件强度验算

验算内容	验算公式	说明
制动臂或制动钳臂弯曲强度验算	$\sigma_w = K_d \frac{M_w}{W}$ $\sigma_w \leqslant [\sigma] = 0.4\sigma_s$	σ_w——危险截面弯曲应力（N/mm^2）； K_d——动载冲击系数，按表 7-10 选取； W——危险截面的截面系数（mm^3）； A_1——危险截面面积（mm^2）； M_w——危险截面弯矩，$M_1 = R_1(h-l)$（N·m）； R——制动拉杆或弹簧拉杆所受最大拉力（N）； $[\sigma]$——材料许用弯曲应力（N/mm^2）； $[\sigma_1]$——材料许用拉应力（N/mm^2）； σ_1——危险截面拉应力（N/mm^2）； σ_s——材料屈服应力（N/mm^2）
制动拉杆和弹簧拉杆抗拉强度验算	$\sigma_1 = K_d \frac{R}{A_1}$ $\sigma_j \leqslant [\sigma_1] = 0.2\sigma_s$ $A_1 = \frac{\pi d_0^2}{4}$	

表 7-10　制动器不同驱动装置的动载冲击系数

驱动装置类型	电力液压推动器	电磁铁		液压站	
制动弹簧类型	圆柱螺旋弹簧	圆柱螺旋弹簧	碟形弹簧	圆柱螺旋弹簧	碟形弹簧
冲击系数 K_d	1.25～1.35	1.5～1.75	1.75～2.0	1.15～1.25	1.25～1.35
备注	一般情况下杠杆比大或行程大者取大值，反之取小值				

7.3.3　带式制动器的设计

下面仅介绍简单式和综合式带式制动器的设计计算。

1. 制动系各种力的设计计算

带式制动器设计应确定带端拉力、最大比压、驱动装置驱动力和弹簧工作力等。带端拉力是驱动力和构件强度设计的直接依据，应根据所要求的制动力矩、所选摩擦材料的μ值和制动带轮直径来计算确定。最大制动带工作比压是设计制动带宽度和厚度以及摩擦材料的直接依据，最大比压发生在带紧端，应符合相关摩擦材料许用比压要求。驱动装置驱动力，对于常闭式带式制动器为释放所需的驱动装置有效输出力，对于常开式带制动器为闭合产生规定制动力矩所需的驱动装置有效输出力。驱动装置驱动力是选择驱动装置或驱动装置设计的重要参数。弹簧工作力是选择弹簧或进行弹簧设计的主要参数之一，对于常闭式带式制动器为产生规定制动力矩所需的弹簧力。

各项力的计算原理如图 7-34 所示（简单式与综合式），并按表 7-11 进行。

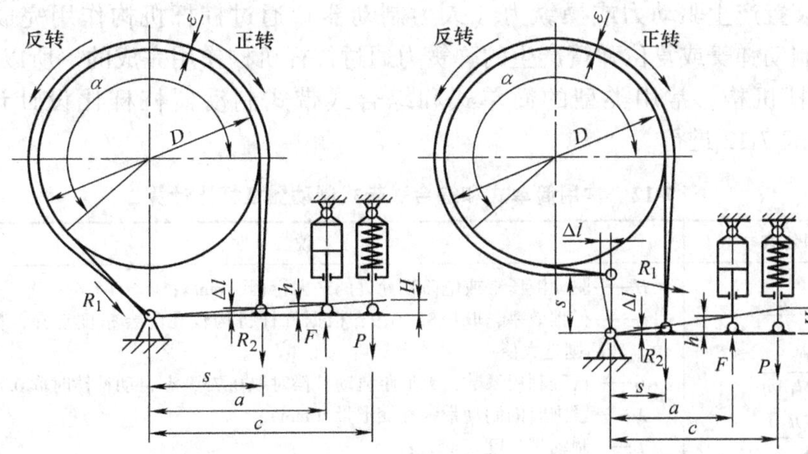

a) b)

图 7-34 典型带式制动器制动拉杆和弹簧拉杆受力分析

a）简单式 b）综合式

表 7-11 带式制动器带端拉力、最大比压、驱动装置驱动力和弹簧工作力计算

类型	计算项目和公式	单位	说明
简单式	正转拉力： 绕出端 $R_2=\dfrac{2M_b}{d_1(e^{\mu\alpha}-1)}$，绕入端 $R_1=R_2e^{\mu\alpha}$ 反转拉力： 绕出端 $R_1=\dfrac{2M_be^{\mu\alpha}}{d_1(e^{\mu\alpha}-1)}$，绕入端 $R_2=R_1e^{\mu\alpha}$ 弹簧工作力：$P=\dfrac{R_2}{i_p\eta}$ 驱动力：$F=\varphi\dfrac{R_2}{i}$	N	d_1——有效摩擦直径（m），其值等于带轮直径 D； α——制动带包角（rad）； η——传动效率，取 0.9～0.95； φ——考虑释放时的弹簧力增量和传动效率所需的裕度，按表 7-7 选取； i——驱动装置有效输出力 F 点至活动带端有效紧带力 R_2 的总杠杆比见图 7-34； i_p——制动弹簧有效输出力 P 点至活动带端有效紧带力 R_2 的总杠杆比，见图 7-34； R'——制动带紧端拉力 R_1 或 R_2（N）； B——紧端输入处制动带宽度（m）； $[p]$——摩擦材料许用比压（MPa），其值见表 7-3
综合式	正转拉力： 绕出端 $R_2=\dfrac{2M_b(e^{\mu\alpha}+1)}{d_1(e^{\mu\alpha}-1)}$，绕入端 $R_1=R_2e^{\mu\alpha}$ 反转拉力： 绕出端 $R_1=\dfrac{2M_b(e^{\mu\alpha}+1)}{d_1(e^{\mu\alpha}-1)}$，绕入端 $R_2=R_1e^{\mu\alpha}$ 弹簧工作力：$P=\dfrac{R_1+R_2}{2i_p\eta}$ 驱动力：$F=\varphi\dfrac{R_1+R_2}{2i}$		
所有	最大工作比压：$p_{max}=\dfrac{2R'}{d_1B\times10^6}\leqslant[p]$	MPa	

2. 机构杠杆比的确定

起重机上使用的常闭式带式制动器制动器释放（松闸）或常开式制动器闭合（上闸）一般是由驱动装置产生驱动力或操纵力（人力制动器）通过杠杆机构作用完成的。同样，制动力一般由制动弹簧或复位弹簧产生的弹簧力通过杠杆机构作用完成的。所以，带式制动器一般都有杠杆机构。常用类型的简单式和综合式带式制动器杠杆比设计计算可参见图 7-34 ，并按表 7-12 进行。

表 7-12　常用简单式和综合式带式制动器杠杆比计算

计算内容和公式	说　明
驱动杠杆比：$i=\frac{a}{s}$ $i\leqslant\beta\frac{H}{(\lambda+\Delta l_1)\eta}$ $\lambda=\frac{L(R_1+R_2)}{2EA_j}$ （简单式）$\Delta l_1=\varepsilon\alpha$ （综合式）$\Delta l_1=\frac{1}{2}\varepsilon\alpha$ 弹簧杠杆比：$i_p=\frac{c}{s}$	H——驱动液压缸或电磁铁允许的最大行程（mm）； η——行程效率，取0.8～0.9，根据杠杆机构铰孔配合精度选择，精度较低选小值，较高则选大值； β——行程利用系数，无退距自动补偿时取0.75，有自动补偿时取0.85； λ——紧闸时的制动带弹性变形量（mm）； L——制动带长度（mm）； R_1、R_2——制动带紧端拉力和松端拉力（N）； E——材料拉压弹性模量（N/m^2）； A_j——制动钢带截面积（m^2）； Δl_1——活动带端 R_2 处的紧闸行程（mm）； ε——制动带额定退距（mm），其值见表 7-5

3. 重要构件强度验算

带式制动器当中的重要受力构件主要有制动带、杠杆、活动端制动拉杆、制动弹簧拉杆等。制动带主要受拉应力，杠杆主要受弯曲应力，制动拉杆和弹簧拉杆主要受拉应力，各项计算可参见图 7-35，并按表 7-13 进行。

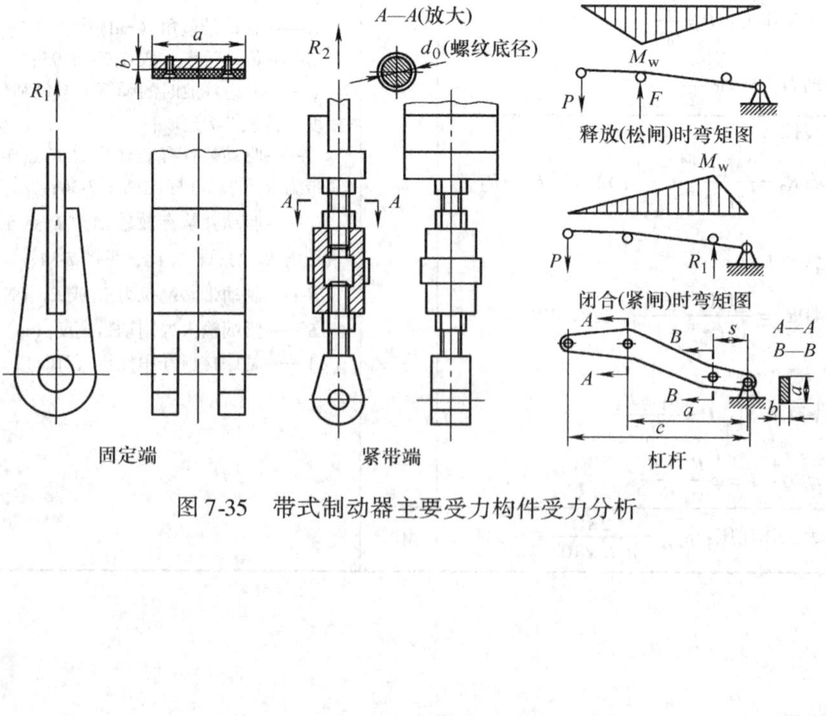

图 7-35　带式制动器主要受力构件受力分析

表 7-13 带式制动器重要构件强度验算

验算内容	验算公式	说明
杠杆弯曲强度验算	$\sigma_w = K_d \frac{M_w}{W} \leqslant [\sigma] = 0.4\sigma_s$	A_j——紧端制动钢带截面面积（mm^2）； R'——制动带紧端拉力 R_1 或 R_2（N）； $[\sigma_j]$——许用拉应力（N/mm^2）； 其余符号意义和取值与表 7-9 相同
活动端制动拉杆抗拉强度验算	$\sigma_1 = K_d \frac{R_2}{A_1} \leqslant [\sigma_1] = 0.2\sigma_s$	
弹簧拉杆抗拉强度验算	$\sigma_1 = K_d \frac{R}{A_1} \leqslant [\sigma_1] = 0.2\sigma_s$	
制动钢带抗拉强度验算	$\sigma_d = K_d \frac{R'}{A_j} \leqslant [\sigma_1] = 0.5\sigma_s$	

7.3.4 制动弹簧选择和设计计算

制动器弹簧的设计一般应先根据弹簧使用特征、所需的弹簧力 P 和弹簧安装空间，按有关弹簧标准或弹簧产品的样本进行弹簧材质、形式、制造精度以及规格的初选，然后根据有关要求和强度条件进行验算，并进行弹簧相关参数的匹配与调整。

1. 弹簧形式和材质的选择

1）常闭式鼓式和电力液压盘式以及采用杠杆驱动的中小制动力的钳盘式制动器宜选用圆柱螺旋弹簧，直驱（杠杆比为 1）的中大制动力的常闭式液压钳盘式制动器一般选用对合组合式（参见 GB/T 1972—2005）碟形弹簧组。

2）常闭式制动器选择圆柱螺旋弹簧时一般为两端磨平的压缩式螺旋弹簧（GB/T 2089—2009），常开式制动器的复位弹簧一般选择圆柱拉伸弹簧（但常开式圆盘和液压钳盘式制动器多采用两端磨平的压缩弹簧）。

3）常闭式制动器选择碟形弹簧时一般为三类（有支承面）弹簧。

4）制动弹簧一般选用 60Si2MnA（YB/T 5318—2006）或 50CrVA（YB/T 5318—2006），复位弹簧一般选用碳素弹簧钢丝（GB/T 4357—2009）或 60Si2MnA。

5）采用冷卷弹簧和碟形弹簧时制造精度等级可按表 7-14 选取。

表 7-14 弹簧疲劳寿命和精度等级选择

使用特征	弹簧精度等级	疲劳寿命		典型应用
		圆柱螺旋弹簧	碟形弹簧	
重要的涉及作业人身和财产安全的常闭式制动器	1 级	$\geqslant 10^7$ 次	$\geqslant 5\times10^5$ 次	港口装卸、冶金、特种起重机起升机构、倾角式带式输送机和矿井提升机构等
比较重要的涉及作业财产安全的常闭式制动器	1 或 2 级	$\geqslant 5\times10^6$ 次	$\geqslant 3\times10^5$ 次	冶金起重机、专用起重机等起升机构
一般机构使用的常闭式制动器和复位弹簧	2 级	$\geqslant 3\times10^6$ 次	$\geqslant 10^5$ 次	一般用途的通用起重、运输和装卸机械各种机构

2. 常闭制动器制动弹簧规格的初选

1）根据所需弹簧工作力 P，按 $F_n = 1.3P \sim 1.35P$，F_n 为最大许用工作负荷，具体参见 GB/T 2089—2009，初选弹簧簧丝直径（圆柱螺旋弹簧）；或按 $F_n = 1.5P \sim 1.75P$，F_n 为

$0.75h_0$ 时的许用工作负荷，参见 GB/T 1972—2005，选择碟簧厚度。在非特殊情况下应按 GB/T 2089—2009 或 GB/T 1972—2005 选择标准簧丝直径或碟簧厚度。

2）根据布置空间初选弹簧中径（圆柱螺旋弹簧）或碟簧外径（碟形弹簧），在非特殊情况下应按 GB/T 2089—2009 或 GB/T 1972—2005 选择标准弹簧中径或外径。

3）根据 ΔP_{max} 限值（表 7-15）选择合适的弹簧刚度和圈数（圆柱螺旋弹簧）或碟簧组组合后的刚度和片数（碟形弹簧一般为偶数），非特殊情况下圆柱螺旋弹簧刚度应按 GB/T 2089—2009 选取，碟形弹簧不宜超过 16 片。

4）根据弹簧行程增量 Δh 选择弹簧节距（圆柱螺旋弹簧）或碟簧高度（碟形弹簧），在非特殊情况下应按 GB/T 2089—2009 或 GB/T 1972—2005 选择标准节距或高度。

3. 弹簧的设计计算

弹簧设计主要包括规格尺寸设计和强度验算。由于影响因素很多，设计中需要反复调整相关参数，最后才能得到符合要求的结果。制动器在释放（松闸）过程弹簧力增量容许值见表 7-15，弹簧的设计方法和计算可参照相关标准和手册进行，具体见附录 F。

表 7-15 制动器在释放（松闸）过程弹簧力增量容许值

驱动装置类型	电力液压推动器	电磁铁		液压站	
制动弹簧类型	圆柱螺旋弹簧	圆柱螺旋弹簧	碟形弹簧	圆柱螺旋弹簧	碟形弹簧
弹簧力容许最大增量 ΔP_{max}	$0.2P$	$0.2P$	$0.35P$	$0.35P$	$0.5P$
备注	P 为产生额定制动力矩时的弹簧工作力				

7.4 制动器选用

7.4.1 制动器制动工况

1. 制动工况简介

为了正确、合理地选择起重机械各种机构的制动方式和制动装置，设计和使用人员应对起重机械各种制动工况进行必要的了解。起重机械各机构的制动工况一般可分为轻级制动工况、中级制动工况和重级制动工况三类。各类制动工况的特点如下：

（1）轻级制动工况　工作级别不大于 A5 的起重机械或不大于 M5 的工作机构，主要是一般用途的传统通用起重设备。这一类起重机械或机构的制动工况特征为：机构满载率低，平均单次制动功较小；接电持续率不大于 40%，制动频率低（一般每小时不大于 30 次）；一般不带电气调速系统或带较小范围的电气调速系统，累计机械制动功较小，制动覆面温度较低，一般最高不超过 200℃。

（2）中级制动工况　工作级别为不大于 A6 的起重机械或不大于 M6 的工作机构，主要是专用起重机和部分多用途港口起重机等。这一类起重机械或机构的制动工况特征为：起重机满载率较高，平均单次制动功较大；接电持续率为 40% ~60%，制动频率较高（一般每小时 30 ~100 次）；一般带有一定范围的电气调速系统，累计机械制动功较小，正常工作下的制动覆面温度较低，一般最高不超过 350℃；可能出现紧急制动工况，紧急制动时的制动覆面温度较高，可能出现 350 ~650℃的较高温度。

（3）重级制动工况　工作级别不小于A6的起重机械或不小于M6的工作机构，主要是高效、专用起重机和港口专用装卸设备和冶金起重机等。这一类起重机械或机构的制动工况特征为：起重机满载率高，正常工作状态平均单次制动功大；接电持续率不小于60%，制动频率高（一般每小时不小于100次）；一般都带有先进的电气调速系统，调速范围大，所以正常工作下累计机械制动功较小，制动覆面温度较低，一般最高不超过300℃；可能出现紧急制动工况，紧急制动时的制动覆面温度很高，可能出现500～1000℃的高温。

2. 基本原则

选择制动方式和制动装置时同样应遵循制动器设计的基本原则。

（1）标准原则　除特殊情况外，应选择符合我国现行标准的产品。如国内无标准产品，则应尽量选择符合国际上先进工业国家标准的产品。如国内外均无标准产品，则应选择定型产品，这一点对于“确保所选产品的技术先进性、质量可靠性、使用经济性”十分重要。

（2）与机构匹配原则　要充分考虑制动器规格（中心高）与机构制动轴中心高一致（或相近），还要根据有关设计规范和机构属性（特征）选择与机构驱动扭矩相匹配的制动力矩参数。此外，还要根据起重机控制技术的先进性和复杂程度考虑合理的功能匹配。

（3）安全原则　在选择制动方式和制动装置时，要充分考虑机构作业的安全属性和安全需求，在制动方式上要与机构安全需求相匹配。

7.4.2 制动器的选用

1. 制动方式的选择

起重机械各机构制动系统，目前主要采用电气调速与机械制动的组合制动、纯机械制动两种方式，机械制动又分为高速轴制动与高低速轴组合制动两种方式，高速轴制动又可分为单制动与双制动等方式。起重机械应根据用途（种类）、各机构的特征、安全要求等因素，合理选择各机构的制动方式，一般可参照表7-16进行。

表7-16　起重机机构制动方式的选择

机构特征	制动工况	制动要求		制动方式				应用
				电气调速	机械制动			
					高速		低速	
		性能	安全		单制动	双制动		
位能负载机构	重级 超重级	高	高	√		√	√	铸造起重机、大型港口装卸机械起升机构等
			一般	√		√		通用起重机、高速装卸机械起升机构等
	中级	高	高	√	√		√	冶金专用起重机起升机构等
			一般	√	√			各种专用起重机起升机构等
		一般	一般		√			各种通用起重机起升机构
	轻级	高	高	√	√		√	启闭机起升机构、大中型起重装卸机械臂架俯仰机构等
		一般	一般		√			中小型通用起重机起升机构
惯性负载机构	中级	高	一般	√	√			大型或运行速度较高的各种起重机运行机构
	轻级	一般	一般		√			通用起重机或运行速度较低的运行机构

2. 制动力矩的计算

起重机械各机构的制动力矩主要根据机构的负载特征和有关设计规范计算确定。计算方法有静功率法、静力矩法和减速度法三种，减速度法在起重机机构设计当中有详细介绍。

（1）静功率法　静功率法应在机构驱动电动机的驱动静功率（额定功率）和额定转速确定后方能使用，此时机构所需的制动力矩 M_{zh} 计算公式为

$$M_{zh}=9550K_z\frac{i_zP_j}{m_zn_N} \tag{7-2}$$

式中　M_{zh}——单台制动器所需的制动力矩（N·m）；

P_j——驱动机构总电动机静（额定）功率（kW）；

n_N——驱动电动机额定转速（r/min）；

i_z——机构电动机轴至制动轴的总传动比，高速轴制动时 $i_z=1$，低速制动（卷筒轴、车轮轴）时等于机构总传动比 $i_z=i$；

m_z——机构制动轴上同轴布置的制动器数量，如高速轴制动的单制动、双制动，低速轴制动的单制动、双制动和多制动等；

K_z——制动安全系数，K_z 可根据起重机设计规范相关规定或表 7-17 选取。

表 7-17　制动安全系数选取

机构负载特征	制动方式	K_z 高速	K_z 低速	备注
位能负载	高速双制动+低速制动	1.25~1.5	1.5~2.5	制动安全要求高、制动温度较高并可能引起摩擦性能热衰退时取大值，反之可取小值
	高速单制动+低速制动	1.75~2.0		
	高速双制动	1.25~1.6	—	
	高速单制动	1.75~2.5	—	
惯性负载	电气调速+机械制动	0.8~1.5	—	有电气调速和有维持制动要求时可取大值，反之可取小值
	机械制动	0.6~1.0	—	

（2）静力矩法　静力矩法适用于未选好驱动电动机状态。起升制动系统若采用静力矩法时，则 M_{zh} 为

$$M_{zh}=K_z\frac{P_{QGL}D_0}{2m_zmi'_z}\eta' \tag{7-3}$$

式中　P_{QGL}——总起升载荷（N）；

D_0——卷筒的卷绕直径（m）；

m——滑轮组倍率；

i'_z——机构卷筒轴至制动轴的总传动比，低速制动（卷筒轴）时 $i'_z=1$，高速轴制动时等于机构总传动比 $i'_z=i$；

η'——起升机构下降时传动系统（至计算点）的机械效率，若为高速制动则为起升机构下降时的总机械效率。

3. 制动器类型和规格的选择

目前，电力液压制动器是起重机械高速轴使用最多的主流制动器类型，液压制动器是多用于位能性负载机构低速轴制动，而电磁制动器一般用于某些特种场合，具体见表 7-18。制

动器类型确定后，应根据机构所需制动力矩确定制动器的轮（盘）直径规格。

表 7-18　制动器类型选择

制动部位	机构控制电源	机构特征	制动方式	制动器类型选择	
				轮(盘) 直径/mm	制动器类型
高速轴	交流控制	起升和臂架俯仰机构	单制动	<500	电力液压鼓式制动器
				500~630	电力液压鼓（盘）式制动器
				>630	电力液压盘式制动器
			双制动	<500	电力液压鼓（盘）式制动器
				≥500	电力液压盘式制动器
		各种运行机构	单制动	<315	电力液压鼓式制动器、电磁圆盘式制动器、人力驱动制动器
				315~400	电力液压鼓式制动器
				≥400	电力液压鼓（盘）式制动器
		平面回转机构	单驱动、单制动	<400	电力液压鼓式制动器、人力驱动制动器
				≥400	电力液压鼓（盘）式制动器
			多驱动、单制动	<315	电力液压鼓式制动器、人力驱动制动器
				≥315	电力液压鼓（盘）式制动器
	直流控制	有保磁要求的各种机构	单制动	<500	电磁鼓式制动器
				500~630	电磁鼓（盘）式制动器
				>630	电磁钳盘式制动器
			双制动	<500	电磁鼓（钳盘）式制动器
				≥500	电磁钳盘式制动器
		无保磁要求的各种机构	单制动	<500	电磁鼓式制动器、电力液压鼓式制动器
				500~630	电磁鼓式制动器、电力液压鼓（盘）式制动器
				>630	电磁钳盘式制动器、电力液压盘式制动器
			双制动	<500	电磁鼓（钳盘）式制动器、电力液压鼓（盘）式制动器
				≥500	电磁钳盘式制动器、电力液压盘式制动器
低速轴	交流或直流控制	起升机构	单制动	—	液压带（盘）式制动器、电磁钳盘式制动器
			多制动	—	液压盘式制动器、电磁钳盘式制动器
		俯仰机构	单制动	—	液压带（盘）式制动器、电磁钳盘式制动器
			多制动	—	液压盘式制动器、电磁钳盘式制动器

4. 制动器功能的选择

制动器的功能有基本功能和特殊功能两类。基本功能是保证制动器正常工作的必备功能，主要有力矩调整功能、瓦块退距调整功能、瓦块退距均等功能以及瓦块随位功能等。特殊功能是根据起重机机构制动的控制要求和自动化要求需要提供的功能，主要有退距和力矩磨损自动补偿功能、制动器释放限位/联锁功能、手动释放及其联锁功能以及衬垫磨损极限报警/联锁功能等。制动器功能选择指的是特殊功能的选择。特殊功能可根据起重机和机构的控制技术水平、自动化要求以及安全要求等按表 7-19 选择。

表 7-19　制动器功能选择

起重机或机构控制类别	自动化程度	机构保护要求	功能选择				典型应用
			自动补偿	释放限位/联锁	手动联锁	衬垫磨损极限报警/联锁	
可编程序控制器（PLC）控制	高	高	√	√	根据具体要求	√	大型、专用、高效的港口装卸和冶金起重设备起升机构
	较高	较高	√	√		—	大型、专用、高效的港口装卸和冶金起重设备运行机构，中小型专用、高效的港口装卸和冶金起重设备起升机构
	一般	一般		√		—	各种通用起重机械各种机构，中小型专用、高效的港口装卸和冶金起重设备运行机构
无线遥控	高	高	√	√		√	垃圾发电厂、核电厂、自动化堆场等使用的特种、专用起重装卸设备各种机构
	较高	较高	√	√		—	工厂自动化生产线起重机械各种机构
	一般	一般	—	—		—	一般通用起重机械
传统控制	一般	较高	—	√	—	—	大中型通用起重机械起升机构
		一般	—	—	—	—	中小型通用起重机械各种机构，中大型通用起重机械运行机构

5. 制动器的发热和制动功验算

随着起重机械电气调速技术的快速发展和应用，中级以上级别的起重机（或机构）已普遍采用电气调速-机械制动的组合方法来进行制动，因此，制动器正常工作状态下的累计制动发热较低（不超过 300℃），一般都无需再进行制动器累计发热及热平衡验算。但对于某些特种起重机（如频繁操作的大中型淬火起重机起升机构），还需要进行制动器累计发热及热平衡验算，具体可参考《起重机设计手册》相关内容。

对于中级以上级别的起重机（或机构），紧急安全制动时的单次制动发热有可能成为影响制动性能的主要因素。紧急安全制动是指机构在失电、超速等故障状态下实施的制动，此状态下的机构电气调速一般处于失效状态，机构全部机械能（动能和势能）将在极短时间内（一般不大于 3s）基本全部转换为制动热能，并且只有很少的热量以传导和对流的形式散掉，而绝大部分热量会聚集在制动覆面使温度迅速升高，从而导致摩擦性能出现热衰退，当热衰退速度和量值达到某一极限值时就会导致制动失控的危险事故发生。

假设紧急安全制动器进行单次制动过程中的制动力矩为均匀状态（常量），则一次紧急

制动结束时，在制动轮（盘）上所产生的总制动功 W（单位为J）为

$$W=\frac{\pi n_1 M_{zh} t_{zh}}{60} \tag{7-4}$$

式中 n_1——机构制动轴制动初转速（紧急制动时可能出现的最大制动初转速）(r/min)，一般取 $n_1=1.15n_N$；

t_{zh}——理论制动时间（s）。

制动器制动覆面（图7-28）的温度是影响摩擦性能的主要因素。而制动覆面温度的高低直接取决于制动功或单位制动覆面制动功。通过验算制动功，可以验证所选用制动摩擦材料的摩擦因数是否满足制动工况的要求。

在一次紧急安全制动过程中，制动覆面温度 T 是与制动偶件结构（质量分布特征）和材料传热系数、制动覆面、周边空气对流参数、制动功率和制动时间等多参数相关的函数，国内外目前均没有准确或成熟的计算方法，而对各种影响因素也没有详细或定量的研究结论。使用经验和初步实验结果表明，制动覆面单位面积制动功是影响覆面温度的最主要因素（权重70%以上），其极限值 E_p 可以用来验算并判断许用制动功。常用摩擦材料单位面积制动功许用值见表7-20，一次制动时单位面积制动功 E_p（单位为 J/cm^2）为

$$E_p=\frac{W}{\pi d_1 B}\times 10^{-4} \tag{7-5}$$

表7-20 常用摩擦材料单位制动覆面许用制动功

摩擦材料类型	允许最高温度/℃	单位制动覆面许用制动功/(J/cm^2)
碳-碳复合摩擦材料	800~1200	400~600
粉末冶金	650	240
酚醛树脂类金属纤维增强复合摩擦材料	350	120
石棉树脂类金属纤维增强复合摩擦材料	250	80
石棉橡胶铜丝制动带	250	80
玻璃丝纤维增强树脂制动带	250	80
石棉橡胶辊压制动带	200	65

本章小结

本章主要介绍了有关工业制动器的基础知识。学生应全面了解起重机械上的制动器种类、特点和设计方法等，理解常用的鼓（盘）式制动器的工作原理、构造及主要参数的意义，基本掌握鼓式制动器的特点、构造、设计及选用原则，重点掌握制动器的作用和在起重机械上的应用。

教学重点和难点：制动器的作用、选用原则、额定制动力矩以及在起重机上的应用。

第8章

起升机构

在起重机械的四大机构中，起升机构是用来起升货物并使其实现垂直空间升降运动的机构，是任何起重机械不可或缺的、最重要的基本组成部分，其运转状况的优劣将直接影响到整机的工作性能和安全使用。起升机构通常采用卷扬式，在特定场合也有顶升式。

8.1 起升机构的构造

8.1.1 卷扬式起升机构

1. 卷扬式起升机构的组成

负责重物升降的卷扬式起升机构类型繁多，但从基本动作原理来看，其构成是非常经典的（从辘轳开始），主要包括驱动装置、传动系统、卷绕系统、取物装置、制动系统、安全和辅助装置等，其中大多数零部件目前都可以采用通用化和系列化的标准零部件。

驱动装置可以是电动机、内燃机、液压马达等形式；传动系统由联轴器、浮动轴、减速器（或变速器）等部件组成；卷绕系统包括钢丝绳、卷筒组、定滑轮和动滑轮组成的滑轮组等部件；取物装置可分为吊钩、抓斗、电磁吸盘、挂梁、集装箱吊具等多种形式；制动系统为安装在不同位置上的各种类型的工作制动器和安全制动器等。另外，还应根据工作需要装设各种安全和辅助装置，如起升（下降）高度限位器、起重量限制（指示）器、起重力矩限制器、称量装置、速度限制器（包括编码器）、排绳装置等。

现代卷扬式起升机构如图8-1所示。电动机通过联轴器与减速器相连，减速器输出轴上装有卷筒，卷筒上的钢丝绳（绕过导向滑轮）引到起重滑轮吊钩组，制动器装在高速轴上

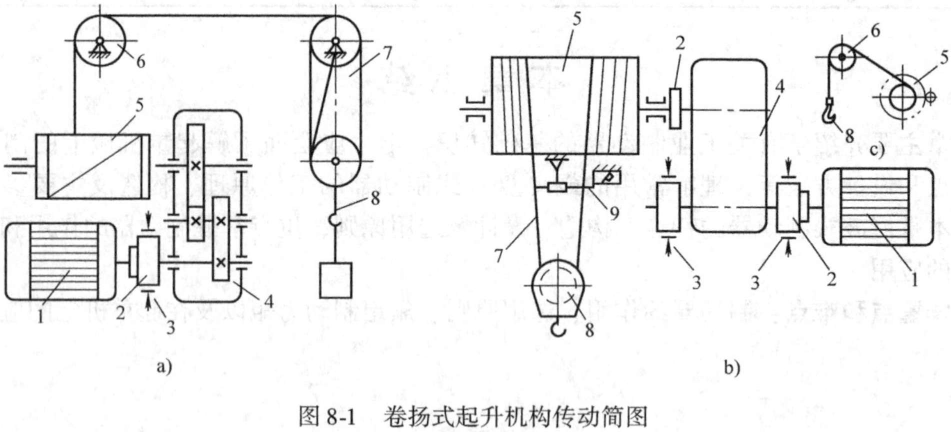

图8-1 卷扬式起升机构传动简图

1—电动机 2—联轴器 3—制动器 4—减速器 5—卷筒（单联/双联） 6—导向滑轮 7—滑轮组 8—吊钩组 9—起升高度限位器

靠近减速器一侧。电动机的正反转，使卷筒将缠绕在其上的钢丝绳卷进或放出，吊钩及悬挂物品则实现一定速度的升降运动。当重物到达目的地时，电动机断电，制动器上闸使系统停止运动并卸放重物（或将吊钩及重物悬停支持在空间某一高度位置）。当滑轮吊钩组上升到最高极限位置时，起升高度限位器自动切断电源，制动器抱闸使吊钩停止上升，从而保证起升系统安全。

2. 起升机构的工作速度

起升机构的工作速度包括起升速度 v 和下降速度 v_j，通常多采用起升速度来表征机构的速度能力（高速/中速/低速/微速）。起升速度的大小与起重机械的起重量、工作级别、起升高度以及使用要求等因素密切相关，一般情况下，最大起升速度 v_{max} 可按起升高度 H 和机构加速度 $a_{max}=1\sim1.2\text{m/s}^2$ 等由式（1-1）来确定，通常起升速度取 $v=1\sim100\text{m/min}$，而下降速度 $v_j=(1.0\sim1.5)v$。各类起重机械常用的起升速度见表 8-1。

表 8-1 起重机械常用起升速度 （单位 m/min）

起重机类型	起重量	类别	主钩起升速度	副钩起升速度
梁式起重机	1~5t	中速	8	—
		中速/低速	8/0.8	—
通用吊钩桥（门）式起重机	≤50t	高速	6.3~16	10~20
		中速	5~12.5	8~16
		低速	1.6~5	6.3~12.5
	63~125t	高速	5~10	8~16
		中速	2.5~5	6.3~12.5
		低速	1~2	5~10
	160t	高速	3.2~4	6.3~8
	160~250t	中速	1.6~2.5	5~8
		低速	0.63~1	4~6.3
抓斗桥、门式起重机	≤50t	高速	25~50	—
电磁桥、门式起重机		高速	16~32	—
防爆桥式起重机		中速	2~4	—
		低速	0.2~0.8	—
抓斗装卸桥		高速	50~100	—
塔式起重机	6~20t·m	中速	15~20	—
		低速下降	6	—
	25~60t·m	中速	25~45	—
		低速下降	6	—
	80~120t·m	中速	50~55	—
		低速下降	4	—
巷道堆垛起重机	0.1~2t	中速	6.3~25	—
岸边集装箱装卸桥	30.5t	高速满/空载	50/120	—

（续）

起重机类型	起重量	类别	主钩起升速度	副钩起升速度
轮胎式集装箱门式装卸桥	30.5t	中速满/空载	13.5/27	—
港口用门座起重机	5～25t	高速	50～100	—
造船用门座起重机	25～160t	中速	5～20	20～40
		微动	0.25～1	0.25～1
建筑用门座起重机	10～63t	中速	15～25	20～50

对于起升高度较大或装卸效率较高的起升机构，除适当提高主起升速度外，还常要求起升机构具有轻空载快速升降功能。用于安装维修场合的起升机构，在选用较低起升速度时，还常要求具有微速或调速功能。某些流动式起重机、内河码头小型起重机、淬火起重机等，出于提高效率、减轻自重、节能降耗以及满足特殊工艺要求等目的，其起升机构有时可采用落重制动的方式实现无动力可控下降或落钩（操纵式或综合式制动器装设在卷筒上）。但应注意，起升机构不宜采用无控制的物品自由下降方式。

3. 起升机构的形式

起升机构的类型及总体布置很大程度取决于工作参数与驱动装置、取物装置、主传动方式、卷筒布置方式等主要部件及其变化形式。

（1）主/副起升机构　除起升速度、工作级别以外，起重量是影响起升机构组成形式的主要参数。为了提高吊运轻载货物（或作辅助性工作）时的起升速度和工作效率以及节能降耗等，当起重量大于10t以上时，一般常设主/副（两个）起升机构（俗称主钩/副钩），如图8-2所示，但两者一般不能同时工作（要求同时工作时应特别注明）。设计中出于减少规格、优化系列和便于生产的目的，主/副起升机构常采用构造基本相似的独立驱动形式，但可通过变化两者的倍率和速度等因素进行系列匹配。

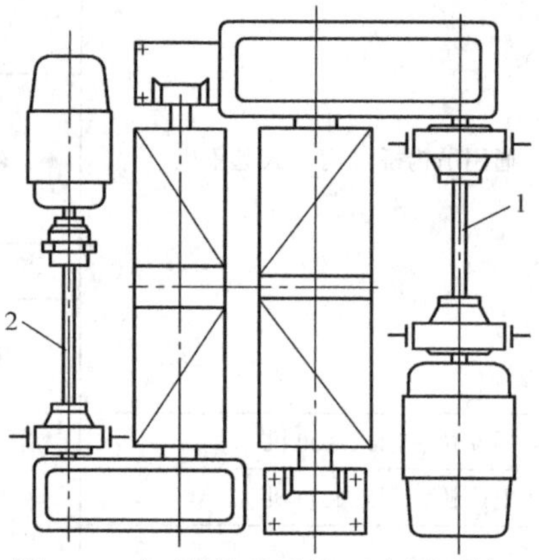

图8-2　主/副起升机构（有浮动轴）
1—主钩　2—副钩

（2）双/多卷扬起升机构　对于需要双卷扬相互配合共同完成搬运工作的某些特殊用途起重机，如铸造起重机、造船起重机和双绳抓斗起重机等，可装设两个独立的（构造相近或相同）并能同时动作的起升机构（注意此处有别于主/副钩），如图8-3所示。另外，对于起重量要求很大的场合，常采用多吊点、多卷扬形式，其吊运工作的稳定性、均衡性、安全性以及多驱动同步性等特殊要求也会影响起升机构的布置和形式。

（3）驱动装置的变化　起升机构按驱动力来源可分为人力驱动和动力驱动，动力驱动又可分为集中驱动与分别驱动；按驱动装置类型还可分为电力、液压和内燃等起升机构，具体内容见第4章。本章主要介绍常用的电力起升机构和液压起升机构。

（4）取物装置的变化　起升机构按其所配备取物装置的不同可分为吊钩式（图8-1）、抓斗式（图8-3）、电磁吸盘式（图8-4）、两用及多用式（吊钩、抓斗、电磁吸盘等）、吊梁式、夹钳式、集装箱吊具等类型。

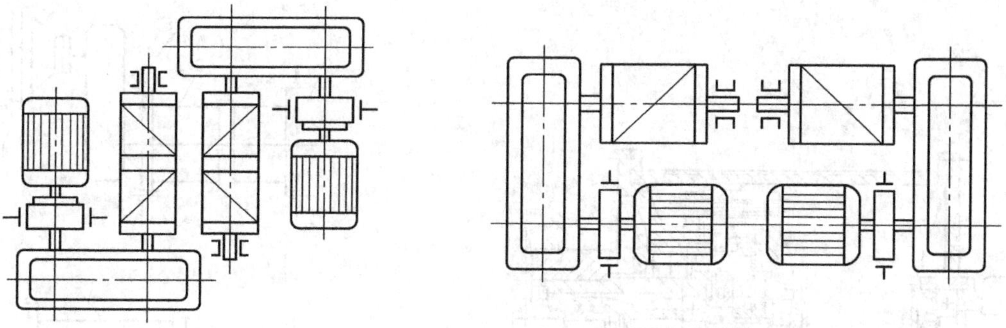

a) b)

图 8-3 抓斗起重机双卷筒起升机构（无浮动轴）

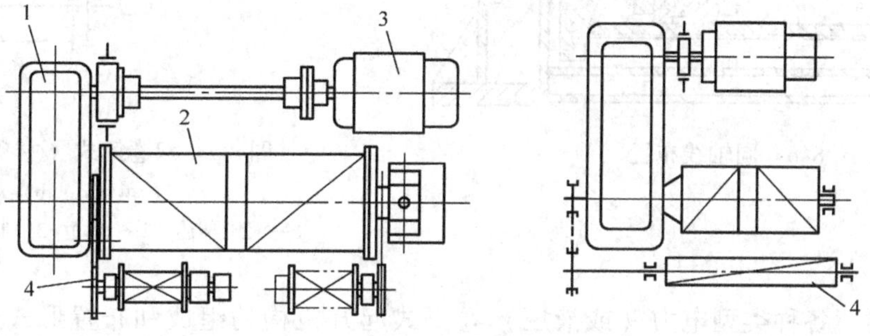

a) b)

图 8-4 带电缆卷筒的起升机构

1—减速器 2—卷筒 3—电动机 4—电缆卷筒

吊运普通物品的单速吊钩式为通用（一般）起升机构，其余为特殊起升机构。

（5）主传动及卷筒布置方式的变化 起升机构按主传动方式（驱动装置和卷筒轴线间关系）的特点可分为平行轴线式（图 8-1）、垂直（相交）轴线式（图 8-5）和同轴线式（图 8-6），其中按卷筒布置形式特点还可分为单卷筒单轴式（图 8-1）、双卷筒单轴式（图 8-7a）和双卷筒双轴式（图 8-7b）。

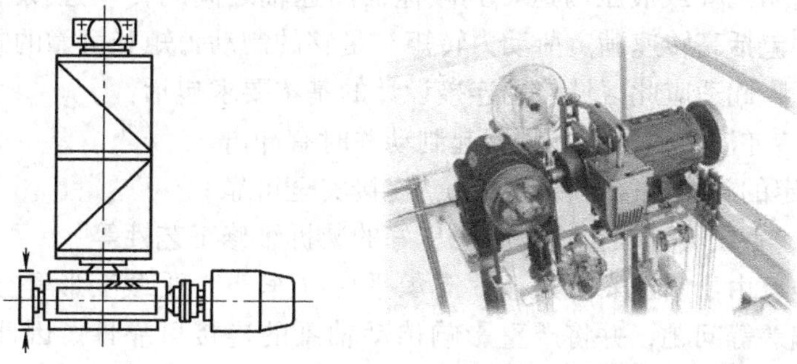

a) b)

图 8-5 垂直轴线布置

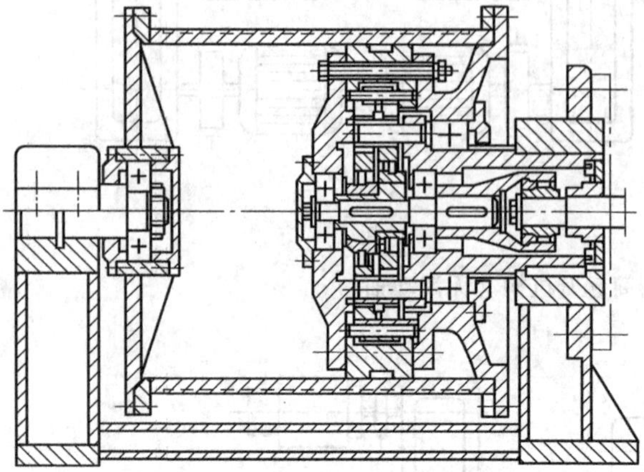

图 8-6　同轴线布置

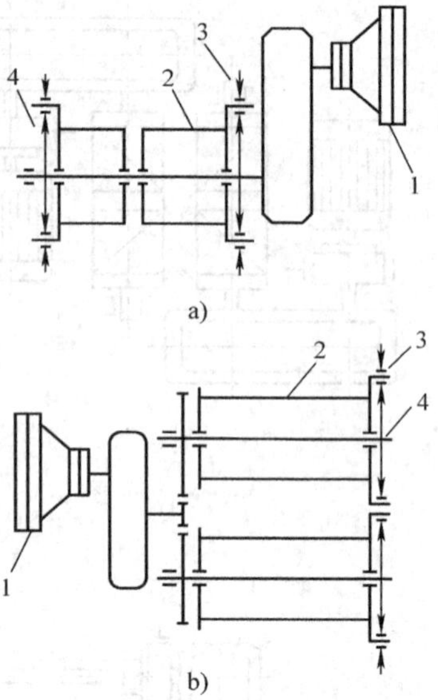

图 8-7　双卷筒式（主/副）起升机构
a）单轴式　b）双轴式
1—液压马达　2—卷筒　3—制动器　4—离合器

综上所述，各种类型电力（或液压）卷扬式起升机构的组成和布置形式，对其影响较大的部分主要表现为：

1）电动机（或液压马达）到减速器高速轴之间的传动连接。

2）主传动系，主要是减速器等。

3）减速器低速轴到卷筒之间的传动连接。

4）特殊构造的卷绕系统等。

8.1.2　电动机（或液压马达）到减速器高速轴之间的传动连接

1. 起升机构高速轴传动连接基本要求

起升机构从电动机（或液压马达）到减速器高速轴之间的传动连接主要承担为升降运动提供各种动力，包括高转速满负荷动力转矩、足够的制动力矩和可靠的制动功能、频繁正反转和起制动等，因此适应此区域传动连接设计的基本要求包括：

1）转速高，传递满负荷转矩，频繁起制动并时有冲击。

2）要具有一定的补偿性能，传动平稳，连接安全可靠。

3）结构紧凑，系统转动惯量小，考虑良好的装拆维修工艺性等。

需要注意的是，由于制造安装误差、支承平台（车架）受载变形等会造成传动连接不同心、中心轴线偏差等问题，并将严重影响传动轴系的连接可靠性。因此，起重机械（尤其是桥架类起重机）应特别重视传动连接的补偿性设计，一般需采用具有补偿性能的联轴器及匹配相应构造（如浮动轴）等方法，从轴向、径向和偏转角度方向进行连接偏差补偿。

2. 起升驱动装置

（1）起升电动机　常用起升电动机类型选择的相关内容见第 4 章。

对于大中型重载的起升机构，出于降低拖动系统总转动惯量、改善起动性能、提高可靠性等因素的考虑，在可能的条件下，选择双（多）电动机拖动同一个负载的设计方案（总功率相同、同轴连接并共同负载的拖动方案），可以收到很好的效果，如图 8-8 所示。

起升机构通常采用带有底脚的电动机（卧式安装），具有布置灵活方便、适用范围广等特点。但对支承平台（车架）刚度要求高、自重大、支承底座机械加工（或手工安装）复杂化，还要考虑传动连接补偿性等问题。为了简化和改善传动连接，减小车架变形的不利影响，有时也可选用无底脚、有凸缘端盖的电动机（悬挂安装），如图 8-9 所示。但此时应注意悬挂电动机的自重以及工作制动器安装位置等问题。

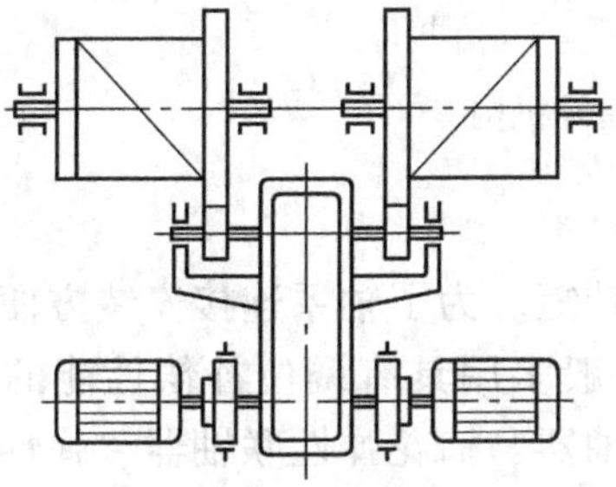

图 8-8　门座起重机双电动机双卷筒起升机构布置方案

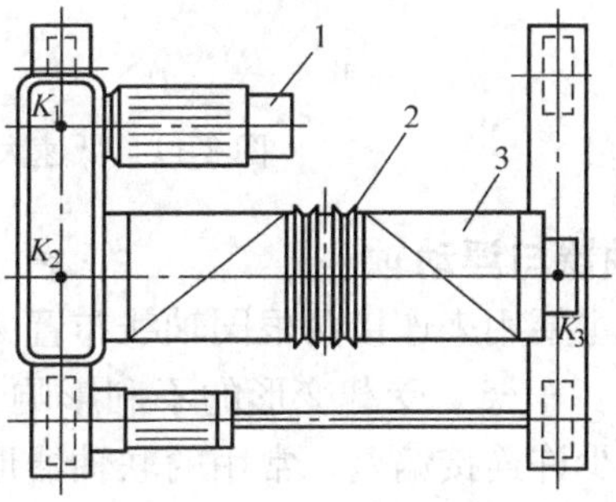

图 8-9　带凸缘端盖（悬挂）电动机的起升机构

1—悬挂电动机（带制动）　2—定滑轮　3—卷筒

（2）液压马达　液压卷扬式起升机构可采用高速液压马达和低速大转矩液压马达的形式。

高速液压马达在原理上为各类液压泵的逆用（输入液压能输出机械功率），具有可靠性高、寿命长、质量和体积小、容积效率高、成本低、适用性广等特点，但同功率下转速高而转矩小，使用中一般应通过标准减速器（减速增矩）后再带动起升卷筒（图 8-7）。近来，大起重量的流动式起重机常采用"三合一"（俗称液压卷筒）的同轴线布置形式，即将行星减速器和多盘式制动器置于卷筒内腔，如图 8-10 所示。

图 8-10　高速液压马达同轴式起升机构

1—高速液压马达　2—多盘式制动器　3—行星减速器

低速大转矩液压马达一般可不需中间减速装置而直接带动起升卷筒，如图 8-11 所示，具有传动简单紧凑、起动性能好、对油的失纯敏感性小等特点。但其转速稳定性较差，容积效率较低，体积与质量都较大（但优于机械传动），适用于大起重量的液压起升机构。

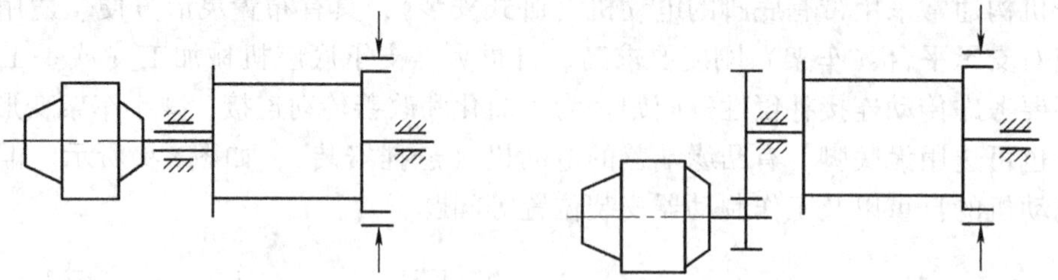

图 8-11　低速大转矩液压马达起升机构

3. 联轴器与浮动轴

联轴器主要用来连接两根同轴线布置的转轴并传递转矩。为了轴系连接安装方便，并考虑支承平台（车架）受载变形的不利影响，起重机械一般多用具有调位补偿性能的柔性联轴器来补偿少许连接偏差。常用的联轴器形式有齿式联轴器、梅花弹性联轴器、弹性套柱销联轴器、万向联轴器等。

（1）CL 型全（双）齿联轴器　全齿联轴器的左右两侧半体都由内齿圈法兰壳和带外齿的半联轴器（轴套）等零件组成（内外齿数相同）。当外齿采用椭圆球面的鼓形齿顶时（中心在齿轮轴线上），其齿侧间隙大，并能改善角位移状态下的齿宽接触状况，可提高承载能力和使用寿命。鼓形齿轴线角偏差为 $\theta \leqslant 1°30'$，径向位移偏差为 $0.026A$（A 为齿圈中心线间距），如图 8-12 所示。直齿轴线角偏差为 $\theta \leqslant 30'$，径向位移偏差为 0.4 ~ 6.3mm，其补偿能力低于鼓形齿。

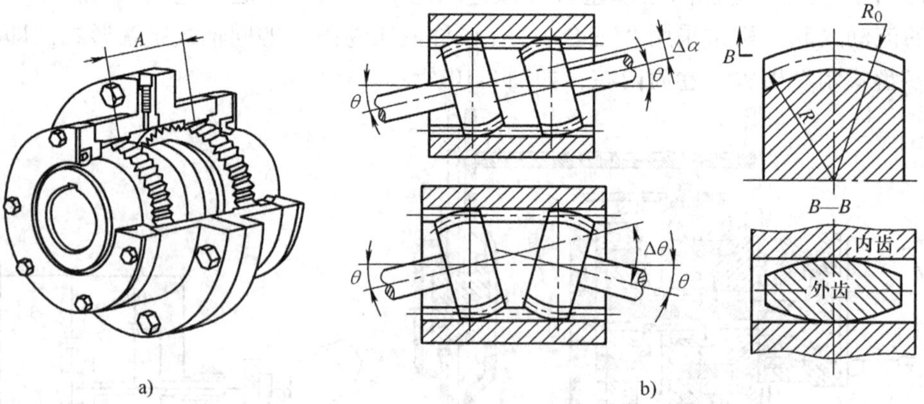

图 8-12　全齿联轴器

全齿联轴器径向尺寸小、承载能力大、转速范围广、坚固耐用、工作可靠，对径（轴）向及角度误差都有一定的补偿能力，常用于重载工况。但其构造复杂、质量大、制造费工、成本较高，不能缓冲减振，使用寿命与安装质量（接触状况）有关，并需要密封和经常润滑（两轴产生相对角位移后内、外齿作周期性轴向滑动会形成齿面磨损）。另外，由于全齿联轴器的外壳是浮动的，因而使用中最好不要选用带制动轮（盘）的形式，设计规范规定制动轮（盘）应装在与传动机构刚性连接的轴上。

（2）CLZ 半齿联轴器　半齿联轴器由一个全齿联轴器半体（内、外齿啮合）和一个法兰式刚性轴套半体零件组成，通过成对布置与浮动轴一起使用并且齿连接端应与浮动轴柱形轴端连接，方能起到增大连接补偿作用的效果，如图 8-13 所示。半齿联轴器的特点与全齿联轴器相似，但构造相对简化，适用于两转轴布置间距较远及补偿能力要求较大的场合。另外，半齿联轴器的刚性半体还可兼作制动轮（盘），并应安装在减速器高速轴端。

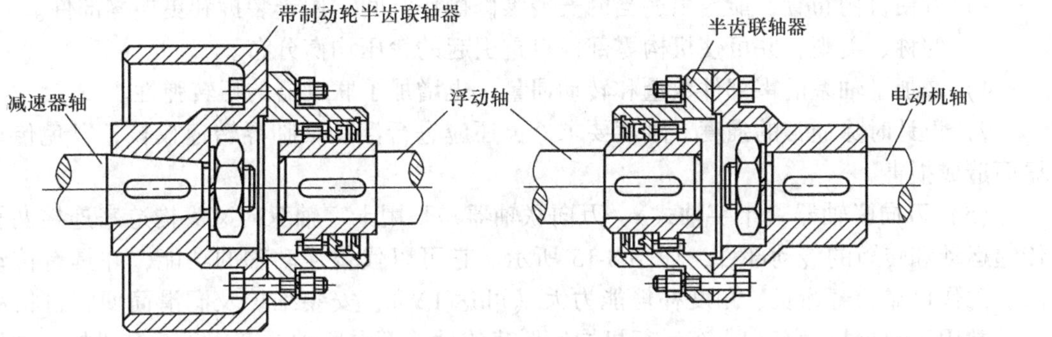

图 8-13　成对布置的半齿联轴器和浮动轴

（3）梅花弹性联轴器　ML 梅花弹性联轴器由两个带有若干凸爪的半联轴体和置于其间的梅花形弹性元件等组成，弹性件一般为聚氨酯或铸形尼龙，如图 8-14 所示，其轴线角偏差为 1°～2°，径向位移偏差为 0.5～1.8mm，轴向位移偏差为 1.2～5.0mm。

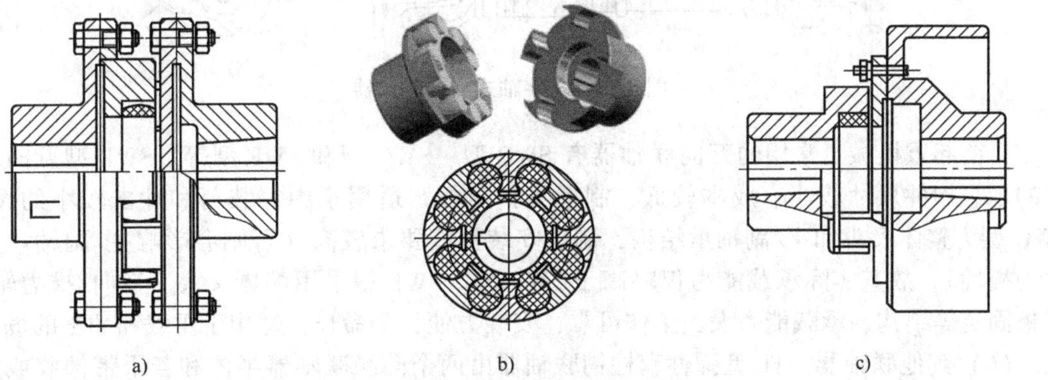

图 8-14　梅花弹性联轴器

梅花联轴器具有结构合理、简单，承载能力较高，减振缓冲，补偿两轴相对偏移量较大，规格品种齐全（可带制动轮），零件少、易加工，无需润滑，工作温度为 -35～80℃，使用维护方便等特点，适用于中小起重量和中等工作级别的场合，对于重载或频繁起动、制动场合应特别注意其弹性元件寿命引发的不利影响。

（4）浮动轴（或补偿轴）　对于结构受载变形较大的场合（如桥式起重机等）以及制造安装误差较大的场合，设计起升机构的高速轴系时，在电动机和减速器之间常设置一根无外支座支承的中间传动轴，其两侧柱形轴端与一对（半齿或梅花等）联轴器相连并能沿轴向微窜动，故称此轴为浮动轴或补偿轴（图 8-2、图 8-13），此时，电动机轴和减速器轴都应带有轴端固定装置。

采用浮动轴的连接方案具有下列特点：

1）提高轴系补偿能力，允许较大的制造安装误差及变形，设置浮动轴相当于增大了 A 值（图 8-12），轴越长其补偿能力越大（$0.00873A$ 或 $0.026A$），故其长度不宜过短（否则补偿作用不大），一般不小于 500mm。但轴的自重也会增大联轴器所承受的径向载荷，影响联轴器的使用寿命，因此较长的浮动轴可采用空心形式。

2）方便机构布置，能空出适当的安装维修操作空间，便于装拆和更换零部件。

3）匀称、美观，并可使机构零部件自重引起的轮压均衡分布。

4）增加了轴系的零部件数量和转动惯量，也增加了联轴器的扭转弹性。

5）设计时除通常的强度、刚度要求外，还应进行浮动轴临界转速校核，以免传动系共振而造成损害。

（5）万向联轴器（十字轴式） 万向联轴器是采用十字轴双向叉头构造来连接两轴端并传递运动和转矩的传动部件，如图 8-15 所示。它可以代替浮动轴的功能，并具有传动精度高、工作可靠、寿命长、角度补偿能力大（可达 12°）、安装维护及润滑简便、价格高等特点，常用于起重机大车和小车运行机构的低速传动。万向联轴器若用于起升机构高速轴系时（如大型铸造起重机），可以省去常用的浮动轴和联轴器，但应选用较大的安全系数，并对其进行高等级的动平衡检测。

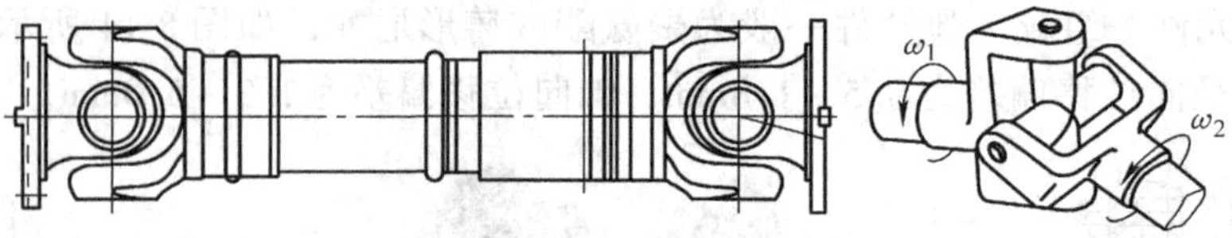

图 8-15　十字轴式万向联轴器

目前起重机械上常用的万向联轴器有 SWP 型、SWC 型和 SWF 型等。SWP 型万向联轴器的承载构件尺寸较小、成本较低、制造维护简便，适用于中等载荷和冲击较小的场合。SWC 型为整体叉头和主/副轴承结构，制造安装精度要求较高（否则会影响主/副轴承受载的均衡性），故其实际承载能力仅略高于 SWP 型。SWF 型采用整体叉头、径向/推力轴承、卡板固定等结构，承载能力大，工作可靠，安装方便，寿命长，适用于重载和冲击的场合。

（6）其他联轴器 TL 型弹性套柱销联轴器由两个凸缘联轴器半体和若干带橡胶或皮革套的弹性柱销组成（无联接螺栓），如图 8-16a 所示，通过柱销组受剪及预紧产生摩擦来传递转矩，工作温度为 $-20 \sim 50°C$，其结构简单（可带制动轮）、缓冲减振、承载能力和补偿能力较小（轴线角偏差为 1°30′，径向偏差为 $0.2 \sim 0.6$mm，轴向补偿通过调整垫实现），寿命很低（弹性件极易损坏），适用于高速、中小载荷及冲击振动不大的场合（小型起升和运行机构等）。设计中应注意留出足够的轴向安装距离以方便更换柱销（不拆移两端部件）。需要注意的是，弹性柱销联轴器的半体不宜用于热交换负荷很大的制动场合，例如工作级别较高或有落重调（限）速制动作用等，以免弹性体受热温影响而破坏。

另外，HL 型弹性柱销联轴器（与 TL 型类似）可用于运行机构高速轴，如图 8-16b 所示。国内 CD 型电动葫芦还采用过轮胎橡胶联轴器，如图 8-16c 所示。

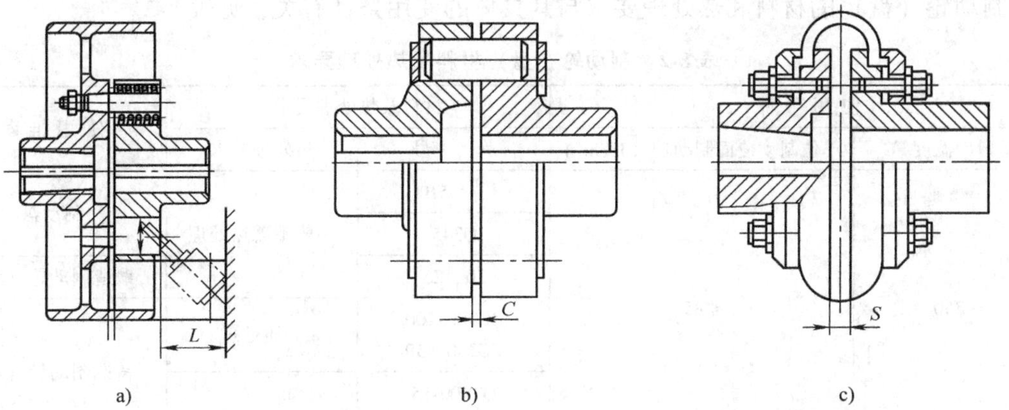

图 8-16 联轴器

a) TL 型弹性套柱销联轴器 b) HL 型尼龙柱销联轴器 c) 轮胎橡胶联轴器

4. 起升制动系统

(1) 起升制动系统的设计要素 起升制动系统在机构中身兼传动部件和安全装置两项职能，从而成为不可或缺的重要组成部分，其主要功能包括减速及停车制动、支持制动、落重调（限）速制动、紧急安全制动等。起升机构一般都会要求依次或同时实现至少两种以上的功能，因此，起升制动系统的设计要素主要为满足机构制动功能的需求以及保证制动的安全可靠等。

起升机构对制动功能的需求决定了起升制动系统自身的形式。从工作状态来看，应选用常闭式或综合式制动器；从操作情况来看，应选用自动式或综合式制动器；从工作职能来看，可采用单一制动与组合制动的形式，并宜优先选用组合（复合）制动；从制动装置构造来看，可选用鼓式、盘式、带式等各类制动器（或附加停止器）。

起升机构对制动的安全可靠性要求决定了起升制动系统的性能及设计，包括制动安全系数的大小、制动轮（盘）直径的确定、单/双制动形式与安全制动的设计、安装位置、综合制动性能的设计（如制动时间、制动距离、制动加速度）等。

(2) 制动系中的制动轮（盘） 制动系中的制动轮（盘）既可与联轴器形成一体，也可单独安装在传动轴上。制动轮（盘）按其结构特征可分为 A 型（与连接轮毂一体）和 B 型（可与连接轮毂拆分）两类，如图 8-17 所示。

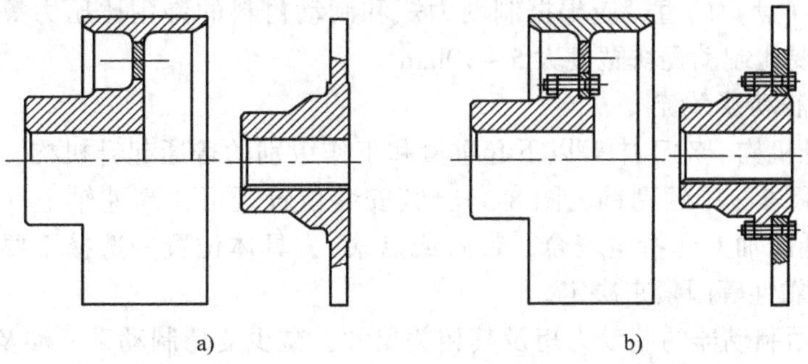

图 8-17 制动轮（盘）

a) A 型制动轮（盘） b) B 型制动轮（盘）

制动轮（盘）的材料和热处理要求与其具体的使用条件有关，见表8-2。

表8-2 制动轮（盘）材料及热处理要求

使用条件		材料及热处理要求		使用推荐
制动覆面温度/℃	单位制动覆面制动功/(J/cm^2)	牌号	热处理要求	
≤350	≤45	Q235B	一般不需热处理	制动盘
		Q345		
		20、25		锻造制动轮（盘）
		ZG200-400 ZG230-450	调质处理	铸造制动轮（盘）
		QT400-15 QT400-18	一般不需热处理	
>350 ≤650	>45 ≤90	Q345		制动盘
		35、45 40Cr	调质处理	锻造制动轮（盘）
		ZG230-450 ZG270-500		铸造制动轮（盘）
		ZG30Cr7Si2	可不进行热处理	
>650 ≤1050	>90 ≤160	ZG30Cr7Si2 ZG40Cr13Si2 ZG40Cr17Si2 ZG40Cr24Si2		

注：单位制动覆面制动功可根据机构制动参数计算，具体计算公式见第7章。

若制动轮（盘）采用含有片状石墨珠光体组织的球墨铸铁时，则具有良好的耐磨性和滑动性。但制造工艺较为复杂，价格较高。调质处理的硬度根据材料的不同在250～320HBW之间选取，硬化层深度为2～3mm。硬度较小的钢质材料在摩擦中易于变形而形成槽沟，并会在摩擦衬料中嵌入金属微粒，从而造成严重磨损和摩擦因数的急剧变化。而采用耐热钢和合金铸件时可不进行热处理。

制动轮（盘）所有表面均应通过切削加工成形，否则应进行动平衡以避免振动。为了避免磨合期间制动衬料磨损太多，制动覆面的表面粗糙度值取为 $Ra3.2\mu m$，其余表面应不大于 $Ra25\mu m$。加工后的制动轮（盘）不应有裂纹、夹渣、夹砂冷隔和缩孔等影响使用性能的缺陷。制动轮（盘）的直径应根据制动力矩和制动衬料的许用比压力等因素来确定，而制动轮宽度通常要比制动瓦块宽度大5～10mm。

（3）单工作制动器系统

1）普通起升机构。对于中等以下起重量和工作级别的普通起升机构，制动系统常采用单工作制动器（图8-2中的副钩、图8-3），其安装位置既可在高速轴上（较普遍，鼓式或盘式），也可在低速轴上（特定场合，带式或盘式），具体位置的选择主要由减小制动载荷和（或）提高可靠性等因素来决定。

为了减小所用制动器的制动力矩及其相关尺寸，减少支持制动系所涉及的相关环节以及提高系统的安全可靠性等，制动器通常优先装设在高速轴上靠近减速器一侧（图8-18中位置1或2）。此种布置可使其前端连接元件的破坏不影响制动功能，同时还可免除支持位能性负载（如悬吊货物）时对前端连接件（尤其是弹性元件）的持续载荷作用，使联轴器能在电动机断电后完全卸载。对于转动惯量较大的工作机构（如运行机构等），此方案可使联轴器承受较小的惯性力矩作用。因为电动机转子的转动惯量比运行机构质量的转动惯量小得多，从而减小联轴器的惯性载荷。

出于简化和紧凑传动连接的考虑，常将联轴器的刚性半体部分和制动轮（盘）合为一体，装在减速器轴上并轴端固定（图8-13、图8-18中位置1），此方案仅适用于中小起重量且工作级别不大的场合（M6及以下）。当工作级别较高，且频繁重载制动所产生的制动温升影响联轴器的正常工作时，可将制动轮（盘）单独装在减速器另一侧的高速轴上（图8-18中位置2），此时需要占用较大的布置空间并单独安装制动轮（盘）。

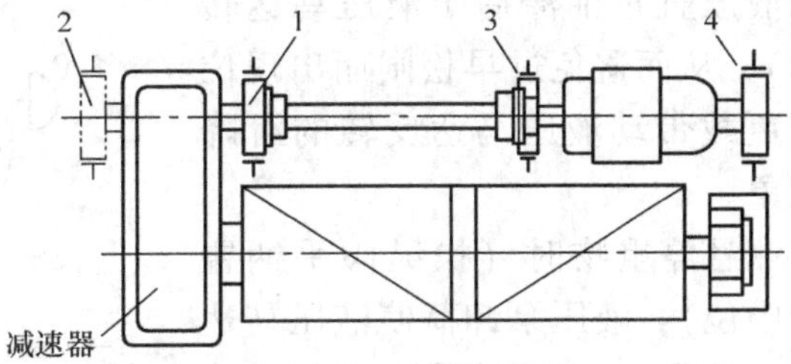

图8-18　起升机构制动器高速轴布置

起升机构若需采用无动力可控落钩（落重制动）下放重物，则从尽可能减少制动环节并提高可靠性等方面考虑，制动器应安装在低速轴上（图8-7）。低速轴制动虽然制动较平稳，但所需制动力矩及相关尺寸较大，系统构造复杂（应配合离合器一起动作），系统安全保护及操作要求高，故只在某些特定场合使用。此方案常采用可操纵常闭式（带式或盘式）制动器，卷筒侧板为制动轮（盘）；当使用常开式可操纵制动器时，应加装停止器，并在高速轴上装设常闭式制动器。

2）电动葫芦。电动葫芦等某些机型为了简化机构、紧凑布置、集成美观、安装方便等，采用将制动器（锥盘式或全盘式）放在电动机尾部制成组合部件的方案，如图8-19所示，此时除应做好维修设计外，还应注意制动功热量对电动机发热过程和寿命产生的不利影响。

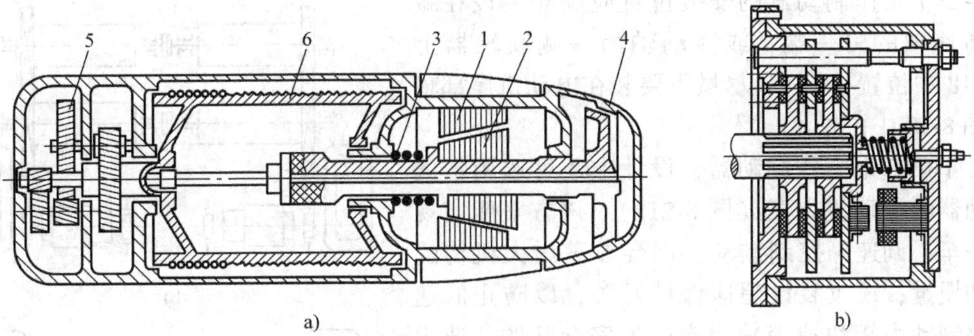

图8-19　钢丝绳电动葫芦

a）CD型　b）多盘式制动器

1—定子　2—转子　3—弹簧　4—锥形制动器　5—减速器　6—卷筒

3）液压起升机构。中小型轮胎式起重机通常使用高速液压马达经减速器带动卷筒运动，液压马达与制动器（逻辑上）的协同工作通过液压系统来保证实现，如图8-20所示。

提升重物时（操纵阀手柄置于位置Ⅰ）：液压油顺次进入液压马达和制动器液压缸，液

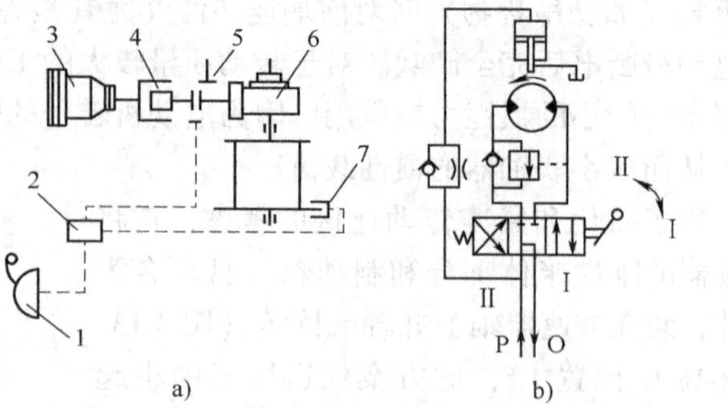

图 8-20 液压起升机构
1—操纵台 2—控制盘 3—电动机（液压马达） 4—电磁离合器 5—高速制动器 6—减速器 7—低速制动器

压马达驱动卷筒带动重物上升，此时逻辑上应保证液压马达具有一定转矩后再松开制动器（延迟动作：制动油路中装有单向阻尼阀，使制动液压缸进油滞后于液压马达转动），从而避免过早松闸而出现位能负载带动液压马达反转的滑降现象。

悬停重物时（操纵阀手柄置于中位）：液压泵卸荷使液压马达停止工作，单向阀使制动器回油路不受阻碍并通向油箱，制动器在弹簧作用下迅速上闸制动，避免滑降现象。

重物下降时（操纵阀手柄置于位置Ⅱ）：下降回油路中装有单向顺序阀，以保持油路中具有一定的压力，从而使下降运动平稳并起限速作用。

另外，当制动失灵或液压管路破裂时，单向顺序阀在下降回油路中还能起到限速锁止作用。需要注意的是，为了防止液压马达漏油过多而导致重物突然下降的事故发生，可在液压回路中采用 K 型换向阀中位（或增加其他补油装置），以保证卷扬液压马达的补油。

（4）双（多）工作制动器系统　对于吊运熔融金属等危险物品，或大起重量、重级以上工作级别以及其他特定要求（如机构能搭载维修人员升降）等的场合，起升机构的高速轴上常要求装设两个工作制动器。

第二个工作制动器的安装位置应优先装设在减速器高速轴的另一端，或浮动轴另一侧联轴器上（图 8-18 中位置 2、3），尽量不要装在电动机尾部轴端（图 8-18 中位置 4）。

对于第二个工作制动器，设计中还可选用带涡流制动器的电动机方案（图 8-21a）。该方案能实现减速停车、调速等控制制动，但会显著增大机构的总转动惯量；还应装设超速保护开关，以防止低速时电磁制动力矩快速消减而产生的安全问题。选用时应综合考虑各种影响因素。

当起升机构采用两套彼此有刚性联系的绞车系统方案时，一般推荐每套装设 2 个（共 4 个）工作制动器，如图 8-21b 所示。特定场合下也可每套装设 1 个（共 2 个）工作制动器，如图 8-21c 所示。但需要注意，两种方案的制动可靠性与制动安全系

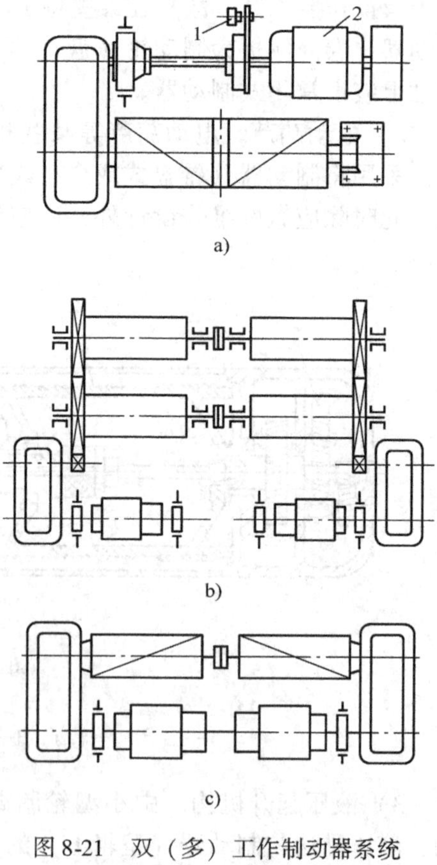

图 8-21 双（多）工作制动器系统
1—超速保护开关 2—涡流制动电动机

数的取值不同。

在 M7 及以上级别的起升机构中，由于频繁进行制动能量与发热能量的转换，致使制动轮（盘）温度升高甚至严重发热，有可能导致与其同为一体的柔性联轴器的弹性体工作性能降低，或内部润滑油脂稀释外泄，污染制动面，降低制动性能，加剧传动磨损等。另外，热量传递还可能引起相关制动盘、联轴器、传动轴等部件轴向热变形，进而影响松闸间隙，严重时甚至使盘式制动器不能完全打开而造成制动失效。因此，在工作级别较高的重载场合中，应该慎重考虑是否采用带制动轮（盘）的联轴器。

（5）紧急安全制动系统　对于安全性要求特别高（如吊运熔融金属等危险品）的起升机构，除应按规定装设工作制动器外，还应在低速轴系尽可能的末端（如卷筒上）装设机械式紧急安全制动装置起安全制动作用，以防止卷筒轴之前传动系一旦损坏而出现的特殊事故。紧急安全制动器常为综合型的盘式或带式制动器，安装位置如图 8-22 所示，并应在机构失效或传动装置损坏导致物品超速下降达到 1.5 倍额定速度前自动起作用，此时机构中相关部位应能承受这个最大制动载荷的作用而不破坏。

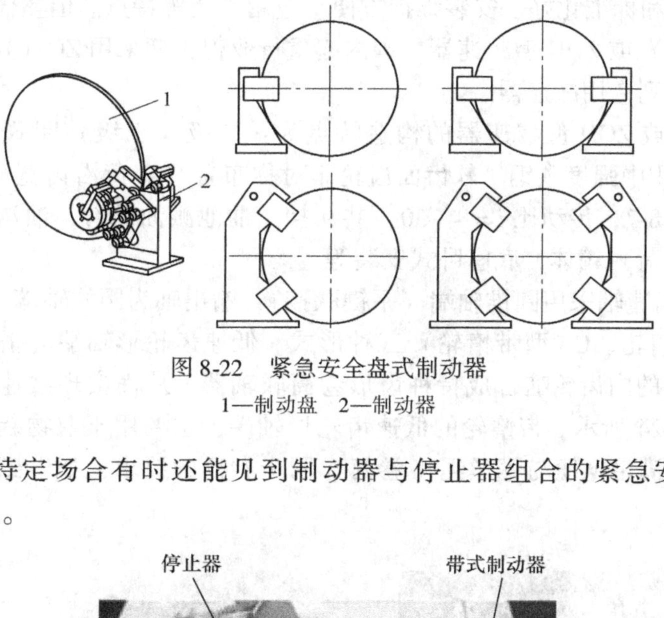

图 8-22　紧急安全盘式制动器

1—制动盘　2—制动器

另外，在某些特定场合有时还能见到制动器与停止器组合的紧急安全制动系统，如图 8-23 所示的锚机。

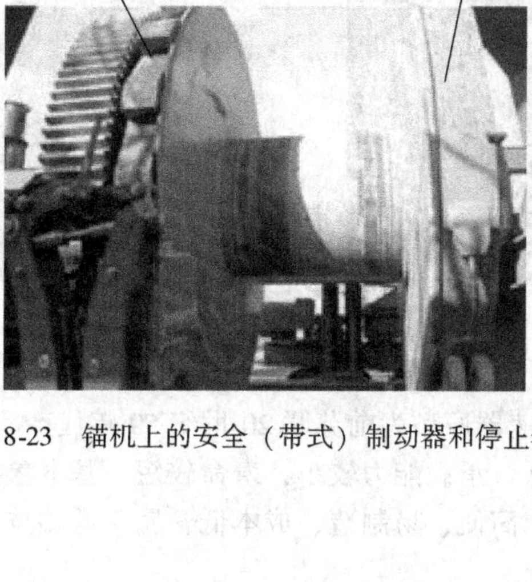

图 8-23　锚机上的安全（带式）制动器和停止器

8.1.3 起升主传动系（中间连接环节）

1. 起升主传动部分的基本要求

起升主传动部分由减速器及可能的开式传动等组成，其基本要求包括：

1）符合起重机械工作特点，即单向载荷作用，起动、制动有惯性冲击。

2）低速轴能承受较大的转矩和径向力。

3）传动精度和效率高，补偿性和分组性好，结构紧凑，便于布置。

4）标准系列化和良好的润滑及安装形式，足够的中心距尺寸，中心高度小，质量小。

起升机构可以选用符合上述要求的各种类型专用减速器，并对整个机构的布置形式产生重要影响，其布置形式一般有平行轴线式、垂直（相交）轴线式和同轴线式。

2. 平行轴线式布置

当起升主传动采用标准的闭式两/三级渐开线圆柱（圆弧）齿轮减速器时，或再辅以圆柱齿开式传动，可以使机构形成平面展开的平行轴线式（或并列）布置，具有简单易行、布置匀称、分组性和标准化好、安装维护方便、应用广泛等特点。但整体布置不够紧凑。

（1）ZQ（JZQ）或ZQH型减速器　国内起重行业曾长期采用ZQ（JZQ）或ZQH（圆弧圆柱齿）型标准系列专用减速器。

ZQ（JZQ）型或ZQH型减速器的构造特点为：二级（三级）闭式传动，主要承载件（轴、齿轮等）采用中强度碳钢，软齿面齿轮非对称布置（载荷沿齿宽分布不均），调质处理，精度等级为8-8-7，传动比$i=8\sim50$，共9挡，油池溅油润滑，油沟式轴承密封，灰铸铁或铸钢（冲击载荷）箱体，底座卧式安装等。

ZQ型减速器高速轴采用圆锥轴端（平键联接），输出轴为圆柱轴端（平键联接）、齿轮形轴端（CA型无惰轮、CB型带惰轮）三种形式。低速齿轮形轴端（俗称喇叭口形齿轮接手）可与卷筒壁上的内齿轮啮合成特种齿形卷筒联轴器，从而实现减速器与卷筒的紧凑型铰支连接，如图8-24所示。带惰轮的低速齿轮形轴端，主要用于取物装置上需单独供电时电缆升降之用，以满足电缆与钢丝绳（卷筒）同步卷扬的要求，如电磁铁或马达抓斗起升机构等。

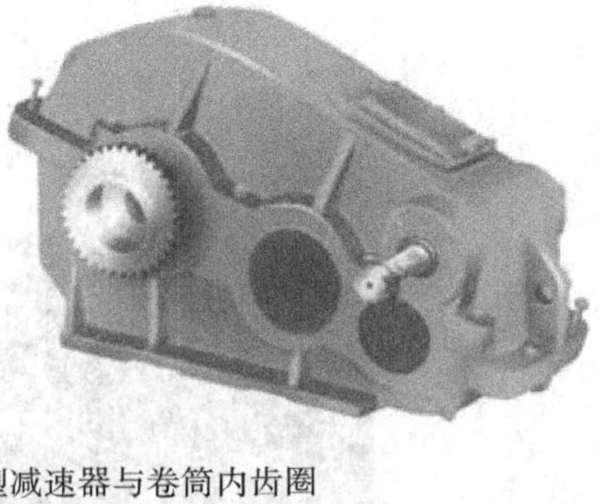

图8-24　ZQ型减速器与卷筒内齿圈

从总体来看，ZQ型减速器原型为前苏联20世纪50年代产品，后经国产化并升级改造，其材质等级和技术水平较低，承载能力较小，寿命较短，基本参数不甚理想且规格少，适应范围窄，自重较大。但工艺简便、易制造、成本低，属于低端技术层次产品，性价比因素仍使其在中小型起重机低端产品中得到较为广泛的应用。

（2）QJ 型减速器 在 20 世纪 80 年代末，国内起重减速器行业参照德国 DIN 标准，形成了新一代升级换代产品——QJ 三支点型标准系列专用减速器。

QJ 型减速器的构造特点为：二级（R/RS）、三级（S）闭式传动，主要承载件（轴、齿轮等）采用高强度碳钢或合金钢，硬（或中硬）齿面并渗碳，滚齿（或剃齿）精加工，精度等级为 7-7-7（或 8-7-7），传动比 $i=8\sim200$，共 14 挡，油池溅油或液压泵喷油润滑，J 型密封圈或迷宫型轴承密封，焊接箱体，三支点式（或底座式 D）安装等。

QJ 型减速器高速轴采用圆锥轴端（平键联接），输出轴为圆柱轴端（平键联接）、齿轮形轴端（CA 型无惰轮、CB 型带惰轮）、圆柱渐开线花键轴端四种形式，而渐开线花键轴端常与鼓形滚子式卷筒联轴器配合使用形成卷筒组的低速连接。QJ 型减速器可采用三支点支承的安装形式（卧/立式或偏转角度），此时，减速器箱体低速侧两圆柱形凸台支承在剖分式支承底座上，侧边用半圆环形轴向挡板、上下用沉头螺栓固定。减速器高速端箱体支承在支承螺柱（或支承套筒）上，通过调整支承套筒和螺柱的长度可以实现安装形式的变化。水平布置与偏转角 $\pm\alpha$ 范围内为卧式安装，α 值与传动比有关，可由保证使中间级大齿轮沾油 1～2 个齿高深度来确定（油池溅油润滑）；当倾斜角度进入 L 范围内则为立式安装（液压泵喷油润滑），如图 8-25 所示。

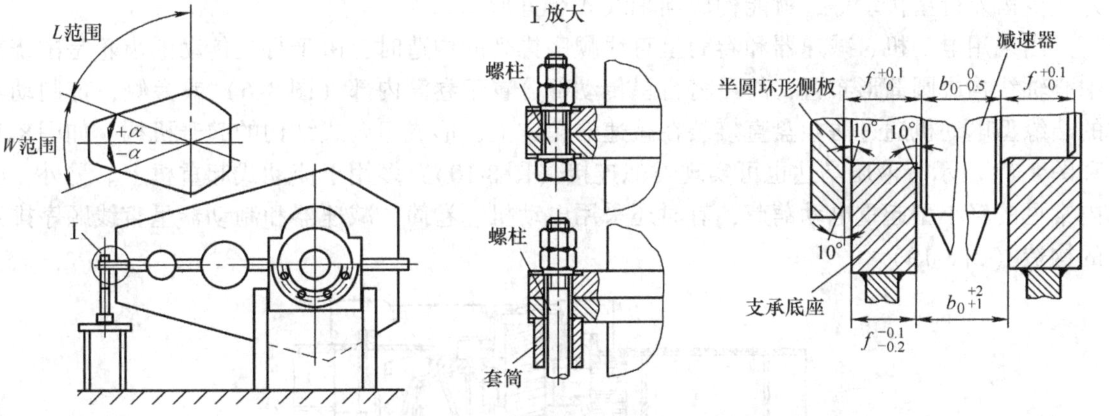

图 8-25 QJ 型减速器及安装形式

QJ 型减速器与 ZQ 型减速器相比，材质等级和技术水平较高，承载能力大（单位质量传递转矩大），寿命长，基本参数和系列规格合理，立式与卧式兼顾（批量生产），品种多，适用范围广，外形美观，自重轻，属于高端技术层次产品。但制造工艺复杂，成本较高。

（3）带开式齿轮传动及多级传动 当起升机构遇到慢速（包括很大速比的微速）、大起重量（起升速度相对较低）、卷筒与电动机同侧平行布置干涉等特殊问题时，若现有标准闭式减速器不能满足要求，可使用附加开式齿轮传动的形式来增大传动比或中心距（参见图 8-38），但应关注开式传动带来的齿轮润滑与磨损等问题。另外，此时也可采用多个减速器串级传动的形式。

3. 相交轴线式布置

在要求紧凑或为了尽量减少噪声、提高传动平稳性等场合，起升机构有时也采用蜗杆蜗轮（或锥齿轮）减速器，从而构成垂直相交轴线式布置形式，如图 8-26 和图 8-27 所示。蜗杆蜗轮传动具有尺寸紧凑、传动比大、质量小、效率低、寿命短、磨损严重并需要考虑散热措施等特点，一般只适用于小型或特定类型起升机构，如小型塔式起重机、建筑卷扬机（绞车）或载客电梯等。

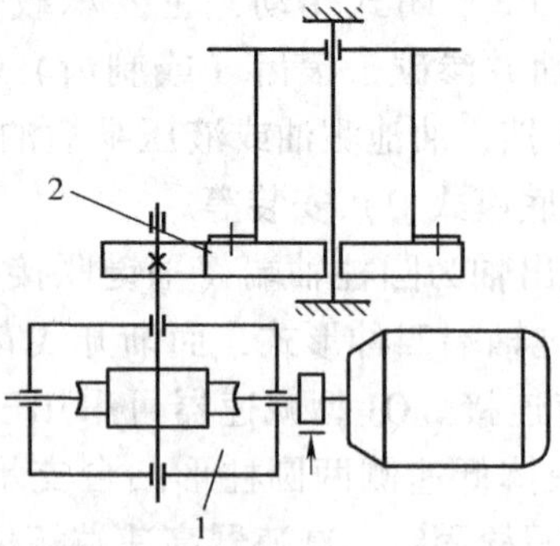

图 8-26　相交轴线式布置的卷扬机

1—蜗杆蜗轮减速器　2—开式齿轮

图 8-27　相交轴线式布置的自动扶梯机构

1—带制动器的电动机　2—蜗杆蜗轮减速器　3—链传动

4. 同轴线式布置

起升主传动部分如采用行星齿轮减速器，如普通 3K 行星传动、摆线针轮行星传动、渐开线少齿差行星传动等，就能构成同轴线式布置形式。

当采用电动机、减速器和卷筒呈直线顺序排列的构造时，由于行星传动的齿轮是围绕着中心轴线构成圆筒形布置，故可将行星传动部分置于卷筒内部（图 8-6）或旁侧，带制动器的凸缘型电动机通过法兰盘直接装在减速器箱体上，形成组合式结构的起升机构，如图 8-28 和图 8-29 所示。液压马达也可实现类似连接（图 8-10），多用于流动式起重机上。另外，国内常见的轻小型起重电动葫芦，有时还采用电动机、卷筒、减速器和制动器呈直线顺序排列的构造（图 8-19）。

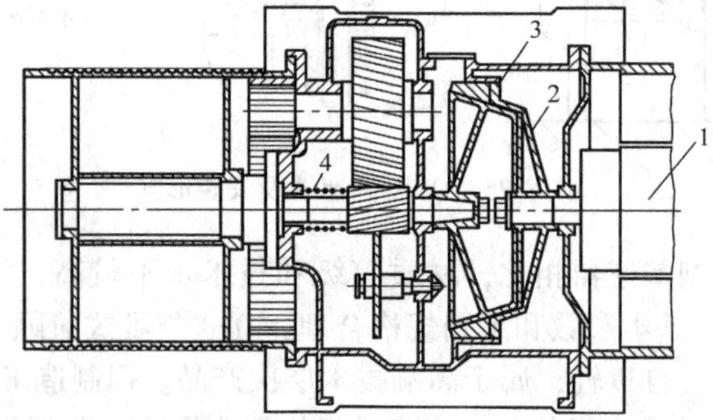

图 8-28　组合式（同轴线）结构的起升机构（DEMAG 构造形式）

1—电动机　2—离合器　3—制动器　4—复位弹簧

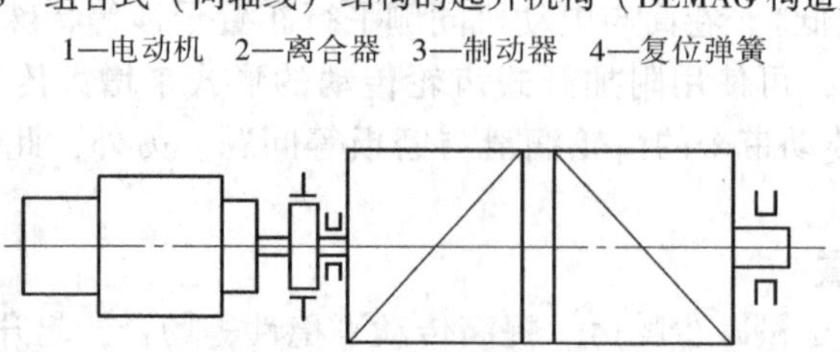

图 8-29　同轴线结构布置

近年来，电梯上常采用无齿轮箱传动的同轴线式布置的驱动机构，还专门设置了人工释放（逃逸）系统，利用手动松闸装置可以短暂打开制动器，人力驱动人工逃逸装置的手轮，并通过大、小齿轮将运动传递到多槽驱绳轮（曳引轮），使轿厢短距离移动到就近层站，以解决系统故障后及时撤退电梯内人员的问题，如图8-30所示。

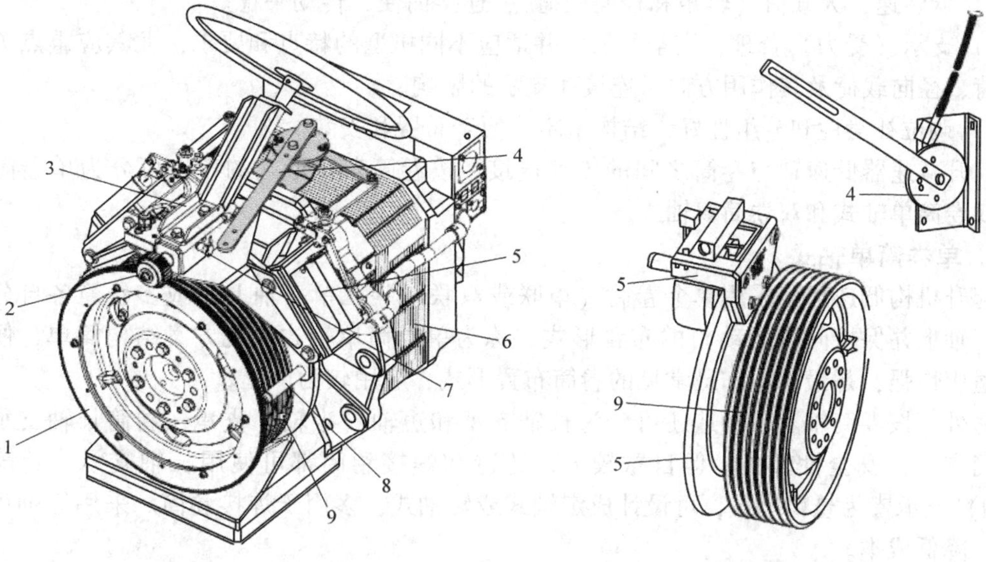

图8-30 电梯同轴线式布置驱动机构及人工释放（逃逸）系统

1—大齿轮 2—小齿轮 3—人工逃逸驱动装置 4—手动松闸装置 5—制动器 6—电动机 7—插销保险锁 8—防脱槽装置（人工逃逸时） 9—多槽驱绳轮（曳引轮）

起升机构同轴线式布置的方案具有传动比大，效率高，构造紧凑，质量小，分组性及组装性好，横向尺寸较小，便于布置，易于实现紧凑的系列模块化，占用跨度空间小（对桥架类而言），有利于提高作业区域利用率等特点，是轻量化方案的发展热点之一。但对加工精度和安装要求较高，设备安装与维修保养稍有不便。

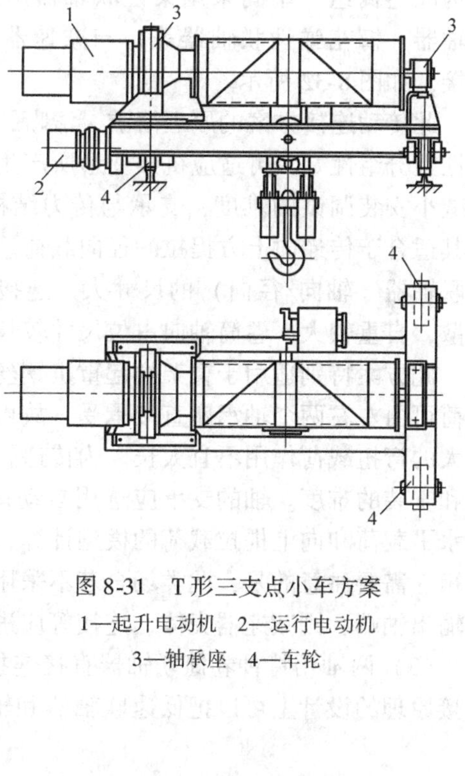

图8-31 T形三支点小车方案

1—起升电动机 2—运行电动机 3—轴承座 4—车轮

桥架类起重机有时可采用同轴线布置的标准电动葫芦作为起升机构或副钩，近来也出现了采用同轴线式布置方案的系列化、模块化起升机构。

另外，同轴线式布置的方案还能改变起重小车的形式。图8-31所示为T形三支点小车方案，电动机下方的一个车轮与另一侧轨道的两个车轮构成三支点的支承形式，避免了四支点小车的“三条腿着地”现象。

8.1.4 起升机构从减速器低速轴到卷筒之间的传动连接

1. 起升机构低速轴系传动连接基本要求

起升减速器与卷筒间传动连接的基本要求包括：

1）低转速，大载荷（转矩和径向载荷），连接简便，传动平稳。

2）支承（受力）合理，安全可靠，并适应不同机型的特点和要求，尤其应重点关注轴向载荷、径向载荷及其作用方向对连接和支承的影响。

3）调位补偿性和分组性好，结构紧凑，便于布置和安装。

起升减速器低速轴与卷筒之间的传动连接，按卷筒布置形式的特点可分为单卷筒单轴式、双卷筒单轴式和双卷筒双轴式。

2. 单卷筒单轴式

起升机构低速部分采用单个卷筒（单联或双联）装在单一轴上（或多卷筒各自分别装在单一轴上并保持同步运动）的布置形式，称为单卷筒单轴式。此方案结构简单，便于布置，适应性强，是最基本和最常见的卷筒布置形式，应用较为广泛。

另外，按卷筒轴支承构造还可分为长轴支承和短轴（半轴）支承。卷筒长轴支承多为转轴简支承，安全性较高，但自重较大，铸造和焊接卷筒都可使用长轴支承。卷筒短轴（半轴）支承皆为悬臂承载，可设计成定轴式或转轴式，多用于焊接卷筒。采用短轴可减轻自重、降低成本。

（1）两轴端用柔性联轴器直接相连的方案　起升机构低速部分可选择两轴端利用联轴器直接相连的形式，即卷筒支承在长轴上并通过两侧轴承座独立支承构成卷筒组，中间采用柔性联轴器形式（如全齿联轴器、梅花弹性联轴器等）与减速器的输出轴端连接，如图 8-32 所示。

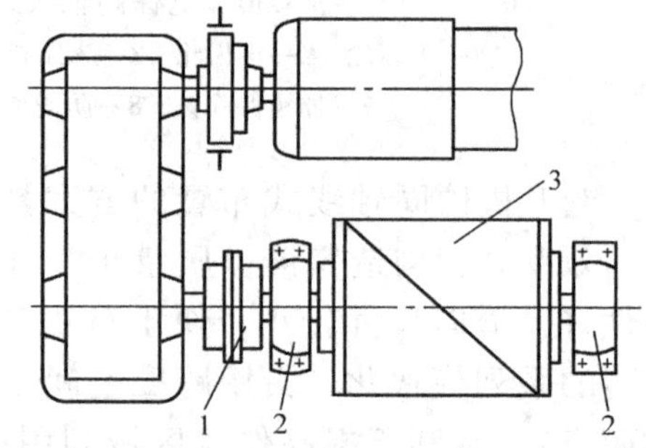

图 8-32　臂架类起升机构常用方案
1—柔性联轴器　2—轴承座　3—卷筒

此传动连接方案的原理简洁、清晰，具有调位补偿性且分组性好，可适应机架变形所产生的不利影响并减小安装调试的难度，支承与传力结构合理可靠，尤其适合于传递向上方提拉的径向载荷。但也存在低速联轴器（轴向/径向）的尺寸大，连接零部件多而分散，自重较大，卷筒轴向占位尺寸较长，轴向布置松散等问题。

此方案特别适用于臂架类起重机钢丝绳向上引出的场合，此时钢丝绳中出现的斜向张力载荷可由左右两个轴承座直接承受，故可直接选用标准减速器。设计时应注意传动轴由于受较大的弯扭载荷作用不宜太长。为传递较大转矩可能导致采用双键或花键联接，从而增大加工和安装的难度。轴的支承应选用自动调心（调位）滚动轴承，轴承座的连接设计应按承受水平载荷和向上提拉载荷的模型计算，若选用普通螺栓时，应设计承剪构造和足够的预紧力矩。需要注意的是，此类场合若不采用本方案时，钢丝绳斜向上的张力载荷将传递到减速器输出轴端，则减速器壳体、连接等应进行类似的承载设计。

（2）两轴用特种卷筒联轴器直接连接的方案　为了改善上述连接方案的不足，从传动连接原理的设计上可以把低速联轴器和轴承座（图 8-32 中件 1 和件 2）合为一体，即将卷筒轴铰支在减速器输出轴上，从而形成特种卷筒联轴器直接连接的方案。

1）方案一：专用齿形卷筒联轴器（轴内腔调位轴承铰支），如图8-33所示。

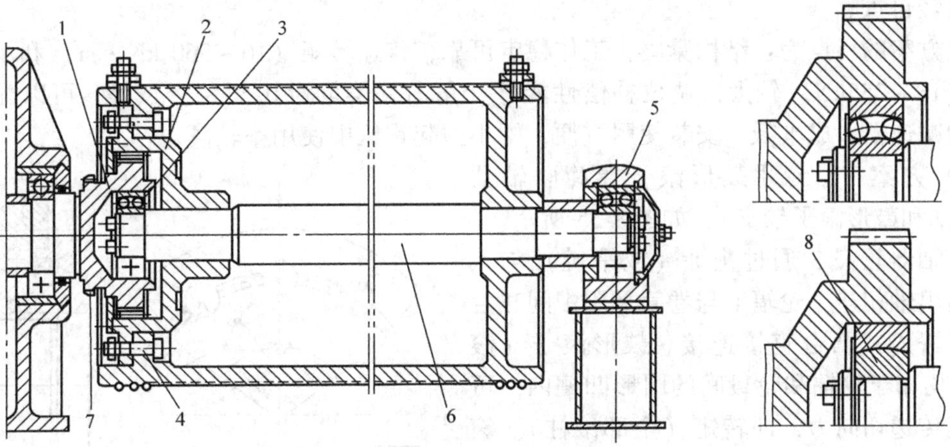

图8-33　专用齿形卷筒联轴器方案

1—减速器输出轴（喇叭口）　2—内齿接手盘　3—内腔轴承　4—铰制螺栓
5—轴承座轴承　6—卷筒长轴　7—输出轴惰轮　8—球面滑动轴承

减速器的输出轴头做成内有喇叭口内腔、外铣直齿外齿轮的轴端1，与固定于卷筒内腔的内齿接手盘2组成一体，形成具有补偿性的齿形卷筒联轴器以传递转矩。卷筒长轴6采用球面自位的内腔轴承3与轴承座轴承5，分别铰支于减速器输出轴悬臂端的喇叭口内腔和轴承座中。减速器通过联轴器以及铰制螺栓4将转矩直接传递给卷筒，卷筒轴只是转动心轴（有弯矩无转矩）。内腔轴承3（双列调心滚珠轴承或球面滑动轴承8）需配用合适的固定挡板通过压装进入输出轴头内腔，工作时内、外圈同步转动（其滚珠为相对静止）。齿式联轴器的外侧装有剖分式密封盖，以防止灰尘进入和内部润滑油流出。卷筒轴右侧末端可连接螺杆式起升高度限位器（十字轴式连接或齿轮传动）。输出轴惰轮7用于取物装置需单独供电的场合，以使电缆卷筒与钢丝绳卷筒保持同步升降关系。图8-4a中细双点画线表示的是链传动布置形式（也可改用齿轮传动），而图8-4b表示的是在减速器另一侧输出齿轮传动的形式。

此方案为封闭式传动方案，轴向结构紧凑，连接可靠，调位补偿性和分组性好，传动功率较大，安装维修较方便，应用广泛。但减速器低速轴的特殊齿形轴端构造复杂，制造费工，承受径向载荷的能力有限。

2）方案二：专用鼓形齿卷筒联轴器，如图8-34所示。减速器输出轴与带鼓形外齿半联轴器的轴套3过盈连接，带内齿圈的外轴套1与卷筒法兰相连，两者组合构成一种新型挠性鼓形齿卷筒联轴器，用于

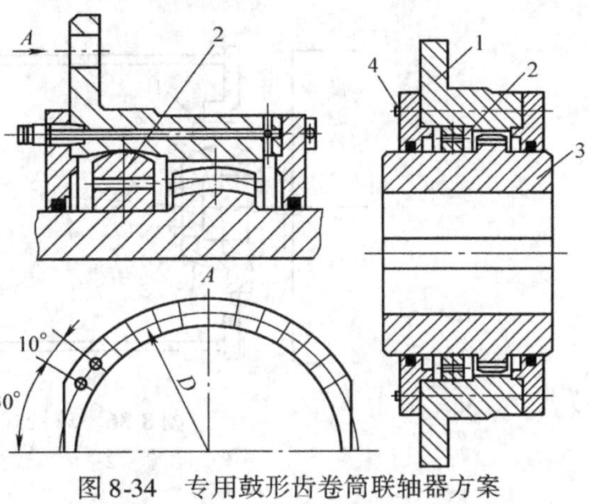

图8-34　专用鼓形齿卷筒联轴器方案

1—外轴套　2—承载环　3—轴套　4—螺栓

传递动力，其转矩传递能力较直齿提高 50% 以上。承载环 2 与外轴套 1 的弧形接触构成径向自动调位球面轴承（省去原有的径向支承装置），能承受较大径向载荷。采用卷筒短轴支承可减轻自重。

此方案的特点为：结构紧凑，工作稳定可靠，传递转矩（16 ~ 560 kN · m）和承受径向载荷（18 ~ 355kN）较大，调位补偿性能好（角向补偿量为 0.5° ~ 1°）等，可以配用普通轴伸的减速器，成本低，安装使用方便，中小型起重机中使用率较高。

3）方案三：专用鼓形滚子卷筒联轴器（花键轴和鼓形滚子铰支），如图 8-35 所示。

联轴器轮毂 3 通过花键（或平键）与减速器输出轴相连，轮辐 1 与卷筒采用中间法兰连接或嵌入式凸台直接连接。鼓形滚子（滚柱）2 均布于轮辐和轮毂间的圆形凹槽内，可沿圆周传递切向力，即转矩（全部滚柱）。滚子球面接触副（180°范围内）兼有径向自动调位轴承的功能，并能承受较大的径向载荷。卷筒采用短轴支承。

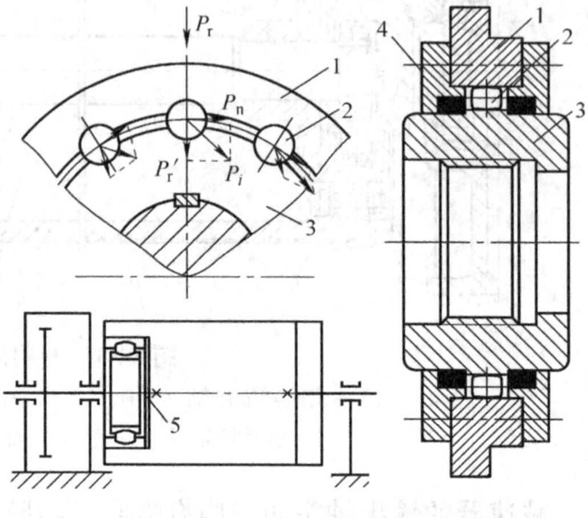

图 8-35　专用鼓形滚子卷筒联轴器方案

1—轮辐　2—鼓形滚子　3—轮毂　4—螺栓　5—短轴

此方案构造紧凑，支承静定，调位补偿性（最大偏角为 1°）和分组性好，传递转矩（5 ~ 900kN · m）和承受径向载荷（16.5 ~ 520kN）能力强，便于安装，工作温度为 -25 ~ +80℃。但应特别注意防止滚子被轴向力挤出而出现连接失效现象。

4）方案四：球铰式卷筒联轴器方案，如图 8-36 所示。卷筒通过法兰与外球铰套 1 相连，内球铰头 2 通过花键与减速器输出轴相连，两者组合构成一种新型的球铰式卷筒联轴器。其最大特点是承载能力大，转动灵活，允许轴线偏斜角 β 达 3° ~ 6°（安装精度越高，寿命越长）。利用包容在内部球面间的特殊键能安全、可靠地传递工作转矩。球铰支承弧面能承受很大的径向载荷，其值受限于减速器轴，通常不需验算。卷筒短轴支承，其连接方式承受轴向载荷的能力强于其他卷筒联轴器。

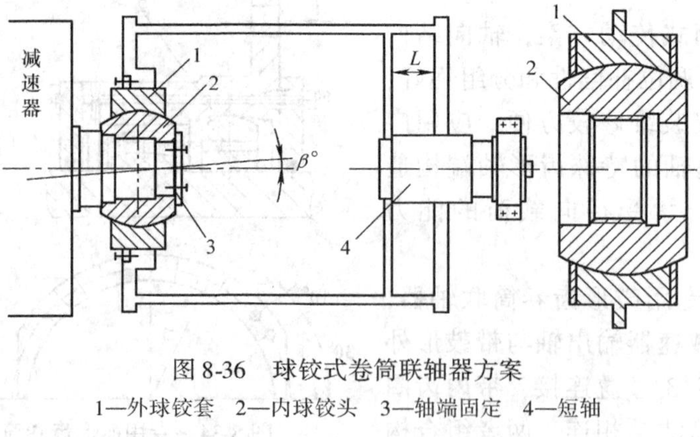

图 8-36　球铰式卷筒联轴器方案

1—外球铰套　2—内球铰头　3—轴端固定　4—短轴

球铰式卷筒联轴器适用于起重量大，卷筒长，补偿性要求高的场合。

5）关于卷筒联轴器方案的注意事项。

① 卷筒联轴器的轴向力以及轴向固定问题。由于起重机大车（或小车）起制动时将对卷筒产生轴向惯性冲击作用，以及卷筒工作时其上钢丝绳张力的附加轴向作用等，都可能使卷筒轴上出现轴向力。但是，从连接原理和安全性来讲，方案二和方案三的卷筒联轴器都不能承受和传递太大的轴向载荷，否则可能造成传动连接失效（如联轴器脱离减速器轴，滚子脱出联轴器等），有时甚至会导致严重事故。因此，此类方案应设计成由卷筒轴承座独自承受轴向力的形式。另外，所有与卷筒联轴器相连的部位（如图 8-36 中件 3）以及联轴器本身都应进行牢固的轴向固定；轴向紧固螺栓除应有足够直径和数量以外，还应提高其性能等级（不低于 10.9 级），按规定的预紧力矩拧紧并采取可靠的防松措施，如钢丝全螺栓联锁固定、加厌氧胶固定等。

② 卷筒联轴器的安装定位问题。卷筒联轴器安装时应保证轴向定位准确，否则卷筒安装误差及结构变形等所形成的综合水平位移将会破坏联轴器的轴向限位，造成传动连接失效。鼓形滚子卷筒联轴器的轴向安装误差应小于其允许轴向补偿量；球铰式卷筒联轴器由于不能补偿轴向位移，在设计和制造时其卷筒轴承座处需解除轴向约束，建议在轴承两端各留 3mm 左右的间隙。

（3）低速附加开式齿轮传动及其串级连接方案　当传动比、中心距、起重量等很大时，可用附加开式齿轮传动或串级连接等方案。

1）普通低速附加开式齿轮传动。该方案的低速连接原理类似于两轴端用柔性联轴器相连的方案，如图 8-37 所示。

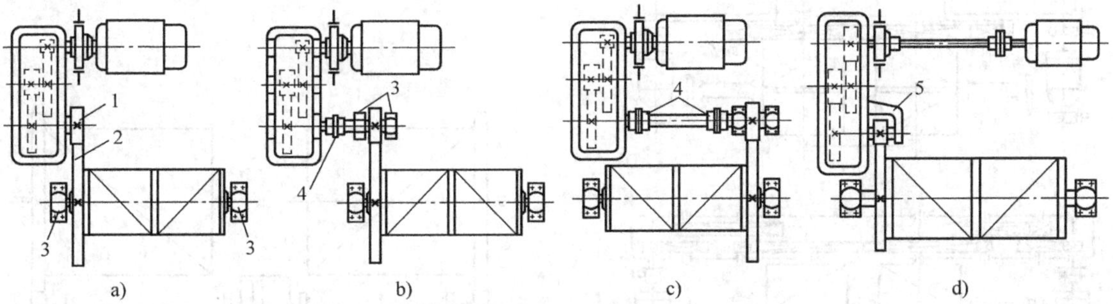

图 8-37　低速附加开式齿轮传动连接方案

1—小齿轮　2—大齿轮　3—轴承座　4—联轴器　5—减速器上的悬臂支承

开式传动只适于齿轮圆周速度较低的情况，故大齿轮布置在靠近卷筒的最后传动级中。减速器附加开式齿轮的配置方案应力求支承（受力）合理、构造简单，同时还应考虑小齿轮沿齿宽方向受力不均所导致的磨损、减速器悬臂轴端传动受载变形等问题，故小齿轮一般可采用直接悬臂安装形式（图 8-37a，径向载荷较大）或独立轴承座双点支承（图 8-37b、c）以及支承在减速器箱体上（图 8-37d）等。

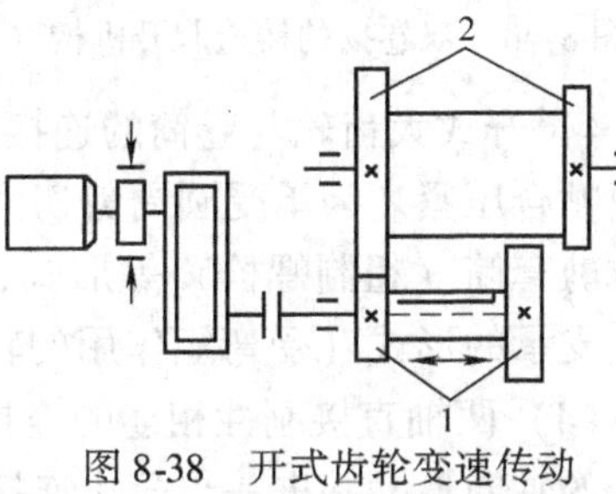

图 8-38　开式齿轮变速传动

1—双联滑动小齿轮

2—左、右大齿轮

图 8-38 所示为开式齿轮变速传动的方案，同轴双联

小齿轮可沿轴向滑动，分别与卷筒两端的齿轮啮合以得到两种卷筒转速的机械变速。

2）特殊的开式传动。对于大起重量的起升机构，也可采用特殊布置形式的减速器附加开式传动的方案，以降低起升速度。

图 8-39 所示为单电动机-四联卷筒（双对双联）-双层卷绕的造船门式起重机起升机构。

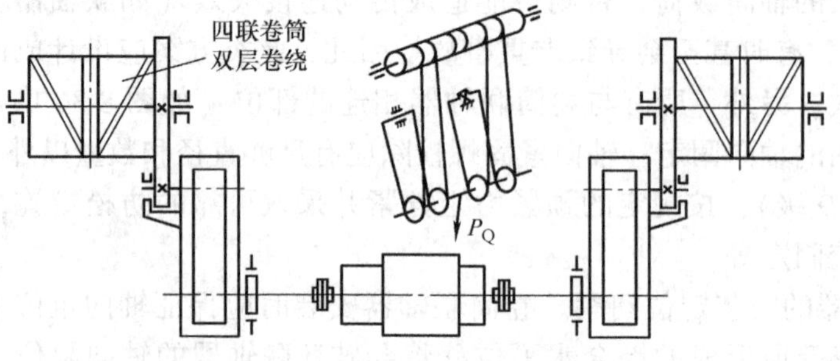

图 8-39　造船门式起重机起升机构

当起升机构采用双卷扬的方案时，常需解决双卷扬同步问题。例如大起重量的铸造起升机构，其双卷扬的减速器既可通过开式齿轮低速同步（图 8-40a），也可通过齿轮平级传动（传动比为 1∶1）制成双减速器一体化的形式（图 8-40b），并将减速器壳体与车架制成一体。此方案实际上已演化为双卷筒双轴式的类型。

3）串级传动。大起重量的起升机构有时还可采用多个减速器的串级传动（图 8-41）。

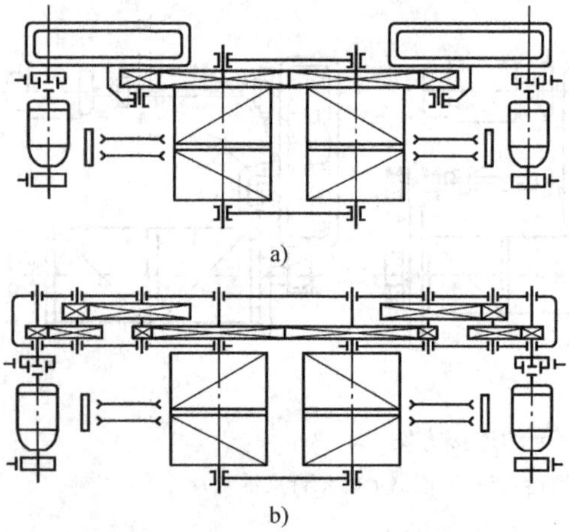

图 8-40　双卷扬的铸造起升机构（同步）

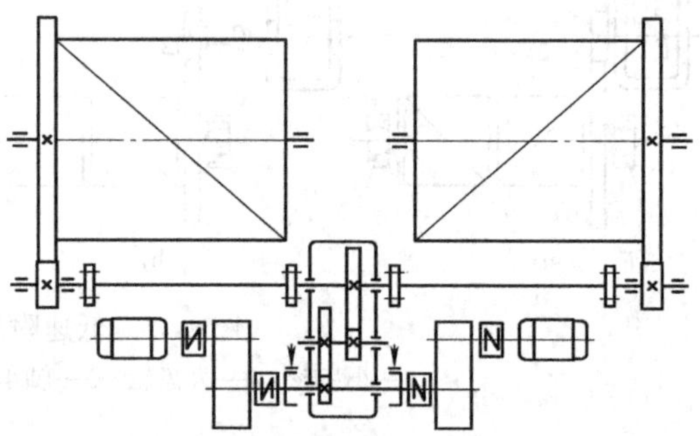

图 8-41　1400t 浮式起升机构串级传动（1/2）

4）开式大齿轮与卷筒的连接如图 8-42 所示。螺栓沿圆周均布使卷筒端面凸缘与大齿轮轮辐贴合压紧。为承受圆周剪切力并传递转矩，可采用铰制孔螺栓、高强度螺栓以及螺孔铰配抗剪套筒（粗制螺栓）等形式，并按规定的预紧力矩拧紧。卷筒轴采用两个独立轴承座双点支承的形式（受弯矩作用的转动心轴）。

（4）两轴直接刚性相连的连接方案　一些中小起重量的起升机构，为了缩短卷筒与减速器的轴向尺寸并进一步简化连接和支承形式，在满足制造安装精度较高或结构支承刚度足够、所需补偿性能较低等特定要求时，减速器与卷筒间可采用平键或花键形式的直接刚性连接以及两轴合二为一等同轴传动形式，此时应注意超静定支承结构以及承受较大载荷等

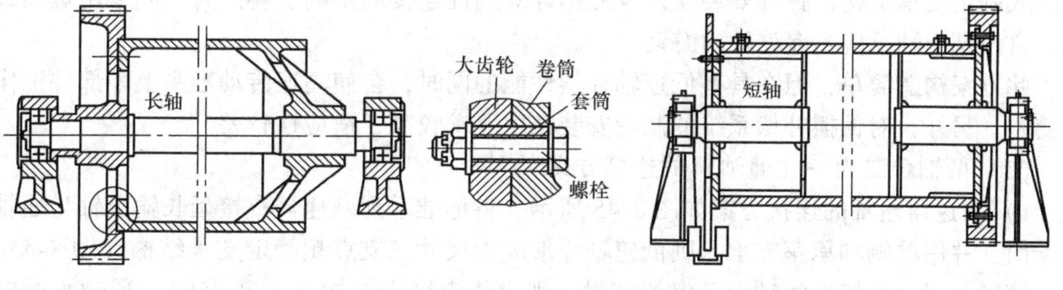

图 8-42 常见开式大齿轮与卷筒的连接方式

问题。

1）卷筒轴与减速器轴直接刚性连接方案如图 8-43 所示。减速器输出轴以平键（多为双键）或花键的形式与卷筒轮辐直接刚性连接，并支承卷筒一侧，卷筒另一侧采用短轴形式（转轴或定轴）支承在轴承座上。

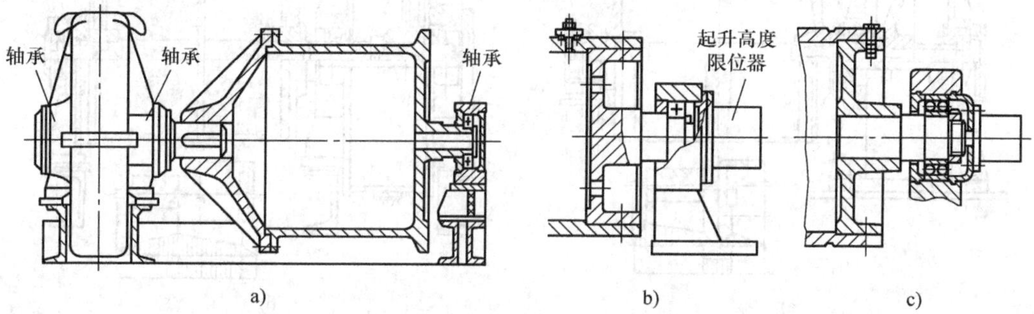

图 8-43 转轴式短轴卷筒与减速器轴刚性悬臂连接方案

此种连接支撑形式构造简单，但形成了超静定轴线支承结构（三轴承共支一轴线），从而使其寿命与制造安装精度和机架支承刚度等密切相关，一般很少使用。

2）摇摆减速器刚性连接方案如图 8-44 所示。为减小直接刚性连接形成超静定支承的影响，过去曾采用摇摆减速器刚性连接的方案。减速器输出轴采用平键形式与卷筒过盈配合形成直接刚性连接，而其靠近卷筒一侧的底座用钢球或纵向圆柱轴销与车架铰接，另一侧底座用缓冲弹簧支承，使减速器可沿 *K-K* 轴线作少许摆动以释放超静定的约束，使其在垂直平

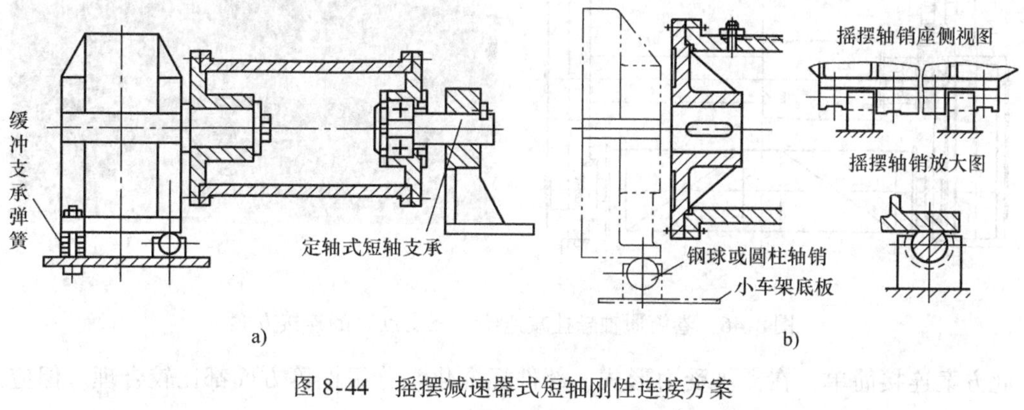

图 8-44 摇摆减速器式短轴刚性连接方案

面形成静定支承结构，弥补安装误差及变形等对刚性连接的影响。卷筒另一侧采用短轴式支承，自位调心轴承应当允许轴向游动。

此方案构造简单，但在具有低速轴补偿性能的同时，会使高速传动轴系上零部件工作状况变差。另外，对偏摆补偿系统的制造安装精度要求较高，适应性较差。

（5）两轴合二为一（通轴）的连接方案

1）减速器通轴的连接方案如图 8-45 所示。将标准系列减速器直接延长输出轴为通轴连接卷筒，并用单侧轴承座支承，则低速轴线形成大尺寸三支点超静定支承结构（图 8-45a），若去掉减速器输出侧中间轴承只保留密封，则为静定简支结构（图 8-45b）。通轴承受较大的弯矩和转矩作用，构造笨重且寿命较短。通轴减速器不能单独装配和试运转，制造和系列化困难，分组性和适应性差。超静定支承时对制造安装精度、车架以及支承的刚度要求较高，仅用于小型起升机构，此时整个传动装置应在制造厂装配在同一加工好的刚性底座上。

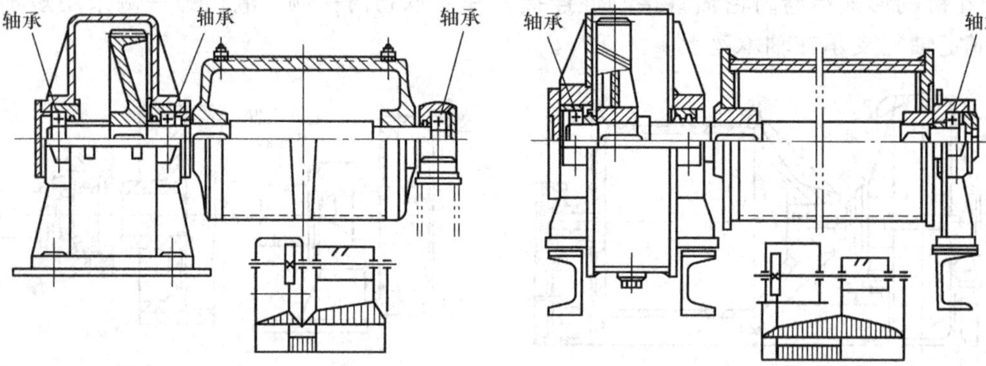

a)　　b)

图 8-45　减速器通轴的连接方案

a）超静定支承　b）静定支承

2）卷筒通轴的连接方案如图 8-46 所示。卷筒通轴且卷筒两侧采用轴承座支承，减速器通过低速内花键与卷筒长轴连接固定，并形成悬臂悬挂形式，高速端（Z 点）支承与 QJ 型三支点减速器相同，卷筒轴同样承受较大的弯矩和转矩作用。

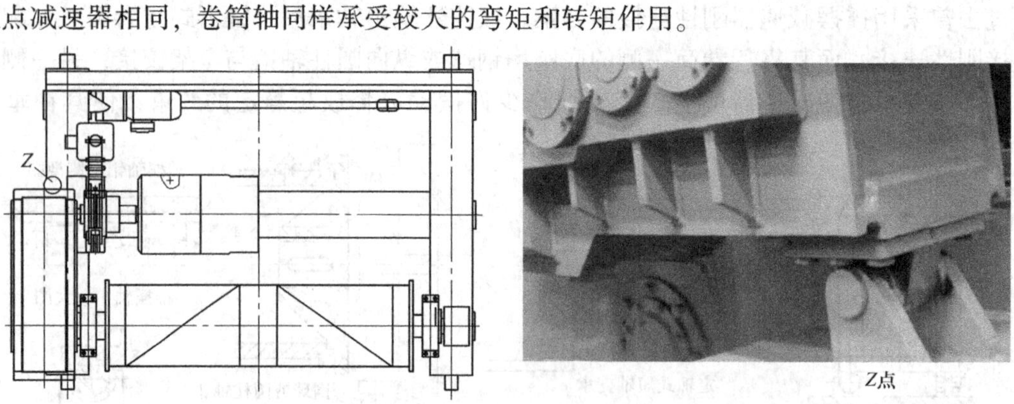

a)　　b)

图 8-46　卷筒通轴悬挂减速器（三支点）的连接方案

此方案连接简单，在支承受力形式、部件标准化、分组性等方面都比较合理。但应注意高速端支承结构制造安装精度要求较高，以及悬挂减速器质量不宜太大等问题。

（6）带有低速摩擦离合器的连接方案　卷筒与减速器还可采用摩擦离合器的连接形式，具体构造如图 8-47 所示。

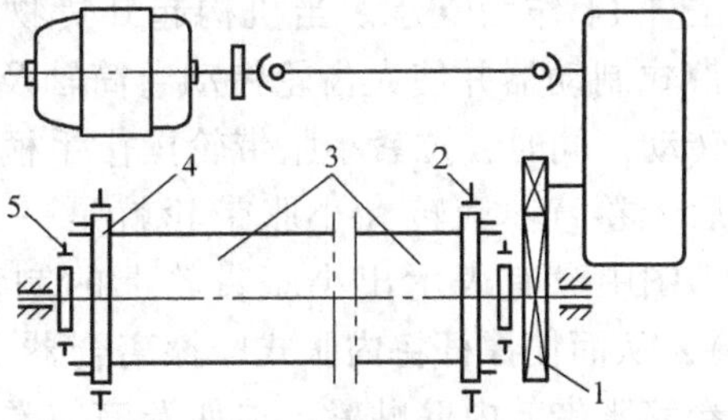

图 8-47　带低速摩擦离合器的双卷筒单轴式

1—开式齿轮　2—外带式制动器　3—主/副卷筒　4—内胀式摩擦离合器　5—操纵离合器用的小带式制动器

3. 双卷筒单（同）轴式

起升机构采用集中驱动的方法使装在同一根轴上的两个独立卷筒能实现各自运动的布置形式称为双卷筒单（同）轴式起升机构（图 8-7a）。

在流动式起重机上，为满足提高生产率，扩大使用范围，以及进行辅助工作等要求，常采用一台主动机集中驱动控制两个同轴卷筒（双卷筒单轴式，图 8-47），如大中型轮胎式起重机装有主、副吊臂时的主/副起升机构（副钩可更快速地吊运轻载货物），或要求具有吊钩、双绳抓斗互换功能（两用），或履带式起重机利用副起升机构进行塔架的升降或安装工作等。与两个独立驱动的单卷筒单轴式起升机构相比，双卷筒单轴式少了一套驱动装置和传动系统等，其构造更为紧凑，便于整个机构布置；但轴向尺寸较长且每个卷筒的长度和承载能力受限，影响其容绳量和工作能力。

集中驱动的双卷筒单轴式通常采用两侧轴承座独立支承、通过开式齿轮传动连接减速器的方案，如图 8-48 所示，主/副卷筒 3 分别采用滚动轴承支承在卷筒轴 2 上，卷筒轴与开式齿轮 7 以平键联接并随其转动，卷筒两外侧挡板凸缘分别为外带式制动轮与内胀式胀带鼓 8。主/副卷筒与轴可以独立转动或共同转动，通过胀紧内胀式摩擦离合器 4 可使轴带动卷筒转动（升或降），通过货物重力和外带式制动器又能实现卷筒可控下放转动（此时轴不转动）。

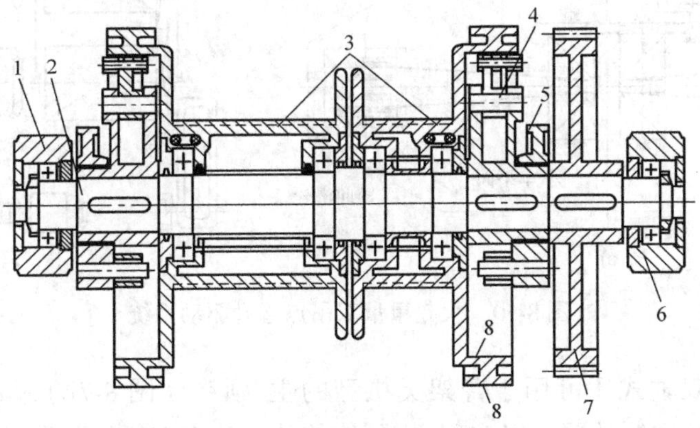

图 8-48　双卷筒单轴式装配图

1、6—轴承座　2—卷筒轴　3—主/副卷筒　4—内胀式摩擦离合器　5—操纵离合器的小胀带轮

7—开式齿轮　8—外带式制动轮与内胀式胀带鼓

内胀式摩擦离合器的结构如图 8-49 所示，传动块 10 与卷筒轴 2 以键联接，小胀带轮 5 空套在传动块的轮毂上，传动块与小胀带轮之间用互相铰接的拉杆 1 和撑杆 3 铰接，内胀带

4的两端用销轴分别与连块9和传动块10铰接，并借限位杆14作为支承。当机构起升货物时，松开卷筒外带式制动器并使大齿轮带动卷筒轴及卷筒轴上传动块转动，同时，拉紧小胀带轮操作手柄，小胀带轮便滞后于卷筒轴旋转（小胀带轮就是一个小带式制动器，图中没有表示出小胀带轮上的制动器及杠杆系统），从而使撑杆将内胀式摩擦离合器上的胀带胀开，与卷筒胀带鼓内壁贴紧，迫使卷筒与卷筒轴同方向旋转，使货物起升。当机构需要停止起升（或下降）时，只要将小胀带轮操作手柄松开，这时内胀带在螺杆12上的回位弹簧张力作用下与卷筒内壁脱开，同时使卷筒外壁上的外带式制动器动作，使卷筒停止转动。当机构使货物下降时，利用卷筒上的外带式制动器，实现货物落重可控下放，其速度可用外带式制动器控制，以适应港口快速装卸的要求。

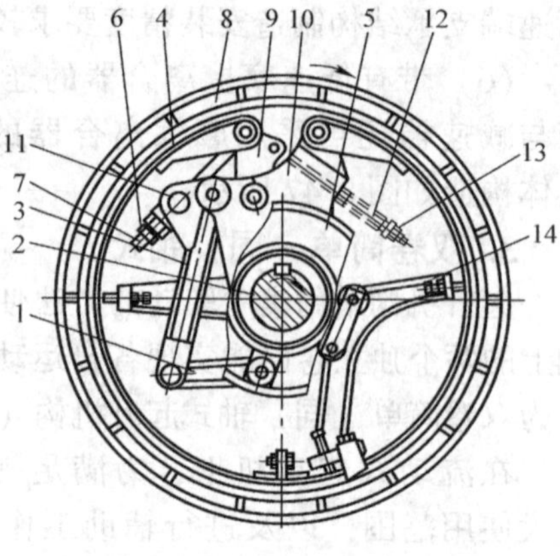

图8-49　内胀式摩擦离合器

1—拉杆　2—卷筒轴　3—撑杆　4—内胀带　5—小胀带轮　6—连杆螺母　7—连杆　8—卷筒胀带鼓　9—连块　10—传动块　11—销轴　12—螺杆　13—调节螺母　14—限位杆

4. 双卷筒双轴式

双卷筒双轴式的起升机构是采用集中驱动的形式，使配置于同一台减速器上的两个卷筒（轴线平行或并列）能实现相应的运动，可弥补单轴式方案的缺陷，相应增大卷筒长度、数量及容绳量，但应注意卷绕系统的偏角问题，已避免钢丝绳脱槽或绕乱。此类方案通常会具有开式齿轮传动、高/低速同步装置等典型连接特征，主要用于单钩起重量或起升高度较大的场合，如图8-50所示（或见图8-8、图8-21b、图8-40b和图8-41）。

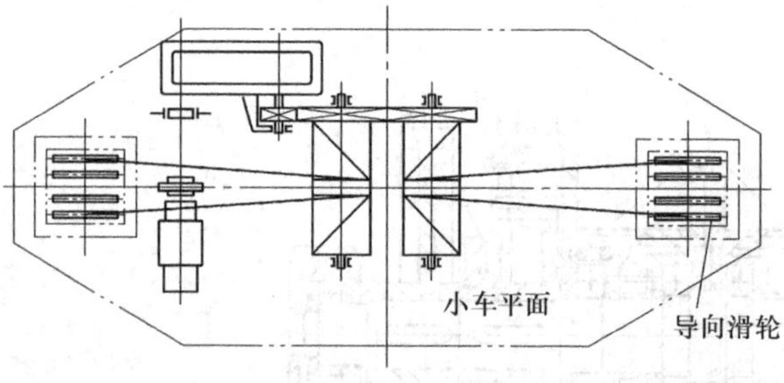

a)

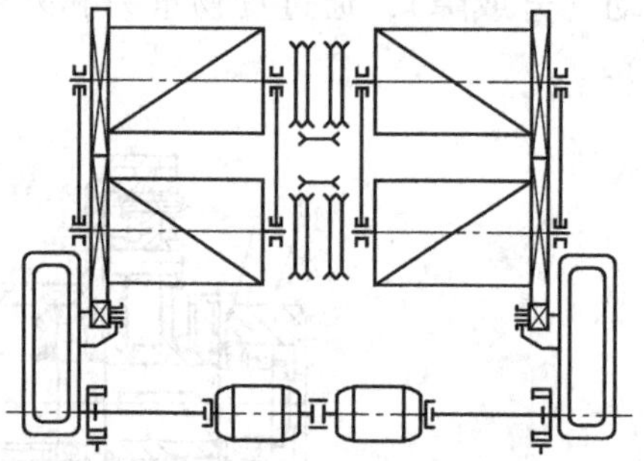

b)

图8-50　大起重量双吊点起升驱动系统

另外，双卷筒双轴式还可用于臂架类机型的主/副钩（图8-7b），其主/副卷筒上（外侧）分别装有离合器和制动器，以实现主/副钩的独立动作或货物落重可控下放。

5. 双卷筒的其他形式

当起升机构采用双卷筒的卷扬方案时，还可采用同一套驱动装置同时驱动双卷筒的方案，如图8-51a所示，其构造简单，卷筒的容绳量可增加一倍，以适应较大起升高度或较大起升倍率的需要，但机构整体外形尺寸较大。另外，有时还能见到将定滑轮组与卷筒同轴的布置形式，如图8-51b所示。

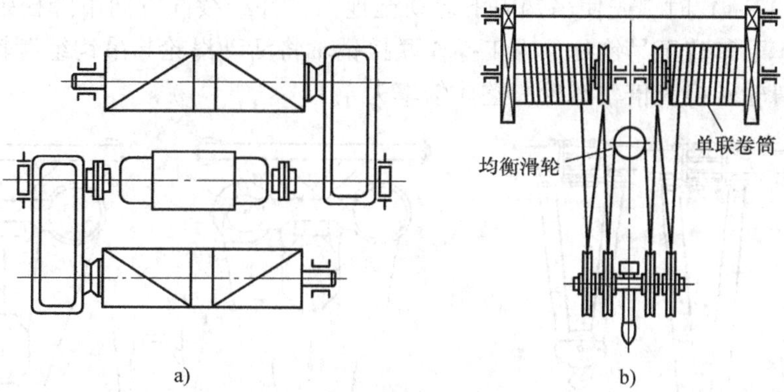

图 8-51 特殊的双卷筒卷绕系统

a）双减速器双卷筒 b）定滑轮与卷筒同轴的布置

8.1.5 特殊构造的卷绕系统

1. 概述

卷绕系统也可以看做是传动系统的一部分，起着转换运动形式（从回转运动到直线运动）和传递能量的作用。设计中钢丝绳绕上滑轮（或卷筒）时引起的弯曲应始终保持相同方向，尽量避免反向弯折，同时避免形成过大的绳偏角（不超过4°）；各种卷绕形式（特别是钢丝绳从上方绕入卷筒时）都应该考虑防止或避免绳张力较小时绕上卷筒的钢丝绳出现松弛状态，否则就可能出现钢丝绳从绳槽中滑出的脱槽现象，并影响随后钢丝绳的正确有序排列，必要时可用排绳装置或其他措施解决防松绳问题。起重机械常用的经典卷绕形式见第5章相关内容。

起重机械在特定场合经常对卷绕系统提出某些特殊要求，如可变倍率滑轮组、双层卷绕或防失效卷绕、变吊装点尺寸等，从而形成特殊构造的卷绕形式。

2. 可变倍率的滑轮组

大中型塔式起重机的起升机构常用可变倍率（2变4、2变6、4变8等）的吊钩滑轮组，从而能在起重力矩和起升功率一定的条件下，进行两种起重量和起升速度间的转换，以提高整机的生产率和适用性。常见的可变倍率转换方式有单小车式和双小车式两类。

（1）单小车可变起升滑轮组倍率的转换方式 单小车可变倍率起升滑轮组的基本构造一般由下部吊钩组（双滑轮或单滑轮）、倍率转换滑轮（活动滑轮）、倍率转换锁紧装置等组成，通过活动滑轮职能的转换来实现滑轮组倍率的变化。从工作原理来看，当活动滑轮仅承担导向滑轮的职能时为2倍率，而当活动滑轮承担倍率滑轮的职能时为4倍率；从构造上来看，活动滑轮既可与（变幅）小车紧固（或附着）为一体，也能与下部滑轮吊钩组紧固连接在一起；从转换连接的过程来看，既可由司机在司机室内操作控制进行自动转换，也可辅以他人手动操作实现人工转换。

1）单小车可变起升滑轮组倍率的人工转换如图8-52所示。可变起升滑轮组由吊钩组滑轮（单/双）、活动滑轮、变幅小车固定导向滑轮（两个）组成，钢丝绳依次绕过各滑轮后，活动滑轮被张紧的钢丝绳附着在小车上成为导向滑轮，此时仅吊钩组滑轮运动，整体倍率为

2。改变倍率（2→4）时，先使吊钩向下运动至地面，并继续同方向下降松弛钢丝绳，使活动滑轮脱离小车下落直至吊钩处，人工操作联接销轴将活动滑轮与吊钩组滑轮紧固连接为一体，此时活动滑轮转换为倍率滑轮，整体倍率为4。

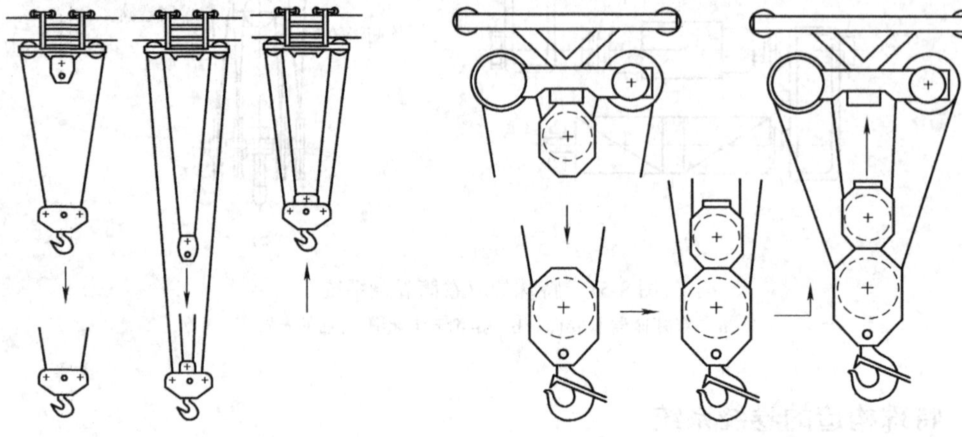

图8-52　单小车可变起升滑轮组倍率的人工转换（2变4）

2）单小车滑轮组倍率的自动转换（卡板/卡销锁紧装置）如图8-53所示。在人工转换倍率的基础上增设一组卡销和卡板，卡销固定在小车上，卡板通过可转动的销轴联接在活动滑轮上。当活动滑轮与小车一体时起倍率滑轮作用，此时整体倍率为4。改变倍率（4→2）时，先使吊钩升至小车处顶升活动滑轮，卡板脱离卡销，则活动滑轮脱离小车而固座于双滑轮吊钩组上，并被张紧的钢丝绳紧附在吊钩上成为导向滑轮，而整体倍率也就转换为2。此方案具有自动转换、构造简单、可靠性好、自重较轻等特点。

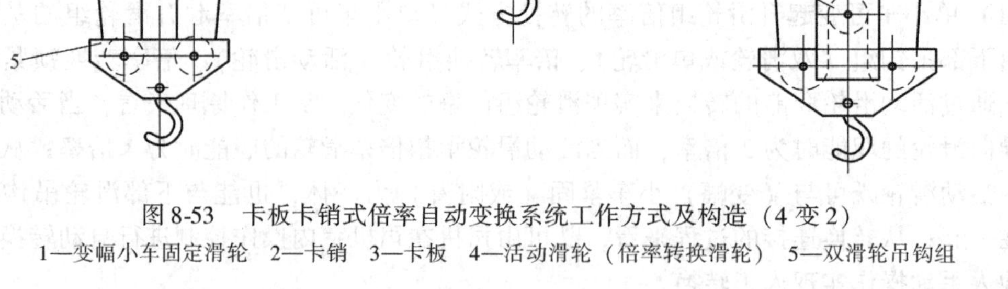

图8-53　卡板卡销式倍率自动变换系统工作方式及构造（4变2）
1—变幅小车固定滑轮　2—卡销　3—卡板　4—活动滑轮（倍率转换滑轮）　5—双滑轮吊钩组

3）单小车滑轮组倍率的自动转换（鱼尾夹板销轴锁紧装置）如图8-54所示。在活动滑轮上装设倒凸形开口（上大下小）的导向鱼尾夹板，吊钩组上装设带锁头的联接销轴。活动滑轮被张紧的钢丝绳附着在小车上成为导向滑轮，此时整体倍率为2。改变倍率（2→

4）时，先使吊钩升至小车近处，再通过鱼尾夹板的导向作用使联接销轴上升至倒凸形开口处，锁头入孔并进入小径而自动锁紧，则活动滑轮与吊钩组成为一体变为倍率滑轮，此时整体倍率转换为4。需要注意的是，小车上的固定导向滑轮均为双绳槽形滑轮（或双滑轮），倍率变换应在空载、低速、吊钩不摆动且小车位于臂架根部时进行。

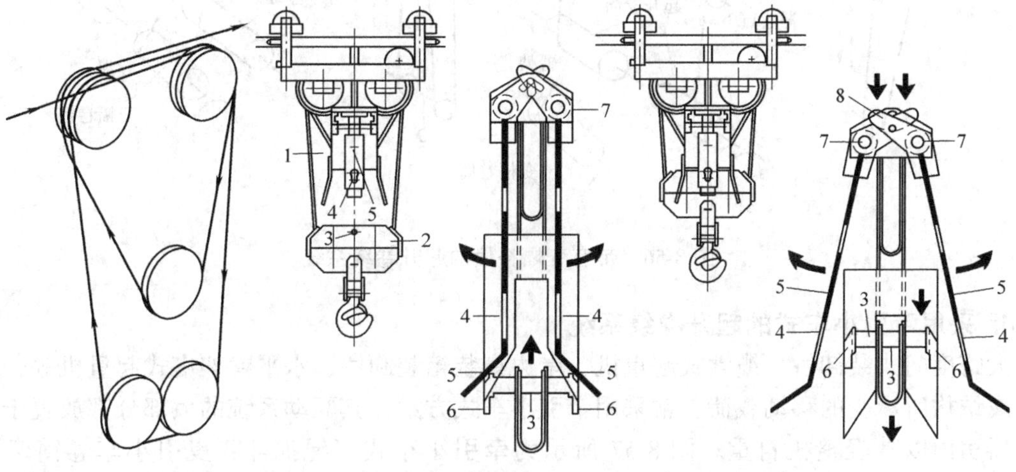

图8-54 鱼尾夹板销轴式倍率自动变换系统工作方式及构造（2→4→2）

1—活动滑轮 2—双滑轮吊钩组 3—连接销轴 4—开孔 5—鱼尾连结夹板 6—锁头 7—铰轴 8—推杆

（2）双小车可变起升滑轮组倍率的转换方式（图8-55） 双小车塔式起重机的主小车通常位于前方，并配用2倍率（单/双滑轮）吊钩组工作，副小车则停置于臂架根部备用，也配用2倍率动滑轮组及连接夹板。变换倍率（2→4）时，主小车在臂架根部下放空载吊钩组至地面，开动副小车靠拢主小车并连接成一体，再将副小车动滑轮组下放至地面，人工操作用连接件使主、副动滑轮组连成一体，此时整体倍率转换为4。该方案构造简单易行，自重轻。

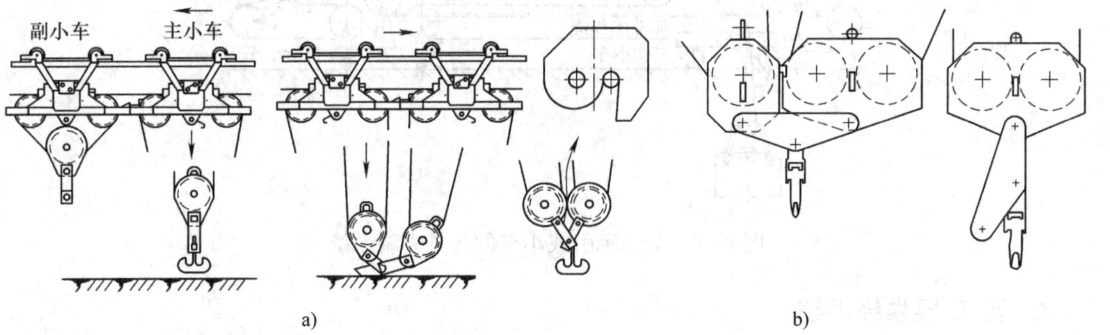

图8-55 双小车起升倍率转换方式（2变4）

3. 带有变幅补偿装置的起升卷绕系统

工作性变幅的中小型臂架类起重机常采用绳索补偿法来实现变幅过程吊重（近似）水平移动。图8-56a所示为滑轮组补偿法，图8-56b所示为圆锥形卷筒补偿法。当变幅卷筒收绳（臂架仰起）时，变幅补偿系统相应放绳（*A-A*轴线向内移动放绳或补偿卷筒反向放绳)，以实现吊重保持水平。

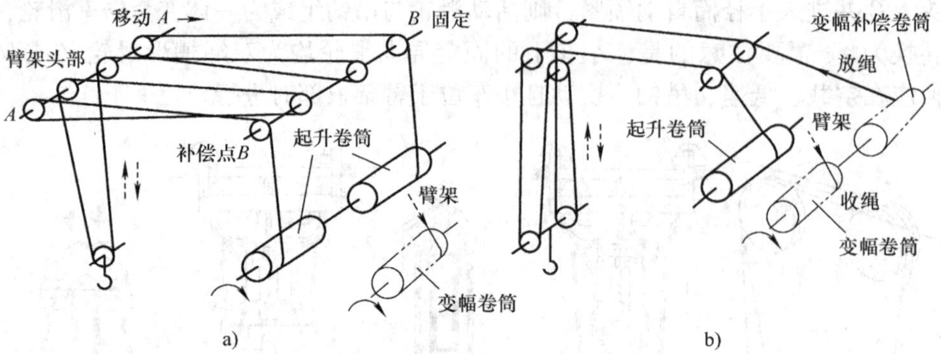

图 8-56　带有变幅补偿的起升卷绕系统

4. 采用牵引小车式的起升卷绕系统

大跨度门式装卸桥、缆索式起重机、岸边集装箱装卸桥、水平臂架塔式起重机等，为降低金属结构所承受的移动载荷，常采用牵引小车式方案，其驱动系统的大部分都放置于另设的机器房内以减轻整机自重。图 8-57 所示为牵引小车式双绳抓斗，曳引小车卷筒牵引主（工作）小车按图示方向运行时，吊重起升高度将发生变化（上升），但补偿小车的同向运动使两者间的距离变化而使钢丝绳下放以补偿抓斗实现水平移动，补偿小车的运行速度为主小车的一半。

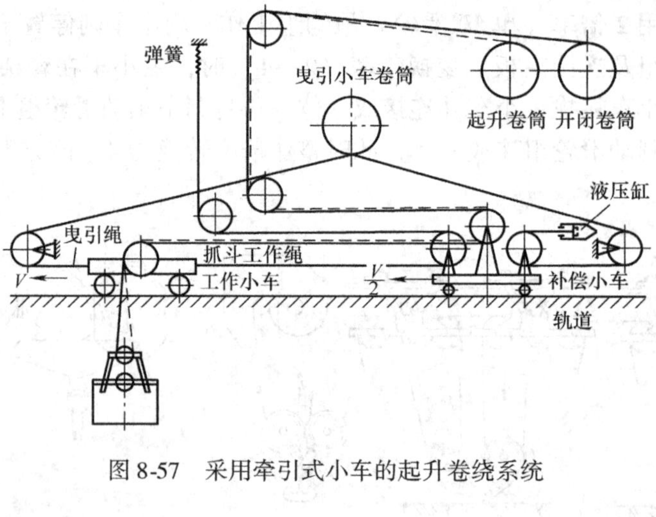

图 8-57　采用牵引式小车的起升卷绕系统

5. 双/多层卷绕系统

（1）绳端固定于卷筒中部的双联双层卷绕系统（图 8-58）　对于一般的双联双层卷绕系统，可将钢丝绳端头固定于卷筒中部并向两侧沿绳槽缠绕第一层，当钢绳绕满卷筒碰到挡板侧壁时，在绳张力水平分力的指向作用下，并配合卷筒挡板处的平滑过渡构造，使得钢丝绳开始向卷筒中部反向缠绕第二层。此方案构造简单，适用于不频繁使用的场合。但应注意反向钢丝绳偏斜角不能大于 3°，否则将出现上层排列不整齐现象并加剧钢丝绳磨损。

（2）绳端固定于卷筒端部的同向四联（双-双联）双层卷绕系统　本方案可采用两组双

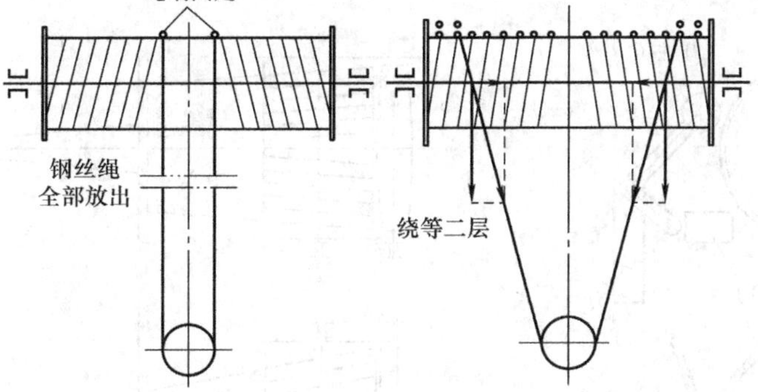

图 8-58 普通双层卷绕系统

联滑轮组 A_1 和 A_2 交叉布置复合而成，如图 8-59a 所示。每个双联滑轮组的两个绳头用压板分别固定在卷筒两侧，则从卷筒上共有四个分支引出。用 A_1 和 A_2 的一个分支分别卷绕在卷筒的左右两段并缠绕在卷筒槽上形成第一层绳，同时用 A_2 和 A_1 的另一分支分别缠绕在卷筒的左右两段，形成第二层绳。已铺好的第一层（内层）钢丝绳为第二层（外层）卷绕的绳槽，A_1 和 A_2 形成内外交叉缠绕、内外层钢丝绳同时卷绕的四联双层卷绕系统。为避免两绳相互碰撞磨损，可将两固定滑轮错开一定距离或角度。此方案简单易行，不需导绳装置而实现双层排列齐整，可减轻绳间磨损，卷绕效果较好，常用于起升高度小于 50m 以下的中级起重机上。但由于倍率减小使卷筒承受载荷增大（m 增大将导致系统复杂），同时速比也要增大。

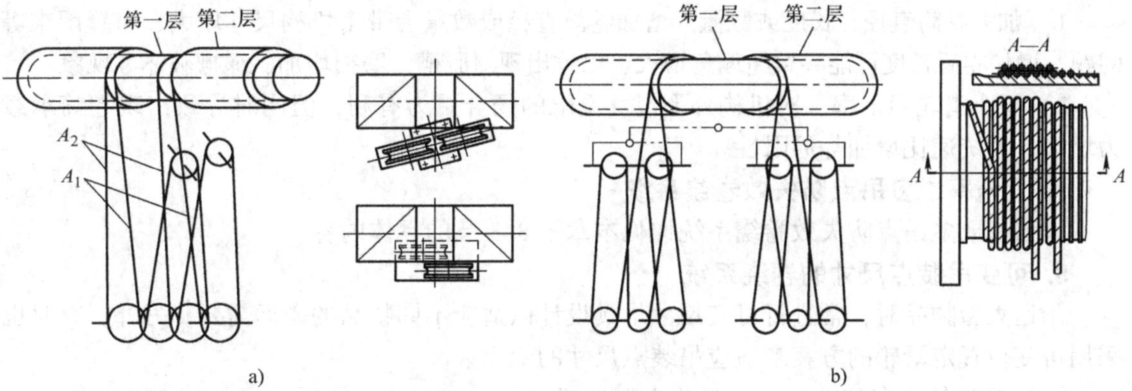

图 8-59 同向四联（双-双联）双层卷绕系统方案

本方案还可采用两组双联滑轮组同侧布置复合而成，如图 8-59b 所示。底层钢丝绳一头固定于卷筒一侧端部，通过滑轮组后其另一头仍固定于卷筒同侧端部。底层另一钢丝绳按同样方法绕过另侧滑轮组并双双固定于卷筒另侧端部。第二层绳均以同侧第一层绳为导槽，由此形成四联双层卷绕系统。为了平衡钢丝绳张力，每组定滑轮都应铰接在支架上。

（3）采用附属排（导）绳装置的多层卷绕系统 对于采用多层卷绕的场合，为使钢丝绳在卷筒上有序、整齐地排列，通常需采取以下措施：卷筒开螺旋绳槽，以保证第一层钢丝绳有序排列；采用一般或特殊排（导）绳装置；采用压绳器，如图 8-60 所示，压辊为圆柱形或圆锥形（包括两侧对称的圆锥形），并可装设乱绕报警装置。

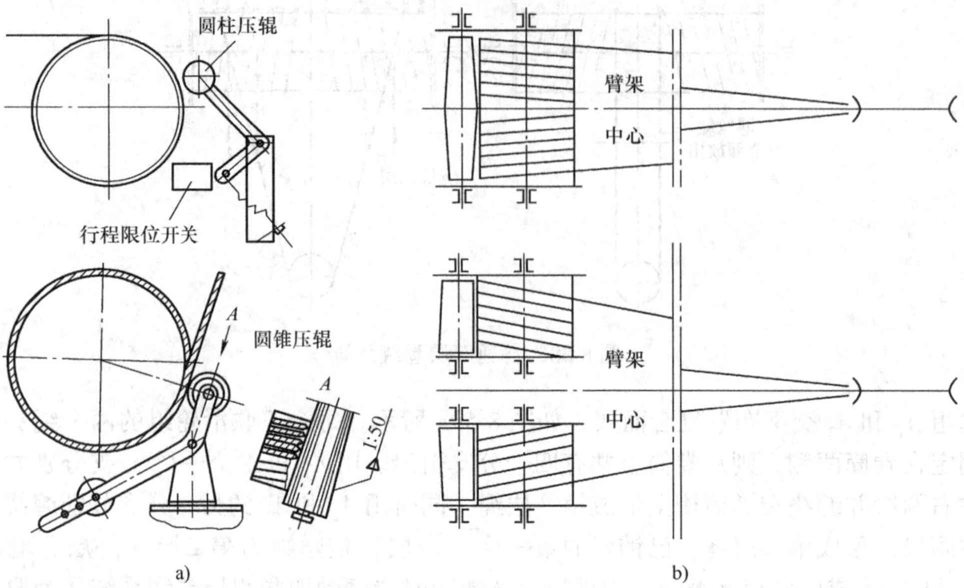

图 8-60　压绳器

6. 大起升高度的卷绕系统

当桥架类起重机起升高度超过 20m（臂架类为 40m）时，其卷绕系统设计一般需采取适当的方案综合考虑各因素以解决容绳量较大的问题。

1）加大卷筒直径、长度或数量。增加卷筒直径或数量会带来机构尺寸增大、布置困难等问题，增加卷筒长度可能导致绳偏角增大，以致出现绳脱槽、磨损增加、绳槽破坏等现象。

2）减小滑轮组倍率。对机构外形尺寸受限的场合更为有利，但同时导致出现卷筒承载力增大、系统速比增加等局限性。

7. 大倍率或多吊点防失效卷绕系统

大倍率或多吊点防失效卷绕系统详见本章第 8. 3 节的具体内容。

8. 可变吊装点尺寸的卷绕系统

吊运大型物品时，常进行可变尺寸吊具设计以适应不同物品的搬运需要。另外，有时也采用可变位置定滑轮的方案来适应吊装点尺寸的变化。

（1）定滑轮小车移动方案　某些大型造船门式起重机，应根据吊装不同尺寸船体分段的需要而随时改变吊点间的水平距离，此时可采用定滑轮小车水平移动变吊点方案，如图 8-61 所示。两个定滑轮小车由螺杆驱动机构驱动作相对（或相反）移动，从而使吊点间的水平距离缩小（或增大），同时将导致吊点高度发生变化，应注意在卷绕系统设计中对此进行补偿。

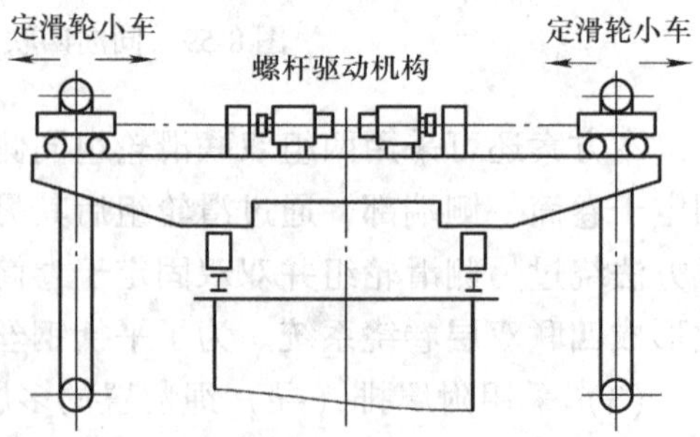

图 8-61　定滑轮小车移动方案

（2）定滑轮箱梁微动方案　900t 级架桥机提

梁小车吊运预制箱梁至目的点时，在落梁就位过程中还需进行横向（垂直轨道方向）位置的微调，故应在提梁小车支承架与定滑轮箱梁之间设置横向微调机构，如图8-62所示。

定滑轮箱梁微调机构通常采用液压（或螺杆）驱动的方案，以推动定滑轮箱梁（底部滑道）整体横向滑动，并通过机构设置的位移传感器监控横向移动量以便准确就位落梁。

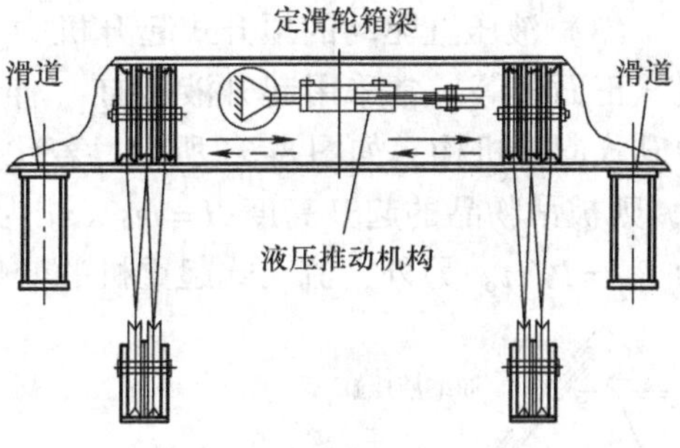

图8-62　定滑轮箱梁微动方案

8.1.6　顶升式起升机构简介

1. 概述

在某些特定场合，通过顶升装置（如液压缸、机械螺纹等）和机械增程（传动）装置形成的组合体可实现往复运动的直线（垂直/倾斜）顶升动作，通常把此类组合体归为顶升式起升（或变幅）机构，也可称为顶升机构。由于此类顶升装置的运动行程和承载分支数受限，故只适用于中小起重量、起升高度较小的起重机械或其辅助机构，如液压电梯、液压升降平台、流动式起重机臂架机构和支腿机构、塔式起重机塔身顶升机构、正面吊、小型立体停车设备、叉车起升机构、千斤顶等。

顶升式起升机构多采用液压驱动形式，液压缸作直线往复运动实现直接顶升。另外，通过使用机械增程（传动）装置如增速滑轮组、剪叉构造等可扩大行程。

2. 顶升机构典型构造

（1）液压顶升式电梯　液压顶升式电梯（图8-63）是利用直立液压缸直接顶升轿厢的特殊梯种，不计摩擦阻力时，液压缸的行程和推力与轿厢起升高度和质量相等，运行极为平稳，无噪声和冲击，平层精度高，利用液压油路系统还可实现多重手段的安全防护（如系统保护安全阀、防液压油回流单向阀以及防失速装置等），可靠性高，运行成本低，具有独特的优越性和适用性。

（2）液压升降平台　液压缸和剪叉构造组成的液压升降平台如图8-64所示，主要用于室内设备安装、房屋和电器检修、库内搬运等作业，起重量最大可达十余吨，起升高度可达10m以上。

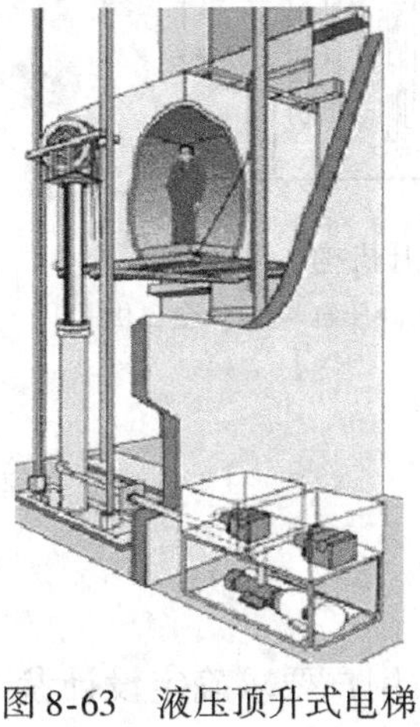
图8-63　液压顶升式电梯

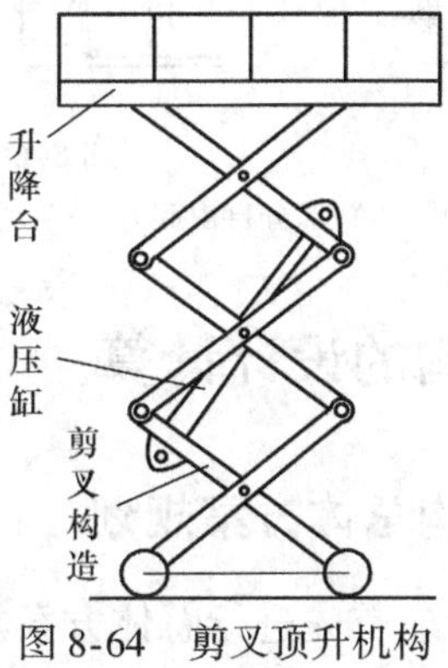

图8-64　剪叉顶升机构

(3) 液压缸驱动的顶升式起升机构　流动式臂架类起重机（如汽车起重机、履带起重机、正面吊等）常采用起升液压缸（伸缩）配合增速滑轮组构成吊钩（或集装箱吊具等）顶升式起升机构，如图8-65所示。若此类起升液压缸活塞行程为s、速度为v_0、液压载荷为P，则被吊物品的起升高度$H=ms$（m为增程滑轮组倍率）、起升速度$v=mv_0$，而起升载荷为$P_Q=P/m$。另外，流动式起重机的变幅驱动机构也常采用液压缸驱动的形式。

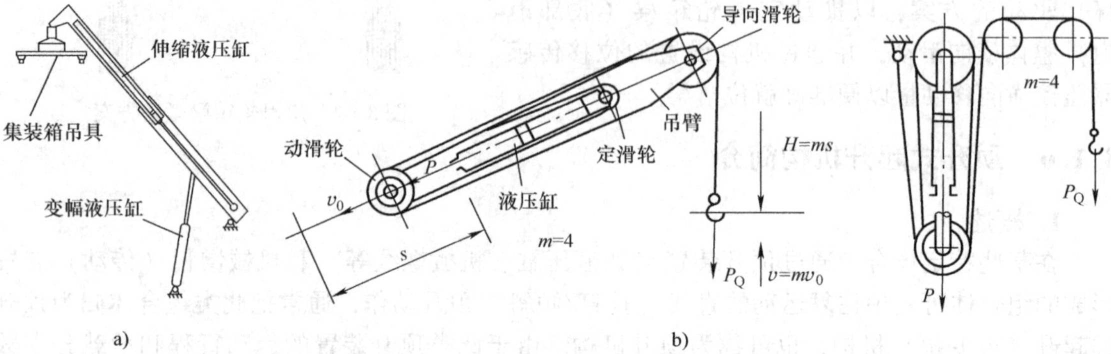

图8-65　液压缸驱动的顶升式起升机构

a）伸缩液压缸驱动　b）液压缸驱动的顶升式起升机构工作原理

(4) 叉车液压缸顶升机构　叉车一般采用起升液压缸顶升机构，如图8-66所示，增速滑轮（链轮）组倍率常为2。当起升液压缸柱塞头部与内门架的上横梁直接相连时称为直接起升，其缺点是当货叉距地面一定高度行走时，内门架上横梁随之升高，从而导致不易通过门道。为弥补直接顶升的缺陷，使起升液压缸柱塞头部与内门架上横梁不直接相连而间隔一段自由行程s，此种结构称为部分自由起升（$h=2s$）。若使货叉自由起升高度几乎达到叉车总高度，则称为全自由起升，这种结构适用于车船和集装箱内作业的叉车。

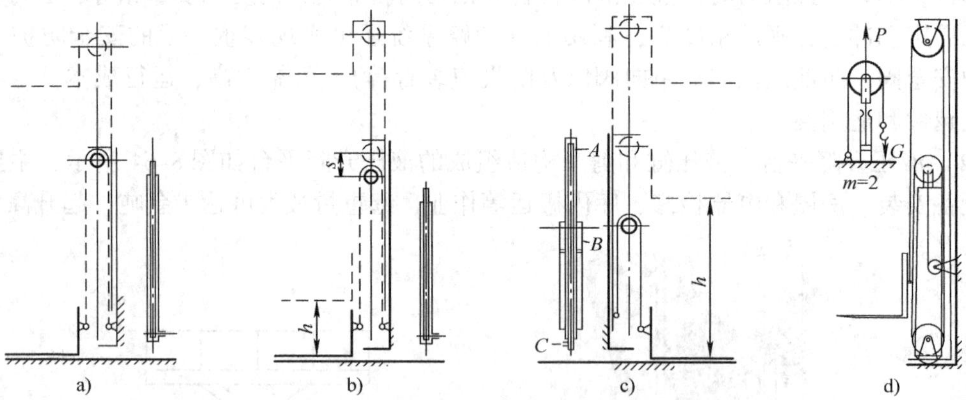

图8-66　叉车液压起升机构

a）直接起升　b）部分自由起升　c）全自由起升（多级液压缸）　d）全自由起升（单液压缸）

8.2　起升机构的设计计算

8.2.1　起升机构总体方案规划

起升机构设计应首先进行总体方案规划，包括按用户要求确定设计参数、使用场合以及特殊要求等前提条件，根据机型特点进行机构方案规划与比较，确定机构载荷特点，计算工况，计算载荷及组合等设计基础内容，在综合考虑用户意见、经济性、制造工艺及可能性、标准化以及初步规划计算结果等因素的基础上，确定机构总体设计方案。

1. 起升机构的设计参数

常见的起升机构设计参数是：额定起重量 m_{RC}（或 P_Q）、起升速度 v_n、起升高度 H（下降深度 h）、工作级别 M（载荷状态 T 和使用等级 L）以及 JC 值，有时还需参考基距、轨距、轮压、生产率、整机工作级别等参数。

2. 使用场合及特殊要求

使用场合主要反映了起重机械的具体工作条件，一般可包括：

1）搬运对象的种类及状态。即货物性质（件货、散料、液体、人员等）、尺度（或粒度）及均质性、温度、危险性（易损性、爆炸性、腐蚀性、放射性等）。

2）工作地点。即室内/室外、流动性等。

3）动力源。电源（交流/直流、低压/高压）及供电方式、内燃动力等。

4）工作环境。环境温度、湿度、危险性（易燃、易爆、腐蚀性、放射性等）、高空双（多）层作业、水下作业、特殊气候等。

5）使用工艺。即通用/专用、一般作业、装卸作业、特殊吊运作业（人员、大件、抬吊、高生产率、双箱等）、安装作业、冶金工艺作业、淬火热处理作业、核工艺作业等。

除需满足使用场合要求外，还应考虑特定状态的某些特殊要求，一般可包括：① 生产工艺及运输要求；② 吊具多用性及多速要求；③ 调速性能；④ 极限尺度及防吊运摇摆要求；⑤ 安全防护要求及防爆性能；⑥ 核环境防护要求及单一故障保护等。

3. 起升机构方案规划及设计要点

设计人员应在充分掌握机构设计相关参数、使用场合及特殊要求的基础上，通过对机构进行方案构思与规划、各种规划初步计算、综合比较与优化等过程，最终确定机构总体设计方案，以保证所设计的起升机构能完美实现其工作性能要求。方案规划与机构及零部件尺寸设计间的关系，更多地体现为一个自然融合、关系紧密的循环迭代过程，即边规划、边计算、边设计、边修正的循环，其过程难以截然分开。

起升机构方案规划及设计应重点关注：

1）合理选择机构形式、驱动形式以及传动布置方案。贯彻执行相关安全法规和标准，重视本质安全化、人性化以及节能降耗减排等可持续性设计理念，满足与系统相关的安全性要求和特殊要求。努力遵循“四化”（标准化、通用化、系列化、模块化）原则，采用具有补偿性的传动构造，尽可能实现轮压均匀分布的特定目标（尤其是桥架类起升机构），良好的人机工效以及简洁美观的外形设计，关注其他部分与本机构的配合关系及相关联的界限设计等。

2）确定合适的滑轮组形式及倍率。滑轮组的形式和倍率对机构构造有着非常敏感的重大影响，其影响范围涉及设计参数中的起重量、起升高度、轨距和基距，钢丝绳的张力、直径、绕绳量与寿命，卷筒的形式、直径、长度、缠绕层数和转速，机构的速比、布置形式、搬运效率及紧凑性，以及卷绕系统防过大偏角、防绳脱槽、防吊运摇摆、空钩重力下降等方面。上述各种因素相互关联和制约，应视具体情况进行综合分析与决策，才能得出合理的系统参数，其中卷筒直径是一个非常重要的可变量。滑轮组倍率通常与额定起重量有一定关系，初定时可参考表8-3～表8-5，滑轮组中的滑轮配置见第5章内容。为了提高机构的工作效率，工程起重机的起升机构往往采用变倍率设计，大起重量低速时采用较大倍率。

表8-3　桥式、门式起重机常用双联滑轮组倍率

额定起重量 m_{RC}/t	3	5	8	12.5	16	20	32
倍率 m	1	2	2	3	3	4	4
额定起重量 m_{RC}/t	50	80	100	125	160	200	250
倍率 m	5	5	6	6	6	8	8

表8-4　门座起重机常用双联滑轮组倍率

额定起重量 m_{RC}/t	5	10	16	25	32	40	63	100	150	200
倍率 m	1	1	1	1	1或2	4	4	4	4	4

表8-5　流动式起重机常用单联滑轮组倍率

额定起重量 m_{RC}/t	3	5	8	12	16	25	40	65	100
倍率 m	2	3	4～6	6	6～8	8～10	10	12～16	16～20

3）确定合适的减速器与卷筒间的传动连接方案。

4）设计合理且可靠的起升制动系统及安全防护系统。

5）充分考虑制造安装工艺性和稳定性，构造紧凑前提下的维修方便性，以及易损零部件的可更换性（尽量不拆卸相邻部件），重视零部件耐磨性和系统润滑设计。

6）满足工作可靠、结构简单、自重轻、经济性好（如低净空形式）等综合性价比指标。

4. 起升机构的载荷特点和载荷组合

起升机构的计算载荷与其工作时的载荷作用情况及特点密切相关，一般具有以下特点：

1）悬挂在吊具上的货物在升降过程中体现为位能性载荷，即吊重载荷（力矩）的单方向作用性。位能性载荷下放时对驱动系统和制动系统有特殊要求。

2）同一工作循环中机构的起动、制动时间与稳定运行时间相比是很短暂的。

3）机构运动时的转动惯量主要集中在高速轴系回转部件上，起升质量和卷筒等低速轴系的转动惯量只占很小的部分。由挠性钢丝绳组成的物品悬挂系统，物品惯性引起的附加转矩对机构影响不大，一般不超过静转矩的10%，使用抓斗时需另行考虑。

起升机构的载荷作用特点表明，机构起动时的起动转矩大部分消耗在高速轴系上，而其后的传动系所承受的动载荷并不太大，且作用时间很短促（与运行机构比），因此，起升机构由起升加速产生的动载荷与额定载荷相比微不足道，甚至可以忽略不计。但是，若起升机构的控制系统比较简单且在操纵人员经常使用快动作操作的情况下，或工作级别较高的抓斗起升机构等，则机构计算载荷还应在静载荷的基础上考虑动载荷的作用和影响。

综合来看，起升机构的计算工况基本上可确定为满负荷稳定运行时期，但从电动机输出轴到高速制动器之间的传动零部件还将承受起（制）动的动载效应，而机构低速轴系则承受货载突然离地起升的动载效应。

因此，起升机构的计算载荷基本上可取为机构稳定运行时的额定起升载荷（即起升静载荷），而对机构各零部件、传动系零部件、驱动装置功率等的计算则应进行合理的载荷组合。机构起动、制动时，从电动机输出轴到高速制动器之间的传动零件承受较大的动载荷作用时，需适当考虑相应的动载系数 ϕ_5；而机构低速轴系则应考虑货载突然离地起升动载系数 ϕ_2；若装设有安全制动器，则还应在相关部位考虑承受安全制动的动载荷作用。

8.2.2　起升机构设计计算及步骤

起升机构设计计算是在进行了总体方案规划并最终确定设计方案之后进行的，通过设计、选型及校核来选用所需要的标准零部件（如电动机、制动器、减速器、联轴器与钢丝绳等），并对非标准零部件进行强度、刚度等计算，具体计算步骤如下。

1. 卷绕系统的设计

（1）钢丝绳的最大静拉力计算及选型

1）钢丝绳的最大静拉力 S_{max}（单位为N）计算公式为

$$S_{max}=\frac{P_{QGL}}{xm\eta_z\eta_d} \tag{8-1}$$

式中　P_{QGL}——总起升载荷（N）；

x——绕上卷筒的钢丝绳分支数，对于单联卷绕 $x=1$，对于双联卷绕 $x=2$；

m——滑轮组倍率，可参考表8-3～表8-5选取；

η_z——滑轮组效率；

η_d——不属于滑轮组的、纯导向的滑轮效率，与其个数相关。

其中

$$P_{QGL}=P_{QPL}+P_{QNA}+P_{QFA}+P_{QHM} \tag{8-2}$$

式中　P_{QPL}——满载时的有效起升载荷（N）；

P_{QNA}——可分吊具的自重载荷（N），系统无可分吊具时，取 $P_{QNA}=0$；

P_{QFA}——固定吊具的自重载荷（N），对于常用吊钩组可参考表8-6选取；

P_{QHM}——起重挠性件的自重载荷（N），对于起升高度 $H<50$m 且倍率 m 较小时，通常可忽略不计，对于吊具位于上极限位置且钢丝绳与铅垂线夹角大于22.5°时，则需考虑钢丝绳偏角所引起的张力增大部分。

表8-6　吊钩自重与额定起升载荷的关系　（单位：kN）

额定起升载荷 P_{QRC}	吊钩自重载荷 P_{QFA}
32～80	2% P_{QRC}
100～200	2.5% P_{QRC}
320～500	3% P_{QRC}
630～1250	3.5% P_{QRC}
1600～2500	4% P_{QRC}

2）根据起升机构的设计方案及使用要求初选钢丝绳的结构形式，并按最大静拉力确定

钢丝绳的直径 d，其选择计算可采用 C 系数法和（或）安全系数法（破断拉力法），若单独使用 C 系数法时，务必用新的 C 值重新进行验算，以确保所选钢丝绳直径合理。

（2）卷筒的设计与转速　对于卷筒的直径 D、长度 L、壁厚 δ 等尺寸，卷筒的强度、稳定性、钢丝绳压板固定以及卷筒组零部件等，其设计计算可按第 5 章所述方法进行。

卷筒的首层卷绕转速 n_t（单位为 r/min）为

$$n_t = \frac{mv_n}{\pi D_0} \tag{8-3}$$

式中　v_n——起升机构的额定运行速度（m/min）；

D_0——卷筒首层的卷绕直径（m），$D_0 = D + d$。

（3）滑轮及滑轮组的设计　对于滑轮（包括均衡滑轮）的直径及构造、滑轮组和定滑轮组零部件等的设计计算可按第 5 章所述方法进行。另外，在卷绕系统设计中，还应特别关注钢丝绳的缠绕方式及其偏角。

2. 驱动装置的功率及选型

（1）满载起升静功率 P_j（单位为 kW）的计算公式为

$$P_j = \frac{P_{QGL} v_n}{60 \times 1000\eta} \tag{8-4}$$

式中　η——起升时的机构总机械效率。

其中

$$\eta = \eta_z \eta_d \eta_t \eta_c \tag{8-5}$$

式中　η_t——卷筒组的机械效率，与卷筒组的构造形式有关，当采用特种齿形卷筒联轴器且为滚动轴承时 $\eta_t \approx 0.99$；

η_c——机构传动系统的机械效率，其值与传动布置与形式有关，一般应按联轴器、减速器、开式齿轮、卷筒联轴器等效率的乘积来计算。

（2）电动机的初选　电动机的选择包括形式选择和功率选择，一般应考虑起升机构的类型、用途、作业特点、工作级别、电动机的工作方式以及环境因素（如海拔高度、环境温度等），并且满足电动机功率选择的原则。初选电动机时可按下式进行。即

$$P_{JC} \geqslant K_d P_j \tag{8-6}$$

式中　P_{JC}——标准环境状态下（海拔高度 1000m 以下、环境温度 40°C）与机构相应 JC 值时的电动机额定功率值（kW），非标准环境状态时应进行功率折算；

K_d——按静功率初选电动机的影响系数，考虑机构空钩升降（有利）和起动电流（不利）的影响，其值见表 8-7。

表 8-7　起升机构初选电动机的 K_d 值

电动机形式	起升机构工作特性		K_d 值
YZR（JZR）	轻级	M1～M3	0.7～0.8
	中级	M4、M5	0.8～0.9
	重级	M6	0.9～1.0
	特重级	M7、M8	1.1～1.2
	慢速（1～3m/min）、经常满载		0.9～1.0
YZ（JZ）	—		0.9

(3) 双绳抓斗升降机构和开闭机构的功率 设计规范规定：如设计的钢丝绳卷绕系统能使闭合绳和支持（起升）绳的载荷接近平均分配，则开闭机构和升降机构电动机功率各取为总计算功率的66%。考虑到起重机械电气控制技术的最新发展，当采用直流调速或交流变频调速时，通过进行特殊设计能实时监控并保证抓斗闭合终止离地起升时闭合绳和支持绳载荷准确相等（两绳载荷准确、协调且共同承担），则各机构电动机功率可取为总功率的55%（此状态下的经验值已经被实践证明是可行和成熟的）。

其他形式双绳抓斗升降机构和开闭机构的功率可参考表8-15。

(4) 铸造用起升机构的功率 铸造起重机是炼钢线上的关键设备，工作频繁，安全可靠性要求极高，如有一台电动机或电控装置出现故障，这时往往要求用另一台电动机也要能完成一个工作循环或进行短时工作。因此，铸造起重机通常采用有刚性联系的两套驱动装置双电动机驱动。

起升机构中采用有刚性联系的两套驱动装置双电动机驱动时，每台电动机的功率不小于总计算功率的60%；当要求用一台电动机驱动满载工作一个循环时，每台电动机的功率不小于总计算功率的66%；当采用行星差动减速器双电动机驱动时，每台电动机的功率不小于总计算功率的50%。

(5) 速度慢且起升高度大的起升机构的功率 水电站用桥（门）式起重机以及特殊用途的慢速起重机等，平常虽然很少使用，但一旦使用时，起升机构电动机在完成一个工作循环周期中，其平均运转时间往往超过10min，此时的电动机功率应按短时工作方式S2进行选择。

3. 减速装置的设计

(1) 传动比 起升机构减速装置（减速器及传动系统）的传动比 i 的计算公式为

$$i=\frac{n_d}{n_t} \tag{8-7}$$

式中 n_d——额定起升载荷下（电动机功率为 P_j 时）的电动机转速（r/min）。

其中

$$n_d=n_0-\frac{P_j}{P_{JC}}(n_0-n_{JC}) \tag{8-8}$$

式中 n_0——电动机的同步转速（r/min）；

n_{JC}——电动机 P_{JC} 值时的额定转速（r/min）。

按机构传动方案选择标准减速器或进行速比分配（$i=i_j i_k$），i_j 为标准减速器速比，开式传动速比为 $i_k=z_2/z_1$，小齿轮齿数 z_1 应选定结构上许可的最小值，大齿圈齿数 z_2 与模数、齿圈切向力、卷筒直径等有关。

起重机械用齿轮设计应进行齿面接触强度和轮齿弯曲强度计算，其计算方法应结合起重机械工作特点并符合GB/T 3811—2008《起重机设计规范》的要求。渐开线圆柱齿轮与锥齿轮的承载能力计算还应分别符合GB/T 3480—1997《渐开线圆柱齿轮承载能力计算方法》和GB/T 10062.1~3—2003《锥齿轮承载能力计算方法》的规定。

(2) 专用减速器的选用 在一般情况下，减速器的设计预期寿命应与该起升机构工作级别所对应的使用等级一致，对于工作特别繁重且允许在使用期限内更换减速器的场合，其值可小于该机构所对应的工作寿命。起升机构设计中通常应根据起升静功率 P_j、输入转速 n_d、传动比 i（或 i_j）、工作级别及 JC 值等来选择专用标准减速器的具体型号（或设计减速器），对减速器的中心距、轴端形式、装配形式等还应结合机构的具体布置情况予以综合考虑，如减速器中心距应大于卷筒和电动机的半径之和等。

通常起升减速器应按疲劳计算进行选择，在工作级别一致的条件下，专用标准减速器的输入轴许用功率［P］需满足

$$P_j \leqslant \frac{n_d}{n_0}[P] \tag{8-9}$$

由于国内各专用减速器都有自己特定的选型方法，其所提供的许用功率常与工作级别相关，选用时还应注意进行修正，如QJ型专用减速器任一工作级别下的许用功率［P］为

$$[P]=1.25^{(5-I)}P_{M5} \tag{8-10}$$

式中　P_{M5}——QJ型专用减速器M5工作级别的输入轴许用功率（表中规定数值）；

I——机构工作级别，$I=1\sim8$。

（3）减速器的校核验算　按起升静功率初选（专用/通用）标准减速器后，还应按机构工作最大载荷来校核验算减速器输出轴的强度（最大径向力和最大转矩），有时还需校核验算减速器输入轴的强度。

起升减速器输出轴端所承受的最大径向力 R_{max} 属于 P_R 型载荷，考虑吊载突然离地起升（动载系数为 ϕ_2）工况下的 R_{max} 计算公式为

$$R_{max}=\left(\phi_2 S_{max}+\frac{G_t}{2}\right)\leqslant[R] \tag{8-11}$$

式中　G_t——卷筒组自重（N）；

$[R]$——减速器输出轴允许的最大径向载荷（N）。

起升减速器输出轴端所承受的最大转矩 M_{max} 属于 P_M 型载荷，应从传动系统的首端与末端两个位置、按起动与制动（包括安全制动）两种工况分别计算，然后取数值最大者作为校核验算的计算载荷，且须满足 $M_{max}\leqslant[M]$（减速器输出轴允许最大转矩，单位为N·m）。

$$M_{max}=(0.7\sim0.8)T_m i\eta_c \tag{8-12}$$

$$M_{max}=M_{zh} i\eta_b \tag{8-13}$$

$$M_{max}=\phi_2 M_{jt}=\frac{\phi_2 P_{QGL}D_0}{2m\eta_z\eta_d\eta_t} \tag{8-14}$$

$$M_{max}=M_{zhs} i_s\eta_s \tag{8-15}$$

式中　T_m——电动机最大转矩（N·m），见图4-5中的 C 点；

M_{zh}——高速轴工作制动器的制动力矩（N·m）；

η_b——高速轴工作制动器至减速器输出轴间的传动效率；

M_{jt}——起吊额定起升载荷时，作用在卷筒轴上的静力矩（N·m）；

M_{zhs}——机构安全制动器的制动力矩（N·m）；

i_s——机构安全制动器至减速器输出轴间的传动比，其性质与安全制动器的安装位置相关；

η_s——与 i_s 对应的机构安全制动器至减速器输出轴间的传动效率。

需要注意的是，对于吊运液态金属、核电站用或其他场合用的特别重要的起升机构，计算载荷中还要考虑载荷增大系数 γ'_m（按表3-21选取）。由于起升机构的转动惯量主要在高速

部分，电动机最大起动转矩传递到减速器时会相应减小，按式（8-12）计算起动工况下减速器输出轴端最大转矩 M_{max} 值是偏于安全的，而其准确的计算方法可按式（3-11）进行，此时应考虑弹性振动动载系数 ϕ_5 的作用。

另外，臂架类的起升钢丝绳需从卷筒斜向上引出，钢丝绳张力载荷会对卷筒组、减速器的箱盖及底座连接固定、壳体等产生不利影响，尤其应考虑对连接固定进行特殊设计。

（4）其他　减速器校核验算通过后，应综合考虑规格型号、中心距、轴端形式、装配形式等进行标注，同时还应对起升速度、起升静功率等进行复核验算，一般情况下，实际起升速度 v_n' 与标称起升速度 v_n 之间相差不要太大（不超过 10% ~15%），否则会导致设计误差过大。

4. 静力矩的计算

1）起升额定载荷时，作用在卷筒轴上的静力矩 M_{jt} 为

$$M_{jt}=\frac{xS_{max}D_0}{2\eta_t}=\frac{P_{QGL}D_0}{2m\eta_z\eta_d\eta_t} \tag{8-16}$$

2）起升额定载荷时，作用在电动机轴上的静力矩 M_j 为

$$M_j=\frac{M_{jt}}{i\eta_c}=\frac{P_{QGL}D_0}{2mi\eta} \tag{8-17}$$

3）支持额定载荷时（下降），作用在电动机轴上的静力矩 M_j' 为

$$M_j'=\frac{P_{QGL}D_0}{2mi}\eta' \tag{8-18}$$

式中　η'——下降时的总机械效率。

其中

$$\eta'=\eta_z'\eta_d\eta_t\eta_c'=2-\frac{1}{\eta} \tag{8-19}$$

式中　η_z'——下降时滑轮组的效率；

η_c'——下降时减速装置的效率。

一般情况下，可以认为 $\eta_z'\approx\eta_z$，如果传动系统中没有采用蜗轮传动等效率低下的传动形式，则可以认为 $\eta_c'\approx\eta_c$，并近似得到 $\eta'\approx\eta$，此时 η 应大于 0.8 以上。

4）支持额定载荷时（下降），作用在卷筒轴上的静力矩 M_{jt}' 为

$$M_{jt}'=\frac{P_{QGL}D_0}{2m}\eta_z'\eta_d\eta_t \tag{8-20}$$

5. 制动系统的设计

（1）制动轮（盘）直径的确定　制动器也是传动系统中的一个部件，制动轮（盘）直径等参数应与机构高速轴系的最小中心高（电动机中心高）或其他轴系制动中心高等相匹配，否则制动器可能会出现安装困难或不匹配现象。另外，制动轮（盘）直径还与制动发热或累计制动发热等计算有关，在制动频次较多的场合应考虑此因素的影响。

若制动器布置安装在高速轴时，则制动轮（盘）直径可参照表 8-8 进行选取；若制动器布置安装在低速轴时，则制动轮（盘）或带轮直径按表 8-8 中的公式计算确定。

表 8-8　制动器布置时的制动轮（盘）直径确定

<table>
<tr><th colspan="3">高　速　轴</th><th colspan="2">低　速　轴</th></tr>
<tr><th rowspan="2">电动机机座号
中心高/mm</th><th colspan="2">制动轮（盘）直径 D_z/mm</th><th>制动轮（或带轮）</th><th rowspan="2">直径 D_z/mm</th></tr>
<tr><th>鼓式制动器</th><th>盘式制动器</th><th>制动盘</th></tr>
<tr><td>132</td><td>160</td><td>≤200</td><td colspan="2">$D+B+2nd \leqslant D_z \leqslant 2H_t-30$</td></tr>
<tr><td>160</td><td>160、200</td><td rowspan="2">≤250</td><td colspan="2" rowspan="10">D——卷筒槽底直径（mm）；
B——制动摩擦副沿直径方向的宽度（mm），对于制动轮（或带轮）取 $B=0$；
n——钢丝绳缠绕层数；
H_t——卷筒中心高（mm），见下图；
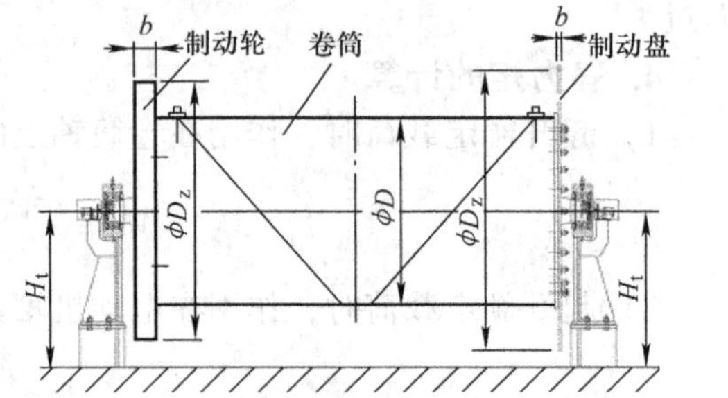

注：直径应尽量符合优先数系；对于下沉式卷筒，其 D_z 最大值可不受公式右侧数值限制</td></tr>
<tr><td>180</td><td>160、200</td></tr>
<tr><td>200</td><td>200、250</td><td>≤315</td></tr>
<tr><td>225</td><td>250、315</td><td>≤355</td></tr>
<tr><td>250</td><td>250、315</td><td rowspan="2">≤450</td></tr>
<tr><td>280</td><td>315、400</td></tr>
<tr><td>315</td><td>315、400</td><td>≤560</td></tr>
<tr><td>355</td><td>400、500</td><td>≤630</td></tr>
<tr><td>400</td><td>500、630</td><td>≤710</td></tr>
<tr><td>450</td><td>630、710</td><td>≤800</td></tr>
<tr><td>500</td><td>630、710、800</td><td>≤900</td><td colspan="2"></td></tr>
</table>

（2）支持制动　起升机构每一套独立的驱动装置至少要装设一个支持制动器。吊运液态金属及其他危险物品的起升机构，每一套独立的驱动装置应至少装设两个支持制动器；支持制动器应是常闭自动式的，制动轮（盘）应装在与传动机构刚性连接的轴上。制动器的制动力矩应能保证在规定的制动时间内将机构制动住，其制动距离应满足起重机械使用要求；若采用高速双制动方案时，两个工作制动器宜按一定的时间间隔先后有序地动作；若机构采用支持制动器与控制制动（电气调速或电力制动）并用的制动方案时，不考虑控制制动对制动力矩的减少作用，即支持制动器的最低制动安全系数 K_{zh} 仍应满足设计规范的要求。

支持制动器的制动力矩应大于制动轴上所需要的支持力矩（由货物产生的下降静力矩），并使货物处于悬吊状态时具有足够的安全裕度，故支持制动器的制动力矩 M_{zh} 应满足下列要求：

高速轴制动时

$$M_{zh} \geqslant K_{zh} M'_j \tag{8-21}$$

低速轴（卷筒）安全制动时

$$M_{zh} \geqslant K_{zh} M'_{jt} \tag{8-22}$$

式中　K_{zh}——制动安全系数，其值应不低于表 8-9 的推荐值。

需要注意的是，支持制动过程中吊重为动力载荷，其作用于卷筒上的力矩通过传动机构驱动制动轮（盘）转动，功率流是由低速轴系指向高速轴系，机构传动效率起减小制动力矩的作用，故式（8-21）中的计算制动力矩取为下降静力矩 M'_j。

根据起升机构所需的支持制动力矩，选择所需类型的标准制动器规格型号，并根据使用要求将制动器调整到所需制动力矩的状态，并应反映在技术要求和设计计算书中。目前起升机构常推荐支持制动与控制制动并用，控制制动主要起减速消耗动能的作用，此方案既能改善常闭式制动过猛引起的冲击和振动，又能减缓摩擦副的磨损。控制制动一般可为电气式，如再生制动、反接制动、能耗制动及涡流制动等，当采用涡流制动时必须装设速度限制器，以保证系统在进入低速不应期之前机械制动器及时上闸制动。

表 8-9 起升机构制动安全系数 K_{zh}

起升机构的工作级别与使用场合			K_{zh}
高速单制动	手动操纵或电动机械传动的低工作级别的一般起升机构（M1～M3）		1.5～1.6
	电动机械传动的中等工作级别的一般起升机构（M4～M5）		1.6～1.75
	电动机械传动的高工作级别的起升机构（M6～M8）		2.00
高速双制动	电动机械传动的高工作级别的重要起升机构（M6～M8）		1.25
	吊运液态金属和易燃易爆的化学品及危险品的起升机构	一套驱动装置中装有两个支持制动器	1.25
		两套彼此有刚性联系的驱动装置，每套驱动装置装有两个支持制动器	1.1
		采用行星差动减速器传动，每套驱动装置装有两个支持制动器	1.75
具有液压制动作用的液压传动起升机构			1.25
低速安全制动	需要特别考虑制动冲击效应的影响时		1.5～1.75
	安全制动要求特别高的场合、制动温度高且可能引起摩擦热衰退时		1.75～2.5

（3）减速制动　减速制动是用来将正在运动的空中物品减速到停车或到一个较低的速度，既可以由机械式支持制动器来实现，也可以由电气制动的方式来完成，电气制动仅用于减速制动而不能用于支持制动和安全制动。减速制动体现了系统机械能转换为热能的过程，故机械式减速制动器的制动力矩主要由制动性能来决定，如制动功和制动频次、制动时间和路程、制动减速度、制动温度等。需要注意的是，起升机构不宜采用无控制的荷重自由下降方式。

（4）安全制动　在安全性要求特别高的起升机构中，如吊运液态金属和易燃易爆的化学品及危险品的场合，为防止起升卷筒之前的传动系一旦损坏而导致恶性安全事故，应在卷筒上装设综合式机械制动器起安全制动的作用。安全制动器应在机构失效或传动装置损坏导致物品超速下降，下降速度达到1.5倍额定速度前自动起作用，其制动力矩应考虑安全系数、制动时间与距离、制动加速度与制动冲击效应等综合因素而定。为了减小安全制动器制动时对传动系统产生过大的冲击作用，安全制动器的上闸动作应滞后于工作制动器。安装后的安全制动器一般只做正常动作试验而尽量避免做满负荷试验。

（5）制动距离的要求　制动距离属于制动安全性能指标，同样会影响制动力矩的确定。因此，设计规范规定：对于需要控制下降制动距离的起升机构，其下降制动距离（控制器转回零位后，从制动器断电至物品停止时的下滑距离）一般可控制为不大于1min内稳定起升距离的1/65。

6. 联轴器的选型计算

根据工作条件确定所选用联轴器的形式，然后按其所传递的转矩、连接轴尺寸和转速及选择系数等确定型号，并使其满足

$$M_c = kM_L \leqslant [M_{LT}] \tag{8-23}$$

式中 M_c——计及实际工况影响而用于选择联轴器的计算转矩（N·m）；

k——考虑联轴器实际工况的影响系数，与联轴器的类型、工况、载荷等因素有关；

M_L——未计及实际工况的影响、机构传动转矩折算到联轴器的稳定理论转矩（N·m）；

$[M_{LT}]$——由强度等条件限制而允许长期传递的联轴器公称（许用）转矩（N·m）。

需要注意的是，联轴器的理论转矩 M_L 属于 P_M 型载荷，其值与计算位置（首端/末端）、驱动力矩（电动机/制动器）等有关。机构起动、制动时的动载效应由系数 k 反映，必要时还需要考虑载荷增大系数 γ'_m 的影响（与减速器类似）。选择相应的最大计算值作为计算依据，并且应与许用力矩 $[M_{LT}]$ 的载荷性质保持一致。

1）对于齿轮联轴器、梅花联轴器等，其计算转矩 M_c 应满足

$$M_c = k_1k_2k_3k_4k_5M_L \leqslant [M_{LT}] \tag{8-24}$$

式中 k_1——考虑联轴器使用场合重要程度的系数，其值可按表 8-10 选取；

k_2——考虑起动频繁程度的系数，其值可按表 8-11 选取；

k_3——考虑机构实际工况的系数，其值可按表 8-10 选取；

k_4——考虑弹性件温度的影响系数，其值可按表 8-12 选取，无弹性件时，$k_4=1$；

k_5——考虑连接轴线偏转误差对传递的影响系数，与联轴器的类型有关，齿式联轴器时的 k_5 值可参考图 8-67 来选取。

表 8-10 系数 k_1 和 k_3

机构类型	k_1	机构类型	k_3
起升机构 变幅机构	1.8	起升机构	1.4
		运行机构	1.6
运行机构 回转机构	1.3	回转机构	1.4
		变幅机构	1.25

表 8-11 系数 k_2

机构每小时起动次数	k_2
≤120	1.0
>120~240	1.3
>240	1.5
—	—

表 8-12 温度影响系数 k_4

复合材料类型	环境温度 t/℃		
	30~40	40~60	60~80
天然橡胶（NR）	1.1	1.4	1.8
聚氨基甲酸乙酯（PUR）	1.2	1.5	—
丙烯酸烷基氢-丁二烯-生橡胶	1.0	1.0	1.2

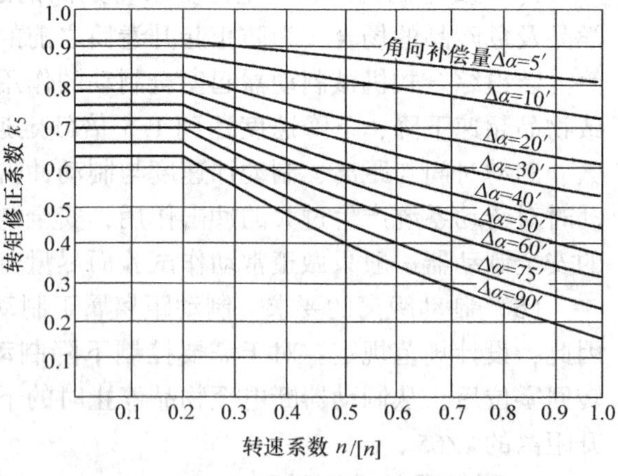

图 8-67 齿式联轴器允许转降低系数 k_5

2）对于卷筒专用鼓形齿式联轴器等，其计算转矩 M_c 应满足

$$M_c = k_M \phi_6 M_L \leqslant [M_{LT}] \tag{8-25}$$

式中 k_M——与起升机构工作级别有关的系数，其值见表8-13。

表8-13 工作级别系数 k_M

工作级别	M1～M2	M3	M4	M5	M6	M7	M8
k_M	1.00	1.12	1.25	1.40	1.60	1.80	2.00

3）对于万向联轴器等，其选型计算与类型相关，具体见相关标准。

7. 浮动轴的设计计算

浮动轴主要承受转矩载荷，一般采用45钢，应对其进行强度、刚度和临界转速等计算。对于转速超过400r/min的长传动轴，一般应验算其临界转速，并使轴的最大转速满足

$$n_{max} \leqslant \frac{n_{cr}}{1.2} \tag{8-26}$$

式中 n_{max}——轴的实际最大转速（r/min）；

n_{cr}——轴的临界转速（r/min）。

$$n_{cr} = 1210\frac{\sqrt{d_1^2 + d_2^2}}{l^2} \tag{8-27}$$

式中 d_1——轴的内径（cm），当为实心轴时，$d_1 = 0$；

d_2——轴的外径（cm）；

l——浮动轴支点间距的长度（m），可参考图8-12中A的确定方法。

8. 电动机的校核验算

（1）电动机的过载校验　起升电动机初选后，为保证有足够大的起动力矩，电动机还应进行过载能力校验。即

$$P_{JC} \geqslant \frac{H}{n\lambda_{mJC}} \frac{P_{QCL} v_n'}{60 \times 1000\eta} \tag{8-28}$$

式中 λ_{mJC}——相对于某JC值下额定功率P_{JC}时的电动机最大转矩倍数，其值可由电动机制造商提供，或者由基准接电持续率（S3—40%）时的λ_m折算转换，对于直接全压起动的笼型电动机，堵转转矩倍数$\lambda_m \geqslant 2.2$；

H——系数，按有电压损失（交流电动机-15%，直流电动机和变频电动机不考虑）、最大转矩或堵转转矩有允差（绕线转子异步电动机为-10%，笼型异步电动机为-15%，直流电动机和变频电动机不考虑）、额定起升载荷等条件确定，绕线转子异步电动机和笼型电动机取$H=2.5$，变频异步电动机则取$H=2.2$，直流电动机取$H=1.4$；

n——电动机个数；

v_n'——选定减速器后的实际起升速度（m/min）。

（2）电动机的发热验算　桥架类起重机和门座起重机常用的YZR绕线转子异步电动机，其发热验算可用等值损耗法，具体计算过程可参考第4.5节内容，电动机应满足

$$P_{JC-CZ} \geqslant P_S = GP_j \tag{8-29}$$

式中 P_{JC-CZ}——电动机按实际CZ值、JC值折减后的发热允许功率（kW），见附录D；

P_S——稳态负载平均功率（kW）；

G——稳态负载平均系数，见表4-7。

直接起动方式下的笼型异步电动机，发热验算具体计算内容可参考第4.5节内容。

9. 起（制）动过程计算

（1）起（制）动过程分析　起升机构除要考虑稳定运动状态时的计算外，还应进行起（制）动的动态过程计算。众所周知，起重机械具有间歇性、变化性、频繁正逆、动载交替等工作特点，在每个工作循环中，机构总是处于开动与停止、起动与制动、正向与反向等交替进行的运动之中，一般可归纳为起动（加速）、稳定运动（等速）及制动（减速）三个阶段，尤其应关注在变速阶段中电动机和制动器的工作能力。

起升机构在起（制）动阶段作变速运动会产生加速度与惯性载荷。起（制）动时间较长，加速度固然减小，但降低整机的生产率，过长的制动时间还会导致“镏钩”现象从而引发严重的安全问题。起（制）动时间过短，加（减）速度自然增大，对金属结构、机械系统、电气控制等都会带来很大的动载荷。因此，起升机构既应具有足够的起（制）动能力来满足繁重的工作要求，同时也应把起（制）动时间控制在合理的范围之内。

为简化计算，可假定机构在起动、制动阶段均作等加速运动，并把各传动构件都看做刚体。机构起（制）动时必须具有较大的工作转矩（起动转矩 M_q 或制动转矩 M_{zh}），才能使原来处于稳定运动（静止或等速运动）状态的系统进入过渡运动状态。这时，工作转矩除克服静阻力矩 M_j（或 M_j'）外，还需克服传动系统转动惯量（包括运动质量）在加（减）速过程中引起的惯性转矩 M_g，动转矩越大，变速过程的时间就越短，而加速度也越大。

（2）起动时间与起动加速度　起升电动机起动（起升）时，传动轴上的力矩平衡方程式为

$$M_q = M_j + M_g \tag{8-30}$$

$$M_g = [J]\varepsilon = [J]\frac{\omega}{t_q} = \frac{\pi}{30}\frac{[J]n_d}{t_q} = \frac{[J]n_d}{9.55t_q} \tag{8-31}$$

则机构起动时间 t_q 为

$$t_q = \frac{[J]n_d}{9.55(M_q - M_j)} \tag{8-32}$$

式中　M_q——电动机起动转矩（N·m），起动时电动机的转矩会在最大转矩和最小（切换）转矩之间变化，一般取平均起动转矩 $M_{dq} = M_q$，而 M_{dq} 为

$$M_{dq} = \lambda_{AS} T_N \tag{8-33}$$

λ_{AS}——电动机平均起动转矩倍数，其推荐值见表8-14；

T_N——电动机额定转矩（N·m）；

$[J]$——起升时机构折算到电动机轴上的总转动惯量（kg·m²），可按下式计算

$$[J] = kJ_g + \frac{P_{QGL}D_0^2}{4gm^2i^2\eta} \tag{8-34}$$

J_g——高速轴上旋转质量的转动惯量（kg·m²），主要包括电动机转子的转动惯量 J_D、联轴器的转动惯量 J_L、制动轮的转动惯量 J_Z、浮动轴的转动惯量 J_F 等，则

$$J_g = J_D + J_L + J_Z + J_F \tag{8-35}$$

k——考虑其他传动件转动惯量的系数，$k = 1.1 \sim 1.2$，常取 $k = 1.15$。

表 8-14　电动机平均起动转矩倍数值

电动机形式		λ_{AS}
起重用三相交流绕线转子电动机		1.5~1.8
起重用三相笼型电动机	普通形式	电动机堵转转矩倍数
	变频器控制形式	1.5~1.8
并励直流电动机		1.7~1.8
串励直流电动机		1.8~2.0
复励直流电动机		1.8~1.9

起动时间与机器使用场合相关，其与速度的共同作用就是起动平均加速度 a_q。即

$$a_q = \frac{v_n'}{60t_q} \leqslant [a] \tag{8-36}$$

式中　$[a]$——平均起动加速度的参考值（m/s^2），具体可参考表 8-15 中的推荐值。

合适的起动时间 t_q 通常视起升速度大小及用途而定。中小起重量的起重机，起动时间可短些；大起重量或速度高的起重机，起动时间可稍长些。加速度与生产率、吊运平稳性要求等有关，安装用或吊运熔化金属及危险品时多要求运动平稳，故可取小值，而高生产率且对平稳性无严格要求时则可取较大值。t_q 与 a_q 值具体可参考表 8-15 中的推荐值。

表 8-15　起升机构起（制）动时间和平均升降加（减）速度参考值

起重机的用途及种类	起（制）动时间 t/s	平均加（减）速度$[a]/(m/s^2)$
精密安装用的起重机	1~3	≤0.01
吊运液态金属和危险品的起重机	3~5	≤0.07
通用桥式起重机和通用门式起重机	0.7~3	0.01~0.15
冶金工厂中生产率高的起重机	3~5	0.02~0.05
港口用门座起重机	1~3	0.3~0.7
岸边集装箱起重机	1.5~5	0.2~0.8
卸船机	1~5	0.5~2.2
塔式起重机	4~8	0.25~0.5
汽车起重机	3~5	0.15~0.5

需要注意的是，根据起重机械的不同使用要求，对起（制）动时间或平均升降加（减）速度两项指标，设计时只能选取一项作为主要考核指标。

（3）制动时间与制动加速度　起升机构制动按工况可分为上升制动和下降制动。下降制动的制动时间较长，危险性较大，故通常计算下降时的制动时间 t_{zh}（单位为 s）和制动减速度 a_{zh}（单位为 m/s^2）。即

$$t_{zh} = \frac{[J]'n_d'}{9.55(M_{zh} - M_j')} \tag{8-37}$$

$$a_{zh} = \frac{v_j'}{60t_{zh}} \leqslant [a] \tag{8-38}$$

式中　$[J]'$——下降时机构换算到电动机轴上的总转动惯量（$kg \cdot m^2$）

$$[J]' = kJ_g + \frac{P_{QGL}D_0^2}{4gm^2 i^2}\eta' \tag{8-39}$$

n_d'——下降时电动机的转速（r/min），通常 $n_d' \approx 2n_0 - n_d$；

v_j'——与 n_d'对应的实际下降速度（m/s）。

需要注意的是，无特殊要求时，下降制动时间及减速度应控制在合理范围之内，设计时常取 $a_q \approx a_{zh}$，具体可参考表8-14 中的推荐值。另外，上升制动的加速度很大，但上升制动距离与作用时间较短，设计中需关注此工况下的动载荷影响。

10. 其他零部件的设计计算

根据起升机构的载荷特点和计算工况，可将稳定运动时的额定载荷作为机构的基本计算载荷。此计算载荷若为 P_M 型时，其计算路径仍然是首端/末端、起动/制动工况，并取其中的较大值，必要时还要考虑载荷增大系数 γ_m'的影响。高速轴电动机到制动轮之间的传动系一般应考虑机构起（制）动弹性增大动载系数 ϕ_5 的效应，低速轴传动系一般应考虑起升动载系数 ϕ_2（或 ϕ_6）的效应，具体内容参见第 3. 2. 2 节中动载荷的相关规定。由于起升载荷属于单向作用的位能性载荷，故电动机至制动器间的传动系，受起（制）动影响的扭转应力基本按对称循环变化，其余部分传动系的弯曲应力基本按脉动循环变化。

若仅考虑电动机承受传动系统的工作转矩（由吊重所产生），则按Ⅰ类载荷组合形式进行疲劳计算的公式如下：

高速轴可为
$$M_{\mathrm{I}} = (1.3 \sim 1.4)T_N \tag{8-40}$$

低速轴可为
$$M_{\mathrm{I}} = \phi_6 M_{jt} \tag{8-41}$$

按Ⅱ类载荷组合形式进行强度计算的公式如下：

高速轴可为
$$M_{\mathrm{II}\max} = (0.7 \sim 0.8)T_m = (2.0 \sim 2.5)T_N \tag{8-42}$$

低速轴可为
$$M_{\mathrm{II}\max} = \phi_2 M_{jt} \tag{8-43}$$

按确定的起升机构设计方案通过设计计算后，还应按比例画出布置图以校验和解决设计计算结果的适应性问题。

8.3 特种起升机构

在实际使用中，除了常见的以吊钩、单速、普通场合与物品为典型特征的通用（一般）起升机构以外，还经常会遇到在取物装置、变（多）速与微速、特种物品与特种场合等方面有特殊要求的特种起升机构，如抓斗、集装箱等起升机构，熔融金属（铸造）、危险品等起升机构，核电站、水电站等专用起升机构，变（多）速、微速、安装等起升机构。

8.3.1 抓斗起升机构

1. 概述

由第 6 章中抓斗的相关内容可知，单绳抓斗自身具有锁扣装置来实现开闭与升降功能的转换，马达抓斗和液压抓斗自身带有专门的开闭机构，这些抓斗的升降动作均可采用单卷筒-单驱动绞车的形式来实现。单绳抓斗起升机构的构造和设计与通用起升机构相同，如图 8-68 所示。马达抓斗起升机构只需在通用起升机构的基础上增设电缆同步装置即可（图 8-4）。

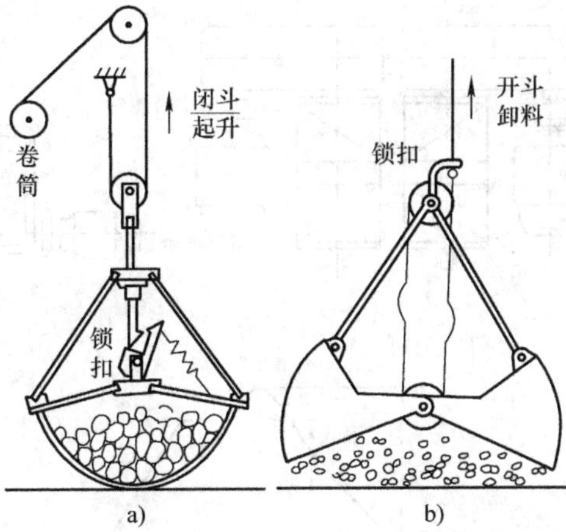

图 8-68　单绳抓斗起升机构

对于效率高、使用广的双绳抓斗而言，从其工作原理来看，则需配备专用的特种起升机构——独立双卷筒-分别驱动绞车，其中一个是专供起升绳用的升降卷筒（升降机构），另一个则是专供闭合绳用的开闭卷筒（开闭机构），如图8-69 所示。而双绳抓斗的驱动部分又可分为双电动机驱动（独立、独立-同步、独立-差动、叠加、叠加-制动均衡等）、单电动机驱动等形式。

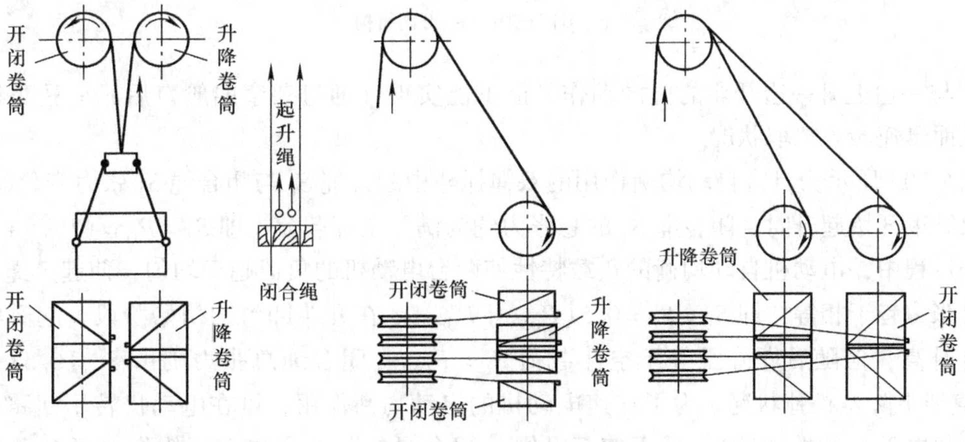

图 8-69　抓斗起升机构的双卷筒布置简图

2. 独立驱动的双绳抓斗起升机构

本方案由两套完全相同的普通起升机构组成（两台电动机分别独立驱动两个卷筒），其中一套实现抓斗升降动作，另一套实现抓斗开闭动作，如图 8-70 所示，两套机构利用电动机自动均衡作用与司机及时地同步操作共同完成双绳抓斗的装卸作业，具有通用、简单、可靠等特点，是双绳抓斗最常用的传动方案。

本方案工作原理：两套机构向相同方向运动可实现抓斗升降动作，将升降绞车制动、起动开闭绞车可实现抓斗开闭。此外，还可以实现一边下降一边闭斗（张开抓斗通过狭窄船

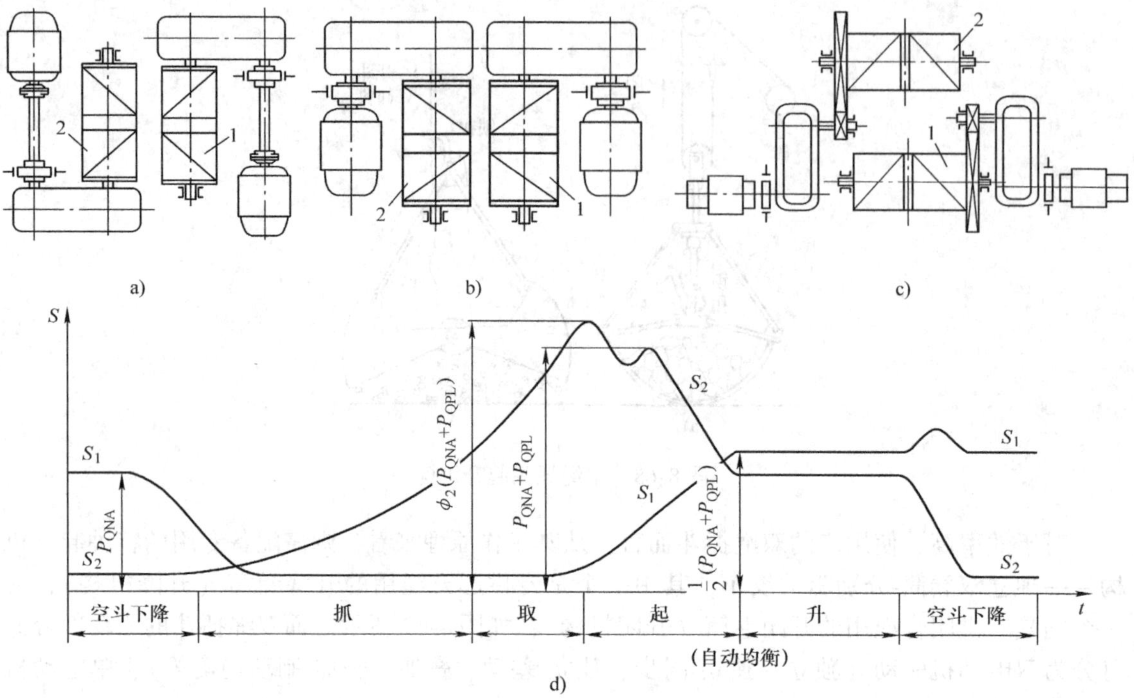

图 8-70　独立驱动的双电动机抓斗起升机构

1—升降机构　2—开闭机构

舱口）与一边上升一边开斗的协同动作，但不能实现（通过狭窄船舱口后）一边下降一边开斗从而迅速转入抓取状况。

图 8-70d 所示为具有自动均衡作用的双绳抓斗中起升绳 S_1 与闭合绳 S_2 张力变化的情况。在抓取结束开始起升时，闭合绳 S_2 的总张力约为满斗全部载荷，即 $S_2 = P_Q = (P_{QNA} + P_{QPL})$；在起升过程中，电动机自动均衡的负载特性使两台电动机的负荷趋于均匀，使起升绳与闭合绳的总张力趋于相等，即 $S_1 = S_2 = 0.5(P_{QNA} + P_{QPL})$。在开斗卸料的初始阶段，起升绳总张力略有升高，但随后即降至等于空斗载荷 $S_1 = P_{QNA}$；闭合绳总张力则由 $S_2 = 0.5(P_{QNA} + P_{QPL})$直线下降至松弛状况。为了加速电动机的自动均衡作用，可在电动机转子回路中保留一段软化电阻（特性变软），从而使起升绳与闭合绳的张力尽快实现均衡（低负荷者高转速）。考虑到双绳抓斗负荷可能存在的不均匀性，两台电动机的功率各按 $0.66P_j$（满斗起升总静功率）计算，两绳直径相同，其载荷为 $S_1 = S_2 = 0.66(P_{QNA} + P_{QPL})$。当采用直流调速或交流变频调速，并进行特殊设计实时监控保证抓斗离地时升降与开闭机构载荷准确协调、共同承担时，两台电动机的功率各按 $0.55P_j$ 计算，$S_1 = S_2 = 0.55(P_{QNA} + P_{QPL})$。

上述独立驱动形式下双绳抓斗载荷与功率分配的前提是：系统具有自动且快速地均衡作用以及司机及时同步操作（如采用差动式电控装置等），使得闭合绳和起升绳中的载荷平均分配或将两种绳之间的载荷差异仅限制在闭斗末期或开始张开的一个极短时期内；否则，双绳抓斗的开闭电动机功率则宜取为 P_j，而升降电动机功率则宜取为 $0.66P_j$，起升绳总张力 $S_1 = 0.66(P_{QNA} + P_{QPL})$，闭合绳总张力 $S_2 = (P_{QNA} + P_{QPL})$，但闭合绳的安全系数 $n \geqslant 2.5$。

3. 独立驱动-差动开关形式的双绳抓斗起升机构

若双绳抓斗从闭斗抓取物料的末期到开始起升抓斗时能实现同步转换，就能避免出现抓斗撒料（提前）或闭合绳过载（滞后）等不利状况，而单纯依靠司机的经验和熟练操作，则很难获得最理想的同步转换动作，最好能装设专门装置来实现此动作的自动同步转换。图8-71所示为装设在两个卷筒末端的自动同步转换装置——差动转换开关，差动机构的一端为丝杠，另一端为螺母，均由各自的卷筒带动，当两卷筒同步运动时，丝杠与螺母由于转速相同而没有相对转动（丝杠没有轴向运动），因而抓斗开度不变。在抓斗开闭过程中，螺母与丝杠有相对运动（丝杠有轴向位移），其行程大小能准确地反映抓斗的开闭程度，当抓斗完全闭合时可以瞬间接通起升电动机。另外，差动转换开关中通常还装设有丝杠螺母式起升高度限位器以控制起升行程（上升或下降终点开关），其中丝杠由起升卷筒带动。

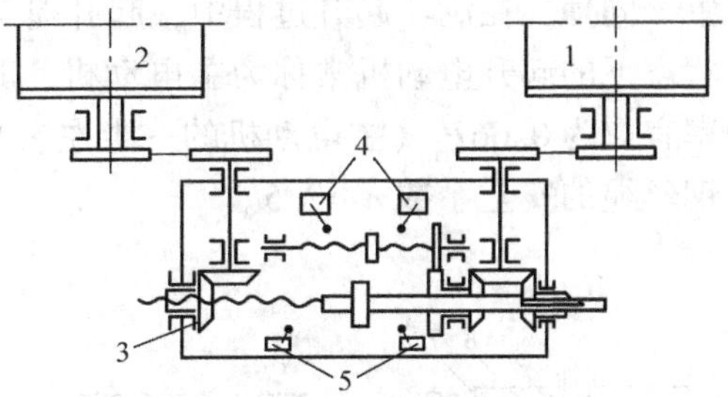

图8-71 差动转换开关

1—起升卷筒 2—闭合卷筒 3—差动机构 4—起升高度限位器 5—电动机开关触头

4. 独立驱动-同步装置的双绳抓斗起升机构

独立驱动双绳抓斗的自动均衡作用对于满斗起升过程是非常有利的，但对于行程较长的开斗下降过程则会产生不利影响。

当抓斗处于开斗（空斗）下降时，起升绳承受由空斗自重产生的张力 $S_1 = P_{QNA}$，而闭合绳处于松弛状态使抓斗开斗。起升绳的下降速度较快，闭合绳的下降速度较慢，由于电动机的自动均衡作用（软特性），从而使闭合绳产生张力逐渐收紧，张开的抓斗会慢慢闭合起来，若下降距离较大，当抓斗到达料堆时就会半闭合甚至全闭合，影响抓斗生产率。为此，可在两台绞车之间装设电气式或机械式同步装置以解决此问题。图8-72所示为装设了机械式同步装置——电磁离合器（高速轴或低速轴）的独立驱动双绳抓斗起升机构。

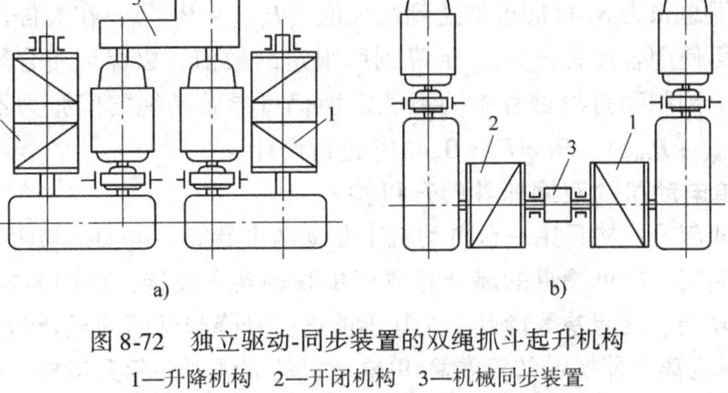

图8-72 独立驱动-同步装置的双绳抓斗起升机构

1—升降机构 2—开闭机构 3—机械同步装置

5. 独立驱动-行星减速器的双绳抓斗起升机构

此类双绳抓斗起升机构具有操纵方便、成本高、自重大等特点，用于生产率高的场合。

图 8-73 所示为起升（主）电动机带动起升卷筒并通过行星减速器同时带动闭合卷筒，闭合电动机通过行星减速器的运动叠加原理驱动闭合卷筒实现附加的抓斗开闭动作。起升电动机使抓斗升降，闭合电动机使抓斗开闭，两种动作可任意叠加，可在抓斗升降过程中根据需要同时进行抓斗的开或闭，从而大大提高生产率。由于抓斗的升降动作与开闭动作完全分离，两者之间不会产生自动均衡作用，因此，在空斗下降过程中也不会产生上述的自动闭斗现象。同理，在满斗起升过程中，起升绳与闭合绳之间也可能出现张力很不均衡的现象。此种状态下的起升电动机常称为主电动机，其功率宜取为抓斗满载时的 P_j，而闭合电动机的功率宜取为 $0.66P_j$（主电动机的一半左右），两绳总张力各为 $S_1=S_2=P_Q=(P_{QNA}+P_{QPL})$，但钢丝绳的安全系数 $n \geqslant 2.5$。

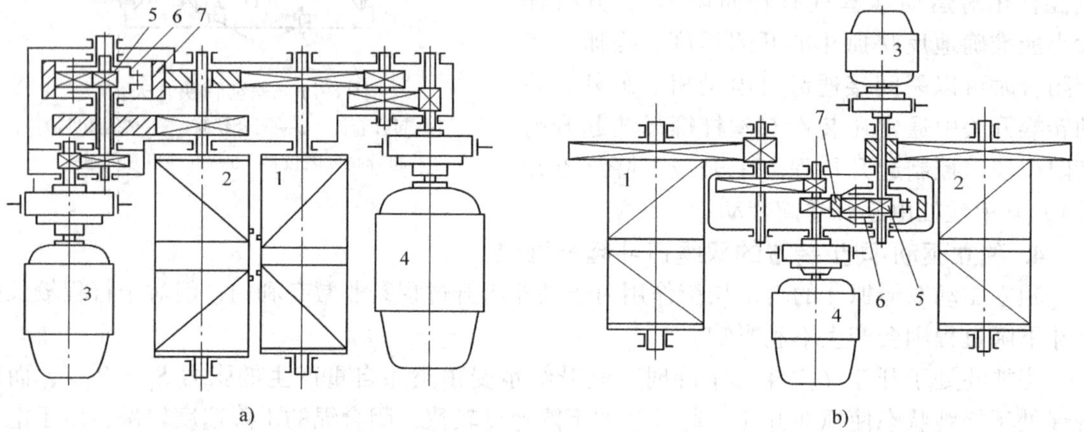

图 8-73　独立驱动-行星减速器的双绳抓斗起升机构

1—起升卷筒　2—闭合卷筒　3—闭合电动机　4—起升（主）电动机　5—太阳轮　6—行星轮架　7—齿轮

为了克服此类抓斗升降过程中起升绳与闭合绳之间的张力不均衡的缺陷，可将开闭机构制动器的制动转矩限定在某一数值（调整制动弹簧使其恰好产生相当于钢丝绳总张力一半左右的制动力矩），此时闭合绳总张力 $S_2=0.5(P_{QNA}+P_{QPL})$ 左右。当抓斗进入抓取物料的结束阶段时，闭合绳总张力 S_2 可能近似达到最大值（$P_{QNA}+P_{QPL}$），在关停闭合电动机后，利用制动打滑原理可使闭合绳总张力 S_2 下降到所限定的数值，以保证闭合绳与起升绳间的张力大致相等。考虑到制动打滑过程中的不稳定性仍可导致两绳之间张力不均衡，一般可按 $S_1=S_2=0.66(P_{QNA}+P_{QPL})$、$P_1=P_2=0.66P_j$ 进行设计。

6. 双卷筒-单电动机的双绳抓斗起升机构

此类双绳抓斗起升机构只用一台电动机来驱动两个卷筒，电动机与闭合卷筒间为刚性连接，而与起升卷筒间依靠可操纵的离合器或行星联轴器来连接，如图 8-74 所示。本方案具有价格低、操纵复杂、性能差等特点，尤其不能进行升降与开闭的复合动作，应用很少。

图 8-74a 所示为离合器操纵的双卷筒-单电动机的双绳抓斗起升机构。离合器 3 接通时两卷筒同步运动，使抓斗能以任何开闭状况进行升降；离合器 3 脱开并将离合制动器 4 制动后，可实现抓斗的开闭动作。为简化操作，特别是在司机看不清抓斗作业情况时，为了实现抓斗抓取完毕自动转入起升状态，可在起升卷筒 1 上装设打滑联轴器 6 以经常保持一个恰好

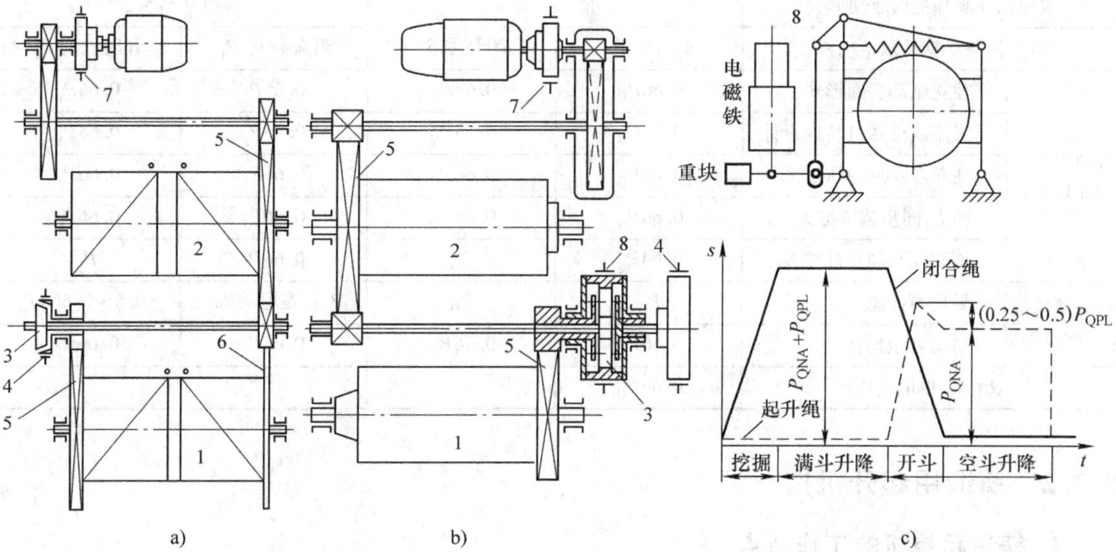

图 8-74　双卷筒-单电动机的双绳抓斗起升机构

1—起升卷筒　2—闭合卷筒　3—离合器（或行星联轴器）　4—离合制动器　5—开式传动　6—打滑联轴器　7—高速轴制动器　8—壳制动器

足以将起升绳张紧的微小力矩，抓斗抓取物料过程中，起升绳始终保持微微张紧，抓取完毕后，抓斗由闭合绳提起上升并使起升绳同步回收，抓斗开闭过程中，打滑联轴器打滑使起升绳停止不动。另外，实际应用中也可将离合器 3 设计成具有双级作用功能，第一级接合可保证微小力矩以实现打滑联轴器的功能，而第二级接合就是离合器的主功能。

需要注意的是，离合器操纵的双卷筒-单电动机的双绳抓斗起升机构，在控制系统设计时应采取必要措施（电气联锁控制），以保证抓斗由同步升降转入开闭过程中不致发生离合器与制动器同时脱开的状况，否则抓斗会突然闭合而产生猛烈冲击，导致机器损坏。

图 8-74b 所示为采用行星联轴器的双卷筒-单电动机抓斗起升机构。行星联轴器 3 的外壳由壳制动器 8 控制，其太阳轮与电动机连接，其行星轮架则与壳制动轮、闭合卷筒 2 连接，当壳制动器 8 抱紧，离合制动器 4 松开时，抓斗能以任何开闭状况实现升降动作；当壳制动器 8 松开，离合制动器 4 抱紧时，可以进行抓斗的开闭动作。另外，壳制动器 8 具有双级作用功能，通过调整制动弹簧能经常保持一个定值的微小制动力矩（类似打滑离合器的作用），壳制动器 8 通过松闸器并控制重块，使其实现全力矩制动或保持微小制动力矩。

图 8-74c 所示为双卷筒-单电动机驱动时闭合绳与起升绳的张力变化情况，一般可按闭合绳 $S_2=(P_{QNA}+P_{QPL})$、起升绳 $S_1=(P_{QNA}+0.2P_{QPL})\approx0.66(P_{QNA}+P_{QPL})$ 计算。

7. 关于独立驱动双绳抓斗起升机构的功率与张力

独立驱动双绳抓斗起升机构功率与张力的分配是影响因素较多的复杂过程，设计中应根据实际情况具体确定，也可参考表 8-16 进行分配。

表 8-16 双绳抓斗起升机构张力与功率分配

双绳抓斗起升机构驱动形式		张力		功率	
双卷筒独立驱动双电动机		起升绳 S_1	闭合绳 S_2	升降机构 P_1	开闭机构 P_2
自动均衡与及时同步	独立驱动普通形式	$0.66P_Q$	$0.66P_Q$	$0.66P_j$	$0.66P_j$
	直流或变频且特殊设计	$0.55P_Q$	$0.55P_Q$	$0.55P_j$	$0.55P_j$
	独立-差动开关形式	$0.66P_Q$	$0.66P_Q$	$0.66P_j$	$0.66P_j$
	独立-同步装置形式	$0.66P_Q$	$0.66P_Q$	$0.66P_j$	$0.66P_j$
	均衡性与同步性较差	$0.66P_Q$	P_Q	$0.66P_j$	P_j
行星减速器（速度叠加）	无均衡性能	P_Q	P_Q	P_j（主电动机）	$(0.5\sim0.66)P_j$
	制动力距均衡	$0.66P_Q$	$0.66P_Q$	$0.66P_j$	$0.66P_j$
双卷筒-单电动机		$0.66P_Q$	P_Q	P_j	

8.3.2 铸造用起升机构

1. 铸造起重机的工作特点

铸造起重机是钢铁冶炼工艺中的主要设备之一，主要承担炉前向转炉兑铁液、炉后接受钢液、转运等工艺任务。铸造起重机主要具有以下工作特点（与通用相比）：

1）满载率高，使用频繁，工作级别高。对于在炼钢主生产线上的铸造起重机起升机构，其载荷状态级别一般为 Q3 或 Q4，使用等级为 T_6 或 T_7。

2）工作环境恶劣。粉尘多，环境温度高，一般可达 60°C。

3）安全要求高。搬运对象物主要为熔融金属，一旦出现故障或事故会造成很大经济损失和严重后果。

4）动作复杂度高。铸造起重机主钩起吊的对象物为盛有熔融金属的容器（如盛钢桶等），并且要完成钢液或铁液等熔融金属的倾倒动作，其过程还需要副钩配合主钩进行翻包动作。主钩按配置吊具的形式可分为固定式和可分式。固定式吊具为主起升钢丝绳通过下部动滑轮组直接与悬挂两个叠片式吊钩的起重横梁连接；可分式吊具为叠片式吊钩的起重横梁悬挂在主起升吊钩（单/双）上，如图 8-75 所示。固定式吊具的专用性强，适用于大中型场合；可分式吊具适应面广，适用于小型场合。

5）铸造用主起升机构的传动形式通常可分为单减速器（包括附加开式传动）、双减速器、三减速器等传动。

2. 铸造用起升机构的特殊要求

（1）工作制动器的要求　对于一套驱动装置的主起升机构，在传动链的驱动轴上应装设两套独立工作的制动器，每套制动器制动住全部载荷的安全系数不得低于 1.25；对于两套彼此有刚性联系的驱动装置，每套驱动装置应装设两套独立工作的制动器，每套制动器制动住全部载荷的安全系数不得低于 1.10；对于采用行星差动减速器的传动，每套驱动装置也应装设两套独立工作的制动器，每套制动器制动住单侧载荷的安全系数不得低于 1.75。

由于主起升机构吊运的是高温熔融金属，因此其升降速度的平均加（减）速度不应大于 0.1m/s^2，否则容易造成较大的冲击载荷，有时甚至导致熔融金属溅出。

（2）安全制动器的要求　对于额定起重量大于 16t 的铸造起重机，当主起升机构设置一

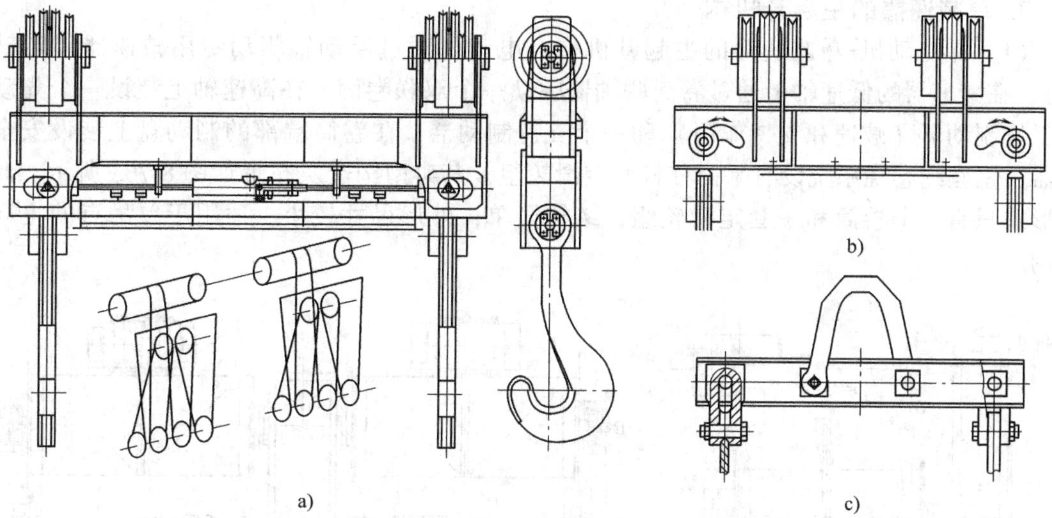

图 8-75 铸造用起重横梁吊具
a）自动变吊点固定式吊具 b）手动变吊点固定式吊具 c）可分式吊具

套驱动装置时，或主起升机构设置两套驱动装置，在输出轴上无刚性连接时，均应设置安全制动器。只有当主起升机构设置两套驱动装置，并在输出轴刚性连接时，可以不装设安全制动器。

对于额定起重量不大于 16t 的铸造起重机，主起升机构如果不装设安全制动器，在设计时其工作级别应至少比实际作业条件所要求的高两级，最小工作级别不应低于 M5。

起升机构的安全制动器装设在驱动系统传动链的最末端，即卷筒装置端部的制动盘上，同时有一套检测系统与之配套。当检测系统检测到两个卷筒的转速不一致，电动机或卷筒超速，或高速轴与低速轴之间的速比发生变化时，控制系统立即控制安全制动器抱闸。在故障状态下，调速装置控制电源被切断，工作制动器立即闭合，安全制动器随后闭合。另外，在司机室内设置了一个安全制动器的紧急按钮，当司机发现紧急情况时，可立即按动该按钮，使安全制动器立即抱闸，并能通过手动方式，点动安全制动器，使重物下降。

（3）钢丝绳的要求　对于带不可分式吊具横梁的主起升机构，一般为双吊点；双吊点应采用四根钢丝绳缠绕系统。对于带可分式吊钩下面带吊具横梁的主起升机构，一般为单吊点；单吊点至少采用两根钢丝绳缠绕系统。考虑到钢丝绳与高温熔融金属近距离接触，应采用绳芯或钢丝股芯等钢丝绳。钢丝绳的安全系数一般应按比实际工作级别高一级的工作级别选择。为了保证主起升机构缠绕系统的安全，不允许采用平衡滑轮。

（4）故障冗余保护　主起升机构常采用两套驱动装置以实现故障冗余保护，两套驱动装置应由两套控制系统控制，当其中一套驱动装置或控制系统发生故障时，另一套驱动装置和控制系统应能保证在额定起重量下完成一个工作循环。

（5）安全保护装置的要求　主起升机构在上升极限位置应设置不同形式双重二级保护装置，并且能够控制不同的断路装置，当取物装置上升到设计规定的极限位置时，第一级保护装置应能切断起升机构的上升动力源，若第一级保护装置失效，则第二级保护装置应能切断更高一级动力源。需要时应装设下降极限位置联锁保护装置。

3. 单减速器的主起升机构

（1）单电动机-单减速器的主起升机构　电动机通过浮动轴驱动专用减速器（定轴轮系），在减速器的低速轴上通过卷筒联轴器驱动一个双联卷筒，在高速轴上装设一个先动作的工作制动器（减速和支持作用）和一个支持制动器，在卷筒端部的制动盘上装设安全制动器，钢丝绳卷绕系统设有平衡杠杆和定滑轮组，其典型构造及布置如图8-76a所示。此布置形式只有一个卷筒和一套定滑轮组，结构简单，外形尺寸较小，适用于单吊点的主起升机构。

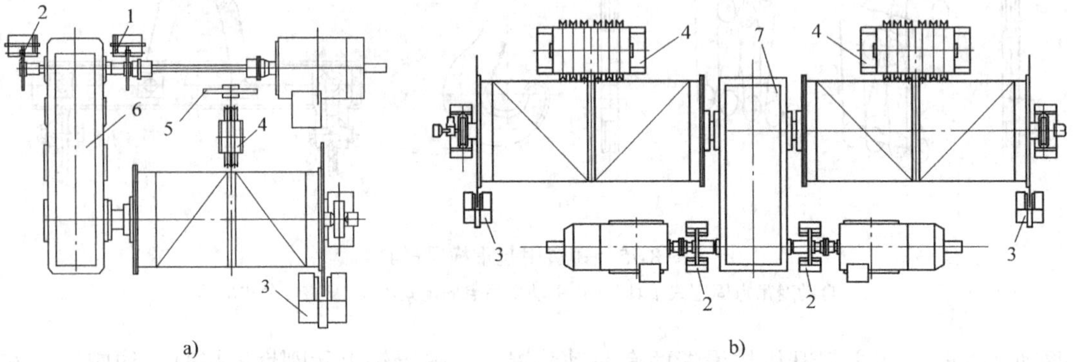

图8-76　单减速器的铸造用主起升机构

1—支持制动器　2—工作制动器　3—安全制动器　4—定滑轮组　5—平衡杠杆
6—专用减速器（定轴轮系）　7—专用行星减速器

（2）双电动机-单减速器的主起升机构　此典型构造及布置如图8-76b所示，适用于双吊点的主起升机构。两套驱动装置、卷筒组和定滑轮组，两台电动机分别通过联轴器驱动一台周边轮系减速器，减速器低速轴的两端通过卷筒联轴器分别驱动一个双联卷筒。为减小小车架的外形尺寸，钢丝绳平衡杠杆一般设置在吊具横梁上。减速器多为专用行星减速器，一个电动机与行星减速器的太阳轮轴相连，另一个电动机和与大齿圈外啮合的小齿轮轴相连。两台电动机应有两套控制系统控制，并且当其中一台电动机或一套控制装置出现故障时，该侧的制动器抱闸，而另一侧电动机可以单独运行，并能以0.5倍的额定速度连续工作。

由于行星减速器的特殊性，在单电动机工作时传动链上任何一个零件都不过载，只承受一倍载荷，因此可以长时间工作，只是升降速度降低为原速度的1/2，此时每台电动机的功率都按0.5倍的总功率选取，传动链上的零件也按一倍载荷设计，电动机总功率、电控装置容量等也均可相应减小，成本低，使用能耗小。

4. 双减速器的主起升机构

（1）双电动机-双减速器-双卷筒直线布置主起升机构　此典型构造及布置如图8-77所示。两个直线布置的卷筒中间装设两个减速器和同步联轴器，使得小车在跨度方向上的尺寸较大，故适用于双吊点、中小吨位的铸造起重机。

两台电动机分别通过浮动轴和联轴器驱动减速器，减速器低速轴上通过卷筒联轴器驱动双联卷筒，每套驱动装置在高速轴上装设一个工作制动器（先动作）和一个支持制动器，两套驱动装置在低速输出轴上设有同步连接，因此在卷筒上不需装设安全制动器。

当其中一套电动机、控制装置或传动链失效时，该侧的工作制动器制动，制动器打开

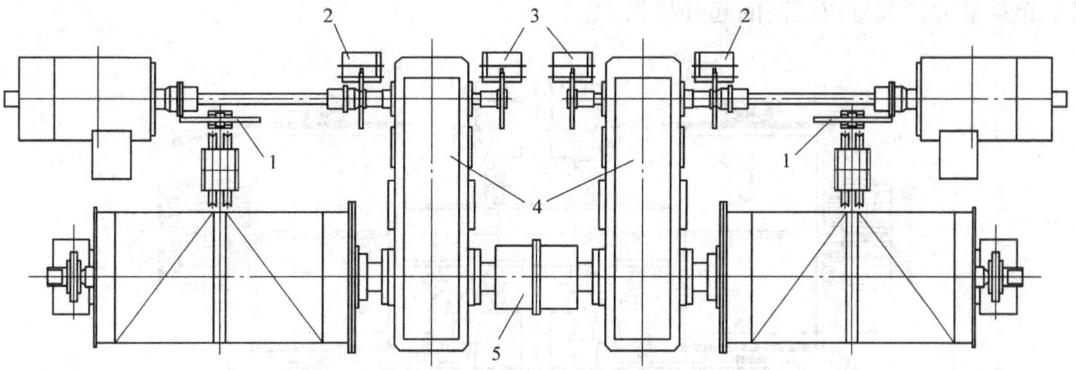

图 8-77 双电动机-双减速器-双卷筒直线布置铸造用主起升机构

1—平衡杠杆 2—支持制动器 3—工作制动器 4—减速器 5—同步联轴器

后，用另一套驱动装置通过两个减速器之间的同步联轴器可以把动力传到故障一侧，使两个卷筒的转速一致，可将所吊运的钢液包放回地面，甚至完成一个工作循环，从而保证吊具上的两个吊点在高度上一致，钢液包不会发生倾斜。

在上述工况下，电动机和传动链上的其他零件要承受两倍载荷，每台电动机的功率都按0.65倍的总功率选取，减速器和传动链上的其他零件也按两倍载荷进行强度校核。

(2) 双电动机-双减速器-双卷筒平行布置主起升机构 此典型构造及布置如图 8-78 所示，其电动机功率选型计算和传动零部件的受力情况与双卷筒直线布置主起升机构相同，适用于双吊点、大吨位的铸造起重机。

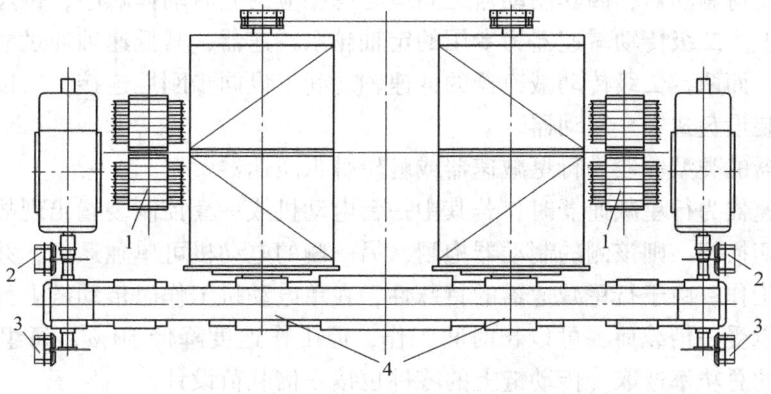

图 8-78 双电动机-双减速器-双卷筒平行布置铸造主起升机构

1—定滑轮组 2—支持制动器 3—工作制动器 4—减速器（一体化布置）

两台电动机分别通过联轴器驱动减速器，减速器低速轴上通过卷筒联轴器分别各自驱动一个双联卷筒，每套驱动装置在高速轴上装设一个工作制动器和一个支持制动器。为了减小小车架的外形尺寸，钢丝绳平衡杠杆一般设置在吊具横梁上。两个减速器的低速端设有同步齿轮形成一体化布置，使两套驱动装置在输出轴上形成同步刚性连接，因此卷筒上不需再另装设安全制动器。

5. 三减速器的主起升机构

四（双）电动机-三减速器-双卷筒平行布置主起升机构的典型布置如图 8-79 所示，适用于起重量大、起升速度高的起升机构。

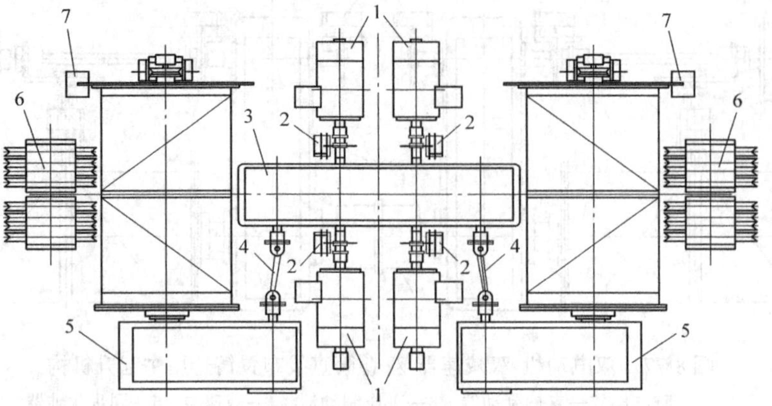

图 8-79　四（双）电动机-三减速器-双卷筒平行布置主起升机构

1—电动机　2—工作（支持）制动器　3—中央减速器　4—万向连轴器
5—二级传动减速器　6—定滑轮组　7—安全制动器

四台电动机分别通过联轴器驱动中央减速器的高速轴，在中央减速器两个低速轴上分别通过万向联轴器驱动两个二级传动减速器的高速轴。万向联轴器能提高系统的补偿性能，但在设计中应适当提高其安全系数，并应进行高速动态平衡。同轴线上的两台电动机为一组，分别连接在中央减速器的两端高速轴上，两组电动机分别由两套控制系统控制并进行故障冗余保护设计。每组中的两台电动机可根据功率、外形尺寸等条件的变化改为一台大功率的电动机来代替，此状态就成为双电动机驱动的形式。每组驱动装置的高速轴上各装设一个工作制动器和一个支持制动器，四套制动器之间应考虑相应的先后动作顺序，钢丝绳平衡杠杆设置在吊具横梁上。二级传动减速器为专用的定轴轮系减速器，其低速轴通过卷筒联轴器分别驱动双联卷筒，而两台二级传动减速器的低速轴之间不设同步刚性连接，所以在两个双联卷筒的端部都应装设盘式安全制动器。

中央减速器的类型一般为行星减速器或棘轮棘爪减速器。

当中央减速器为行星减速器时，若其中一台电动机或一套控制装置出现故障，把该组的另一台电动机切换掉，则该侧的制动器抱闸，另一侧的电动机可单独运行，并能以 0.5 倍的额定速度连续工作。由于行星减速器的特殊性，在单电动机工作时传动链上任何一个零件都不过载，只是承受一倍载荷，可以长时间工作，但工作速度降低 50%，每组电动机的功率均是按 0.5 倍的总功率选取，传动链上的零件也按一倍载荷设计。

当中央减速器为棘轮棘爪减速器时，若其中一套电动机、控制装置或传动链失效，把该组的另一台电动机切换掉，则工作制动器打开，用另一套驱动装置需要能够把所吊运的钢液包放回地面，甚至完成一个工作循环。电动机和传动链上的其他零件都要承受两倍载荷，每台电动机的功率均按 0.65 倍的总功率选取，减速器和传动链上的其他零件也按照两倍载荷进行强度校核。

8.3.3　核电站专用起升机构

1. 核电站专用起重机类型

核电站专用起重机主要包括核岛内部的环行起重机、燃料装卸起重机、燃料厂房内的乏燃料起重机和乏燃料容器起重机等，其安装位置和主要用途如下：

（1）环形起重机　核电站核岛为圆柱形厂房，在核岛内部墙壁上均匀布置着若干数量的支承牛腿，在牛腿上方敷设有供环形起重机旋转用的环形轨道和承轨梁，由于该起重机作环形旋转运动而称为环形起重机，如图8-80所示。

图8-80　核电环形起重机

在核电站建设期间，环形起重机用于反应堆压力容器、蒸汽发生器、堆内构件等设备的吊装。在核电站停堆换料期间，环形起重机用于压力容器顶盖的吊起和安装。为了在核电站建设期间安装吊运重型机械设备，环形起重机可设置一个能与运行小车并联使用的安装小车以增大起重量。安装小车一般没有单独运行的要求，都是与运行小车一起联合起吊重大件设备。安装小车只在核电站建设阶段使用，可以按一般起重机标准进行设计，在核电站建设阶段结束后安装小车就会被拆卸下来。

在核电站专用起重机中，环行起重机的起重量最大，其运行小车的起重量一般为190～360t，升降速度为0～1.5m/min，工作级别为T_5-L2-M5。

（2）燃料装卸起重机　燃料装卸起重机安装在核岛内部，横跨在反应堆厂房的换料水池上方，抓取对象为燃料组件，抓取部位为组件上管座，其专用吊具为抓取机械手，起重量一般为2t，升降速度为0～6m/min，工作级别为T_5-L2-M5。另外，在停堆换料期间，该起重机可用于在水下装卸具有高放射性的核燃料组件，并能在堆芯和燃料转运输送系统或抽插更换装置之间输送和装卸核燃料组件。

（3）乏燃料起重机　乏燃料起重机通常位于核燃料厂房的乏燃料储存水池上方，用于厂房内X、Y、Z三个方向的水下操作燃料组件工作，起重量为2t，升降速度0～12m/min，工作级别T_5-L3-M6。

乏燃料起重机类似于桥式起重机，其构造特点为桥架主梁下方悬挂有一个下部走台，以供操作人员站在下部走台上利用专用工具操作水下燃料组件，故也俗称人桥起重机。

（4）乏燃料容器起重机　乏燃料容器起重机安装在燃料厂房的设备吊装口、容器准备井和容器装载井的上方，主要用于乏燃料运输容器的接收、装载和发送的吊运操作，即从燃料厂房地面的运输车辆上提升乏燃料运输容器，通过设备吊装口到+20.00m操作面以上，并依次将容器放置在容器准备井和容器装载井内进行装料操作，此后又按相反顺序将容器吊运到运输车辆上。

乏燃料容器起重机起重量为130t～150t，升降速度为0～1.5m/min，工作级别为T_3-L4-M5。

2. 核电站专用起升机构的特殊要求

核电站专用起重机必须保证在特殊工作场所正常工作且安全可靠、定位准确。为此，其专用起升机构的设计应满足下列特殊要求：

(1) 单一故障保护设计　起升机构传动系统按照单一故障保护原则设计，当传动链上任何一个零件失效后，都要保持住所吊运的载荷不坠落。

电气系统按照单一故障保护原则设计，当其中任何一个电气元件失效后，都要求能够及时、准确、可靠地停车，以保证起重机和所吊运载荷的安全性。

(2) 防失效卷绕系统设计　采用两根钢丝绳交叉缠绕系统，即左侧卷筒上的钢丝绳先在上、下滑轮组的左侧缠绕，再通过导向滑轮缠绕到上、下滑轮组的右侧，最后固定在平衡杠杆的右侧。右侧卷筒上的钢丝绳先在上、下滑轮组的右侧缠绕，再通过导向滑轮缠绕到上、下滑轮组的左侧，最后固定在平衡杠杆的左侧。当两根钢丝绳中的一根断裂后，另一根钢丝绳能够维持吊具平衡。

(3) 高定位精度的要求　对于环行起重机和乏燃料容器起重机，其定位精度要求达到±5mm；对于燃料装卸起重机和乏燃料起重机，其定位精度要求达到±3mm。在起升操作(升或降)时，吊钩的最大水平偏移量应控制在5mm/10m以内。

(4) 工作制动器和安全制动器要求　略。

(5) 安全保护装置要求　略。

3. 环形起重机单减速器传动主起升机构

此典型构造及布置如图8-81所示。电动机通过带制动盘的联轴器驱动减速器的高速轴，在减速器低速轴上通过卷筒联轴器驱动双联卷筒，在减速器高速轴上分别装有一个工作制动器和一个支持制动器，在卷筒端部的制动盘上装有安全制动器，减速器低速轴的一端装有编码器，在卷筒轴端部装有旋转限位开关。

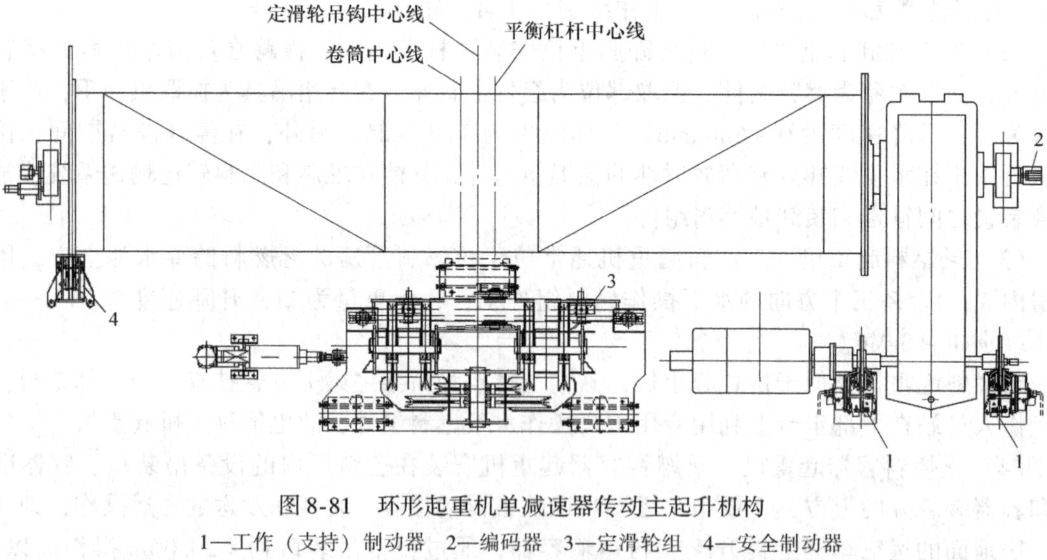

图8-81　环形起重机单减速器传动主起升机构

1—工作（支持）制动器　2—编码器　3—定滑轮组　4—安全制动器

工作制动器和支持制动器一般按照单个制动器制动住全部载荷时仍具有1.75倍的安全系数来选取，以满足在起升额定载荷上升或下降时，制动距离控制在50mm以内，以及制动住1.2倍的额定负载（动载试验载荷）和保持住1.5倍的额定负载（静载试验载荷）而不发生滑移。所有制动器均设置手动载荷下降功能，在断电或事故状态，手动将制动器闸瓦打开，缓慢地手动操作放下所吊运的载荷。

一般情况下支持制动器滞后于工作制动器上闸。当安全制动器的检测系统检测到电动机或者卷筒110%超速（升速、带负载或空载）、传动链损坏或停电或事故断电，控制系统立即控制安全制动器上闸。在起升机构传动链出现损坏故障时，应使被吊负载在200mm的距离以内停止，装设安全制动器使这种单减速器驱动形式满足了单一故障保护原则，保证传动链上任何一个零件失效后安全制动器都能够制动住卷筒，保证所吊运的载荷不会因意外事故而坠落。

装设编码器用来测定卷筒的转速和吊钩所在的位置高度，通过测速可用于判断卷筒是否超速，还可与电动机转速比较进行故障判断。在传动链正常的情况下，电动机和卷筒之间的速比是一定的，如果传动比发生了变化且超过一定值，则说明传动链损坏。

4. 环形起重机双减速器的主起升机构

（1）双电动机-双减速器-单卷筒的主起升机构　此典型构造及布置如图8-82所示。电动机两端分别通过联轴器驱动两个减速器的高速轴，在减速器低速轴上通过卷筒联轴器共同驱动双联卷筒，在减速器高速轴上分别装有一个工作制动器和一个支持制动器，在一侧减速器低速轴端装有编码器，另一侧减速器低速轴端装有旋转限位开关。

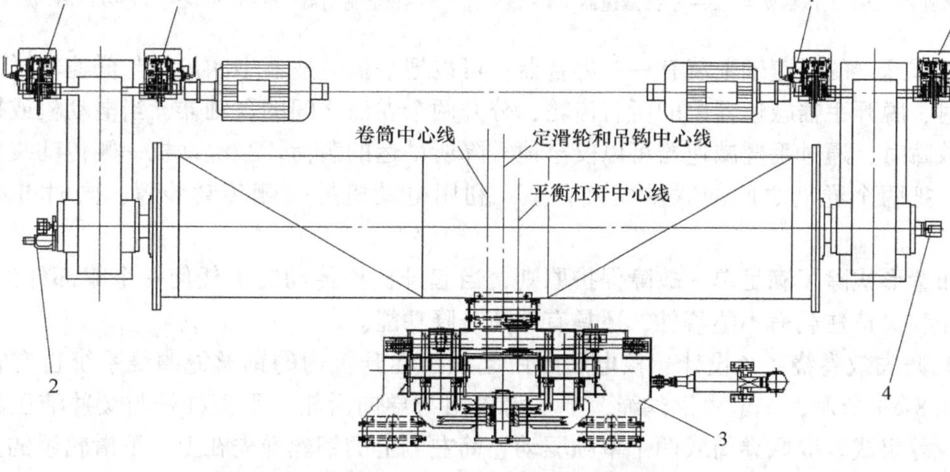

图8-82　环形起重机双电动机-双减速器-单卷筒的主起升机构

1—工作（支持）制动器　2—编码器　3—定滑轮组　4—旋转限位开关

对工作制动器和支持制动器的要求与单减速器传动形式的要求相同。因为采用了双减速器传动，当电动机一侧的传动零部件出现故障时，利用另一侧传动零部件仍可以保持载荷不坠落，并且还可实现载荷的升降，因此不需装设安全制动器。

利用一侧传动零部件升降载荷时，传动链上的每一个零件都要承受双倍载荷，因此需要按照承受正常载荷进行设计计算，按照承受两倍载荷进行静强度校核。

（2）单电动机-双减速器-双卷筒的主起升机构　此典型构造及布置如图8-83所示。在双出轴电动机的右端通过浮动轴驱动右侧减速器高速轴，在右侧减速器低速轴上通过卷筒联轴器驱动一个左旋卷筒，在双出轴电动机的左端通过浮动轴驱动左侧减速器高速轴，在左侧减速器低速轴上通过卷筒联轴器驱动一个右旋卷筒，在减速器高速轴端都装有工作制动器，在两个卷筒端部的制动盘上装有安全制动器，在浮动轴中间装有手摇减速器，在两个卷筒之间装有可分式联轴器。

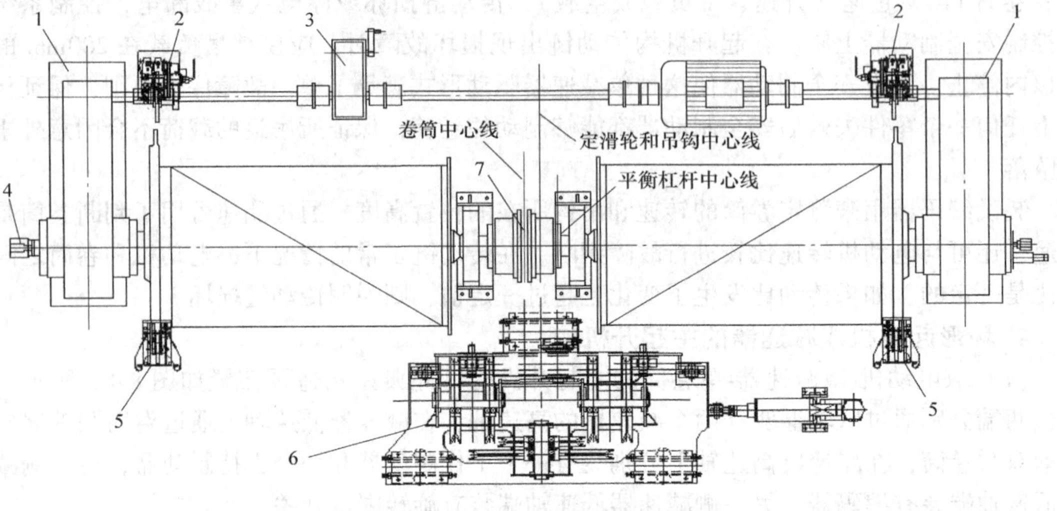

图 8-83　环形起重机单电动机-双减速器-双卷筒的主起升机构

1—减速器　2—工作制动器　3—手摇减速器　4—编码器　5—安全制动器　6—定滑轮组　7—可分式联轴器

手摇减速器的低速轴上装有一个离合器，可以把手摇减速器中的齿轮与低速轴脱开，正常工作时，脱开手摇减速器中的所有齿轮，分开两个卷筒之间的联轴器，当电动机或控制装置出现故障时，通过手摇减速器可以安全地升降所吊运的载荷。当电动机一侧传动装置出现故障时，把两个卷筒之间的联轴器接合上，利用电动机另一侧传动装置，同时带动两个卷筒。

此布置形式除了满足单一故障保护原则，当起升机构传动链上任何一个零部件失效后，能够停止和保持住载荷不坠落外，还具有载荷升降功能。

（3）防失效卷绕系统设计　核电站专用起重机起升机构的钢丝绳缠绕系统也有特殊要求，如图 8-84 所示，一般由钢丝绳、上下滑轮组与导向滑轮、平衡杠杆与缓冲液压缸及其安全装置等组成。双联卷筒或两个单独驱动卷筒左侧上的钢丝绳先在上、下滑轮组的左面外侧滑轮上缠绕，再通过大直径导向滑轮缠绕到上、下滑轮组的右面外侧滑轮上，最后固定在平衡杠杆的右侧。卷筒右侧上的钢丝绳先在上、下滑轮组的右面内侧滑轮上缠绕，再通过小直径导向滑轮缠绕到上、下滑轮组的左面内侧滑轮上，最后固定在平衡杠杆的左侧。

这种钢丝绳缠绕方法可以使两根钢丝绳均衡地分配载荷，并在其中一根钢丝绳损坏时另一根钢丝绳能够保持住载荷，并维持吊具的平衡。

在平衡杠杆装置两端装有缓冲液压缸，其作用是当两根钢丝绳中的一根断裂后，另一根钢丝绳以缓冲方式承受全部载荷，可有效减小事故状态下一根钢丝绳承受的短时最大冲击载荷。

为了降低上部滑轮组移动时的阻力，通常将其支承在滚动链上，驱动方式采用电动丝杠螺母或者滚珠丝杠，移动时的负载为额定载荷或临界载荷，移动距离设定为 ±100mm 左右以消除吊装盲区。

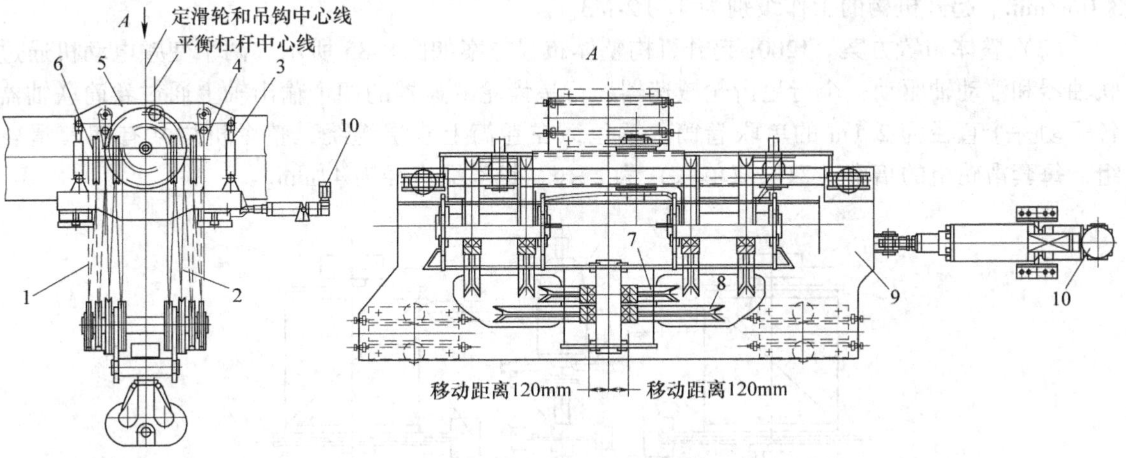

图 8-84 钢丝绳缠绕示意图

1—左侧钢丝绳 2—右侧钢丝绳 3—缓冲液压缸 4—上部滑轮组 5—钢丝绳楔套 6—平衡杠杆 7—小导向轮 8—大导向轮 9—支承架 10—电动丝杠螺母

8.3.4 水电站用大型起升机构

1. 水电站用大型起升机构的特殊性

水电站发电机主厂房内的桥式起重机承担着电站建设阶段的发电机组的转子、定子、转轮等关键设备的吊装任务，以及发电运行后设备检修的吊装任务，其特殊性如下：

（1）起重量大 水电站发电机组转子等设备都是在安装工位整体组装好后整体吊运至机位安装，转子的体积和质量都很大，这决定了起重机的额定起重量很大，国内长江流域几个大型梯级水电站，如三峡、溪洛渡、向家坝、白鹤滩等，其转子直径约为 18m，质量约为 2000t，每个发电机厂房内各装两台桥式起重机，用于并车联合抬吊发电机转子，每台起重机的额定起重量都在 1000t 以上，两台起重机通过联合抬吊梁并车联合抬吊的起重量可达 2000t 以上。

（2）起升速度低 对于质量和体积都很大的发电机组设备的吊装，需要准确对位，要求各机构能够在低速状态下稳定运行。

（3）工作级别低 在电站建设阶段，起重机起吊的额定载荷是发电子转子，起吊次数等于发电机组的数量，起吊的其他部件都远小于额定起重量。在水电站投入发电运行后，起重机只承担检修的吊装任务，几乎处于闲置状态。

（4）起升行程大 对于这些大型水电站的桥式起重机，其起升高度一般要求大于 30m，在吊装转子等重型设备过程中，一般都控制在低速状态下运行，整个起升行程大约需要 0.5h，因此起升机构电动机需要按照短时额定负荷工作方式（S2 工作方式）选取。

2. 三峡 1200/125t 室内桥式起重机主起升机构设计特点

（1）工作参数 三峡工程发电机厂房内的 1200/125t 室内桥式起重机是国内自行设计、制造的大型起重机械的代表，也是当今单钩起重量世界之最。该机跨度为 33.6m，起升高度为 34m，单机额定起重量为 1200t，两台起重机并车联合抬吊的起重量为 2200t。当起重量大于400t 时，起升速度为 0.075 ~ 1.5m/min；起重量不大于 400t 时，起升速度为 0.075 ~ 3.0m/min。起升机构的工作级别为 T_3-L2-M3。

（2）整体布置方案　1200t 起升机构整体布置方案如图 8-85 所示。两个变频电动机通过联轴器和浮动轴驱动一个行星齿轮减速器，行星齿轮减速器的四个输出轴上通过卷筒联轴器各驱动一个直径为 2.1m 的单联卷筒。钢丝绳在卷筒上双层缠绕，整个机构共有四套滑轮组，每套滑轮组的倍率（双层双单联）为 2 × 6，钢丝绳直径为 44mm。

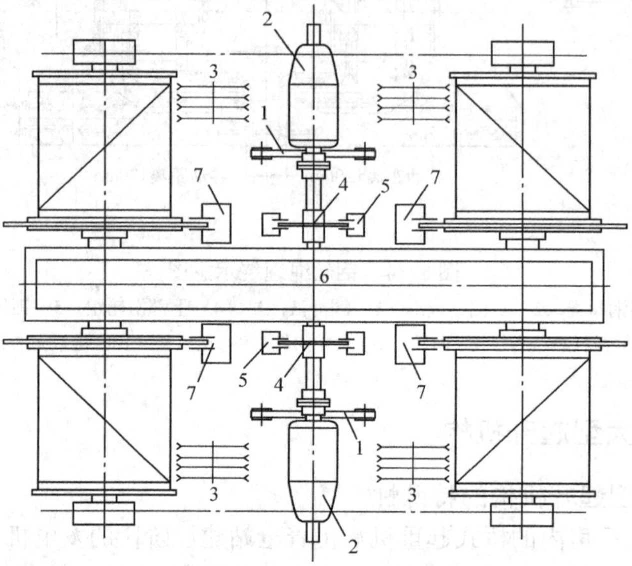

图 8-85　三峡 1200t 起升机构

1—平衡杠杆（平衡滑轮）　2—变频电动机　3—上定滑轮组　4—制动盘联轴器　5—工作制动器　6—行星减速器　7—安全制动器

除了在每套驱动系统的高速轴上安装一套工作制动器外，在卷筒端部的法兰盘上还装有安全制动器，其主要特点为：减速器两个输入轴和四个输出轴对称于减速器中心线的两侧，使减速器的结构形式和受力完全对称，减速器的箱体在侧向不承受附加弯曲作用。起升机构的四个上滑轮组布置在小车架的四个角上，靠近车轮支承处，同时采取了把卷筒支承点放到小车车轮支承点外面的反变形措施，这些措施对小车架受力非常有利，减小了小车架的受力和变形，减轻了小车架自重。

（3）行星减速器主传动和变频调速　两个驱动电动机输出轴分别与行星减速器太阳轮的轴及行星包外啮合的齿轮轴相连，通过调整行星部分和外啮合部分的速比配合，可以得到快慢两种速比。当其中任意一台电动机出现故障后，该侧的制动器抱闸，另一个电动机可以单独运行，并保证能以 0.5 倍的额定速度连续长时间工作，这样不仅满足当一台电动机出现故障时，另一台电动机将吊运的设备安全平稳地放回原地，同时这种工况可以作为起升机构获得另一组速度的稳定运行方案，此种工况下传动链中任何一个零件都不过载。

系统采用变频调速，供电系统为 380V/50Hz。在正常工况下，起升机构额定升降速度为 1.5m/min。当频率调到 5 ~ 50Hz 时，升降速度为 0.15 ~ 1.5m/min，此阶段为恒转矩调速，起重量可达 1200t。当频率调到 50 ~ 100Hz 时，升降速度为 1.5 ~ 3.0m/min，此阶段为恒功率调速，起重量控制在400t之内。变频调速实现了重载低速、空载高速，既保证了重载工作时的安全可靠，又可以提高轻载时的工作效率，在需要精确地安装对位时，关闭一台电动机，只保留一台电动机工作，最低一挡的慢速可达0.075m/min，起升机构的定位精度可达1mm。

采用电气系统的变频调速和机械系统的行星减速器相结合的传动方案，可使整个系统达到1∶40无级调速，大大提高了起升机构的安全可靠性和使用性能，对电站厂房使用不频繁、安全可靠性和定位精度要求高的起重机尤其适用。

（4）四级制动系统　1200t起升机构采用电气制动、工作制动器、支持制动器、安全制动器，制动过程十分平稳、可靠、安全。在升降过程中需要制动时，首先电气控制系统把升降速度制动器到额定速度的10%，接着工作制动器投入制动，而支持制动器滞后于工作制动器制动，最后把所吊运的重物平稳地停止在空中。

在主起升机构卷筒法兰上设置了安全制动器，同时有一套检测系统与之配套，当检测系统检测到四个卷筒中某两个卷筒的转速不一致、电动机超速、高速轴与低速轴之间的速比发生变化或卷筒超速时，控制系统立即控制安全制动器抱闸。

在故障状态下，从检测到信号到制动器完全把重物支持住，重物下滑距离控制在100～300mm内。另外，在司机室内设置了一个紧急停车按钮，当司机发现紧急情况时，可立即按动紧急按钮，使安全制动器立即抱闸，以确保所吊运的重物不会因意外事故而坠落。

（5）减速器的固定形式　1200t起升机构减速器两个低速轴之间的中心距为6.75m，整个长度为10m，它是起升机构的关键件，其性能指标和安全性指标直接影响整机的性能指标和安全性指标。

如此庞大的减速器在小车架上的支承方式成为一个关键问题。如果采用三支点支承，由于单根钢丝绳最大拉力很大，采用的又是单联双层缠绕，尤其是吊具在下极限时，减速器低速轴上单个支点承受的压力太大，使得支点结构庞大，不易实现。如果采用底座式连接用联接螺栓把10m长的减速器底座与小车架固定在一起，在工作过程中减速器的箱体就要随小车架的变形而变形，这样既影响减速器内齿轮的传动精度，产生振动和噪声，又会从减速器箱体结合面出现缝隙而往外漏油。

为了解决这些难题，设计人员把减速器设计成一端固定、一端滑动的连接形式，一端用螺栓把减速器紧紧地固定在小车架上，另一端采用滑动连接，如图8-86所示。这种结构可保证在小车架变形时，减速器可以在长度方向上沿小车架滑动，使减速器箱体不随小车架一起变形，解决了大型减速器的传动精度低、振动、噪声和漏油问题。

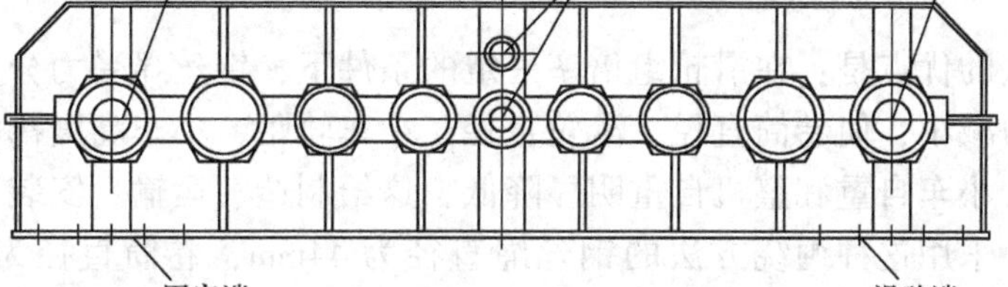

图8-86　三峡1200t起升机构减速器结构示意图

减速器设计成一端固定、一端滑动的连接形式后，减速器不随小车架变形而变形，安装在减速器高速轴上的制动轮和安装在小车架上的制动器，在小车架受力变形时，两者的中心将会发生错位，致使鼓式制动器无法正常工作。对于盘式制动器而言，制动器与制动盘不同心对正常工作影响不大，因此，工作制动器和辅助制动器必须采用盘式制动器。制动盘的转动惯量明显小于制动轮的转动惯量，可减小对减速器行星轮和其他零部件的冲击，尤其在主起升机构轻载（400t 以下）高速（3m/min）时，电动机的转速增加一倍，达到 1440r/min 时，可以使机构能够更加安全、平稳地工作。

（6）钢丝绳防失效缠绕系统　钢丝绳缠绕方法如图 8-87 所示。作为内层的钢丝绳首先从卷筒的 *A* 点出来，依次绕过下、上滑轮组的 *B*、*C*、*D*、*E*、*F*、*G*、*H*、*I*、*J*、*K* 点，到平衡滑轮的 *L* 点，然后从平衡滑轮的 *M* 点，依次绕过下、上滑轮组的 *N*、*O*、*P*、*Q*、*R*、*S*、*T*、*U*、*V*、*W* 点，最后作为外层钢丝绳固定在卷筒的 *X* 点。每个卷筒内外层钢丝绳为一根钢丝绳。一根钢丝绳的两个绳头通过同一个压板固定在卷筒端部，外层钢丝绳比内层钢丝绳滞后三圈，以便使内层钢丝绳缠绕到卷筒上后形成一个固定的槽形，使外层钢丝绳能够有条不紊地缠在内层钢丝绳形成的螺旋槽内。内、外两层钢丝绳的受力和绕绳速度，可通过装在平衡杠杆端部的平衡滑轮来达到平衡，在同一电动机两侧的两套滑轮组的受力可通过平衡杠杆实现平衡。减速器两侧的两套滑轮组通过严格控制卷筒的加工直径来达到平衡。这就使各分支钢丝绳受力达到了完全均衡。

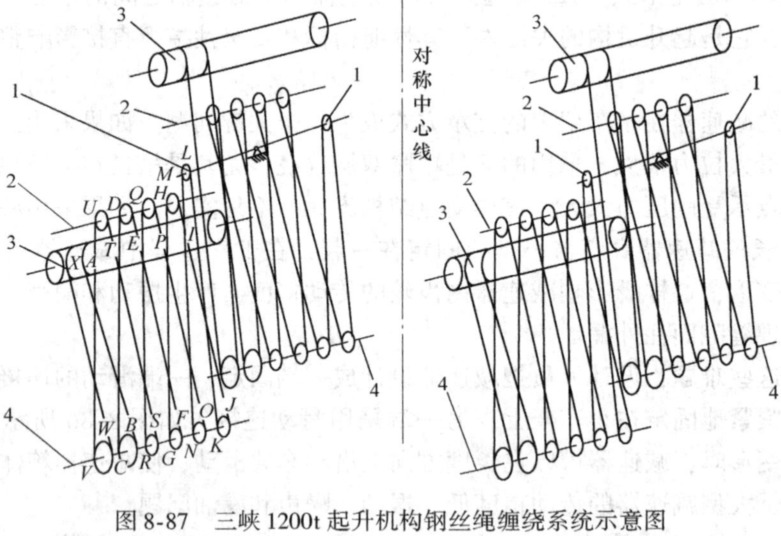

图 8-87　三峡 1200t 起升机构钢丝绳缠绕系统示意图

1—带端部平衡滑轮的平衡杠杆　2—上定滑轮组　3—卷筒　4—下动滑轮组

这种缠绕方法的优点是：在滑轮组倍率一定的条件下，钢丝绳受力分支数的增加，使得单根钢丝绳的受力减小，使卷筒直径、滑轮直径、小车轨距、小车高度都相应减小，并且控制在标准范围内，小车自重和整机自重明显降低，这给制造、运输、安装、调试、运行维护都带来很大方便。采用这种缠绕方法的钢丝绳直径为 44mm，卷筒直径为 2.1m，小车轨距为 7.5m。如果采用单层缠绕，钢丝绳直径将达到 54mm，卷筒直径达到 2.5m，小车轨距达到 9m，小车架无法实现整体加工，整机的宽度和高度尺寸也要增加。同时，四个上滑轮组、四套独立的缠绕系统与吊具上四个吊点相对应，如果一根钢丝绳或一套吊点中的任何一个零部件失效，剩余的三个吊点仍可以保持吊具的平衡，保证所吊运的物品不会坠落。

8.3.5 多速/微速起升机构

1. 概述

不同机型、不同场合的起重机械有时会要求具有多种起升速度，以适应搬运不同大小的物品，提高整机生产效率。例如，有些门座起重机在小幅度、大起重量的情况下可采用较低的起升速度，而在大幅度、小起重量的情况下最好能有较高的起升速度；具有安装功能的起升机构常会要求 1m/min 以下的微速。

实现多速/微速要求的方法包括电气调速和机械变速两大类。电气调速主要由电控系统实现，是起重机械控制的发展方向，具体内容见第 15 章相关部分。当采用电气调速方法时（如直流串电阻或降压、交流变频或调压、多速电动机等），一般采用常见构造方案的起升机构就能满足设计要求。

下面主要介绍依靠机械变速的方法实现起升机构多速目标。

2. 行星减速器

采用两个电动机通过行星减速器带动起升卷筒，如图 8-88 所示。

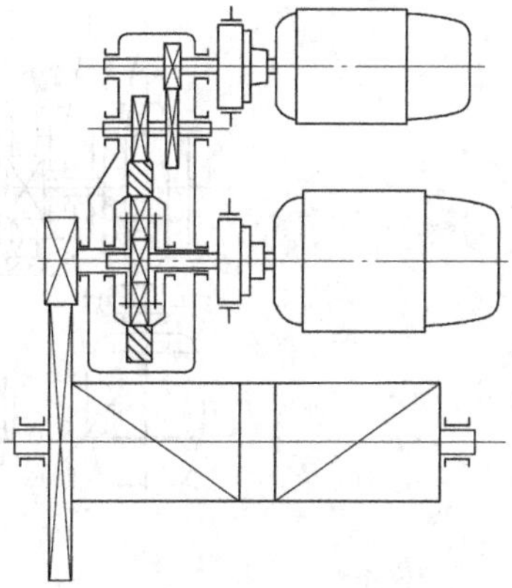

图 8-88 带行星减速器的多速起升机构

利用行星减速器的运动叠加性能，可以实现正反各四个速度，即

v_1——单独开动电动机 1；

v_2——单独开动电动机 2；

v_1+v_2——同时向相同方向开动两台电动机；

v_1-v_2——同时向相反方向开动两台电动机。

3. 涡流制动器调速

在电动机轴上安装一个涡流制动器，安装位置如图 8-89 所示。图 8-89a 所示的结构紧凑，拆卸方便，但需双轴伸式电动机。图 8-89b 所示结构装卸方便，只需单轴伸式电动机，但结构不够紧凑。图 8-89c 所示结构只需单轴伸式电动机，装卸略为不便。

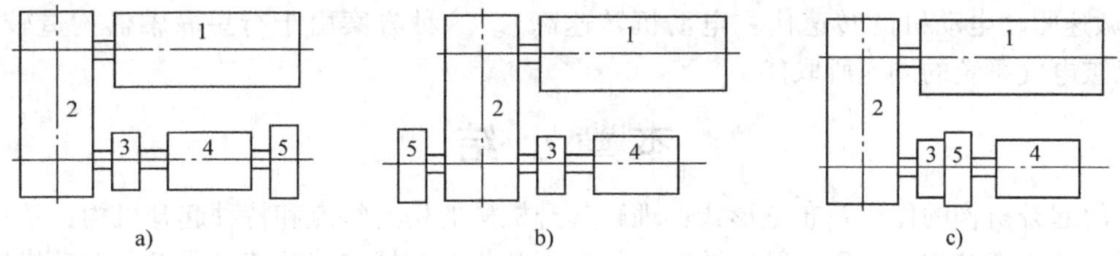

图 8-89 涡流制动器的安装位置

1—卷筒 2—减速器 3—制动器 4—电动机 5—涡流制动器

4. 变速齿轮箱

这里的构造及原理与汽车的变速相似，但常常只要求两个速度，因而构造简单一些，通

常用离合器或滑动齿轮转换速度，转换只能在无载的情况下进行。此时应装设闭锁装置，以保证在有载条件下不能进行转换，以免在离合器或滑动齿轮脱开时发生货物坠落事故。

5. 可变倍率滑轮组或差动滑轮组

可变倍率滑轮组或差动滑轮组见第 8. 1. 5 节内容。

6. 微速起升机构

除上述常用的电气调速方法来实现微速要求以外，还可采用行星联轴器实现微速驱动。

行星联轴器微速驱动的构造如图 8-90 所示，在普通起升机构的基础上加上一套微速装置。为了达到很低的速度，并使机构紧凑，采用蜗杆减速器，蜗杆减速器与主电动机之间用行星联动器连接。当机构以正常速度工作时，只需开动主电动机，并使制动器松闸，微速驱动电动机和蜗杆减速器静止不动，行星联轴器的外壳自由转动。当以微速工作时，接通微速驱动电动机，并将行星联轴器的外壳用制动器制动，主电动机制动器松闸，但对电动机本身不供电；电动机通过蜗杆减速器及行星联轴器带动主电动机作低速旋转，行星联轴器主要起离合器的作用，同时也起一定程度的减速作用。这种微速驱动装置可以与主电动机相连，也可以布置在另一侧与减速器高速轴相连。

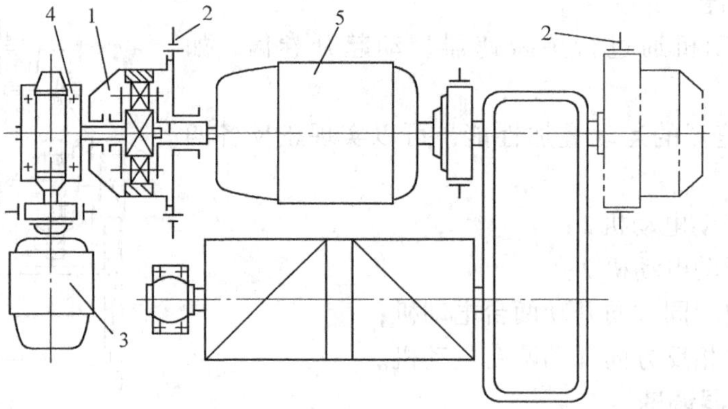

图 8-90　采用行星联轴器的微速起升机构

1—行星联轴器　2—制动器　3—微速驱动电动机　4—蜗杆减速器　5—主电动机

这种方案的优点是大多数传动件都可以采用标准部件，机构可以得到极低的微速运动。例如，当蜗杆减速器的速比为 30，行星联轴器的速比为 4 时，微速可降低至常速的 1/100，(通常微速驱动电动机的转速比主电动机转速高)。这种方案由于行星联轴器构造较复杂，现在已被电气系统的调速所取代。

本章小结

了解起升机构的作用及布置形式；理解起升机构的构造特点和特种起升机构；掌握起升机构设计的步骤和方法；重点掌握浮动轴的作用及与减速器连接的特殊要求，电动机校核及起升机构的载荷特点和计算工况。

教学重点和难点：重点掌握浮动轴的作用及与减速器连接的特殊要求，电动机校核及起升机构的载荷特点和计算工况。

第9章 运行机构

在起重机械的四大机构中，运行机构既能使整机（或起重小车）作水平运动，以实现货物的水平运移或调整工作位置，同时，还能将作用在机器上的全部载荷传递至下部支承或基础。除俯仰臂架的固定式起重机以外，各种类型的起重机械都会设置运行机构。桥架类起重机、可移动的水平臂架塔式起重机等通常还会配有两种性质的运行机构，即负责整机整体移动的大车运行机构和能使起重小车在起重机械上运动的小车运行机构。大多数的装卸机械也需要配置运行机构，而一些特殊机型上甚至还专门为对重设有运行机构。因此，运行机构运转状况的优劣，将直接影响起重机械水平运动的工作性能以及整机的安全使用。

9.1 概述

9.1.1 运行机构的类型

运行机构是配合起升机构完成物品空间移动的主要机构之一，在类型繁多的起重机械上能够见到各式各样的运行机构。

1. 按运行机构的工作性质分类

1）工作性运行机构。此类运行机构主要用来实现货物的水平运动，具有带载运行作业的特点，其工作级别较高，如桥式、门式、塔式起重机等的大车（或小车）运行机构。

2）非工作性运行机构。此类运行机构主要用来调整、变更工作位置，具有无载（指无吊重）运行作业的特点，其工作级别可以稍低一些，如门座、装卸桥和岸桥起重机等的大车运行机构，流动式起重机的运行机构大多也属于非工作性运行机构。

2. 按运行机构行走形式分类

1）有轨运行机构（或称轨行式运行机构）。此类运行机构通过装设在起重机或载重小车上的钢轮在专门铺设的钢轨上运动来完成货物的水平移动。它具有负荷能力大，运行阻力小，生产率高，制造与维护方便，多采用电力驱动，运行费用低，低碳环保等特点，应用非常普遍。但由于作业场地固定，使其工作范围受到轨道的限制。常用的桥架类、塔式、门座式、岸桥等起重机以及许多装卸机械（如卸船机、斗轮堆取料机等），基本上都是轨行式的运行机构。

过去港口常采用轮胎式集装箱起重机或轮胎式场桥完成集装箱的装卸搬运与堆垛工作，从低碳环保及生产率和效益角度出发，其主力机型现在也越来越多地采用轨行式运行机构代替轮胎式完成上述工作。

当轨行式运行机构要求跨越场地作业时，需要设置专门的设施（如过轨用的专门轨道等）和装置（如顶升装置、旋转装置等），故费时费力，结构较为复杂。

2）无轨运行机构。此类运行机构采用汽车通用轮胎或工程机械履带在普通道路（或路面）上运动。它具有机动性高，速度快，调度性好，可随车编队快速转移和快速投入工作，使用方便灵活，作业范围广，适应性强等特点。但其承载能力较小，运行费用较高，多属于非工作性质，常用内燃机驱动，对环境有污染。无轨运行机构特别适用于流动性大和不固定的作业场合，如汽车式、轮胎式、履带式起重机等。

3）特种运行机构。此类运行机构应用于某些特殊用途与场合，如浮式起重机的运行机构（船舶或船体推进系统），施工现场的某些施工机械也可采用步行式运行机构等。

3. 按运行机构运动原理分类

1）自行式运行机构。此类运行机构把全部机构系统包括运行驱动装置等都装设在可运行部分上，其运行驱动力依靠走行工作装置（如车轮、轮胎、履带等）与轨面（或路面等）之间的摩擦力（通常称为附着力或粘着力）来进行驱动，驱动力的最大值受到最小主动轮压与动摩擦因数乘积之值的限制，因此必须进行驱动能力及制动能力合格验算（尤其加速度、坡度较大时）。自行式运行机构具有驱动功率大、工作级别高、构造较为简单、布置方便、使用和维护方便等特点，是起重机械常用的运行驱动方式。

2）牵引式运行机构。此类运行机构把大部分机构系统包括运行驱动装置与可运行部分分开布置，运行驱动装置通常被安放在某一特定位置上，其运行驱动通过卷绕系统钢丝绳的牵引来实现。牵引式运行机构具有运行部分自重相对较轻，运行驱动力（牵引力）不受摩擦力限制等特点。但牵引系统组成附件较多（需要增加专门的卷绕系统），需设置专门的驱动装置空间，钢丝绳磨损较大寿命短，运行阻力较大，效率低，维护成本高，适用于要求减轻运行部分自重、运行速度较高、坡度较大、高加速度、高生产率等场合，如带有较大前伸臂，或移动载荷自重对整机影响比较明显的机型（如塔式起重机、抓斗卸船机、岸边集装箱起重机等）的小车运行机构，现基本都已采用牵引式运行机构。

4. 按运行机构驱动形式分类

按运行机构驱动关系可分为集中驱动和分别驱动，按驱动动力源形式可分为电力驱动、内燃机驱动和液压驱动等。

另外，轨行式运行机构还可分为室内和室外两种类型。室外运行机构与使用环境（主要是风载荷）密切相关。小车运行机构还可分为双梁小车运行机构和单梁小车运行机构等。

9.1.2 运行机构的组成

运行机构主要用于水平运移物品或调整起重机工作位置，以及将作用在起重机上的载荷传递给基础建筑。根据运行机构所属零部件的不同功用，运行机构一般可由运行支承装置、运行驱动系统、运行安全装置等组成。

1. 运行支承装置

运行支承装置的主要作用是承受起重机或起重小车的自重和外载荷，并将这些载荷传递给运行基础或基座（土木建筑或金属钢梁），同时保证其实现规定的运动。对于有轨运行式起重机，其运行支承装置主要包括均衡装置（台车）、车轮与轨道等；对于无轨运行式起重机，其运行支承装置主要为轮胎或履带装置以及底盘（车架、悬架、转向桥）等。

2. 运行驱动系统

运行驱动系统用来驱动起重机或起重小车在专门铺设的轨道上（或普通道路上）运行。它主要包括主动机部分（电动机或内燃机）、减速器及传动部分、制动器等，对于无轨运行式还有转向装置等。牵引式运行驱动系统与起升机构基本类似，而自行式电动运行驱动系统与起升机构则非常相近，只要将具体的工作装置互换（起升卷筒换成车轮）即可。

3. 运行安全装置

运行安全装置用来保证起重机或起重小车的安全行驶，包括行程限位装置、缓冲装置、防碰撞装置、防脱轨及清扫装置、抗风防滑装置（如夹轨器、锚定装置）、风速监测装置（风速仪）、安全供电装置以及大跨度时的自动纠偏装置等。

本章只对普遍应用的轨行式运行机构进行详细叙述，而对无轨运行机构只作简单概述。

9.1.3 轨行式运行机构的工作速度

轨行式运行机构的工作速度一般随起重机的用途而定，工作性运行机构运行速度取大值（100～350m/min），非工作性运行机构一般可取较低的运行速度（20～30m/min）。此外，整机和部分、运行距离长短、加速度大小、运行驱动形式等都会影响运行速度的选择。常见起重机运行机构的工作速度可参考表9-1选用。

表9-1 常见起重机运行机构工作速度 （单位：m/min）

起重机名称	起重量	类别	小车运行速度	起重机运行速度
梁式起重机	1～5t	中速	—	40～80
		低速	—	25～50
通用吊钩桥式起重机	≤50t	高速	40～63	80～125
		中速	32～50	63～100
		低速	10～25	20～50
	63～125t	高速	32～40	63～100
		中速	25～32	50～80
		低速	10～20	20～40
	160t	高速	32～40	50～80
	160～250t	中速	20～25	40～63
		低速	10～16	20～32
抓斗桥式起重机	≤50t	高速	40～50	80～125
电磁桥式起重机				
防爆桥式起重机			≤10	≤16
通用吊钩门式起重机			40～63	50～60
		中速	32～50	32～50
		低速	10～25	10～25
	63～125t	高速	32～40	32～50
		中速	25～32	16～25
		低速	10～16	10～16
	160～250t	中速	20～25	10～20
		低速	10～16	6～12.5

（续）

起重机名称	起 重 量	类 别	小车运行速度	起重机运行速度
抓斗门式起重机	≤50t	高速	40~50	32~50
电磁门式起重机				
抓斗装卸桥			100~320	16~40
岸边集装箱起重机	30.5t		132~160	40~50
塔式起重机	16~1000t·m	中速	16~40	10~20
门座起重机	5~160t		—	16~32

9.2 轨行式运行支承装置

由于轨行式运行在性能和经济上具有许多优势，从而成为起重机械经常首先采用的运行方案，但起重机械的轨行式方式在大轮压、低速度、直线运行与纠偏等方面有别于交通运输的轨行式。起重机械的轨行式运行支承装置主要包括均衡装置、车轮与轨道等，其主要作用是承受载荷、传递载荷并引导起重机或起重小车实现规定的定向运动。

9.2.1 均衡装置（均衡台车）

轨行式运行支承装置是通过车轮-轨道系统来承受起重机械上的全部载荷，并使其具有了轮压。而车轮-轨道系统所能承受的轮压大小，主要取决于它的材料、尺寸、支承基础类型等。车轮的许用轮压一般为：枕木碎石轨道 $[P]=100\sim120\text{kN}$，混凝土和钢结构支承的轨道 $[P]=200\sim600\text{kN}$。由于起重机械自重和吊重较大，故其轮压经常超过轨道基础的承载能力，通常采用增加车轮数量的措施以满足车轮许用轮压的要求。为使起重机械在每一支承点下的所有车轮均匀受载，设计中常采用均衡装置（均衡台车）的方案。而起重机械的大型化常会导致均衡装置趋于复杂化。

均衡装置是以杠杆原理来分配载荷从而使各车轮轮压均等的载荷均分装置，其构造原理如图 9-1 所示，其中，一般把能均衡两个车轮上的载荷的基本形态作为常用的基本单元，称为均衡台车，如图 9-1a 所示。

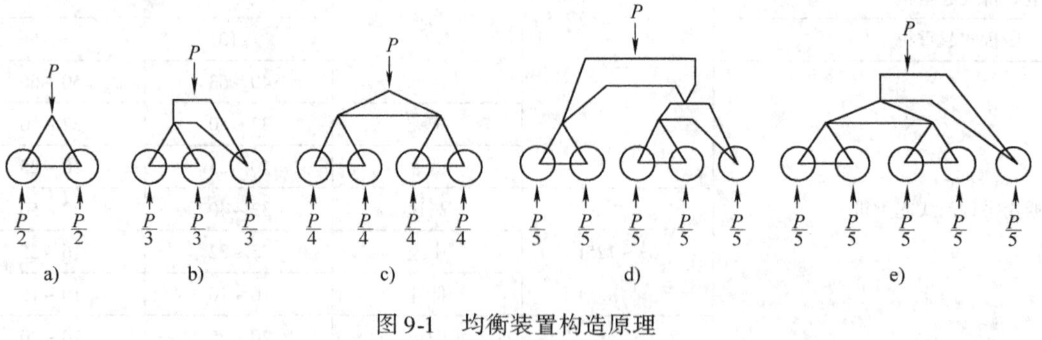

图 9-1 均衡装置构造原理

均衡装置通常包括符合杠杆分力原则的均衡梁、均衡台车和车轮组、铰轴等。在均衡梁和均衡台车上，通过设置转动铰轴（或摆动关节）来构成各部分之间的相互连接。铰轴一般采用止动挡板/螺栓来组成轴端固定。2 轮均衡台车和 4 轮均衡装置的构造如图 9-2 所示，其他形式的均衡装置如图 9-3 所示。

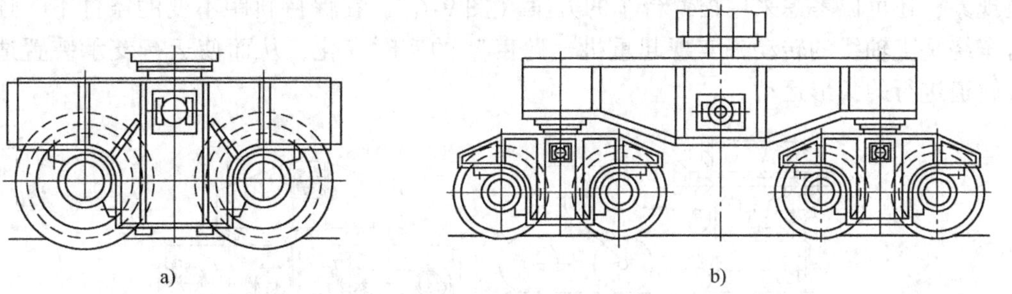

图 9-2　2 轮均衡台车与 4 轮均衡装置构造

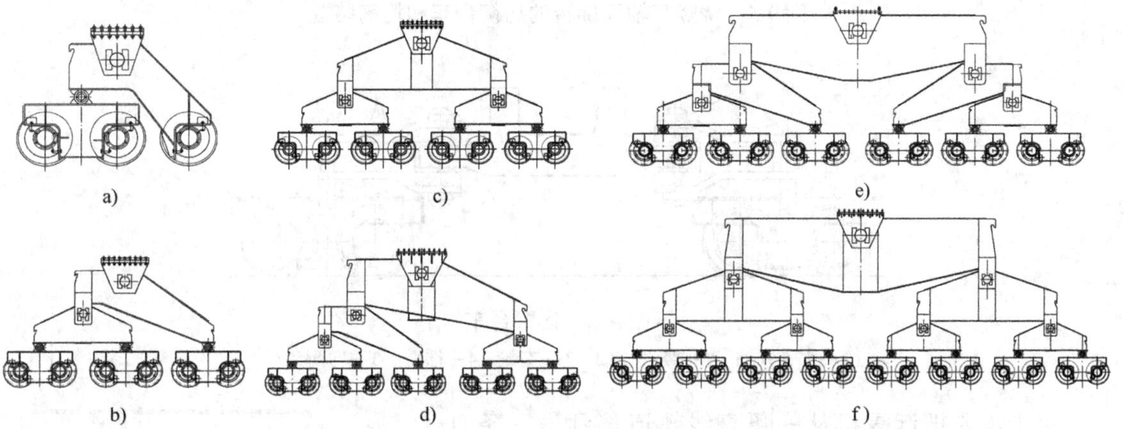

图 9-3　3～16 轮均衡装置的构造示意图

a）3 轮　b）6 轮　c）8 轮　d）10 轮　e）12 轮　f）16 轮

对于车轮数目很多的超大型起重机械，为了缩短单列车轮的排列长度，往往采用并列双轨道的布置方案，此时就会出现双轨 4 轮的均衡台车，其上部的均衡铰点应采用球铰，明显有别于单轨 2 轮均衡台车上的水平转轴铰，如图 9-4 所示。

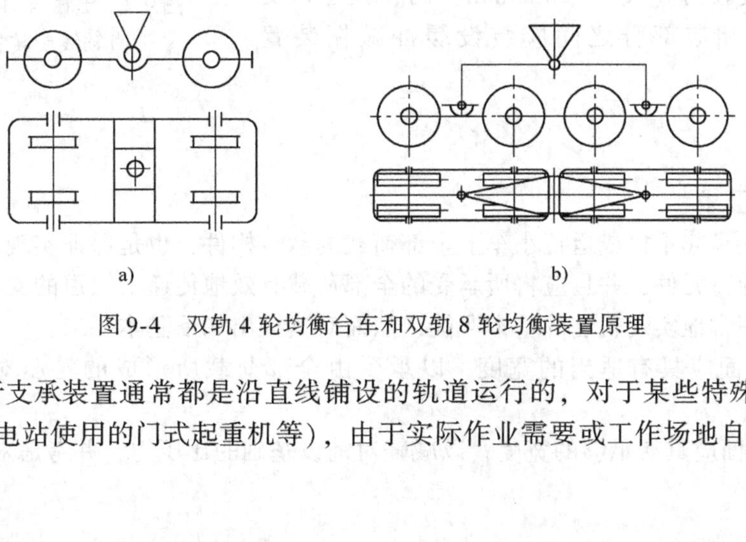

图 9-4　双轨 4 轮均衡台车和双轨 8 轮均衡装置原理

轨行式运行支承装置通常都是沿直线铺设的轨道运行的，对于某些特殊场合的起重机（如核环吊、水电站使用的门式起重机等），由于实际作业需要或工作场地自然条件限制等，有时也会要求起重机能够在曲线轨道上运行，此时就应采用绕竖直轴线旋转的均衡台车或均衡装置，如图 9-5 所示。另外，为了解决起重机在曲线轨道上运行时可能出现的车轮卡轨、脱轨现象，还可以考虑采用摇臂台车的方案（图 9-6），在保持轨距不变的条件下，通过摇臂台车绕垂直轴线的转动来实现起重机“跨度”的实时变化，从而使运行支承装置适应沿曲线轨道进行的弧形运动。

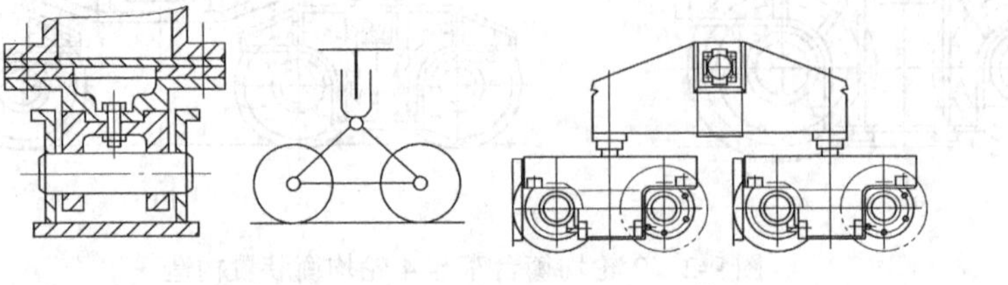

图 9-5　绕竖直轴线旋转的均衡台车和均衡装置

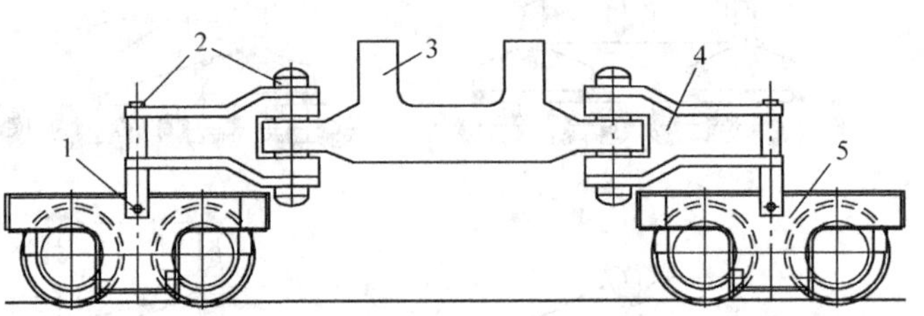

图 9-6　摇臂台车

1—水平铰轴　2—竖直铰轴　3—支腿　4—摇臂　5—均衡台车

对于需要把起重机从一条直线轨道移到另一条直角相交的直线轨道上时，支腿与均衡装置之间也应采用绕竖直轴线旋转的构造，如图 9-7 所示，在直角顶点处先将整机结构顶升后再将均衡装置旋转到另一条直线轨道上。

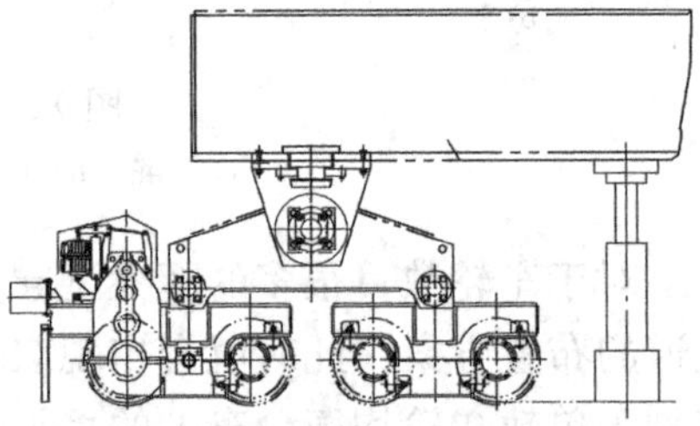

图 9-7　支腿与均衡装置绕竖直轴线旋转的构造

装卸桥的司机室有时会悬挂在起重小车上，当起重小车运行速度较高（大于 120m/min）时，其运行支承装置与小车相应部分之间应装设缓冲减振装置（图 9-34）。

9.2.2　轨道

1. 轨道的要求

轨道既是支承起重机或运行小车上全部荷载的承载构件，也是保证实现起重机或小车正常定向运动的导行元件，并且应将所承受的全部荷载有效地传递给轨道的支承基础。

为了确保正常地实现轨道的基本职能，从而对其提出如下基本要求：

1）轨道顶面应具有适当的宽度，以承受由全部荷载所形成的轮压对其产生的挤压作用。

2）轨道底面应具有足够的宽度，以减轻对铺设基础的比压力，并考虑对其固定问题。

3）轨道断面应具有适当的高度以及良好的抗弯截面系数和刚度，以使轮压能在适当的长度范围内均衡地扩散至铺设基础，并保证其实现正常支承间距条件下的轮压传递。

4）轨道应尽可能地选用专门轧制的型材轨道或标准型钢，材料通常选用含碳锰硅量较高（$w_C = 0.5 \sim 0.8\%$、$w_{Mn} = 0.6 \sim 1.5\%$、$w_{Si} = 0.1 \sim 0.4\%$）、含磷硫量较低（不大于0.03%）的钢材，使其具有足够的强度和冲击韧度，顶面应具有足够的硬度（热处理）以抵抗磨损。

5）轨道应便于铺设与安装，且易于调整、校准和拆卸更换，设计时还应考虑环境温度变化引起的变形补偿要求、焊接后的直线度与平整度要求等。安装好的轨道应牢牢地紧固于所铺设的基础上，当起重机工作时，轨道不能有横向和纵向的移动。

2. 轨道的形式、构造与材料

起重机械上常见的轨道按其构造可分为QU型起重机专用钢轨、P型铁路钢轨、方钢、工字钢等，如图9-8所示。

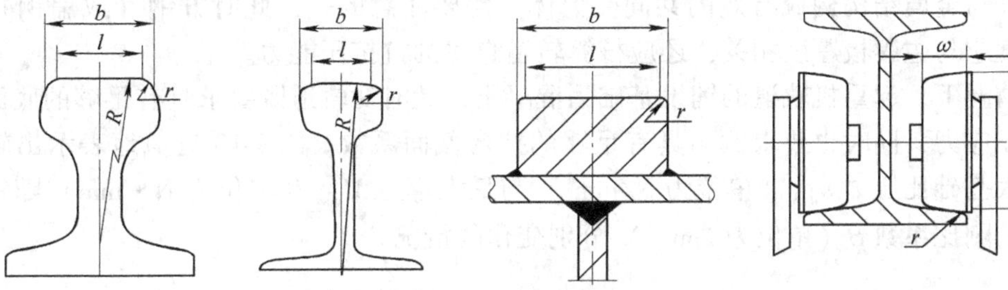

图9-8 起重机械上的轨道

a）QU型起重机专用钢轨 b）P型铁路钢轨 c）方钢 d）工字钢

QU型和P型轨道的典型材料为U71Mn钢，轨顶头部均为具有一定曲率半径R的圆（凸）顶形，故也称为凸顶轨道，其R值见表9-2。P型轨道规格以单位长度质量（kg/m）区分，QU型轨道规格以轨顶宽b（mm）区分。此类型轨道底部平面具有一定的宽度，以增大与基础的接触面，其截面为工字形，具有较大的抗弯能力，且起重机专用钢轨承受轮压的能力更为强大，具体公称尺寸见《起重机设计手册》，两者皆广泛应用于各种类型的轨行式起重机械上。方钢轨道主要采用Q275方钢或扁钢制成，轨顶上部是平直线形，底部宽度（同顶部）、抗弯截面系数和刚度等与前两种轨道相比小很多，故其承载能力较小，可用于支承基础为钢结构的场合。另外，小型葫芦式起重机的承载梁常选用标准型号的工字钢（Q235钢等），而其下翼缘则可作为电动葫芦小车的运行轨道之用。

表9-2 圆形轨顶头部曲率半径R值

型　号	QU70	QU80	QU100	QU120	P11	P15	P18	P24	P38	P43	P50
R/mm	400	400	450	500	95	146.25	90	300	300	300	300

按车轮踏面与轨道顶面接触后的形式可分为线接触与点接触，不言而喻，线接触时可有更大的承载能力。圆柱或圆锥形踏面的车轮匹配凸顶轨道时，在理论上可认为初始接触在一点上（点接触），但考虑车轮挤压变形以及轨顶磨损等因素的影响，实际上会形成一定范围

的线接触。而圆柱形踏面的车轮与平顶轨道的初始接触线在理论上可认为就是一条直线(线接触)。实际中综合考虑制造精度、安装误差以及工作中受载后的结构变形（如桥式起重机的桥架）等因素引起的车轮轴线偏斜，则会使车轮的接触状况恶化，有时甚至出现只接触轨道边缘一点的极端情况（图9-9），从而改变挤压应力的分布，导致局部产生很大的挤压应力。经验证明，圆形凸顶轨道的构造能够适应车轮轴线这种不可避免的倾斜，与平顶轨道相比，采用凸顶轨道的车轮寿命更长，因此，专用轨道大多制成圆形凸顶形状，而如何准确地计算其有效的接触长度是非常重要的设计环节。

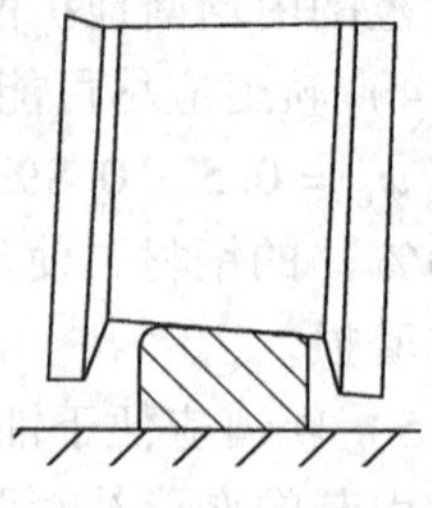

图9-9 线接触车轮倾斜

若轨道的铺设基础为刚度较大的金属结构（如铺设在偏轨箱型梁主腹板之上）时，可对轨道底面面积与抗弯截面系数等提出较低的要求，此时对于运行工作级别不很大、使用不频繁、车轮磨损不太严重的运行装置，可直接使用方钢（或扁钢）轨道，并采用施焊固定的方法使其与金属结构构成有效的共同受力体。需要注意的是，此时方钢（或扁钢）轨道的断面高度应与主腹板厚度相关，还应核算轨道自身的抗挤压能力。

多数情况下，起重机轨道的铺设基础为混凝土，此时对轨道既要求具有足够的底面尺寸以减小挤压应力，同时也要求截面具有足够的抗弯截面系数。图9-10近似地表示出轨道受载后其最大基础比压力 p_{max}（单位为 N/mm^2）与最大弯矩 M_{max}（单位为 N·mm）随钢轨基础与钢轨的刚比系数 β（单位为 mm^{-1}）分别变化的情况。

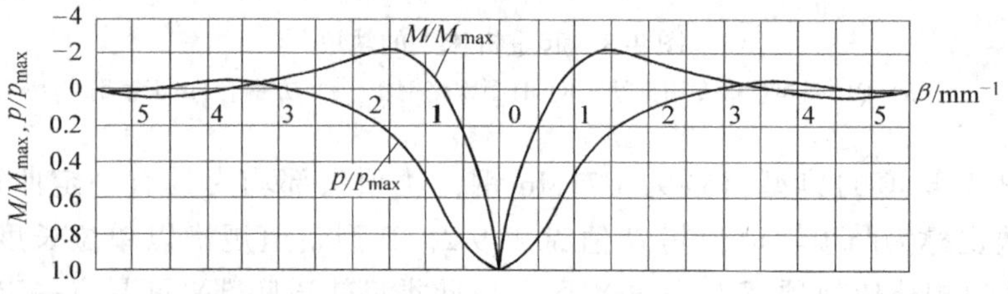

图9-10 按弹性基础梁表示的轨道受力情况

3. 轨道的选用

由于轨道与车轮一般应具有相应的尺寸匹配关系，故轨道型号的初步确定应与车轮一道配选，通常可参考表9-3初选轨道。轨道型号与车轮直径、材料的匹配关系还直接决定了其承载能力（轮压）的大小，应按工作级别、运行速度、吊重自重比（P_Q/P_G 或 P_Q/P_{Gx}）等因素确定所选轨道-车轮系统的承载能力（轮压），具体数据可参考表9-4~表9-6。

表9-3 钢轨的选用

车轮直径/mm	200	300	400	500	600	700	800	900
起重机轨道	—	—	—	—	—	QU70	QU70	QU80
铁路轨道	P15	P18	P24	P38	P38	P43	P43	P50
方钢	40	50	60	80	80	90	90	100

表 9-4 （铸造）车轮-轨道系统（大车）最大许用轮压 （单位：kN）

车轮直径/mm	轨道型号	工作级别	运行速度/(m/min)								
			<60			60~90			>90~180		
			P_Q/P_G								
			1.1	0.5	0.15	1.1	0.5	0.15	1.1	0.5	0.15
500	P38	M1~M3	206	197	180	187	179	164	172	164	150
		M4、M5	172	164	150	156	150	137	144	137	125
		M6、M7	147	141	129	134	128	117	123	117	107
		M8	129	123	113	117	112	103	107	103	94
	QU70	M1~M3	260	243	227	236	226	206	217	207	190
		M4、M5	217	207	190	197	189	172	181	173	159
		M6、M7	186	177	162	169	162	147	155	148	136
		M8	163	155	142	148	141	129	136	129	116
600	P38 P43	M1~M3	246	235	215	224	214	195	206	196	180
		M4、M5	206	196	180	197	178	163	172	164	150
		M6、M7	176	168	154	160	153	140	147	140	129
		M8	154	147	134	140	134	122	129	123	113
	QU70	M1~M3	320	305	279	292	278	254	267	255	233
		M4、M5	267	255	233	244	232	212	223	213	194
		M6、M7	229	218	199	209	199	181	191	182	167
		M8	200	191	174	183	174	158	167	159	140
700	P43	M1~M3	280	268	245	255	244	223	234	224	204
		M4、M5	234	224	204	213	204	186	195	187	170
		M6、M7	200	192	175	183	174	159	167	160	146
		M8	175	167	153	159	152	139	146	140	127
	QU70	M1~M3	386	368	336	352	335	306	322	307	280
		M4、M5	322	307	280	294	280	256	269	256	234
		M6、M7	276	263	240	252	240	219	230	220	200
		M8	242	230	210	220	210	191	201	192	175
800	QU70	M1~M3	437	417	381	398	380	347	364	348	318
		M4、M5	364	348	318	332	317	290	304	290	266
		M6、M7	312	298	272	284	272	248	260	249	227
		M8	273	261	238	249	238	217	228	218	198
900	QU80	M1~M3	505	481	440	460	437	400	422	402	368
		M4、M5	422	402	368	384	365	334	352	336	307
		M6、M7	361	344	315	329	312	286	302	288	263
		M8	316	301	275	288	273	250	264	251	230

表 9-5 （铸造）车轮-轨道系统（小车）最大许用轮压 （单位：kN）

车轮直径/mm	轨道型号	工作级别	运行速度/(m/min)							
			<60		60~90		>90~180		>180	
			P_Q/P_{Gx}							
			≥1.6	0.9	≥1.6	0.9	≥1.6	0.9	≥1.6	0.9
250	P11	M1~M3	33	30.9	29.1	28.1	26.7	25.8	24.6	23.4
		M4、M5	26.7	25.8	24.3	23.4	22.3	21.5	25	19.8
		M6、M7	23.8	22.1	20.8	20.1	19.1	18.4	17.6	17
		M8	20	19.3	18.2	17.6	16.7	16.1	15.4	14.8

（续）

车轮直径/mm	轨道型号	工作级别	运行速度/(m/min)							
			<60		60~90		>90~180		>180	
			P_Q/P_{Gx}							
			≥1.6	0.9	≥1.6	0.9	≥1.6	0.9	≥1.6	0.9
350	P18	M1~M3	41.8	40.3	38	36.6	34.9	33.6	32.2	31
		M4、M5	34.9	33.6	31.7	30.6	29.1	28	26.8	25.9
		M6、M7	29.9	28.8	27.2	26.2	25	24	32	22.2
		M8	26.1	25.2	23.8	22.9	21.8	21	20.1	19.4
	P24	M1~M3	141	135	128	123	118	113	109	104
		M4、M5	118	113	107	103	98.5	94.5	91	87
		M6、M7	101	96.5	91.5	88	84.5	81	78	74.5
		M8	88	84.5	80	77	74	70.6	68	65
400	P38	M1~M3	160	154	146	140	134	128	123	118.5
		M4、M5	134	158	122	117	112	107	103	99
		M6、M7	114	110	104	100	96	91.5	88	85
		M8	100	96	91.5	87.5	84	80	77	74
500	P43	M1~M3	198	191	180	174	165	159	152	147
		M4、M5	165	159	150	145	138	133	127	122.5
		M6、M7	141.5	137	129	124.5	118	114	109	105
		M8	124	119	112.5	109	103	99.5	95	92

注：表9-5和表9-4中轮压数值为按车轮材料ZG310-570（320HBW）计算；若车轮材料选用ZG50MnMo（228~255HBW）、车轴45钢时，表中数值可提高20%。

表9-6　大型起重机（铸造）车轮-轨道系统最大许用轮压　（单位：kN）

车轮直径/mm	轨道型号	轴承型号	车轮材料	许用轮压			车轮组质量/kg
				M1~M3	M4~M6	M7、M8	
400	P43	3620	65Mn	246	226	194	224
600	QU100	3626	ZG35CrMnSi	450	412	355	573
			65Mn	600	550	470	
	QU120		ZG35CrMnSi	493	452	387	
700	QU100	3634	ZG35CrMnSi	543	493	422	966
			65Mn	715	655	563	
	QU120		ZG35CrMnSi	593	544	465	956
			65Mn	780	720	610	
800	QU120	3638	65Mn	907	831	713	1234

4. 轨道的铺设安装（包括拼接）与固定

轨道的铺设安装（包括拼接）与固定是实现轨行式起重机械正常水平运行、避免产生“啃轨”现象的关键环节之一，轨道铺设安装后的跨度（轨距）偏差、高度偏差、接头偏差、直线度等技术要求应符合相关标准要求。起重机专用钢轨的标准长度为9.0~12.5m（每0.5m为一挡），铁路钢轨的标准长度为12.5m、25m、50m、100m。运行距离较长时应进行轨道拼接，两根轨道端头的接头可采用焊接（焊接轨）和拼接（钻孔轨）的对接工艺。

除了考虑伸缩缝处的变形影响，起重机钢轨均采用焊接长轨方案，这是确保整机平稳运行、减少冲击、延长使用寿命的有效措施。钢轨焊接长度以厂房（或地基）伸缩缝为界，且应按区段从一端至另一端逐个顺序进行。钢轨焊接可采用铝热焊或电弧焊，目前广泛采用电弧对接封闭焊工艺，此种方法不开坡口，焊接角变形小，生产效率高，但对焊接工艺及操作技术要求较高。施焊时的钢轨端接头间隙为 18～22mm，轨腰两侧用胎模夹持固定（图 9-11），先进行较高温度（250～350℃）下的预热，然后采用封闭焊工艺由下而上 S 形焊线多层连续堆焊，中间不停顿不出焊渣一次到顶成形，焊后加热保温退火以消除焊接内应力，冷却后打磨平整并采用超声波检测（UT）或磁粉检测，以避免出现焊肉夹杂、未熔合、未焊透、气孔、蜂窝和裂纹等缺陷，从而使轨道接头部位满足与母材等强度、踏面等硬度及整体平直度等要求。

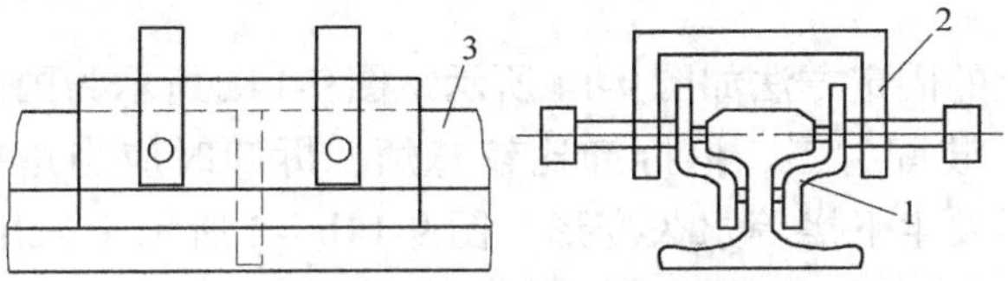

图 9-11　钢轨对接封闭焊

1—胎模　2—夹具　3—钢轨

钢轨接头采用拼接工艺时，如图 9-12a 所示，要求接头为直角边或 45°斜边。而斜边接头能使车轮在接头处实现平稳过渡。正常接头的缝隙为 1～2mm。若在寒冷地区冬季施工或安装时气温低于常年环境温度 20℃以上时，还应考虑温度对缝隙的影响，缝隙值（包括正常缝隙）一般可为 4～6mm/10m。

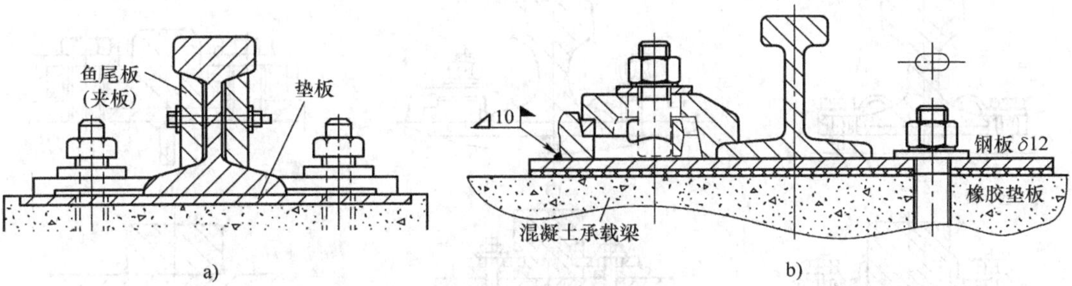

图 9-12　钢轨的拼接与可拆卸式压板固定

轨道的铺设安装与固定应考虑运行机构起（制）动、室外防风固定和防倾覆等因素。运行机构起（制）动时会产生纵/横方向作用力，当大小车同时制动时，轨道还将承受斜向推力。轨道安装的高度差也会增加较低侧轨道所承受的横向力。当设有夹轨器时，防风夹轨器会对轨道产生很大的作用力。另外，轨道铺设和固定还应综合考虑安装可靠性、更换方便性等问题。轨道铺设安装的承轨基础梁一般可为混凝土预制梁和钢结构梁，而其上的轨道固定常用可拆卸法，如图 9-12b 所示，尽量少用永久固定（焊接/铆接）。

混凝土预制承轨基础梁必须留有预埋口，以备放置安装地脚螺栓。考虑到混凝土预制精度以及减振缓冲、螺栓联接防松等问题，可在轨道下方放置钢制衬垫板（开调整长孔）及工业用橡胶板衬垫（8～12mm）。轨道在混凝土预制梁上的固定方法可视具体条件不同采用压板固定法（图 9-12b）、钩形螺杆固定法（图 9-13a）以及焊接-螺栓联用固定法（图 9-13b）等。不论采用哪种固定方法，每根钢轨接头处的混凝土都必须填实，尤其是铺有枕木时。

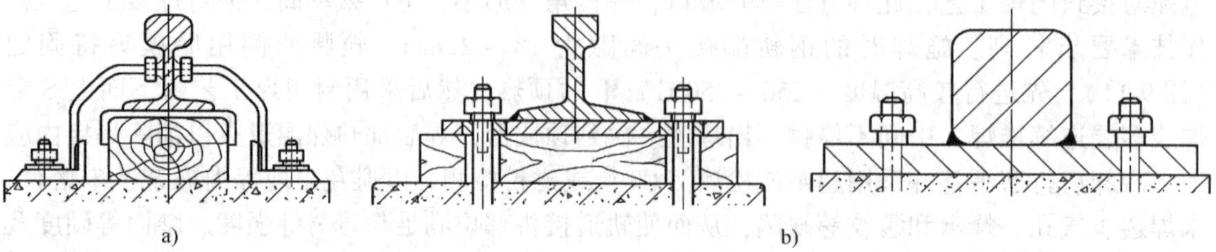

图 9-13　混凝土预制梁轨道的铺设

轨道在钢结构梁上的固定方法如图 9-14 所示。图 9-14a 所示为国内最常用 S 形压板固定法，间距约为 700mm，装配省工，但拆卸比较麻烦，拆卸时应当用铲除的方法去掉压板，不宜用气割，以免钢梁发生下挠等永久变形。图 9-14b ~ j 所示为采用组合式螺栓压板固定（包括 WJK 型），适用于重级及超重级工作类型，这些方法在安装尺寸大小、孔对轨道削弱

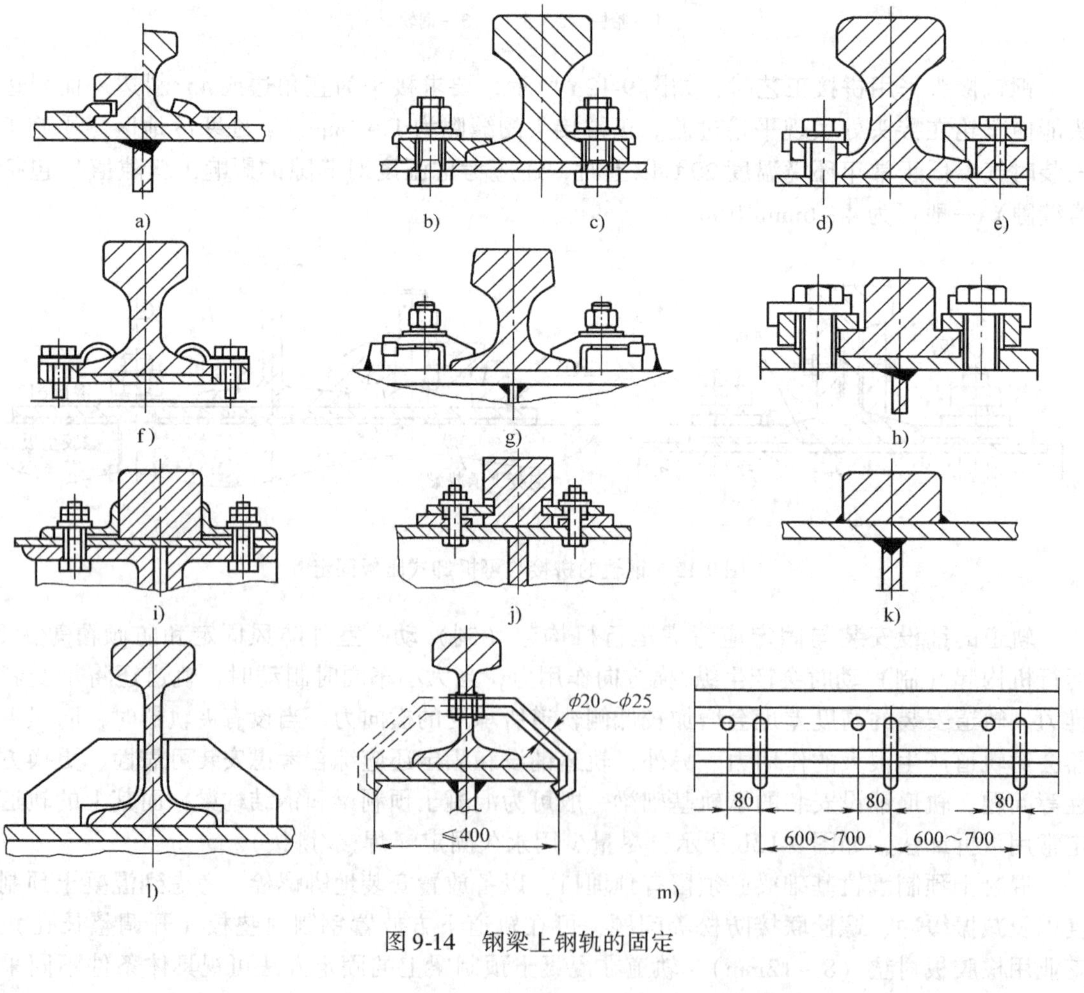

图 9-14　钢梁上钢轨的固定

影响、螺栓安装及紧固方便性、缓冲减振（3～6mm 厚橡胶垫）等方面各有不同。其中，图 9-14h 所示为回转装置圆轨道的固定方法。图 9-14k 和图 9-14l 所示为永久固定法，当采用连续焊缝时，轨道面积可以计入钢梁，此类方法适用于轻级及中级工作类型下轨道磨损不太严重的情况。图 9-14m 所示为在轨道腰部钻孔后用钩形螺杆进行固定连接的方法。

需要注意的是，轨道与钢结构梁上表面的间隙应用轨道压板消除，以使轨底紧密接触。定位焊接轨道压板时，应沿跨度均匀分布、同时对称施焊，以使钢结构梁受热导致下挠的曲线均匀对称，其下挠量应计入对最终拱度的影响。另外，应按设计要求预紧所有螺栓。

5. 轨道端部止挡

运行轨道的终点应装设强固的轨道端部止挡装置（共四处），如图 9-15 所示，以防止起重机或起重小车从两端出轨造成严重事故。轨道端部止挡装置与行程开关间的位置以及运行速度、安全尺长度、制动距离等应匹配设计，止挡高度应与缓冲器的高度相适应。

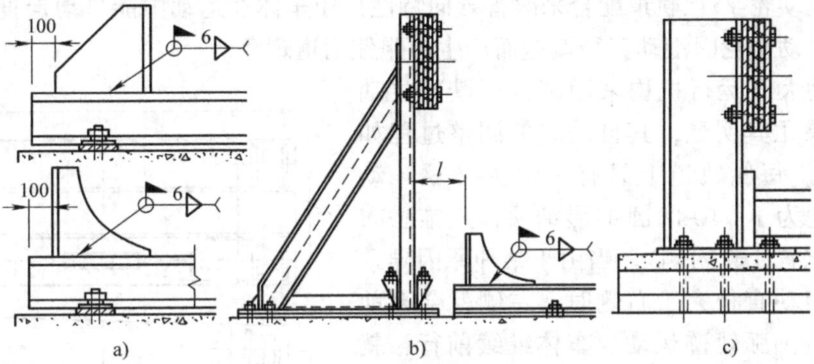

图 9-15 轨道端部止挡装置

9.2.3 车轮与车轮组

1. 车轮的作用

车轮既是系统运行的支承和导行构件，也是实现系统运动的工作装置。车轮踏面起着支承并传递很大的吊重载荷、自重载荷（或水平载荷）的作用，而车轮踏面、轮缘与轨道的配合又能引导起重机或起重小车沿轨道顺利运行（无轮缘车轮则由水平轮导行），轮缘还有防止车轮脱轨的作用。因此，车轮是起重机械重要的零部件之一。

2. 车轮的类型

（1）按材料与制作工艺分类

1）铸造车轮。国内起重机械上的车轮多采用铸钢工艺制造，其材料一般为 ZG340-640 以上，负荷较大的车轮常采用 ZG50SiMn、ZG55CrMn、ZG50MnMo 等合金铸钢。对于工作级别不高、车轮轮压不大（$P \leqslant 50$kN）、运行速度较小（$v \leqslant 30$m/min）、无冲击（人力驱动）的场合，也有采用铸铁车轮的情况（其踏面硬度要求为 180～240HBW）。

2）锻造（模锻或轧制）车轮。与铸造相比，锻造（模锻或轧制）工艺能使车轮自身力学性能得到很大提高，从而具有更大的承载能力和更高的使用寿命。轧制车轮不低于 60 钢，锻造车轮不低于 55 钢（车轮踏面直径 $D \leqslant 400$mm）、60 钢（车轮踏面直径 $D > 400$mm）。小尺寸车轮一般用不低于 55 钢（包括 50Mn、65Mn）的圆钢棒料直接加工而成，大负荷及大尺寸车轮则用优质钢或合金钢锻造（轧制）而成，其材料包括50Mn、65Mn或42CrMo等。从合理利用钢材的角度出发，对于更大尺寸的车轮，采用由专业制造厂专门轧制合金材料轮毂的工艺是较有发展前途的方法。

3）耐磨塑料车轮。随着材料工业的发展，现已出现耐磨塑料车轮。耐磨塑料车轮具有自重轻、耐磨损等特点，但较低的承载能力、静载蠕变特性等使其应用局限于无轮缘、小轮压或导向轮，在起重机械中应用较少。

（2）按踏面形状分类

1）圆柱形踏面。车轮踏面一般都制成圆柱形，既能适应主（驱）动轮的要求，也能用于从动轮，制造工艺简便。

2）圆锥形踏面。制造工艺较复杂，用于特定场合，如工字梁下翼缘上的小车车轮（多数情况下锥度不匹配）、环形轨道的运行车轮以及集中驱动的桥架类起重机大车车轮等。后者采用锥形主动轮-凸顶轨道配合来改善导向特性，使车体在运动中能自动走直，克服跑偏，以消除两侧主动车轮因滚动直径偏差而产生的跑偏啃道现象。

集中驱动大车运行机构采用圆锥形踏面主动轮的纠偏效果尤其明显，其自动纠偏调整过程如图9-16所示。每侧轨道上只有一组主（驱）动轮，采用锥度为1∶10的圆锥形踏面，正锥法布置车轮（大端置于轨内侧）。当由于某种原因导致左侧车轮的滚动直径大于右侧时，左侧就会趋前并使起重机按圆弧轨迹运动。车体继续前行，就会使左侧车轮的滚动直径逐渐减小，同时右侧车轮的滚动直径逐渐增大，从而使左侧的超前量越来越小。继续运动一段距离后，达到两侧车轮的滚动直径相等，但此时桥架处于整体偏斜的位置。继续前行会导致车轮的滚动直径延续变化，转变成右侧车轮处于较大的滚动直径，使桥架向反方向偏转。当桥架位置校正后，变成右侧车轮滚动直径比左侧大。依此类推，桥架按与上述相似过程循环运行，使起重机左右摇摆前进，只要车轮与轨道之间有足够的间隙，就不会产生跑偏啃道现象。实际运行中，非驱动轮会有横向移动，将使车体的这种摇摆现象逐渐减小，最后自动调整为两侧主动车轮的滚动直径几乎相等，起重机处于近似直线运动状态。

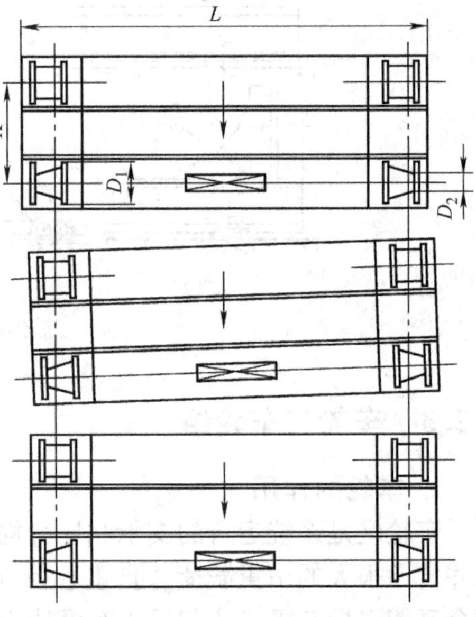

图9-16　圆锥形踏面主动轮自动纠偏

圆锥主动车轮正锥法布置自动纠偏时，其从动轮的布置方案有三种：圆柱形车轮（最常用）、圆锥形车轮-正锥法布置、圆锥形车轮-反锥法布置，如图9-17所示。模型试验和部分工业性运用结果显示：从动轮采用圆锥形车轮-反锥法布置（图9-17c）的方案运行最平稳，自动走直的效果最好，而从动轮采用圆锥形车轮-正锥法布置（图9-17b）的方案稳定性最差，当往从动轮方向运行时会出现偏斜和卡住现象，而往主动轮方向运行时情况要好一些。从动轮采用反锥法布置可使同一侧端梁上的车轮具有相同的滚动直径，并能实现所有车轮均与轨道接触，因而能更好地促进起重机在运行中自行定位。

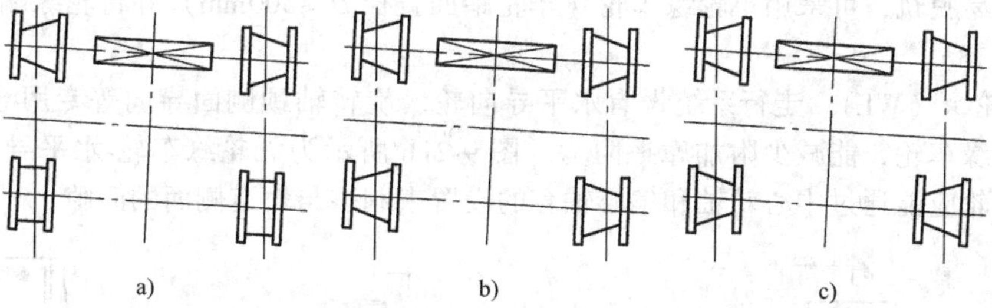

图 9-17 自动纠偏的圆锥形踏面主动轮-从动轮布置方案

需要注意的是，集中驱动圆柱形车轮是利用轮缘来自动纠偏走直的，如图 9-18 所示。当左侧车轮超前运行时，其外侧轮缘与轨道侧面接触而产生阻挡，使右侧车轮运动相对加快赶上来，以此循环运行起到自动纠偏走直的作用。

3）鼓形（圆弧形）踏面。制造复杂，用于特定场合，可以避免附加摩擦阻力与磨损。

与工字梁下翼缘锥面轨道匹配的直线运行车轮，当采用圆锥踏面车轮时，由于车轮大小端圆周速度不同从而产生附加阻力与磨损。采用鼓形（圆弧形）踏面车轮即可实现纯滚动以解决此问题，如图 9-19 所示。其中，图 9-19c 所示方法在原理上也很好。

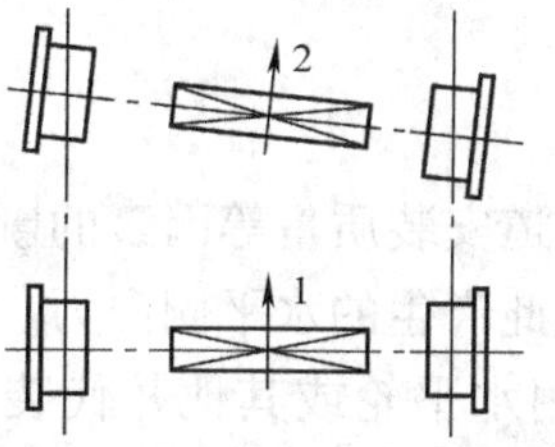

图 9-18 圆柱形车轮的自动走直原理

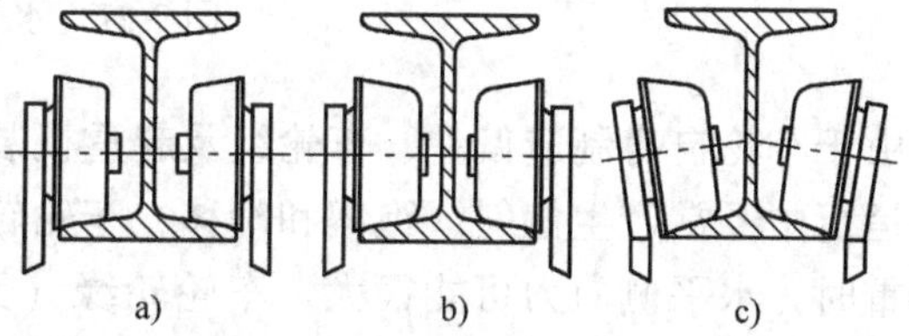

图 9-19 工字梁下翼缘上运行的车轮
a）圆锥踏面 b）圆弧踏面 c）斜装圆锥踏面

与环形轨道匹配的运行车轮，如图 9-20 所示。当采用圆锥形踏面车轮-锥面轨道（两者锥度相匹配）、圆弧形踏面车轮-平面轨道、圆柱形踏面车轮-凸顶轨道的匹配时，车轮环状运行过程中为纯滚动。若采用圆柱形踏面车轮-平面轨道匹配时，车轮环状运行过程中不是纯滚动，会产生附加摩擦阻力与磨损。理论上，除锥度相匹配的情况以外，环形运动的车轮-轨道匹配如能形成点接触状态时，即能形成纯滚动，避免环形运动中的附加摩擦与磨损，如鼓形踏面车轮-平面（或凸顶）轨道、圆柱形踏面车轮-凸顶轨道等。但严格意义上的绝对点接触在实际应用中是不存在的。因此，除锥度相匹配的情况以外，其他方案多用于轨道直径较大、车轮较窄、工作级别较低、运行速度较小的情况。

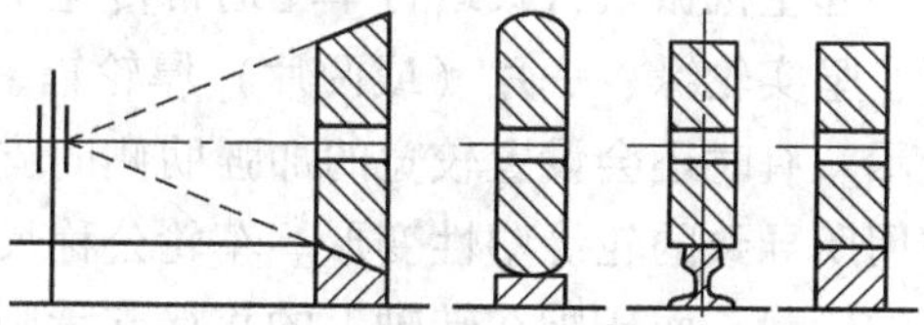

图 9-20 环形轨道上的车轮

（3）按轮缘分类

1）双轮缘（SL）。任何情况下（大车或小车）均可采用双轮缘车轮。而采用双轮缘车轮-水平导向轮的匹配组合（图 9-21a）可以提高系统的安全性、纠偏能力和耐磨损能力。

2）单轮缘（DL）。小型起重设备或小轨距的起重小车，其跨度小、车架刚度大、运行速度低、不易脱轨，可采用单轮缘车轮（车轮踏面直径 $D\leqslant500\text{mm}$）并将轮缘端安置于轨道外侧（图 9-18）。

3）无轮缘（WL）。走行系统设有水平导向轮、旋转轴颈侧面导向等专用导向装置时，可采用无轮缘车轮，能减少附加摩擦阻力。图 9-21b 所示为无轮缘车轮-水平导向轮的匹配组合，水平轮应能通过中心转轴和偏心轴套的设置来调整与轨道侧面的间隙。

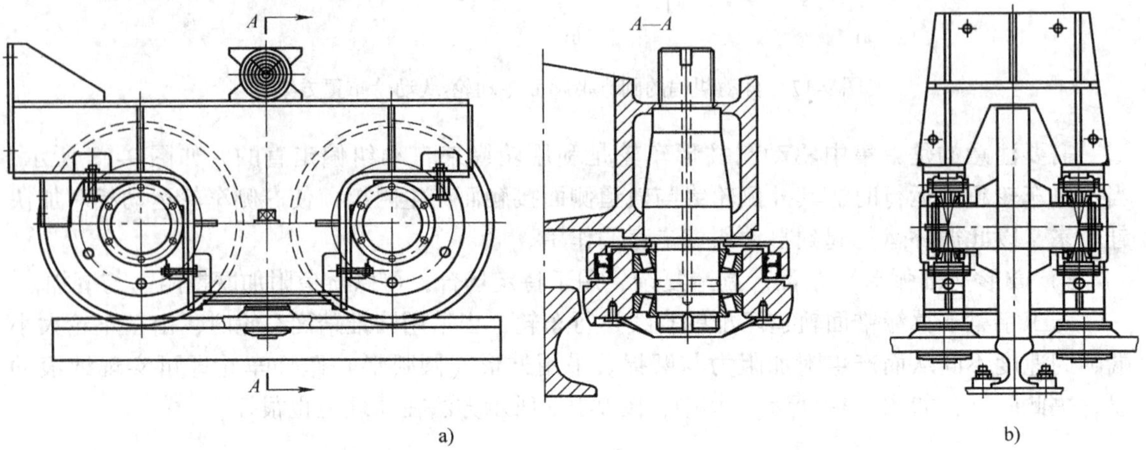

图 9-21　水平导向轮

由于车轮自身制造偏差、车轮组及起重机装配误差、轨道安装质量等因素的影响，起重机在运行中经常产生偏斜、跑偏和滑移，车轮轮缘将承受由此产生的水平侧向力。当偏斜运行严重时，水平侧向力可能很大。车轮轮缘（无轮缘时采用水平轮或其他替代装置）在正常使用状态下起到导行和承受水平侧向力的作用，否则就易发生脱轨事故。

3. 车轮的构造与工艺

起重机械轨行式运行车轮通常传递很大的载荷（垂直和水平），因而具有小直径、宽踏面、坚实轮缘、一片（或两片）厚轮辐、牢固轮毂（宽或窄）、粗壮形状等特征，如图 9-22 所示。有时还会设置较宽的加强肋侧向支承在轮缘或轮辐上，以承受轮压对轮辐平面的偏心作用所导致的轮缘塑性变形。车轮公称尺寸系列见表 9-7。心轴上的车轮支承使车轮具有较宽的轮毂，而压配在转轴上的直接支承则使车轮具有较窄的轮毂。

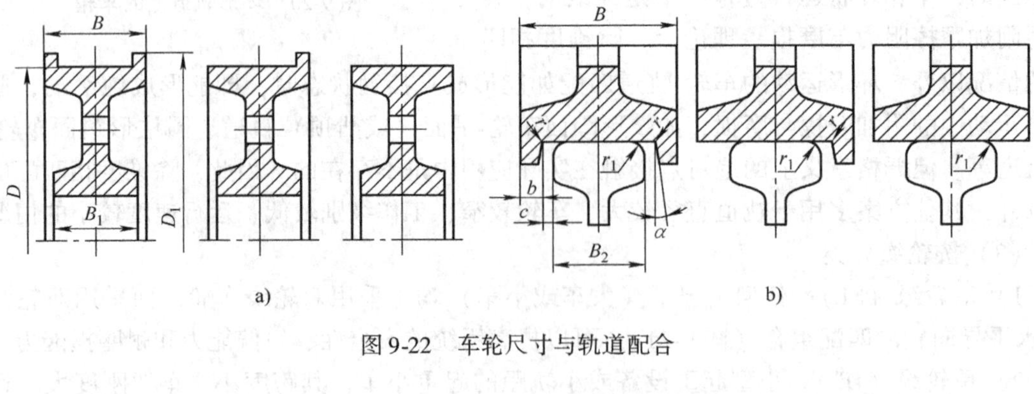

图 9-22　车轮尺寸与轨道配合

表 9-7 车轮公称尺寸 （单位：mm）

D	D_1	B	B_1	$B\geqslant$	B_2	$c\geqslant$	$b\geqslant$	α	轨道
100	130	80 ~ 100	95 ~ 100	90/95	32.1	7.5/9.5	20	6°	9kg/m
125	155	80 ~ 100	95 ~ 100	95/100	38.1	7.5/9.5	20	6°	12kg/m
160	190	90 ~ 100	95 ~ 100	100/105	42.86	7.5/9.5	20	6°	15kg/m
200	230	95 ~ 100	95 ~ 100	100/110	50.8	7.5/9.5	20	6°	22kg/m
250	280	95 ~ 140	95 ~ 140	120/120	60.33	7.5/9.5	20	6°	30kg/m
315	350	95 ~ 210	95 ~ 210	135/145	68	7.5/12.5	25	6°	38kg/m
400	440	105 ~ 210	105 ~ 210	135/145	70	7.5/12.5	25	6°	43kg/m
500	540	105 ~ 210	105 ~ 210	135/145	70	7.5/12.5	25	6°	50kg/m
630	680	120 ~ 210	120 ~ 210	140/150	73	7.5/12.5	25	6°	60kg/m
710	760	140 ~ 210	140 ~ 210	140/150	75	7.5/12.5	25	6°	75kg/m
800	850	140 ~ 210	140 ~ 210	135/145	70	7.5/12.5	25	10°	QU70
900	950	145 ~ 220	140 ~ 220	155/160	80	7.5/15	25/30	10°	QU80
1000	1060	145 ~ 220	140 ~ 220	185/190	100	12.5/15	25/30	10°	QU100
(1250)	1310	145 ~ 220	140 ~ 220	205/210	120	12.5/15	25/30	10°	QU120

注：分子用于小车轮，分母用于大车轮。车轮型号标注为：代号—$D\times B$。

为满足正常导行以及补偿轨距误差（铺轨与安装车轮时产生），车轮踏面宽度（$B-2b$）应比轨顶宽度 B_2 稍大一些（$2c$ 或 c）。对于双轮缘车轮，其轮缘内侧与轨道的间隙 c 宜取 9.5 ~ 15mm（小车轮取小值，大车轮取大值）。对于单轮缘车轮，有轮缘的一端，其轮缘内侧与轨道的间隙 c 宜取 7.5 ~ 12.5mm，无轮缘一端应超出轨道 25 ~ 40mm。对于集中驱动的圆锥形踏面车轮，其轮轨间隙约为 20mm。

圆锥形车轮踏面锥度一般取为 1∶10（即 $k=0.1$，斜度为 1∶20）。采用大锥度圆锥形车轮时的运行自动对中效果较好，且由于车轮安装时具有外倾角（4° ~ 5°），可在一定程度上消除或减弱偏斜侧向力的影响，集中驱动时 $k=0.15\sim0.18$，分别驱动时 $k=0.25\sim0.28$，车轮踏面硬度小时，k 取大值。

车轮轮缘高度 $\Delta=(D_1-D)/2$，按车轮直径 100 ~ 1250mm 范围内取 $\Delta=15\sim30$mm。提高轮缘的高度可以降低接触应力，延长车轮的寿命。轮缘内侧倾斜角与车轮寿命有很大关系，通常宜按直径系列区段取 $\alpha=6°\sim10°$。摩擦研究表明，具有稍大一些的倾斜角 α 和较大的轮缘高度 Δ 与普通形式的轮缘相比会有更高的寿命。轮缘内侧与踏面间应有较平滑的圆弧过渡半径 r，且 $r<r_1$，以阻止轮缘过渡段滑移到轨道上面，如图 9-23 所示。近来西欧产品将此过渡段制成图 9-23c 所示的形状，其使用效果较好。轮缘应有足够的厚度 b，通常为 20 ~ 25/30mm。

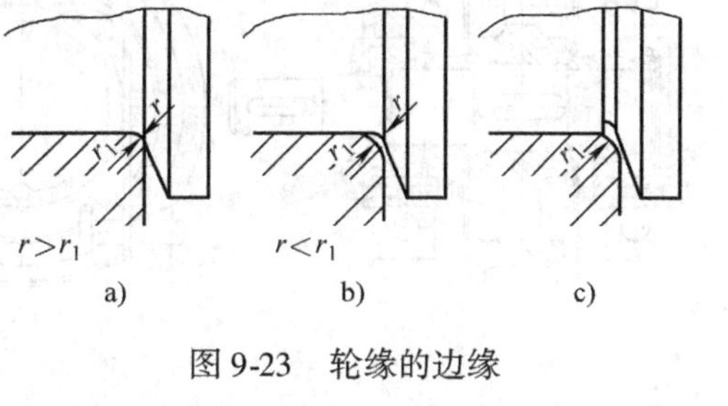

图 9-23 轮缘的边缘

未经表面热处理的车轮寿命一般很短。为了提高车轮的承载能力与使用寿命，车轮踏面和轮缘均应进行增加耐磨能力的表面热处理。表面淬火前还应进行消除内应力的退火处理、增加索氏体细化组织的调质处理等。表面淬火后，一般要求车轮轮缘和踏面表面的硬度为300～380HBW，并应有一定的淬硬层深度，通常要求在不小于5mm（$D=100\sim200$mm）、15mm（$D>200\sim400$mm）、20mm（$D>400$mm）深度范围处的硬度大于260 HBW，且淬硬层硬度均匀过渡。而在承受较高的轮缘应力的情况下，在车轮材料中加入Ni、Cr和Mo等合金钢元素会形成更有利的耐磨表面硬化层。

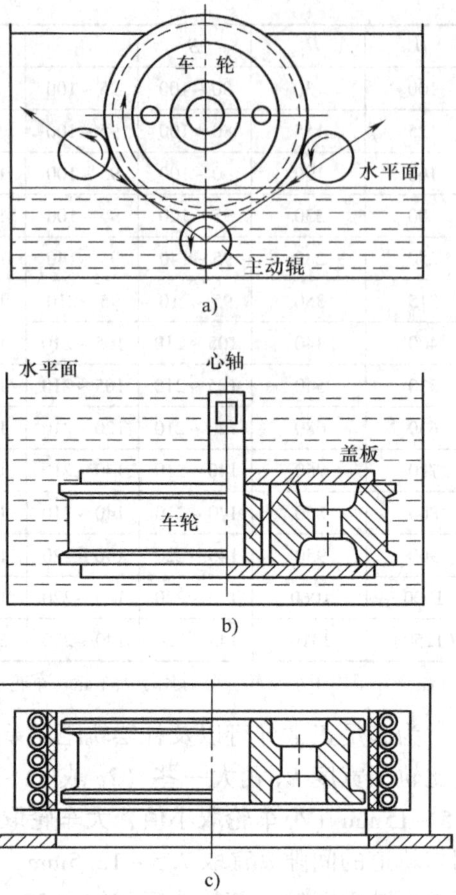

图9-24 车轮表面热处理方案

过去采用的火焰表面淬火工艺效果不好，其淬硬层厚度不大（小于5mm），在运行中很容易出现淬硬层脱落的损坏现象。现在采用图9-24中所示的整体加热-表面滚动淬火、整体加热-盖板遮蔽表面淬火、工频感应局部加热-表面淬火等车轮表面热处理方案，均能取得良好的工艺效果。另外，轮缘和踏面的表面硬度也不宜过高，否则会造成轨道磨损严重。而更换轨道在实际应用中既困难费用也很高。

4. 车轮组与安装方式

从车轮制造、安装和维修更换的方便性以及系列化要求考虑，起重机械上常把车轮、轴、轴承及固定、轴承箱与安装等一体化设计为标准系列的车轮组件，称为车轮组。当车轮或其他零件损坏时，用事先准备好的新车轮组进行更换，可极大地缩短生产停歇时间。根据车轮轴在其中的构造特点，车轮组可分为主动车轮组和从动车轮组（心轴式），而主动车轮组又可分为转轴式和心轴式两种类型，如图9-25和图9-26所示。

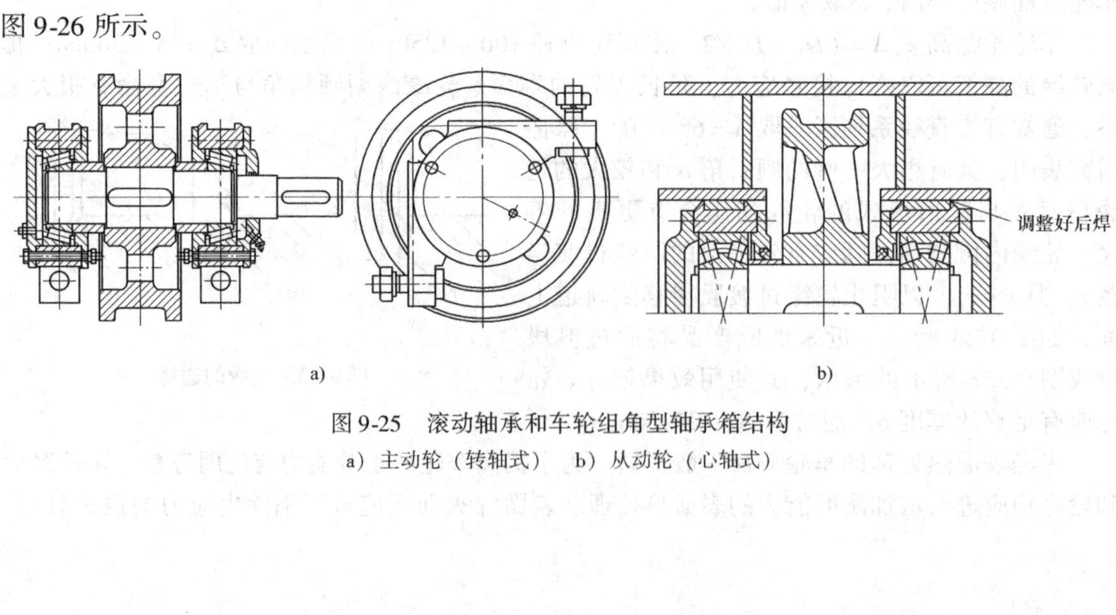

图9-25 滚动轴承和车轮组角型轴承箱结构

a）主动轮（转轴式） b）从动轮（心轴式）

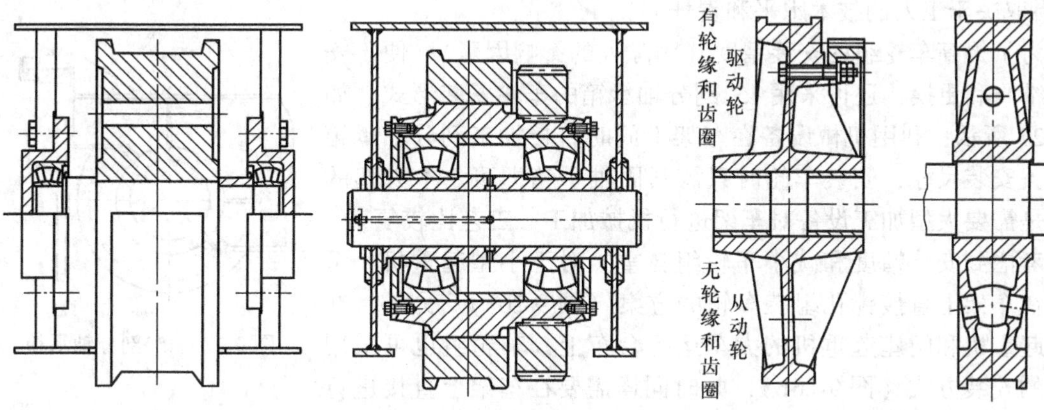

图 9-26　车轮组直接镗孔安装形式

a）双列滚子轴承　b）双列滚子轴承-滑配抗转轴套　c）滑动轴承　d）直接压配紧固轴

近代起重机械上的车轮轴承基本上都采用滚动轴承，虽然滚动轴承价格较高，但其运行阻力小，特别是在起动期间的摩擦阻力仍然很小，且安装、维护与检修都很方便，能使保养和维修费用大大降低。车轮既可通过滚动轴承直接装设在车轮轴上，也可通过滚动轴承-中间滑配抗转轴套一起支承在车轮轴上（便于更换轴承）。主动车轮既可通过联轴器来传递驱动力矩（车轮轴为转轴），也可通过与车轮固定的齿圈来传递力矩（车轮轴为心轴），而从动车轮轴为心轴。另外，某些情况下车轮还可采用直接压配紧固在轴上的方案，此时轴承支承在车轮轴上。

起重车轮组中的滚动轴承应优先选用自动调心球面滚子轴承（多为两个并列安装），以允忍较大的安装误差与车架变形，并能承受冲击载荷。其次，在高的径向力和轴向力情况下，也可采用圆锥滚子轴承，但应注意保证轴承安装后具有合适的轴向游隙，同一轴承箱中并列安装两个圆锥滚子轴承时更应关注此问题。安装滚动轴承时通常在轴承箱中充满润滑脂或利用油嘴及一条润滑油槽引到两列轴承之间的空隙中进行润滑，在环境污染较大的场合还可采用集中润滑。

在重载、低转速、工作级别不高的场合，车轮组轴承也可采用滑动轴承（黄铜或青铜轴瓦）。但滑动轴承的运动阻力会随滑动速度在较大范围内变化，此时还应注意滑动轴承的固定（防止轴瓦侧移）和润滑问题。另外，在不存在使用寿命问题的条件下，车轮组也可采用塑料轴瓦的滑动轴承。如果车轮组装入了非金属轴承，应注意在电控系统中装设专门的接地线回路。

车轮组是运行支承装置的基本构件和易损件，除考虑承载、导行、防脱轨等作用外，还应考虑其与车架的安装方式，以解决安装、调试、维护、更换等问题。

角型轴承箱是桥架类起重机常用的车轮组安装形式（图 9-25），利用调整垫片对设置在弯板上的两个定位板进行水平和垂直方向的调试，即分别调试车轮轴线在垂直面内与轨道的平行度、水平面内与轨道的垂直度，从而使车轮轴线与轨道保持垂直且平行（异面）的关系，调试结束后应将定位板焊接在弯板上固定。这种方案原理简单，制造、安装、调整过程都很简便，不需要大型加工设备。但构造较复杂，零件多，安装精度不均衡且不易保证

（主要取决于工人的技术水平和责任心）。

为了提高车轮组的安装精度（消除人的影响因素），便于安装、维修和更换，还可采用45°剖分轴承箱的车轮安装形式，如图9-27所示，利用机械设备在车架上同时直接加工剖分轴承箱的相关安装尺寸，安装车轮时只需紧固轴承箱即可。本方案的缺点是需要大型加工设备对车架进行机械加工，工艺比较复杂。

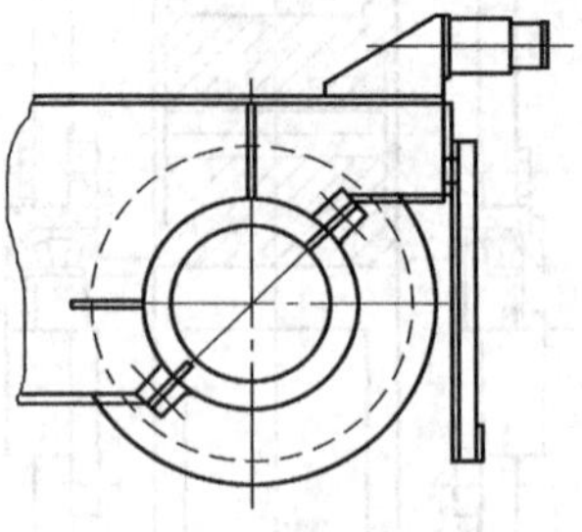

图9-27　45°剖分轴承箱

考虑到安装精度和减小车轮组自重，对于小型起重机，可采用在车架上直接镗孔组装车轮的方案（图9-26a）。另外，在门式起重机和门座起重机的大车运行台车上，车轮组也可采用定轴的安装方式（图9-26b），此时同样需要在车架上直接进行镗孔加工。

另外，对在繁重条件下使用的起重机，为避免起重机偏斜运行时轮缘与轨道侧面接触，以及产生轮缘加剧磨损和增加摩擦阻力，可采用带水平导向轮的车轮组（图9-21）。

5. 车轮的寿命与损坏

车轮是起重机械中最易磨损的零件之一，其常见的损坏形式包括踏面剥落、压陷、早期磨损以及轮缘的磨损和塑性变形等。若车轮表面热处理的淬硬层深度较浅（4～5mm），而其承受的最大切应力点的深度超过该淬硬层时，踏面上就会出现大片的剥落（压碎）现象。铸造车轮踏面层下可能存在疏松、缩孔、砂眼等缺陷，当踏面接触应力较大时，就可能会出现压陷（凹坑）现象。若车轮不进行表面热处理，其踏面的硬度值较低，受载后极易产生局部塑性变形进而出现鳞片状磨屑，导致出现早期磨损现象。如设计不当使制动力矩过大而导致制动打滑时，车轮会在轨道上局部磨损出现不圆或踏面深沟等现象。当车轮、轨道以及两者的安装等质量状况不佳形成超差时，会造成车轮啃道而使轮缘磨损较为严重，甚至能使轮缘产生塑性变形，导致其与轨道接触部分的表面因冷作硬化而呈现出鳞片状剥落现象，磨损超过轮缘50%的厚度时就应停止使用，否则可能导致脱轨事故的发生。

统计数据表明：若车轮整体表面淬火质量较高、车轮踏面淬硬层较深时，不会产生疲劳剥落现象，车轮踏面的寿命一般情况下可达8～10年，载荷率高且工作特点繁忙的冶金起重机也能够达到5年以上，最恶劣情况也不会少于2～3年。轮缘处的磨损通常会比踏面高许多，啃道越严重轮缘磨损越快，其寿命仅为1年左右，甚至可降低为若干月（如6个月）。车轮的使用寿命是实现轻量化设计的关键点，因此，提高车轮使用寿命是很有意义的。通过对车轮构造、材料等的研究，以及加工方式、热处理等制造工艺的不断改进，可以使起重车轮具有较为合理的踏面和轮缘结构、稳定的硬度范围（300～380HBW）、合理的淬硬层硬化梯度及较高的最内点硬度值等，这些都会使车轮的使用寿命得到提高。

由于轨行式运行的偏斜和滑移，导致车轮轮缘和轨道在70%～80%的行程中相互摩擦。除合理设计以外，轮缘寿命主要取决于运行机构对其导行特性的要求、轮轨系统的质量、运行距离、使用维护等因素。而由于轮缘磨损导致车轮报废的现象应引起足够的重视。研究得出，适当提高轮缘的高度（如对P43级以上的轨道，将轮缘高度增加10～20mm），将会增大轮缘与轨道侧面的接触面积而使接触应力降低，车轮耐磨性可提高25%～30%。但应注意轮缘增大后可能引起啃道加剧的负面影响。另外，通过改善轮缘与轨头的润滑状况（如使用轮轨涂油器等）可使其使用寿命提高数倍，但不能影响车轮驱动的粘着力。

6. 车轮与轨道的计算

（1）概述　关于起重机械的运行车轮与轨道，目前还没有一套能同时考虑垂直方向挤压应力、接触面摩擦传递的水平切向力和轴向力、踏面与轮缘磨损、塑性变形等各种影响因素的综合理论。现行使用的设计与计算方法最为严重的缺陷是：虽然轮缘磨损限制了大多数情况下的车轮寿命，但仍然只能从理论上按照踏面接触应力的大小来确定车轮的承载能力、尺寸与个数。这也是导致许多运行机构不能获得令人满意的运行特性的主要原因。但是，这种采用垂直轮压载荷来控制轮轨系统接触应力，并把接触状况理想化为线接触或点接触的假定模型，在当前仍然具有一定的理论意义和可应用性，而综合考虑轮缘和踏面磨损共同确定轮轨系统的理论还有待进一步研究。

一般情况下，可以认为同台起重机轨道上的所有车轮的轮轨接触形式是一致的。在此假设的前提下，根据车轮踏面与轨顶形状的不同，车轮与轨顶的接触状况可能在一条直线上——线接触（实际为狭长的矩形面积），如圆柱形车轮与平顶轨道接触；或者可能在一点上——点接触（实际为小椭圆面积），如圆柱形或圆锥形车轮与凸顶轨道接触，如图9-28所示。

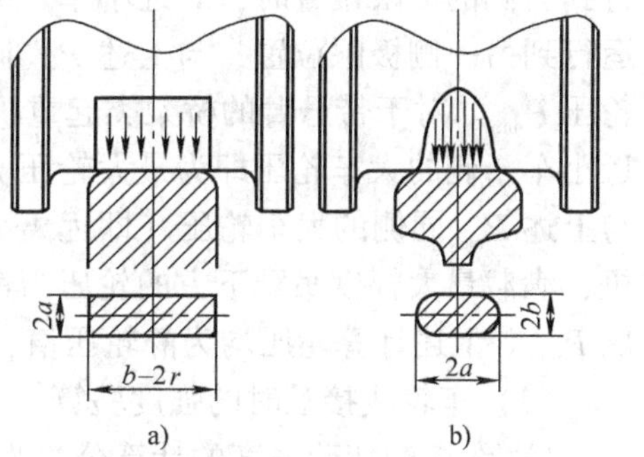

图9-28　线接触与点接触

从理论上来看，线接触的受力情况较优，但实际应用中，常由于机架变形、制造误差等原因，使轮轨线接触的有效接触宽度发生变化（图9-9），从而导致接触应力分布极不均匀，甚至有可能变为极不利的点接触，从而产生很大的挤压应力。凸顶轨道虽然可以使车轮适应由于各种因素引起的不可避免的倾斜，但其有效接触宽度仍然难以从理论上确定。

从纯理论的观点来看，只有新轮轨系统最初使用阶段的实际情况才完全符合点接触要求，随着轮轨系统使用时间的延续，轨道头部出现磨损且达不到报废标准之前（铁路钢轨磨损报废标准规定垂直方向上7～9mm），此时的轮轨系统将逐渐接近或成为线接触（有效接触宽度逐渐增大）。另外，从国内现行轮轨匹配尺寸来看，P24、P38、P43、P50轨道头部曲率半径均为300mm，若按点接触模型计算，同一轮径下的轮轨系统承载能力毫无区别，形成承载能力只与车轮直径关联的不合理现象。同理，P12、P15、P22、P30轨道头部曲率半径均为304.8mm，若按点接触模型计算，同一轮径下的轮轨系统承载能力不仅毫无区别，反而可能会出现比上述大轨道承载能力更大的现象，这明显与实际情况不符。

综上所述，对于轮轨系统的点接触模型，一般可将其视为最不利极端情况下的计算工况，建议只用于某些特定状况（如普通桥吊主/从动车轮分别选用圆锥形和圆柱形踏面），而大多数情况下的轮轨系统宜采用线接触计算模型。

（2）车轮与轨道的计算载荷　起重机械车轮所承受的载荷属P_R型载荷，与运行机构传动系统的载荷无关，可直接按照起重机械外载荷的平衡条件求得。轮轨系统一般应按正常工况下的疲劳计算载荷P_m校核其疲劳强度，按最大轮压工况下的计算载荷$P_{max\phi}$进行静强度验算。车轮的疲劳计算载荷P_m可由起重机的最大轮压和最小轮压来确定，并应不大于车轮自身的承载能力P_L。该计算方法适应于轨道安装与维护良好、车轮安装调整正确、直径不超过1250mm的车轮，设计中应尽量避免采用更大直径的车轮，设计更大直径的车轮时应相应降低车轮和轨道之间的许用承载能力。为减小单个车轮所承受的轮压，可采用增加车轮数量、增加均衡台车、增加均衡梁等方法。

计算车轮踏面疲劳的计算载荷 P_m（等效工作轮压）的计算公式为

$$P_m = \frac{2P_{max\,Ⅰ、Ⅱ} + P_{min\,Ⅰ、Ⅱ}}{3} \tag{9-1}$$

式中　$P_{max\,Ⅰ、Ⅱ}$——在载荷情况Ⅰ、Ⅱ中，起重机满载确定的所验算车轮的最大轮压（N）；

$P_{min\,Ⅰ、Ⅱ}$——在载荷情况Ⅰ、Ⅱ中，起重机空载确定的所验算车轮的最小轮压（N）。

最大轮压 P_{max} 和最小轮压 P_{min} 的计算工况：对于无悬臂的桥架类起重机，当满载小车运行到一侧的极限位置时，靠近小车一侧的大车轮压即为最大轮压 P_{max}；卸下载荷，空载小车运行到另一侧极限位置，与上述 P_{max} 同侧的大车轮压（即远离小车的大车轮压）即为最小轮压 P_{min}。对于带悬臂的桥架类起重机，当满载小车运行到一侧的悬臂端的极限位置时，靠近小车一侧的大车轮压即为最大轮压 P_{max}；卸下载荷，空载小车运行到另一侧的极限位置，与上述 P_{max} 同侧的大车轮压（即远离小车的大车轮压）即为最小轮压 P_{min}。对于臂架式起重机，满载最大幅度吊臂下方的轮压为最大轮压 P_{max}，空载最小幅度吊臂下方的轮压为最小轮压 P_{min}。上述计算轮压均为静轮压值，应选择载荷情况Ⅰ或Ⅱ中的较大值。

（3）车轮线接触时的强度验算

1）线接触疲劳强度的计算公式为

$$P_m \leqslant P_L = k_1 DLC \tag{9-2}$$

式中　k_1——车轮的许用比压（N/mm²），它是与材料有关的许用线接触应力常数，其值可按表9-8选取；

D——车轮的踏面直径（mm）；

L——车轮踏面与轨道承压面的有效接触宽度（mm）；对于具有平坦承压面的轨道（图9-8a～c）$L=b-2r$；对于具有平坦、锥形或凸起承压面的轨道，如车轮在工字钢梁下翼缘的上表面运行（图9-8d）$L=\omega-r$，此时车轮直径 D 应为投影宽度（$\omega-r$）中点上的直径；

C——计算系数，车（滚）轮踏面疲劳校验 $C=C_1C_2$，车（滚）轮踏面强度校验 $C=1.9$；

C_1——转速系数，其值可按表9-9选取；

C_2——车轮所在机构的工作级别系数，其值可按表9-10选取。

表9-8　车轮与滚轮的许用比压 k_1　　（单位：N/mm²）

车轮与滚轮材料的抗拉强度 σ_b	轨道材料最小抗拉强度 σ_l	许用比压 k_1
>500	350	5.0
>600		5.6
>700	510	6.5
>800		7.2
>900	600	7.8
>1000	700	8.5

注：1. σ_b 为车轮或滚轮材料未进行热处理时的抗拉强度。

2. 对于具有凸起承压面的轨道或车（滚）轮，k_1 可增加10%，以改善轮轨的接触状况。

表 9-9 车轮转速系数 C_1

车轮转速 $n/(\mathrm{r/min})$	C_1	车轮转速 $n/(\mathrm{r/min})$	C_1	车轮转速 $n/(\mathrm{r/min})$	C_1	车轮转速 $n/(\mathrm{r/min})$	C_1	车轮转速 $n/(\mathrm{r/min})$	C_1
200	0.66	80	0.87	40	0.97	20	1.06	10	1.13
160	0.72	71	0.89	35.5	0.99	18	1.07	8	1.14
125	0.77	63	0.91	31.5	1.00	16	1.09	6.3	1.15
112	0.79	56	0.92	28	1.02	14	1.10	5.6	1.16
100	0.82	50	0.94	25	1.03	12.5	1.11	5	1.17
90	0.84	45	0.96	22.4	1.04	11.2	1.12	—	—

轮径 D/mm	运行速度/(m/min)														
	10	12.5	16	20	25	31.5	40	50	63	80	100	125	160	200	250
200	1.09	1.06	1.03	1	0.97	0.94	0.91	0.87	0.82	0.77	0.72	0.66	—	—	—
250	1.11	1.09	1.06	1.03	1	0.97	0.94	0.91	0.87	0.82	0.77	0.72	0.66	—	—
315	1.13	1.11	1.09	1.06	1.03	1	0.97	0.94	0.91	0.87	0.82	0.77	0.72	0.66	—
400	1.14	1.13	1.11	1.09	1.06	1.03	1	0.97	0.94	0.91	0.87	0.82	0.77	0.72	0.66
500	1.15	1.14	1.13	1.11	1.09	1.06	1.03	1	0.97	0.94	0.91	0.87	0.82	0.77	0.72
630	1.17	1.15	1.14	1.13	1.11	1.09	1.06	1.03	1	0.97	0.94	0.91	0.87	0.82	0.77
710	—	1.16	1.14	1.13	1.12	1.1	1.07	1.04	1.02	0.99	0.96	0.92	0.89	0.84	0.79
800	—	1.17	1.15	1.14	1.13	1.11	1.09	1.06	1.03	1	0.97	0.94	0.91	0.87	0.82
900	—	—	1.16	1.14	1.13	1.12	1.1	1.07	1.04	1.02	0.99	0.96	0.92	0.89	0.84
1000	—	—	1.17	1.15	1.14	1.13	1.11	1.09	1.06	1.03	1	0.97	0.94	0.91	0.87

表 9-10 工作级别系数 C_2

车轮所在机构工作级别	M1、M2	M3、M4	M5	M6	M7、M8
C_2	1.25	1.12	1.00	0.90	0.80

2）线接触车轮静强度校验的计算公式为

$$P_{\max\phi} \leqslant P_{\mathrm{Lmax}} = k_1 DLC_{\max} = 1.9 k_1 DL \tag{9-3}$$

$P_{\max\phi}$是指式（9-1）中在载荷情况Ⅰ、Ⅱ时起重机在最不利状态和位置下产生的最大轮压，单位为N，计算时不计起升冲击系数、起升动力系数、突然卸载系数、运行冲击系数等的影响（即取其为1），但应考虑动载试验及其过载系数或静载试验载荷。

（4）车轮点接触时的强度验算

1）点接触疲劳强度的计算公式为

$$P_{\mathrm{m}} \leqslant P_{\mathrm{D}} = k_2 \frac{R^2}{m^3} C \tag{9-4}$$

式中 m——与轨道顶部的曲率半径 r 与车轮曲率半径 R 之比有关的系数，其值见表 9-11；

k_2——车轮的许用比压（$\mathrm{N/mm^2}$），是与材料有关的许用点接触应力常数，见表 9-12；

R——曲率半径（mm），取车轮曲率半径与轨道曲率半径中的大值。

表 9-11　系数 m 的值

r/R	1.0	0.9	0.8	0.7	0.6	0.5	0.4	0.3
m	0.388	0.400	0.420	0.440	0.468	0.490	0.536	0.600

注：r/R 为其他值时，m 值用内插法计算；r 为两接触面曲率半径的小值。

表 9-12　许用比压 k_2 的值

σ_b/(N/mm²)	500	600	650	700	>800
k_2/(N/mm²)	0.053	0.100	0.132	0.181	0.245

2）点接触车轮静强度校验的计算公式为

$$P_{\max\phi} \leqslant P_{\mathrm{Dmax}} = \left(\frac{[\sigma_d]}{864}\right)^3 \left(\frac{Dr}{D+2r}\right)^2 \tag{9-5}$$

式中　$[\sigma_d]$ ——许用接触应力（N/mm²），其值按表 9-13 选取。

表 9-13　许用接触应力 $[\sigma_d]$

车轮踏面硬度 HBW	320	400	450	500
$[\sigma_d]$/(N/mm²)	2400～3000	3000～3750	3350～4100	3750～4600

9.3　轨行式运行机构的典型构造

9.3.1　主动轮的数目与布置形式

起重机械正常运行时应具有足够数目的主动轮（驱动轮），而主动轮占总轮数的比例及其布置形式应按保证有足够的驱动附着力、防止起动或制动时打滑等原则来确定。一般情况下，主动轮可取为车轮总轮数的一半（1/2 驱动）；运行速度小、加速度小的运行机构，主动轮的数量可为总轮数的 1/4（1/4 驱动）；而运行速度高、起动要求迅速的场合（如装卸桥小车，v≈200m/min），则可能需要全部车轮作为主动轮（全轮驱动）。

除主动轮数目以外，足够的驱动附着力还与主动轮的合理布置相关。在部分驱动的走行系统中，主动轮的布置形式应能保证其在任何情况下均能具有足够的总驱动轮压，从而保证足够的驱动附着力；否则可能会出现主动轮驱动轮压不足而打滑，从而使车轮的使用寿命降低，更严重的情况可能导致起重机长期不能起动，使车轮强烈磨损。

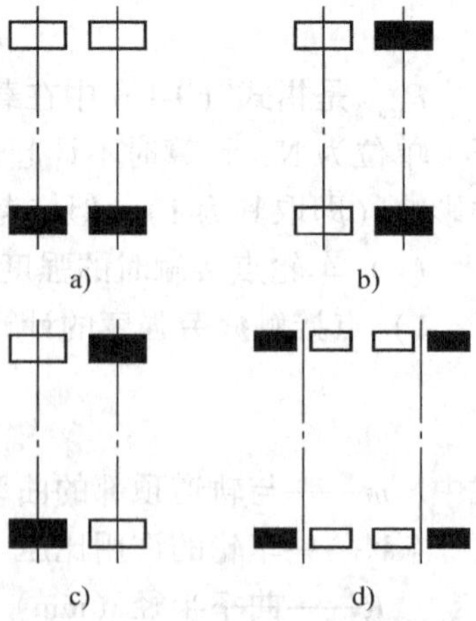

图 9-29　部分驱动时主动轮布置

部分驱动形式下的主动轮布置方案有以下四种（单主动轮除外）：

（1）单边（侧）布置（图 9-29a）　此布置形式下的驱动力及其传动不对称，只用于轮压本身不对称的场合，如半门座起重机和半门式起重机。

（2）对面布置（图 9-29b）　此布置形式能够保证主动轮压之和不依起重小车的位置而变化，主要用于桥架类起重机，不宜用于旋转的臂架类起重机（臂架转到从动轮侧时的主动轮压很小）。

（3）对角布置（图9-29c） 此布置形式在轨道铺设平整时能够保证主动轮压之和基本上不随臂架的位置而变化，主要用于臂架类旋转起重机。

（4）四角布置（图9-29d） 此布置形式可以保证主动总轮压不变，适用于大中型起重机械。

9.3.2 轨行式自行小车运行机构的典型构造

1. 双梁双轨单小车运行机构

双梁桥（门）式起重机械一般情况下多采用双梁双轨单小车型方案。

（1）集中驱动

1）立式减速器分组式布置。当起重小车的运行轨距较小时，其运行机构通常采用1/2主动轮-对面布置-集中驱动、立式减速器（垂直面内平行轴线）、低速轴与联轴器的分组式传动方案如图9-30所示。

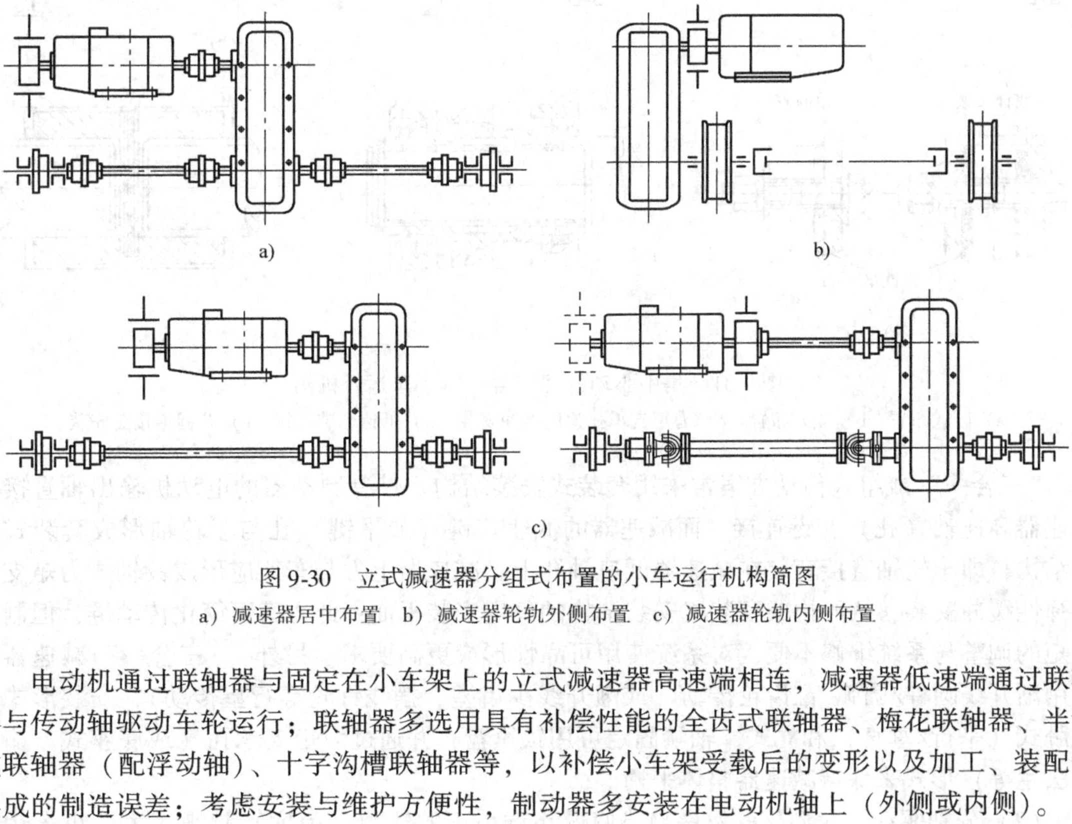

图9-30 立式减速器分组式布置的小车运行机构简图

a）减速器居中布置 b）减速器轮轨外侧布置 c）减速器轮轨内侧布置

电动机通过联轴器与固定在小车架上的立式减速器高速端相连，减速器低速端通过联轴器与传动轴驱动车轮运行；联轴器多选用具有补偿性能的全齿式联轴器、梅花联轴器、半齿式联轴器（配浮动轴）、十字沟槽联轴器等，以补偿小车架受载后的变形以及加工、装配等形成的制造误差；考虑安装与维护方便性，制动器多安装在电动机轴上（外侧或内侧）。

按减速器与轮轨间位置可分为居中、轮轨内侧、轮轨外侧等布置形式。常用立式减速器居中（车架中心）布置方案，其低速轴系两侧对称，传动转矩各为1/2，能减小传动与运行误差的不利影响，便于布置与制造，但传动零部件较多、自重与成本较高。立式减速器轮轨内侧布置方案，可简化低速轴系连接并增大浮动轴长度，适用于小车轨距较大、制造安装误差及受载变形等综合补偿要求较高的场合，使用万向联轴器的效果更好。立式（或套装）减速器轮轨外侧布置方案，便于在走台上进行安装维护，其内侧低速轴系可采用半齿式联轴器-浮动轴、或万向联轴器、或通轴（车轮分别悬臂支承在轴承外侧）等传动形式，并承受全部工作转矩，匹配设计与布置较困难，还对走台空间安全等产生不利影响。

2）“三合一”减速器成组式布置。从简化和紧凑传动、减轻自重、方便布置等方面考虑，单小车型运行机构还可采用1/2主动轮-对面布置-集中驱动，并将电动机-制动装置-减速器合为一体的“三合一”成组式传动方案，如图9-31所示，此时“三合一”减速器若为卧式水平平行安装且中心矩受限制时，其低速轴系多采用花键连接套连接，其他情况的低速轴系可采用联轴器与浮动轴（或万向联轴器）等连接形式。

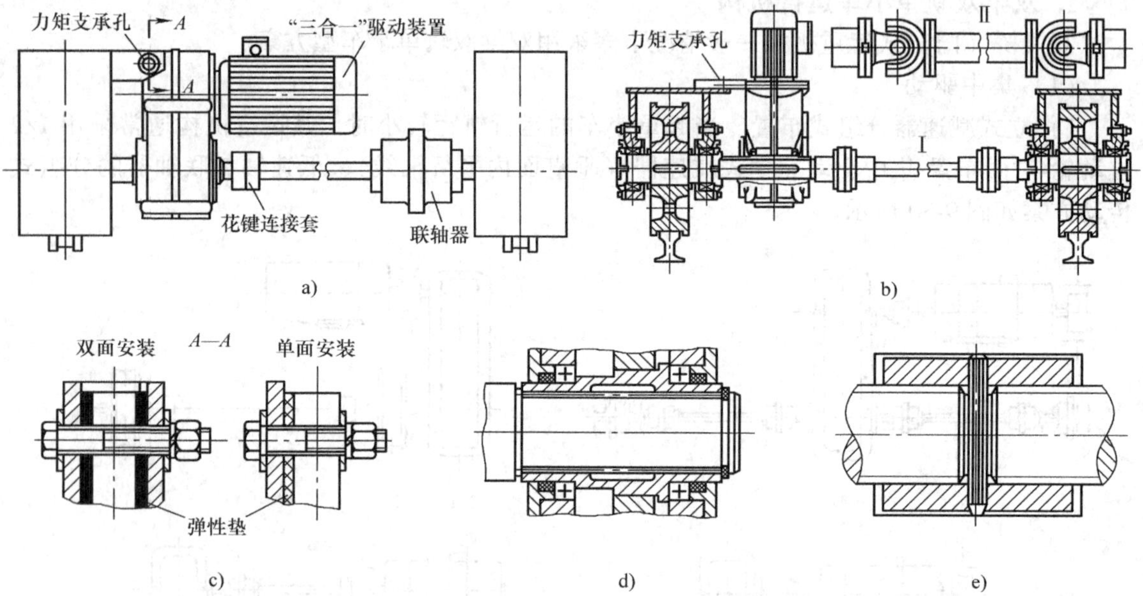

图9-31 集中驱动的“三合一”小车运行机构

a）卧式布置 b）立式布置 c）力矩支承孔弹性缓冲安装 d）低速套装结构 e）花键连接套安装

“三合一”成组式传动方案常采用套装式安装结构。带有制动器的电动机输出轴直接与减速器高速轴（孔）花键连接，而减速器的低速花键（或平键）孔与车轮轴形成套装式传动结构，即车轮轴直接套装在减速器低速轴孔上；减速器上方与车架应形成铰轴式力矩支承孔弹性缓冲安装，从而构成套装式安装结构的稳定安装平面；此方案可简化传动链，但制动力矩的调整与系统维修不便，对系统使用可靠性形成更高要求。另外，“三合一”减速器常采用渐开线圆柱/圆弧/锥齿轮传动（或渐开线少齿差、摆线针轮等行星传动），安装形式分为卧式（平行/垂直）和立式，轴端固定可用锁紧盘，并通过力矩支承孔（或底座式、输出轴法兰等）形式来保持减速器整体平衡。

（2）分别驱动　大型化的发展趋势使得起重小车的轨距（跨度）越来越大，小车运行机构也可采用分别驱动形式，以简化传动链，提高系统可靠性，其构造形式与大车运行机构类似。图9-32所示为分别驱动-成组式布置-卧式或立式“三合一”的小车运行机构（1/2主动轮-对面布置或四角布置、全轮驱动）。

若起重小车上设置有构造不对称（重心偏置）的下部回转工作装置时，如平炉加料起重机的挑杆和料箱、叉式铸造起重机的货叉等，为适应其回转运动引起的驱动轮压变化，此

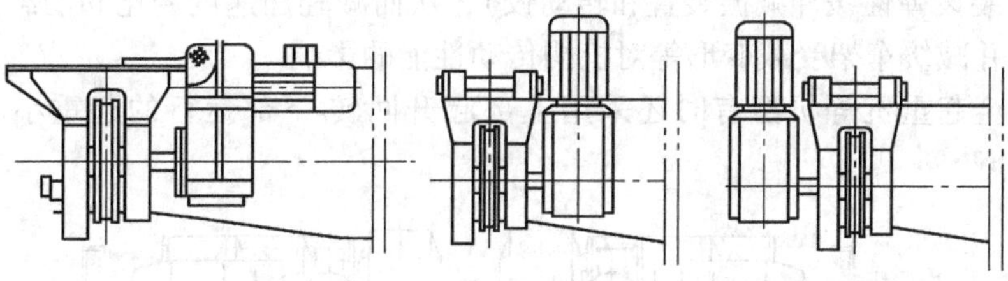

图 9-32 分别驱动的“三合一”小车运行机构

a)、b) 轮轨内侧布置（卧式/立式） c) 轮轨外侧布置（立式）

时的小车运行机构可采用1/2 主动轮-对角布置-分别驱动，如图 9-33 所示，驱动功率很大时还需采用全轮驱动。另外，当下部回转工作装置与小车刚性连接时，为避免作业中工作装置受阻、碰撞等产生向上顶升载荷而抬起车轮，通常应在主梁下翼设置刚性托轮装置以防止车轮脱轨。

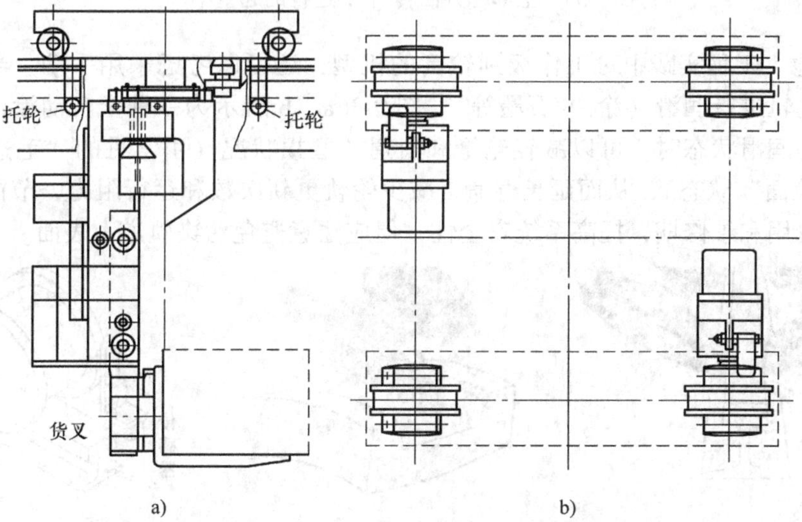

图 9-33 对角分别驱动“三合一”小车运行机构

（3）特殊形式 装卸桥的小车运行速度很高（$v \geqslant 120\mathrm{m/min}$），其上常悬挂有司机室，为保证具有足够的运行起动和制动能力（不打滑），常采用全部主动轮、前后对称布置两套小车运行机构的分别驱动形式，而每侧又为分组式集中驱动构造，并采用水平导向轮减轻偏斜运行和“啃轨”磨损，如图 9-34 所示；安装运行机构的车体部分与主车体之间应采用柔

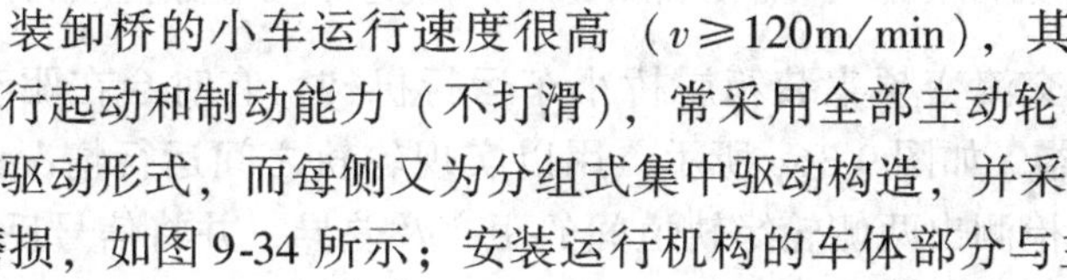

图 9-34 装卸桥小车运行的特殊构造

性连接构造（装设弹性缓冲减振装置和转动铰），从而减轻加速度变化和动载冲击等导致的人员不适感，并减缓车架受载变形等对机构传动性能的影响。

另外，冶金起重机等机型有时还采用上部起升回转-下部运行的起重小车，如图9-35所示。

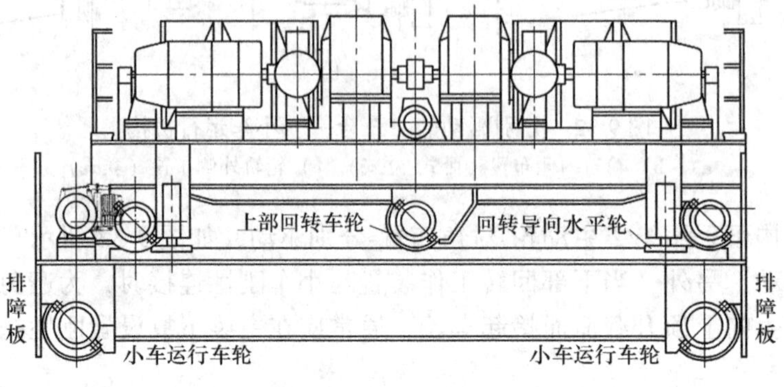

图9-35　上部起升回转-下部运行的起重小车

（4）其他　工程实践中对工作级别较高的机型，还可以考虑采用手动、半自动、全自动等方式对轮轨进行润滑（涂油/石墨等）。图9-36a、b所示为一种全自动涂油装置。当轮轨处于良好的润滑状态时，可以减轻轮缘和轨道的磨损状况（由常见的“毛边磨损”改善为良好的“镜面”状态），从而延长寿命，减少轮轨更新次数和运行阻力，节能减排，降低备件及大修费用和维修期，提高系统安全性，但应注意避免污染轨道上表面。

a)　b)　c)

图9-36　轮轨润滑及电子监测导行（向）系统

a）轨道润滑装置　b）轮缘润滑装置　c）车轮运动电子监测导行（向）系统

对于分别驱动的交流变频集装箱岸桥小车运行机构，有时会在驱动车轮前面装设两个（非接触测量）传感器，如图9-36c所示，用以实现轮轨之间运行情况的实时监测及导行控制。通过传感器可以检测出两侧轮缘轨道间的距离及差异，并将信号反馈到变频控制系统从而实现两侧车轮的速度同步控制（加速或减速）及轮缘与轨道间隙控制，减轻轮缘与轨道碰撞摩擦，避免出现运行打滑现象。需要注意，此时轮缘与轨道的间隙设计应由常规状态的12～15mm增加至30～50mm，以使电子监测及控制系统具有足够的反应时间。

在轨行式端梁上车轮最前端，通常应装设排障板或清扫装置，前者用于推除轨道上可能的障碍物，后者采用毛毡刷、尼龙刷等清除轨道上的异物（灰尘、油污、金属碎屑等），防止车轮压入或爬越异物，延长车轮寿命，避免打滑现象，在特定场合（如铝电解多功能机组强磁场环境下）还能降低运行磁阻力；采用不锈钢金属刷清扫装置或专用滚轮接地装置

(图 9-37a、b) 能通过轨道-主梁接地放电，以免车体蓄积静电而导致危险。

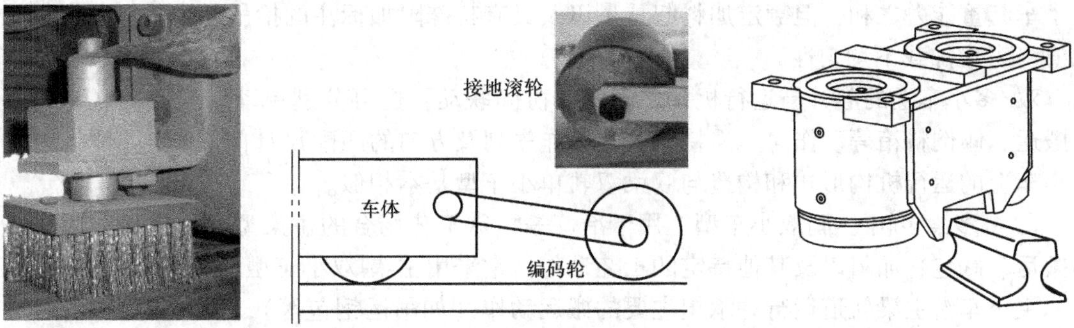

a) b) c)

图 9-37 轨行式清扫、接地、运行定位与防脱轨装置

a) 不锈钢金属刷清扫-接地装置 b) 滚轮接地与运行定位装置 c) 导行与防脱轨装置

当需要实现运行机构自动定位功能时，可采用增量编码装置（如图 9-37b 中的编码轮）来准确计量车轮转数（运行距离）；为消除计量系统的累计误差，还需沿轨道设置专用的固定标识点位，通过红外传感器等方式来精确检测校核车体的准确运行位置，还应尽量避免出现车轮打滑或“爬行”情况造成测量误差。另外，运行机构也可采用条形码定位系统。

吊运危险品的特殊场合，车体上应装设导行装置（水平轮等）和防脱轨装置（图 9-37c）。

2. 多小车运行机构

为了实现诸如抬吊（尺寸或质量较大的构件）、抬吊-翻包与抬吊-加料（冶金类）、抬吊-翻身（造船类）以及其他特定的搬运工艺动作，多从总体构造上采用单机匹配两个或多个起重小车的布置方案，使其在双/多梁上或超大型单主梁上完成复杂搬运动作。

(1) 双梁双轨双/多小车型　双梁双轨双/多小车型主要用于抬吊搬运（图 9-38a）、料

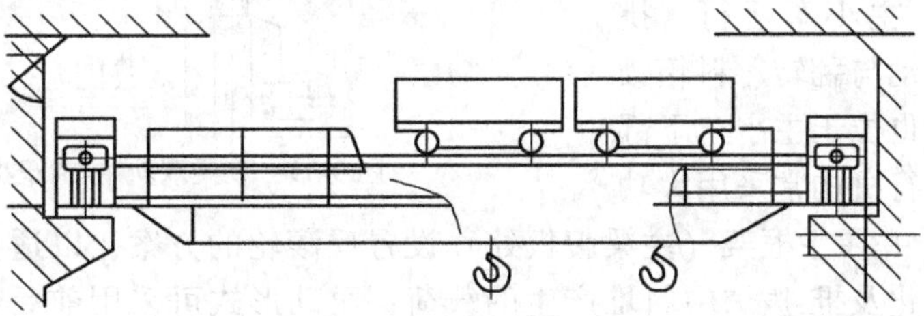

a)

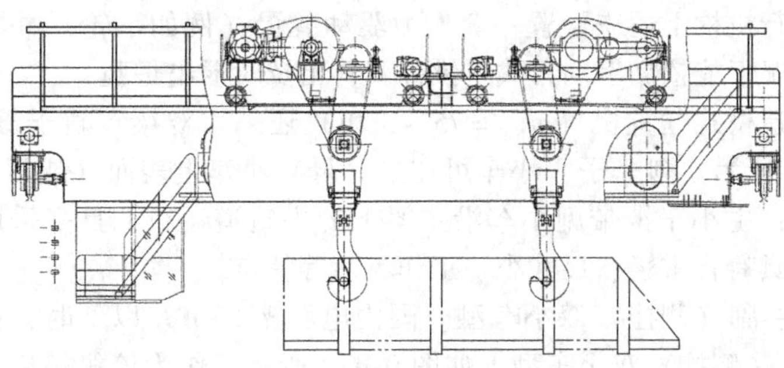

b)

图 9-38 双梁双轨双/多小车型

箱加料（图9-38b）等场合。双梁双轨双/多小车型的整机额定抬吊起重量理论上一般为双/多小车起重能力之和，但额定加料起重量以及具有特殊附加标注的抬吊起重量等通常会低于此值（考虑加载不均匀性）。

双/多小车上的起升与运行机构之间既可协同联动，也可分别单动。当协同联动完成抬吊搬运、倾倒料箱等动作时，需特别关注动作序列及方向的匹配设计问题（包括同步），而各小车上的运行机构形式和构造与双梁双轨单小车型基本相似。

（2）多梁多轨主-副双小车型　用于冶炼等特殊工艺场合的桥架型起重机械，为完成物品搬运、翻包、加料以及其他特定的工艺动作，常采用主-副双小车型的布置方案。

主小车沿主梁轨道运行并承担主要的搬运动作（如吊运钢包等），表现为整机的起重能力（作用类似于主钩），其构造和运行机构多具有特殊性。副小车沿副主梁上的轨道运动（有时可从主小车下方穿越），主要用于协同并辅助主小车完成特定工艺动作（如翻包等）或单独吊运小件物品，作用类似于副钩，其构造和运行机构多与双梁双轨单小车类似，但有时也可采用特殊构型。另外，主-副双小车还能通过主梁与副主梁、轮轨布置等形成不同的组合匹配。

1）双梁双轨主-副双小车型。平炉加料起重机是用料箱挑杆作为取物装置、完成加料（包括推料、平料等）工艺动作的特殊机型，工作级别多为A8，其构造多采用双梁双轨主-副双小车型左右并排布置，如图9-39所示。

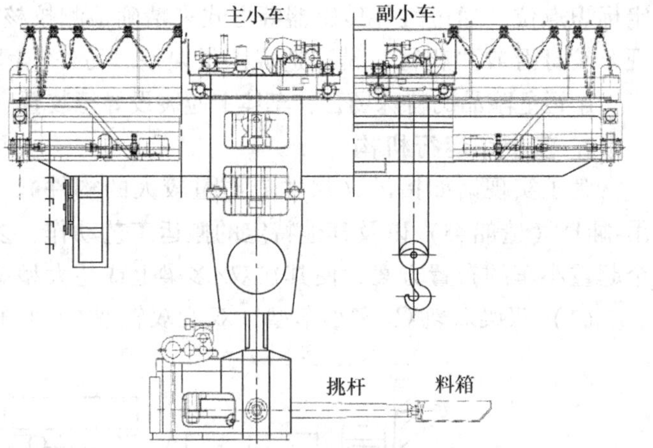

图9-39　双梁双轨主-副双小车型

主小车功能为向炉内加装冷料，包括起升、旋转、主小车运行、挑（料）杆-料箱的摆动与翻转、料箱锁紧等机构，司机室也位于主小车下部车架上。主小车运行机构常采用大功率-全轮驱动形式，并在主框架（主梁腹板处）设置反滚轮的方案，以适应作业中挑杆回转导致的驱动轮压变化及推-拨炉中料堆产生的载荷；驱动形式可采用前后各布置一套集中驱动机构的全轮驱动方案，或采用一套集中驱动机构配用曲柄连杆（或锥形齿轮）的全轮驱动方案；另外，运行机构上还应设置一套人力驱动装置（例如手轮）并与电力驱动联锁保护，在意外停电情况下能依靠手动方式将挑杆及料箱及时退出炉膛。

另外，某些铸造桥式起重机（$m_{NA}=75\sim320t$）还采用双梁双轨子母（主-副）双小车型构造，如图9-40所示。副（子）小车可在主（母）小车上表面（或下方）设置的两根副轨道上短距离运行；主小车携带副小车沿主梁上的主轨道运行，且多采用全轮驱动；子母（主-副）双小车型具有自重轻、尺寸小、工作灵活等特点。

2）双梁三轨主-副（侧挂）双小车型。国内电解槽330kA以下时，铝电解多功能机组常用双梁三轨主-副（侧挂）双小车型，如图9-41a所示。作为该机核心的工具小车为双梁双轨主小车，如图9-41b所示；主小车上集成有加料（氧化铝）装置、更换阳极装置、击打电解铝结壳装置、清理铲、回转司机室等，而打壳和加料装置则组装于可回转主机架上，并通过四个球面吊点和平衡弹簧组与主小车相连。出铝小车为副小车，当起重量小于25t时，常采用悬挂于主梁外侧的全刚性导架“硬钩”形式，其特点与单主梁小车类似，一般为三支点水平反滚轮式运行机构。另外，固定式绝缘电动葫芦用于吊运电解槽（双机组配）。

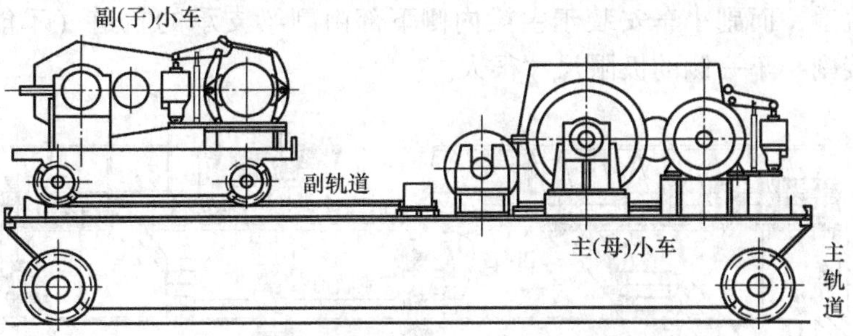

图9-40 双梁双轨子母（主-副）双小车型

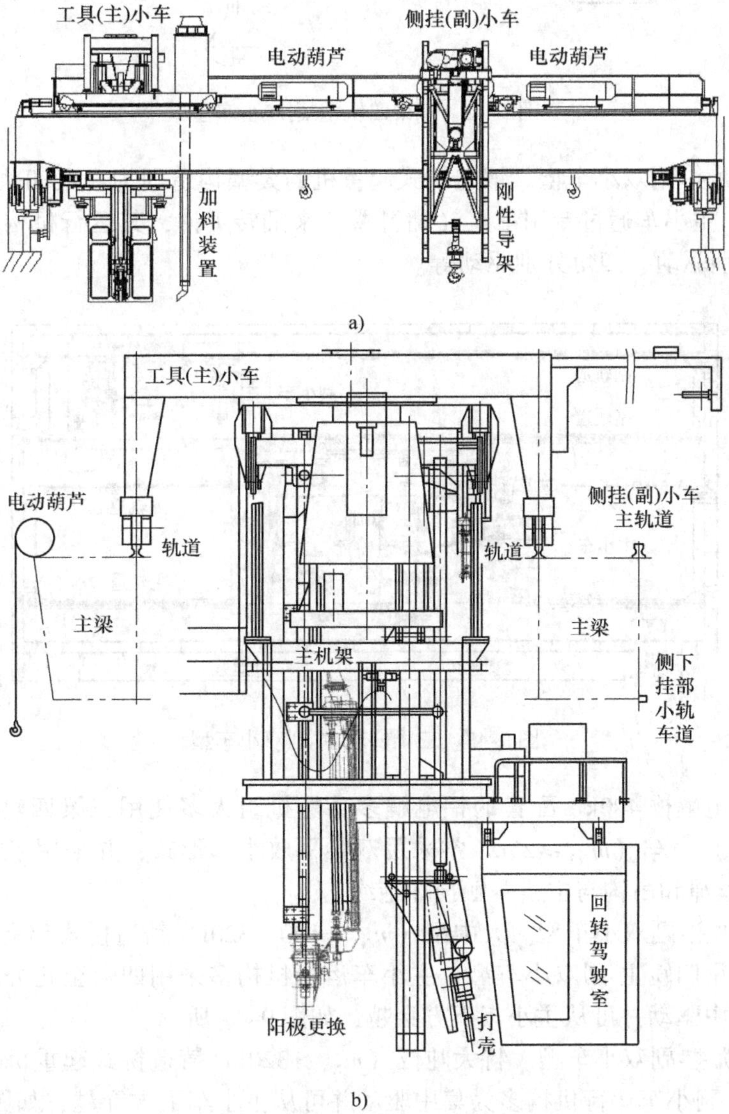

图9-41 双梁三轨主-副（侧挂）双小车型

此外，某些场合的大吨位桥式起重机也能见到侧挂副小车的形式。

3）双梁四轨主-副双小车型。中小型（$m_{NA} \leqslant 100t$）铸造桥式起重机一般采用双梁四轨主-副双小车共享两根主梁及其内侧区域形成上下布置的构造，如图9-42所示。主小车安装于偏轨梁上部轨道，而副小车安装于主梁内侧下部由副梁支承的轨道（不能穿越主小车），因此，主小车接副小车一侧的极限尺寸很大。

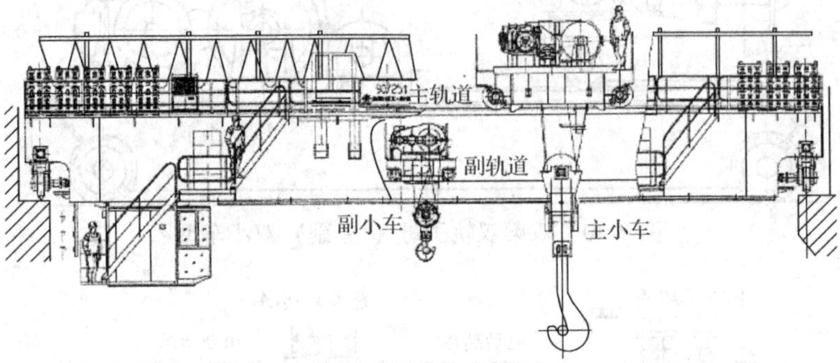

图9-42　双梁四轨主-副双小车型

4）三梁四轨主-副双小车型。锻造桥式起重机的典型构造即为三梁四轨主-副双小车型，如图9-43所示。主小车通过专用吊具（翻料器）来翻转工件，其运行机构可为1/2集中驱动、1/2对面分别驱动、四角分别驱动等。

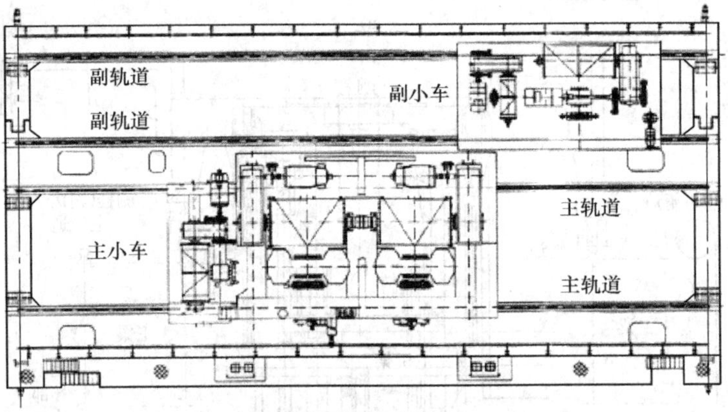

图9-43　三梁四轨主-副双小车型

另外，国内电解槽400kA配置的铝电解多功能机组大多使用三梁四轨主-副双小车型，此时的出铝（副）小车（$m_{NA} \geqslant 25t$）常采用双梁平放小车形式，并采用半刚性导架的“软钩”，以防止钢丝绳和吊钩与主梁碰触损坏绝缘。

5）四梁四轨主-副双小车型。大中型（$m_{NA} = 100 \sim 320t$）铸造桥式起重机最通用、最典型的构造即为四梁四轨主-副双小车型，主小车运行机构多采用四角全轮分别驱动，副小车运行机构多为集中驱动并可从主小车下方穿越，如图9-44所示。

6）四梁六轨主-副双小车型。特大吨位（$m_{NA} > 320t$）铸造桥式起重机一般采用四梁六轨主-副双小车，副小车运行机构多为集中驱动并可从主小车下方穿越，如图9-45所示。主

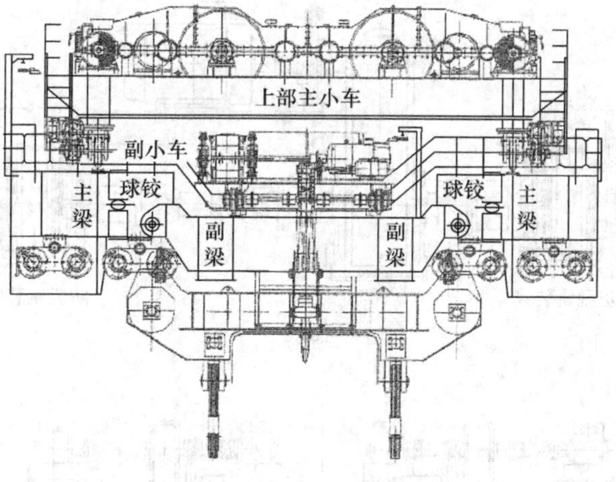

图 9-44　四梁四轨主-副双小车型

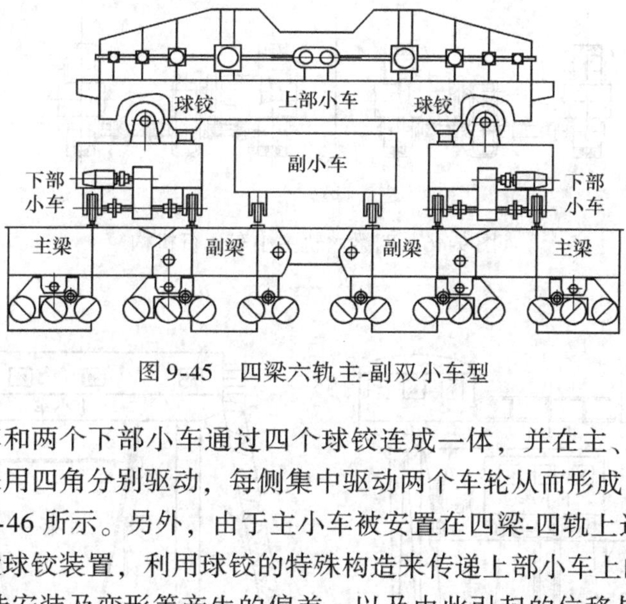

图 9-45　四梁六轨主-副双小车型

小车由一个上部小车和两个下部小车通过四个球铰连成一体，并在主、副梁上形成偏轨-四轨布置；下部小车采用四角分别驱动，每侧集中驱动两个车轮从而形成 1/2-8 轮驱动的主小车运行方案，如图 9-46 所示。另外，由于主小车被安置在四梁-四轨上运行，故在上部小车和下部小车之间装设球铰装置，利用球铰的特殊构造来传递上部小车上的垂直载荷，同时适应四梁-四轨系统制造安装及变形等产生的偏差，以及由此引起的位移与附加载荷（包括偏斜运行载荷、机构起制动水平载荷）等。

（3）双（单）梁四轨上-下双小车型　造船门式起重机等为实现抬吊、翻身等特定工艺动作，常采用双（单）梁四轨上-下双小车（下小车可穿越）的布置方案，如图 9-47 所示。双梁上小车采用外偏双轨-高架支腿（通过下小车）的构造安置于双主梁之上，而双梁下小车则采用内偏双轨的构造安置于主梁内侧；单梁上小车平放于主梁上部（双轨在腹板之上），而单梁下小车则悬挂于主梁下部由特殊构造支承的双轨之上。另外，司机室多悬挂于主小车上以利于司机起重作业。

上小车（双/单梁）的运行轨距和上部空间较大，其构造与门式起重机大车类似。

采用悬挂构造的单梁下小车，其运行机构可采用单侧集中-全轮分别驱动（图 9-48）或四角-全轮分别驱动等形式，而双梁下小车则多用集中驱动的典型构造。

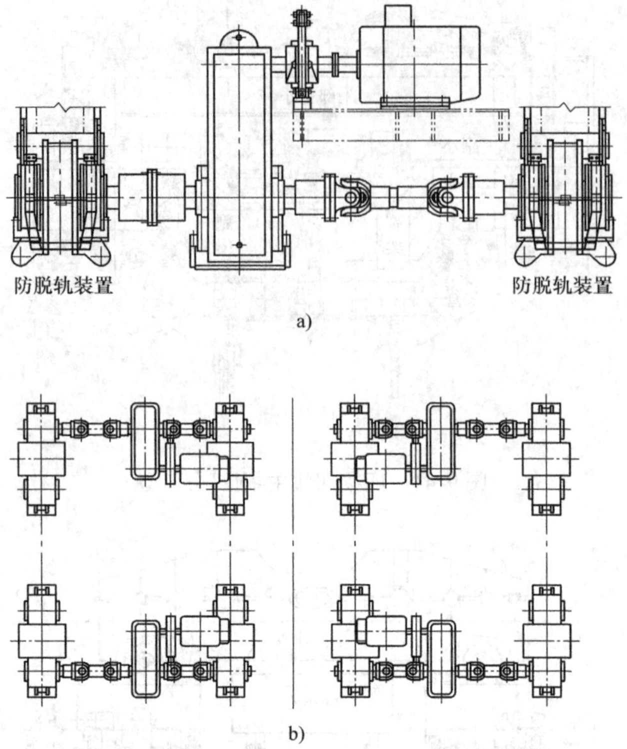

图 9-46　四梁六轨主小车运行机构

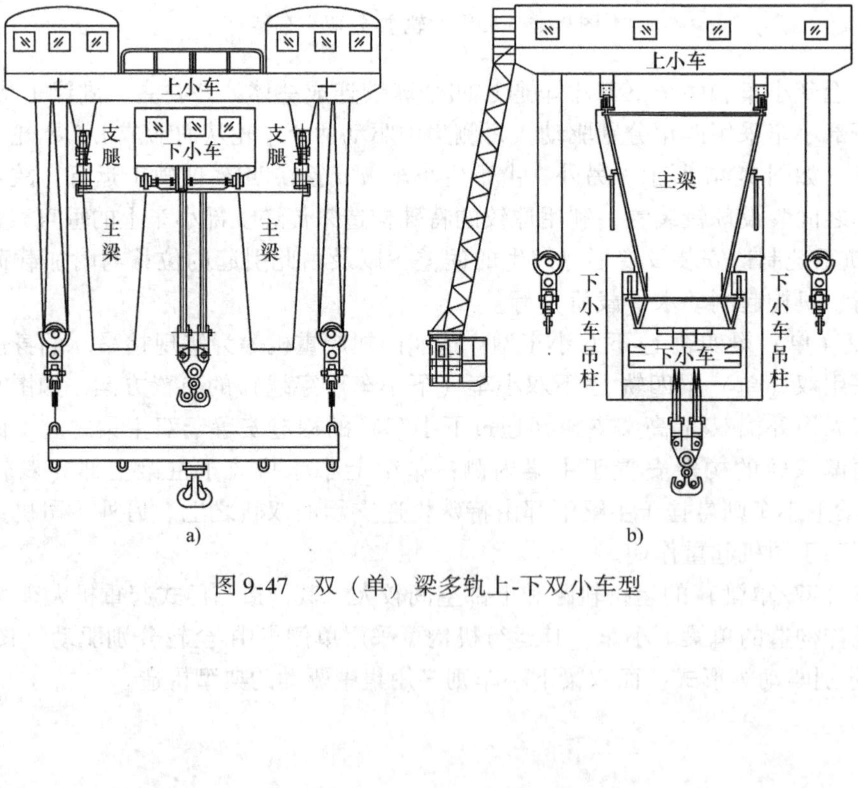

图 9-47　双（单）梁多轨上-下双小车型

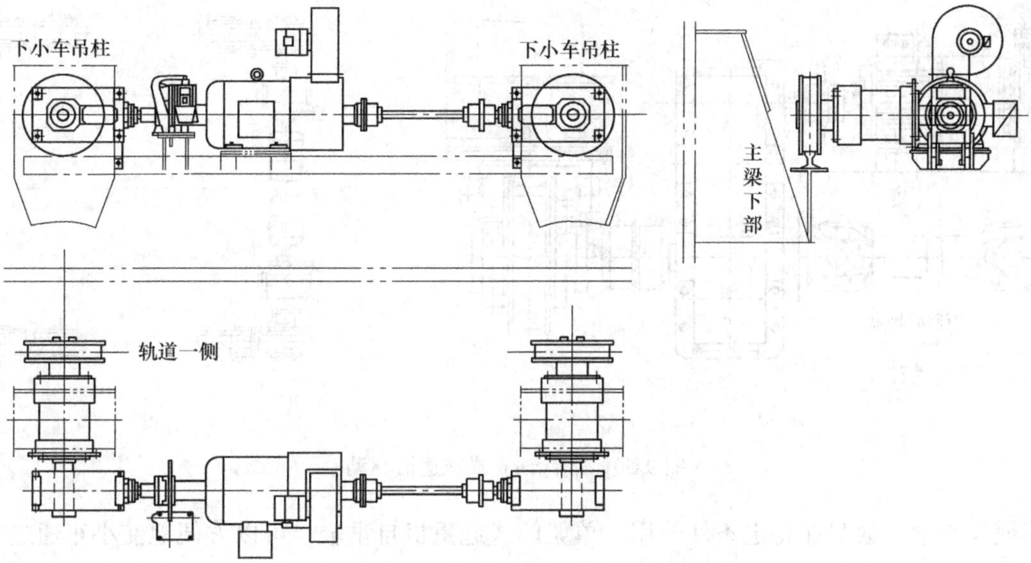

图 9-48 下小车运行机构单侧集中－全轮分别驱动

(4) 主小车分别驱动典型构造

1) 直交轴立式减速器驱动，如图 9-49 所示。

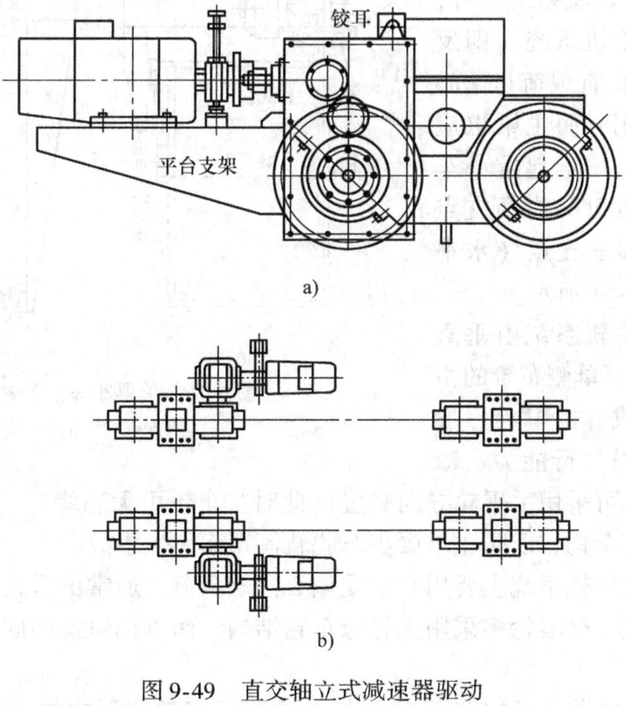

图 9-49 直交轴立式减速器驱动

2) 平行轴立式减速器驱动，如图 9-50 所示。

3. 单主梁小车运行机构

单梁桥式起重机的构型在室内环境下会令人产生一些不适感，再加上小车构造复杂、维

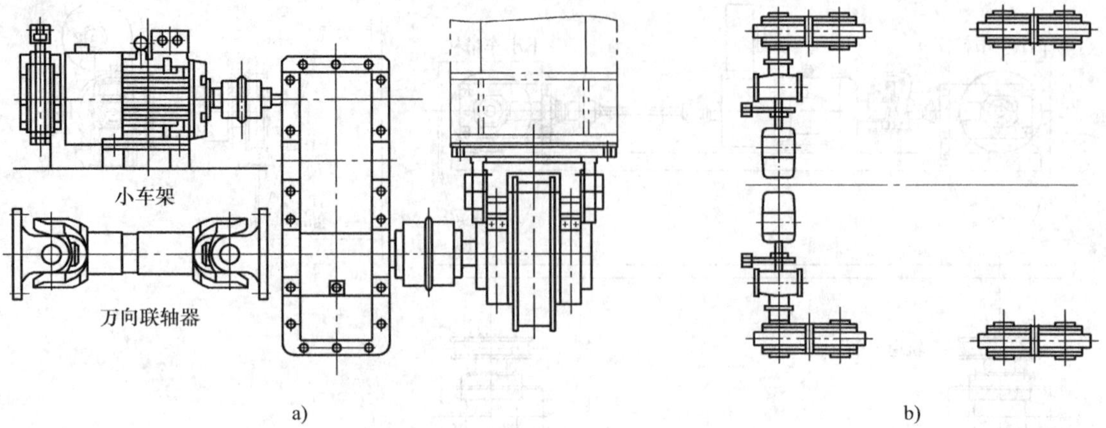

图 9-50　平行轴立式减速器驱动

修不便等因素，故只在特定条件使用。单梁门式起重机自重轻，可以方便地使小车通过支腿到达悬臂端，在货场、堆场等装卸场合应用较多，但起重量普遍较小，而大起重量、高工作级别时多采用双梁门式起重机。

相对双梁起重小车而言，单梁起重小车自重偏心和吊重偏置的构造，使其除了具有主轮轨系统以外，还应专门设置辅助轮轨系统（即反滚轮系统），以承受垂直载荷与偏心扭矩载荷的组合作用，而主梁也应采用箱型封闭结构。单梁起重小车按辅助轮轨支承特点可分为两支点（垂直反滚轮）式和三支点（水平反滚轮）式，如图 9-51 所示。

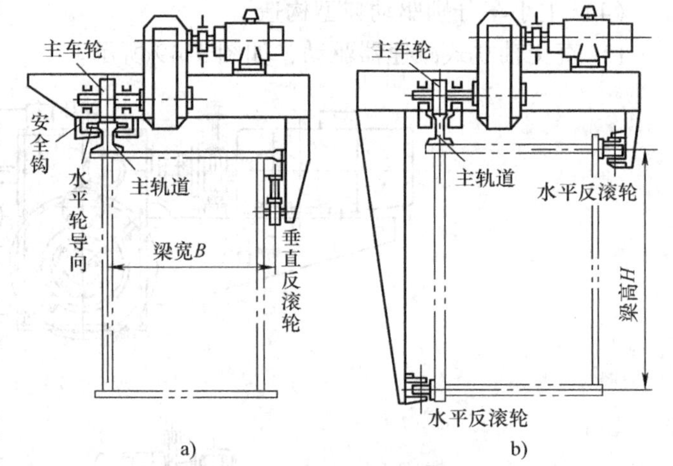

图 9-51　单梁小车运行机构简图
a）两支点式　b）三支点式

单梁小车的主轮轨系统由垂直主车轮（水平轴线）、单侧布置的主轨道、安全钩等组成。主车轮一般为双轮缘，为了增强导行能力、减小轮缘摩擦阻力，也可采用水平轮导向装置（此时主车轮可无轮缘）。另外，主轨道两侧及反滚轮旁还应设置安全钩，以防止单梁小车脱轨倾覆而引发事故。

单梁小车的辅助轮轨系统主要用来承受偏心扭矩载荷，通常由垂直反滚轮或水平反滚轮以及方钢轨道等组成。反滚轮多采用无轮缘车轮结构，而方钢轨道则固定在经过适当加强的主梁盖板或腹板上。

两支点单梁小车的偏心扭矩载荷由主车轮-垂直反滚轮所形成的力偶系来平衡，其力臂为主轨道和垂直反滚轮轨道间的距离（梁宽 B），主车轮所承受的轮压较大（垂直载荷与力偶载荷之和），故精度要求高，加工和装配工作量大，运行也不及双梁小车平稳，适用于起重量为 5～20t 的场合。

三支点单梁小车的偏心扭矩载荷由两套水平反滚轮所形成的力偶系来平衡，力臂为水平反滚轮两轨道间的距离（梁高 H），故其轮压较小，且不并入主轨道；主车轮仅承受吊重和小车自重载荷（无力偶载荷），轮压相对于两支点式也较小；三支点单梁小车受力合理但构造复杂，适用于起重量为 32 ~ 50t 的场合。

单梁小车运行机构常采用单点驱动（小型）或单侧分别驱动方案，而减速器一般采用立式套装结构。

铝电解多功能机组或大型双梁桥式起重机等，为满足特定工艺要求并充分利用已有双梁结构，有时会采用双梁主小车-单梁侧挂副小车（三支点水平反滚轮式）的组合方案，从而形成双梁桥式起重机的“偏挂”结构，如图 9-52a 所示。另外，有些自行式移动司机室也采用“偏挂”结构，可任意调整观察位置以方便司机操作，灵活性优于随小车运行的移动司机室，自行式移动司机室常采用单点驱动-“三合一”套装结构，如图 9-52b 所示。

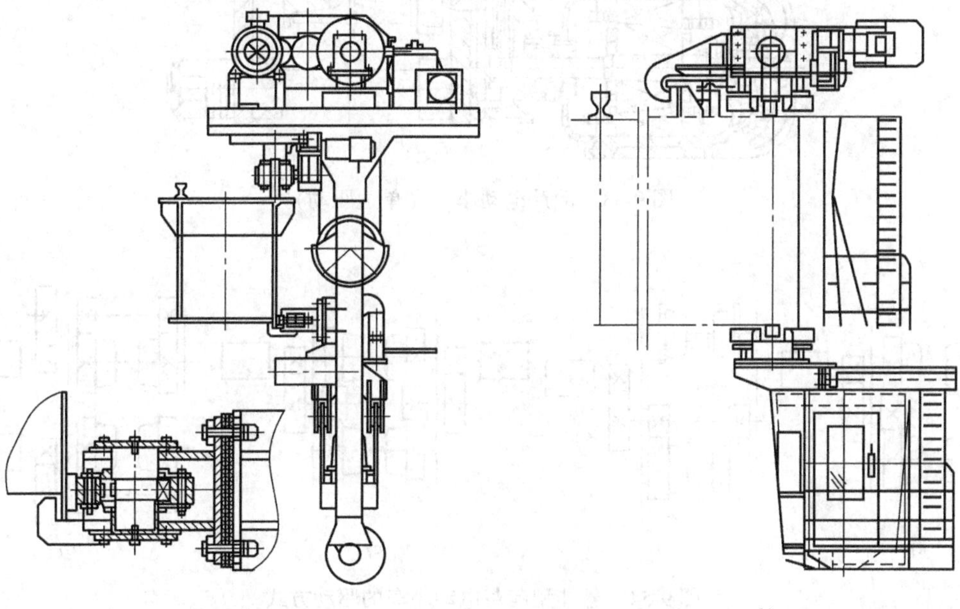

a)　　b)

图 9-52　双梁桥式起重机“单梁偏挂”副小车

4. 电动葫芦运行（横行）机构

通常将电动葫芦沿横向轨道移动的运行机构称为横行机构（或运行小车），葫芦运行小车按轨道支承特点可分为悬挂型小车和支承型小车，应用较多的为悬挂型小车。

（1）悬挂型葫芦运行小车　悬挂型葫芦运行小车按常见的驱动方式可分为手拉小车、链轮小车（手拉链动）和电动小车三种基本形式，其与电动葫芦可采用刚性连接（直线轨道）或铰接连接（曲线轨道），其中电动小车的应用最为普遍（用按钮开关操纵）。

葫芦电动小车通常由电动机、减速装置、制动装置和车轮组等组成，如图 9-53 所示。电动机均为笼型全封闭结构，分为圆柱形转子和圆锥形转子（带制动），其绕组可为单绕组（单速）或双绕组（双速），目前多采用 2/8 级双数电动机。运行制动装置多采用有别于起升锥形制动器的平面制动器（盘式），以满足制动平稳、避免滑移等要求。悬挂型车轮组安装于悬挂吊板（墙板）上，车轮均为单轮缘（开式驱动轮轮缘制齿），直径一般较小（160/153mm、200mm），踏面多为带弧度圆锥形，以适应表面有斜度的轨道（工字钢下翼缘等），材料采用45钢锻造或高强度球墨铸铁。减速装置多为一开一闭的渐开线直齿二级传动，即减速器通过开式齿轮驱动齿边车轮（驱动轮）。采用1/2主动轮时可形成单边驱动、双边驱动，对弯道和斜坡场合则采用全轮-分别驱动或全轮-集中驱动，如图9-54所示。单边驱动方案的制造安装较方便，但会产生一个力臂很小的附加驱动力偶（影响不大）。采用全轮驱动时，两台电动机分别驱动的弯道阻力较小。

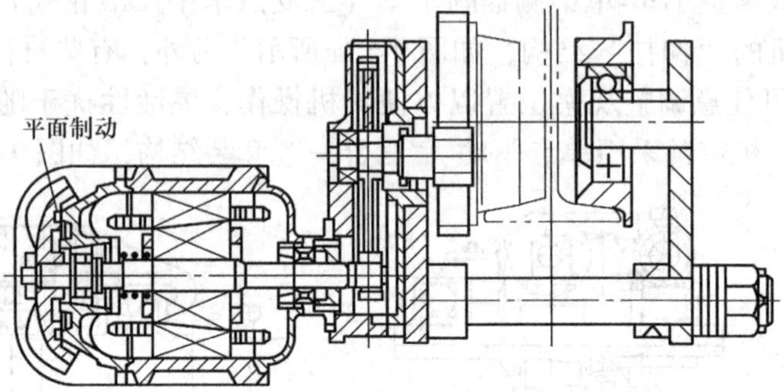

图9-53　葫芦电动小车（单边驱动）

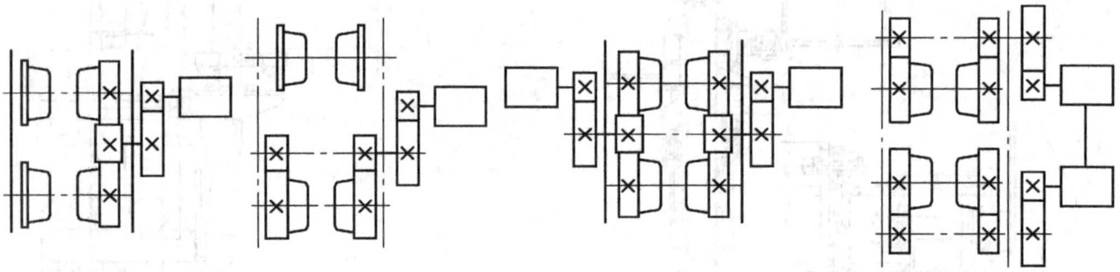

a)　b)　c)　d)

图9-54　悬挂型葫芦电动小车的驱动方式

a）单边驱动　b）对边驱动　c）全轮-分别驱动　d）全轮-集中驱动

由于常见的通用悬挂型小车与电动葫芦采用上下布置方案，在厂房净空高度方向所占尺度较大，会影响有效起升高度（或增大厂房高度），一般适用于国内标准建筑高度场合。在保证起升高度的基础上，通过改变电动葫芦与悬挂型小车的位置关系，使其形成左右布置、另侧增设对重的方案，能从净空高度方向缩减尺寸进而降低建筑物整体高度，形成低净空（低建筑高度）型悬挂电动小车，如图9-55所示。

近年来，国外出现了无对重的低净空（低建筑高度）型电动葫芦，通过增设反滚轮支承系统（类似于“单梁

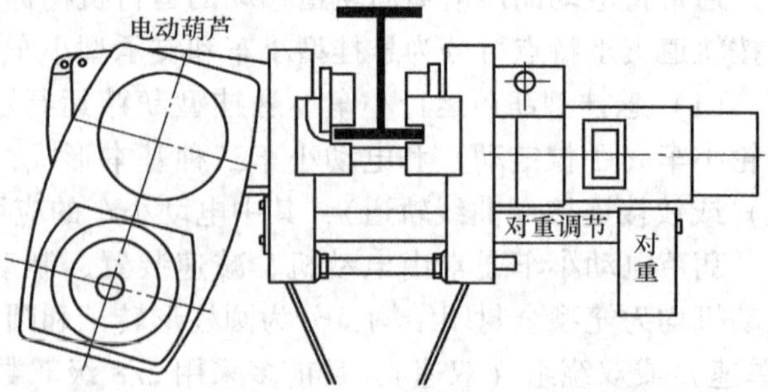

图9-55　低净空型悬挂电动小车

偏挂”原理）来实现整体平衡，如图 9-56 所示。

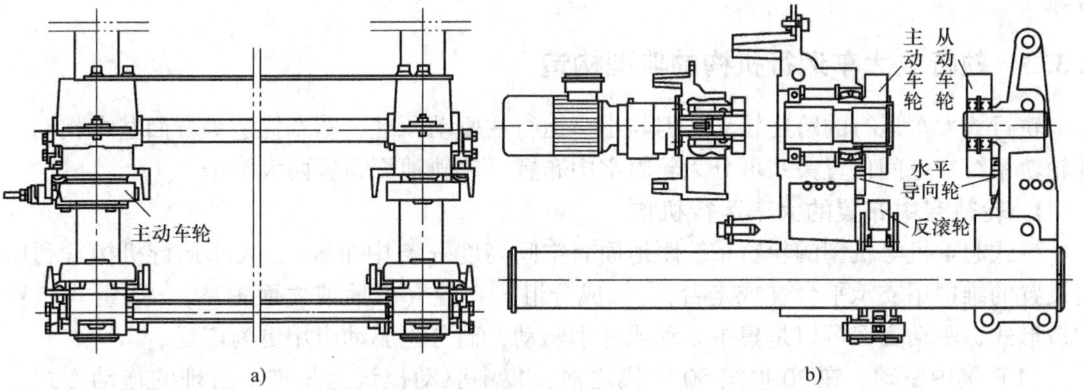

图 9-56 无对重的低净空（低建筑高度）型悬挂电动小车

低净空（低建筑高度）型设计理念与紧凑化、模块化等技术相结合，对实现桥式起重机轻量化具有一定的技术借鉴意义。

（2）支承型葫芦运行小车 支承型葫芦运行小车按其在主梁上的支承形式可分为单梁角形小车、双梁三轮（组）小车、双梁四轮小车（通用小车）等。

单梁角形小车采用电动葫芦悬伸于箱型主梁外侧、三支点式水平反滚轮支承系统的布置方案，如图 9-57a 所示。此方案可最大限度地增加吊重的起升高度。

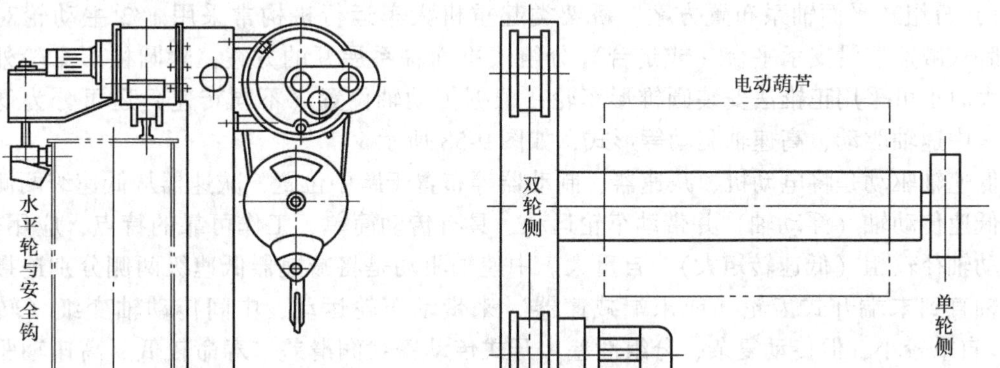

图 9-57 单梁角形小车和双梁三轮小车

双梁三轮小车能形成三车轮静定支承结构（三点决定一个平面），如图 9-57b 所示，从构造上避免了四支点支承结构可能出现车轮悬空（三条腿着地）的现象及由此引起的运行打滑等，并可以适当降低轮轨制造安装的精度要求，适用于能确保三点轮压均衡的场合(即吊载始终处于支承结构中心线上升降)。此方案若采用单点驱动时，双轮对侧轨道上的独轮可无轮缘以放宽轨距的安装精度。另外，当单侧支点采用一对轴距极小的无轮缘车轮组、双侧支点采用两套相同的轮组（无轮缘车轮-两个水平导向轮）时，就形成了三轮组小车构造，可解决吊载重心向独轮侧移动引起轮压增大导致破坏的问题，也避免了车轮悬空故障。

9.3.3 轨行式大车运行机构的典型构造

轨行式大车运行的跨度较大，但与小车运行在驱动原理、基本构造等方面基本相同，按其轮轨系统在空间位置关系可分为轮轨空中布置、轮轨地面布置两大类型。

1. 轮轨空中布置的大车运行机构

桥式起重机等机型的轮轨系统距地面有空间高度（空中布置），大车运行机构常利用专门设置的维护用支承平台（或走台），形成分组式布置（平面或立面轴系）、成组式布置等构造形式，驱动方案可以是集中驱动或分别驱动，而分别驱动应用更为广泛。

（1）集中驱动　在20世纪50年代之前，集中驱动被认为是唯一合理的拖动方式，以为只有保证两侧主动轮转速相同才能实现起重机沿轨道直线运行，因此桥架类起重机都采用集中驱动的大车运行机构，甚至在门式起重机上还出现了类似“天轴”形态的布置方案。然而理论与实践证明：集中驱动只有两侧圆柱形踏面主动轮直径相等（或采用圆锥形踏面车轮）才能实现起重机走直线，否则也会出现两侧车轮运转不同步、一侧打滑等现象，从而产生运行偏斜力矩，导致车轮偏斜运行并产生轮轨侧压力，严重时甚至会发生“啃道”现象。依靠电动机自动适应性与金属结构刚度的共同作用，并合理控制两侧圆柱形主动轮直径“公差带”，则采用分别驱动形式也不会影响起重机走直线的运动规律，而在防偏斜运行、“啃轨”方面反而优于集中驱动。另外，两侧运行车轮直径的匹配组合有利于实现起重机走直线。

1）分组式平面轴系布置方案。桥架类起重机大车运行机构常采用1/2主动轮对边布置、卧式减速器沿支承平台（或走台）分组式平面轴系展开的方案；除圆柱形车轮外，跨度较大时也可采用正锥法安装圆锥形车轮；根据传动轴位置（不同转速）还可分为低速轴驱动、中速轴驱动、高速轴驱动等形式，如图9-58所示。

低速轴驱动是将电动机、减速器、制动器等布置于跨中位置，减速器从低速级两侧分别连接低速传动轴（浮动轴）并带动车轮运动，具有传动简单、工作可靠的特点，应用较多，但传动轴径较粗（低速转矩大）、自重大。中速轴驱动是将减速器低速级两侧分别连接中间传动轴直到末端开式齿轮（或末端减速器）来带动车轮运动，中间传动轴变细（转矩较小）、自重较小，但传动复杂、分组性差，开式传动密封润滑差，寿命较低。高速轴驱动的转速较高，传动轴细而轻，振动较严重，对安装精度要求较高，双减速器成本高。另外，悬挂型车轮的大车运行机构也可采用中速轴驱动形式。

集中驱动方案中的传动轴，各轴端连接应采用有补偿性的联轴器（多用半齿式联轴器）布置于支承侧，支承也采用自位轴承，以补偿桥架受载变形对机构的影响（走台自身刚性较弱）；当走台角位移较大时，可用万向联轴器代替半齿式联轴器浮动轴。

由于集中驱动大车运行机构对支承平台（或走台）的刚度要求较高，传动零部件多，自重大，安装复杂，成本高，维修不便，仅用于小跨度（≤13.5m）、小起重量的场合。

2）立面轴系分组式布置方案。干熄焦焦罐搬运桥式起重机多用于室外，轨道均设置于45m左右的高空，外部环境影响大，维护检修困难，大车运行具有跨度小、运行距离短、速

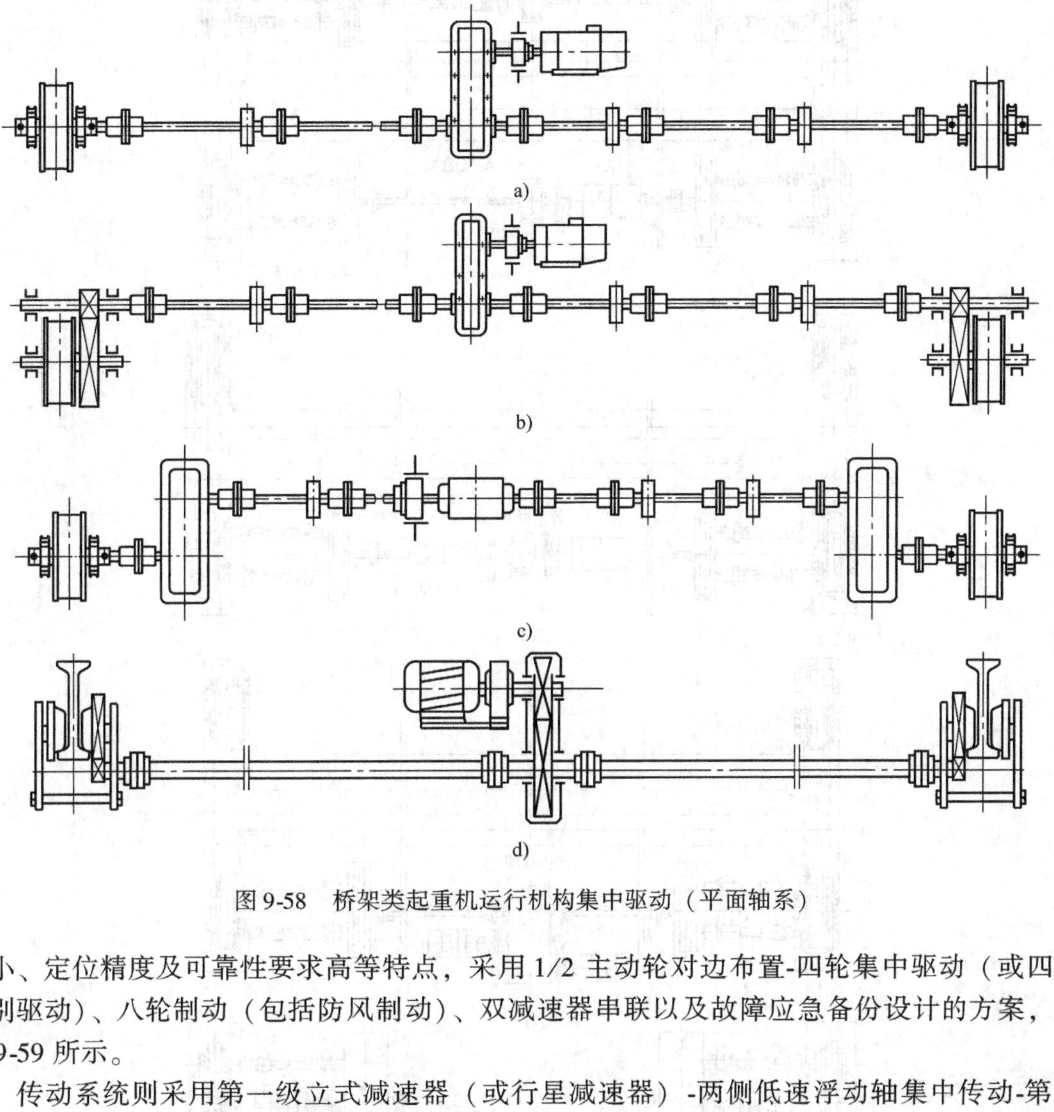

图 9-58 桥架类起重机运行机构集中驱动（平面轴系）

度小、定位精度及可靠性要求高等特点，采用 1/2 主动轮对边布置-四轮集中驱动（或四角分别驱动）、八轮制动（包括防风制动）、双减速器串联以及故障应急备份设计的方案，如图 9-59 所示。

传动系统则采用第一级立式减速器（或行星减速器）-两侧低速浮动轴集中传动-第二级单入双出型立式减速器-同侧低速双万向联轴器的组合，形成立面轴系分组式布置方案。

运行机构故障应急设计可采用离合器-另侧独立布置（小电动机）、离合器-同侧布置（一大一小双电动机）、行星减速器-同规格双电动机、行星减速器-同规格双电动机-四角分别驱动（电气同步）等方案。采用带有离合器的方案，当主运行机构出现故障时，合上应急机构的离合器起动应急小电动机，整机便以较低的应急速度运行，但生产率大大降低，不适合长时间工作。采用行星减速器的方案，可靠性和安全性好，应急状态下能满足正常状态生产工艺连续性要求，故应用较多。行星减速器-八电动机-四角分别驱动方案的连续稳定工作性和可靠性最好，但造价较高。

（2）分别驱动　轨行式大车运行机构广泛采用 1/2 主动轮对边布置（普通型）、1/2

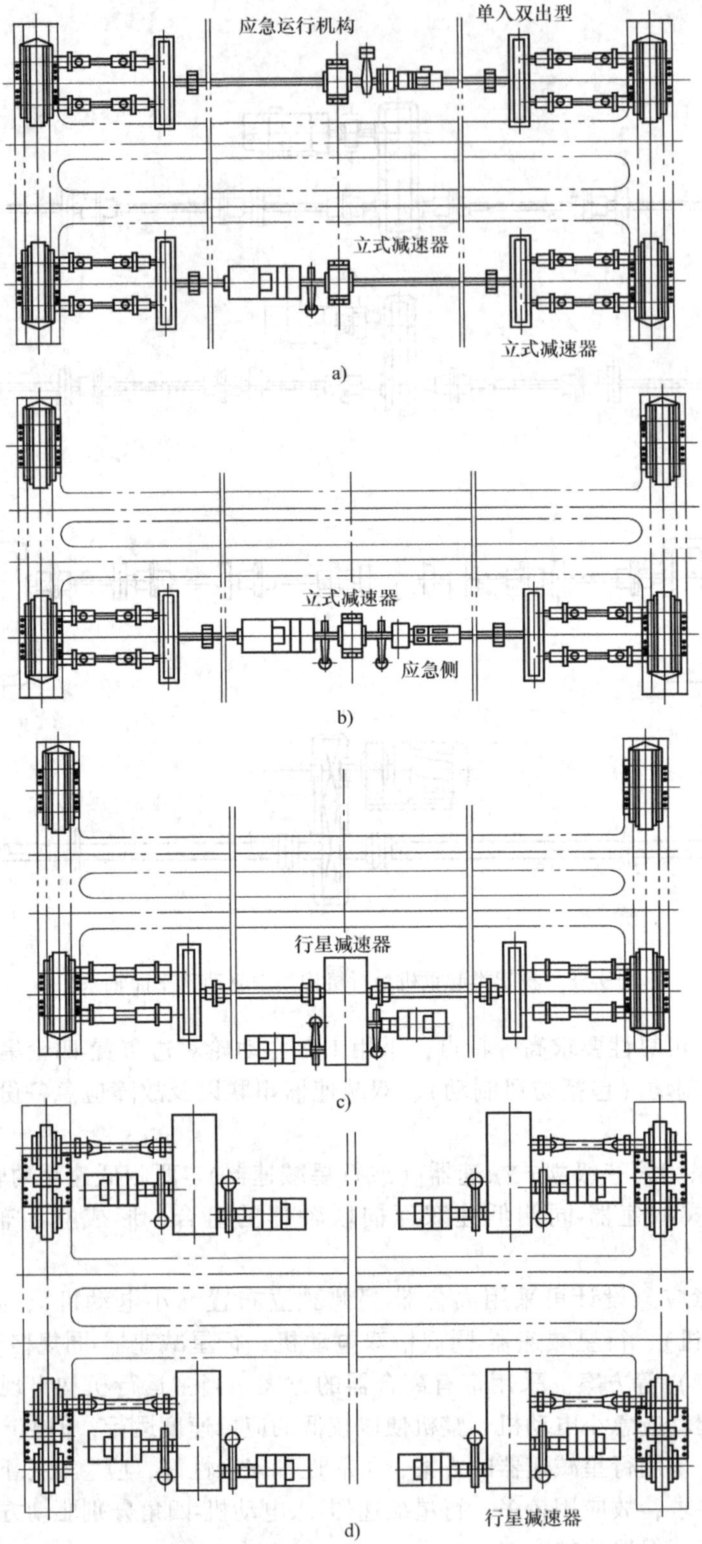

图 9-59　干熄焦焦罐搬运桥式起重机运行机构集中驱动（立面轴系）

a）、b）c）集中驱动　d）分别驱动

（或1/4）主动轮四角布置（大型）的分别驱动方案，如图9-60所示。主动轮分别由各自的驱动系统独立驱动（无机械联系），省掉了集中传动部分，自重轻，部件分组性好，安装和维修方便。另外，对于跨度大、结构水平刚度又难以保证的场合，为了防止由于两侧运行阻力不同、两侧电动机特性不一致（或一侧电动机发生故障）等因素而导致过大的偏斜（或“啃轨”）运行，最好设置大车运行偏斜指示和限制装置，以确保起重机的安全可靠性。

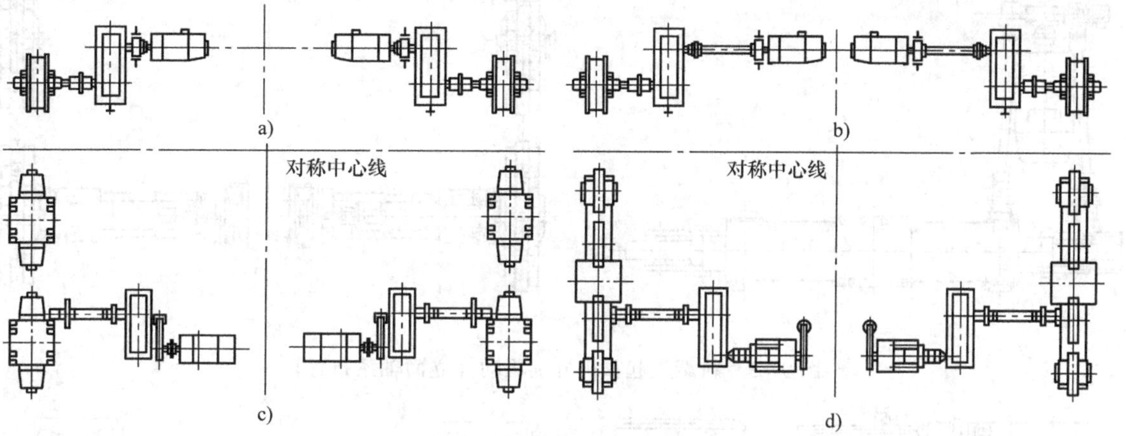

图9-60 分别驱动的桥式起重机

a）、b）1/2-对边布置 c）、d）1/4-四角布置

1）分组式平面轴系布置方案。桥架类起重机运行机构常采用卧式减速器-浮动轴（或万向联轴器）分组式平面轴系展开布置方案，如图9-61所示。中小型运行机构多安装在走台上（位置不受限制），可采用高速浮动轴来减少和消除结构变形的影响，便于安装维修。大吨位机型运行机构多安置于大型箱形梁内，可采用低速浮动轴-齿轮联轴器（或万向联轴器），以增强传动链补偿性能。

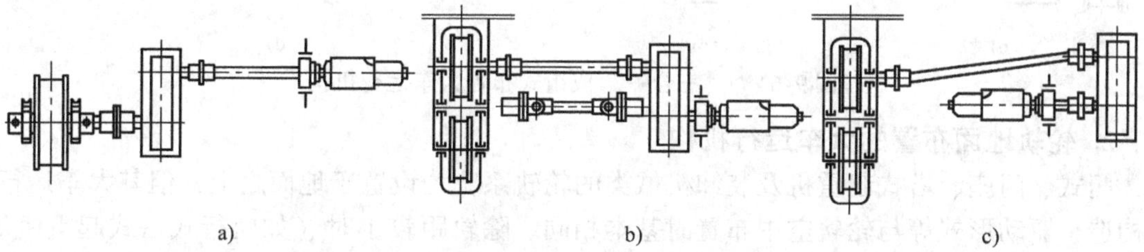

图9-61 桥架类起重机分别驱动（平面轴系布置）

2）立面轴系分组式布置方案。大吨位桥式起重机还可采用单入双出型立式减速器（底座型，图9-62）-双万向联轴器分组式立面轴系展开并安装于专用支承平台上，如图9-63所示，此方案采用立式减速器和支承平台形成立面空间布置，整体结构紧凑，对走台刚度要求低，可实现双轮集中驱动，使用效果较好，但造价高，对安装检修空间稍有影响。

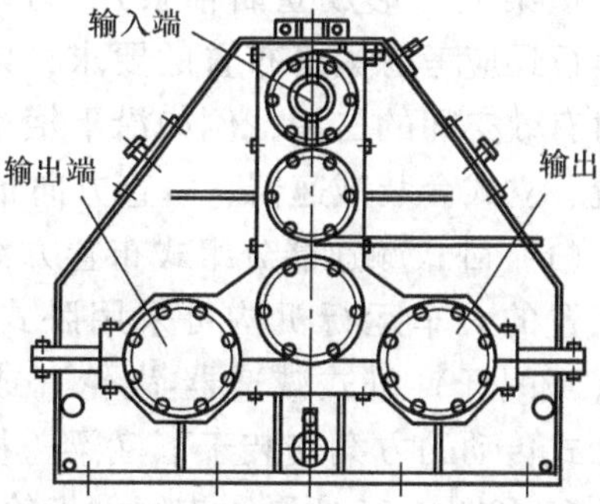

图9-62 单入双出型立式减速器

3）成组式布置方案。轨行式起重机运行机构采用成组式布置方案，如“三合一”装置（卧式或立式

电动机），使驱动装置-减速器直接套装在车轮轴上，如图 9-64 所示。此类方案结构紧凑，质量小，分组性及组装性好，占用走台空间小，安装精度不受走台变形影响，故应用越来越广泛。

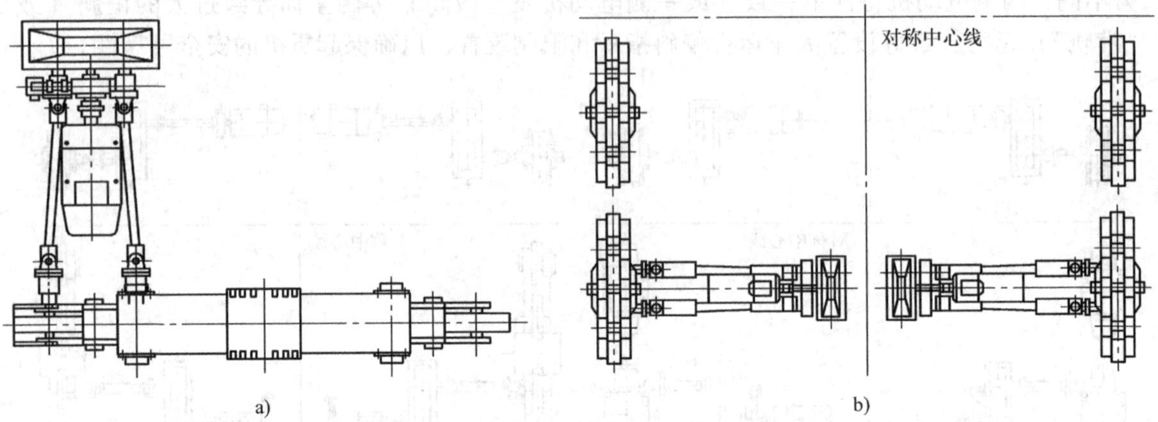

图 9-63　桥架类起重机分别驱动（立面轴系布置）

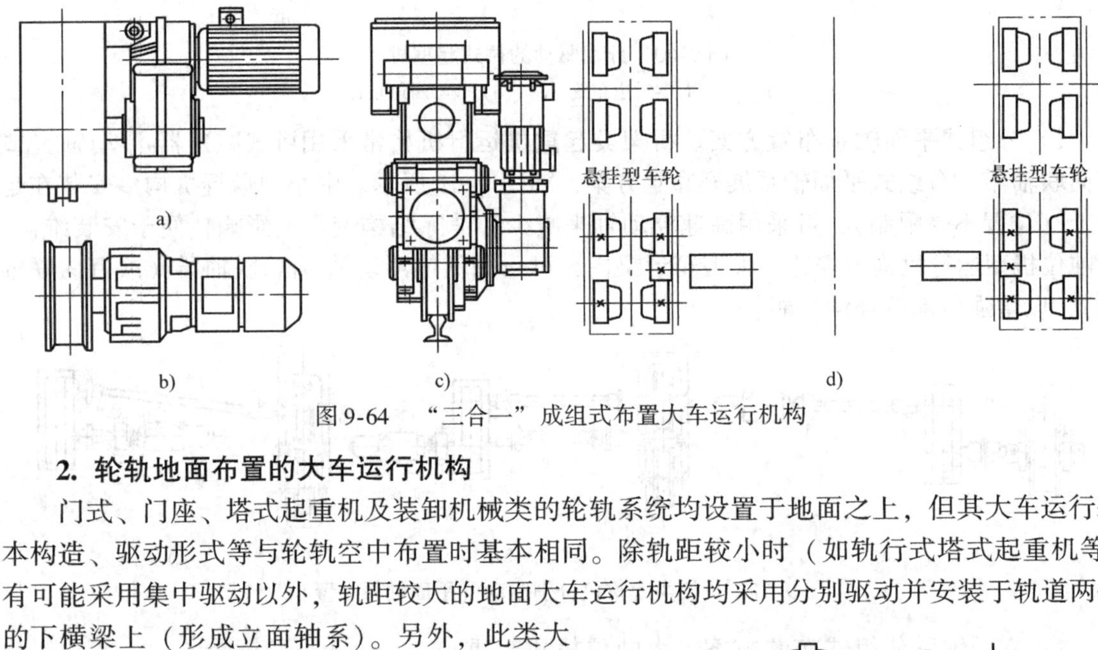

图 9-64　“三合一”成组式布置大车运行机构

2. 轮轨地面布置的大车运行机构

门式、门座、塔式起重机及装卸机械类的轮轨系统均设置于地面之上，但其大车运行基本构造、驱动形式等与轮轨空中布置时基本相同。除轨距较小时（如轨行式塔式起重机等）有可能采用集中驱动以外，轨距较大的地面大车运行机构均采用分别驱动并安装于轨道两侧的下横梁上（形成立面轴系）。另外，此类大车运行还应考虑紧凑布置的要求，以尽可能减少对有效空间的占用，例如沿下横梁长度方向布置、立式套装减速器、垂直方向布置等。

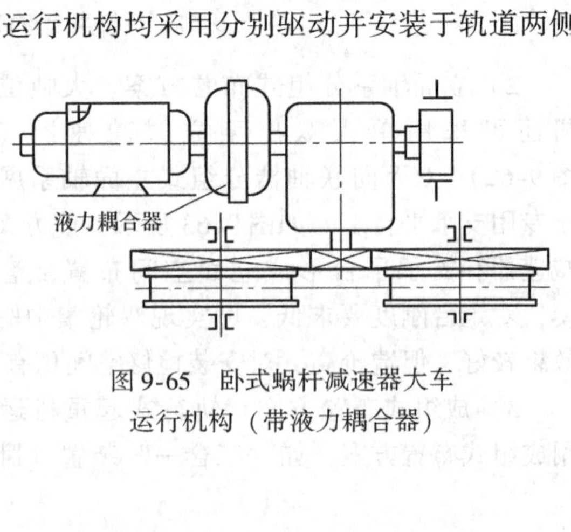

图 9-65　卧式蜗杆减速器大车运行机构（带液力耦合器）

（1）卧式减速器分组式布置方案　轮轨地面布置的大车运行机构可采用卧式电动机-齿轮（或蜗杆）卧式减速器-齿轮（或链轮）末级开式传动的方案安装于下横梁盖板之上，如图 9-65 和图 9-66 所示，末级大齿轮（或链轮）

固定于主动轮上来带动其运转，主动轮轴受载形式好（不承受运动转矩作用），但开式传动的密封润滑性较差，适用于中小机型。

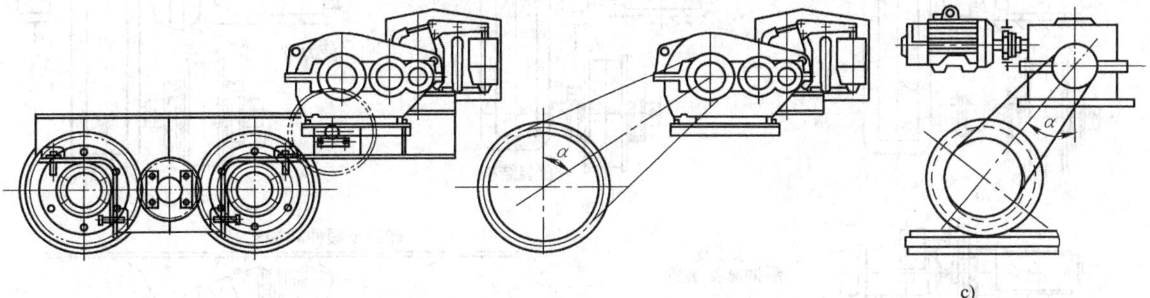

图9-66 卧式减速器大车运行机构

a）开式齿轮传动 b）、c）开式链传动

在电动机与减速器之间串接限矩型液力偶合器，可实现平稳起制动，减轻传动系统的冲击和振动，提高使用寿命和可靠性，此时应注意将制动器布置在减速器另侧高速端；同时，此方案还可将原来的起重用绕线电动机 YZR 改换为 Y 系列通用笼型电动机，并改用直接起动来简化操作、降低成本。

从传动系统形式来看，采用齿轮传动效率高，但电动机与齿轮减速器连接所占用的横向尺寸较大，改用蜗杆减速器可实现沿下横梁长度方向布置，占用空间小但传动效率较低；与齿传动相比，链传动的布置较方便，对安装精度要求低，但应注意尽量加大两链轮中心线与铅垂线的夹角 α，以避免链条磨损伸长、重力下垂等导致的脱链事故。

（2）立式减速器分组式布置方案　轮轨地面布置的大车运行机构常采用电动机-立式减速器（齿轮或蜗杆）-低速联轴器（或套装）的传动方案，立式减速器安装于下横梁侧边，而电动机与制动器可安装于下横梁盖板之上，如图9-67所示。此类结构紧凑，无开式传动，使用寿命长；标准立式齿轮减速器-低速联轴器的组合占用横向空间较大，改用低速套装或标准立式蜗轮减速器套装方案等均可简化传动连接、紧凑横向尺寸。

（3）成组式布置方案　轮轨地面布置大车运行机构越来越多地采用“三合一”成组式布置方案（包括图9-64）。

此类减速系统既可采用摆线针轮等行星传动形式，也可采用行星传动-齿轮（或蜗杆）组合传动形式，使其输入-输出轴系形成平行布置、垂直布置（立面或水平面）等方式，电动机可水平或立式安装，其中垂直轴线布置所占用的横向空间小，如图9-68所示。

另外，此类系统中的制动装置最好能设置在电动机壳体外部，从而减小制动发热对电动机寿命的影响，同时宜设置制动力矩调整装置或分级制动装置，以适应运行机构各种制动工况的要求（包括工作制动、支持制动或安全制动等）。

（4）小轨距集中驱动方案　轮轨地面布置的小轨距大车运行机构可采用与本章9.3.2节中双梁双轨小车运行机构类似的集中驱动方案。例如，轻型小轨距塔式起重机可采用1/2单边集中驱动或1/2对边集中驱动，一般可不设制动器或在电动机另端装设摩擦式电磁制动器，如图9-69所示。

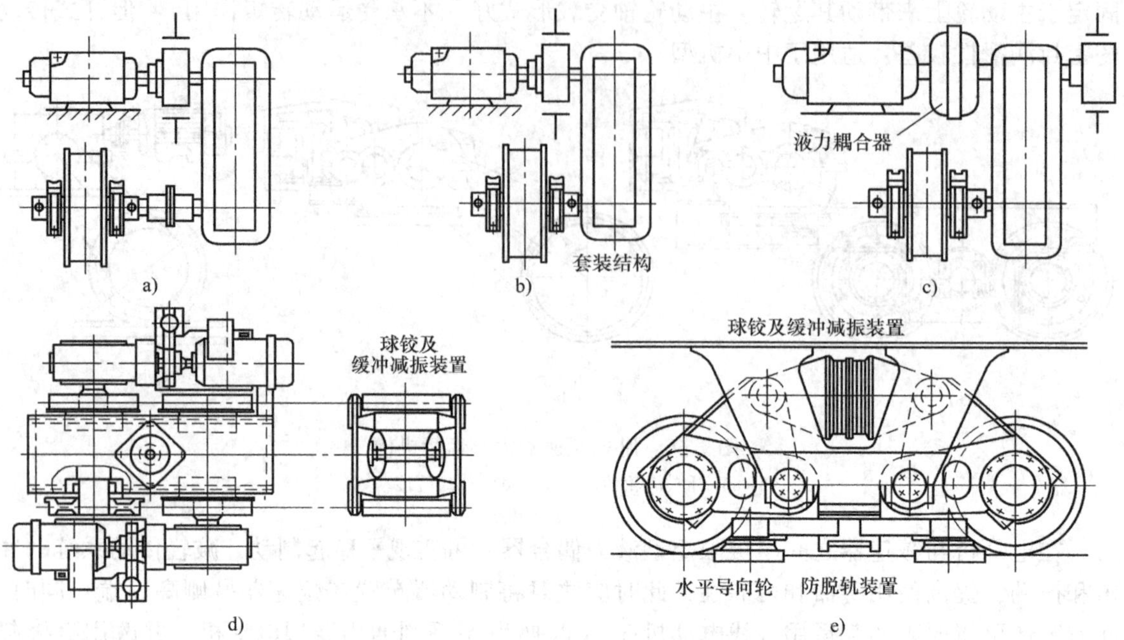

图 9-67　立式减速器分组式布置大车运行机构

a）立式减速器方案　b）套装减速器方案　c）液力耦合器方案　d）、e）双轨蜗杆减速器方案及均衡台车

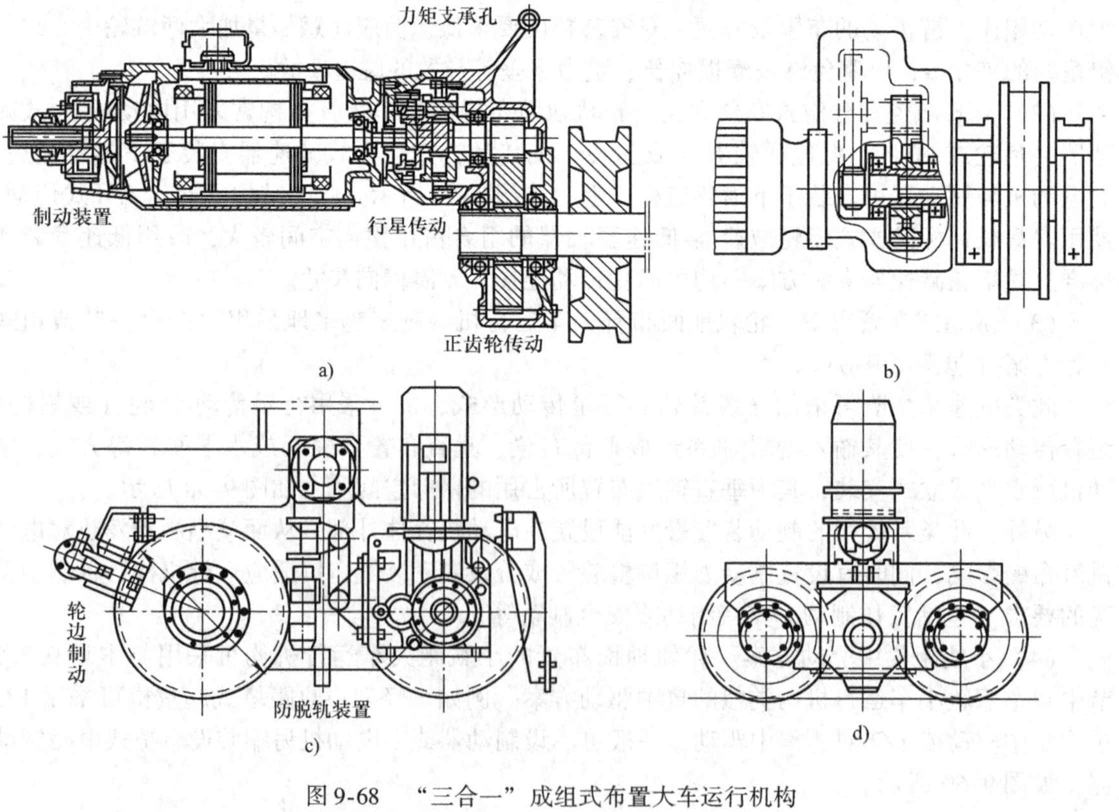

图 9-68　“三合一”成组式布置大车运行机构

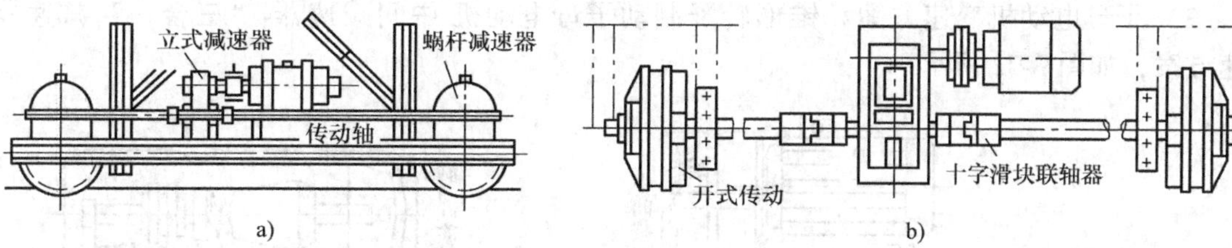

图 9-69 轻型小轨距塔式起重机运行机构集中驱动

3. 运行机构机械式变速方案

用于特定场合的起重机械和装卸机械有时需要满足多种运行速度要求以提高生产率，如装砂机、卸煤机等一般会要求作业状态慢速运行，而非作业状态快速运行。运行机构变速方案可包括机械式、电气式及组合式等，机械式变速方案构造复杂、性能一般（有级变速）、成本较高，过去应用较多，而电气变速方案（尤其变频调速）操控方便、性能较好，是今后发展的主趋势。运行机构机械式变速方案可分为单电动机、双电动机、子母电动机等形式，还可参考第 8 章起升机构 8.3.5 节的相关内容。

（1）单电动机变速方案　单电动机-行星减速器-双制动器双速度运行机构，如图 9-70 所示，分别操纵设置于行星减速器两端的两个制动器 Z1 和 Z2，可得双档运行速度。

制动器 Z1 制动、制动器 Z2 松闸时，行星减速器传动比为 $i_1 = 1 + z_{b1}/z_{a1}$。

制动器 Z1 松闸、制动器 Z2 制动时，行星减速器传动比为 $i_2 = 1 + z_{b2}/z_{a2}$。

（2）双电动机变速方案　双电动机-差动减速器（双蜗杆）变速方案，如图 9-71 所示。

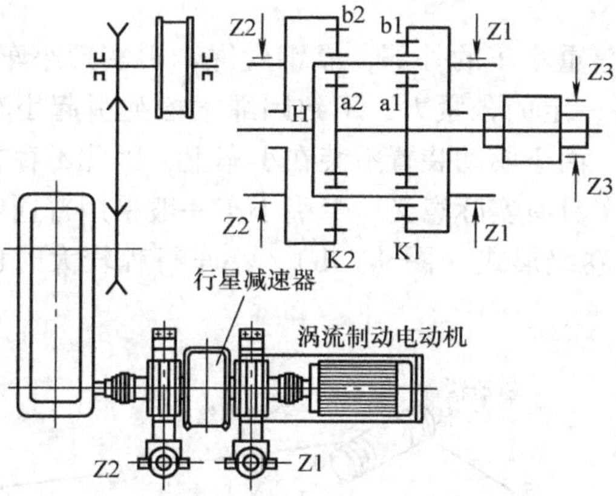

图 9-70 单电动机变速方案

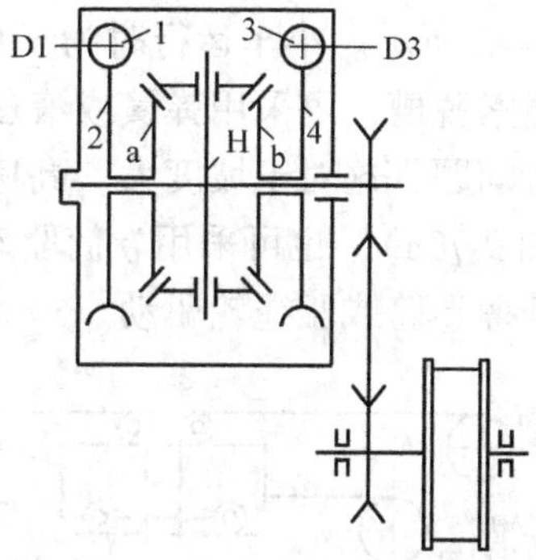

图 9-71 双电动机差动变速方案

1、3—蜗杆 2、4—蜗轮

蜗杆 1 由电动机 D1 带动，经蜗轮 2 传动减速（i_{12}）后驱动锥齿轮 a；蜗杆 3 由电动机 D3 带动，经蜗轮 4 传动减速（i_{34}）之后驱动锥齿轮 b。轮 a 及轮 b 是差速器的两个太阳轮，齿数相等。系杆 H 是减速器的输出轴，再经末级链传动驱动车轮。

电动机 D1 驱动蜗杆 1 转动、电动机 D3 停止时，减速器输出转速 $n_1 = n_{D1}/2i_{12}$。

电动机 D1 停止、电动机 D3 驱动蜗杆 3 时，减速器的输出转速为 $n_2 = n_{D3}/2i_{34}$。

两台电动机同时开动且转向相同时，减速器输出转速为 $n_3 = n_1 + n_2$；两台电动机同时开动且转向相反时，减速器输出转速为 $n_4 = n_1 - n_2$。

(3) 子母电动机变速方案　锥形转子制动子母电动机-中间减速器-“三合一”减速器变速方案，如图 9-72 所示。

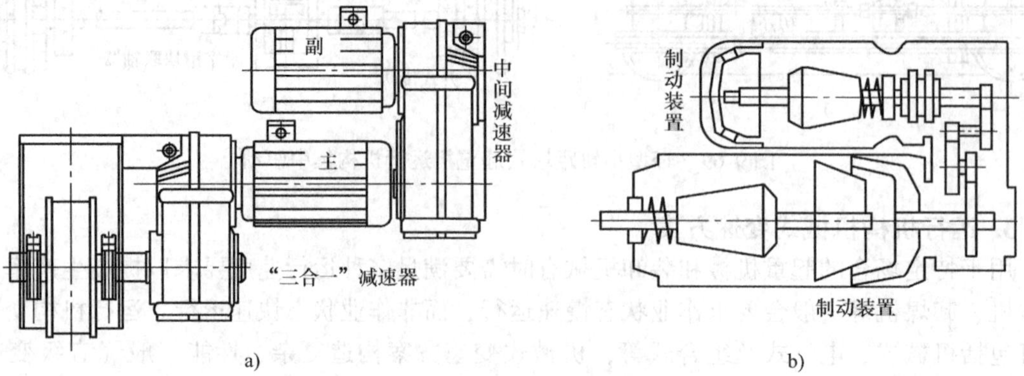

图 9-72　子母电动机变速方案

当主电动机工作时，与制动器脱开，为常速运行；当主电动机断电、副电动机工作时，主电动机制动器处于制动状态，其转子和中间减速器低速轴之间形成一个摩擦力矩联轴器，运动从副电动机通过中间减速器传给原有机构，以达到微速目的。若改变减速器传动比和电动机极数，可获得范围极大的快慢两种速度，其比值最大可达 400∶1。若采用变极电动机通过相互组合，则可得到多种调速比。

9.3.4　绳索牵引小车运行机构

绳索牵引小车运行机构驱动装置装设在起重小车的外部，靠钢丝绳牵引实现小车运行，如图 9-73 所示。小车运行时为了使绳索保持一定的张紧力，不致因绳索松弛引起小车的冲击或绳索脱槽，可采用弹簧或液压张紧装置。由于驱动装置不装在小车上，因此不存在驱动轮打滑问题，这对于坡度大、高速运行的小车具有实际意义。牵引小车一般采用普通卷筒驱动（图 9-73a），也可采用卷筒驱动的牵引绳卷绕形式（图 9-73b），小车行程较大时也可采用双摩擦卷筒或驱绳轮驱动。

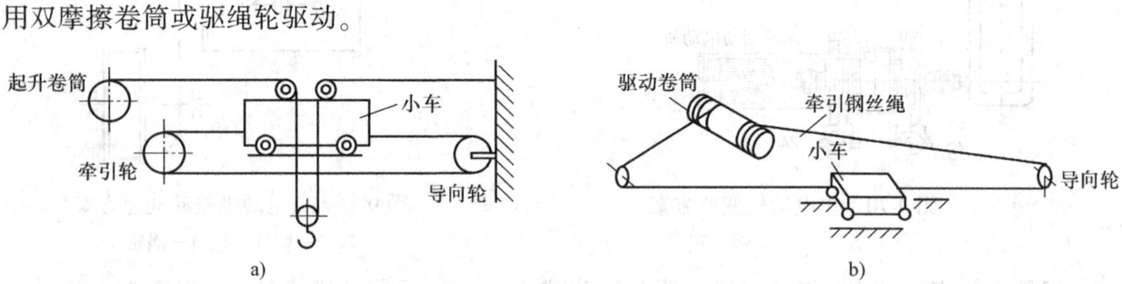

图 9-73　绳索牵引小车运行机构

绳索牵引式小车运行机构的传动效率较低，工作频繁时，钢绳磨损比较严重，因而只用于运行坡度较大或减轻小车自重很必要的场合，如缆索起重机、塔式起重机或装卸桥等。

双绳抓斗装卸桥采用牵引小车式运行机构时的补偿小车方案如图 9-74 所示。补偿小车的运行速度为 $v/2$（v 为主小车速度），由运行卷筒的一股钢丝绳牵引，另一股由前方伸出牵引主小车。当小车向前运行时，前方的钢丝绳收入卷筒，而后方的钢丝绳从卷筒放出。倍率为2的滑轮组使补偿小车以$v/2$的速度运动；起升绳与闭合绳也绕进补偿小车上的滑轮，补偿小车的运动恰好又以2倍率放出起升绳与闭合绳，使抓斗不随运行机构的运动而升降。为了使牵引绳构成封闭系统，在主小车与补偿小车之间装有张紧绳，张紧绳绕过补偿小车的滑轮后，固定于起重机机架上的一个弹簧装置上，弹簧装置在抓斗满载时保持最小张力，在抓斗落于地面时，伸长到最大张力。

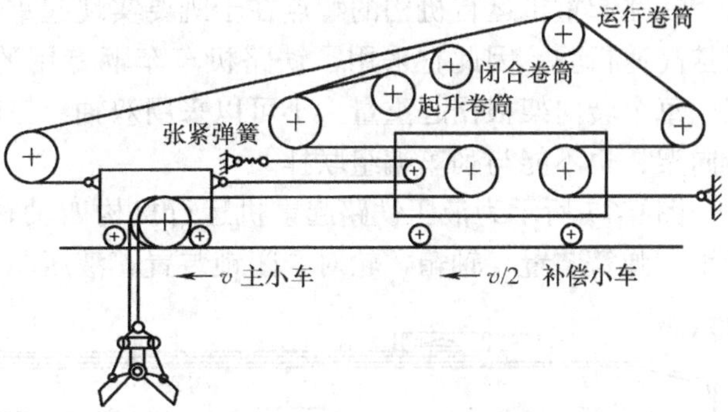

图9-74 补偿小车运行机构简图

抓斗装卸桥也可采用行星差动减速器传动的单小车方案，如图9-75所示。综合的驱动机构能够完成抓斗的抓取、提升、开闭及小车往返等运行牵引动作。

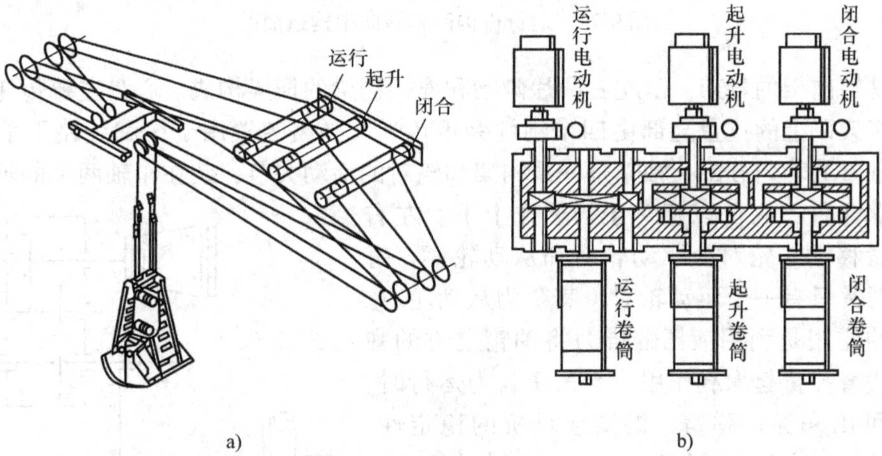

图9-75 差动减速器小车方案

此外，抓斗装卸桥还可由采用两组相同参数的行星减速器和四组卷筒组成，如图9-76所示，没有直接的运行牵引卷筒，而靠提升和开闭卷筒的联合运动合成小车运行的牵引，可由计算机进行控制。这种方案的绳索系统简单实用，优点较多。

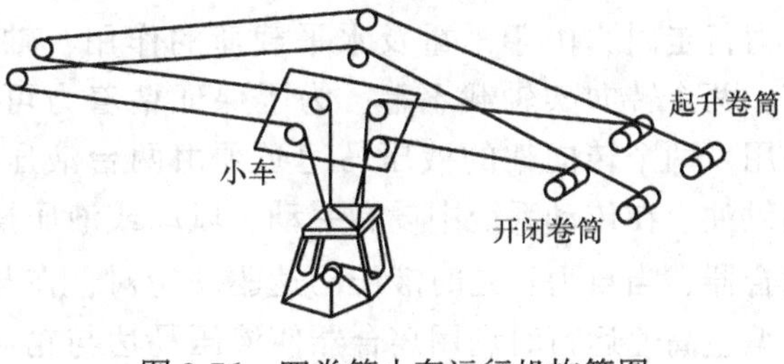

图9-76 四卷筒小车运行机构简图

9.3.5 液压铁路起重机运行机构

铁路起重机是指在铁路轨道上运行的臂架式起重机，供铁路站场、工矿企业、建设工地与列车运行事故现场等进行铺轨、架桥、设备安装、货物装卸、电气化铁道立杆作业和机车车辆脱轨与颠覆事故救援等工作。臂架分定长臂和伸缩臂，驱动方式有蒸汽、内燃电动和内燃液压传动。目前的大中型铁路起重机普遍采用内燃液压传动，由柴油机带动液压泵，向液压马达和液压缸供油，驱动各工作机构。

铁路起重机运行机构的特点在于既要实现起重机的低速吊重自力行走，又要便于与列车联挂高速行驶，因此它采用了铁路机车车辆专用的转向架。大中型铁路起重机有两个转向架，每个转向架根据起重量大小可以采用双轴、三轴和四轴，小型起重机只有两根轴，没有转向架，也不能与列车编组联挂。

图9-77所示为液压铁路起重机运行机构四轴转向架的构造简图，主要由构架、心盘与旁承、弹簧装置、轴箱、轮对、闭锁装置、液压驱动装置和基础制动装置等部件组成。

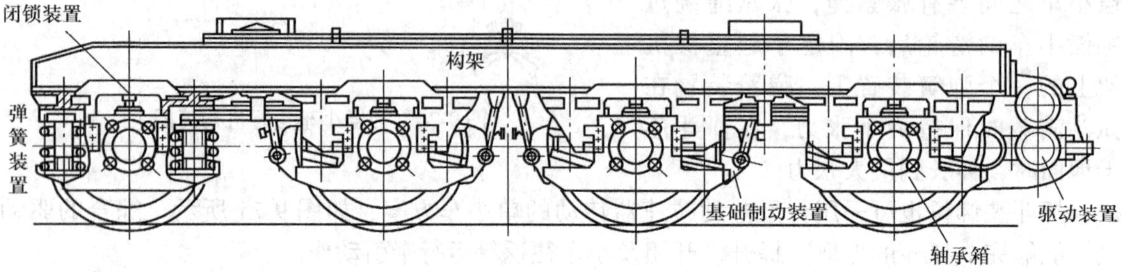

图9-77　运行机构四轴转向架构造简图

构架是转向架的骨架，由左右两片侧梁和连接侧梁的横梁构成。心盘主要传递纵向力和横向力，车架以上的重量全部由四个刚性旁承传递。弹簧装置用于缓和线路不平引起的冲击，保证轴重的均匀分配。轴箱是联系构架和轮对的活动关节，装在车轴两端的轴颈上，为了适应线路条件，它可以相对于构架作上下、左右和前后少量移动。轮对分驱动轮对和从动轮对，每个转向架通常只有一个驱动轮对，其余为从动轮对。闭锁装置的作用是利用液压缸推力将轴箱上方的弹簧闭锁，代替弹簧起承载作用。当吊重自力运行时，闭锁装置可用来保护弹簧，提高起重机的稳定性，并使同一转向架中的轴载均衡。

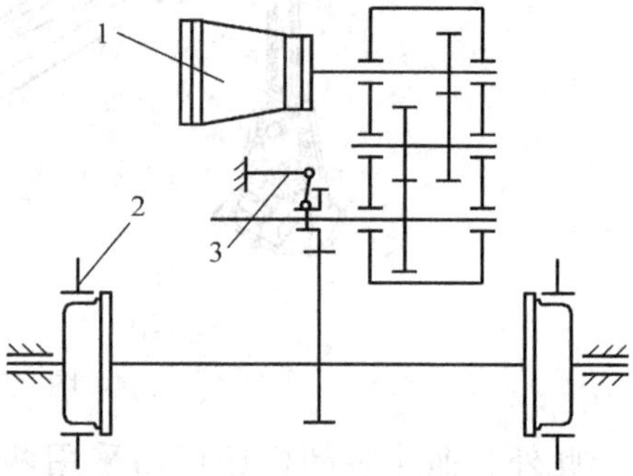

图9-78　高速液压马达运行机构

1—液压马达　2—制动器　3—离合器

液压驱动装置通常采用高速液压马达（图9-78），自力行走时，由于吊重及水平载荷的作用，轴载转移，两个转向架轴载不等，为了保证粘着力可充分利用，两个转向架的液压马达必须由两台液压泵分别供油。在传动系统中设有手动、风动或液压操纵离合器，当自力行走时液压马达驱动轮对，在与列车编组高速运行时利用离合器使液压马达与轮对脱开，避免轮对高速反拖液压马达。

基础制动装置利用制动风缸的风力经杠杆系统增力后传给闸瓦，闸瓦压紧车轮实现制动。自力行走时制动风缸的压缩空气来自起重机自备的空气压缩机，与列车联挂后改由牵引列车的风管供气，气路的转换由梭阀实现，如图9-79所示。铁路起重机转向架的全部轮对（包括主动轮对和从动轮对）

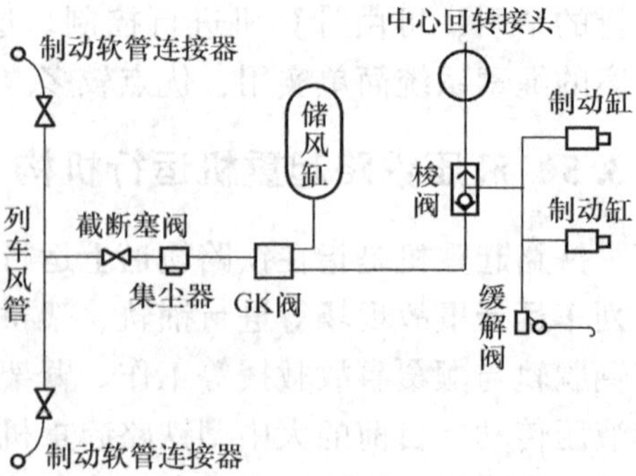

图9-79　基础制动装置的管路系统

都装有闸瓦，所有轮对都产生制动力。

9.4 轨行式运行阻力的计算

轨行式运行总阻力 F_r 通常可由四部分组成：摩擦阻力 F_m，风载荷 F_w，坡度载荷 F_α，惯性载荷 F_g，有时还需针对具体情况考虑特殊运行阻力，如曲线运行附加阻力 F_q、拖曳物品运行附加阻力等。考虑上述载荷的不同性质和权重，运行总阻力的具体计算可针对不同目标采用代数加方法（最大值，即 $F_r = \sum_{i=1}^{n} F_i$）或几何加方法（等效平均值，即 $F_r = \sqrt{\sum_{i=1}^{n} F_i^2}$）。

9.4.1 轨行式运行摩擦阻力

1. 有轨运行摩擦阻力

有轨运行摩擦阻力包括车轮轴承中的摩擦阻力 F_1、车轮的滚动摩擦阻力 F_2 以及车轮轮缘与轨道间的附加摩擦阻力 F_3。由于车轮轮缘的摩擦力是一个随机变量（随起重机的结构形式和制造质量的不同，其变动很大），在一般计算中用一个附加系数 β 予以考虑。

（1）车轮轴承中的摩擦阻力　车轮运行时轴承摩擦力阻碍车轮前进的受力分析如图 9-80 所示，轴承摩擦圆半径为 $\mu d/2$，故车轮轴承摩擦阻力 F_1 为

$$F_1 = P\frac{\mu d/2}{D/2} = P\frac{\mu d}{D} \tag{9-6}$$

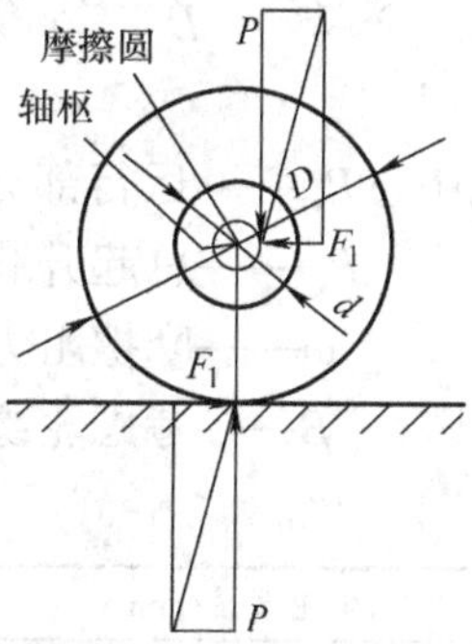

图 9-80　车轮的轴承摩擦

式中　P——车轮轮压（N）；

D——车轮踏面直径（mm）；

d——车轮轴枢直径（mm），理论上应取轴承滚动体中心线间距离；

μ——车轮轴承摩擦因数，其值可参见表 9-14。

表 9-14　轴承摩擦因数 μ

轴承结构	滑动轴承（开式）	滑动轴承（稀油润滑）	滚动轴承（滚珠和滚柱）	滚动轴承（锥形滚子）
μ	0.1	0.08	0.015	0.02

（2）车轮的滚动摩擦阻力　车轮运行时滚动摩擦力阻碍车轮前进的受力分析如图 9-81 所示，车轮运行时，车轮与轨道之间挤压力的合力偏向运行前方，其值为 f，故其滚动摩擦阻力 F_2 为

$$F_2 = P\frac{2f}{D} \tag{9-7}$$

式中　f——滚动摩擦系数（滚动摩擦力臂）（mm），其值见表 9-15。

表 9-15　滚动摩擦系数 f

车轮材料	钢轨形式	车轮直径 D/mm					
		100，160	200，320	400，500	630，710	800	900，1000
钢	平顶	0.25	0.30	0.50	0.60	0.70	0.70
	凸顶	0.30	0.40	0.60	0.80	1.00	1.20

（续）

车轮材料	钢轨形式	车轮直径 D/mm					
		100，160	200，320	400，500	630，710	800	900，1000
铸铁	平顶	—	0.40	0.60	0.80	0.90	0.9
	凸顶	—	0.50	0.70	0.90	1.20	1.4

（3）总摩擦阻力　总摩擦阻力 F_m 为车轮轴承摩擦阻力 F_1、车轮滚动摩擦阻力 F_2、车轮轮缘与轨道间的摩擦阻力 F_3 之和，某些拖曳物品（如电缆等）运动的附加阻力可与 F_3 一同估算，即

$$F_m = F_1 + F_2 + F_3 = \beta(P_Q + P_G)\frac{\mu d + 2f}{D} \tag{9-8}$$

令 $\omega = \frac{\mu d + 2f}{D}\beta$，则有

$$F_m = \omega(P_Q + P_G) \tag{9-9}$$

式中　P_G——运行部分（整机或起重小车）自重载荷；

P_Q——总起升载荷 P_{QGL}，含义与第 8.2 节相同；

ω——摩擦阻力系数，初步计算时可按表 9-16 选取；

β——考虑轮缘摩擦的附加阻力系数，其值按表 9-17 选取。

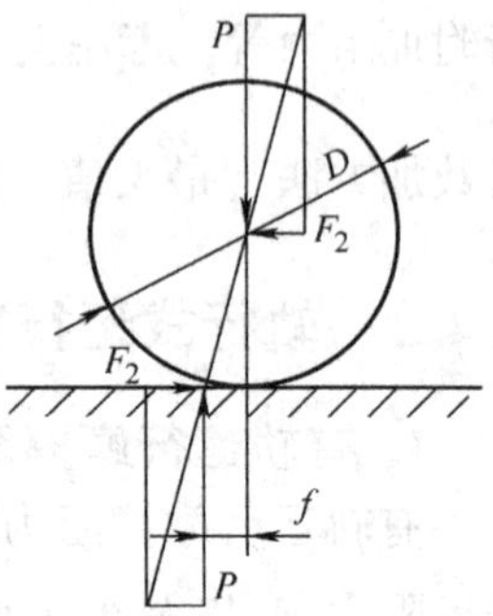

图 9-81　车轮的滚动摩擦

表 9-16　摩擦阻力系数 ω

车轮直径/mm	车轴直径/mm	滑动轴承	滚动轴承
≤200	≤50	0.028	0.020
>200~400	>50~65	0.018	0.015
>400~600	>65~90	0.016	0.010
>600~800	>90~100	0.013	0.006

表 9-17　附加阻力系数 β（滚动轴承）

车轮形状		机构		驱动形式	β
圆柱车轮	有轮缘	桥式、门式和门座起重机的大车运行机构		分别	1.5
	无轮缘（有水平轮）			分别	1.1
	有轮缘	具有柔性支腿的装卸桥门式起重机的大车运行机构		分别	1.3
	有轮缘	双梁桥式、门式起重机的小车运行机构	滑线导电	集中	2.0
			电缆导电	集中	1.5
	有轮缘	受偏心载荷单梁小车运行机构	滑线导电		1.6
	无轮缘				1.5
	有轮缘		电缆导电		1.3
	无轮缘				1.2
圆锥车轮		桥式起重机大车运行机构		集中	1.2
圆锥车轮（单轮缘）		悬挂在工字梁上的小车运行机构		单边驱动	1.5
				双边驱动	2.0

2. 单梁起重机小车运行机构的摩擦阻力

单主梁小车运行机构有垂直反滚轮式（两支点）、水平反滚轮式（三支点）、倾斜主车轮式（理论）等形式，如图9-82所示，除垂直载荷作用外，还有载荷偏心引起的倾翻力矩。

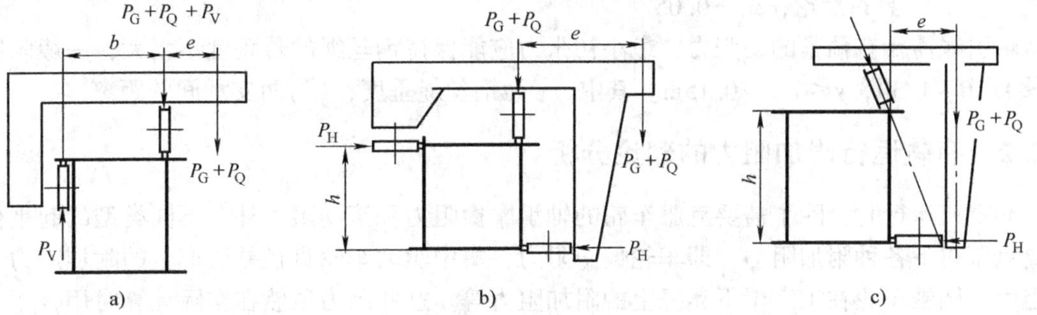

图9-82 偏心载荷单主梁小车的轮压

（1）垂直反滚轮式小车（图9-82a）

$$F_m=\beta(P_G+P_Q+P_V)\frac{\mu d+2f}{D}+P_V\frac{\mu' d'+2f'}{D'} \tag{9-10}$$

式中 P_V——垂直反滚轮轮压，其计算公式为

$$P_V=(P_G+P_Q)\frac{e}{b} \tag{9-11}$$

μ'、d'、f'、D'——反滚轮的摩擦系数及直径。

（2）水平反滚轮式小车（图9-82b）

$$F_m=(P_G+P_Q)\frac{\mu d+2f}{D}+2P_H\frac{\mu' d'+2f'}{D'} \tag{9-12}$$

式中 P_H——水平反滚轮轮压，其计算公式为

$$P_H=(P_G+P_Q)\frac{e}{h} \tag{9-13}$$

（3）倾斜主车轮式小车（图9-82c）

$$F_m=\beta\sqrt{(P_G+P_Q)^2+P_H^2}\frac{\mu d+2f}{D}+P_H\frac{\mu' d'+2f'}{D'} \tag{9-14}$$

3. 牵引小车的钢丝绳阻力

在牵引式小车中（图9-83），除上述的摩擦阻力外，还有钢丝绳绕过滑轮的阻力，它包括牵引绳绕过导向滑轮的阻力与起升绳绕过起升滑轮及导向滑轮的阻力。即

$$F_{sh}=F_d+F_q$$
$$F_d\approx n_d S\omega_x \qquad F_q\approx\frac{n_x}{n_{zh}}P_Q\omega_x \tag{9-15}$$

式中 F_{sh}——牵引式小车钢丝绳阻力（N）；

F_d——牵引绳绕过导向滑轮的阻力（N）；

F_q——起升绳绕过起升滑轮的阻力（N）；

S——牵引绳平均张力（N）；

n_d——牵引绳导向滑轮数；

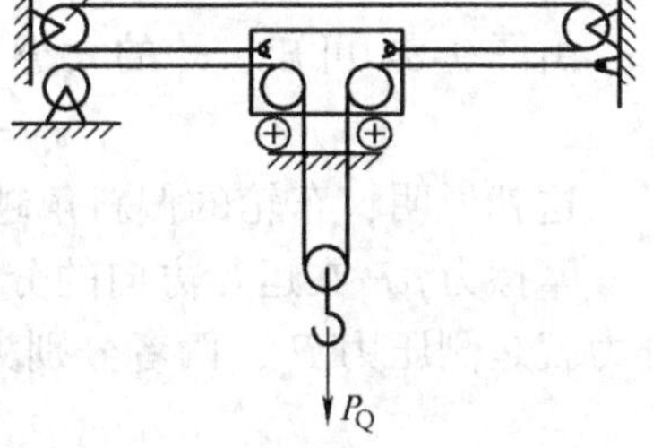

图9-83 牵引小车钢丝绳阻力

n_x——起升绳绕过滑轮总数；

n_{zh}——吊重悬挂的起升绳绕分支数；

ω_x——滑轮阻力系数，对于装在滚动轴承上的滑轮，$\omega_x=0.02$，对于装在滑动轴承上的滑轮，$\omega_x=0.05$。

牵引绳需要有预紧的初张力，最小初张力应能保持钢丝绳的悬垂度不太大，一般限制为 $y/l\leqslant 1/50\sim1/30$，$y\leqslant 0.1\sim0.15\text{m}$。其中，$y$ 为钢丝绳垂度，l 为两支承间的距离。

9.4.2 有轨运行附加阻力的理论分析

起重机运行时，除了需要克服车轮的轴承摩擦阻力和滚动阻力外，不同类型的起重机还需要克服以下各种附加阻力，即车轮偏斜阻力、集中驱动车轮直径差所产生的附加阻力、轮缘阻力、圆锥车轮在工字梁下翼缘上的附加阻力等。这些阻力虽然在实际计算时用 β 予以考虑，但在处理起重机运行情况各种问题时需要了解。

1. 车轮偏斜阻力

当车轮轴线不与运行方向垂直时，车轮踏面与轨道顶面之间就会发生滑动，从而产生摩擦力（动摩擦），它的方向与滑动的相对速度相反，大小为 μP（P 为车轮轮压），此时忽略了弹性滑移现象。

对于从动轮来说，这个摩擦力在运行方向上的分量构成运行的附加阻力，与运行方向垂直的分量构成车轮的侧压力；对于主动轮来说，它在运动方向上的分量构成运行驱动力，与运动方向垂直的分量构成车轮的侧压力。此车轮侧压力与其他原因产生的侧压力总和，或与导行车轮的摩擦力（静摩擦）相抵消，或由导行水平轮承受，或由轮缘承受，此时就产生了“啃道”现象，引起轮缘阻力，并导致轮缘磨损，而车轮轮缘磨损是车轮报废的主要原因之一。

（1）从动轮的偏斜　图9-84所示为偏斜角为 β 的从动轮在运行中的情况。车轮轴的速度就是起重机的运行速度 v。车轮接触点相对于起重机的速度为 v_{zh}（圆周速度），它与 v 之间的夹角为 β。车轮接触点的绝对速度就是车轮与轨道间的滑动速度 v_h，它等于前两者的矢量和，即

$$\boldsymbol{v}_h=\boldsymbol{v}+\boldsymbol{v}_{zh} \tag{9-16}$$

车轮与轨道之间的摩擦力 μP 应与 v_h 的方向相反。对于从动轮来说，如果忽略轴承中的摩擦力，则 μP 力对于车轮轴的力矩为零。因此，μP 应在车轮轴的方向上，也就是说，从动轮的 v_h 必定在车轮轴的方向上。

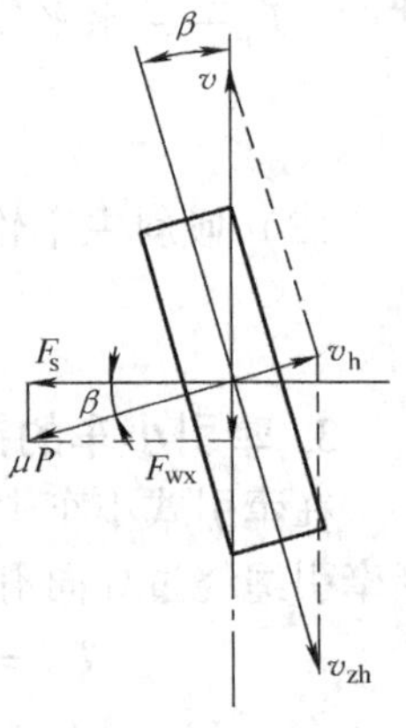

图9-84　从动轮的偏斜

由图9-84可知，v_h 的大小为

$$v_h=v\sin\beta\approx v\beta \tag{9-17}$$

这就说明，车轮的偏斜角越大，滑动速度就越大，磨损越严重。

摩擦力 μP 在运行方向的分力 F_{wx} 就是车轮偏斜的附加阻力，μP 在垂直于运行方向上的分力就是侧压力 F_s，两者分别为

$$F_{wx}=\mu P\sin\beta\approx\mu P\beta \tag{9-18}$$

$$F_s=\mu P\cos\beta\approx\mu P \tag{9-19}$$

安装合理的车轮，$\beta \leqslant 0.001\mathrm{rad}$，$\mu\beta \leqslant 0.2 \times 0.001\mathrm{rad}$，可以忽略不计。实际上，在这样小的偏斜角度时，由于存在弹性滑移，其数值还要小得多。这样看来，车轮安装偏斜直接产生的附加运行阻力是微不足道的，但绝不能因此低估车轮偏斜的重要影响。车轮偏斜除了会引起踏面与轨顶的磨损外，更严重的是侧压力 F_s 所引起的啃道现象。

在理论上，只要存在极微小一点的偏斜角，就会产生同样大小的侧压力 μP，如图 9-85 中虚线所示，由此看来，似乎没有必要对车轮的偏斜角加以限制了。但实际上，安装质量对于起重机的良好运行和避免啃道现象是有着决定性意义的。这是由于实际上的侧压力规律与理论上存在若干差异。由于在车轮与轨道接触处存在微观的弹性变形，当 β 很小时，实际的侧压力如图 9-85 中的实线所示。即当 $|\beta| < \beta_0$ 时，$F_s = \mu P\left[1 - \left(1 - \frac{\beta}{\beta_0}\right)^2\right]$；当 $|\beta| \geqslant \beta_0$ 时，$F_s = \mu P$，$\beta_0 \approx 0.004 \sim 0.007\mathrm{rad}$。

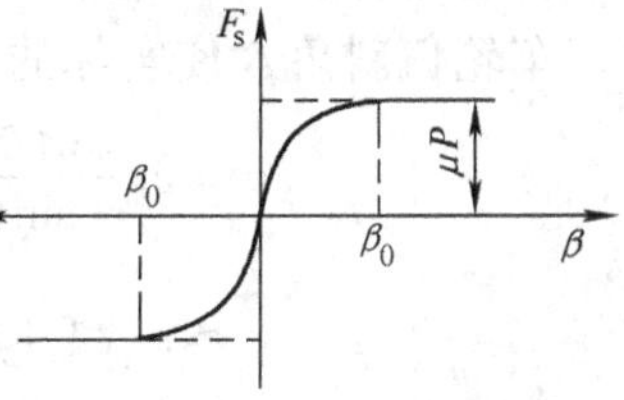

图 9-85 车轮的弹性滑移

当车轮或轨道的支承部分刚性不足时，还能看到车轮有周期性的弹动现象，发生周期性的强烈响声，其过程大致是这样的：当偏斜的车轮运行时，最初并未发生滑动，由于车架与轨道支承结构的弹性，车轮可以向侧方产生弹性位移，侧压力随位移大小成比例地增加。当 F_s 增大到 $\mu_0 P$ 时（μ_0 为车轮与轨道间的静摩擦因数，一般大于动摩擦因数，即 $\mu_0 > \mu$）开始滑动，这时摩擦力突然降为 μP，它小于弹性恢复力，于是车轮骤然弹回，发出强烈的响声。此后这种现象便循环进行。

上述的车轮侧压力是产生啃道现象最主要的原因，应当尽可能将车轮安装正确。在安装桥式起重机的车轮时，应使车架两侧车轮的偏斜尽量小，并且尽量使偏差方向相反，以使产生的侧压力互相抵消或部分抵消，从而减小啃道压力。

（2）主动轮的偏斜　首先忽略弹性滑移，并认为安装正确，即无偏斜的车轮（$\beta = 0$）。主动轮担负着产生运行驱动力的任务，运行驱动力是靠车轮与轨道之间的摩擦力实现的。这个摩擦力的大小是变化的，随驱动所需的驱动力而变化。如果驱动力不过大，则车轮不打滑，这时车轮与轨道接触处的摩擦力为静摩擦力，即 $F_{qu} < \mu_0 P_0$。如果要求过大的驱动力，则车轮可能发生打滑，此时的驱动力反而降到 $F_{qu} = \mu P < \mu_0 P_0$。火车紧急制动时不能制动过猛，就是由于这个原因。

如果安装不正确（$\beta \neq 0$），则车轮必定打滑，这时车轮与轨道间的摩擦力为动摩擦力，其大小不变，总等于 μP，但它的方向则随驱动力的大小而变化。图 9-86 所示为主动轮的受力与打滑情况。μP 在运行方向的分力为驱动力 F_{qu}，在垂直于运行方向的分力为侧压力 F_s。驱动力的大小决定了摩擦力 μP 的方向，同时也就决定了滑动速度 v_h 的方向。方向角 θ 的计算公式为

$$\sin\theta = \frac{F_{qu}}{\mu P} = \psi \tag{9-20}$$

式中　ψ——驱动负荷系数。

主动轮的侧压力与驱动力大小有关，随着 F_{qu} 的增大，F_s 降低，它们之间的关系为

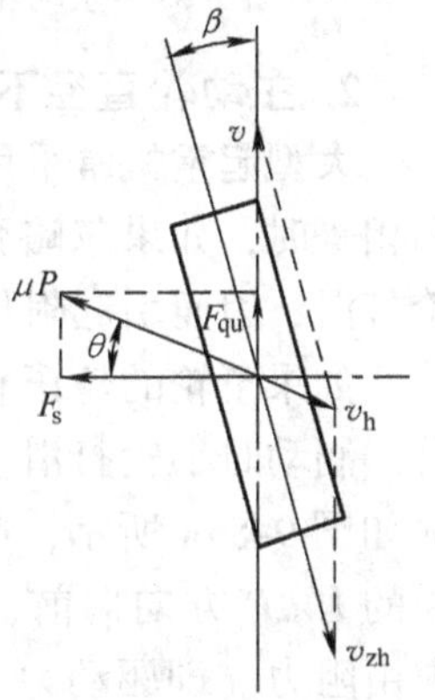

图 9-86 主动轮的偏斜

$$F_s = \sqrt{(\mu P)^2 - F_{qu}^2} = \mu P\sqrt{1-\psi^2} = \mu P\cos\theta \tag{9-21}$$

图9-87所示为 F_s 与 F_{qu} 的关系，曲线是以 μP 为半径的圆弧。由图9-87可知，当驱动力接近 μP 时，侧压力 F_s 就很小了。

在忽略弹性滑移的情况下，车轮的偏斜角 β 对于侧压力 F_s 与驱动力 F_{qu} 的关系毫无影响。车轮偏斜角 β 使实际的运行速度 v 降低，v 的计算公式为

$$\begin{aligned} v &= v_{zh}\frac{\sin(90° - \theta - \beta)}{\sin(90° + \theta)} = v_{zh}\frac{\cos(\theta + \beta)}{\cos\theta} = v_{zh}(\cos\beta - \sin\beta\tan\theta) \\ &\approx v_{zh}(1 - \beta\tan\theta) = v_{zh}\left(1 - \beta\frac{\psi}{\sqrt{1-\psi^2}}\right) \end{aligned} \tag{9-22}$$

为了不使运行速度过分降低，主动轮的驱动负荷系数 ψ 与主动轮的偏斜角有关。为了保证足够的驱动力，应限制主动轮的偏斜角 β。

由图9-87还可以看出，主动轮的滑动速度 v_h 也随着主动轮的偏斜角 β 与驱动力 F_{qu} 的增大而增大。即

$$v_h = v_{zh}\frac{\sin\beta}{\cos\theta} \approx v_{zh}\frac{\beta}{\sqrt{1-\psi^2}} \tag{9-23}$$

因此，为了减少主动轮踏面的磨损，也应尽量减小主动轮的偏斜角。

实际上在考虑了弹性滑移后，在一定偏斜角 $\beta < \beta_0$ 的范围内，侧压力 F_s 随 β 的减小而下降，如图9-88所示。

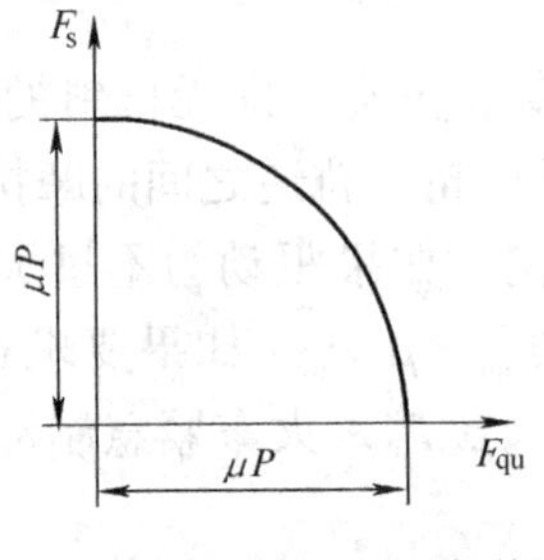

图9-87　主动轮侧压力（忽略弹性滑移）

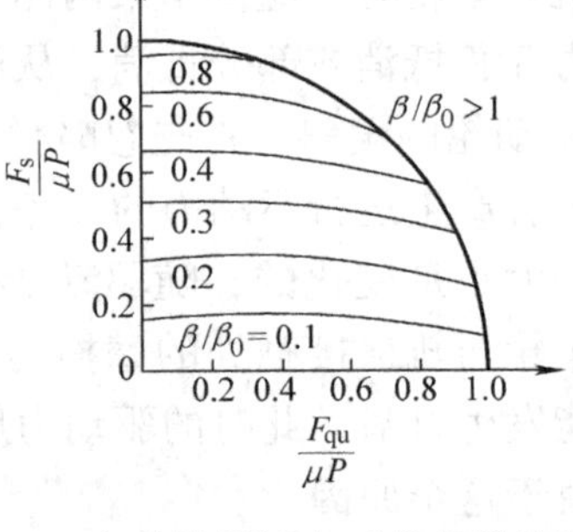

图9-88　主动轮侧压力（考虑弹性滑移）

2. 主动轮直径不相等产生的阻力

大型起重机常采用装在均衡梁上的一对主动轮，由一台电动机集中驱动。当两车轮直径不相等时，如果忽略弹性滑移，必有一个车轮打滑，因而引起附加阻力。

如果车轮的轮压相等，则驱动时大轮打滑，制动时小轮打滑。驱动时车轮的受力情况如图9-89a所示，此时大轮向后滑动，所受的力 μP 方向向前，小轮受力的大小与方向由阻力（即驱动力）而定，其关系是

$$F_f = F_d + F_{sh} = \mu P + F_{sh} \tag{9-24}$$

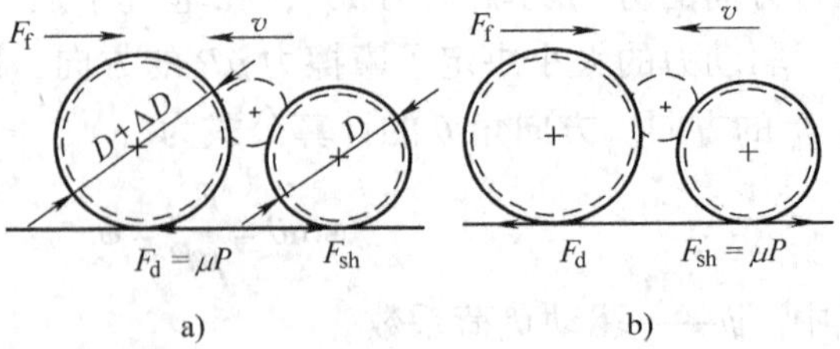

图9-89　主动轮直径不等

a）驱动时　b）制动时

或

$$-\mu P \leqslant F_{sh} = F_f - \mu P \leqslant \mu P \tag{9-25}$$

$$F_f \leqslant 2\mu P \tag{9-26}$$

当 $F_f \leqslant \mu P$ 时，$F_{sh} < 0$，即表明 F_{sh} 的方向是向后的，是以负的阻力形式出现的，但实际上并不是阻力，因为它并不消耗能量，而是吸收能量并传给大轮，成为小轮与大轮之间的内部能流，在设计传动齿轮时应注意这一情况。虽然内部能流使传动齿轮负荷增大，但总驱动力矩则增加很少，即

$$M_{qu} = F_{sh}\frac{D}{2} + \mu P\frac{D+\Delta D}{2} = F_f\frac{D}{2} + \frac{\mu P\Delta D}{2} = F_f\frac{D}{2} + F_t'\frac{D}{2} \tag{9-27}$$

附加阻力

$$F_t' = \mu P\frac{\Delta D}{D} \tag{9-28}$$

由式（9-28）可知，这项阻力与直径的相对差值 $\Delta D/D$ 成正比，因此应尽可能使装在同一主动台车上的两个主动车轮直径相等。

同理，制动时可得类似的情况，如图 9-89b 所示。理论上，当车轮无弹性滑移时，台车上的两车轮的受力情况如图 9-90 所示。上面两直线表示大轮所受的力，下面两直线表示小轮所受的力。实际上，由于弹性滑移，车轮的受力在一定范围内随两轮直径差而变化，如图 9-91 所示。

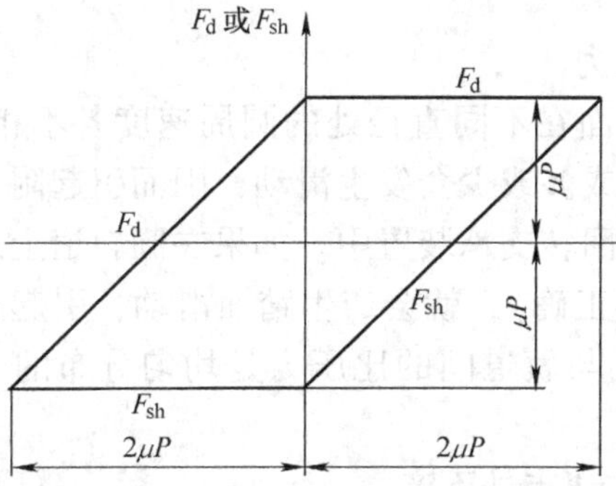

图 9-90　大轮、小轮的圆周力（忽略弹性滑移）

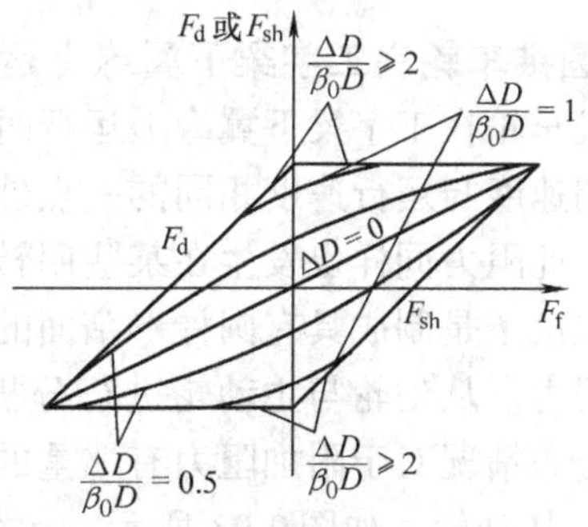

图 9-91　大轮、小轮的圆周力（考虑弹性滑移）

在桥式起重机的集中驱动运行机构中，如果两主动车轮直径不同，也会产生这样的附加摩擦阻力，所不同的是，由于在这种情形下轮压不一定相等，打滑的车轮不是根据驱动或制动来决定的，而是由轮压来决定哪一个车轮打滑。一般来说，当驱动力不大时，多半是轮压较低的车轮打滑。值得注意的是，在这种情形下，车轮直径不同所产生的严重后果不在于它直接产生的附加阻力，而是由车轮摩擦力所构成的力偶引起的严重的啃道轮缘压力，产生严重的啃道现象，使车轮与轨道磨损，并引起轮缘附加阻力。

3. 轮缘阻力

轮缘阻力（啃道阻力）起重机在运行时可能由于种种原因使车轮轮缘以一定的压力 P_{SY} 压在轨道侧面上，产生附加的摩擦阻力，这种现象通常称为“啃道”。

啃道的车轮轮缘与轨道的接触情况如图 9-92 所示，轮缘与轨道侧面接触点的位置由车轮与轨道的断面形状及其偏斜角而定，但总是在图 9-92 右方画剖面线的区域内，例如 A 点。

压力 F_{SY} 在 A 点产生摩擦力 μF_{SY}，它的方向垂直于 OA，因为 O 点是车轮运动的瞬心，A 点的滑动速度垂直于 OA，对 O 点的力矩方程为

$$F_{fy}=\omega_y F_{SY}=\frac{2\mu h}{D}F_{SY} \tag{9-29}$$

$$\omega_y=\frac{2\mu h}{D} \tag{9-30}$$

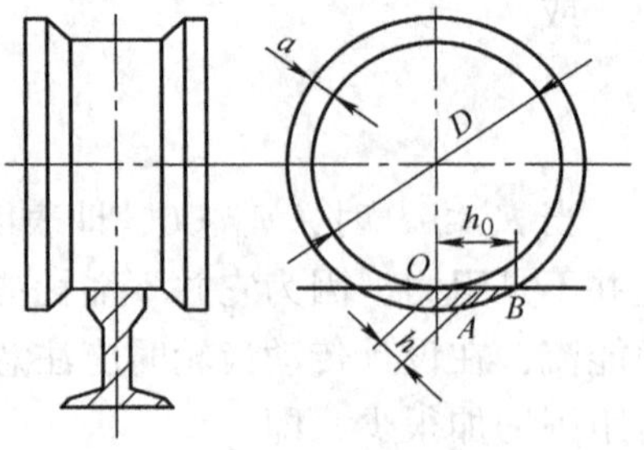

图 9-92　轮缘阻力

式中　F_{fy}——轮缘摩擦阻力（N）；

ω_y——轮缘阻力系数。

h 在 0 与 $h_0=\overline{OB}$ 之间变动，可按 $h\approx h_0/2$ 值算。即

$$h=\frac{h_0}{2}=\frac{\sqrt{(D+a)a}}{2}\approx\frac{\sqrt{Da}}{2} \tag{9-31}$$

式中　a——轮缘高度。

$$\omega_y=\mu\sqrt{\frac{a}{D}} \tag{9-32}$$

通常 $a=0.06D$，$\mu=0.2$ 所以 $\omega_y=0.2\times\sqrt{0.06}\approx0.05$。

轮缘与轨道间的滑动速度为

$$v_h=h\omega=\frac{\sqrt{Da}}{2}\frac{v}{D/2}=v\sqrt{\frac{a}{D}}\approx0.25v \tag{9-33}$$

4. 圆锥车轮在工字梁下翼缘上运行时的附加阻力

圆锥车轮在工字梁下翼缘上运行时，由于车轮踏面在不同直径处的圆周速度各不相同，除了圆周速度与运行速度相同的一点外，其余各处都或多或少会发生滑动，因而引起附加摩擦阻力，此阻力同样也发生在某些回转机构的转盘式回转支承装置中。如果在圆轨道上运行的车轮或滚子是制成具有圆柱形踏面的（或者锥度不正确），就会产生踏面滑动，引起这样的附加阻力。从动轮与主动轮进行分析时，假定车轮与轨道间的比压力是均匀分布的（比压力的分布情况对于附加阻力有严重的影响）。

（1）从动轮　如图 9-93 所示，运行时车轮踏面在 A 点处不产生滑动，A 点右侧（小端）的踏面向前滑动，A 点左侧（大端）的踏面向后滑动。滑动所产生的摩擦力与滑动方向相反，右侧向后，左侧向前。均布的比压力所产生的摩擦力的绝对值也是均布的。当忽略从动轮的轴承摩擦时，摩擦力绕车轮轴线的力矩总和为零。由于圆锥车轮各处半径不同，A 点应从中间位置略向左侧偏移，才能使 A 点两侧摩擦力的力矩相等，互相抵消。这样，A 点右侧的摩擦力（向后作用的）比左侧的摩擦力大一些，其差值就构成了摩擦阻力，即

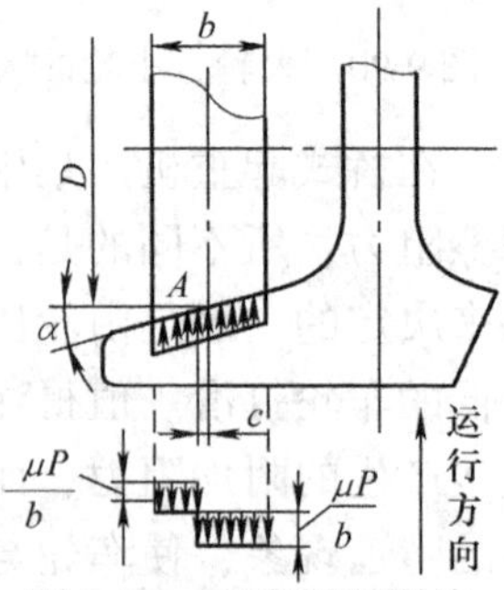

图 9-93　工字梁下翼缘上从动轮

$$F_{fk}=\mu\frac{P}{b}2c=\omega_k P \tag{9-34}$$

$$\omega_k=\frac{2c\mu}{b} \tag{9-35}$$

式中 b——车轮宽度（mm）；

c——A 点的偏距；

P——轮压（N）。

A 点的偏距 c 可由力矩为零的条件求得。即

$$\mu\frac{P}{d}\left(\frac{b}{2}-c\right)\left[\frac{D}{2}+\frac{1}{2}\left(\frac{b}{2}+c\right)\tan\alpha\right]-\mu\frac{P}{b}\left(\frac{b}{2}+c\right)\left[\frac{D}{2}-\frac{1}{2}\left(\frac{b}{2}-c\right)\tan\alpha\right]=0 \quad (9\text{-}36)$$

α 为圆锥的倾角。忽略 c 的高阶微量，可得

$$c=\frac{b^2}{4D}\tan\alpha \quad (9\text{-}37)$$

$$\omega_k=\frac{\mu b}{2D}\tan\alpha \quad (9\text{-}38)$$

附加阻力系数 ω_k 随车轮的锥度与宽度而增加，例如 $\tan\alpha=1/6$，$b/D=0.12$，$\mu=0.2$ 时，$\omega_k=0.002$。

此项附加阻力不大，但为了减少车轮踏面的磨损，仍常会用鼓形踏面代替圆锥形踏面。

（2）主动轮　如图 9-94 所示，由于需要有向前的驱动力，不打滑的 A 点应当偏向右侧（小端），偏距 c 随驱动力的大小而定。即

$$F_{qu}=2c\frac{P}{b}\mu \quad (9\text{-}39)$$

$$c=\frac{b}{2\mu}\frac{F_{qu}}{P}=\psi\frac{b}{2} \quad (9\text{-}40)$$

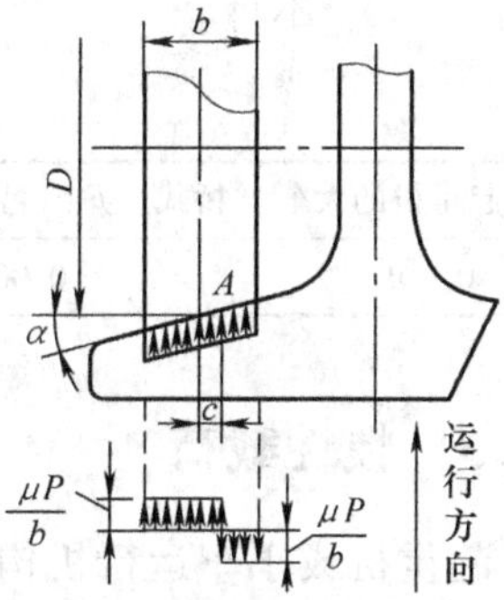

图 9-94　工字梁下翼缘上主动轮

ψ 为移距系数。$\psi\leqslant 1$，$c\leqslant b/2$，$F_{qu}\leqslant\mu P$。

当 $c=b/2$ 时，$F_{qu}=\mu P$，此时的 F_{qu} 达到了打滑极限。

驱动力矩 M_{qu} 为

$$M_{qu}=\left(\frac{b}{2}+c\right)\frac{\mu P}{b}\left[\frac{D}{2}+\frac{1}{2}\left(\frac{b}{2}-c\right)\tan\alpha\right]-\left(\frac{b}{2}-c\right)\frac{\mu P}{b}\left[\frac{D}{2}-\frac{1}{2}\left(\frac{b}{2}+c\right)\tan\alpha\right]$$

$$=\mu P\left[\frac{c}{b}D+\left(\frac{b}{4}-\frac{c^2}{b}\right)\tan\alpha\right] \quad (9\text{-}41)$$

$$M_{qu}=\mu P\left[\psi\frac{D}{2}+\frac{b}{4}\tan\alpha(1-\psi^2)\right]=\psi\mu P\frac{D}{2}\left(1+\frac{b}{2D}\frac{1-\psi^2}{\psi}\tan\alpha\right)$$

$$M_{qu}=M_{quo}\left(1+\frac{b}{2D}\frac{1-\psi^2}{\psi}\tan\alpha\right) \quad (9\text{-}42)$$

式中 M_{quo}——理论驱动力矩（N·m）。

当主动轮转速一定时，运行速度随 ψ 的增大而降低，这是在设计时应注意的。

$$v=\pi Dn\left(1-\frac{2c}{D}\tan\alpha\right)=\pi Dn\left(1-\frac{b}{D}\psi\tan\alpha\right) \quad (9\text{-}43)$$

驱动的效率为

$$\eta=\frac{F_{qu}\frac{v}{60}}{M_{qu}\frac{\pi n}{30}}=\frac{1-\frac{b}{D}\psi\tan\alpha}{1+\frac{b}{2D}\frac{1-\psi^2}{\psi}\tan\alpha} \quad (9\text{-}44)$$

主动轮的功率损失由两部分组成，一部分功率损失由 M_{qu} 增大造成，另一部分功率损失由运动速度降低造成。

9.4.3 风载荷

风载荷 F_w 的计算公式为

$$F_w = CK_h qA \tag{9-45}$$

式中各项参数含义和大小的选用方法详见第 3.2 节。

9.4.4 坡度载荷

坡度载荷 F_α 的计算公式为

$$F_\alpha = (P_G + P_Q)\alpha \tag{9-46}$$

式中 α——坡度载荷系数，其值按表 9-18 选取；设计规范规定，当 $\alpha \leqslant 0.005$ 也可忽略不计。

表 9-18 起重机坡度载荷系数 α 值

桥式起重机的大车	桥式、龙门起重机的小车	龙门、门座、船台起重机的大车	铁路起重机	建筑起重机
0.001	0.002	0.003	0.004	0.005

9.4.5 惯性载荷

起重机或小车运行机构在起动时的惯性载荷 F_g 通常比摩擦阻力大，特别是对于起动加速度大的运行机构，其起动时的惯性载荷往往比摩擦阻力高很多。

起动时的惯性载荷 F_g 与运动质量和起动加速度有关，其整台起重机或小车起动时的惯性载荷 F_g 的计算公式为

$$F_g = \lambda(P_Q + P_G)\frac{v_n}{t_q} \tag{9-47}$$

式中 t_q——起动时间（s）；

λ——考虑机构中旋转质量的惯性力增大系数，$\lambda = 1.1 \sim 1.2$。

9.4.6 曲线运行附加阻力

在通常情况下，有轨运行式起重机都是沿直线铺设的轨道运行的。由于安装场地自然条件的限制或者由于实际作业的需要，有时也要求起重机能够在曲线轨道上运行，例如水电站用门式起重机、建筑工地用塔式起重机等。

1. 曲线运行的基本问题和设计方案

轨行式起重机大多采用四支点式，车轮为双轮缘圆柱形车轮，沿曲线轨道运行时曲线轨道的最小曲率半径受车轮轮缘卡轨条件的限制。当起重机一侧的两个支点沿同一根曲线轨道运行时，另一侧的两个支点会出现偏离轨道的现象，并且在直线轨道和曲线轨道的衔接部分分别具有不相重合的各自的运行轨迹，如图 9-95 所示，因此必须采用相应方法进行补偿和修正。为使起重机能够在曲线轨道上顺利运行，还要求跨度两侧的运行机构应能实现分别驱

动，使两侧车轮的运行速度与对应的轨道曲率半径成正比。

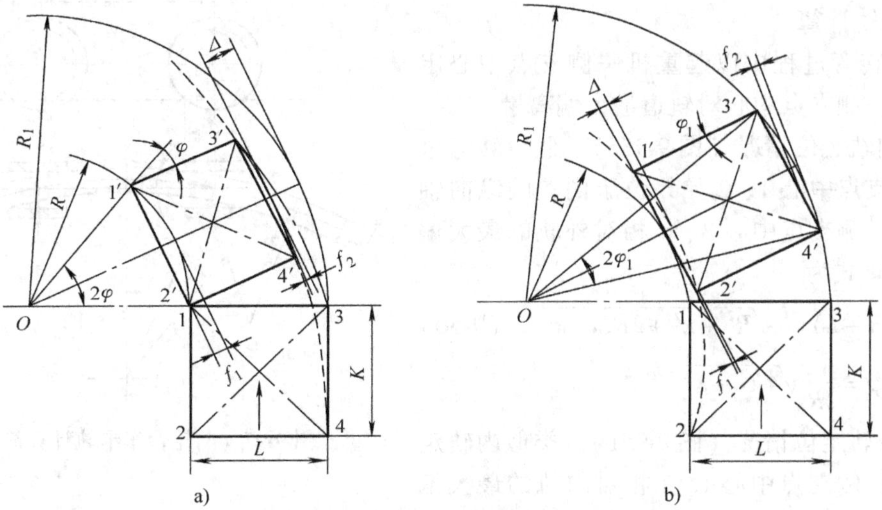

图 9-95 转弯过程支点偏离轨道示意图

为了解决在曲线轨道上运行时可能出现的车轮卡轨、脱轨现象，可采用以下几种方案：

（1）摇臂台车 在保持轨距不变的条件下，通过摇臂台车绕垂直轴线的转动改变起重机的“跨度”，从而补偿支点在转弯过程中对轨道的偏离。

（2）游动车轮 通常车轮只能相对其轴线转动，为了补偿转弯过程中对轨道的偏离，将车轮制成可沿其轴线移动，从而改变起重机的“跨度”。

（3）加宽车轮踏面 设 B_1 为标准车轮踏面宽度，Δ 为脱轨的尺寸，则加宽后的车轮踏面宽度为 $B_1' = B_1 + \Delta$。

（4）修正轨道 由于起重机同侧的两个支点在直线到曲线或曲线到直线轨道的过渡部分运行轨迹不重合（图 9-95），可采用修正轨道的方案（加宽轨距）。当车轮对轨道的偏离量较大时，可考虑采用车轮游动或加宽车轮踏面与修正轨道相结合的方案。

2. 曲线轨道最小曲率半径的确定

（1）单个车轮通过圆弧轨道的条件 起重机的四个支点仅各有一个车轮，并且车轮均可绕垂直轴线自由转动的情况下，通过曲线轨道的最小曲率半径 $R_{\min}$ 为（图 9-96）

$$R_{\min} = \frac{D_1^2 - D^2}{8(B_1 - B)} + \frac{B_1}{2} \tag{9-48}$$

$R_{\min}$ 还应按照起重机一侧两个支点顺利通过曲线轨道的条件来验算，即 $R_{\min} \geqslant K/2$。

（2）两轮台车通过圆弧轨道的条件 起重机的四个支点仅各有一个双轮台车，并且双轮台车均可绕垂直轴线自由转动的情况下，通过曲线轨道的最小曲率半径 $R_{\min}$ 为（图 9-97）

$$R_{\min} \approx \frac{K_1}{2}\sqrt{1 + \frac{2D_1(D_1 - D)}{(B_1 - B)^2}} \tag{9-49}$$

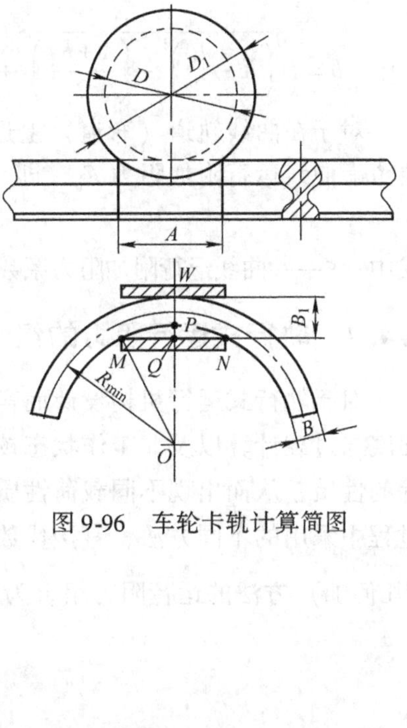

图 9-96 车轮卡轨计算简图

R_{min}同样需要验算 $R_{min} \geqslant K/2$。

3. 脱轨计算

（1）转弯过程中以起重机一侧支点中心定位时的另一侧支点中心对轨道最大偏离量

1）内轨定位情况（图 9-95a）。假定转弯过程中内侧支点中心 1、2 始终位于内轨的纵向轴线上，则外侧支点中心 3、4 相对外轨的最大偏离 Δ 的计算式为

$$\Delta = (R + L) - \sqrt{R^2 + L^2 + 2RL\cos\varphi} \tag{9-50}$$

式中，$\cos\varphi = \dfrac{1}{2R}\sqrt{4R^2 - K^2}$。

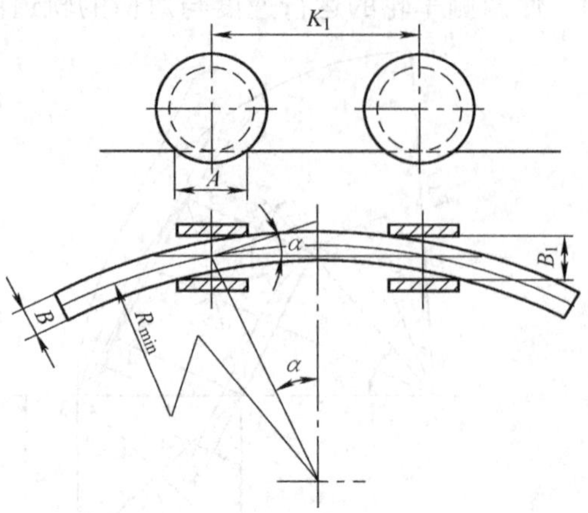

图 9-97　两轮台车卡轨计算简图

2）外轨定位情况（图 9-95b）。类似内轨定位情况，内侧支点中心 1、2 相对内轨的最大偏离 Δ 的计算式为

$$\Delta = \sqrt{R_1^2 + L^2 - 2R_1L\cos\varphi_1} - (R_1 - L) \tag{9-51}$$

式中，$\cos\varphi_1 = \dfrac{1}{2R_1}\sqrt{4R_1^2 - K^2}$。

（2）转弯过程中以内轨上的车轮轮缘定位时起重机外侧支点中心对外轨最大偏离量　如图 9-98 所示，一个支点上仅有一台可绕垂直轴线自由转动的两轮台车，外侧支点中心偏离外轨纵向轴线的最大尺寸 Δ 的计算式为

$$\Delta = R + L - \sqrt{b^2 + L^2 + 2bL\sin\left(\arccos\frac{K}{2b}\right)} \tag{9-52}$$

式中　$b = \sqrt{\left(R - \dfrac{B}{2}\right)^2 - \left(\dfrac{A + K_1}{2}\right)^2} + \dfrac{B_1}{2}$，$A = \sqrt{D_1^2 - D^2}$。

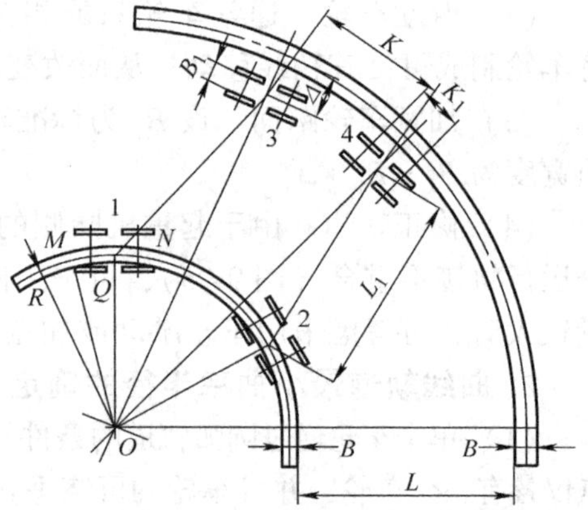

图 9-98　车轮脱轨计算简图

对于在曲线轨道（弯道）上运行的起重机，还要考虑曲线运行附加阻力 F_q，即

$$F_q = \xi(P_Q + P_G) \tag{9-53}$$

式中　ξ——曲线运行附加阻力系数，一般需由试验测定，对于塔式起重机，可取 $\xi = 0.005$。

9.4.7　轨行式运行阻力的组合

对于轨行式运行机构设计而言，其运行阻力组合主要用于疲劳寿命发热类计算、最大静强度与过载计算以及非工作状态校核计算。主要组合区别为：一是应考虑风载荷、坡度载荷等的性质，从而出现不同载荷性质的运行阻力组合，如：$P_{r\mathrm{I}}$、$P_{r\mathrm{II}}$ 或 $P_{r\mathrm{III}}$；二是应考虑组合过程中采用的不同方法，直接代数相加法的运行阻力组合为 $P_r = F_m + F_w + F_\alpha$，或平方根和（几何加）方法的运行阻力组合为 $P_{r\mathrm{I}} = \sqrt{F_m^2 + F_{w\mathrm{I}}^2 + F_{\alpha\mathrm{I}}^2}$。另外，校核计算时还应考虑惯性

载荷 F_g 的作用。

对用于疲劳寿命发热类计算的运行阻力组合，当存在有正负方向性的位能性载荷时，如风载荷、坡度载荷等，其运行阻力的组合采用平方根和（几何加）的方法是比较合理的；当然，很多情况下也可简单地采用直接代数加的方法，此时的计算数据可能会偏大。

对用于最大静强度与过载计算以及非工作状态校核计算的运行阻力组合，虽然也可能存在有正负方向性的位能性载荷，但其运行阻力的组合应采用直接代数加的方法从而求得某种最危险工况下的最大载荷值。

9.5 轨行式运行机构的计算

1. 驱动装置的功率及选型

（1）满载运行静功率 P_j（单位为 kW）的计算公式为

$$P_j = \frac{1}{n}\frac{P_{r\,I}\,v_n}{1000 \times 60\eta} \tag{9-54}$$

式中　$P_{r\,I}$——整机或起重小车运行静阻力（N），室外工作的起重机风载荷按 q_I 计算；

v_n——运行机构（整机或起重小车）的额定运行速度（m/min）；

η——机构传动效率，其值与传动布置与形式有关，应按联轴器、减速器、开式齿轮、车轮组等效率的乘积来计算，一般可取 $\eta = 0.85 \sim 0.95$；

n——电动机个数。

（2）电动机的初选

一般可按大于运行机构的静功率和机构的接电持续率 JC 值，对照电动机的产品目录选用。由于运行机构的静载荷变化较小，动载荷较大，因此所选电动机的额定功率应比静功率大，以满足电动机的起动要求。

对于桥架类起重机的大车、小车运行机构可按下式初选电动机。即

$$P_{JC} \geqslant K_d P_j \tag{9-55}$$

式中　P_{JC}——JC 值时的额定功率（kW）；

K_d——考虑到电动机起动时惯性影响的功率增大系数，对于室外工作的起重机，常取 $K_d = 1.0 \sim 1.3$（速度高者取大值），对于工作于室外，但迎风面积小、运行速度高的小车运行机构（如装卸桥小车），K_d 值推荐按表 9-19 选用。

表 9-19　惯性力影响系数 K_d 值及起动时间

运行速度/m·min^{-1}		30	60	90	120	150	180
起动时间/s		5	6	7	8	9	10
K_d	滚动轴承	1.2	1.6	2.0	2.2	2.4	2.6
	滑动轴承	1.0	1.1	1.3	1.5	1.8	2.2

2. 传动系统设计

（1）减速装置传动比　运行机构传动比的计算公式为

$$i_0 = \frac{n_d}{n_c} \tag{9-56}$$

式中　n_d——在额定起升载荷作用下的电动机转速（r/min），即相当于 P_j 时的转速，其计

算公式为

$$n_d = n_0 - \frac{P_j}{P_{JC}}(n_0 - n_{JC}) \tag{9-57}$$

n_0——电动机的同步转速（r/min）；

n_{JC}——电动机为 P_{JC} 值时的额定转速（r/min）；

n_c——主动车轮转速（r/min），其计算公式为

$$n_c = \frac{v_n}{\pi D} \tag{9-58}$$

式中　D——车轮踏面直径（m）。

按机构传动方案选择标准减速器或进行速比的分配（$i = i_j i_k$），i_j 为标准减速器的速比，$i_k = z_2/z_1$ 为开式传动速比，小齿轮齿数 z_1 应选定结构上许可的最小值，大齿圈齿数 z_2 与模数、齿圈切向力、车轮直径等有关。

（2）减速器的选用　在一般情况下，运行机构减速器的设计预期寿命与该机构工作级别中所对应的使用等级一致。但对一些工作特别繁重，允许在起重机使用期限内更换减速器的起重机，则所选减速器的设计预期寿命可小于运行机构的工作寿命。

通常可根据传动比 i 或 i_j、电动机转速 n_d、机构工作级别及 JC 值、起动工况功率等来选择减速器的具体型号，其他参数如减速器的中心距、轴端形式、装配形式等还应从机构的具体布置要求出发予以仔细考虑。

与起升机构减速器不同，运行机构直线运动部分的惯性质量比高速转动部分大，并且由于运行机构起动、制动时的惯性载荷比稳定运转时的静载荷要大得多，因此，起动、制动时的惯性载荷应全部传输给传动零件。在一般情况下，减速器的损坏主要发生在起动时期，因此设计规范规定：选用和设计减速器时，输入功率应根据起动工况而定，即对于动载荷较大的机构，应按实际载荷状态（考虑动载荷影响）来选择减速器。

减速器的许用功率［P］为

$$[P] \geqslant \frac{1}{n}\frac{(P_{rI} + F_g)v_n}{1000 \times 60\eta} \tag{9-59}$$

式中　n——运行机构减速器的个数；

F_g——运行起动时的惯性力（N）。

根据计算输入功率，可从标准减速器的承载能力表中选择适用的减速器。对于工作级别大于 M5 的运行机构，考虑到工作条件比较恶劣，根据实践经验，减速器的输入功率以取 1.8～2.2 倍的计算输入功率为宜。

采用起重机专用减速器时，应引入减速器功率修正系数，如 QJ 型起重机减速器用于运行机构的选用方法为

$$[P] \geqslant \phi P_{JC} \times 1.12^{(I-5)} \tag{9-60}$$

式中　ϕ——刚体计算模型下的动载系数，该系数与电动机驱动特性和计算零件两侧的转动惯量的比值有关，一般可取 1.2～2.0；

I——机构工作级别，$I = 1 \sim 8$。

QS 型起重机用“三合一”运行机构减速器的选用方法为

$$[P] \geqslant \phi_5 P_{JC} \times 1.12^{(I-6)} \tag{9-61}$$

式中 ϕ_5——弹性振动动载系数。

在选择运行机构减速器时，对运行机构工作级别的确定还有另一种观点，即运行机构减速器的工作级别不能简单地按运行机构的工作级别来确认，这是因为运行机构载荷是双向作用的，在减速器工作期间，每个齿轮的齿面只有一半的工作时间受力，即正转时一面受力，反转时另一面受力，所以不应直接根据运行机构的工作级别选用减速器，而应先计算减速器的当量工作时间，从而确定减速器本身的工作级别。

(3) 减速器的校核　根据运行机构的工作特点，还必须按满载起动工况验算减速器低速轴输出端所承受的最大工作转矩 $M_{\mathrm{II}\max}$，其应满足

$$M_{\mathrm{II}\max} \leqslant [M] \tag{9-62}$$

式中　$[M]$——减速器输出轴允许的短暂最大转矩（N·m），由手册或产品样本查得。

$M_{\mathrm{II}\max}$应取电动机最大力矩（受电器保护装置限制可取为 $2.25M_n$）、最大制动力矩以及起制动打滑力矩等在起动、制动、首端、末端四种计算工况下的最大值，可参考式(8-12)～式（8-15）。

(4) 其他　减速器校核验算通过后，应综合考虑规格型号、中心距、轴端形式、装配形式等进行标注，同时还应对运行速度、运行静功率等进行复核验算，一般情况下，实际运行速度v_n'与标称运行速度 v_n 之间相差不要太大（不超过10%～15%），否则会导致设计误差过大。

另外，传动系统中相关联轴器、浮动轴、万向联轴器等设计可参见第 8 章起升机构 8.2 节具体内容，但安全系数一般可稍小一些。

3. 静阻力矩的计算

起升额定载荷满负荷运行时，作用在电动机轴上的静阻力矩 M_j 为

$$M_j = \frac{P_r D}{2i\eta} \tag{9-63}$$

4. 电动机的校核验算

(1) 电动机的过载校验　运行机构的电动机初选后，为保证有足够大的起动力矩，电动机必须进行过载能力校验。即

$$P_{JC} \geqslant \frac{1}{n\lambda_{AS}}\left[\frac{P_{r\mathrm{II}} v_n'}{1000 \times 60\eta} + \frac{[J] n_{JC}^2}{91280 t_q}\right] \tag{9-64}$$

式中　λ_{AS}——平均起动转矩标幺值（相对于 P_{JC} 的额定转矩），绕线转子异步电动机取 $\lambda_{AS}=1.7$，采用频敏变阻器时取 $\lambda_{AS}=1.0$，笼型异步电动机取 $\lambda_{AS}=0.9\lambda_m$（相对于 P_{JC}时的电动机最大转矩倍数，由电动机制造商提供），即转矩允许过载倍数的90%，串励直流电动机取 $\lambda_{AS}=1.9$，复励直流电动机取 $\lambda_{AS}=1.8$，他励直流电动机取 $\lambda_{AS}=1.7$，采用电流自动调整的系统，允许适当提高 λ_{AS}值；

n——电动机个数；

$P_{r\mathrm{II}}$——整机或起重小车运行静阻力（N），室外工作的起重机风载荷按工作状态最大计算风压 q_{II} 计算；

n_{JC}——JC 值时的额定转速（r/min）。

(2) 电动机的发热校验　对于工作频繁的工作性运行机构，为避免电动机过热损坏，应进行发热校验，常用的 YZR 绕线转子异步电动机，其发热验算可用等值损耗法，具体计算过程可参考第 4.5 节内容，电动机应满足

$$P_{JC\text{-}CZ} \geqslant P_S = GP_j \tag{9-65}$$

式中 $P_{JC\text{-}CZ}$——电动机按实际 CZ 值、JC 值折减后的发热允许功率（kW），见附录 D；

P_S——稳态负载平均功率（kW）；

G——稳态负载平均系数，见表 4-7；

5. 起（制）动过程计算

（1）起动时间　由于有风状态下的运行机构起动时间 t_q 是在一个相当大的范围内变动的，此时可只计算一个具有典型意义的起动时间，即按满载、上坡、迎风的工况来验算电动机起动能力，则

$$t_q = \frac{[J] n_d}{9.55(nM_{dq} - M_j)} \tag{9-66}$$

式中 M_{dq}——电动机起动转矩（N·m），起动时电动机的转矩会在最大转矩和最小（切换）转矩之间变化，一般取平均起动转矩 $M_{dq} = M_q$，而 M_{dq} 计算公式为

$$M_{dq} = \lambda_{AS} M_n \tag{9-67}$$

M_n——电动机额定转矩（N·m）；

$[J]$——机构总转动惯量（kg·m²），即折算到电动机轴上的机构旋转运动质量与直线运动质量等全部转动惯量之和，有

$$[J] = knJ_g + \frac{(P_Q + P_G)D^2}{4gi^2\eta} \tag{9-68}$$

J_g——高速轴上旋转质量的转动惯量（kg·m²），主要包括电动机转子的转动惯量 J_D、联轴器的转动惯量 J_L、制动轮的转动惯量 J_Z、浮动轴的转动惯量 J_F 等，即

$$J_g = J_D + J_L + J_Z + J_F \tag{9-69}$$

k——考虑其他传动件转动惯量的系数，$k = 1.1 \sim 1.2$，常取 $k = 1.15$；

D——车轮踏面直径（m）；

η——机构起动时的传动效率。

起动时间一般应满足：对于整机 $t_q \leqslant 8 \sim 10$s，对于小车 $t_q \leqslant 4 \sim 6$s，具体可参考表 9-20 中的推荐值。其中，$t_q \leqslant [t] = t$。

表 9-20　运行机构起（制）动时间 t 和平均升降加（减）速度 $[a]$ 参考值

运行机构速度/m·s⁻¹	行程很长的低速与中速起重设备		通常使用的中速与高速起重设备		采用大加速度的高速起重设备	
	t/s	a/m·s⁻²	t/s	a/m·s⁻²	t/s	a/m·s⁻²
4.00	—	—	8.0	0.50	6.0	0.67
3.15	—	—	7.1	0.44	5.4	0.58
2.50	—	—	6.3	0.39	4.8	0.52
2.00	9.1	0.22	5.6	0.35	4.2	0.47
1.60	8.3	0.19	5.0	0.32	3.7	0.43
1.00	6.6	0.15	4.0	0.25	3.0	0.33
0.63	5.2	0.12	3.2	0.19	—	—
0.40	4.1	0.098	2.5	0.16	—	—
0.25	3.2	0.078	—	—	—	—
0.16	2.5	0.064	—	—	—	—

（2）起动平均加速度 为了避免过大的冲击及物品摆动，应验算起动时的平均加速度 a_q 是否合适，即

$$a_q = \frac{v'_n}{60t_q} \leqslant [a] \tag{9-70}$$

式中 $[a]$ ——平均加（减）速度参考值（m/s^2），具体可参考表9-20中的推荐值。

6. 运行打滑验算

自行式起重机或起重小车沿轨道的运行是依靠驱动轮与轨道间的粘着力来实现的。当运行机构正常运行时，作用在驱动轮上的牵引力小于驱动轮与轨道接触处的最大粘着力，这时驱动轮在轨道上作纯滚动，而当牵引力达到或超过最大粘着力时，就会出现驱动轮在轨道上的打滑现象，这时驱动轮在轨道上不只作纯滚动而是连滚带滑，甚至只滑不滚，原地空转，因而影响起重机的正常工作，同时还会加剧车轮的磨损。所以不打滑的条件是驱动轮轮周上的驱动力不大于最大粘着力。

驱动轮的打滑通常出现在起重机或小车的运行起动、制动过程中，并且容易发生在最小轮压处。即对于小车运行机构，按空载运行工况验算；对于桥式和门式起重机（不带悬臂）大车运行机构，验算空载小车位于桥架一端时轮压最小的驱动轮；对于带悬臂门式起重机大车运行机构，验算满载小车位于悬臂端时轮压最小（另一端）的驱动轮；对于回转类型起重机，验算满载时轮压最小的驱动轮。

1）起动时的验算公式为

$$\left(\frac{\varphi}{K} + \frac{\mu d}{D}\right) P_{\min} \geqslant \frac{2i\eta}{D}\left[M_{dq} - \frac{2kJ_g i}{D} a_q\right] \tag{9-71}$$

式中 φ——粘着系数，室外工作的起重机取 $\varphi = 0.12$（下雨时取 $\varphi = 0.08$），室内工作的起重机取 $\varphi = 0.15$，钢轨上撒砂时取 $\varphi = 0.2 \sim 0.25$；

K——粘着安全系数，可取 $K = 1.05 \sim 1.2$；

$P_{\min}$——验算侧驱动轮最小轮压（N），集中驱动时为全部驱动轮压；

M_{dq}——验算侧电动机的平均起动转矩（N·m）；

a_q——起动平均加速度（m/s^2）。

应分别按满载和空载两种情况进行分析，因为不能事先确定哪一种情况是不利的；此外，不论从驱动轮方面，还是从从动轮方面验算打滑，均是相对驱动轮来进行分析的。

对于自重较轻、运行速度较快的起重机或起重小车，最小轮压的驱动轮往往不能满足不打滑的要求，这时只要不是全部驱动轮都同时打滑，并且与不打滑的驱动轮相关联的电动机能满足起动时间的要求，这种打滑情况一般也是许可的。

$P_{\min}$ 为一侧电动机所带动的主动轮最小轮压之和。若对整台起重机或起重小车进行验算，则 $P_{\min}$ 为所有驱动轮的最小轮压之和；若对一个支点进行验算，则 $P_{\min}$ 为该点上驱动轮的最小轮压之和。

若出现 $K<1$，则意味着车轮打滑，除车轮磨损外，实际起动时间也略有延长，对于不经常使用的起重机，产生这种短暂的打滑情况一般也是允许的。

2）制动时的验算公式为

$$\left(\frac{\varphi}{K'} - \frac{\mu d}{D}\right) P_{\min} \geqslant \frac{2i}{\eta' D}\left[M_{zh} - \frac{2kJ_g i}{D} a_{zh}\right] \tag{9-72}$$

式中 M_{zh}——验算侧制动器的总制动转矩（N·m）；

η'——机构制动时的传动效率；

a_{zh}——制动平均减速度（m/s^2）；

K'——制动粘着安全系数，比 K 值略大，一般取 $K' \geqslant 1.2$。

制动粘着安全系数 K' 值通常略大于起动粘着安全系数 K，是由于制动转矩一旦整定后即恒定不变，此时若发生打滑，就会在整个制动期间内出现打滑现象，从而导致车轮严重磨损。起动时期若发生打滑，则会导致偏斜运行时阻力矩增大进而缓解打滑的程度，可以认为起动打滑只在起动转矩的尖峰时期内短暂发生。

计算表明，对于带悬臂的门式起重机或装卸桥以及某些自重较轻、运行速度较快的起重机或起重小车，其最小轮压的驱动轮往往不能通过打滑验算，这会增加车轮磨损，实际起动时间也将延长。对于不经常使用的起重机，产生这种短暂的打滑还是允许的，为了使工作繁忙的起重机工作时车轮不打滑，应合理选择电动机，并尽可能降低加速度或减速度，同时应选取合适的驱动轮数，必要时可采取全部车轮驱动。

7. 制动系统的设计

运行机构装设制动器的作用一般是为了实现减速制动，并使停止下来的起重机在作业时运行机构能保持不动。

在起重机或小车最不利的工作条件下（满载、顺风、下坡），制动时间 t_{zhmax} 不应太长；而在起重机或小车最有利的工作条件下（空载、无风、无坡），制动时间 t_{zhmin} 则不应太短（$t_{zhmin} \geqslant 1 \sim 1.5s$）；对于露天工作的小车及不设夹轨器的大车运行机构，应使制动转矩具有足够的抗暴风（Ⅲ类风载荷）吹袭的安全系数，$t_{zh} \geqslant 1.25s$（在车轮粘着力足够的条件下）；以起重机或小车运行机构车轮空载制动不打滑为条件，确定制动器的最大制动转矩 M_{zhmax}。

运行机构机械式制动器的制动转矩与运行摩擦阻力矩之和，应能使处于满载、顺风及下坡状态下运行的起重机或小车在要求的时间内完全停止。

（1）制动转矩的确定　制动时间 t_{zhmax} 确定后，可以得到最小制动转矩 M_{zhmin1}。即

$$M_{zhmin1} = (F_{\alpha} + F_{w\text{II}} - F'_{m})\frac{D\eta}{2i} + \frac{[J]'n_{d}}{9.55t_{zhmax}} \tag{9-73}$$

式中 $F_{w\text{II}}$——风载荷（N），按工作状态最大计算风压 q_{II} 计算；

F'_m——满载运行时的最小摩擦阻力（N），不考虑轮缘与轨道侧面附加摩擦；

t_{zhmax}——制动平均减速度（m/s^2）；

$[J]'$——制动时的总转动惯量（$kg \cdot m^2$），则

$$[J]' = knJ_g + \frac{(P_Q + P_G)D^2}{4gi^2}\eta' \tag{9-74}$$

对于在室内工作的起重机，以起重机空载制动打滑为验算条件，则制动器的最大制动转矩 M_{zhmax} 为

$$M_{zhmax} = \frac{2kJ_g i}{D}a_{zh} + \left(\frac{\varphi}{K'} - \frac{\mu d}{D}\right)P_{min}\frac{D\eta'}{2i} \tag{9-75}$$

对于露天工作的起重小车或无夹轨器的起重机，确定最小制动转矩 M_{zhmin2} 为

$$M_{zhmin2} \geqslant 1.25(F_{\alpha} + F_{w\text{III}} - F'_{m})\frac{D\eta'}{2i} \tag{9-76}$$

在一般情况下，运行机构制动器应满足 $M_{zhmin} < M_{zh} < M_{zhmax}$，$M_{zhmin}$ 取 M_{zhmin1}、M_{zhmin2} 中的较大值。如制动器为 n' 个，则每个制动转矩 $M_{zhi} = M_{zh}/n'$。

（2）制动时间的校核　最不利条件下的最大制动时间需满足

$$t_{zhmax} = \frac{[J]'n_d}{9.55\left[M_{zh} - (F_{w\mathrm{II}} + F_{\alpha} - F'_{m})\dfrac{D\eta'}{2i}\right]} \leqslant t \tag{9-77}$$

在空载、无风、无坡条件下，制动时间不宜太短，最小制动时间要合适。即

$$t_{zhmin} = \frac{[J]'n_d}{9.55(M_{zh} - M'_j)} \tag{9-78}$$

如果 t_{zhmin} 太小（例如小于 1s），则应当采用双级制动器，使第二级制动在停车减速一段时间后再上闸。

8. 关于大车运行机构的延时点制动和双级制动

在户外工作的桥式、门式起重机，其吊重和风力作用的情况变化很大，按照满载、顺风、下坡运行制动工况计算制动转矩，选择自动作用的常闭式制动器，在正常作业时，制动转矩显得过大，制动猛烈。现场常将制动弹簧调松，使调整后的制动转矩 M_{zh} 小于额定制动转矩 [$M_{nzh} = (0 \sim 0.7)M_{zh}$]。制动转矩调低后，起重机作业时的防风抗滑性能变坏。在瞬时大风作用下，容易发生溜车导致事故。延时点制动和延时双级制动是在实际使用中效果较好的制动方案。

图 9-99 所示是延时点制动系统的电气原理图。

当大车运行机构通电工作时，交流接触器 1ZJ 的常开触头 $1ZJ_1$、时间继电器的常开触头 SJ 和交流接触器 2ZJ 的常开触头闭合，制动器松闸；电动机断电时，接触器 1ZJ 的触头 $1ZJ_1$ 和 $1ZJ_2$ 断开，时间继电器的触头 SJ 延时脱开（延时 6 s 左右，可以调节），制动器待延时结束后断电抱闸，电动机断电后，起重机在延时期间内在惯性作用下继续走行。为了准确停车，踩动装在司机室地板上的脚踏开关 JT，断开 2ZJ 电路，制动器断电制动，称为点制动；松开脚踏开关，制动器重新接通电源松闸。点制动可在延时期间内多次进行，实现准确对位，延时结束后，制动器自动断电制动。

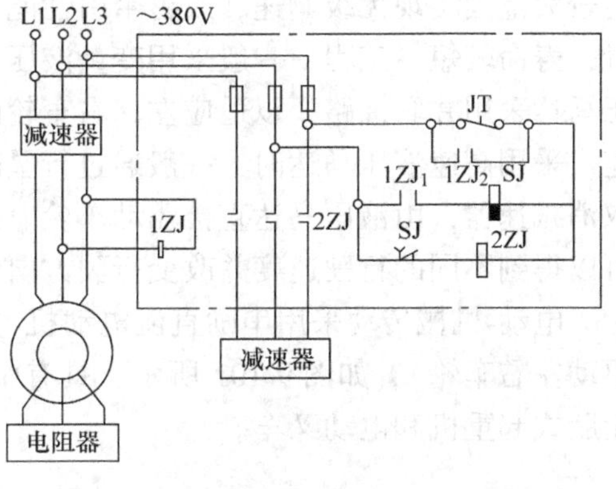

图 9-99　延时点制动系统电气原理图
1ZJ、$1ZJ_1$、$1ZJ_2$、2ZJ—交流接触器线圈及触头
JT—脚踏开关　SJ—时间继电器线圈及触头

交流接触器 1ZJ 的另一个触头 $1ZJ_2$ 的作用是防止电动机通电运行时，踩动脚踏开关 JT，使制动器抱闸。只有在电动机断电后，踩动脚踏开关才起制动作用。

长时间踩下脚踏开关 JT，制动器与电动机同时断电制动。

延时点制动在一定程度上使自动作用的常闭式制动器兼有操纵常闭式制动器的功能。

延时双级制动是指在一个运行机构中装设两台制动器，制动转矩总和等于机构的额定制动转矩。制动时，第二台制动器延时抱闸；松闸时，两台制动器同时作用。

9.6 无轨式运行机构简介

9.6.1 轮胎式运行机构的组成和典型形式

轮胎式运行机构由驱动装置、传动系统、行走系统、转向系统和制动系统等部分组成。

1. 传动系统

驱动装置和驱动轮之间的传动部件总称为传动系统，轮胎式运行机构的传动系统一般有机械传动、液力-机械传动、静压传动和电动-机械传动等形式。

内燃机驱动的轮胎式运行机构机械传动系统主要包括：主离合器、变速器、传动轴、主传动器、差速器、半轴和驱动桥壳等，具有传动效率高、构造简单、工作可靠等优点。

液力-机械传动形式是采用液力变矩器代替机械传动中的主离合器，从而可在较广范围内以及带负荷的情况下，实现传动比和变矩比的无级变化，按其级数可分为单级、二级、三级和多级，按其相数可分为单相、二相和三相等多种形式。为了扩大变矩范围，简化操纵，通常在变矩器之后再加一套动力换挡的机械式变速箱。液力-机械传动能根据运行阻力自动无级变速、变矩，并在不切断动力的情况下可靠拨动液压阀换挡，具有冲击小、可保护发动机不过载、避免熄火、延长使用寿命等特点，但传动效率比机械式低，且成本较高。

轮胎式起重机静压传动主要由不同性能的液压泵和液压马达组合而成，如图 9-100 所示，在履带式起重机和叉车上有所应用；具有简化传动系统，体积小，质量小，操纵容易，能较大范围实现无级调速，改善牵引性能等特点；但传动效率低，制造和维修要求高，价格贵，寿命较短。工程中一般采用变量液压泵和定量液压马达，车轮多采用分别驱动方式，液压马达采用并联油路，以适应左、右车轮的不同阻力，并使两边车轮在转弯时获得不同的转速。采用高速液压马达时，一般通过行星减速器驱动车轮。采用低速大转矩液压马达，则可取消减速器，由液压马达直接驱动车轮。改变变量液压泵的供油量和液压马达的供油方向，可以得到不同的行驶速度并改变行驶方向。

电动-机械传动采用串励直流电动机-主减速器-差速器-半轴驱动车轮（或两套装置分别驱动左右车轮），如图 9-101 所示，具有牵引性好、正反转、带负载起动等特点，用于电动轮胎式起重机和电动叉车。

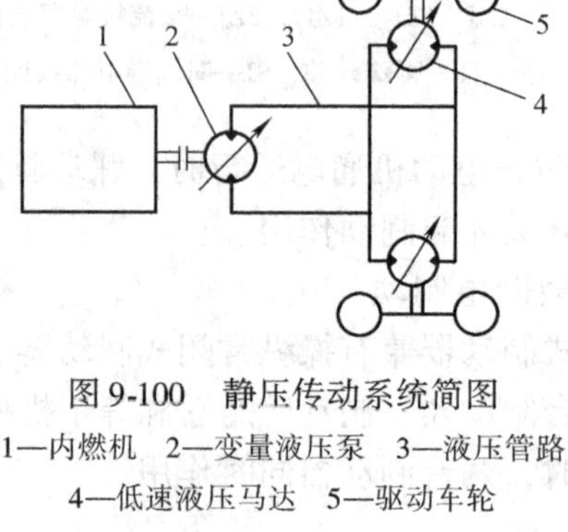

图 9-100 静压传动系统简图

1—内燃机 2—变量液压泵 3—液压管路
4—低速液压马达 5—驱动车轮

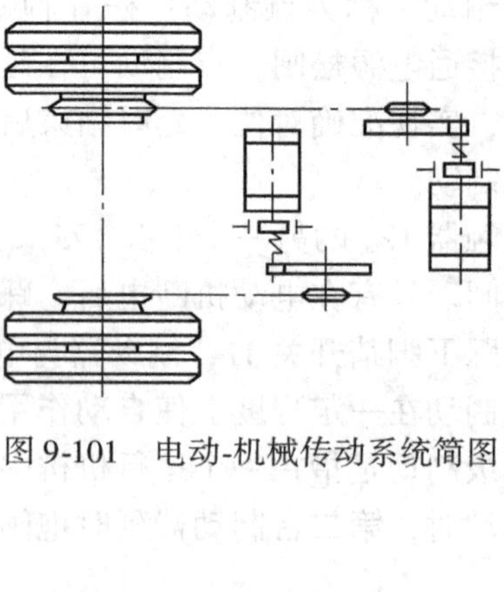

图 9-101 电动-机械传动系统简图

2. 行走系统

轮胎式和汽车式起重机的行走系统由车架、车桥、悬架、车轮和轮胎等组成，车架通过悬架和安装车轮的车桥相连，系统工作原理和构造与汽车类似。

车架是整个起重机的基础结构，工作时将作用在回转支承装置上的载荷传递给支承装置（支腿或轮胎），运行时承受各总成件的重量及其传递的各种力（力矩），因此，一般采用冲压件和钢板焊接的整体式箱形车架，使其具有足够的强度、抗弯刚度和抗扭刚度（大修期内主要零部件不破坏），并避免作业时出现支腿离地现象。

车桥主要作用是在车架与车轮之间传递各种作用力和力矩，按车轮功能可分为转向桥、驱动桥、支持桥和转向驱动桥等多种类型；不能转向的支持桥和转向桥均属从动桥，而转向驱动桥则比驱动桥多一套转向装置。轮胎式起重机多以前桥为转向桥，后桥或中、后两桥为驱动桥；大吨位汽车式起重机为提高通过性常采用多桥驱动（贯通式）及多桥转向机构以减小行驶转弯半径。

由于轮胎式起重机作业时要求工作平稳并带载行驶，故多采用刚性悬架使车架和车桥刚性相连。若行驶速度大于30km/h，则轮轴应装在弹性悬架上避免行驶中产生剧烈振动，但吊载作业时应把弹性悬架锁死转为刚性悬架，而主动式油气悬架能很好地满足此项要求。刚性三支点轮胎式起重机不打支腿作业工况时应采用稳定器锁住平衡桥，从而成为四支点刚性支承来满足作业稳定性要求；同样，汽车式起重机采用弹性悬架，起重作业时也应用稳定器将其锁死，以避免车架被支腿抬起后使轮胎接触地面而影响起重作业稳定性。

轮胎式起重机和汽车式起重机多采用由轮毂、轮辐和轮辋等组成的标准汽车车轮，而轮胎式后桥和叉车前桥均为复式车轮，通常采用高压充气橡胶轮胎，以吸收和减缓路面不平产生的大部分振动和冲击。

3. 转向系统

轮胎式起重机转向形式包括偏转车轮式、转轴式和铰接车架转向等，如图9-102所示，其中偏转车轮式转向应用较多。转向装置可分为机械式、液压助力式、全液压式等，其中，全液压转向装置具有操纵轻便、质量小、体积小、总体布置方便等特点，当发动机熄火或液压泵出现故障不能动力转向时，可采用手动转向作为应急措施。

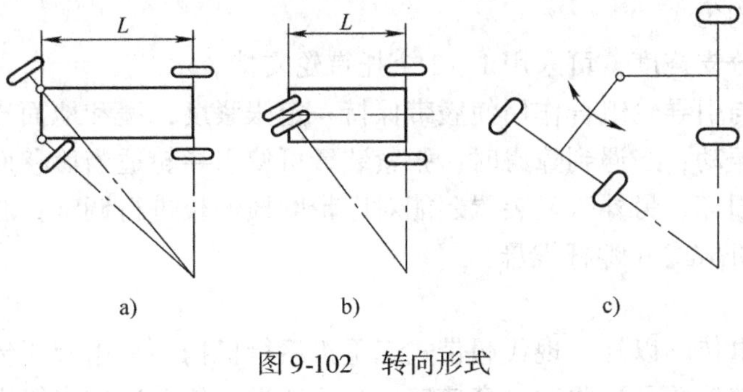

图9-102 转向形式

4. 制动系统

轮胎式和汽车式起重机的制动系统包括行车制动（脚制动）系统、驻车制动（手制动，辅助性）系统，通常由制动器和驱动机构组成。制动器有蹄式和盘式两种，前者主要用于行车制动系统（驱动轮制动器），后者（或蹄式、带式制动器）主要用于驻行车制动系统，装在变速器和驱动桥之间的传动轴上。驻车制动采用手柄和杠杆组成的机械式操纵装置，并在手柄上设置锁定装置以长期保持制动状态；行车制动的驱动机构可分为机械式、液压式、气压式及气-液综合式等形式。

9.6.2 履带式运行机构的组成

履带式起重机运行机构由驱动装置、行走装置、传动系统、转向系统等组成。

1. 行走装置

履带式起重机行走装置通常由底架（上部底座、下部横梁、左右履带架），支重轮，引导轮，履带，托带轮，驱动轮及行走驱动装置等组成，如图 9-103 所示。

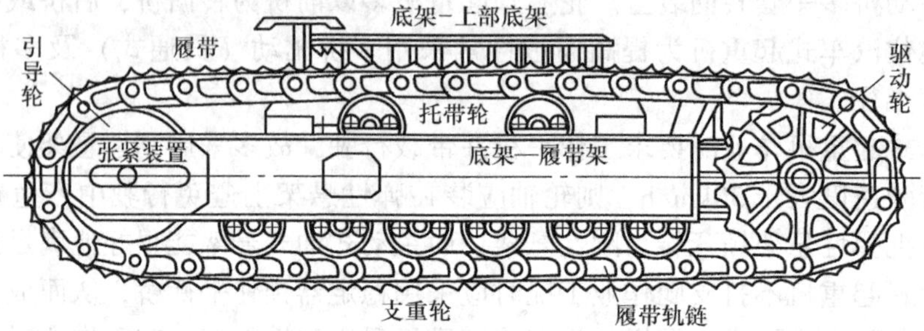

图 9-103　履带式起重机行走装置

底架为履带行走装置的支重架，由上部底座、横梁和左右履带架组成，上部底座通过回转支承装置与转台相连，并将其上载荷经横梁传递到左右履带架上。

安装于履带架之上的支重轮通过踏面将载荷传给履带（地面），并沿履带轨链踏面滚动，其轮缘可夹持履带轨链避免横向脱落，转向时迫使履带在地面上滑移。

履带通过下分支垫轨将载荷传给地面，同时还应传递行走时所需要的牵引力。

履带架前端引导轮（改向轮）用以张紧并引导履带正确绕转，防止跑偏或脱轨，同时兼起支重轮作用，以增加履带的接地长度，减小接地比压。

履带架后端驱动轮靠轮齿（一般为奇数）驱动履带转动，要求轮齿啮合正确，传动平稳，并使各齿磨损均匀。

为减小履带上分支挠度，可采用 1 ~ 2 个托带轮支持。

履带张紧装置与引导轮组合作用使履带保持一定张紧度，缓和地面传来的冲击，减小履带在运行过程中的振动；当遇到障碍时，张紧装置可使引导轮适当后移而起缓冲作用，避免局部过紧而使履带损坏；另外张紧装置还能对履带磨损伸长进行调整；履带张紧装置广泛采用液压式，也可用机械式（螺杆螺母）。

2. 传动系统

除机械传动和电传动以外，现代履带式起重机运行机构多采用液压传动系统，每条履带由单独的高速或低速液压马达驱动。高速液压马达通过大传动比的多级定轴齿轮或行星齿轮减速器使履带驱动轮转动，传动比大，结构紧凑，体积小，机械离地间隙较大，通过性较好。低速液压马达经一级齿轮式减速后带动驱动轮，传动简单速比小，但液压马达径向尺寸大，机械离地间隙较小，马达转速低时效率也低。

3. 转向系统

履带转向装置通常采用两履带差速原理，左、右行走马达反方向驱动形成原地转向(转弯半径最小)，一侧履带不动、另侧履带行走马达驱动形成定点转向（转弯半径较大)。

本章小结

了解运行机构的基本知识，理解有轨运行支承装置和驱动机构的构造特点，掌握有轨运行阻力的计算方法和驱动机构设计的步骤及方法，重点掌握主动车轮的布置方式、有轨运行主动轮打滑验算、运行机构的载荷特点和计算工况。

教学重点和难点：重点掌握主动车轮的布置方式、有轨运行主动轮打滑验算、运行机构的载荷特点和计算工况。

第 10 章 回转机构

使起重机的回转部分相对于非回转部分实现回转运动的装置称为回转机构。回转机构是臂架型回转起重机的主要工作机构之一，它的作用是使已被起升在空间的货物绕起重机的垂直轴线作圆弧运动，以达到水平面内运输货物的目的。回转机构与变幅机构配合工作，可使服务面积扩大到相当宽的环形面积；回转机构与运行机构配合工作，可使服务范围扩大到与桥架型起重机一样。

港口装卸和水电站施工用的门座起重机以及建筑施工用的塔式起重机等都是臂架型回转起重机。货物的水平运输大多依靠回转机构与变幅机构的协同工作来完成，而运行机构一般用以调整工作位置，扩大服务范围。

所有流动式起重机几乎都是臂架型回转起重机，如汽车式、轮胎式、履带式、铁路式、浮式起重机等。

回转机构也用在带有回转臂架或回转作业装置小车的桥架型起重机中。

回转机构主要由回转支承装置与回转驱动机构两部分组成。下面分别叙述它们的种类、构造与计算方法。

10.1 回转支承装置的类型与构造

回转支承装置的作用是将回转部分支承在固定的机架上，使之不下落或翻倒，并起到对中作用，以保证回转部分具有确定的运动。从运动学的观点来看，它提供所要求回转运动的约束；从受力方面来看，它应能承受起重机各种外载荷作用下所引起的垂直力、水平力和倾覆力矩。

回转支承装置按其结构特点可分为柱式回转支承装置和转盘式回转支承装置两大类。柱式回转支承装置包括转柱式和定柱式两种。转柱式回转支承是立柱和回转部分一起回转；定柱式回转支承装置中的立柱是固定的，其回转部分通过上下支承装置支持在立柱上。转盘式回转支承装置包括支承滚轮式、支承滚子式和大型滚动轴承式三种形式，三种形式各有不同的特点。滚动轴承式支承装置具有结构紧凑、回转阻力小、成组性好等优点，其使用范围已越来越广泛。

10.1.1 柱式回转支承装置

柱式回转支承装置主要由一个立柱、两个水平支承和一个垂直推力支承组成，根据立柱是否固定可分为定柱式和转柱式两种。

1. 定柱式回转支承

定柱式回转支承装置的特点是立柱固定在基础上，如门座起重机的门架上、浮式起重机的浮船上、固定式起重机的地基基础上，其回转部分通过上下支承支持在立柱上。图 10-1 所示为定柱式回转支承装置结构简图，该装置由定柱 1、回转部分 2、上支承 3 和下支承 4 等组成。

图 10-2 所示是定柱式回转装置上支承的构造。上支承承受回转部分的自重和水平力。图 10-2a 所示的结构采用推力轴承和自动调心径向滚动轴承，推力轴承支承在一个球面垫上，使它具有自位的性能，球面垫的球面应与自位径向轴承的球面同心。当受力不大时，也可采用一个向心推力球面轴承，如图 10-2b 所示。

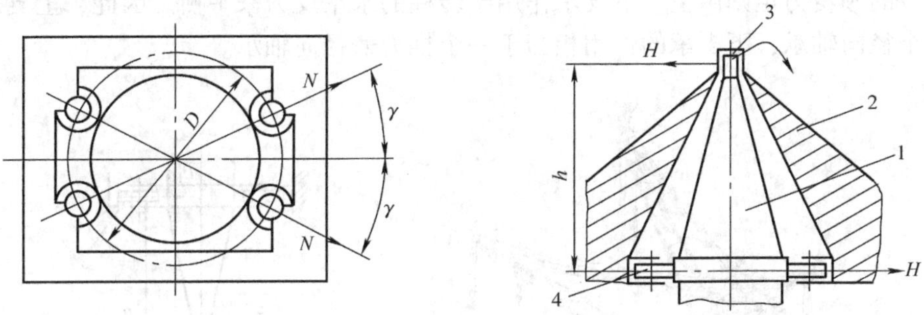

图 10-1　定柱式回转支承装置

1—定柱　2—回转部分　3—上支承　4—下支承

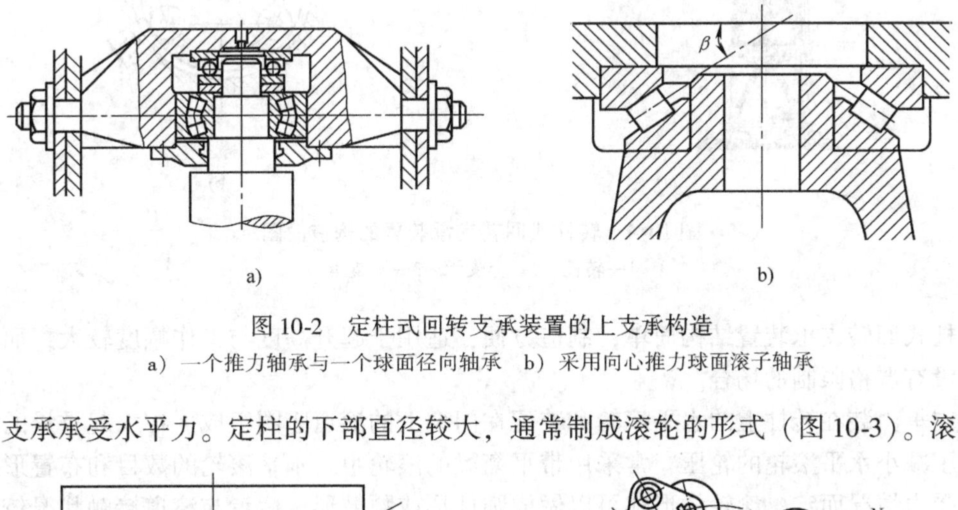

a)　　　　b)

图 10-2　定柱式回转支承装置的上支承构造

a）一个推力轴承与一个球面径向轴承　b）采用向心推力球面滚子轴承

下支承承受水平力。定柱的下部直径较大，通常制成滚轮的形式（图 10-3）。滚轮一般

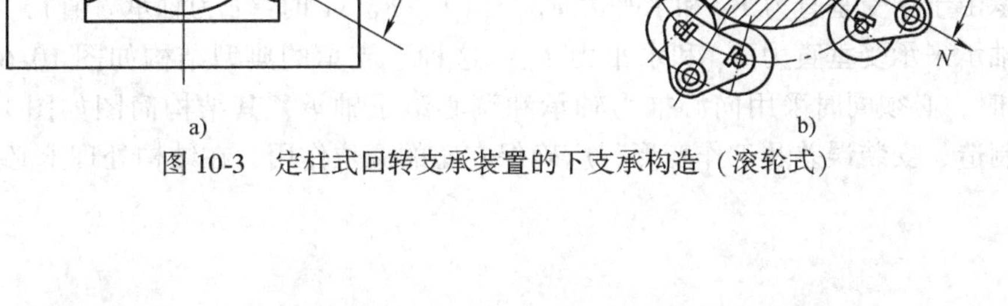

a)　　　　b)

图 10-3　定柱式回转支承装置的下支承构造（滚轮式）

装在回转部分，其布置要有利于起重机的抗倾覆力矩。当向前向后的倾覆力矩不相等时，采用图 10-3b 所示的布置方式。图中每个支点有两个滚轮，装在均衡梁上，用于支承力较大的情况。定柱式回转支承装置常用于浮式起重机，有时也用于固定式起重机。

2. 转柱式回转支承

转柱式回转支承装置的结构特点是起重机回转部分与转柱连接成一体一起回转。港口用起重机（图 10-4a）大多采用这种回转支承装置，图 10-4b 所示为转柱式回转支承装置构造简图。在转柱式起重机中，回转部分（包括物品在内）的全部重力通过转柱传给下支座，而回转部分的倾覆力矩则由上、下支承作用于转柱的水平反力来平衡。因此，上支承的作用相当于一个径向轴承，下支承的作用相当于一个推力兼径向轴承。

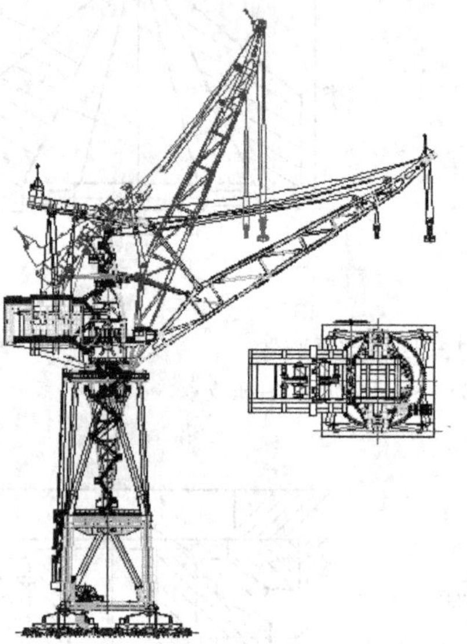

a)

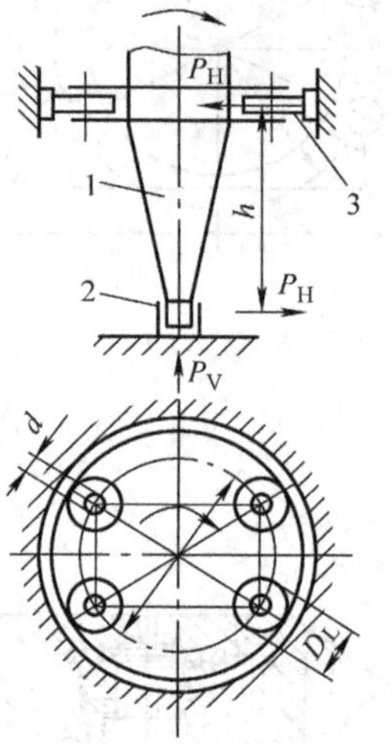

b)

图 10-4 转柱式回转支承装置的构造简图

1—转柱 2—上支承 3—下支承

转柱式回转支承装置结构简单，制造方便，适用于起升高度与工作幅度较大，而起重机高度又没有严格限制的场合。

上支承由装在转柱上的水平滚轮和装配在门架上的滚道座圈组成。在大起重量的起重机中，为了减小水平滚轮的轮压，常采用带平衡梁的滚轮组。水平滚轮的数目和布置形式视上支承的受力情况而定，滚轮的形式可以做成圆柱形或腰鼓形，后者与滚道接触状况较好，也便于安装。为了调整因安装误差和滚道、滚轮磨损所出现的间隙，通常将水平滚轮的滚动轴承装在偏心轴套上，如图 10-5 所示。轴套与滚轮心轴用键联接，通过转动心轴即可调整滚轮与滚道之间的间隙。

下支承由于承受垂直力 F_V 和水平力 F_H，当 $F_V/F_H>e$ 时（e 为轴承 e 值），可选用推力调心滚子轴承来承受垂直力 F_V 和水平力 F_H。这种下支承的典型结构如图 10-6a 所示。当 $F_V/F_H<e$ 时，必须同时采用向心推力轴承和调心滚子轴承，其结构简图如图 10-6b 所示。为了补偿制造、安装误差及工作变形，应确保支座的调位作用，在结构处理上必须保证两个

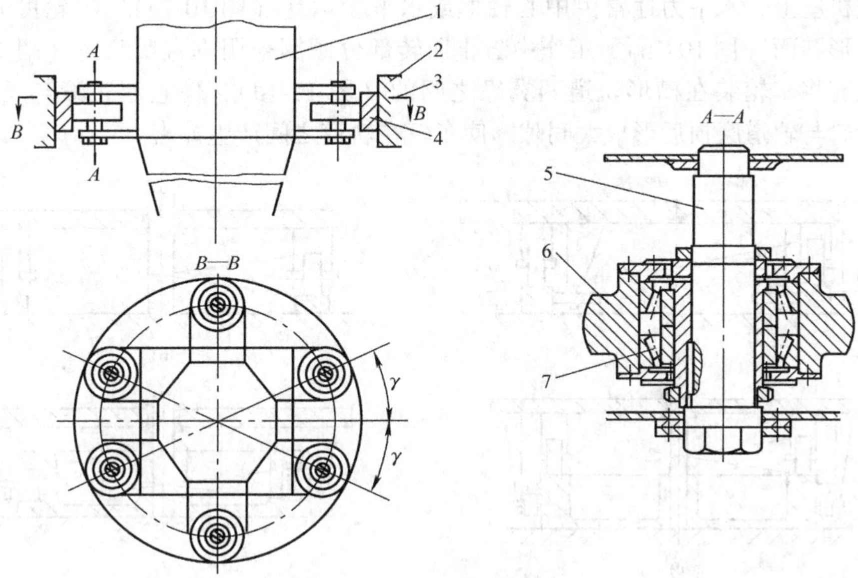

图 10-5 转柱式回转支承装置的上支承

1—转柱 2—上支承座 3—滚轮轨道 4—水平滚轮 5—心轴 6—偏心轴套 7—滚动轴承

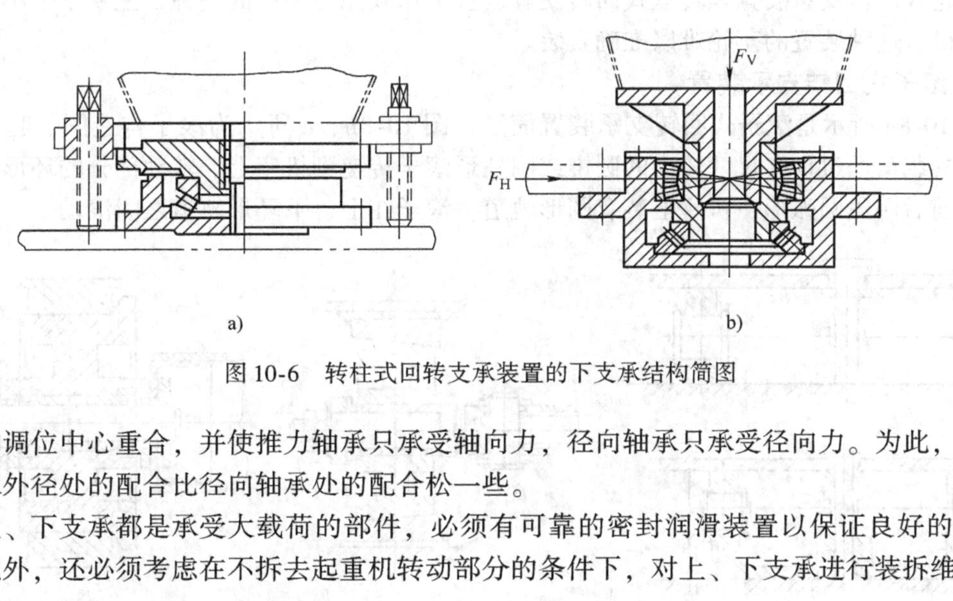

图 10-6 转柱式回转支承装置的下支承结构简图

轴承的调位中心重合，并使推力轴承只承受轴向力，径向轴承只承受径向力。为此，应使推力轴承外径处的配合比径向轴承处的配合松一些。

上、下支承都是承受大载荷的部件，必须有可靠的密封润滑装置以保证良好的工作条件。此外，还必须考虑在不拆去起重机转动部分的条件下，对上、下支承进行装拆维修。

10.1.2 转盘式回转支承装置

转盘式回转支承装置的类型很多，其共同特点是没有很高的立柱，起重机的回转部分装在一个大转盘上，转盘通过滚动体（滚轮、滚子、滚珠或滚柱）支承于固定的基础上，转盘和回转部分一起回转。

1. 滚轮式回转支承装置

图 10-7 所示是滚轮式回转支承装置构造简图。起重机回转部分支承在滚轮上，滚轮可以在圆形轨道上滚动，轨道安装在机座上，用中心轴枢来对中，回转部分的自重通过滚轮、

轨道传递到机座上，水平力通常由中心轴枢或水平轮承受（图 10-7a）。滚轮可分为圆柱形踏面和圆锥形踏面（图 10-7b），工作中防止回转部分倾倒采用垂直反滚轮（图 10-7c）。小型起重机也有将车轮装在槽形轨道两翼缘之间的（图 10-7d），使它起正滚与反滚的作用，其缺点是车轮与轨道磨损后形成大间隙，使车轮在轨道之间产生冲击。

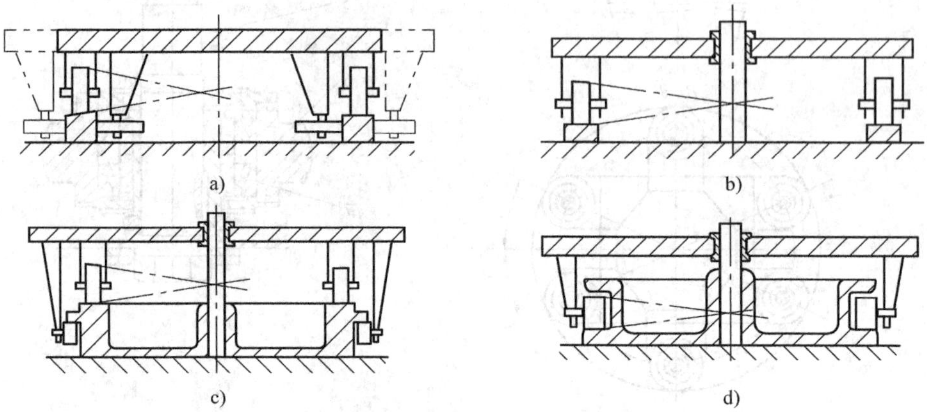

图 10-7 滚轮式回转支承装置

滚轮式回转支承装置是转盘式回转支承装置中承载能力最小的一种，主要用于小起重量的起重机。这种装置的车轮难以准确安装。

2. 滚子式回转支承装置

图 10-8a 所示是滚子式回转支承装置简图，图 10-8b、c 所示为滚子构造图。起重机回转部分的载荷通过许多尺寸较小的圆锥或圆柱形滚子传递到机座上。转动部分的环形轨道通常做成前后两段圆弧形，机座上装有圆形轨道，滚子在上、下环形轨道之间滚动。

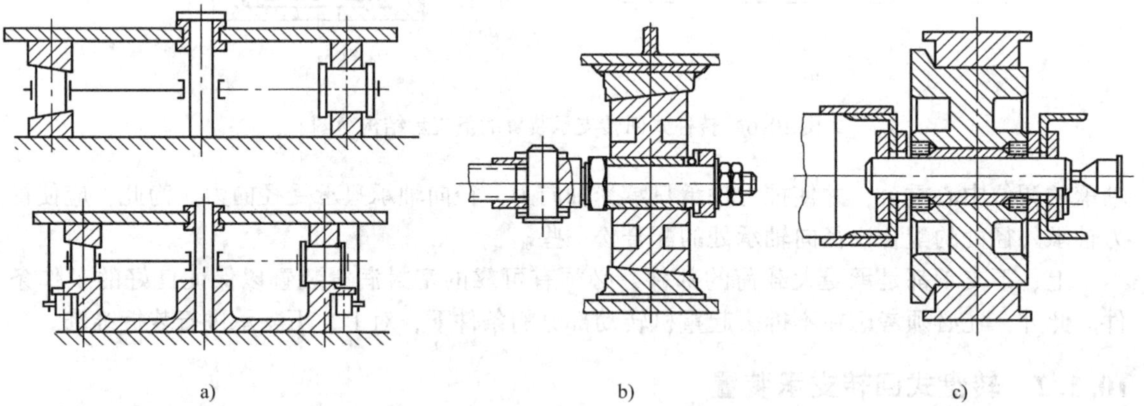

图 10-8 滚子夹套式回转支承装置

滚子式回转支承装置和滚轮式回转支承装置相同，装有中心轴枢，用来承受水平力并起对中作用，当倾覆力矩很大且又不加装反滚装置时，中心轴枢还起着防止倾覆的作用。图 10-9所示即为这种中心轴枢的构造简图。

对于起重量大的大型起重机，滚子式回转支承装置可以采用多排滚子的方式。这种回转支承装置的优点是结构紧凑，重心位置低，整个回转部分稳定性高，制造和安装也相对简单。但是多排滚轮受力分布比较复杂，不但各排滚轮支反力总和分布不均匀，同一排轨道上各滚轮的支反力也不均匀，这便造成有些滚轮承载过大，而有些滚轮几乎不受力。为避免这种现象的发生，许多起重机在设计中采用轨道预变形技术，最终实现轮压均衡。

上述两种支承装置的回转部分的稳定性是靠装于转盘的对重以及专门的稳定装置来实现的。

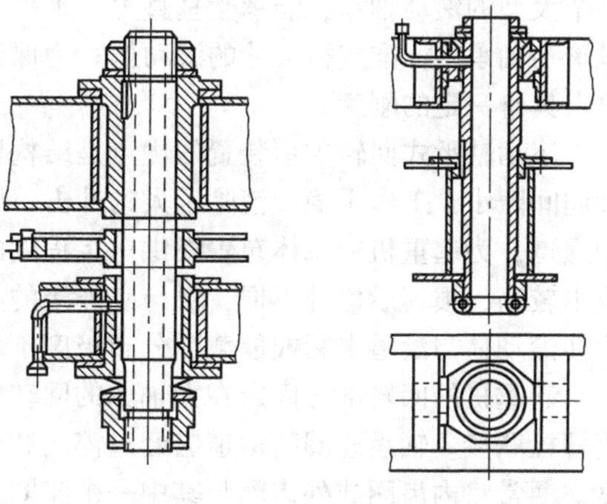

图 10-9 回转机构中央轴枢简图

a）中央轴上端固定，转盘在下端绕中央轴旋转

b）中央轴下端固定，转盘在上端绕中央轴旋转

支承装置的滚轮和滚子可制成圆柱形或圆锥形的踏面，如图 10-10 所示。圆柱形的滚轮和滚子沿圆弧滚道滚动时，由于踏面内外侧各点的路程长度不同，必然会产生滚动踏面与滚道间的滑动。这种滑动引起了附加回转阻力，并加快了滚轮和滚道的磨损，所以圆柱滚轮只适用于大直径的圆弧滚道。改进的方法是将滚轮沿踏面宽度截开后拼装在一起，这样就可以使滑动量减少一半。

采用圆锥形踏面的滚子（滚轮），既可消除滑动，又保持了踏面宽度，不过对轮子有轴向力作用，因此应装设推力滚动轴承以减少轴向力所引起的摩擦。在圆锥形支承滚轮式装置中，为简化滚道的制造过程，可采用平面轨道来代替锥面轨道，但滚轮支承架须保持轮轴的倾斜位置。圆锥形的滚轮和滚子对制造和安装要求精确，并保证圆锥顶点重合于回转中心线。

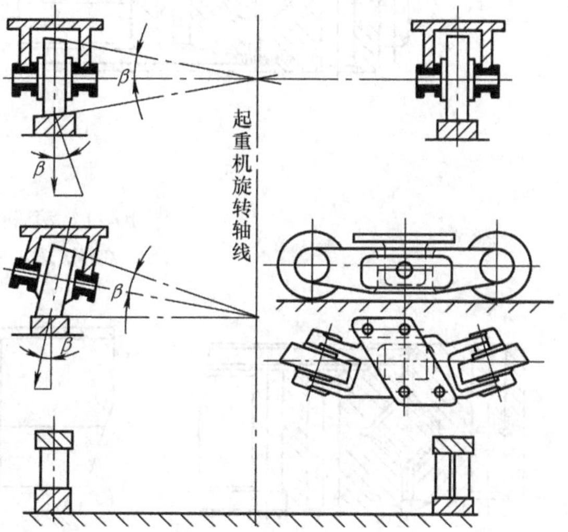

图 10-10 滚轮和滚子

滚子式支承装置的滚子可以是带轮缘的或无轮缘的。采用双轮缘滚子时，隔离圈为具有刚性的内外环，借助轮缘的导向作用，可不再用拉杆将隔离圈与中心轴枢相连。这种装置主要应用于配合圆柱轮面的大直径轨道，但实践证明此种方式不是很可靠。

无轮缘滚子的轮轴若直接与中心轴枢的轴套相连，这时隔离圈只有一个内环，这个内环实际上由固定节距的链片所组成。无轮缘滚子的心轴由于滚子踏面有横向滑动产生偏斜力矩而附加摩擦。由于圆柱滚子（滚轮）工作时带有滑动，因此要求淬火以使踏面达到足够的硬度，相应的轨面也应具有抗磨性能，同时必须对轨面加以润滑。

3. 滚动轴承式回转支承装置

滚动轴承式回转支承装置是目前国内外广泛采用的一种支承装置。这种回转支承装置是一个大型的滚动轴承，能承受垂直力、水平力和倾覆力矩。装置中的滚柱或滚珠可以选用一般滚动轴承中标准规格尺寸的滚动体。为保证支承装置的正常工作，对固定轴承座圈的基础要求具有一定的刚度。

滚动轴承式回转支承装置的优点是结构紧凑，装配与维护简单，密封及润滑条件良好，轴向间隙小，工作平稳，消除了大的冲击，回转阻力小，磨损小，寿命长，轴承中央可以作为通道，为起重机的总体布置提供一定程度的方便性。其缺点是对材料与加工工艺要求高，成本较高，损坏后修理不便，对与它连接的金属结构的刚度有较高的要求，以免由于结构变形使滚动体与滚道卡紧或使载荷分布极度不均，导致轴承早期损坏。

起重机的回转部分固定在大轴承的回转座圈上，而大轴承的固定座圈则与机座（门座）用螺栓联接。轴承座圈的滚道应经过淬火和磨削，以保证滚道表面的硬度、精度和表面粗糙度。通常将内齿圈或外齿圈与其中一个座圈做成一体。

为满足不同的使用要求，滚动轴承式回转支承装置有多种类型，根据滚动体的形状可分为滚珠式（图 10-11）与滚柱式（图 10-12），根据滚动体的列数可分为单列式、双列式和三列式。

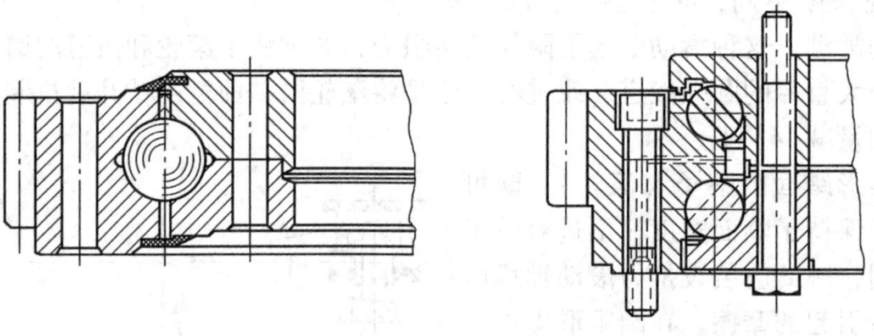

a)　　b)

图 10-11　滚珠式回转支承装置

a）单列滚珠式　b）双列滚珠式

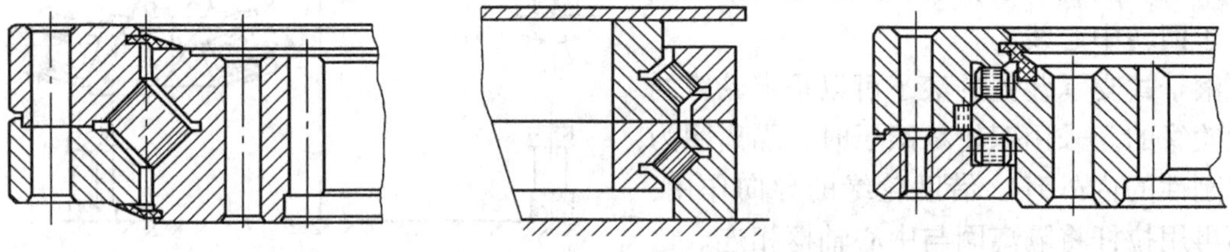

a)　　b)　　c)

图 10-12　滚柱式回转支承装置

a）单列滚柱式　b）双列滚柱式　c）三列滚柱式

滚动轴承式回转支承装置的技术要求为：滚柱及钢球用 GCr15 或 GCr15SiMn 制造，滚动表面需经火焰淬火、高频或中频感应淬火、表面渗碳等热处理，硬度达到 61 ~ 65HRC，然后经磨削加工以达到高精度。滚柱直径的公差等级为 IT4，圆度公差为直径公差的 1/2。滚动体直径 $d_0 \leqslant 80$mm 时，表面粗糙度值为 0.2μm；$d_0 > 80$mm 时，表面粗糙度值为 0.4μm。钢球为标准钢球，符合轴承钢标准。座圈用 50Mn、50SiMn 及其他适合于表面淬火的钢材制造，毛坯不得有裂纹，非金属夹杂硫化物不超过2.5级，氧化物不超过3级，晶粒度不大于6级，调质硬度为197～141HBW，化学成分和力学性能应符合有关标准。座圈应轧制或为锻压件，以改善其材质的金相结构。

滚道表面淬火，硬度为55～60HRC，硬化层深度为3～5mm，否则滚道易产生裂纹或剥落；允许有一个宽度不大于20mm的回火带，其硬度不低于45HRC，在回火带的外露处打上明显的标记“▽”，安装时回火带应避开臂架起升平面，使其位于回转平台的侧面。

大型轴承对安装台架要求有足够的平面度和刚度。因为座圈本身刚性很差，安装时会产生变形，工作过程中由于外载荷的作用也会产生变形，从而使滚动体的最大载荷显著增加，因此设计和生产时应采取必要的措施来保证座圈的平面度。

齿轮齿面根据使用要求，可以淬火（齿面硬度不低于50HRC），也可以不淬火。

滚动轴承式回转支承装置的联接螺栓必须具有足够的预紧力，其预紧力应达到螺栓材料屈服极限的0.5～0.7倍。滚动轴承式回转支承装置中应保证良好的润滑和密封，以提高其使用寿命。通常采用迷宫式或耐油橡胶密封圈来密封，应注意能够方便地更换损坏的密封圈。润滑剂可采用二硫化钼与润滑脂的混合剂，工作50～100h后可加油一次。

10.2　回转支承装置的计算

10.2.1　支承装置的计算载荷

回转支承装置在外载荷作用下应保证足够的强度和刚度。回转支承装置可按下列三种载荷情况进行计算。

1. 工作状态下的正常载荷（Ⅰ类载荷）

此类载荷为进行疲劳强度、磨损计算时的等效载荷。

等效载荷的工况为：起重机处于（0.7～0.8）R_{max}的幅度位置上，起升等效起重量，回转机构平稳制动。应计算回转部分的离心力、回转制动的切向惯性力、货物偏摆时产生的水平力（按$\alpha_{Ⅰ}$计算），不考虑风载荷。进行载荷组合时，还需考虑回转部分的自重及最后一级开式齿轮传动的啮合力。

2. 工作状态下的最大载荷（Ⅱ类载荷）

此类载荷为进行静强度、静刚度和稳定性计算的最大载荷。

1）起重机处于最大幅度位置，臂架位于沿地面最大坡度角方向，起升质量突然离地提升的工况。这时以系数ϕ_2考虑起升质量的冲击，以系数ϕ_1考虑回转部分自身质量的冲击作用。

2）起重机起吊额定起重量，臂架位于沿地面最大坡度角方向。对于装卸类型的起重机，考虑回转与变幅机构同时起（制）动时的惯性力；对于安装类型的起重机，考虑运行和回转机构同时起（制）动时的惯性力。在这种情况下，要考虑工作状态下的最大风力作用，起升钢丝绳具有最大偏摆角$\alpha_{Ⅱ}$产生的水平力，还需考虑回转部分自重及最后一级开式齿轮传动的啮合力。

3. 非工作状态下的最大载荷（Ⅲ类载荷）

此类载荷为进行静强度、静刚度和稳定性验算用的最大载荷。

验算工况可分为以下两种情况：

1）起重机处于非工作状态。在此工况下，起重机不吊载、不工作，臂架位于最小幅度位置，受非工作状态下的最大风力作用。

2）静态和动态试验时作用的载荷。进行静态试验时，起重量为额定起重量的125%，臂架处于与该额定起重量相应的最大幅度位置上，其余机构不工作，无风。进行动态试验时，起重量为额定起重量的110%，这时要考虑机构动载荷的影响。

在上述几种工况中，对于浮式起重机，其坡度角 γ 可以看成浮船的倾角。

4. 载荷组合

表10-1列出了三种载荷组合的情况，所列各种载荷的含义、求法及代表符号，在第3章中已有叙述，这里仅作以下补充说明：

表10-1 回转支承装置计算载荷

载荷名称		载荷组合和计算类别				
		等效载荷	强度计算载荷		验算载荷	
		Ⅰ类	$Ⅱ_a$	$Ⅱ_b$	$Ⅲ_a$	$Ⅲ_b$
回转部分自重		P_G	$\phi_1 P_G$	P_G	P_G	P_G
起升载荷		P_{Qx}	$\phi_2 P_Q$	P_Q	—	—
物品摆动水平载荷	在臂架平面内	$P_Q \tan\alpha_Ⅰ$	—	$P_Q \tan\alpha_Ⅱ$	—	—
	垂直于臂架平面	$P_Q \tan\alpha'_Ⅰ$	—	$P_Q \tan\alpha'_Ⅱ$	—	—
坡度载荷		$(P_G+P_{Qx})\sin\gamma$	$(P_G+P_Q)\sin\gamma$	$(P_G+P_Q)\sin\gamma$	$P_G\sin\gamma$	$(P_G+1.1\phi_4 P_Q)\sin\gamma$ $1.25P_Q$
水平惯性力	变幅起（制）动	—	—	P_B	—	—
	回转起（制）动	$P_{HⅠ}$	—	$P_{HⅡ}$	—	—
	回转时离心力	P_E	—	P_E	—	—
	运行起（制）动	$P_{SⅠ}$	—	$P_{SⅡ}$	—	—
风载荷		$P_{WⅠ}$	$P_{WⅡ}$	$P_{WⅡ}$	$P_{WⅢ}$	$P_{WⅢ}$
试验载荷		—	—	—	—	$1.1\phi_6 P_Q$ 或 $1.25P_Q$
回转最后一级开式齿轮啮合力		$P_{ZⅠ}$	$P_{ZⅡ}$	$P_{ZⅡ}$	—	—

398

1）P_{Qx} 为等效起升载荷，$P_{Qx}=\phi_x P_Q$，P_Q 为额定起重量相应的起升载荷。

2）ϕ_2 为起升载荷动载系数。

3）$\alpha_Ⅰ$ 和 $\alpha'_Ⅰ$ 分别为计算Ⅰ类载荷时在臂架摆动平面和垂直于臂架摆动平面内的钢丝绳对铅垂线的摆角；$\alpha_Ⅱ$ 和 $\alpha'_Ⅱ$ 分别为计算Ⅱ类载荷时在臂架摆动平面和垂直于臂架摆动平面内的钢丝绳对铅垂线的偏摆角。这个偏摆角的产生是物品上的风力和水平惯性力作用的结果，所以考虑偏角之后，就不应再考虑作用在物品上的风力和水平惯性力。

4）$P_{WⅠ}$、$P_{WⅡ}$ 和 $P_{WⅢ}$ 分别表示工作状态Ⅰ类风压、Ⅱ类风压和非工作状态下Ⅲ类风压计算出的风载荷。

5）γ 为起重机允许的最大坡度角。对于门座起重机，工作在临时性轨道上时取 $\gamma=2°$，工作在永久性轨道上时取 $\gamma\approx0°$；对于汽车式起重机和履带式起重机，当不采用辅助支承工作时取 $\gamma=3°$，当采用辅助支承工作时取 $\gamma=1.5°$；对于建筑塔式起重机，不论其轨距有多大，均应该估计两根轨道相差100mm的可能性。

6）P_B 为变幅机构制动时作用于臂架系统重心的水平惯性力（N）

$$P_B = m_b \frac{v_b}{t_{zb}} \tag{10-1}$$

式中 m_b——臂架系统的质量（kg）；

v_b——臂架系统重心的水平变幅速度（m/s）；

t_{zb}——变幅机构制动时间（s），初步计算时可取 $t_{zb} = 2 \sim 4s$。

7）P_H 为回转机构起（制）动时作用于回转部分重心上的水平惯性力（N）

$$P_H = m_h \frac{v_h}{t_{qh}} \tag{10-2}$$

式中 m_h——回转部分的质量（kg）；

v_h——回转部分重心的线速度（m/s）；

t_{qh}——回转机构的起动时间（s），初步计算时可取 $t_{qh} = 3 \sim 5s$。

8）P_E 为作用于起重机回转部分中心的离心力（N）

$$P_E = m_h \omega^2 l = m_h \left(\frac{\pi n}{30}\right)^2 l = m_h \frac{n^2 l}{90} \tag{10-3}$$

式中 n——回转速度（r/min）；

l——回转部分重心到回转中心距离（m）。

9）P_S 为运行机构制动时作用于回转部分的水平惯性力（N）

$$P_S = m_h \frac{v_s}{t_{zs}} \tag{10-4}$$

式中 v_s——起重机制动时的运行速度（m/s）；

t_{zs}——运行机构制动时间（s）。

10）$P_{ZⅠ}$ 和 $P_{ZⅡ}$ 为按第Ⅰ类载荷和第Ⅱ类载荷计算的回转驱动装置最后一级齿轮（或针轮）传动的啮合力（N）

$$P_{ZⅠ(Ⅱ)} = \frac{M_{ZⅠ(Ⅱ)}}{r_z \cos\alpha} \tag{10-5}$$

式中 $M_{ZⅠ(Ⅱ)}$——按第Ⅰ类载荷和第Ⅱ类载荷计算时的回转阻力矩（N·m），初步计算时可根据初选的电动机性能参数进行估算，如电动机额定转矩为 M_n，最大转矩为 M_{max}，回转机构总传动比为 i，总传动效率为 η 时

$$M_{ZⅠ} = M_n i\eta$$

$$M_{ZⅡ} = M_{max} i\eta$$

r_z——回转驱动装置的最大齿圈（或针齿圈）的分度圆半径（m）；

α——齿轮啮合压力角，一般取 $\alpha = 20°$。

计算出作用在起重机回转部分的各种载荷后，便可计算起重机回转支承装置所承受的载荷。

首先，作出起重机回转部分简图，将求出的各作用力标注在其作用点上，取回转中心线上某点（一般可取滚子中心平面或水平滚轮平面与回转中心线的交点）作为坐标原点 O，以回转中心线为 z 轴，臂架方向为 x 轴，垂直臂架方向为 y 轴。回转支承装置的计算载荷

如下：

总垂直力 $$P_V = \sum P_{Vi} \tag{10-6}$$

总水平力 $$P_H = \sqrt{P_{Hx}^2 + P_{Hy}^2} \tag{10-7}$$

总力矩 $$M = \sqrt{M_x^2 + M_y^2} \tag{10-8}$$

式中 $\sum P_{Vi}$——z 轴方向所有垂直力之和；

$P_{Hx} = \sum P_{Hxi}$——x 轴方向所有水平力之和；

$P_{Hy} = \sum P_{Hyi}$——y 轴方向所有水平力之和；

$M_x = \sum M_{xi}$——各垂直力及水平力对 x 轴力矩之和；

$M_y = \sum M_{yi}$——各垂直力及水平力对 y 轴力矩之和。

在以上计算中，需要用到起重机回转部分（包括平衡对重）的质量 m_h，而开始进行计算时，m_h 是未知的，一般可参考已有的同类产品的质量资料进行初步估算，待设计大体完成后再按实际质量进行核算。

为了减小倾覆力矩，改善回转支承装置的受力情况，在回转部分一般装有对重。确定对重 G_c 值的原则是：理论上按不考虑风力和物品偏摆的影响，使最大幅度满载时的前倾覆力矩等于最小幅度空载时的后倾力矩进行计算。

如图 10-13 所示的回转起重机，其最大幅度满载时的前倾覆力矩为

$$M_1 = P_Q R_{max} + P_{G1} b - P_{Gc} c$$

最小幅度空载时的后倾力矩为

$$M_2 = P_{Gc} c - (P_Q - P_{QPL}) R_{min} - P_{G1} b' \tag{10-9}$$

式中 P_Q——额定起升载荷（N）；

P_{QPL}——被起升物品的载荷（N）；

P_{G1}——起重机回转部分的自重载荷（N）；

P_{Gc}——对重载荷（N）；

b、c——回转部分重心和对重重心到回转中心的距离（m）；

R_{max}——起重机的最大幅度（m）；

R_{min}——起重机的最小幅度（m）。

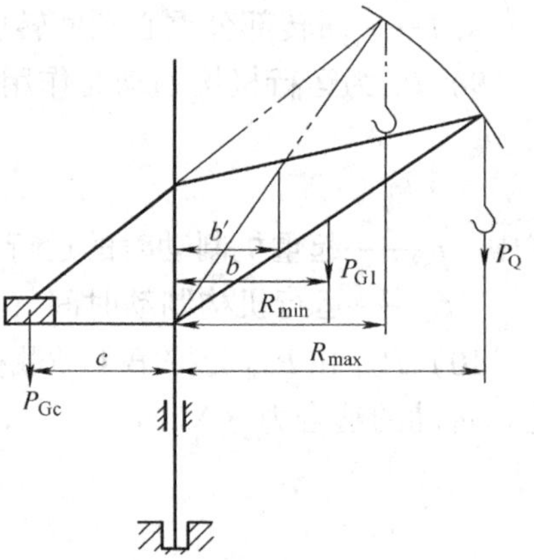

图 10-13　对重计算简图

如果按照 $M_1 = M_2$ 的原则进行平衡，可求得平衡对重的自重为

$$P_{Gc} = \frac{P_Q R_{max} + (P_Q - P_{QPL})(R_{max} + R_{min}) + P_{G1}(b + b')}{2c} \tag{10-10}$$

有时为了减轻自重或因结构条件等因素的限制，常取比上述理论值要小的对重值，有时甚至不加对重，这就需要根据总体设计及结构情况来确定。

10.2.2　柱式回转支承装置计算

转柱式和定柱式回转支承装置均由一个推力轴承承受垂直力，用上、下支座的水平支承来承受水平力和倾覆力矩。由力的平衡条件可直接求得各支座反力。图 10-14 所示的转柱式回转支承装置推力轴承的反力为

$$P_z = P_V \tag{10-11}$$

下支座径向轴承反力为

$$P_R = \frac{M}{h} \tag{10-12}$$

式中 h——上、下两个水平支座间的距离（m）。

上支座水平滚轮组的水平反力为

$$P_L = P_R + P_H = \frac{M}{h} + P_H \tag{10-13}$$

当水平力 P_H 由两个滚轮或两个滚轮组承受时，若两个滚轮或滚轮组之间的夹角为 γ，则每个水平滚轮或滚轮组所承受的力为

$$P = \frac{P_L}{2\cos\gamma} \tag{10-14}$$

一般取 $\gamma = 25° \sim 40°$，通常取 $\gamma = 30°$。横向载荷约为纵向载荷的20%，γ 太小时，对轮压分布有较大影响。

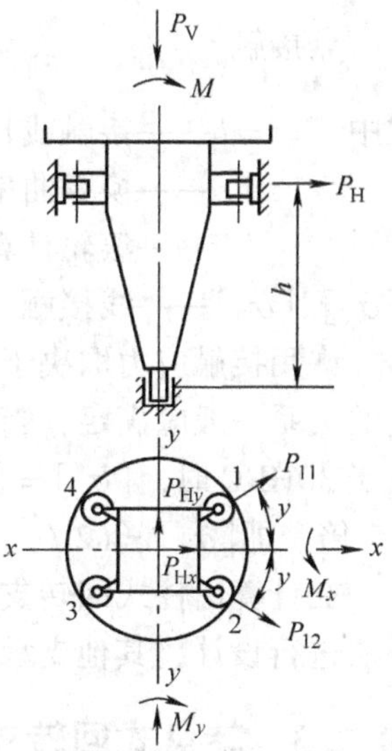

图 10-14 转柱式回转支承装置简图

计算出支座反力后，根据 P_z 和 P_R 按轴承手册选用标准轴承或自行设计轴承零件，根据滚轮计算轮压 P，其他支承零件均按一般机械零件方法设计。

水平滚轮接触应力应按其换算曲率半径（表10-2）计算。

表 10-2 滚轮在各种接触情况下的换算曲率半径

接触情况	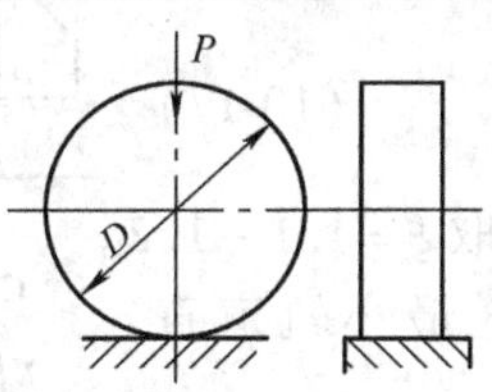	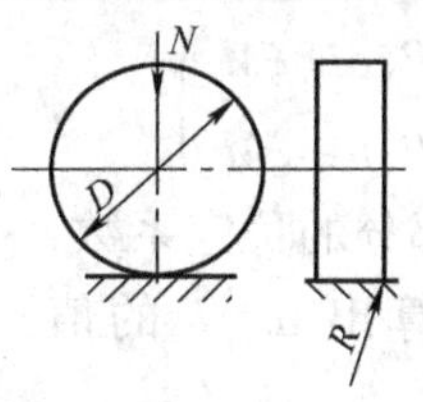	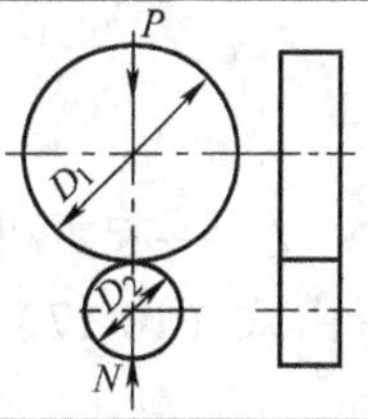
$\frac{1}{\rho}$	$\frac{2}{D}$	$\frac{2}{D} + \frac{1}{R}$	$\frac{2}{D_2} + \frac{2}{D_1}$
接触情况	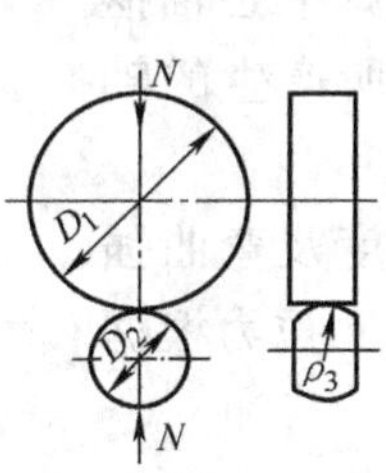	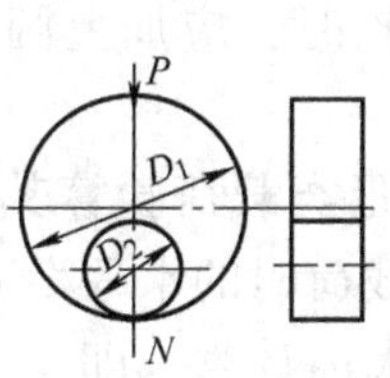	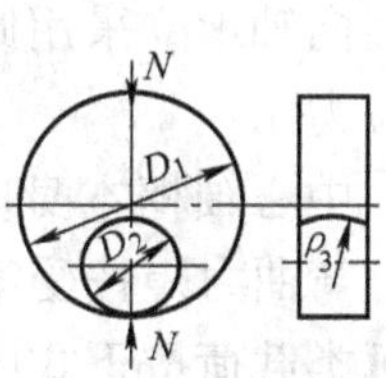
$\frac{1}{\rho}$	$\frac{2}{D_2} + \frac{2}{D_1} + \frac{1}{\rho_3}$	$\frac{2}{D_2} - \frac{2}{D_1}$	$\frac{2}{D_2} - \frac{2}{D_1} + \frac{1}{\rho_3}$

水平滚轮接触应力的计算公式为

线接触 $$\sigma_x = 188\sqrt{\frac{P}{b\rho}} \leqslant [\sigma_x] \tag{10-15}$$

点接触
$$\sigma_{\mathrm{d}}=850\sqrt[3]{\frac{P}{\rho^{2}}}\leqslant[\sigma_{\mathrm{d}}] \tag{10-16}$$

式中 b——接触线长度（mm）；

ρ——换算曲率半径（mm），可按表 10-2 中所列的公式进行计算；

P——滚轮计算轮压（N）；

$[\sigma_x]$、$[\sigma_d]$——线接触、点接触时的许用接触应力。

许用接触应力取决于材料的性质、表面硬度、加工情况等诸多因素。许用接触应力与硬度的关系一般应满足：当表面硬度小于 300HBW 时，$[\sigma_x]=(2.5\sim3.0)\mathrm{HBW}$；当表面硬度大于 30HRC 时，$[\sigma_x]=(2.5\sim3.0)\mathrm{HRC}$；点接触时许用接触应力可取为线接触时的 2.0～2.5 倍，即$[\sigma_d]=(2.0\sim2.5)[\sigma_x]$。

在计算出柱式回转支承装置的转柱或定柱上、下支座反力后，可按金属结构的设计计算方法进行设计，其他支承部件可按一般机械零件计算。

10.2.3 转盘式回转支承装置计算

1. 滚轮式回转支承装置计算

滚轮式支承一般由 4 只滚轮或 4 组滚轮组成，包括转盘直径的确定、中心轴枢计算、轮压计算，下面以图 10-15 为例说明它们的计算方法。

（1）轨道直径计算 轨道直径的大小，一般应保证在不需要中心轴枢参与工作的条件下，回转部分在工作状态最大载荷作用下不致倾覆。即

$$\left.\begin{aligned}P_{\mathrm{V}}a\geqslant\xi M_{y}\\P_{\mathrm{V}}b\geqslant\xi M_{x}\end{aligned}\right\} \tag{10-17}$$

式中 ξ——起重机回转部分的稳定系数，一般取 $\xi=1.1\sim1.2$。

由式（10-17）可计算出 a、b 的值，这样最小轨道直径为

$$D_{\min}=2\sqrt{a^{2}+b^{2}} \tag{10-18}$$

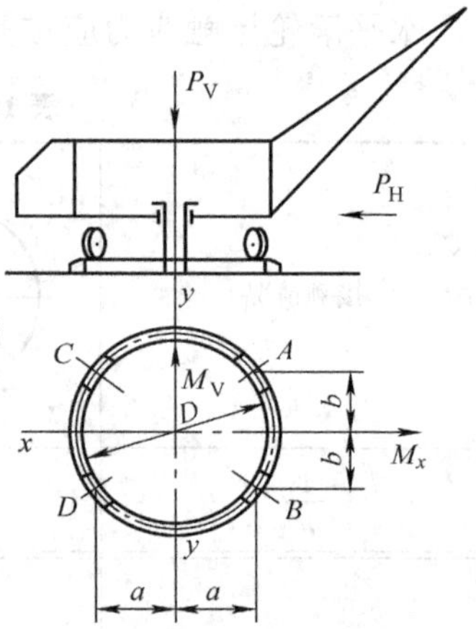

图 10-15 支承滚轮式回转支承计算简图

（2）中心轴枢计算 根据工作中的水平力计算中心轴枢的径向轴承。采用圆锥滚轮时，应加上圆锥滚轮所产生的轴向拉力。

中心轴枢本身应按第Ⅲ类载荷验算其抗拉强度及弯曲强度。弯曲力矩按受第Ⅲ类载荷时的水平力 P_H 计算。拉力根据第Ⅲ类载荷按下式中的较大值计算。即

$$\left.\begin{aligned}P=\frac{M_{y}}{a}-P_{\mathrm{V}}\\P=\frac{M_{x}}{b}-P_{\mathrm{V}}\end{aligned}\right\} \tag{10-19}$$

（3）轮压计算 根据力矩平衡条件，可求出轮压的最大值和最小值。即

$$
\left.\begin{aligned}
P_{\max} &= \frac{1}{4}\left(P_{\mathrm{V}}+\frac{M_y}{a}+\frac{M_x}{b}\right)\\
P_{\min} &= \frac{1}{4}\left(P_{\mathrm{V}}-\frac{M_y}{a}-\frac{M_x}{b}\right)
\end{aligned}\right\} \tag{10-20}
$$

滚轮接触强度校核方法可参看运行机构中车轮计算和柱式回转支承装置中水平滚轮的计算方法。

2. 滚子式回转支承装置计算

（1）滚道直径计算　图10-16所示为滚子夹套式回转支承装置计算简图，滚道直径确定的原则和轮式回转支承一样，轨道最小直径应满足回转部分在工作状态下最大载荷时的稳定性条件。计算出其最小值后，再根据结构情况进行必要的修正。即

$$D_{\min}=\frac{2\xi M}{P_{\mathrm{V}}} \tag{10-21}$$

$$b=\frac{\xi M_x}{P_{\mathrm{V}}} \tag{10-22}$$

这里回转部分常常只支承在两个圆弧范围内的滚子上（图10-16a），这时由 P_{V} 产生的平均压应力按弧长反比例增加，由 M 产生的弯曲拉应力增加甚少，因而可以采用较小的轨道半径而不使滚子有脱离轨道的危险。

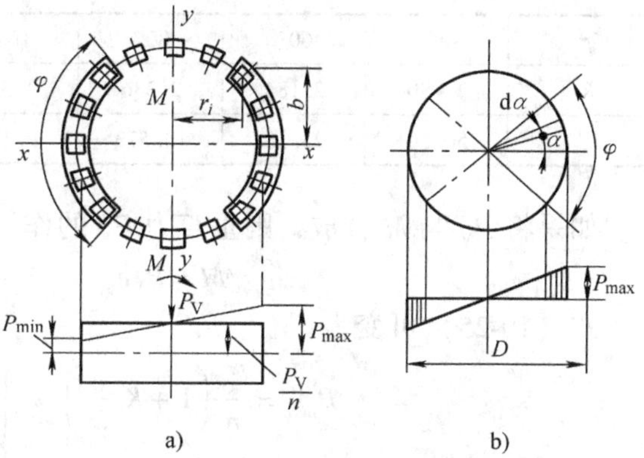

图10-16　滚子夹套式回转支承装置计算简图

（2）中心轴枢计算　滚子式回转支承的中心轴枢计算与轮式支承中心轴枢的计算基本相同，按第Ⅲ类载荷验算时的拉力为

$$P=\frac{2M}{D}-P_{\mathrm{V}} \tag{10-23}$$

（3）滚子压力计算　为了使计算简化，可作如下假定：

1）所有滚子直径都相等。

2）上、下支承环座刚度足够大，支承轨道相互平行。

3）滚动体于支承环之间的变形与载荷呈线性关系。

这样，按照力的平衡条件，由 P_{V} 及 M 所引起滚子的压力为

$$
\left.\begin{aligned}
P_{\max} &= \frac{P_{\mathrm{V}}}{n}+\frac{MD}{2\sum\limits_{i=1}^{n}\gamma_i^2}\\
P_{\min} &= \frac{P_{\mathrm{V}}}{n}-\frac{MD}{2\sum\limits_{i=1}^{n}\gamma_i^2}\geqslant 0
\end{aligned}\right\} \tag{10-24}
$$

或

$$
\left.\begin{aligned}
P_{\max} &= \frac{P_{\mathrm{V}}}{n}+\frac{KM}{nD}\\
P_{\min} &= \frac{P_{\mathrm{V}}}{n}-\frac{KM}{nD}\geqslant 0
\end{aligned}\right\} \tag{10-25}
$$

式中　n——承载滚子的数目，$n=n_0\varphi/180°$；

n_0——滚子总数；

γ_i——滚子中心到 y—y 轴线的距离（m）；

P_V——回转部分总垂直作用力（N）；

M——回转部分总的力矩（N·m）；

K——依 φ 而定的系数，其计算公式为

$$K=\frac{4\varphi}{\sin\varphi+\varphi} \tag{10-26}$$

表 10-3 列出了 K 的值，φ 通常约为 100°。

表 10-3　K 及 K' 的值

φ	40°	60°	80°	100°	120°	140°	160°	180°
K	2.080	2.184	2.336	2.552	2.824	3.168	3.560	4.000
K'	50.50	23.18	13.573	9.180	6.850	5.427	4.734	4.000

如果将 P_V 与 M 合成，则垂直力 P_V 的作用点移到距旋转中心距为 e 处（图 10-17），即

$$M=P_Ve$$

式（10-25）可变为

$$\left.\begin{aligned}P_{max}&=\frac{P_V}{n}\left(1+K\frac{e}{D}\right)\\P_{min}&=\frac{P_V}{n}\left(1-K\frac{e}{D}\right)\geqslant 0\end{aligned}\right\} \tag{10-27}$$

为了保证所有滚子都不离缝，合力距旋转中心的距离 e 不应超过极限值。即

$$e\leqslant e_{max}=\frac{D}{K} \tag{10-28}$$

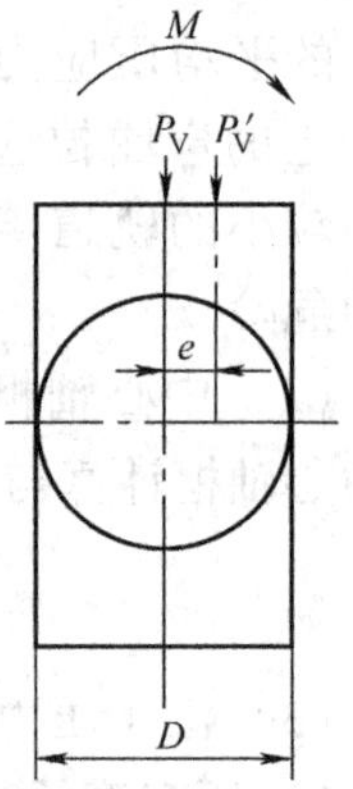

图 10-17　M、P_V 合成后 P'_V 的偏移量 e

计算工作时滚动体承受的最大压力时，$M_y\neq 0$，首先计算出位于 α 角的滚动体压力为

$$P=\frac{P_V}{n}+\frac{KM_x}{nD}\cos\alpha+\frac{K'M_y}{nD}\sin\alpha \tag{10-29}$$

$$K'=\frac{4\varphi}{\varphi-\sin\varphi} \tag{10-30}$$

计算出各点的 P，则可求得 P_{max} 及其所在的 α 角。但一般情况下最大压力在 $\alpha=\dfrac{\varphi}{2}$ 处。即

$$P_{max}=\frac{P_V}{n}+\frac{KM_x}{nD}\cos\frac{\varphi}{2}+\frac{K'M_y}{nD}\sin\frac{\varphi}{2} \tag{10-31}$$

最小压力为

$$P_{min}=\frac{P_V}{n}-\frac{KM_x}{nD}\cos\frac{\varphi}{2}-\frac{K'M_y}{nD}\sin\frac{\varphi}{2}\geqslant 0$$

如果出现 $P_{min}\leqslant 0$，则应对 P_{max} 进行必要的修正。

3. 滚动轴承式回转支承装置计算

滚动轴承式回转支承装置计算包括根据结构和载荷大小初步选定轴承的结构形式和尺寸计算出滚动体所受的最大压力，验算滚动体和滚道的接触强度。

（1）初步确定滚动体的结构形式和尺寸　根据载荷的大小、加工和使用等条件，考虑大轴承各种结构形式的优缺点和适用场合，初步确定滚动体的结构形式，参考已有大轴承系列资料经粗略估算初定的尺寸，再经验算加以修整，以使轴承满足既安全又经济的要求。初定大轴承尺寸主要是指滚动体中心圆直径 D 和滚动体直径 d。一排滚动体数目 n 的计算公式为：

无隔离圈时
$$n=\frac{\pi D}{d}-0.5 \tag{10-32}$$

有隔离圈时
$$n=\frac{\pi D}{Rd} \tag{10-33}$$

式中　D——滚动体中心圆直径（m）；

d——滚动体（滚柱或滚柱）直径（m）；

R——考虑被放置隔离圈而在滚动体间留的空隙系数，其值与隔离圈形式有关，在结构允许条件下宜取小值，初步估算时可取 $R=1.2\sim1.4$。

（2）滚动体的最大压力计算　大滚动轴承的内、外座圈是一个以滚动体为支点的多支点弹性体，所以内、外座圈的刚度以及滚动体与滚道的加工误差等对力的分布均有影响，要全面考虑各种因素还有一定的困难，所以目前计算往往忽略滚动体和滚道加工误差等因素的影响，进行简化计算。假定：内、外座圈均为刚体，滚道无高低不平，且相互平行；滚动体直径大小相等；滚动体受力后只在滚动体与轨道接触处发生变形。

已知作用在大滚动轴承上的外载荷有垂直载荷 P_V、水平载荷 P_H 和倾覆力矩 M。下面分别讨论在 P_V、P_H 和 M 作用下载荷在滚动体上的分布规律。

1）垂直力 P_V 及力矩 M 在轴承中载荷的分配。在计算滚动体轴承受载时滚动体受力的分配规律时，常分别考虑 P_V 及 M 对滚动体的作用，然后再把两项叠加起来。实际上，这种假设只是在滚动体受力与变形之间为线性关系时才成立。

对于滚柱轴承，受力与变形之间的关系为 $P\approx C\Delta Z$，这样基本是合理的。对于滚珠轴承，受力与变形之间的关系为 $P\approx C\Delta Z^{1.5}$，用简单叠加方法会产生一些误差。精确计算应按弹性力学的方法计算正压力，或者分别求得各载荷作用下的总变形，然后将变形叠加起来，用总变形求其正压力。

采用叠加法处理 P_V 与 M 是先按均匀分布规律将垂直力 P_V 平均分配到一排滚动体上，每一个滚动体上的垂直压力为

$$P_{Vi}=\frac{P_V}{n} \tag{10-34}$$

在力矩 M 的作用下，由于滚动体与滚道接触处发生弹性变形，刚性轨道的外座圈相对于内座圈产生微小的倾斜，滚动体的变形量 ΔZ 与 x 轴成正比，如图 10-18 所示。即

$$\Delta Z=\Delta Z_{max}\frac{x}{R}=\Delta Z_{max}\cos\varphi$$

假定滚动体是连续的，作用在滚动体上的载荷与变形的 r 次方成正比，因此，滚动体单

位长度上的载荷为

$$P_{\mathrm{M}} = C\Delta Z^{r} \tag{10-35}$$

式中　C——滚动体弹性系数；

　　r——与滚动体形状有关的常数，对于滚柱，$r=1$，对于滚珠，$r=1.5$。

$$P_{\mathrm{Mmax}} = C(\Delta Z_{\max}\cos\varphi)^{r} = P_{\mathrm{Mmax}}\cos^{r}\varphi$$

由力矩平衡条件

$$M = 4\int_{0}^{\frac{\pi}{2}} P_{\mathrm{M}} R \mathrm{d}\varphi x = 4P_{\mathrm{Mmax}}R^{2}\int_{0}^{\frac{\pi}{2}}\cos^{r+1}\varphi \mathrm{d}\varphi$$

$$P_{\mathrm{Mmax}} = \frac{M}{4R^{2}\int_{0}^{\frac{\pi}{2}}\cos^{r+1}\varphi \mathrm{d}\varphi} \tag{10-36}$$

对于滚柱轴承，$r=1$，代入式（10-36）可得

$$P_{\mathrm{Mmax}} = \frac{M}{\pi R^{2}} \tag{10-37}$$

滚动体节距 $t=2\pi R/n$，代入式（10-37）可得出最大滚子压力为

$$P_{\mathrm{Mmax}} = \frac{4M}{nD}$$

对于滚珠轴承，$r=1.5$，最大滚珠压力为

$$P_{\mathrm{Mmax}} = \frac{4.37M}{nD}$$

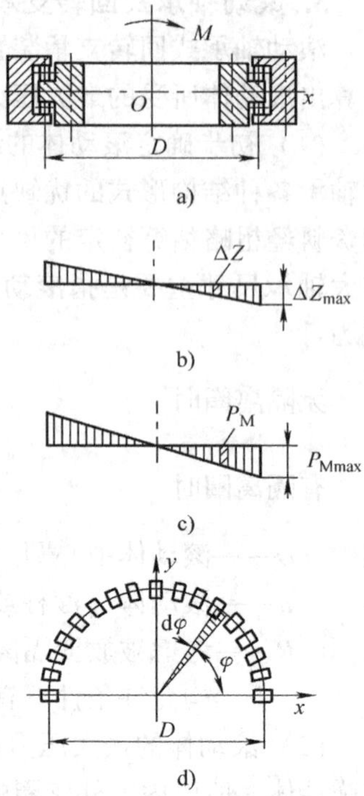

图 10-18　受倾覆力矩 M 作用时的计算简图

a）倾覆力矩 M 作用图　b）弹性变形图　c）滚动体的线载荷图　d）滚动体的最大载荷计算图

上述两种情况的统一表达式为

$$P_{\mathrm{Mmax}} = \frac{KM}{nD}$$

式中　K——系数，对于滚柱轴承，$K=4\sim4.5$，对于滚珠轴承，$K=4.5\sim5$，滚道刚性小时取大值，滚道刚性大时取小值。

对于同时受垂直力及力矩作用的轴承，即受偏心载荷的轴承，可近似按叠加原则计算最大压力。即

$$P_{\mathrm{Mmax}} = \frac{P_{\mathrm{V}}}{n} + \frac{KM}{nD} \tag{10-38}$$

2）水平力 P_{H} 作用下滚动体的压力分配。在水平力 P_{H} 作用下，设受力的滚动体沿 x 方向的移动量均相等，如图 10-19 所示。移动量 a 是切向移动量 Δt 和法向移动量 Δr 的几何和。法向移动量符合余弦定律。即

$$\Delta r = \Delta r_{\max}\cos\varphi = a\cos\varphi$$

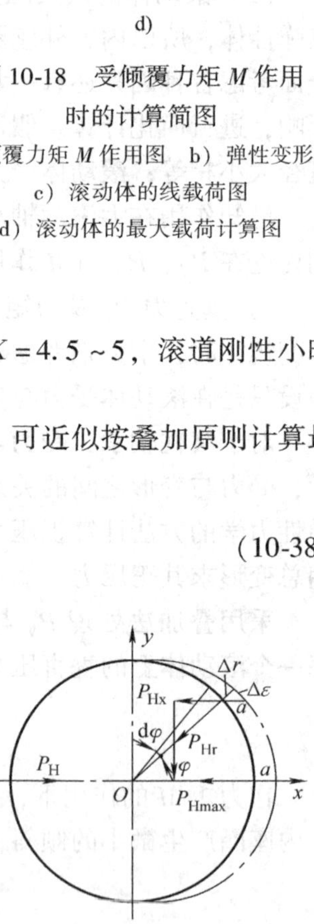

图 10-19　求 P_{H} 的计算简图

假设滚动体沿圆周连续分布，根据实验测定和力学理论知识，可得出作用于滚动体上的载荷与变形的 r 次方成正比，由此可求得沿法线方向的滚动体单位长度上的载荷为

$$p_{\mathrm{Hr}} = C\Delta\gamma^{r} = Ca^{r}\cos^{r}\varphi$$

式中 C——滚动体弹性常数。

同样，沿 x 轴方向的滚动体单位长度上的线载荷为

$$p_{\mathrm{Hx}}=p_{\mathrm{Hr}}\cos\varphi=p_{\mathrm{Hmax}}\cos^{r+1}\varphi$$

由 x 轴方向力的平衡条件得

$$P_{\mathrm{H}}=\int_{-\frac{\pi}{2}}^{\frac{\pi}{2}}p_{\mathrm{Hx}}R\mathrm{d}\varphi=2Rp_{\mathrm{Hmax}}\int_{0}^{\frac{\pi}{2}}\cos^{r+1}\varphi\mathrm{d}\varphi \tag{10-39}$$

对于滚柱轴承，$r=1$，则

$$\int_{0}^{\frac{\pi}{2}}\cos^{r+1}\varphi\mathrm{d}\varphi=\frac{\pi}{4}$$

对于滚珠轴承，$r=1.5$，则

$$\int_{0}^{\frac{\pi}{2}}\cos^{r+1}\varphi\mathrm{d}\varphi\approx 0.719$$

因此

$$p_{\mathrm{Hmax}}=-\frac{P_{\mathrm{H}}}{2R\int_{0}^{\frac{\pi}{2}}\cos^{r+1}\varphi\mathrm{d}\varphi} \tag{10-40}$$

由水平力 P_{H} 在一个滚动体上引起的最大载荷为

$$P_{\mathrm{Hmax}}=p_{\mathrm{Hmax}}\frac{t}{i} \tag{10-41}$$

式中 t——滚动体的节距，$t=2\pi R/n$；

i——承受水平力滚动体的数目；

R——滚动体中心圆半径（m）。

将上述计算整理后可得

对于滚柱轴承

$$P_{\mathrm{Hmax}}=\frac{4P_{\mathrm{H}}}{in} \tag{10-42}$$

对于滚珠轴承

$$P_{\mathrm{Hmax}}=\frac{4.37P_{\mathrm{H}}}{in} \tag{10-43}$$

统一表达式为

$$P_{\mathrm{Hmax}}=\frac{KP_{\mathrm{H}}}{in} \tag{10-44}$$

式中 K——与滚动体形状及滚道刚度有关的系数，考虑到实际上滚动体与滚动体之间有间隙存在，使受载滚动体数目减少，K 值比理论值稍大，对于滚柱轴承，$K=4\sim4.5$，对于滚珠轴承，$K=4.5\sim5.0$，滚道刚度小时取大值，滚道刚度大时取小值。

3）在垂直力 P_{V}、水平力 P_{H} 和倾覆力矩 M 共同作用下，滚动体上的最大载荷。如果滚动体与滚道接触点的法线不平行或不垂直，与轴承轴线形成一个接触角 β，如图 10-20 所示，这样一排滚动体就可同时承受垂直力 P_{V}、水平力 P_{H} 和倾覆力矩 M 的共同作用，这时一个滚动体所承受的最大法向载荷为

$$P_{max}=\frac{P_V}{n\cos\beta}+\frac{P_H}{n\sin\beta}+\frac{M}{nD\cos\beta} \quad (10\text{-}45)$$

4）滚动体与滚道接触强度校核。滚动体的强度一般高于滚道，所以接触强度的验算一般只验算滚道。

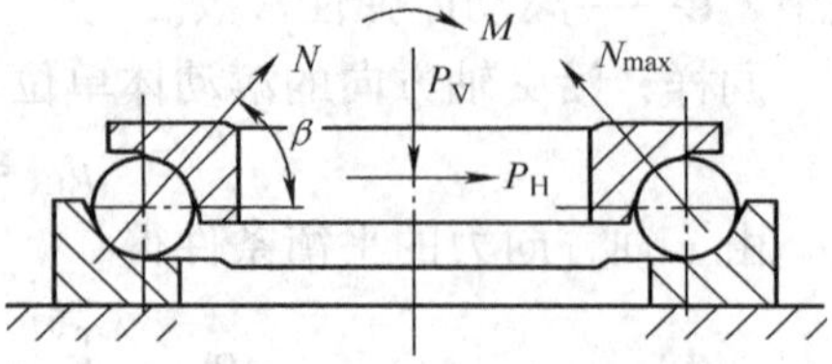

图 10-20　接触点法线与轴承线不平行时的受力简图

对于滚柱轴承式滚道，按线接触计算。即

$$\sigma_x=188\sqrt{\frac{P_{max}}{l\rho}}\leqslant[\sigma_x] \quad (10\text{-}46)$$

对于滚珠轴承式滚道，按点接触计算。即

$$\sigma_d=850\sqrt[3]{\frac{P_{max}}{\rho^2}}\leqslant[\sigma_d] \quad (10\text{-}47)$$

式中　P_{max}——滚动体上的最大法向载荷（N）；

l——接触线长度（mm）；

ρ——接触处换算曲率半径，可按表 10-4 中所列的公式计算；

$[\sigma_x]$、$[\sigma_d]$——许用接触应力（N/mm^2）。

表 10-4　滚动体与滚道在各种接触情况下的换算曲率半径

接触情况	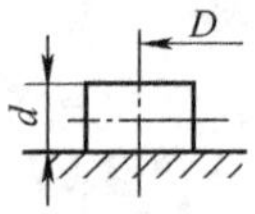	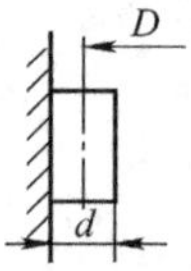	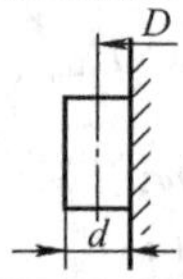	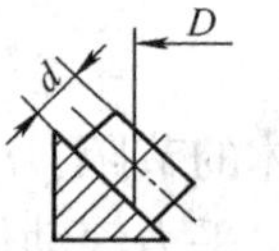	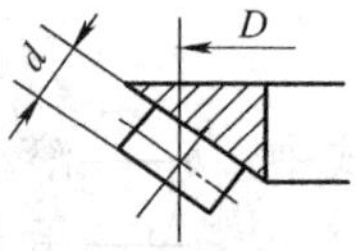
$\frac{1}{\rho}$	$\frac{2}{d}$	$\frac{2}{d}-\frac{2}{D+d}$	$\frac{2}{d}-\frac{2}{D-d}$	$\frac{2}{d}-\frac{2\sin\beta}{D+d\sin\beta}$	$\frac{2}{d}+\frac{2\sin\beta}{D-d\sin\beta}$
接触情况	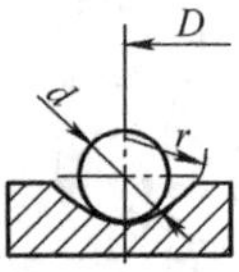	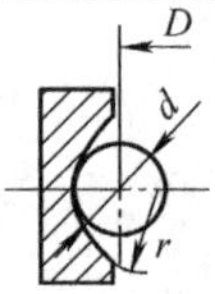	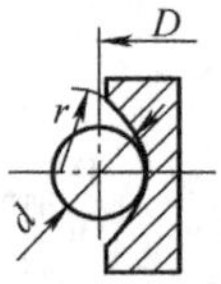	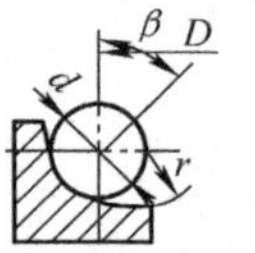	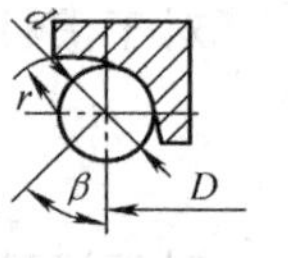
$\frac{1}{\rho}$	$\frac{4}{d}-\frac{1}{r}$	$\frac{4}{d}-\frac{2}{D+d}-\frac{1}{r}$	$\frac{4}{d}+\frac{2}{D-d}-\frac{1}{r}$	$\frac{4}{d}-\frac{2\sin\beta}{D+d\sin\beta}-\frac{1}{r}$	$\frac{4}{d}+\frac{2\sin\beta}{D-d\sin\beta}-\frac{1}{r}$

10.3　回转驱动机构的主要形式与构造

10.3.1　回转驱动机构的主要形式

1. 驱动装置主要组成部分

一般来说，驱动装置主要由以下三部分组成：

1）主动机，如电力驱动中的电动机，液压驱动中的液压马达（包括液压动力源），内燃机驱动中的内燃机等。

2）传动装置主要包括减速、换向和制动装置等。

3）回转小齿轮与回转支承装置上的大齿圈啮合传动，以实现回转部分作回转运动。

2. 常用的驱动形式

为了保证回转机械可靠工作和防止过载，在传动系统中一般还需装设极限力矩限制器。主动机大多采用电动机，但移动式回转起重机则多数采用内燃机。回转驱动元件大多采用齿轮（或针轮），也有个别起重机采用驱动滚轮或采用绳索牵引。

根据起重机的用途和构造，回转驱动装置可以按两种方案布置：

驱动部分装在起重机回转部分上，最后一级大齿圈（或针轮）安装在不回转部分的机架上，在港口起重机的回转机构中，绝大多数采用这种形式。

驱动部分装在起重机非回转部分上，最后一级大齿圈（或针轮）则安装在起重机回转部分上，在一些大型的定柱式起重机、塔式起重机中有时采用这种形式。

根据所用发动机、减速器及回转驱动元件的不同，回转机构出现了多种驱动形式，可规纳为以下几种：

1）卧式电动机-带制动轮的弹性柱销联轴器-制动器-带极限力矩限制器的蜗杆减速器-最后一级大齿轮（或针轮）传动，如图10-21所示。这种形式的优点是工作平稳，结构紧凑，传动比大，易于利用标准零部件，其缺点是传动效率低。常用于中小型回转起重机。

2）卧式电动机-带极限力矩限制器的联轴器-制动器-圆柱锥齿轮减速器（或部分采用开式齿轮传动）-最后一级大齿轮（或针轮）传动，如图10-22所示。这种形式的优点是可以采用标准减速器，传动效率高。采用闭式减速器时，常把锥齿轮布置在高速部分，便于制造；采用开式齿轮传动时，平面布置尺寸较大，对机械安装的要求高，如果安装不合格会造成啮合不良。

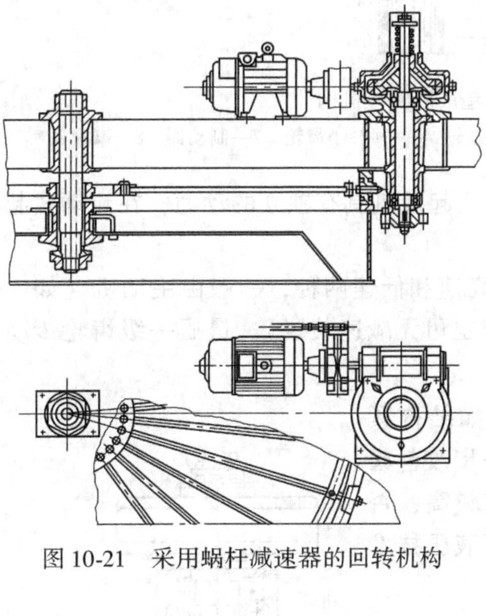

图10-21 采用蜗杆减速器的回转机构

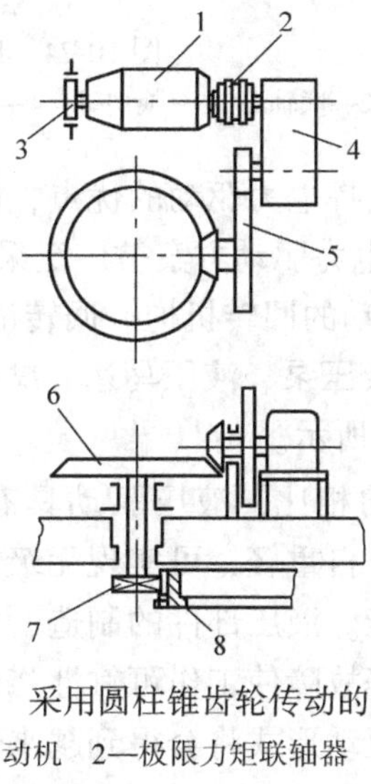

图10-22 采用圆柱锥齿轮传动的回转机构

1—卧式电动机 2—极限力矩联轴器 3—制动器
4—圆柱齿轮减速器 5—开式圆柱齿轮 6—锥齿轮
7—行星小齿轮 8—大齿轮（或针轮）

3）立式电动机-联轴器-水平安置的制动器-轴线垂直布置的行星齿轮减速器-最后一级齿轮传动，如图10-23所示。这种形式的突出优点是平面布置紧凑，能更好地利用机房空间，传动效率高，制造和安装都较方便。这种方案是起重机回转机构较理想的驱动方案，目前广泛用于港口起重机中。

有的驱动装置采用立式电动机-立式圆柱齿轮减速器-最后一级齿轮传动方案。

4）内燃机独立驱动时的回转驱动装置。在流动式起重机中，通常采用这种驱动形式，即起升、回转、变幅、行走四个工作机构均由一台内燃机来驱动，它通过动力分配箱将动力传到各工作机构。如图10-24所示，起重量为12t的港口轮胎式起重机构中的传动装置，由动力分配箱的输出轴1和联轴器2、换向装置（换向轴3和离合器4及换向齿轮5）、制动器7、减速器8和回转小齿轮6组成。由于内燃机不能反转，回转机构的正、反向回转是通过离合器的换向装置来实现的。

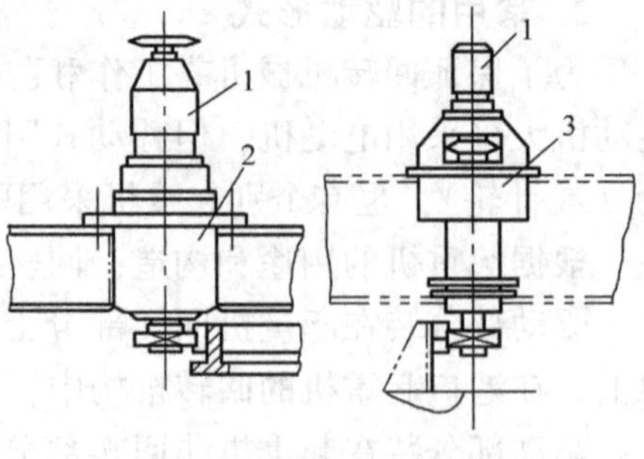

图10-23 采用立式电动机的回转驱动机构
1—立式电动机 2—立式减速器 3—行星减速器

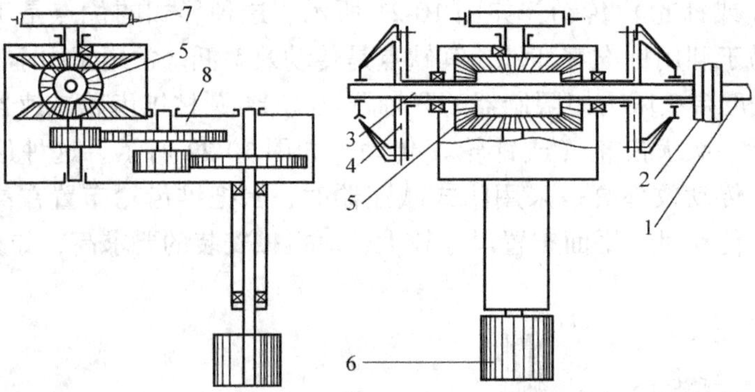

图10-24 HG 12型轮胎式起重机回转机构
1—输出轴 2—联轴器 3—换向轴 4—离合器 5—换向齿轮 6—回转小齿轮 7—制动器 8—减速器

为了充分发挥电力驱动的优点，同时又使流动式起重机具有独立的动力，在流动式起重机中，内燃机-电力驱动方案被广泛采用。

5）液压驱动的回转机构。回转液压马达分为高速和低速两种，一般由主动机（如内燃机）带动高压液压泵、液压马达、减速装置（有时也可无减速装置）、最后一级齿轮传动组成，如图10-25所示。

与机械传动相比，液压驱动具有许多优点，如结构紧凑，工作平稳，自重轻，可实现无级调速，能进一步改善起重机的工作性能。液压部件的制造、安装精度要求较高，否则会产生漏油等故障使工作可靠性降低。随着我国液压技术的发展，液压驱动形式将会得到越来越广泛的应用。

6）绞车绳索牵引式回转机构。如图10-26所示，它是利用绞车并通过牵引绳索来实现回转运动的，驱动绞车布置在回转部分之外，不随回转部分回转。

这种形式的回转驱动机构由绞车、牵引绳、大直径的特种转盘三个基本部分组成。特种转盘是一个大直径的绳索滑

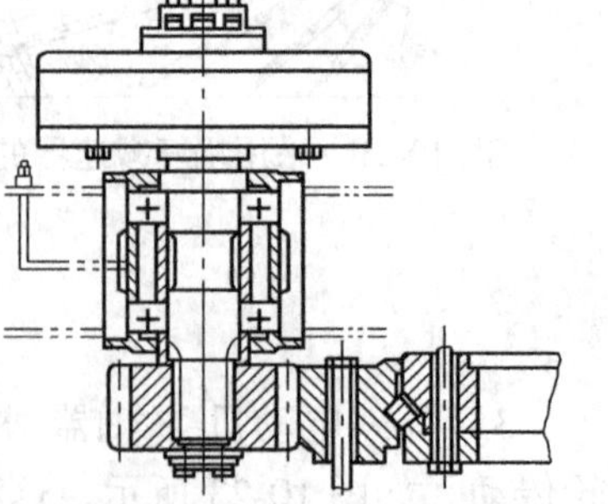
图10-25 液压马达驱动回转机构

轮，固定装配在起重机回转部分上，在转盘上按相反方向卷绕着两根钢丝绳，一端通过张紧装置固定在转盘上，另一端按相反方向卷绕在绞车的卷筒上，当绞车按不同方向驱动绳索卷筒时，两根牵引绳就交替地绕上卷筒或从卷筒上放出，牵引转盘实现回转运动。其优点是结构简单，制造和装拆比较方便。其缺点是回转角度受到绕在转盘上牵引绳索长度的限制，通常不超过400°，因此只适用于不要求连续多周旋转的起重机，多用于建筑和一些起重量大且使用频率不高的桅杆起重机。

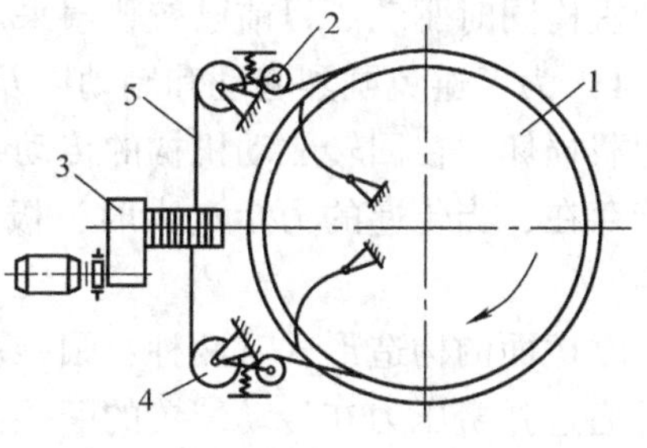

图 10-26 绳索牵引式回转驱动机构简图

1—特种转盘 2—张紧装置 3—卷筒绞车 4—导向滑轮 5—牵引绳

以上介绍了回转驱动机构的几种主要形式。不论采用何种形式，在进行具体设计时，要根据总体布置的要求，经过比较后再确定。

3. 选择驱动形式时的注意事项

在选择回转机构的驱动形式和传动装置时，根据其要求和特点，还应考虑以下几方面的问题。

为了提高起重机生产率，有时会根据幅度不同而改变回转速度，或需要在空载和小负荷时提高回转速度。这就要求回转驱动机构具有调速功能。由于直流电动机本身具有良好的调速性能，因此，采用直流电动机驱动容易实现机构的调速。若采用交流电动机驱动，也应通过电气控制系统来实现调速。如采用离合器换挡的变速器，则操作较麻烦，但工作可靠，能较好地满足提高生产率的要求。如采用双电动机驱动，通过差动行星齿轮减速器调速方案，由两台电动机分别开停并与正、反转组合，可以获得四种回转速度。这种方案结构复杂，但操作简单。应当注意到，无论采取何种形式的机械调速方案，都会使回转驱动机构复杂化。在回转机构工作不甚频繁，对生产率要求不太高的情况下，一般不进行调速，如需进行调速时，宜采用较简便的电气控制调速。由于回转机构的转动惯量较大，为了减小由起动和制动所引起的冲击，在部分产品设计中，将变频调速方案应用于回转机构的控制系统，取得了满意的效果。

1）回转机构宜采用脚踏式可操纵的常开式制动器。操纵方式可为杠杆式、油控式或气控式。由于回转阻力矩变化范围很大，且转动惯量大，采用常闭式电磁制动器不能准确停车，且会出现制动过猛。采用可操纵式常开制动器，司机可以控制上闸力的大小，使制动平稳，准确停车。为了防止起重机在停车后自行转动，应备有锁紧装置。

2）注意合理确定回转驱动小齿轮的位置。在确定回转机构转台上的布置位置时，应考虑回转支承装置的间隙对于回转驱动小齿轮与大齿圈啮合的影响。当小齿轮装在前后位置时，回转支承装置的间隙会影响啮合的顶隙和中心距。当小齿轮装在左右位置时，回转支承装置的间隙会影响啮合齿轮的齿侧间隙。当采用针轮传动时，由于它对中心距变化敏感，且当齿宽不大时对齿侧间隙不敏感，故宜沿臂架方向左右布置。当采用渐开线齿轮传动时，则宜布置在前后位置。如果采用间隙不大的滚动轴承式回转支承装置，小齿轮的布置位置则主要根据总体布置方便的原则而定。

3）在大型起重机中，为不使回转驱动小齿轮的齿圈尺寸过大，宜采用两套相同的回转驱动机构同时驱动。目前已较普遍采用立式电动机驱动，使其结构紧凑，方便布置。

4）为了避免剧烈起动和制动以及因操作不当而使臂架碰到障碍物时，防止机件及结构件超载损坏，在回转驱动机构的传动系统中通常装设极限力矩限制器，使传动系统中有摩擦连接存在，当传递的力矩过大时，极限力矩联轴器的摩擦面开始滑动，起到安全联轴器的作用。

摩擦面的构造形式有两种：圆锥形摩擦接合面和圆盘形多片式摩擦接合面。其基本原理都是通过弹簧压力在传动装置的摩擦面之间产生一定的摩擦力矩，若回转阻力矩小于极限摩擦力矩，则不打滑，如超过该值则产生打滑。

摩擦面接合的压紧力靠压缩弹簧产生，弹簧力的大小按所传递力矩的需要用螺母来调节。为了尽可能保证摩擦面间的摩擦因数比较稳定，应对摩擦面进行充分、良好的润滑。极限力矩联轴器必须装在蜗杆蜗轮啮合副之后，这样才能起到有效的保护作用。

10.3.2 回转驱动机构的计算

1. 回转阻力矩计算

起重机吊载平稳回转时所要克服的总回转阻力矩为

$$M = M_f + M_w + M_r \tag{10-48}$$

式中 M_f——回转支承装置中的摩擦阻力矩（N·m）；

M_w——风阻力矩（N·m）；

M_r——由道路坡度或浮船倾斜所引起的回转阻力矩（N·m）。

（1）摩擦阻力矩 M_f 的计算

1）柱式回转支承装置的摩擦阻力矩为

$$M_f = M_R + M_V + M_H \tag{10-49}$$

式中 M_R——径向轴承中的摩擦阻力矩（N·m）；

M_V——推力轴承中的摩擦阻力矩（N·m）；

M_H——水平滚轮支承中的摩擦阻力矩（N·m）。

径向轴承中的摩擦阻力矩为

$$M_R = \frac{1}{2}\mu P_H d \tag{10-50}$$

推力轴承中的摩擦阻力矩为

$$M_V = \frac{1}{2}\mu P_V d \tag{10-51}$$

式中 P_H——径向轴承所受的水平力（N）；

P_V——推力轴承所受的垂直力（N）；

μ——摩擦因数，滑动轴承取 $\mu = 0.08 \sim 0.1$，滚动轴承取 $\mu = 0.015$；

d——轴承内径（滚动轴承及滑动径向轴承）或平均直径（滑动推力轴承），有

$$d = \frac{1}{2}(d_a + d_i)$$

式中 d_a、d_i——滑动推力轴承的外径与内径（m）。

如果采用推力调心球面滚子轴承来代替径向轴承和推力轴承时（图10-27），可只计算

推力轴承中的摩擦阻力矩。即

$$M_V = \frac{1}{2}\frac{\mu P_V d}{\cos\theta} \tag{10-52}$$

式中 θ——滚子的倾斜角（°）。

实际上，如果采用滚动轴承，则这项摩擦阻力矩的数值很小，可以忽略不计。

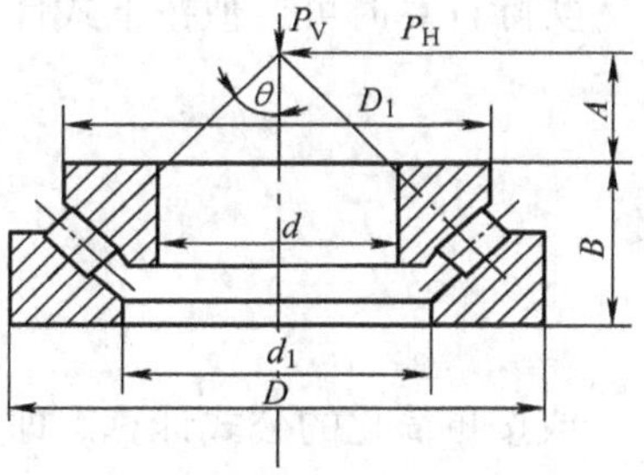

图 10-27 推力调心滚子轴承

水平滚轮支承中的摩擦阻力矩为

$$M_H = \beta(\Sigma M_1 + \Sigma M_2) \tag{10-53}$$

式中 M_1——滚动摩擦阻力矩（N·m）；

M_2——轴枢摩擦阻力矩（N·m）；

β——附加阻力系数，$\beta = 1.1 \sim 1.2$。

由图 10-28 可得

$$M_1 = W_1\frac{D_0}{2}, \quad W_1 = P_1\frac{2f}{D_1}$$

因此

$$M_1 = P_1\frac{fD_0}{D_1} \tag{10-54}$$

式中 f——滚动摩擦系数（mm）。

由图 10-29 可得

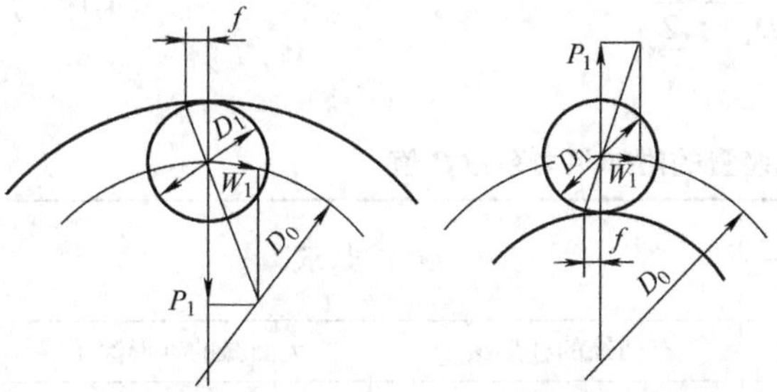

图 10-28 滚动摩擦阻力矩计算简图

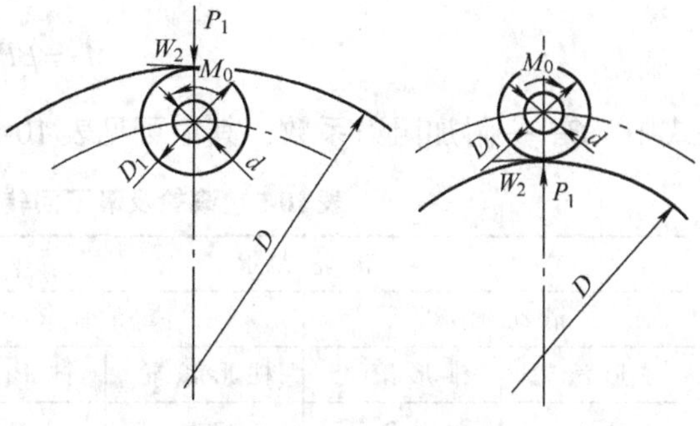

图 10-29 轴枢摩擦阻力矩计算简图

$$M_2 = W_2\frac{D}{2}$$

$$W_2 = \frac{M_0}{\frac{D_1}{2}} = \frac{\mu P_1\frac{d}{2}}{\frac{D_1}{2}} = P_1\frac{\mu d}{D_1}$$

$$M_2 = P_1\frac{\mu dD}{2D_1}$$

因此

$$M_H = \beta\Sigma P_1\left(\frac{fD_0}{D_1} + \frac{\mu dD}{2D_1}\right) \tag{10-55}$$

实际计算时可近似按下式计算。即

$$M_{\mathrm{H}}=\beta\Sigma P_{1}\left(\frac{2f+\mu d}{D_{1}}\right)\frac{D_{0}}{2} \tag{10-56}$$

或

$$M_{\mathrm{H}}=\beta\Sigma P_{1}\left(\frac{2f+\mu d}{D_{1}}\right)\frac{D}{2} \tag{10-57}$$

或按更简化的公式计算。即

$$M_{\mathrm{H}}=\omega\Sigma P_{1}\frac{D}{2}$$

或

$$M_{\mathrm{H}}=\omega\Sigma P_{1}\frac{D_{0}}{2}$$

式中 ω——阻力系数，滚动轴承 $\omega=0.01$，滑动轴承 $\omega=0.03$。

2）转盘式回转支承装置的摩擦阻力矩。

① 滚轮式回转支承装置摩擦阻力矩包括滚轮摩擦阻力矩和中心轴枢摩擦阻力矩。即

$$M_{\mathrm{f}}=\beta P_{\mathrm{V}}\frac{\mu d+2f}{D_{1}}\frac{D}{2}+\mu P_{\mathrm{H}}\frac{d_{\mathrm{sh}}}{2}$$

式中 d_{sh}——中心轴枢直径（m）。

通常中心轴枢摩擦阻力矩很小，可略去不计，因此滚轮式回转支承装置的摩擦阻力矩可简化为

$$M_{\mathrm{f}}=\beta P_{\mathrm{V}}\frac{\mu d+2f}{D_{1}}\frac{D}{2} \tag{10-58}$$

式中 β——附加阻力系数，其值可见表 10-5。

表 10-5　滚轮及滚子回转支承装置的附加阻力系数 β 值

滚轮支承				滚子支承	
滑动轴承		滚动轴承			
柱形滚轮	锥形滚轮	柱形滚轮	锥形滚轮	有凸缘的柱形滚子	无凸缘的锥形滚子
1.4	1.2	2.5	1.5	1.8	1.3

② 在滚子式回转支承装置中，滚子既可有轴枢，也可没有轴枢。对于没有轴枢的滚子，滚动摩擦阻力矩为所有受力的滚子的滚动阻力矩之和，并应考虑附加摩擦阻力系数。由图 10-30 可得

$$M_{\mathrm{f}}=\beta\Sigma W\frac{D}{2}\qquad W=\frac{Pf}{d/2}$$

$$M_{\mathrm{f}}=\beta\Sigma P\frac{f}{\frac{d}{2}}\frac{D}{2}=\beta P_{\mathrm{V}}\frac{fD}{d} \tag{10-59}$$

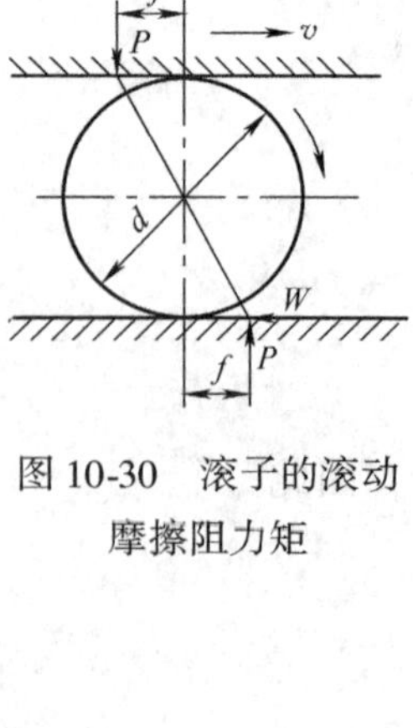

图 10-30　滚子的滚动摩擦阻力矩

③ 滚动轴承式回转支承装置摩擦阻力矩计算。滚动轴承式回转支承装置摩擦阻力矩为所有滚动体滚动阻力矩之和。即

$$M_f = \frac{fD}{d}\Sigma P \tag{10-60}$$

式中 ΣP——滚动体法向载荷绝对值之和（N）；

f——滚动摩擦系数，$f=0.2\sim0.4\text{mm}$；

D——轴承滚道中心直径（m）；

d——滚动体直径（m）。

ΣP 的计算分为两种情况：

第一种情况：当 $M \leqslant \frac{P_V D}{4}$ 时，滚动体支承反力不出现负值，即全部滚动体只承受正向压力，这时

$$\Sigma P = \frac{P_V}{\cos\beta} \tag{10-61}$$

式中 P_V——起重机回转部分垂直压力总和（N）；

β——滚动体的接触角（°）。

第二种情况：当 $M > \frac{P_V D}{4}$ 时，滚动体反力出现负值，即一部分滚动体承受正向压力，另一部分滚动体承受反向压力，这时总压力为这两部分压力绝对值之和（图 10-31）。即

$$\Sigma P = 2\int_0^{\varphi_1} p\,\frac{D}{2}\mathrm{d}\varphi + 2\int_{\varphi_1}^{\pi}(-p)\,\frac{D}{2}\mathrm{d}\varphi$$

式中 p——在垂直力 P_V 及力矩 M 的作用下，与 y 轴距离为 x 的滚动体的压力线密度。

$$p = \frac{P_V}{\pi D\cos\beta} + \frac{KM}{\pi D\cos\beta t}\,\frac{x}{R}$$

$$t = \frac{\pi D}{n}, x = \frac{D}{2}\cos\varphi = R\cos\varphi$$

$$p = \frac{P_V}{\pi D\cos\beta} + \frac{KM\cos\varphi}{\pi D^2\cos\beta}$$

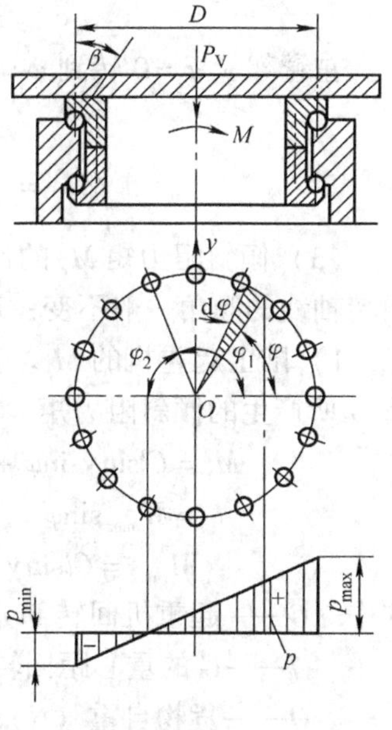

图 10-31 滚动体反力有负值时

将 p 值代入 ΣP 的计算公式中得

$$\Sigma P = 2\int_0^{\varphi_1}\left(\frac{P_V}{\pi D\cos\beta} - \frac{KM\cos\varphi}{\pi D^2\cos\beta}\right)\frac{D}{2}\mathrm{d}\varphi + 2\int_{\varphi_1}^{\varphi_2}\left[-\left(\frac{P_V}{\pi D\cos\beta} - \frac{KM\cos\varphi}{\pi D^2\cos\beta}\right)\right]\frac{D}{2}\mathrm{d}\varphi$$

整理可得

$$\Sigma P = \frac{2P_V\varphi_1}{\pi\cos\beta} - \frac{P_V}{\cos\beta} + \frac{2KM\sin\varphi_1}{\pi D\cos\beta}$$

而

$$\varphi_1 = \pi - \varphi_2 \quad \sin\varphi_1 = \sin\varphi_2$$

故

$$\Sigma P = \frac{P_V}{\cos\beta}\left(1 - \frac{2\varphi_2}{\pi}\right) + \frac{2KM\sin\varphi_2}{\pi D\cos\beta} \tag{10-62}$$

令 $\Sigma P=0$ 可求得

$$\varphi_2 = \arccos \frac{DP_V}{KM} \tag{10-63}$$

（2）风阻力矩 M_w 的计算　风阻力矩 M_w 由两部分组成，一部分是风吹到物品上引起的，另一部分则是风吹到回转部分所引起的。当臂架与风向垂直时（图 10-32），由风力产生的回转阻力矩达到最大值。即

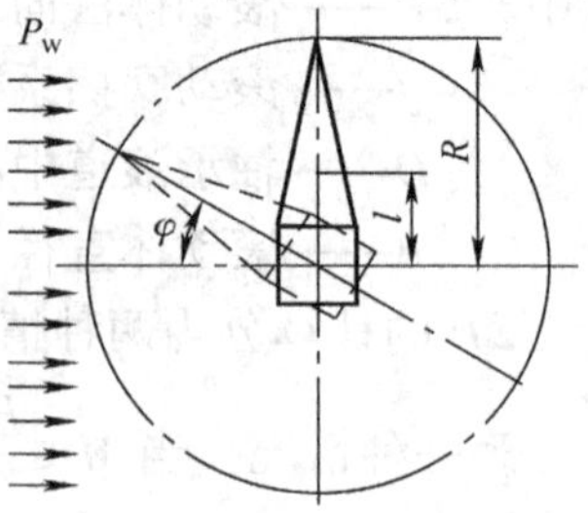

图 10-32　M_w 的计算简图

$$M_{wmax} = P_{WQ}R + P_{WG}l \tag{10-64}$$

式中　P_{WQ}——物品上的风力（N）；

R——幅度（m）；

P_{WG}——起重机回转部分上的风力（N）；

l——起重机回转部分迎风面形心到回转轴线的距离（m）。

当臂架与风向成 φ 角时，由风力产生的回转阻力矩为

$$M_w = P_{WQ}R\sin\varphi + P_{WG}l\sin\varphi = M_{wmax}\sin\varphi \tag{10-65}$$

左臂架从 $\varphi=0$ 转到 $\varphi=\pi$ 的过程中，M_w 是不断变化的，其等效风阻力矩为

$$M_{wx} = \sqrt{\frac{\int_0^{\pi} M_w^2 \mathrm{d}\varphi}{\pi}} = M_{fmax}\sqrt{\frac{\int_0^{\pi}\sin^2\varphi \mathrm{d}\varphi}{\pi}} \approx 0.7M_{wmax} \tag{10-66}$$

（3）倾斜阻力矩 M_r 的计算　起重机在斜坡上吊货回转时，会产生倾斜阻力矩 M_r，这时回转轴线的倾角一般不变；对于浮式起重机，其回转轴线的倾角是随回转运动而改变的。

1）陆上起重机的 M_r。货物及起重机回转部分自重 G 所产生的倾斜阻力矩，如图 10-33 所示，则

$$\begin{aligned} M_r &= Gl\sin\gamma\sin\varphi + QR_{max}\sin\gamma\sin\varphi \\ &= M_{rmax}\sin\varphi \\ M_{rmax} &= Gl\sin\gamma + QR_{max}\sin\gamma \end{aligned} \tag{10-67}$$

式中　G——起重机回转部分的自重（N）；

l——G 的重心距回转轴线距离（m）；

Q——货物自重（N）；

γ——坡度角（°）；

φ——臂架对 x-x 轴线的夹角（°）。

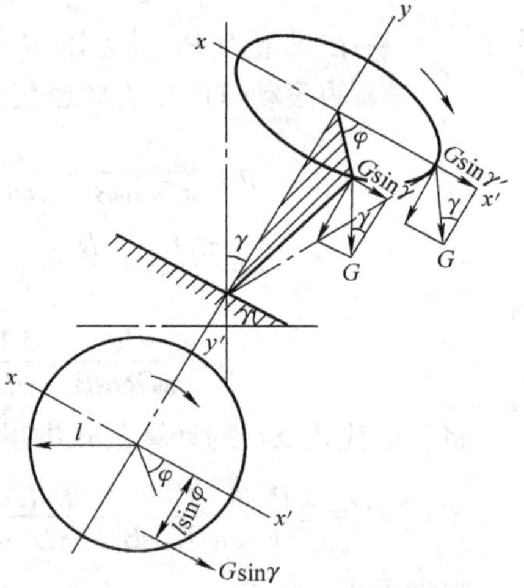

图 10-33　陆上起重机 M_r 计算简图

2）浮式起重机的 M_r。浮式起重机在倾覆力矩的作用下将产生倾斜，其倾覆力矩和倾角关系为

$$M_\theta = Dh_\theta\sin\varphi \tag{10-68}$$

$$M_\varphi = Dh_\varphi\sin\varphi \tag{10-69}$$

由图 10-34 可知

$$M_\theta = GR\sin\varphi = M_G\sin\varphi$$

$$M_\varphi = GR\cos\varphi = M_G\cos\varphi$$

所以

$$\sin\theta = \frac{M_G\sin\varphi}{Dh_\theta} \tag{10-70}$$

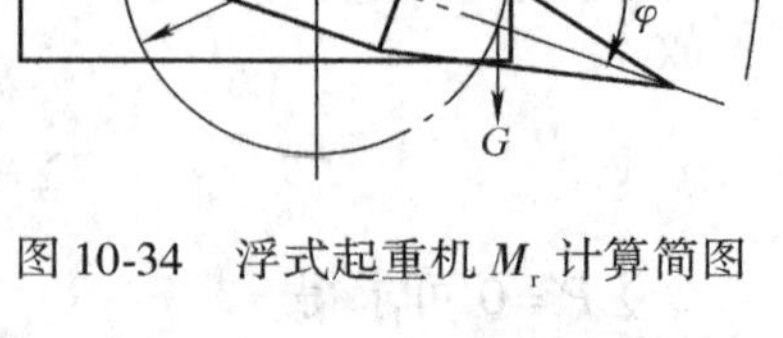

图 10-34　浮式起重机 M_r 计算简图

$$\sin\varphi = \frac{M_G\cos\varphi}{Dh_\varphi} \tag{10-71}$$

式中 M_G——由起重机回转部分（包括物品）自重所引起的倾覆力矩（N·m）；

θ、φ——横倾角和纵倾角（°）；

M_θ、M_φ——横倾力矩和纵倾力矩（N·m）；

h_θ、h_φ——横向和纵向初稳心高度（m）；

D——浮船的排水量。

从图10-34可以看出，当臂架沿逆时针方向回转时，横倾力矩将使回转阻力矩增大，纵倾力矩将使回转阻力矩减小。由船倾所引起的回转阻力矩为

$$\begin{aligned} M_r &= GR\cos\varphi\sin\theta - GR\sin\varphi\sin\varphi \\ &= M_G\cos\varphi\sin\theta - M_G\sin\varphi\sin\varphi \\ &= \frac{M_G}{D}\left(\frac{M_G\sin\varphi\cos\varphi}{h_\theta} - \frac{M_G\sin\varphi\cos\varphi}{h_\varphi}\right) \end{aligned}$$

所以

$$M_r = \frac{M_G^2\sin2\varphi}{2D}\left(\frac{1}{h_\theta} - \frac{1}{h_\varphi}\right) = M_{rmax}\sin2\varphi \tag{10-72}$$

当 $\sin2\varphi = 1$ 时，$\varphi = 45°$，M_r 达到最大值。即

$$M_{rmax} = \frac{M_G^2}{2D}\left(\frac{1}{h_\theta} - \frac{1}{h_\varphi}\right)$$

在臂架从 $\varphi = 45°$ 转到 $\varphi = \pi$ 的过程中，M_r 是变化的，因此无论是陆上起重机还是浮式起重机，其等效阻力矩为

$$M_{rx} = \sqrt{\frac{\int_0^\pi M_r^2 d\varphi}{\pi}} = M_{rmax}\sqrt{\frac{\int_0^\pi \sin^2 2\varphi d\varphi}{\pi}} \approx 0.7M_{rmax} \tag{10-73}$$

2. 回转阻力矩的组合

在分析了回转阻力矩的计算方法后，应进一步确定在各种不同工作状态下的载荷组合，从而求出实际计算所需的各类计算载荷。

（1） Ⅰ类载荷

1）电动机工作时的Ⅰ类载荷。一般在计算电动机平稳工作时的正常工作载荷时，可将各项阻力矩直接相加。即

$$M_{Id} = M_f + M_{wI} + M_{rI} \tag{10-74}$$

式中 M_{Id}——验算电动机发热时的等效阻力矩（N·m）。

实际上，这些阻力矩有时相加，有时相减，因此更为合理的计算方法为均方根法。即

$$M_{Id} = \sqrt{M_f^2 + M_{wI}^2 + M_{rI}^2} \tag{10-75}$$

2）验算接触疲劳强度时的等效载荷（Ⅰ类载荷）为

$$M_{Iz} \approx (1.0 \sim 1.1)M_{Id} \tag{10-76}$$

式中 M_{Iz}——验算接触疲劳强度时的等效阻力矩（N·m）。

（2） Ⅱ类载荷 Ⅱ类载荷在稳定运动时，工作中最大回转阻力矩为

$$M_{II} = M_f + M_{wmax} + M_{rmax} \tag{10-77}$$

回转机构一般可不计算Ⅲ类载荷。

3. 电动机容量的选定及验算

（1）电动机容量的选定　电动机的静功率为

$$P_j = \frac{M_{\mathrm{I}d} n_x}{9550\eta} \tag{10-78}$$

式中　$M_{\mathrm{I}d}$——回转机构电动机平衡工作时的等效阻力矩（N·m）；

n_x——起重机回转速度（r/min）；

η——回转机构总传动效率。

由于回转部分转动惯量较大，考虑电动机起动的影响，选用较大的功率。即

$$P_{JC} = k_d P_j \tag{10-79}$$

可取 $k_d = 1.2 \sim 1.8$。根据 P_{JC} 及回转机构的接电持续率 JC 值选用适当的电动机。

（2）验算起动时间　吊载回转起动时，除了克服平稳工作时的阻力矩外，还需克服起动时惯性力所造成的惯性阻力矩。惯性阻力矩包括由物品、起重机回转部分和驱动机构传动装置的回转零件三部分引起的阻力矩。即

$$M_g = [J]\varepsilon = [J]\frac{\omega}{t_q} = \frac{\pi}{30}\frac{[J]n_d}{t_q} = \frac{[J]n_d}{9.55t_q}$$

式中　$[J]$——折算转动惯量（kg·m²）；

$$[J] = 1.15[J]_g + \frac{P_Q R^2}{g i^2 \eta} + \frac{[J]_x}{i^2 \eta} \tag{10-80}$$

$[J]_g$——电动机轴上回转零件的转动惯量（kg·m²），通常取为电动机和联轴器等的转动惯量之和；

$[J]_x$——起重机回转部分的转动惯量（kg·m²）；

R——吊重幅度（m），按 $R = (0.7 \sim 0.8)R_{max}$ 计算；

g——重力加速度（m/s²），$g = 9.81\mathrm{m/s^2}$；

n_d——相对于电动机 P_j 时的转速（r/min）；

t_q——起动时间（s），其计算公式为

$$t_q = \frac{[J]n_d}{9.55(M_q - M_j)} \tag{10-81}$$

起动时间一般控制在下述范围：无风时 $t_q = 3 \sim 5\mathrm{s}$，有风时 $t_q = 4 \sim 10\mathrm{s}$，对于安装用起重机取大值，以免物品剧烈摆动。

$$M_q = M_{dq} = \lambda_{AS} T_N$$

$$M_j = 9550\frac{P_j}{n_d} = \frac{M_{\mathrm{I}d}}{i\eta} \tag{10-82}$$

式中　i——回转机构传动装置总传动比。

4. 制动器的选择

回转机构采用常开式制动器，并采用脚踏杠杆或液压装置操纵。采用可操纵式制动器，可根据需要加以适当控制，实现制动平稳和准确停车。制动器的最大制动力矩应满足起重机在顺风、下坡的条件下，在一定时间内完全停止。通常把制动器装在减速器高速轴上。在回转机构的传动装置中常装设极限力矩联轴器。制动力矩的计算也应按以下两种情况进行

考虑：

1）无极限力矩联轴器时，制动力矩由制动时的惯性阻力矩及静阻力矩确定。即

$$M_z = \frac{[J]' n_d}{9.55 t_z} + M'_{\mathrm{II}} \tag{10-83}$$

$$M'_{\mathrm{II}} = \frac{(M_{w\mathrm{II}\max} + M_{r\max} - M_f)\eta'}{i} \tag{10-84}$$

式中 M_z——制动器的最大制动力矩（N·m）；

M_f——摩擦阻力矩（N·m），但不考虑附加阻力；

t_z——制动时间（s），一般为 5 ~8s；

n_d——电动机额定转速（r/min）；

M'_{II}——折算到电动机轴上的静阻力矩（N·m）；

η'——传动机构的反向效率；

$[J]'$——制动时的折算转动惯量

$$[J]' = 1.15[J]_g + \frac{QR^2}{gi^2} + \frac{[J]\eta'}{i^2} \tag{10-85}$$

2）有极限力矩联轴器时，因机构可能传递的力矩不会超过极限力矩值，故制动力矩可根据极限力矩来确定。即

$$M_z = \frac{[J]' n_d}{9.55 t_z} + \frac{M_{jl}}{i}\eta_{jl} \tag{10-86}$$

式中 M_{jl}——极限力矩联轴器传递的最大力矩（N·m）；

η_{jl}——极限力矩联轴器至电动机的传递效率；

i——极限力矩联轴器至制动轮之间的传动比。

制动力矩求出后，可选用标准制动器，并设计制动器的操纵装置。

5. 验算电动机发热

按等效功率法验算，电动机能够安全散发的热量应等于或大于起动及平衡运动时所产生的热量。即

$$P_{JC}^2 t_g \geqslant P_q^2 t_q + P_j^2 (t_g - t_q - t_z) \tag{10-87}$$

式中 P_{JC}——电动机在规定接电持续率时的容许功率（kW）；

P_q——电动机的起动功率（kW）

$$P_q = \lambda_{AS} P_{25}$$

λ_{AS}——平均起动系数；

t_g——起重机工作时间（s）

$$t_g = \frac{60\varphi}{360 n_x} + \frac{1}{2}(t_q + t_z) = \frac{\varphi}{6 n_x} + \frac{1}{2}(t_q + t_z) \tag{10-88}$$

φ——起重机回转角度（°）；

t_q——起动时间（s）；

t_z——制动时间（s）。

6. 验算电动机的过载能力

电动机的最大力矩应能克服最大工作风力及最大坡度等所产生的阻力矩。即

$$M_{\mathrm{dmax}} \geqslant \frac{M_{\mathrm{f}}+M_{\mathrm{w}\,\mathrm{II}\,\mathrm{max}}+M_{\mathrm{rmax}}+M_{\alpha\,\mathrm{I}}}{i\eta} \tag{10-89}$$

式中　$M_{\mathrm{w}\,\mathrm{II}\,\mathrm{max}}$——作用在起重机回转部分的最大工作风力所引起的阻力矩（N·m），按 q_{II} 计算；

M_{rmax}——最大坡度的阻力矩（N·m）；

$M_{\alpha\,\mathrm{I}}$——起重机钢丝绳偏摆角为 α_{I} 时所引起的回转阻力矩（N·m），这里没有用 α_{II} 计算，因为考虑几种因素最大值出现的可能性很小；

M_{dmax}——受电气保护装置限制的最大力矩（N·m）

$$M_{\mathrm{dmax}}=2.25M_{25}$$

7. 传动装置总速比及减速器的选择

（1）传动装置总传动比

$$i=\frac{n_{\mathrm{d}}}{n_{\mathrm{x}}}$$

$$i=i_1i_2$$

式中　i_1——减速器传动比；

i_2——回转机构大齿圈的传动比

$$i_2=\frac{z_2}{z_1}$$

式中　z_1——大齿圈的齿数；

z_2——齿轮齿数，一般取 10~18。

（2）减速器　回转机构的减速器按起动功率及传动比 i_1 在产品目录上选用标准减速器。

8. 极限力矩联轴器的计算

极限力矩联轴器要能起到保护电动机和传动零件的作用，应使其打滑时传递的力矩不超过电动机的最大力矩。但如果极限力矩联轴器传递的力矩过小，则在电动机和零件所允许的力矩作用下开始打滑，将导致起动力矩和制动力矩不能充分发挥作用，延长了起动和制动时间，降低了生产率。同时，由于在正常起动及制动过程中也发生打滑现象，加快了极限力矩联轴器的磨损。因此，应该使极限力矩联轴器在正常起动或制动过程中不发生打滑，只在过载情况下才开始打滑。按照这个原则，极限力矩联轴器传递的力矩应为

$$M_{\mathrm{jl}}=1.15\left(M_{\mathrm{max}}-\frac{[J]_{\mathrm{g}}n_{\mathrm{d}}}{9.55t_{\mathrm{q}}}\right)i_{\mathrm{jl}}\eta_{\mathrm{jl}} \tag{10-90}$$

式中　M_{max}——电气保护装置所限制的电动机最大力矩，一般取 $M_{\mathrm{max}}=2.25\,M_{25}$；

i_{jl}、η_{jl}——从电动机轴到极限力矩联轴器之间的传动比和传动效率。

在初步计算时也可取为电动机额定力矩换算到极限力矩联轴器处力矩值的 2 倍。

本章小结

了解回转支承装置和回转驱动机构的计算，理解回转支承装置和驱动机构的构造特点，掌握回转支承装置的载荷计算及组合、回转平衡对重的概念、回转机构的载荷特点，重点掌握对重的确定及极限力矩限制装置的作用与安装位置。

教学重点和难点：重点掌握对重的确定及极限力矩限制装置的作用与安装位置。

第11章

变幅机构

在臂架类起重机中，用于改变吊具或起吊货物水平幅度位置的机构称为变幅机构。在臂架类回转型起重机中，从起重机旋转中心线到取物装置中心线的距离称为幅度；在非回转的臂架类起重机中，从臂架铰轴或其他典型轴线到取物装置中心线的水平距离称为起重机的幅度。

根据工作性质的不同，变幅机构可分为工作性与非工作性两种。

非工作性变幅机构也称为调整型变幅机构，它只在装卸开始前的空载条件下变幅，使起重机调整到适于吊运货物的幅度，在货物运转过程中，幅度不再改变，变幅过程是非工作性的。其主要特征是变幅工作次数少，一般都采用较低的变幅速度，通常为10～30m/min。

工作性变幅机构可使货物沿起重机的径向作水平移动，以扩大起重机的服务空间范围和提高工作机动性。这种变幅可在带载条件下进行，其变幅过程成为每一工作循环中的主要工序之一，这类变幅机构称为工作性变幅机构。其主要特征是变幅频繁，变幅速度对装卸生产率有直接影响。所以在这类变幅机构中，一般应采用较高的变幅速度以提高装卸生产率，通常为40～90m/min。工作性变幅机构在构造上较为复杂，但工作性能则显著改善。例如采用吊重水平位移及臂架自重平衡系统，可减少变幅阻力、降低变幅功率。

根据变幅方法，变幅机构可分为运行小车式和俯仰臂架式。

图11-1所示是一种运行小车式变幅机构，幅度的改变是靠小车沿着水平的臂架弦杆运动来实现的。运行小车变幅可分为自行式和绳索牵引式两种。这类变幅机构一般是工作性变幅机构，常用于带电动葫芦的小型固定式回转起重机，也可用于部分塔式起重机中。

图11-2所示是一种俯仰臂架式变幅机构，它靠动臂在垂直平面内绕其铰轴俯仰来实现幅度的改变。俯仰臂架式变幅广泛用于门座起重机、流动式起重机和大多数塔式起重机等。

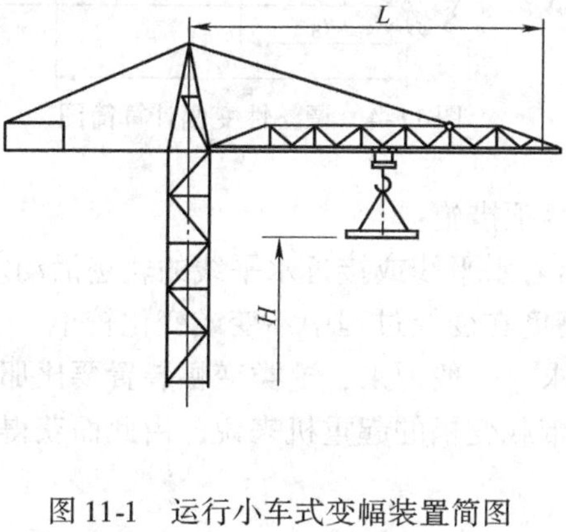

图11-1　运行小车式变幅装置简图

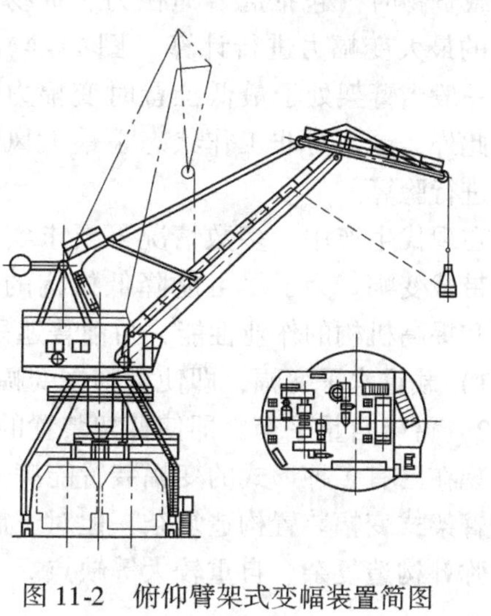

图11-2　俯仰臂架式变幅装置简图

流动式起重机和一些不经常工作的臂架类大起重量非回转型起重机，通常采用简单俯仰臂架式变幅系统（图 11-3a），臂架通过变幅绞车及钢丝绳变幅滑轮组的牵引，改变其倾角，从而改变幅度。具有直臂架的简单俯仰臂架式变幅机构，采用折线臂架，可扩大小幅度时臂架下的工作空间（图 11-3b）。但这样会导致臂架的受力恶化。

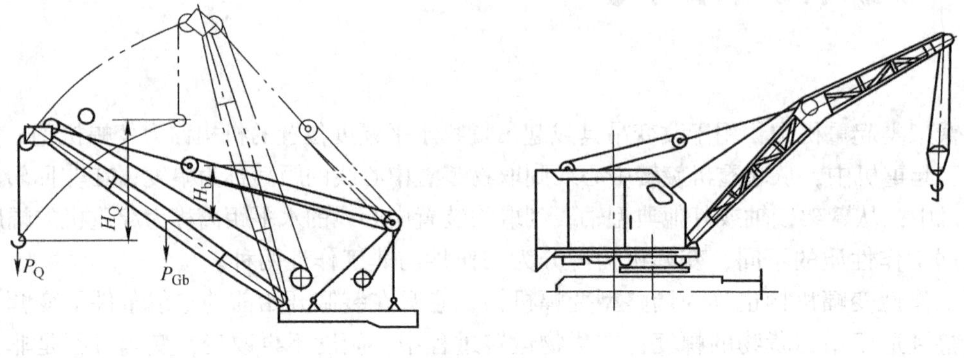

图 11-3　简单俯仰臂架变幅系统

液压驱动的起重机采用液压缸改变臂架的倾角。为了增大幅度变化范围，近代汽车式起重机的臂架制成可伸缩式。

在简单俯仰式变幅系统中，起升钢丝绳卷绕系统没有保持吊重趋于水平移动的绳索补偿部分，臂架装置一般也没有保持其重心水平移动的自重平衡部分，因此在变幅过程中，货物与臂架的重心也同时作升降运动（图 11-3b），要克服臂架自重和货物自重升降所引起的能量，所需的变幅驱动功率将显著增大。此外，货物随着变幅自行升降的现象也对装卸工作带来不便，并对整机带来动力冲击。所以，这类变幅系统主要用作非工作性调整变幅。

确定调整型变幅机构的驱动功率时，只需考虑臂架自重和风力。对于制动器以及它与臂架间的所有传动连接构件，都必须按臂架吊载货物时（包括起升绳拉力、货物偏斜等）的最大变幅力进行计算（图 11-4）。显然，一般当臂架处于最低位置时变幅力为最大。此外，也须对非工作状态下最大风力的情况进行验算。

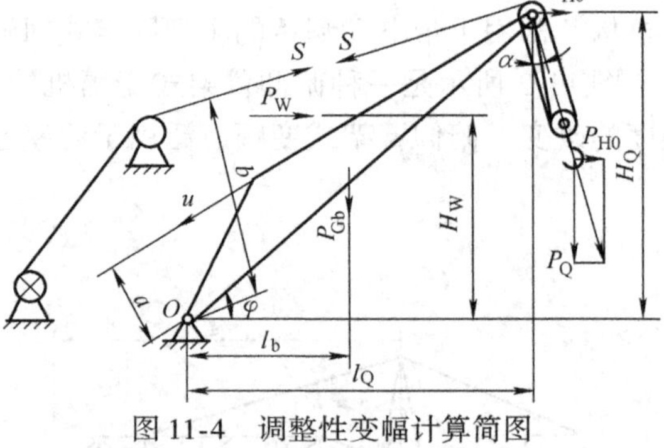

图 11-4　调整性变幅计算简图

在现代生产中，多数情况下要求实现工作性带载变幅。为了尽可能降低机构的驱动功率和提高机构的作业性能，目前普遍采用以下两项措施：

1）载重水平变幅，即使货物在变幅过程中沿着水平线或接近水平线的轨迹活动。

2）臂架自重平衡，即使臂架装置的总重心高度在变幅过程中不变或变化较小。

现在已有多种形式的变幅装置能满足上述要求。一般说来，这类变幅装置要比那些简单俯仰臂架式变幅装置构造复杂，但对于需要经常带载变幅的起重机来说，由此而获得的优点足以弥补构造复杂、自重较大等缺点。

11.1 载重水平变幅

11.1.1 载重水平变幅的构造形式

在用臂架俯仰进行变幅的起重机中，为使载重在变幅过程中沿水平线或近似水平线移动，可以采用多种构造形式，但基本上可以归纳为两种类型，即绳索补偿法和组合臂架法。

1. 绳索补偿法

绳索补偿法的特点是货物在变幅过程中引起的升降现象依靠起升绳缠绕系统中及时放出或收入一定长度起升绳的办法来补偿，从而使货物在变幅过程中沿水平或接近水平线的轨迹移动。绳索补偿法又有多种方案，常用的有补偿滑轮组法、补偿滑轮法、连杆补偿滑轮组法和补偿卷筒法。

（1）补偿滑轮组法　图 11-5 所示为利用补偿滑轮组使货物水平变幅的工作原理。它的特点是在起升绳绕绳系统中增设一补偿滑轮组。可以看出，当臂架从位置Ⅰ转动到位置Ⅱ时，货物和取物装置一方面随着臂架端点的升高而升高，另一方面又由于补偿滑轮组缠绕长度缩短、放出钢丝绳和增加悬挂长度而下降。设计时应使起重机在变幅过程中由于臂架端点上升而引起的货物升高的距离，尽可能等于因补偿滑轮组缩短而引起的货物下降的距离，则货物沿近似水平线移动。所以，当采用滑轮组补偿时，实现水平变幅应满足的条件是

$$Hm = (l_1 - l_2) m_F \qquad (11\text{-}1)$$

式中　m——起升滑轮组的倍率，通常 $m \leqslant 2$；

m_F——补偿滑轮组的倍率，通常 $m_F = 3$。

这类补偿法的主要优点是构造简单，臂架受力情况比较有利，容易获得较小的最小幅度。其缺点是起升绳的长度大，起升绳绕过滑轮数目多，因而磨损快，小幅度时货物摆动角度大，不能保证货物严格地水平移动等。这种形式主要用于起重量小的起重机。

（2）补偿滑轮法　图 11-6 所示是利用补偿滑轮使货物水平变幅的变幅系统。从起升卷筒绕出的钢丝绳，经过装在摆动杠杆上的导向滑轮，然后通向臂架头部。装有补偿导向滑轮的杠杆通过拉杆与臂架连接。在变幅过程中，补偿导向滑轮位置的变化使从卷筒到臂架头部之间的钢丝绳长度的变化与吊钩随臂架头部的升降相补偿。即

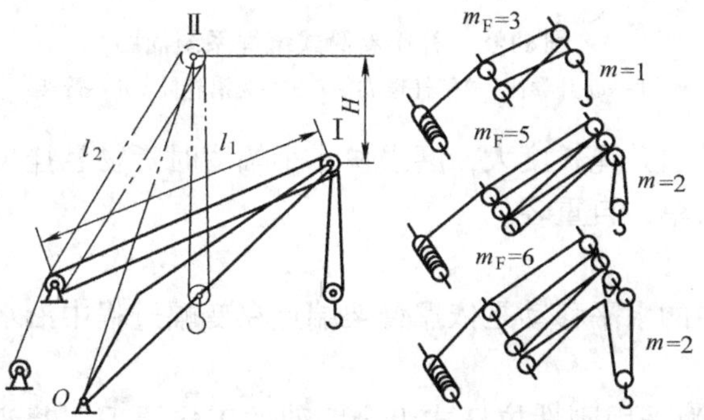

图 11-5　补偿滑轮组工作原理图

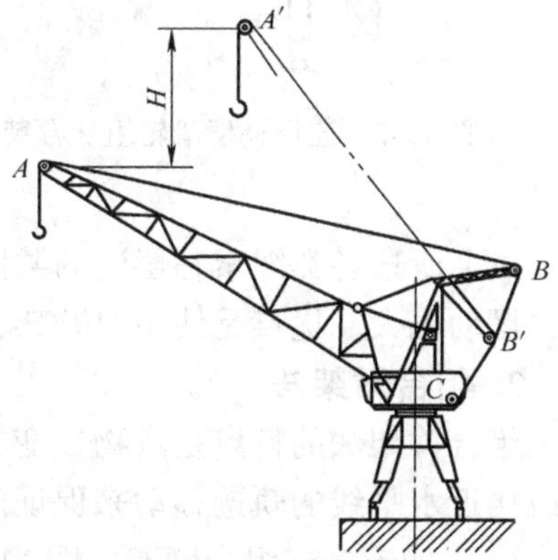

图 11-6　补偿滑轮式变幅装置简图

$$\overline{AB}+\overline{BC}-\overline{A'B'}-\overline{B'C}\approx H \tag{11-2}$$

则吊钩就可以近似位于同一水平线上。

与补偿滑轮组相比，这种形式的主要优点是起升绳的长度和磨损减小。其缺点是臂架所受弯曲力矩较大，也难以获得较小的最小幅度。这种形式可用于吊钩或抓斗起重机，它在大型起重机上的应用也正日益增多。

(3) 连杆补偿滑轮组法　图 11-7 所示的补偿方式是通过连杆把沿导轨移动的补偿滑轮组的动滑轮与臂架尾部联系起来，而且连杆的长度 l_1 与臂架的尾长 l_2 相等。

在臂架变幅过程中，将保持

$$H_1/H_2=l_1/(2l_2) \tag{11-3}$$

因此，如果起升滑轮组的倍率 m 和补偿滑轮组的倍率 m_F 之间能保持下列关系时，货物就可以准确地沿水平线移动，这个关系是 $mH_1=m_FH_2$。即

$$m_F=\frac{H_1}{H_2}m=\frac{l_1}{2l_2}m \tag{11-4}$$

在转柱式的结构中，将补偿滑轮组布置在转柱里面，由液压缸推动滑轮组动滑轮而使臂架摆动变幅，且动滑轮可与臂架的平衡对重合并布置，这样可以得到很紧凑的变幅系统。

(4) 补偿卷筒法　如图 11-8 所示，这种补偿法的原理是将起升绳的另一端绕在一个由变幅机构驱动的补偿卷筒上。这里，补偿卷筒与变幅卷筒同轴相连。在变幅过程中，补偿卷筒放出或收入一定长度的起升绳，以弥补由于臂架仰俯摆动而引起的货物升降现象。如果采用适当设计的曲线卷筒并使钢丝绳有序缠绕，就可以达到准确的货物水平变幅。实际上从工艺方面考虑，补偿卷筒常制成圆锥形，这样可近似地实现货物水平变幅。

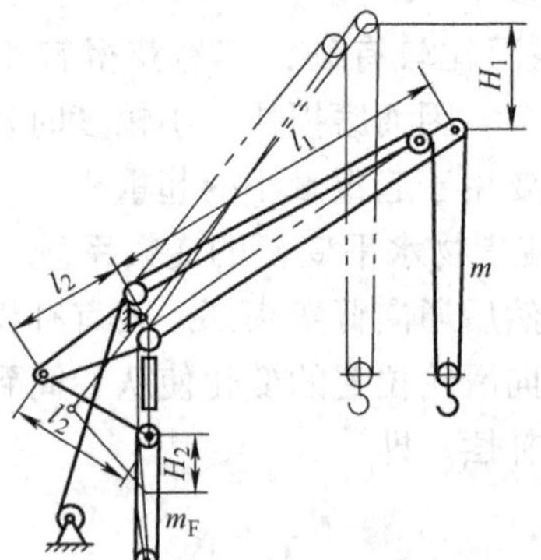

图 11-7　连杆补偿滑轮组变幅装置简图

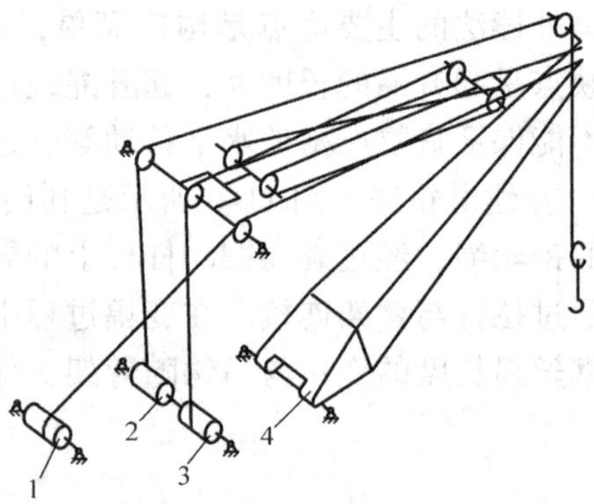

图 11-8　补偿卷筒式绕绳系统简图

1—起升卷筒　2—补偿卷筒　3—变幅卷筒　4—臂架

以上所述各类绳索补偿法的共同缺点是起升绳长度大，磨损快，小幅度时货物悬挂长度大，摆动也大。优点是使用单臂架，构造简单，自重轻。

2. 组合臂架法

组合臂架法的特点是货物在变幅过程中的水平移动是依靠臂架端点在变幅过程中沿水平线或接近水平线的轨迹移动来保证的。

(1) 四连杆式组合臂架　图 11-9 所示为采用刚性拉杆式组合臂架的工作原理。臂架系统由臂架、象鼻梁和刚性拉杆三部分组成。象鼻梁的端点将描绘出一条双叶曲线，如果臂架

系统的尺寸选择得合适，则在有效幅度 $S_{min} \sim S_{max}$ 范围内，象鼻梁的端点将沿着接近水平线的轨迹移动。当起升绳沿着臂架或拉杆到达象鼻梁，并从其头部引出时，即满足了货物水平变幅的要求。

这种方案的主要优点是货物悬挂长度减小，摆动现象减轻，起升绳的长度和磨损减小，起升滑轮组的倍率对补偿系统没有影响。但其缺点是臂架系统复杂，自重大，货物难以沿着严格的水平线变幅等。这种方案在港口及造船门座起重机上应用最广。

(2) 平行四边形组合臂架　图 11-10 所示为一种平行四边形的组合臂架，通过由拉杆、象鼻梁、臂架与连杆构成的平行四边形，可保证吊重在变幅过程中严格地按水平线移动。

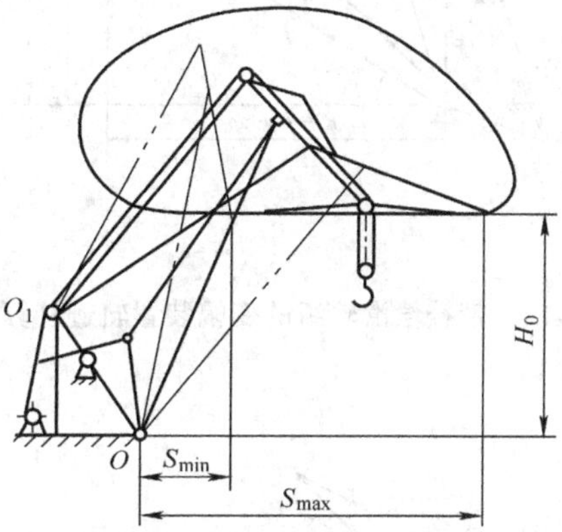

图 11-9　四连杆组合臂架

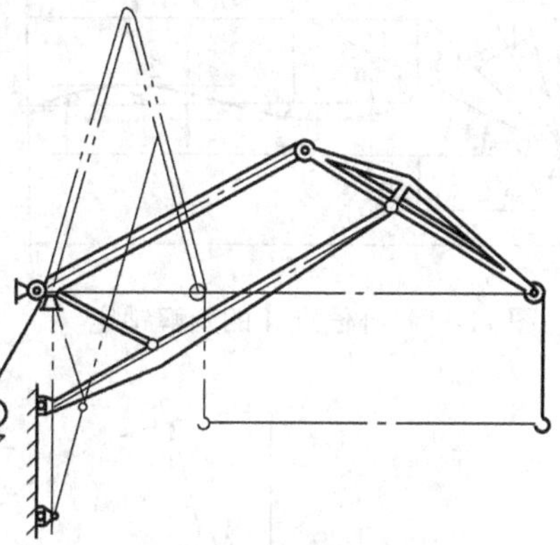

图 11-10　平行四边形组合臂架

11.1.2　载重水平变幅系统的设计

1. 补偿滑轮组装置的设计

如图 11-11 所示，首先根据工作需要和构造布置确定臂架长度 L、最大幅度 R_{max}、最小幅度 R_{min}、臂架铰点 O、起升滑轮组的倍率 m 和补偿滑轮组的倍率 m_F。为使物品水平变幅获得较满意的结果，在幅度为 R_{max} 时，臂架对水平线的夹角 φ_{min} 宜取 20° ~ 40°；幅度为 R_{min} 时，臂架对水平线的夹角 φ_{max} 宜取 60° ~ 80°。然后按照保证货物尽可能水平变幅的原则，采用图解法，确定补偿滑轮组定滑轮的装设位置 A。

A 点的具体确定方法如下：以一定的比例先作两个臂架位置Ⅱ和Ⅲ（图 11-11），这两个位置以选择离 R_{max} 和 R_{min} 的距离各为 $R/4$ 时较为合适。在臂架端点以一定的比例作出货物自重载荷 P_Q 和补偿滑轮组对臂架的作用力 $S = P_Q\ (m_F/m)$（图 11-12），使它们的合力 P 和 P' 通过臂架铰点 O。根据这一条件，就可以找出在Ⅱ、Ⅲ位置上，补偿滑轮组应有的轴线ⅡA 和ⅢA，两者的交点就是所求补偿点 A 的位置。一般说来，A 点位置大约在 O 点上方稍向前偏的地方。

A 点的位置确定以后，就可以根据整个变幅范围内的一系列臂架位置，作出变幅过程中货物移动的实际轨迹线，并据此校验实际最大高度差 Δy 是否满足设计要求。此外，还应根据整个工作幅度内一系列臂架位置上求出未平衡吊重力矩的变化图（图 11-13），校验未平衡吊重力矩的数值。通过校验，如对以上两项不满意，则应修正 A 点的位置，直到满意为止。

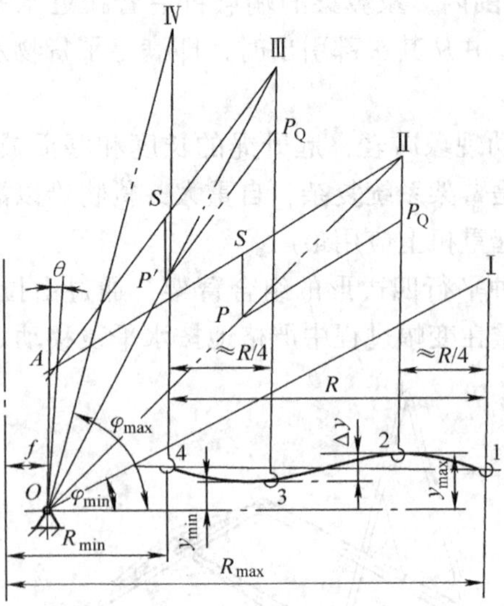

图 11-11 补偿点 A 的图解锁定

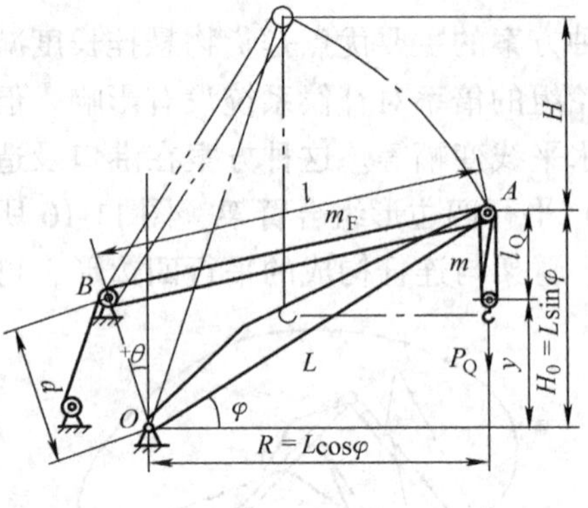

图 11-12 带补偿滑轮组的变幅装置轨迹计算图

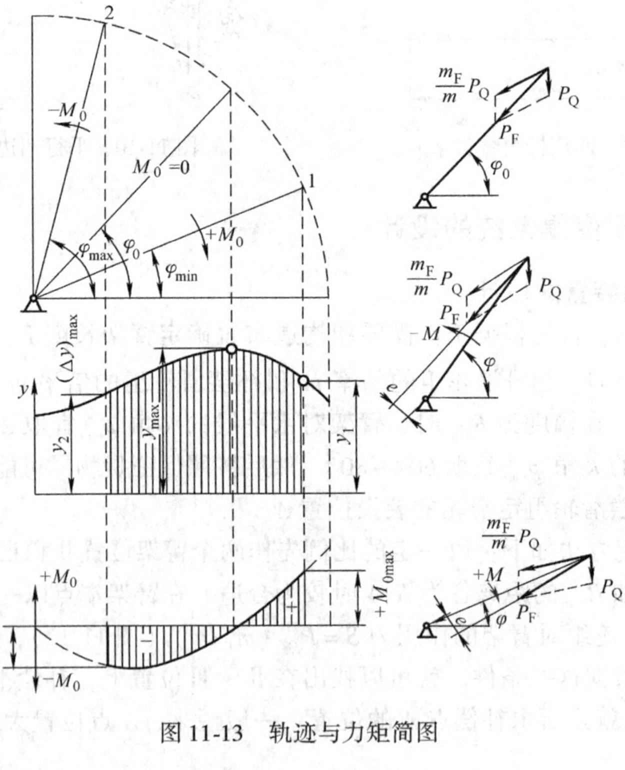

图 11-13 轨迹与力矩简图

下面讨论解析法，以便利用计算机代替手工作图。

设计任务为使 L 的变化与臂架头部滑轮高度变化 H 相适应。

在臂架俯仰时，两套滑轮组中的钢丝绳总长 D 应保持不变。即

$$D = ml_Q + m_F l = \text{const}$$

起升滑轮组动滑轮中心的高度为

$$y = L\sin\varphi - l_Q = L\sin\varphi - \frac{D - m_F l}{m} \tag{11-5}$$

设 $K = \frac{d}{L}$，$t = \frac{m_F}{m}$，从△OAB 中可得边长 l 为

$$l = \sqrt{L^2 + d^2 - 2Ld\cos[90° - (\varphi - \theta)]} = L\sqrt{1 + K^2 - 2K\sin(\varphi - \theta)}$$

则可得变幅过程中吊钩轨迹为

$$y = L\left[\sin\varphi + t\sqrt{1 + K^2 - 2K\sin(\varphi - \theta)} - \frac{D}{mL}\right] \tag{11-6}$$

显然 y 不是水平直线，应使 y 的垂直差值趋于最小，或者使 y 的斜率趋于最小。理论上只有当斜率为零时，吊钩在该点变幅速度才是水平的（图 11-12），此时不消耗功率，因此限制斜率的方法更为合理。下面对限制斜率的做法略加说明。

在变幅过程中，由于吊钩未严格按水平线移动所引起的功率消耗是以绕臂架铰轴 O 的力矩 M_O 作为衡量指标的。由功的平衡可得

$$P_Q d_y = M_O d\varphi$$

式中，P_Q 为吊重载荷。将式（11-6）代入上式后，可得力矩表达式为

$$M_O = P_Q\frac{dy}{d\varphi} = P_Q L\left[\cos\varphi - t\frac{K\cos(\varphi - \theta)}{\sqrt{1 + K^2 - 2K\sin(\varphi - \theta)}}\right] \tag{11-7}$$

因此，从臂架平衡来看，在变幅过程中控制 M_O，即控制 $dy/d\varphi$ 的数值，使之趋向于最小较为合理。

对于最常用的 $t=3$ 的补偿滑轮组变幅装置，根据不同的臂架摆角范围，按限制臂架力矩为最小的方法进行计算，所得的 θ 与 K 的最佳值列于表 11-1。

表 11-1 臂架力矩为最小时的 θ 与 K 值（$t=3$）

最佳参数	θ	K	θ	K	θ	K
φ_{max} / φ_{min}	70°		75°		80°	
20°	-6.3°	0.304	-5.0°	0.300	-4.4°	0.298
25°	-5.6°	0.300	-4.8°	0.297	-3.9°	0.294
30°	-5.0°	0.296	-4.2°	0.293	-3.3°	0.289
35°	-4.5°	0.292	-3.6°	0.288	-2.9°	0.285

2. 补偿滑轮装置的设计

从补偿滑轮装置的工作原理（图 11-6）可知，设计的主要内容是合理选择杠杆系统的尺寸，使补偿 B 点在变幅过程中的运动轨迹能很好地补偿因臂架头部 A 点升降所引起的吊钩的升降，从而保证吊钩在变幅过程中沿近似于水平线的轨迹运动。其具体设计步骤（图 11-14）如下：

1）初步选定臂架铰轴 O 和摆动支点 O_1 的位置，并根据给定的最大尾部半径初步确定补偿滑轮的起始位置 B 和摆动杠杆与连杆铰点的起始位置 F（相应最大幅度时的位置）。也可以先确定 O、O_1、B 和连杆与臂架的铰接点 D，因设计原理和步骤与前述情况类似，故下面只讨论前一种情况。

2）作出变幅过程中接近最大、中间和接近最小幅度的臂架位置 OA、OA' 和 OA''。显然，吊钩在上述三个位置上位于同一水平线所必须满足的条件是

$$\overline{AB}+\overline{BE}-(\overline{A'B'}+\overline{B'E})=H'$$

$$\overline{AB}+\overline{BE}-(\overline{A''B''}+\overline{B''E})=H'' \tag{11-8}$$

式（11-8）就是确定杠杆系统尺寸的基础。

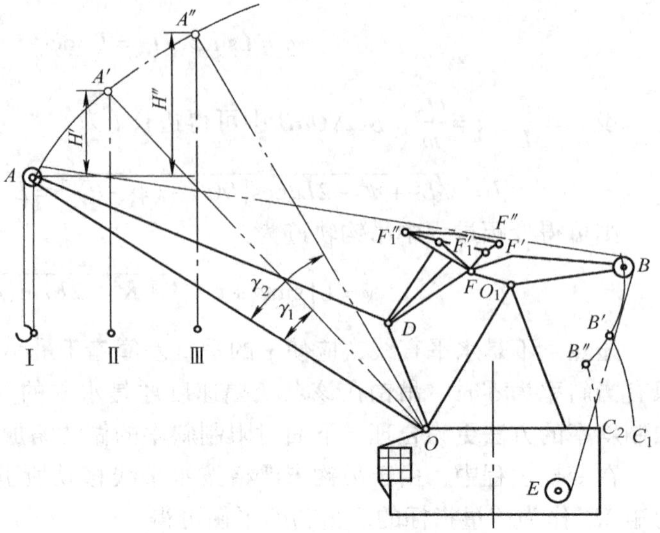

图 11-14　补偿滑轮设计简图

3）确定相应于三个臂架位置的摆动杠杆位置 $B'O_1F'$ 和 $B''O_1F''$。初始位置 BO_1F 已在步骤 1）确定。B' 和 B'' 一方面应落在以 O_1 为中心的圆弧 $BB'B''$ 上，另一方面又应分别落在以 E、A' 为焦点，以 $\overline{AB}+\overline{BE}-H'$ 为长轴的椭圆 C_1 上和以 E、A'' 为焦点，以 $\overline{AB}+\overline{BE}-H''$ 为长轴的椭圆 C_2 上。故只要作出圆弧 $BB'B''$、椭圆 C_1 和 C_2，则 $BB'B''$ 与 C_1 和 C_2 的交点即为所确定的 B' 和 B''。B' 和 B'' 的位置确定以后，摆动杠杆的另外两个位置 $B'O_1F'$ 和 $B''O_1F''$ 也就确定了。

4）确定臂架与连杆的铰点 D。为此，在臂架和摆动杠杆与连杆的铰点 F、F' 和 F'' 之间的相对位置保持不变的条件下，使第二和第三臂架位置连同 F' 和 F'' 绕 O 点沿逆时针方向转到与第一个臂架位置相重合的位置上，这时 F' 和 F'' 相应地转到了 F'_1 和 F''_1。然后作 FF'_1 和 FF''_1 的中垂线，则这两个中垂线的交点就是所要求的臂架与连杆的铰接点 D。至此，臂架和杠杆系统的主要尺寸都已确定。

与补偿滑轮组装置一样，在初步确定了臂架和补偿滑轮杠杆系统的尺寸后，应作出吊钩在变幅过程中的实际轨迹和物品未平衡力矩变化图，并验算其吊钩变幅轨迹最大高度差和最大物品未平衡力矩是否合乎要求。如果不合要求或构造上不合理，则应修正臂架和杠杆系统的尺寸，直到符合要求为止。

同样，也可以对此装置采用轨迹分析法来设计，方法与前一种类似，这里不再赘述。

3. 四连杆式组合臂架装置设计

这里只讨论起升绳沿平行于臂架或连杆轴线引出的常见方案。设计的主要任务是：确定臂架系统的主要尺寸（臂架长度 L、象鼻梁前臂长度 L_1 和后臂长度 l、拉杆长度 r）；确定臂架铰点 O 及拉杆铰点 O_1 的位置。

设计时的基本要求是保证物品在变幅过程中尽可能沿接近水平线的轨迹移动，使臂架系统的尺寸尽可能紧凑、自重轻、装卸简便，并且各个铰点位置应符合总体布置的要求。

（1）图解法　在设计臂架系统前，最大幅度 R_{max}、最小幅度 R_{min}、起升高度等主要工作参数是给定的。然后根据起重机总体布置和构造上的要求初步选定臂架铰点 O 的位置，从而可确定 f 和 H_0，如图 11-15 所示。

计算幅度以象鼻梁头部滑轮轴线为准，当起升滑轮组倍率为偶数时，计算幅度与实际幅

度是符合的；当倍率为1时，则计算幅度应比实际幅度缩进一段头部滑轮卷绕半径的距离。

根据象鼻梁端点在最大和最小计算幅度位置上应处于同一水平线上的要求，初定臂架长度L和象鼻梁前臂长度L_1（图11-15）。

作图时，建议取$\gamma_2=\gamma_3=5°\sim10°$，$\gamma_1=10°\sim25°$，$\alpha_1=40°\sim50°$。

γ_2过小时，起升绳可能由于偏摆而从头部滑轮绳槽脱出；γ_1取小值时，将导致象鼻梁头部的水平性能恶化。

先对小幅度位置从O点作与垂线夹角为γ_3的臂架位置线，从A_2点作与垂线夹角为γ_2的象鼻位置线，相交于B_2点，得

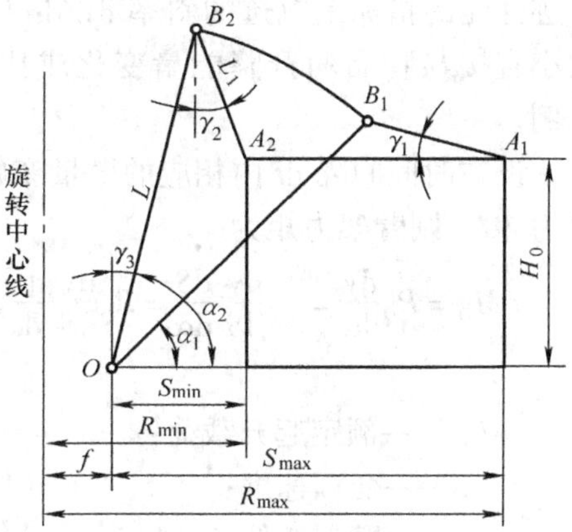

图11-15 确定臂架和象鼻梁前臂长度的计算简图

$$L=\overline{OB_2},\quad L_1=\overline{A_2B_2}$$

根据所得臂架和象鼻梁前臂的长度L、L_1，画出最大幅度时的所在位置OB_1和B_1A_1，对照上述角度推荐值，检验γ_1和α_1是否合适，若不满意，可修改γ_2和γ_3。

初步确定L和L_1后，可以根据象鼻梁端点在整个工作幅度范围内尽可能沿水平线移动这一条件，进一步确定象鼻梁后臂长度l、刚性拉杆长度r，以及刚性拉杆在起重机旋转部分上的铰点O_1的位置。

在确定l、γ和O_1点时，必须首先确定l或O_1点，但以先确定l较为方便。根据已有的设计经验，可取

$$l=(0.35\sim0.5)L_1$$

l值确定以后，就可按下列程序用图解法确定O_1点的位置和拉杆长度r，如图11-16所示。

按一定的比例先作出最大、最小和中间幅度的三个臂架和象鼻梁的位置，建议中间幅度取在离最大计算幅度（1/5～1/4）S处，并使象鼻梁的端点都在同一水平线上。

根据象鼻梁后臂长度l可确定象鼻梁尾部端点C的位置。有时由于结构布置的需要，C点不在其延长线上，而是稍偏上，如图11-16所示。

所求的拉杆下铰点O_1必须通过C_1、C_2、C_3的圆弧中心。作C_1C_2和C_2C_3的中垂线，该交点即为所求的拉杆铰点O_1，而O_1C的长度即为所求的拉杆长度r。应当检验O_1的位置是否满足起重机总体布置要求。

有时为了总体布置的方便，也可先确定O_1点的位置，然后求出C点的位置。

在初步确定组合臂架构成部分的主要尺寸后，需要进一步作出象鼻梁端点的实际轨迹线（即物品变幅时的轨迹线）和未平衡物品力矩变化图，以校验两者是否满足要求。如果能满足，则组合臂架系统确定主要尺寸的工作就基本完成了。

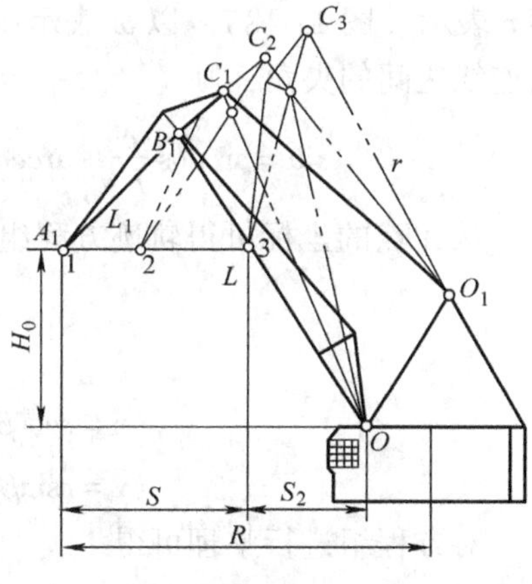

图11-16 确定拉杆长度r及铰点O_1的位置简图

未平衡物品力矩的求法如下（图11-17）：衡量变幅

轨迹性能的指标是轨迹的斜率 dy/ds。未平衡物品力矩的大小直接与物品的升降能量变化成比例，即与 dy/dS 成比例。

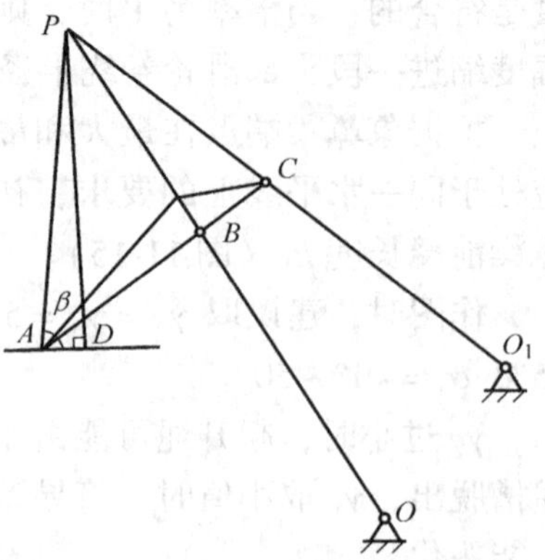

图 11-17 未平衡的物品力矩

设在时间间隔 dt 内相应的微量变幅 dS 的臂架微量摆角为 $d\alpha$，则臂架力矩为

$$M_O = P_Q\frac{dy}{d\alpha} = P_Q\frac{dy}{dS}\frac{dS}{d\alpha} = P_Q\frac{dy}{dS}\frac{dS}{dt}\frac{dt}{d\alpha} = P_Q\frac{dy}{dS}\frac{v}{\omega} \tag{11-9}$$

式中 P_Q——额定起升载荷；

v——变幅速度；

ω——臂架俯仰角速度；

dy/dS——A 点轨迹斜率

$$\frac{dy}{dS} = \tan\left(\frac{\pi}{2} - \beta\right) = \cot\beta = \frac{\overline{DA}}{\overline{PD}} \tag{11-10}$$

杆件 OB 与 O_1C 的延长线交点 P 为象鼻梁的瞬时速度中心，故

$$v = \overline{PA}\omega_P\cos\left(\frac{\pi}{2} - \beta\right) = \overline{PD}\omega_P = \overline{PD}\frac{\overline{OB}}{\overline{PB}}\omega \tag{11-11}$$

式中 ω_P——象鼻梁的转动角速度。

将式（11-10）、式（11-11）代入式（11-9），得力矩表达式为

$$M_O = P_Q\frac{\overline{DA}\ \overline{OB}}{\overline{PB}}$$

（2）解析法　从上述作图过程可以看出，要为变幅装置确定一组合适的尺寸，工作量很大，精确度也低。因此，目前已采用解析法在计算机上进行计算。现将解析法概要介绍如下。

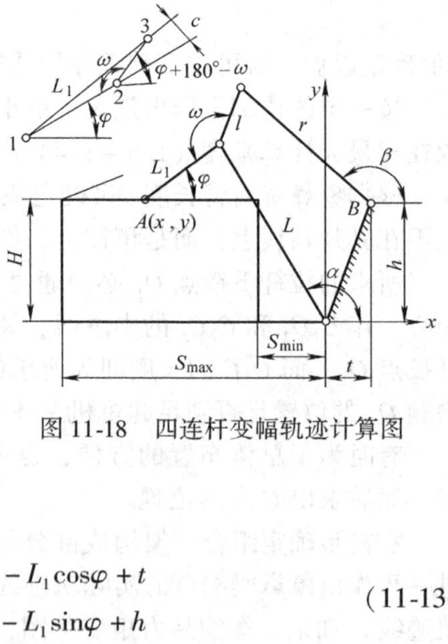

图 11-18　四连杆变幅轨迹计算图

一般将象鼻梁中间铰点的位置根据结构的要求向下偏移一段距离（一般由总体布置给定），用下垂距离 c 表示（图 11-18）。以 ω 表示中间铰点与前、后铰点连线之间的夹角，则

$$\omega = \arccos\frac{c}{L_1} + \arccos\frac{c}{l} \tag{11-12}$$

从 A 点的坐标可得轨迹方程组

$$\begin{cases} x = L\cos\alpha - L_1\cos\varphi \\ y = L\sin\alpha - L_1\sin\varphi \end{cases}$$

$$\begin{cases} x = r\cos\beta - l\cos(\varphi + 180° - \omega) - L_1\cos\varphi + t \\ y = r\sin\beta - l\sin(\varphi + 180° - \omega) - L_1\sin\varphi + h \end{cases} \tag{11-13}$$

对方程组进行整理可得

$$-2[t + l\cos(\varphi - \omega)]x - 2[h + l\sin(\varphi - \omega)]y + t^2 + h^2 + l^2 + L^2 - r^2 +$$
$$2l(t - L_1\cos\varphi)\cos(\varphi - \omega) - 2tL_1\cos\varphi + 2l(h - L_1\sin\varphi)\sin(\varphi - \omega) - 2hL_1\sin\varphi = 0$$

式中 $\varphi = \arccos\left[\dfrac{x(L^2 - L_1^2 - x^2 - y^2 + y\sqrt{4L_1^2(x^2+y^2) - (L^2 - L_1^2 - x^2 - y^2)}}{2L_1(x^2+y^2)}\right]$

式（11-13）即为象鼻梁头部 A 点的轨迹曲线。它是用以进行解析法计算的基础。

同作图法原理一样，给出最小幅度时臂架和象鼻梁前臂的角度后（图 11-19），可算出

$$L_1 = \frac{H + S_{min}\tan\alpha}{\cos\theta\tan\alpha - \sin\theta}$$

$$L = \frac{H + L_1\sin\theta}{\sin\alpha}$$

在 $l/L_1 = 0.35 \sim 0.5$ 的范围内给定比值，可得象鼻梁后臂长度 l。剩下尚未确定的拉杆长度 r 及 B 点位置参数 t 和 h，可按如下条件进行计算：

臂架处于三个幅度位置时，象鼻梁 A 点都位于同一高度 $y = H$，三个幅度取值为

$$x_1 = S_{min},\quad x_2 = S_{max} - (0.2 \sim 0.3)(S_{max} - S_{min}),\quad x_3 = S_{max}$$

三个幅度以及相应的高度已知，连同已经算出的 L、L_1 和 l 一起代入轨迹方程式，可得到三个计算式，从而可解得 r、t 和 h。

对已经得到的各套臂架装置尺寸参数，按式（11-13）计算其变幅轨迹，以供参考选择。

得出轨迹曲线后，将其按工作幅度作若干等分，得到每一小区段幅度路程 ΔS_i 上的物品高度差 Δy_i，同时按轨迹曲线可算出对应 ΔS_i 的臂架角度的变化 $\Delta\alpha_i$，于是可得每一小区段上由物品引起的臂架俯仰力矩

$$M_i = \frac{P_{Qi}\Delta y_i}{\Delta\alpha_i}$$

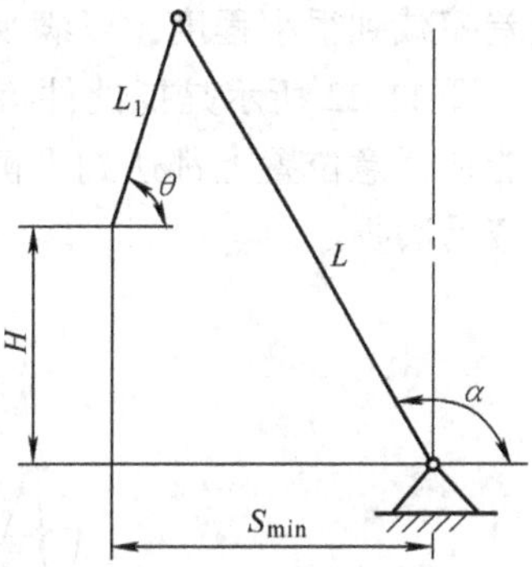

图 11-19　臂架和象鼻梁前臂长度计算简图

这样对应于一组尺寸参数，就可以得到在整个变幅过程中的臂架力矩变化情况，包括它的最大值。这就是将变幅力矩作为设计变量的函数的数值解。

11.2　臂架自重平衡

11.2.1　构造形式

在变幅过程中，臂架系统的重心有可能发生升降现象。由于重心的升降，需要多做功而引起变幅机构驱动功率变大。可采用多种构造形式来避免重心的升降。下面介绍两种方案。

1）利用活动对重使臂架系统的合成重心始终位于臂架俯仰平面的某一固定点上（例如臂架的铰轴上），从而臂架系统合成重心在变幅过程中不发生升降现象。

图 11-20 所示为利用尾重法来获得臂架平衡的工作原理。活动对重载荷 P_{Gd} 被直接布置在臂架的延长线上，

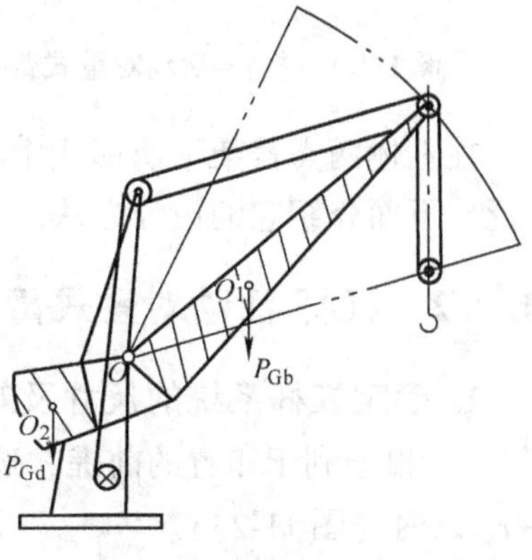

图 11-20　尾重式臂架平衡

臂架自重载荷 P_{Gb} 和对重载荷 P_{Gd} 的合成重心刚好位于臂架铰轴 O 上。

这种平衡方法的主要优点是构造简单，工作可靠，起重机旋转部分的尾部半径小，可以在理论上达到完全平衡的目的。其主要缺点是对重力臂的长度受到起重机整体布置的限制，对重对起重机整体稳定性和旋转部分局部稳定性所起的稳定作用不能充分发挥，起重机的整体布置比较复杂等，因而这种形式目前应用较少，仅用于船舶甲板起重机。

2）利用对重使臂架系统的合成重心保持在接近水平线的轨迹上。

图 11-21 所示为利用杠杆-活动对重法来获得臂架平衡的工作原理。它是根据作用在对重臂铰点 O' 上的臂架系统自重力矩尽可能等于对重自重力矩这一基本原理设计的。由于对重与臂架分离，采用杠杆联系，组成非平行四边形四杆机构，因而可以在臂架俯仰角度仍然不变的条件下，使对重臂的摆角得以显著增大，从而增大对重的升降高度，减少对重的自重，并可充分发挥对重对起重机稳定性的作用，它在总体布置上要比前种形式方便得多。这种方案的缺点是在变幅过程中合成的重心不能严格保持在水平线上，但通过合理设计，可使误差缩减到很小程度，以满足实际要求。

图 11-22 所示是挠性件-活动对重式平衡系统。如果平衡重块的滑轨是直线的，它也不可能在任意位置上都达到平衡。这种形式构造简单，容易实现较小的尾部半径，缺点是挠性件容易磨损。

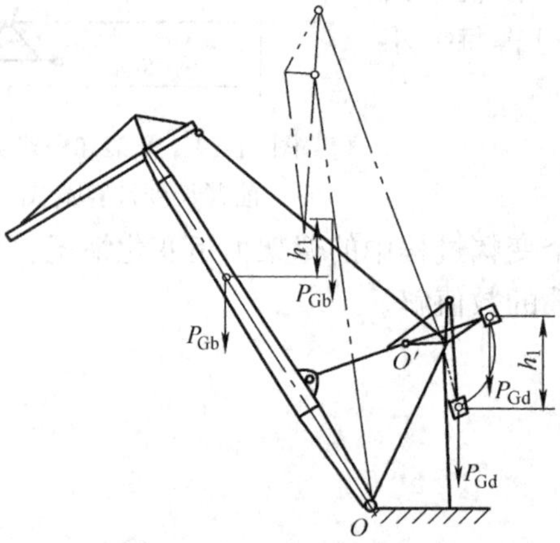

图 11-21　杠杆-活动对重式臂架平衡系统

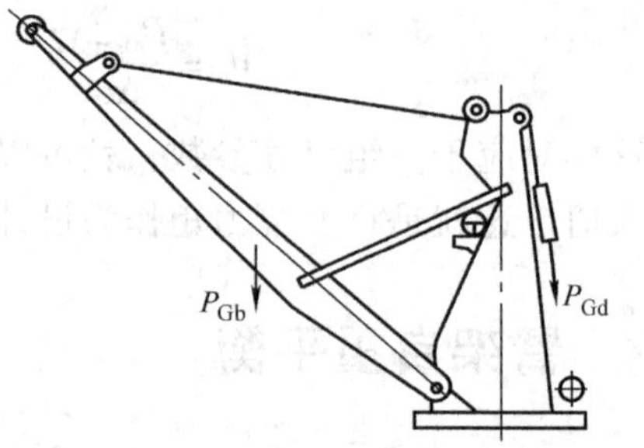

图 11-22　挠性件-活动对重式平衡系统

在上述两类臂架平衡形式中，目前以杠杆-活动对重式臂架平衡系统在生产上应用较为广泛。下面介绍它的设计方法。

11.2.2　杠杆-活动对重式臂架平衡系统设计的作图法

1. 确定杠杆系统的尺寸及对重初步自重

1）根据利于布置的前提，选定对重杠杆铰点 O' 的位置及 $r=\overline{gO'}$，使最大回转尾部半径在 r_ω 以内（图 11-23）。

2）选定最大幅度及最小幅度对重杠杆的摆角 β_1 和 β_3。一般取 $\beta_3=10°\sim20°$，$\beta_1=80°\sim110°$。角度小，则对重自重大；反之，角度大可得较小的对重自重。

3）对重自重载荷可根据能量守恒定律确定，臂架重心降低所减小的位能应等于对重重心升高所增加的位能。即

$$P_{Gd}=\frac{h_2}{h'_2}P_{Gb} \qquad (11\text{-}14)$$

由式（11-14）可以看出，为缩小 P_{Gd}，应尽量增加 h'_2。但过分增大 h'_2 将会增大不平衡力矩。

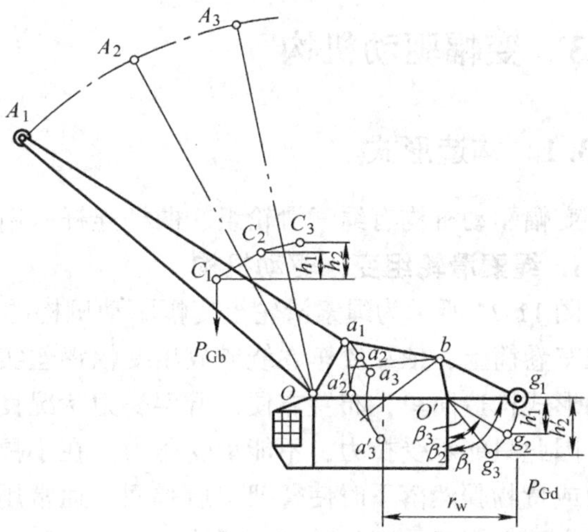

图 11-23　杠杆-活动对重式臂架平衡系统尺寸的确定

4）选一中间幅度 $\overline{OC_2}$。根据能量守恒定律求得对重应在的位置 g_2，它与最大幅度的高差 h'_1 为

$$h'_1=\frac{P_{Gb}}{P_{Gd}}h_1 \qquad (11\text{-}15)$$

5）已知四连杆的三对对应的摆臂位置，则需求得适当的连杆 ab。可以给定 a 点求 b 点，也可给定 b 点求 a 点。通常是先确定 a 点，即 a_1、a_2 及 a_3，而相应的对重位置为 g_1、g_2 及 g_3。

b 点应在三对对应的位置上与 a 点的距离保持不变。这就要在对重杠杆上求出 a 点的位置，即 $a'_1(=a_1)$、a'_2 及 a'_3，b 点就是过以上三点的圆弧的中心。a'_2 及 a'_3 的位置可以根据两个三角形全等的关系求得。即

$$\triangle a'_2O'g_1\cong\triangle a_2O'g_2$$
$$\triangle a'_3O'g_1\cong\triangle a_3O'g_3$$

由此求得 b 点，ab 即为所求连杆长度。

在实际设计时，最好取6～8个臂架位置，求得 a' 的相应位置，然后找到与这些点最逼近的圆弧中心，合理的方案应在两极点位置保留一定量的 ΔM，其方向为使臂架自动转向中央。

2. 最大不平衡力矩及合理的对重自重

上面确定了臂架平衡系统的几何尺寸及对重自重。现在检查一下本系统的不平衡力矩 ΔM，即计算此杠杆系统在整个变幅过程中最大的不平衡力矩。绕 O' 点的不平衡力矩的计算公式为

$$\Delta M=M_b-P_{Gd}r\sin\beta \qquad (11\text{-}16)$$

更准确一些的计算方法是，根据驱动齿条的推力，使偏差的最大绝对值为最小，此结果更为合理。

实际上，准确计算对重自重载荷是没有必要的。因为制成的起重机自重并不可能完全与设计时相同，所以实际的对重自重是在起重机安装完毕后，通过测定往复的变幅电流来调整的，应使向前、向后的变幅电流大致相等。

11.3 变幅驱动机构

11.3.1 构造形式

变幅驱动机构有绳索滑轮组、曲柄连杆、扇形齿轮、齿条、螺杆、液压缸等形式。

1. 绳索滑轮组变幅驱动机构

图 11-24 所示为绳索滑轮组变幅驱动机构的典型简图。其中臂架通过绳索滑轮组连到变幅绞车卷筒上，依靠绞车卷绕或放出变幅钢丝实现臂架绕铰轴俯仰以达到变幅的目的。这种传动形式构造简单，布置方便，臂架受力状况良好。但由于传动件中采用了挠性件变幅滑轮组，因此只能承受拉力，不能承受压力。在小幅度时，臂架有后倾的可能，例如受到向后的风力或货物骤然落下时使臂架向后弹回。通常用连杆加以防止，如图 11-25 所示。这种传动形式主要适用于非工作性变幅机构。

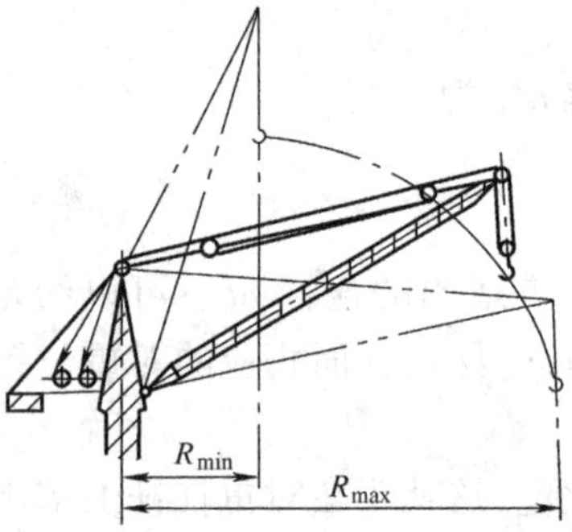

图 11-24 绳索滑轮组变幅驱动机构

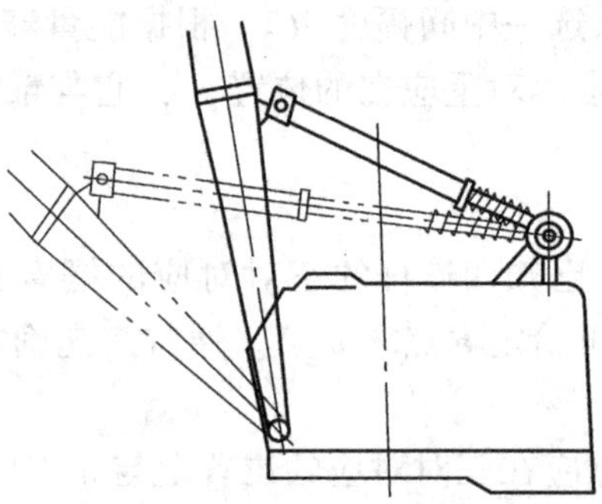
图 11-25 臂架防后倾装置

2. 曲柄连杆变幅机构

图 11-26 所示为曲柄连杆驱动对重杠杆，然后再通过杠杆使臂架俯仰。曲柄连杆机构的优点是能自动限制变幅极限位置，使工作可靠性增大。其缺点是变幅速度很不均匀，电动机与曲柄间所需传动比大，因而使装置尺寸和自重增大。这种形式只用于旧式的小型起重机，现已很少采用。

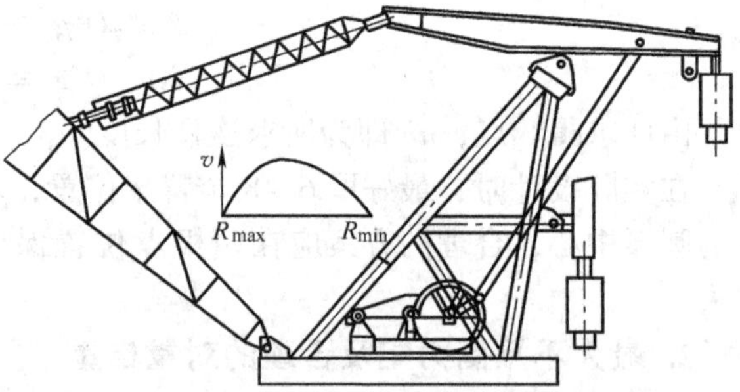

图 11-26 曲柄连杆变幅驱动机构

3. 齿条变幅驱动机构

图 11-27 所示为齿条变幅驱动机构的典型简图。其中臂架直接由齿条推动，齿条则由装设在机器房顶上的电动机通过减速器和最后驱动小齿轮来驱动。对于较大型的起重机，齿条常制成针齿的形式，以简化制造和维修工作。

这种传动形式的主要优点是结构比较紧凑、自重轻。其主要缺点是起动和制动时有冲击，不平稳；齿条工作条件差，因而较易磨损。

这种传动形式由于可在效率较高的条件下获得相当紧凑的结构，因而在工作性变幅机构

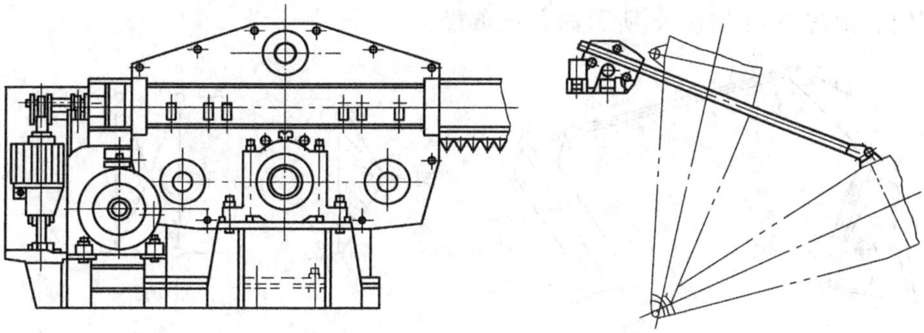

图 11-27 齿条变幅驱动机构

中使用较广。

4. 螺杆变幅驱动机构

图 11-28、图 11-29 所示为螺杆变幅驱动机构的典型简图。螺杆螺纹可以是单线、双线、三线或是四线的。采用单线螺纹可使结构更紧凑，但传动效率低，用于非工作变幅。在近代工作性变幅结构中多采用双线以上的螺纹。

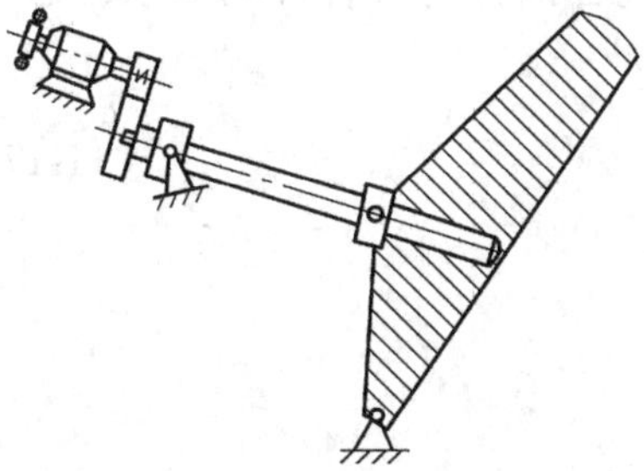

图 11-28 螺杆变幅机构

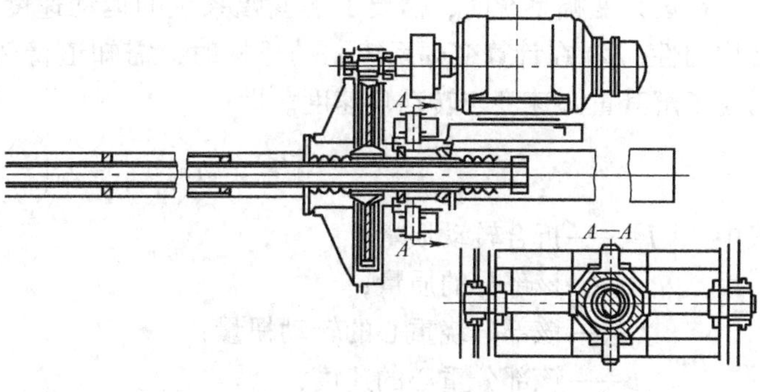

图 11-29 螺杆变幅驱动机构

这种传动形式的主要优点是：由于螺杆-螺母装置本身就可获得较大的传动比，因而驱动结构的外形尺寸和自重是机构传动形式中最小的，变幅平稳。其主要缺点是：效率低，非密封条件下工作和润滑不良时磨损快，螺母的螺纹磨损后不易检查。这种传动形式随着在螺杆外周设置可伸缩的密封套管以及采用保证螺杆螺母充分润滑的措施后，磨损敏感问题可以得到改善。

如果用滚珠螺杆来代替一般的传动螺杆，则传动效率可显著提高。因此，螺杆螺母传动变幅机构在工作性变幅机构中得到了日益广泛的应用。

5. 液压缸变幅驱动机构

图 11-30 所示为液压缸变幅驱动机构的典型简图。其中平衡梁直接由液压缸活塞杆推动，液压缸为双向作用。

这种传动形式结构最紧凑，自重最轻，布置方便，可无级调速。但对制造精度和密封防漏要求高，由于内部泄漏，长期使臂架保持在任意幅度位置较困难。目前主要用于要求结构紧凑的起重机，如甲板起重机、汽车式起重机和轮胎式起重机等。

以上各种变幅机构常制成双联推动方式，以减小推动组件的尺寸，这时应当考虑采用力的均衡装置。如果在伸臂上仅以一点固定，则按图 11-31a 所示的方式布置；如果在伸臂上以两点固定，则按图 11-31b、c 所示的方式布置。

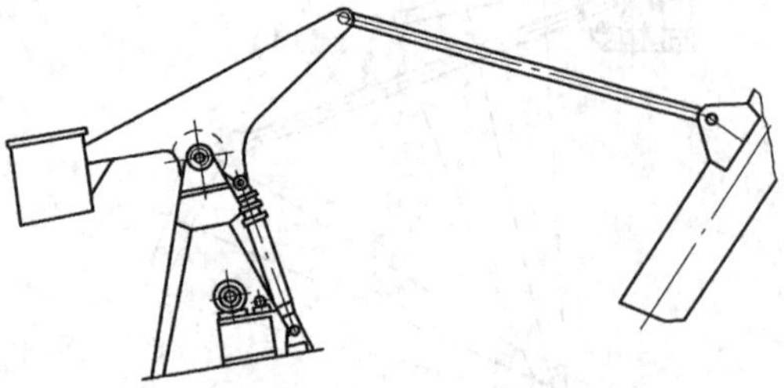

图 11-30　液压缸变幅驱动装置

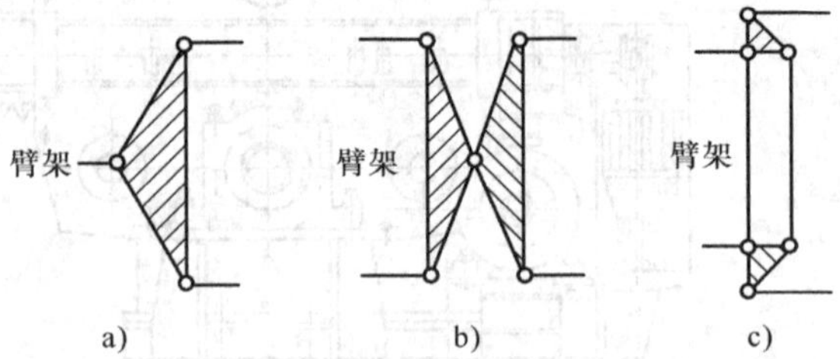

图 11-31　驱动构件与臂架的连接方式

为了减缓变幅起动或制动时的冲击并消除振动，常在机构与臂架之间的连接构件上装设弹簧或橡胶缓冲器与减振装置。缓冲装置的结构除了能够短时间地存储能量之外，还可通过橡胶变形或工作的节流发热吸收部分冲击能量，起消振作用。

11.3.2　臂架系统的运动速度

在设计变幅系统时，需要了解变幅系统的运动速度，这是为了：① 检查变幅系统的速度均匀性；② 在计算变幅系统驱动机构时，需知道臂架系统各部分的折合转动惯量，这时则应了解其重心速度与转动角速度。即

$$[J]=m\left(\frac{v}{\omega_d}\right)^2+J_0\left(\frac{\omega}{\omega_d}\right)^2 \tag{11-17}$$

式中　$[J]$——折合转动惯量；

m——该部分的质量；

J_0——该部分绕重心的转动惯量；

v——该部分重心的速度；

ω——该部分的角速度；

ω_d——折合轴的转速，如电动机轴。

可以采用解析法或数值法在计算机上计算速度，也可采用图解法简明直观地求取速度。下面介绍转位速度图解法。

这种方法是把速度矢量向规定方向旋转 90°，如图 11-32 所示。转位后的“速度”具有如下特性：

1）同一构件上各点的转位速度 v'_A、v'_B 都指向瞬心 F。

2）同一构件上任意两点的转位速度矢量的矢端连线平行于该两点的连线（矢量的起点画在点上），即 $A'B'/\!/AB$。

图 11-33 所示为四连杆变幅系统的速度图解法。作图的已知参数是齿条啮合点速度 v_z，它可以由平均变幅速度 v 或由全程变幅所需的时间 Δt 求得。即

$$v_z=\frac{\Delta l}{\Delta t}\quad 或\quad v_z=v\frac{\Delta l}{R_{max}-R_{min}} \tag{11-18}$$

式中　Δl——齿条的工作全程；

R_{max}、R_{min}——最大幅度、最小幅度。

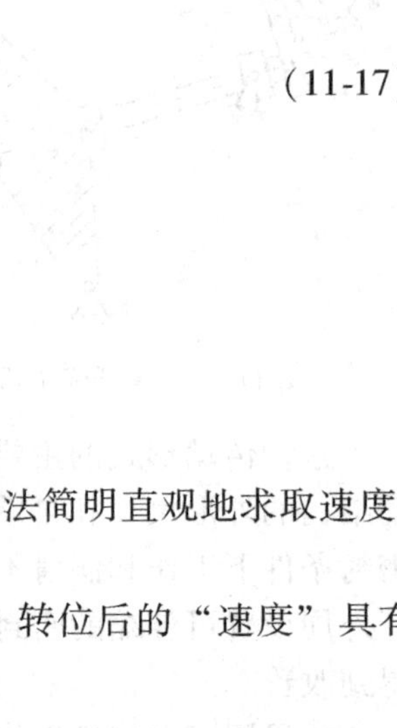

图 11-32　转位速度图解法

已知各点速度大小后，即可算出各杆件的角速度：

臂架角速度

$$\omega_b = \frac{v_D}{OD} = \frac{v'_B}{OB}$$

象鼻梁角速度

$$\omega_n = \frac{v_B}{FB} = \frac{v_A}{FA} = \frac{v'_C}{FC}$$

拉杆角速度

$$\omega_r = \frac{v'_C}{O_1C}$$

对各个不同的幅度位置都可用图解法作出相应的速度，从而可画出速度随时间或幅度变化的曲线，如图 11-34 所示。

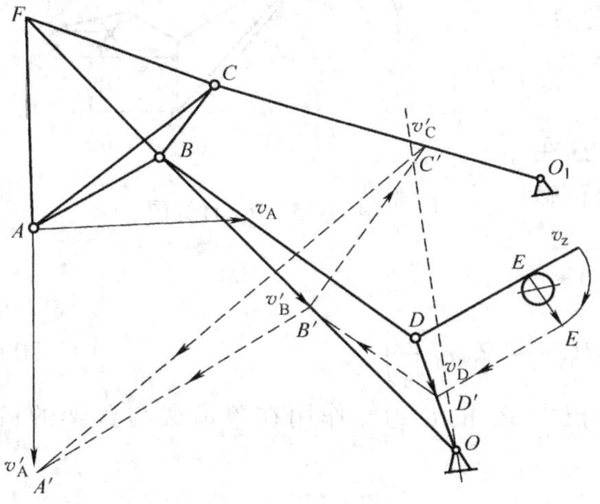

图 11-33　速度图解法

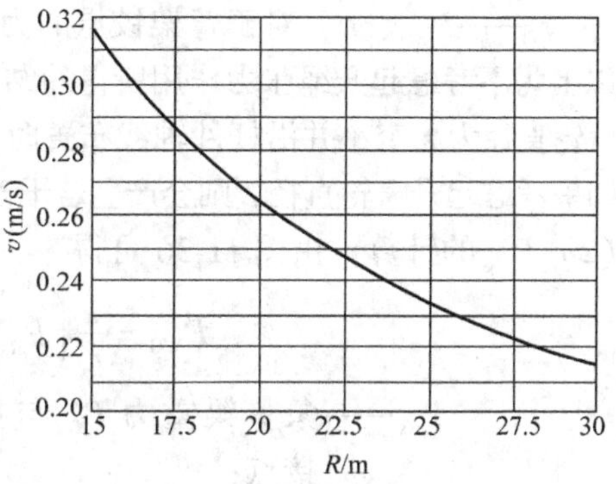

图 11-34　四连杆变幅速度随时间或幅度变化曲线

11.3.3　变幅机构的载荷

变幅机构计算的主要内容为：计算变幅阻力，确定计算载荷，确定驱动功率，选择电动机，确定制动力矩，选择或设计制动器，确定传动比，设计传动装置。

1. 变幅阻力分析

工作性变幅机构的变幅阻力有 P_{WQ}、P_{WG}、P'_{α}、P_W、P_1、P_{α}、P_i、P_f 八项：

P_{WQ}——变幅过程中物品非水平位移所引起的变幅阻力；

P_{WG}——臂架系统自重未能完全平衡所引起的变幅阻力；

P'_{α}——考虑作用在物品上的风载荷、离心力与变幅、回转起动（制动）所产生的惯性力，所引起货物的起升绳偏斜产生的变幅阻力；

P_W——作用在臂架系统上的风载荷所引起的变幅阻力；

P_1——臂架系统在起重机回转时的离心力所引起的变幅阻力；

P_{α}——由于起重机轨道存在坡度所引起的变幅阻力；

437

P_i——变幅过程中臂架系统的径向惯性力所引起的变幅阻力，这里所考虑的惯性力只是当变幅驱动为等速运动时，货物水平非匀速运动所产生的惯性力，至于变幅驱动装置在起动与制动时的惯性力，则在验算起动与制动时间时考虑；

P_f——臂架铰轴中的摩擦和补偿滑轮组的效率所引起的变幅阻力。

这些力都折算到变幅驱动机构的某一零件上，如驱动齿条，这些阻力均随幅度变化，因此，应当对若干个幅度位置计算这些阻力。下面，以齿条传动的四连杆组合臂架为例，说明上述各项阻力的计算方法。

（1）P_{WQ}的计算　图 11-35 中 P_Q 与 P_{SQ} 作用线的交点为 F，FD 即为 P_{RQ}的方向。由臂架的平衡条件可得

$$P_{WQ}=\frac{P_{RQ}r_Q}{r_z} \tag{11-19}$$

式中　P_{RQ}——起升载荷 P_Q 与杠杆拉力 P_{SR} 的合力，它作用在象鼻梁与臂架的铰接点上；

r_Q、r_z——P_{RQ}、P_{WQ}对于臂架铰点的力臂。

以上为不考虑起升绳张力作用所得的结果，这在起升滑轮直径为无穷小并沿杆件轴线布置时才是正确的。如果考虑起升滑轮直径，则会产生若干误差。

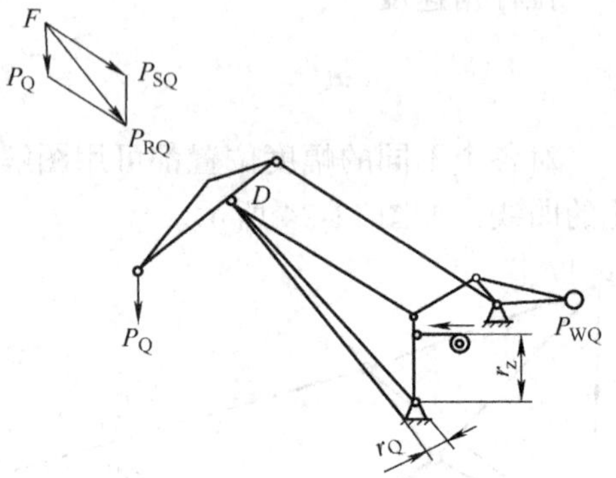

图 11-35　P_{WQ}计算图

（2）P_{WG}的计算　由图 11-36 可得

$$P_{WG}=\frac{1}{r_z}\left(P_{Rx}r_x+P_{Gb}r_b-P_{Gd}r_d\frac{r_0}{r'_0}\right) \tag{11-20}$$

式中　P_{Rx}——象鼻梁重力 P_{Gx} 与拉杆拉力 P_{Sx} 的合力，作用在象鼻梁与臂架的铰接点；

P_{Gb}、P_{Gd}——臂架、对重的自重载荷；

r_x、r_b、r_d、r_0、r'_0——相应的力臂。

（3）P'_α的计算　如图 11-37 所示，起升绳偏斜为 α 角，它在象鼻梁端点上引起的水平力的计算公式为

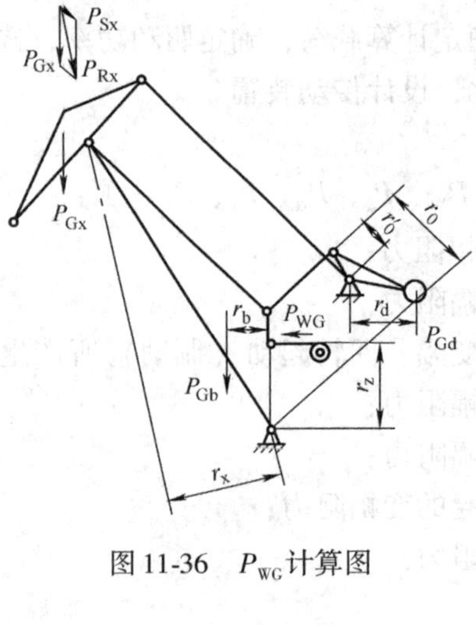

图 11-36　P_{WG}计算图

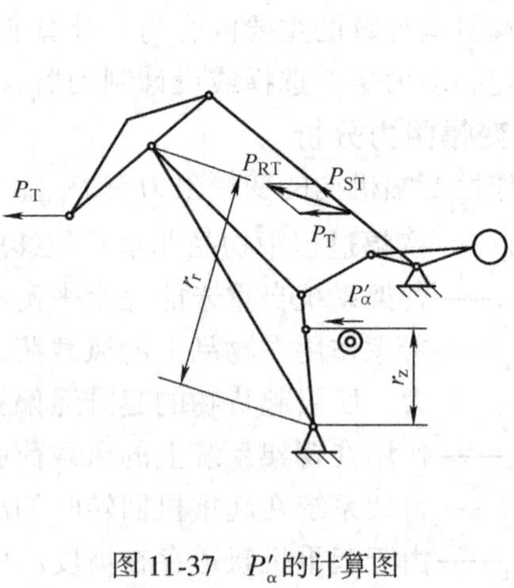

图 11-37　P'_α的计算图

$$P_T = P_Q \tan\alpha \tag{11-21}$$

P_T 在齿条上引起的力 P'_α 为

$$P'_\alpha = P_{RT}\frac{r_r}{r_z} \tag{11-22}$$

式中　P_{RT}——水平力 P_T 及拉杆力 P_{ST} 的合力，作用在象鼻梁与臂架的铰接点上；

r_r、r_z——相应的力臂。

（4）P_W 的计算　在计算由于作用在臂架系统上的风力在齿条中引起的拉力时，连杆、对重杠杆和对重上的风力可以忽略不计。作用在象鼻梁上的风力 P_{Wx} 可近似认为作用于臂架端点上。作用在刚性拉杆上的风力 P_{W1} 以 P'_{W1} 作用于臂架端点上，因为象鼻梁是两力构件，P'_{W1} 的方向为象鼻梁两铰点的连线。臂架所受的风力 P_{Wb} 作用在它的面心上，如图 11-38 所示。

P_W 的计算公式为

$$P_W = \frac{1}{r_z}(P_{Wb}h_{Wb} + P_{Wx}h_b + P'_{W1}r'_1) = \frac{1}{r_z}\left(P_{Wb}h_{Wb} + P_{Wx}h_b + \frac{P_{W1}h_{W1}r'_1}{r_1}\right) \tag{11-23}$$

式中　P_{Wb}、P_{Wx}、P_{W1}——作用于臂架、象鼻梁、拉杆的风力；

P'_{W1}——拉杆上的风力作用于臂架端点的力；

h_{Wb}、h_b、h_{W1}、r_1、r'_1、r_z——相应的力臂。

（5）P_l 的计算　在起重机回转时，臂架系统中各质量产生离心力。在计算这些力在齿条中引起的拉力时，连杆、对重杠杆、对重和刚性拉杆上的离心力较小，常略去不计，故只考虑象鼻梁和臂架所产生的离心力。如图 11-39 所示，象鼻梁可近似地认为质量集中于臂架端点上，它的离心力 P_{lx} 就作用于这一点。臂架产生的离心力，就其数值来说，等于质量集中于其重心所产生的离心力，但其合力作用点则比重心为远，因为离心力是与质量距回转轴的距离成比例的。

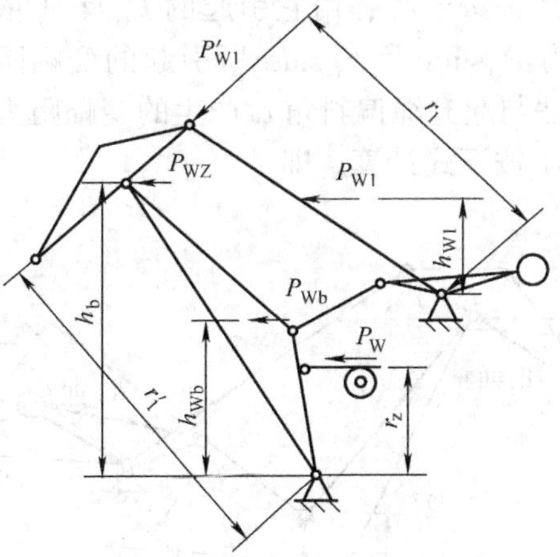

图 11-38　P_W 的计算图

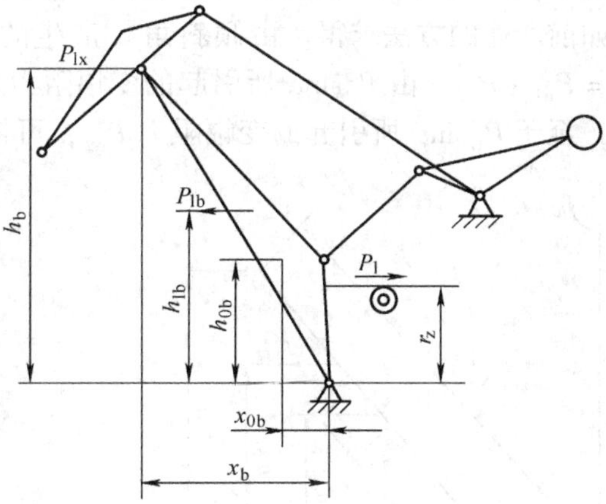

图 11-39　P_l 的计算图

P_l 的计算公式为

$$P_l = \frac{1}{r_z}(P_{lb}h_{lb} + P_{lx}h_b) \tag{11-24}$$

$$P_{lb} = m_b\omega^2 x_{0b} = \left(\frac{\pi}{30}\right)^2 m_b n^2 x_{0b} \tag{11-25}$$

$$P_{lx}=m_x\omega^2x_b=\left(\frac{\pi}{30}\right)^2m_xn^2x_b \tag{11-26}$$

式中 P_{lb}、P_{lx}——臂架及象鼻梁产生的离心力；

h_{lb}、h_b——F_{lb}及F_{lx}对于臂架铰点的力臂；

m_b、m_x——臂架及象鼻梁的质量；

x_{0b}、x_b——臂架重心及臂架端点距回转中心的距离；

ω——回转角速度（rad/s）；

n——转速（r/min）。

一般可取 $h_{lb}\approx(4/3)h_{0b}$。对于幅度小于 25m、转速小于 1r/min 的起重机，其回转离心力可不计算。

关于回转物体的离心力等于质量集中于重心所产生的离心力，但其合力作用点则远移的说法，现可用一匀质等断面臂架为例加以说明。如图 11-40 所示，臂架质点离心力的合力为

$$P_{lb}=\frac{m_b\omega^2}{l}\int_0^l(f+x\cos\theta)\,dx=m_b\omega^2\left(f+\frac{l}{2}\cos\theta\right) \tag{11-27}$$

离心力对于铰点的力矩为

$$M_{lb}=\frac{m_b\omega^2}{l}\int_0^l(f+x\cos\theta)x\sin\theta dx=m_b\omega^2\left(\frac{f}{2}+\frac{1}{3}l\cos\theta\right)h \tag{11-28}$$

$$h_{lb}=\frac{M_{lb}}{P_{lb}}=\frac{f+\frac{2}{3}l\cos\theta}{2f+l\cos\theta}h \tag{11-29}$$

当$f\approx0$ 时，$h_{lb}\approx\frac{2}{3}h=\frac{4}{3}h_{0b}$。

（6）P_α 的计算　当起重机位于倾斜角 α 的坡道时，吊重与臂架系统自重产生的垂直力变为 $P_Q\cos\alpha$ 及 $P_G\cos\alpha$，当 α 不大时，$P_Q\cos\alpha\approx F_Q$，$P_G\cos\alpha\approx F_G$，由它引起的 F_Q及 F_G依然按如前所述的方法求得。由倾斜角 α 产生的水平分力 $P_Q\sin\alpha$ 及 $P_G\sin\alpha$ 所引起的变幅阻力 $P_\alpha=P_{\alpha1}+P_{\alpha2}$。由 $P_Q\sin\alpha$ 所引起的变幅阻力 $P_{\alpha1}$的求法与起升绳偏斜角 α 产生的变幅阻力相同，至于 $P_G\sin\alpha$ 所引起的变幅阻力 $P_{\alpha2}$，可依图 11-41 按下式计算。即

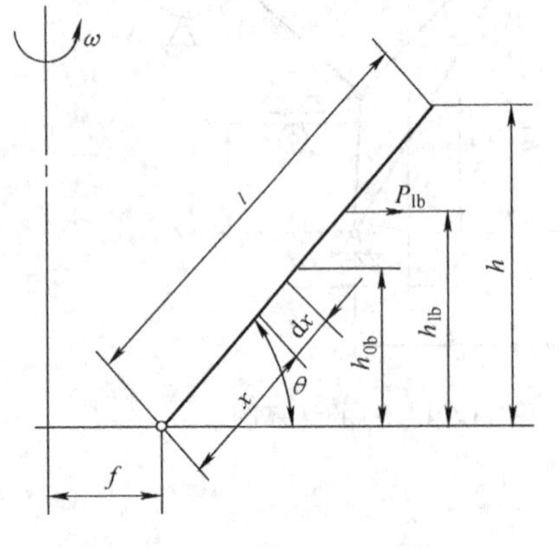

图 11-40　离心力合力的着力点

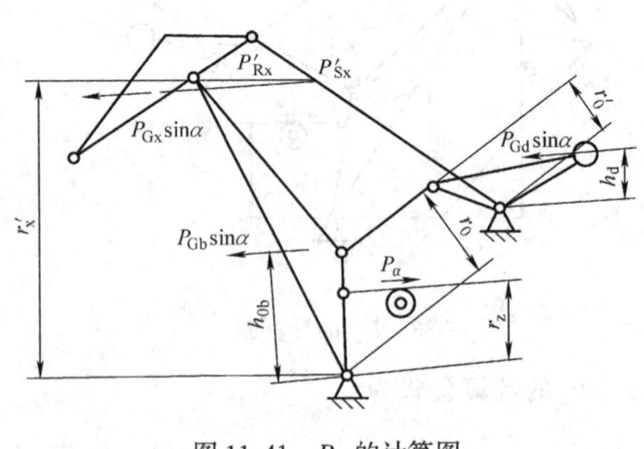

图 11-41　P_α 的计算图

$$P_{\alpha2}=\frac{1}{r_z}\left(P'_{Rx}r'_x+P_{Gb}h_{0b}\sin\alpha+P_{Gb}\frac{h_dr_0}{r'_0}\sin\alpha\right) \tag{11-30}$$

斜坡变幅阻力为

$$P_{\alpha}=P_{\alpha1}+P_{\alpha2} \tag{11-31}$$

（7）P_i 的计算　当变幅齿条以匀速运动时，吊重、臂架、拉杆、对重杠杆及对重都作变速运动，在齿条中引起拉力 P_i，但由于速度变化不大，并且吊重的惯性力已通过起升绳的偏斜加以考虑，故一般忽略不计。当变幅速度过大时，可按下式考虑象鼻梁、臂架及对重的影响（图 11-42）

$$P_i=\frac{1}{r_z}\left[(m_x+\psi m_b)\frac{\Delta v_b}{\Delta t}l_b+m_d\frac{\Delta v_d}{\Delta t}\frac{l_d r_0}{r'_0}\right] \tag{11-32}$$

式中　m_x、m_b——象鼻梁及臂架的质量；

ψ——臂架质量的折减系数，$\psi=0.65$；

Δv_b、Δv_d——臂架端点及对重的速度增量；

Δt——时间增量；

l_d、l_b——对重及臂架的杆长。

（8）P_f 的计算　变幅时的摩擦阻力产生在变幅系统的各铰轴处。补偿滑轮组变幅系统在变幅时还有起升绳绕过各滑轮的摩擦阻力。

1）铰轴的摩擦阻力计算公式为

$$P'_{f1}=\frac{1}{r_z}\sum P_{Pm}\frac{\mu d}{2}\frac{\omega_r}{\omega_b} \tag{11-33}$$

式中　P_{Pm}——铰轴力；

d——铰轴直径；

μ——铰轴中摩擦因数；

ω_b——臂架角速度；

ω_r——铰接两构件的相对角速度。

2）补偿滑轮组的摩擦阻力（图 11-43）的计算公式为

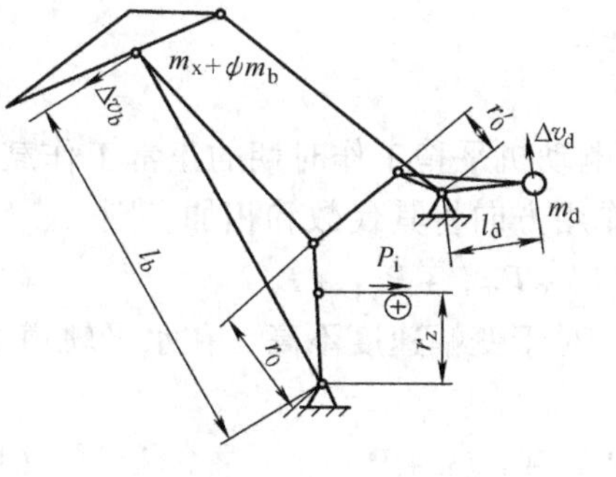

图 11-42　P_i 的计算图

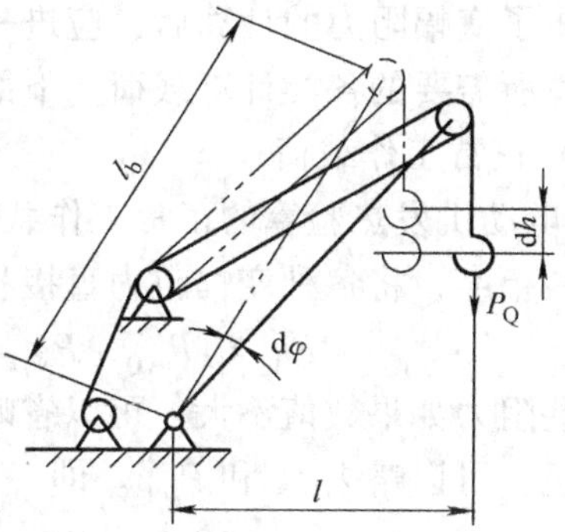

图 11-43　P_f 的计算图

$$P'_{f2}=\frac{P_Q l(1-\eta_z)}{r_z} \tag{11-34}$$

式中　$l=l_b\cos\varphi$；

η_z——假想的起升滑轮组的效率，吊重力为 $mP_Q\eta$，作用于固定滑轮处。

式（11-34）的推导过程如下：

变幅时的摩擦功$(1-\eta_z)P_Q\mathrm{d}h$应等于齿条对臂架所做的功。即

$$P'_{f2}r_z\mathrm{d}\varphi=(1-\eta_z)P_Q\mathrm{d}h$$

其中，$\mathrm{d}h$为由补偿滑轮组放出的绳索长度，其大小为

$$\mathrm{d}h=l_b\cos\varphi\mathrm{d}\varphi+l\mathrm{d}\varphi$$

所以

$$P'_{f2}=\frac{P_Q l(1-\eta_z)}{r_z}$$

因P_Q作用的主动绳多绕过一个定滑轮，故滑轮组效率为

$$\eta_z=\frac{1-\eta^m}{m(1-\eta)}\eta \tag{11-35}$$

近似计算时，令$e=1-\eta$，则

$$\eta_z=\frac{1-(1-e)^m}{m}(1-e)\approx\frac{me-\frac{m(m-1)}{2}e^2}{me}(1-e)$$

$$=\left(1-\frac{m-1}{2}e\right)(1-e)\approx1-\frac{m+1}{2}e \tag{11-36}$$

滚动轴承$e=0.02$，滑动轴承$e=0.05$。通常$m=3$，则有

滚动轴承滑轮组 $\eta_z=0.96, P'_{f2}=0.04\frac{P_Q l}{r_z}$

滑动轴承滑轮组 $\eta_z=0.90, P'_{f2}=0.1\frac{P_Q l}{r_z}$

3）P_f的粗略估算法。上述的P_f计算方法比较麻烦，通常将前述各项阻力的总和乘以百分率为摩擦阻力的粗略数值。对于铰轴采用滚动轴承的起重机，$P_f\approx0$；对于铰轴采用滑动轴承的起重机，P_f为总阻力的5%～10%。

2. 载荷组合及各计算载荷的确定

分析了变幅阻力的计算后，应进一步确定各种不同的计算状态下的载荷组合，从而求出实际计算所需要的各类计算载荷。下面分别加以讨论。

（1）正常工作载荷

1）电动机发热验算的正常工作载荷。一般计算电动机平稳工作时期的正常工作载荷时，对于每一幅度，将各种变幅阻力直接相加，即按其作用方向将其代数和相加，则

$$P_{\mathrm{I}}=|P_{WQ}+P_{WG}+P_1+P_i|+P_{\alpha\mathrm{I}}'+P_{W\mathrm{I}}+P_{\alpha\mathrm{I}}+P_f \tag{11-37}$$

某些阻力如果数值不大，可以省略不计。例如，对于变幅速度不高，在水平轨道上运行的起重机，可以略去P_i和$P_{\alpha\mathrm{I}}$。即

$$P_{\mathrm{I}}=|P_{WQ}+P_{WG}+P_1|+P_{\alpha\mathrm{I}}'+P_{W\mathrm{I}}+P_f \tag{11-38}$$

式中 $P'_{\alpha\mathrm{I}}$——正常工作载荷的起升绳偏斜阻力；

$P_{W\mathrm{I}}$——正常工作载荷的风力，沿海港口的风压$q_{\mathrm{I}}=150\mathrm{MPa}$。

对于起重机整个变幅过程，应按实际过程的变幅度进行计算。但为简化起见，仍按全幅度计算。臂架俯仰过程中，变幅机构的载荷在不断变化，因此必须将变幅过程划分为若干区段，求出变幅区段上的变幅时间和变幅牵引构件的受力。各类载荷情况下在各变幅区段上的变幅阻力应以表格形式列出，便于进行计算组合。

根据机构一次全过程满载变幅所求的一系列齿条力 P_{I} 值，可作出变幅阻力和幅度之间的变化图线（用表格也可以），这个图线同时也代表了 P_{I} 和时间 t 的变化关系，这样就可以求出影响电动机发热的齿条等作用力。即

$$P_{\mathrm{I d}} = \sqrt{\frac{\sum_{i=1}^{i=n} P_{\mathrm{I}i}^2 \Delta t_i}{\sum_{i=1}^{i=n} \Delta t_i}} \tag{11-39}$$

式中 $P_{\mathrm{I d}}$——验算电动机发热时全幅等效Ⅰ类载荷；

$P_{\mathrm{I}i}$——臂架从位置 i 到 $i+1$ 幅度区段上的相继两个计算位置的 P_{I} 的平均值；

Δt_i——臂架从位置 i 到 $i+1$ 的变幅时间，$\Delta t_i = \dfrac{\Delta l_i}{v_z}$；

Δl_i——臂架从位置 i 到 $i+1$ 时齿条的行程；

v_z——齿条速度。

2）接触疲劳强度的等效正常工作载荷。验算接触疲劳强度的等效正常工作载荷为验算电动机发热时的正常工作载荷的100%～110%。即

$$P_{\mathrm{I z}} \approx (1.0 \sim 1.1) P_{\mathrm{I d}} \tag{11-40}$$

但风载荷则略去不计。

（2）最大工作载荷　在稳定运动时期，工作状态下的最大变幅阻力为

$$P_{\mathrm{II}} = (\,|P_{\mathrm{WQ}} + P_{\mathrm{WG}} + P_{\mathrm{i}} + P_{1}| + P_{\mathrm{W II}} + P_{\alpha \mathrm{II}} + P_{\alpha \mathrm{II}}' + P_{\mathrm{f}})_{\max} \tag{11-41}$$

实际上，由于许多因素的极大值同出现的概率是很小的，可以适当降低此数值。

在非稳定运动时期，传动机构所受的Ⅱ类载荷可按电动机额定转矩沿传动环节折算到所计算的零件，并乘以动力系数。即

$$M_{\mathrm{II}} = \phi M_{\mathrm{n}} \tag{11-42}$$

式中 M_{n}——按电动机额定转矩折算到计算零件的力矩；

ϕ——动力系数，其大小可参阅相关设计规范。

（3）非工作状态下的最大载荷　非工作状态下的最大载荷为

$$P_{\mathrm{III}} = P_{\mathrm{G}} + P_{\mathrm{W III}} + P_{\alpha \mathrm{III}} \tag{11-43}$$

这时按非工作的幅度位置计算，例如对于门座起重机可取最小幅度位置。

11.3.4 工作性变幅驱动机构计算

1. 电动机功率的选定

根据稳定运动时的静功率初选电动机

$$P_{\mathrm{j}} = \frac{P_{\mathrm{I d}} v_{\mathrm{z}}}{60 \times 1000 \eta} \tag{11-44}$$

式中 P_{j}——电动机静功率（kW）；

v_{z}——变幅驱动机构齿条的线速度（m/min）；

η——变幅驱动机构的传动效率。

考虑电动机起动的影响，选用较大的功率。

功率确定后，根据机构实际的 JC 值初选电动机功率。即

$$P_{JC}=k_dP_j$$

式中，$k_d=1.2\sim1.8$。

由于物品自重引起的臂架力矩以及臂架系统未平衡力矩在变幅全程中会前后换向作用，因此虽然在全部载荷作用下所得的变幅牵引构件（如齿条）的总合力在大多数计算情况下与其运动方向相反，即伸幅时为推，收幅时为拉，这时电动机处在驱动状态，传动摩擦阻力需由电动机克服。但有时也可能出现在小部分变幅行程中从臂架系统换算到牵引构件的受力与其运动方向相同，在这种情况下，电动机就处于制动状态。因此在该部分变幅行程中，机构传动摩擦阻力是帮助电动机起制动作用的，因而可减小电动机制动状态的功率。所以，需要更准确的计算时，在确定等效作用力之前，计算各个变幅区段的牵引构件平均力时，就应分别考虑机构的传动效率，即区别为上述两种情况，在牵引构件受力与运动反向的区段上（电动机除去制动状态的区段），将 $P_{\mathrm{I}i}$ 除以驱动时的传动效率 η_1，而在同向的区段上（电动机处于制动状态的区段），则将 $P_{\mathrm{I}i}$ 乘以制动时的传动效率 η_2。以后在确定功率时，就不再考虑效率了。之所以要如此考虑，是因为对于某些传动形式（如螺杆传动），其驱动状态（螺母主动、螺杆从动）下的效率 η_{1s} 与制动状态（螺杆主动、螺母从动）下的效率 η_{2s} 大不相同，且

$$\frac{\eta_{1s}}{\eta_{2s}}=\frac{\tan(\alpha-\rho)}{\tan(\alpha+\rho)}\approx0.68$$

式中　α——螺纹升角；

　　　ρ——螺旋副的摩擦角。

一般双线螺杆 $\eta_1=0.62\sim0.71$，其效率是偏低的。由于驱动状态时除以 η_1 和制动状态时乘以 η_2 的区别，因此功率计算结果在数值上的差别不应忽视。

2. 减速器总传动比

$$i=\frac{n_d}{n_z} \tag{11-45}$$

$$n_z=\frac{v}{\pi d_z} \tag{11-46}$$

式中　n_d——电动机的转速（r/min），即电动机功率为 P_j 时的转速；

　　　n_z——驱动齿条的齿轮的转速（r/min）；

　　　d_z——驱动齿条的齿轮的分度圆直径（m）。

3. 验算起动时间

这里只计算一个具有典型意义的起动时间。即

$$t_q=\frac{[J]n_d}{9.55(M_q-M_{\mathrm{I}})} \tag{11-47}$$

$$\left.\begin{aligned}M_{\mathrm{I}}&=\frac{F_{\mathrm{I}}d_z}{2i\eta}\\M_q&=9550\psi\frac{P_{JC}}{n_{JC}}\end{aligned}\right\} \tag{11-48}$$

$$[J]=1.15J_d+\frac{182}{n_d^2\eta}\sum E \tag{11-49}$$

$$E=\frac{1}{2}mv^2+\frac{1}{2}J_0\omega^2 \tag{11-50}$$

式中 t_q——起动时间（s）；

$M_{\rm I}$——Ⅰ类载荷下电动机轴上的转矩（N·m）；

M_q——电动机轴上的起动力矩（N·m）；

v——计算部分重心的速度（m/s）；

ω——计算部分重心的角速度（rad/s）；

J_d——电动机轴上各零件的转动惯量（kg·m²）；

J_0——计算部分重心的转动惯量（kg·m²）。

计算 E 时，可取

$$E=\frac{E_1+E_2}{2}$$

E_1 与 E_2 分别为幅度等于 $\frac{1}{4}(R_{\max}-R_{\min})+R_{\min}$ 与 $\frac{3}{4}(R_{\max}-R_{\min})+R_{\min}$ 时的动能。

对于港口装卸门座起重机 $1{\rm s}<t_q<4{\rm s}$

对于安装用门座起重机 $2{\rm s}<t_q<6{\rm s}$

实际的起动时间在很大的范围内变动，一般可省略该项验算。

4. 制动力矩

制动器的制动力矩应满足以下条件：

1）在工作状态与非工作状态下，应具有足够的制动安全系数。

2）在最不利的工作状态下，制动时间不应太长，$t_{\rm zhmax}\leqslant 4\sim6{\rm s}$。

3）在无负荷的情况下，制动时间不宜太短，$t_{\rm zhmin}\geqslant 1\sim1.5{\rm s}$。

根据条件，可按式（11-49）选定制动器。即

$$\left.\begin{aligned}M_{\rm zh}\geqslant 1.25M_{\rm II}\\ M_{\rm zh}\geqslant 1.25M_{\rm III}\end{aligned}\right\} \tag{11-51}$$

$$M_{\rm II}=\frac{d_z\eta'}{2i}(|P_{\rm WQ}+P_{\rm WG}+P_1+P_i|+P_{\alpha\rm II}'+P_{\rm W II}+P_{\alpha\rm II}-P_f)_{\max} \tag{11-52}$$

$$M_{\rm III}=\frac{d_z\eta'}{2i}(P_{\rm WG}+P_{\rm W III}+P_{\alpha\rm III}-P_f) \tag{11-53}$$

然后按下列各式验算制动时间。即

$$t_{\rm zhmax}=\frac{[J]'n_d}{9.55(M_{\rm zh}-M'_z)} \tag{11-54}$$

$$t_{\rm zhmin}=\frac{[J]'n_d}{9.55M_{\rm zh}} \tag{11-55}$$

其中

$$[J]'=1.15J_d+\frac{182\eta'}{n_d^2}\sum E \tag{11-56}$$

$$M'_z=M_{\rm II}=\frac{d_z\eta'}{2i}(P_{\rm WQ}+P_{\rm WG}+P_1+P_i+P'_{\alpha\rm II}+P_{\rm W II}+P_{\alpha\rm II}-P_f)_{\max} \tag{11-57}$$

如果所选制动器不能满足要求，则要采用双级制动，安装两个制动器，第一个制动器在

断电时动作，经过 2 ~4s 后第二个制动器才动作。

5. 验算电动机短期过载能力

在验算最大起动时间时常放弃在最大工作载荷下能及时起动的要求，以免选用过大的电动机，因为此种情况不常出现。但应保证在电动机开动以后不致由于突起的大风将起重机吹停，因此，应验算电动机的最大转矩是否能克服 M_{II}。即

$$M_{qmax} \geqslant M_{\mathrm{II}}$$

$$M_{qmax} = 2.25M_{JC}$$

$$M_{\mathrm{II}} = \frac{d_z F_{\mathrm{II}}}{2i\eta} = \frac{d_z \eta'}{2i}(P_{WQ} + P_{WG} + P_i + P_{W\mathrm{II}} + P'_{\alpha\mathrm{II}} + P_{\alpha\mathrm{II}} + P_f)_{max} \tag{11-58}$$

6. 选择减速器

由于起动与制动时减速器负荷较大，故应选用静功率 P_j 较大的减速器。

11.3.5 非工作性变幅机构的计算

图 11-44 所示为非工作性变幅机构的示例。它是一个简单俯仰臂架，用钢丝绳起吊臂架变幅。这里只介绍与工作性变幅机构不同的地方，其余可参照工作性变幅机构进行计算。

1. 变幅力与变幅绳直径

$$P_T = \frac{1}{t}\Big[(P_Q + P_{G0})l_b\cos(\beta-\gamma) + \frac{1}{2}P_{Gb}l_b\cos(\beta-\gamma) + P_{W\mathrm{II}}h_b + (P_Q + P_{G0})h\tan\alpha_{\mathrm{II}} - \frac{(P_Q + P_{G0})\eta' b}{m}\Big] \tag{11-59}$$

式中 m——起升滑轮组的倍率；

η'——起升滑轮组的反效率。

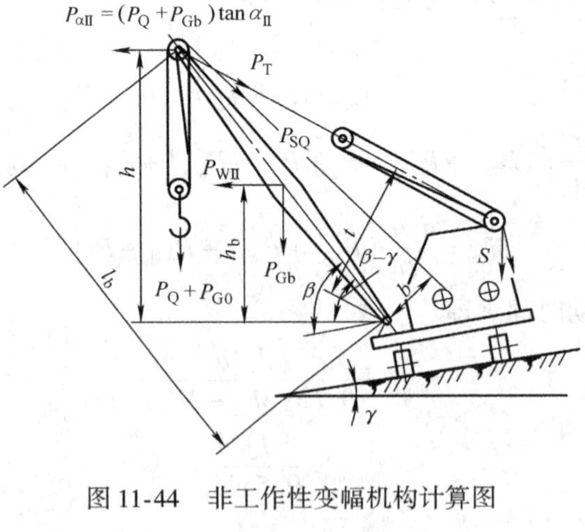

图 11-44 非工作性变幅机构计算图

拉力 P_T 是臂架倾角的函数，在最大幅度时，P_T 有最大值 P_{Tmax}。变幅滑轮组钢丝绳的拉力 S 为

$$S = \frac{P_T}{m_F\eta_F} \tag{11-60}$$

当 P_T 达到 P_{Tmax} 时，S 为 S_{max}。即

$$S_{max}=\frac{P_{Tmax}}{m_F\eta_F} \tag{11-61}$$

式中 m_F——变幅滑轮组的倍率；

η_F——变幅滑轮组的效率。

2. 内燃机的功率

对于由内燃机带动的起重机，变幅阻力以无吊重的最大变幅拉力为准，并有一定量的裕度保证即时起动。即

$$P'_{Tmax}=\frac{1}{t}\left[P_{G0}l_b\cos(\beta_{min}-\gamma)+\frac{1}{2}P_{G0}l_b\cos(\beta_{min}-\gamma)-\frac{P_{G0}\eta' b}{m}\right] \tag{11-62}$$

$$S'_{max}=\frac{P'_{Tmax}}{m_F\eta_F} \tag{11-63}$$

起动时，原动机应确保卷筒的圆周力为

$$S'_T=S'_{max}+\frac{[J]n_T}{9.55t_q} \tag{11-64}$$

式中 S'_T——起动时期卷筒的圆周力（N）；

$[J]$——换算与卷筒轴的变幅驱动机构的转动惯量（不带吊重）（$kg \cdot m^2$）；

n_T——卷筒转速（r/min）；

t_q——变幅驱动机构的起动时间（s）。

根据 S'_T及协作机构所需动力确定内燃机的功率。

3. 电动机

电动机需要将变幅机构在一定的起动时间内起动起来，对于发热一般能满足要求。

电动机的额定转矩

$$M_n=\frac{S'_T(D+d)}{2\psi_q i\eta} \tag{11-65}$$

式中 D——卷筒直径；

ψ_q——起动力矩对于名义力矩的倍数，通常 $\psi_q=1.5\sim1.7$；

i——电动机轴与卷筒轴的速比；

η——减速机构的效率。

本章小结

本章主要介绍了变幅机构的基础知识，学习时应全面了解工作性变幅与非工作性变幅的使用场合、基本原理和构造特点，基本掌握变幅驱动机构的载荷特点、变幅阻力的计算和变幅驱动机构设计的步骤及方法。

教学重点和难点：工作性变幅机构的工作原理、载荷特点以及设计方法。

第12章 轮 压

12.1 概述

起重机的轮压是指车轮对轨道的压力，它是起重机的重要参数。确定最大轮压，以便为设计车轮装置提供重要依据，也为轨道支承结构及有关土建设计提供原始数据；验算车轮打滑还需要知道最小轮压。

起重机的每个支点有时布置多个车轮，通常利用均衡梁使各车轮的轮压相等。在这种情形下，轮压的计算实际上是计算支点的总压力，称为支点压力。

根据起重机结构形式的不同，轮压的分配有静定与超静定之分。三支点式起重机，轮压的分配是静定的。这时的轮压或支点压力只依靠载荷的大小与位置以及起重机结构的几何尺寸而定。这种情况根据平衡条件即可确定各支点的轮压大小。

起重机多数采用四支点式的结构，这种布置具有良好的对称性，工艺性好，并且整体稳定性高。四支点结构的轮压分配是超静定的。这种情况下，轮压的分配与结构和基础的刚度、结构的制造精度和轨道的平度有关。例如要求桥式起重机小车的四个支点的车轮踏面在同一平面上，桥架的两根主梁应具有相同的预拱曲线。四支点支承的门座起重机，常由于地基不均匀沉陷导致最大轮压增大。

目前采用静定车架结构的起重机还是很少见的，但采用静定车架结构代替传统的超静定结构形式是很有意义的。这种结构形式不仅可以降低对结构的精度要求，便于制造，而且由于轮压为确定的数值，可保证或延长车轮寿命。例如，桥式起重机的小车如果采用图12-1所示的形式，则可使车轮轮压均匀分配。传统的四轮小车则可能由于制造不精确出现三支点着地一支点悬空的现象。桥式起重机的小车如果出现三支点着地，从支点轮压力计算可知，此时全部重力几乎只由两个支点的车轮承受，从而使最大轮压从理想状态增大到极限值。

由于码头岸壁地基很难避免沉陷，采用三条腿门座可以保证轮压不受地基沉陷的影响。但它的稳定性差。如采用图12-1b所示的结构，并使均衡梁的调整摆角限制在很小的范围

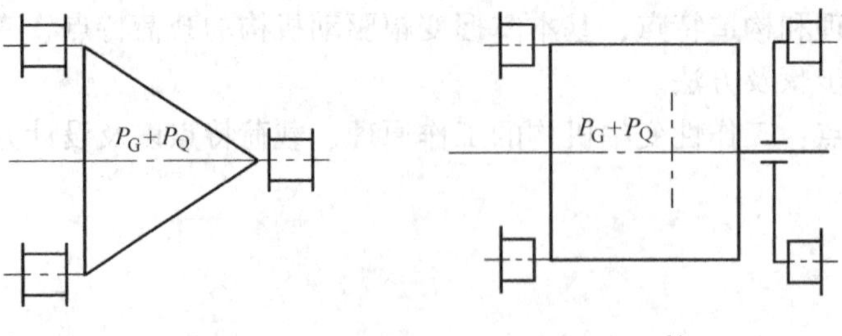

图12-1　三支点静定轮压分布

内，则可获得与四支点相同的稳定性。

在计算轮压时，除静定系统与超静定系统外，某些超静定系统还可用近似静定系统的方法来计算轮压。当然，这样会造成一定误差，但在一定的条件下仍能估算轮压值。下面分别说明静定系统轮压、近似静定系统轮压和超静定系统轮压的计算方法。

12.2　静定系统的轮压

三支腿门座起重机的轮压计算简图如图 12-2 所示。P_{G0}为起重机不旋转部分的自重载荷，O_0为其重心；若 P_G为起重机旋转部分的自重载荷，P_Q为起升载荷，两者叠加后形成可回转的垂直方向载荷 P_V，且 $P_V=P_G+P_Q$，而 P_V的作用线是以 O 为圆心、e 为半径的平面轨迹圆。e 的计算公式为

$$e=\frac{P_Gx+P_QR+P_Iy_I+P_Wy_W+P_Qh\tan\alpha}{P_V} \tag{12-1}$$

式中　x——旋转部分自重的重心到 O 点的水平距离；

R——吊重幅度；

P_I——旋转部分的惯性力，即离心力；

y_I——旋转部分的惯性力到轨道顶的高度；

P_W——起重机所受风力；

y_W——风力着力点到轨道顶的高度；

α——起升钢丝绳的摆角；

h——臂架端部滑轮到轨顶高度。

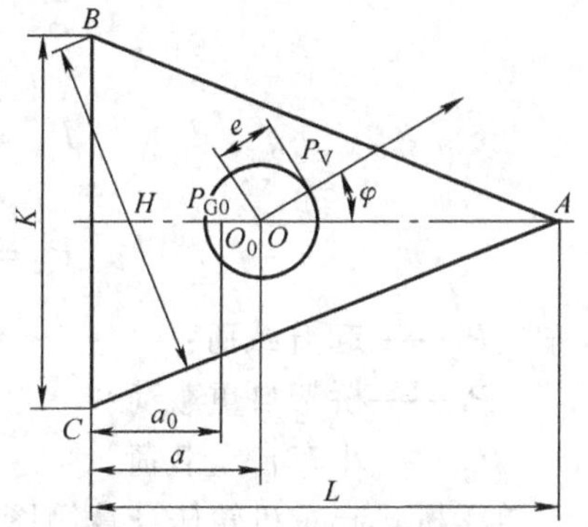

图 12-2　静定轮压计算

按静定系统轮压分配原则可得各支点轮压为

$$\left.\begin{aligned}P_A&=\frac{1}{L}[P_{G0}a_0+P_V(a+e\cos\varphi)]\\P_B&=\frac{1}{2}P_{G0}\left(1-\frac{a_0}{L}\right)+\frac{1}{2}P_V\left(1-\frac{a+e\cos\varphi}{L}\right)+P_V\frac{e\sin\varphi}{K}\\P_C&=\frac{1}{2}P_{G0}\left(1-\frac{a_0}{L}\right)+\frac{1}{2}P_V\left(1-\frac{a+e\cos\varphi}{L}\right)-P_V\frac{e\sin\varphi}{K}\end{aligned}\right\} \tag{12-2}$$

当 $\varphi=0$ 时，A 支点处轮压为极大值。即

$$P_{Amax}=\frac{1}{L}[a_0P_{G0}+(a+e)P_V] \tag{12-3}$$

当伸臂分别垂直于 AC 或 AB 时，则 B 支点处或 C 支点处的轮压达到极大值。即

$$P_{Bmax}=P_{Cmax}=\frac{1}{2}\left(1-\frac{a_0}{L}\right)P_{G0}+\frac{1}{2}\left(1-\frac{a}{L}\right)P_V+\frac{e}{H}P_V \tag{12-4}$$

此时，$H=KL/\sqrt{K^2/4+L^2}$。

12.3　近似静定系统的轮压

有些超静定系统，由于起重机结构刚度不大，对轨道不平、地基下沉等问题不敏感，其

轮压也可近似地按静定系统进行计算。

双梁桥式起重机轮压计算简图如图 12-3a 所示。由于桥架的刚度比较小，大车轮压可近似按静定系统进行计算，为了简化，此处不考虑司机室、运行机构等的偏心作用。由此可得各支点轮压为

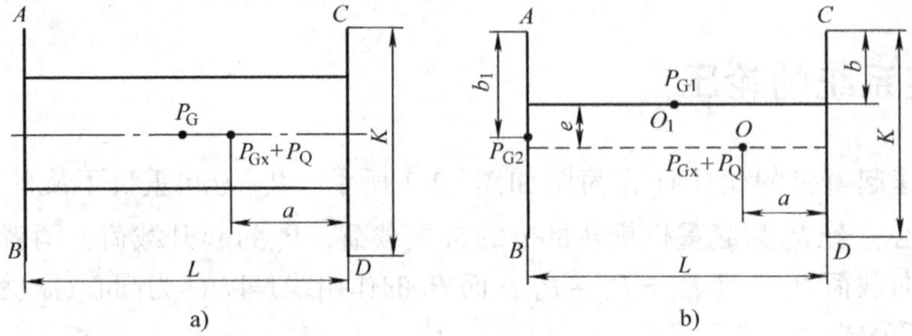

图 12-3　桥式起重机的轮压计算简图

a）双主梁　b）单主梁

$$\left.\begin{aligned}P_A=P_B&=\frac{P_G}{4}+\frac{a}{2L}(P_{Gx}+P_Q)\\P_C=P_D&=\frac{P_G}{4}+\frac{L-a}{2L}(P_{Gx}+P_Q)\end{aligned}\right\}\tag{12-5}$$

式中　P_Q——起升载荷；

P_G——桥架自重载荷；

P_{Gx}——小车自重载荷。

单梁桥式起重机轮压计算简图如图 12-3b 所示。大车轮压可近似按静定系统进行计算，可得各支点轮压为

$$\left.\begin{aligned}P_A&=\frac{K-b}{2K}P_{G1}+\frac{K-b_1}{K}P_{G2}+\frac{a(K-b-e)}{LK}(P_{Gx}+P_Q)\\P_B&=\frac{b}{2K}P_{G1}+\frac{b_1}{K}P_{G2}+\frac{a(b+e)}{LK}(P_{Gx}+P_Q)\\P_C&=\frac{K-b}{2K}P_{G1}+\frac{K-b_1}{K}P_{G2}+\frac{(L-a)(K-b-e)}{LK}(P_{Gx}+P_Q)\\P_D&=\frac{b}{2K}P_{G1}+\frac{b_1}{K}P_{G2}+\frac{(L-a)(b+e)}{LK}(P_{Gx}+P_Q)\end{aligned}\right\}\tag{12-6}$$

式中　P_{G1}——主梁自重载荷；

P_{G2}——端梁自重载荷。

小车轮压通常也按近似静定系统进行计算，这主要是考虑主梁结构具有一定柔性。但小车架结构自身刚度较大，常出现三支点着地现象。此时，三支点轮压值差异加大，近乎就是两支点着地，因而这样计算出的轮压值的误差较大。

12.4　超静定系统的轮压

超静定系统轮压的精确计算很复杂，它与组成系统的每一构件或单元的刚度有关。在许多情况下，可以忽略次要变形，使轮压计算大大简化。下面以四支点门座起重机为例说明超

静定系统轮压的计算方法。

12.4.1　理想状况下的轮压

所谓理想状况，是指四支点在同一平面上，轨顶也在同一平面上，即起重机结构与基础都是理想的状态，不存在制造与地基沉陷的偏差。

现代门座起重机的门座结构简图如图12-4所示。其旋转支承装置为柱式或滚动轴承等盘式轴承。作用在门座上影响垂直方向支点压力的载荷可以综合为以下两项：

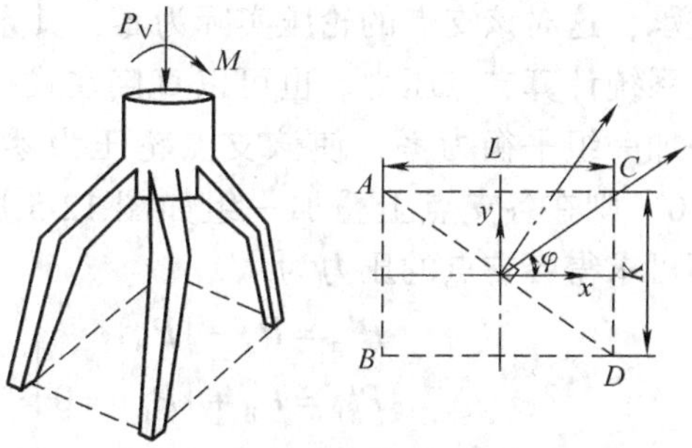

图12-4　门座的轮压计算简图

1. 作用在旋转中心铅垂方向的载荷 P_V

$$P_V = P_{G0} + P_G + P_Q \quad (12\text{-}7)$$

式中　P_{G0}——门座部分的自重载荷，一般作用于支承面中心；

P_G——旋转部分的自重载荷。

P_G、P_Q 一般作用于偏离中心的某一点，此处，P_G 与 P_Q 从其作用点平移到旋转中心。

2. 作用在垂直面内的力矩 M

$$M = P_G x + P_Q R + P_I y_I + P_W y_W + P_Q h\tan\alpha \quad (12\text{-}8)$$

式中符号与式（12-1）相同。

M 的方向跟随臂架的方向变化，臂架与 x 轴的夹角为 φ。

3. 理想状况的轮压

假定四条腿的刚性相同，忽略地基的弹性变形，就可以按与计算弯曲应力相似的方法得到计算轮压的公式为

$$\left.\begin{aligned}
P_A &= \frac{P_V}{4} + \frac{M\sin\varphi}{2K} - \frac{M\cos\varphi}{2L}\\
P_B &= \frac{P_V}{4} - \frac{M\sin\varphi}{2K} - \frac{M\cos\varphi}{2L}\\
P_C &= \frac{P_V}{4} + \frac{M\sin\varphi}{2K} + \frac{M\cos\varphi}{2L}\\
P_D &= \frac{P_V}{4} - \frac{M\sin\varphi}{2K} + \frac{M\cos\varphi}{2L}
\end{aligned}\right\} \quad (12\text{-}9)$$

随着臂架方位的变化，各支点处轮压也在发生变化。当臂架处于某一方位（即图12-4中箭头虚线位置）时，某轮压（此处应为 C 点）达到最大（或最小）值，对式（12-9）求一次导数即可求得此极值的大小和具体位置。例如，对于 C 点轮压 P_C，令 $\frac{dP_C}{d\varphi}=0$，可得 $\tan\varphi = \frac{L}{K}$，即当臂架位于垂直对角线 AD 的方向时，C 点轮压 P_C 有极大（或极小）值。即

$$\left.\begin{aligned}
P_{Cmax} &= \frac{P_V}{4} + \frac{\sqrt{K^2+L^2}}{2KL}M\\
P_{Cmin} &= \frac{P_V}{4} - \frac{\sqrt{K^2+L^2}}{2KL}M \geqslant 0
\end{aligned}\right\} \quad (12\text{-}10)$$

同理可求得

$$P_{\mathrm{Amax}} = P_{\mathrm{Bmax}} = P_{\mathrm{Dmax}} = P_{\mathrm{Cmax}}$$
$$P_{\mathrm{Amin}} = P_{\mathrm{Bmin}} = P_{\mathrm{Dmin}} = P_{\mathrm{Cmin}}$$

4. 三点支承下理想状况的轮压

如果四支点中有一个支点的压力小于零，则变成三点支承，这时该支点的轮压实际为零，其余三支点按前述静定系统计算支点压力。也可以直接在式（12-9）的基础上叠加一组平衡力系，使该支点轮压为零。例如，如果 $P_{\mathrm{B}}<0$，则在各支点上叠加一组如图 12-5 所示的平衡力系，即可求得各支点的压力为

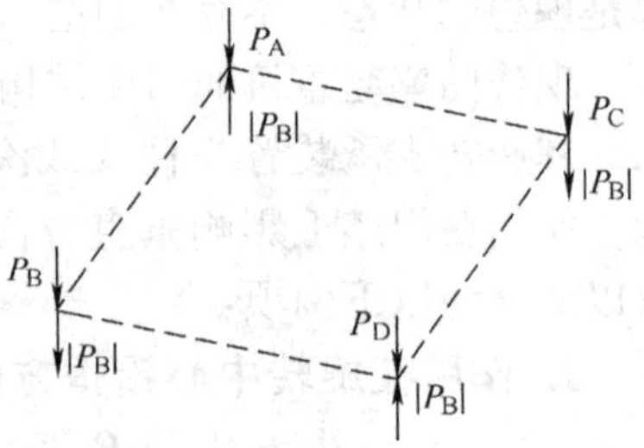

图 12-5 平衡力系的叠加

$$\left.\begin{aligned} P'_{\mathrm{A}} &= P_{\mathrm{A}} - |P_{\mathrm{B}}| \\ P'_{\mathrm{B}} &= P_{\mathrm{B}} + |P_{\mathrm{B}}| = 0 \\ P'_{\mathrm{C}} &= P_{\mathrm{C}} + |P_{\mathrm{B}}| \\ P'_{\mathrm{D}} &= P_{\mathrm{D}} - |P_{\mathrm{B}}| \end{aligned}\right\} \tag{12-11}$$

即

$$\left.\begin{aligned} P'_{\mathrm{A}} &= \frac{P_{\mathrm{V}}}{2} - \frac{M\cos\varphi}{L} \\ P'_{\mathrm{B}} &= 0 \\ P'_{\mathrm{C}} &= \frac{M\sin\varphi}{K} + \frac{M\cos\varphi}{L} \\ P'_{\mathrm{D}} &= \frac{P_{\mathrm{V}}}{2} - \frac{M\sin\varphi}{K} \end{aligned}\right\} \tag{12-12}$$

12.4.2 实际状况下的轮压

要使起重机的实际工作情况达到理想状况是非常困难的。实际情况一般可能是：

1）由于存在制造误差，起重机的四个支点不在同一平面上，如图 12-6 所示。

2）由于轨道安装不平以及地基沉陷，轨顶不在同一平面上。

上述两项偏差的大小可以分别用对角线偏离量 Δ 和 Δ' 表示。其中，Δ 表示门座四支点对角线的偏离量，Δ' 表示轨顶四点对角线偏离量。

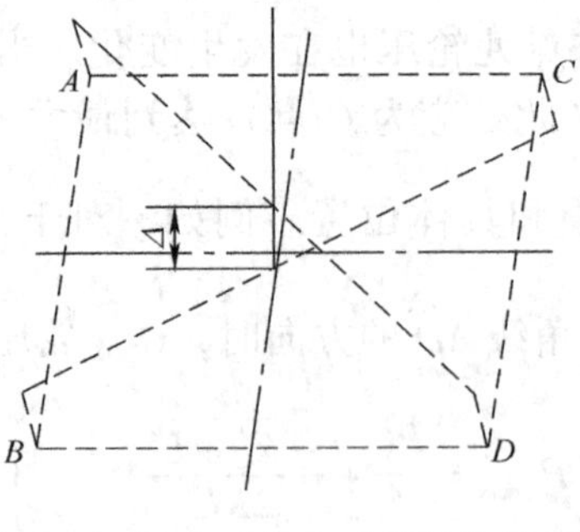

图 12-6 门座四支点对角线的偏离量

理想情况下，起重机的四个支点和轨顶都在一个平面上，对角线相交，偏离量 $\Delta=\Delta'=0$。

假定轨道基础为刚性的，其弹性变形可以忽略不计，则实际的轮压与理想轮压之差同对角线偏离量（$\Delta+\Delta'$）及门座结构的刚性系数 K_1 成正比。

刚性系数 K_1 可以根据结构的尺寸计算，或者用实验的方法测定。在门座结构的四支点处加上一组与图12-6所示相似的单位平衡力系，使得 B 点处的轮压 $|P_B|=1$，这时对角线的偏离量改变 Δ_1，则刚性系数 K_1 为

$$K_1=\frac{1}{\Delta_1} \tag{12-13}$$

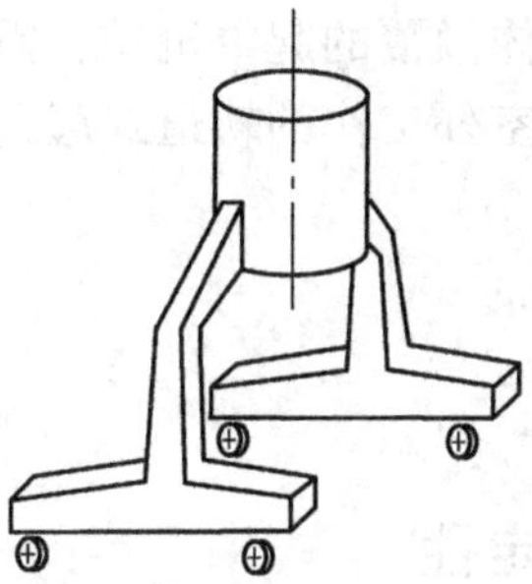

图12-7 柔性门腿

实际情况下各点的轮压为

$$\left.\begin{aligned}P''_A&=P_A(\pm)K_1(\Delta+\Delta')\\P''_B&=P_B(\mp)K_1(\Delta+\Delta')\\P''_C&=P_C(\mp)K_1(\Delta+\Delta')\\P''_D&=P_D(\pm)K_1(\Delta+\Delta')\end{aligned}\right\} \tag{12-14}$$

式（12-14）中的“+”或“-”视 $\Delta+\Delta'$的具体情况来确定。

如果考虑轨道基础的弹性，则用 K'代替式（12-14）中的 K_1，且

$$K'=\frac{K_1K_2}{K_1+K_2} \tag{12-15}$$

式中，K_2 为轨道的刚性系数。

为了适应地基沉陷，最好使门座的支腿具有足够的柔性，目前采用如图12-7所示的结构形式可以获得较大的柔性。比较精确的轮压计算，可以通过基于起重机结构与支承基础的弹性力学的有限元方法来确定。

本章小结

本章主要介绍了轮压计算的基础知识，学习时应全面了解起重机基于三支点静定模型、四支点近似静定和超静定模型的轮压计算方法。其中静定和近似静定模型的轮压计算忽略了支承轨道不平度的影响；而超静定模型轮压计算时，讨论了由于结构自身较大的刚性在支承轨道不平情况下轮压的合理分布。

教学重点和难点：轮压计算时符合实际的刚性或柔性结构的合理模型的选用。

第 13 章

起重机刚性稳定性和抗风防滑

起重机刚性稳定性是相对于其结构、构件、零件等弹性失稳（如压弯失稳、屈曲、筒壁凹陷、轴系共振等）而言的整体稳定性，包括整体抗倾覆稳定性（如倾覆、歪斜）和抗风防滑安全性。对于有可能出现整体倾覆的起重机械，需通过刚性稳定承载能力设计计算来保证其整体抗倾覆稳定性。另外，室外工作的轨道式起重机械，还需设计计算其抗风载荷作用并防止出现滑移的安全性。

13.1 概述

13.1.1 起重机整体抗倾覆稳定性

起重机整体抗倾覆稳定性是指其承受自重和外载荷作用并在各种最不利组合情况下抵抗倾覆保持稳定的能力，通常简称为稳定性。安置在运行装置（如车轮、履带等）或其他支承装置上的起重机，可能由于各种促使其倾覆的因素出现而导致其翻倒，这些因素包括超载（或超载重力矩）、大风、坡度、各机构起制动时的过大惯性载荷以及回转离心载荷等。当起重机的抗倾覆稳定能力不足时，即起重机自身重力和所承受外力对支承平面的倾覆边（或倾覆线）出现倾覆力矩大于稳定力矩的情况时，起重机就将绕倾覆线倾覆，造成重大人身和设备事故，后果极其严重。统计资料表明，臂架式运行起重机发生丧失整体稳定性的倾覆事故约占其重大事故总数的60%。因此，保证起重机具有足够的抗倾覆稳定性是起重机设计和制造中最基本的工作承载能力要求。

国内、外对起重机抗倾覆稳定性问题进行了数十年的研究，有关稳定性的规范内容和计算方法至今仍在研究和完善之中。目前对起重机抗倾覆稳定性的计算可采用三种方法：力矩不等式法、稳定性安全系数法和按临界倾覆载荷标定额定起重量法。

1. 力矩不等式法

GB/T 3811—2008《起重机设计规范》中规定起重机抗倾覆稳定性计算采用力矩不等式法，此方法也被欧美各国和日本广泛采用。

力矩不等式法校核抗倾覆稳定性的基本原则是：

1）先根据起重机结构外形、工作条件，以及稳定性要求和特点的不同，对起重机进行稳定性计算分类或分组。

2）根据起重机分组中有关稳定性计算特点确定其相应的计算工况，通常包括工作状态和非工作状态、静态和动态、风载或试验状态等。

3）每一种计算工况都应选择最不利的载荷组合。鉴于稳定性计算中各种载荷变化作用的随机性（离散性）和对稳定性的实际影响程度（主要是安全因素），计算时应对各种载荷分别赋予相应的载荷增大系数。

4）稳定性计算。作用于起重机上包括自重在内的各项载荷对危险倾覆边的力矩代数和应大于或至少等于零，起稳定作用的力矩取正号，起倾覆作用的力矩取负号。对起重机支承平面中每条可能的危险倾覆边都应进行稳定性计算。只有当所有方向稳定性计算都满足$\sum M \geqslant 0$时，才可认为起重机能够保证稳定不会倾覆。

5）危险倾覆边的确定。带载水平运行的起重机，其倾覆边方向为横向（行走方向）和纵向（垂直行走方向）。运行机构只作非吊重移位的定点吊装的起重机，倾覆边为其支承多边形，即车轮或支腿与地面接触点的连线，其形式可为三角形、矩形、梯形及多边形等。

2. 稳定性安全系数法

稳定性安全系数法是前苏联研究和使用，适用于各种移动式起重机的稳定性计算方法。该法采用“稳定性安全系数”（简称稳定系数）的概念作为衡量和评定起重机稳定性的数量指标。我国过去曾采用此方法，俄罗斯等国家目前仍在使用此方法。

稳定性安全系数法校核抗倾覆稳定性的基本原则是：

1）稳定性安全系数是指起重机所承受的各种外载荷（包括自重载荷）对于危险倾覆边产生的稳定力矩$M_{稳}$（复原力矩）与倾覆力矩$M_{倾}$的比值。

2）计算起重机稳定性的基本工况为工作稳定性（载重稳定性）和非工作稳定性（自重稳定性）。合理的稳定系数指标［k］应能反映起重机的实际抗倾覆能力，它也是起重机不发生倾覆的概率。各计算工况下的稳定系数许用值［k］见表13-1。

表13-1　稳定性安全系数法许用值［k］

验算工况	验算工况特征	稳定系数许用值［k］
1	载重稳定性（不考虑附加载荷）	1.40
2	载重稳定性（考虑附加载荷）	1.15
3	自重稳定性	1.15

3）作用于起重机上的各种载荷应按相关标准规定其属性，即规定某项载荷属于$M_{稳}$或$M_{倾}$的说明。$M_{稳}$和$M_{倾}$都应按起重机可能处于的最不利情况（包括倾覆边、风向与风力、跨度、幅度、臂架位置和臂长等）和承受最不利载荷组合进行计算。

4）稳定性计算。稳定系数k作为起重机抗倾覆能力的判据，不能小于相应规范和标准的规定值。即

$$k=\frac{M_{稳}}{M_{倾}}\geqslant[k] \tag{13-1}$$

需要注意的是，从理论上说，式（13-1）中起重机所承受的某项载荷的属性是可以人为改变的，其既可属于$M_{倾}$置于分母上，也可用负号形式将其归于$M_{稳}$置于分子上，但不同处理方法所得到的两种稳定系数k值却是不相同的。另外，稳定性安全系数法在需要验算多种工作状况时的概念不甚明确，并且难以表述起重机突然卸载或吊具脱落的工况。

3. 按临界倾覆载荷标定额定起重量法

按临界倾覆载荷标定额定起重量法是欧美起重机制造公司常用的方法，通过试验或计算得出起重机的“临界倾覆载荷”，以此确保起重机的稳定性。

如图13-1所示，试验测定时将起重机置于水平坚实路面并工作于不同臂长和不同幅度，逐渐增加吊钩上货重直到另侧（与吊钩相对方向）的支承压力为零（达到倾覆临界状态时），吊重 P_Q 即为起重机临界倾覆载荷 Q。也就是说，稳定力矩等于倾覆力矩时的起升载荷 P_Q 就是临界倾覆载荷 Q。临界倾覆载荷也可通过计算方法确定。

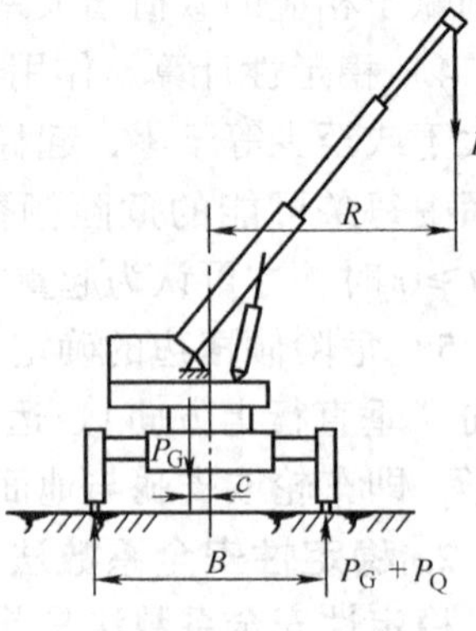

图13-1 受力图

为了保证起重机作业时具有足够的稳定性，起重机允许起吊的货物最大重力（即额定起重能力 P_{Qe}）应等于临界倾覆载荷的某一折减值 αQ（α 为小于1的折减系数，其值见表13-2）。即

$$P_{Qe}\geqslant\alpha Q \tag{13-2}$$

表13-2 折减（折扣）系数 α

英国	德国	日本	美国
0.66	0.75	0.78	0.85

对于一台制成的起重机（Q 为定值时），α 的取值既表示起重机实际作业时抗倾覆稳定性的裕度（α 值越小，稳定裕度越高），也表示起重机起重能力的实际利用率（α 值越大，实际起重能力越高）。提高 α 值会降低起重机实际作业的安全性，降低 α 值则使起重机自重增大，成本增高，市场竞争力减弱。

4. 臂架式运行起重机起重特性曲线和超起能力

根据起重机稳定性判定条件，对于臂架式运行起重机来说，当臂架幅度增大时，起重量（起升载荷）应相应减小，由图13-1结合式（13-1）可推导出起升载荷 P_Q 和幅度 R 在抗倾覆稳定性条件下的变化规律符合双曲线规律，如图13-2中曲线4所示。当幅度 $R\leqslant B/2$，即吊重位于支承基底内时，臂架运行式起重机不可能发生倾覆，由稳定性因素决定的起重量可以无限大，但机构驱动能力、零部件和结构的强度等将限制起重机的起重量。因此，臂架式运行起重机的实际起重性能是由机构、结构和整体稳定性三大因素综合决定的。

综上所述，起升机构的起重能力由设计过程决定而与幅度 R 无关，在图13-2中用一条与横坐标轴平行的直线1表示；结构部分（箱形受弯吊臂或桁架型受压吊臂）的承载能力与幅度 R 有关，在图13-2中用曲线2或3表示；臂架式运行起重机的起重特性曲线5是机构起重能力、吊臂承载能力和抗倾覆稳定性能力三条曲线（曲线1、2或3、4）的最小包络线，而曲线5与横坐标轴上 $R_{min}\sim R_{max}$ 之间所包括的面积表示起重机的安全工作范围，这是确保臂架式运行起重机安全正常工作的重要技术数据。

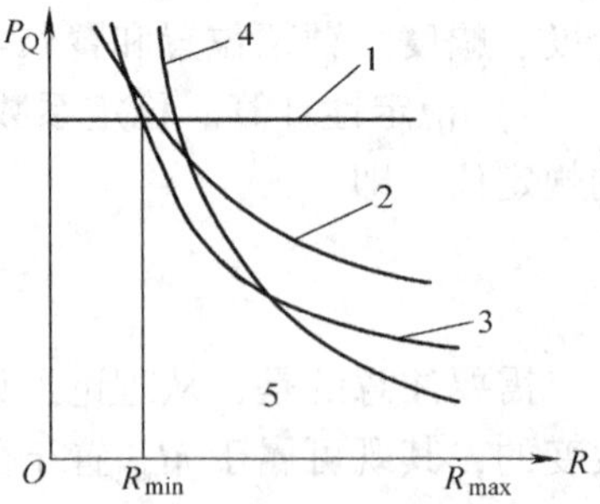

图13-2 臂架式起重机起重特性曲线

因此，GB/T 3811—2008《起重机设计规范》规定：额定起重量随全幅度范围变化的起重机，应设有明显可见的额定起重量随幅度全程变化的曲线或表格；凡不同幅度段规定有不同额定起重量的起重机，

其幅度段的划分及各段的额定起重量均应永久性地标明并明显可见；由制造商提供的操作说明书应能对不同幅度起重量作出更详细说明。

对于某些机型（如履带式起重机等），超起能力是指为了充分发挥起升机构已有的较大起重能力（水平线1），通过采用一些简便易行的技术措施来增强结构的强度（改变曲线2或3）和提高整机抗倾覆稳定性（通过增加活对重等改变曲线4），以此增大起重特性包络曲线5的范围，从而获得比原设计更大的那部分起重能力，即超起能力。

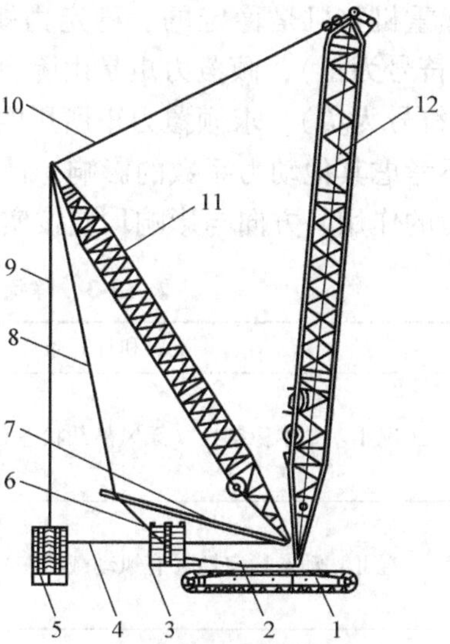

图13-3　超起工况履带起重机
1—下车　2—转台　3—原配重
4—超起配重拉索　5—超起配重
6—主变幅绳拉索　7—桅杆
8—超起后拉板　9—超起配重拉板
10—超起变幅拉板　11—超起桅杆
12—主臂架

图13-3所示为超起工况履带式起重机，通过在桅杆7（人字架）与主臂架12之间特别装设臂架式超起桅杆11及增设超起变幅拉板10和超起后拉板8，以改变主臂架12与主变幅绳拉索6原有的几何关系，以此增强主臂架的承载能力。同时，臂架式超起桅杆11通过超起配重拉板9与超起配重5相连，增加了整机抗倾覆稳定性。两项措施配合作用提高了起重机的起重性能，获得了超出原设计的起重能力，改善了原有的技术性能，扩大了该履带式起重机的使用范围。

常见的超起配重装置有两种形式：拖车式配重可以在地面上与主机同步行走或回转，整机稳定性始终处于最佳状态；悬浮式配重在作业过程中需离开地面，否则主机不能进行行走及回转动作。超起配重的选用与配置主要依据使用条件及用户的操作习惯而定。

13.1.2　起重机抗风防滑安全性

对于迎风面积较大且露天作业的轨行式起重机械，在较大风载荷作用下可能发生沿轨道滑行（跑车）、碰撞其他物体（撞车）或在轨道端头倾覆（翻车）等事故，其后果极其严重。因此，露天作业的轨行式起重机械必须具有足够的防风抗滑安全性才能保证其安全可靠地工作。

抗风防滑安全性是指轨行式起重机在工作状态和非工作状态下抵抗由于风载荷作用而发生滑行的能力。工作状态下的抗风防滑安全性通常采用工作防风制动器来实现，而非工作状态下的抗风防滑安全性通常采用防风装置（如制动器、夹轨器、夹轮器、锚定装置、铁鞋、防风拉索等）来保证。

13.2　起重机整体抗倾覆稳定性设计计算

13.2.1　起重机整体抗倾覆稳定安全性的基本规定

1. 起重机抗倾覆稳定性计算采用力矩不等式法

在校核计算中，当稳定力矩的代数和大于倾覆力矩的代数和时（或$\sum M \geqslant 0$），则认为该起重机整机是稳定的。稳定力矩是由自重载荷产生的对所规定倾覆线（边）的计算力矩（符号为正），倾覆力矩是由除自重载荷以外的其他载荷产生的对所规定倾覆线的计算力矩（符号为负）。求倾覆力矩所用的各计算载荷应针对机型特点按表 13-3 或表 13-4 选取，此时不考虑其他动力系数的影响。计算中要考虑起重机结构形态及其零部件的位置，所有载荷和力的作用、方向与影响均应按实际可能出现的最不利载荷组合原则来考虑。

表 13-3　除流动式、塔式和浮式起重机以外的起重机稳定性

工况和计算条件	载　荷	计算载荷规定值
工况Ⅰ：基本稳定性（无风静载状态）	作用载荷	$1.5P_Q$
	风载荷	0
	惯性力	0
工况Ⅱ：动态稳定性（有风动载状态）	作用载荷	$1.3P_Q$
	风载荷	$P_{WⅡ}$
	惯性力	D
工况Ⅲ：最大风载荷（暴风侵袭下的非工作状态）	作用载荷	0
	风载荷	$1.2\ P_{WⅢ}$
	惯性力	0
工况Ⅳ：突然卸载（突然卸载或吊具脱落）	作用载荷	$-0.2P'$
	风载荷	$P_{WⅡ}$
	惯性力	0

注：1. D 是由制造商规定的惯性力或缓冲力。

2. P_Q 是由制造商规定的设备额定起重量引起的最大起升载荷。在起重机工作状态下作为永久性部件的吊具及其附件的重力，不论其是否属于规定的额定起升载荷的一部分，均应按稳定性计算载荷的一部分考虑。

3. P' 是由制造商规定的设备额定起重量引起的载荷，但不包括起重机在工作状态中作为永久性部件的吊具及其附件的重力。

4. $P_{WⅡ}$ 是根据 ISO 4302 规定的工作状态风载荷。

5. $P_{WⅢ}$ 是根据 ISO 4302 规定的非工作状态风载荷，包括阵风的影响。

表 13-4　塔式起重机整体抗倾覆稳定性校验的计算载荷

起重机的工况和计算条件		载荷性质	计算载荷
工作状态	工况Ⅰ：基本稳定性（无风时起升静载试验载荷）	自重载荷	P_G
		起升载荷	$1.6\ P_Q$
		风载荷	0
		惯性力	0
	工况Ⅱ：动态稳定性（有工作风时起升正常工作载荷）	自重载荷	P_G
		起升载荷	$1.35\ P_Q$
		风载荷	$P_{WⅡ}$
		惯性力	D
	工况Ⅲ：抗后倾覆稳定性（有向后吹工作风载，且突然空中卸载）	自重载荷	P_G
		起升载荷	$-0.2\ P_Q$
		风载荷	$P_{WⅡ}$
		惯性力	0

（续）

起重机的工况和计算条件		载荷性质	计算载荷
非工作状态	工况Ⅳ：抗暴风稳定性（非工作时遭暴风袭击）	自重载荷	P_G
		起升载荷	P_Q
		风载荷	$1.2P_{WⅢ}$
		惯性力	0
	工况Ⅴ：装拆稳定性（在许可风中进行装拆）	自重载荷	P_G
		起升载荷	$1.25P_D$
		风载荷	$P'_{WⅡ}$
		惯性力	D

注：1. D 是由机构驱动产生的惯性力，此时取 $\phi_5=1$。

2. P_Q 是设计规定的最大起升载荷。

3. P_G 是起升吊具、悬垂钢丝绳及起升附件等的自重。

4. P_D 是安装/拆卸时被起吊的安装/拆除的部件的自重。

5. $P'_{WⅡ}$ 是由制造商操作手册给定的或在起重机安装/拆卸作业时限制的风载荷。

需要注意的是，按带载运行设计的起重机，计算时除了应考虑表 13-3 中工况Ⅱ规定的载荷外，还应考虑由制造商规定的轨道允许最大垂直偏差所产生的力；永久性安装的（固定式）起重机，特定地点或地区的地震效应应在表 13-3 中工况Ⅰ、Ⅱ、Ⅲ下分别作为附加载荷予以考虑。

2. 其他规定

稳定性校核计算的前提是假定起重机在坚实、水平的支承面上或轨道上工作。若起重机需要在倾斜面上工作，在校核计算时应考虑倾斜坡度的影响并给以明确说明。

永久性安装的（固定式）起重机械，在具体使用现场（或地区）如有地震（或其他基础外部激励效应）时，则应将其作为附加的载荷情况在相应的抗倾覆稳定性核算中予以考虑。对于地震影响，应参考国家相应的抗震规范，根据不同地区的抗震设防等级来计算。

另外，起重机械的机型按稳定性特点可分为四类：流动式起重机（流动性很大的，如汽车式、轮胎式、履带式等）、塔式起重机（重心高、工作不频繁以及场地经常变更）、浮式起重机以及其他类型的起重机。

13.2.2　除流动式、塔式和浮式起重机以外的起重机整体抗倾覆稳定性设计计算

1. 整体抗倾覆稳定性

除流动式、塔式和浮式起重机以外的起重机，稳定力矩由自重载荷计算，而倾覆力矩应按表 13-3 规定的计算工况条件、载荷性质及计算载荷规定值进行计算，当起重机稳定力矩之和大于倾覆力矩之和时，则认为该起重机是稳定的。

2. 工作状态下后倾覆稳定性

当起重机处于卸载状态，所有可移动工作部件都缩回到最靠近后倾覆线的位置时，工作状态下的后倾覆稳定性应按下述规定方法及表 13-3 中工况Ⅳ进行校验。

1）力矩法。由工作风载 $P_{WⅡ}$ 和惯性力 D 产生的倾翻力矩不应大于稳定力矩的 90%。

2）重力法。不考虑风载荷作用时，静止起重机的重心在水平面的投影位置不应超过从

前支点到后倾覆线距离的80%，典型示例如图13-4所示。

3. 风载荷作用

工作状态下的风载荷均应按（或总是按）最不利的方向施加。对于不能随风自由回转的起重机，非工作状态下的风载荷应按在最不利的方向施加作用；对于可随风回转设计的起重机，非工作状态下的风载荷应按设计预定方向作用于起重机的上部结构，按最不利方向作用于起重机的下部结构。

4. 起重机的基础（或基座）

起重机制造商应规定起重机对作为基础（或基座）的地面或承载结构上的作用力。如需基座保证全部或部分起重机的抗倾覆稳定性，则制造商应规定基座适用性的要求。

5. 稳定器

稳定器是指对起重机基本的（或正常的）结构添加的附件，目的是增加起重机的稳定性。稳定器应能迅速并方便地投入使用。

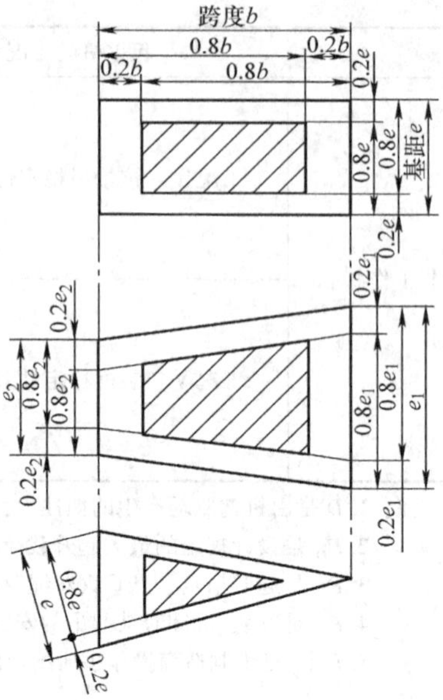

图13-4　起重机基座外形图

当需要稳定器时，起重机使用说明书应全面叙述所需稳定器的类型和正确的安装方法，以及它们的作用是否满足工作状态、非工作状态或抗后倾覆的稳定性要求。

6. 关于大变形的影响

对于因固定载荷（自重载荷）、变动载荷、风载荷或动载荷影响而产生显著弹性变形（即大变形）的起重机，在计算整体稳定性及后倾覆稳定性时应考虑这种弹性变形的影响。

13.2.3　塔式起重机整体抗倾覆稳定性设计计算

1. 整体抗倾覆稳定性

塔式起重机的整体抗倾覆稳定性应按表13-4中规定的五种工况、载荷性质，以及对应相应载荷系数的计算载荷进行校核。在轨道上带载运行的塔式起重机，还应当考虑制造商在起重机出厂文件上规定的轨道允许的最大垂直高度差和坡度所引起的载荷，并将其作为其他载荷列入表13-4工况Ⅱ中。计算时，应考虑塔式起重机所有起升部件质量引起的载荷。

2. 工作状态下抗后倾翻稳定性

塔式起重机工作状态下抗后倾翻稳定性按表13-4中的工况Ⅲ计算。

3. 风载荷的作用

风载荷的作用详见第13.2.2节中的内容。

4. 起重机的基础

制造商应提供在允许使用的所有工况中（包括有非工作状态风载荷作用时），塔式起重机对地面或基础作用的载荷，并说明所提供的载荷数据所对应的使用工况。如果是用基础来实现塔式起重机的部分或全部抗倾覆稳定性时，制造商还应规定对用作该塔式起重机基础的要求。当塔式起重机需在斜面上作业时，制造商也应考虑相应的计算工况。

5. 临时辅助稳定装置

在表13-4中工况Ⅰ至工况Ⅳ的状态下，不使用临时辅助稳定装置的塔式起重机也应是稳定的。

临时辅助稳定装置可用来满足表13-4中的工况Ⅴ，即保证安装或拆卸塔式起重机时的抗倾覆稳定性。

可以用可拆卸的压重来满足表13-4中工况Ⅳ的整体抗倾覆稳定性要求。但当无外加压重且将风载荷取为1.1 $P_{WⅡ}$时，该起重机也应符合稳定性要求。

6. 关于大变形的影响

在塔式起重机最不利的结构形态和最不利的载荷组合工况下，如果大变形（按二阶理论计算的变形）的影响在塔身中增加的弯矩小于10%（可按$N/N_E<0.1$界定），整体抗倾覆稳定性计算就可以不考虑此大变形的影响（即仍按一阶理论计算），以简化计算。但若超过上述范围，则表13-4中各工况的倾覆力矩应考虑随上述二阶理论计算的变形的增大而增大。

流动式起重机和浮式起重机的整体抗倾覆稳定性计算可见相关规范和标准。

13.3 起重机抗风防滑

13.3.1 起重机抗风防滑安全性概述

抗风防滑安全性是指室外工作的起重机械及其机构在工作状态和非工作状态下抵抗由于风载荷作用而发生滑行的能力。起重机械的防风抗滑是涉及室外作业的起重机械（尤其是海边作业的大型装卸起重机械，由于设备结构庞大，迎风面积很大）作业安全和设备安全的重大课题。如何有效防止起重机械在各种风力作用下免遭破坏和保证起重机械作业安全是起重机械设计当中必须考虑的重大问题，应给予高度重视。

室外起重机械的防风抗滑分为两种类型：工作状态下的防风抗滑和非工作状态下的防风抗滑。工作状态下的防风是指起重机械离开固定锚定位置进入工作区域或工作状态后防止风力作用将起重机械或机构沿工作运行轨迹吹跑的措施；非工作状态下的防风是指起重机械进入指定的非工作位置并完全不工作时防止风力作用将起重机械或机构水平移动的措施。

工作状态下防风和非工作状态下防风具有不同的要求和特征。工作状态下的防风要求起重机械或机构在某一规定等级以下的风力作用下能够正常工作并保证起重机械作业安全和设备安全；非工作状态下的防风则要求起重机械或机构在工作地区可能出现的最大自然风作用下起重机不被风力作用而滑移或损坏。实际上，起重机械各种风灾事故表明，起重机械或机构工作状态下的风灾事故占据各种起重机风灾的90%以上。所以，起重机械工作状态下的防风是起重机防风抗滑的核心。

工作状态下的抗风防滑能力通常采用防风制动装置来实现，而非工作状态下的抗风防滑安全性通常采用锚定装置、防风拉索等来保证。

13.3.2 室外起重机械抗风防滑安全性要求

起重机械防风抗滑安全性要求分为工作状态和非工作状态两种情况下的要求，根据起重机设计规范的相关要求，起重机在工作状态和非工作状态下所需的抗风能力应满足表 13-5 的要求。

表 13-5　室外起重机械抗风防滑安全性要求

状　态	总抗风制动阻力	说　明
工作状态	除塔式起重机以外的起重机正常工作状态的抗风阻力要求 $P_{Z1} \geqslant 1.1P_{W\,II}+P_{\alpha}+P_{D}-P_{f}$ 塔式起重机正常工作状态的抗风阻力要求 $P_{Z1} \geqslant 1.2P_{W\,II}+P_{\alpha G}+1.35P_{\alpha Q}+P_{D}-P_{f}$	$P_{W\,II}$——起重机承受的工作状态最大风载荷（N）； $P_{W\,III}$——起重机承受的非工作状态风载荷（N）； P_{α}——坡道阻力（N）； P_{D}——起重机运行减速停车惯性力（N）； P_{f}——起重机运行摩擦阻力（N）； $P_{\alpha G}$——起重机自重载荷沿坡道产生的滑行力（N）； $P_{\alpha Q}$——起升载荷产生的沿坡道的滑行力（N）
非工作状态	除塔式起重机以外的起重机非工作状态的抗风阻力要求 $P_{Z2} \geqslant 1.1P_{W\,III}+P_{\alpha G}-P_{f}$ 塔式起重机非工作状态的抗风阻力要求 $P_{Z2} \geqslant 1.2P_{W\,III}+P_{\alpha G}+P_{\alpha}-P_{f}$	

13.3.3　起重机工作状态的防风制动

1. 工作状态下抗风方式和作用原理

室外作业的起重机工作状态下的防风方式主要采用制动方式，主要有：

（1）轮制动方式　通过制动装置对车轮进行制动，使行走车轮产生行走阻力矩，获得相应的抗风能力。轮制动方式可根据制动车轮数量分为全轮制动和部分车轮制动，根据制动车轮的驱动属性又可分为驱动轮制动和从动轮制动。

（2）轨道制动方式　通过制动装置对轨道进行制动，使起重机或机构与轨道之间直接产生抗风阻力。轨道制动方式可根据作用方式的不同分为顶（压）轨制动和夹轨制动。

2. 不同防风方式的作用原理

（1）轮制动方式作用原理　轮制动是通过给起重机或机构行走车轮施加一个制动力矩，使起重机或机构的行走阻力增加，从而起到抵抗风力的作用。轮制动所产生的阻力大小取决于轮压、制动轮数量、制动力矩和车轮与轨道之间的粘着系数。轮制动作用原理（图 13-5）如下：给车轮施加一个制动力矩（M_b），当车轮在风力 P_W 作用下产生滚动或滚动趋势时，制动力矩将阻止车轮滚动，同时使车轮与轨道或地面之间产生粘着阻力 F_R，粘着阻力即为抗风阻力。

（2）轨道制动方式的作用原理　轨道制动是通过安装在起重机械或机构机架上的夹钳、顶（压）轨或铁楔等装置，给轨道施加一个制动力，使起重机或机构的行走阻力增加，从而起到抵抗风力的作用。夹轨器和顶轨器的作用原理（图 13-6a、b）为：需要防风制动时，夹钳夹住轨道并施加夹紧力 N 或顶块顶（压）轨道并施加一个顶轨力 N，在夹紧力或顶轨力的作用下使夹钳或顶块与轨道之间产生摩擦阻力 F_R，当起重机或机构在风力 P_W 作用下产生移动或移

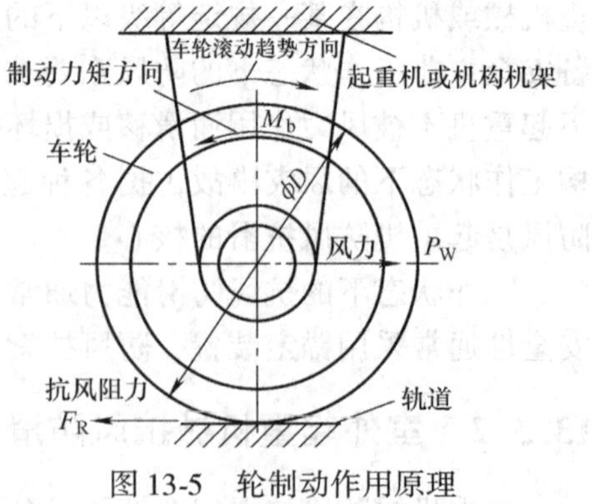

图 13-5　轮制动作用原理

动趋势时，摩擦阻力将阻止起重机或机构移动，该阻力即为抗风阻力。防风铁楔作用原理（图 13-6c）为：需要防风制动时，铁楔在自重或弹簧力作用下楔入车轮，起重机或机构在风力作用下滚压铁楔并将轮压转移至铁楔上并产生正压力 N，使铁楔摩擦块与轨面产生抵抗风力的摩擦阻力 F_R；当起重机或机构需要运行时，驱动铁楔外移并脱离车轮踏面，解除抗风阻力。

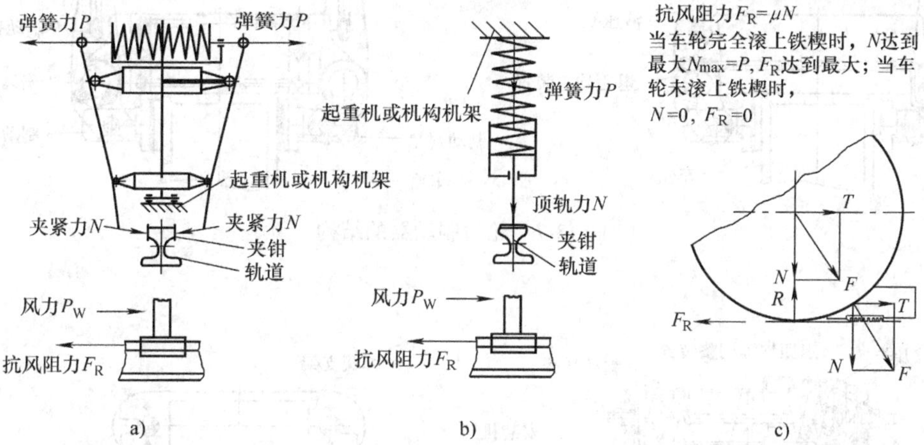

图 13-6　轨道制动作用原理

a）夹轨器　b）顶（压）轨器　c）防风铁楔

13.3.4　工作状态下常用防风制动装置的结构、特点和应用

1. 工作状态下常用防风制动装置及其结构

起重机械工作状态下常用的防风制动装置主要有：各种电力液压盘式和鼓式制动器、电磁圆盘式制动器、液压轮边制动器、顶轨器、夹轨器以及防风铁楔等。各种电力液压盘式和鼓式制动器以及电磁圆盘式制动器主要用于机构驱动轮高速轴制动，与减速制动合二为一，既起到机构正常的工作制动作用，又起到防风制动作用。驱动轮高速轴使用的制动器结构详见本书第 7 章的介绍。液压轮边制动器是直接安装在被动车轮上的制动器，是目前大型室外起重装卸机械（如岸边集装箱起重机、16t 以上门座式起重机、卸船机、斗轮堆取料机和电站启闭机等）广泛使用的防风轮制动装置。液压轮边制动器的结构如图 13-7 所示。夹轨器是一种传统的典型防风装置，一般安装在起重机大车主平衡梁或次平衡梁安装机架上。液压夹轨器是目前中大型室外起重装卸机械（如岸边集装箱起重机、16t 以上门座式起重机、卸船机、斗轮堆取料机和电站启闭机等）常用的工作状态下防风装置。常用液压夹轨器的结构如图 13-8 和图 13-9 所示。顶（压）轨器也是一种传统的防风装置，一般安装在起重机大车主平衡梁或次平衡梁的安装机架上。顶轨器也是目前中大型室外起重装卸机械（如岸边集装箱起重机、16t 以上门座式起重机、卸船机、斗轮堆取料机和电站启闭机等）常用的工作状态下防风装置。常用液压顶轨器的结构如图 13-10 和图 13-11 所示。防风铁楔是一种简易的防风制动装置，由于其可靠性差，目前只在一些防风要求不高的中小型起重机械上应用。常用电力液压防风铁楔的结构如图 3-12 所示。

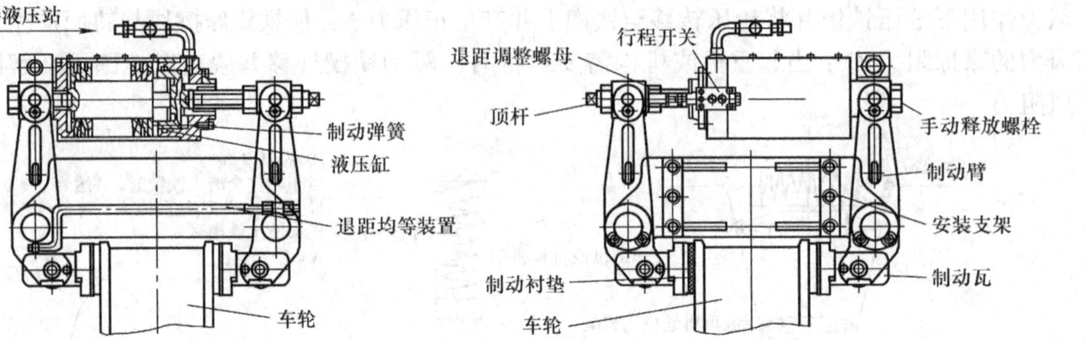

图 13-7　轮边制动器的结构

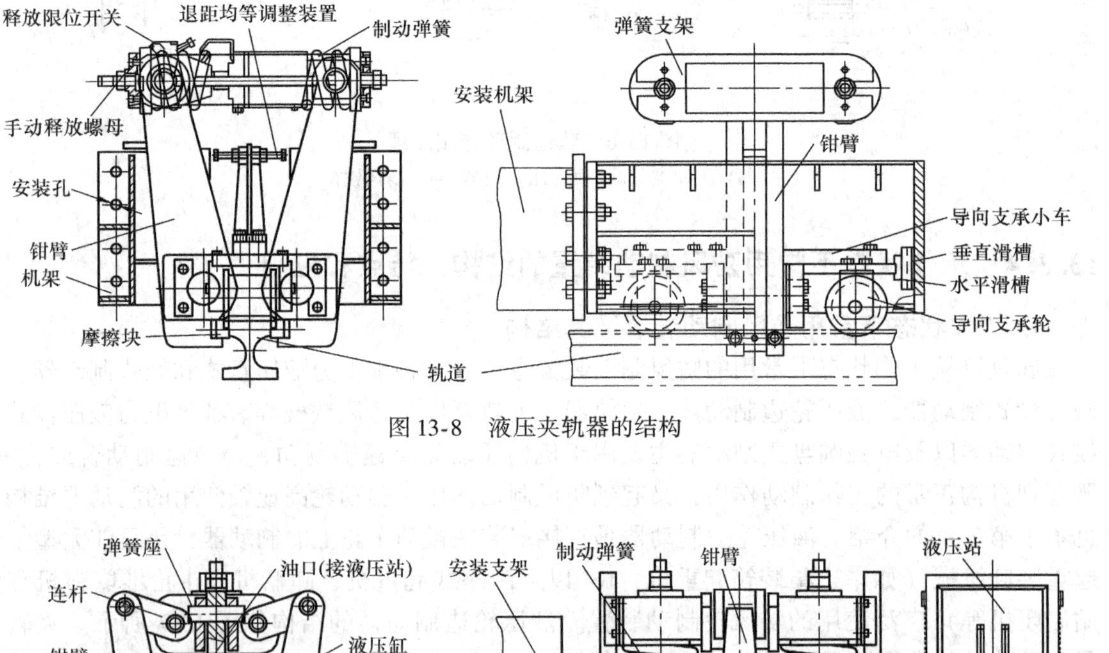

图 13-8　液压夹轨器的结构

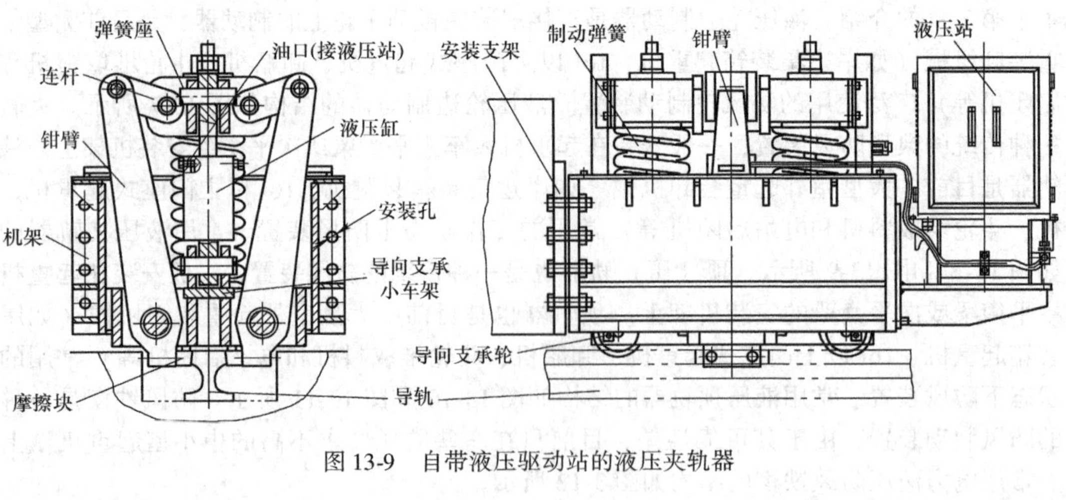

图 13-9　自带液压驱动站的液压夹轨器

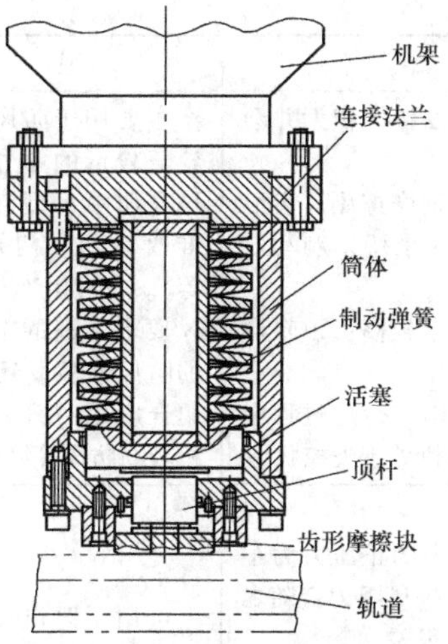

图 13-10 直接作用式顶轨器的结构

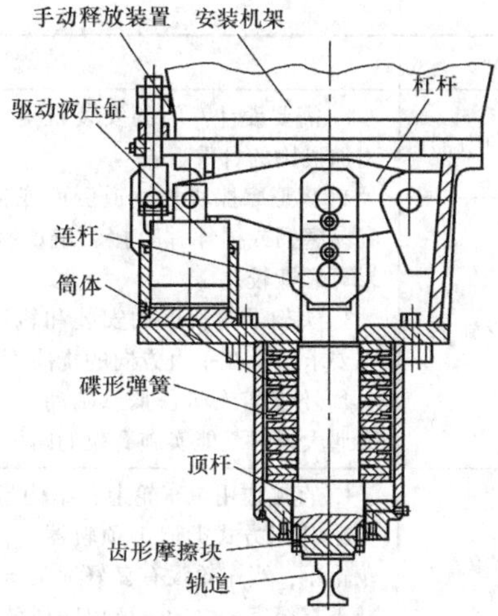

图 13-11 杠杆式液压顶轨器的结构

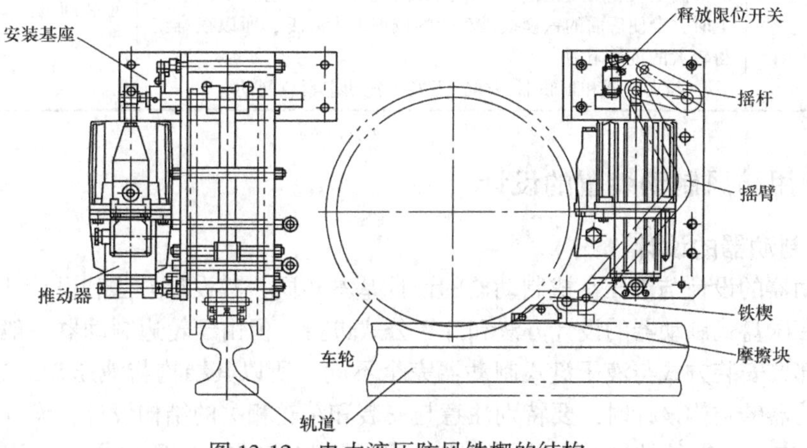

图 13-12 电力液压防风铁楔的结构

2. 工作状态下常用防风制动装置的特点和应用

常用的工作状态下防风装置的特点和应用见表 13-6。

表 13-6 常用的工作状态下防风装置的特点和应用

类型		特点	应用
轮制动装置	常规电力液压或电磁鼓式和盘式制动器	1. 具有机构减速和防风维持制动双重作用，结构紧凑，产生的抗风阻力稳定可靠 2. 由于受到机构减速冲击的制约，制动力矩不能过大，所以不能充分利用轮压，使抗风阻力值受到限制 3. 可实施动态下的防风制动	主要用于抗风等级较低的的中小型一般用途的无电气调速或调速范围较小的室外起重机大车运行机构驱动车轮高速轴制动
	液压轮边制动器	1. 主要实施防风维持制动作用，直接作用于从动车轮上，结构紧凑，体积小 2. 属大力矩低速轴制动，产生的抗风阻力稳定可靠 3. 在从动台车上需要有相应的安装空间 4. 采用液压集中驱动，有管路系统和液压站 5. 可实施动态下的防风制动	可用于抗风等级较高或很高的中大型室外起重装卸机械大车运行机构驱动防风制动。一般与驱动轮高速轴制动组合应用，并可实现全轮制动来满足很高的抗风等级要求

（续）

类型		特点	应用
轨道制动装置	液压顶轨器 液压夹轨器	1. 需要设计专门的安装机架，安装机架和设备体积大并会增加机构的自重 2. 齿形摩擦块与轨道侧面或顶面形成钢对钢摩擦副，齿形容易磨损或损坏并直接影响摩擦性能，防风（维持）制动效果可靠性较差 3. 夹轨器对轨道的安装和轨道沟的清洁要求较高；顶轨器则要求轨道在垂直方向的挠曲度要小 4. 不能实施动态紧急制动，当起重机或机构在行走过程中突遇大风时不能实施有效的防风制动，使起重机处于失控状态	主要用于防风要求不高或轮压较低的室外起重装卸机械（如中小型卸船机、斗轮堆取料机、门座式起重机等）。也可用于非工作状态防风要求不高的中小型起重机的防风装置。还可与轮制动组合应用，满足中大型起重机较高防风等级要求
	防风铁楔	1. 直接作用于车轮上，结构紧凑，体积小 2. 作用方式类似于顶轨器，但产生抗风阻力的正压力为车轮轮压，当车轮没有良好地滚压在铁楔上时，抗风阻力会随之减小甚至完全失效，所以防风效果和可靠性均很差 3. 只有单方向防风功能，一台车或机构上必须在两个相反的方向上设置防风铁楔；如果同方向设置2台（每侧1台）以上时，会使后面的铁楔楔入车轮的概率大大降低，所以很难获得较大的抗风阻力 4. 与夹轨器和顶轨器一样，不能实施动态紧急制动	可用于防风要求较低、一般用途的小型室外起重机。对防风要求较高的中大型起重装卸机械一般不采用

13.3.5 常用防风制动装置的设计

1. 轮边制动器的设计

轮边制动器的设计与液压盘式制动器的设计基本相同，其设计方法和设计计算可参照本书第7章有关液压盘式制动器的设计方法和计算公式进行。但由于轮边制动器一般安装在机构的行走台车端部，安装方式与液压盘式制动器完全不同，所以其结构与液压盘式制动器也不同。进行轮边制动器的结构设计时，要特别注意与安装和车轮相关的结构设计，设计步骤如下：

1）根据连接台车的结构和安装空间设计合适的连接支座（图13-13），并进行支座受力分析和强度计算（强度条件与制动臂相同）。

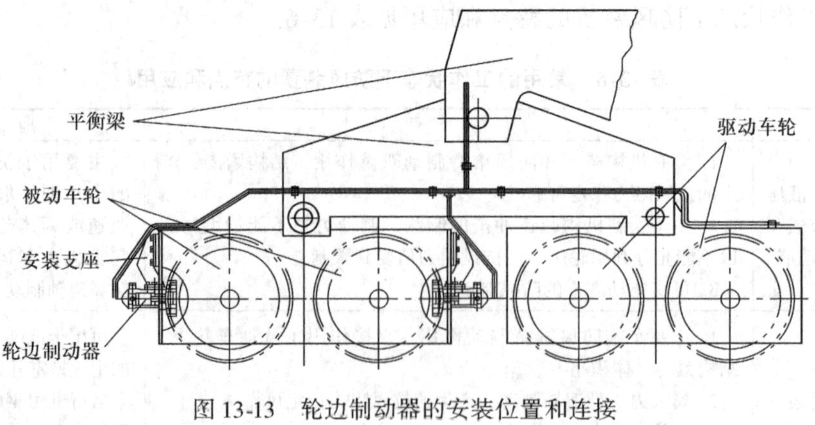

图13-13 轮边制动器的安装位置和连接

2）根据车轮宽度设计制动器制动瓦块的开度。

3）根据车轮直径、轮缘侧面结构以及摩擦材料许用比压设计制动衬垫的形状和宽度以及制动衬垫面积，确保制动衬垫摩擦面在车轮轮缘侧面的有效摩擦面内。

4）根据最大或平均轮压和车轮直径确定制动器的制动力矩，最大制动力矩一般不大于车轮在最大轮压下的打滑力矩。

5）按液压盘式制动器的设计和计算方法进行杠杆比、制动力、弹簧力、驱动力等设计计算以及重要构件的强度验算等，弹簧设计和计算方法也和液压盘式制动器相同。

2. 夹轨器和顶轨器的设计

夹轨器和顶轨器的设计主要包括输入参数确定、结构设计、性能参数设计计算和主要构件的强度验算四个部分，其设计步骤如下：

1）根据起重机械或机构的防风要求和选定的防风方式确定单台夹轨器或顶轨器的制动（防风）力。

2）根据所需的防风制动力计算确定或按表 13-7 选择合适的夹紧力或顶轨力。

3）根据起重机械或机构使用的轨道情况选择轨道型号（常用的标准轨道型号有 P50、QU70、QU80、QU100 、QU120 等）。

4）按表 13-8 选择夹轨器钳口退距或顶轨器顶轨间隙。一般来说，夹轨器钳口退距和顶轨器顶轨间隙的大小与轨道安装精度和起重机或机构运行过程中轨道产生的最大垂直和水平挠曲度有关。

5）根据轨道型号、夹紧力或顶轨力按表 13-9 设计摩擦块。

6）进行机构方案设计（常见机构方案见图 13-14），并根据机构方案进行结构设计（常见结构形式见图 13-8 ~ 图 13-11），然后按表 13-10 和表 13-11 进行有关设计计算。

7）参照本书第 7 章有关制动弹簧设计和强度验算方法进行弹簧设计和主要受力构件强度验算。

表 13-7　制动力、夹轨力和顶轨力参数　（单位：kN）

夹紧力/顶轨力	制动力			
	夹轨器		顶轨器	
	$\mu=0.25$	$\mu=0.50$	$\mu=0.40$	$\mu=0.60$
50	25	50	20	30
80	40	80	32	48
125	62.5	125	50	75
200	100	200	80	120
315	157.5	315	126	189
400	200	400	160	240
500	250	500	200	300
630	315	630	252	378

注：由于夹轨器和顶轨器摩擦块与轨道之间的摩擦是一种镶嵌摩擦，摩擦因数 μ 的高低直接受到摩擦齿与轨面硬度差、齿形的尖锐程度、夹持和顶定状态以及摩擦面油污污染等多种因素影响，所以摩擦因数可能在很大的范围内变化；当使用设备要求高防风可靠性时 μ 应取低值，当使用设备要求防风可靠性一般时 μ 可取高值。

表 13-8　夹轨器钳口退距和顶轨器顶轨间隙　（单位：mm）

夹轨器		顶轨器		备注
轨道水平挠曲度误差	退距 ε	轨道垂直挠曲度误差	顶轨间隙 ε	
≥25	3.5	≥25	16	挠曲度误差值为轨道任意处 25m 范围内的最大挠曲度值
≥16～25	2.5	≥16～25	12	
<16	2.0	<16	10	

表 13-9　夹轨器和顶轨器摩擦块设计计算

设计项目	计算公式	单位	说明
摩擦块宽度	夹轨器 $B=\theta a$ 顶轨器 $B=\theta b$	mm	θ——宽度系数，夹轨器取 1.25，顶轨器取 1.35； b——轨道侧面有效宽度（图 13-14）； a——轨道顶面有效宽度（图 13-14）； N——额定夹紧力或顶轨力（N）； $[\sigma_p]$——轨道许用压应力（MPa），夹轨器取 120～150MPa，顶轨器取 60～80MPa（齿形角小时取小值，反之取大值）； ρ——厚度系数，取 0.005 齿形角 α 和齿高 h 的取值：齿面硬度较高者取小值，硬度较低者取大值
摩擦块面积	$A=\dfrac{N}{[\sigma_p]}$	mm^2	
摩擦块厚度	$t=\rho A$ （圆整为优先数）	mm	
摩擦块齿形（图 13-15）	$\alpha=75\sim105$	°	
	$h=1.5\sim3.0$	mm	

表 13-10　夹轨器和顶轨器的机构和参数设计计算

设计项目	计算公式	单位	说明
夹轨器弹簧至钳口总杠杆比	弹簧水平布置 $i=\dfrac{e}{l}$ 弹簧垂直布置 $i=\dfrac{e\tan\alpha}{l}$		P——制动弹簧工作力（N）； N——额定夹紧力或顶轨力（N）； η——杠杆机构传动效率，夹轨器一般取 0.90～0.95（杠杆机构简单时取大值，反之取小值），直动式顶轨器一般取 0.95～0.98； ε——夹轨器钳口退距或顶轨器顶轨间隙（mm），按表 13-8 选取； η'——杠杆机构间隙运动传递效率，夹轨器一般取 0.92～0.95（杠杆机构简单时取大值，反之取小值），直动式顶轨器一般取 0.98； k——限制系数，对于液压驱动且采用圆柱螺旋弹簧的制动器取 0.35，对于液压驱动且采用碟形弹簧的制动器取 0.5； ϕ——考虑夹轨器或顶轨器释放时克服总弹簧力所需的裕度，采用螺旋弹簧时一般取 1.25，采用碟形弹簧时一般取 1.35； 其余符号如图 13-14 所示
液压缸至钳口杠杆比	弹簧水平布置 $i'=\dfrac{s}{l}$ 弹簧垂直布置 $i'=i$		
制动弹簧力	夹轨器 $P=\dfrac{N}{i\eta}$ 直动式顶轨器 $P=\dfrac{N}{\eta}$	N	
弹簧行程增量	夹轨器 $\Delta h=\dfrac{2\varepsilon}{i\eta'}$ 直动式顶轨器 $\Delta h=\dfrac{\varepsilon}{\eta'}$	mm	
弹簧力增量	$\Delta P=\Delta hP'\leqslant kP$	N	
液压缸驱动力	$F=\phi(P+\Delta P)$		

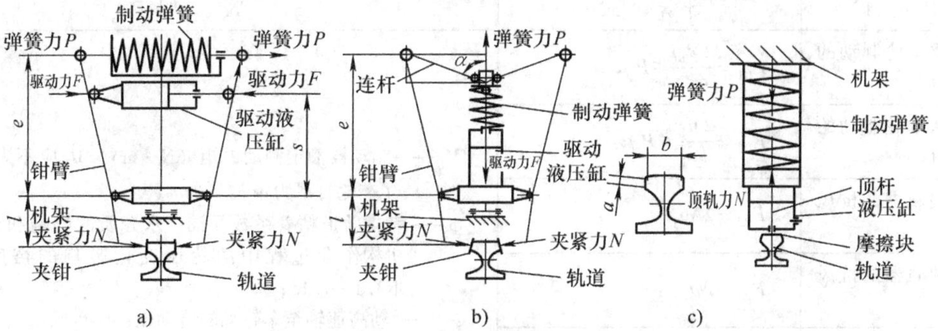

图 13-14　夹轨器和顶轨器典型机构原理

a）弹簧水平布置机构原理　b）弹簧垂直布置机构原理　c）顶轨器机构原理

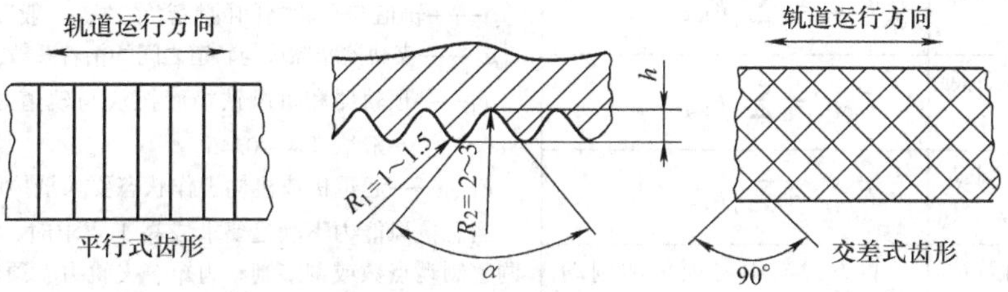

图 13-15　摩擦块摩擦面齿形布置和齿形结构

13.3.6　防风制动装置的选用

1. 工作状态下防风方式的选择

对于室外工作的起重机，应根据使用地点的自然条件、设备状况、防风的具体要求等合理选择防风制动方式。一般来讲，在具有较高防风要求的沿海地区使用、设备自重较大、轮压较高（200kN 以上）的中大型起重装卸机械，宜优先采用轮制动方式；对于内陆地区使用、防风要求相对较低的中小型起重机，可采用夹轨器等轨道制动方式。

2. 工作状态下各种防风方式的抗风能力设计计算

根据起重机械或机构的要求以及结构、安装方式、空间等情况的不同，工作状态下的防风方式有多种，各种不同方式的抗风能力设计计算可参见表 13-11 进行。

3. 防风制动装置的选型

在起重机或机构工作状态下防风制动防风方式确定后，可根据抗风能力设计计算结果以及安装位置和安装空间合理选择有关防风制动装置的规格和结构形式。

（1）轮制动装置的选型　高速轴制动装置的选型可根据制动点所需制动力矩确定制动器额定制动力矩和轮/盘直径规格后，选择合适规格的常规型电力液压鼓式或盘式制动器、两步式或变频式电力液压鼓式或盘式制动器；车轮轴（低速轴）制动装置可根据制动点所需制动力矩、车轮直径和车轮宽度以及车轮轮缘侧面结构选择轮边制动器额定制动力矩、制动器钳口形式和尺寸以及安装附件等。

表 13-11　不同防风制动方式的抗风能力设计计算

设计项目	计算公式	说　明
单个驱动轮制动的抗风阻力	$F_{R1}=\dfrac{2M_b i}{\phi d_1}\leqslant P_e\mu$	M_b——制动器额定制动力矩（N·m），M_b应不大于M_{bmax}（车轮打滑力矩）； ϕ——考虑轨道粘着系数受油、水介质的影响和起重机或机构作业过程中的轮压变化影响的裕度，一般取1.1～1.15； i——制动高速轴至车轮轴的传动比； d_1——车轮踏面直径（m）； N——夹轨器夹轨力或顶轨器顶轨力（N）； P_e——起重机或防风机构制动点的平均轮压（N）； λ——滚压铁楔状态影响系数，同向第一台取0.4，第二台取0.2，第三台及以后为0； μ——轨道与车轮之间的粘着系数，一般取1.2～1.3； μ_j——夹轨器摩擦块与轨道之间的粘着系数，一般取0.25～0.3； μ_d——顶轨器和防风铁楔摩擦块与轨道之间的粘着系数，一般取0.4～0.45； F_{RWi}——起重机或机构工作状态要求抵抗的风力（N）； 当总抗风能力不满足要求或高于要求时，可根据实际情况调整制动点数或调整制动力矩、夹轨力、顶轨力等参数
单个从动轮制动的抗风阻力	$F_{R2}=\dfrac{2M_b}{\phi d_1}\leqslant P_e\mu$	
单台夹轨器的抗风阻力	$F_{R3}=2N\mu_j$	
单台顶轨器的抗风阻力	$F_{R4}=N\mu_d$	
单台防风铁楔的抗风阻力	$F_{R5}=\lambda P_e\mu_d$	
单纯轮制动总抗风阻力	$F_{RW1}=\sum_1^i F_{R1i}+\sum_1^i F_{R2i}$	
单纯夹轨器制动总抗风阻力	$F_{RW2}=\sum_1^i F_{R3i}$	
单纯顶轨器制动总抗风阻力	$F_{RW3}=\sum_1^i F_{R4i}$	
单纯防风铁楔制动总抗风阻力	$F_{RW4}=\sum_1^i F_{R5i}$	
组合方式时的总抗风阻力	将方式当中各项单纯制动的总抗风阻力相加	
起重机或机构总抗风能力	$P_{Z1}=\sum_1^i F_{RWi}$	

（2）轨道制动装置的选型　夹轨器的选型可根据制动点所需制动力、轨道型号确定夹轨器额定制动力及钳口形式和尺寸，根据安装空间选择夹轨器的结构形式；顶轨器的选型可根据制动点所需制动力、轨道型号确定顶轨器额定制动力及钳口形式和尺寸，根据安装空间选择顶轨器的结构形式。

13.3.7　非工作状态下防风抗滑

1. 非工作状态下的防风及防风装置特征

1）起重机或机构在非工作状态下停靠在固定地点所采取的防风措施。

2）防风装置一般不随起重机或机构一起移动（除某些采用夹轨器或顶轨器作为非工作状态下防风装置的以及防风要求不高的中小型起重装卸机械外），一般为固定地点的锚定装置（如防风拉索和锚定坑等）。

3）起重机或机构在解除非工作状态下的防风措施之前，是不能进行移位等作业的。

4）防风等级一般要比工作状态下的防风等级高。

起重机或机构要求的非工作状态下防风等级，根据使用地点自然条件和安全要求的不同而有所不同。关于防风等级的要求，一般在有关设计规范和产品标准中有规定，有时也需要按用户要求来设定。

2. 非工作状态下防风方式和作用机理

传统的非工作状态下的防风方式主要有锚定、索拉以及它们的组合方式。对于防风要求不高的内陆使用的中小型起重装卸机械，也有用轨道制动的方式。常用非工作状态下防风方式的作用机理和特点见表 13-12。

表 13-12　常用非工作状态下防风方式的作用机理和特点

方　式	作用机理	特　点
锚定	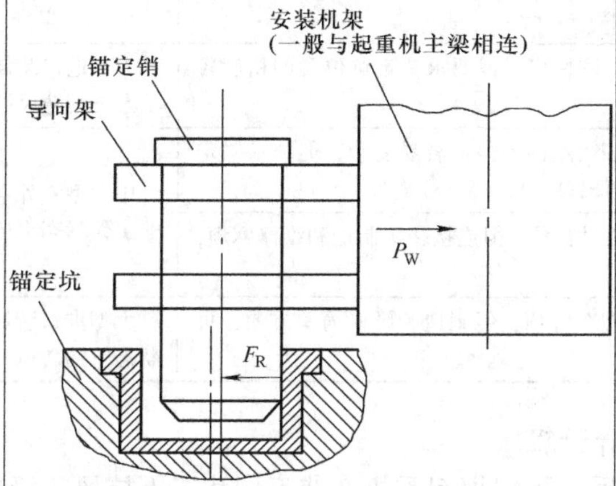 当起重机受到风力 P_W 作用时，锚定销在锚定坑内受到锚定坑壁的反力 F_R 作阻止起重机在风力作用下产生位移，F_R 即为抗风阻力	1. 通过锚定坑壁直接给锚定销反力作用，在锚定坑和锚定销设定的强度条件下，抗风效果可靠 2. 需在起重机两侧的两个方向分别设置锚定 3. 要求锚定坑具有足够的强度和较高的位置精度 4. 四角锚定坑很难均匀受力，在设计时应充分考虑由此产生的单销过载问题
索拉	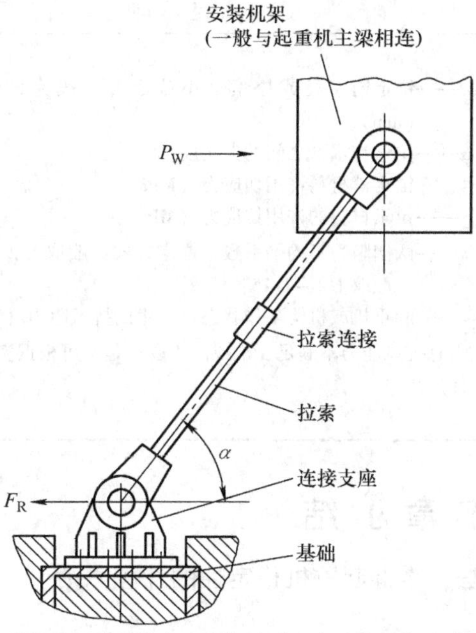 当起重机受到风力 P_W 作用时，由连接机架和基础支座的拉索产生反力 F_R 作阻止起重机在风力作用下产生位移，F_R 即为抗风阻力	1. 通过拉索直接给起重机反力作用，在连接基础和支座以及拉索设定的强度条件下，抗风效果可靠 2. 需在起重机两侧的两个方向分别设置拉索 3. 要求连接基础具有足够的强度 4. 四角拉索连接在操作正确时可使受力均匀

3. 常用非工作状态下防风装置的结构、特点和应用

常用非工作状态下的防风装置主要有圆形锚定销、锚定插板、钢丝绳式防风拉索、刚性螺杆式防风拉索等。某些在内陆地区使用的防风要求一般的小型室外起重装卸机械，也有使用夹轨器作为非工作状态下防风装置的。常用固定式非工作状态下防风装置的类型、特点和应用见表 13-13。

表 13-13　常用非工作状态下防风装置的类型、特点和应用

装置类型	特　点	应　用
圆形锚定销	自重相对较大，抗剪能力强，刚性好，但要求锚定坑位置的精度较高，拔销和插销相对麻烦	大型港口装卸机械非工作状态下的防风
锚定插板	自重相对较小，抗剪能力较强，刚性不好，容易变形，但要求锚定坑位置的精度较低，拔销和插销相对容易	中大型室外起重装卸机械非工作状态下的防风
钢丝绳式防风拉索	自重相对较轻，系缆和解缆相对容易，但连接接头制造和维修麻烦，可靠性相对于刚性螺杆式要低	
刚性螺杆式防风拉索	自重相对较重，系缆和解缆相对麻烦，但制造和维修简单方便，可靠性相对于钢丝绳式要高	大型港口装卸机械非工作状态下的防风

4. 非工作状态下抗风装置的设计计算

确定了非工作状态下的防风方式后，可根据起重机在非工作状态下抗风等级要求进行防风装置的设计，并对抗风能力进行校验，各项设计计算见表 13-14。

表 13-14　非工作状态下抗风能力设计计算

设计项目	计算公式	说　明
单个锚定销的抗风阻力	$F_{Ra}=\dfrac{\pi d^2[\tau]}{4}$	d——锚定销直径或拉索最小截面（一般为最细螺纹处底径）(mm)； α——拉索与水平之间的夹角度； $[\tau]$——锚定销材料许用切应力（MPa）； $[\sigma_1]$——拉索材料的许用拉应力（MPa）； k——两侧阻力不均匀系数，锚定方式一般取 1.2～1.3，拉索方式一般取 1.1～1.15； P_{Z1}——起重机或机构工作状态可产生的抗风阻力（N）； 当总抗风能力不满足要求或高于要求是，可根据实际情况调整相关设计参数
单个防风拉索的抗风阻力	$F_{Rb}=\dfrac{\pi d^2[\sigma_1]}{4}\cos\alpha$	
采用锚定销时的总抗风阻力	$P_{Z2a}=2kF_{Ra}$	
采用拉索时的总抗风阻力	$P_{Z2b}=2kF_{Rb}$	
起重机或机构总抗风能力	$P_{Z2}=P_{Z2a}+P_{Z1}$ 或 $P_{Z2}=P_{Z2b}+P_{Z1}$	

本章小结

了解起重机稳定性计算的意义及方法，掌握起重机稳定性的计算原则。

第14章

起重机械安全

起重机械是通过物品空间运移而实现重物搬运的装备。从安全角度考虑，其特殊的功能和结构形式，使起重机械和起重作业方式本身就存在着诸多危险，从而成为国家明文规定的特种设备的主要组成部分。因此，关注起重机械安全，尤其是应用安全的科学原理合理规范起重机械设计制造、安装验收、使用维护、监督监查等诸多环节来保证起重机械安全工作显得尤为重要。

14.1 安全工程基本原理概述

14.1.1 事故与安全基本概念

1. 事故、危险及危险源和危险因素

事故是指个人（或集体）在进行有目的的活动过程中，突然发生的、违背人意的，并使活动停止，同时可能导致人员伤（病）亡、物品损失（破坏）以及危害环境的意外事件。事故往往由危险引发，并使人类正常的生产、生活活动处于危险状态。

危险是指事故发生的某种现实（或潜在）条件，以及事故损害的境况和潜能。从某种意义上说，危险即意味着存在危险源和危险因素。危险源（危险的根源）是指根据能量意外释放理论，系统中存在的、可能发生意外释放的能量或危险物质。现实中往往把拥有或产生能量（或危险物质）的能量源、物质源及其载体都视为危险源。危险因素是指导致事故发生的各种原因和因素，还包括能使约束能量的措施失效、破坏的因素等。

由此可见，危险源的存在是可能发生事故的前提条件，它决定了事故后果的严重性。危险因素是可能发生事故的触发条件，决定了事故发生的可能性。危险源所拥有的能量越大，且环绕危险源的危险因素越多并出现得越频繁，则事故发生的可能性越大，事故后果越严重，系统就越危险。事故的发生是危险源和危险因素共同作用的结果。

事故如同所有事物一样具有自身的特性，只有充分了解事故特性，才能更好地预防事故发生并减少事故损失。综合来看，事故具有偶然性和必然性、因果性和规律性、潜隐性和突发性、复杂性和难预测性等特点。

偶然性反映了事故的随机性，其容易引起人的侥幸心理而产生忽视行为，但必然性表明人的任何侥幸心理都可能导致严重的事故和后果。因果性反映了事故与危险源及危险因素的内在联系并表现为事故的某些规律性，从而成为人类研究事故规律的前提条件并使人们预防和控制同类事故成为可能。潜隐性是造成人类容易忽视危险源和危险因素的存在从而引发事故的主要原因。突发性则会突然打破表面“正常”而使人进入“惊慌失措”的状态，从而导致事故扩大化。健全安全管理及应急制度是预防事故的主要措施。复杂性和难预测性反映了事故内外相联错综复杂的本质，是安全工作中遇到的最大难题，说明了安全工作的长期性、艰巨性和复杂性。在人类对事故发生（发展）规律缺乏充分认识之前，只有综合考虑事故的各种特性，并采取积极有效的对症措施，才能做到防患于未然。

2. 安全的概念与系统安全

所谓安全，就是指系统处于能够免除不可接受的损害风险的客观状态，即在人们的生产生活、科学研究等一切活动的过程与结果之中都不发生可能造成人身伤害、物资损失以及生态与环境破坏等不可接受的损害风险的状态。安全具有多重概念和含义。充分理解安全的多重概念和含义，对实现安全具有非常重要的理论指导意义。

1）安全与危险相对立的概念。包括预知危险和消除危险两个基本含义，两者都是获得安全的必由途径且缺一不可，都强调了人的主动性与安全的内在关系，由此已形成一种安全技术——危险控制技术。

2）安全与能量的概念。安全是对能量和危险物质进行了有效的约束，因此，限制和约束能量以及广义的隔离屏蔽技术是安全技术的重要分支。

3）安全与多重属性。强化安全的成果性（弱化依附性），安全不仅是一种目的，更应该是成果和获得成果的手段，强调后者突显了人的积极主动性和良好的安全成果观。

4）安全与系统安全。安全具有系统性，在功能、效率、时间、费用等约束条件下实现人员和设备等所受损害及损害风险为最小值。总之，从广义上讲，安全是预知人类活动各个领域固有（或潜在）的危险，并为约束能量和消除危险而系统地采用各种技术、方法、手段和行为防止灾害的总称。起重机械安全一定是一种系统安全。

14.1.2 事故致因理论概述

事故致因理论（模式）是研究事故及其因果关系，阐明事故发生（发展）过程和规律以及预防方法和对策的理论，是一定生产力发展水平下的产物并与不同生产力发展阶段相适应，对于人们认识事故本质并指导事故调查、分析、预防及责任者处理等有重要作用。

1. 海因里希事故因果连锁理论

海因里希事故因果连锁理论的核心思想是：人员伤害不是一个孤立事件，而是一系列原因事件相继发生的结果，即伤害与各原因之间具有因果连锁关系，可用图14-1中的五块多米诺骨牌来加以形象描述。

海因里希最早提出有关人的不安全行为和物的不安全状态的概念，并指出采取防止人的不安全行为和消除物的不安全状态的措施（移去中间的骨牌），从而中断事故连锁反应的进程，避免伤害发生。海因里希的理论曾被称为“工业安全公理”。

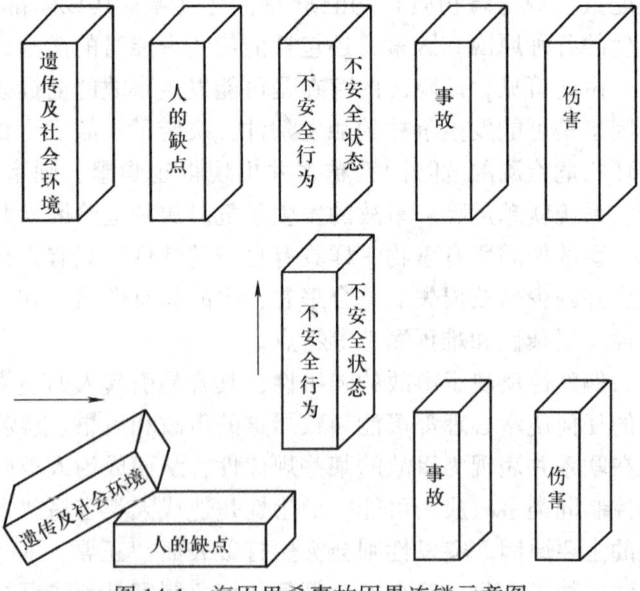

图14-1 海因里希事故因果连锁示意图

2. 能量意外释放（转移）理论

20世纪60年代，吉布森（Gibson）和哈登（Haddon）等人提出了用物理观点解释事故发生机理的能量意外释放（转移）理论。该理论阐述了一种新概念：事故是一种不正常（或不希望）的能量（或危险物质）的意外释放或转移。人受伤害的原因是某种能量向人体的转移，因此，各种形式的能量（或危险物质）的意外释放（转移）是构成伤害事故发生的直接原因。伤害事故的预防为：防止能量或危险物质的意外释放和转移，防止人体与过量的能量或危险物质接触。

能量意外释放理论是对伤害事故物理本质认识方面的一大飞跃。理论上把约束、限制能量并防止人体与能量接触的措施称为屏蔽，这是一种广义的屏蔽：① 用安全的能源物质代替危险的能源物质；② 限制能量和危险物质；③ 防止能量和危险物质蓄积；④ 缓慢地释放能量；⑤ 设置能量或危险物质的屏蔽设施；⑥ 在时空上把能量或危险物质与人隔离。

3. 人-物轨迹交叉理论

近几十年比较流行的是“人-物轨迹交叉理论”。该理论的基本思想是：伤害事故是许多相互关联的事件顺序发展的结果。这些关联事件可概括为：人的因素——不安全行为，物的因素——不安全状态，两者运动轨迹在各自独立的发展过程中顺序延伸。当两类因素运动轨迹在时间、空间上相接触（交叉）时，就会发生事故造成伤害。伤害事故的预防为：避免人的不安全行为和物的不安全状态同时、同地出现。

人-物轨迹交叉理论强调人的因素、物的因素在事故致因中占有同样重要的地位。

形成人不安全行为的原因有：① 人的生理、遗传、经济、文化、培训等因素；② 人的生理和心理状况、知识和技能情况、工作制度、人际关系等因素。

涉及物的不安全状态的原因有：① 设计和制造过程以及标准缺陷等方面的基础原因；② 使用和维护保养等方面的管理原因。

14.1.3 安全工程基本原理

1. 事故预防原理

综上所述，安全概念、事故特性以及事故致因理论等都说明事故是可以预防的，即通过对危险的宏观控制和微观控制，限制和约束能量的释放和转移，约束人的不安全行为并消除物的不安全状态，从而可使事故发生的概率和事故损害降到最低程度，这就是事故预防原理的基本观点。为了有效地预防事故，应单独（或同时）采取以下方式：① 约束人的不安全行为；② 消除物的不安全状态（包括限制和约束能量）；③ 同时约束人的不安全行为、消除物的不安全状态；④ 采取隔离屏蔽防护措施，使人的不安全行为与物的安全状态不在同一时空相关联。事故预防原理为起重机械安全工作的开展指明了方向。

2. 强制原理

事故的偶然性和必然性、潜隐性和突发性，人的“冒险”和侥幸心理以及事故损失的严重性和不可挽回性等，都使得安全工作必须遵从强制原理——不经被管理者同意即可采取控制行动。安全强制原理主要体现为安全第一原则和安全监督原则。

3. 安全工程基本原则

安全工程的基本原则包括：① 安全第一原则；② 预防为主原则；③ 安全监督原则；④ 科学技术原则；⑤ 系统安全原则。

14.1.4 事故预防的危险控制技术

1. 危险控制的目标和类型

由安全工程原理可知，危险控制的目标包括以下三个基本层次：

1）控制危险源和危险因素，形成本质安全化。

2）降低事故发生频率。

3）降低事故严重程度并控制损害。

危险控制可分为宏观控制和微观控制两大类。宏观控制是指运用系统原理对整个系统实行危险控制，其手段主要包括法制手段（政策、法令、规章）、经济手段（奖、罚）和教育手段（长期、短期、学校、社会等）。微观控制是指运用系统原理对具体危险源实行危险控制，其手段主要为工程技术手段和管理措施。两种控制互相依存和补充，缺一不可。

2. 危险控制技术

微观危险控制的工程技术手段主要体现在设计视角，其六种具体方法按措施等级顺序分别为：消除危险、预防危险、减弱危险、隔离危险、危险联锁、危险警告。措施等级越高，危险控制效果越好，故应优先采用高等级措施。

1）消除（根除）危险。避免事故发生最根本的方法就是消除（根除）危险，从根本上杜绝危险或将危险控制到无害化程度来达到系统的根本安全，即实现本质安全化。如采用无害工艺技术、以无害物质代替有害物质、装设安全制动器等。

2）预防危险。当现阶段难以做到完全消除危险时，应进入预防危险阶段，可采取的预防性技术措施包括：① 安全系数法；② 故障最小化（优选目标之一），即增大安全阈，用可靠性技术降低故障率，在线安全监测监控体系，设备的修复和报废等；③ 故障-安全设计（Fail-Safe），即通过合理的故障技术设计（包括部分或全部中断生产，或使系统处于低能量状态等），使系统自动避免进入可能造成能量意外释放的危险状态，从而保证系统安全，如电气系统中的熔断器、行程开关及工作原理等。

3）减弱危险。在无法实现消除和预防危险时，可采取减弱危险的措施，如薄弱环节设计（接受小损失设计）、能量缓冲装置、以低毒物质代替高毒物质、避雷装置、减振装置等。

4）隔离危险。把人员与危险源和危险因素从时间和空间上进行隔离，包括物理屏蔽和空间分离两种措施。物理屏蔽措施更为可靠和常见，如实物隔离（安全罩、防护屏、隔离操作室）、人员（个体）防护设备（防毒服、防护面具）、逃逸和营救设计（事故发生时的自救装置）、安全距离、遥控作业等。

5）危险联锁。系统自动防止逻辑不相容事件（在不正确的时间上或错误的顺序等）发生从而终止危险进一步发展，包括闭锁、锁定、联锁，通称为联锁。联锁是最常用的安全方法之一，特别是在机电设备上常和隔离措施并用。

6）危险警告。包括视觉告警和听觉告警（最好两者组合），如发光、信号灯、旗帜和彩带、标志和标记、符号和告警词语、发声、音乐、警铃、提示语等。

14.1.5 事故预防的防失误控制技术

防失误技术主要针对人的失误行为。人的失误是指人的某种失常行为，其结果已偏离规定目标或超出可接受界限并产生不良后果。人的不安全行为往往表现为当事人在系统中直接引发事故的错误行为，一般可以看做是人失误行为的特例。由于引发人失误的因素非常复杂，因此防止人失误是一项非常困难的工作，除教育、训练（矫正行为）等方法外，应尽可能优先采取技术措施防止人失误（其目标与危险控制时间）。

1）用机器（或装置）代替人。对于工作人简单重复的一般操作行为，其人失误的概率为 $10^{-2} \sim 10^{-3}$，若用机器或装置代替人操作，则机器故障率（一般为 $10^{-4} \sim 10^{-6}$）远远小于人的失误概率。因此，在工作人容易失误的地方，优先采用机器（或装置）等自动技术代替人操作，既可提高工效、减轻劳动强度，又可有效地避免或减少人失误。但应注意人机功能合理分配的问题。

2）冗余系统。含有冗余元素的系统称为冗余系统。采用冗余系统是提高系统可靠性的有效措施，也是提高人的可靠性、防止人失误的有效措施。防失误冗余系统主要有两人并行操作、人-机并行、机-机并行、审查等。

3）防失误设计（Fool Proof）。防失误设计是一种专门的系统设计方法，其能使系统自动具有正确动作而防止人失误，或人失误后也不会产生严重后果的功能，一般可包括：① 利用器物的不同形状或尺寸防止安装连接操作失误；② 用联锁装置防止误操作或使人失误无害化；③ 采用紧急开关装置等。

4）良好的人机工效。重点解决人-机-环境系统人机工效设计等，包括最简单易行的各种警告措施。

14.1.6　事故预防的本质安全化原理

1. 起重机械本质安全化概念

广义的起重机械系统实质就是一个完整的人-机（物、环境）系统，也构成系统安全的三要素，若其中每一要素自身都能独立地成为实现系统安全的充分条件，即可实现系统本质安全化（intrinsic safety）。最能体现本质安全化思想的内容主要集中在：

1）系统安全性主要依靠系统自身内部（非系统之外的附加方法）来主动实现。

2）该系统中人对机、物、环境系统具有良好的自适应性。

3）尤其是构成系统的机、物、环境应对人具有良好的安全宜人性，甚至出现人失误等错误操作时，机、物、环境系统也能自动避免事故灾害的发生，保障生命、财产的安全。系统本质安全关系可用图 14-2 予以形象地表示。

在现实生产、生活中不可能获得绝对的本质安全，人们只可能实现与当前社会、科技、经济等发展水平相适应的系统本质安全化。

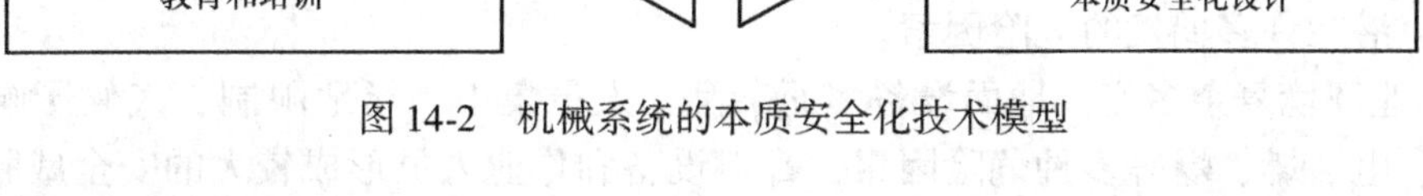

图 14-2　机械系统的本质安全化技术模型

2. 起重机械系统本质安全化设计

人类经过自身努力可以实现与其所处社会、经济、科技等相适应的系统本质安全化。除了提高从业人员的本质安全化素质以外，起重机械本质安全化的源头应主要体现在设计，即体现于起重机械“全寿命”的各阶段，包括设计、制造、安装、调试、使用、维护（包括故障诊断）、拆卸、运输、监督监查、报废及处理等，还应考虑机器系统的各种状态，包括正常作业状态、非正常状态和其他一切可能的状态。总之，起重机械设计是系统安全的源头。

起重机械本质安全化设计包括：①牢固树立本质安全化设计理念（思想）；②实行本质安全化系统设计；③关注动力源、材料和制造工艺的本质安全性；④设计本质安全的操纵控制系统；⑤设计和建立可靠而有效的内部安全防护系统；⑥履行安全人机工程的系统设计要求；⑦施行科学而严密的安全管理设计；⑧建立本质安全的监督监察制度体系。

3. 本质安全化根本原则

1）本质安全系统建立原则。安全先于经济；设计先于使用；可行设计措施不能推给用户施行，不能轻易使用遗留信息代替设计技术手段来解决安全问题；设计缺陷不可轻易用信息弥补，现有技术手段不能解决的设计缺陷应作为遗留风险通知用户。

2）本质安全设计技术优先顺序原则。直接安全技术措施——系统设计中能直接解决安全问题的技术措施，即本质安全技术（不包括使用专门的安全防护装置）；间接安全技术措施——建立专门的安全防护系统；指示性安全技术措施——遗留风险信息通知用户（文字、符号等）；附加预防技术措施（紧急状态及使用过程），如紧急开关、逃逸装置、装卸搬运、人员进入及退出等。

3）用户可采取的安全措施。劳动防护、作业场地与环境安全及安全管理等。

14.2 起重机械安全系统构建

14.2.1 起重机械与起重的安全特点

起重机械是用来对物品进行起重、输送、装卸或安装等作业的机械设备，其特殊的功能和结构形式，使起重机械和起重作业方式本身具有以下安全特点：

1）势能高，动能大，能量积聚；货种繁多，形态各异（有时甚至是危险品）；高空悬吊空间运动过程复杂而危险。

2）金属结构体形高大，工作机构构造复杂，四大机构多维运动，庞大结构整体移动，拥有大量形状不一、运动各异的可动零部件，全系统危险点多而分散，增加安全防护难度。

3）长时间带重载覆盖作业场地、设施和人员，空间移动范围大，加大危险的影响范围。

4）机上机下群体作业，多道工序顺次组合，多人参与协调工作，动作信息交流困难，相互配合难度很大，无论哪个环节出问题，都可能发生意外。相关作业人员直接接触暴露的活动部件，潜在许多偶发的危险因素。

5）作业环境复杂多变，地面设备多而杂乱，人员集中、场地限制、气候影响以及现场多伴有热、电、燃、爆等多种危险因素，都对设备和作业人员形成较大的安全威胁。

综上所述，起重机械和起重作业所涉及的危险因素多，影响范围大，凸现了其安全工作的重要性和难度。相关人员在起重机械设计、制造、安装、使用和维护保养等所有环节上稍有疏忽，都可能酿成重大的人员伤亡和损害事故。

14.2.2　起重安全事故类型

1. 重物坠落

重物超载、吊具破（损）坏、绳扣断裂、物件捆绑不牢、挂钩不当、意外脱钩、电磁吸盘突然失电、起升（变幅）机构主要零部件故障或损坏（特别是制动器失灵、钢丝绳断折、相关安全防护装置失效等），都可能引发吊运重物坠落的危险事故。另外，处于系统高位置的无防护非固定物体以及系统零部件破坏后掉落等，也可能引发重物坠落的危险事故。

2. 金属结构破坏、垮塌、失稳倾覆

1）由于操作不当（如超载、臂架变幅或回转过快等）、支腿未找平或地基沉陷等原因，使倾覆力矩增大，导致起重机倾覆。

2）由于风载荷或坡度载荷等作用，起重机械沿倾斜路面或轨道发生不应有的位移。

3）使用不当（超载、运动干涉、相关安全防护装置失效）以及安装过程失稳等，会导致金属结构破坏、坠臂、倒杆或支腿垮塌等。

3. 夹挤和碾轧

由于起重机械可运动部分与其他固定物之间缺少足够的安全（隔离）距离，使所吊重物及运行或回转的金属结构对人员造成夹挤；运行机构操作失误或制动器失灵引起溜车对人员造成碾轧伤害等。

4. 人员高处跌落

起重机械自身高度大多超过安全防护临界高度（2m），相关安全防护装置缺失（或不当）以及违规操作等，都可能使相关人员在正常操作、高处维护检修、拆装以及安全检查等环节面临从距离地面 2m 以上的高处坠落的危险。

5. 触电

在输电线附近作业的起重机械，其任何组成部分或吊物，若与高压带电体距离过近感应带电或触碰带电物体等，都可引发触电伤害。另外，电动起重机械上的相关人员也有可能发生触电事故。

6. 其他机械危险

相关人员身体与起重机械运动零部件接触引起的绞、碾、戳等伤害，液压起重机械液压元件破坏形成高压液体喷射所造成的伤害，系统运动中飞出物件的打击伤害以及起重机碰撞等。

7. 由物料导致的危险损害

搬运高温及液体金属，易燃易爆、毒化、腐蚀性以及其他有害物等危险品时，由于物料的物理、化学特性可能会导致相关人员烫伤、腐蚀、粉尘、有毒物等的伤害。

14.2.3　起重安全事故特性

起重安全事故具有如下特性：

1）事故高发性且趋于大型化、群体化、恶性化等。随着起重机械大型化和行业高速增长趋势以及普遍而广泛的应用，国内起重行业进入事故高发期，事故率显著增加，大型事故时有发生，单起事故有时就会涉及众多人员，甚至造成群死群伤的惨状，并经常伴随大面积设备、设施的损坏和环境污染破坏。

2）事故的突发性和集中性。起重事故多数会在没有预警情况下突然发生，特别是重物坠落和金属结构倾覆垮塌，有时甚至没有避让空间或逃离通道。另外，起重机械可能会出现在同一设备上集中发生多起不同性质伤害事故的现象，这在其他类型机械中是不常见的。

3）事故影响严重性。起重事故可能导致人员伤害和设备损失（坏），经济损失严重、社会影响恶劣。居事故之首的重物坠落，一旦发生往往会伤及相关人员，造成伤亡严重的恶性事故。位居事故第二的金属结构垮塌、失稳倾覆事故，也会造成极其严重的、甚至灾难性的后果。

4）事故发生环节的全面性。起重机械“全寿命”期各阶段的所有环节都可能发生事故，其中起重作业中发生的事故最多。

5）事故发生具有行业特点。起重事故发生主要集中在建筑、冶金、机械和交通运输等行业，这与上述行业拥有起重设备数量多、使用频率高、作业复杂、条件恶劣等有关。

6）事故类型与起重机械类型相关。起重伤害事故统计表明，居前三位的伤害事故是重物坠落、金属结构失稳垮塌、夹挤和碾轧。重物坠落是各种起重机械共同的易发事故。另外，桥式起重机的夹挤事故、汽车式起重机的倾覆事故、塔式起重机的倒塔折臂事故、室外轨行式起重机的失稳倾覆事故以及大型起重机械的安装事故等都具有典型性。

7）事故伤害涉及的人员范围广且集中。起重事故中司索工、起重工等直接相关人员受到伤害的比例最高，其中安全素质和安全意识低下的群体是事故高发群体。

14.2.4 起重机械构造与安全

起重机械由驱动装置、工作机构、取物装置、操纵控制系统和金属结构组成，如图14-3所示。

1）各工作机构（包括驱动装置）及取物装置。几乎集中了起重机械所有的可动零部件，它们功能不同、类型繁多、形状复杂、正反交替、时动时停等，通过彼此协调动作共同完成物品的空间移动，是起重机械正常工作的危险区（使相关人员面临危害健康的风险）。

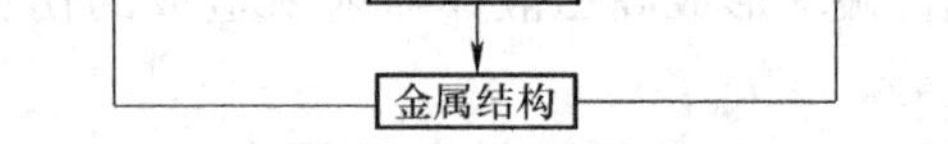

图14-3 起重机械的组成

2）起重机械各机构的危险程度不同。起升机构实现重物垂直方向的移动，是最直接和重点的危险区。运行、回转、变幅等机构实现物品的水平移动，工作区域面积大，涉及人员多、环境复杂等，是起重机械上又一重点危险区。

3）起升机构中的制动器、卷绕系统和取物装置等直接与作业对象发生联系，并需要作业人员介入，再加上取物装置与吊运物品构成联系，从而使操作区范围扩大，并不断变化成为机械伤害的高发区，也成为安全防护的重点和难点。

4）运动着的高大金属结构上的作业人员及司机室内的工作人员，面临着坠落、夹挤碾压、紧急状态逃生等潜在危险，是应该关注的另一个危险区。

5）移动式支承装置的安全防护应比固定式更应引起注意。

6）操作控制系统是作业人员最容易发生操作失误的一个环节，应加以重视。

7）某些起重机的辅助机构对起重机的正常工作和移动非常重要，同样应加以重视。

8）起重机与作业环境之间的关系也是一个应重视的环节。

9）为了实现起重机及其各部分的安全工作，必须科学地设置门类齐全的安全防护装置，这是构建起重机安全系统的一个重点环节。

14.2.5　起重机械安全管理体系

特种设备是指涉及生命安全、危险性较大的设备。起重机械（包括电梯和客运索道等）属于特种设备。国内特种设备安全技术管理的法规体系分为法律、法规、规章、规范、标准五个层次。涉及起重机械的主要法规（简称令）和规范为国务院第 373 号令《特种设备安全监察条列》，以及 TSG Q0002—2008《起重机械安全技术监察规程　桥式和门式起重机》、TSG Q7001—2006《起重机械制造监督检验规则》、TSG Q7016—2008《起重机械安装改造重大维修监督检验规则》、TSG Q7015—2008《起重机械定期检验规则》等。

在现有起重机械安全管理及安全技术的法规体系下，国内从事起重机械特种设备的社会系统分工与任务如图 14-4 所示。

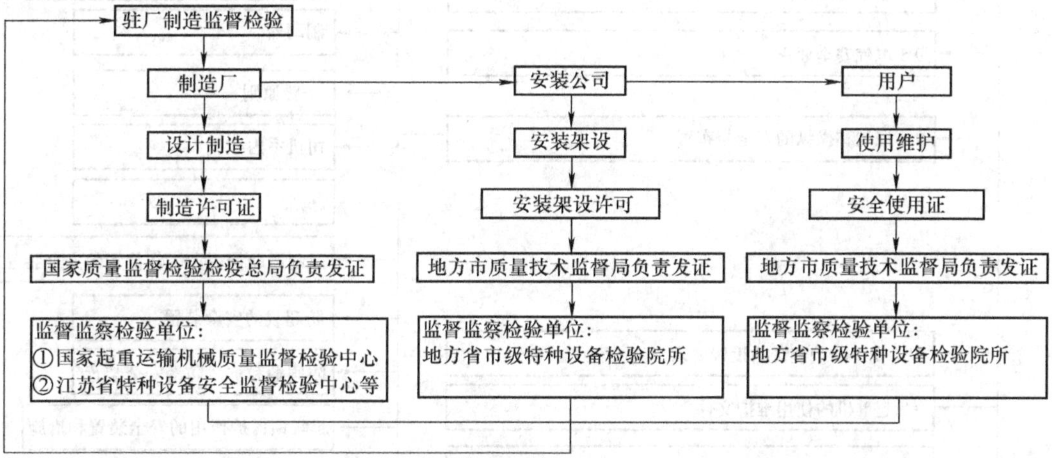

图 14-4　起重机械的社会分工与任务

14.2.6　起重机械安全技术体系

除特种设备相关法律法规外，起重机械安全技术体系的建立更多体现在标准层。起重机械主要相关标准有 GB/T 3811—2008《起重机设计规范》和 GB 6067.1—2010《起重机械安全规程　第 1 部分：总则》以及其他各种相关标准等。

GB/T 3811—2008《起重机设计规范》中设有引言、范围、规范性引用文件、分级、起重机的计算载荷与载荷组合、结构、机械、电气、整体抗倾覆稳定性和抗风防滑、安全性、安全和附录等，对起重机械设计及安全技术进行了系统规范。其中，为了反映政府加强安全管理的要求，顺应规范起重安全的社会呼声，针对起重机械和起重作业的安全特点、事故类型及特性、设备构造以及本质安全化理论与设计等，系统地汇集了有关起重机械系统安全相关内容，专门编制了“第 9 章　安全”部分，体现了“安全第一、预防为主”的安全理念；“第 9 章　安全”部分编制结构如图 14-5 所示。

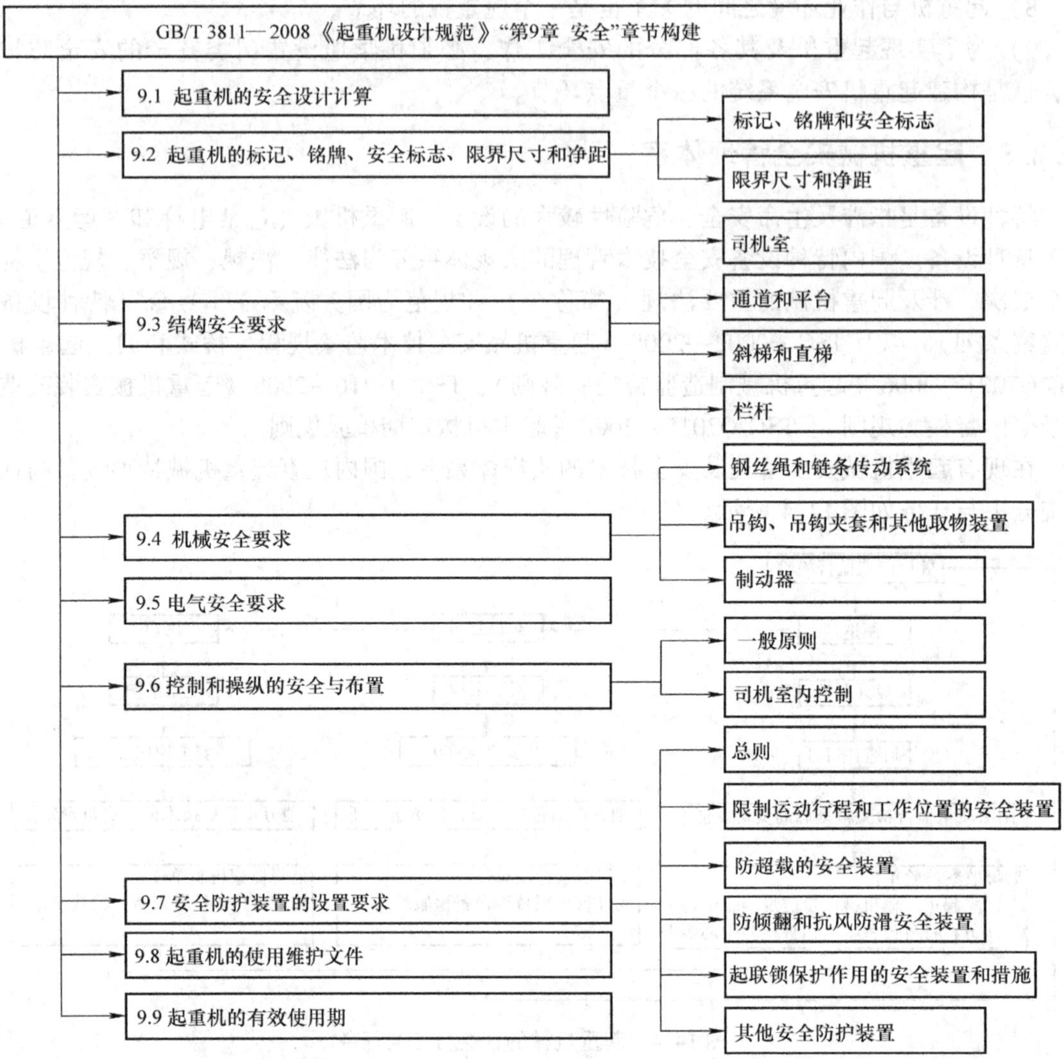

图 14-5 GB/T 3811—2008《起重机设计规范》"安全"章节结构

GB 6067—2010《起重机械安全规程》由以下七部分组成：总则、流动式起重机、塔式起重机、臂架起重机、桥式和门式起重机、缆索起重机、轻小型起重设备。其中，总则部分共有 19 章：范围，规范性引用文件，金属结构，机构及零部件，液压系统，电气，控制与操作系统，电气保护，安全防护设置，起重机械的标记、铭牌、安全标志、界限尺寸与净距，起重机操作管理，人员的选择、职责和基本要求，安全性，起重机械的选用，起重机的设置，安装与拆卸，起重机械的操作，检查、试验、维护与修理，起重机械使用状态的安全评估等。

GB 6067—2010《起重机械安全规程》系统规范了起重机械"全寿命"期各阶段的安全技术与安全管理，其总则部分相关章节直接由 GB/T 3811—2008《起重机设计规范》"第 9 章 安全"内容引入。

14.3　起重机械安全设计

14.3.1　安全设计及计算

起重机械应按设计规范的相关规定进行结构、机械、电气、整体抗倾覆稳定性和抗风防滑安全性等的设计和计算。设计人员不仅要关注起重机械使用功能设计，还应关注其自身本质安全化设计，这样才能满足安全使用的要求。起重机械本质安全化设计与生产制造、运输安装、使用维护、监督检测等“全寿命”诸多环节有关，只有在系统设计之初就进行全面通盘的考虑，才能获得良好的本质安全效果，从而达到系统本质安全化目的。

14.3.2　标记、铭牌和安全标志

1）起重机械应有标记、铭牌和安全标志。

2）起重机械的规格标记应符合下列要求：

① 额定起重量（或额定起重力矩），应永久性地标明在从地面容易看清的地方。

② 额定起重量随全幅度范围变化的起重机，应设有明显可见的额定起重量随幅度全程变化的曲线或表格；凡不同幅度段规定有不同额定起重量的，幅度段的划分及各段的额定起重量，均应永久性地标明并明显可见；由制造商提供的操作说明书应能对不同幅度起重量作出更详细说明。

③ 如果起重机械配备有几个起升机构，则应分别标明每个起升机构的额定起重量；由制造商提供的操作说明书应指明这些起升机构是否可以同时使用。

3）每台起重机械都应在适当的位置装设铭牌，铭牌应至少标明制造商名称、产品名称和型号、主要性能参数、出厂编号和制造日期等。

4）每台起重机械应在其上的合适位置或工作区域设有明显可见的文字安全警示标志，如“起升物品下方严禁站人”“臂架下方严禁停留”“作业半径内注意安全”“未经许可不得入内”等；在起重机械的危险部位应有安全标志，安全标志应符合 GB 2894—2008 和 GB 15052—2010 的规定；安全标志的颜色应符合 GB 2893—2008 的规定。

14.3.3　界限尺寸和净距

1）在最不利位置和最不利装载条件下，起重机械的所有运动部分（吊具和其他取物装置除外）与建筑物的净距规定如下：

① 距固定部分不小于 0.05m。

② 距任何栏杆或扶手不小于 0.10m。

③ 距出入区不小于 0.50m（出入区是指允许人员进出的所有通道，但工作平台除外）。

2）具有水平滚轮或带轮缘车轮导向的桥式起重机等，考虑其沿轨道运行时可能产生一定的偏斜，其侧方与外部固定部分的间隙尺寸不应小于 0.08m。

3）铁路起重机的轮廓线应符合铁路运输轮廓界限；用于铁路装卸的起重机，其任何固定部分不应侵入铁路净空界限。

4）起重机各运动部分的下界限线与下方的一般出入区（从地面或从属于建筑物的固定

或活动部分算起，工作或维修平台及类似物除外）之间的垂直距离不应小于1.7m，与通常不准人出入的下方的固定或活动部分（例如棚顶、加热器、机械部分和运行在下方的起重机等）及与栏杆顶部的垂直距离不应小于0.5m。

5）起重机各运动部分的上界限线与上方的固定或活动部分（例如起重小车的最高处与房顶结构最低点、下垂吊灯、下敷管道或与运行在其上方的起重机的最低点）之间的垂直距离，在保养区域和维修平台等处不应小于0.5m；如果不会对人员产生危险，这个距离可以减小到0.1m。

6）起重机上任何部件与高压输电线的最小距离见表14-1。

表14-1 起重机与输电线的最小距离

输电线路电压 V/kV	<1	1~35	≥60
最小距离/m	1.5	3	$0.01(V-50)+3$

14.3.4 司机室

起重机司机室应符合GB/T 20303.1—2006的规定外，还应满足以下要求：

1）当臂架俯仰摆动或臂架及物品坠落会影响司机室安全时，司机室不应设置在起重臂架的正下方。

2）当存在坠落物砸碰司机室的危险时，司机室顶部应装设有效的防护。

3）在室外或在没有暖气的室内操作的起重机（除气候条件较好外），宜采用封闭式司机室。在高温、蒸汽、有尘、有毒或有害气体等环境下工作的起重机，应采用能提供清洁空气的密封性能良好的封闭司机室。在有暖气的室内工作的起重机司机室或仅作辅助性质工作较少使用的起重机司机室，可以是敞开式的；敞开式司机室应设高度$h \geqslant 1$m的护栏。

4）除极端恶劣的气候条件外，在工作期间司机室内的工作温度宜保持在15~30℃之间。长期在高温环境工作的（如某些冶金起重机）司机室内应设降温装置，底板下方应设置隔热板。

5）司机室应有安全出入口。当司机室装有门时，应防止其在起重机工作时意外打开。司机室的拉门和外开门应通向同一高度的水平平台。司机室外无平台时，一般情况下门应向里开。流动式起重机司机室回转门应向外开，滑动门应向后开。

6）司机室的窗离地板高度不到1m时，玻璃窗应做成不可打开的或加以防护，防护高度不应低于1m。司机室地板上装有玻璃的部位也应加以防护。司机室底窗和天窗安装防护栏时，防护栏应尽可能不阻挡视线。

7）司机室地板应用防滑的非金属隔热材料覆盖。

8）用于司机室工作面上的照度不应低于30lx。

9）重要的操作指示器应有醒目的显示，并安装在司机方便观察的位置。指示器和报警灯及急停开关按钮应有清晰永久的易识别标志。指示器应有合适的量程并应便于读数。报警灯应具有适宜的颜色，危险显示应用红灯。

14.3.5 通道和平台

1）起重机上所有操作部位以及要求经常检查和保养的部位（包括臂架顶端的滑轮和运

动部分)，凡离地面距离超过 2m 的，都应能通过斜梯（或楼梯）、平台、通道或直梯到达，梯级的两边应装护栏；不论起重机在什么位置，通道、斜梯（或楼梯）、平台都应有安全入口。如臂架可放到地面或人员可到达的部位进行全面直接检查，或者设有其他构造能进行直观检查时，则臂架上也可以不设置通道。

2）起重机处在正常工作状态下的任何位置时，人员应能方便安全地进出司机室。

如果起重机在任何位置，人员不能直接从地面进入司机室，且司机室地板离地面的高度不超过 5m，司机室内配备有合适的紧急逃逸装置（例如绳梯）时，则司机室进出口可以限制在某些规定的位置。

如果起重机在任何位置，人员都不能直接从地面进入司机室，以及司机室的地板离地面的高度超过 5m 时，起重机应设置到达司机室的通道。对于桥式起重机等，如能提供适当的装置使人员方便安全地离开司机室，则司机室进出口可以限制在某些规定的位置。

一般情况下应通过斜梯或通道，从同司机室地板一样高且备有栏杆的平台直接进入司机室。平台与司机室入口的水平间隙不应超过 0.15m，与司机室地板的高低差不应超过 0.25m。只有在空间受到限制时，才允许通过司机室顶部或地板进入司机室。

3）斜梯、通道和平台的净空高度不应低于 1.8m。运动部分附近的通道和平台的净宽度不应小于 0.5m；如果设有扶手或栏杆，在高度不超过 0.6m 的范围内，通道的净宽度可减至 0.4m。固定部分之间的通道净宽度不应小于 0.4m。

起重机结构件内部很少使用的进出通道，其最小净空高度可为 1.3m，但此时通道宽度应增加到 0.7m。只用于保养的平台，其上面的净空高度可以减到 1.3m。

4）工作人员可能停留的每一个表面都应当保证不发生永久变形：① 2000N 的力通过直径为 125mm 圆盘施加在平台表面的任何位置时，不应发生永久变形；② 4500N/m^2 的均布载荷。

5）通道和平台表面应防滑，地板上的单个孔洞和间隙的尺寸不应使直径为 20mm 的球体穿过，且孔隙的面积应小于 400mm^2。

6）通道离下方裸露动力线的高度小于 0.5m 时，应在这些区域采用实体式地板。当通道靠近动力线时，应对这些动力线加以保护。

14.3.6 斜梯和直梯

凡高度差超过 0.5m 的通行路径应做成斜梯或直梯。高度不超过 2m 的垂直面上（例如桥架主梁的走台与端梁之间），可以设踏脚板，踏脚板两侧应设有扶手。

1. 斜梯

1）斜梯的倾斜角不宜超过 65°，特殊情况下，倾斜角也不应超过 75°（超过 75°时按直梯设计）。

2）斜梯两边应设置栏杆。两边栏杆的间距：主要斜梯不应小于 0.6m；其他斜梯可取为 0.5m；斜梯的一侧靠墙壁时，只在另一边设置栏杆，栏杆高度不小于 1m。

3）梯级的净宽度不应小于 0.32m，单个梯级的高度宜取为 0.18 ~ 0.25m，斜梯上梯级的进深不应小于梯级的高度，连续布置的梯级，其高度和进深均应为相同尺寸。

4）梯级踏板表面要防滑。

2. 直梯

1）直梯两边撑杆的间距不小于0.40m，两撑杆之间梯级宽度不应小于0.30m，梯级的间距应保持一致，宜为0.23～0.30m，梯级离开固定结构件至少应为0.15m，梯级中心0.1m范围内应能承受1200N的分布垂直力而无永久变形。

2）人员出入的爬越孔尺寸，方孔不宜小于0.63m×0.63m，圆孔直径宜取为0.63～0.80m。

3）高度2m以上的直梯应有护圈，护圈从2.0m高度起开始安装，护圈直径宜取为0.6～0.8m。护圈之间应由三或五根间隔布置的纵向板条连接起来，并保证有一根板条正对着直梯的垂直中心线。相邻护圈之间的距离：当护圈设置三根垂直板条时，不应大于0.9m；当护圈设置五根垂直板条时，不应大于1.5m；安装了纵向板条的护圈在任何一个0.1m的范围内应可以承受1000N的分布垂直力，不允许有永久变形。

4）除非提供有其他合适的把手，直梯的两边撑杆至少要比最上一个梯级高出1.0m，当空间受限制时此高出的高度也不应小于0.8m。

5）装在结构内部的直梯，如果结构件的布置能够保证直径为0.6m的球体不能穿过，则可不设护圈。

6）直梯每10m至少应设一个休息平台。如果空间不够，可以将平台靠在整个连续直梯的旁边。

7）直梯的终端宜与平台平齐，梯级终端踏板或踏杆不应超过平台平面。

8）如梯子在平台处不中断，则护圈也不应中断，但应在护圈侧面开一个宽为0.5m、高为1.4m的洞口，以便人员出入。

14.3.7 栏杆

1. 安装部位

在起重机上的以下部位应装设栏杆：① 用于进行起重机安装、拆卸、试验、维修和保养的，且高于地面2m的工作部位；② 通往离地面高度2m以上的操作室，检修保养部位的通道；③ 在起重机上存在跌落高度大于1m的危险通道及平台。

2. 设置要求

1）栏杆上部表面的高度不低于1m，栏杆下部有高度不低于0.1m的踢脚板，在踢脚板与手扶栏杆之间有不少于一根的中间横杆，它与踢脚板或手扶栏杆的距离不得大于0.5m。对净高不超过1.3m的通道，手扶栏杆的高度可以为0.8m。

2）在手扶栏杆上的任意点任意方向应能承受的最小力为1000N，且无永久变形。

3）栏杆允许开口，但开口处应有防止人员跌落的保护措施。

4）在沿建筑物墙壁或实体墙结构设置的通道上，允许用扶手代替栏杆，这些扶手的中断长度（例如为让开建筑物的柱子、门孔）不宜超过1m。

14.3.8 液压系统

1）液压系统应有防止过载和冲击的安全装置。采用溢流阀时，溢流阀的最高工作压力不得大于系统最大工作压力的1.1倍，同时不得大于液压泵的额定压力。

2）系统中应防止系统背压对制动器的意外控制和损坏零部件。

3）液压系统中，应有防止被物品或臂架等部件作用，使液压马达超速的措施或装置，如平衡阀。

4）平衡阀与变幅液压缸、伸缩臂液压缸、顶升液压缸和液压马达的连接应是刚性连接。如果与平衡阀的连接管路过长，在靠近压力管路接头处应装设自动保护装置（防破裂阀），以避免出现任何意外的起升物品下降。

5）液压系统工作时，液压油的最高温升不得影响安全性能。液压系统应在合适部位设置排气装置。

6）液压系统中使用的蓄能器，应在其上或附近的明显处设置安全警示标志。应在标志或使用说明书中标明蓄能器的预定压力和充填介质的充气量。

7）液压钢管及其终端部件，爆破压力与工作压力的安全系数应不小于2.5。

8）液压软管及其终端部件，爆破压力与工作压力的安全系数应不小于4。

9）液压缸的端口和阀（例如保护阀）之间的焊接或装配连接件，爆破压力与工作压力的安全系数不小于2.5。

10）对于工作压力超过5MPa和/或温度超过50℃，并位于起重机操作者1m之内的液压软管，应加装防护安全措施。

14.3.9 电气安全要求

1）起重机电源滑触线通常采用型钢、铜质刚性滑触线或安全滑触线，根据起重机运行环境及运行速度进行选择。滑触线应布置合理，与周围设备应有足够的安全距离，或采取安全防护措施，当人靠近时不会意外触及。物品（或吊钩）摆动时，不得碰触到滑触线。

2）供电系统中有触电危险的主滑触线应涂有安全色，并在适当的位置装设安全标志或表示带电的指示灯。

3）起重机应有指示总电源分合状况的信号，必要时还应设置故障信号或报警信号。信号指示应设置在司机或有关人员视力、听力可及的地点。

14.3.10 控制和操纵的安全与布置

1. 一般原则

1）控制与操纵系统的设计和布置应能避免发生误操作的可能性，保证在正常使用中起重机能安全可靠地运转。

2）应按人类工效学有关的功能要求设计和布置所有控制手柄、手轮、按钮和踏板，并保证有足够的操作空间，最大限度地减轻司机的疲劳，将发生意外时对人员造成的伤害和财产损失的可能性降至最小。

3）控制与操作系统布置应使司机对起重机工作区域及所要完成的操作有足够的视野。

4）尽可能地将操纵杆（踏板或按钮等）布置在司机手或脚能方便操作的位置。操纵装置的运动方向也应尽可能地设置得适合人的肢体的自然运动。例如，脚踏控制装置应采用向下的脚踏力操作而不能用脚的横向运动触碰操作。

5）用来操纵起重机械控制装置所需的力应与使用此控制装置的使用频度有关，应随机型变化并按人类工效学来考虑。

6）应设置紧急情况下可迅速断开总动力电源的红色急停按钮。急停按钮应是非自动复位式的，并设置在司机操作方便的地方。

2. 司机室控制——控制装置的操纵

1）控制器的操作方向应与其所控制对象的运动方向一致或者是合乎逻辑的关系。

2）合适的操作方向是指起重机司机面向控制器时，操纵控制器时手的动作方向和所产生的效应要协调，采用手柄控制操作时的手柄方向与起重机运动的关系见表14-2，采用手轮控制操作时的手轮旋转方向与起重机运动的关系见表14-3。

表14-2 手柄方向和起重机运动的关系

机构	运动方向	手柄方向
起升机构、变幅机构	起升、向里变幅	向着司机（手柄向后）
	下降、向外变幅	离开司机（手柄向前）
回转机构	向右回转	手柄向右
	向左回转	手柄向左

表14-3 手轮旋转方向和起重机运动的关系

机构运动方向	手轮旋转方向
起升、向里变幅 向右回转	顺时针旋转
下降、向外变幅 向左回转	逆时针旋转

3. 司机室控制——控制装置的布置与标识

1）控制装置的位置设计，应在使其接通一个或几个控制装置时，一般不会无意识地再接通另外的控制装置。

2）当操纵装置较多时，起重机主要的控制与操纵装置宜安排在司机座位的右侧。在布置了以手操纵控制器为主要操纵装置的情况下，可以安排脚踏操纵控制器。

3）在每个控制装置上，或在靠近它的位置处，应贴上文字标志或符号以区别其功能，清晰地表明所操纵实现的起重机械的运动方向。

4. 其他控制

1）对于采用多个操作控制站控制一台起重机械的同一机构（如司机室操纵和地面操纵），应具有互锁功能，在任何给定时间内只允许一个操作控制站工作。应装有显示操作控制站工作状态的装置。每个操作控制站均应设置紧急停止开关。

2）采用无线遥控的起重机械，起重机械上应设有明显的遥控工作指示灯。

3）采用无线控制系统（例如无线电、红外线）应符合下列要求：① 应采取措施（如钥匙操作开关、访问码）防止擅自使用操作控制站；② 每个操作控制站应带有一个预定由其控制的一台或数台起重机械的明确标记；③ 操作控制站应设置一个启动起重机械上的紧急停止功能的紧急停止开关；无线控制系统对停止信号的响应时间应不超过550ms；④ 当检测不到高频载波或收不到数据信号时，应实现被动急停功能，应在1.5s之内切断通道电源；当通道的突发噪声干扰超过1s或在1s检测不到正确的地址码时，应切断通道电源。

14.3.11　起重机的使用维护文件

1）起重机设计者或起重机制造商应向用户提供《起重机操作手册》，指导用户安全使用起重机，其内容应符合 GB/T 17909.1—1999 的规定。

2）起重机设计者或制造商应向用户提供《起重机维护手册》，指导用户对起重机进行正常的维护保养，其内容应符合 GB/T 18453.1—2001 的规定。

14.3.12　起重机的有效使用期

起重机都是按一定的理论寿命即设计预期寿命进行设计的，但起重机设计预期寿命并不完全等同于起重机的有效使用期。

起重机械是有设计预期寿命和实际使用寿命的一种设备，在实际使用中，起重机械不能也不应该长时间无节制地永久使用下去。

对起重机的有效使用期产生有害影响的主要因素是：① 疲劳现象；② 磨损；③ 腐蚀；④ 操作、装配和拆装时的偶发事故；⑤ 超载；⑥ 保养不良等。

14.4　起重机械安全防护系统及设置要求

起重机械安全防护系统是针对起重机械及起重作业时可能产生的各种危险（危险源和危险因素）进行事故危险控制的主动预防技术措施，其不同的归属部分及防护对象物等都会使安全防护装置发生变化。

14.4.1　起重机械安全防护装置类型

1. 按安全防护装置的归属部分（或区域）分类

起重机械的组成和构造十分复杂，机上不同部分或区域可能存在的危险（危险源和危险因素）不尽相同，故不同归属部分的安全防护装置的类型及防护要求也不同。

1）起升（变幅）机构的安全防护系统。该系统主要针对的是起重物坠落的事故类型。超载，吊具损坏，物件捆绑不牢，挂钩不当，电磁吸盘突然失电，起升机构的零件故障、损坏（特别是制动器失灵、钢丝绳断裂）等都可能引发起重物坠落。起升（变幅）机构的安全防护装置包括起重量限制器、起重力矩限制器、行程限制器、防脱钩装置、钢丝绳防脱槽装置和断绳保护装置等。另外，对起升机构的防护要求又使得安全装置经常形成冗余配置，如双制动、双重双向限位等。

2）运行（回转）机构安全防护系统。该系统主要针对的是夹挤、碰撞和碾轧、失稳倾覆等事故类型。其安全防护装置包括行程限位器、偏斜指示和限制器、极限力矩限制器、轨道清扫器、缓冲器及轨道端部止挡、防风装置、栏杆等。对运行（回转）机构的防护要求应考虑工作期间和非工作期间两种状态。

3）金属结构部分的安全防护系统。该系统主要针对的是金属结构破坏、垮塌、失稳倾覆、人员高空跌落等事故类型。引发这类事故的原因有：① 操作不当、支腿未找平或地基沉陷等，导致起重机倾覆；② 坡度或风载荷作用，使起重机沿倾斜路面或轨道发生不应有的位移；③ 金属结构破坏，导致坠臂、倒杆、主梁或支腿垮塌等。金属结构上的安全防护装置包括幅度指示器、防止吊臂后倾装置、防风锚泊装置、底座水平仪、风速仪、防倾覆安全钩、支腿伸缩锁定装置和回转锁定装置等。

4）电气部分的安全防护系统主要针对的是配电系统、电动机、供电线路、错相和断相、零位和失压、异常失电、超速、行程限位、接地、避雷、触电、空中障碍、照明、舱门开关以及其他控制部分等。电气保护一般应具有自动性、联锁、警告和一触即发等工作原理。

另外，还应针对物料导致的危险、飞出物体伤人及其他机械电气危险等事故类型建立防护系统，其安全防护工作原理主要是隔离和屏蔽、联锁、警告等，包括危险物隔离及防护、栏杆、防护罩、导线滑线防护板、检修吊笼、登机信号、舱口安全装置等。

2. 按安全防护装置的防护对象物（危险源和危险因素）分类

起重机械安全防护装置按防护对象物可分为防止超载的安全防护装置、限制运动行程和特定位置的安全防护装置、防止起重机械危险运动的安全防护装置、防止起重机械处于危险状态的安全防护装置、防止其他危险因素的安全防护装置、电气系统安全保护装置、起重机械的安全防护警示。

安全防护装置的防护对象物（危险源和危险因素）不同，其所针对的事故类型、频发性、严重性、防护要求和防护原理等都会不同，并且在起重机械上的装设要求也不相同。

14.4.2　起重机械安全防护原理及设置要求

针对起重机械及起重作业安全和事故特点，在起重机械上积极配置不同类型且功能齐全的主动安全防护系统是实现本质安全化的主要技术措施之一。起重机械安全防护装置按系统安全级别的要求可分为“应装”和“宜装”两个等级，按具体防护对象物（危险源和危险因素）的不同可分为七大类。

1. 防止超载的安全防护装置

（1）起重量（起升载荷）限制器　除试验状况下，正常工作的起升机构不允许吊运超过额定起重量的货物，否则可能引发重物坠落、金属结构垮塌、起重机械倾覆等严重事故。因此，工作中有超载可能的起升机构（动力驱动的1t及以上无倾覆危险的，或有倾覆危险且在一定幅度变化范围内额定起重量不变化的）应装设起重量限制器。内燃机驱动的起升和/或非平衡变幅机构，如果中间没有电气、液压或气压等连接环节而直接与机械连接，则该起重机械可以配备灯光或声响报警装置来替代起重量限制器。

起重量（起升载荷）限制器属超载保护安全装置，按工作原理可分为机械式（杠杆式、弹簧式、摩擦式等）、液压式、电子传感器式和复合式等；按功能可分为报警型、自动停止型、综合（复合）型、“黑匣子”（故障自诊断、记忆）型等；按信号采集传送方式可分为有线型和无线型；按载荷信息表现形式可分为指示信号（信号灯等）、声响、数字显示以及组合形式等。传感器安装位置一般可为吊具上部、定滑轮组支承处、卷筒组轴承座等部位。

起重量（起升载荷）限制器功能设置为：当实际起重量超过95%额定起重量时，起重量限制器宜发出报警信号；当实际起重量在100%～110%额定起重量之间时，起重量限制器应自动切断起升动力源并上闸制动停车，从而避免超载所引发的各种危险。但应允许机构作物品下降运动。

（2）起重（载重）力矩限制器　臂架式起重机械是用载重（起重）力矩特性来反映载

荷状态的，因此，额定起重量随工作幅度变化的起重机械，应装设起重（载重）力矩限制器。内燃机驱动的起升和/或平衡变幅机构，如果中间没有电气、液压或气压等连接环节而直接与机械连接，则该起重机可以配备灯光或声响报警装置来替代起重力矩限制器。

起重力矩限制器也属于超载保护安全装置，是起重量限制器和幅度指示器的组合体，载重力矩值由起重量、幅度（臂长与臂架倾角余弦的乘积）和作业工况等多个参数决定，归结起来大体有机械式、电子传感器式和综合（复合）式三种。

起重力矩限制器功能设置为：当实际起重量超过实际幅度所对应的起重量的额定值的95%时，起重力矩限制器宜发出报警信号；当实际起重量大于实际幅度所对应的额定值但小于110%的额定值时，起重力矩限制器应自动切断不安全方向（上升、幅度增大、臂架外伸或这些动作的组合）的动力源并上闸制动停车，但应允许机构作安全方向的运动。

（3）极限力矩限制装置　当臂架起重机械发生臂架回转阻力矩大于设计规定力矩值的现象时，同样有可能使臂架或回转机构出现超载现象从而引发坠臂、垮塌等严重事故。因此，对于有自锁作用的回转机构或臂架回转中可能发生碰触钩挂周围固体物时，回转机构应设极限力矩限制装置，以保证当回转运动受到阻碍时，能由此力矩限制器发生的滑动而起到对超载的保护作用。

极限力矩限制装置也属于超载保护安全装置，其工作原理大多是摩擦传动原理，使系统内的摩擦元件在超载时发生滑动（出现打滑现象），从而切断回转机构后部分的动力输入，使臂架旋转运动停止而起保护作用。另外，系统中的摩擦传动也能使回转机构的起制动过程比较平稳。极限力矩限制装置包括极限力矩联轴器和极限力矩限制器。

2. 限制运动行程和特定位置的安全防护装置

行程限位器是用来限制各机构超越运动行程范围的一种安全防护装置，一般由执行机构和触发装置两部分构成。起重机械的工作机构对运动行程有所要求时，均应装设行程限位器。

（1）起升高度限位器　起升高度限位器属于起升行程限位器，主要用来防止过卷扬（越程冲顶）危险事件，因此，起升机构均应装设起升高度限位器。采用内燃机驱动，中间无电气、液压、气压等连接环节而直接进行机械连接的起升机构，可配备灯光或声响报警装置，以替代限位开关。

常用的起升高度限位器包括重锤式、螺杆式、蜗杆蜗轮直（斜）齿轮变速器式等。起升机构常采用双重及双向行程限位，起升高度限位器的冗余设置可极大地提高系统的安全可靠性；吊运危险品的场合如能具有起升行程末端预警提示功能则效果更好。

起升高度限位器功能设置为：当取物装置上升到设计规定的上极限位置时，应能自动切断起升动力源并上闸制动停车；在此极限位置的上方，还应留有足够的空余高度，以满足上升制动行程的要求；在特殊情况下，还可装设防止越程冲顶的第二级起升高度限位器，但两者应分级间隔动作；需要时，还应设下降深度限位器，当取物装置下降到设计规定的下极限位置时，应能自动切断下降动力源。电动机作上述运动方向的电源切断后，仍需保留接通作相反方向运动的电源。

（2）运行机构行程限位器和回转限位器　运行机构行程限位器由安全撞尺和行程限位开关组成，装设在规定的轨道极限位置旁。

起重机和起重小车（悬挂型电动葫芦运行小车除外）应在每个运行方向装设运行机构

行程限位器，在达到设计规定的极限位置时自动切断前进方向的动力源。在运行速度较高(如大于100m/min）或停车定位要求较严的情况下，宜根据需要装设两级运行机构行程限位器，第一级发出减速信号并按规定要求减速，第二级应能自动断电并停车。

如果在正常作业时起重机经常到达运行的极限位置，则司机室的最大减速度不应超过$2.5m/s^2$。不设回转集电滑环或需要限制回转行程范围时，回转机构应装设回转角度（行程）限位器。

（3）幅度指示器和幅度限位器　幅度指示器和幅度限位器安装在具有变幅机构的起重机械上，用来准确地动态指示（或控制）起重臂架所在的幅度位置及其幅度变化，并限制变幅极限行程，同时为起重力矩限制器提供幅度信息，使臂架类起重机械能按照设定的起重性能安全作业。其指示功能（图14-6）和限位功能可分离实现也可合为一体，通常由幅度信号发送装置和幅度信号接收装置（执行机构）两部分组成，一般可分为机械式（重力摆针刻度盘式、四连杆式等）和余弦电位器式（重锤式、连杆式等）两种工作原理。由于利用电气仪表可同时进行信号检测、运算及随机控制，故现在多采用电气控制型。为了确保起重臂架在最大和最小幅度附近的运动可靠无误，常采用冗余限位控制（除幅度限位器外，另加设行程限位开关）。对于伸缩臂架型起重机械，其臂架长度是可变参数，此时幅度是倾角和臂长的双变量函数，幅度指示和限制装置中应同时具有倾角和臂长变化测量装置。

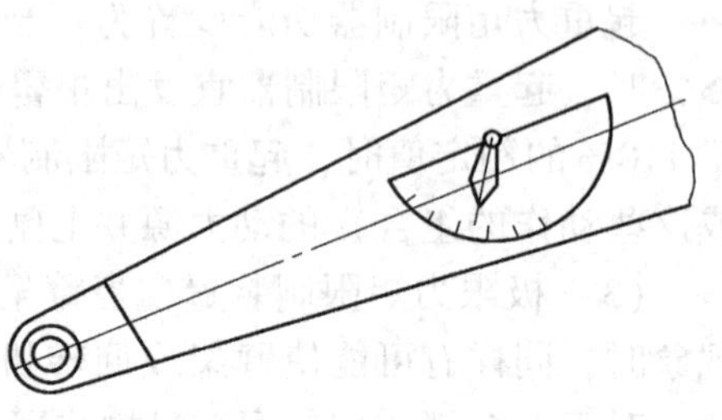
图14-6　重力摆针刻度盘式幅度指示器

幅度指示器和幅度限位器功能设置为：具有变幅机构的起重机械，应装设幅度指示器(或臂架仰角指示器)。对于动力驱动的动臂变幅起重机械（液压变幅除外)，应在其臂架俯仰行程的极限位置处装设臂架低位置和高位置幅度限位器。对于采用移动小车变幅的塔式起重机，应装设幅度限位装置以防止可移动的起重小车快速达到其最大幅度或最小幅度处；最大变幅速度超过40m/min的起重机，在小车向外运行且当起重力矩达到额定值的80%时，应自动转换为低速运行。

（4）特定位置锁定（限制）装置

1）回转锁定装置。需要时，流动式起重机及其他回转起重机械的回转部分应装设回转锁定装置，以使上车部分在整机运行过程中保持在固定位置不动。

2）支腿回缩锁定装置。工作时利用垂直支腿支承作业的流动式起重机械，其垂直支腿伸出定位应由液压系统实现，并保证起重机械作业中支腿承重时不发生“软腿”回缩现象。另外，还应装设支腿回缩锁定装置，使支腿缩回后能可靠地锁定，以防止起重机械在运动状态下支腿自行伸出而引发事故。

3. 防止起重机械危险运动的安全防护装置

（1）防止臂架向后倾覆及向前脱落的装置　具有臂架俯仰变幅机构（液压缸变幅除外）的起重机械，尤其是在挠性卷绕变幅驱动机构的起重机械上，应装设防止臂架后倾的装置(其工作原理主要是机械式，例如一个带缓冲的机械式止挡块等)，当出现变幅机构行程开关失灵故障时，或工作在“抬头区”时，能阻止臂架在高位置发生向后倾覆。

具有螺杆和齿条等变幅驱动机构的起重机械，应在变幅齿条和变幅螺杆的末端装设带缓冲的端部止挡式防脱装置，以防止臂架在低位置发生坠落。

（2）防碰撞装置　当两台或两台以上的起重机或起重小车运行在同一轨道上时，应装设防碰撞装置。在发生碰撞的任何情况下，司机室内的减速度不应超过 $5m/s^2$。

常见的防碰撞装置类型（工作原理）为机械式（行程限位开关）、激光式、超声波式、电磁波式、红外线式等。为了防止运行速度较高的轨行式起重机械在轨道上运行时与同一轨道上邻近的起重机械或其他物体发生碰撞，防碰撞装置应能在设定危险距离范围内自动发出警报并进而切断电路使其减速至停止运行，避免相互碰撞引发意外事故。

（3）缓冲器及端部止挡　缓冲器及端部止挡装置是通过弹性介质吸收运动系统碰撞动能并转化为弹性势能，从而减缓碰撞冲击防止脱轨倾覆的安全防护装置。常用的缓冲器类型为木材式、弹簧式、橡胶式、聚氨酯式、液压式以及复合式等，还可采用动能-势能转化构造。与缓冲器同一水平高度配合使用的端部止挡装置有金属止挡、木止挡、土建止挡等类型。

在轨道上运行的起重机械（或起重小车）运行机构及起重机的变幅机构等，均应装设缓冲器或缓冲装置。缓冲器或缓冲装置可以安装在起重机上或轨道端部止挡装置上。轨道端部止挡装置应牢固可靠，防止起重机脱轨。

（4）偏斜指示器或限制器　大跨度门式起重机和装卸桥等两侧支腿，经常由于金属结构和车轮轨道等制造安装误差、传动系统运动偏差、载荷或驱动力不均衡等原因造成起重机偏斜运行，严重的偏斜运行可能导致起重机啃轨并使相关结构和机构部分受到损坏。

因此，跨度大于 40m 的门式起重机和装卸桥应装设偏斜指示器或限制器。当两侧支腿运行不同步而发生偏斜时，偏斜指示器和限制器能向司机指示出偏斜情况，在超过设定的允许偏斜值时，应能使运行偏斜自动得到调整和纠正，以控制在允许值内。

偏斜指示器和限制器通常采用机械和电气联锁的工作原理，一般有凸轮式、链条式、钢丝绳-齿轮式、电动式、自动式等。

（5）轨道清扫器　当物料或其他物品有可能积存在轨道上成为运行障碍时，在轨道上行驶的起重机和起重小车，在台车架（或端梁）下面和小车架下面应装设轨道清扫器，其扫轨板底面与轨道顶面之间的间隙一般为 5～10mm。

4. 防止起重机械处于危险状态的安全防护装置

（1）抗风防滑装置　迎风面积较大且露天作业的轨行式起重机械，在大风作用下可能发生沿轨道滑行（跑车）或碰撞其他物体（撞车）或在轨道端头倾覆（翻车）等严重事故，故应装设抗风防滑安全防护装置。此类装置应能独立抵抗工作（或非工作）状态最大风力作用并确保起重机械不被风吹走而移动。常见的抗风防滑装置按作用方式不同可分为手动式、半自动式、自动式，按工作原理不同可分为制动器、压轨器、夹轨器、别轨器（自锁式）、锚定（锚泊）装置等。

采用标准系列制动器抵抗风载荷对起重机的吹袭的方法简便易行，但从原理上讲制动器制动只能抗风而不能最终防滑，并且此方法容易受到制动打滑、较大的防非工作风载荷制动力矩二次制动等因素的影响。抗风制动器可分为抗工作风制动器、抗非工作风制动器和抗风安全制动器（夹轮器，图 14-7）等。

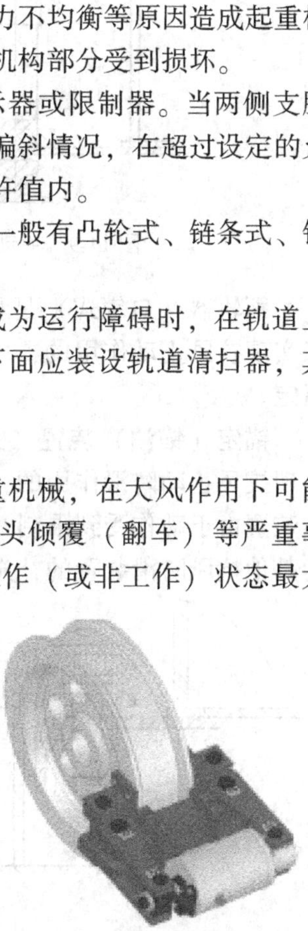

图 14-7　夹轮器

压轨器是利用起重机械自身重力（如铁鞋）或其他形式的垂直载荷使摩擦楔（顶）块紧压在轨顶上产生摩擦力来实现抗风止动作用的，一般可分为铁鞋（防爬器，图 14-8）和顶轨器（图 14-9）。压轨器从原理上讲不能最终防滑，且抗风制动力较小，通常只用在露天工作的桥式起重机上。

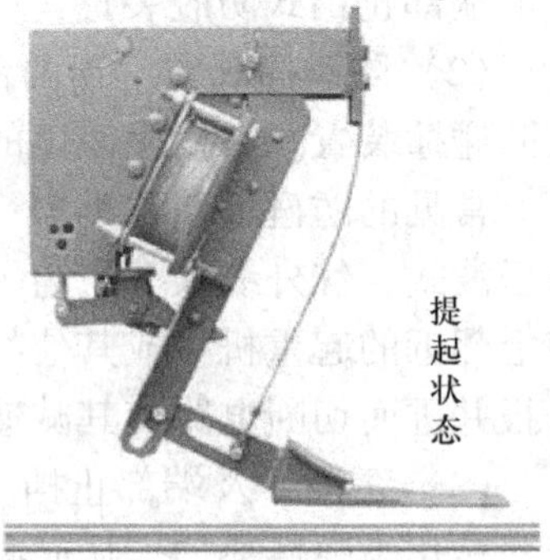

图 14-8　电动铁鞋（防爬器）

夹轨器（夹轨式防风装置，图 14-10）是通过夹钳水平开合动作夹住轨道头部两侧而产生摩擦阻力来实现抗风止动作用的，大多为机械式，按工作原理不同可分为手动式（垂直螺杆、水平螺杆等）、电动-自动式（重锤式、弹簧式等）、液压式等。夹轨器从原理上讲也不能最终防滑，但抗风止动力量较大，故应用广泛。

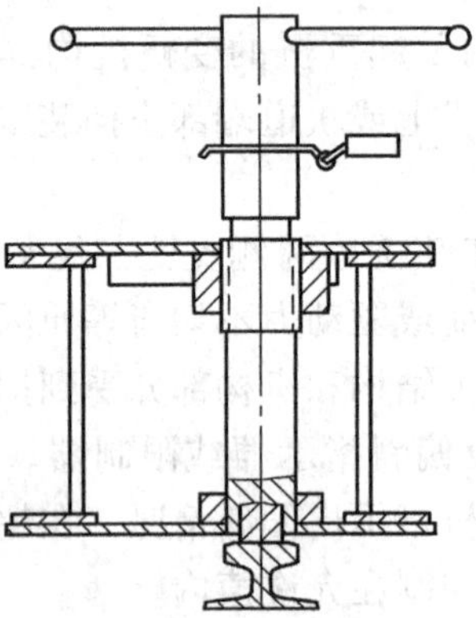
图 14-9　手动顶轨器

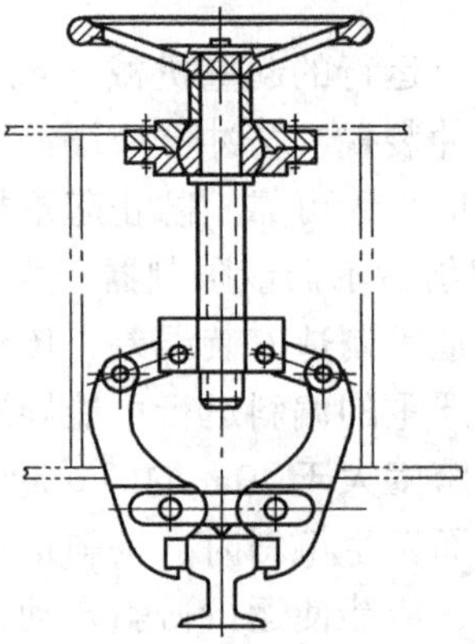
图 14-10　手动夹轨器

别轨器（自锁式）是利用自锁原理由风载吹动车体而在轨道头部两侧自动产生夹紧力来实现抗风止动作用的，风载越大，夹紧力也越大，但会由于轨道对中问题影响夹紧力的恒定。

锚定（锚泊）装置（图 14-11）是利用机械式止挡结构（如锚柱等）固定起重机械来实现抗风止动防滑作用的，常见形式有插销（插板）式、链条式、顶杆式和牵揽式等。这类装置由于动作受到限制（如手动、定点等因素）而不能及时起到抗风防滑作用，通常作为其他抗风防滑装置的补充措施以防止有预报的特大暴风。

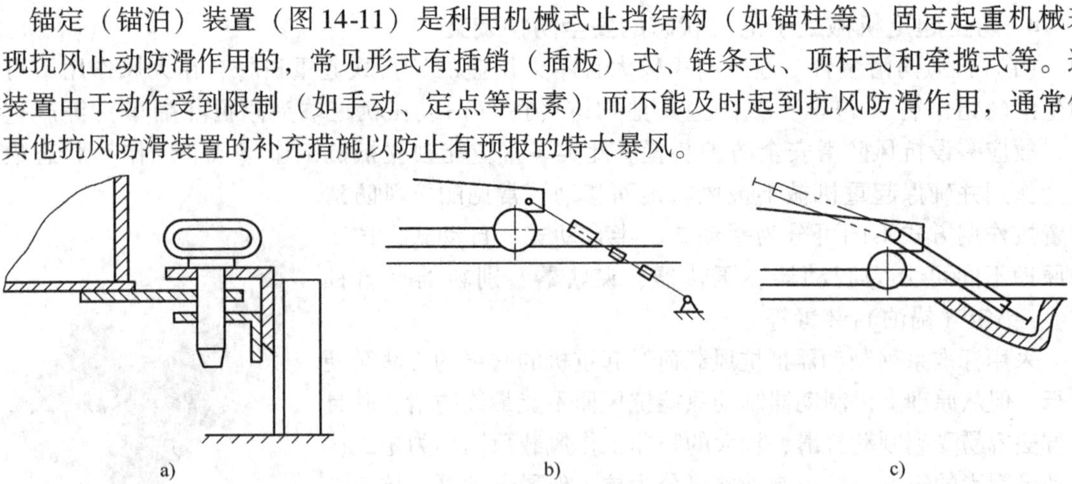

图 14-11　锚定（锚泊）装置

综上所述，在室外工作的轨道式起重机应装设可靠的抗风防滑装置，并应满足规定的工作状态和非工作状态抗风防滑要求；理想的抗风防滑系统应是上述各类抗风防滑装置的合理组合，并应考虑系统与运行机构联锁动作问题。

抗风防滑装置功能设置为：

1）工作状态下的抗风制动装置可采用制动器、轮边制动器、夹轨器、顶轨器、压轨器、别轨器等，其制动与释放动作应考虑与运行机构联锁并应能从控制室内自动进行操作。

2）起重机只装设抗风制动装置而无锚定装置的，其抗风制动装置应能承受起重机非工作状态下的风载荷；当工作状态下的抗风制动装置不能满足非工作状态下的抗风防滑要求时，还应装设牵揽式、插销式或其他形式的锚定装置。起重机有锚定装置时，锚定装置应能独立承受起重机非工作状态下的风载荷。

3）非工作状态下的抗风防滑设计，如果只采用制动器、轮边制动器、夹轨器、顶轨器、压轨器、别轨器等抗风制动装置，其制动与释放动作也应考虑与运行机构联锁并能从控制室内自动进行操作。

4）锚定装置应确保在下列情况下起重机及其相关部件的安全可靠：① 起重机进入非工作状态并且锚定时；② 起重机处于工作状态，进行正常作业并实施锚定时；③ 起重机处于工作状态且进行正常作业，突然遭遇超过工作状态极限风速的大风而实施锚定时。

（2）风速仪及风速报警器　对于在室外作业的高大起重机，应在起重机上部迎风处安装风速仪。同时，司机室内还应装有显示瞬时风速的风速报警器，当风力大于工作状态的计算风速设定值（内陆5级、沿海6级），时应能发出报警信号。

（3）水平仪　利用支腿支承或履带支承进行作业的起重机，应在下车架或底座上装设水平仪（常用气泡式水平仪），用来检查起重机底座的倾斜程度并将其调整至水平状态。

（4）防倾覆安全钩　起升吊钩装在主梁一侧的单主梁起重机、有抗振要求的起重机及其他有类似防止起重小车发生倾覆要求的起重机，应装设防倾覆安全钩。

（5）防小车坠落保护　塔式起重机的变幅小车及其他起重机要求防坠落的小车（如铸造起重小车等），应设置使小车运行时不脱轨的装置，即使轮轴断裂小车也不能坠落。

5. 防止其他危险因素的安全防护装置

（1）起联锁保护作用的安全装置和措施

1）进入桥式和门式起重机的门以及从司机室登上桥架的舱口门等，应能联锁保护。当门打开时，应断开由于机构动作可能会对人员造成危险的机构的电源。

2）司机室设在起重机的运动部分上时，进入司机室的通道口，应能联锁保护。当通道口的门打开时，应断开由于机构动作可能会对人员造成危险的机构的电源。

3）可在两处或多处操作的起重机，应有联锁保护，以保证只能在一处操作，防止两处或多处同时都能操作。

4）当既可以电动驱动，也可以手动驱动时，相互间的操作转换应能联锁。

5）夹轨器等制动装置和锚定装置应能与运行机构联锁。

6）回转锁定装置应能与回转机构联锁。

7）对小车在可俯仰的悬臂上运行而工作的起重机，悬臂俯仰机构与小车运行机构应能联锁，使俯仰悬臂放平后小车方能运行。

（2）防护罩　在正常工作或维修时，为防止异物进入或防止其运行对人员可能造成危险的零部件，应设有保护装置。起重机上外露的、有可能伤人的运动零部件，如开式齿轮、联轴器、传动轴、链轮、链条、传动带、带轮等，均应装设防护罩/栏。

在露天工作的起重机上的电气设备应采取防雨措施。

（3）防止起重机零部件掉落的措施　设计上应采取有效措施防止起重机上的零部件在静止或运动时从空中掉落。

（4）导电滑触线的安全防护

1）桥式起重机司机室位于大车滑触线一侧，在有触电危险的区段，通向起重机的梯子和走台与滑触线间应设置防护板进行隔离。

2）桥式起重机大车滑触线一侧应设置防护装置，以防止小车在端部极限位置时因吊具或钢丝绳摇摆而与滑触线意外接触。

3）多层布置桥式起重机时，下层起重机应采用电缆或安全滑触线供电。

4）其他使用滑触线的起重机，对易发生触电的部位应设置防护装置。

（5）检修吊笼或平台　需要经常在高空进行自身检修作业的起重机，应装设安全可靠的检修吊笼或平台。

6. 电气系统安全保护装置

（1）电动机的保护　电动机应具有如下一种或一种以上的保护功能，具体应由电动机及其控制方式来确定。

1）瞬时动作或反时限动作的过电流保护，其瞬时动作电流整定值应约为电动机最大起动电流的1.25倍。

2）在电动机内设置热传感元件。

3）热过载保护。

（2）线路保护　所有线路都应具有短路或接地引起的过电流保护功能，在线路发生短路或接地时，瞬时保护装置应能分断线路。对于导线截面较小，外部线路较长的控制线路或辅助线路，当预计接地电流达不到瞬时脱扣电流值时，应增设热脱扣功能，以保证导线不会因接地而引起绝缘烧损。

（3）错相和断相（或缺相）保护　当错相和断相会引起危险时，应设置错相和断相保护。

（4）零位保护　起重机各传动机构应设有零位保护。运行中若因故障或失压停止运行后，重新恢复供电时，机构不得自行动作，应人为将控制器置回零位后，机构才能重新起动。

（5）失压保护　当起重机供电电源中断后，凡涉及安全或不宜自动开启的用电设备均应处于断电状态，避免恢复供电后用电设备自动运行。

（6）电动机定子异常失电保护　起升机构电动机应设置定子异常失电保护功能，当调速装置或正反向接触器故障导致电动机失控时，制动器应立即上闸。

（7）超速保护　对于重要的、负载超速会引起危险的起升机构和非平衡式变幅机构应设置超速开关。超速开关的整定值取决于控制系统性能和额定下降速度，通常为额定速度的1.25~1.4倍。

（8）接地保护

1）起重机本体的金属结构应与供电线路的地线可靠连接。大车与小车的车轮、任何其他的滚轮或端梁连接采用的铰链均不能替代必需的导电连接，而应另外用专门的接地线将各部分结构件上的接地点连接。起重机械的钢轨可连接到保护接地电路上，但它们不能取代从电源到起重机械的保护导线（如电缆、集电导线或滑触线）。司机室与起重机本体接地点之间必须用双接地线连接。

2）起重机所有电气设备的金属外壳、金属导线管、金属支架及金属线槽等均应可靠接地。宜采用专门设置的接地线，保证电气设备的可靠接地。

3）接地线及用作接地设施的电导，一般不小于本线路中最大相电导的1/2，向小车供电的接地线不小于小车上最大用电设备相电导的1/2。

4）严禁用起重机械金属结构和接地线作为载流零线（电气系统电压为安全电压除外）。

(9) 避雷保护　对于安装在野外且相对周围地面处在较高位置的起重机，应考虑避除雷击以免对其高位部件和人员造成损坏和伤害，特别是如下情况：

1）易遭雷击的结构件，如臂架的支承缆索等。

2）连接大部件之间的滚动轴承和车轮，如支承回转大轴承、运行车轮轴承等。

3）为保证人身安全，起重机运行轨道应可靠接地。

(10) 其他电气保护

1）从起重机外部上下起重机的门应装设门开关，当人员上下起重机时，应断开运行机构电源；会发生人身安全的通道门也应装设门开关，门打开时应断开相应机构的电源。

2）起重机上的电气控制设备中可能触及的带电裸露部分，应有防止触电的防护措施。

3）当室外起重机的总高度大于30m，且周围无高于起重机顶尖的建筑物和其他设施，两台起重机之间有可能相碰，或起重机及其结构可能妨碍空运或水运时，应在其端部装设红色障碍灯，灯的电源不应受起重机停机影响而断电。

4）起重机应设单独的照明变压器。照明变压器应是隔离变压器，禁止采用自耦变压器。照明变压器二次侧一端应接地，照明线路总电源开关应设置断路器及漏电保护开关。

5）安全照明电压不应超过50V。

(11) 超载保护和行程限位器及指示器　见本节相关内容。

7. 起重机械的安全防护警示

(1) 报警装置　必要时，应在起重机上设置蜂鸣器、闪光灯等作业报警装置。流动式起重机倒退运行时，应发出清晰的报警音响并伴有灯光闪烁信号。

(2) 安全防护警示　相关内容见第14.3.2节。

14.4.3 起重机械安全防护装置的设置

起重机械应针对其在作业时可能产生的各种危险而建立设置齐全、功能可靠的安全防护系统，一般分为“应装”和“宜装”两个要求等级。

起重机械常见安全防护装置在典型起重机械上的设置要求可参考表14-4（见全文后插页）。

本章小结

了解安全工程基本原理，理解起重机安全防护系统，掌握起重机安全防护装置的设置及常见类型，重点掌握安全强制原理、事故预防机理及起重机常见的安全装置与措施。

教学重点和难点：重点掌握安全强制原理、事故预防机理及起重机常见的安全装置与措施。

第15章

起重机械电气系统与设备

起重机械是指以间歇、断续周期、重复的工作方式在三维空间完成搬运作业的机械设备。起重机械的电气系统与设备（也统称为电气设备）通常由电源装置、控制装置（设备）、驱动设备（电动机）等组成，其任务是根据主机负载性质和工艺要求来驱动各机构运动从而完成物品搬运工作。驱动设备（电动机）经常起动、制动，电气系统与设备则相应频繁地接通、分断，接电次数多、冲击大、工作繁重等是起重机械电气设备的主要特点。另外，严酷的工作环境与振动和冲击，要求起重机械电气设备必须具有可靠的工作性能以及完善的安全保护环节。

15.1 起重机械电力装备的技术要求

起重机械对电气系统及设备的技术要求集中反映在GB/T 3811—2008《起重机设计规范》、GB 6067.1—2010《起重机械安全规程 第1部分：总则》等相关国家标准中。

15.1.1 起重机械一般使用要求

1. 环境条件

1）起重机械电气设备一般要求在环境温度0～+40℃范围内能正常工作。当所选电气设备不满足工作环境温度时，应采取冷却或加温措施，保证在起重机运行场所的环境温度范围内正常工作。

2）周围空气温度在+40℃的最高温度时，其相对湿度不超过50%；较低温度下的相对湿度可以提高，但应考虑到由于温度变化可能偶然发生的一般凝露；周围空气温度在不超过+25℃时，相对湿度允许短时高达100%。

3）起重机械的电气设备一般使用地点的海拔不超过1000m。起重机械若用于海拔1000m以上，其电气设备的具体数据由相应的产品标准规定。

4）起重机械的电气设备应采取与工作环境相适应的防护等级，以防止固体物和液体侵入。若在安装处的实际环境中存在污染物（如灰尘、酸类物质、腐蚀性气体、盐类物质）时，则应提高电气设备的适应性，保证设备在寿命周期内正常工作。

5）当起重机械工作在有爆炸和火灾危险的环境时，电气设备的选择、管线配置敷设等应符合GB 50058—1992《爆炸和火灾危险环境电力装置设计规范》的规定。

6）任何润滑系统、液压系统或其他含油装置在运行和安装时，应保证不会使油液滴落到电气设备上，否则电气设备应加以保护，不致因油滴而损坏。

7）当电气设备受到辐射（如微波、紫外线、激光、射线）时，应采取附加措施，以避免设备误动作和加速绝缘老化。

8）起重机械的电气设备不应产生高于使用场合约定的或相应的电磁骚扰等级。此外，电气设备还应该具有足够的抗电磁骚扰能力，使其在预期的环境中能正常工作。

2. 电源和压降

1）起重机械的电源通常为不高于1000V、三相（$3\Phi+PE$）、50/60Hz的交流电。在正常工作条件下，供电系统在起重机械馈电线接入处的电压波动不应超过额定值的±10%。对于直流供电及电压高于1000V的交流供电系统，其配电线路设计应符合其他相关的标准。

2）交流电源供电，自供电变压器的低压母线至起重机械任何一台电动机端子上的总电压降，在尖峰电流时最大不得超过额定电压的15%，起重机械内部（即自起重机械供电点至各机构电动机端子）的电压降应不超过5%。

对于滑触线供电，起重机供电点是指大车集电器；对于电缆卷筒或拖缆供电，起重机供电点是指卷筒电缆或拖缆在地面开关柜的接线处。

3）起重机械常用的供电方式有电源滑触线、电缆卷筒或悬挂电缆小车。采用这些方式供电时，应提供用于保护接地的滑触线、集电环或接地线。

3. 使用要求

1）起重机械的起重能力应达到额定起重量。对于吊钩起重机，额定起重量是指吊钩以下起吊物品的质量总和；对于抓斗和电磁起重机，额定起重量是指抓斗或电磁吸盘的质量和起升物品的质量总和。

2）与起重机械使用有关的性能参数，应符合有关标准和合同中的相关要求：① 四绳双颚板抓斗的抓满率应不小于90%；② 双小车起重机中，两个小车相同机构的操纵应是既可联动，也可单动。

3）对于起升机构工作级别为M4、M5和M6的吊钩起重机，当额定起升速度等于或高于5m/min时，应采用电气制动的方法使重物平稳制动；在（0.2～1.0）P_{QRC}范围内下降时，应保证制动前电动机转速降至同步转速的1/3以下，且能稳定运行。

4）对于下降最低挡稳定运行的吊钩起重机，当主令回零位后，从制动器断电至重物停止，其下滑距离1min内应不大于稳定起升距离的1/65。

4. 其他

长期在高温环境下工作的起重机械，其司机室应采取隔热措施，电控设备需要采取降温措施。

根据环境条件和用户要求设置取暖设备时，应采用固定的且不发光的防护式发热器。

对于在特殊环境和工况下（如室外、高温、湿热带、干热带、有爆炸危险介质、有腐蚀性介质等）使用的起重机械电气设备，其设计和选用应满足相应要求。

15.1.2 起重机械传动控制的技术要求

1. 传动系统

起重机械传动控制系统是根据负载特点、使用条件和工艺要求而设计的。

一般起重机械对传动控制系统的要求是：起动、制动及各挡位之间的切换要平稳，停车时能停稳、停准。

调速要求较高的起重机或工作机构，通常要求有一挡或一挡以上较稳定的低速。由于负载变化较大，对特性硬度有一定要求，但对调速精度的要求也不是很高。

鉴于起重机械对传动控制系统调速要求比较粗，但对安全和可靠性要求较高，因此起重机械传动控制系统所采用的调速方案应当是：经济可靠、操作方便、确保安全。

2. 调速方案

1）起重机械一般采用交流传动系统。有特殊要求和仅有直流电源的情况下，可采用直流传动系统。

2）由控制屏控制的绕线转子异步电动机驱动的起升机构，下降时至少有一挡低速，下降减速过程应有电气制动，除非另有要求。

3）桥式起重机运行机构一般要求能进行反接制动或其他电气制动，以保证在正常运行速度时也能迅速、平稳地制动。

4）交流调速系统。

起重机采用交流传动调速系统时应考虑以下情况：① 一般采用变频、晶闸管定子调压、自激能耗制动、涡流制动器等调速系统；② 变频调速驱动系统可实现额定频率以下的恒转矩调速及额定频率以上的恒功率调速，一般恒功率调速的弱磁升速最高频率宜不大于2倍的额定频率。

起升机构宜采用闭环控制方式，当调速范围大于10∶1时，应采用闭环控制。

运行机构在调速范围不大于10∶1的情况下，可采用开环控制方式。

5）直流传动调速系统。交流供电的直流调速系统，一般采用直流调压调速。直流供电时，一般采用串励、复励直流电动机电枢串电阻调速系统。

3. 传动控制系统性能

起重机传动控制系统的性能应能满足以下要求：

1）在110%的起重机械额定载荷下应能可靠工作。

2）在供电系统电压波动为额定值的-10%时，起重机械起升额定载荷无论处于什么位置，系统都应保证机构正常工作且不出现溜钩。

3）除非控制方案允许，否则无论控制手柄处于什么位置，正常工作时满载下降速度不应超过额定速度的120%。

4）对于大车运行机构和回转机构，两个方向的起动和停车应渐进控制。

4. 控制方式

起重机的控制方式包括司机室控制、地面有线控制、无线遥控和多点控制。控制方式应按传动系统对操作性能和方法的要求、电动机类型及容量大小、接电持续率、通断次数、期望的控制器工作寿命、操纵装置形式和位置等来选择。

无论选择何种方式，控制与操作系统的设计和布置应避免发生误操作的可能性。

（1）司机室控制　控制器的布置应使司机对起重机工作区域有足够的视角范围和视野。控制器的操作方向应与其所控制对象的运动方向一致。

应在司机操作方便的地方设置能断开总电源的急停按钮。

起重机主要的控制与操纵装置宜安排在司机座位的右侧。在布置有以手操纵控制器为主要操纵的情况下，可以安排脚踏操纵控制器。

（2）地面有线控制　地面控制的起重机由悬挂式控制装置上的按钮、开关等操作元件来控制所有机构的动作。除操作元件外，还应设置一个切断总电源的非自动复位式紧急开关。控制装置中的电压应不超过250V。对于金属外壳或直接能触摸到的金属零件应单独接地。户内使用的外壳防护等级不低于 IP43，户外使用的外壳防护等级不低于 IP54。对于地面控制的起重机，其大小车运行机构的空载速度不应超过 50m/min。

(3) 无线遥控　无线遥控器包括发射器和接收器。接收器安装在起重机上。

无线遥控系统应具有监控、故障自诊断功能及抗同频干扰信号的能力。在任何非正常工作状态下应能实现自动关闭，停止工作。

户内使用的遥控器的防护等级不低于 IP43，户外使用的遥控器的防护等级不低于 IP54。

(4) 多点控制　起重机要求多点控制时，各控制点间应相互联锁，任一时刻只允许一个控制点工作，每一控制点均应装设紧急断电装置。

15.1.3　电气设备及元器件的选用和安装

1. 电控设备的选用

起重电控设备作为电控产品的一个大类，属于在特殊工作条件下使用的产品，一般选用原则为：

1）起重机械一般应采用交流传动交流控制系统，在使用频繁或工作条件恶劣的情况下，宜采用交流传动直流控制系统。

2）宜采用标准的起重机械电气控制设备，如有特殊需要，也可由制造厂自行设计，但必须符合 GB/T 3811—2008《起重机设计规范》和 JB/T 4315—1997《起重机电控设备》的有关规定。

3）其他电气设备和元件应选用起重机械专用或能满足起重机械要求的产品。

4）电气配套产品要有生产许可证或型号使用证以及产品合格证。新产品应有技术条件、型式试验报告和完整鉴定文件。

2. 起重机械常用低压元器件的选用

(1) 一般要求　起重机械常用的低压电器从应用角度一般可分为配电电器和控制电器两大类。

配电电器主要应用于配电系统，对配电线路和用电设备起着保护作用。系统对配电电器的要求为在正常工作和故障状态下工作可靠，有足够的热稳定性和动稳定性。

控制电器主要用于电力拖动控制系统和用电设备，起着控制和调节作用。对控制电器的要求是工作准确、可靠，操作效率高、使用寿命长。

(2) 低压配电电器的选用　低压配电所选用的电器，应符合国家现行相关标准的要求。

1）电器应适应所在场所的环境条件。电器的额定频率、额定电压应与所在回路的频率和标称电压相适应。

2）电器的额定电流不应小于所在回路的计算电流。

3）电器应满足短路条件下的动稳定与热稳定的要求。用于断开短路电流的电器，应满足短路条件下的通断能力。

(3) 控制电器的选用　控制电器是用来控制在正常工作条件下的用电设备的接通和分断，因此，接通和分断能力及使用寿命是控制电器重要的使用参数。表征控制电器接通和分断能力的参数除额定电流外还有使用类别。

不同的用电设备和用电场合对接通和分断要求各不相同。应根据用途在样本中查找对应的类别，参照该类别下的控制电器额定电流，选择有足够接通、分断能力的控制电器。

3. 驱动设备的选用

（1）电动机

1）电动机的类型。电动机应依据其类型及结构形式，供电形式，工作制及接电持续率，功率，额定转矩、堵转转矩及最大转矩，额定转速，调速方式，防护等级，环境温度、湿度和海拔等进行选择。

除辅助机构外，起重机械应采用起重及冶金用电动机，一般采用绕线转子异步电动机、笼型异步电动机、变频异步电动机、自制动异步电动机和直流电动机，也可采用符合起重机械要求的其他类型电动机。

在具有爆炸性气体、蒸汽与空气混合物或其他爆炸性和火灾危险场所，应采用防爆型电动机。

2）防护等级。户内使用时，至少不低于IP23；多尘环境下，至少不低于IP44；户外使用时，至少不低于IP54。在可能出现冷凝水的情况下，要确保冷凝水出水孔保持畅通。

电动机在有专门的外部防护措施时，可以采用较低的防护等级。

3）容量校验。除主机的工作载荷和速度要求外，决定电动机容量的因素还有电动机的发热与温升，以及电动机的起动能力和允许的短时过载能力。因此，根据设计规范初选电动机后要进行发热校核与转矩校核（详见第4章）。

当电动机使用地点的海拔超过1000m，或/和使用环境温度与其额定环境温度不一致时，其输出功率应按实际使用地点的海拔和使用环境温度进行修正。

（2）制动器驱动元件

1）选型。制动器驱动元件应按电源电压和频率、环境条件及其对应机构的工况（接电持续率、每小时工作次数）来选定。驱动元件的推力及行程等都应不小于制动器所要求的额定值。

交流传动系统的运行机构一般采用液压推杆，在接电持续率低（*JC* 值不大于25%）、每小时通电次数较少（不大于300次/h），以及制动力矩小的情况下，允许采用单相短行程制动电磁铁。起升机构宜采用液压推杆，若对停准有严格要求时，应采取相应措施。

2）制动器的控制。对有独立回路的制动器的控制应保证起动、制动过程中机构不出现失控运动。

机械制动应在电气制动之后进行，除制动过程外，电动机通电时制动器不得抱闸。

安全制动器应在支持制动器工作后延时动作，但在紧急制动时，则其应立即动作。

对于制动器由于意外断电动作可能引起机械设备损坏的情况，应采取措施，保证意外断电所引起的制动器动作全过程是安全的。

（3）电阻器

1）起动用电阻器各级电阻选用值与计算值允差为±5%。为了缩减电阻器箱数，个别级的电阻器选用值允差为±10%，但各相总电阻选用值允差不应超过±8%。常串级电阻允差可适当放宽，但其误差值不得超过电动机额定电阻的1.5%。

2）电阻器发热容量一般按重复短时工作制选择，一个循环周期时间为60s，接电持续率分别为：100%、70%、50%、35%、25%、17.5%、12.5%、8.8%、6.25%和4.4%。常串电阻应按长期工作制选用。

3）起升机构不应选用频敏变阻器。

4）晶闸管定子调压调速系统电阻器的接电持续率应按100%来选用，且电阻元件在$JC=100\%$的电流值应不小于电动机的工作电流。

5）变频调速系统采用制动单元时，起升机构电阻器的接电持续率应按100%选用，电阻器的功率值应不小于下降时的额定回馈功率。运行机构电阻器的JC值，通常情况下选为电动机JC值的1/2，此时电阻器的电流值应不小于电动机的额定电流值。

（4）起重电磁铁

1）起重电磁铁电源严禁接入其他设备，以免影响电磁铁正常工作。

2）起重电磁铁可分为电磁式和电控永磁式两种。应保证电磁式起重电磁铁的电源在起重机内部各种事故断电时不被切断。必要场合可设置备用电源（如蓄电池）。备用电源支持时间宜不小于20min，应提供自动充电装置和显示蓄电池电压的指示器，并应有声光警告。为及时安全地下放所吸物料，该电源（备用电源）允许接入起升制动器回路，或制动器具有手动释放功能。电控永磁式起重电磁铁可以不考虑上述情况。

3）绕组绝缘等级应按功率损失、环境温度及被吸物料所产生的热辐射来选择。

4）通常起重电磁铁按接电持续率50%设计制造，对于其他接电持续率，应由电磁铁制造商向用户提供相应参数。

5）起重电磁铁的拉脱力应不小于额定起重能力的两倍。

6）起重电磁铁的馈电移动式电缆应卷绕在专门的电缆卷筒上，要求电缆卷筒上缠绕的电缆不要碰到起升钢丝绳，在升降过程中，电缆不应过度拉紧或松弛，以保证升降时电缆不致拉断或缠乱。

7）对于采用反向电流去磁卸载的起重电磁铁，其去磁电流一般按其线圈冷态时工作电流的15%~20%选取。

8）起重电磁铁放电电阻，其阻值一般按线圈冷态阻值的3~4倍选择。

4. 馈电装置

起重机械常用的馈电方式有电源滑触线、电缆卷筒和悬挂电缆小车等。对馈电装置的一般要求为：

（1）电源滑触线

1）对于交流电源，当采用滑触线、电缆卷筒或悬挂电缆小车供电时，应提供用于保护接地的滑触线、集电环或接地线。

2）电源滑触线通常采用角钢（或轻轨）、铜质刚性滑触线或安全滑触线。电源滑触线应根据起重机械运行环境及运行速度进行选择。滑触线应布置合理，与周围设备应有足够的安全距离，或采取安全防护措施，当人靠近时不会意外触及。荷重（或吊钩）摆动时，不得碰触到滑触线。

3）滑触线或软电缆的截面应满足其载流量不小于负荷计算电流的要求，也应满足机械强度的要求。

（2）集电器　刚性滑触线的集电器用自重或弹簧加压，以保证在运行过程中与滑触线接触良好、可靠。对于有起重电磁铁或因瞬时掉电会引起控制系统故障的起重机械，应采用双（或多）集电器。

集电器应具有足够的电流容量，运动灵活。当集电器从滑触线上脱落时，不应造成短路或接地。

(3) 电缆卷筒

1) 电缆卷筒应能自动收缠电缆。电缆卷筒的驱动转矩应不小于收缠电缆时所需的最大转矩。

2) 在放电缆过程中，作用在电缆导线上的牵引力应尽可能地小。对于没有加强芯的电缆，作用在铜导线截面上的最大允许拉力为 $15N/mm^2$。当要求电缆缠绕速度高或电缆自重较重时，应采用具有加强芯的电缆。

3) 电缆卷筒的集电滑环应满足相应的电压等级和电流容量的要求，每个滑环至少有一对电刷。电刷的防护等级应满足环境要求，对于户外使用时，应不低于 IP54。

(4) 悬挂电缆小车

1) 采用悬挂电缆小车时，应防止电缆在运动过程中磨损和发生过度弯曲，其电缆悬挂弯板的曲率半径应不小于电缆外径的 5 倍。对于扁电缆，其厚度相当于圆电缆的直径。

2) 电缆排布时应保证各电缆长度相等，压板压接牢靠，同一层电缆外径尽可能接近，要避免某一根或少数几根电缆受力过度。悬挂电缆小车相互之间宜设牵引钢丝绳，运行时，当相邻两个悬挂电缆小车间距使得悬垂电缆间的夹角接近 120°时，牵引钢丝绳应完全拉直受力。

3) 牵引杆的安装位置应使得当所有悬挂电缆小车退回到起始位置时，不影响起重机小车运行到端部的极限位置。两悬挂电缆小车间可以设置缓冲件，以减少碰撞力和噪声。

5. 电气设备安装的一般要求

1) 电气设备应安装牢固，在主机工作过程中，不应发生相对于主机的水平移动和垂直跳动。对于垂直安装的控制屏（柜），其垂直度误差不大于 12‰。

2) 安装在电气室内的电气设备，其防护等级可以为 IP00，但应有适当的防护措施，如防护栏杆、防护网等。

3) 安装在起重机各部位的电气设备，应能方便、安全地维修。走台上和电气室内的电气设备前一般应留有 600mm 以上的通道，在特殊情况下允许适当缩小，但应不小于 500mm。

4) 对于室内使用的起重机械，安装在桥架上的电气设备应无裸露的带电部分，最低防护等级为 IP10。对于室外使用的起重机，其电气设备如安装在无遮蔽防护的场所时，其外壳防护等级不应低于 IP33，在有遮蔽防护的场所，其外壳防护等级可适当降低。

5) 起重机大、小车上馈电装置的裸露带电部分与金属结构之间的最小距离应大于 30mm；当起重机运行时可能产生相对晃动时，其间距应大于最大晃动量加 30mm。

6) 在安装和使用的过程中，如电气设备存在振动、冲击或碰撞的可能时，应采取必要的减振安装措施，保证电气设备的正常使用。

15.1.4 电气安全保护系统

起重机械的电气系统及安全保护必须保证传动性能和控制性能安全、准确、可靠，在紧急情况下能切断电源、安全停车。

1. 供配电系统的安全保护

配电系统应装设短路保护、过负载、失压和接地故障保护元器件，用于在上述故障发生时，切断供电电源或发出报警信号。

1) 配电系统应设短路保护，并应在短路电流对导体和连接件产生的热作用和机械作用造成危害之前分断短路线路。

2）配电系统应设过载保护，并应在过载电流引起的温升对导体的绝缘、接头、端子或导体周围的物质造成损害前分断过载电路。

3）配电系统应设接地故障保护装置，并能有效地防止人身间接电击以及电气火灾、系统损坏等事故。

4）配电系统必须装有失压保护，当供电电源中断时凡涉及安全或不宜自动开启的用电设备均应处于断电状态。

2. 线路保护

所有外部线路都应具有由短路或接地引起的过电流保护功能，在线路发生短路或接地时，瞬时保护装置应能分断线路。对于导线截面较小、外部线路较长的控制线路或辅助线路，当预计接地电流达不到瞬时脱扣电流值时，应增设热脱扣功能，以保证导线不会因接地而引起绝缘烧损。

3. 电动机保护

电动机应具有如下一种或一种以上的保护功能，具体选用应按电动机及控制方式确定。

1）采用瞬时动作或反时限动作的过电流保护，其瞬时动作电流整定值应约为电动机最大起动电流的 1.25 倍；采用反时限动作的过电流继电器来保护电动机时，电动机正常起动时应不动作，过流时应有良好的保护特性。

2）在电动机内设置热传感元件。

3）热过载保护。

4. 系统保护

（1）超速保护　对于重要的、负载超速会引起危险的起升机构和非平衡式变幅机构应设置超速开关保护。超速开关的整定值通常为额定下降速度的 1.25 ~ 1.4 倍。对于恒功率弱磁调速系统，超速开关整定值通常为最高速度的 1.15 ~ 1.2 倍。

（2）零位保护　起重机械各传动机构应设有零位保护。开始运转和运行中若因故障或失压停止运行，之后重新恢复供电时，机构不得自行动作，必须先将控制器手柄置于零位后方能恢复供电。

（3）错相和断相或缺相保护　当错相和断相会引起危险时，应设有错相和断相保护装置。

（4）失磁保护　直流并励、复励、他励电动机及直流供电的能耗制动、涡流制动器调速系统应设失磁保护。

（5）接地和避雷保护　起重机本体的金属结构及所有电气设备的金属外壳、金属导线管、金属支架及金属线槽等均应可靠接地。对于安装在野外且相对周围地面处在较高位置的起重机应设避雷保护。

5. 电气联锁保护

1）进入桥式和门式起重机的门，以及从司机室登上桥架的舱口门，应设联锁保护装置。当门打开时，应断开由于机构动作可能会对人员造成危险的机构的电源。

2）司机室设在起重机的运动部分上时，进入司机室的通道口，应设联锁保护装置。当通道口的门打开时，应断开由于机构动作可能会对人员造成危险的机构的电源。

3）可两处或多处操作的起重机，应设联锁保护装置，以保证只能在一处操作。

4）既可以电力驱动，也可以手动驱动时，相互间的操作转换应能联锁。

5）夹轨器和锚定装置应能与其对应的运行机构联锁；回转锁定装置应与回转机构联锁；悬臂俯仰机构应与小车运行机构联锁，当俯仰悬臂放平后小车方能运行。

15.2 起重机械电气设备

15.2.1 起重机械电气设备的技术要求

1. 工作制

电机行业按 IEC（International Electrotechnical Commission）规定将电动机的工作制分为 10 种，即 S1～S10。起重机械各机构电动机的工作制仅涉及 S1～S5 五种，属于 S1 和 S2 工作制的多为特殊场合下的某些工作机构或辅助机构，常见机型的起升、平移等机构一般属于 S3～S5 工作制，电机行业将这三种工作制都规定为断续周期工作制。

电器行业对应 IEC 标准规定了五种工作制，即八小时工作制、不间断工作制、短时工作制、断续周期（重复短时）工作制和周期工作制。电控设备本身没有单独规定工作制参数，但应按起重机械的实际工况确定其对所选电器元件的工作制要求。

由于起重机械电气传动控制系统的特点主要由各工作机构特征所决定，因此，断续周期工作制应是起重机械电气传动控制系统主要考虑的工作制。

2. 接电持续率

起重机械电气设备的接电持续率是指一个工作周期中工作时间和周期时间的比值，通常用 JC 值表示，常用接电持续率 JC 值有 15%、25%、40%、60%、100% 等。

接电持续率是电气设备和元器件选择的重要参数。同一电气设备和元器件在不同的接电持续率下使用，其允许输出的功率值和电流值是不同的。从热容量的角度看，较低的接电持续率，意味着在一个工作周期里工作时间短，可允许输出较大的功率和电流。制造商对电气设备和元件一般都给出了额定和常用接电持续率下的允许输出值。

3. 接电次数

接电次数是选择起重机械电气设备的另一重要参数。断续周期工作制 S3 规定：一个工作周期的最长时间不超过 10min，即 1h 最少起动 6 次；对大多数起重机械来说，每小时的工作次数一般都会超过 6 次，工作一次，接电一次，故可用接电次数表示其工作的繁忙程度。

对于起重机械电气元器件来说，每小时的工作次数会远远超过主机，接电次数增多，触头的磨损增大，直接影响元器件的寿命，特别是当接电次数超过 600 次/h 时，影响更为显著，为保证元器件使用寿命，此时必须降低其电流的允许值。

4. 全起动次数

对电动机来说，每接电一次需起动和制动各一次，电动机的起动、制动电流远远大于其额定运行电流，发热量也大，起动、制动时速度较大，散热条件恶化，故温度升高。频繁的起动、制动将直接影响电动机的允许输出功率。为此，起重机械设计中引入了起动次数的概念。起动次数是起重机械检验电动机发热和确定其允许输出功率的重要参数。

所谓起动，是指电动机从零速上升到额定转速，也称全起动。在实际使用中，有时电动机还没起动到额定转速的 1/4 就被制动了，通常称这种情况为点动。在电动机发热校验中，

4 次点动和 1.25 次电制动各折算为一次全起动（见第 4 章）。

5. 使用条件

IEC 标准和我国电控设备行业标准都把起重机械电控设备产品列为在特殊条件下使用的产品，其使用条件的特殊性主要表现为：

1）起重机使用环境中存在着严重的振动。按我国相关标准的规定，起重机上电控设备安装部位的振动条件为：5 ~ 13Hz 时，位移不超过 1.5mm；13 ~ 150Hz 时，加速度不超过 $10m/s^2$。

2）室外起重机的电控设备所处的环境条件比较恶劣，周围空气温度变化可能超出一般标准规定（0 ~ +40℃）的正常范围；相对湿度较大，存在雨水、灰尘侵袭、阳光直射等不利问题。

3）在港口和化工企业等场所工作的起重机，处于腐蚀性气体、有爆炸危险或高温环境中，其电控设备常受到盐雾和其他有害物质的腐蚀，有时还会有爆炸性气体或粉尘存在。冶金企业使用的起重机电气设备，常受到高温环境或高辐射热的影响。

15.2.2　起重机械常用电动机（见 4.2 节和 4.4 节相关内容）

15.2.3　起重机械电控设备

1. 概述

电控设备是指各种生产机械的电气传动控制设备，功能以对电动机控制为主，一般分为通用型和专用型，多用接触器、继电器等低压控制电器，具有操作频率高、控制电路较复杂、具体传动控制方案随用户要求变化较大等特点。

配电设备主要是指低压配电系统中作电力、配电和照明用的控制设备，功能以传输或分配电能为主，常用刀开关、断路器、熔断器等低压配电电器，有时也用接触器（多作为线路接触器用），具有控制电路比较简单、操作频率较低、主电路和辅助电路方案标准化程度较高等特点。

起重电控设备作为电控产品的一大类，属于在特殊工作条件下使用的专用型产品。目前，国内常用的起重电控产品主要为：配电保护和总受电屏（柜），以串电阻为主要手段、调速比不超过 3 : 1 的低调速控制屏（柜），调速范围为 3 : 1 以上的高调速控制屏（柜）等。

2. 配电保护及总受电屏（柜）

配电保护及总受电屏（柜）主要由总断路器（电源开关）、总接触器、过流保护继电器和分支断路器等组成，它是用来对起重机械进行电能分配、接通和分断电源，以及对配电线路进行短路、过载和接地保护的设备。

（1）起重机配电保护的技术要求

1）起重机总进线处宜设能切断起重机上所有电源的隔离开关。

2）总电源回路应设具有电磁脱扣功能的总断路器，它应具有断开或接通在起重机上发生短路的电流而不致损坏的能力。

3）动力电源回路宜设能够接通、分断动力电源的总接触器。

4）起重机各机构动力、控制及辅助电源分支线路应采用断路器、熔断器或过流保护继电器提供机构过流保护和分支线路短路保护。当三相动力电路采用熔断器保护时，应设断相保护。

5）在司机室或电气室内应设能断开总动力电源和制动器电源的红色非自动复位的紧急分断开关。

（2）配电保护基本方案

1）配电保护屏（柜）方案——特征：至少有一个机构采用凸轮控制器控制。

将由凸轮控制器所控制机构的零位、电动机过流保护、超载限制器及超速（起升机构）保护、端部限位及行程限位保护等部分均设置在配电屏（柜）中，称之为配电保护屏（柜）方案。

2）总受电屏（柜）方案——特征：各机构全部采用控制屏（柜）控制。

除端部限位保护外，将各机构的各种保护均设置在机构的控制屏（柜）中，用总受电屏（柜）单独配电，称之为总受电屏（柜）方案。此配电保护方案适用于大型起重机以及各机构均为变频调速或定子调压调速的起重机。

3. 配电保护屏（柜）方案

通用起重机配电保护屏（柜）方案基本动力回路电路如图 15-1 所示。

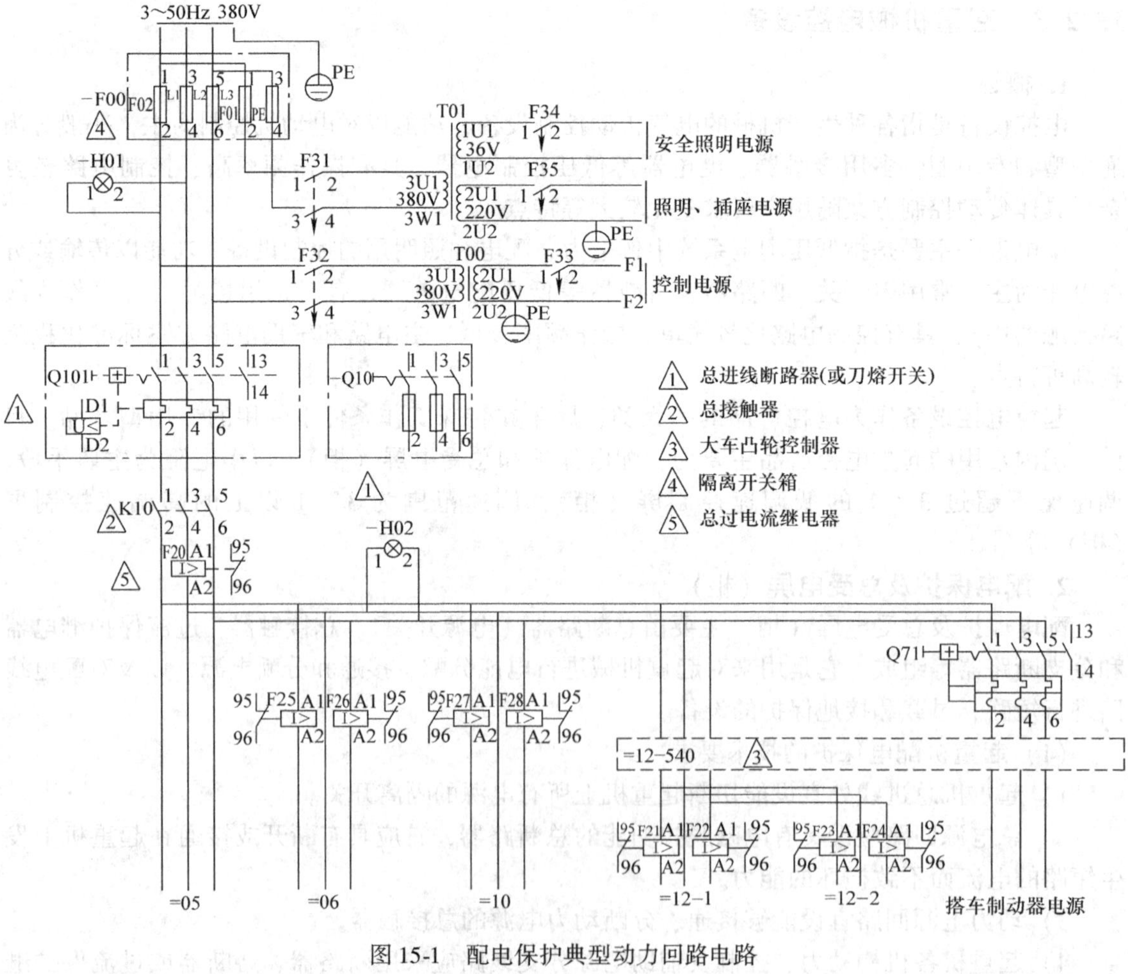

图 15-1　配电保护典型动力回路电路

(1) 主回路元器件及功能

1) 总电源开关 - Q10。总电源开关起着短路和过流保护的作用，当起重机内部发生短路故障时，通过总电源开关将用电设备与总电源分离。

配电保护屏（柜）的总电源开关早期为刀开关或刀熔开关，现在多为断路器。该断路器具有电磁脱扣功能，并通过失压线圈兼有失压保护和紧急分断主电路电源的功能。

总断路器脱扣器的额定电流应不小于起重机的工作电流 I_W；脱扣电流应大于起重机的最大工作电流 I_{max}；断路分断能力应大于线路短路电流周期分量的有效值。

2) 动力电源总接触器 - K10。由于断路器不能作为经常性的分断器件，所以动力电源回路需设置动力电源回路总接触器，其主要功能是断开和接通正常工作电流，以及当过电流继电器、保护开关动作或起重机不工作时分断主电路电源。

交流动力电源回路总接触器的使用类别为 AC-1，其额定电流可按不小于起重机工作电流 I_W 的原则选定。

3) 过电流继电器 F20 ~ F28。当保护屏（柜）总电源开关选用刀开关或刀熔开关时，应设总过电流继电器（图中 F20）对主电源进行过载及短路保护，其额定电流可按 I_W 选用，动作电流可按 I_{max} 整定。

图中 F21 ~ F28 分别为凸轮控制器控制的副起升、大车、小车各分机构的过电流继电器，对各分机构进行过载及短路保护；各分机构过电流继电器的额定电流应大于被保护机构电动机的额定电流，动作电流值不小于被保护电动机的起动电流（绕线异步电动机按额定电流的 2.5 倍考虑）。

当某机构采用控制屏（柜）控制时，保护屏（柜）内将不设该机构分过电流继电器。

4) 分支线路断路器（或熔断器）F31 ~ F35。图中 F31 ~ F35 分别为照明、控制电源分支线路断路器，对各分支线路提供过电流和短路保护功能，其额定电流应不小于各分支工作电流。

保护屏（柜）分支线路应为起重机提供 220V 交流控制电源、照明电源及 36V 交流安全照明电源。

5) 隔离开关 F00。图中元件 F00 为总进线隔离开关，检修时用以隔离进线电源；一般设在导电维修平台内靠近集电器附近，隔离开关的额定电流应不小于 I_W。

(2) 控制回路功能　通用起重机配电保护屏（柜）典型的控制回路电路如图 15-2 所示。

1) 合上主隔离开关及总断路器，控制及照明回路有电。

2) 按下启动按钮 - S11，主令在零位且无故障，主接触器 - K10 吸合，动力回路有电，保护屏（柜）实现配、送电。

3) 保护屏（柜）实现故障状况下安全断电功能：当过电流继电器动作、或端梁门被打开、或被保护机构的限位开关动作、或分支断路器分断，主接触器 - K10 立即释放，主回路断电；或按下急停开关，失压脱扣线圈断电，主断路器分闸，主回路断电；或短路引起主断路器分闸，主回路断电。

4. 总受电屏（柜）方案

当各机构均采用控制屏（柜）时，各机构的保护及过电流继电器等均含在各自控制屏（柜）中，此时采用总受电屏（柜）方案为起重机配电。总受电屏（柜）内的总断路器、

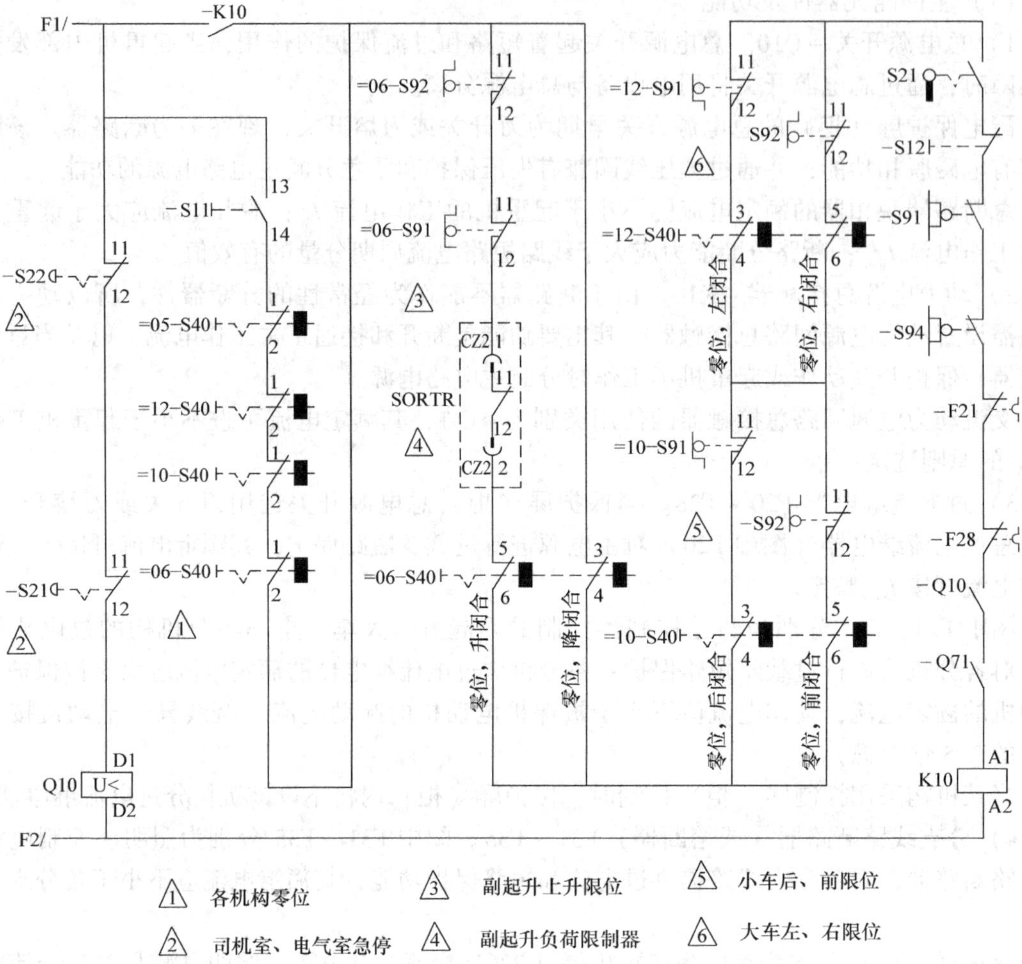

图 15-2　配电保护控制回路典型电路

总动力回路接触器、各分支断路器等设置、整定方法及功能同配电保护屏（柜）。

5. 起重机工作电流和最大工作电流

（1）起重机工作电流　通常起重机整机的工作电流 I_W 可按下式计算

$$I_W = I_{N1} + I_{N2} + I_{N3} + I_{AUXI} \tag{15-1}$$

式中　I_{N1}——功率最大机构电动机的额定工作电流（A）；

I_{N2}、I_{N3}——其他两个可能同时工作的机构电动机的额定工作电流（A）；

I_{AUXI}——辅助电气设备与控制所需的额定工作电流（A）。

（2）起重机最大工作电流　单台起重机整机的最大工作电流 I_{max} 可按下式计算

$$I_{max} = KI_{N1} + I_{N2} + I_{N3} \tag{15-2}$$

式中　K——功率最大机构电动机的起动电流倍数，对绕线式异步电动机 $K=2.5$。

6. 通用保护柜产品种类

国内起重机通用保护柜有 XQ1 系列和 QB1～7 系列，主要参数和结构形式大致相近。

（1）XQ1 系列保护柜　XQ1 系列保护柜是 1974 年全国第一次统一设计的老产品，可与凸轮控制器配合控制和保护交流起重机，提供过载、零压和各种限位或联锁保护。

（2）QB1～7系列保护柜 QB1～7系列保护柜是92联合设计新产品。

QB1～3系列的总电源和分支电源采用断路器保护，总接触器为CJ20，控制电压为交流220V，保护方案按主、副起升机构为控制屏控制设计，保护电动机台数最多为3台。

QB4～7系列保护柜总电源采用断路器，照明、控制等分支电路采用断路器或熔断器作短路保护，总接触器为CJ12，控制电压为交流380V，保护方案按主、副起升机构为控制屏控制设计，保护电动机台数最多为5台。QB4系列为基本型，QB5系列适用于大车运行机构由凸轮控制器和接触器混合控制的起重机，QB6系列适用于副起升机构由笼型电动机驱动的起重机，QB7系列适用于副起升机构由笼型电动机驱动、大车运行机构由凸轮控制器和接触器混合控制的起重机。

7. 起重机转子串电阻类控制屏（柜）

由于GB/T 14405—2011《通用桥式起重机》、GB/T 14406—2011《通用门式起重机》对部分吊钩式起升机构作了（下降）调速比应在3∶1以上的规定，因此，行业内把以调节转子电阻为主要手段、调速比不超过3∶1的传动控制屏（柜）统称为“交流起重机低调速要求电控设备”。

目前国内主要使用的低调速要求电控设备主要有：老产品PQR（XQR）1～6系列控制屏（柜），序号1、3、5（平移机构），2、4、6（起升机构）；新产品（92联合设计）QR1～2S（起升机构）、QR1～6Y（平移机构），以及QR1Z、QR□Z系列抓斗机构差动控制屏（柜）。

上述系列控制屏（柜）均采用控制站与主令控制器相配合的形式，由能频繁对电路进行接通和切断的主令控制器（又称主令开关）按一定顺序分合触头形成不同的操作挡位，实现对起重机（Q）各机构绕线转子（R）电动机的起动、制动、调速和换向控制，具备常规的过载、短路、失压及零位保护，结构形式有屏（P）和柜（X）两种。

8. 起升机构控制屏（柜）

PQR2（XQR2）、PQR4（XQR4）以及QR1S这两个起升机构系列驱动控制方案下降特点为：下降为三挡操作（反接制动＋单相制动＋再生制动）组合，适用于经常轻载工作的通用起重机。QR2S起升系列驱动控制方案下降特点为：下降为三挡操作（反接制动＋反接制动＋再生制动）的组合，可满足经常重载工作的起重机（如铸造起重机等）的低速下降要求。

（1）PQR2（XQR2）和PQR4（XQR4）系列控制屏（柜）

采用该系列控制屏（柜）的电动机机械特性如图15-3所示，控制方案线路特点为：

1）控制线路均为开环控制，可逆不对称电路，主令控制器挡位为3-0-3。

2）起动电阻三相对称，第一、二级（挡）手动切除，其余由时间继电器控制自动切除；起动电阻级数按电动机功率分为两种：100kW及以下四级（五段），100kW以上五级（六段）。

3）上升为三挡操作：第一、二挡为慢速挡，电阻手动切除，用于起动过渡挡和短距离调整性移动；第三挡为加速高速运行挡，电阻通过延时继电器控制的加速接触器自动切除，最终达到全速。上升第一挡起动转矩约为$1.5T_N$。

4）下降为三挡操作（反接制动＋单相制动＋再生制动）：第一挡为反接制动（倒拉反

转）运行挡，可实现重载（大于56%载荷）慢速下降，仅在控制器手柄由高速挡（二、三挡）拉回时才能接通（从零挡直接推一挡不能接通），目的是防止轻载下降时出现误上升；第二挡为单相制动挡，用于轻载（小于56%载荷）慢速下降；第三挡为再生制动强力下降挡，实现负载快速下降，电阻通过延时继电器的加速接触器自动切除。下降一、二挡用于调整性移动，不允许长时间运行。

5）主令控制器从上升或下降方向返回零位停车时，制动器先断电上闸，电动机按上升方向通电0.6s后再断电，与机械制动器上闸动作配合以防止“溜钩”现象。

6）当为双电动机传动时（PQR4系列控制屏），电路允许每台电动机单独运转。

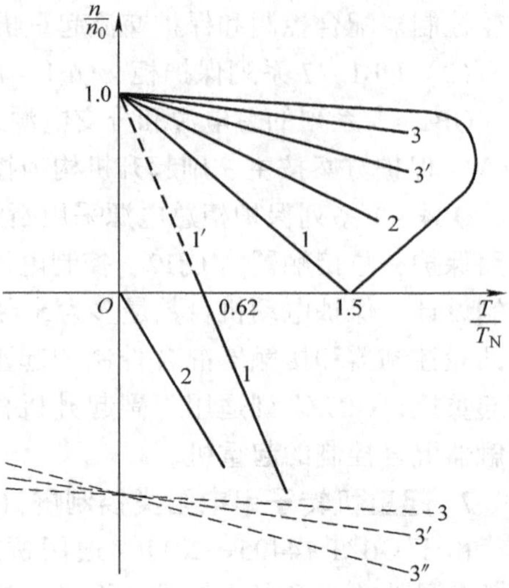

图15-3　PQR2系列电动机的机械特性

（2）QR1S系列控制屏（柜）　QR1S系列电动机的机械特性与PQR2系列相同，仍保持下降为三挡操作（反接制动＋单相制动＋再生制动）的组合，控制方案线路其他特点为：

1）设换相继电器，可防止正反转接触器和单相制动接触器之间在转换过程中产生相间短路事故。

2）起动电阻三相对称，第一、二、三级手动切除，其余由时间继电器控制自动切除。起动电阻级数按电动机定子电流分为两种：250A及以下四级（五段），400A五级（六段）。

3）上升时先串入全部电阻，电动机低转矩（$0.6T_N$左右）起动，延时0.2s后再切除第一段电阻，起到轻载时减少冲击、重载时预紧钢丝绳的作用。

4）需要时可增加点动操作环节。

（3）QR2S系列控制屏（柜）　采用该系列控制屏（柜）的电动机机械特性如图15-4所示，控制方案线路特点如下：

1）控制线路为开环控制，可逆不对称电路，主令控制器挡位为3-0-3。

2）起动电阻三相对称，第一、二级手动切除，其余均通过时间继电器自动切除。起动电阻级数按电动机定子电流分为两种：250A及以下五级（六段），400A六级（七段）。

3）上升为三挡操作：上升各挡为转子串电阻起动，第一、二挡为慢速挡，电阻手动切除，用于起动过渡挡和短距离调整性移动；第三挡为加速高速运行挡，电阻通过延时继电器控制的加速接触器自动切除，最终达到全速；转子电阻设有可调节抽头，上升第一挡转矩可按需要调整。上升第一挡起动转矩约为$0.7T_N$（可调），第二挡起动转矩约为$1.5T_N$。

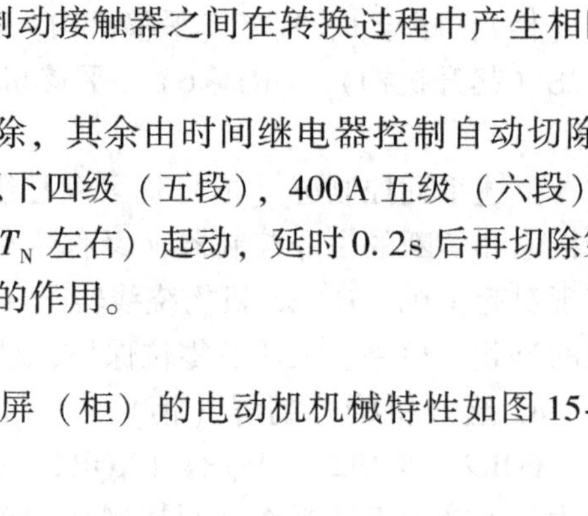

图15-4　QR2S系列电动机机械特性

4）下降为三挡操作（反接制动+反接制动+再生制动）：第一挡起动电阻为手动切除，用于重载反接制动（倒拉反转）下降；第二挡为全电阻，用于半载反接制动（倒拉反转）下降；第三挡为时间继电器控制自动切除电阻，用于轻载再生制动下降。允许手柄从下降三挡直接打到上升任何挡，电路能保证电动机先短接一级电阻后再反接制动减速，然后转入上升运行。

5）下降方向操作可根据负载和下降速度、距离的要求，正确选择挡位；半载下降第一挡如负载上升，手柄推到下降第二挡（半载），同理如出现上升，可推至第三挡。

6）主令控制器从上升或下降方向返回零位停车时，制动器先断电，电动机按上升方向通电0.5s后再断电，与机械制动器上闸动作配合以减少“溜钩”现象。

7）当正反转接触器都没接通闭合而制动接触器产生误动作时，电路能自动联锁，使制动器不能通电松闸，防止误降坠落事故。

8）有转子接触器熔焊检查环节，仅在转子接触器按要求正常分断条件下，正反转接触器方可接通。

9. 平移机构控制屏（柜）

国内老产品有PQR1、PQR3和PQR5系列；92联合设计新产品有QR1Y~5Y系列。QR3Y系列在QR2Y基础（采用滑行挡减速环节）上增加了可直接反向的特点，QR4Y和QR5Y增加了一挡滑行、回零自动反接制动功能。本节介绍常用的QR1Y和QR3Y系列。

（1）QR1Y系列控制屏（柜）　采用该系列控制屏（柜）的电动机机械特性如图15-5所示。其控制方案线路特点为：

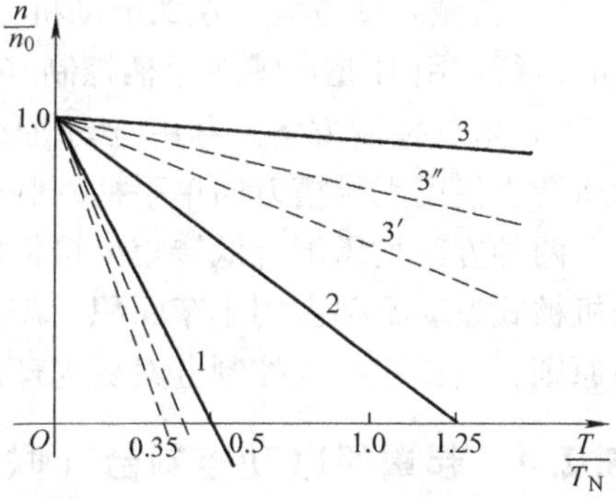

图15-5　QR1Y~3Y系列电动机机械特性

1）控制线路为主令控制器开环控制，可逆对称电路，主令控制器挡位为3-0-3，可用于单、双电动机或四电动机驱动的平移机构。

2）起动电阻为三相对称电阻，正向和反向第一、二级（挡）手动切除，其余均通过时间继电器自动切除。起动电阻级数四级（五段）。

3）正向和反向各为三挡操作：第一挡为起动挡，第二挡为加速挡，第三挡为高速挡；紧急情况下，允许直接打反向第一挡实现反接制动停车。第一挡起动转矩约为$0.5T_N$，第二挡起动转矩约为$1.25T_N$。

4）制动器与电动机同时通、断电。

（2）QR3Y系列控制屏（柜）　QR3Y系列在QR1Y系列基础上增加一挡滑行，可直接反向控制方案。该系列控制方案线路特点为：

1）控制线路为开环控制，可逆对称电路，主令控制器挡位为4-0-4，可用于单、双电动机或四电动机驱动的平移机构，其电动机机械特性曲线同图15-5（仅挡位从二挡到四挡）。

2）起动电阻为三相对称电阻，正向和反向第一级（第二挡）手动切除，其余均通过延时继电器控制自动切除。起动电阻四级（五段）（≤100kW）。

3）正向和反向各为四挡操作：第一挡为滑行挡，制动器通电、电动机不通电，当在运行中拉到此挡位时，平移机构会靠惯性在轨道上滑行减速，适当时间后拉回零位抱闸停车，可减少停车时的冲击，同时提高停车准确性；第二、三挡为起动挡，第四挡为高速运行挡。第二挡起动转矩值约为 $0.5T_N$，第三挡起动转矩约为 $1.25T_N$。

4）主令控制器手柄可由正向各挡直接打到反向各挡，由各延时继电器控制，保证电动机先串全部电阻反接制动减速，后反向起动，从而不会造成电动机电流冲击过大。

5）电路中有转子接触器熔焊检查环节（同 QR2S 系列）。

10. 抓斗机构控制屏（柜）

抓斗机构控制屏（柜）主要产品有 PQR6 老系列以及 QR1Z 和 QR□Z 新系列。

（1）PQR6 和 QR1Z 系列抓斗机构控制屏（柜） 此两系列控制屏（柜）均为对称可逆电路（电动机机械特性相同），双电动机分别传动，两主令控制器各控制一台电动机，挡位均为 1-0-1，双手柄控制双电动机，抓斗机构的开闭和升降由不同操作组合完成。电动机起动电阻级数（不包括常串级）：PQR6 按电动机功率分为三级（≤100kW）和四级（>100kW），QR1Z 按电动机定子电流分为三级（≤250A）和四级（400A），各级电阻均由时间继电器控制自动切除。

（2）QR□Z 系列单手柄抓斗机构控制屏（柜） 该系列是在 92 联合设计之外的补充设计产品，重点解决上述抓斗控制方案存在的双手柄控制、两台电动机负载不均衡造成电动机寿命降低和沉抓性能不理想等问题，具体采用下面两种方案：

1）机械差动方案。在两电动机之间增加机械差动开关，采用差动控制原则协调两电动机的运行，用 H 型导槽单手柄控制（见第 8 章）。

2）电气控制方案。利用电动机转子频率随转速变化的特点，按频率原则协调两电动机的运行，使用无导槽万向单手柄控制。

两种方案均需配合低转矩反接特性改善抓取动作质量，实现自动沉抓，提高满斗率。由于机械式差动开关占用小车面积，需改变机械部分设计，调整方便性和控制准确性也不及频率原则，故抓斗电气控制方案更为理想。

15.2.4 起重机联动控制台（联动台）

1. 主要基本参数

起重机联动台是实现各机构电动机起动、制动、调速、换向、停车等工作的操作设备。

1）交流额定工作电压不超过 380V，频率为 50Hz；直流额定工作电压不超过 220V。

2）操作设备约定发热电流可分为 10（5）A、32（25）A、63（60）A 三种，其中 10A 点组电气性能符合主令控制器技术标准，其余符合凸轮控制器技术标准。

3）额定操作频率：凸轮控制器为 600 次/h，主令控制器为 1200 次/h。

4）基本接电持续率为 40%，操作机构机械寿命不少于 300 万次。

5）最多控制挡位：左右各 6 挡；最多控制回路数：17 个；外壳防护等级不低于 IP30。

2. 联动控制台构成

联动台一般由左、右控制箱，坐椅和脚踏开关等组成，如图 15-6 所示。控制箱由操作机构、零位自锁装置、触头系

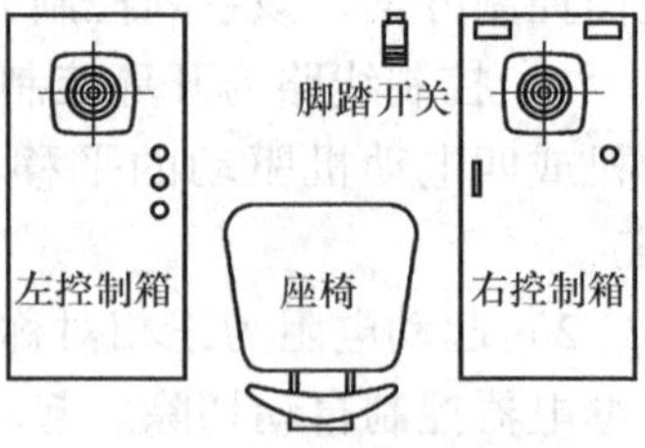

图 15-6 起重机联动控制台

统、凸轮、定位棘轮和箱体等部分组成。国内常用产品类型有THQ1、QT18和QT□系列（国产）及施耐德XJC□、S+B SVIC□（进口）等。

（1）操作机构　通常分为联动单手柄、抓斗双手柄、主/副钩独立操作双手柄、水平操作单手柄等操作机构，如图15-7所示。

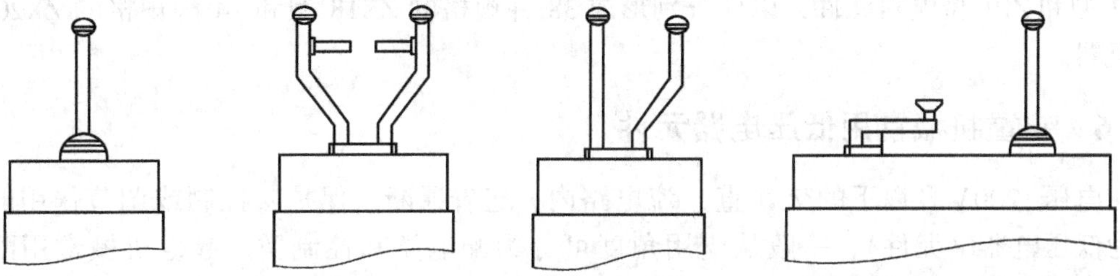

图15-7　操作传动机构形式

a）联动单手柄　b）抓斗双手柄　c）主/副钩双手柄　d）水平手柄

为避免由于振动和意外碰撞而发生误操作，在操作手柄上带有零位自锁装置。

（2）台面布置　联动台台面分为左箱、右箱，标准台面布置为左箱三个按钮（红、绿、黑），右箱两个信号灯（红、绿）、一个电锁、一个紧急按钮。若上述布置不能满足要求时，可进行非标准设计。

15.2.5　起重机械成套电阻器

由于电阻器能改变电动机的电参数，故在电力拖动中应用非常广泛。起重机械通常采用手动（或自动）逐级切除改变电阻值的方法，以达到起动、限流、制动、调速等目的。

1. 常用电阻材料

理想的电阻材料一般应具有较高的电阻率和工作温度、较小的温度系数、适当的机械强度、耐振动和腐蚀、使用寿命长、价格便宜、便于加工制造和维修等性能。

1）铸铁。温度系数大，性脆易断裂，高温时栅状铸铁电阻易弯曲变形造成短路事故，电阻率小，体大笨重，价格低廉，加工容易，热容量和发热时间常数大，耐腐蚀。

2）铁铬铝。耐高温和振动，除铬外都是易得较好的电阻材料，近来逐渐取代铸铁电阻。

3）铜镍合金。铜镍合金是性能优良的电阻材料，属贵金属。铜镍合金丝电阻用于较小的电动机。

4）镍铬合金和不锈钢。耐高温、振动和腐蚀，使用寿命长，网状片形无感型元件能耗低、无接触电阻、阻值稳定，价格昂贵，适用于变频调速制动单元。

2. 电阻器类型及元件

1）铸铁电阻元件及标准电阻器。由铸铁熔化后浇铸成栅片形状形成ZT1和ZT2型铸铁电阻元件，由不同型号和数量的铸铁电阻元件组成16种规格的ZX1型标准电阻器，在额定功率下运行的允许温升为350℃，通电发热温度每升高100℃，电阻值约增加10%。

2）铜镍合金电阻元件及标准电阻器。由不同形式的铜镍合金材料缠绕在与支承钢板粘接一体的瓷质绝缘件梳形齿槽内，形成ZB1型（带形）和ZB2型（丝形）铜镍合金电阻元件，分别组成 ZX2-1 和 ZX2-2 型标准电阻器。

3）铁铬铝电阻元件及标准电阻器。使用铁铬铝合金材料分别制成电阻元件 ZD2 型（圆筒形）和 ZJ1 型（锯齿形），分别形成 14 种规格的 ZX10 型和 ZX12 型标准电阻器。

4）镍铬合金（或不锈钢）电阻元件及电阻器。用镍铬合金板材冲制成网状片形结构形成 ZC3 型和 ZP1 型电阻元件，以此分别形成 38 种规格的 ZX18 型和 14 种规格的 ZX20 型标准电阻器。

15.2.6 起重机械常用低压电器元件

在电压 1200V 及以下的交（直）流电路内，起着通断、保护、控制或调节作用的电器统称为低压电器（元件），一般从应用角度可分为配电类和控制类。起重机械常用配电类（刀开关、断路器、熔断器等）、控制类（接触器、控制继电器、热继电器、主令电器等）低压元器件。

1. 低压电器元件的常用参数

起重机械使用的低压电器件大多数属于断续周期工作制。

（1）断续周期工作制

1）断续周期工作制是指电器主触头（保持闭合）的负载时间与其空载时间有规定的比值，两个时间都太短不足以使电器达到热平衡的工作制，以 TD%（国内）或 ED%（国际）表示，其特征参数为电流值、每小时通断操作循环次数和负载因数（通电持续率）。

2）负载因数（通电持续率）是指通电时间（t）和通断操作循环周期（t_0）的比值，其标准值为 15%、25%、40%、60%。

3）通断操作循环次数是指按每小时能够进行的通断操作循环次数分级（单位为次/h）：1，3，12，20，120，1200，(1800)，3000，12000，30000，共十级。

（2）低压电器使用性能

1）温升。电器关键参数，超过允许温升，绝缘老化，电寿命迅速降低，甚至绝缘击穿引起短路而烧毁电器件。电器产品绝缘材料耐热等级除 Y 级 =90℃、C 级≥180℃以外，其余见第 4 章表 4-3。

2）电器寿命。允许的通断操作次数，主要质量评价指标，包括机械寿命和电寿命。

3）机械寿命。机械结构耐久性或耐磨损能力，即电器在不需修理或不更换机械零件的条件下能承受无载操作循环的次数。操作循环包括一次闭合操作和一次断开操作。机械寿命主要取决于电器机械结构的牢固程度和零部件的机械强度。

4）电寿命。电器耐久性，即在规定工作条件下电器不需维修和不更换任何零部件而能承受的负载操作循环的次数。电寿命主要取决于触头部分的耐磨性。

2. 低压断路器

（1）作用、特性和主要参数　断路器能接通、承载和分断正常电路的电流；在规定条件和时间内能接通、承载并分断短路电流；电网中主要作为短路、过载及欠电压等不正常情况的低压保护器件使用，也可在不频繁起动电动机的主电路中作为控制和保护之用。

起重机械控制屏（柜）上多以塑壳式断路器和微型断路器为主，对于容量超过 630A 以上的设备及配电屏（柜）多采用框架式断路器。

断路器的主要技术参数有额定电压、额定电流、短路通断能力、动作时间、保护特性和使用寿命等。

1）额定电压是指在规定条件下长期运行所能承受的工作电压，包括220～690V等。

2）额定电流包括脱扣器额定电流和壳架等级额定电流。脱扣器额定电流是指断路器在规定条件下可长期通过的电流。壳架等级额定电流是指断路器的框架或塑料外壳中能装设的最大脱扣器的额定电流。

3）短路通断能力是指在规定条件下断路器能够接通和分断的短路电流值，包括额定短路接通能力、额定短路分断能力、额定短时耐受电流等。

4）动作时间是指从网络出现短路的瞬间开始到触头分离、电弧熄灭、电路被完全分断所需要的全部时间。一般断路器动作时间为30～60ms，限流式和快速断路器的动作时间小于20ms。

5）保护特性是指断路器对过电流的保护性能，一般用各种过电流情况与断路器动作时间的关系曲线来表示。较高性能的断路器带有选择性三段式保护特性。

6）使用寿命包括电寿命和机械寿命。配电用断路器电寿命一般为0.2～1.2万次，机械寿命为0.2～2万次。

（2）主要产品

1）框架式断路器（也称万能式断路器）。所有元件都安装在金属框架上。国内起重机械常用DW15、DW16、DW45、DW50等国产系列，SIEMENS（西门子）3WT、3WL系列，Schneider（施耐德）Masterpact MT系列，ABB公司新E和F系列等。

2）塑壳式断路器（装置式断路器）。所有零部件和元件都安装在绝缘热固塑料外壳内，结构简单、紧凑，使用安全，通常由绝缘外壳、触头系统、灭弧系统、操作机构和脱扣器等部分组成。起重机械常用DZ15、DZ20和S等国产系列，引进美国西屋电气的H系列，西门子3VT系列，施耐德NS系列、NSE系列，ABB公司S系列和Tmax系列等。智能型断路器具有长延时、瞬时脱扣器和短延时、接地故障保护等功能。

3）微型断路器。电路中可作过载、短路、隔离等多种保护功能的低压终端配电产品，其脱扣特性有B、C、D、K四种，起重机械上常用C型（高感照明、配电线路保护）、D型（高感负荷和较大冲击电流的回路）、K型（电动机系统提供保护）。起重机械常用微型断路器有国产M611型、施耐德C65型、ABB的S系列和西门子5SJ系列等。

3. 熔断器

（1）作用、分类和主要特性参数　熔断器是低压配电系统中依靠熔体熔化来分断电路的，是一种简单实用的短路保护元件和单台电器设备的过载保护元件，但不能作过流保护元件。

起重机械常用熔断器有A类（部分范围分断）、G类（一般用途保护）、M类（电动机负载保护）、快速熔断器（半导体器件保护），对于具体适用场合，可以有不同组合。

熔断器主要技术参数有额定电压、额定电流、分断能力、保护特性（安秒特性：熔体熔化电流与熔断时间的关系，具有反时限曲线特征）。

（2）主要产品　起重机械常用熔断器有螺旋式（RL1、RL6）、填料封闭管式（NT）、无填料密闭管式（RM7、RM10）、快速熔断器（NGT和RST10）等系列。

（3）选用原则

1）根据负载情况和短路电流大小选用。短路电流较大或有易燃气体场合宜采用高分断能力的 RL 或 RT（包括 NT）系列；保护硅整流器件及晶闸管场合，采用快速熔断器。

2）熔断器额定电压应不小于所在电路的额定电压。

3）熔断器额定电流应不小于熔体额定电流；额定分断能力应大于电路中可能出现的最大短路电流。

4）确定适当的熔体额定电流 I_m 和额定电压 U_m，包括电流平稳的一般控制电路保护、电动机短路保护、半导体器件的快速熔断器保护等。

4. 隔离器、刀开关

（1）作用、分类和主要特性参数　隔离器是指能将用电设备从电网（电源）脱开隔离的开关电器，分断时能将电路中所有电流通道切断并保持有效的隔离距离，属于无载通断电器，但有一定载流能力。

刀开关是一种结构简单且用途极广的手动控制器件，常作为电能接受和断开器件用于无载通断电路，有时也作为电源开关用来通断较小工作电流的照明设备和小型电动机。隔离开关兼有开关和隔离器作用。

刀开关按极数可分为单极、两极、三极，按结构形式可分为平板式、条架式，按操作方式可分为直接手柄操作、旋转操作、杠杆操作、电动操作，按转换方式可分为单投、双投等。

刀开关主要参数包括额定电压、额定电流、通断能力、机械寿命、电寿命等。

（2）主要产品

1）HK1 及 HK2 型刀开关。主要用于 50Hz 和 380V 工业企业电气照明、分支线路的配电设备中，供作手动不频繁性接通和分断负荷电路及短路保护；适当降低容量也可作为交流异步电动机频繁直接起动及停止运行的操纵器件使用。

2）HD 及 HS 型刀开关。主要用于工矿企业配电设备，交流 50Hz 和 380V、直流 440V 和 1500A 以下主电路中不频繁手动接通和切断或隔离电源，属于大电流、低电压型品种。

（3）选用原则

1）刀开关。保证其额定绝缘电压和额定工作电压不低于线路的相应数据，额定工作电流不小于线路的计算电流。

2）隔离器。当要求有通断能力时，应选用具备相应额定通断能力的隔离器；如需接通短路电流时，则应选用具备相应短路接通能力的隔离开关。

5. 接触器

（1）作用、分类和主要特性参数　接触器一般由触头接触系统（主触头和辅助触头）、电磁系统、灭弧装置及机械构件与紧固零件等组成，能在正常工作情况下频繁地（每小时千次以上）接通和分断电路，并能分断数倍于额定电流的过载电流（但不能切断短路电流），可远距离操纵交/直流电动机的起动、停止或反转，同时具有足够的热稳定性和动稳定性。因此，起重机械上常将它与熔断器或断路器等配合使用，作为保护柜的电源开关，也用于控制平移、起升机构电动机的换向和切换外加电阻之用。

接触器按主触头控制电流种类可分为交流、直流，按灭弧介质可分为空气式、油浸式、真空式，按主触头极数可分为单极、双极、三极、四极。其中，应用广泛的是空气电磁式交/直流接触器（简称交/直流接触器）。

接触器主要特性参数包括额定值和极限值（包括额定工作电压、额定绝缘电压、约定发热电流、额定工作电流、额定工作制、额定接通能力、额定分断能力和耐受过载电流能力等)，使用类别（交流：AC-1 阻性负载或微感性负载，AC-2 滑环型绕线式电动机起动、反接制动与反转，AC-3 笼型电动机起动、运行中断开，AC-4 笼型电动机频繁起动、反接制动与反转、点动；直流：DC-1 ~ DC-5 五种)，使用寿命（机械寿命数百万次以上，电寿命是机械寿命的 5% ~20%）。

（2）主要产品

1）交流接触器。国产 CJ12、CJ20 等板前接线式系列，CJX1 、CJ24 及 CJ40 等新系列；合资或进口西门子 3TF、3TD 系列，施耐德 LC1 系列，ABB 的 A 及 AF 系列等。

2）直流接触器。常用 CZ0 及 CZ18 型等。

（3）选用原则

1）确定电路中负载电流的种类；主触头额定电流应大于或等于被控电路的额定电流；频繁起制动和频繁正反转场合，主触头额定电流可稍微降低。

2）接触器额定工作电压应不小于被控电路的最大工作电压。

3）接触器额定通断能力应大于通断时电路中的实际电流值；耐受过载电流能力也应高于电路中可能出现的工作过载电流值。

4）如果接触器用来控制电动机的频繁起动、正反转或反接制动时，通常应将接触器的主触头额定电流降低一个电流等级使用。

6. 控制继电器

（1）作用和分类　控制继电器是控制系统中控制其他电器的动作或主电路中作保护用的最基本器件，通常可分为交/直流电流继电器、电压继电器、中间继电器、时间继电器、热继电器和过电流继电器等，起重机械常用中间继电器、热继电器、过电流继电器和时间继电器。

（2）主要产品

1）中间继电器。通过控制电磁线圈的通、断，将一个输入信号变成多个输出信号或将信号放大（即增大触头容量）的继电器；适用于交流 50/60Hz 和电压 380V、直流电压 220V 的控制电路中（不需要灭弧装置)。

常用型号有国产 JZ7、JZ15、JZ17 等系列，西门子 3TH 系列，施耐德 CAD 系列，ABB 的 N 系列等。

2）热继电器。利用电流热效应原理带动触头动作分断控制电路，具有与电动机容许过载特性相近的反时限动作特性，使用最多、最普遍的是双金属片式热继电器，常与接触器配合使用对三相异步电动机的过电流和断相实施保护。

常用型号有国产 JR20、JR21、JR36 等系列，西门子 3UA 系列，ABB 的 T 系列等。

3）过电流继电器。在过电流条件下动作切断电源，当电流降低到返回值时自动复位到工作状态，用作电动机和配电线路的短路或过载保护。过电流继电器的类型有瞬动型（当到达整定电流值时立刻动作）和延时型（需经过一段延时后才能动作，延时长短取决于电流强度)。过电流继电器额定电流应不小于被保护电动机的额定电流，动作电流可按电动机起动电流的 1.1 ~1.3 倍整定。

常用型号有国产 JL5、JL18 系列，施耐德 TeSys EOCR LT47 系列等。

4）时间继电器。能实现触头延时接通（通电）或断开（断电）的自动控制器件，使用于各种电气保护及自动控制装置中，达到被控组件延时动作的目的，广泛应用于电动机的起动控制和各种自动控制系统。时间继电器按延时原理可分为电磁式、机械空气阻尼式、电动机式、双金属片式、电子式、可编程序和数字式等。起重机械上多使用电磁式、气囊头连同中间继电器、电子延时头携带中间继电器以及电子式等。

常用型号有国产 JSK、JS27 系列等。对延时精度要求不太高的场合，一般宜采用电磁式或气囊式；对延时精度要求较高的场合，则宜采用电动机式或电子式。

7. 起重机械专用电气元件

起重机械专用电气元件包括限位开关、超速开关、凸轮和主令控制器、脚踏开关等。

1）限位开关是利用机械运动零部件碰撞（如螺母螺杆等）来发出控制指令的一种自动控制器件，主要控制机构的行程、位置、速度、状态等参数，是行程开关、限位开关及终端开关的统称。

限位开关按工作特征可分为安全限位开关（设置在舱口等起联锁作用或限制过行程）和行程限位开关（装设在传动机构上使用以实现减速、终点停止），按摆杆形式可分为直动式（包括螺母螺杆）、杠杆式（包括重锤）和万向式，按动作方式可分为瞬动、蠕动、交叉从动式。

限位开关的主要参数包括形式（LX 系列）、动作行程、工作电压、触头电流容量等。

2）超速开关是用来限制电动机或由电动机所驱动的被控器件的最高转速，一旦超速便快速断开电路，制动器迅速上闸，确保设备及人身安全。

超速开关可分为手动复位型、自动复位型和手动/自动复位组合型，在起升机构中常用手动复位型超速开关作为控制速度或实现紧急制动的应急保护器件。

超速开关的主要参数有触头额定工作电流、电压、动作转速调速范围等。

3）凸轮控制器是利用凸轮形状，转动手柄可按照预定顺序控制触头的开/闭以接通不同的连接线路，通过变更定子电路或转子电路电阻，实现直接控制电动机起动、调速、换向等目的。它具有可逆对称电路，笨重且操作力较大，适用于交流 380V、50Hz 的小容量、操作不频繁的设备，如起重机械运行机构和小容量电动机的起升机构。

凸轮控制器主要产品有 KT10、KT14 系列（触头额定电流 25A 和 60A）以及 KTJ15 系列（触头额定电流 32A 和 63A）。

4）主令控制器是与控制屏（继电器、接触器等）配合使用的多回路控制电器，可按照一定顺序分合触头，达到切换控制回路、发布命令或与其他控制线路联锁/转换的目的。通过接触控制大容量电动机的频繁起动、调速、反转、制动，可以实现对起重机械各机构的远距离控制。主令控制器的触头按小电流设计（触头容量 10A 和 15A），适应被转换接触器线圈的功率以及整个控制电路的容量，分断能力强，工作可靠，成本较高，可降低司机劳动强度，在大中型和工作繁忙（≥M5）的起重机械上广泛应用。

主令控制器的系列品种较多，主要有 LK14、LK16 和 LK18 系列等。

5）脚踏开关是借助脚踏板传动系统驱动触头元件分合来控制驱动装置和信号系统的。

15.3 起重机械调速及电气传动控制系统

15.3.1 起重机械调速基本概念

拖动系统的运行状态由电动机与机构负载双方的特性所决定。有关拖动系统基本运动方程、机械特性、稳定运行条件、机构负载性质、运转状态、起动等详细内容见第4章。

1. 起重机械转速控制的要求

任何一台需要转速控制的起重机械，都会对控制性能提出相应的要求，诸如实现低速搬运物体准确定位，较高精度的就位动作（毫米级，甚至达到微米级），兼顾较宽范围内的高、低速性能，高生产率下的频繁起、制动，较短时间内实现正逆运动，一定精度的稳速运行，改善起动、制动特性抑制有害冲击，减少或避免点动操作次数以提高电气使用寿命等。这些控制要求可归纳为以下三个方面：

1）速度调节。在一定的最高转速和最低转速范围内，实现分挡（有级）地或者平滑（无级）地调节电动机转速。

2）稳速运行。以一定的精度实现在所需转速上稳定运行，且在各种外来干扰下（如负载变化、电网电压波动等）不允许产生过大的转速波动，以确保起重机械工作的质量。

3）加、减速运行。在满足生产率要求下，应适应频繁起动、制动的要求，加、减速过程快，缩短起动、制动时间；或在不宜经受剧烈速度变化的场合，则要求起动、制动尽量平稳。

不同的起重机械不一定都需要具备上述控制要求，有时只要求其中一项或两项，甚至有些要求之间可能是相互矛盾的。但所有这些控制要求都会转化成设计电气控制系统的稳态和动态指标，以便定量地分析和衡量一个调速系统的性能。

2. 调速系统的性能指标

调速性能指标是调速系统应满足的静态和动态的技术性能要求。

（1）稳态（静态）调速指标　稳态调速指标是指要求电气传动系统能在最高和最低转速范围内调节转速，并在各转速下都能稳定工作的指标，包括稳态运行时的调速范围和静差率。

1）静差率（转速变化率）是指电动机由理想空载变到额定负载时所产生的转速差与额定负载转速之比，通常用δ_s的百分数表示。静差率与调速系统的机械特性硬度有关，特性越硬，静差率越小。静差率还与实际负载转速有关，转速越低，静差率越大。起重机械要求的静差率一般不大于5%。

2）调速范围（调速比）是指在符合规定的静差率条件下，机械额定负载要求电动机提供的最高转速n_{max}和最低转速n_{min}之比，通常用D表示。起重机械要求的调速范围一般为10∶1。

调速范围D和静差率δ_s两项指标是互相关联、互相制约的，必须同时具有才有意义。

（2）动态调速指标　动态调速指标主要是指在给定信号或扰动信号的作用下，系统输出的各项动态响应在过渡过程中的性能指标。在一般电气传动控制系统中，典型的响应特性是指给定和扰动信号在阶跃变化后，实际速度和电流跟随给定或扰动变化的响应特性。

1）系统对给定阶跃输入的跟随能力。一般包括调节时间和超调量。

调节时间是从加上阶跃给定时刻起，到输出量进入且不再超出偏差带为止的一段时间，用t_s表示。t_s越小表示系统跟随的快速性越好。超调量是输出值超出稳定值的最大偏差值与稳定值相比的绝对值，用$\sigma\%$表示。$\sigma\%$越小表示系统的稳定性越好。

在实际的调速系统中，快速性和稳定性往往是矛盾的。压低超调量$\sigma\%$就会延长调节时间t_s，减小调节时间却增大了超调量，应根据生产工艺要求确定某一个为主的性能指标。

2）系统对阶跃扰动的抵抗能力。系统抗干扰能力是在给定不变的情况下，阶跃扰动作用下系统最大动态波动量 $\sigma_m\%$ 和动态波动恢复时间 T_{Pg} 等。显然，$\sigma_m\%$ 越小表示系统抗干扰能力越强，T_{Pg} 越小表示系统抗干扰恢复的快速性越好。

3. 起重机械常用调速系统类型

（1）开环和闭环调速系统　开环调速是系统不能自动纠正由于扰动所产生的速度偏差（没有转速闭环）的一种调速方式。开环调速系统具有简单、可靠、成本低等特点。但机械特性较软，不能调节由负载变化、电源波动、环境温度等引起的速度漂移，广泛应用于对调速性能要求不高的起重机械，尤其是平移机构。

闭环调速是能根据速度给定值和速度实际值的偏差自动地进行速度调节，使转速不随负载变化、电源波动和环境温度等外界扰动而改变的一种调速方式。闭环调速系统具有很高的静态、动态性能指标（速度精度、动态响应速度、动态跟踪性以及动态抗干扰性等），能实现要求很高的速度控制，有效地防止机械冲击。

（2）无级调速和有级调速　无级调速（连续调速）是指电动机的转速可以平滑、连续调节。

有级调速是将转速分为若干挡，电动机按照不同速度挡位运行。起重机械上使用的有级调速方式，速度指令一般由四挡主令控制器给出，起升系统的升降各为四挡，第一挡低速，第二挡中速 1，第三挡中速 2，第四挡高速。

（3）恒转矩调速和恒功率调速　恒转矩调速方式是指调速过程中电动机的输出转矩维持恒定不变，此时电动机输出功率和转速成正比，与恒转矩负载相匹配。

恒功率调速方式是指调速过程中电动机的输出功率维持额定值不变，此时电动机输出的转矩和转速成反比，与恒功率负载相匹配。

大多数起重机械都是恒转矩负载，只能匹配恒转矩调速方式。起升机构轻载时，若需利用恒功率调速方式的变频弱磁升速性能时，则应以高速为匹配点进行调速，就可在高于额定转速的情况下运行，从而提高生产效率。

15.3.2　利用制动状态调速的传动控制系统

起重机械常用调速方案的突出特点，是通过绕线型异步电动机转子串电阻等简单方法较好地解决带载满负荷起动问题，同时，又可利用电磁制动满足制动调速运行的要求。

1. 反接制动

反接制动包括负载倒拉反转制动和电源反接反转制动，其可作为调速手段在起升机构中用来实现重物下降，在平移机构中用来停车、换向前的减速或反向起动的手段。

反接制动机械特性很软，电动机工作转速随负载变化很大，只适用于对调速要求不高的场合。由于反接制动从电源吸收的能量全部消耗在转子电阻上，故其发热严重，效率较低。

（1）负载倒拉反转——反接制动运行　如图 15-8 所示，对于位能负载性质的起升机构，电动机绕线转子串接电阻后可在第Ⅰ象限获得低于 A 点转速的运行（上升）。当增大其所串的电阻并超过额定电阻值时，电磁转矩小于负载转矩（$T<T_L$），此时（松闸状态）的转子转矩 T 已不能维持正向（上升）旋转，反而会在位能负载的倒拉下使电动机反转进入第Ⅳ象限，处在反转制动过渡状态，直到 $T=T'_L$ 实现重物稳定下放（D 点，曲线 2）。改变串接电阻值可改变曲线 2 的斜率，从而获得不同的下放速度。此方案用于 QR1S、QR2S 系列控制屏（柜），下降第一挡重载时的低速下放（大于 56% 载荷）见本章 15.2.3。

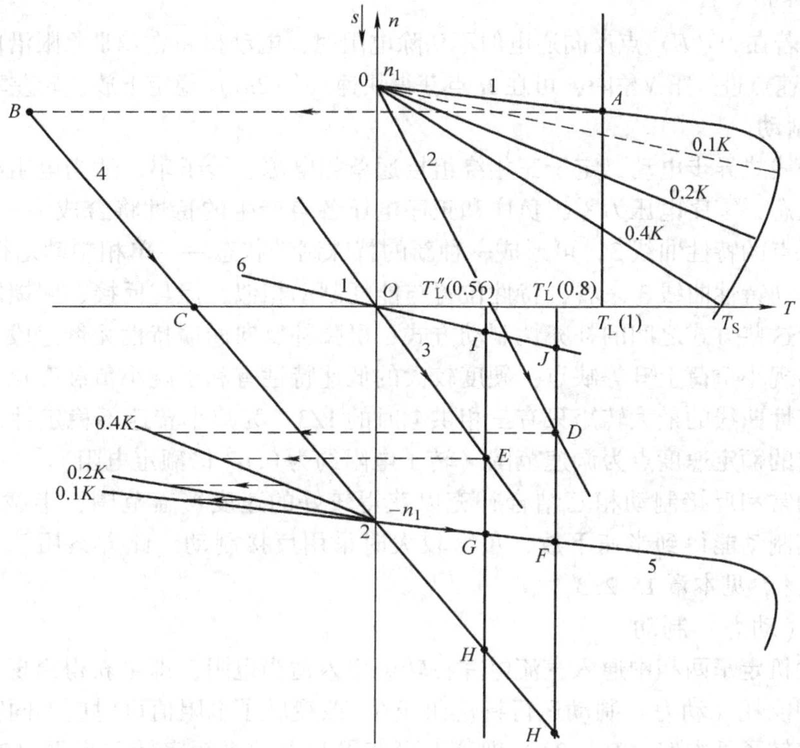

图15-8　制动状态调速的各种运行状态机械特性

需要注意的是，使用倒拉反转方式下降较小负载（如空钩）时，有发生误上升的可能。

（2）电源反接制动并反转制动运行　对于阻抗性负载性质的平移机构，将正在第Ⅰ象限A点稳定运行的电动机任意调换定子两相相序，工作点由A→B过渡进入第Ⅱ象限，电磁转矩换向变为制动转矩阻碍转子旋转（曲线4）。在制动转矩作用下，电动机开始减速运行，工作点由B→C($n=0$)。工作点到C点时，应立即切断电源并抱闸，可实现电源反接制动停车，否则电动机将反向起动并进入第Ⅲ象限反向运行。改变转子串接电阻值可获得不同的制动减速度。此方案用于QR1Y～3Y系列控制屏（柜），见本章15.2.3。

起升机构在工作点C之前同平移机构。若在工作点C不采取断电上闸的措施，电动机将反向起动经过第Ⅲ象限最后进入第Ⅳ象限回馈制动下放运行至F（G）或H点。

2. 回馈制动（再生制动）

回馈制动是各种调速方式中经济指标最好的一种，多用于起升机构高速或快速下降，吊重负载下放而释放的位能，除电动机本身损耗外，全部反馈回电源。

当位能性的起升机构以反接制动方式在第Ⅳ象限D点（或单相制动方式E点）稳速下降时，电动机反向通电并逐级切除电阻，电动机的工作点会由D点（或E点）过渡到第Ⅲ象限，则电磁转矩T换向变为电动转矩起拖动转子作用。在电磁转矩与负载转矩共同拖动作用下，电动机沿曲线5在第Ⅲ象限加速运行并超过同步转速点进入第Ⅳ象限，直到$T=T'_L$，在F点（或G点）以超同步转速稳定下降，此时电磁转矩再次换向变为制动转矩起阻碍转子旋转的作用。额定负载的下降速度不超过同步转速的1.1倍，转差率$s<0$且为接近于0的负值。起升机构一般都设有转子回路不串入外接电阻的回馈制动作为高速下降挡

（软化级时除外）。

起升机构若在 D（E）点反向通电但不切除电阻时，电动机将在第Ⅲ象限沿曲线 4 加速运行超过同步转速点进入第Ⅳ象限，可在 H 点获得快速（约 $2n_1$）稳定下放，转差率 $s<-1$。

3. 单相制动

当三相绕线式异步电动机定子三相绕组接通单相电源、转子串入适当电阻时，形成仅有两相供电的状态，零序电压为零，负序和正序电压各自产生的特性将合成为一条通过第Ⅱ、第Ⅳ象限过原点的特性曲线 3，可形成一种新的特殊制动状态——单相制动运行状态。

由单相制动特性曲线 3 来看，特性位置与能耗制动相似，但与反接、回馈制动等有明显差别，是介于这些方式之间的补充性制动方式；可弥补反向回馈特性无低速段、倒拉反转反接制动有时出现小负荷上升等缺点；硬度较大的低速特性有利于减小负载变化的速度冲击波动；合成后特性曲线的最大转矩只有三相供电时的 1/3。为减小转速不稳定性，通常以额定负载线所确定的额定速度点为调速范围（转子电阻约为 0.67 倍额定电阻）。

单相制动常和反接制动相互结合补充以获得较好的速度覆盖范围，半载（56% 载荷）以下时用单相制动能得到半速下放，负载较大时采用反接制动。此方案用于 PQR2 控制屏（柜）起升调速，见本章 15.2.3。

4. 能耗（动力）**制动**

异步电动机定子两相中通入直流电并在转子串入适当电阻，即可获得出现于第Ⅱ、第Ⅳ象限过原点的能耗（动力）制动运行特性曲线 6，改变转子电阻值可对应不同特性。额定负载条件下短接转子外电路（$R_f=0$），理论上可获得与电动机额定转差率下（2%～3%）n_N 同值的下降低速，但实际低速一般只能调到 10% n_N（机构摩擦阻力、空钩下降困难、小电阻切换不稳定等原因所致）。可通过对励磁直流电实行闭环控制来提高特性硬度，控制方便。

能耗（动力）制动按励磁方式分为他励和自励两种。他励能耗制动具有独立整流电源，可实现开环他励和闭环他励。自励能耗制动时，转子绕组切割由微小辅助励磁电流建立的磁场（另外提供），并将产生的感应电流再提供给定子形成闭环，是一种常用的、机械特性较好的重物下放调速方案。但当转子电压高于 330V 时，不能采用自励能耗制动。

自励能耗制动调速设备分为由凸轮控制器控制的直接式和由主令控制的间接式。国内常用直接式自励能耗制动控制柜有 QJ5S、QJ8S、QZ4S 等系列，间接式自励能耗制动控制柜有 QJ9/10S、QZ2S、QJ6SQ、Z1/2S、QJ9/10SX 等系列。

间接式自励能耗制动控制柜 QJ9S 系列的性能特点为：

1）主令控制器挡位数 4-0-4，可逆不对称电路，开环控制，下降自励有电流负反馈功能，预励磁电流值一般为 3～10A（现场调整附加电阻），转子电阻不开路。

2）起动电阻三相对称，四级（五段），均对称切除。上升时第一、二、三级电阻手动切除，其余由时间继电器控制自动切除。下降第四挡再生制动时，第一级电阻不用，第二、三、四级电阻自动切除。

3）上升各挡为转子串电阻起动，第一挡起动转矩值约为 $0.7T_N$，第二挡起动转矩值约为 $1.5T_N$。

4）下降第一、二、三挡为自励能耗制动下降调速挡，负载（0.1～1.0）P_{QRC}，可获得不高于 $n_0/6$ 的最低下降速度；第四挡为回馈制动下降挡，用于负载 $0.1P_{QRC}$ 以下。

5）下降各挡返回零位时，由自励能耗制动减速并延时分断自励电路，与机械制动器配合，提高制动平稳性，减少溜钩。

6）在自励磁电路中设置欠电流继电器与制动接触器电气联锁，从而保证不会出现由于失磁而造成制动器打开、电动机失控的危险。

7）在电动机轴上装设超速开关，下降超速时可切断控制电路电源，停止工作。

15.3.3　利用转矩合成并行调速的传动控制系统

利用转子串电阻的各种制动方式调速方案，具有单速度或单方向调速的特点，适用于一般用途的起重机械。对需在三维空间准确定位或同时有高生产率要求的场合，从简单、经济、可靠等原则出发，可以选用转矩合成并行（即涡流制动器）调速，以满足准确定位和快速运行等多方面要求。

涡流制动器调速开环机械特性如图15-9所示，绕线电动机转子回路串入电阻后的软化人为特性曲线1，电动机轴上加装涡流制动器，可得到与涡流励磁电流所对应的机械特性曲线2，最后获得两者合成后的输出机械特性曲线3，与转矩轴交点为T_1。涡流制动器电动机起动后，工作点将从T_1点起沿合成曲线3运行至Q_2点，可获得稳定转速n_2的低速性能（曲线1上Q_1点对应的n_1转速由电动机只串电阻获得）。改变涡流制动器励磁电流，或改变电动机外接电阻值，就改变了合成机械特性以及负载工作点的转速。除涡流制动开环调速机械特性以外，若在调速系统中引入速度反馈环节，使涡流制动器的励磁电流可以根据转速变化情况进行闭环调节，就能获得硬度更大的机械特性，通常涡流闭环调速系统的静差率不大于5%。

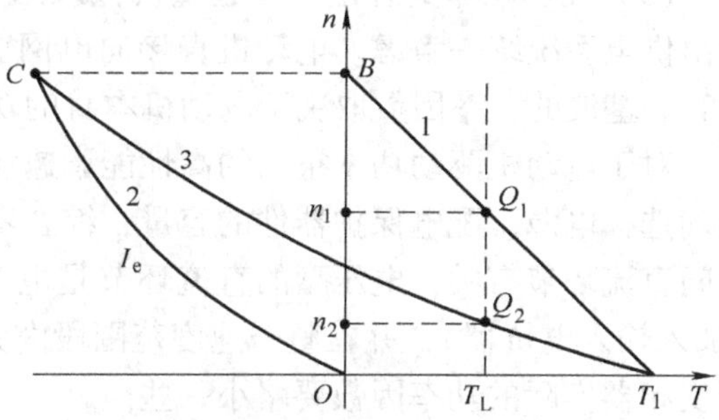

图15-9　涡流制动器调速开环机械特性

1—电动机特性　2—涡流制动器特性　3—合成特性

涡流调速系统的特点为：既能在下降方向调速，也能在上升方向调出低速；可开环控制，也可闭环控制；调速比10∶1（6极电动机），闭环可达20∶1以上（特性较硬，静差率5%）；重载快速下降时，控制手柄拉回低挡至零位仍有较大制动力矩，制动安全性好；平移机构可利用涡流制动器开环调节制动力矩，提高平稳起动和制动性能；涡流调速属于能耗制动调速类型，增加了系统转动惯量，能耗大、调速效率低；受涡流制动器工作制S3-15%以及电阻器功耗的限制，不宜长时间低速运行，价格较贵。

起重机械常用的涡流调速控制柜有QW7 S/Y系列、QW6 S/Y系列和QW8 S/Y系列等。

15.3.4　数字式高性能传动控制系统

大型/特大型起重机、铸造起重机、港口起重机等都对调速系统提出了更高的要求，常采用全数字化、PLC集散控制、HMI和远程监控的变频调速或晶闸管定子调压调速，直流调压调速正逐步被交流变频调速系统所取代。

1. 交流变频调速和调压调速系统的特点

（1）以微处理器为核心的数字化控制器　交流变频调速系统和数字调压调速系统都是

以微处理器为核心的数字化控制器，克服了模拟控制装置精度差、特性分散、易受温度影响、调试复杂等缺点。微处理器结合存储器、I/O 接口、计时/数器、专用数字化功能模块、数字化通信接口等支持器件，与数字化外部设备、PLC 等连接构成交互通信的网络化系统。

数字化控制器能通过软件编程或软件功能块实现调速系统的各种功能和性能指标，也可以通过网络将调速系统及本身的状态信号、故障信号送到 PLC 进行实时监控。数字化的调速装置具有模拟和数字给定输入接口，可接收由主令控制器带动电位计或编码器发出的模拟量或数字化的连续给定信号，实现无级或有级调速。

（2）电磁兼容性（EMC） 大功率电力电子器件组成的调速装置会形成很强的电磁环境，电源侧的电流高次谐波会形成污染，而功率部件则是产生电磁干扰的干扰源，这些都会对公共电网、自身电子器件以及其他设备带来严重影响，甚至不能正常工作，应关注系统谐波治理和电磁兼容性。

（3）无功功率的补偿 当起重机械采用交流调速的其他方法时，其自身的无功补偿通常由供电系统统一考虑。电动机直接向电网获得无功功率，额定负载下功率因数为 0.72～0.87。基波的功率因数取决于电动机本身的功率因数。

对于电动机驱动功率很大的高性能调速场合，往往要求考虑调速系统的功率因数，以便正确选择电源、配电保护器件的容量，综合考虑节能效果。变频器的输入功率因数主要与其中间直流环节有关，电压型的直流环节是电容，额定负载下总的输入功率因数为 0.8～0.9（加入输入电抗器），并在整个速度范围段内大致保持不变。变频器如给出基波功率因数时，则变频器实际的功率因数要略小一些。

2. 变频调速基础

（1）基本原理和分类 异步电动机转速 n、极对数 p、定子电源频率 f、转差率 s 之间符合 $n=\frac{60f}{p}(1-s)$ 关系，n 与 f 成正比，当平滑改变频率 f 时，可实现平滑调节电动机转速，即变频调速。变频时转差率 s 不变，转差损耗小，机械特性较硬，既有恒转矩方式也有恒功率方式，无级调速范围宽、精度高，是广泛采用、效率高、性能好的新技术，符合交流电器传动的发展方向，成为可与直流媲美的、最主要的交流调速方式，在起重机械上得到广泛应用。

变频调速需要具有变压变频（VVVF）装置即变频器。交流变频器的种类繁多。

变频调速按变流环节可分为交-直-交（AC-DC-AC）变频器（电压源型、电流源型），晶闸管交-交变频器（也称周波变流器或矩阵变频器）；按开关调制方式可分为脉冲幅度调制（PAM）和脉冲宽度调制（PWM）；按控制模式（原理）可分为 V/F 控制、矢量控制（VC）、直接转矩控制（DTC）等；按用途可分为通用、高性能专用、高压变频器等。

（2）变频调速控制系统简介

1）V/F 控制模式。V/F 控制模式需在变频同时变压，其基本出发点就是保持磁通恒定不变。该模式控制电路结构简单、成本较低、机械特性硬度较好，满足起重机械等一般平滑调速的要求。

从基频向下变频调速时，异步电动机感应电动势 $E_1=4.44f_1\omega_1k_1\phi_m$，变频时应同时控制 E_1/f_1 为恒定值，则可使磁通 ϕ_m 不变。但 E_1 难以直接控制，而电动机端电压 $U_1\approx E_1$，因此 V/F 控制模式在基频以下为 U_1/f_1 常数控制，其不同频率下各机械特性是平行的，硬度相同，近似为恒转矩调速方式。

目前起重机械常用 V/F 变频为交-直-交电压源型变频器，380V/50Hz 交流电整流成直流，采用脉宽调制（PWM）中的正弦波脉宽调制方法（SPWM），按 SPWM 规则控制三相桥臂上的半导体逆变器（IGBT）中绝缘栅晶闸管反复交替地导通、关断，在改变频率 f 同时控制 U_1/f_1 为常数，在负载上可得到由一系列矩形脉冲构成的电压/频率可调的交变电压，其输入到电动机的电流波形与正弦波十分接近（SPWM 优点）。

2）矢量控制（VC）模式。矢量控制的实质是将交流电动机等效为直流电动机（三相-二相等效变换得到静止坐标下交流电，转子磁场定向旋转等效变换得到同步旋转坐标系下的直流电）。模仿直流电动机控制方法，分别对转矩电流、磁场电流两个分量进行独立控制。通过控制转子磁链、分解定子电流而获得转矩和磁场两个分量，经过坐标变换，实现正交或解耦控制，得到能与直流电动机特性相媲美的异步电动机矢量控制机械特性（优于 U_1/f_1 控制方式）。

有速度反馈矢量控制方式需安装转速测量装置，适用于有较大调速范围要求、较高动态响应能力和运行安全能力的设备，如安装起重机、集装箱起重机等。无速度反馈矢量控制方式不需增加任何附加器件，使用和调式都很方便，不易发生磁路饱和等问题，但调速范围和动态响应能力略逊于前者。

3）直接转矩控制（DTC）模式。直接转矩控制模式直接在定子坐标系下分析交流电动机的数学模型，直接将定子磁链和转矩作为控制变量，从而不需要像矢量控制模式那样模仿直流电动机的控制，也不需要为解耦而简化交流电动机的数学模型，省去了矢量旋转变换中的许多复杂计算。从本质上说，矢量控制模式是通过控制定子电流而间接控制电磁转矩，直接转矩控制模式则是基于定子磁场定向的矢量控制方式。

直接转矩控制模式转矩响应快（转矩上升仅几毫秒），能快速控制转矩，进一步提高系统的动态响应能力，无载波频率可以减小电动机噪声。由于采用了“bang-bang”非线性控制手段，在低频下特别是在零速附近表现出转矩脉动。

3. 起重机械变频调速运行特性

（1）四个象限运行特性

1）给定和反馈。变频调速装置可通过其数字/模拟输入接口，接收数字/模拟给定信号，进行有级/无级调速。常用的变频主令有级给定为四挡：4-0-4，频率给定值为 5Hz、15Hz、25Hz、50Hz 或其他。

起升机构或调速范围大于 10∶1 的平移机构常采用闭环调速，速度反馈元件通常为增量型脉冲编码器。

2）重物上升特性。变频传动系统特性如图 15-10所示。

重物上升时，变频电动机从电网吸收电能提升重物（或克服阻力）做功，以电动状态在给定速度上稳定运行在第 Ⅰ 象限曲线 1，主令给定速度为 n_1，工作点为 A。

若需减速时，主令给定速度 n_2（小于 n_1），变

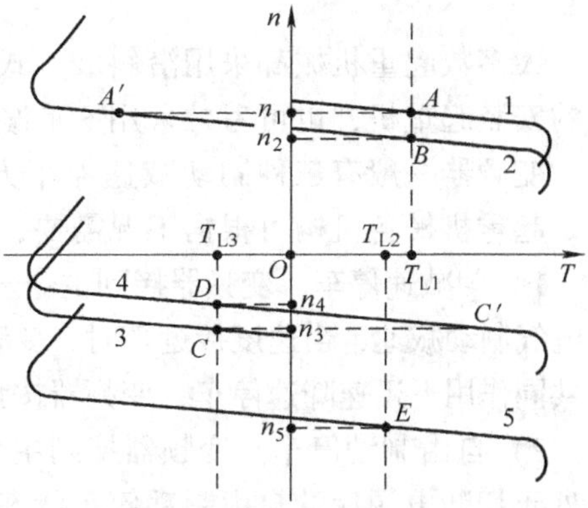

图 15-10　变频传动系统特性

频电动机经再生回馈制动过渡到新电动状态，重物在第Ⅰ象限以给定速度 n_2 稳定运行于 B 点，特性曲线 1→2，工作点 $A \to A' \to B$。

需要指出的是，降速过程中的特性曲线是连续变化的，曲线 1 和 2 只不过是它的包络线。

3）空钩（包括轻载）下降特性。空钩下降时，主令给定速度为 n_3，当重物负载转矩小于摩擦阻转矩时，其合成转矩性质为阻抗性（第Ⅲ象限），变频电动机需反向电动运行，迫使重物强力下放，工作点为曲线 3 上的 C 点，转速为 n_3；若需减速运行时，其变化同上升减速。

4）重载下降。重物下放或减速制动时，变频电动机从电网吸收少量电能励磁，重物负载拖动电动机运行，电磁制动转矩与负载转矩平衡或使机构减速，工作在回馈制动或能耗制动状态，变频器同时将机械能转换的电能回馈给电网，或经制动单元（制动电阻）以热能形式释放。

重载下降时，主令给定下降速度为 n_5，变频电动机在向下电磁转矩和负载转矩共同作用下，沿给定斜坡快速运行，转速迅速增大，超过同步转速后进入第Ⅳ象限回馈制动状态，工作点为曲线 5 上的 E 点，转速为 n_5。

（2）起重机械变频系统的起动　起重机械变频调速起动通过控制定子电压和频率来获得理想的起动性能，通常选用按预置时间的原则沿斜坡平稳变化起动电动机，起（制）动平稳，加减速平滑，对机构冲击小，如图 15-11 所示。

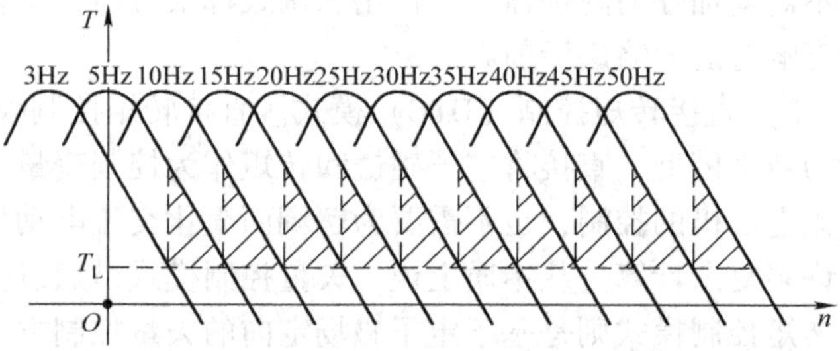

图 15-11　变频电动机起动过程

1）按预置起动时间起动。设定起（制）动时间相当于设定了起（制）动转矩的大小。当主令离开零位，变频系统按需要的恒加速转矩驱动电动机匀加速起动，直到达到给定速度。

2）按预置转矩起动。利用变频器快速限流功能，变频电动机以允许的最大转矩尽快地起动，整个起动过程是恒转矩匀加速起动。

（3）起重机械变频系统的制动　起重机械变频系统的制动包括制动降速及制动减速停车。

大多数起重机械都采用沿斜坡方式制动降速，对工作平稳性和制动减/加速度有较高要求的安装起重机，也可考虑采用 S 形减速方式。

变频器一般有三种制动减速停车方式，即匀减速停车、自由停车、减速加直流制动停车。起重机械各机构可根据工况需要，选择安全可靠的制动方式。

1）匀减速停车。变频器接到主令发出停车信号后，变频电动机按预置减速时间沿斜坡进行电气制动减速，当速度接近零时，变频器发出信号机械制动器抱闸，在机械制动和电气制动的共同作用下迅速降速停车，变频器按预定延时发出脉冲封锁信号切断电源，停车过程结束。

2）自由制动停车。变频器接到主令发出停车命令后，发出封锁脉冲切断电源，使电动机处于切断电源后的自由制动停车状态。

3）减速加直流制动停车。变频器接到主令发出停车命令后，先执行匀减速停车程序，当速度降到预置值后，执行匀减速直流制动停车程序。

（4）其他功能　变频系统具有完善的自我保护功能，如过载、过电流、过热、短路、接地、过电压、欠电压、超速、转矩校验功能等，提高了起重机械驱动系统的安全性、可靠性。变频器还可完成电动机整个运行状态的各项参数的读、写和显示，操作和维护方便。对于刚性连接的双电动机可实现力矩均衡控制，对于挠性连接的双电动机可实现速度同步控制。无论采用能耗还是回馈制动，都能驱动电动机在四个象限运行。因此，变频调速是迄今为止满足异步电动机高效、低耗、高性能运行要求的最佳调速系统。

（5）起重机械常用变频调速装置　西门子的 SIMOVERT 6SE70 系列、SINAMICS S120 系列，均采用 V/F 控制和矢量控制（VC），主回路结构为电压源型交-直-交。ABB 的 ACS800 系列，采用直接转矩控制（DTC）。施耐德的 ATV71 系列，具备开环电压矢量控制、开环电流矢量控制和闭环电流矢量控制、力矩控制等多种控制模式，是应用于起重行业的主要产品。安川的 G7、F7 系列，电流矢量控制的通用变频器，EMC 兼容对应措施全面。

4. 交流调压调速系统简介

（1）定子调压调速原理　异步电动机最大转矩与定子相电压的平方成正比，调节定子电压可以使最大转矩在水平线上以平方值连续变化缩小，相应地改变了电动机工作点，是一种改变转差（滑差）率 s 的调速方法。对于以恒转矩负载为主的起重机械来说，单纯采用变定子电压的方式所能获取的调速范围很小，对起重机械无太大实际意义。在转子回路内串入适当电阻，既不影响最大转矩 T_m，又使临界转差率 s_m 下移，从而扩大调速范围，当 $s_m=1$ 时，可获得理想的起动转矩。低速运行时，转差损耗转移到电阻器上，减轻了电动机低速运行发热状况。因此，绕线式异步电动机转子串电阻、定子调压调速在起重机械上得到广泛应用。

（2）系统组成　定子调压装置的速度给定可采用有级或无级给定。有级给定为多级主令开关或 PROFIBUS DP 通信，无级给定为电位计或脉冲编码器等。速度反馈元件常见的有永磁式测速发电机、脉冲编码器，也有用转子频率反馈。定子调压装置包括功率部件和控制部件，其转子电阻需满足驱动系统对起动转矩、调速区域、转子电阻切换时对应的转速和预订的限制电流要求。

（3）定子调压调速主要特点　定子调压调速的电磁转矩与定子电压的平方成正比，定子电压越低，特性越软，临界转矩越小。为获得稳定低速，通常采用转子串电阻有速度反馈的闭环调速系统，它既不是恒功率调速，也不是恒转矩调速。由于定子调压得到的是非正弦、含有高次谐波的电压，对电网和周围设备产生谐波污染，使电动机附加损耗增加。晶闸管调压调速控制方式简单、开关元件性能可靠、价格较低，有很完善的控制性能和保护环节，在国内中小型起重机械上仍广泛采用。

（4）市场产品　西门子 SIMOTRAS HD、ABB 的 ASTAT 等系列调压器，具有转速、电流双闭环的调速功能，当采用脉冲编码器做速度反馈时，调速范围一般能达到 20：1。

THYROMAT-BDH/BDT、THYROMAT-10BBCH/BCCT10、QY2-S（Y）/T5 以及 QTDJ-Ⅱ等系列调压器是常用的速度单闭环调速装置，调速范围一般为 10：1。

本章小结

了解起重机械相关电气设备、调速及电气传动控制系统，掌握起重机械电力装备的技术要求和主要调速方法的工作原理。

附　　录

附录 A　起重量的相关术语及定义

表 A-1　起重量的相关术语及定义（一）

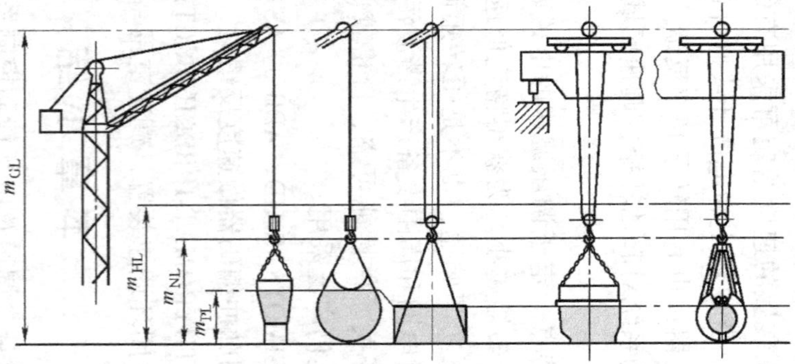

a)

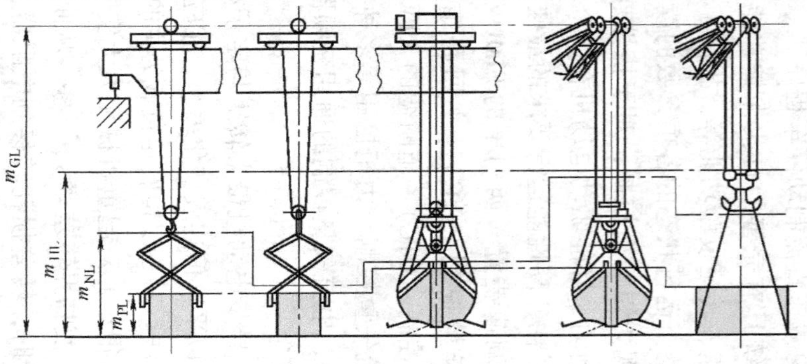

b)

总起重量 m_{GL}	起重挠性件 m_{HM}			从臂架头部垂下的起升钢丝绳			从起重小车垂下的起升钢丝绳	
	起重挠性件下起重量 m_{HL}	固定吊具 m_{FA}		吊钩滑轮组	吊钩滑轮组	吊钩滑轮组	吊钩滑轮组	吊钩滑轮组
		净起重量 m_{NL}	可分吊具 m_{NA}	料斗与链条	网扣	钢丝绳吊具	电磁吸盘与链条	抓斗
			有效起重量 m_{PL}	料斗内物料	网扣内物料	包装箱和内含物	碎铁块	抓斗内物料
总起重量 m_{GL}	起重挠性件 m_{HM}			从起重小车垂下的起升钢丝绳			从臂架头部垂下的起升钢丝绳	
	起重挠性件下起重量 m_{HL}	固定吊具 m_{FA}		下滑轮	夹钳与滑轮①	抓斗①	—	—
		净起重量 m_{NL}	可分吊具 m_{NA}	夹钳	—	—	抓斗②	吊钩、吊梁与吊索②
			有效起重量 m_{PL}	加工好的石料	加工好的石料	抓斗内物料	抓斗内物料	包装箱与内含物

① 这些部件均永久固定在钢丝绳上。

② 这些部件均非永久固定在钢丝绳上，与钢丝绳的连接很容易拆开。

表 A-2　起重量的相关术语及定义（二）

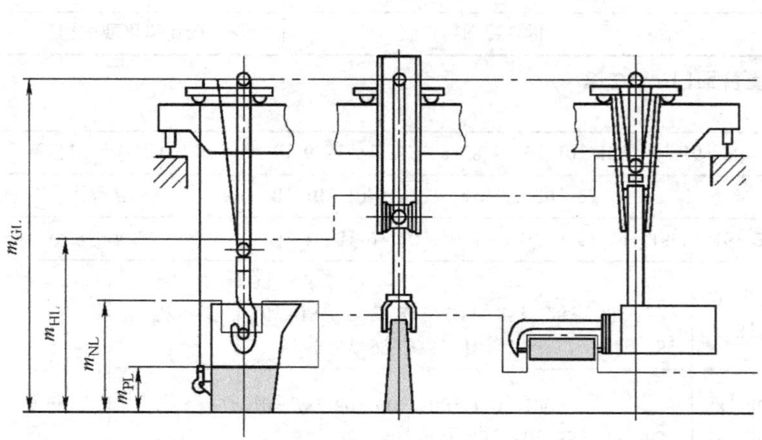

a)

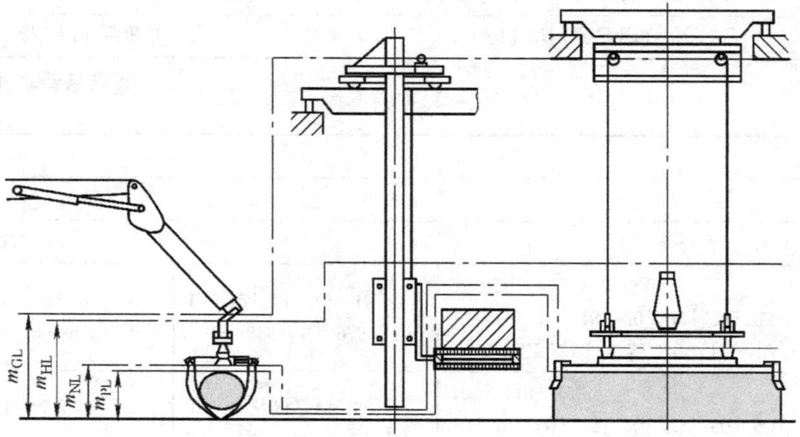

b)

总起重量 m_{GL}	起重挠性件 m_{HM}			主起升钢丝绳和副起升钢丝绳	起升钢丝绳	起升钢丝绳
	起重挠性件下起重量 m_{HL}	固定吊具 m_{FA}		下滑轮与吊钩组	夹钳	夹钳
		净起重量 m_{NL}	可分吊具 m_{NA}	钢（铁）水包	—	—
			有效起重量 m_{PL}	包内含物	钢锭	钢锭
总起重量 m_{GL}	起重挠性件 m_{HM}			—	起升钢丝绳	起升钢丝绳
	起重挠性件下起重量 m_{HL}	固定吊具 m_{FA}		回转装置与抓具	货叉与叉架	集装箱吊具上架
		净起重量 m_{NL}	可分吊具 m_{NA}	—	—	集装箱吊具
			有效起重量 m_{PL}	抓举内含物	托盘货物	集装箱

附录 B　门座起重机基本参数和工作级别

表 B-1　门座起重机基本参数系列（一）

门座起重机取物装置		吊　钩	抓斗、电磁吸盘	集装箱吊具	吊　罐
额定起重量 m_{RC}/t		3.2；5；8；10；16；20；25；32；40；50；(56)；63；80；(90)；100；125；160；200；250；(280)；320；400；(450)；500	3.2；5；8；10；16；20；25；32；40；50；63	25；32；40；50	10；20；32
起升范围	起升高度 H/m	12；13；15；16；18；19；20；22；25；26；28；30；32；35；45；55；60；65；70；90；95；100	12；13；15；16；18；19；20；22；23；24；25；26；28；30	12；13；15；16；18；19；20；22；23；24；25	12；13；15；16；18；19；20；22；25；26；28；30；32；35；40；55；60；65；70；90；95；100
	下降深度 h/m	5；8；10；12；15；16；18；20；22；25；30；40；50；60；70	8；10；12；15；16；18；20；22；25	8；10；12；15；16；18；20；22；25	8；10；12；15；16；18；20；22；25；30；40；50；60；70
幅度 R/m	最大	16；20；22；24；25；28；30；32；33；35；37；38；40；43；45；50；55；60；65；70；75；80；90；100；110；120	16；20；22；24；25；28；30；32；33；35；37；38；40；43；45；50	20；22；24；25；28；30；32；33；35；37；38；40；43；45；50	16；20；22；24；25；28；30；32；33；35；37；38；40；43；45；50；55；60；65；70；75；80；90；100；110；120
	最小	8；8.5；9；9.5；10；11；12；14；15；16；18；20；22；24；25；28；30；32；33；35	8；8.5；9；9.5；10；11；12；14；15；16	8；8.5；9；9.5；10；11；12；14；15；16	8；8.5；9；9.5；10；11；12；14；15；16；18；20；22；24；25；28；30；32；33；35
轨距 K/m		6；7；8；9；10；10.5；12；13.5；14；15.5；16；20；22			
基距 B/m		8；10；10.5；12；14；16；20；22			
尾部回转半径 r/m		6；6.5；7；7.5；8；8.5；9；10；12；14；16；20			

表 B-2　门座起重机基本参数系列（二）

门座起重机类型	港口门座起重机	船厂门座起重机	水利电力门座起重机
起升速度/(m/min)	10；20；30；40；45；50；55；60；70；80；90	3；4；5；6；8；10；12；15；16；20；25；30	3；4；5；6；8；10；12；15；16；20；25；30；46；50
变幅速度/(m/min)	20；30；40；45；50；55；60	3；5；8；10；12；15；20；25；30	3；5；8；10；12；15；20；25；30

（续）

门座起重机类型	港口门座起重机	船厂门座起重机	水利电力门座起重机
回转速度/(m/min)	0.5；1.0；1.2；1.3；1.4；1.5；1.6；1.8；2.0	0.1；0.15；0.2；0.25；0.3；0.33；0.4；0.5	0.1；0.15；0.2；0.25；0.3；0.33；0.4；0.5；0.75
运行速度/(m/min)	15；20；25；30；35	15；20；25；30；35	15；20；25；30；35

表 B-3　门座起重机整机工作级别与起重机机构工作级别举例

起重机类型	取货装置	起重机的使用情况	整机级别	各工作机构级别			
				H	S	L	T
港口门座起重机	吊钩	较频繁中等载荷使用	A6	M5	M5	M4	M3
	吊钩	较频繁重载使用	A7	M7	M6	M5	M4
	抓斗、电磁吸盘、集装箱吊具	较频繁重载使用	A7	M7	M6	M6	M4
	抓斗、电磁吸盘、集装箱吊具	频繁重载使用	A8	M8	M7	M7	M4
船厂门座起重机	吊钩	不频繁较轻载使用	A4	M5	M4	M4	M5
水利电力门座起重机	吊钩	不频繁较轻载使用	A4	M5	M4	M4	M5
	吊钩、吊罐	较频繁重载使用	A7	M7	M6	M6	M4

注：H—起升机构；S—回转机构；L—变幅机构；T—起重机运行机构（纵向，大车）。

附录 C　工作级别分级举例

表 C-1　桥式和门式起重机整机分级举例

序　号	起重机的类别	起重机的使用情况	使用等级	载荷状态	整机工作级别
1	人力驱动起重机（含手动葫芦起重机）	很少使用	U_2	Q1	A1
2	车间装配用起重机	较少使用	U_3	Q2	A3
3（a）	电站用起重机	很少使用	U_2	Q2	A2
3（b）	维修用起重机	较少使用	U_2	Q3	A3

（续）

序　号	起重机的类别	起重机的使用情况	使用等级	载荷状态	整机工作级别
4（a）	车间用起重机（含车间用电动葫芦起重机）	较少使用	U_3	Q2	A3
4（b）	车间用起重机（含车间用电动葫芦起重机）	不频繁较轻载使用	U_4	Q2	A4
4（c）	较繁忙车间用起重机（含车间用电动葫芦起重机）	不频繁中等载荷使用	U_5	Q2	A5
5（a）	货场用吊钩起重机（含货场电动葫芦起重机）	较少使用	U_4	Q1	A3
5（b）	货场用抓斗或电磁盘起重机	较频繁中等载荷使用	U_5	Q3	A6
6（a）	废料场吊钩起重机	较少使用	U_4	Q1	A3
6（b）	废料场抓斗或电磁盘起重机	较频繁中等载荷使用	U_5	Q3	A6
7	桥式抓斗卸船机	频繁重载使用	U_7	Q3	A8
8（a）	集装箱搬运起重机	较频繁中等载荷使用	U_5	Q3	A6
8（b）	岸边集装箱起重机	较频繁重载使用	U_6	Q3	A7
9	冶金用起重机				
9（a）	换轧辊起重机	很少使用	U_3	Q1	A2
9（b）	料箱起重机	频繁重载使用	U_7	Q3	A8
9（c）	加热炉起重机	频繁重载使用	U_7	Q3	A8
9（d）	炉前兑铁液铸造起重机	较频繁重载使用	$U_6 \sim U_7$	Q3 ~ Q4	A7 ~ A8
9（e）	炉后出钢液铸造起重机	较频繁重载使用	$U_4 \sim U_5$	Q4	A6 ~ A7
9（f）	板坯搬运起重机	较频繁重载使用	U_6	Q3	A7
9（g）	冶金流程线上的专用起重机	频繁重载使用	U_7	Q3	A8
9（h）	冶金流程线外用的起重机	较频繁中等载荷使用	U_6	Q2	A6
10	铸工车间用起重机	不频繁中等载荷使用	U_4	Q3	A5
11	锻造起重机	较频繁重载使用	U_6	Q3	A7
12	淬火起重机	较频繁中等载荷使用	U_5	Q3	A6
13	装卸桥	较频繁重载使用	U_5	Q4	A7

表 C-2　桥式和门式起重机各机构单独作为整体分级举例

序号	起重机的类别	起重机的使用情况	起重机整机的工作级别	机构使用等级			机构载荷状态			机构工作级别		
				H	D	T	H	D	T	H	D	T
1	人力驱动的起重机（含手动葫芦起重机）	很少使用	A1	T_2	T_2	T_2	L1	L1	L1	M1	M1	M1
2	车间装配用起重机	较少使用	A3	T_2	T_2	T_2	L2	L1	L2	M2	M1	M2
3（a）	电站用起重机	很少使用	A2	T_2	T_2	T_3	L2	L1	L2	M2	M1	M3
3（b）	维修用起重机	较少使用	A3	T_2	T_2	T_2	L2	L1	L2	M2	M1	M2
4（a）	车间用起重机（含车间用电动葫芦起重机）	较少使用	A3	T_4	T_3	T_4	L1	L1	L1	M3	M2	M3
4（b）	车间用起重机（含车间用电动葫芦起重机）	不频繁较轻载使用	A4	T_4	T_3	T_4	L2	L2	L2	M4	M3	M4
4（c）	较繁忙车间用起重机（含车间用电动葫芦起重机）	不频繁中等载荷使用	A5	T_5	T_3	T_5	L2	L2	L2	M5	M3	M5
5（a）	货场用吊钩起重机（含货场用电动葫芦起重机）	较少使用	A3	T_4	T_3	T_4	L1	L1	L2	M3	M2	M4
5（b）	货场用抓斗或电磁盘起重机	较频繁中等载荷使用	A6	T_5	T_5	T_5	L3	L3	L3	M6	M6	M6
6（a）	废料场吊钩起重机	较少使用	A3	T_4	T_3	T_4	L2	L2	L2	M4	M3	M4
6（b）	废料场抓斗或电磁盘起重机	较频繁中等载荷使用	A6	T_5	T_5	T_5	L3	L3	L3	M6	M6	M6
7	桥式抓斗卸船机	频繁重载使用	A8	T_7	T_6	T_5	L3	L3	L3	M8	M7	M6
8（a）	集装箱搬运起重机	较频繁中等载荷使用	A6	T_5	T_5	T_5	L3	L3	L3	M6	M6	M6
8（b）	岸边集装箱起重机	较频繁重载使用	A7	T_6	T_6	T_5	L3	L3	L3	M7	M7	M6
9	冶金用起重机											
9（a）	换轧辊起重机	很少使用	A2	T_3	T_2	T_3	L3	L3	L3	M4	M3	M4
9（b）	料箱起重机	频繁重载使用	A8	T_7	T_5	T_7	L4	L4	L4	M8	M7	M8
9（c）	加热炉起重机	频繁重载使用	A8	T_6	T_6	T_6	L3	L4	L3	M7	M8	M7
9（d）	炉前兑铁液铸造起重机	较频繁重载使用	A6 ~ A7	T_7	T_5	T_5	L3	L3	L3	M7 ~ M8	M6	M6
9（e）	炉后出钢液铸造起重机	较频繁重载使用	A7 ~ A8	T_7	T_6	T_6	L4	L3	L3	M8	M7	M6 ~ M7
9（f）	板坯搬运起重机	较频繁重载使用	A7	T_6	T_5	T_6	L3	L4	L4	M7	M7	M8
9（g）	冶金流程线上的专用起重机	频繁重载使用	A8	T_6	T_6	T_7	L4	L3	L4	M8	M7	M8
9（h）	冶金流程线外用的起重机	较频繁中等载荷使用	A6	T_6	T_5	T_5	L2	L2	L3	M6	M5	M6

（续）

序号	起重机的类别	起重机的使用情况	起重机整机的工作级别	机构使用等级			机构载荷状态			机构工作级别		
				H	D	T	H	D	T	H	D	T
10	铸工车间用起重机	不频繁中等载荷使用	A5	T_5	T_4	T_5	L2	L2	L2	M5	M4	M5
11	锻造起重机	较频繁重载使用	A7	T_6	T_5	T_5	L3	L3	L3	M7	M6	M6
12	淬火起重机	较频繁中等载荷使用	A6	T_5	T_4	T_5	L3	L3	L3	M6	M5	M6
13	装卸桥	较频繁重载使用	A7	T_7	T_7	T_3	L4	L4	L2	M8	M8	M3

注：H—主起升机构；D—小车（横向）运行机构；T—大车（纵向）运行机构。

附录 D　电动机相关数据

表 D-1　*JC*（%）、*CZ*、*G* 值

起重机形式		用途	主起升机构			副起升机构			小车运行机构			大车运行机构			回转机构			变幅机构		
			JC	*CZ*	*G*	*JC*	*CZ*	*G*	*JC*	*CZ*	*G*	*JC*	*CZ*	*G*	*JC*	*CZ*	*G*	*JC*	*CZ*	*G*
桥式起重机	吊钩式	电站安装及检修用	15~25	150	G_2	15~25	150	G_1	15	300	G_1	15	600	G_1						
		车间及仓库用	25	150	G_2	25	150	G_2	25	300	G_2	25	600	G_2						
		繁忙的工作车间、仓库用	40	300	G_2	25	150	G_2	25	600	G_2	40	1000	G_2						
	抓斗式	间断装卸用	40	450	G_2				40	800	G_2	40	1500	G_2						
门式起重机	吊钩式	一般用途	25	150	G_2	25	150	G_2	25	300	G_2	25	450	G_2						
门座起重机	吊钩式	安装用	25	150	G_2	25	150	G_2				25	150	G_2	25	300	G_2	25	150	G_2
	吊钩式	装卸用	40	300	G_2							15	150	G_2	25	1000	G_2	25	600	G_2
	抓斗式		60	450	G_3							15	150	G_2	40	1000	G_2	40	600	G_2

注：表中稳态负载平均系数 G_1、G_2、G_3 的值可由第 4 章表 4-7 选取。

表 D-2 YZR 系列电动机 $P=f(JC, CZ)$ 功率数据 (kW)

JC(%)	CZ													
	6	50	100	150	300	450	600	800	1000	1250	1500	2000	3000	4000
YZR112M-6														
15	2.200	2.172	2.139	2.107	2.013	1.919	1.826	1.703	1.579	1.424	1.266	0.936	0.125	
25	1.800	1.778	1.753	1.728	1.655	1.583	1.511	1.416	1.321	1.202	1.082	0.832	0.246	
40	1.500	1.485	1.468	1.451	1.401	1.352	1.303	1.238	1.174	1.094	1.013	0.849	0.497	0.045
60	1.100	1.087	1.073	1.059	1.017	0.976	0.936	0.882	0.829	0.763	0.696	0.558	0.252	
100	0.800	0.791	0.781	0.771	0.741	0.712	0.683	0.646	0.608	0.562	0.515	0.420	0.212	
YZR132M1-6														
15	3.000	2.908	2.806	2.706	2.410	2.117	1.822	1.416	0.978	0.332				
25	2.500	2.438	2.369	2.301	2.100	1.904	1.707	1.443	1.169	0.802	0.380			
40	2.200	2.157	2.109	2.062	1.923	1.787	1.652	1.473	1.291	1.058	0.813	0.233		
60	1.800	1.770	1.735	1.702	1.603	1.506	1.411	1.284	1.158	0.998	0.833	0.474		
100	1.500	1.480	1.457	1.434	1.367	1.302	1.238	1.154	1.070	0.966	0.860	0.642	0.114	
YZR132M2-6														
15	5.000	4.906	4.800	4.696	4.385	4.077	3.770	3.358	2.939	2.397	1.822	0.453		
25	4.000	3.939	3.870	3.801	3.598	3.397	3.198	2.932	2.665	2.326	1.976	1.220		
40	3.700	3.659	3.613	3.567	3.430	3.295	3.161	2.984	2.807	2.585	2.361	1.902	0.875	
60	3.000	2.971	2.938	2.905	2.807	2.711	2.615	2.489	2.361	2.207	2.050	1.731	1.048	0.197
100	2.500	2.481	2.460	2.438	2.374	2.312	2.249	2.167	2.086	1.985	1.884	1.682	1.268	0.819
YZR160M1-6														
15	7.500	7.278	7.032	6.791	6.087	5.399	4.712	3.778	2.791	1.396				
25	6.300	6.168	6.020	5.874	5.450	5.036	4.629	4.088	3.542	2.838	2.089	0.240		
40	5.500	5.412	5.313	5.216	4.930	4.652	4.380	4.021	3.664	3.215	2.757	1.782		
60	5.000	4.938	4.868	4.799	4.595	4.397	4.203	3.948	3.696	3.383	3.069	2.428	0.987	
100	4.000	3.956	3.906	3.857	3.713	3.573	3.435	3.255	3.078	2.859	2.640	2.201	1.264	

（续）

JC(%)	CZ													
	6	50	100	150	300	450	600	800	1000	1250	1500	2000	3000	4000
YZR160M2-6														
15	11.000	10.703	10.372	10.048	9.089	8.168	7.242	5.990	4.686	2.906	0.738			
25	8.500	8.307	8.091	7.878	7.257	6.651	6.052	5.251	4.436	3.370	2.206			
40	7.500	7.375	7.234	7.096	6.689	6.292	5.902	5.388	4.873	4.224	3.557	2.116		
60	6.300	6.210	6.109	6.010	5.717	5.432	5.152	4.783	4.418	3.961	3.498	2.535	0.100	
100	5.500	5.443	5.378	5.315	5.127	4.943	4.763	4.526	4.293	4.004	3.716	3.136	1.910	0.390
YZR160L-6														
15	15.000	14.617	14.190	13.770	12.540	11.336	10.138	8.523	6.853	4.608	1.994			
25	13.000	12.758	12.486	12.218	11.432	10.664	9.906	8.901	7.890	6.599	5.251	2.184		
40	11.000	10.837	10.654	10.473	9.941	9.422	8.910	8.236	7.564	9.721	5.864	4.060		
60	9.000	8.882	8.749	8.618	8.231	7.854	7.483	6.995	6.512	5.908	5.301	4.048	1.107	
100	7.500	7.422	7.335	7.248	6.992	6.742	6.497	6.175	5.857	5.463	5.070	4.280	2.608	0.533
YZR180L-6														
15	20.000	19.189	18.292	17.414	14.842	12.284	9.653	5.838	1.093					
25	17.000	16.498	15.940	15.393	13.793	12.226	10.658	8.521	6.260	3.050				
40	15.000	14.670	14.302	13.939	12.879	11.845	10.823	9.461	8.078	6.279	4.337			
60	13.000	12.767	12.507	12.250	11.499	10.767	10.047	9.096	8.144	6.937	5.688	2.926		
100	11.000	10.846	10.674	10.504	10.005	9.518	9.041	8.415	7.794	7.019	6.237	4.618	0.657	
YZR200L-6														
15	33.000	31.639	30.133	28.659	24.332	20.018	15.562	9.055	0.741					
25	26.000	25.120	24.144	23.187	20.391	17.638	14.861	11.002	6.753					
40	22.000	21.408	20.750	20.104	18.218	16.376	14.545	12.074	9.506	6.016	1.813			
60	19.000	18.585	18.123	17.669	16.342	15.050	13.777	12.084	10.369	8.148	5.763			
100	17.000	16.736	16.440	16.149	15.294	14.463	13.647	12.574	11.508	10.171	8.811	5.940		

（续）

JC(%)	CZ													
	6	50	100	150	300	450	600	800	1000	1250	1500	2000	3000	4000
YZR225M-6														
15	40.000	38.219	36.252	34.329	28.688	23.038	17.141	8.268						
25	34.000	32.874	31.625	30.400	26.823	23.305	19.762	14.858	9.503	1.134				
40	30.000	29.267	28.449	27.646	25.299	23.007	20.736	17.691	14.565	10.422	5.755			
60	26.000	25.484	24.908	24.340	22.680	21.064	19.471	17.360	15.234	12.511	9.648	2.932		
100	22.000	21.666	21.291	20.922	19.840	18.786	17.751	16.391	15.040	13.347	11.629	8.016		
YZR250M1-6														
15	50.000	46.861	43.416	40.046	30.012	19.426	6.881							
25	42.000	40.038	37.878	35.756	29.537	23.277	16.680	6.475						
40	37.000	35.729	34.320	32.940	28.903	24.924	20.903	15.301	9.095					
60	32.000	31.104	30.107	29.130	26.273	23.479	20.695	16.922	12.972	7.515	0.593			
100	28.000	27.433	26.800	26.177	24.355	22.579	20.829	18.506	16.165	13.158	9.982	2.404		
YZR250M2-6														
15	63.000	59.289	55.215	51.234	39.436	27.174	13.237							
25	52.000	49.656	47.071	44.544	37.133	29.708	21.917	10.213						
40	45.000	43.474	41.782	40.125	35.285	30.523	25.720	19.051	11.710					
60	39.000	37.936	36.753	35.593	32.205	28.895	25.604	21.158	16.529	10.205	2.484			
100	33.000	32.324	31.564	30.819	28.641	26.522	24.435	21.667	18.875	15.288	11.491	2.339		
YZR280S-6														
15	75.000	70.172	64.869	59.678	44.174	27.689	7.695							
25	63.000	59.993	56.674	53.426	43.866	34.207	23.969	7.843						
40	55.000	53.069	50.927	48.827	42.678	36.605	30.448	21.826	12.159					
60	48.000	46.661	45.170	43.706	39.424	35.230	31.046	25.369	19.422	11.195	0.734			
100	40.000	39.148	38.197	37.261	34.521	31.851	29.214	25.705	22.152	17.555	12.636	0.154		

（续）

JC(%)	CZ													
	6	50	100	150	300	450	600	800	1000	1250	1500	2000	3000	4000
YZR280M-6														
15	100.000	94.053	87.517	81.123	62.135	42.321	19.625							
25	85.000	81.260	77.130	73.088	61.227	49.350	36.972	18.437						
40	75.000	72.574	69.880	67.240	59.519	51.927	44.290	33.751	22.320	4.900				
60	63.000	61.291	59.391	57.526	52.082	46.764	41.476	34.336	26.908	16.781	4.485			
100	50.000	48.866	47.603	46.363	42.749	39.238	35.779	31.176	26.507	20.434	13.854			
YZR160L-8														
15	11.000	10.780	10.533	10.290	9.578	8.882	8.195	7.281	6.358	5.170	3.914	0.910		
25	9.000	8.856	8.694	8.535	8.066	7.608	7.157	6.562	5.968	5.220	4.454	2.813		
40	7.500	7.404	7.297	7.191	6.878	6.573	6.273	5.878	5.487	5.000	4.510	3.503	1.187	
60	6.000	5.929	5.849	5.770	5.537	5.309	5.086	4.794	4.505	4.146	3.786	3.056	1.446	
100	5.000	4.952	4.898	4.845	4.687	4.533	4.382	4.185	3.990	3.750	3.511	3.034	2.047	0.914
YZR180L-8														
15	15.000	14.586	14.123	13.669	12.336	11.026	9.716	7.936	6.067	3.479	0.183			
25	13.000	12.740	12.448	12.160	11.315	10.487	9.669	8.578	7.475	6.053	4.544	0.906		
40	11.000	10.834	10.648	10.463	9.920	9.389	8.865	8.173	7.483	6.613	5.727	3.849		
60	9.000	8.877	8.739	8.602	8.199	7.806	7.418	6.907	6.400	5.765	5.122	3.788	0.515	
100	7.500	7.421	7.332	7.243	6.983	6.727	6.476	6.146	5.820	5.415	5.011	4.196	2.453	0.217
YZR200L-8														
15	22.000	21.276	20.471	19.680	17.364	15.079	12.771	9.570	6.064	0.550				
25	18.500	18.040	17.527	17.022	15.542	14.092	12.651	10.711	8.710	6.036	2.974			
40	15.000	14.691	14.346	14.007	13.010	12.037	11.076	9.797	8.503	6.833	5.058	0.705		
60	13.000	12.784	12.541	12.301	11.599	10.913	10.238	9.346	8.456	7.330	6.175	3.675		
100	11.000	10.861	10.706	10.551	10.098	9.655	9.221	8.649	8.083	7.379	6.671	5.221	1.911	

（续）

JC(%)	CZ													
	6	50	100	150	300	450	600	800	1000	1250	1500	2000	3000	4000
YZR225M-8														
15	33.000	32.087	31.069	30.069	27.136	24.257	21.380	17.472	13.373	7.699	0.488			
25	26.000	25.408	24.747	24.096	22.188	20.321	18.471	15.996	13.468	10.154	6.517			
40	22.000	21.614	21.182	20.756	19.503	18.280	17.075	15.479	13.880	11.849	9.749	5.112		
60	18.500	18.230	17.927	17.628	16.747	15.888	15.043	13.930	12.823	11.435	10.026	7.074		
100	17.000	16.832	16.642	16.453	15.898	15.354	14.818	14.115	13.420	12.559	11.700	9.975	6.344	1.992
YZR250M1-8														
15	42.000	40.190	38.190	36.233	30.493	24.755	18.797	9.959						
25	35.000	33.863	32.602	31.365	27.750	24.196	20.621	15.687	10.330	2.141				
40	30.000	29.248	28.410	27.586	25.181	22.832	20.502	17.373	14.153	9.857	4.951			
60	26.000	25.472	24.883	24.303	22.608	20.956	19.329	17.170	14.994	12.199	9.248	2.198		
100	22.000	21.659	21.278	20.901	19.798	18.724	17.671	16.285	14.909	13.181	11.426	7.720		
YZR250M2-8														
15	52.000	49.910	47.598	45.335	38.703	32.107	25.325	15.516	3.423					
25	42.000	40.674	39.201	37.757	33.537	29.393	25.232	19.512	13.355	4.199				
40	37.000	36.134	35.168	34.218	31.440	28.728	26.043	22.452	18.783	13.961	8.633			
60	32.000	31.391	30.710	30.040	28.077	26.164	24.281	21.786	19.281	16.085	12.747	5.127		
100	27.000	26.609	26.170	25.737	24.467	23.229	22.014	20.416	18.831	16.849	14.843	10.659		
YZR280S-8														
15	60.000	57.305	54.326	51.409	42.825	34.195	25.151	11.420						
25	51.000	49.310	47.432	45.590	40.193	34.870	29.497	22.039	13.862	0.923				
40	45.000	43.906	42.685	41.483	37.963	34.518	31.098	26.503	21.778	15.501	8.412			
60	38.000	37.227	36.362	35.510	33.014	30.578	28.172	24.974	21.743	17.582	13.171	2.501		
100	34.000	33.517	32.974	32.437	30.860	29.320	27.806	25.811	23.829	21.346	18.832	13.586	0.217	

（续）

JC(%)	CZ													
	6	50	100	150	300	450	600	800	1000	1250	1500	2000	3000	4000
YZR280M-8														
15	75.000	71.739	68.130	64.592	54.185	43.739	32.843	16.539						
25	63.000	60.954	58.679	56.445	49.897	43.438	36.922	27.900	18.063	2.843				
40	55.000	53.692	52.232	50.794	46.580	42.453	38.355	32.855	27.210	19.741	11.387			
60	48.000	47.080	46.050	45.034	42.054	39.141	36.266	32.447	28.600	23.674	18.506	6.546		
100	40.000	39.417	38.763	38.116	36.215	34.359	32.532	30.125	27.732	24.729	21.682	15.295		
YZR315S-8														
15	100.000	91.705	82.649	73.767	46.617	14.525								
25	85.000	79.754	74.003	68.385	51.706	34.218	13.818							
40	75.000	71.583	67.817	64.137	53.351	42.540	31.228	14.045						
60	63.000	60.582	57.912	55.303	47.691	40.175	32.519	21.644	8.925					
100	55.000	53.457	51.744	50.066	45.179	40.413	35.677	29.276	22.598	13.414	1.926			
YZR315M-8														
15	125.000	115.005	104.084	93.378	60.796	23.174								
25	100.000	93.597	86.587	79.743	59.392	37.897	12.179							
40	90.000	85.777	81.127	76.587	63.279	49.915	35.860	14.165						
60	75.000	72.019	68.731	65.523	56.168	46.924	37.483	23.964	7.752					
100	63.000	61.057	58.908	56.807	50.702	44.752	38.822	30.746	22.180	9.888				
YZR280S-10														
15	55.000	52.397	49.524	46.712	38.438	30.086	21.251	7.423						
25	42.000	40.342	38.508	36.713	31.462	26.251	20.912	13.240	3.984					
40	37.000	35.909	34.697	33.509	30.037	26.636	23.238	18.608	13.713	6.782				
60	32.000	31.231	30.374	29.532	27.075	24.679	22.308	19.137	15.892	11.612	6.845			
100	27.000	26.502	25.946	25.398	23.796	22.239	20.710	18.689	16.668	14.101	11.440	5.501		

（续）

JC(%)	CZ													
	6	50	100	150	300	450	600	800	1000	1250	1500	2000	3000	4000
YZR280M-10														
15	63.000	60.242	57.195	54.211	45.451	36.674	27.530	13.851						
25	55.000	53.259	51.324	49.425	43.867	38.399	32.900	25.326	17.150	4.902				
40	45.000	43.794	42.450	41.131	37.273	33.497	29.740	24.662	19.379	12.185	3.495			
60	37.000	36.175	35.255	34.350	31.704	29.125	26.578	23.181	19.731	15.238	10.371			
100	33.000	32.474	31.884	31.303	29.597	27.935	26.302	24.149	22.006	19.309	16.556	10.691		
YZR315S-10														
15	75.000	69.442	63.377	57.448	39.614	19.879								
25	63.000	59.496	55.653	51.904	40.860	29.537	17.049							
40	55.000	52.694	50.152	47.670	40.421	33.222	25.808	14.992	1.139					
60	48.000	46.390	44.608	42.865	37.791	32.818	27.821	20.920	13.391	1.620				
100	40.000	38.957	37.798	36.664	33.362	30.154	26.980	22.725	18.344	12.480	5.696			
YZR315M-10														
15	100.000	93.441	86.260	79.243	58.320	36.072	8.815							
25	85.000	80.865	76.295	71.840	58.761	45.563	31.555	9.286						
40	75.000	72.265	69.238	66.277	57.629	49.099	40.447	28.277	14.448					
60	63.000	61.082	58.954	56.871	50.799	44.863	38.933	30.842	22.251	9.920				
100	50.000	48.732	47.323	45.943	41.928	38.029	34.177	29.025	23.742	16.725	8.760			
YZR355M-10														
15	132.000	121.499	110.021	98.768	64.532	25.099								
25	110.000	103.330	96.012	88.860	67.636	45.450	19.826							
40	90.000	85.571	80.699	75.942	61.977	47.878	32.888	8.895						
60	75.000	71.885	68.451	65.100	55.317	45.617	35.646	21.160	2.895					
100	63.000	60.989	58.763	56.588	50.262	44.084	37.908	29.452	20.391	7.020				

（续）

JC(%)	CZ													
	6	50	100	150	300	450	600	800	1000	1250	1500	2000	3000	4000
YZR355L1-10														
15	160.000	147.482	133.794	120.376	79.629	33.116								
25	132.000	124.013	115.250	106.688	81.287	54.753	24.150							
40	110.000	104.712	98.892	93.211	76.543	59.763	42.021	14.168						
60	90.000	86.224	82.066	78.010	66.179	54.450	42.387	24.823	2.454					
100	75.000	72.534	69.809	67.148	59.420	51.876	44.329	33.968	22.790	5.917				
YZR355L2-10														
15	185.000	170.829	155.319	140.111	94.012	41.900								
25	150.000	140.930	130.977	121.249	92.384	62.224	27.441							
40	132.000	126.107	119.606	113.252	94.625	75.979	56.528	27.268						
60	110.000	105.827	101.218	96.713	83.567	70.593	57.393	38.691	16.985					
100	90.000	87.273	84.353	81.299	72.708	64.332	55.986	44.632	32.625	15.543				
YZR400L1-10														
15	236.000	216.266	194.726	173.595	108.928	32.036								
25	190.000	177.584	164.001	150.738	111.263	69.366	18.372							
40	160.000	151.807	142.814	134.047	108.323	82.290	54.388	8.165						
60	135.000	129.158	122.734	116.476	98.238	80.146	61.481	34.047						
100	110.000	106.114	101.834	97.664	85.578	73.781	61.940	45.538	27.455					
YZR400L2-10														
15	270.000	248.423	224.848	201.735	131.406	50.225								
25	240.000	226.587	211.846	197.438	154.855	111.002	62.343							
40	200.000	191.158	181.411	171.889	144.009	116.158	87.187	43.891						
60	177.000	170.829	164.002	157.323	137.845	118.699	99.379	72.480	42.638					
100	145.000	140.963	136.485	132.102	119.349	106.938	94.625	78.021	60.750	37.133	8.093			

附录E 钢丝绳分类

表E-1 单层钢丝绳

类别（不含绳芯）	钢丝绳			外层股			
	股数	外层股数	股的层数	钢丝数	外层钢丝数	钢丝层数	股捻制类型
3×7	3	3	1	5—9	4—8	1	单捻
3×19	3	3	1	15—26	7—12	2—3	平行捻
3×36	3	3	1	27—49	12—18	3	平行捻
3×19M	3	3	1	12—19	9—12	2	多工序点接触
3×37M	3	3	1	27—37	16—18	3	多工序点接触
3×35N	3	3	1	28—48	12—18	3	多工序复合捻
4×7	4	4	1	5—9	4—8	1	单捻
4×19	4	4	1	15—26	7—12	2—3	平行捻
4×36	4	4	1	29—57	12—18	3—4	平行捻
4×19M	4	4	1	12—19	9—12	2	多工序点接触
4×37M	4	4	1	27—37	16—18	3	多工序点接触
4×35N	4	4	1	28—48	12—18	3	多工序复合捻
6×6	6	6	1	6	6	1	单捻
6×7	6	6	1	5—9	4—8	1	单捻
6×12	6	6	1	12	12	1	单捻
6×19	6	6	1	15—26	7—12	2—3	平行捻
6×36	6	6	1	29—57	12—18	2—3	平行捻
6×61	6	6	1	61—85	18—24	3—4	平行捻
6×19M	6	6	1	12—19	9—12	2	多工序点接触
6×24M	6	6	1	24	12—16	2	多工序点接触
6×37M	6	6	1	27—37	16—18	3	多工序点接触
6×61M	6	6	1	45—61	18—24	4	多工序点接触
6×35N	6	6	1	28—48	12—18	3	多工序复合捻
6×61N	6	6	1	47—61	20—24	3—4	多工序复合捻
6×91N	6	6	1	85—109	24—36	4—6	多工序复合捻
7×19	7	7	1	15—26	7—12	2—3	平行捻
7×36	7	7	1	29—57	12—18	3—4	平行捻
8×7	8	8	1	5—9	4—8	1	单捻
8×19	8	8	1	15—26	7—12	2—3	平行捻
8×36	8	8	1	29—57	12—18	3—4	平行捻
8×61	8	8	1	61—85	18—24	3—4	平行捻
8×35N	8	8	1	28—48	12—18	3	多工序复合捻
8×61N	8	8	1	47—81	20—24	3—4	多工序复合捻
8×91N	8	8	1	85—109	24—36	4—6	多工序复合捻
麻钢混捻钢丝绳							
4×6	4	4	1	6	6	1	单捻
6×6	6	6	1	6	6	1	单捻
6×12	6	6	1	12	12	1	单捻
6×24	6	6	1	24	12—15	2	多工序交互捻

（续）

类别（不含绳芯）	钢丝绳			外层股			
	股数	外层股数	股的层数	钢丝数	外层钢丝数	钢丝层数	股捻制类型
三角股钢丝绳							
6×V8	6	6	1	8—9	7—8	1	单捻
6×V25	6	6	1	15—31	9—18	2	多工序点接触

注：1. 对于三角股，当用单独捻制的股如1—6或3F+3×2等代替钢丝股芯时，该股可记为一根钢丝。

2. 6×29F结构钢丝绳既可归为6×19类，也可归为6×36类。

3. 3股或4股类钢丝绳也可设计和制造成阻旋转的。

表E-2 阻旋转钢丝绳

类别	钢丝绳			外层股			
	股数（芯除外）	外层股数	股层数	钢丝数	外层钢丝数	钢丝层数	股捻制类型
圆股：							
2次捻制							
18×7	17—18	10—12	2	5—9	4—8	1	单捻
18×19	17—18	10—12	2	15—26	7—12	2—3	平行捻
18×36	17—18	10—12	2	29—57	12—18	3—4	平行捻
2次捻制							
23×7	21—27	15—18	2	5—9	4—8	1	单捻
23×19	21—27	15—18	2	15—26	7—12	2—3	平行捻
2次捻制							
24×7	19—28	11—12	3	5—9	4—8	1	单捻
24×19	19—28	11—12	3	15—26	7—12	2—3	平行捻
3次捻制							
34（M）×7	34—36	17—18	3	5—9	4—8	1	单捻
34（M）×19	34—36	17—18	3	15—26	7—12	2—3	平行捻
34（M）×36	34—36	17—18	3	29—57	12—18	3—4	平行捻
2次捻制							
35（W）×7	27—40	15—18	3	5—9	4—8	1	单捻
35（W）×19	27—40	15—18	3	15—26	7—12	2—3	平行捻
35（W）×36	27—40	15—18	3	29—57	12—18	3—4	平行捻
8×7：IWRC	14—16	8	2	5—9	4—8	1	单捻
8×19：IWRC	14—16	8	2	15—26	7—12	2—3	平行捻
8×36：IWRC	14—16	8	2	29—57	12—18	3—4	平行捻
9×7：IWRC	18	9	2	5—9	4—8	1	单捻
9×19：IWRC	18	9	2	15—26	7—12	2—3	平行捻
9×36：IWRC	18	9	2	29—57	12—18	3—4	平行捻
异型股：							
2次捻制							
10×Q10	10—14	6—9	2	8—10	8—10	1	单捻
12×P6：Q3×24FC	15	12	2	6	6	1	单捻
3次捻制							
19（M）×Q12	19	8	3	10—12	10—12	1	单捻
19（M）×Q26	19	8	3	24—28	14—16	2	多工序点接触

注：3股或4股钢丝绳也可以设计和制造成阻旋转钢丝绳。

表 E-3　平行捻密实钢丝绳

类　别	股数（芯除外）	外层股数	股　层　数	外层股钢丝数	外层钢丝数	钢丝层数	股捻制类型
6×19—PWRC	12	6	2	15—26	7—12	2—3	平行捻
6×36—PWRC	12	6	2	29—57	12—18	3—4	平行捻
8×7—PWRC	16	8	2	5—9	4—8	1	单捻
8×19—PWRC	16	8	2	15—26	7—12	2—3	平行捻
8×36—PWRC	16	8	2	29—57	12—18	3—4	平行捻
9×7—PWRC	18	9	2	5—9	4—8	1	单捻
9×19—PWRC	18	9	2	15—26	7—12	2—3	平行捻
9×36—PWRC	18	9	2	29—57	12—18	3—4	平行捻

表 E-4　缆式钢丝绳

类别（不包括绳芯）	钢　丝　绳	单元钢丝绳			单元钢丝绳的外层股			
	单元钢丝绳数	股　数	外层股数	股层数	钢丝数	外层钢丝数	钢丝层数	股捻制类型
6×6×7	6	6	6	1	5—9		1	单捻
6×6×19	6	6	6	1	15—26	7—12	2—3	平行捻
6×6×36	6	6	6	1	27—57	12—18	3—4	平行捻
6×6×61	6	6	6	1	61—73	18—24	3—4	平行捻
6×6×19M	6	6	6	1	12—19	9—12	2	多工序点接触
6×6×37M	6	6	6	1	27—37	16—18	3	多工序点接触
6×6×61M	6	6	6	1	45—61	20—24	4	多工序点接触
6×6×35N	6	6	6	1	28—48	12—18	3	多工序复合捻
6×6×61N	6	6	6	1	47—81	20—24	3—4	多工序复合捻
6×6×91N	6	6	6	1	85—109	24—36	4—6	多工序复合捻
6×8×19	6	8	8	1	15—26	7—12	2—3	平行捻
6×8×36	6	8	8	1	27—57	12—18	3—4	平行捻
6×8×61	6	8	8	1	61—73	20—24	3—4	平行捻
6×8×35N	6	8	8	1	28—48	12—18	3	多工序复合捻
6×8×61N	6	8	8	1	47—81	20—24	3—4	多工序复合捻
6×8×91N	6	8	8	1	85—109	24—36	4—6	多工序复合捻
回弹捻								
6×3×19	6	3	3	1	15—26	7—12	2—3	平行捻
6×3×19M	6	3	3	1	12—19	9—12	2	多工序点接触

表 E-5　扁钢丝绳

类　别	钢　丝　绳	单元钢丝绳		单元钢丝绳股			
	单元钢丝绳数	股　　数	股　层　数	钢　丝　数	外层钢丝数	钢 丝 层 数	股捻制类型
P6×4×7	6	4	1	5—9	4—8	1	单捻
P6×4×12M	6	4	1	12	9	2	多工序点接触
P8×4×7	8	4	1	5—9	4—8	1	单捻
P8×4×12M	8	4	1	12	9	2	多工序点接触
P8×4×14M	8	4	1	14	10	2	多工序点接触
P8×4×19W	8	4	1	7	12	2	平行捻
P8×4×19M	8	4	1	7	12	2	多工序点接触

表 E-6　单股钢丝绳

类　别	钢　丝　数	外层钢丝数	钢 丝 层 数
1×19	17—37	11—16	2—3
1×37	34—59	17—22	3—4
1×61	57—85	23—28	4—5
1×91	86—114	29—34	5—6
1×127	>114	>34	>3

表 E-7　股

类　别	钢　丝　数	外层钢丝数	钢 丝 层 数	股捻制类型
1×7	5—9	4—8	1	单捻
1×19	15—26	7—12	2—3	平行捻
1×19M	12—19	9—12	2	多工序点接触
1×36	27—49	12—18	3	平行捻
1×37M	27—37	16—18	3	多工序点接触

表 E-8　密封钢丝绳

类　别	钢 丝 层 数
单层半密封钢丝	2 或 2 层以上
双层半密封钢丝	4 或 4 层以上
多层半密封钢丝	6 或 6 层以上
单层全密封钢丝	2 或 2 层以上
双层全密封钢丝	4 或 4 层以上
三层全密封钢丝	4 或 4 层以上
多层全密封钢丝	8 或 8 层以上

附录 F　制动器弹簧的设计方法和计算

项　目	设计方法和计算公式	说　明
弹簧丝直径或厚度	当制动器结构和弹簧布置位置确定后，可根据 P 值按 GB/T 2089—2009 初选螺旋弹簧簧丝直径或按 GB/T 1972—2005 初选蝶形弹簧的厚度	P——弹簧工作力； ε——制动带额定退距，其值见表 7-5； i_p——弹簧杠杆比，其值见表 7-8 和表 7-12； Δl_1——活动带端 R_2 处的紧闸行程（mm），其值见表 7-12； λ——紧闸时的制动带弹性变形量（mm），见表 7-12； ΔP_{max}——制动器在释放（松闸）过程中弹簧力增量容许值，见表 7-15； Δh_i——制动器在释放（松闸）过程中单片碟簧的行程增量（mm）； G——材料切变模量（N/mm^2）； d_0——螺旋弹簧材料直径（mm）； D_0——螺旋弹簧中径（mm）； z_t——采用单片对合组合碟形弹簧组时的弹簧片数（一般为偶数）； H_b——弹簧的压并高度（mm）； n_1——弹簧总圈数； H_0——弹簧自由高度（mm）
弹簧中径或内径和外径	当弹簧安装空间基本选定后，初选螺旋弹簧中径或蝶形弹簧内径和外径，尽量选择符合 GB/T 2089—2009 和 GB/T 1972—2005 的标准值	
弹簧工作行程增量	鼓式和盘式制动器：$\Delta h = 2\varepsilon i_p$ 带式制动器：$\Delta h = (\Delta l_1 + \lambda) i_p$	
初选弹簧刚度	圆柱螺旋弹簧：$P' \leqslant \dfrac{\Delta P_{max}}{\Delta h}$ 单片对合组合碟形弹簧：$P' \leqslant \dfrac{z_t \Delta P_{max}}{\Delta h}$	
初选弹簧圈数或碟簧片数	圆柱螺旋弹簧有效圈数：$n = \dfrac{PGd_0^4}{8D_0{}^3 P'}$ 碟形弹簧对合组合片数：$z_t = \dfrac{\Delta h}{\Delta h_i}$	
弹簧工作行程	圆柱螺旋弹簧：$h = \dfrac{P}{P'}$ 碟形弹簧对合组单片碟簧：$h_i = \dfrac{P}{P'}$ 成组碟簧：$h = h_i z_t$	

（续）

项　　目	设计方法和计算公式	说　　明
弹簧力增量	圆柱螺旋弹簧：$\Delta P=\Delta hP'\leqslant\Delta P_{max}$ 碟形弹簧：$\Delta P=\Delta h_iP'\leqslant\Delta P_{max}$	弹簧力增量与所选弹簧的刚度以及制动器释放（常闭式）或闭合（常开式）上闸过程中的弹簧行程增量有关，应越小越好
压缩弹簧压并高度验算	螺旋弹簧：$H_b=n_1d_0\leqslant\frac{H_0-(h+\Delta h)}{1.12}$ 单片碟形弹簧：$H_{bi}=t\leqslant\frac{H_{0i}-(h_i+\Delta h_i)}{1.25}$	如果不符合要求，可以通过调整弹簧节距（即调整弹簧自由高度H_0）或碟簧自由高度等来满足要求
弹簧强度验算	制动弹簧工作负荷一般按2类负荷设计，需要进行疲劳强度验算，具体验算步骤和方法：①根据弹簧使用特征按表7-14选择弹簧的疲劳寿命；②根据弹簧最大负荷（$P+\Delta P$）和最小负荷（P）计算出圆柱螺旋弹簧负荷循环特征值或碟形弹簧的上限应力和下限应力（参照GB/T 23935—2009和GB/T 1972—2005进行计算）；③按GB/T 23935—2009《圆柱螺旋弹簧设计计算》和GB/T 1972—2005《碟形弹簧》的相关规定计算或查表验算弹簧的疲劳强度；④当验算强度出现偏差时，则应相应调整弹簧丝直径或弹簧中径（圆柱螺旋弹簧）或碟簧厚度和外径（碟形弹簧），直至满足强度条件	
其他验算	对于使用过程中承受相对较高应力的弹簧以及高径比较大的圆柱螺旋压缩弹簧和对合组合碟形弹簧组，还应进行永久变形应力验算和稳定性等验算，验算方法参见GB/T 23935—2009和GB/T 1972—2005	

参考文献

[1] 张质文，虞和谦，王金诺，等．起重机设计手册［M］．北京：中国铁道出版社，1998.
[2] 大连起重机器厂．起重机设计手册［M］．沈阳：辽宁人民出版社，1979.
[3] 起重机设计手册编写组．起重机设计手册［M］．北京：机械工业出版社，1980.
[4] 傅德源．实用起重机电气技术手册［M］．北京：机械工业出版社，2011.
[5] 倪庆兴，王焕勇．起重机械［M］．上海：上海交通大学出版社，1990.
[6] 杨长骙．起重机械［M］．北京：机械工业出版社，1982.
[7] 陈道南，盛汉中．起重机课程设计［M］．北京：冶金工业出版社，2000.
[8] 胡宗武，汪西应，汪春生．起重机设计与实例［M］．北京：机械工业出版社，2009.
[9] 石勇铎．起重运输机械概论［M］．大连：大连理工大学出版社，1995.
[10] 张质文，刘全德．起重运输机械［M］．北京：中国铁道出版社，1983.
[11] M 舍费尔，G 帕耶尔，F 库尔茨．起重运输机械设计基础［M］．范祖尧，等译．北京：机械工业出版社，1988.
[12] 长春水利电力专科学校动力专业科．起重机械［M］．北京：水利电力出版社，1959.
[13] Ing J Verschoof. 起重机设计、使用和保养［M］．刘宝静，译．上海：上海科学技术出版社，2002.
[14] 刘长根，高正良，何焕章，等．门座起重机［M］．北京：机械工业出版社，1991.
[15] 范俊祥．塔式起重机［M］．北京：中国建材工业出版社，2004.
[16] 刘佩衡．塔式起重机使用手册［M］．北京：机械工业出版社，2002.
[17] 张凤山，董红光．塔式起重机构造与维修［M］．北京：人民邮电出版社，2007.
[18] 顾迪民．工程起重机［M］．北京：中国建筑工业出版社，1988.
[19] 石殿钧．工程起重机械［M］．北京：水利电力出版社，1987.
[20] 宫本智．葫芦式起重机［M］．天津：天津科学技术出版社，2009.
[21] 王善樵，文豪．起重机安全保护技术［M］．北京：中国铁道出版社，2009.
[22] 李会勤，李姿之．冶金起重机［M］．北京：机械工业出版社，2011.
[23] 余洲生．港口装卸机械［M］．北京：人民交通出版社，1984.
[24] 周玉申．缆索起重机设计［M］．北京：机械工业出版社，1993.
[25] 曹海龙，全培涛．架空索道［M］．北京：机械工业出版社，1990.
[26] 停车设备管理委员会．机械式立体停车库［M］．北京：海军出版社，2001.
[27] 李秧耕．电梯基本原理及安装维修全书［M］．北京：机械工业出版社，2001.
[28] 陈家盛．电梯结构原理及安装维修［M］．北京：机械工业出版社，1996.
[29] 李谷音．港口起重机械［M］.2 版．北京：人民交通出版社，2007.
[30] 潘志勇，邱煌明．钢丝绳生产工艺［M］．长沙：湖南大学出版社，2008.
[31] 王奎生．钢丝绳生产工艺与设备［M］．北京：冶金工业出版社，1993.
[32] 徐格宁．机械装备金属结构设计［M］.2 版．北京：机械工业出版社，2009.
[33] 顾迪民．起重机械事故分析和对策［M］．北京：人民交通出版社，2000.
[34] 赵家英，刘成钧．桥式起重机工作原理与操作［M］．北京：科学普及出版社，1982.
[35] 朱世义．桥式通用起重机使用和维护［M］．哈尔滨：黑龙江科学技术出版社，1983.
[36] 张兴柱．桥式和门式起重机安装、使用、维修与检测［M］．沈阳：辽宁人民出版社，1991.
[37] 赵明．轮胎式履带式起重机维修图解手册［M］．南京：江苏科学技术出版社，2007.
[38] 齐治国，张义举，赵灿．建筑卷扬机设计［M］．北京：机械工业出版社，1996.

[39] 李泰国．安全工程技术与管理基础［M］．北京：机械工业出版社，2003.
[40] Φ K 伊万琴科．起重运输机械计算［M］．北京：中国铁道出版社，1982.
[41] 李发海，王岩．电机与电力拖动基础［M］．北京：清华大学出版社，1994.
[42] 余敏年．起重运输机电气传动［M］．成都：西南交通大学出版社，1989.
[43] 丁玉兰．人机工程学［M］．4 版．北京：北京理工大学出版社，2011.
[44] 马亚良，陈仁竹．轴承制造技术［M］．北京：清华大学出版社，2008.
[45] 付荣柏．起重机钢结构焊接制造技术［M］．北京：机械工业出版社，2010.
[46] 王金诺，于兰峰．起重运输机金属结构［M］．北京：中国铁道出版社，2002.
[47] 全国起重机械标准化技术委员会．GB/T 3811—2008 起重机设计规范［S］．北京：中国标准出版社，2008.
[48] 全国起重机械标准化技术委员会．GB/T 6974. 1—2008 起重机　术语　第 1 部分：通用术语［S］．北京：中国标准出版社，2009.
[49] 全国起重机械标准化技术委员会．GB/T 14405—2011 通用桥式起重机［S］．北京：中国标准出版社，2011.
[50] 全国起重机械标准化技术委员会．GB/T 22437. 1—2008 起重机　载荷及载荷组合设计原则　第 1 部分：总则［S］．北京：中国标准出版社，2009.
[51] 全国起重机械标准化技术委员会．GB/T 22437. 5—2008 起重机　载荷及载荷组合设计原则　第 5 部分：桥式和门式起重机［M］．北京：中国标准出版社，2009.
[52] 全国旋转电机标准化技术委员会起重冶金和屏蔽电机标准化分技术委员会．GB/T 21973—2008 YZR3 系列起重及冶金绕线转子三相异步电动机技术条件［S］．北京：中国标准出版社，2009.
[53] 全国旋转电机标准化技术委员会．GB/T 4942. 1—2006 旋转电机整体结构的防护等级（IP 代码）-分级［S］．北京：中国标准出版社，2006.
[54] 全国钢标准化技术委员会．GB/T 8706—2006/ISO 17893：2004 钢丝绳 术语、标记和分类［S］．北京：中国标准出版社，2006.
[55] 全国钢标准化技术委员会．YB/T 5343—2009 制绳用钢丝［S］．北京：冶金工业出版社，2010.
[56] 全国钢标准化技术委员会．GB/T 20118—2006 一般用途钢丝绳［S］．北京：中国标准出版社，2006.
[57] 全国钢标准化技术委员会．GB 8918—2006 重要用途钢丝绳［S］．北京：中国标准出版社，2006.
[58] 全国起重机械标准化技术委员会．GB/T 5972—2009 起重机　钢丝绳　保养、维护、安装、检验和报废［S］．北京：中国标准出版社，2010.
[59] 全国起重机械标准化技术委员会．GB/T 24811. 1—2009/ISO 4308－1：2003 起重机和起重机械 钢丝绳选择　第 1 部分：总则［S］．北京：中国标准出版社，2010.
[60] 全国起重机械标准化技术委员会．GB/T 10051. 1—2010 起重吊钩 第 1 部分：力学性能、起重量、应力及材料［S］．北京：中国标准出版社，2011.
[61] 全国起重机械标准化技术委员会．JB/T 7021—2006 鼓式制动器连接尺寸［S］．北京：机械工业出版社，2007.
[62] 全国起重机械标准化技术委员会．JB/T 7020—2006 电力液压盘式制动器［S］．北京：机械工业出版社，2007.
[63] 全国起重机械标准化技术委员会．GB/T 3811—2008《起重机设计规范》释义与应用［M］．北京：中国标准出版社，2008.
[64] 文豪，徐格宁．我国起重机的发展与趋势［A］．物流工程三十年技术创新发展之道，2010.
[65] Hao. Wen Quanwei. WangAnalysis on the Super-winding Accident of Casting Crane and Configuration of the Safeguard［A］．《Advanced Materials Research》，Trans Tech Publications Ltd，2011.
[66] 文豪，杨玉娴．起重机起升机构双起升制动器系统的匹配研究［A］．面向 21 世纪，迎接物料搬运技

术新发展，中国机械工程学会物料搬运分会第六届年会论文集，2000.
[67] 王全伟，文豪，郭遐．起重机制动器惯性实验系统及制动力矩测设方法 [J]．起重运输机械，2008 (08)：90-93.
[68] 文豪，刘志宏，王全伟．通用桥式起重机驾驶员操作可靠度研究 [J]．中国安全科学学报，2012 (9)：63-68.
[69] 王斌，文豪．起重机过卷扬事故系统安全分析 [J]．起重运输机械，2007 (07)：59-62.
[70] 顾翠云，高秀芬，秦义校．铸造起重机升降故障状态制动行程分析 [J]．起重运输机械，2009 (12)：37-41.
[71] 顾翠云．1200t/125t 起重机安全设施及可靠性分析 [J]．机械工程与自动化，2004 (03)：10-12.
[72] 张志德．冶金起重机起升机构的几种方案 [J]．起重运输机械，2004 (09)：12-13.
[73] 徐格宁，李宏娟．基于许用应力和极限状态设计方法的通用桥式起重机结构 CAD [J]．起重运输机械，2008 (10)：72-78.
[74] 徐格宁，张骞．基于极限状态法的桥式金属设计 [J]．起重运输机械，2011 (03)：6-12.
[75] 聂春华．桥式起重机运行机构两步走制动装置 [J]．起重运输机械，2003 (10)：39-41.
[76] 刘武胜，蔡虹，袁旭潞．起重机的构造特征与发展趋势——钢丝绳电动葫芦篇 [J]．起重运输机械，2010 (01)：1-4.
[77] 刘正宇，邓建林，马耀权．浅析塔式起重机的抗倾覆稳定性和安全设置 [J]．工业设计，2011 (04)：116.
[78] 邱惠清，卢凯良，李雪，等．岸桥钱大梁铰支座对横向振动的影响 [J]．振动、测试与诊断，2009 (03)：300-302.
[79] 王福绵．桥式起重机静刚度设计及相关问题讨论 [J]．起重运输机械，2009 (12)：42-44.
[80] 胡宗武．起重机动载荷的简化计算 [J]．起重机运输机械，1982 (02)：2-3.
[81] 徐格宁．门式起重机支腿的整体稳定性 [J]．起重运输机械，1989 (04)：10-17.
[82] 曾平，程光明，等．回转机械转动惯量和动摩擦力矩测试方法 [J]．农业机械学报．1999 (05)：68-71.
[83] 李会勤．桥式起重机大车运行机构的导行 [J]．起重运输机械，2008 (12)：108-110.
[84] 盛汉中，吴继庚，陈道南．桥式起重机箱形主梁的优化设计 [J]．起重运输机械，1980 (06)：2-12.
[85] 徐格宁，王文红．机械 CAD 模块化技术 [J]．起重运输机械，2003 (07)：6-9.